KLINGELNBERG

TECHNISCHES HILFSBUCH

Herausgegeben

von

Baurat Dipl.-Ing. **Ernst Preger** ᛦ

Frankfurt a. M.

und

Dipl.-Ing. **Rudolf Reindl**

Jena

Zwölfte, überarbeitete Auflage von

SCHUCHARDT & SCHÜTTE'

TECHNISCHES HILFSBUCH

Mit zahlreichen Abbildungen

und Zahlentafeln

AF836692

Springer-Verlag Berlin Heidelberg GmbH

1944

ISBN 978-3-662-37209-8 ISBN 978-3-662-37932-5 (eBook)
DOI 10.1007/978-3-662-37932-5
Softcover reprint of the hardcover 12th edition 1944
Alle Rechte, insbesondere das der Übersetzung
in fremde Sprachen, vorbehalten.
Copyright 1939, 1940, 1942 and 1944 by Springer-Verlag Berlin Heidelberg
Ursprünglich erschienen bei Springer-Verlag OHG. in Berlin 1944.

Vorwort zur neunten Auflage.

Nachdem die ersten acht Auflagen des Technischen Hilfsbuches unter dem Namen der Firma Schuchardt & Schütte liefen und zuletzt von Dr.-Ing. e. h. Josef Reindl selbst herausgegeben waren, erscheint die vorliegende neunte Auflage unter dem Namen der Firma W. Ferd. Klingelnberg Söhne, herausgegeben von Ernst Preger und Rudolf Reindl.

Nach wie vor soll das Technische Hilfsbuch den Bedürfnissen der unmittelbaren Praxis in Konstruktionsbüro und Werkstattbetrieb vom Betriebsleiter bis zum Facharbeiter dienen und den auf engstem Raum zusammengefaßten Stoff leichtverständlich ohne weiteres anwendbar darbieten. Zahlreiche Hinweise auf Buch- und Zeitschriften-Schrifttum führt suchende Leser zu ausführlicheren Darstellungen in dem betreffenden Gebiet.

Auszüge aus Normblättern erfolgten mit Zustimmung des Deutschen Normenausschusses, dem hierfür besonders gedankt sei. Für die Normenangaben ist zu beachten, daß jeweils nur die neueste Ausgabe der DIN-Blätter (beziehbar durch den Beuth-Vertrieb GmbH. Berlin SW 68) verbindlich ist.

Oberursel (Taunus) und Berlin, im März 1939.

Vorwort zur zwölften Auflage.

Baurat Dipl.-Ing. E. Preger ist Ende Dezember 1942 einem Herzschlag erlegen, als die Arbeiten an der 12. Auflage des Technischen Hilfsbuches in vollem Gange waren. Das Haus Klingelnberg und der Springer-Verlag verlieren in ihm einen aufrechten und pflichtbewußten Mitarbeiter, der seine umfassenden technischen Kenntnisse und Erfahrungen jederzeit voll in den Dienst der gemeinsamen Sache stellte. Die Verfasser und der Unterzeichnete verdanken Baurat Preger viele wertvolle Hinweise und Anregungen, die für das Technische Hilfsbuch auch in Zukunft von wesentlicher Bedeutung sein werden. Seine gerade, kameradschaftliche und zielbewußte Art ließ eine völlig reibungslose Zusammenarbeit jederzeit selbstverständlich sein.

Die vorliegende 12. Auflage ist in dem Abschnitt „Mechanik und Festigkeitslehre" völlig neu verfaßt, außerdem wurde der Abschnitt „Werkstoffe" den veränderten Verhältnissen entsprechend besonders überarbeitet. Den Zahlentafeln wurde eine Tafel der Evolventenfunktion beigefügt. Die allgemeinen Zahlen- und Nachschlagetafeln wurden, um das Auffinden zu erleichtern, mit Nummern versehen und in einem besonderen Verzeichnis vor dem Sachregister zusammengefaßt.

Jena, September 1943.

Reindl.

Als Verfasser wirkten mit:

Professor Dr.-Ing. **W. Arndt,** Berlin-Charlottenburg, TH. *Lichttechnik.*

Dr. -Ing. **Kurt Bayer,** Berlin W 50, Zinkberatungsstelle GmbH. *Werkstoffe.*

Dipl.-Ing. **G. Brüheim,** Frankfurt a. M., Naxos-Union. *Schleifen.*

Ingenieur **Carl Büttner,** Jena, Carl Zeiss. *Feinstbearbeitung.*

Oberingenieur **Hermann C. Burmeister,** Berlin, AEG-Fabriken-Leitung. *Nichtmetallische Werkstoffe.*

Dr.-Ing. **Horst von Conrady,** Berlin-Johannisthal, Ambibudd-Preßwerk. *Schweißen.*

Dr. **Rudolf Debar,** Leipzig, Ingenieurschule der Reichsmessestadt Leipzig. *Chemie, Wärme.*

Dr. **D'heil,** Berlin, Reichsstelle für Eisen und Metalle. *Metallische Werkstoffe, Hartmetalle.*

Ingenieur **J. Dinnebier,** Berlin, Gesellschaft für elektrische Unternehmungen, Loewe-Fabriken. *Bohren, Senken, Reiben.*

Professor Dr.-Ing. **E. vom Ende,** München, TH. *Riementriebe.*

Dr.-Ing. **Rudolf Hanel,** Berlin, Reichsstelle Eisen und Metalle. *Metallische Werkstoffe.*

Studiendirektor Dr. **Max Hauptmann,** Leipzig, Ingenieurschule der Reichsmessestadt Leipzig. *Mathematik, Rechenhilfen, Mechanik und Festigkeitslehre.*

Dr.-Ing. **Anton Heiss,** Berlin-Charlottenburg, TH. *Preßpassungen.*

Dipl.-Ing. **Paul Herber,** Essen, Fried. Krupp A.-G. *Ketten.*

Ing. **Heinrich Hilbert** VDI, Berlin-Johannisthal, Ambibudd-Preßwerk. *Bleche.*

Professor Dr. **Paul Hirsch,** Berlin, Gesellschaft für Sterilisation. *Chemie.*

Dipl.-Ing. **Kurt Jaekel,** Braunschweig, TH. *Zahnräder.*

Oberingenieur **Hans Jehnigen,** Essen, Ruhrgas A.-G. *Verbrennung.*

Dipl.-Ing. **H. H. Klein,** Berlin, R. Stock A.-G. *Fräsen, Herstellen von Gewinde.*

Oberingenieur **Walter Krumme,** Remscheid, W. Ferd. Klingelnberg Söhne. *Herstellen von Zahnrädern.*

Regierungsrat Dr. **Rudolf Lehmann,** Berlin-Charlottenburg, PTR, *Gewindetafeln.*

Dr.-Ing. habil. **Ernst Lehr,** Augsburg MAN. *Dauerfestigkeit.*

Dr.-Ing. **Wolfram Lindner,** Remscheid, W. Ferd. Klingelnberg Söhne. *Kegelräder.*

Dipl.-Ing. **Helmut Lorbeer,** Berlin-Charlottenburg, TH. *Härteprüfung.*

Professor Dr.-Ing. **Gustav Niemann,** Braunschweig, TH. *Kupplungen, Zahnräder.*

Dipl.-Ing. **Fritz Pohl,** Berlin-Charlottenburg, TH. *Messung von Zahnrädern, Schneckengetriebe.*

Baurat Dipl.-Ing. **Ernst Preger,** Oberursel (Taunus). *Arbeitsvorbereitung, Werkstattvorkalkulation, Stufung von Drehzahlen und Vorschüben, logarithmische Drehzahlbilder, Schraubenfedern.*

Dr.-Ing. **Kurt Räntsch,** Jena, Carl Zeiss. *Messen von Gewinde.*

Dr.-Ing. **Alfred Raupp,** Hamburg, Heidenreich & Harbeck. *Schleifen von Gewinde.*

Dipl.-Ing. **Rudolf Reindl,** Jena, Carl Zeiss. *Messen, Passungen.*

Dipl.-Ing. **Walter Reuschle,** Düsseldorf-Oberkassel, Rhenania-Ossag. *Schmiermittel.*

Oberingenieur **J. Rietveld,** Wetzlar, Röchlingstahl. *Warmbehandlung von Werkzeug- und Baustählen.*

Dr.-Ing. **H. Roelig,** Leverkusen, I.G. Farben Industrie A.-G. *Natürlicher und synthetischer Gummi.*

Dipl.-Ing. **Heinrich Sass,** Berlin-Charlottenburg, HWA. *Elektrotechnik.*

Dr.-Ing. **Artur Schatz,** Berlin-Charlottenburg, TH. *Räumen.*

Oberingenieur Dipl.-Ing. **L. Schneider,** Berlin, Osram-Gesellschaft. *Lichttechnik.*

Felix Schweitzer VDI, Bad Homburg v. d. H., PIV. *Stufenlos regelbare Getriebe.*

Dr. **Walter Toeldte,** Berlin Tempelhof, *Farben, Lacke, nichtmetallische Überzüge.*

Oberingenieur **Jos. Wallich,** Hermsdorf/Thür., *Hartporzellan, Steatit und keramische Stoffe.*

Geheimer Regierungsrat Professor Dr.-Ing. e. h. **A. Wallichs,** Aachen, TH. *Drehen.*

Professor Dipl.-Ing. Dipl.-Kaufmann, Dr. techn. habil. **Walter Weigmann,** Göttingen, Universität. *Industrielle Selbstkostenrechnung.*

Dr.-Ing. **Erwin Zettler,** Berlin, Reichsstelle Eisen und Metalle. *Metallische Werkstoffe.*

Inhaltsverzeichnis.

Mathematik.

Maße und Maßsysteme.

Technische Hilfswissenschaften.

Seite

Feinmeßwesen.

Maschinenelemente.

Einiges über Werkzeugmaschinen.

Organisatorische Werkstattfragen.

Verschiedenes.

Mathematik.

A. Zahlentafeln.

Zu der allgemeinen Zahlentafel 1, S. 2 bis 21.

Sind die gesuchten Werte nicht unmittelbar der Tafel zu entnehmen, so können sie mit hinreichender Genauigkeit fast immer durch geradlinige Einschaltung (lineare Interpolation), die mit dem Rechenstabe oder im Kopfe auszuführen ist, gewonnen werden.

Beispiel 1. Gesucht $522{,}37^2$. Es ist (S. 12) $522^2 = 272\,484$; $523^2 = 273\,529$ liegt 1045 Einheiten höher, so daß $522{,}37^2 = 272\,484 + 0{,}37 \cdot 1045 = 272\,484 + 387 = 272\,871$.

Beispiel 2. Gesucht $\sqrt[3]{687{,}63}$. Es ist (S. 15) $\sqrt[3]{687} = 8{,}8237$; $\sqrt[3]{688} = 8{,}8280$ liegt 43 Einheiten der 4. Dezimale höher, so daß $\sqrt[3]{687{,}63} = 8{,}8237 + 0{,}63 \cdot 0{,}0043 = 8{,}8237 + 0{,}0027 = 8{,}8264$.

Beispiel 3. Gesucht Durchmesser d zum Kreisinhalt $F = 5000\ \text{cm}^2$. Die in der Tafel (S. 3) vorhandene nächst niedere Kreisfläche ist $79^2 \cdot \frac{\pi}{4} = 4901{,}67$; die nächste $80^2 \cdot \frac{\pi}{4} = 5026{,}55$ liegt 124,88 Einheiten höher (Tafeldifferenz), während bei uns 5000 nur 98,33 Einheiten (unsere Differenz) höher als 4901,67 liegt, so daß $d = 79 + \frac{98{,}33}{124{,}88} = 79 + 0{,}79 = 79{,}79$ cm. — Oder genauer: $F = 500\,000\ \text{mm}^2$ liegt (S. 17) zwischen $797^2 \cdot \frac{\pi}{4} = 498\,892$ und $798^2 \cdot \frac{\pi}{4} = 500\,145$. Tafeldifferenz 1253, unsere Differenz 1108, so daß $d = 797 + \frac{1108}{1253} = 797 + 0{,}884 = 797{,}884$ mm.

Beispiel 4. Gesucht $\sqrt{45\,67}$ recht genau. Wir schreiben $\sqrt{45\,67} = \frac{1}{10} \cdot \sqrt{456\,700}$. In der Quadratspalte (S. 15) finden wir als Nachbarwerte $675^2 = 455\,625$ und $676^2 = 456\,976$. Tafeldifferenz 1351, unsere Differenz 1075, so daß $\sqrt{456\,700} = 675 + \frac{1075}{1351} = 675 + 0{,}796 = 675{,}796$ und $\sqrt{45\,67} = 67{,}5796$.

Beispiel 5. Gesucht natürl. Logarithmus ln 365,26. Es ist (S. 9) ln 365 = 5,89990 und ln 366 = 5,90263, letzterer also um 273 Einheiten der 5. Dezimale höher, so daß ln 365,26 = 5,89990 + 0,26 · 0,00273 = 5,90061 ist.

Handelt es sich aber um ln 3,6526, so rechnen wir (vgl. S. 27) ln 3,6526 = ln (365,26 : 100) = ln 365,26 — ln 100 = 5,90061 — 4,60517 (S. 4) = 1,29544.

Zu **Logarithmen** vgl. auch S. 27 bis 29.

Beispiel 6. Gesucht 1000 : 857,32. Es ist 1000 : 857 = 1,16686. Der nächste Wert 1000 : 858 = 1,16550 liegt 136 Einheiten der 5. Dezimale niedriger, so daß 1000 : 857,32 = 1,16686 — 0,32 · 0,00136 = 1,16686 — 0,00044 = 1,16642.

Beispiel 7. Gesucht $\sqrt[4]{52{,}13^2}$. Man findet zunächst (S. 12) $52{,}13^2 = 141\,421 + 0{,}3 \cdot 816 = 141\,665$. Diese Zahl findet man S. 9 in der Quadratspalte bei 376,4 und hieraus an der gleichen Stelle die Quadratwurzel zu 19,401. Vgl. Beispiel S. 27.

Tafel 1. **Potenzen, Wurzeln, Natürliche Logarithmen, Reziproke Werte, Kreisumfänge und -inhalte.**

n	n^2	n^3	$\sqrt{n}$	$\sqrt[3]{n}$	$\ln n$	$\frac{1000}{n}$	πn	$\frac{\pi n^2}{4}$	n
1	1	1	1,0000	1,0000	0,00000	1000,000	3,142	0,7854	1
2	4	8	1,4142	1,2599	0,69315	500,000	6,283	3,1416	2
3	9	27	1,7321	1,4422	1,09861	333,333	9,425	7,0686	3
4	16	64	2,0000	1,5874	1,38629	250,000	12,566	12,5664	4
5	25	125	2,2361	1,7100	1,60944	200,000	15,708	19,6350	5
6	36	216	2,4495	1,8171	1,79176	166,667	18,850	28,2743	6
7	49	343	2,6458	1,9129	1,94591	142,857	21,991	38,4845	7
8	64	512	2,8284	2,0000	2,07944	125,000	25,133	50,2655	8
9	81	729	3,0000	2,0801	2,19722	111,111	28,274	63,6173	9
10	100	1000	3,1623	2,1544	2,30259	100,000	31,416	78,5398	**10**
11	121	1331	3,3166	2,2240	2,39790	90,9091	34,558	95,0332	11
12	144	1728	3,4641	2,2894	2,48491	83,3333	37,699	113,097	12
13	169	2197	3,6056	2,3513	2,56495	76,9231	40,841	132,732	13
14	196	2744	3,7417	2,4101	2,63906	71,4286	43,982	153,938	14
15	225	3375	3,8730	2,4662	2,70805	66,6667	47,124	176,715	15
16	256	4096	4,0000	2,5198	2,77259	62,5000	50,265	201,062	16
17	289	4913	4,1231	2,5713	2,83321	58,8235	53,407	226,980	17
18	324	5832	4,2426	2,6207	2,89037	55,5556	56,549	254,469	18
19	361	6859	4,3589	2,6684	2,94444	52,6316	59,690	283,529	19
20	400	8000	4,4721	2,7144	2,99573	50,0000	62,832	314,159	**20**
21	441	9261	4,5826	2,7589	3,04452	47,6190	65,973	346,361	21
22	484	10648	4,6904	2,8020	3,09104	45,4545	69,115	380,133	22
23	529	12167	4,7958	2,8439	3,13549	43,4783	72,257	415,476	23
24	576	13824	4,8990	2,8845	3,17805	41,6667	75,398	452,389	24
25	625	15625	5,0000	2,9240	3,21888	40,0000	78,540	490,874	25
26	676	17576	5,0990	2,9625	3,25810	38,4615	81,681	530,929	26
27	729	19683	5,1962	3,0000	3,29584	37,0370	84,823	572,555	27
28	784	21952	5,2915	3,0366	3,33220	35,7143	87,965	615,752	28
29	841	24389	5,3852	3,0723	3,36730	34,4828	91,106	660,520	29
30	900	27000	5,4772	3,1072	3,40120	33,3333	94,248	706,858	**30**
31	961	29791	5,5678	3,1414	3,43399	32,2581	97,389	754,768	31
32	1024	32768	5,6569	3,1748	3,46574	31,2500	100,531	804,248	32
33	1089	35937	5,7446	3,2075	3,49651	30,3030	103,673	855,299	33
34	1156	39304	5,8310	3,2396	3,52636	29,4118	106,814	907,920	34
35	1225	42875	5,9161	3,2711	3,55535	28,5714	109,956	962,113	35
36	1296	46656	6,0000	3,3019	3,58352	27,7778	113,097	1017,88	36
37	1369	50653	6,0828	3,3322	3,61092	27,0270	116,239	1075,21	37
38	1444	54872	6,1644	3,3620	3,63759	26,3158	119,381	1134,11	38
39	1521	59319	6,2450	3,3912	3,66356	25,6410	122,522	1194,59	39
40	1600	64000	6,3246	3,4200	3,68888	25,0000	125,66	1256,64	**40**
41	1681	68921	6,4031	3,4482	3,71357	24,3902	128,81	1320,25	41
42	1764	74088	6,4807	3,4760	3,73767	23,8095	131,95	1385,44	42
43	1849	79507	6,5574	3,5034	3,76120	23,2558	135,09	1452,20	43
44	1936	85184	6,6332	3,5303	3,78419	22,7273	138,23	1520,53	44
45	2025	91125	6,7082	3,5569	3,80666	22,2222	141,37	1590,43	45
46	2116	97336	6,7823	3,5830	3,82864	21,7391	144,51	1661,90	46
47	2209	103823	6,8557	3,6088	3,85015	21,2766	147,65	1734,94	47
48	2304	110592	6,9282	3,6342	3,87120	20,8333	150,80	1809,56	48
49	2401	117649	7,0000	3,6593	3,89182	20,4082	153,94	1885,74	49

Tafel 1. **Potenzen, Wurzeln, Natürliche Logarithmen, Reziproke Werte, Kreisumfänge und -inhalte.**

n	n^2	n^3	$\sqrt{n}$	$\sqrt[3]{n}$	$\ln n$	$\frac{1000}{n}$	πn	$\frac{\pi n^2}{4}$	n
50	2500	125000	7,0711	3,6840	3,91202	20,0000	157,08	1963,50	**50**
51	2601	132651	7,1414	3,7084	3,93183	19,6078	160,22	2042,82	51
52	2704	140608	7,2111	3,7325	3,95124	19,2308	163,36	2123,72	52
53	2809	148877	7,2801	3,7563	3,97029	18,8679	166,50	2206,18	53
54	2916	157464	7,3485	3,7798	3,98898	18,5185	169,65	2290,22	54
55	3025	166375	7,4162	3,8030	4,00733	18,1818	172,79	2375,83	55
56	3136	175616	7,4833	3,8259	4,02535	17,8571	175,93	2463,01	56
57	3249	185193	7,5498	3,8485	4,04305	17,5439	179,07	2551,76	57
58	3364	195112	7,6158	3,8709	4,06044	17,2414	182,21	2642,08	58
59	3481	205379	7,6811	3,8930	4,07754	16,9492	185,35	2733,97	59
60	3600	216000	7,7460	3,9149	4,09434	16,6667	188,50	2827,43	**60**
61	3721	226981	7,8102	3,9365	4,11087	16,3934	191,64	2922,47	61
62	3844	238328	7,8740	3,9579	4,12713	16,1290	194,78	3019,07	62
63	3969	250047	7,9373	3,9791	4,14313	15,8730	197,92	3117,25	63
64	4096	262144	8,0000	4,0000	4,15888	15,6250	201,06	3216,99	64
65	4225	274625	8,0623	4,0207	4,17439	15,3846	204,20	3318,31	65
66	4356	287496	8,1240	4,0412	4,18965	15,1515	207,35	3421,19	66
67	4489	300763	8,1854	4,0615	4,20469	14,9254	210,49	3525,65	67
68	4624	314432	8,2462	4,0817	4,21951	14,7059	213,63	3631,68	68
69	4761	328509	8,3066	4,1016	4,23411	14,4928	216,77	3739,28	69
70	4900	343000	8,3666	4,1213	4,24850	14,2857	219,91	3848,45	**70**
71	5041	357911	8,4261	4,1408	4,26268	14,0845	223,05	3959,19	71
72	5184	373248	8,4853	4,1602	4,27667	13,8889	226,19	4071,50	72
73	5329	389017	8,5440	4,1793	4,29046	13,6986	229,34	4185,39	73
74	5176	405224	8,6023	4,1983	4,30407	13,5135	232,48	4300,84	74
75	5625	421875	8,6603	4,2172	4,31749	13,3333	235,62	4417,86	75
76	5776	438976	8,7178	4,2358	4,33073	13,1579	238,76	4536,46	76
77	5929	456533	8,7750	4,2543	4,34381	12,9870	241,90	4656,63	77
78	6084	474552	8,8318	4,2727	4,35671	12,8205	245,04	4778,36	78
79	6241	493039	8,8882	4,2908	4,36945	12,6582	248,19	4901,67	79
80	6400	512000	8,9443	4,3089	4,38203	12,5000	251,33	5026,55	**80**
81	6561	531441	9,0000	4,3267	4,39445	12,3457	254,47	5153,00	81
82	6724	551368	9,0554	4,3445	4,40672	12,1951	257,61	5281,02	82
83	6889	571787	9,1104	4,3621	4,41884	12,0482	260,75	5410,61	83
84	7056	592704	9,1652	4,3795	4,43082	11,9048	263,89	5541,77	84
85	7225	614125	9,2195	4,3968	4,44265	11,7647	267,04	5674,50	85
86	7396	636056	9,2736	4,4140	4,45435	11,6279	270,18	5808,80	86
87	7569	658503	9,3274	4,4310	4,46591	11,4943	273,32	5944,68	87
88	7744	681472	9,3808	4,4480	4,47734	11,3636	276,46	6082,12	88
89	7921	704969	9,4340	4,4647	4,48864	11,2360	279,60	6221,14	89
90	8100	729000	9,4868	4,4814	4,49981	11,1111	282,74	6361,73	**90**
91	8281	753571	9,5394	4,4979	4,51086	10,9890	285,88	6503,88	91
92	8464	778688	9,5917	4,5144	4,52179	10,8696	289,03	6647,61	92
93	8649	804357	9,6437	4,5307	4,53260	10,7527	292,17	6792,91	93
94	8836	830584	9,6954	4,5468	4,54329	10,6383	295,31	6939,78	94
95	9025	857375	9,7468	4,5629	4,55388	10,5263	298,45	7088,22	95
96	9216	884736	9,7980	4,5789	4,56435	10,4167	301,59	7238,23	96
97	9409	912673	9,8489	4,5947	4,57471	10,3093	304,73	7389,81	97
98	9604	941192	9,8995	4,6104	4,58497	10,2041	307,88	7542,96	98
99	9801	970299	9,9499	4,6261	4,59512	10,1010	311,02	7697,69	99

Tafel 1. **Potenzen, Wurzeln, Natürliche Logarithmen, Reziproke Werte, Kreisumfänge und -inhalte.**

n	n^2	n^3	$\sqrt{n}$	$\sqrt[3]{n}$	$\ln n$	$\frac{1000}{n}$	πn	$\frac{\pi n^2}{4}$	n
100	10000	1000000	10,0000	4,6416	4,60517	10,00000	314,16	7853,98	**100**
101	10201	1030301	10,0499	4,6570	4,61512	9,90099	317,30	8011,85	101
102	10404	1061208	10,0995	4,6723	4,62497	9,80392	320,44	8171,28	102
103	10609	1092727	10,1489	4,6875	4,63473	9,70874	323,58	8332,29	103
104	10816	1124864	10,1980	4,7027	4,64439	9,61538	326,73	8494,87	104
105	11025	1157625	10,2470	4,7177	4,65396	9,52381	329,87	8659,01	105
106	11236	1191016	10,2956	4,7326	4,66344	9,43396	333,01	8824,73	106
107	11449	1225043	10,3441	4,7475	4,67283	9,34579	336,15	8992,02	107
108	11664	1259712	10,3923	4,7622	4,68213	9,25926	339,29	9160,88	108
109	11881	1295029	10,4403	4,7769	4,69135	9,17431	342,43	9331,32	109
110	12100	1331000	10,4881	4,7914	4,70048	9,09091	345,58	9503,32	**110**
111	12321	1367631	10,5357	4,8059	4,70953	9,00901	348,72	9676,89	111
112	12544	1404928	10,5830	4,8203	4,71850	8,92857	351,86	9852,03	112
113	12769	1442897	10,6301	4,8346	4,72739	8,84956	355,00	10028,7	113
114	12996	1481544	10,6771	4,8488	4,73620	8,77193	358,14	10207,0	114
115	13225	1520875	10,7238	4,8629	4,74493	8,69565	361,28	10386,9	115
116	13456	1560896	10,7703	4,8770	4,75359	8,62069	364,42	10568,3	116
117	13689	1601613	10,8167	4,8910	4,76217	8,54701	367,57	10751,3	117
118	13924	1643032	10,8628	4,9049	4,77068	8,47458	370,71	10935,9	118
119	14161	1685159	10,9087	4,9187	4,77912	8,40336	373,85	11122,0	119
120	14400	1728000	10,9545	4,9324	4,78749	8,33333	376,99	11309,7	**120**
121	14641	1771561	11,0000	4,9461	4,79579	8,26446	380,13	11499,0	121
122	14884	1815848	11,0454	4,9597	4,80402	8,19672	383,27	11689,9	122
123	15129	1860867	11,0905	4,9732	4,81218	8,13008	386,42	11882,3	123
124	15376	1906624	11,1355	4,9866	4,82028	8,06452	389,56	12076,3	124
125	15625	1953125	11,1803	5,0000	4,82831	8,00000	392,70	12271,8	125
126	15876	2000376	11,2250	5,0133	4,83628	7,93651	395,84	12469,0	126
127	16129	2048383	11,2694	5,0265	4,84419	7,87402	398,98	12667,7	127
128	16384	2097152	11,3137	5,0397	4,85203	7,81250	402,12	12868,0	128
129	16641	2146689	11,3578	5,0528	4,85981	7,75194	405,27	13069,8	129
130	16900	2197000	11,4018	5,0658	4,86753	7,69231	408,41	13273,2	**130**
131	17161	2248091	11,4455	5,0788	4,87520	7,63359	411,55	13478,2	131
132	17424	2299968	11,4891	5,0916	4,88280	7,57576	414,69	13684,8	132
133	17689	2352637	11,5326	5,1045	4,89035	7,51880	417,83	13892,9	133
134	17956	2406104	11,5758	5,1172	4,89784	7,46269	420,97	14102,6	134
135	18225	2460375	11,6190	5,1299	4,90527	7,40741	424,12	14313,9	135
136	18496	2515456	11,6619	5,1426	4,91265	7,35294	427,26	14526,7	136
137	18769	2571353	11,7047	5,1551	4,91998	7,29927	430,40	14741,1	137
138	19044	2628072	11,7473	5,1676	4,92725	7,24638	433,54	14957,1	138
139	19321	2685619	11,7898	5,1801	4,93447	7,19424	436,68	15174,7	139
140	19600	2744000	11,8322	5,1925	4,94164	7,14286	439,82	15393,8	**140**
141	19881	2803221	11,8743	5,2048	4,94876	7,09220	442,96	15614,5	141
142	20164	2863288	11,9164	5,2171	4,95583	7,04225	446,11	15836,8	142
143	20449	2924207	11,9583	5,2293	4,96284	6,99301	449,25	16060,6	143
144	20736	2985984	12,0000	5,2415	4,96981	6,94444	452,39	16286,0	144
145	21025	3048625	12,0416	5,2536	4,97673	6,89655	455,53	16513,0	145
146	21316	3112136	12,0830	5,2656	4,98361	6,84932	458,67	16741,5	146
147	21609	3176523	12,1244	5,2776	4,99043	6,80272	461,81	16971,7	147
148	21904	3241792	12,1655	5,2896	4,99721	6,75676	464,96	17203,4	148
149	22201	3307949	12,2066	5,3015	5,00395	6,71141	468,10	17436,6	149

Tafel 1. **Potenzen, Wurzeln, Natürliche Logarithmen, Reziproke Werte, Kreisumfänge und -inhalte.**

n	n^2	n^3	$\sqrt{n}$	$\sqrt[3]{n}$	$\ln n$	$\frac{1000}{n}$	πn	$\frac{\pi n^2}{4}$	n
150	22500	3375000	12,2474	5,3133	5,01064	6,66667	471,24	17671,5	**150**
151	22801	3442951	12,2882	5,3251	5,01728	6,62252	474,38	17907,9	151
152	23104	3511808	12,3288	5,3368	5,02388	6,57895	477,52	18145,8	152
153	23409	3581577	12,3693	5,3485	5,03044	6,53595	480,66	18385,4	153
154	23716	3652264	12,4097	5,3601	5,03695	6,49351	483,81	18626,5	154
155	24025	3723875	12,4499	5,3717	5,04343	6,45161	486,95	18869,2	155
156	24336	3796416	12,4900	5,3832	5,04986	6,41026	490,09	19113,4	156
157	24649	3869893	12,5300	5,3947	5,05625	6,36943	493,23	19359,3	157
158	24964	3944312	12,5698	5,4061	5,06260	6,32911	496,37	19606,7	158
159	25281	4019679	12,6095	5,4175	5,06890	6,28931	499,51	19855,7	159
160	25600	4096000	12,6491	5,4288	5,07517	6,25000	502,65	20106,2	**160**
161	25921	4173281	12,6886	5,4401	5,08140	6,21118	505,80	20358,3	161
162	26244	4251528	12,7279	5,4514	5,08760	6,17284	508,94	20612,0	162
163	26569	4330747	12,7671	5,4626	5,09375	6,13497	512,08	20867,2	163
164	26896	4410944	12,8062	5,4737	5,09987	6,09756	515,22	21124,1	164
165	27225	4492125	12,8452	5,4848	5,10595	6,06061	518,36	21382,5	165
166	27556	4574296	12,8841	5,4959	5,11199	6,02410	521,50	21642,4	166
167	27889	4657463	12,9228	5,5069	5,11799	5,98802	524,65	21904,0	167
168	28224	4741632	12,9615	5,5178	5,12396	5,95238	527,79	22167,1	168
169	28561	4826809	13,0000	5,5288	5,12990	5,91716	530,93	22431,8	169
170	28900	4913000	13,0384	5,5397	5,13580	5,88235	534,07	22698,0	**170**
171	29241	5000211	13,0767	5,5505	5,14166	5,84795	537,21	22965,8	171
172	29584	5088448	13,1149	5,5613	5,14749	5,81395	540,35	23235,2	172
173	29929	5177717	13,1529	5,5721	5,15329	5,78035	543,50	23506,2	173
174	30276	5268024	13,1909	5,5828	5,15906	5,74713	546,64	23778,7	174
175	30625	5359375	13,2288	5,5934	5,16479	5,71429	549,78	24052,8	175
176	30976	5451776	13,2665	5,6041	5,17048	5,68182	552,92	24328,5	176
177	31329	5545233	13,3041	5,6147	5,17615	5,64972	556,06	24605,7	177
178	31684	5639752	13,3417	5,6252	5,18178	5,61798	559,20	24884,6	178
179	32041	5735339	13,3791	5,6357	5,18759	5,58659	562,35	25164,9	179
180	32400	5832000	13,4164	5,6462	5,19296	5,55556	565,49	25446,9	**180**
181	32761	5929741	13,4536	5,6567	5,19850	5,52486	568,63	25730,4	181
182	33124	6028568	13,4907	5,6671	5,20401	5,49451	571,77	26015,5	182
183	33489	6128487	13,5277	5,6774	5,20949	5,46448	574,91	26302,2	183
184	33856	6229504	13,5647	5,6877	5,21494	5,43478	578,05	26590,4	184
185	34225	6331625	13,6015	5,6980	5,22036	5,40541	581,19	26880,3	185
186	34596	6434856	13,6382	5,7083	5,22575	5,37634	584,34	27171,6	186
187	34969	6539203	13,6748	5,7185	5,23111	5,34759	587,48	27464,6	187
188	35344	6644672	13,7113	5,7287	5,23644	5,31915	590,62	27759,1	188
189	35721	6751269	13,7477	5,7388	5,24175	5,29101	593,76	28055,2	189
190	36100	6859000	13,7840	5,7489	5,24702	5,26316	596,90	28352,9	**190**
191	36481	6967871	13,8203	5,7590	5,25227	5,23560	600,04	28652,1	191
192	36864	7077888	13,8564	5,7690	5,25750	5,20833	603,19	28952,9	192
193	37249	7189057	13,8924	5,7790	5,26269	5,18135	606,33	29255,3	193
194	37636	7301384	13,9284	5,7890	5,26786	5,15464	609,47	29559,2	194
195	38025	7414875	13,9642	5,7989	5,27300	5,12821	612,61	29864,8	195
196	38416	7529536	14,0000	5,8088	5,27811	5,10204	615,75	30171,9	196
197	38809	7645373	14,0357	5,8186	5,28320	5,07614	618,89	30480,5	197
198	39204	7762392	14,0712	5,8285	5,28827	5,05051	622,04	30790,7	198
199	39601	7880599	14,1067	5,8383	5,29330	5,02513	625,18	31102,6	199

Tafel 1. **Potenzen, Wurzeln, Natürliche Logarithmen, Reziproke Werte, Kreisumfänge und -inhalte.**

n	n^2	n^3	$\sqrt{n}$	$\sqrt[3]{n}$	$\ln n$	$\frac{1000}{n}$	πn	$\frac{\pi n^2}{4}$	n
200	40000	8000000	14,1421	5,8480	5,29832	5,00000	628,32	31415,9	**200**
201	40401	8120601	14,1774	5,8578	5,30330	4,97512	631,46	31730,9	201
202	40804	8242408	14,2127	5,8675	5,30827	4,95050	634,60	32047,4	202
203	41209	8365427	14,2478	5,8771	5,31321	4,92611	637,74	32365,5	203
204	41616	8489664	14,2829	5,8868	5,31812	4,90196	640,88	32685,1	204
205	42025	8615125	14,3178	5,8964	5,32301	4,87805	644,03	33006,4	205
206	42436	8741816	14,3527	5,9059	5,32788	4,85437	647,17	33329,2	206
207	42849	8869743	14,3875	5,9155	5,33272	4,83092	650,31	33653,5	207
208	43264	8998912	14,4222	5,9250	5,33754	4,80769	653,45	33979,5	208
209	43681	9129329	14,4568	5,9345	5,34233	4,78469	656,59	34307,0	209
210	44100	9261000	14,4914	5,9439	5,34711	4,76190	659,73	34636,1	**210**
211	44521	9393931	14,5258	5,9533	5,35186	4,73934	662,88	34966,7	211
212	44944	9528128	14,5602	5,9627	5,35659	4,71698	666,02	35298,9	212
213	45369	9663597	14,5945	5,9721	5,36129	4,69484	669,16	35632,7	213
214	45796	9800344	14,6287	5,9814	5,36598	4,67290	672,30	35968,1	214
215	46225	9938375	14,6629	5,9907	5,37064	4,65116	675,44	36305,0	215
216	46656	10077696	14,6969	6,0000	5,37528	4,62963	678,58	36643,5	216
217	47089	10218313	14,7309	6,0092	5,37990	4,60829	681,73	36983,6	217
218	47524	10360232	14,7648	6,0185	5,38450	4,58716	684,87	37325,3	218
219	47961	10503459	14,7986	6,0277	5,38907	4,56621	688,01	37668,5	219
220	48400	10648000	14,8324	6,0368	5,39363	4,54545	691,15	38013,3	**220**
221	48841	10793861	14,8661	6,0459	5,39816	4,52489	694,29	38359,6	221
222	49284	10941048	14,8997	6,0550	5,40268	4,50450	697,43	38707,6	222
223	49729	11089567	14,9332	6,0641	5,40717	4,48430	700,58	39057,1	223
224	50176	11239424	14,9666	6,0732	5,41165	4,46429	703,72	39408,1	224
225	50625	11390625	15,0000	6,0822	5,41610	4,44444	706,86	39760,8	225
226	51076	11543176	15,0333	6,0912	5,42053	4,42478	710,00	40115,0	226
227	51529	11697083	15,0665	6,1002	5,42495	4,40529	713,14	40470,8	227
228	51984	11852352	15,0997	6,1091	5,42935	4,38596	716,28	40828,1	228
229	52441	12008989	15,1327	6,1180	5,43372	4,36681	719,42	41187,1	229
230	52900	12167000	15,1658	6,1269	5,43808	4,34783	722,57	41547,6	**230**
231	53361	12326391	15,1987	6,1358	5,44242	4,32900	725,71	41909,6	231
232	53824	12487168	15,2315	6,1446	5,44674	4,31034	728,85	42273,3	232
233	54289	12649337	15,2643	6,1534	5,45104	4,29185	731,99	42638,5	233
234	54756	12812904	15,2971	6,1622	5,45532	4,27350	735,13	43005,3	234
235	55225	12977875	15,3297	6,1710	5,45959	4,25532	738,27	43373,6	235
236	55696	13144256	15,3623	6,1797	5,46383	4,23729	741,42	43743,5	236
237	56169	13312053	15,3948	6,1885	5,46806	4,21941	744,56	44115,0	237
238	56644	13481272	15,4272	6,1972	5,47227	4,20168	747,70	44488,1	238
239	57121	13651919	15,4596	6,2058	5,47646	4,18410	750,84	44862,7	239
240	57600	13824000	15,4919	6,2145	5,48064	4,16667	753,98	45238,9	**240**
241	58081	13997521	15,5242	6,2231	5,48480	4,14938	757,12	45616,7	241
242	58564	14172488	15,5563	6,2317	5,48894	4,13223	760,27	45996,1	242
243	59049	14348907	15,5885	6,2403	5,49306	4,11523	763,41	46377,0	243
244	59536	14526784	15,6205	6,2488	5,49717	4,09836	766,55	46759,5	244
245	60025	14706125	15,6525	6,2573	5,50126	4,08163	769,69	47143,5	245
246	60516	14886936	15,6844	6,2658	5,50533	4,06504	772,83	47529,2	246
247	61009	15069223	15,7162	6,2743	5,50939	4,04858	775,97	47916,4	247
248	61504	15252992	15,7480	6,2828	5,51343	4,03226	779,11	48305,1	248
249	62001	15438249	15,7797	6,2912	5,51745	4,01606	782,26	48695,5	249

Tafel 1. **Potenzen, Wurzeln, Natürliche Logarithmen, Reziproke Werte, Kreisumfänge und -inhalte.**

n	n^2	n^3	$\sqrt{n}$	$\sqrt[3]{n}$	$\ln n$	$\frac{1000}{n}$	πn	$\frac{\pi n^2}{4}$	n
250	62500	15625000	15,8114	6,2996	5,52146	4,00000	785,40	49087,4	**250**
251	63001	15813251	15,8430	6,3080	5,52545	3,98406	788,54	49480,9	251
252	63504	16003008	15,8745	6,3164	5,52943	3,96825	791,68	49875,9	252
253	64009	16194277	15,9060	6,3247	5,53339	3,95257	794,82	50272,6	253
254	64516	16387064	15,9374	6,3330	5,53733	3,93701	797,96	50670,7	254
255	65025	16581375	15,9687	6,3413	5,54126	3,92157	801,11	51070,5	255
256	65536	16777216	16,0000	6,3496	5,54518	3,90625	804,25	51471,9	256
257	66049	16974593	16,0312	6,3579	5,54908	3,89105	807,39	51874,8	257
258	66564	17173512	16,0624	6,3661	5,55296	3,87597	810,53	52279,2	258
259	67081	17373979	16,0935	6,3743	5,55683	3,86100	813,67	52685,3	259
260	67600	17576000	16,1245	6,3825	5,56068	3,84615	816,81	53092,9	**260**
261	68121	17779581	16,1555	6,3907	5,56452	3,83142	819,96	53502,1	261
262	68644	17984728	16,1864	6,3988	5,56834	3,81679	823,10	53912,9	262
263	69169	18191447	16,2173	6,4070	5,57215	3,80228	826,24	54325,2	263
264	69696	18399744	16,2481	6,4151	5,57595	3,78788	829,38	54739,1	264
265	70225	18609625	16,2788	6,4232	5,57973	3,77358	832,52	55154,6	265
266	70756	18821096	16,3095	6,4312	5,58350	3,75940	835,66	55571,6	266
267	71289	19034163	16,3401	6,4393	5,58725	3,74532	838,81	55990,2	267
268	71824	19248832	16,3707	6,4473	5,59099	3,73134	841,95	56410,4	268
269	72361	19465109	16,4012	6,4553	5,59471	3,71747	845,09	56832,2	269
270	72900	19683000	16,4317	6,4633	5,59842	3,70370	848,23	57255,5	**270**
271	73441	19902511	16,4621	6,4713	5,60212	3,69004	851,37	57680,4	271
272	73984	20123648	16,4924	6,4792	5,60580	3,67647	854,51	58106,9	272
273	74529	20346417	16,5227	6,4872	5,60947	3,66300	857,65	58534,9	273
274	75076	20570824	16,5529	6,4951	5,61313	3,64964	860,80	58964,6	274
275	75625	20796875	16,5831	6,5030	5,61677	3,63636	863,94	59395,7	275
276	76176	21024576	16,6132	6,5108	5,62040	3,62319	867,08	59828,5	276
277	76729	21253933	16,6433	6,5187	5,62402	3,61011	870,22	60262,8	277
278	77284	21484952	16,6733	6,5265	5,62762	3,59712	873,36	60698,7	278
279	77841	21717639	16,7033	6,5343	5,63121	3,58423	876,50	61136,2	279
280	78400	21952000	16,7332	6,5421	5,63479	3,57143	879,65	61575,2	**280**
281	78961	22188041	16,7631	6,5499	5,63835	3,55872	882,79	62015,8	281
282	79524	22425768	16,7929	6,5577	5,64191	3,54610	885,93	62458,0	282
283	80089	22665187	16,8226	6,5654	5,64545	3,53357	889,07	62901,8	283
284	80656	22906304	16,8523	6,5731	5,64897	3,52113	892,21	63347,1	284
285	81225	23149125	16,8819	6,5808	5,65249	3,50877	895,35	63794,0	285
286	81796	23393656	16,9115	6,5885	5,65599	3,49650	898,50	64242,4	286
287	82369	23639903	16,9411	6,5962	5,65948	3,48432	901,64	64692,5	287
288	82944	23887872	16,9706	6,6039	5,66296	3,47222	904,78	65144,1	288
289	83521	24137569	17,0000	6,6115	5,66643	3,46021	907,92	65597,2	289
290	84100	24389000	17,0294	6,6191	5,66988	3,44828	911,06	66052,0	**290**
291	84681	24642171	17,0587	6,6267	5,67332	3,43643	914,20	66508,3	291
292	85264	24897088	17,0880	6,6343	5,67675	3,42466	917,35	66966,2	292
293	85849	25153757	17,1172	6,6419	5,68017	3,41297	920,49	67425,6	293
294	86436	25412184	17,1464	6,6494	5,68358	3,40136	923,63	67886,7	294
295	87025	25672375	17,1756	6,6569	5,68698	3,38983	926,77	68349,3	295
296	87616	25934336	17,2047	6,6644	5,69036	3,37838	929,91	68813,4	296
297	88209	26198073	17,2337	6,6719	5,69373	3,36700	933,05	69279,2	297
298	88804	26463592	17,2627	6,6794	5,69709	3,35570	936,19	69746,5	298
299	89401	26730899	17,2916	6,6869	5,70044	3,34448	939,34	70215,4	299

Tafel 1. **Potenzen, Wurzeln, Natürliche Logarithmen, Reziproke Werte, Kreisumfänge und -inhalte.**

n	n^2	n^3	$\sqrt{n}$	$\sqrt[3]{n}$	$\ln n$	$\frac{1000}{n}$	πn	$\frac{\pi n^2}{4}$	n
300	90000	27000000	17,3205	6,6943	5,70378	3,33333	942,48	70685,8	**300**
301	90601	27270901	17,3494	6,7018	5,70711	3,32226	945,62	71157,9	301
302	91204	27543608	17,3781	6,7092	5,71043	3,31126	948,76	71631,5	302
303	91809	27818127	17,4069	6,7166	5,71373	3,30033	951,90	72106,6	303
304	92416	28094464	17,4356	6,7240	5,71703	3,28947	955,04	72583,4	304
305	93025	28372625	17,4642	6,7313	5,72031	3,27869	958,19	73061,7	305
306	93636	28652616	17,4929	6,7387	5,72359	3,26797	961,33	73541,5	306
307	94249	28934443	17,5214	6,7460	5,72685	3,25733	964,47	74023,0	307
308	94864	29218112	17,5499	6,7533	5,73010	3,24675	967,61	74506,0	308
309	95481	29503629	17,5784	6,7606	5,73334	3,23625	970,75	74990,6	309
310	96100	29791000	17,6068	6,7679	5,73657	3,22581	973,89	75476,8	**310**
311	96721	30080231	17,6352	6,7752	5,73979	3,21543	977,04	75964,5	311
312	97344	30371328	17,6635	6,7824	5,74300	3,20513	980,18	76453,8	312
313	97969	30664297	17,6918	6,7897	5,74620	3,19489	983,32	76944,7	313
314	98596	30959144	17,7200	6,7969	5,74939	3,18471	986,46	77437,1	314
315	99225	31255875	17,7482	6,8041	5,75257	3,17460	989,60	77931,1	315
316	99856	31554496	17,7764	6,8113	5,75574	3,16456	992,74	78426,7	316
317	100489	31855013	17,8045	6,8185	5,75890	3,15457	995,88	78923,9	317
318	101124	32157432	17,8326	6,8256	5,76205	3,14465	999,03	79422,6	318
319	101761	32461759	17,8606	6,8328	5,76519	3,13480	1002,2	79922,9	319
320	102400	32768000	17,8885	6,8399	5,76832	3,12500	1005,3	80424,8	**320**
321	103041	33076161	17,9165	6,8470	5,77144	3,11526	1008,5	80928,2	321
322	103684	33386248	17,9444	6,8541	5,77455	3,10559	1011,6	81433,2	322
323	104329	33698267	17,9722	6,8612	5,77765	3,09598	1014,7	81939,8	323
324	104976	34012224	18,0000	6,8683	5,78074	3,08642	1017,9	82448,0	324
325	105625	34328125	18,0278	6,8753	5,78383	3,07692	1021,0	82957,7	325
326	106276	34645976	18,0555	6,8824	5,78690	3,06748	1024,2	83469,0	326
327	106929	34965783	18,0831	6,8894	5,78996	3,05810	1027,3	83981,8	327
328	107584	35287552	18,1108	6,8964	5,79301	3,04878	1030,4	84496,3	328
329	108241	35611289	18,1384	6,9034	5,79606	3,03951	1033,6	85012,3	329
330	108900	35937000	18,1659	6,9104	5,79909	3,03030	1036,7	85529,9	**330**
331	109561	36264691	18,1934	6,9174	5,80212	3,02115	1039,9	86049,0	331
332	110224	36594368	18,2209	6,9244	5,80513	3,01205	1043,0	86569,7	332
333	110889	36926037	18,2483	6,9313	5,80814	3,00300	1046,2	87092,0	333
334	111556	37259704	18,2757	6,9382	5,81114	2,99401	1049,3	87615,9	334
335	112225	37595375	18,3030	6,9451	5,81413	2,98507	1052,4	88141,3	335
336	112896	37933056	18,3303	6,9521	5,81711	2,97619	1055,6	88668,3	336
337	113569	38272753	18,3576	6,9589	5,82008	2,96736	1058,7	89196,9	337
338	114244	38614472	18,3848	6,9658	5,82305	2,95858	1061,9	89727,0	338
339	114921	38958219	18,4120	6,9727	5,82600	2,94985	1065,0	90258,7	339
340	115600	39304000	18,4391	6,9795	5,82895	2,94118	1068,1	90792,0	**340**
341	116281	39651821	18,4662	6,9864	5,83188	2,93255	1071,3	91326,9	341
342	116964	40001688	18,4932	6,9932	5,83481	2,92398	1074,4	91863,3	342
343	117649	40353607	18,5203	7,0000	5,83773	2,91545	1077,6	92401,3	343
344	118336	40707584	18,5472	7,0068	5,84064	2,90698	1080,7	92940,9	344
345	119025	41063625	18,5742	7,0136	5,84354	2,89855	1083,8	93482,0	345
346	119716	41421736	18,6011	7,0203	5,84644	2,89017	1087,0	94024,7	346
347	120409	41781923	18,6279	7,0271	5,84932	2,88184	1090,1	94569,0	347
348	121104	42144192	18,6548	7,0338	5,85220	2,87356	1093,3	95114,9	348
349	121801	42508549	18,6815	7,0406	5,85507	2,86533	1096,4	95662,3	349

Tafel 1. **Potenzen, Wurzeln, Natürliche Logarithmen, Reziproke Werte, Kreisumfänge und -inhalte.**

n	n^2	n^3	$\sqrt{n}$	$\sqrt[3]{n}$	$\ln n$	$\frac{1000}{n}$	πn	$\frac{\pi n^2}{4}$	n
350	122500	42875000	18,7083	7,0473	5,85793	2,85714	1099,6	96211,3	**350**
351	123201	43243551	18,7350	7,0540	5,86079	2,84900	1102,7	96761,8	351
352	123904	43614208	18,7617	7,0607	5,86363	2,84091	1105,8	97314,0	352
353	124609	43986977	18,7883	7,0674	5,86647	2,83286	1109,0	97867,7	353
354	125316	44361864	18,8149	7,0740	5,86930	2,82486	1112,1	98423,0	354
355	126025	44738875	18,8414	7,0807	5,87212	2,81690	1115,3	98979,8	355
356	126736	45118016	18,8680	7,0873	5,87493	2,80899	1118,4	99538,2	356
357	127449	45499293	18,8944	7,0940	5,87774	2,80112	1121,5	100098	357
358	128164	45882712	18,9209	7,1006	5,88053	2,79330	1124,7	100660	358
359	128881	46268279	18,9473	7,1072	5,88332	2,78552	1127,8	101223	359
360	129600	46656000	18,9737	7,1138	5,88610	2,77778	1131,0	101788	**360**
361	130321	47045881	19,0000	7,1204	5,88888	2,77008	1134,1	102354	361
362	131044	47437928	19,0263	7,1269	5,89164	2,76243	1137,3	102922	362
363	131769	47832147	19,0526	7,1335	5,89440	2,75482	1140,4	103491	363
364	132496	48228544	19,0788	7,1400	5,89715	2,74725	1143,5	104062	364
365	133225	48627125	19,1050	7,1466	5,89990	2,73973	1146,7	104635	365
366	133956	49027896	19,1311	7,1531	5,90263	2,73224	1149,8	105209	366
367	134689	49430863	19,1572	7,1596	5,90536	2,72480	1153,0	105784	367
368	135424	49836032	19,1833	7,1661	5,90808	2,71739	1156,1	106362	368
369	136161	50243409	19,2094	7,1726	5,91080	2,71003	1159,2	106941	369
370	136900	50653000	19,2354	7,1791	5,91350	2,70270	1162,4	107521	**370**
371	137641	51064811	19,2614	7,1855	5,91620	2,69542	1165,5	108103	371
372	138384	51478848	19,2873	7,1920	5,91889	2,68817	1168,7	108687	372
373	139129	51895117	19,3132	7,1984	5,92158	2,68097	1171,8	109272	373
374	139876	52313624	19,3391	7,2048	5,92426	2,67380	1175,0	109858	374
375	140625	52734375	19,3649	7,2112	5,92693	2,66667	1178,1	110447	375
376	141376	53157376	19,3907	7,2177	5,92959	2,65957	1181,2	111036	376
377	142129	53582633	19,4165	7,2240	5,93225	2,65252	1184,4	111628	377
378	142884	54010152	19,4422	7,2304	5,93489	2,64550	1187,5	112221	378
379	143641	54439939	19,4679	7,2368	5,93754	2,63852	1190,7	112815	379
380	144400	54872000	19,4936	7,2432	5,94017	2,63158	1193,8	113411	**380**
381	145161	55306341	19,5192	7,2495	5,94280	2,62467	1196,9	114009	381
382	145924	55742968	19,5448	7,2558	5,94542	2,61780	1200,1	114608	382
383	146689	56181887	19,5704	7,2622	5,94803	2,61097	1203,2	115209	383
384	147456	56623104	19,5959	7,2685	5,95064	2,60417	1206,4	115812	384
385	148225	57066625	19,6214	7,2748	5,95324	2,59740	1209,5	116416	385
386	148996	57512456	19,6469	7,2811	5,95584	2,59067	1212,7	117021	386
387	149769	57960603	19,6723	7,2874	5,95842	2,58398	1215,8	117628	387
388	150544	58411072	19,6977	7,2936	5,96101	2,57732	1218,9	118237	388
389	151321	58863869	19,7231	7,2999	5,96358	2,57069	1222,1	118847	389
390	152100	59319000	19,7484	7,3061	5,96615	2,56410	1225,2	119459	**390**
391	152881	59776471	19,7737	7,3124	5,96871	2,55754	1228,4	120072	391
392	153664	60236288	19,7990	7,3186	5,97126	2,55102	1231,5	120687	392
393	154449	60698457	19,8242	7,3248	5,97381	2,54453	1234,6	121304	393
394	155236	61162984	19,8494	7,3310	5,97635	2,53807	1237,8	121922	394
395	156025	61629875	19,8746	7,3372	5,97889	2,53165	1240,9	122542	395
396	156816	62099136	19,8997	7,3434	5,98141	2,52525	1244,1	123163	396
397	157609	62570773	19,9249	7,3496	5,98394	2,51889	1247,2	123786	397
398	158404	63044792	19,9499	7,3558	5,98645	2,51256	1250,4	124410	398
399	159201	63521199	19,9750	7,3619	5,98896	2,50627	1253,5	125036	399

Tafel 1. **Potenzen, Wurzeln, Natürliche Logarithmen, Reziproke Werte, Kreisumfänge und -inhalte.**

n	n^2	n^3	$\sqrt{n}$	$\sqrt[3]{n}$	$\ln n$	$\frac{1000}{n}$	πn	$\frac{\pi n^2}{4}$	n
400	160000	64000000	20,0000	7,3681	5,99146	2,50000	1256,6	125664	**400**
401	160801	64481201	20,0250	7,3742	5,99396	2,49377	1259,8	126293	401
402	161604	64964808	20,0499	7,3803	5,99645	2,48756	1262,9	126923	402
403	162409	65450827	20,0749	7,3864	5,99894	2,48139	1266,1	127556	403
404	163216	65939264	20,0998	7,3925	6,00141	2,47525	1269,2	128190	404
405	164025	66430125	20,1246	7,3986	6,00389	2,46914	1272,3	128825	405
406	164836	66923416	20,1494	7,4047	6,00635	2,46305	1275,5	129462	406
407	165649	67419143	20,1742	7,4108	6,00881	2,45700	1278,6	130100	407
408	166464	67917312	20,1990	7,4169	6,01127	2,45098	1281,8	130741	408
409	167281	68417929	20,2237	7,4229	6,01372	2,44499	1284,9	131382	409
410	168100	68921000	20,2485	7,4290	6,01616	2,43902	1288,1	132025	**410**
411	168921	69426531	20,2731	7,4350	6,01859	2,43309	1291,2	132670	411
412	169744	69934528	20,2978	7,4410	6,02102	2,42718	1294,3	133317	412
413	170569	70444997	20,3224	7,4470	6,02345	2,42131	1297,5	133965	413
414	171396	70957944	20,3470	7,4530	6,02587	2,41546	1300,6	134614	414
415	172225	71473375	20,3715	7,4590	6,02828	2,40964	1303,8	135265	415
416	173056	71991296	20,3961	7,4650	6,03069	2,40385	1306,9	135918	416
417	173889	72511713	20,4206	7,4710	6,03309	2,39808	1310,0	136572	417
418	174724	73034632	20,4450	7,4770	6,03548	2,39234	1313,2	137228	418
419	175561	73560059	20,4695	7,4829	6,03787	2,38663	1316,3	137885	419
420	176400	74088000	20,4939	7,4889	6,04025	2,38095	1319,5	138544	**420**
421	177241	74618461	20,5183	7,4948	6,04263	2,37530	1322,6	139205	421
422	178084	75151448	20,5426	7,5007	6,04501	2,36967	1325,8	139867	422
423	178929	75686967	20,5670	7,5067	6,04737	2,36407	1328,9	140531	423
424	179776	76225024	20,5913	7,5126	6,04973	2,35849	1332,0	141196	424
425	180625	76765625	20,6155	7,5185	6,05209	2,35294	1335,2	141863	425
426	181476	77308776	20,6398	7,5244	6,05444	2,34742	1338,3	142531	426
427	182329	77854483	20,6640	7,5302	6,05678	2,34192	1341,5	143201	427
428	183184	78402752	20,6882	7,5361	6,05912	2,33645	1344,6	143872	428
429	184041	78953589	20,7123	7,5420	6,06146	2,33100	1347,7	144545	429
430	184900	79507000	20,7364	7,5478	6,06379	2,32558	1350,9	145220	**430**
431	185761	80062991	20,7605	7,5537	6,06611	2,32019	1354,0	145896	431
432	186624	80621568	20,7846	7,5595	6,06843	2,31481	1357,2	146574	432
433	187489	81182737	20,8087	7,5654	6,07074	2,30947	1360,3	147254	433
434	188356	81746504	20,8327	7,5712	6,07304	2,30415	1363,5	147934	434
435	189225	82312875	20,8567	7,5770	6,07535	2,29885	1366,6	148617	435
436	190096	82881856	20,8806	7,5828	6,07764	2,29358	1369,7	149301	436
437	190969	83453453	20,9045	7,5886	6,07993	2,28833	1372,9	149987	437
438	191844	84027672	20,9284	7,5944	6,08222	2,28311	1376,0	150674	438
439	192721	84604519	20,9523	7,6001	6,08450	2,27790	1379,2	151363	439
440	193600	85184000	20,9762	7,6059	6,08677	2,27273	1382,3	152053	**440**
441	194481	85766121	21,0000	7,6117	6,08904	2,26757	1385,4	152745	441
442	195364	86350888	21,0238	7,6174	6,09131	2,26244	1388,6	153439	442
443	196249	86938307	21,0476	7,6232	6,09357	2,25734	1391,7	154134	443
444	197136	87528384	21,0713	7,6289	6,09582	2,25225	1394,9	154830	444
445	198025	88121125	21,0950	7,6346	6,09807	2,24719	1398,0	155528	445
446	198916	88716536	21,1187	7,6403	6,10032	2,24215	1401,2	156228	446
447	199809	89314623	21,1424	7,6460	6,10256	2,23714	1404,3	156930	447
448	200704	89915392	21,1660	7,6517	6,10479	2,23214	1407,4	157633	448
449	201601	90518849	21,1896	7,6574	6,10702	2,22717	1410,6	158337	449

Tafel 1. **Potenzen, Wurzeln, Natürliche Logarithmen, Reziproke Werte, Kreisumfänge und -inhalte.**

n	n^2	n^3	$\sqrt{n}$	$\sqrt[3]{n}$	$\ln n$	$\frac{1000}{n}$	πn	$\frac{\pi n^2}{4}$	n
450	202500	91125000	21,2132	7,6631	6,10925	2,22222	1413,7	159043	**450**
451	203401	91733851	21,2368	7,6688	6,11147	2,21729	1416,9	159751	451
452	204304	92345408	21,2603	7,6744	6,11368	2.21239	1420,0	160460	452
453	205209	92959677	21,2838	7,6801	6,11589	2,20751	1423,1	161171	453
454	206116	93576664	21,3073	7,6857	6,11810	2,20264	1426,3	161883	454
455	207025	94196375	21,3307	7,6914	6,12030	2,19780	1429,4	162597	455
456	207936	94818816	21,3542	7,6970	6,12249	2,19298	1432,6	163313	456
457	208849	95443993	21,3776	7,7026	6,12468	2,18818	1435,7	164030	457
458	209764	96071912	21,4009	7,7082	6,12687	2,18341	1438,8	164748	458
459	210681	96702579	21,4243	7,7138	6,12905	2,17865	1442,0	165468	459
460	211600	97336000	21,4476	7,7194	6,13123	2,17391	1445,1	166190	**460**
461	212521	97972181	21,4709	7,7250	6,13340	2,16920	1448,3	166914	461
462	213444	98611128	21,4942	7,7306	6,13556	2,16450	1451,4	167639	462
463	214369	99252847	21,5174	7,7362	6,13773	2,15983	1454,6	168365	463
464	215296	99897344	21,5407	7,7418	6,13988	2,15517	1457,7	169093	464
465	216225	100544625	21,5639	7,7473	6,14204	2,15054	1460,8	169823	465
466	217156	101194696	21,5870	7,7529	6,14419	2,14592	1464,0	170554	466
467	218089	101847563	21,6102	7,7584	6,14633	2,14133	1467,1	171287	467
468	219024	102503232	21,6333	7,7639	6,14847	2,13675	1470,3	172021	468
469	219961	103161709	21,6564	7,7695	6,15060	2,13220	1473,4	172757	469
470	220900	103823000	21,6795	7,7750	6,15273	2,12766	1476,5	173494	**470**
471	221841	104487111	21,7025	7,7805	6,15486	2,12314	1479,7	174234	471
472	222784	105154048	21,7256	7,7860	6,15698	2,11864	1482,8	174974	472
473	223729	105823817	21,7486	7,7915	6,15910	2,11416	1486,0	175716	473
474	224676	106496424	21,7715	7,7970	6,16121	2,10970	1489,1	176460	474
475	225625	107171875	21,7945	7,8025	6,16331	2,10526	1492,3	177205	475
476	226576	107850176	21,8174	7,8079	6,16542	2,10084	1495,4	177952	476
477	227529	108531333	21,8403	7,8134	6,16752	2,09644	1498,5	178701	477
478	228484	109215352	21,8632	7,8188	6,16961	2,09205	1501,7	179451	478
479	229441	109902239	21,8861	7,8243	6,17170	2,08768	1504,8	180203	479
480	230400	110592000	21,9089	7,8297	6,17379	2,08333	1508,0	180956	**480**
481	231361	111284641	21,9317	7,8352	6,17587	2,07900	1511,1	181711	481
482	232324	111980168	21,9545	7,8406	6,17794	2,07469	1514,2	182467	482
483	233289	112678587	21,9773	7,8460	6,18002	2,07039	1517,4	183225	483
484	234256	113379904	22,0000	7,8514	6,18208	2,06612	1520,5	183984	484
485	235225	114084125	22,0227	7,8568	6,18415	2,06186	1523,7	184745	485
486	236196	114791256	22,0454	7,8622	6,18621	2,05761	1526,8	185508	486
487	237169	115501303	22,0681	7,8676	6,18826	2,05339	1530,0	186272	487
488	238144	116214272	22,0907	7,8730	6,19032	2,04918	1533,1	187038	488
489	239121	116930169	22,1133	7,8784	6,19236	2,04499	1536,2	187805	489
490	240100	117649000	22,1359	7,8837	6,19441	2,04082	1539,4	188574	**490**
491	241081	118370771	22,1585	7,8891	6,19644	2,03666	1542,5	189345	491
492	242064	119095488	22,1811	7,8944	6,19848	2,03252	1545,7	190117	492
493	243049	119823157	22,2036	7,8998	6,20051	2,02840	1548,8	190890	493
494	244036	120553784	22,2261	7,9051	6,20254	2,02429	1551,9	191665	494
495	245025	121287375	22,2486	7,9105	6,20456	2,02020	1555,1	192442	495
496	246016	122023936	22,2711	7,9158	6,20658	2,01613	1558,2	193221	496
497	247009	122763473	22,2935	7,9211	6,20859	2,01207	1561,4	194000	497
498	248004	123505992	22,3159	7,9264	6,21060	2,00803	1564,5	194782	498
499	249001	124251499	22,3383	7,9317	6,21261	2,00401	1567,7	195565	499

Tafel 1. **Potenzen, Wurzeln, Natürliche Logarithmen, Reziproke Werte, Kreisumfänge und -inhalte.**

n	n^2	n^3	$\sqrt{n}$	$\sqrt[3]{n}$	$\ln n$	$\frac{1000}{n}$	πn	$\frac{\pi n^2}{4}$	n
500	250000	125000000	22,3607	7,9370	6,21461	2,00000	1570,8	196350	**500**
501	251001	125751501	22,3830	7,9423	6,21661	1,99601	1573,9	197136	501
502	252004	126506008	22,4054	7,9476	6,21860	1,99203	1577,1	197923	502
503	253009	127263527	22,4277	7,9528	6,22059	1,98807	1580,2	198713	503
504	254016	128024064	22,4499	7,9581	6,22258	1,98413	1583,4	199504	504
505	255025	128787625	22,4722	7,9634	6,22456	1,98020	1586,5	200296	505
506	256036	129554216	22,4944	7,9686	6,22654	1,97628	1589,6	201090	506
507	257049	130323843	22,5167	7,9739	6,22851	1,97239	1592,8	201886	507
508	258064	131096512	22,5389	7,9791	6,23048	1,96850	1595,9	202683	508
509	259081	131872229	22,5610	7,9843	6,23245	1,96464	1599,1	203482	509
510	260100	132651000	22,5832	7,9896	6,23441	1,96078	1602,2	204282	**510**
511	261121	133432831	22,6053	7,9948	6,23637	1,95695	1605,4	205084	511
512	262144	134217728	22,6274	8,0000	6,23832	1,95312	1608,5	205887	512
513	263169	135005697	22,6495	8,0052	6,24028	1,94932	1611,6	206692	513
514	264196	135796744	22,6716	8,0104	6,24222	1,94553	1614,8	207499	514
515	265225	136590875	22,6936	8,0156	6,24417	1,94175	1617,9	208307	515
516	266256	137388096	22,7156	8,0208	6,24611	1,93798	1621,1	209117	516
517	267289	138188413	22,7376	8,0260	6,24804	1,93424	1624,2	209928	517
518	268324	138991832	22,7596	8,0311	6,24998	1,93050	1627,3	210741	518
519	269361	139798359	22,7816	8,0363	6,25190	1,92678	1630,5	211556	519
520	270400	140608000	22,8035	8,0415	6,25383	1,92308	1633,6	212372	**520**
521	271441	141420761	22,8254	8,0466	6,25575	1,91939	1636,8	213189	521
522	272484	142236648	22,8473	8,0517	6,25767	1,91571	1639,9	214008	522
523	273529	143055667	22,8692	8,0569	6,25958	1,91205	1643,1	214829	523
524	274576	143877824	22,8910	8,0620	6,26149	1,90840	1646,2	215651	524
525	275625	144703125	22,9129	8,0671	6,26340	1,90476	1649,3	216475	525
526	276676	145531576	22,9347	8,0723	6,26530	1,90114	1652,5	217301	526
527	277729	146363183	22,9565	8,0774	6,26720	1,89753	1655,6	218128	527
528	278784	147197952	22,9783	8,0825	6,26910	1,89394	1658,8	218956	528
529	279841	148035889	23,0000	8,0876	6,27099	1,89036	1661,9	219787	529
530	280900	148877000	23,0217	8,0927	6,27288	1,88679	1665,0	220618	**530**
531	281961	149721291	23,0434	8,0978	6,27476	1,88324	1668,2	221452	531
532	283024	150568768	23,0651	8,1028	6,27664	1,87970	1671,3	222287	532
533	284089	151419437	23,0868	8,1079	6,27852	1,87617	1674,5	223123	533
534	285156	152273304	23,1084	8,1130	6,28040	1,87266	1677,6	223961	534
535	286225	153130375	23,1301	8,1180	6,28227	1,86916	1680,8	224801	535
536	287296	153990656	23,1517	8,1231	6,28413	1,86567	1683,9	225642	536
537	288369	154854153	23,1733	8,1281	6,28600	1,86220	1687,0	226484	537
538	289444	155720872	23,1948	8,1332	6,28786	1,85874	1690,2	227329	538
539	290521	156590819	23,2164	8,1382	6,28972	1,85529	1693,3	228175	539
540	291600	157464000	23,2379	8,1433	6,29157	1,85185	1696,5	229022	**540**
541	292681	158340421	23,2594	8,1483	6,29342	1,84843	1699,6	229871	541
542	293764	159220088	23,2809	8,1533	6,29527	1,84502	1702,7	230722	542
543	294849	160103007	23,3024	8,1583	6,29711	1,84162	1705,9	231574	543
544	295936	160989184	23,3238	8,1633	6,29895	1,83824	1709,0	232428	544
545	297025	161878625	23,3452	8,1683	6,30079	1,83486	1712,2	233283	545
546	298116	162771336	23,3666	8,1733	6,30262	1,83150	1715,3	234140	546
547	299209	163667323	23,3880	8,1783	6,30445	1,82815	1718,5	234998	547
548	300304	164566592	23,4094	8,1833	6,30628	1,82482	1721,6	235858	548
549	301401	165469149	23,4307	8,1882	6,30810	1,82149	1724,7	236720	549

Tafel 1. **Potenzen, Wurzeln, Natürliche Logarithmen, Reziproke Werte, Kreisumfänge und -inhalte.**

n	n^2	n^3	$\sqrt{n}$	$\sqrt[3]{n}$	$\ln n$	$\frac{1000}{n}$	πn	$\frac{\pi n^2}{4}$	n
550	302500	166375000	23,4521	8,1932	6,30992	1,81818	1727,9	237583	**550**
551	303601	167284151	23,4734	8,1982	6,31173	1,81488	1731,0	238448	551
552	304704	168196608	23,4947	8,2031	6,31355	1,81159	1734,2	239314	552
553	305809	169112377	23,5160	8,2081	6,31536	1,80832	1737,3	240182	553
554	306916	170031464	23,5372	8,2130	6,31716	1,80505	1740,4	241051	554
555	308025	170953875	23,5584	8,2180	6,31897	1,80180	1743,6	241922	555
556	309136	171879616	23,5797	8,2229	6,32077	1,79856	1746,7	242795	556
557	310249	172808693	23,6008	8,2278	6,32257	1,79533	1749,9	243669	557
558	311364	173741112	23,6220	8,2327	6,32436	1,79211	1753,0	244545	558
559	312481	174676879	23,6432	8,2377	6,32615	1,78891	1756,2	245422	559
560	313600	175616000	23,6643	8,2426	6,32794	1,78571	1759,3	246301	**560**
561	314721	176558481	23,6854	8,2475	6,32972	1,78253	1762,4	247181	561
562	315844	177504328	23,7065	8,2524	6,33150	1,77936	1765,6	248063	562
563	316969	178453547	23,7276	8,2573	6,33328	1,77620	1768,7	248947	563
564	318096	179406144	23,7487	8,2621	6,33505	1,77305	1771,9	249832	564
565	319225	180362125	23,7697	8,2670	6,33683	1,76991	1775,0	250719	565
566	320356	181321496	23,7908	8,2719	6,33859	1,76678	1778,1	251607	566
567	321489	182284263	23,8118	8,2768	6,34036	1,76367	1781,3	252497	567
568	322624	183250432	23,8328	8,2816	6,34212	1,76056	1784,4	253388	568
569	323761	184220009	23,8537	8,2865	6,34388	1,75747	1787,6	254281	569
570	324900	185193000	23,8747	8,2913	6,34564	1,75439	1790,7	255176	**570**
571	326041	186169411	23,8956	8,2962	6,34739	1,75131	1793,8	256072	571
572	327184	187149248	23,9165	8,3010	6,34914	1,74825	1797,0	256970	572
573	328329	188132517	23,9374	8,3059	6,35089	1,74520	1800,1	257869	573
574	329476	189119224	23,9583	8,3107	6,35263	1,74216	1803,3	258770	574
575	330625	190109375	23,9792	8,3155	6,35437	1,73913	1806,4	259672	575
576	331776	191102976	24,0000	8,3203	6,35611	1,73611	1809,6	260576	576
577	332929	192100033	24,0208	8,3251	6,35784	1,73310	1812,7	261482	577
578	334084	193100552	24,0416	8,3300	6,35957	1,73010	1815,8	262389	578
579	335241	194104539	24,0624	8,3348	6,36130	1,72712	1819,0	263298	579
580	336400	195112000	24,0832	8,3396	6,36303	1,72414	1822,1	264208	**580**
581	337561	196122941	24,1039	8,3443	6,36475	1,72117	1825,3	265120	581
582	338724	197137368	24,1247	8,3491	6,36647	1,71821	1828,4	266033	582
583	339889	198155287	24,1454	8,3539	6,36819	1,71527	1831,6	266948	583
584	341056	199176704	24,1661	8,3587	6,36990	1,71233	1834,7	267865	584
585	342225	200201625	24,1868	8,3634	6,37161	1,70940	1837,8	268783	585
586	343396	201230056	24,2074	8,3682	6,37332	1,70648	1841,0	269703	586
587	344569	202262003	24,2281	8,3730	6,37502	1,70358	1844,1	270624	587
588	345744	203297472	24,2487	8,3777	6,37673	1,70068	1847,3	271547	588
589	346921	204336469	24,2693	8,3825	6,37843	1,69779	1850,4	272471	589
590	348100	205379000	24,2899	8,3872	6,38012	1,69492	1853,5	273397	**590**
591	349281	206425071	24,3105	8,3919	6,38182	1,69205	1856,7	274325	591
592	350464	207474688	24,3311	8,3967	6,38351	1,68919	1859,8	275254	592
593	351649	208527857	24,3516	8,4014	6,38519	1,68634	1863,0	276184	593
594	352836	209584584	24,3721	8,4061	6,38688	1,68350	1866,1	277117	594
595	354025	210644875	24,3926	8,4108	6,38856	1,68067	1869,2	278051	595
596	355216	211708736	24,4131	8,4155	6,39024	1,67785	1872,4	278986	596
597	356409	212776173	24,4336	8,4202	6,39192	1,67504	1875,5	279923	597
598	357604	213847192	24,4540	8,4249	6,39359	1,67224	1878,7	280862	598
599	358801	214921799	24,4745	8,4296	6,39526	1,66945	1881,8	281802	599

 Potenzen, Wurzeln, Natürliche Logarithmen, Reziproke Werte, Kreisumfänge und -inhalte.

n	n^2	n^3	$\sqrt{n}$	$\sqrt[3]{n}$	$\ln n$	$\frac{1000}{n}$	πn	$\frac{\pi n^2}{4}$	n
600	360000	216000000	24,4949	8,4343	6,39693	1,66667	1885,0	282743	**600**
601	361201	217081801	24,5153	8,4390	6,39859	1,66389	1888,1	283687	601
602	362404	218167208	24,5357	8,4437	6,40026	1,66113	1891,2	284631	602
603	363609	219256227	24,5561	8,4484	6,40192	1,65837	1894,4	285578	603
604	364816	220348864	24,5764	8,4530	6,40357	1,65563	1897,5	286526	604
605	366025	221445125	24,5967	8,4577	6,40523	1,65289	1900,7	287475	605
606	367236	222545016	24,6171	8,4623	6,40688	1,65017	1903,8	288426	606
607	368449	223648543	24,6374	8,4670	6,40853	1,64745	1906,9	289379	607
608	369664	224755712	24,6577	8,4716	6,41017	1,64474	1910,1	290333	608
609	370881	225866529	24,6779	8,4763	6,41182	1,64204	1913,2	291289	609
610	372100	226981000	24,6982	8,4809	6,41346	1,63934	1916,4	292247	**610**
611	373321	228099131	24,7184	8,4856	6,41510	1,63666	1919,5	293206	611
612	374544	229220928	24,7386	8,4902	6,41673	1,63399	1922,7	294166	612
613	375769	230346397	24,7588	8,4948	6,41836	1,63132	1925,8	295128	613
614	376996	231475544	24,7790	8,4994	6,41999	1,62866	1928,9	296092	614
615	378225	232608375	24,7992	8,5040	6,42162	1,62602	1932,1	297057	615
616	379456	233744896	24,8193	8,5086	6,42325	1,62338	1935,2	298024	616
617	380689	234885113	24,8395	8,5132	6,42487	1,62075	1938,4	298992	617
618	381924	236029032	24,8596	8,5178	6,42649	1,61812	1941,5	299962	618
619	383161	237176659	24,8797	8,5224	6,42811	1,61551	1944,6	300934	619
620	384400	238328000	24,8998	8,5270	6,42972	1,61290	1947,8	301907	**620**
621	385641	239483061	24,9199	8,5316	6,43133	1,61031	1950,9	302882	621
622	386884	240641848	24,9399	8,5362	6,43294	1,60772	1954,1	303858	622
623	388129	241804367	24,9600	8,5408	6,43455	1,60514	1957,2	304836	623
624	389376	242970624	24,9800	8,5453	6,43615	1,60256	1960,4	305815	624
625	390625	244140625	25,0000	8,5499	6,43775	1,60000	1963,5	306796	625
626	391876	245314376	25,0200	8,5544	6,43935	1,59744	1966,6	307779	626
627	393129	246491883	25,0400	8,5590	6,44095	1,59490	1969,8	308763	627
628	394384	247673152	25,0599	8,5635	6,44254	1,59236	1972,9	309748	628
629	395641	248858189	25,0799	8,5681	6,44413	1,58983	1976,1	310736	629
630	396900	250047000	25,0998	8,5726	6,44572	1,58730	1979,2	311725	**630**
631	398161	251239591	25,1197	8,5772	6,44731	1,58479	1982,3	312715	631
632	399424	252435968	25,1396	8,5817	6,44889	1,58228	1985,5	313707	632
633	400689	253636137	25,1595	8,5862	6,45047	1,57978	1988,6	314700	633
634	401956	254840104	25,1794	8,5907	6,45205	1,57729	1991,8	315696	634
635	403225	256047875	25,1992	8,5952	6,45362	1,57480	1994,9	316692	635
636	404496	257259456	25,2190	8,5997	6,45520	1,57233	1998,1	317690	636
637	405769	258474853	25,2389	8,6043	6,45677	1,56986	2001,2	318690	637
638	407044	259694072	25,2587	8,6088	6,45834	1,56740	2004,3	319692	638
639	408321	260917119	25,2784	8,6132	6,45990	1,56495	2007,5	320695	639
640	409600	262144000	25,2982	8,6177	6,46147	1,56250	2010,6	321699	**640**
641	410881	263374721	25,3180	8,6222	6,46303	1,56006	2013,8	322705	641
642	412164	264609288	25,3377	8,6267	6,46459	1,55763	2016,9	323713	642
643	413449	265847707	25,3574	8,6312	6,46614	1,55521	2020,0	324722	643
644	414736	267089984	25,3772	8,6357	6,46770	1,55280	2023,2	325733	644
645	416025	268336125	25,3969	8,6401	6,46925	1,55039	2026,3	326745	645
646	417316	269586136	25,4165	8,6446	6,47080	1,54799	2029,5	327759	646
647	418609	270840023	25,4362	8,6490	6,47235	1,54560	2032,6	328775	647
648	419904	272097792	25,4558	8,6535	6,47389	1,54321	2035,8	329792	648
649	421201	273359449	25,4755	8,6579	6,47543	1,54083	2038,9	330810	649

Tafel 1. **Potenzen, Wurzeln, Natürliche Logarithmen, Reziproke Werte, Kreisumfänge und -inhalte.**

n	n^2	n^3	$\sqrt{n}$	$\sqrt[3]{n}$	$\ln n$	$\frac{1000}{n}$	πn	$\frac{\pi n^2}{4}$	n
650	422500	274625000	25,4951	8,6624	6,47697	1,53846	2042,0	331831	**650**
651	423801	275894451	25,5147	8,6668	6,47851	1,53610	2045,2	332853	651
652	425104	277167808	25,5343	8,6713	6,48004	1,53374	2048,3	333876	652
653	426409	278445077	25,5539	8,6757	6,48158	1,53139	2051,5	334901	653
654	427716	279726264	25,5734	8,6801	6,48311	1,52905	2054,6	335927	654
655	429025	281011375	25,5930	8,6845	6,48464	1,52672	2057,7	336955	655
656	430336	282300416	25,6125	8,6890	6,48616	1,52439	2060,9	337985	656
657	431649	283593393	25,6320	8,6934	6,48768	1,52207	2064,0	339016	657
658	432964	284890312	25,6515	8,6978	6,48920	1,51976	2067,2	340049	658
659	434281	286191179	25,6710	8,7022	6,49072	1,51745	2070,3	341083	659
660	435600	287496000	25,6905	8,7066	6,49224	1,51515	2073,5	342119	**660**
661	436921	288804781	25,7099	8,7110	6,49375	1,51286	2076,6	343157	661
662	438244	290117528	25,7294	8,7154	6,49527	1,51057	2079,7	344196	662
663	439569	291434247	25,7488	8,7198	6,49677	1,50830	2082,9	345237	663
664	440896	292754944	25,7682	8,7241	6,49828	1,50602	2086,0	346279	664
665	442225	294079625	25,7876	8,7285	6,49979	1,50376	2089,2	347323	665
666	443556	295408296	25,8070	8,7329	6,50129	1,50150	2092,3	348368	666
667	444889	296740963	25,8263	8,7373	6,50279	1,49925	2095,4	349415	667
668	446224	298077632	25,8457	8,7416	6,50429	1,49701	2098,6	350464	668
669	447561	299418309	25,8650	8,7460	6,50578	1,49477	2101,7	351514	669
670	448900	300763000	25,8844	8,7503	6,50728	1,49254	2104,9	352565	**670**
671	450241	302111711	25,9037	8,7547	6,50877	1,49031	2108,0	353618	671
672	451584	303464448	25,9230	8,7590	6,51026	1,48810	2111,2	354673	672
673	452929	304821217	25,9422	8,7634	6,51175	1,48588	2114,3	355730	673
674	454276	306182024	25,9615	8,7677	6,51323	1,48368	2117,4	356788	674
675	455625	307546875	25,9808	8,7721	6,51471	1,48148	2120,6	357847	675
676	456976	308915776	26,0000	8,7764	6,51619	1,47929	2123,7	358908	676
677	458329	310288733	26,0192	8,7807	6,51767	1,47710	2126,9	359971	677
678	459684	311665752	26,0384	8,7850	6,51915	1,47493	2130,0	361035	678
679	461041	313046839	26,0576	8,7893	6,52062	1,47275	2133,1	362101	679
680	462400	314432000	26,0768	8,7937	6,52209	1,47059	2136,3	363168	**680**
681	463761	315821241	26,0960	8,7980	6,52356	1,46843	2139,4	364237	681
682	465124	317214568	26,1151	8,8023	6,52503	1,46628	2142,6	365308	682
683	466489	318611987	26,1343	8,8066	6,52649	1,46413	2145,7	366380	683
684	467856	320013504	26,1534	8,8109	6,52796	1,46199	2148,8	367453	684
685	469225	321419125	26,1725	8,8152	6,52942	1,45985	2152,0	368528	685
686	470596	322828856	26,1916	8,8194	6,53088	1,45773	2155,1	369605	686
687	471969	324242703	26,2107	8,8237	6,53233	1,45560	2158,3	370684	687
688	473344	325660672	26,2298	8,8280	6,53379	1,45349	2161,4	371764	688
689	474721	327082769	26,2488	8,8323	6,53524	1,45138	2164,6	372845	689
690	476100	328509000	26,2679	8,8366	6,53669	1,44928	2167,7	373928	**690**
691	477481	329939371	26,2869	8,8408	6,53814	1,44718	2170,8	375013	691
692	478864	331373888	26,3059	8,8451	6,53959	1,44509	2174,0	376099	692
693	480249	332812557	26,3249	8,8493	6,54103	1,44300	2177,1	377187	693
694	481636	334255384	26,3439	8,8536	6,54247	1,44092	2180,3	378276	694
695	483025	335702375	26,3629	8,8578	6,54391	1,43885	2183,4	379367	695
696	484416	337153536	26,3818	8,8621	6,54535	1,43678	2186,5	380459	696
697	485809	338608873	26,4008	8,8663	6,54679	1,43472	2189,7	381553	697
698	487204	340068392	26,4197	8,8706	6,54822	1,43266	2192,8	382649	698
699	488601	341532099	26,4386	8,8748	6,54965	1,43062	2196,0	383746	699

Tafel 1. **Potenzen, Wurzeln, Natürliche Logarithmen, Reziproke Werte, Kreisumfänge und -inhalte.**

n	n^2	n^3	$\sqrt{n}$	$\sqrt[3]{n}$	$\ln n$	$\frac{1000}{n}$	πn	$\frac{\pi n^2}{4}$	n
700	490000	343000000	26,4575	8,8790	6,55108	1,42857	2199,1	384845	**700**
701	491401	344472101	26,4764	8,8833	6,55251	1,42653	2202,3	385945	701
702	492804	345948408	26,4953	8,8875	6,55393	1,42450	2205,4	387047	702
703	494209	347428927	26,5141	8,8917	6,55536	1,42248	2208,5	388151	703
704	495616	348913664	26,5330	8,8959	6,55678	1,42045	2211,7	389256	704
705	497025	350402625	26,5518	8,9001	6,55820	1,41844	2214,8	390363	705
706	498436	351895816	26,5707	8,9043	6,55962	1,41643	2218,0	391471	706
707	499849	353393243	26,5895	8,9085	6,56103	1,41443	2221,1	392580	707
708	501264	354894912	26,6083	8,9127	6,56244	1,41243	2224,2	393692	708
709	502681	356400829	26,6271	8,9169	6,56386	1,41044	2227,4	394805	709
710	504100	357911000	26,6458	8,9211	6,56526	1,40845	2230,5	395919	**710**
711	505521	359425431	26,6646	8,9253	6,56667	1,40647	2233,7	397035	711
712	506944	360944128	26,6833	8,9295	6,56808	1,40449	2236,8	398153	712
713	508369	362467097	26,7021	8,9337	6,56948	1,40252	2240,0	399272	713
714	509796	363994344	26,7208	8,9378	6,57088	1,40056	2243,1	400393	714
715	511225	365525875	26,7395	8,9420	6,57228	1,39860	2246,2	401515	715
716	512656	367061696	26,7582	8,9462	6,57368	1,39665	2249,4	402639	716
717	514089	368601813	26,7769	8,9503	6,57508	1,39470	2252,5	403765	717
718	515524	370146232	26,7955	8,9545	6,57647	1,39276	2255,7	404892	718
719	516961	371694959	26,8142	8,9587	6,57786	1,39082	2258,8	406020	719
720	518400	373248000	26,8328	8,9628	6,57925	1,38889	2261,9	407150	**720**
721	519841	374805361	26,8514	8,9670	6,58064	1,38696	2265,1	408282	721
722	521284	376367048	26,8701	8,9711	6,58203	1,38504	2268,2	409415	722
723	522729	377933067	26,8887	8,9752	6,58341	1,38313	2271,4	410550	723
724	524176	379503424	26,9072	8,9794	6,58479	1,38122	2274,5	411687	724
725	525625	381078125	26,9258	8,9835	6,58617	1,37931	2277,7	412825	725
726	527076	382657176	26,9444	8,9876	6,58755	1,37741	2280,8	413965	726
727	528529	384240583	26,9629	8,9918	6,58893	1,37552	2283,9	415106	727
728	529984	385828352	26,9815	8,9959	6,59030	1,37363	2287,1	416248	728
729	531441	387420489	27,0000	9,0000	6,59167	1,37174	2290,2	417393	729
730	532900	389017000	27,0185	9,0041	6,59304	1,36986	2293,4	418539	**730**
731	534361	390617891	27,0370	9,0082	6,59441	1,36799	2296,5	419686	731
732	535824	392223168	27,0555	9,0123	6,59578	1,36612	2299,6	420835	732
733	537289	393832837	27,0740	9,0164	6,59715	1,36426	2302,8	421986	733
734	538756	395446904	27,0924	9,0205	6,59851	1,36240	2305,9	423138	734
735	540225	397065375	27,1109	9,0246	6,59987	1,36054	2309,1	424293	735
736	541696	398688256	27,1293	9,0287	6,60123	1,35870	2312,2	425447	736
737	543169	400315553	27,1477	9,0328	6,60259	1,35685	2315,4	426604	737
738	544644	401947272	27,1662	9,0369	6,60394	1,35501	2318,5	427762	738
739	546121	403583419	27,1846	9,0410	6,60530	1,35318	2321,6	428922	739
740	547600	405224000	27,2029	9,0450	6,60665	1,35135	2324,8	430084	**740**
741	549081	406869021	27,2213	9,0491	6,60800	1,34953	2327,9	431247	741
742	550564	408518488	27,2397	9,0532	6,60935	1,34771	2331,1	432412	742
743	552049	410172407	27,2580	9,0572	6,61070	1,34590	2334,2	433578	743
744	553536	411830784	27,2764	9,0613	6,61204	1,34409	2337,3	434746	744
745	555025	413493625	27,2947	9,0654	6,61338	1,34228	2340,5	435916	745
746	556516	415160936	27,3130	9,0694	6,61473	1,34048	2343,6	437087	746
747	558009	416832723	27,3313	9,0735	6,61607	1,33869	2346,8	438259	747
748	559504	418508992	27,3496	9,0775	6,61740	1,33690	2349,9	439433	748
749	561001	420189749	27,3679	9,0816	6,61874	1,33511	2353,1	440609	749

Tafel 1. **Potenzen, Wurzeln, Natürliche Logarithmen, Reziproke Werte, Kreisumfänge und -inhalte.**

n	n^2	n^3	$\sqrt{n}$	$\sqrt[3]{n}$	$\ln n$	$\frac{1000}{n}$	πn	$\frac{\pi n^2}{4}$	n
750	562500	421875000	27,3861	9,0856	6,62007	1,33333	2356,2	441786	**750**
751	564001	423564751	27,4044	9,0896	6,62141	1,33156	2359,3	442965	751
752	565504	425259008	27,4226	9,0937	6,62274	1,32979	2362,5	444146	752
753	567009	426957777	27,4408	9,0977	6,62407	1,32802	2365,6	445328	753
754	568516	428661064	27,4591	9,1017	6,62539	1,32626	2368,8	446511	754
755	570025	430368875	27,4773	9,1057	6,62672	1,32450	2371,9	447697	755
756	571536	432081216	27,4955	9,1098	6,62804	1,32275	2375,0	448883	756
757	573049	433798093	27,5136	9,1138	6,62936	1,32100	2378,2	450072	757
758	574564	435519512	27,5318	9,1178	6,63068	1,31926	2381,3	451262	758
759	576081	437245479	27,5500	9,1218	6,63200	1,31752	2384,5	452453	759
760	577600	438976000	27,5681	9,1258	6,63332	1,31579	2387,6	453646	**760**
761	579121	440711081	27,5862	9,1298	6,63463	1,31406	2390,8	454841	761
762	580644	442450728	27,6043	9,1338	6,63595	1,31234	2393,9	456037	762
763	582169	444194947	27,6225	9,1378	6,63726	1,31062	2397,0	457234	763
764	583696	445943744	27,6405	9,1418	6,63857	1,30890	2400,2	458434	764
765	585225	447697125	27,6586	9,1458	6,63988	1,30719	2403,3	459635	765
766	586756	449455096	27,6767	9,1498	6,64118	1,30548	2406,5	460837	766
767	588289	451217663	27,6948	9,1537	6,64249	1,30378	2409,6	462041	767
768	589824	452984832	27,7128	9,1577	6,64379	1,30208	2412,7	463247	768
769	591361	454756609	27,7308	9,1617	6,64509	1,30039	2415,9	464454	769
770	592900	456533000	27,7489	9,1657	6,64639	1,29870	2419,0	465663	**770**
771	594441	458314011	27,7669	9,1696	6,64769	1,29702	2422,2	466873	771
772	595984	460099648	27,7849	9,1736	6,64898	1,29534	2425,3	468085	772
773	597529	461889917	27,8029	9,1775	6,65028	1,29366	2428,5	469298	773
774	599076	463684824	27,8209	9,1815	6,65157	1,29199	2431,6	470513	774
775	600625	465484375	27,8388	9,1855	6,65286	1,29032	2434,7	471730	775
776	602176	467288576	27,8568	9,1894	6,65415	1,28866	2437,9	472948	776
777	603729	469097433	27,8747	9,1933	6,65544	1,28700	2441,0	474168	777
778	605284	470910952	27,8927	9,1973	6,65673	1,28535	2444,2	475389	778
779	606841	472729139	27,9106	9,2012	6,65801	1,28370	2447,3	476612	779
780	608400	474552000	27,9285	9,2052	6,65929	1,28205	2450,4	477836	**780**
781	609961	476379541	27,9464	9,2091	6,66058	1,28041	2453,6	479062	781
782	611524	478211768	27,9643	9,2130	6,66185	1,27877	2456,7	480290	782
783	613089	480048687	27,9821	9,2170	6,66313	1,27714	2459,9	481519	783
784	614656	481890304	28,0000	9,2209	6,66441	1,27551	2463,0	482750	784
785	616225	483736625	28,0179	9,2248	6,66568	1,27389	2466,2	483982	785
786	617796	485587656	28,0357	9,2287	6,66696	1,27226	2469,3	485216	786
787	619369	487443403	28,0535	9,2326	6,66823	1,27065	2472,4	486451	787
788	620944	489303872	28,0713	9,2365	6,66950	1,26904	2475,6	487688	788
789	622521	491169069	28,0891	9,2404	6,67077	1,26743	2478,7	488927	789
790	624100	493039000	28,1069	9,2443	6,67203	1,26582	2481,9	490167	**790**
791	625681	494913671	28,1247	9,2482	6,67330	1,26422	2485,0	491409	791
792	627264	496793088	28,1425	9,2521	6,67456	1,26263	2488,1	492652	792
793	628849	498677257	28,1603	9,2560	6,67582	1,26103	2491,3	493897	793
794	630436	500566184	28,1780	9,2599	6,67708	1,25945	2494,4	495143	794
795	632025	502459875	28,1957	9,2638	6,67834	1,25786	2497,6	496391	795
796	633616	504358336	28,2135	9,2677	6,67960	1,25628	2500,7	497641	796
797	635209	506261573	28,2312	9,2716	6,68085	1,25471	2503,8	498892	797
798	636804	508169592	28,2489	9,2754	6,68211	1,25313	2507,0	500145	798
799	638401	510082399	28,2666	9,2793	6,68336	1,25156	2510,1	501399	799

Tafel 1. **Potenzen, Wurzeln, Natürliche Logarithmen, Reziproke Werte, Kreisumfänge und -inhalte.**

n	n^2	n^3	$\sqrt{n}$	$\sqrt[3]{n}$	$\ln n$	$\frac{1000}{n}$	πn	$\frac{\pi n^2}{4}$	n
800	640000	512000000	28,2843	9,2832	6,68461	1,25000	2513,3	502655	**800**
801	641601	513922401	28,3019	9,2870	6,68586	1,24844	2516,4	503912	801
802	643204	515849608	28,3196	9,2909	6,68711	1,24688	2519,6	505171	802
803	644809	517781627	28,3373	9,2948	6,68835	1,24533	2522,7	506432	803
804	646416	519718464	28,3549	9,2986	6,68960	1,24378	2525,8	507694	804
805	648025	521660125	28,3725	9,3025	6,69084	1,24224	2529,0	508958	805
806	649636	523606616	28,3901	9,3063	6,69208	1,24069	2532,1	510223	806
807	651249	525557943	28,4077	9,3102	6,69332	1,23916	2535,3	511490	807
808	652864	527514112	28,4253	9,3140	6,69456	1,23762	2538,4	512758	808
809	654481	529475129	28,4429	9,3179	6,69580	1,23609	2541,5	514028	809
810	656100	531441000	28,4605	9,3217	6,69703	1,23457	2544,7	515300	**810**
811	657721	533411731	28,4781	9,3255	6,69827	1,23305	2547,8	516573	811
812	659344	535387328	28,4956	9,3294	6,69950	1,23153	2551,0	517848	812
813	660969	537367797	28,5132	9,3332	6,70073	1,23001	2554,1	519124	813
814	662596	539353144	28,5307	9,3370	6,70196	1,22850	2557,3	520402	814
815	664225	541343375	28,5482	9,3408	6,70319	1,22699	2560,4	521681	815
816	665856	543338496	28,5657	9,3447	6,70441	1,22549	2563,5	522962	816
817	667489	545338513	28,5832	9,3485	6,70564	1,22399	2566,7	524245	817
818	669124	547343432	28,6007	9,3523	6,70686	1,22249	2569,8	525529	818
819	670761	549353259	28,6182	9,3561	6,70808	1,22100	2573,0	526814	819
820	672400	551368000	28,6356	9,3599	6,70930	1,21951	2576,1	528102	**820**
821	674041	553387661	28,6531	9,3637	6,71052	1,21803	2579,2	529391	821
822	675684	555412248	28,6705	9,3675	6,71174	1,21655	2582,4	530681	822
823	677329	557441767	28,6880	9,3713	6,71296	1,21507	2585,5	531973	823
824	678976	559476224	28,7054	9,3751	6,71417	1,21359	2588,7	533267	824
825	680625	561515625	28,7228	9,3789	6,71538	1,21212	2591,8	534562	825
826	682276	563559976	28,7402	9,3827	6,71659	1,21065	2595,0	535858	826
827	683929	565609283	28,7576	9,3865	6,71780	1,20919	2598,1	537157	827
828	685584	567663552	28,7750	9,3902	6,71901	1,20773	2601,2	538456	828
829	687241	569722789	28,7924	9,3940	6,72022	1,20627	2604,4	539758	829
830	688900	571787000	28,8097	9,3978	6,72143	1,20482	2607,5	541061	**830**
831	690561	573856191	28,8271	9,4016	6,72263	1,20337	2610,7	542365	831
832	692224	575930368	28,8444	9,4053	6,72383	1,20192	2613,8	543671	832
833	693889	578009537	28,8617	9,4091	6,72503	1,20048	2616,9	544979	833
834	695556	580093704	28,8791	9,4129	6,72623	1,19904	2620,1	546288	834
835	697225	582182875	28,8964	9,4166	6,72743	1,19760	2623,2	547599	835
836	698896	584277056	28,9137	9,4204	6,72863	1,19617	2626,4	548912	836
837	700569	586376253	28,9310	9,4241	6,72982	1,19474	2629,5	550226	837
838	702244	588480472	28,9482	9,4279	6,73102	1,19332	2632,7	551541	838
839	703921	590589719	28,9655	9,4316	6,73221	1,19190	2635,8	552858	839
840	705600	592704000	28,9828	9,4354	6,73340	1,19048	2638,9	554177	**840**
841	707281	594823321	29,0000	9,4391	6,73459	1,18906	2642,1	555497	841
842	708964	596947688	29,0172	9,4429	6,73578	1,18765	2645,2	556819	842
843	710649	599077107	29,0345	9,4466	6,73697	1,18624	2648,4	558142	843
844	712336	601211584	29,0517	9,4503	6,73815	1,18483	2651,5	559467	844
845	714025	603351125	29,0689	9,4541	6,73934	1,18343	2654,6	560794	845
846	715716	605495736	29,0861	9,4578	6,74052	1,18203	2657,8	562122	846
847	717409	607645423	29,1033	9,4615	6,74170	1,18064	2660,9	563452	847
848	719104	609800192	29,1204	9,4652	6,74288	1,17925	2664,1	564783	848
849	720801	611960049	29,1376	9,4690	6,74406	1,17786	2667,2	566116	849

Tafel 1. **Potenzen, Wurzeln, Natürliche Logarithmen, Reziproke Werte, Kreisumfänge und -inhalte.**

n	n^2	n^3	$\sqrt{n}$	$\sqrt[3]{n}$	$\ln n$	$\frac{1000}{n}$	πn	$\frac{\pi n^2}{4}$	n
850	722500	614125000	29,1548	9,4727	6,74524	1,17647	2670,4	567450	**850**
851	724201	616295051	29,1719	9,4764	6,74641	1,17509	2673,5	568786	851
852	725904	618470208	29,1890	9,4801	6,74759	1,17371	2676,6	570124	852
853	727609	620650477	29,2062	9,4838	6,74876	1,17233	2679,8	571463	853
854	729316	622835864	29,2233	9,4875	6,74993	1,17096	2682,9	572803	854
855	731025	625026375	29,2404	9,4912	6,75110	1,16959	2686,1	574146	855
856	732736	627222016	29,2575	9,4949	6,75227	1,16822	2689,2	575490	856
857	734449	629422793	29,2746	9,4986	6,75344	1,16686	2692,3	576835	857
858	736164	631628712	29,2916	9,5023	6,75460	1,16550	2695,5	578182	858
859	737881	633839779	29,3087	9,5060	6,75577	1,16414	2698,6	579530	859
860	739600	636056000	29,3258	9,5097	6,75693	1,16279	2701,8	580880	**860**
861	741321	638277381	29,3428	9,5134	6,75809	1,16144	2704,9	582232	861
862	743044	640503928	29,3598	9,5171	6,75926	1,16009	2708,1	583585	862
863	744769	642735647	29,3769	9,5207	6,76041	1,15875	2711,2	584940	863
864	746496	644972544	29,3939	9,5244	6,76157	1,15741	2714,3	586297	864
865	748225	647214625	29,4109	9,5281	6,76273	1,15607	2717,5	587655	865
866	749956	649461896	29,4279	9,5317	6,76388	1,15473	2720,6	589014	866
867	751689	651714363	29,4449	9,5354	6,76504	1,15340	2723,8	590375	867
868	753424	653972032	29,4618	9,5391	6,76619	1,15207	2726,9	591738	868
869	755161	656234909	29,4788	9,5427	6,76734	1,15075	2730,0	593102	869
870	756900	658503000	29,4958	9,5464	6,76849	1,14943	2733,2	594468	**870**
871	758641	660776311	29,5127	9,5501	6,76964	1,14811	2736,3	595835	871
872	760384	663054848	29,5296	9,5537	6,77079	1,14679	2739,5	597204	872
873	762129	665338617	29,5466	9,5574	6,77194	1,14548	2742,6	598575	873
874	763876	667627624	29,5635	9,5610	6,77308	1,14416	2745,8	599947	874
875	765625	669921875	29,5804	9,5647	6,77422	1,14286	2748,9	601320	875
876	767376	672221376	29,5973	9,5683	6,77537	1,14155	2752,0	602696	876
877	769129	674526133	29,6142	9,5719	6,77651	1,14025	2755,2	604073	877
878	770884	676836152	29,6311	9,5756	6,77765	1,13895	2758,3	605451	878
879	772641	679151439	29,6479	9,5792	6,77878	1,13766	2761,5	606831	879
880	774400	681472000	29,6648	9,5828	6,77992	1,13636	2764,6	608212	**880**
881	776161	683797841	29,6816	9,5865	6,78106	1,13507	2767,7	609595	881
882	777924	686128968	29,6985	9,5901	6,78219	1,13379	2770,9	610980	882
883	779689	688465387	29,7153	9,5937	6,78333	1,13250	2774,0	612366	883
884	781456	690807104	29,7321	9,5973	6,78446	1,13122	2777,2	613754	884
885	783225	693154125	29,7489	9,6010	6,78559	1,12994	2780,3	615143	885
886	784996	695506456	29,7658	9,6046	6,78672	1,12867	2783,5	616534	886
887	786769	697864103	29,7825	9,6082	6,78784	1,12740	2786,6	617927	887
888	788544	700227072	29,7993	9,6118	6,78897	1,12613	2789,7	619321	888
889	790321	702595369	29,8161	9,6154	6,79010	1,12486	2792,9	620717	889
890	792100	704969000	29,8329	9,6190	6,79122	1,12360	2796,0	622114	**890**
891	793881	707347971	29,8496	9,6226	6,79234	1,12233	2799,2	623513	891
892	795664	709732288	29,8664	9,6262	6,79347	1,12108	2802,3	624913	892
893	797449	712121957	29,8831	9,6298	6,79459	1,11982	2805,4	626315	893
894	799236	714516984	29,8998	9,6334	6,79571	1,11857	2808,6	627718	894
895	801025	716917375	29,9166	9,6370	6,79682	1,11732	2811,7	629124	895
896	802816	719323136	29,9333	9,6406	6,79794	1,11607	2814,9	630530	896
897	804609	721734273	29,9500	9,6442	6,79906	1,11483	2818,0	631938	897
898	806404	724150792	29,9666	9,6477	6,80017	1,11359	2821,2	633348	898
899	808201	726572699	29,9833	9,6513	6,80128	1,11235	2824,3	634760	899

Tafel 1. **Potenzen, Wurzeln, Natürliche Logarithmen, Reziproke Werte, Kreisumfänge und -inhalte.**

n	n^2	n^3	$\sqrt{n}$	$\sqrt[3]{n}$	$\ln n$	$\frac{1000}{n}$	πn	$\frac{\pi n^2}{4}$	n
900	810000	729000000	30,0000	9,6549	6,80239	1,11111	2827,4	636173	**900**
901	811801	731432701	30,0167	9,6585	6,80351	1,10988	2830,6	637587	901
902	813604	733870808	30,0333	9,6620	6,80461	1,10865	2833,7	639003	902
903	815409	736314327	30,0500	9,6656	6,80572	1,10742	2836,9	640421	903
904	817216	738763264	30,0666	9,6692	6,80683	1,10619	2840,0	641840	904
905	819025	741217625	30,0832	9,6727	6,80793	1,10497	2843,1	643261	905
906	820836	743677416	30,0998	9,6763	6,80904	1,10375	2846,3	644683	906
907	822649	746142643	30,1164	9,6799	6,81014	1,10254	2849,4	646107	907
908	824464	748613312	30,1330	9,6834	6,81124	1,10132	2852,6	647533	908
909	826281	751089429	30,1496	9,6870	6,81235	1,10011	2855,7	648960	909
910	828100	753571000	30,1662	9,6905	6,81344	1,09890	2858,8	650388	**910**
911	829921	756058031	30,1828	9,6941	6,81454	1,09769	2862,0	651818	911
912	831744	758550528	30,1993	9,6976	6,81564	1,09649	2865,1	653250	912
913	833569	761048497	30,2159	9,7012	6,81674	1,09529	2868,3	654684	913
914	835396	763551944	30,2324	9,7047	6,81783	1,09409	2871,4	656118	914
915	837225	766060875	30,2490	9,7082	6,81892	1,09290	2874,6	657555	915
916	839056	768575296	30,2655	9,7118	6,82002	1,09170	2877,7	658993	916
917	840889	771095213	30,2820	9,7153	6,82111	1,09051	2880,8	660433	917
918	842724	773620632	30,2985	9,7188	6,82220	1,08932	2884,0	661874	918
919	844561	776151559	30,3150	9,7224	6,82329	1,08814	2887,1	663317	919
920	846400	778688000	30,3315	9,7259	6,82437	1,08696	2890,3	664761	**920**
921	848241	781229961	30,3480	9,7294	6,82546	1,08578	2893,4	666207	921
922	850084	783777448	30,3645	9,7329	6,82655	1,08460	2896,5	667654	922
923	851929	786330467	30,3809	9,7364	6,82763	1,08342	2899,7	669103	923
924	853776	788889024	30,3974	9,7400	6,82871	1,08225	2902,8	670554	924
925	855625	791453125	30,4138	9,7435	6,82979	1,08108	2906,0	672006	925
926	857476	794022776	30,4302	9,7470	6,83087	1,07991	2909,1	673460	926
927	859329	796597983	30,4467	9,7505	6,83195	1,07875	2912,3	674915	927
928	861184	799178752	30,4631	9,7540	6,83303	1,07759	2915,4	676372	928
929	863041	801765089	30,4795	9,7575	6,83411	1,07643	2918,5	677831	929
930	864900	804357000	30,4959	9,7610	6,83518	1,07527	2921,7	679291	**930**
931	866761	806954491	30,5123	9,7645	6,83626	1,07411	2924,8	680752	931
932	868624	809557568	30,5287	9,7680	6,83733	1,07296	2928,0	682216	932
933	870489	812166237	30,5450	9,7715	6,83841	1,07181	2931,1	683680	933
934	872356	814780504	30,5614	9,7750	6,83948	1,07066	2934,2	685147	934
935	874225	817400375	30,5778	9,7785	6,84055	1,06952	2937,4	686615	935
936	876096	820025856	30,5941	9,7819	6,84162	1,06838	2940,5	688084	936
937	877969	822656953	30,6105	9,7854	6,84268	1,06724	2943,7	689555	937
938	879844	825293672	30,6268	9,7889	6,84375	1,06610	2946,8	691028	938
939	881721	827936019	30,6431	9,7924	6,84482	1,06496	2950,0	692502	939
940	883600	830584000	30,6594	9,7959	6,84588	1,06383	2953,1	693978	**940**
941	885481	833237621	30,6757	9,7993	6,84694	1,06270	2956,2	695455	941
942	887364	835896888	30,6920	9,8028	6,84801	1,06157	2959,4	696934	942
943	889249	838561807	30,7083	9,8063	6,84907	1,06045	2962,5	698415	943
944	891136	841232384	30,7246	9,8097	6,85013	1,05932	2965,7	699897	944
945	893025	843908625	30,7409	9,8132	6,85118	1,05820	2968,8	701380	945
946	894916	846590536	30,7571	9,8167	6,85224	1,05708	2971,9	702865	946
947	896809	849278123	30,7734	9,8201	6,85330	1,05597	2975,1	704352	947
948	898704	851971392	30,7896	9,8236	6,85435	1,05485	2978,2	705840	948
949	900601	854670349	30,8058	9,8270	6,85541	1,05374	2981,4	707330	949

Tafel 1. **Potenzen, Wurzeln, Natürliche Logarithmen, Reziproke Werte, Kreisumfänge und -inhalte.**

n	n^2	n^3	$\sqrt{n}$	$\sqrt[3]{n}$	$\ln n$	$\frac{1000}{n}$	πn	$\frac{\pi n^2}{4}$	n
950	902500	857375000	30,8221	9,8305	6,85646	1,05263	2984,5	708822	**950**
951	904401	860085351	30,8383	9,8339	6,85751	1,05152	2987,7	710315	951
952	906304	862801408	30,8545	9,8374	6,85857	1,05042	2990,8	711809	952
953	908209	865523177	30,8707	9,8408	6,85961	1,04932	2993,9	713306	953
954	910116	868250664	30,8869	9,8443	6,86066	1,04822	2997,1	714803	954
955	912025	870983875	30,9031	9,8477	6,86171	1,04712	3000,2	716303	955
956	913936	873722816	30,9192	9,8511	6,86276	1,04603	3003,4	717804	956
957	915849	876467493	30,9354	9,8546	6,86380	1,04493	3006,5	719306	957
958	917764	879217912	30,9516	9,8580	6,86485	1,04384	3009,6	720810	958
959	919681	881974079	30,9677	9,8614	6,86589	1,04275	3012,8	722316	959
960	921600	884736000	30,9839	9,8648	6,86693	1,04167	3015,9	723823	**960**
961	923521	887503681	31,0000	9,8683	6,86797	1,04058	3019,1	725332	961
962	925444	890277128	31,0161	9,8717	6,86901	1,03950	3022,2	726842	962
963	927369	893056347	31,0322	9,8751	6,87005	1,03842	3025,4	728354	993
964	929296	895841344	31,0483	9,8785	6,87109	1,03734	3028,5	729867	964
965	931225	898632125	31,0644	9,8819	6,87213	1,03627	3031,6	731382	965
966	933156	901428696	31,0805	9,8854	6,87316	1,03520	3034,8	732899	966
967	935089	904231063	31,0966	9,8888	6,87420	1,03413	3037,9	734417	967
968	937024	907039232	31,1127	9,8922	6,87523	1,03306	3041,1	735937	968
969	938961	909853209	31,1288	9,8956	6,87626	1,03199	3044,2	737458	969
970	940900	912673000	31,1448	9,8990	6,87730	1,03093	3047,3	738981	**970**
971	942841	915498611	31,1609	9,9024	6,87833	1,02987	3050,5	740506	971
972	944784	918330048	31,1769	9,9058	6,87936	1,02881	3053,6	742032	972
973	946729	921167317	31,1929	9,9092	6,88038	1,02775	3056,8	743559	973
974	948676	924010424	31,2090	9,9126	6,88141	1,02669	3059,9	745088	974
975	950625	926859375	31,2250	9,9160	6,88244	1,02564	3063,1	746619	975
976	952576	929714176	31,2410	9,9194	6,88346	1,02459	3066,2	748151	976
977	954529	932574833	31,2570	9,9227	6,88449	1,02354	3069,3	749685	977
978	956484	935441352	31,2730	9,9261	6,88551	1,02249	3072,5	751221	978
979	958441	938313739	31,2890	9,9295	6,88653	1,02145	3075,6	752758	979
980	960400	941192000	31,3050	9,9329	6,88755	1,02041	3078,8	754296	**980**
981	962361	944076141	31,3209	9,9363	6,88857	1,01937	3081,9	755837	981
982	964324	946966168	31,3369	9,9396	6,88959	1,01833	3085,0	757378	982
983	966289	949862087	31,3528	9,9430	6,89061	1,01729	3088,2	758922	983
984	968256	952763904	31,3688	9,9464	6,89163	1,01626	3091,3	760466	984
985	970225	955671625	31,3847	9,9497	6,89264	1,01523	3094,5	762013	985
986	972196	958585256	31,4006	9,9531	6,89366	1,01420	3097,6	763561	986
987	974169	961504803	31,4166	9,9565	6,89467	1,01317	3100,8	765111	987
988	976144	964430272	31,4325	9,9598	6,89568	1,01215	3103,9	766662	988
989	978121	967361669	31,4484	9,9632	6,89669	1,01112	3107,0	768214	989
990	980100	970299000	31,4643	9,9666	6,89770	1,01010	3110,2	769769	**990**
991	982081	973242271	31,4802	9,9699	6,89871	1,00908	3113,3	771325	991
992	984064	976191488	31,4960	9,9733	6,89972	1,00806	3116,5	772882	992
993	986049	979146657	31,5119	9,9766	6,90073	1,00705	3119,6	774441	993
994	988036	982107784	31,5278	9,9800	6,90174	1,00604	3122,7	776002	994
995	990025	985074875	31,5436	9,9833	6,90274	1,00503	3125,9	777564	995
996	992016	988047936	31,5595	9,9866	6,90375	1,00402	3129,0	779128	996
997	994009	991026973	31,5753	9,9900	6,90475	1,00301	3132,2	780693	997
998	996004	994011992	31,5911	9,9933	6,90575	1,00200	3135,3	782260	998
999	998001	997002999	31,6070	9,9967	6,90675	1,00100	3138,5	783828	999

Tafel 2. **Primzahlen und Faktoren der Zahlen von 1 bis 1000.**

1		51	3×17	**101**		**151**	
2		52	$2^{2}\times 13$	102	$2\times 3\times 17$	152	$2^{3}\times 19$
3		**53**		**103**		153	$3^{2}\times 17$
4	2^{2}	54	2×3^{3}	104	$2^{3}\times 13$	154	$2\times 7\times 11$
5		55	5×11	105	$3\times 5\times 7$	155	5×31
6	2×3	56	$2^{3}\times 7$	106	2×53	156	$2^{2}\times 3\times 13$
7		57	3×19	**107**		**157**	
8	2^{3}	58	2×29	108	$2^{2}\times 3^{3}$	158	2×79
9	3^{2}	**59**		**109**		159	3×53
10	2×5	60	$2^{2}\times 3\times 5$	110	$2\times 5\times 11$	160	$2^{5}\times 5$
11		**61**		111	3×37	161	7×23
12	$2^{2}\times 3$	62	2×31	112	$2^{4}\times 7$	162	2×3^{4}
13		63	$3^{2}\times 7$	**113**		**163**	
14	2×7	64	2^{6}	114	$2\times 3\times 19$	164	$2^{2}\times 41$
15	3×5	65	5×13	115	5×23	165	$3\times 5\times 11$
16	2^{4}	66	$2\times 3\times 11$	116	$2^{2}\times 29$	166	2×83
17		**67**		117	$3^{2}\times 13$	**167**	
18	2×3^{2}	68	$2^{2}\times 17$	118	2×59	168	$2^{3}\times 3\times 7$
19		69	3×23	119	7×17	169	13^{2}
20	$2^{2}\times 5$	70	$2\times 5\times 7$	120	$2^{3}\times 3\times 5$	170	$2\times 5\times 17$
21	3×7	**71**		121	11^{2}	171	$3^{2}\times 19$
22	2×11	72	$2^{3}\times 3^{2}$	122	2×61	172	$2^{2}\times 43$
23		**73**		123	3×41	**173**	
24	$2^{3}\times 3$	74	2×37	124	$2^{2}\times 31$	174	$2\times 3\times 29$
25	5^{2}	75	3×5^{2}	125	5^{3}	175	$5^{2}\times 7$
26	2×13	76	$2^{2}\times 19$	126	$2\times 3^{2}\times 7$	176	$2^{4}\times 11$
27	3^{3}	77	7×11	**127**		177	3×59
28	$2^{2}\times 7$	78	$2\times 3\times 13$	128	2^{7}	178	2×89
29		**79**		129	3×43	**179**	
30	$2\times 3\times 5$	80	$2^{4}\times 5$	130	$2\times 5\times 13$	180	$2^{2}\times 3^{2}\times 5$
31		81	3^{4}	**131**		**181**	
32	2^{5}	82	2×41	132	$2^{2}\times 3\times 11$	182	$2\times 7\times 13$
33	3×11	**83**		133	7×19	183	3×61
34	2×17	84	$2^{2}\times 3\times 7$	134	2×67	184	$2^{3}\times 23$
35	5×7	85	5×17	135	$3^{3}\times 5$	185	5×37
36	$2^{2}\times 3^{2}$	86	2×43	136	$2^{3}\times 17$	186	$2\times 3\times 31$
37		87	3×29	**137**		187	11×17
38	2×19	88	$2^{3}\times 11$	138	$2\times 3\times 23$	188	$2^{2}\times 47$
39	3×13	**89**		**139**		189	$3^{3}\times 7$
40	$2^{3}\times 5$	90	$2\times 3^{2}\times 5$	140	$2^{2}\times 5\times 7$	190	$2\times 5\times 19$
41		91	7×13	141	3×47	**191**	
42	$2\times 3\times 7$	92	$2^{2}\times 23$	142	2×71	192	$2^{6}\times 3$
43		93	3×31	143	11×13	**193**	
44	$2^{2}\times 11$	94	2×47	144	$2^{4}\times 3^{2}$	194	2×97
45	$3^{2}\times 5$	95	5×19	145	5×29	195	$3\times 5\times 13$
46	2×23	96	$2^{5}\times 3$	146	2×73	196	$2^{2}\times 7^{2}$
47		**97**		147	3×7^{2}	**197**	
48	$2^{4}\times 3$	98	2×7^{2}	148	$2^{2}\times 37$	198	$2\times 3^{2}\times 11$
49	7^{2}	99	$3^{2}\times 11$	**149**		**199**	
50	2×5^{2}	100	$2^{2}\times 5^{2}$	150	$2\times 3\times 5^{2}$	200	$2^{3}\times 5^{2}$

Tafel 2. **Primzahlen und Faktoren der Zahlen von 1 bis 1000.**

201	3×67	**251**		301	7×43	351	$3^3 \times 13$
202	2×101	252	$2^2 \times 3^2 \times 7$	302	2×151	352	$2^5 \times 11$
203	7×29	253	11×23	303	3×101	**353**	
204	$2^2 \times 3 \times 17$	254	2×127	304	$2^4 \times 19$	354	$2 \times 3 \times 59$
205	5×41	255	$3 \times 5 \times 17$	305	5×61	355	5×71
206	2×103	256	2^8	306	$2 \times 3^2 \times 17$	356	$2^2 \times 89$
207	$3^2 \times 23$	**257**		**307**		357	$3 \times 7 \times 17$
208	$2^4 \times 13$	258	$2 \times 3 \times 43$	308	$2^2 \times 7 \times 11$	358	2×179
209	11×19	259	7×37	309	3×103	**359**	
210	$2 \times 3 \times 5 \times 7$	260	$2^2 \times 5 \times 13$	310	$2 \times 5 \times 31$	360	$2^3 \times 3^2 \times 5$
211		261	$3^2 \times 29$	**311**		361	19^2
212	$2^2 \times 53$	262	2×131	312	$2^3 \times 3 \times 13$	362	2×181
213	3×71	**263**		**313**		363	3×11^2
214	2×107	264	$2^3 \times 3 \times 11$	314	2×157	364	$2^2 \times 7 \times 13$
215	5×43	265	5×53	315	$3^2 \times 5 \times 7$	365	5×73
216	$2^3 \times 3^3$	266	$2 \times 7 \times 19$	316	$2^2 \times 79$	366	$2 \times 3 \times 61$
217	7×31	267	3×89	**317**		**367**	
218	2×109	268	$2^2 \times 67$	318	$2 \times 3 \times 53$	368	$2^4 \times 23$
219	3×73	**269**		319	11×29	369	$3^2 \times 41$
220	$2^2 \times 5 \times 11$	270	$2 \times 3^3 \times 5$	320	$2^6 \times 5$	370	$2 \times 5 \times 37$
221	13×17	**271**		321	3×107	371	7×53
222	$2 \times 3 \times 37$	272	$2^4 \times 17$	322	$2 \times 7 \times 23$	372	$2^2 \times 3 \times 31$
223		273	$3 \times 7 \times 13$	323	17×19	**373**	
224	$2^5 \times 7$	274	2×137	324	$2^2 \times 3^4$	374	$2 \times 11 \times 17$
225	$3^2 \times 5^2$	275	$5^2 \times 11$	325	$5^2 \times 13$	375	3×5^3
226	2×113	276	$2^2 \times 3 \times 23$	326	2×163	376	$2^3 \times 47$
227		**277**		327	3×109	377	13×29
228	$2^2 \times 3 \times 19$	278	2×139	328	$2^3 \times 41$	378	$2 \times 3^3 \times 7$
229		279	$3^2 \times 31$	329	7×47	**379**	
230	$2 \times 5 \times 23$	280	$2^3 \times 5 \times 7$	330	$2 \times 3 \times 5 \times 11$	380	$2^2 \times 5 \times 19$
231	$3 \times 7 \times 11$	**281**		**331**		381	3×127
232	$2^3 \times 29$	282	$2 \times 3 \times 47$	332	$2^2 \times 83$	382	2×191
233		**283**		333	$3^2 \times 37$	**383**	
234	$2 \times 3^2 \times 13$	284	$2^2 \times 71$	334	2×167	384	$2^7 \times 3$
235	5×47	285	$3 \times 5 \times 19$	335	5×67	385	$5 \times 7 \times 11$
236	$2^2 \times 59$	286	$2 \times 11 \times 13$	336	$2^4 \times 3 \times 7$	386	2×193
237	3×79	287	7×41	**337**		387	$3^2 \times 43$
238	$2 \times 7 \times 17$	288	$2^5 \times 3^2$	338	2×13^2	388	$2^2 \times 97$
239		289	17^2	339	3×113	**389**	
240	$2^4 \times 3 \times 5$	290	$2 \times 5 \times 29$	340	$2^2 \times 5 \times 17$	390	$2 \times 3 \times 5 \times 13$
241		291	3×97	341	11×31	391	17×23
242	2×11^2	292	$2^2 \times 73$	342	$2 \times 3^2 \times 19$	392	$2^3 \times 7^2$
243	3^5	**293**		343	7^3	393	3×131
244	$2^2 \times 61$	294	$2 \times 3 \times 7^2$	344	$2^3 \times 43$	394	2×197
245	5×7^2	295	5×59	345	$3 \times 5 \times 23$	395	5×79
246	$2 \times 3 \times 41$	296	$2^3 \times 37$	346	2×173	396	$2^2 \times 3^2 \times 11$
247	13×19	297	$3^3 \times 11$	**347**		**397**	
248	$2^3 \times 31$	298	2×149	348	$2^2 \times 3 \times 29$	398	2×199
249	3×83	299	13×23	**349**		399	$3 \times 7 \times 19$
250	2×5^3	300	$2^2 \times 3 \times 5^2$	350	$2 \times 5^2 \times 7$	400	$2^4 \times 5^2$

Tafel 2. **Primzahlen und Faktoren der Zahlen von 1 bis 1000.**

401		451	11×41	501	3×167	551	19×29
402	$2 \times 3 \times 67$	452	$2^2 \times 113$	502	2×251	552	$2^3 \times 3 \times 23$
403	13×31	453	3×151	**503**		553	7×79
404	$2^2 \times 101$	454	2×227	504	$2^3 \times 3^2 \times 7$	554	2×277
405	$3^4 \times 5$	455	$5 \times 7 \times 13$	505	5×101	555	$3 \times 5 \times 37$
406	$2 \times 7 \times 29$	456	$2^3 \times 3 \times 19$	506	$2 \times 11 \times 23$	556	$2^2 \times 139$
407	11×37	**457**		507	3×13^2	**557**	
408	$2^3 \times 3 \times 17$	458	2×229	508	$2^2 \times 127$	558	$2 \times 3^2 \times 31$
409		459	$3^3 \times 17$	**509**		559	13×43
410	$2 \times 5 \times 41$	460	$2^2 \times 5 \times 23$	510	$2 \times 3 \times 5 \times 17$	560	$2^4 \times 5 \times 7$
411	3×137	**461**		511	7×73	561	$3 \times 11 \times 17$
412	$2^2 \times 103$	462	$2 \times 3 \times 7 \times 11$	512	2^9	562	2×281
413	7×59	**463**		513	$3^3 \times 19$	**563**	
414	$2 \times 3^2 \times 23$	464	$2^4 \times 29$	514	2×257	564	$2^2 \times 3 \times 47$
415	5×83	465	$3 \times 5 \times 31$	515	5×103	565	5×113
416	$2^5 \times 13$	466	2×233	516	$2^2 \times 3 \times 43$	566	2×283
417	3×139	**467**		517	11×47	567	$3^4 \times 7$
418	$2 \times 11 \times 19$	468	$2^2 \times 3^2 \times 13$	518	$2 \times 7 \times 37$	568	$2^3 \times 71$
419		469	7×67	519	3×173	**569**	
420	$2^2 \times 3 \times 5 \times 7$	470	$2 \times 5 \times 47$	520	$2^3 \times 5 \times 13$	570	$2 \times 3 \times 5 \times 19$
421		471	3×157	**521**		**571**	
422	2×211	472	$2^3 \times 59$	522	$2 \times 3^2 \times 29$	572	$2^2 \times 11 \times 13$
423	$3^2 \times 47$	473	11×43	**523**		573	3×191
424	$2^3 \times 53$	474	$2 \times 3 \times 79$	524	$2^2 \times 131$	574	$2 \times 7 \times 41$
425	$5^2 \times 17$	475	$5^2 \times 19$	525	$3 \times 5^2 \times 7$	575	$5^2 \times 23$
426	$2 \times 3 \times 71$	476	$2^2 \times 7 \times 17$	526	2×263	576	$2^6 \times 3^2$
427	7×61	477	$3^2 \times 53$	527	17×31	**577**	
428	$2^2 \times 107$	478	2×239	528	$2^4 \times 3 \times 11$	578	2×17^2
429	$3 \times 11 \times 13$	**479**		529	23^2	579	3×193
430	$2 \times 5 \times 43$	480	$2^5 \times 3 \times 5$	530	$2 \times 5 \times 53$	580	$2^2 \times 5 \times 29$
431		481	13×37	531	$3^2 \times 59$	581	7×83
432	$2^4 \times 3^3$	482	2×241	532	$2^2 \times 7 \times 19$	582	$2 \times 3 \times 97$
433		483	$3 \times 7 \times 23$	533	13×41	583	11×53
434	$2 \times 7 \times 31$	484	$2^2 \times 11^2$	534	$2 \times 3 \times 89$	584	$2^3 \times 73$
435	$3 \times 5 \times 29$	485	5×97	535	5×107	585	$3^2 \times 5 \times 13$
436	$2^2 \times 109$	486	2×3^5	536	$2^3 \times 67$	586	2×293
437	19×23	**487**		537	3×179	**587**	
438	$2 \times 3 \times 73$	488	$2^3 \times 61$	538	2×269	588	$2^2 \times 3 \times 7^2$
439		489	3×163	539	$7^2 \times 11$	589	19×31
440	$2^3 \times 5 \times 11$	490	$2 \times 5 \times 7^2$	540	$2^2 \times 3^3 \times 5$	590	$2 \times 5 \times 59$
441	$3^2 \times 7^2$	**491**		**541**		591	3×197
442	$2 \times 13 \times 17$	492	$2^2 \times 3 \times 41$	542	2×271	592	$2^4 \times 37$
443		493	17×29	543	3×181	**593**	
444	$2^2 \times 3 \times 37$	494	$2 \times 13 \times 19$	544	$2^5 \times 17$	594	$2 \times 3^3 \times 11$
445	5×89	495	$3^2 \times 5 \times 11$	545	5×109	595	$5 \times 7 \times 17$
446	2×223	496	$2^4 \times 31$	546	$2 \times 3 \times 7 \times 13$	596	$2^2 \times 149$
447	3×149	497	7×71	**547**		597	3×199
448	$2^6 \times 7$	498	$2 \times 3 \times 83$	548	$2^2 \times 137$	598	$2 \times 13 \times 23$
449		**499**		549	$3^2 \times 61$	**599**	
450	$2 \times 3^2 \times 5^2$	500	$2^2 \times 5^3$	550	$2 \times 5^2 \times 11$	600	$2^3 \times 3 \times 5^2$

Tafel 2. **Primzahlen und Faktoren der Zahlen von 1 bis 1000.**

601		651	3×7×31	**701**		**751**	
602	2×7×43	652	$2^2 \times 163$	702	$2 \times 3^3 \times 13$	752	$2^4 \times 47$
603	$3^2 \times 67$	**653**		703	19×37	753	3×251
604	$2^2 \times 151$	654	2×3×109	704	$2^6 \times 11$	754	2×13×29
605	5×11^2	655	5×131	705	3×5×47	755	5×151
606	2×3×101	656	$2^4 \times 41$	706	2×353	756	$2^2 \times 3^3 \times 7$
607		657	$3^2 \times 73$	707	7×101	**757**	
608	$2^5 \times 19$	658	2×7×47	708	$2^2 \times 3 \times 59$	758	2×379
609	3×7×29	**659**		**709**		759	3×11×23
610	2×5×61	660	$2^2 \times 3 \times 5 \times 11$	710	2×5×71	760	$2^3 \times 5 \times 19$
611	13×47	**661**		711	$3^2 \times 79$	**761**	
612	$2^2 \times 3^2 \times 17$	662	2×331	712	$2^3 \times 89$	762	2×3×127
613		663	3×13×17	713	23×31	763	7×109
614	2×307	664	$2^3 \times 83$	714	2×3×7×17	764	$2^2 \times 191$
615	3×5×41	665	5×7×19	715	5×11×13	765	$3^2 \times 5 \times 17$
616	$2^3 \times 7 \times 11$	666	$2 \times 3^2 \times 37$	716	$2^2 \times 179$	766	2×383
617		667	23×29	717	3×239	767	13×59
618	2×3×103	668	$2^2 \times 167$	718	2×359	768	$2^8 \times 3$
619		669	3×223	**719**		**769**	
620	$2^2 \times 5 \times 31$	670	2×5×67	720	$2^4 \times 3^2 \times 5$	770	2×5×7×11
621	$3^3 \times 23$	671	11×61	721	7×103	771	3×257
622	2×311	672	$2^5 \times 3 \times 7$	722	2×19^2	772	$2^2 \times 193$
623	7×89	**673**		723	3×241	**773**	
624	$2^4 \times 3 \times 13$	674	2×337	724	$2^2 \times 181$	774	$2 \times 3^2 \times 43$
625	5^4	675	$3^3 \times 5^2$	725	$5^2 \times 29$	775	$5^2 \times 31$
626	2×313	676	$2^2 \times 13^2$	726	$2 \times 3 \times 11^2$	776	$2^3 \times 97$
627	3×11×19	**677**		**727**		777	3×7×37
628	$2^2 \times 157$	678	2×3×113	728	$2^3 \times 7 \times 13$	778	2×389
629	17×37	679	7×97	729	3^6	779	19×41
630	$2 \times 3^2 \times 5 \times 7$	680	$2^3 \times 5 \times 17$	730	2×5×73	780	$2^2 \times 3 \times 5 \times 13$
631		681	3×227	731	17×43	781	11×71
632	$2^3 \times 79$	682	2×11×31	732	$2^2 \times 3 \times 61$	782	2×17×23
633	3×211	**683**		**733**		783	$3^3 \times 29$
634	2×317	684	$2^2 \times 3^2 \times 19$	734	2×367	784	$2^4 \times 7^2$
635	5×127	685	5×137	735	$3 \times 5 \times 7^2$	785	5×157
636	$2^2 \times 3 \times 53$	686	2×7^3	736	$2^5 \times 23$	786	2×3×131
637	$7^2 \times 13$	687	3×229	737	11×67	**787**	
638	2×11×29	688	$2^4 \times 43$	738	$2 \times 3^2 \times 41$	788	$2^2 \times 197$
639	$3^2 \times 71$	689	13×53	**739**		789	3×263
640	$2^7 \times 5$	690	2×3×5×23	740	$2^2 \times 5 \times 37$	790	2×5×79
641		**691**		741	3×13×19	791	7×113
642	2×3×107	692	$2^2 \times 173$	742	2×7×53	792	$2^3 \times 3^2 \times 11$
643		693	$3^2 \times 7 \times 11$	**743**		793	13×61
644	$2^2 \times 7 \times 23$	694	2×347	744	$2^3 \times 3 \times 31$	794	2×397
645	3×5×43	695	5×139	745	5×149	795	3×5×53
646	2×17×19	696	$2^3 \times 3 \times 29$	746	2×373	796	$2^2 \times 199$
647		697	17×41	747	$3^2 \times 83$	**797**	
648	$2^3 \times 3^4$	698	2×349	748	$2^2 \times 11 \times 17$	798	2×3×7×19
649	11×59	699	3×233	749	7×107	799	17×47
650	$2 \times 5^2 \times 13$	700	$2^2 \times 5^2 \times 7$	750	$2 \times 3 \times 5^3$	800	$2^5 \times 5^2$

Tafel 2. **Primzahlen und Faktoren der Zahlen von 1 bis 1000.**

801	$3^2\times89$	851	23×37	901	17×53	951	3×317
802	2×401	852	$2^2\times3\times71$	902	$2\times11\times41$	952	$2^3\times7\times17$
803	11×73	**853**		903	$3\times7\times43$	**953**	
804	$2^2\times3\times67$	854	$2\times7\times61$	904	$2^3\times113$	954	$2\times3^2\times53$
805	$5\times7\times23$	855	$3^2\times5\times19$	905	5×181	955	5×191
806	$2\times13\times31$	856	$2^3\times107$	906	$2\times3\times151$	956	$2^2\times239$
807	3×269	**857**		**907**		957	$3\times11\times29$
808	$2^3\times101$	858	$2\times3\times11\times13$	908	$2^2\times227$	958	2×479
809		**859**		909	$3^2\times101$	959	7×137
810	$2\times3^4\times5$	860	$2^2\times5\times43$	910	$2\times5\times7\times13$	960	$2^6\times3\times5$
811		861	$3\times7\times41$	**911**		961	31^2
812	$2^2\times7\times29$	862	2×431	912	$2^4\times3\times19$	962	$2\times13\times37$
813	3×271	**863**		913	11×83	963	$3^2\times107$
814	$2\times11\times37$	864	$2^5\times3^3$	914	2×457	964	$2^2\times241$
815	5×163	865	5×173	915	$3\times5\times61$	965	5×193
816	$2^4\times3\times17$	866	2×433	916	$2^2\times229$	966	$2\times3\times7\times23$
817	19×43	867	3×17^2	917	7×131	**967**	
818	2×409	868	$2^2\times7\times31$	918	$2\times3^3\times17$	968	$2^3\times11^2$
819	$3^2\times7\times13$	869	11×79	**919**		969	$3\times17\times19$
820	$2^2\times5\times41$	870	$2\times3\times5\times29$	920	$2^3\times5\times23$	970	$2\times5\times97$
821		871	13×67	921	3×307	**971**	
822	$2\times3\times137$	872	$2^3\times109$	922	2×461	972	$2^2\times3^5$
823		873	$3^2\times97$	923	13×71	973	7×139
824	$2^3\times103$	874	$2\times19\times23$	924	$2^2\times3\times7\times11$	974	2×487
825	$3\times5^2\times11$	875	$5^3\times7$	925	$5^2\times37$	975	$3\times5^2\times13$
826	$2\times7\times59$	876	$2^2\times3\times73$	926	2×463	976	$2^4\times61$
827		**877**		927	$3^2\times103$	**977**	
828	$2^2\times3^2\times23$	878	2×439	928	$2^5\times29$	978	$2\times3\times163$
829		879	3×293	**929**		979	11×89
830	$2\times5\times83$	880	$2^4\times5\times11$	930	$2\times3\times5\times31$	980	$2^2\times5\times7^2$
831	3×277	**881**		931	$7^2\times19$	981	$3^2\times109$
832	$2^6\times13$	882	$2\times3^2\times7^2$	932	$2^2\times233$	982	2×491
833	$7^2\times17$	**883**		933	3×311	**983**	
834	$2\times3\times139$	884	$2^2\times13\times17$	934	2×467	984	$2^3\times3\times41$
835	5×167	885	$3\times5\times59$	935	$5\times11\times17$	985	5×197
836	$2^2\times11\times19$	886	2×443	936	$2^3\times3^2\times13$	986	$2\times17\times29$
837	$3^3\times31$	**887**		**937**		987	$3\times7\times47$
838	2×419	888	$2^3\times3\times37$	938	$2\times7\times67$	988	$2^2\times13\times19$
839		889	7×127	939	3×313	989	23×43
840	$2^3\times3\times5\times7$	890	$2\times5\times89$	940	$2^2\times5\times47$	990	$2\times3^2\times5\times11$
841	29^2	891	$3^4\times11$	**941**		**991**	
842	2×421	892	$2^2\times223$	942	$2\times3\times157$	992	$2^5\times31$
843	3×281	893	19×47	943	23×41	993	3×331
844	$2^2\times211$	894	$2\times3\times149$	944	$2^4\times59$	994	$2\times7\times71$
845	5×13^2	895	5×179	945	$3^3\times5\times7$	995	5×199
846	$2\times3^2\times47$	896	$2^7\times7$	946	$2\times11\times43$	996	$2^2\times3\times83$
847	7×11^2	897	$3\times13\times23$	**947**		**997**	
848	$2^4\times53$	898	2×449	948	$2^2\times3\times79$	998	2×499
849	3×283	899	29×31	949	13×73	999	$3^3\times37$
850	$2\times5^2\times17$	900	$2^2\times3^2\times5^2$	950	$2\times5^2\times19$	1000	$2^3\times5^3$

Logarithmen.

Zu der Logarithmentafel 3, S. 28, 29 und zur Spalte ln *n* S. 2 bis 21.

Für die Briggsschen Logarithmen, S. 28 und 29, (Grundzahl 10, Abkürzung lg) und für die natürlichen Logarithmen, S. 2 bis 21, (Grundzahl $e = 2{,}71828\ldots$, Abkürzung ln) gelten die folgenden, hier gleich mit bestimmten Zahlen angegebenen Regeln:

Multiplizieren:	$\log(378{,}2 \cdot 0{,}736)$	$=$	$\log 378{,}2 + \log 0{,}736$
Dividieren:	$\log(378{,}2 : 0{,}736)$	$=$	$\log 378{,}2 - \log 0{,}736$
Potenzieren:	$\log 52{,}13^3$	$=$	$3 \cdot \log 52{,}13$
Wurzelziehen:	$\log \sqrt[4]{52{,}13}$	$=$	$\frac{1}{4} \cdot \log 52{,}13$
	$\log \sqrt[4]{52{,}13^3}$	$=$	$\frac{3}{4} \cdot \log 52{,}13$

Der Übergang von dem einen Logarithmensystem zum anderen regelt sich nach den Formeln:

$$\ln N \approx 2{,}3026 \lg N \qquad \text{bzw.} \qquad \lg N \approx 0{,}4343 \ln N$$

Für das eigentliche logarithmische Rechnen werden die Briggsschen Logarithmen benutzt. Sie bestehen aus einer positiven oder negativen ganzen Zahl als Kennziffer und den S. 28 und 29 zu entnehmenden (vier) Dezimalen, der Mantisse. So gehört z. B. zu jeder Zahl *N* der Ziffernfolge **2**, **1**, 6 die gleiche Mantisse 0,3345 (S. 28, Zeile 21, Spalte 6). Die Kennziffer richtet sich nach dem Stellenwert der ersten geltenden Ziffer, hier der **2**, und wird wie folgt bestimmt:

Heißt die Zahl *N*

21600	**2**160	**21**6	**21**,6	**2**,**1**6	0,**21**6	0,0**21**6	0,00**21**6

so gibt die erste geltende Ziffer **2** die

10000er	**1000**er	**100**er	**10**er	**1**er	**10**tel	**100**stel	**1000**stel

an. Dann heißt die Kennziffer

4	3	2	1	0	−1	−2	−3

und es ist $\lg N =$

4,3345	3,3345	2,3345	1,3345	0,3345	0,3345−1	0,3345−2	0,3345−3

So ist unter geradliniger Einschaltung $\lg 378{,}2 = 2{,}5777$ und $\lg 0{,}03782 = 0{,}5777 - 2$. Umgekehrt gehört zu $\lg N = 1{,}3351$ die zweistellige Zahl $N = 21{,}63$.

Beispiel. Gesucht $\sqrt[4]{52{,}13^3}$. Es ist (s. oben) $\log \sqrt[4]{52{,}13^3} = \frac{3}{4} \cdot \log 52{,}13 = \frac{3}{4} \cdot 1{,}7171 = 1{,}2878$, so daß $\sqrt[4]{52{,}13^3} = 19{,}40$. Vgl. S. 1 Beispiel 7.

Tafel 3. **Mantissen der Briggsschen Logarithmen.**

N	0	1	2	3	4	5	6	7	8	9
100	0000	0004	0009	0013	0017	0022	0026	0030	0035	0039
101	0043	0048	0052	0056	0060	0065	0069	0073	0077	0082
102	0086	0090	0095	0099	0103	0107	0111	0116	0120	0124
103	0128	0133	0137	0141	0145	0149	0154	0158	0162	0166
104	0170	0175	0179	0183	0187	0191	0195	0199	0204	0208
105	0212	0216	0220	0224	0228	0233	0237	0241	0245	0249
106	0253	0257	0261	0265	0269	0273	0278	0282	0286	0290
107	0294	0298	0302	0306	0310	0314	0318	0322	0326	0330
108	0334	0338	0342	0346	0350	0354	0358	0362	0366	0370
109	0374	0378	0382	0386	0390	0394	0398	0402	0406	0410
110	0414	0418	0422	0426	0430	0434	0438	0441	0445	0449
11	0414	0453	0492	0531	0569	0607	0645	0682	0719	0755
12	0792	0828	0864	0899	0934	0969	1004	1038	1072	1106
13	1139	1173	1206	1239	1271	1303	1335	1367	1399	1430
14	1461	1492	1523	1553	1584	1614	1644	1673	1703	1732
15	1761	1790	1818	1847	1875	1903	1931	1959	1987	2014
16	2041	2068	2095	2122	2148	2175	2201	2227	2253	2279
17	2304	2330	2355	2380	2405	2430	2455	2480	2504	2529
18	2553	2577	2601	2625	2648	2672	2695	2718	2742	2765
19	2788	2810	2833	2856	2878	2900	2923	2945	2967	2989
20	3010	3032	3054	3075	3096	3118	3139	3160	3181	3201
21	3222	3243	3263	3284	3304	3324	3345	3365	3385	3404
22	3424	3444	3464	3483	3502	3522	3541	3560	3579	3598
23	3617	3636	3655	3674	3692	3711	3729	3747	3766	3784
24	3802	3820	3838	3856	3874	3892	3909	3927	3945	3962
25	3979	3997	4014	4031	4048	4065	4082	4099	4116	4133
26	4150	4166	4183	4200	4216	4232	4249	4265	4281	4298
27	4314	4330	4346	4362	4378	4393	4409	4425	4440	4456
28	4472	4487	4502	4518	4533	4548	4564	4579	4594	4609
29	4624	4639	4654	4669	4683	4698	4713	4728	4742	4757
30	4771	4786	4800	4814	4829	4843	4857	4871	4886	4900
31	4914	4928	4942	4955	4969	4983	4997	5011	5024	5038
32	5051	5065	5079	5092	5105	5119	5132	5145	5159	5172
33	5185	5198	5211	5224	5237	5250	5263	5276	5289	5302
34	5315	5328	5340	5353	5366	5378	5391	5403	5416	5428
35	5441	5453	5465	5478	5490	5502	5514	5527	5539	5551
36	5563	5575	5587	5599	5611	5623	5635	5647	5658	5670
37	5682	5694	5705	5717	5729	5740	5752	5763	5775	5786
38	5798	5809	5821	5832	5843	5855	5866	5877	5888	5899
39	5911	5922	5933	5944	5955	5966	5977	5988	5999	6010
40	6021	6031	6042	6053	6064	6075	6085	6096	6107	6117
41	6128	6138	6149	6160	6170	6180	6191	6201	6212	6222
42	6232	6243	6253	6263	6274	6284	6294	6304	6314	6325
43	6335	6345	6355	6365	6375	6385	6395	6405	6415	6425
44	6435	6444	6454	6464	6474	6484	6493	6503	6513	6522
45	6532	6542	6551	6561	6571	6580	6590	6599	6609	6618
46	6628	6637	6646	6656	6665	6675	6684	6693	6702	6712
47	6721	6730	6739	6749	6758	6767	6776	6785	6794	6803
48	6812	6821	6830	6839	6848	6857	6866	6875	6884	6893
49	6902	6911	6920	6928	6937	6946	6955	6964	6972	6981

Tafel 3. **Mantissen der Briggsschen Logarithmen.**

N	0	1	2	3	4	5	6	7	8	9
50	6990	6998	7007	7016	7024	7033	7042	7050	7059	7067
51	7076	7084	7093	7101	7110	7118	7126	7135	7143	7152
52	7160	7168	7177	7185	7193	7202	7210	7218	7226	7235
53	7243	7251	7259	7267	7275	7284	7292	7300	7308	7316
54	7324	7332	7340	7348	7356	7364	7372	7380	7388	7396
55	7404	7412	7419	7427	7435	7443	7451	7459	7466	7474
56	7482	7490	7497	7505	7513	7520	7528	7536	7543	7551
57	7559	7566	7574	7582	7589	7597	7604	7612	7619	7627
58	7634	7642	7649	7657	7664	7672	7679	7686	7694	7701
59	7709	7716	7723	7731	7738	7745	7752	7760	7767	7774
60	7782	7789	7796	7803	7810	7818	7825	7832	7839	7846
61	7853	7860	7868	7875	7882	7889	7896	7903	7910	7917
62	7924	7931	7938	7945	7952	7959	7966	7973	7980	7987
63	7993	8000	8007	8014	8021	8028	8035	8041	8048	8055
64	8062	8069	8075	8082	8089	8096	8102	8109	8116	8122
65	8129	8136	8142	8149	8156	8162	8169	8176	8182	8189
66	8195	8202	8209	8215	8222	8228	8235	8241	8248	8254
67	8261	8267	8274	8280	8287	8293	8299	8306	8312	8319
68	8325	8331	8338	8344	8351	8357	8363	8370	8376	8382
69	8388	8395	8401	8407	8414	8420	8426	8432	8439	8445
70	8451	8457	8463	8470	8476	8482	8488	8494	8500	8506
71	8513	8519	8525	8531	8537	8543	8549	8555	8561	8567
72	8573	8579	8585	8591	8597	8603	8609	8615	8621	8627
73	8633	8639	8645	8651	8657	8663	8669	8675	8681	8686
74	8692	8698	8704	8710	8716	8722	8727	8733	8739	8745
75	8751	8756	8762	8768	8774	8779	8785	8791	8797	8802
76	8808	8814	8820	8825	8831	8837	8842	8848	8854	8859
77	8865	8871	8876	8882	8887	8893	8899	8904	8910	8915
78	8921	8927	8932	8938	8943	8949	8954	8960	8965	8971
79	8976	8982	8987	8993	8998	9004	9009	9015	9020	9025
80	9031	9036	9042	9047	9053	9058	9063	9069	9074	9079
81	9085	9090	9096	9101	9106	9112	9117	9122	9128	9133
82	9138	9143	9149	9154	9159	9165	9170	9175	9180	9186
83	9191	9196	9201	9206	9212	9217	9222	9227	9232	9238
84	9243	9248	9253	9258	9263	9269	9274	9279	9284	9289
85	9294	9299	9304	9309	9315	9320	9325	9330	9335	9340
86	9345	9350	9355	9360	9365	9370	9375	9380	9385	9390
87	9395	9400	9405	9410	9415	9420	9425	9430	9435	9440
88	9445	9450	9455	9460	9465	9469	9474	9479	9484	9489
89	9494	9499	9504	9509	9513	9518	9523	9528	9533	9538
90	9542	9547	9552	9557	9562	9566	9571	9576	9581	9586
91	9590	9595	9600	9605	9609	9614	9619	9624	9628	9633
92	9638	9643	9647	9652	9657	9661	9666	9671	9675	9680
93	9685	9689	9694	9699	9703	9708	9713	9717	9722	9727
94	9731	9736	9741	9745	9750	9754	9759	9763	9768	9773
95	9777	9782	9786	9791	9795	9800	9805	9809	9814	9818
96	9823	9827	9832	9836	9841	9845	9850	9854	9859	9863
97	9868	9872	9877	9881	9886	9890	9894	9899	9903	9908
98	9912	9917	9921	9926	9930	9934	9939	9943	9948	9952
99	9956	9961	9965	9969	9974	9978	9983	9987	9991	9996

Tafel 4. **Kreisfunktionen.**

Grad	SINUS							
	0′	10′	20′	30′	40′	50′	60′	
0	0,00000	0,00291	0,00582	0,00873	0,01164	0,01454	0,01745	89
1	0,01745	0,02036	0,02327	0,02618	0,02908	0,03199	0,03490	88
2	0,03490	0,03781	0,04071	0,04362	0,04653	0,04943	0,05234	87
3	0,05234	0,05524	0,05814	0,06105	0,06395	0,06685	0,06976	86
4	0,06976	0,07266	0,07556	0,07846	0,08136	0,08426	0,08716	85
5	0,08716	0,09005	0,09295	0,09585	0,09874	0,10164	0,10453	84
6	0,10453	0,10742	0,11031	0,11320	0,11609	0,11898	0,12187	83
7	0,12187	0,12476	0,12764	0,13053	0,13341	0,13629	0,13917	82
8	0,13917	0,14205	0,14493	0,14781	0,15069	0,15356	0,15643	81
9	0,15643	0,15931	0,16218	0,16505	0,16792	0,17078	0,17365	80
10	0,17365	0,17651	0,17937	0,18224	0,18509	0,18795	0,19081	79
11	0,19081	0,19366	0,19652	0,19937	0,20222	0,20507	0,20791	78
12	0,20791	0,21076	0,21360	0,21644	0,21928	0,22212	0,22495	77
13	0,22495	0,22778	0,23062	0,23345	0,23627	0,23910	0,24192	76
14	0,24192	0,24474	0,24756	0,25038	0,25320	0,25601	0,25882	75
15	0,25882	0,26163	0,26443	0,26724	0,27004	0,27284	0,27564	74
16	0,27564	0,27843	0,28123	0,28402	0,28680	0,28959	0,29237	73
17	0,29237	0,29515	0,29793	0,30071	0,30348	0,30625	0,30902	72
18	0,30902	0,31178	0,31454	0,31730	0,32006	0,32282	0,32557	71
19	0,32557	0,32832	0,33106	0,33381	0,33655	0,33929	0,34202	70
20	0,34202	0,34475	0,34748	0,35021	0,35293	0,35565	0,35837	69
21	0,35837	0,36108	0,36379	0,36650	0,36921	0,37191	0,37461	68
22	0,37461	0,37730	0,37999	0,38268	0,38537	0,38805	0,39073	67
23	0,39073	0,39341	0,39608	0,39875	0,40142	0,40408	0,40674	66
24	0,40674	0,40939	0,41204	0,41469	0,41734	0,41998	0,42262	65
25	0,42262	0,42525	0,42788	0,43051	0,43313	0,43575	0,43837	64
26	0,43837	0,44098	0,44359	0,44620	0,44880	0,45140	0,45399	63
27	0,45399	0,45658	0,45917	0,46175	0,46433	0,46690	0,46947	62
28	0,46947	0,47204	0,47460	0,47716	0,47971	0,48226	0,48481	61
29	0,48481	0,48735	0,48989	0,49242	0,49495	0,49748	0,50000	60
30	0,50000	0,50252	0,50503	0,50754	0,51004	0,51254	0,51504	59
31	0,51504	0,51753	0,52002	0,52250	0,52498	0,52745	0,52992	58
32	0,52992	0,53238	0,53484	0,53730	0,53975	0,54220	0,54464	57
33	0,54464	0,54708	0,54951	0,55194	0,55436	0,55678	0,55919	56
34	0,55919	0,56160	0,56401	0,56641	0,56880	0,57119	0,57358	55
35	0,57358	0,57596	0,57833	0,58070	0,58307	0,58543	0,58779	54
36	0,58779	0,59014	0,59248	0,59482	0,59716	0,59949	0,60182	53
37	0,60182	0,60414	0,60645	0,60876	0,61107	0,61337	0,61566	52
38	0,61566	0,61795	0,62024	0,62251	0,62479	0,62706	0,62932	51
39	0,62932	0,63158	0,63383	0,63608	0,63832	0,64056	0,64279	50
40	0,64279	0,64501	0,64723	0,64945	0,65166	0,65386	0,65606	49
41	0,65606	0,65825	0,66044	0,66262	0,66480	0,66697	0,66913	48
42	0,66913	0,67129	0,67344	0,67559	0,67773	0,67987	0,68200	47
43	0,68200	0,68412	0,68624	0,68835	0,69046	0,69256	0,69466	46
44	0,69466	0,69675	0,69883	0,70091	0,70298	0,70505	0,70711	45
	60′	50′	40′	30′	20′	10′	0′	Grad
	COSINUS							

Tafel 4. **Kreisfunktionen.**

Grad	COSINUS							
	0′	10′	20′	30′	40′	50′	60′	
0	1,00000	1,00000	0,99998	0,99996	0,99993	0,99989	0,99985	89
1	0,99985	0,99979	0,99973	0,99966	0,99958	0,99949	0,99939	88
2	0,99939	0,99929	0,99917	0,99905	0,99892	0,99878	0,99863	87
3	0,99863	0,99847	0,99831	0,99813	0,99795	0,99776	0,99756	86
4	0,99756	0,99736	0,99714	0,99692	0,99668	0,99644	0,99619	85
5	0,99619	0,99594	0,99567	0,99540	0,99511	0,99482	0,99452	84
6	0,99452	0,99421	0,99390	0,99357	0,99324	0,99290	0,99255	83
7	0,99255	0,99219	0,99182	0,99144	0,99106	0,99067	0,99027	82
8	0,99027	0,98986	0,98944	0,98902	0,98858	0,98814	0,98769	81
9	0,98769	0,98723	0,98676	0,98629	0,98580	0,98531	0,98481	80
10	0,98481	0,98430	0,98378	0,98325	0,98272	0,98218	0,98163	79
11	0,98163	0,98107	0,98050	0,97992	0,97934	0,97875	0,97815	78
12	0,97815	0,97754	0,97692	0,97630	0,97566	0,97502	0,97437	77
13	0,97437	0,97371	0,97304	0,97237	0,97169	0,97100	0,97030	76
14	0,97030	0,96959	0,96887	0,96815	0,96742	0,96667	0,96593	75
15	0,96593	0,96517	0,96440	0,96363	0,96285	0,96206	0,96126	74
16	0,96126	0,96046	0,95964	0,95882	0,95799	0,95715	0,95630	73
17	0,95630	0,95545	0,95459	0,95372	0,95284	0,95195	0,95106	72
18	0,95106	0,95015	0,94924	0,94832	0,94740	0,94646	0,94552	71
19	0,94552	0,94457	0,94361	0,94264	0,94167	0,94068	0,93969	70
20	0,93969	0,93869	0,93769	0,93667	0,93565	0,93462	0,93358	69
21	0,93358	0,93253	0,93148	0,93042	0,92935	0,92827	0,92718	68
22	0,92718	0,92609	0,92499	0,92388	0,92276	0,92164	0,92050	67
23	0,92050	0,91936	0,91822	0,91706	0,91590	0,91472	0,91355	66
24	0,91355	0,91236	0,91116	0,90996	0,90875	0,90753	0,90631	65
25	0,90631	0,90507	0,90383	0,90259	0,90133	0,90007	0,89879	64
26	0,89879	0,89752	0,89623	0,89493	0,89363	0,89232	0,89101	63
27	0,89101	0,88968	0,88835	0,88701	0,88566	0,88431	0,88295	62
28	0,88295	0,88158	0,88020	0,87882	0,87743	0,87603	0,87462	61
29	0,87462	0,87321	0,87178	0,87036	0,86892	0,86748	0,86603	60
30	0,86603	0,86457	0,86310	0,86163	0,86015	0,85866	0,85717	59
31	0,85717	0,85567	0,85416	0,85264	0,85112	0,84959	0,84805	58
32	0,84805	0,84650	0,84495	0,84339	0,84182	0,84025	0,83867	57
33	0,83867	0,83708	0,83549	0,83389	0,83228	0,83066	0,82904	56
34	0,82904	0,82741	0,82577	0,82413	0,82248	0,82082	0,81915	55
35	0,81915	0,81748	0,81580	0,81412	0,81242	0,81072	0,80902	54
36	0,80902	0,80730	0,80558	0,80386	0,80212	0,80038	0,79864	53
37	0,79864	0,79688	0,79512	0,79335	0,79158	0,78980	0,78801	52
38	0,78801	0,78622	0,78442	0,78261	0,78079	0,77897	0,77715	51
39	0,77715	0,77531	0,77347	0,77162	0,76977	0,76791	0,76604	50
40	0,76604	0,76417	0,76229	0,76041	0,75851	0,75661	0,75471	49
41	0,75471	0,75280	0,75088	0,74896	0,74703	0,74509	0,74314	48
42	0,74314	0,74120	0,73924	0,73728	0,73531	0,73333	0,73135	47
43	0,73135	0,72937	0,72737	0,72537	0,72337	0,72136	0,71934	46
44	0,71934	0,71732	0,71529	0,71325	0,71121	0,70916	0,70711	45
	60′	50′	40′	30′	20′	10′	0′	Grad
	SINUS							

Tafel 4. **Kreisfunktionen.**

Grad	TANGENS							
	0′	10′	20′	30′	40′	50′	60′	
0	0,00000	0,00291	0,00582	0,00873	0,01164	0,01455	0,01746	89
1	0,01746	0,02036	0,02328	0,02619	0,02910	0,03201	0,03492	88
2	0,03492	0,03783	0,04075	0,04366	0,04658	0,04949	0,05241	87
3	0,05241	0,05533	0,05824	0,06116	0,06408	0,06700	0,06993	86
4	0,06993	0,07285	0,07578	0,07870	0,08163	0,08456	0,08749	85
5	0,08749	0,09042	0,09335	0,09629	0,09923	0,10216	0,10510	84
6	0,10510	0,10805	0,11099	0,11394	0,11688	0,11983	0,12278	83
7	0,12278	0,12574	0,12869	0,13165	0,13461	0,13758	0,14054	82
8	0,14054	0,14351	0,14648	0,14945	0,15243	0,15540	0,15838	81
9	0,15838	0,16137	0,16435	0,16734	0,17033	0,17333	0,17633	80
10	0,17633	0,17933	0,18233	0,18534	0,18835	0,19136	0,19438	79
11	0,19438	0,19740	0,20042	0,20345	0,20648	0,20952	0,21256	78
12	0,21256	0,21560	0,21864	0,22169	0,22475	0,22781	0,23087	77
13	0,23087	0,23393	0,23700	0,24008	0,24316	0,24624	0,24933	76
14	0,24933	0,25242	0,25552	0,25862	0,26172	0,26483	0,26795	75
15	0,26795	0,27107	0,27419	0,27732	0,28046	0,28360	0,28675	74
16	0,28675	0,28990	0,29305	0,29621	0,29938	0,30255	0,30573	73
17	0,30573	0,30891	0,31210	0,31530	0,31850	0,32171	0,32492	72
18	0,32492	0,32814	0,33136	0,33460	0,33783	0,34108	0,34433	71
19	0,34433	0,34758	0,35085	0,35412	0,35740	0,36068	0,36397	70
20	0,36397	0,36727	0,37057	0,37388	0,37720	0,38053	0,38386	69
21	0,38386	0,38721	0,39055	0,39391	0,39727	0,40065	0,40403	68
22	0,40403	0,40741	0,41081	0,41421	0,41763	0,42105	0,42447	67
23	0,42447	0,42791	0,43136	0,43481	0,43828	0,44175	0,44523	66
24	0,44523	0,44872	0,45222	0,45573	0,45924	0,46277	0,46631	65
25	0,46631	0,46985	0,47341	0,47698	0,48055	0,48414	0,48773	64
26	0,48773	0,49134	0,49495	0,49858	0,50222	0,50587	0,50953	63
27	0,50953	0,51319	0,51688	0,52057	0,52427	0,52798	0,53171	62
28	0,53171	0,53545	0,53920	0,54296	0,54673	0,55051	0,55431	61
29	0,55431	0,55812	0,56194	0,56577	0,56962	0,57348	0,57735	60
30	0,57735	0,58124	0,58513	0,58905	0,59297	0,59691	0,60086	59
31	0,60086	0,60483	0,60881	0,61280	0,61681	0,62083	0,62487	58
32	0,62487	0,62892	0,63299	0,63707	0,64117	0,64528	0,64941	57
33	0,64941	0,65355	0,65771	0,66189	0,66608	0,67028	0,67451	56
34	0,67451	0,67875	0,68301	0,68728	0,69157	0,69588	0,70021	55
35	0,70021	0,70455	0,70891	0,71329	0,71769	0,72211	0,72654	54
36	0,72654	0,73100	0,73547	0,73996	0,74447	0,74900	0,75355	53
37	0,75355	0,75812	0,76272	0,76733	0,77196	0,77661	0,78129	52
38	0,78129	0,78598	0,79070	0,79544	0,80020	0,80498	0,80978	51
39	0,80978	0,81461	0,81946	0,82434	0,82923	0,83415	0,83910	50
40	0,83910	0,84407	0,84906	0,85408	0,85912	0,86419	0,86929	49
41	0,86929	0,87441	0,87955	0,88473	0,88992	0,89515	0,90040	48
42	0,90040	0,90569	0,91099	0,91633	0,92170	0,92709	0,93252	47
43	0,93252	0,93797	0,94345	0,94896	0,95451	0,96008	0,96569	46
44	0,96569	0,97133	0,97700	0,98270	0,98843	0,99420	1,00000	45
	60′	50′	40′	30′	20′	10′	0′	Grad
	COTANGENS							

Tafel 4. **Kreisfunktionen.**

Grad	COTANGENS 0′	10′	20′	30′	40′	50′	60′	
0	∞	343,77371	171,88540	114,58865	85,93979	68,75009	57,28996	89
1	57,28996	49,10388	42,96408	38,18846	34,36777	31,24158	28,63625	88
2	28,63625	26,43160	24,54176	22,90377	21,47040	20,20555	19,08114	87
3	19,08114	18,07498	17,16934	16,34986	15,60478	14,92442	14,30067	86
4	14,30067	13,72674	13,19688	12,70621	12,25051	11,82617	11,43005	85
5	11,43005	11,05943	10,71191	10,38540	10,07803	9,78817	9,51436	84
6	9,51436	9,25530	9,00983	8,77689	8,55555	8,34496	8,14435	83
7	8,14435	7,95302	7,77035	7,59575	7,42871	7,26873	7,11537	82
8	7,11537	6,96823	6,82694	6,69116	6,56055	6,43484	6,31375	81
9	6,31375	6,19703	6,08444	5,97576	5,87080	5,76937	5,67128	80
10	5,67128	5,57638	5,48451	5,39552	5,30928	5,22566	5,14455	79
11	5,14455	5,06584	4,98940	4,91516	4,84300	4,77286	4,70463	78
12	4,70463	4,63825	4,57363	4,51071	4,44942	4,38969	4,33148	77
13	4,33148	4,27471	4,21933	4,16530	4,11256	4,06107	4,01078	76
14	4,01078	3,96165	3,91364	3,86671	3,82083	3,77595	3,73205	75
15	3,73205	3,68909	3,64705	3,60588	3,56557	3,52609	3,48741	74
16	3,48741	3,44951	3,41236	3,37594	3,34023	3,30521	3,27085	73
17	3,27085	3,23714	3,20406	3,17159	3,13972	3,10842	3,07768	72
18	3,07768	3,04749	3,01783	2,98869	2,96004	2,93189	2,90421	71
19	2,90421	2,87700	2,85023	2,82391	2,79802	2,77254	2,74748	70
20	2,74748	2,72281	2,69853	2,67462	2,65109	2,62791	2,60509	69
21	2,60509	2,58261	2,56046	2,53865	2,51715	2,49597	2,47509	68
22	2,47509	2,45451	2,43422	2,41421	2,39449	2,37504	2,35585	67
23	2,35585	2,33693	2,31826	2,29984	2,28167	2,26374	2,24604	66
24	2,24604	2,22857	2,21132	2,19430	2,17749	2,16090	2,14451	65
25	2,14451	2,12832	2,11233	2,09654	2,08094	2,06553	2,05030	64
26	2,05030	2,03526	2,02039	2,00569	1,99116	1,97680	1,96261	63
27	1,96261	1,94858	1,93470	1,92098	1,90741	1,89400	1,88073	62
28	1,88073	1,86760	1,85462	1,84177	1,82906	1,81649	1,80405	61
29	1,80405	1,79174	1,77955	1,76749	1,75556	1,74375	1,73205	60
30	1,73205	1,72047	1,70901	1,69766	1,68643	1,67530	1,66428	59
31	1,66428	1,65337	1,64256	1,63185	1,62125	1,61074	1,60033	58
32	1,60033	1,59002	1,57981	1,56969	1,55966	1,54972	1,53987	57
33	1,53987	1,53010	1,52043	1,51084	1,50133	1,49190	1,48256	56
34	1,48256	1,47330	1,46411	1,45501	1,44598	1,43703	1,42815	55
35	1,42815	1,41934	1,41061	1,40195	1,39336	1,38484	1,37638	54
36	1,37638	1,36800	1,35968	1,35142	1,34323	1,33511	1,32704	53
37	1,32704	1,31904	1,31110	1,30323	1,29541	1,28764	1,27994	52
38	1,27994	1,27230	1,26471	1,25717	1,24969	1,24227	1,23490	51
39	1,23490	1,22758	1,22031	1,21310	1,20593	1,19882	1,19175	50
40	1,19175	1,18474	1,17777	1,17085	1,16398	1,15715	1,15037	49
41	1,15037	1,14363	1,13694	1,13029	1,12369	1,11713	1,11061	48
42	1,11061	1,10414	1,09770	1,09131	1,08496	1,07864	1,07237	47
43	1,07237	1,06613	1,05994	1,05378	1,04766	1,04158	1,03553	46
44	1,03553	1,02952	1,02355	1,01761	1,01170	1,00583	1,00000	45
	60′	50′	40′	30′	20′	10′	0′ TANGENS	Grad

Tafel 5. **Bogenlängen, Bogenhöhen, Sehnenlängen, Kreisabschnitte für den Halbmesser 1.**

Zentriwinkel α°	Bogenlänge b	Bogenhöhe h	$\frac{b}{h}$	Sehnenlänge s	Inhalt F des Kreisabschn.	Zentriwinkel α°	Bogenlänge b	Bogenhöhe h	$\frac{b}{h}$	Sehnenlänge s	Inhalt F des Kreisabschn.
1	0,0175	0,0000	458,37	0,0175	0,00000	46	0,8029	0,0795	10,10	0,7815	0,04176
2	0,0349	0,0002	229,19	0,0349	0,00000	47	0,8203	0,0829	9,89	0,7975	0,04448
3	0,0524	0,0003	152,80	0,0524	0,00001	48	0,8378	0,0865	9,69	0,8135	0,04731
4	0,0698	0,0006	114,60	0,0698	0,00003	49	0,8552	0,0900	9,50	0,8294	0,05025
5	0,0873	0,0010	91,69	0,0872	0,00006	**50**	0,8727	0,0937	9,31	0,8452	0,05331
6	0,1047	0,0014	76,41	0,1047	0,00010	51	0,8901	0,0974	9,14	0,8610	0,05649
7	0,1222	0,0019	65,50	0,1221	0,00015	52	0,9076	0,1012	8,97	0,8767	0,05978
8	0,1396	0,0024	57,32	0,1395	0,00023	53	0,9250	0,1051	8,80	0,8924	0,06319
9	0,1571	0,0031	50,96	0,1569	0,00032	54	0,9425	0,1090	8,65	0,9080	0,06673
10	0,1745	0,0038	45,87	0,1743	0,00044	55	0,9599	0,1130	8,49	0,9235	0,07039
11	0,1920	0,0046	41,70	0,1917	0,00059	56	0,9774	0,1171	8,35	0,9389	0,07417
12	0,2094	0,0055	38,23	0,2091	0,00076	57	0,9948	0,1212	8,21	0,9543	0,07808
13	0,2269	0,0064	35,30	0,2264	0,00097	58	1,0123	0,1254	8,07	0,9696	0,08212
14	0,2443	0,0075	32,78	0,2437	0,00121	59	1,0297	0,1296	7,94	0,9848	0,08629
15	0,2618	0,0086	30,60	0,2611	0,00149	**60**	1,0472	0,1340	7,81	1,0000	0,09059
16	0,2793	0,0097	28,69	0,2783	0,00181	61	1,0647	0,1384	7,69	1,0151	0,09502
17	0,2967	0,0110	27,01	0,2956	0,00217	62	1,0821	0,1428	7,56	1,0301	0,09958
18	0,3142	0,0123	25,52	0,3129	0,00257	63	1,0996	0,1474	7,46	1,0450	0,10428
19	0,3316	0,0137	24,18	0,3301	0,00302	64	1,1170	0,1520	7,35	1,0598	0,10911
20	0,3491	0,0152	22,98	0,3473	0,00352	65	1,1345	0,1566	7,24	1,0746	0,11408
21	0,3665	0,0167	21,89	0,3645	0,00408	66	1,1519	0,1613	7,14	1,0893	0,11919
22	0,3840	0,0184	20,90	0,3816	0,00468	67	1,1694	0,1661	7,04	1,1039	0,12443
23	0,4014	0,0201	20,00	0,3987	0,00535	68	1,1868	0,1710	6,94	1,1184	0,12982
24	0,4189	0,0219	19,17	0,4158	0,00607	69	1,2043	0,1759	6,85	1,1328	0,13535
25	0,4363	0,0237	18,41	0,4329	0,00686	**70**	1,2217	0,1808	6,76	1,1472	0,14102
26	0,4538	0,0256	17,71	0,4499	0,00771	71	1,2392	0,1859	6,67	1,1614	0,14683
27	0,4712	0,0276	17,06	0,4669	0,00862	72	1,2566	0,1910	6,58	1,1756	0,15279
28	0,4887	0,0297	16,45	0,4838	0,00961	73	1,2741	0,1961	6,50	1,1896	0,15889
29	0,5061	0,0319	15,89	0,5008	0,01067	74	1,2915	0,2014	6,41	1,2036	0,16514
30	0,5236	0,0341	15,37	0,5176	0,01180	75	1,3090	0,2066	6,34	1,2175	0,17154
31	0,5411	0,0364	14,88	0,5345	0,01301	76	1,3265	0,2120	6,26	1,2312	0,17808
32	0,5585	0,0387	14,42	0,5512	0,01429	77	1,3439	0,2174	6,18	1,2450	0,18477
33	0,5760	0,0412	13,99	0,5680	0,01566	78	1,3614	0,2229	6,11	1,2586	0,19160
34	0,5934	0,0437	13,56	0,5847	0,01711	79	1,3788	0,2284	6,04	1,2722	0,19859
35	0,6109	0,0463	13,20	0,6014	0,01864	**80**	1,3963	0,2340	5,97	1,2856	0,20573
36	0,6283	0,0489	12,84	0,6180	0,02027	81	1,4137	0,2396	5,90	1,2989	0,21301
37	0,6458	0,0517	12,50	0,6346	0,02198	82	1,4312	0,2453	5,83	1,3121	0,22045
38	0,6632	0,0545	12,17	0,6511	0,02378	83	1,4486	0,2510	5,77	1,3252	0,22804
39	0,6807	0,0574	11,87	0,6676	0,02568	84	1,4661	0,2569	5,71	1,3383	0,23578
40	0,6981	0,0603	11,58	0,6840	0,02767	85	1,4835	0,2627	5,65	1,3512	0,24367
41	0,7156	0,0633	11,30	0,7004	0,02976	86	1,5010	0,2686	5,59	1,3640	0,25171
42	0,7330	0,0664	11,04	0,7167	0,03195	87	1,5184	0,2746	5,53	1,3767	0,25990
43	0,7505	0,0696	10,78	0,7330	0,03425	88	1,5359	0,2807	5,47	1,3893	0,26825
44	0,7679	0,0728	10,55	0,7492	0,03664	89	1,5533	0,2867	5,42	1,4018	0,27675
45	0,7854	0,0761	10,32	0,7654	0,03915	**90**	1,5708	0,2929	5,36	1,4142	0,28540

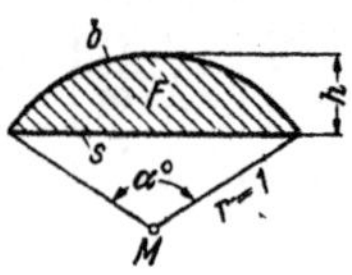

Die Spalte Bogenlänge b gibt zugleich das Bogenmaß (arcus) des daneben in Gradmaß stehenden Winkels; so ist arc 124° = 2,1642.

Der Winkel 57,296° hat das Bogenmaß 1, d. h. für $\alpha = 57{,}296°$ ist die Bogenlänge gleich dem Halbmesser; vgl. S. 40 die Bemerkung unter der linken Abbildung.

Für genauere Rechnungen:

$$\text{arc } 1° = \pi : 180 = 0{,}017453293;$$
$$\text{acr } 1' = 0{,}000290888;$$
$$\text{acr } 1'' = 0{,}000004848.$$

Tafel 5. **Bogenlängen, Bogenhöhen, Sehnenlängen, Kreisabschnitte für den Halbmesser 1.**

Zentriwinkel $\alpha°$	Bogenlänge b	Bogenhöhe h	$\frac{b}{h}$	Sehnenlänge s	Inhalt F des Kreisabschn.	Zentriwinkel $\alpha°$	Bogenlänge b	Bogenhöhe h	$\frac{b}{h}$	Sehnenlänge s	Inhalt F des Kreisabschn.
91	1,5882	0,2991	5,31	1,4265	0,29420	136	2,3736	0,6254	3,80	1,8544	0,83949
92	1,6057	0,3053	5,26	1,4387	0,30316	137	2,3911	0,6335	3,77	1,8608	0,85455
93	1,6232	0,3116	5,21	1,4507	0,31226	138	2,4086	0,6416	3,75	1,8672	0,86971
94	1,6406	0,3180	5,16	1,4627	0,32152	139	2,4260	0,6498	3,73	1,8733	0,88497
95	1,6580	0,3244	5,11	1,4746	0,33093	**140**	2,4435	0,6580	3,71	1,8794	0,90034
96	1,6755	0,3309	5,06	1,4863	0,34050	141	2,4609	0,6662	3,69	1,8853	0,91580
97	1,6930	0,3374	5,02	1,4979	0,35021	142	2,4784	0,6744	3,67	1,8910	0,93135
98	1,7104	0,3439	4,97	1,5094	0,36008	143	2,4958	0,6827	3,66	1,8966	0,94700
99	1,7279	0,3506	4,93	1,5208	0,37009	144	2,5133	0,6910	3,64	1,9021	0,96274
100	1,7453	0,3572	4,89	1,5321	0,38026	145	2,5307	0,6993	3,62	1,9074	0,97858
101	1,7628	0,3639	4,84	1,5432	0,39058	146	2,5482	0,7076	3,60	1,9126	0,99449
102	1,7802	0,3707	4,80	1,5543	0,40104	147	2,5656	0,7160	3,58	1,9176	1,01050
103	1,7977	0,3775	4,76	1,5652	0,41166	148	2,5831	0,7244	3,57	1,9225	1,02658
104	1,8151	0,3843	4,72	1,5760	0,42242	149	2,6005	0,7328	3,55	1,9273	1,04275
105	1,8326	0,3912	4,68	1,5867	0,43333	**150**	2,6180	0,7412	3,53	1,9319	1,05900
106	1,8500	0,3982	4,65	1,5973	0,44439	151	2,6354	0,7496	3,52	1,9363	1,07532
107	1,8675	0,4052	4,61	1,6077	0,45560	152	2,6529	0,7581	3,50	1,9406	1,09171
108	1,8850	0,4122	4,57	1,6180	0,46695	153	2,6704	0,7666	3,48	1,9447	1,10818
109	1,9024	0,4193	4,54	1,6282	0,47845	154	2,6878	0,7750	3,47	1,9487	1,12472
110	1,9199	0,4264	4,50	1,6383	0,49008	155	2,7053	0,7836	3,45	1,9526	1,14132
111	1,9373	0,4336	4,47	1,6483	0,50187	156	2,7227	0,7921	3,44	1,9563	1,15799
112	1,9548	0,4408	4,43	1,6581	0,51379	157	2,7402	0,8006	3,42	1,9598	1,17472
113	1,9722	0,4481	4,40	1,6678	0,52586	158	2,7576	0,8092	3,41	1,9633	1,19151
114	1,9897	0,4554	4,37	1,6773	0,53807	159	2,7751	0,8178	3,39	1,9665	1,20835
115	2,0071	0,4627	4,34	1,6868	0,55041	**160**	2,7925	0,8264	3,38	1,9696	1,22525
116	2,0246	0,4701	4,31	1,6961	0,56289	161	2,8100	0,8350	3,37	1,9726	1,24221
117	2,0420	0,4775	4,28	1,7053	0,57551	162	2,8274	0,8436	3,35	1,9754	1,25921
118	2,0595	0,4850	4,25	1,7143	0,58827	163	2,8449	0,8522	3,34	1,9780	1,27626
119	2,0769	0,4925	4,22	1,7233	0,60116	164	2,8623	0,8608	3,33	1,9805	1,29335
120	2,0944	0,5000	4,19	1,7321	0,61418	165	2,8798	0,8695	3,31	1,9829	1,31049
121	2,1118	0,5076	4,16	1,7407	0,62734	166	2,8972	0,8781	3,30	1,9851	1,32766
122	2,1293	0,5152	4,13	1,7492	0,64063	167	2,9147	0,8868	3,28	1,9871	1,34487
123	2,1468	0,5228	4,11	1,7576	0,65404	168	2,9322	0,8595	3,27	1,9890	1,36212
124	2,1642	0,5305	4,08	1,7659	0,66759	169	2,9496	0,9042	3,26	1,9908	1,37940
125	2,1817	0,5383	4,05	1,7740	0,68125	**170**	2,9671	0,9128	3,25	1,9924	1,39671
126	2,1991	0,5460	4,03	1,7820	0,69505	171	2,9845	0,9215	3,24	1,9938	1,41404
127	2,2166	0,5538	4,00	1,7899	0,70897	172	3,0020	0,9302	3,23	1,9951	1,43140
128	2,2340	0,5616	3,98	1,7976	0,72301	173	3,0194	0,9390	3,22	1,9963	1,44878
129	2,2515	0,5695	3,95	1,8052	0,73716	174	3,0369	0,9477	3,20	1,9973	1,46617
130	2,2689	0,5774	3,93	1,8126	0,75144	175	3,0543	0,9564	3,19	1,9981	1,48359
131	2,2864	0,5853	3,91	1,8199	0,76584	176	3,0718	0,9651	3,18	1,9988	1,50101
132	2,3038	0,5933	3,88	1,8271	0,78034	177	3,0892	0,9738	3,17	1,9993	1,51845
133	2,3213	0,6013	3,86	1,8341	0,79497	178	3,1067	0,9825	3,16	1,9997	1,53589
134	2,3387	0,6093	3,84	1,8410	0,80970	179	3,1241	0,9913	3,15	1,9999	1,55334
135	2,3562	0,6173	3,82	1,8478	0,82454	**180**	3,1416	1,0000	3,14	2,0000	1,57080

Beispiel 1. Für $r = 53{,}6$ cm und $\alpha = 98°$ sind $b = 1{,}7104 \cdot 53{,}6$ cm; $h = 0{,}3439 \cdot 53{,}6$ cm; $s = 1{,}5094 \cdot 53{,}6$ cm; $F = 0{,}36008 \cdot 53{,}6^2$ cm² und $b : h = 4{,}97$.

Beispiel 2. Gegeben $r = 2{,}32$ m und $s = 1{,}96$ m; dann ist am Kreise von $r = 1$ die Sehne $1{,}96 : 2{,}32 = 0{,}8448$. Hierzu findet man durch geradlinige Einschaltung $\alpha = 49{,}975°$; $b = 0{,}8723 \cdot 2{,}32 = 2{,}024$ m; $h = 0{,}0936 \cdot 2{,}32 = 0{,}217$ m; $F = 0{,}05323 \cdot 2{,}32^2 = 0{,}2865$ m².

Beispiel 3. Gegeben $b = 162$ mm und $h = 35$ mm, also $b : h = 4{,}63$, so daß $\alpha = 106{,}5°$; $r = 162 : 1{,}8587 = 87{,}2$ mm usw.

Beispiel 4. Sind s und h gegeben, so wird die Benutzung der Tafel umständlich. — Der „flache" Kreisabschnitt von $s = 32$ cm und $h = 2{,}7$ cm hat nach S. 53 Nr. 8 einen Inhalt $F \approx \frac{2}{3} s h = \frac{2}{3} \cdot 32 \cdot 2{,}7 = 57{,}6$ cm².

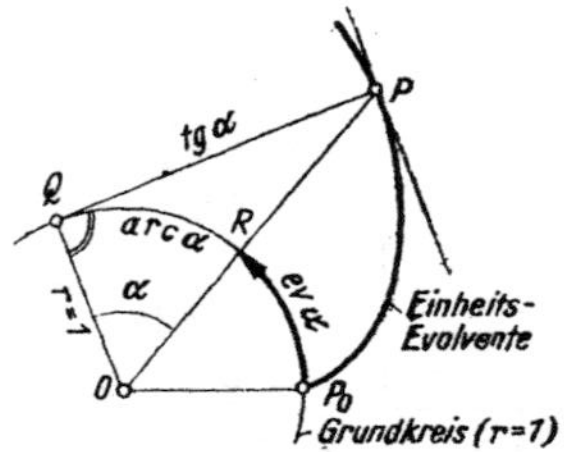

Tafel 6. **Evolventenfunktion $ev\alpha = \operatorname{tg}\alpha - \operatorname{arc}\alpha$ von $\alpha = 10°$ bis $30°$, steigend um je 5′ (Altgrad).**

(Vgl. Abschnitt „Messen der Zahnräder".)

$\overline{QP} = \operatorname{tg}\alpha = \widehat{P_0 RQ}$

$\widehat{RQ} = \operatorname{arc}\alpha$

Evolventenfunktion:

$\widehat{P_0 R} = \operatorname{tg}\alpha - \operatorname{arc}\alpha = ev\alpha$

Beispiele.

Gegeben: $\alpha = 21° \, 52{,}8'$; gesucht: $ev\alpha = 0{,}019\,583 + \frac{2{,}8}{5} \cdot 0{,}000\,234 = \mathbf{0{,}019\,714}$.

Gegeben: $ev\alpha = 0{,}021\,835$; gesucht: $\alpha = 22° \, 35' + 5' \cdot \frac{70}{253} = \mathbf{22° \, 36{,}4'}$.

α ↓ → 0′	0′	5′	10′	15′	20′	25′	30′	35′	40′	45′	50′	55′	60′	Differenz von	Differenz bis
10°	0,001 794	001 840	001 886	001 933	001 981	002 030	002 079	002 130	002 181	002 233	002 286	002 340	002 394	46	54
11°	0,002 394	002 449	002 506	002 563	002 621	002 680	002 739	002 800	002 862	002 924	002 988	003 052	003 117	55	65
12°	0,003 117	003 183	003 250	003 318	003 388	003 458	003 528	003 600	003 673	003 747	003 822	003 898	003 975	66	77
13°	0,003 975	004 053	004 132	004 213	004 294	004 376	004 459	004 544	004 629	004 716	004 803	004 892	004 982	78	90
14°	0,004 982	005 073	005 165	005 258	005 353	005 448	005 545	005 643	005 742	005 842	005 943	006 046	006 150	91	104
15°	0,006 150	006 255	006 361	006 469	006 577	006 687	006 798	006 911	007 025	007 140	007 256	007 374	007 493	105	119
16°	0,007 493	007 613	007 735	007 857	007 982	008 107	008 234	008 362	008 492	008 623	008 756	008 889	009 025	120	136
17°	0,009 025	009 161	009 299	009 439	009 580	009 722	009 866	010 012	010 158	010 307	010 456	010 608	010 760	136	152
18°	0,010 760	010 915	011 071	011 228	011 387	011 547	011 709	011 873	012 038	012 205	012 373	012 543	012 715	155	172
19°	0,012 715	012 888	013 063	013 240	013 418	013 598	013 779	013 963	014 148	014 334	014 522	014 713	014 904	173	191
20°	0,014 904	015 098	015 293	015 490	015 689	015 890	016 092	016 296	016 502	016 710	016 920	017 132	017 345	194	213
21°	0,017 345	017 560	017 777	017 996	018 217	018 440	018 665	018 891	019 120	019 350	019 583	019 817	020 054	215	237
22°	0,020 054	020 292	020 533	020 775	021 019	021 266	021 514	021 765	022 018	022 272	022 529	022 788	023 049	238	261
23°	0,023 049	023 312	023 577	023 845	024 114	024 386	024 660	024 936	025 214	025 495	025 778	026 062	026 350	263	288
24°	0,026 350	026 639	026 931	027 225	027 521	027 820	028 121	028 424	028 729	029 037	029 348	029 660	029 975	289	315
25°	0,029 975	030 293	030 613	030 935	031 260	031 587	031 916	032 249	032 583	032 920	033 260	033 602	033 947	318	345
26°	0,033 947	034 294	034 644	034 996	035 352	035 709	036 069	036 432	036 798	037 166	037 537	037 910	038 286	347	376
27°	0,038 286	038 666	039 047	039 432	039 819	040 209	040 602	040 997	041 395	041 797	042 201	042 607	043 017	380	410
28°	0,043 017	043 430	043 845	044 264	044 685	045 110	045 537	045 967	046 400	046 837	047 276	047 718	048 164	413	446
29°	0,048 164	048 612	049 063	049 518	049 976	050 437	050 901	051 368	051 838	052 312	052 788	053 268	053 751	448	483

B. Aus der Algebra.

Quadratische Gleichungen.

Wir bringen die Gleichung auf die Form $x^2 + px + q = 0$. Dann hat sie die zwei Lösungen (Wurzeln)

$$\begin{matrix} x_1 \\ x_2 \end{matrix} = -\frac{p}{2} \pm \sqrt{\frac{p^2}{4} - q}.$$

Fällt der Radikand negativ aus, so sind reelle Lösungen nicht vorhanden.

Beispiel. $5x^2 - 24x + 18 = 0$ gibt durch 5 dividiert $x^2 - 4{,}8x + 3{,}6 = 0$: Es ist $p = -4{,}8$ und $q = +3{,}6$, so daß

$$\begin{matrix} x_1 \\ x_2 \end{matrix} = +2{,}4 \pm \sqrt{5{,}76 - 3{,}60} = +2{,}4 \pm \sqrt{2{,}16} = +2{,}4 \pm 1{,}470 = \begin{matrix} +3{,}870 \\ +0{,}930 \end{matrix}$$

Die Gleichung $x^2 + 4{,}8x - 3{,}6 = 0$ ($p = +4{,}8$; $q = -3{,}6$) hat die Lösungen

$$\begin{matrix} x_1 \\ x_2 \end{matrix} = -2{,}4 \pm \sqrt{5{,}76 + 3{,}60} = -2{,}4 \pm \sqrt{9{,}36} = -2{,}4 \pm 3{,}059 = \begin{matrix} +0{,}659 \\ -5{,}459 \end{matrix}$$

Kubische Gleichungen.

Wir bringen die Gleichung auf die Form $x^3 + px^2 + qx + r = 0$. Sie hat drei Lösungen, und zwar entweder drei reelle oder nur eine solche.

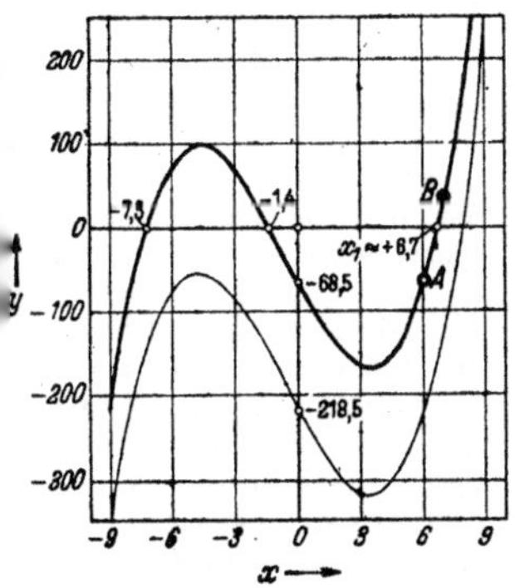

Die reellen Lösungen findet man am einfachsten zeichnerisch, indem man zu einer Reihe geeignet gewählter x-Werte die linke Seite der Gleichung — kurz y genannt — berechnet, die Kurve $y = x^3 + px^2 + qx + r$ aufträgt und nachsieht, wo sie die x-Achse schneidet oder berührt. Dort liegen die Lösungen, von denen im Falle der Berührung zwei gleich ausfallen. Aus der Natur der Aufgabe weiß man meist, wo Lösungen zu erwarten sind.

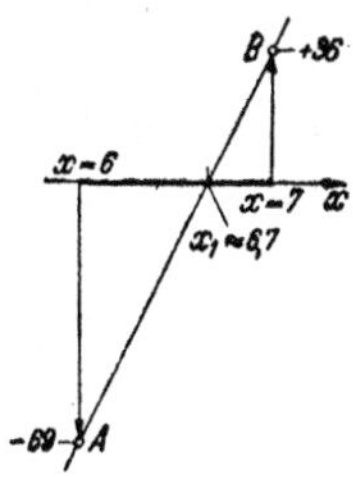

Beispiel 1. Eine reelle Lösung der Gleichung $x^3 + 2x^2 - 48{,}1x - 68{,}5 = 0$ werde in der Gegend von 6 vermutet. Für $x = +6$ wird $y = 216 + 72 - 288{,}6 - 68{,}5 = -69{,}1$ und für $x = +7$ wird $y = +35{,}8$, während der richtige x-Wert $y = 0$ liefern muß. Ein Blick auf die Skizze, in der das Auge — nicht ganz zutreffend, — die Gerade AB verfolgt, führt auf die recht gute Lösung $x_1 \approx +6{,}7$, wie das zugehörige $y_1 = -0{,}227$ lehrt. Genügt die Kenntnis von x_1 nicht, so findet man mittels der Zahlentafel

$x =$	−9	−7	−5	−3	−1	+1	+3	+5	+7	+9
$y =$	−202,6	+232,0	+97,0	+66,8	−19,4	−113,6	−167,8	−134,0	+35,8	+389,6

und der oberen kubischen Parabel (s. Abb.) in diesem Falle noch zwei weitere reelle Lösungen zu $x_2 \approx -1{,}4$ und $x_3 \approx -7{,}3$.

Beispiel 2. Dagegen hat die Gleichung $x^3 + 2x^2 - 48{,}1x - 218{,}5 = 0$, wie die untere Parabel (150 Einheiten tiefer gelegen!) lehrt, nur eine reelle Lösung etwas links von +8. Zwischen den beiden (kongruenten) kubischen Parabeln liegt eine wohlbestimmte dritte, die einer dritten kubischen Gleichung mit bestimmtem Endgliede linker Hand entspräche und die x-Achse bei x_1 zwischen +7 und +8 schnitte und bei $x_2 = x_3 \approx -4{,}7$ berührte (drei reelle, darunter zwei gleiche Lösungen).

Arithmetische und geometrische Reihe.

Die arithmetische Reihe 3, 5, 7, 9, ... mit dem Anfangsgliede $a_1 = 3$ und der konstanten Differenz $d = +2$ hat als 10. Glied $a_{10} = a_1 + 9\,d = 3 + 9 \cdot (+2) = 21$, allgemein als $n$tes Glied $a_n = a_1 + (n-1)\,d$ und als Summe dieser n Glieder $s = \frac{n(a_1 + a_n)}{2}$, hier also 120.

Beispiel. Die Spalte πn der Zahlentafel, S. 21, ist eine arithmetische Reihe von $a_1 = 2984{,}5$, der Gliederzahl $n = 50$ und der Differenz $d = +\pi$. Es müßte sein $a_{50} = 2984{,}5 + 49\pi = 2984{,}5 + 153{,}94 = 3138{,}44$ (3138,5 ist gerundeter Tafelwert) und die Summe dieser Spalte

$$s = \frac{50\,(2984{,}5 + 3138{,}5)}{2} = 153075{,}0 \quad (153074{,}2).$$

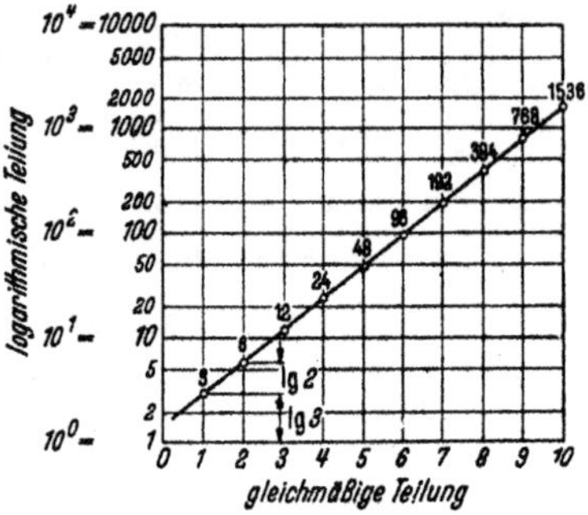

Die geometrische Reihe 3, 6, 12, 24, ... mit $a_1 = 3$ und dem konstanten Quotienten $q = +2$ hat als 10. Glied $a_{10} = a_1 \cdot q^9 = 3 \cdot 2^9 = 1536$, allgemein als $n$tes Glied $a_n = a_1 \cdot q^{n-1}$ und als Summe dieser n Glieder $s = a_1 \frac{q^n - 1}{q - 1}$, hier also $3 \cdot \frac{2^{10} - 1}{2 - 1} = 3069$.

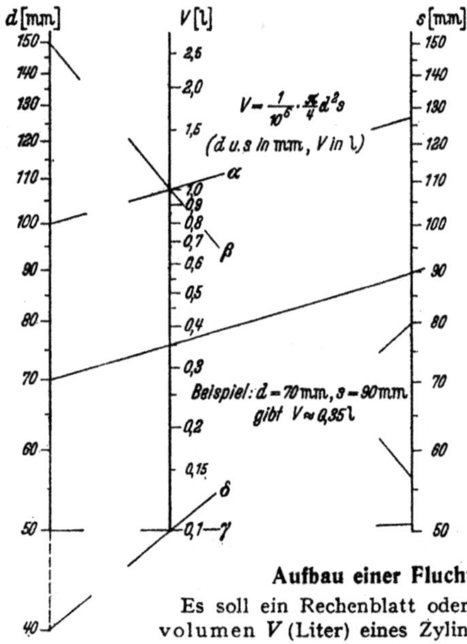

Trägt man in einfachlogarithmischem Papier (s. Abb.) die ersten 10 Glieder der obigen geometrischen Reihe auf, so liegen ihre Bildpunkte auf einer Geraden, da die dauernde Multiplikation mit $q = 2$ logarithmisch durch die dauernde Addition von log 2 erledigt wird. Praktische Anwendung siehe „Stufung von Drehzahlen und Vorschüben".

Die unendliche geometrische fallende Reihe $1 + \frac{1}{2} + \frac{1}{4} + \frac{1}{8} + \cdots$ mit $q = \frac{1}{2}$ hat offenbar die (endliche) Summe 2, allgemein $s = \frac{a_1}{1 - q}$.

Aufbau einer Flucht- oder Leitertafel.

Es soll ein Rechenblatt oder Nomogramm für das Hubvolumen V (Liter) eines Zylinders (Durchm. d, Hub s) als Fluchttafel entworfen werden; gewünschte Bereiche von d und s je von 50 bis 150 mm.

Wir übertragen von der unteren (250 mm langen) Hauptteilung des Rechenstabes die Teilpunkte (nicht allzu viele) von 50 über 100 (Stabende) bis 150 (das sind im ganzen 119,3 mm) gleichlaufend auf die einander parallelen Geraden d und s (Abstand beliebig, z. B. 90 mm), die hiermit zur d- bzw. s-Leiter werden. Gesucht sind Lage und Teilung der V-Leiter.

Mit d und s in dm gilt $V\,(\text{Liter}) = \frac{\pi}{4} d^2 s = 0{,}785\, d^2 s$. Es wird $\mathbf{V = 1}$ **l** für $d = 1$ dm und $s = 1{,}273$ dm (Gerade α) und auch für $d = 1{,}5$; $s = 0{,}566$ (Gerade β); man erhält den Teilpunkt $V = 1$ l. Entsprechend wird $\mathbf{V = 0{,}1}$ **l** für $d = 0{,}5$; $s = 0{,}509$ und für $d = 0{,}4$; $s = 0{,}796$ (Geraden γ und δ); man gewinnt den Teilpunkt $V = 0{,}1$ l. Die beiden Teilpunkte liegen auf der Parallelen zur d- und s-Leiter bei $\frac{1}{3}$ des Abstandes und sind $83\frac{1}{3}$ mm ($= \frac{1}{3} \cdot 250$ mm) voneinander entfernt. Auf dieser Strecke hat die oberste (Kuben-) Teilung des Rechenstabes genau einmal Platz. Nach Übertragung der Teilpunkte ist die V-Leiter und damit auch die Fluchttafel fertig.

(Log. Maßstäbe liefert Albert Nestler, Lahr in Baden.)

Aufbau einer Netztafel.

Die gleiche Aufgabe, nur soll das Rechenblatt als Netztafel entworfen werden. — Wir übernehmen z. B. die s-Teilung (jetzt waagerecht) und die

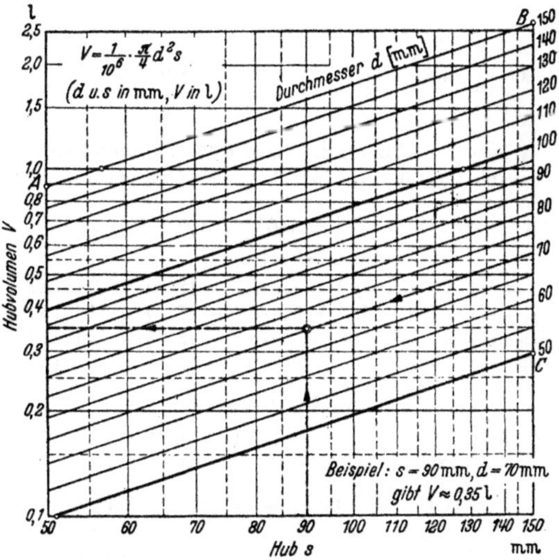

V-Teilung aus der vorigen Aufgabe und erhalten das s, V-Netz, in dem die je einem bestimmten d entsprechenden d-Linien als untereinander parallele, schräge Geraden erscheinen, die so festzulegen sind: Für $\mathbf{d = 1{,}5}$ und $s = 0{,}5$ bzw. $1{,}5$ dm wird $V = 0{,}883$ bzw. $2{,}649$ l; damit ist die $d = 150$ mm-Linie als Gerade AB gefunden. Für $\mathbf{d = 0{,}5}$ und $s = 1{,}5$ wird $V = 0{,}295$ (Punkt C). Die Strecke CB von $d = 50$ bis 150 mm ergibt sich zu 79,5 mm, d. h. $\frac{2}{3}$ von 119,3 mm, der Strecke von $s = 50$ bis 150 mm;

es wird also die s-Teilung auf $\frac{2}{3}$ verkleinert als d-Teilung von C bis B angebracht. Nach Ziehen der Parallelen zu AB durch diese Teilpunkte ist die Netztafel fertig.

(Log. Papiere liefert Schleicher & Schüll, Düren, Rhld.)

C. Aus der Trigonometrie.

Oft gebrauchte Werte.

$\sin 30° = \frac{1}{2}$	$\sin 45° = \frac{1}{2}\sqrt{2}$	$\sin 60° = \frac{1}{2}\sqrt{3}$
$\cos 30° = \frac{1}{2}\sqrt{3}$	$\cos 45° = \frac{1}{2}\sqrt{2}$	$\cos 60° = \frac{1}{2}$
$\operatorname{tg} 30° = \frac{1}{3}\sqrt{3}$	$\operatorname{tg} 45° = 1$	$\operatorname{tg} 60° = \sqrt{3}$

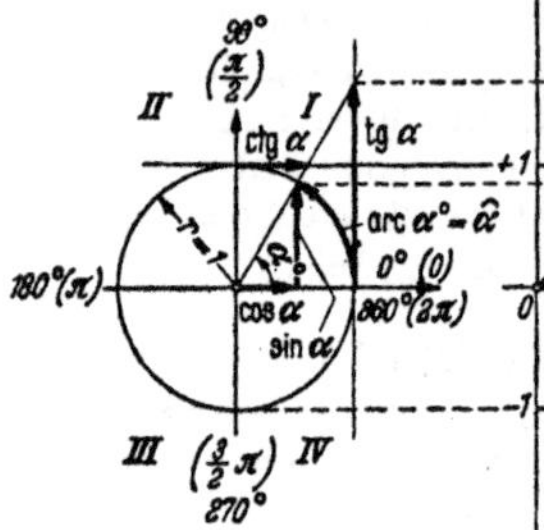

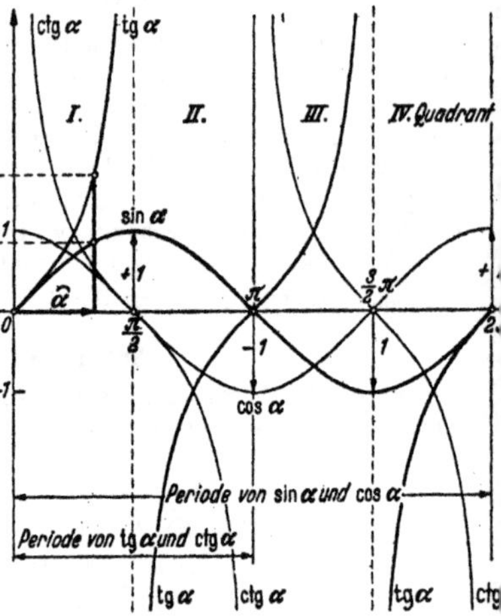

Bogenmaß von $\alpha°$.

$$\operatorname{arc}\alpha° = \hat{\alpha} = \frac{\alpha°}{180°}\pi = \frac{\alpha°}{57{,}296°}$$

Tafel 7. Winkel im 2., 3. und 4. Quadranten.

(Im 1. Quadranten sind alle vier Funktionen positiv.)

Liegt α zwischen

	90° u. 180°	180° u. 270°	270° u. 360°
	so gilt		
$\sin\alpha° =$	$+\cos(\alpha° - 90°)$	$-\sin(\alpha° - 180°)$	$-\cos(\alpha° - 270°)$
$\cos\alpha° =$	$-\sin(\alpha° - 90°)$	$-\cos(\alpha° - 180°)$	$+\sin(\alpha° - 270°)$
$\operatorname{tg}\alpha° =$	$-\operatorname{ctg}(\alpha° - 90°)$	$+\operatorname{tg}(\alpha° - 180°)$	$-\operatorname{ctg}(\alpha° - 270°)$
$\operatorname{ctg}\alpha° =$	$-\operatorname{tg}(\alpha° - 90°)$	$+\operatorname{ctg}(\alpha° - 180°)$	$-\operatorname{tg}(\alpha° - 270°)$

Tafel 8. Die Grundformeln.

$$\sin^2\alpha + \cos^2\alpha = 1 \qquad \operatorname{tg}\alpha\operatorname{ctg}\alpha = 1$$
$$\operatorname{tg}\alpha = \sin\alpha : \cos\alpha \qquad \operatorname{ctg}\alpha = \cos\alpha : \sin\alpha$$

Tafel 9. Oft gebrauchte Umformungen.

$$\sin^2\alpha = 1 - \cos^2\alpha = \operatorname{tg}^2\alpha : (1 + \operatorname{tg}^2\alpha) = 1 : (1 + \operatorname{ctg}^2\alpha)$$
$$\cos^2\alpha = 1 - \sin^2\alpha = 1 : (1 + \operatorname{tg}^2\alpha) = \operatorname{ctg}\alpha : (1 + \operatorname{ctg}^2\alpha)$$
$$1 + \operatorname{tg}^2\alpha = 1 : \cos^2\alpha \qquad 1 + \operatorname{ctg}^2\alpha = 1 : \sin^2\alpha$$

Tafel 10. Summe und Differenz zweier Winkel.

$$\sin(\alpha \pm \beta) = \sin\alpha\cos\beta \pm \cos\alpha\sin\beta$$
$$\cos(\alpha \pm \beta) = \cos\alpha\cos\beta \mp \sin\alpha\sin\beta$$
$$\operatorname{tg}(\alpha \pm \beta) = (\operatorname{tg}\alpha \pm \operatorname{tg}\beta) : (1 \mp \operatorname{tg}\alpha\operatorname{tg}\beta)$$
$$\operatorname{ctg}(\alpha \pm \beta) = (\operatorname{ctg}\alpha\operatorname{ctg}\beta \mp 1) : (\operatorname{ctg}\beta \pm \operatorname{ctg}\alpha)$$

Tafel 11. **Summe und Differenz der sin oder cos zweier Winkel.**

$$\left.\begin{aligned}\sin\alpha + \sin\beta &= +2\sin\sigma\cos\tau\\ \sin\alpha - \sin\beta &= +2\cos\sigma\sin\tau\\ \cos\alpha + \cos\beta &= +2\cos\sigma\cos\tau\\ \cos\alpha - \cos\beta &= -2\sin\sigma\sin\tau\end{aligned}\right\}\ \text{wobei}\quad \sigma = \frac{\alpha+\beta}{2},\quad \tau = \frac{\alpha-\beta}{2}$$

Tafel 12. **Einfacher und doppelter Winkel.**

$\sin 2\alpha = 2\sin\alpha\cos\alpha$ oder $2\sin\alpha/2\cos\alpha/2 = \sin\alpha$

$\cos 2\alpha = \cos^2\alpha - \sin^2\alpha = 1 - 2\sin^2\alpha = 2\cos^2\alpha - 1$

$\operatorname{tg} 2\alpha = 2\operatorname{tg}\alpha : (1 - \operatorname{tg}^2\alpha)$ $\quad\operatorname{ctg} 2\alpha = (\operatorname{ctg}^2\alpha - 1) : 2\operatorname{ctg}\alpha$

$\sin^2\alpha = \frac{1}{2}(1 - \cos 2\alpha)$ $\quad\cos^2\alpha = \frac{1}{2}(1 + \cos 2\alpha)$

$\operatorname{tg}^2\alpha = (1 - \cos 2\alpha) : (1 + \cos 2\alpha)$ $\quad\operatorname{ctg}^2\alpha = (1 + \cos 2\alpha) : (1 - \cos 2\alpha)$

Tafel 13. **Berechnung des rechtwinkligen Dreiecks.**

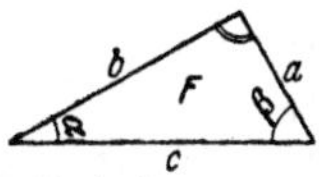

Gegeben	Die übrigen Seiten und Winkel sowie F sind:		
a, b	$\operatorname{tg}\alpha = a : b$	$c = \sqrt{a^2 + b^2}$	$F = \frac{1}{2} a b$
a, c	$\sin\alpha = a : c$	$b = \sqrt{c^2 - a^2}$	$F = \frac{1}{2} a b$
a, α [1]	$b = a\operatorname{ctg}\alpha$	$c = a : \sin\alpha$	$F = \frac{1}{2} a^2 \operatorname{ctg}\alpha$
c, α [1]	$a = c\sin\alpha$	$b = c\cos\alpha$	$F = \frac{1}{4} c^2 \sin 2\alpha$

Tafel 14. **Berechnung des spitzwinkligen Dreiecks.**

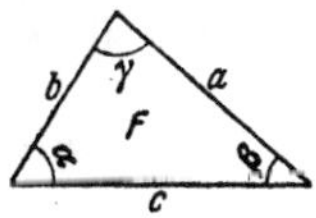

Gegeben	Die übrigen Seiten und Winkel sowie F sind:

a, b, c

$$\cos\alpha = \frac{b^2 + c^2 - a^2}{2bc} \qquad \cos\beta = \frac{c^2 + a^2 - b^2}{2ca}$$

$F = \sqrt{s(s-a)(s-b)(s-c)}$, wo $s = \frac{1}{2}(a + b + c)$

a, b, γ

$c = \sqrt{a^2 + b^2 - 2ab\cos\gamma}$; dann z. B. α aus $\sin\alpha = \frac{a\sin\gamma}{c}$ oder, falls c nicht interessiert, α unmittelbar aus

$$\operatorname{tg}\alpha = \frac{a\sin\gamma}{b - a\cos\gamma} \qquad F = \frac{1}{2} ab\sin\gamma$$

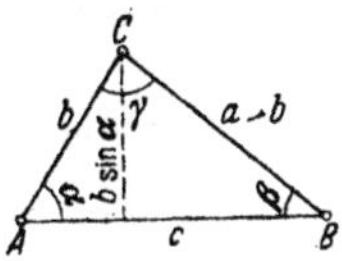

a, b, α

$$\sin\beta = \frac{b\sin\alpha}{a};\ \text{dann}\ c = \frac{a\sin\gamma}{\sin\alpha}$$

$$F = \tfrac{1}{2} ab\sin\gamma$$

Beachte: Ist $a > b$, dann β spitz und $< \alpha$.
Ist $a < b$, aber $> b\sin\alpha$, so gibt es 2 Dreiecke (mit β_1 spitz und β_2 stumpf $= 180° - \beta_1$) entspr. γ_1 und γ_2 sowie c_1 und c_2; ist zufällig $a = b\sin\alpha$, so wird $\beta_1 = \beta_2 = 90°$. Für $a < b\sin\alpha$ gibt es kein Dreieck.

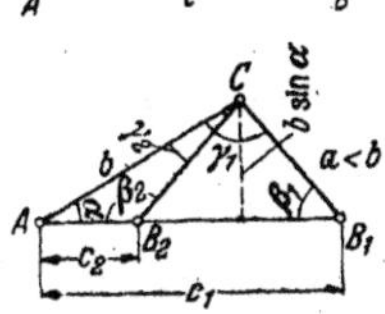

a, α, β [2]

$$b = \frac{a\sin\beta}{\sin\alpha} \qquad c = \frac{a\sin\gamma}{\sin\alpha} \qquad F = \frac{a^2}{2}\,\frac{\sin\beta\sin\gamma}{\sin\alpha}$$

[1]) Damit ist ja auch β bekannt. [2]) Damit ist ja auch γ bekannt.

D. Aus Planimetrie und Stereometrie.

Simpsonsche Regel

zur Ermittlung der Inhalte beliebiger Flächen und Körper. Man teilt die Fläche bzw. den Körper in eine gerade Anzahl gleich breiter Streifen bzw. gleich starker Scheiben ($n = 2, 4, 6, \ldots$). Dann ist — um so genauer, je größer n gewählt wird —

$$F \approx h \cdot \frac{y_0 + 4y_1 + 2y_2 + 4y_3 + 2y_4 + \cdots + 4y_{n-1} + y_n}{3n},$$

$$V \approx h \cdot \frac{F_0 + 4F_1 + 2F_2 + 4F_3 + 2F_4 + \cdots + 4F_{n-1} + F_n}{3n}.$$

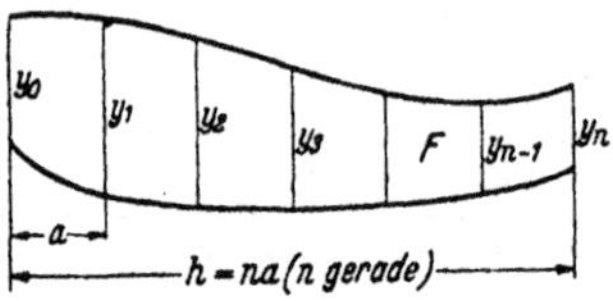

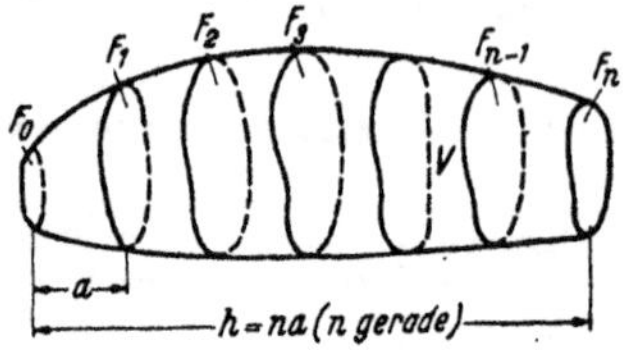

Die Endordinaten (y_0, y_n) bzw. Endflächen (F_0, F_n) können einzeln oder auch beide gleich Null sein.

Beispiel. Rauminhalt V des Fasses von den Durchmessern d (Enden) und D (Mitte) und der Höhe (Länge) h. Es genügen $n = 2$ Scheiben, so daß

$$V \approx h \cdot \frac{\frac{\pi}{4} d^2 + 4 \cdot \frac{\pi}{4} D^2 + \frac{\pi}{4} d^2}{3 \cdot 2} = \frac{\pi h}{12} (2D^2 + d^2),$$

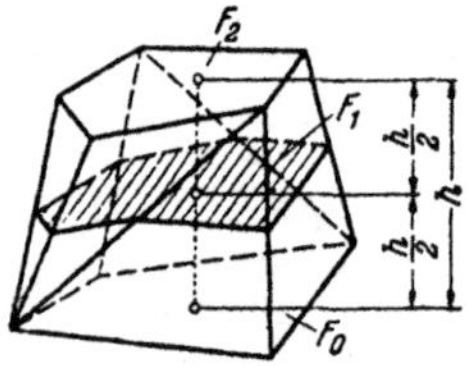

a

Prismatoide

sind Körper mit beliebigen Endflächen — nicht notwendig Vielecke — in parallelen Ebenen, ringsherum Dreiecke, Parallelogramme, Trapeze oder windschiefe Flächen (Abb. a). Für ihren Rauminhalt V gilt die Simpsonsche Regel **genau** bereits mit $n = 2$, also

$$V = \frac{h}{6} (F_0 + 4F_1 + F_2),$$

4 **Beispiele.** Obelisk, Keil, ellipt. Bottich, hyperbol. Paraboloid (Abb. b bis e).

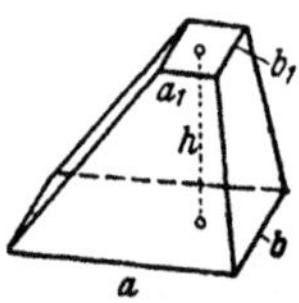

b

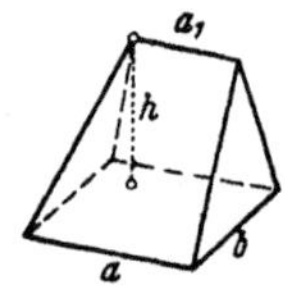

c

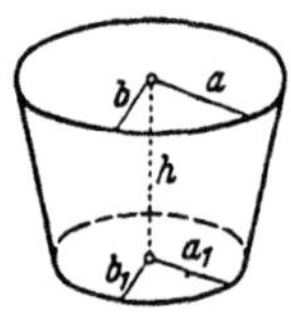

d

Zu b: Mit $F_1 = \frac{a + a_1}{2} \cdot \frac{b + b_1}{2}$ wird $V = \frac{h}{6} [a\,b + (a + a_1)(b + b_1) + a_1 b_1]$

Zu c: Mit $F_1 = \frac{a + a_1}{2} \cdot \frac{b}{2}$ und $F_2 = 0$ wird $V = \frac{b\,h}{6} (2a + a_1)$

Zu d: Mit $F_1 = \pi \cdot \frac{a + a_1}{2} \cdot \frac{b + b_1}{2}$ wird $V = \frac{\pi h}{6} [a\,b + (a + a_1)(b + b_1) + a_1 b_1]$

Zu e: Entweder

$h = a;$

$F_0 = \tfrac{1}{2}\, b\, c$ (hinten);

$F_m = \tfrac{1}{4}\, b\, c;$

$F_1 = 0$ (Kante AB)

oder

$h = b$ usw.:

$V = \tfrac{1}{4}\, abc.$

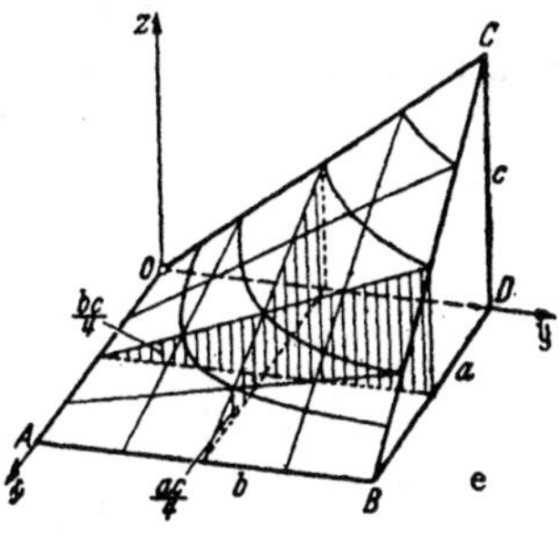

e

Guldinsche Regeln.

Dreht sich eine beliebige ebene

Kurve¹) von der Länge L	Fläche vom Inhalt F

um eine in ihrer Ebene liegende, die Kurve oder Fläche nicht durchsetzende Achse z, so ist

die Oberfläche O der entstehenden Drehfläche	der Rauminhalt V des entstehenden Drehkörpers
$O = L \cdot 2\pi\, x_s$	$V = F \cdot 2\pi\, x_s$

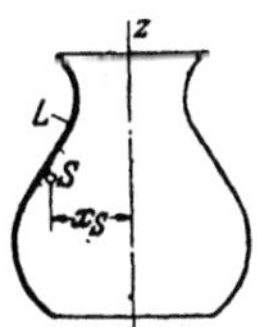

wo $2\pi\, x_s$ der Weg des Schwerpunktes S von L bzw. F bei einer vollen Drehung ist. Geht die Drehung statt durch 360° nur durch $\varphi°$, so ist das Ergebnis noch mit dem Verhältnis $\varphi° : 360°$ zu multiplizieren.

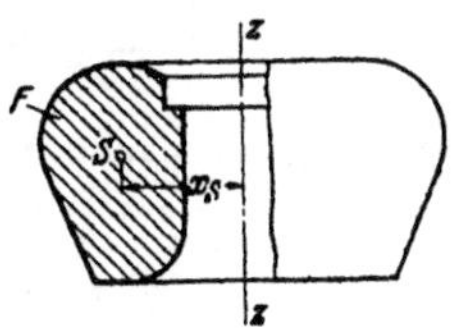

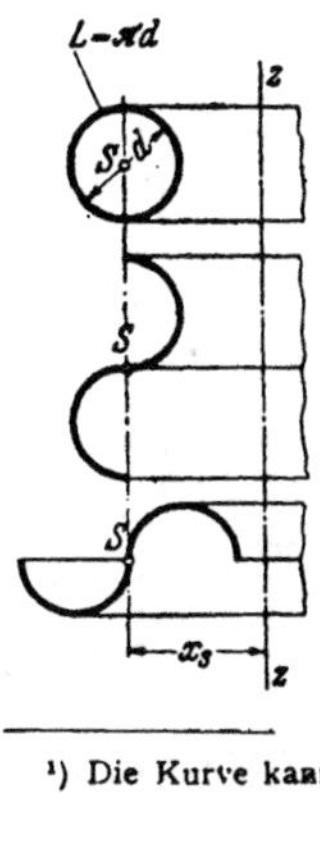

Beispiele. In jedem der 3 Fälle links und rechts ist bei Drehung durch $\varphi = 270°$

links

$$O = \pi d \cdot 2\pi\, x_s \cdot \tfrac{3}{4}$$

rechts

$$V = \pi ab \cdot 2\pi\, x_s \cdot \tfrac{3}{4}$$

Allgemeiner: Die Formel $V = F \times$ Schwerpunktsweg. bleibt auch dann bestehen, wenn sich F längs einer beliebigen ebenen oder räumlichen Kurve bewegt, vorausgesetzt, daß F stets auf der Bewegungsrichtung senkrecht steht (ellipt. Kettenglied, Schraubenfeder).

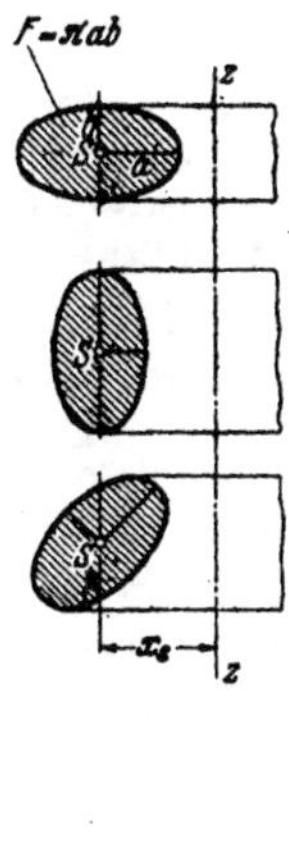

¹) Die Kurve kann auch geschlossen sein.

Projektion einer Fläche.

F in Ebene E wird als F' senkrecht auf E' projiziert. Dann ist

$$F' = F \cos\alpha \qquad \text{oder} \qquad F = F' : \cos\alpha .$$

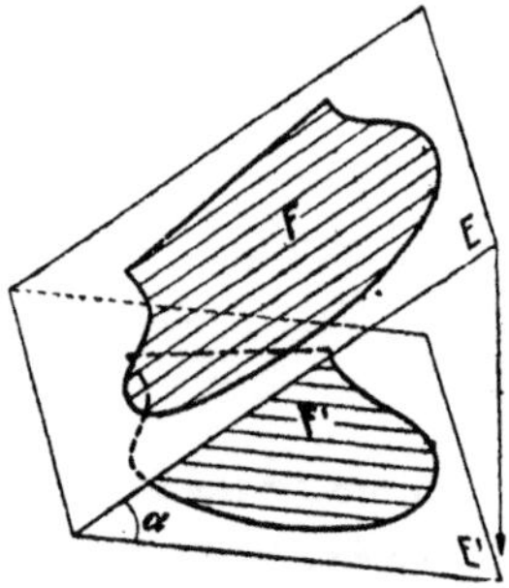

Beispiel 1. Das überall gleich geneigte Dach ($\alpha = 30°$) überdecke $F' = 100\ m^2$ Grundfläche. Die Dachfläche ist $F = 100 : \cos 30° = 115{,}47\ m^2$.

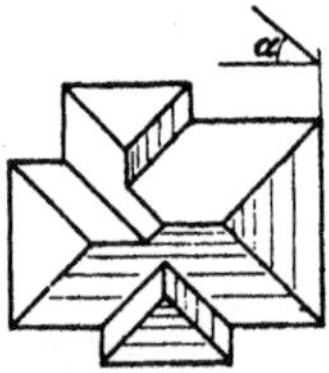

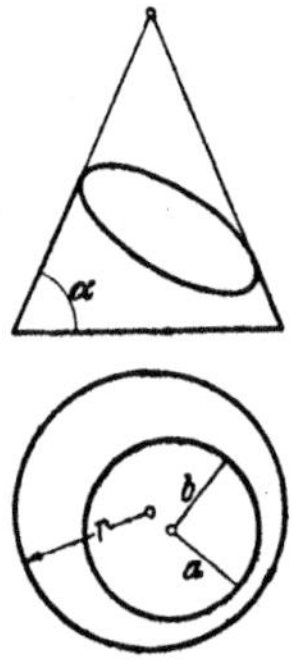

Beispiel 2. Die Mantelfläche des Kegelstumpfes ist

$$F = (\pi r^2 - \pi a b) : \cos\alpha = \pi (r^2 - a b) : \cos\alpha .$$

E. Inhalte von Flächen und Körpern.

(Umfang U, Fläche F, Oberfläche O, Mantelfläche M, Rauminhalt V.)

I. Ebene Gebilde.

1. Dreieck s. S. 41 und unter 2 und 3.

2. Beliebiges n-Eck. Ermittlung von F durch Zerlegen in Dreiecke oder aus den rechtwinkligen Koordinaten der n Ecken, die gegen den Uhrzeiger gezählt werden:

$$F = \tfrac{1}{2}\left\{(x_1 y_2 - x_2 y_1) + (x_2 y_3 - x_3 y_2) + \cdots + (x_n y_1 - x_1 y_n)\right\}$$

Beispiel. Wie groß ist der Inhalt F der nebengezeichneten Fläche?

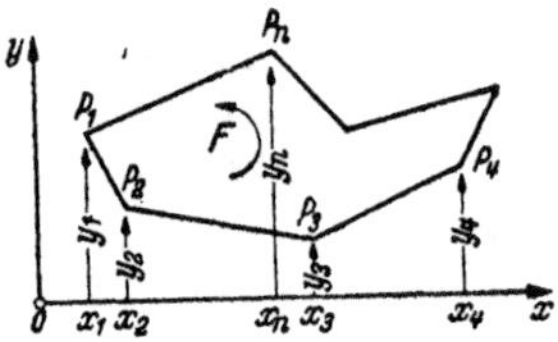

P	x (m)	y (m)		
P_1	7	23	$7 \cdot 13 = 91$	$-12 \cdot 23 = -27$
P_2	12	13	$12 \cdot 8 = 96$	$-37 \cdot 13 = -48$
P_3	37	8	$37 \cdot 18 = 666$	$-57 \cdot 8 = -45$
P_4	57	18	$57 \cdot 28 = 1596$	$-62 \cdot 18 = -111$
P_5	62	28	$62 \cdot 23 = 1426$	$-42 \cdot 28 = -117$
P_6	42	23	$42 \cdot 33 = 1386$	$-32 \cdot 23 = -73$
P_7	32	33	$32 \cdot 23 = 736$	$-7 \cdot 33 = -23$
P_1	7	23	$+5997$	-447
			-4472	

$$F = \tfrac{1}{2} \cdot 1525 = 762{,}5\ m^2$$

3. Regelmäßiges n-Eck. Vgl. auch Tafel S. 49.

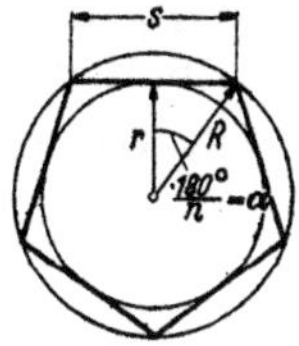

$$s = 2R\sin\alpha = 2r\,\mathrm{tg}\,\alpha;$$
$$r = R\cos\alpha;$$
$$U = ns;$$
$$F = \tfrac{1}{4}ns^2\,\mathrm{ctg}\,\alpha = \tfrac{1}{2}nR^2\sin 2\alpha = nr^2\,\mathrm{tg}\,\alpha.$$

Tafel 15. **Sehne, Außen- und Innenhalbmesser, Flächeninhalt in gegenseitiger Abhängigkeit.**

n	$s =$		$R =$		$r =$		$F =$		
	R mal	r mal	s mal	r mal	s mal	R mal	s^2 mal	R^2 mal	r^2 mal
3	1,732	3,464	0,577	2,000	0,289	0,500	0,433	1,299	5,196
4	1,414	2,000	0,707	1,414	0,500	0,707	1,000	2,000	4,000
5	1,176	1,453	0,851	1,236	0,688	0,809	1,721	2,378	3,633
6	1,000	1,155	1,000	1,155	0,866	0,866	2,598	2,598	3,464
7	0,868	0,963	1,152	1,110	1,038	0,901	3,635	2,736	3,371
8	0,765	0,828	1,307	1,082	1,207	0,924	4,828	2,828	3,314
9	0,684	0,728	1,462	1,064	1,374	0,940	6,182	2,893	3,276
10	0,618	0,650	1,618	1,052	1,539	0,951	7,694	2,939	3,249
11	0,564	0,587	1,775	1,042	1,703	0,960	9,364	2,974	3,230
12	0,518	0,536	1,932	1,035	1,866	0,966	11,196	3,000	3,215
16	0,390	0,398	2,563	1,020	2,514	0,981	20,109	3,062	3,183
20	0,313	0,317	3,196	1,013	3,157	0,988	31,569	3,090	3,168
24	0,261	0,263	3,831	1,009	3,798	0,991	45,575	3,106	3,160
32	0,196	0,197	5,101	1,005	5,077	0,995	81,225	3,121	3,152
48	0,131	0,131	7,645	1,002	7,629	0,998	183,08	3,133	3,146
64	0,098	0,098	10,190	1,001	10,178	0,999	325,69	3,137	3,144

4. Kreis und Kreisteile. Vgl. auch die Tafeln S. 2 bis 21, S. 34/35 und S. 49.

Vollkreis: $U = 2\pi r = \pi d$; $F = \pi r^2 = \frac{1}{4}\pi d^2 = 0{,}785398\,d^2$

Kreisring: Auch $F = 2\pi\varrho\delta$, wo ϱ = mittlerer Halbmesser und δ = Ringbreite.

Kreisausschnitt (s. Abb. bei Kreisabschnitt): $F = \frac{1}{2}br = \frac{\alpha^\circ}{360^\circ}\pi r^2$.

Kreisabschnitt: $F = \frac{1}{2}r^2\left(\frac{\alpha^\circ}{180^\circ}\pi - \sin\alpha\right)$

$$= \frac{1}{2}(r(b-s) + sh).$$

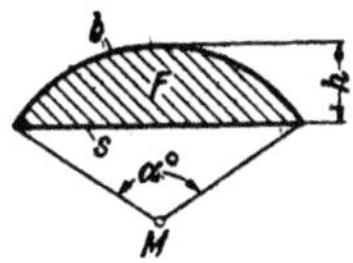

Die Tafel S. 34/35 gibt F zu

$$\alpha = 1^\circ, 2^\circ, \ldots, 180^\circ \quad \text{für} \quad r = 1;$$

siehe Beisp. 1 u. 2 auf S. 35.

Bogenmaß von $\alpha^\circ = \mathrm{arc}\,\alpha^\circ = \hat{\alpha} = \frac{\alpha^\circ}{180^\circ}\pi = \frac{\alpha^\circ}{57{,}296^\circ}$ $\quad b = r\hat{\alpha}$

$$s = 2r\sin\frac{\alpha}{2};$$

$$h = r\left(1 - \cos\frac{\alpha}{2}\right) = \frac{s}{2}\,\mathrm{tg}\,\frac{\alpha}{4}.$$

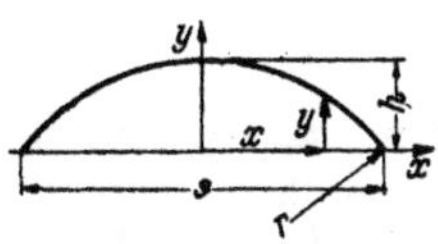

Zwischenhöhen $y = \sqrt{r^2 - x^2} - (r - h)$

5. Gemeine Parabel. $F = \frac{2}{3} s h$;

vgl. S. 35 Beispiel 4.

Zwischenhöhen $y = 4x(s - x)\frac{h}{s^2}$.

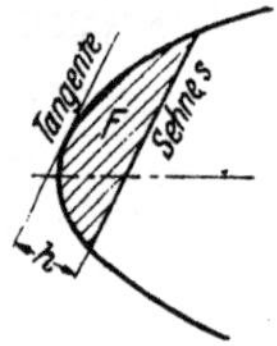

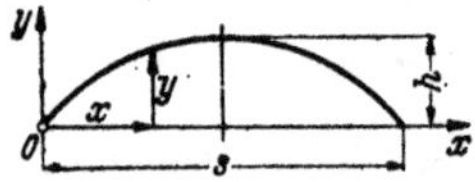

6. Ellipse (Halbachsen a, b). $F = \pi a b$. U s. Tafel 16 ($a \geqq b$)

Tafel 16. **Umfang von Ellipsen.**

$b:a =$	0	0,1	0,2	0,3	0,4	0,5
$U = a$ mal	4,0000	4,0640	4,2020	4,3860	4,6026	4,8442
$b:a =$	0,6	0,7	0,8	0,9	1	
$U = a$ mal	5,1054	5,3824	5,6723	5,9732	6,2832	

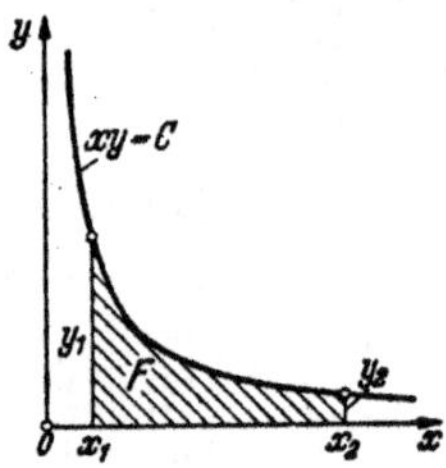

7. Gleichseitige Hyperbel.

$$xy = C.$$

$$F = C \ln \frac{x_2}{x_1} = C \ln \frac{y_1}{y_2}$$

Beispiel.

$xy = 10$;

$x_1 = 2$ $(y_1 = 5)$;

$x_2 = 10$ $(y_2 = 1)$

$F = 10 \ln \frac{10}{2} = 10 \ln 5 = 10 \cdot 1{,}60944 = 16{,}0944$

(s. Tafel S. 2).

8. Beliebige Fläche s. Simpsonsche Regel S. 42.

II. Räumliche Gebilde.

1. Prisma und Zylinder, gerade oder schief auf beliebiger Grundfläche F, Höhe h: $V = Fh$, falls parallel zur Grundfläche abgeschnitten; sonst

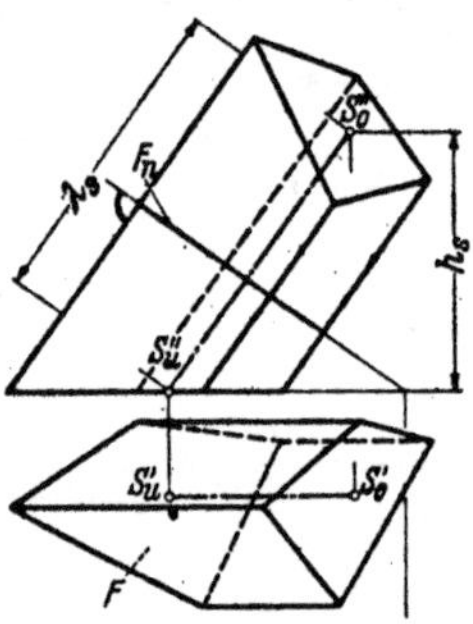

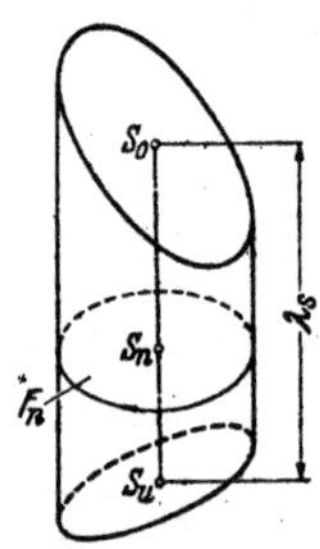

$V = F h_s$ oder $V = F_n \lambda_s$. Die strichpunktierten Geraden gehen den Kanten bzw. Erzeugenden parallel durch die Schwerpunkte der Querschnitte. F_n ist der Normalschnitt des Prismas bzw. Zylinders.

Beispiel 1. Für den Kreiszylinderhuf Abb. *a, b* ist $F_n = F$ und $\lambda_s = h_s$; er hat $V = F h_s$. Insbesondere gilt für den Halbkreiszylinderhuf Abb. c

$$V = \frac{1}{2}\pi r^2 \cdot \frac{4h}{3\pi} = \frac{2}{3} r^2 h.$$

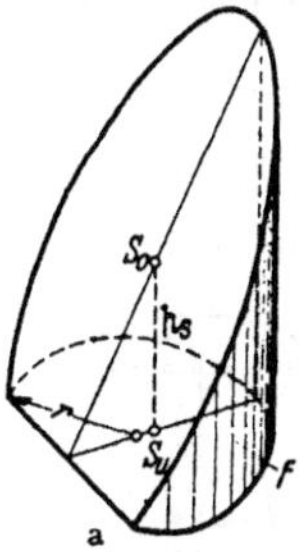

a

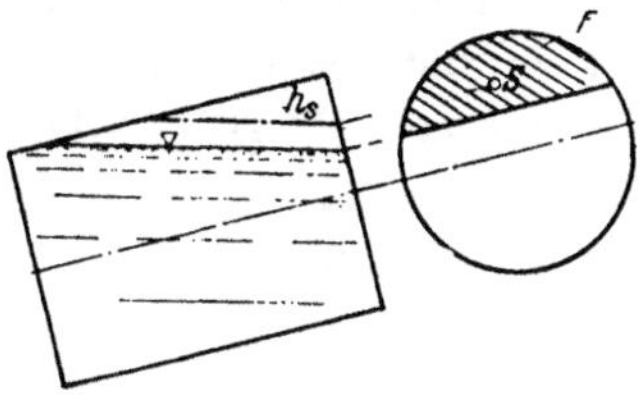

b

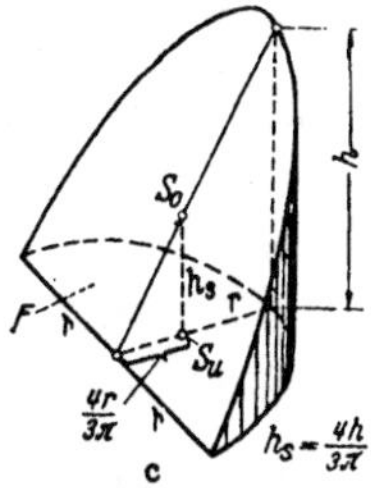

c

Beispiel 2. Das Kreuzstück hat $V = \pi r^2(\lambda_1 + \lambda_2) - 8$ Hufe von je $\frac{2}{3} r^2 \cdot r$
$= \pi r^2(\lambda_1 + \lambda_2) - \frac{16}{3} r^3$;

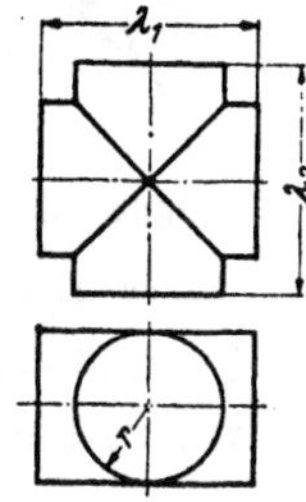

ist der Achsenschnittwinkel nicht gerade 90°, sondern $\alpha°$, so wird der Subtrahend $\frac{16}{3}\frac{r^3}{\sin\alpha}$.

2. Pyramide und Kegel, gerade oder schief auf beliebiger Grundfläche F, Höhe h: $V = \frac{1}{3} F h$; insbesondere gerader Kreiskegel: $M = \pi r s$ (s = Mantellinie); $V = \frac{1}{3}\pi r^2 h$ [1]). Parallel zur Grundfläche F abgeschnittene Stumpfe (Höhe h) beliebiger Pyramiden oder Kegel: $V = \frac{h}{3}\left(F + \sqrt{Ff} + f\right)$; insbesondere gerader Kreiskegelstumpf: $M = \pi(R + r)s$; $V = \frac{\pi h}{3}(R^2 + Rr + r^2)$ [1]).

3. Prismatoid (Obelisk, Keil, Bottich) s. Simpsonsche Regel S. 42.

4. Kugel und Kugelteile. Vgl. auch die Tafel S. 50.

Vollkugel: $O = 4\pi r^2 = \pi d^2$; $V = \frac{4}{3}\pi r^3 = \frac{\pi}{6} d^3 = 0{,}523599\, d^3$.

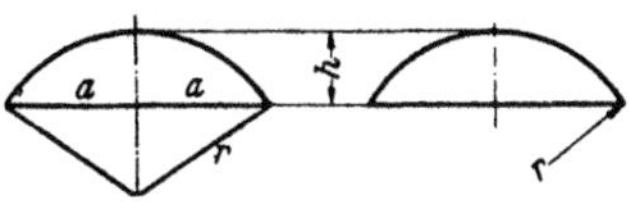

a b

Kugelausschnitt (Abb. a):
$O = \pi r(2h + a)$; $V = \frac{2}{3}\pi r^2 h$.
Kugelabschnitt (Abb. b):
$M = 2\pi r h$; $V = \frac{1}{3}\pi h^2(3r - h)$
(s. Tafel S. 50 unten).

Kugelschicht (Zone, Abb. c): $M = 2\pi r h$; $V = \frac{1}{6}\pi h(3a^2 + 3b^2 + h^2)$.

Kugeldreieck (sphär. Dreieck, Abb. d, e):

$$M = \frac{\varepsilon°}{180°}\pi r^2, \text{ wo } \varepsilon° = \alpha° + \beta° + \gamma° - 180°$$

(sphär. Exzeß).

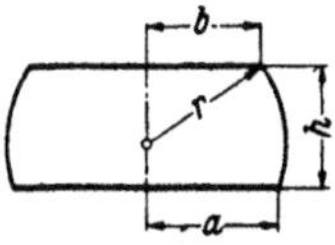

c

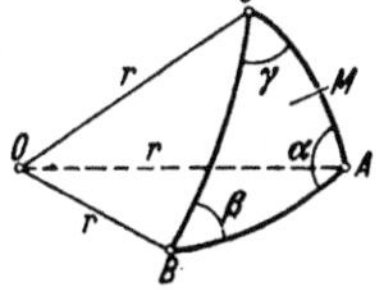

d

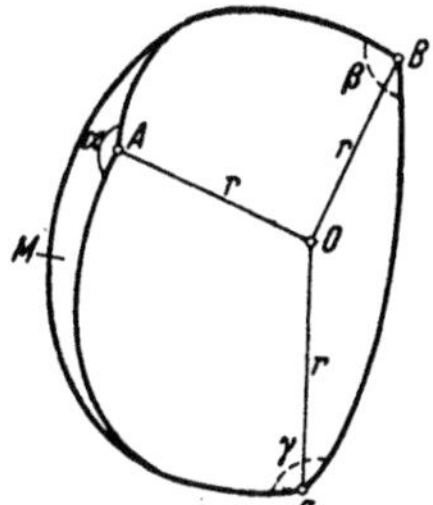

e

[1]) Diese V-Formeln gelten auch für schiefe Kegel auf Kreisgrundfläche.

Beispiel. Kugeloktant: $\alpha^\circ = \beta^\circ = \gamma^\circ = 90^\circ$; $\varepsilon^\circ = 90^\circ$; $M = {}^1/_6\, \pi r^3$.

5. Paraboloid (Abb. α; Meridiane Parabeln, Grundfläche Ellipse). $V = \frac{1}{2}\pi a b h$. Insbesondere $b = a$: $V = \frac{1}{2}\pi a^2 h$.

6. Ellipsoid (Abb. β, gibt einen Oktanten; Halbachsen a, b, c): $V = \frac{4}{3}\pi a b c$
Insbesondere $b = a$: $V = \frac{4}{3}\pi a^2 c$ (gestrecktes Ellipsoid; $c > a$)
$b = c$: $V = \frac{4}{3}\pi a c^2$ (abgeplattetes Ellipsoid; $a < c$).

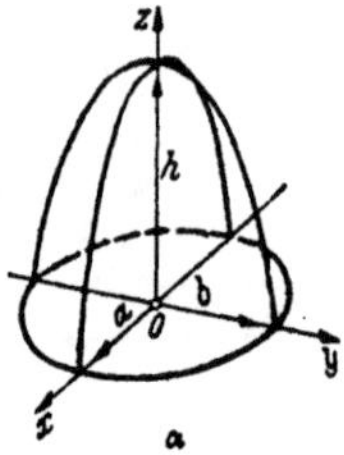

α

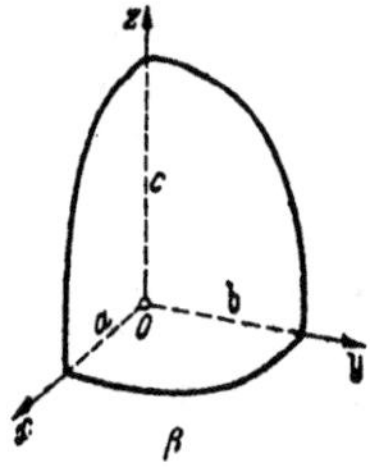

β

γ

7. Einschaliges Umdrehungs-Hyperpoloid (Abb. γ), ein Prismatoid mit windschiefer Mantelfläche: $V = \frac{h}{6}(F_0 + 4F_1 + F_2) = \frac{\pi h}{6}(r_0^2 + 4r_1^2 + r_2^2)$.

8. Drehflächen und Drehkörper s. Guldinsche Regel S. 43.

9. Beliebiger Körper s. Simpsonsche Regel S. 42.

Tafel 17. **Teilung des Kreisumfangs in *n* Teile.**

$$\text{Teilungsstrecke} = \textbf{Sehne} = \text{Durchmesser} \cdot \sin\frac{180^\circ}{n}$$

n	$\sin\frac{180^\circ}{n}$	n	$\sin\frac{180^\circ}{n}$	n	$\sin\frac{180^\circ}{n}$	n	$\sin\frac{180^\circ}{n}$
1	0,00000	**26**	0,12054	**51**	0,06156	**76**	0,04132
2	1,00000	**27**	0,11609	**52**	0,06038	**77**	0,04079
3	0,86603	**28**	0,11196	**53**	0,05924	**78**	0,04027
4	0,70711	**29**	0,10812	**54**	0,05814	**79**	0,03976
5	0,58779	**30**	0,10453	**55**	0,05709	**80**	0,03926
6	0,50000	**31**	0,10117	**56**	0,05607	**81**	0,03878
7	0,43388	**32**	0,09802	**57**	0,05509	**82**	0,03830
8	0,38268	**33**	0,09506	**58**	0,05414	**83**	0,03784
9	0,34202	**34**	0,09227	**59**	0,05322	**84**	0,03739
10	0,30902	**35**	0,08964	**60**	0,05234	**85**	0,03695
11	0,28173	**36**	0,08716	**61**	0,05148	**86**	0,03652
12	0,25882	**37**	0,08481	**62**	0,05065	**87**	0,03610
13	0,23932	**38**	0,08258	**63**	0,04985	**88**	0,03569
14	0,22252	**39**	0,08047	**64**	0,04907	**89**	0,03529
15	0,20791	**40**	0,07846	**65**	0,04831	**90**	0,03490
16	0,19509	**41**	0,07655	**66**	0,04758	**91**	0,03452
17	0,18375	**42**	0,07473	**67**	0,04687	**92**	0,03414
18	0,17365	**43**	0,07300	**68**	0,04618	**93**	0,03377
19	0,16459	**44**	0,07134	**69**	0,04551	**94**	0,03341
20	0,15643	**45**	0,06976	**70**	0,04486	**95**	0,03306
21	0,14904	**46**	0,06824	**71**	0,04423	**96**	0,03272
22	0,14231	**47**	0,06679	**72**	0,04362	**97**	0,03238
23	0,13617	**48**	0,06540	**73**	0,04302	**98**	0,03205
24	0,13053	**49**	0,06407	**74**	0,04244	**99**	0,03173
25	0,12533	**50**	0,06279	**75**	0,04188	**100**	0,03141

Beispiel. Der Umfang eines Kreises vom Durchmesser $D = 24$ cm soll in 33 Teile geteilt werden. In den Zirkel zu nehmende Teilstrecke = 24 cm · 0,09506 = 2,28 cm.

Tafel 18. **Kugelinhalte** $V = \frac{\pi}{6} d^3$.

d	,0	,25	,5	,75	d	0	,5	d	0	5
10	523,60	563,86	606,13	650,46	40	33510	34783	70	179594	183471
11	696,91	745,51	796,33	849,40	41	36087	37423	71	187402	191389
12	904,78	962,52	1022,7	1085,3	42	38792	40194	72	195432	199532
13	1150,3	1218,0	1288,2	1361,2	43	41630	43099	73	203689	207903
14	1436,8	1515,1	1596,3	1680,3	44	44602	46141	74	212175	216505
15	1767,1	1857,0	1949,8	2045,7	45	47713	49321	75	220893	225341
16	2144,7	2246,8	2352,1	2460,6	46	50965	52645	76	229847	234414
17	2572,4	2687,6	2806,2	2928,2	47	54362	56115	77	239040	243728
18	3053,6	3182,6	3315,2	3451,5	48	57906	59734	78	248475	253284
19	3591,4	3735,0	3882,4	4033,7	49	61601	63506	79	258155	263088
20	4188,8	4347,8	4510,8	4677,9	50	65450	67433	80	268083	273141
21	4849,0	5024,3	5203,7	5387,4	51	69456	71519	81	278262	283447
22	5575,3	5767,6	5964,1	6165,2	52	73622	75767	82	288696	294010
23	6370,6	6580,6	6795,2	7014,3	53	77952	80178	83	299387	304831
24	7238,2	7466,7	7700,1	7938,3	54	82448	84760	84	310339	315915
25	8181,2	8429,2	8682,0	8939,9	55	87114	89511	85	321555	327264
26	9202,8	9470,8	9744,0	10022	56	91952	94438	86	333038	338882
27	10306	10595	10889	11189	57	96967	99541	87	344791	350771
28	11494	11805	12121	12443	58	102160	104826	88	356818	362935
29	12770	13103	13442	13787	59	107536	110294	89	369121	375378
30	14137	14494	14856	15224	60	113097	115949	90	381704	388102
31	15599	15979	16366	16758	61	118847	121794	91	394569	401109
32	17157	17563	17974	18392	62	124788	127832	92	407720	414405
33	18817	19248	19685	20129	63	130924	134067	93	421160	427991
34	20580	21037	21501	21972	64	137258	140501	94	434893	441871
35	22449	22934	23425	23924	65	143793	147138	95	448921	456047
36	24429	24942	25461	25988	66	150533	153980	96	463247	470524
37	26522	27063	27612	28168	67	157479	161032	97	477875	485302
38	28731	29302	29880	30466	68	164636	168295	98	492807	500388
39	31059	31661	32270	32886	69	172007	175774	99	508047	515785

Tafel 19. **Kugelabschnitte.**

Beträgt die Abschnittshöhe p% des Durchmessers, so ist der Abschnittsinhalt gleich q% des Kugelinhalts:

p	q	p	q	p	q	p	q	p	q
2	0,1184	12	3,974	22	12,39	32	24,17	42	38,10
4	0,4672	14	5,331	24	14,52	34	26,82	44	41,04
6	1,0368	16	6,861	26	16,76	36	29,55	46	44,01
8	1,8176	18	8,554	28	19,13	38	32,35	48	47,00
10	2,8000	20	10,400	30	21,60	40	35,20	50	50,00

Tafel 20. **Häufig vorkommende Zahlenwerte.**

π die Ludolphsche Zahl; g die Beschleunigung durch die Schwere = 9,81 m/s² = 32,18 Fuß engl./s² (genau s. Abschnitt „Kraft und Druck“); e Basis der natürlichen Logarithmen.

Größe	Zahlenwert
π	3,141 592 65 ...
$\pi\sqrt{2}$	4,442 88
$\frac{1}{2}\pi$	1,570 796
$\frac{1}{3}\pi$	1,047 198
$\frac{1}{4}\pi$	0,785 398
$\frac{1}{6}\pi$	0,523 599
$\frac{1}{12}\pi$	0,261 799
$\frac{1}{16}\pi$	0,196 350
$\frac{1}{32}\pi$	0,098 175
$\frac{1}{64}\pi$	0,049 087
$\frac{1}{90}\pi$	0,034 907
$\frac{1}{180}\pi$	0,017 453
$\frac{\pi}{\sqrt{2}}$	2,221 442
π^2	9,869 604
$4\pi^2$	39,478 418
$\frac{1}{4}\pi^2$	2,467 401
$\frac{1}{16}\pi^2$	0,616 850
π^3	31,006 277
π^4	97,409 091
π^5	306,019 685
π^6	961,389 194
$\sqrt{\pi}$	1,772 454
$2\sqrt{\pi}$	3,544 908
$\sqrt{2\pi}$	2,506 628
$\sqrt{\frac{1}{2}\pi}$	1,253 314
$\pi\sqrt{\pi}$	5,568 328
$\sqrt[3]{\pi}$	1,464 592
$\sqrt[3]{2\pi}$	1,845 261

Größe	Zahlenwert
$\sqrt[3]{\frac{\pi}{2}}$	1,162 447
$\sqrt[3]{\pi^2}$	2,145 029
$\pi\sqrt[3]{\pi}$	4,601 151
$\pi\sqrt[3]{\pi^2}$	6,738 808
$\frac{1}{\pi}$	0,318 310
$\frac{16}{\pi}$	5,092 958
$\frac{64}{\pi}$	20,371 833
$\frac{180}{\pi}$	57,295 780
$\frac{1}{\pi^2}$	0,101 321
$\frac{1}{\pi^3}$	0,032 252
$\frac{1}{\pi^4}$	0,010 266
$\frac{1}{\pi^5}$	0,003 268
$\frac{1}{\pi^6}$	0,001 040
$\sqrt{\frac{1}{\pi}}$	0,564 190
$\sqrt{\frac{2}{\pi}}$	0,797 885
$\sqrt{\frac{3}{\pi}}$	0,977 205
$\sqrt{\frac{90}{\pi}}$	5,352 372
$\sqrt[3]{\frac{1}{\pi}}$	0,682 784
$\sqrt[3]{\frac{2}{\pi}}$	0,860 254
$\sqrt[3]{\frac{3}{\pi}}$	0,984 745

Größe	Zahlenwert
$\lg \pi$	0,497 15
$\lg \pi^2$	0,994 30
$\lg \pi^3$	1,491 45
$\lg \sqrt{\pi}$	0,248 58
$\lg \sqrt[3]{\pi}$	0,165 72
$\lg \frac{1}{\pi}$	0,502 85 − 1
$\lg \frac{1}{\pi^2}$	0,005 70 − 1
$\lg \sqrt{\frac{1}{\pi}}$	0,751 43 − 1
$\lg \sqrt[3]{\frac{1}{\pi}}$	0,834 28 − 1
g	9,81
g^2	96,236 1
$\sqrt{g}$	3,132 092
$\pi\sqrt{g}$	9,839 757
$2\sqrt{g}$	6,264 184
$\sqrt{2g}$	4,429 447
$\pi\sqrt{2g}$	13,91 536
$1 : g$	0,101 936
$\pi^2 : g$	1,006 075
$1 : 2g$	0,050 968
$1 : g^2$	0,010 391
$\frac{1}{\sqrt{g}}$	0,319 275
$\frac{\pi}{\sqrt{g}}$	1,003 033
$\frac{\pi}{\sqrt{2g}}$	0,709 252
e	2,718 281 828
$\lg e$	0,434 294
e^2	7,389 056
$1 : e$	0,367 879
$1 : e^2$	0,135 335
$\sqrt{e}$	1,648 721
$\sqrt[3]{e}$	1,395 612

Einige Rechenhilfen.

1. Regeln für Kopfrechnen.

a) Es gilt allgemein für **Faktoren im gleichen Zehnerbereich**, deren Endziffern sich zu 10 ergänzen:

$$(a+b)\cdot(a+10-b) = a(a+10)+b(10-b),\ \text{also z. B.}$$

$$43 \qquad 47 \qquad = 40\cdot 50 \quad + 3\cdot 7 = 2021.$$

Man rechnet **im Kopfe:**

$$75\cdot 75 = 70\cdot 80 + 5\cdot 5 = 5625,$$

$$32\cdot 38 = 30\cdot 40 + 2\cdot 8 = 1216.$$

$$13{,}2\cdot 13{,}8 = 13\cdot 14 + 0{,}2\cdot 0{,}8 = 182{,}16,$$

$$104\cdot 106 = 100\cdot 110 + 4\cdot 6 = 11024.$$

b) Es gilt allgemein für **Faktoren in benachbarten Zehnerbereichen**, deren Endziffern sich zu 10 ergänzen:

$$(a+b)\cdot(a-b) = a^2 - b^2,$$

$$82\cdot 78 = (80+2)\cdot(80-2) = 80\cdot 80 - 2\cdot 2 = 6396.$$

Man rechnet **im Kopfe:**

$$33\cdot 47 = 40\cdot 40 - 7\cdot 7 = 1551,$$

$$7{,}1\cdot 8{,}9 = 8\cdot 8 - 0{,}9\cdot 0{,}9 = 63{,}19.$$

c) Es gilt für **Quadrate:**

$$(a+b)^2 = a^2 + b[a+(a+b)].$$

Man rechnet **im Kopfe:**

$$21^2 = 20^2 + 1[20+21] = 441,$$

$$22^2 = 20^2 + 2[20+22] = 484,$$

$$23^2 = 20^2 + 3[20+23] = 529,$$

$$25^2 = 20^2 + 5[20+25] = 625.$$

Letzteres bequemer nach Regel 1a

$$25^2 = 20\cdot 30 + 25 = 625,$$

$$(a-b)^2 = a^2 - b[a+(a-b)].$$

Man rechnet **im Kopfe:**

$$29^2 = 30^2 - 1[30+29] = 841,$$

$$28^2 = 30^2 - 2[30+28] = 784,$$

$$27^2 = 30^2 - 3[30+27] = 729.$$

2. Man rechnet **mit Spalte $\frac{1000}{n}$ der Zahlentafel**

$$\frac{788}{787} = 1 + \frac{1}{787} = 1{,}00127 \quad \text{und} \quad \frac{785}{787} = 1 - \frac{2}{787} = 0{,}99746$$

3. Das **geometrische Mittel** einander **nahe** liegender **Zahlen** ist ihrem **arithmetischen** Mittel nahezu gleich:

$$\sqrt{3{,}61 \cdot 3{,}73} \approx \frac{3{,}61 + 3{,}73}{2} = 3{,}67,$$

$$\sqrt{25{,}4 \cdot 26{,}2} \approx \frac{25{,}4 + 26{,}2}{2} = 25{,}8.$$

4. Man rechnet **mit Spalte $\sqrt{n}$ der Zahlentafel**

$$\sqrt{76{,}21} \approx 8{,}718\,(\text{d. i. } \sqrt{76}) + \frac{0{,}21}{2 \cdot 8{,}718} = 8{,}718 + 0{,}012 = 8{,}730\,,$$

$$\sqrt{927{,}43} \approx 30{,}447\,(\text{d. i. } \sqrt{927}) + \frac{0{,}43}{2 \cdot 30{,}447} = 30{,}447 + 0{,}007 + 30{,}454$$

oder $\sqrt{76{,}21} \approx \sqrt{76} + \dfrac{0{,}21}{2 \cdot \sqrt{76}} = \sqrt{76}\left(1 + \dfrac{0{,}21}{2 \cdot 76}\right) 8{,}718 \cdot 1{,}00138 = 8{,}730.$

5. Bei **Zahlen nahe 1** rechnet man so:

$$1{,}03 \cdot 1{,}06 \approx 1 + 0{,}03 + 0{,}06 = 1{,}09\,,$$

$$1{,}03 \cdot 0{,}94 \approx 1 + 0{,}03 - 0{,}06 = 0{,}97\,.$$

6. Mit **Zahlen nahe 1** rechnet man, wie die Beispiele zeigen. (Es ist $1{,}027 = 1 + 0{,}027$ und $0{,}973 = 1 - 0{,}027$.)

$$1{,}027^2 \approx 1 + 2 \cdot 0{,}027 = 1{,}054\,, \qquad \sqrt{1{,}027} \approx 1 + \tfrac{1}{2} \cdot 0{,}027 = 1{,}0135\,,$$

$$1{,}027^3 \approx 1 + 3 \cdot 0{,}027 = 1{,}081\,, \qquad \sqrt[3]{1{,}027} \approx 1 + \tfrac{1}{3} \cdot 0{,}027 = 1{,}009\,,$$

$$0{,}973^2 \approx 1 - 2 \cdot 0{,}027 = 0{,}946\,, \qquad \sqrt{0{,}973} \approx 1 - \tfrac{1}{2} \cdot 0{,}027 = 0{,}9865$$

$$0{,}973^3 \approx 1 - 3 \cdot 0{,}027 = 0{,}919\,, \qquad \sqrt[3]{0{,}973} \approx 1 - \tfrac{1}{3} \cdot 0{,}027 = 0{,}991\,,$$

$$\frac{1}{1{,}027} \approx 1 - 0{,}027 = 0{,}973\,, \qquad \frac{1}{0{,}973} \approx 1 + 0{,}027 = 1{,}027\,.$$

7. Auftragen und Messen von Winkeln bis etwa 15° mittels Kreises von $r = 57{,}3$ mm: **Millimeterzahl** der Sehne $\overline{AB}$ sehr nahe gleich der **Gradzahl** von γ; so entspricht einer Sehne von 12,7 mm ein Winkel von 12,7°. Größter Fehler bei $15° \approx 0{,}1°$.

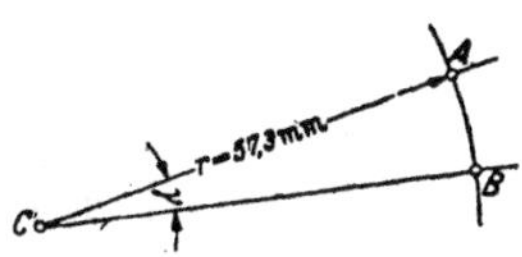

8. „Flache" Kreisabschnitte haben einen **Flächeninhalt** sehr nahe gleich $\frac{2}{3}sh$. Die Fläche wird um weniger als 1 vH unterschätzt, falls $h < \frac{1}{9}s$.

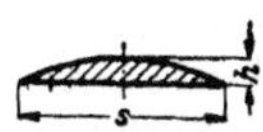

9. „Flache" Kugelabschnitte haben einen **Rauminhalt** sehr nahe gleich $\frac{1}{2}\pi\varrho^2 h$. Der Rauminhalt wird um weniger als 1 vH unterschätzt, falls $h < \frac{1}{6}\varrho$.

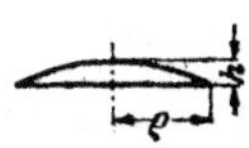

10. Abgekürzte Multiplikation. Die beiden Faktoren seien ohne Rücksicht auf Kommastellung und etwaige Nullen vorn und hinten, also nur in der Ziffernfolge, 9175326 bzw. 280676. Man beachte höchstens nur die ersten 5 Ziffern; deren letzte richtig abgerundet und gleich abgeteilt wird. Das in Klammern Stehende soll die Rechnung erläutern; der Einfluß der kleingedruckten Ziffern wird jedesmal im Kopfe zugeschlagen.

9175	3 · 2806|8	oder	2806	8 · 9175|3
18351	$(= 2 \cdot 9175_3)$		25261	$(= 9 \cdot 2806_8)$
7340	$(= 8 \cdot 917_5)$		281	$(= 1 \cdot 280_6)$
0	$(= 0 \cdot 91_7)$		196	$(= 7 \cdot 28_0)$
55	$(= 6 \cdot 9_1)$		14	$(= 5 \cdot 2_8)$
7	$(= 8 \cdot 0_9)$		1	$(= 3 \cdot 0_2)$
25753			**25753**	

Die genauere Ziffernfolge des Ergebnisses heißt 25752|938. Die Kommastellung im Ergebnis wird durch Überschlag bestimmt.

11. Abgekürzte Division. Auch hier wird nur mit Ziffernfolgen gearbeitet; die Kommastellung im Ergebnis durch Überschlag bestimmt. Man schreibe Dividend und Divisor je mit höchstens 5 Ziffern, die letzte richtig abgerundet, und teile vom Divisor die letzte Ziffer ab, falls, als fünfstellige Zahlen betrachtet, der Dividend kleiner als der Divisor ist.

46739 : 6914|7 = 67594		23456 : 21741 = 10789	
41488	$(= 6 \cdot 6914_7)$	21741	$1 \cdot 21741$
5251		1715	
4840	$(= 7 \cdot 691_{47})$	1522	$7 \cdot 217_{41}$
411		193	
346	$(= 5 \cdot 69_{14})$	174	$8 \cdot 21_{74}$
65		19	
62	$(= 9 \cdot 6_{91})$	20	$9 \cdot 2_{17}$
3			
3	$(= 4 \cdot 0_{69})$		

Tafel 21. **Neugrad und Altgrad** (vgl. DIN 1315).

	1 Neugrad 1^g	1 Neuminute 1^c	1 Neusekunde 1^{cc}	1 Altgrad 1°	1 Altminute $1'$	1 Altsekunde $1''$
1 Neugrad (1^g)	1	100	10000	0,9	54	3240
1 Neuminute (1^c) ...	0,01	1	100	0,0090	0,54	32,4
1 Neusekunde (1^{cc}) ..	0,0001	0,01	1	0,00009	0,0054	0,324
1 Altgrad (1°)	1,111	111,11	11111,1	1	60	3600
1 Altminute ($1'$)	0,0185	1,850	185	0,01667	1	60
1 Altsekunde ($1''$) ...	0,000309	0,0309	3,09	0,000278	0,01667	1

Tafel 22. **Mathematische Zeichen.**

Aufgestellt vom Ausschuß für Einheiten und Formelgrößen (AEF) nach DIN 1302.

Zeichen	Bedeutung
1. 1	erstens
( )	Benummerung von Formeln
% vH	Hundertstel, vom Hundert, Prozent
‰ vT	Tausendstel, vom Tausend, Promille
/	in 1, für 1, auf 1, pro, je
( ) [ ] { }	Klammer
	Dezimalzahlen Komma unten oder Punkt oben. Zur Gruppenabteilung bei größeren Zahlen sind weder Komma noch Punkt, sondern Zwischenräume zu verwenden.
$+$	plus, mehr, und
$-$	minus, weniger
$\times$	mal, multipliziert mit Der Punkt steht auf halber Zeilenhöhe. Das Multiplikationszeichen darf weggelassen werden.
$:$ / —	geteilt durch
$=$	gleich
$\equiv$	identisch mit
$\neq$	nicht gleich
$\not\equiv$	nicht identisch gleich
$\approx$	nahezu gleich, rund, etwa
$<$	kleiner als
$>$	größer als
$\ll$	klein gegen } von anderer Größenordnung
$\gg$	groß gegen } von anderer Größenordnung
$\leqq$	kleiner oder gleich
$\geqq$	größer oder gleich
∞	unendlich
$\ldots$	bis Drei Punkte auf der Zeile. Z. B. 12 ... 25 bedeutet 12 bis 25. Die Grenzen gelten als eingeschlossen; soll die obere oder untere Grenze ausgeschlossen sein, so ist dies besonders anzugeben, z. B. 12 ... (25 oder 12) ... 25; usw., unbegrenzt
$\sqrt{\;}$ $\sqrt{\;\;}$ $\sqrt{\;\;\;}$	Wurzelzeichen
$\lvert\;\rvert$	Determinante
$\lvert\;\rvert$	Betrag einer reellen oder komplexen Größe

Zeichen	Bedeutung
!	Fakultät
Δ	endliche Zunahme
d	vollständiges Differential
∂	partielles Differential
δ	Variation, virtuelle Änderung
Σ	Summe von; Grenzbezeichnungen sind unter und über das Zeichen zu setzen. Die Summationsvariable wird unter das Zeichen gesetzt.
$\int$	Integral
$\parallel$	parallel
⋕	gleich und parallel
$\uparrow\uparrow$	parallel und gleichgerichtet
$\uparrow\downarrow$	parallel und entgegengesetzt gerichtet
$\perp$	rechtwinklig zu
$\triangle$	Dreieck
$\cong$	kongruent
$\sim$	ähnlich, proportional
$\sphericalangle$	Winkel
$\overline{AB}$	Strecke AB
$\widehat{AB}$	Bogen AB
log	Logarithmus
^{a}log	Logarithmus zur Basis a
lg	Briggsscher Logarithmus
ln	natürlicher Logarithmus
$^\circ$	Grad
$'$	Minute
$''$	Sekunde Beispiel: $32^\circ\,15'\,13'',42$
^{g}	hochgestellt: Neugrad
^{c}	hochgestellt: Neuminute
^{cc}	hochgestellt: Neusekunde
1∟	1 Rechter; $90^\circ = 100^g$ $1^\circ = 1^g\,11^c\,11{,}11\ldots^{cc}$ Umrechnungstafel s. S. 54.
rad	Radiant = Winkel vom Bogenmaß 1 $1\text{ rad} = 57^\circ\,17'\,44{,}8'' = 57{,}29578^\circ$
sin	sinus
cos	cosinus
tg	tangens
ctg	cotangens
arc sin	arcus sinus
arc cos	arcus cosinus
arc tg	arcus tangens
arc ctg	arcus cotangens

Maße und Maßsysteme.

Das metrische Maßsystem.

A. Allgemeine gesetzliche Bestimmungen.

Die gesetzlichen Bestimmungen über Einheiten, Eichpflicht und Eichung usw. sind im Maß- und Gewichtsgesetz vom 31. Dezember 1935 (Reichsgesetzbl. I 1935 S. 1499) festgelegt, das die Maß- und Gewichtsordnung aus dem Jahre 1908 ersetzt. Nach diesem, am 1. April 1936 in Kraft getretenen Gesetz ist das Mikron (μ) und das Millimikron (mμ, nicht $\mu\mu$) (s. S. 58) als amtliche Maßeinheit anerkannt. Alle Leistungen nach Maß und Gewicht dürfen innerhalb Deutschlands nur nach den gesetzlichen Einheiten angeboten, verkauft oder berechnet werden. Somit ist die Anwendung der Einheiten Pfund und Zentner nicht mehr zulässig. Weiterhin sind nach diesem Gesetz auch neuzeitliche Meß-, Wiege- und Zähleinrichtungen erfaßbar (z. B. für Stoffe, Drähte; Gas, Wasser, Elektrizität; Wägemaschinen, Fahrpreisuhren und Wegstreckenzähler). Die Maßgrößen von Schankgefäßen und Flaschen sind gleichfalls einheitlich gesetzlich festgelegt worden.

B. Länge.

Die Einheit der Länge ist das Meter. Es stellt mit großer Annäherung den 40000000. Teil des Erdumfanges über die beiden Erdpole gemessen dar. Als internationales Urmaß dient ein Maßstab, der aus einer Legierung von 90 vH Platin mit 10 vH Iridium hergestellt ist. Diese Mischung kommt an Festigkeit dem Stahle gleich, hat aber eine verhältnismäßig geringe Wärmeausdehnung (etwa 9 μ für das Meter und den Grad Celsius).

Untenstehendes Bild zeigt den Querschnitt des Urmeters, das im internationalen Maß- und Gewichtsbüro im Pavillon von Breteuil zu Sèvres bei Paris aufbewahrt wird. Auf der Mittelrippe sind die nur etwa 0,008 mm starken Begrenzungsstriche der Meterstrecke gezogen, auf jeder Seite dieser Begrenzungsstriche findet sich im Abstand von 0,5 mm je ein weiterer Strich. Die an der am 20. Mai 1875 in Paris abgeschlossenen „Internationalen Meterkonvention" beteiligten 18 Staaten erhielten je eine genaue Nachbildung des internationalen Urmeters in gleicher Form und aus gleicher Legierung. Da geringe Abweichungen unvermeidlich sind, so wurden diese für jedes nationale Urmeter festgestellt.

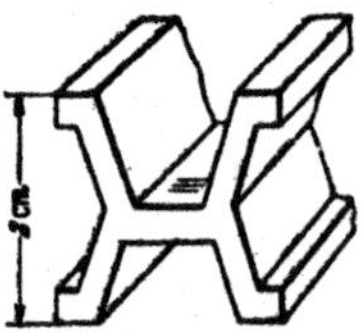

Das deutsche Urmeter (Nr. 18) wird von der Physikalisch-Technischen Reichsanstalt, Abteilung I für Maß und Gewicht in Berlin-Charlottenburg aufbewahrt.

Bei feinsten Längenmessungen verschiedenster Art, insbesondere für Normalien für Lehren und Endmaßnormale wird praktisch nicht mehr auf das Urmeter zurückgegriffen, sondern es werden unmittelbar Lichtwellenlängen als Grundeinheiten verwendet. Es wird der von Michelson 1893 zuerst angewendete Vergleich mit der Wellenlänge der roten Kadmiumlinie zugrunde gelegt. Durch die Arbeiten von Kösters und Lampe in der Physikalisch-Technischen Reichsanstalt ist die Messung von Endmaßen bis 500 mm Länge mit Lichtwellenlängen unmittelbar, bis 1000 mm mit nur einer Unterteilung möglich.

Das Comité international hat 1927 neben der Maßstabdefinition des Meters:

> Das Meter ist der Abstand zwischen den Endstrichen des internationalen Meterurmaßes bei der Temperatur des schmelzenden Eises,

die folgende Wellenlängendefinition des Meters zugelassen:

> Das Meter ist definiert durch 1553164,13 Wellenlängen der roten Kadmiumlinie, wenn die Welle sich in trockener Luft von 15° C und 760 mm Hg-Druck ausbreitet.

Auf diese Zulassung hin haben die Ingenieurkomitees von über 30 Staaten der Welt diese Wellenlängendefinition als Urmaß für die Industrie eingeführt.

Neuere Untersuchungen haben gezeigt, daß Kryptonlinien besser geeignet sind. Der alleinigen, endgültigen Einführung der Meter-Definition in Wellenlängen wird bisher entgegengehalten, daß die Struktur und Beständigkeit der Linien, insbesondere der Kryptonlinien, noch nicht genügend untersucht sei, und daß die Untersuchung der Wellenlängen und die Metermessung mit ihnen bisher nur von Deutschland vorliegen. Tatsächlich aber überragen die mit Wellenlängen erreichbaren Genauigkeiten die der Strichmaßmessungen um das Zehnfache (vgl. W. Kösters: Der gegenwärtige Stand der Meterdefinition, des Meteranschlusses und seine internationale Bedeutung für Wissenschaft und Technik. Werkst.-Techn. u. Werksleiter 1938 Heft 23 S. 527 und 1939 Heft 2 S. 39).

Normaltemperatur:

Die gesetzliche Meterdefinition bezieht sich auf die Temperatur des schmelzenden Eises.

Seit 1925 werden Maßstäbe mit dem Temperaturvermerk „+20° C" zur amtlichen Eichung zugelassen, neben solchen für „0°" der bisherigen einzigen Normaltemperatur der Eichvorschriften.

Für die Meßmittel der deutschen Industrie wurde vom Deutschen Normenausschuß eine Bezugstemperatur von $+20°$ C festgesetzt, d. h. sie müssen bei dieser Temperatur ihre vorgeschriebene Größe haben; es ist für sie ein Werkstoff zu verwenden, dessen Ausdehnung dem Werte 0,0115 mm für 1 Meter und 1° C möglichst nahekommt (DIN 102) (vgl. S. 143).

Die Meßbehörde (Physikalisch-Technische Reichsanstalt) beglaubigt auf Grund einer Prüfung das von ihr ermittelte Maß der Meßmittel bei 20° C unter Angabe der Zuverlässigkeit der Messung.

Die auf 20° bezogenen Lehrgeräte müssen an sichtbarer Stelle die Kennzeichnung „20°“ oder einen ähnlichen Vermerk tragen, sofern sie nicht an sich schon als DIN-Lehren erkenntlich sind.

Maßbezeichnungen:

a) Nennmaß ist der Maßwert, der auf dem Meßmittel oder für ein Werkstück angegeben ist;
b) Sollmaß ist die beabsichtigte Maßlänge;
c) Istmaß ist die tatsächliche Maßgröße.

Temperaturbezeichnungen:

a) Normaltemperatur des metrischen Systems ist die Temperatur des schmelzenden Eises;
b) Bezugstemperatur ist die Temperatur, bei der die Meßmittel und Werkstücke ihre vorgeschriebene Größe haben;
c) Prüftemperatur ist die Temperatur, bei der die Meßmittel geprüft werden;
d) Meßtemperatur ist die Temperatur, bei der die Werkstücke der laufenden Fertigung gemessen werden;
e) Betriebstemperatur ist die Temperatur, welche die eingebauten Werkstücke bei den in Betrieb befindlichen Maschinen und Apparaten annehmen.

C. Masse.

Der Ausschuß für Einheiten und Formelgrößen (AEF) hat am 7. April 1934 entschieden[1]):

> Das Gewicht eines Körpers ist die Kraft, mit der er auf seine Unterlage drückt. Die genaue Fassung dieser Definition bleibt dem Normblatt DIN 1305 vorbehalten.

Die Begriffe: Masse, Gewicht, Menge, Dichte und Wichte sind in dem 1938 erschienenen Normblättern 1305 und 1306 festgelegt.

Das Gewichtsgesetz unterscheidet nicht zwischen Masse (Masseneinheit; Maß der Trägheit) und Gewicht (Krafteinheit); daher ist vom Ausschuß für Einheiten und Formelgrößen (AEF) für die Krafteinheit der Ausdruck Kilopond (kp) vorgeschlagen worden. Die Physikalisch-Technische Reichsanstalt hat für ihren Geschäftsbereich am 28. 6. 1939 bestimmt[2]):

1. Die Einheit der Kraft im technischen Maßsystem ist das Kilopond.
2. Das Kilopond ist die Kraft, die einer Masse von 1 Kilogramm eine Geschwindigkeitsänderung je Sekunde von 9,80665 Meter in der Sekunde erteilt.

Das Gewicht eines Körpers ist gleich dem Produkt aus seinem Raumgehalt und seiner Wichte (spez. Gewicht, vgl. S. 73), d. h. der Zahl, die angibt, um wieviel schwerer ein Körper ist als der gleiche Rauminhalt an reinem Wasser. Das Gewichtsgesetz besagt:

Die Einheit der Masse ist das Kilogramm; es ist nach seiner Definition gleich der Masse eines Kubikdezimeters destillierten Wassers bei seiner größten Dichte (4° C). Das internationale Urkilogramm besteht aus einem Vollzylinder von 39 mm Durchmesser und Höhe, ebenfalls aus Platiniridium, und wird vom internationalen Maß- und Gewichtsbüro aufbewahrt. Gleiche Stücke wurden unter die beteiligten Staaten verteilt und dienen dort als nationale Urmaße. Nach neueren Messungen stimmt das in Paris aufbewahrte Stück nicht genau mit seinem ursprünglichen Definitionswert überein, sondern die Masse eines Kubikdezimeters Wasser ist daran gemessen nur 0,999973 kg.

Das deutsche Urkilogramm (Nr. 22) wird, ebenso wie das Urmeter (Nr. 18), von der Physikalisch-Technischen Reichsanstalt in Berlin aufbewahrt.

D. Raummaß.

Die Einheit hierfür ist das **Kubikdezimeter oder Liter.** Das Liter ist der Raum von 1 kg Wasser größter Dichte. Genau genommen ist also beides nicht gleichwertig. Nach dem Vorhergesagten wiegt ein Kubikdezimeter Wasser nur 0,999973 kg, d. h. ein Liter ist um 27 mm³ größer als ein Kubikdezimeter. Für den praktischen Gebrauch ist dieser Unterschied aber völlig belanglos.

---

[1]) Vgl. Wallot: Z. VDI. Bd. 78 (1934) S. 1225.

[2]) Amtsblatt der PTR 1939 Nr. 2 S. 40. — Masch.-Bau 1939 S. 523.

Tafel 23. **Abkürzungen der metrischen Maße.**

a Nach DIN 1301.
b Nach dem Maß- und Gewichtsgesetz vom 13. Dezember 1935.

Längenmaße.

Benennung	a	b	Vergleichswerte	Potenzwerte
(Angström	Å)		0,1 mμ	10^{-4} μ
Millimikron		mμ	0,001 μ	10^{-3} μ
Mikron	μ	μ	0,001 mm	10^{-4} cm
Millimeter	mm	mm	1000 μ;	10^{-1} „
Zentimeter	cm	cm	10 mm	1 „
Dezimeter	dm	dm	10 cm; 100 mm	10 „
Meter	m	m	10 dm; 100 cm; 1000 mm; 1000000 μ	10^{2} „
Kilometer	km	km	1000 m; 1000000 mm	10^{5} „

Flächenmaße.

Benennung	a	b	Vergleichswerte	Potenzwerte
Quadratmillimeter	mm^2	qmm		10^{-2} cm^2
Quadratzentimeter	cm^2	qcm	100 mm^2	1 „
Quadratdezimeter	dm^2	qdm	100 cm^2; 10000 mm^2	10^{2} „
Quadratmeter	m^2	qm	100 dm^2; 10000 cm^2; 1000000 mm^2	10^{4} „
Ar	a	a	100 m^2	10^{6} „
Hektar	ha	ha	100 a; 10000 m^2	10^{8} „
Quadratkilometer	km^2	qkm	1000000 m^2	10^{10} „

Raummaße.

Benennung	a	b	Vergleichswerte	Potenzwerte
Kubikmillimeter	mm^3	cmm		10^{-3} cm^3
Kubikzentimeter	cm^3	ccm	1000 mm^3	1 „
Kubikdezimeter	dm^3	cdm	1000 cm^3; 1000000 mm^3; = 1 l	10^{3} „
Kubikmeter	m^3	cbm	1000 dm^3; 1000 l; 10 hl	10^{6} „
Hektoliter	hl	hl	100 l; 100 dm^3	10^{5} „
Liter	l	l	1 dm^3; $^1/_{100}$ hl	10^{3} „
Deziliter	dl		$^1/_{10}$ l; 100 cm^3	10^{2} „
Zentiliter	cl	cl	$^1/_{100}$ l; 10 cm^3	10^{1} „
Milliliter	ml	ml	$^1/_{1000}$ l; 1 cm^3	1 „

Massen (Gewichte).

Benennung	a	b	Vergleichswerte	Potenzwerte
Metrisches Karat		k	200 mg	
Milligramm	mg	mg	0,001 g	10^{-3} g
Zentigramm	cg		10 mg	10^{-2} „
Dezigramm	dg		10 cg	10^{-1} „
Gramm	g	g	10 dg; 100 cg; 1000 mg	1 „
Hektogramm		hg	100 g	10^{2} „
Kilogramm	kg	kg	1000 g	10^{3} „
Doppelzentner		dz	100 kg	10^{5} „
Tonne	t	t	1000 kg; 10 dz	10^{6} „

Zoll und Millimeter.

England und Amerika haben anstatt der früheren Bezugstemperatur von $16\frac{2}{3}$ °C = 62° F nunmehr für die Maße des öffentlichen Verkehrs die Bezugstemperatur 20° C = 68° F angenommen.

Das Verhältnis zwischen dem englischen Yard und dem internationalen Meterprototyp wird vom National Physical Laboratory Teddington von Zeit zu Zeit durch Vergleichsmessung festgestellt. Der jetzt gültige Vergleichswert beträgt 1″ = 25,399956 mm[1]).

Der amerikanische Zoll ist nach der gesetzlichen Definition: 1″=25,400051.

In England ist durch Herausgabe der britischen Norm[1]) für Handelszwecke der Umrechnungsfaktor 1″ = 25,4 mm zugelassen.

In Amerika ist durch Herausgabe der amerikanischen Norm[2]) ebenfalls der Umrechnungsfaktor 1″ = 25,4 mm für industrielle Zwecke festgelegt. Ein nach deutschen Normen hergestelltes Stahlmaß von dem Nenn-Maß 25,4 mm kann also sowohl ein englisches wie ein amerikanisches Zollmaß aus Stahl gleicher Ausdehnung ersetzen.

Der Deutsche Normenausschuß hat in DIN 4890, 4892 und 4893 (Februar 1935) Umrechnungstafeln Zoll—Millimeter mit der Beziehung 1″ = 25,400000 herausgegeben. Allgemein ist somit

1″ = 25,4 mm

zu setzen; nur für Maße und Messungen für besondere Zwecke ist mit den gesetzlich festgelegten Werten für englischen und amerikanischen Zoll zu rechnen. Sollen diese Werte (s. oben) zugrunde gelegt werden, so ist dies bei Bestellung besonders zu vereinbaren.

Tafel 24. **Umrechnungstafel Zoll in Millimeter, 0″ bis 63/64″.**

Umrechnungswert 1″ = 25,4 mm Bezugstemperatur = 20° (s. S. 57 und 59).

Zoll	0	1	2	3	4	5
0	—	25,400	50,800	76,200	101,600	127,000
1/64	0,397	25,797	51,197	76,597	101,997	127,397
1/32	0,794	26,194	51,594	76,994	102,394	127,794
3/64	1,191	26,591	51,991	77,391	102,791	128,191
1/16	1,588	26,988	52,388	77,788	103,188	128,588
5/64	1,984	27,384	52,784	78,184	103,584	128,984
3/32	2,381	27,781	53,181	78,581	103,981	129,381
7/64	2,778	28,178	53,578	78,978	104,378	129,778
1/8	3,175	28,575	53,975	79,375	104,775	130,175
9/64	3,572	28,972	54,372	79,772	105,172	130,572
5/32	3,969	29,369	54,769	80,169	105,569	130,969
11/64	4,366	29,766	55,166	80,566	105,966	131,366
3/16	4,763	30,163	55,563	80,963	106,363	131,763
13/64	5,159	30,559	55,959	81,359	106,759	132,159
7/32	5,556	30,956	56,356	81,756	107,156	132,556
15/64	5,953	31,353	56,753	82,153	107,553	132,953
1/4	6,350	31,750	57,150	82,550	107,950	133,350
17/64	6,747	32,147	57,547	82,947	108,347	133,747
9/32	7,144	32,544	57,944	83,344	108,744	134,144
19/64	7,541	32,941	58,341	83,741	109,141	134,541
5/16	7,938	33,338	58,738	84,138	109,538	134,938
21/64	8,334	33,734	59,134	84,534	109,934	135,334
11/32	8,731	34,131	59,531	84,931	110,331	135,731
23/64	9,128	34,528	59,928	85,328	110,728	136,128
3/8	9,525	34,925	60,325	85,725	111,125	136,525
25/64	9,922	35,322	60,722	86,122	111,522	136,922

[1]) Vgl. Veröffentlichung Nr. 350/1930 der British Engineering Standards Association.
[2]) Vgl. Veröffentlichung B 48.1—1933 der American Standards Association.

Tafel 24. **Zoll in Millimeter, 0″ bis 63/64″.**

Umrechnungswert 1″ = 25,4 mm.

Bezugstemperatur = 20° (s. S. 57 und 59).

Zoll	0	1	2	3	4	5
13/32	10,319	35,719	61,119	86,519	111,919	137,319
27/64	10,716	36,116	61,516	86,916	112,316	137,716
7/16	11,113	36,513	61,913	87,313	112,713	138,113
29/64	11,509	36,909	62,309	87,709	113,109	138,509
15/32	11,906	37,306	62,706	88,106	113,506	138,906
31/64	12,303	37,703	63,103	88,503	113,903	139,303
1/2	12,700	38,100	63,500	88,900	114,300	139,700
33/64	13,097	38,497	63,897	89,297	114,697	140,097
17/64	13,494	38,894	64,294	89,694	115,094	140,494
35/64	13,891	39,291	64,691	90,091	115,491	140,891
9/16	14,288	39,688	65,088	90,488	115,888	141,288
37/64	14,684	40,084	65,484	90,884	116,284	141,684
19/32	15,081	40,481	65,881	91,281	116,681	142,081
39/64	15,478	40,878	66,278	91,678	117,078	142,478
5/8	15,875	41,275	66,675	92,075	117,475	142,875
41/64	16,272	41,672	67,072	92,472	117,872	143,272
21/32	16,669	42,069	67,469	92,869	118,269	143,669
43/64	17,066	42,466	67,866	93,266	118,666	144,066
11/16	17,463	42,863	68,263	93,663	119,063	144,463
45/64	17,859	43,259	68,659	94,059	119,459	144,859
23/32	18,256	43,656	69,056	94,456	119,856	145,256
47/64	18,653	44,053	69,453	94,853	120,253	145,653
3/4	19,050	44,450	69,850	95,250	120,650	146,050
49/64	19,447	44,847	70,247	95,647	121,047	146,447
25/32	19,844	45,244	70,644	96,044	121,444	146,844
51/64	20,241	45,641	71,041	96,441	121,841	147,241
13/16	20,638	46,038	71,438	96,838	122,238	147,638
53/64	21,034	46,434	71,834	97,234	122,634	148,034
27/32	21,431	46,831	72,231	97,631	123,031	148,431
55/64	21,828	47,228	72,628	98,028	123,428	148,828
7/8	22,225	47,625	73,025	98,425	123,825	149,225
57/64	22,622	48,022	73,422	98,822	124,222	149,622
29/32	23,019	48,419	73,819	99,219	124,619	150,019
59/64	23,416	48,816	74,216	99,616	125,016	150,416
15/16	23,813	49,213	74,613	100,013	125,413	150,813
61/64	24,209	49,609	75,009	100,409	125,809	151,209
31/32	24,606	50,006	75,406	100,806	126,206	151,606
63/64	25,003	50,403	75,803	101,203	126,603	152,003

Zoll	6	7	8	9	10	11
0	152,400	177,800	203,200	228,600	254,000	279,400
1/64	152,797	178,197	203,597	228,997	254,397	279,797
1/32	153,194	178,594	203,994	229,394	254,794	280,194
3/64	153,591	178,991	204,391	229,791	255,191	280,591
1/16	153,988	179,388	204,788	230,188	255,588	280,988
5/64	154,384	179,784	205,184	230,584	255,984	281,384
3/32	154,781	180,181	205,581	230,981	256,381	281,781
7/64	155,178	180,578	205,978	231,378	256,778	282,178
1/8	155,575	180,975	206,375	231,775	257,175	282,575
9/64	155,972	181,372	206,772	232,172	257,572	282,972
5/32	156,369	181,769	207,169	232,569	257,969	283,369
11/64	156,766	182,166	207,566	232,966	258,366	283,766
3/16	157,163	182,563	207,963	233,363	258,763	284,163
13/64	157,559	182,959	208,359	233,759	259,159	284,559

Tafel 24. **Zoll in Millimeter, 0″ bis 63/64″.**

Umrechnungswert 1″ = 25,4 mm.

Bezugstemperatur = 20° (s. S. 57 und 59).

Zoll	6	7	8	9	10	11
7/32	157,956	183,356	208,756	234,156	259,556	284,956
15/64	158,353	183,753	209,153	234,553	259,953	285,353
1/4	158,750	184,150	209,550	234,950	260,350	285,750
17/64	159,147	184,547	209,947	235,347	260,747	286,147
9/32	159,544	184,944	210,344	235,744	261,144	286,544
19/64	159,941	185,341	210,741	236,141	261,541	286,941
5/16	160,338	185,738	211,138	236,538	261,938	287,338
21/64	160,734	186,134	211,534	236,934	262,334	287,734
11/32	161,131	186,531	211,931	237,331	262,731	288,131
23/64	161,528	186,928	212,328	237,728	263,128	288,528
3/8	161,925	187,325	212,725	238,125	263,525	288,925
25/64	162,322	187,722	213,122	238,522	263,922	289,322
13/32	162,719	188,119	213,519	238,919	264,319	289,719
27/64	163,116	188,516	213,916	239,316	264,716	290,116
7/16	163,513	188,913	214,313	239,713	265,113	290,513
29/64	163,909	189,309	214,709	240,109	265,509	290,909
15/32	164,306	189,706	215,106	240,506	265,906	291,306
31/64	164,703	190,103	215,503	240,903	266,303	291,703
1/2	165,100	190,500	215,900	241,300	266,700	292,100
33/64	165,497	190,897	216,297	241,697	267,097	292,497
17/32	165,894	191,294	216,694	242,094	267,494	292,894
35/64	166,291	191,691	217,091	242,491	267,891	293,291
9/16	166,688	192,088	217,488	242,888	268,288	293,688
37/64	167,084	192,484	217,884	243,284	268,684	294,084
19/32	167,481	192,881	218,281	243,681	269,081	294,481
39/64	167,878	193,278	218,678	244,078	269,478	294,878
5/8	168,275	193,675	219,075	244,475	269,875	295,275
41/64	168,672	194,072	219,472	244,872	270,272	295,672
21/32	169,069	194,469	219,869	245,269	270,669	296,069
43/64	169,466	194,866	220,266	245,666	271,066	296,466
11/16	169,863	195,263	220,663	246,063	271,463	296,863
45/64	170,259	195,659	221,059	246,459	271,859	297,259
23/32	170,656	196,056	221,456	246,856	272,256	297,656
47/64	171,053	196,453	221,853	247,253	272,653	298,053
3/4	171,450	196,850	222,250	247,650	273,050	298,450
49/64	171,847	197,247	222,647	248,047	273,447	298,847
25/32	172,244	197,644	223,044	248,444	273,844	299,244
51/64	172,641	198,041	223,441	248,841	274,241	299,641
13/16	173,038	198,438	223,838	249,238	274,638	300,038
53/64	173,434	198,834	224,234	249,634	275,034	300,434
27/32	173,831	199,231	224,631	250,031	275,431	300,831
55/64	174,228	199,628	225,028	250,428	275,828	301,228
7/8	174,625	200,025	225,425	250,825	276,225	301,625
57/64	175,022	200,422	225,822	251,222	276,622	302,022
29/32	175,419	200,819	226,219	251,619	277,019	302,419
59/64	175,816	201,216	226,616	252,016	277,416	302,816
15/16	176,213	201,613	227,013	252,413	277,813	303,213
61/64	176,609	202,009	227,409	252,809	278,209	303,609
31/32	177,006	202,406	227,806	253,206	278,606	304,006
63/64	177,403	202,803	228,203	253,603	279,003	304,403

12″ = 1 Fuß = 304,800 mm

Tafel 25. **Zoll in Millimeter, 0″ bis 0,099″, 0″ bis 9,9″.**

Bezugstemperatur = 20° (s. S. 57 und 59).

mm

Zoll	0″	0,001″	0,002″	0,003″	0,004″
0	0	0,0254	0,0508	0,0762	0,1016
0,01″	0,2540	0,2794	0,3048	0,3302	0,3556
0,02″	0,5080	0,5334	0,5588	0,5842	0,6096
0,03″	0,7620	0,7874	0,8128	0,8382	0,8636
0,04″	1,0160	1,0414	1,0668	1,0922	1,1176
0,05″	1,2700	1,2954	1,3208	1,3462	1,3716
0,06″	1,5240	1,5494	1,5748	1,6002	1,6256
0,07″	1,7780	1,8034	1,8288	1,8542	1,8796
0,08″	2,0320	2,0574	2,0828	2,1082	2,1336
0,09″	2,2860	2,3114	2,3368	2,3622	2,3876

Zoll	0,005″	0,006″	0,007″	0,008″	0,009″
0	0,1270	0,1524	0,1778	0,2032	0,2286
0,01″	0,3810	0,4064	0,4318	0,4572	0,4826
0,02″	0,6350	0,6604	0,6858	0,7112	0,7366
0,03″	0,8890	0,9144	0,9398	0,9652	0,9906
0,04″	1,1430	1,1684	1,1938	1,2192	1,2446
0,05″	1,3970	1,4224	1,4478	1,4732	1,4986
0,06″	1,6510	1,6764	1,7018	1,7272	1,7526
0,07″	1,9050	1,9304	1,9558	1,9812	2,0066
0,08″	2,1590	2,1844	2,2098	2,2352	2,2606
0,09″	2,4130	2,4384	2,4638	2,4892	2,5146

0,1″ = 2,54 mm

Zoll	0″	0,1″	0,2″	0,3″	0,4″
0	0	2,54	5,08	7,62	10,16
1″	25,4	27,94	30,48	33,02	35,56
2″	50,8	53,34	55,88	58,42	60,96
3″	76,2	78,74	81,28	83,82	86,36
4″	101,6	104,14	106,68	109,22	111,76
5″	127,0	129,54	132,08	134,62	137,16
6″	152,4	154,94	157,48	160,02	162,56
7″	177,8	180,34	182,88	185,42	187,96
8″	203,2	205,74	208,28	210,82	213,36
9″	228,6	231,14	233,68	236,22	238,76

Zoll	0,5″	0,6″	0,7″	0,8″	0,9″
0	12,70	15,24	17,78	20,32	22,86
1″	38,10	40,64	43,18	45,72	48,26
2″	63,50	66,04	68,58	71,12	73,66
3″	88,90	91,44	93,98	96,52	99,06
4″	114,30	116,84	119,38	121,92	124,46
5″	139,70	142,24	144,78	147,32	149,86
6″	165,10	167,64	170,18	172,72	175,26
7″	190,50	193,04	195,58	198,12	200,66
8″	215,90	218,44	220,98	223,52	226,06
9″	241,30	243,84	246,38	248,92	251,46

Beispiel: 4,687″ = ? mm

4,6″ = 116,84
0,087″ = 2,2098
4,687″ = 119,0498 mm

Tafel 26. **Millimeter in Zoll, 0 mm bis 0,099 mm, 0 mm bis 9,9 mm.**

Bezugstemperatur = 20° (s. S. 57 und 59).

Zoll

Meter	0	0,001	0,002	0,003	0,004
0	0	0,03937″	0,07874″	0,11811″	0,15748″
0,01	0,39370″	0,43307″	0,47244″	0,51181″	0,55118″
0,02	0,78740″	0,82677″	0,86614″	0,90551″	0,94488″
0,03	1,18110″	1,22047″	1,25984″	1,29921″	1,33858″
0,04	1,57480″	1,61417″	1,65354″	1,69291″	1,73228″
0,05	1,96851″	2,00788″	2,04725″	2,08662″	2,12599″
0,06	2,36221″	2,40158″	2,44095″	2,48032″	2,51969″
0,07	2,75591″	2,79528″	2,83465″	2,87402″	2,91339″
0,08	3,14961″	3,18898″	3,22835″	3,26772″	3,30709″
0,09	3,54331″	3,58268″	3,62205″	3,66142″	3,70079″

Meter	0,005	0,006	0,007	0,008	0,009
0	0,19685″	0,23622″	0,27559″	0,31496″	0,35433″
0,01	0,59055″	0,62992″	0,66929″	0,70866″	0,74803″
0,02	0,98425″	1,02362″	1,06299″	1,10236″	1,14173″
0,03	1,37795″	1,41732″	1,45669″	1,49606″	1,53543″
0,04	1,77165″	1,81102″	1,85039″	1,88976″	1,92913″
0,05	2,16536″	2,20473″	2,24410″	2,28347″	2,32284″
0,06	2,55906″	2,59843″	2,63780″	2,67717″	2,71654″
0,07	2,95276″	2,99213″	3,03150″	3,07087″	3,11024″
0,08	3,34646″	3,38583″	3,42520″	3,46457″	3,50394″
0,09	3,74016″	3,77953″	3,81890″	3,85827″	3,89764″

0,1 m = 3,93701″

Meter	0	0,1	0,2	0,3	0,4
0	0	3,93701″	7,87402″	11,81102″	15,74803″
1	39,37008″	43,30709″	47,24409″	51,18110″	55,11811″
2	78,74016″	82,67717″	86,61417″	90,55118″	94,48819″
3	118,1102″	122,0472″	125,9843″	129,9213″	133,8583″
4	157,4803″	161,4173″	165,3543″	169,2913″	173,2283″
5	196,8504″	200,7874″	204,7244″	208,6614″	212,5984″
6	236,2205″	240,1575″	244,0945″	248,0315″	251,9685″
7	275,5906″	279,5276″	283,4646″	287,4016″	291,3386″
8	314,9606″	318,8976″	322,8346″	326,7717″	330,7087″
9	354,3307″	358,2677″	362,2047″	366,1417″	370,0787″

Meter	0,5	0,6	0,7	0,8	0,9
0	19,68504″	23,62205″	27,55906″	31,49606″	35,43307″
1	59,05512″	62,99213″	66,92913″	70,86614″	74,80315″
2	98,42520″	102,3622″	106,2992″	110,2362″	114,1732″
3	137,7953″	141,7323″	145,6693″	149,6063″	153,5433″
4	177,1654″	181,1024″	185,0394″	188,9764″	192,9134″
5	216,5354″	220,4724″	224,4095″	228,3465″	232,2835″
6	255,9055″	259,8425″	263,7795″	267,7165″	271,6535″
7	295,2756″	299,2126″	303,1496″	307,0866″	311,0236″
8	334,6457″	338,5827″	342,5197″	346,4567″	350,3937″
9	374,0158″	377,9528″	381,8898″	385,8268″	389,7638″

10 m = 393,7008″

Beispiel: 9,462 m = ? Zoll

9,4 m = 370,0787
0,062 m = 2,44095
9,462 m = 372,51965″

Tafel 27. **Fuß und Zoll in Millimeter.**

Umrechnungsart 1″ = 25,4 mm.

Bezugstemperatur = 20° (s. S. 57 und 59).

Fuß	0	1	2	3	4	5
0″		304,8	609,6	914,4	1219,2	1524,0
1″	25,4	330,2	635,0	939,8	1244,6	1549,4
2″	50,8	355,6	660,4	965,2	1270,0	1574,8
3″	76,2	381,0	685,8	990,6	1295,4	1600,2
4″	101,6	406,4	711,2	1016,0	1320,8	1625,6
5″	127,0	431,8	736,6	1041,4	1346,2	1651,0
6″	152,4	457,2	762,0	1066,8	1371,6	1676,4
7″	177,8	482,6	787,4	1092,2	1397,0	1701,8
8″	203,2	508,0	812,8	1117,6	1422,4	1727,2
9″	228,6	533,4	838,2	1143,0	1447,8	1752,6
10″	254,0	558,8	863,6	1168,4	1473,2	1778,0
11″	279,4	584,2	889,0	1193,8	1498,6	1803,4
Fuß	**6**	**7**	**8**	**9**	**10**	**11**
0″	1828,8	2133,6	2438,4	2743,2	3048,0	3352,8
1″	1854,2	2159,0	2463,8	2768,6	3073,4	3378,2
2″	1879,6	2184,4	2489,2	2794,0	3098,8	3403,6
3″	1905,0	2209,8	2514,6	2819,4	3124,2	3429,0
4″	1930,4	2235,2	2540,0	2844,8	3149,6	3454,4
5″	1955,8	2260,6	2565,4	2870,2	3175,0	3479,8
6″	1981,2	2286,0	2590,8	2895,6	3200,4	3505,2
7″	2006,6	2311,4	2616,2	2921,0	3225,8	3530,6
8″	2032,0	2336,8	2641,6	2946,4	3251,2	3556,0
9″	2057,4	2362,2	2667,0	2971,8	3276,6	3581,4
10″	2082,8	2387,6	2692,4	2997,2	3302,0	3606,8
11″	2108,2	2413,0	2717,8	3022,6	3327,4	3632,2
Fuß	**12**	**13**	**14**	**15**	**16**	**17**
0″	3657,6	3962,4	4267,2	4572,0	4876,8	5181,6
1″	3683,0	3987,8	4292,6	4597,4	4902,2	5207,0
2″	3708,4	4013,2	4318,0	4622,8	4927,6	5232,4
3″	3733,8	4038,6	4343,4	4648,2	4953,0	5257,8
4″	3759,2	4064,0	4368,8	4673,6	4978,4	5283,2
5″	3784,6	4089,4	4394,2	4699,0	5003,8	5308,6
6″	3810,0	4114,8	4419,6	4724,4	5029,2	5334,0
7″	3835,4	4140,2	4445,0	4749,8	5054,6	5359,4
8″	3860,8	4165,6	4470,4	4775,2	5080,0	5384,8
9″	3886,2	4191,0	4495,8	4800,6	5105,4	5410,2
10″	3911,6	4216,4	4521,2	4826,0	5130,8	5435,6
11″	3937,0	4241,8	4546,6	4851,4	5156,2	5461,0

Tafel 28. **Quadratzoll in Quadratzentimeter.**

Umrechnungszahl 1 □ Zoll = 6,4516 cm². Bezugstemperatur = 20° (s. S. 57 und 59).

□ Zoll	0	1	2	3	4	5	6
0	—	6,4516	12,9032	19,3548	25,8064	32,2580	38,7096
1/32	0,2016	6,6532	13,1048	19,5564	26,0080	32,4596	38,9112
1/16	0,4032	6,8548	13,3064	19,7580	26,2096	32,6612	39,1128
3/32	0,6048	7,0564	13,5080	19,9596	26,4112	32,8628	39,3144
1/8	0,8065	7,2581	13,7097	20,1613	26,6129	33,0645	39,5161
5/32	1,0081	7,4597	13,9113	20,3629	26,8145	33,2661	39,7177
3/16	1,2097	7,6613	14,1129	20,5645	27,0161	33,4677	39,9193
7/32	1,4113	7,8629	14,3145	20,7661	27,2177	33,6693	40,1209
1/4	1,6129	8,0645	14,5161	20,9677	27,4193	33,8709	40,3225
9/32	1,8145	8,2661	14,7177	21,1693	27,6209	34,0725	40,5241
5/16	2,0161	8,4677	14,9193	21,3709	27,8225	34,2741	40,7257
11/32	2,2177	8,6693	15,1209	21,5725	28,0241	34,4757	40,9273
3/8	2,4194	8,8710	15,3226	21,7742	28,2258	34,6774	41,1290
13/32	2,6210	9,0726	15,5242	21,9758	28,4274	34,8790	41,3306
7/16	2,8226	9,2742	15,7258	22,1774	28,6290	35,0806	41,5322
15/32	3,0242	9,4758	15,9274	22,3790	28,8306	35,2822	41,7338
1/2	3,2258	9,6774	16,1290	22,5806	29,0322	35,4838	41,9354
17/32	3,4274	9,8790	16,3306	22,7822	29,2338	35,6854	42,1370
9/16	3,6290	10,0806	16,5322	22,9838	29,4354	35,8870	42,3386
19/32	3,8306	10,2822	16,7338	23,1854	29,6370	36,0886	42,5402
5/8	4,0323	10,4839	16,9355	23,3871	29,8387	36,2903	42,7419
21/32	4,2339	10,6855	17,1371	23,5887	30,0403	36,4919	42,9435
11/16	4,4355	10,8871	17,3387	23,7903	30,2419	36,6935	43,1451
23/32	4,6371	11,0887	17,5403	23,9919	30,4435	36,8951	43,3467
3/4	4,8387	11,2903	17,7419	24,1935	30,6451	37,0967	43,5483
25/32	5,0403	11,4919	17,9435	24,3951	30,8467	37,2983	43,7499
13/16	5,2419	11,6935	18,1451	24,5967	31,0483	37,4999	43,9515
27/32	5,4435	11,8951	18,3467	24,7983	31,2499	37,7015	44,1531
7/8	5,6452	12,0968	18,5484	25,0000	31,4516	37,9032	44,3548
29/32	5,8468	12,2984	18,7500	25,2016	31,6532	38,1048	44,5564
15/16	6,0484	12,5000	18,9516	25,4032	31,8548	38,3064	44,7580
31/32	6,2500	12,7016	19,1532	25,6048	32,0564	38,5080	44,9596

□ Zoll	7	8	9	10	11	12	13
0	45,1612	51,6128	58,0644	64,5160	70,9676	77,4192	83,8708
1/32	45,3628	51,8144	58,2660	64,7176	71,1692	77,6208	84,0724
1/16	45,5644	52,0160	58,4676	64,9192	71,3708	77,8224	84,2740
3/32	45,7660	52,2176	58,6692	65,1208	71,5724	78,0240	84,4756
1/8	45,9677	52,4193	58,8709	65,3225	71,7741	78,2257	84,6773
5/32	46,1693	52,6209	59,0725	65,5241	71,9757	78,4273	84,8789
3/16	46,3709	52,8225	59,2741	65,7257	72,1773	78,6289	85,0805
7/32	46,5725	53,0241	59,4757	65,9273	72,3789	78,8305	85,2821
1/4	46,7741	53,2257	59,6773	66,1289	72,5805	79,0321	85,4837
9/32	46,9757	53,4273	59,8789	66,3305	72,7821	79,2337	85,6853
5/16	47,1773	53,6289	60,0805	66,5321	72,9837	79,4353	85,8869
11/32	47,3789	53,8305	60,2821	66,7337	73,1853	79,6369	86,0885
3/8	47,5806	54,0322	60,4838	66,9354	73,3870	79,8386	86,2902
13/32	47,7822	54,2338	60,6854	67,1370	73,5886	80,0402	86,4918
7/16	47,9838	54,4354	60,8870	67,3386	73,7902	80,2418	86,6934
15/32	48,1854	54,6370	61,0886	67,5402	73,9918	80,4434	86,8950
1/2	48,3870	54,8386	61,2902	67,7418	74,1934	80,6450	87,0966
17/32	48,5886	55,0402	61,4918	67,9434	74,3950	80,8466	87,2982
9/16	48,7902	55,2418	61,6934	68,1450	74,5966	81,0482	87,4998
19/32	48,9918	55,4434	61,8950	68,3466	74,7982	81,2498	87,7014
5/8	49,1935	55,6451	62,0967	68,5483	74,9999	81,4515	87,9031
21/32	49,3951	55,8467	62,2983	68,7499	75,2015	81,6531	88,1047
11/16	49,5967	56,0483	62,4999	68,9515	75,4031	81,8547	88,3063
23/32	49,7893	56,2499	62,7015	69,1531	75,6047	82,0563	88,5079
3/4	49,9999	56,4515	62,9031	69,3547	75,8063	82,2579	88,7095
25/32	50,2015	56,6531	63,1047	69,5563	76,0079	82,4595	88,9111
13/16	50,4031	56,8547	63,3063	69,7579	76,2095	82,6611	89,1127
27/32	50,6047	57,0563	63,5079	69,9595	76,4111	82,8627	89,3143
7/8	50,8064	57,2580	63,7096	70,1612	76,6128	83,0644	89,5160
29/32	51,0080	57,4596	63,9112	70,3628	76,8144	83,2660	89,7176
15/16	51,2096	57,6612	64,1128	70,5644	77,0160	83,4676	89,9192
31/32	51,4112	57,8628	64,3144	70,7660	77,2176	83,6692	90,1208

Tafel 29. **Umrechnung von engl. (amerik.) Gewicht in Kilogramm.**

1 Ton = 20 Hundred- (cent-) weight (cwt) = 80 Quarters (qu) = 2240 Pfund (lbs)
1 Hundredweight (cwt) = 4 Quarters (qu) = 112 Pfund (lbs) = 50,8 kg
1 Quarter (qu) = 28 Pfund (lbs); 1 Pfund (lb) = 0,45359 kg
16 Ounces (oz) = 1 Pfund; 1 Ounce (oz) = 28,3495 g.

(In Amerika ist noch eine „short ton" zu 2000 lbs = 907,18 kg handelsüblich.)

Engl. Pfund		Engl. Pfund (lbs)								
		1000	2000	3000	4000	5000	6000	7000	8000	9000
(lbs)	kg	kg	kg	kg	kg	kg	kg	kg	kg	kg
		453,6	907,1	1360,7	1814,3	2267,9	2721,5	3175,1	3628,7	4082,3
25	11,34	464,9	918,4	1372	1825,6	2279,2	2732,8	3186,4	3640	4093,6
50	22,68	476,3	929,8	1383,4	1837	2290,6	2744,2	3197,8	3651,4	4105
75	34,02	487,6	941,1	1394,7	1848,3	2301,9	2755,5	3209,1	3662,7	4116,3
100	45,36	498,9	952,5	1406,1	1859,7	2313,6	2766,9	3220,5	3674,1	4127,6
125	56,70	510,2	963,8	1417,4	1871	2324,9	2778,2	3231,8	3685,4	4138,8
150	68,03	521,6	975,2	1428,8	1882,4	2336	2789,6	3243,2	3696,8	4150,3
175	79,39	532,9	986,5	1440,1	1893,7	2347,3	2800,9	3254,5	3708,1	4161,6
200	90,71	544,3	997,9	1451,4	1905	2358,6	2812,2	3265,8	3719,4	4173
225	102,06	555,6	1009,2	1462,7	1916,3	2369,9	2823,5	3277,1	3730,7	4184,3
250	113,40	567	1020,6	1474,1	1927,7	2381,3	2834,9	3288,5	3742,1	4195,7
275	124,73	578,3	1031,9	1485,4	1939	2392,6	2846,2	3299,8	3753,4	4207
300	136,07	589,6	1043,2	1496,8	1950,4	2404	2857,6	3311,2	3764,8	4218,4
325	147,41	600,9	1054,5	1508,1	1961,7	2415	2868,9	3322,5	3776,1	4229,7
350	158,75	612,3	1065,9	1519,5	1973,1	2426,7	2880,3	3333,9	3787,5	4241,1
375	170	623,6	1077,2	1530,8	1984,4	2438	2891,6	3345,2	3798,8	4252,4
400	181,43	635	1088,6	1542,2	1995,8	2449,4	2902,9	3356,5	3810,1	4263,7
425	192,77	646,3	1099,9	1553,5	2007,1	2460,7	2914,2	3367,8	3821,4	4275
450	204,11	657,7	1111,3	1564,9	2018,5	2472,1	2925,6	3379,2	3832,8	4286,4
475	215,45	669	1122,6	1576,2	2029,8	2483,4	2936,9	3390,5	3844,1	4297,7
500	226,80	680,3	1133,9	1587,5	2041,1	2494,7	2948,3	3401,9	3855,5	4309,1
525	238,13	691,6	1145,2	1598,9	2052,4	2506	2959,6	3413,2	3866,8	4320,4
550	249,47	703	1156,6	1610,2	2063,7	2517,4	2971	3424,6	3878,2	4331,8
575	260,81	714,3	1167,9	1621,5	2075	2528,7	2982,3	3435,9	3889,5	4343,1
600	272,15	725,7	1179,3	1632,9	2086,5	2540,1	2993,7	3447,3	3900,9	4354,4
625	283,50	737	1190,6	1644,2	2097,8	2551,4	3005	3458,6	3912,2	4365,7
650	294,83	748,4	1202	1655,6	2109,2	2562,8	3016,4	3470	3923,6	4377,1
675	306,17	759,7	1213,3	1666,9	2120,5	2574,1	3027,7	3481,3	3934,9	4388,4
700	317,50	771,1	1224,6	1678,2	2131,8	2585,4	3039	3492,6	3946,2	4399,8
725	328,85	782,4	1235,9	1689,5	2143,1	2596,7	3050,3	3503,9	3957,5	4411,1
750	340,20	793,8	1247,3	1700	2154,5	2608,1	3061,7	3515,3	3968,9	4422,5
775	351,53	805,1	1258,6	1711,3	2165,8	2619,4	3073	3526,6	3980,2	4433,8
800	362,90	816,4	1270	1723,6	2177,2	2630,8	3084,4	3538	3991,6	4445,2
825	374,21	827,7	1281,3	1734,9	2188,5	2642,1	3095,7	3549,3	4002,9	4456,5
850	385,55	839,1	1292,7	1746,3	2199,9	2653,5	3107,1	3560,7	4014,3	4467,9
875	396,90	850,4	1304	1757,6	2211,2	2664,8	3118,4	3572	4025,6	4479,2
900	408,23	861,8	1315,4	1769	2222,6	2676,2	3129,7	3583,3	4036,9	4490,5
925	419,60	873,1	1326,7	1780,3	2233,9	2687,5	3141	3594,6	4048,2	4501,8
950	430,90	884,5	1338,1	1791,7	2245,3	2698,9	3152,4	3606	4059,6	4513,2
975	442,25	895,8	1349,4	1803	2256,6	2710,2	3163,7	3617,3	4070,9	4524,5

Tafel 30. **Kubikfuß in Kubikmeter.**

Bezugstemperatur = 20° C (s. S. 57 und 59).

Umrechnungswert 1 cbcfoot = 0,0283168466 m.

cbcfoot	m^3	cbcfoot	m^3	cbcfoot	m^3	cbcfoot	m^3
1	0,0283	31	0,8778	61	1,7273	91	2,5768
2	0,0566	32	0,9061	62	1,7556	92	2,6051
3	0,0850	33	0,9345	63	1,7840	93	2,6335
4	0,1133	34	0,9628	64	1,8123	94	2,6618
5	0,1416	35	0,9911	65	1,8406	95	2,6901
6	0,1699	36	1,0194	66	1,8689	96	2,7184
7	0,1982	37	1;0477	67	1,8972	97	2,7467
8	0,2265	38	1,0760	68	1,9255	98	2,7751
9	0,2549	39	1,1044	69	1,9539	99	2,8034
10	0,2832	40	1,1327	70	1,9822	100	2,8317
11	0,3115	41	1,1610	71	2,0105	200	5,6634
12	0,3398	42	1,1893	72	2,0388	300	8,4951
13	0,3681	43	1,2176	73	2,0671	400	11,3267
14	0,3964	44	1,2459	74	2,0954	500	14,1584
15	0,4248	45	1,2743	75	2,1238	600	16,9901
16	0,4531	46	1,3026	76	2,1521	700	19,8218
17	0,4814	47	1,3309	77	2,1804	800	22,6535
18	0,5097	48	1,3592	78	2,2087	900	25,4852
19	0,5380	49	1,3875	79	2,2370	1000	28,3168
20	0,5663	50	1,4158	80	2,2653	2000	56,634
21	0,5947	51	1,4442	81	2,9237	3000	84,951
22	0,6230	52	1,4725	82	2,3220	4000	113,267
23	0,6513	53	1,5008	83	2,3503	5000	141,584
24	0,6796	54	1,5291	84	2,3786	6000	169,901
25	0,7079	55	1,5574	85	2,4069	7000	198,218
26	0,7362	56	1,5857	86	2,4352	8000	226,535
27	0,7646	57	1,6141	87	2,4636	9000	254,852
28	0,7929	58	1,6424	88	2,4919	10000	283,168
29	0,8212	59	1,6707	89	2,5202	11000	311,485
30	0,8495	60	1,6990	90	2,5485	12000	339,802

Ländernamen	Längenmaße	1 m =	Flächenmaße	1 m² =
China (das metrische System ist in Einführung)	1 Yin (Tschang) zu 10 Tschi (Covid, Fuß) zu 10 Tsun (Pant) zu 10 Fän = 3,73 m 1 Yin n. Vertr. m. Engl. = 0,3581 m 10 Fän (Linie) zu 10 Li zu 10 Hao 1 Pu (Doppelschritt) = 5 Tschi 1 Tschang (Rute) = 10 Tschi 1 Li (Meile) = 180 Faden = 0,6444 km	0,268 0,279	1 Mau = 631 m² 1 King = 0,2453 ha 1 ha = 4,0766 King Seidenzeug nach Gewicht	$\frac{1,5848}{1000}$
Frankreich	metrisch, früher: 1 Pariser Fuß = 0,324 839 m (1 m = 443,296 Par. Lin.)	3,0784 0,0022558	metrisch	
Griechenland	metrisch 1 griechische Meile = 10 km	0,0001	metrisch 1 Stremma = 10 a	0,001
England (das metrische Maß und Gewicht sind zugelassen[1])	1 Zoll, Inch (16- od. 12teilig) = 25,4 mm 1 Fuß (= 12 Zoll) = 304,8 mm 1 Yard (= 3 Fuß) = 0,9144 m 1 Fathom = 2 Yards = 6 Fuß = 72 Zoll = 1,8288 m 1 Chain zu 100 Links zu 792 Inches = 20,12 m 1 Statute Mile zu 8 Furlongs zu 40 Ruten zu 2,75 Fathoms zu 2 Yards = 1760 Yards = 1,609 344 km Die Normaltemperatur, bei der ein englischer Maßstab seinem Nennwert entsprechen soll, beträgt 20° C = 68° F Kaufmännisch 12 Yards = 11 m	39,37 3,2808 1,0936 0,5468 0,0497	1 Qu.-Zoll = 6,4516 cm² 1 Qu.-Fuß = 0,09290 m² 1 Qu.-Yard = 0,8361 m² 1 Acre = 160 Qu.-Ruten = 4848 Qu.-Yard = 40,5356 a 1 Yard of land = 30 Acres = 12,1607 ha 1 Hide of land = 100 Acres = 40,536 ha 1 Mile of land = 640 Acres = 2,5943 km² 1 ha = 2,4670 Acres = 0,02467 Hide of land = 0,0822 Yard of land = 0,0038 547 Mile of land	15,50 10,7643 1,19617
Ostindien (britisch)	1 Guz zu 2 Hat zu 24 Angli = 1 engl. Yard = 0,9144 m 1 Meile zu 1000 engl. Faden zu 4 Cubits oder 2 Bombay-Guz = 1,8288 km 1 Cubit (Madras) = 0,4572 m 1 Guz (Bombay) = 0,6858 m 1 Guz (Bengalen) = 0,9144 m Im Großhandel d. engl. Yard	1,0936 2,1872 1,4582 1,0936	1 Qu.-Yard = 0,8361 m² 1 Acre = 40,4671 a 1 Qu.-Fuß = 0,0929 m² 1 Qu.-Cubit = 0,209 m² 1 Qu.-Guz (Bombay) = 0,4703 m² 1 Qu.-Meile = 3,3444 km²	1,19617 0,02471 10,7643 4,7847 2,1262
Japan	metrisch und englisch 1 Shaku (Fuß) zu 10 Sun (Zoll) zu 10 Bu (Linien) zu 10 Mo = 0,303 m 1 Ri (Meile) zu 36 Tschô zu 60 Ken zu 6 Shaku = 3,92727 km 1 Shaku für Stoffe = 0,3788 m	3,3003 2,6385	metrisch und englisch 1 Qu.-Tschô zu 10 Tan zu 10 Se zu 30 Tsubo zu 36 Qu.-Shaku = 0,99174 ha 1 ha = 1,00833 Qu.-Tchô	

[1]) Umrechnung Zoll in mm siehe Seite 59ff.

verschiedener Länder.

siehe S. 56 bis 58. (Z. T. nach „Hütte“.)

Raummaße	1 hl =	Gewichte	1 kg =	Ländernamen
1 Tschi Getreide zu 10 Sching = 1,031 hl 1 Sai Getreide zu 2 Hwo zu 10 Sching = 1,2243 hl (Getreide und Flüssigkeiten sonst meist nach Gewicht.)	 0,9708 0,8168	1 Tael (Unze, liang) = 37,783 g 1 Picul (Zentner, tan) = 100 Catties (Pfund) = 60,453 kg 1 Catty = 16 Taels = 604,53 g Dezimale Unterteilung des Tael in Mace = Tschien, Candareen = Fên, Cash = li, hao.	26,467 1,6542/100	**China** (das metrische System ist in Einführung)
metrisch 1 Stère = 1000 l	0,1	metrisch		**Frankreich**
metrisch 1 Kiló = 1 hl	1	metrisch 1 Stater = 56,32 kg	1,77556/100	**Griechenland**
1 Kub.-Zoll = 16,387 cm³ 1 Kub.-Fuß = 0,028317 m³ 1 Kub.-Yard = 0,7645 m³ 1 Register-Ton = 100 Kub.-Fuß = 2,832 m³ 1 Imperial Gallon v. 277,2738 Kub.-Zoll = 4,54396 l[1]) 1 alter (Winchester-) Gallon von 231 Kub.-Zoll = 5/6 Imp. Gallon = 3,78540 l 1 Last zu 10 Quarters zu 8 Bushels zu 4 Peks zu 2 Gallons = 29,0813 hl 1 Barrel zu 2 Kilderkin zu 2 Firkin zu 9 Gallons = 1,636 hl 1 Anker = 10 Imp. Gallons von 1824 = 0,454396 hl 1 Tun zu 2 Pipes (Butts) zu 2 Hogsheads zu 63 Gallons = 11,45 hl	6103 3,53166 0,13080 0,03532 22,01 26,42 0,0344 0,6116 2,2009 0,0873	1 Ounce = 28,3495 g 1 Pfd avoirdupois (lbs.) [Handelsgewicht] zu 16 Ounces zu 16 Drams = 0,45359 kg = 7000 Troygrains 1 Troypfund [Gold-, Silber- und Münz-, sowie Apothekergewicht] zu 12 Ounces zu 20 Pennyweights (dw) = 5760 Grains = 0,340194 kg 1 Schiffston (short ton, Kanada, Ver. St. [siehe d.]) = 2000 Pfund (lbs.) = 907,18 kg 1 Ton (long ton) = 20 Hundred- (cent-) weight zu 4 Quarters zu 28 Pfund (= 2240 lbs.) = 1016,05 kg	 2,20462 2,9395 1,10231/1000 0,984206/1000	**England** (das metrische Maß und Gewicht sind zugelassen)
Flüssigkeiten nach engl. Imperial Gallons oder, wie Getreide, nach Gewicht. 1 Khahoon (Bengalen) zu 16 Soallees wiegt 1354,73 kg 1 Kandry Reis (Bombay) wiegt 97,95 kg 1 Garce (Madras) zu 80 Parahs zu 5 Markals = 4,916 m³	1 kg = 0,73815/1000 0,0102	1 Bazar Maund zu 40 Sihrs (Seers) zu 16 Chittaks zu 5 Tolas = 37,324 kg 1 Faktorei Maund = 33,868 kg 1 Madras Maund = 11,34 kg 1 Bombay Maund zu 40 Sihrs zu 30 Parahs = 12,70 kg	0,02679 0,02953 0,08818 0,07874	**Ostindien** (britisch)
metrisch und englisch 1 Sho zu 10 Go zu 10 Sai zu 10 Satsu = 1,803907 l 1 Koku zu 10 To zu 10 Sho = 1,803907 hl	 55,44 0,5544	metrisch und englisch 1 Kin zu 160 Momme zu 10 Fun zu 10 Rin zu 10 Mô = 0,600 kg 1 Kwan zu 1000 Momme = 3,7565 kg	 1,667 0,26619	**Japan**

[1]) Imperial Gallon von 1824. Mit der Jahreszahl 1890 wird 1 Imperial Gallon zu 277,463 Kub.-Zoll = 4,546509 l angegeben; 1 l = 0,219949 Imperial Gallons. Hieraus ergibt sich 1 hl = 2,7466 Bushel; 1 Bushel = 0,3637 hl. 1 Imperial Gallon zu 4 Quarts zu 2 Pints zu 4 Gills.

Das metrische Maßsystem

Ländernamen	Längenmaße	1 m =	Flächenmaße	1 m² =
Rußland (UdSSR)	metrisch; früher: 1 Saschehn (zu 7 Fuß oder zu 3 Arschin zu 16 Werschock) = 2,13357 m; 1 russ. Fuß = 1 engl. Fuß (Zoll 10teilig); 1 Werst zu 500 Saschehn = 1,066781 km; 1 Meile zu 7 Werst = 7,467465 km; 1 km = 0,9374 Werst = 0,1339 Meilen	0,4687	metrisch; früher: 1 Dessätine zu 2400 Qu.-Saschehn = 1,0925 ha; 1 Qu.-Saschehn = 9 Qu.-Arschin = 2304 Qu.-Werschok = 4,5521 m²; 1 Qu.-Werst = 1,13802 km²; 1 Lofstelle ≈ $^1/_2$ Dessätine; 1 ha = 0,9153 Dessätine; 1 km² = 0,87872 Qu.-Werst	0,21968
Schweden	metrisch; früher: 1 Famn zu 3 Alen zu 2 Fuß zu 10 Zoll = 1,7814 m; 1 Fuß = 0,296901 m; 1 Meile = 10,6886 km	0,5614; 3,36813; 0,0936	metrisch; früher: 1 Tunnland zu 2 Spanland zu 16 Kappland zu $3^1/_2$ Kannland = 56000 Qu.-Fuß = 0,493641 ha; 1 ha = 2,02576 Tunnland	
Vereinigte Staaten von Nordamerika (das metrische Maß und Gewicht sind zugelassen)	englisch; jedoch: 1 yard = 0,914402 = $\frac{3600}{3937}$ m; 1 amer. Zoll = 25,400051 mm Justiertemperatur für amer. Yardmaße +20° C; 1 Statute Mile = 1,60932 km; 1 Naut. Mile = 1,85496 km; 1 League = 3 Naut. Miles oder = 3 Statute Miles; 1 km = 0,6214 Statute Mile = 0,5391 Naut. Mile	1,093611	englisch; 1 Qu.-Meile (Sektion) = 2,5899 km²; 1 Township zu 36 Sektionen = 93,236 km²; 1 km² = 0,3861 Qu.-Meile = 0,01073 Township	

Internationale Längenmaße:

1 geogr. Meile = 7420,4 m (15 Meilen = 1° des Äquators).

1 deutsche und französische Seemeile ist gleich der mittleren Länge einer Bogenminute des Erdmeridians = 1852 m = 6076,23 engl. Fuß.

(1 Knoten = 1 engl. Seemeile [admiralty knot] = 1853,2 m = 6080 engl Fuß).

1 Faden (engl. Tiefenmaß) = 1,8288 m.

Internationales Gewicht:

1 Karat (Einheit der Juwelengewichte) = 200 mg; vgl. Mitt. d. Physik.-Techn. Reichsamt, Abt. I f. Maß u. Gewicht 1927, S. 27; RGBl. I, 1935, S. 1499.

Tafel 32. **Alte**

	Baden und Schweiz	Bayern	Österreich
Längenmaß	1 Fuß = 0,3000 m; 1 m = 3,3333 Fuß; 1 Fuß zu 10 Zoll zu 10 Linien; 10 Fuß = 1 Rute	1 Fuß = 0,29186 m; 1 m = 3,42631 Fuß; 1 Fuß zu 12 Zoll zu 12 Linien; 10 Fuß = 1 Rute	1 Fuß = 0,3161 m; 1 m = 3,1637 Fuß; 1 Fuß zu 12 Zoll zu 12 Linien; 12 Fuß = 1 Rute
Feldmaß	1 Morg. (Juchart) = 36 a; 1 ha = 2,7778 Morgen; 1 Morgen = 400 Qu.-Ruten	1 Tagwerk = 34,0727 a; 1 ha = 2,9349 Tagwerk; 1 Tagwerk = 100 Dezimal = 400 Qu.-Ruten	1 Wiener Joch = 57,5464 a; 1 ha = 1,7377 Joch; 1 Joch = 300 Qu.-Ruten
Gewicht	1 Pfund = 0,5 kg; 1 kg = 2 Pfund; 1 Pfund = 0,467711 kg (bis 1 kg = 2,1381 Pfund [1839)	1 Pfund = 0,56 kg; 1 kg = 1,7857 Pfund	1 Pfund = 0,56 kg; 1 kg = 1,7857 Pfund

verschiedener Länder (Fortsetzung).

siehe S. 56 bis 58. (Z. T. nach „Hütte".)

Raummaße	1 hl =	Gewichte	1 kg =	Ländernamen
metrisch				
1 Kub.Saschehn = 9,7123 m³	0,1030/10	1 Pfund = 0,409511 kg	2,44193	
1 Botscka zu 40 Wedro zu 100 Tscharka = 4,9195 hl	0,2033	1 Pud zu 40 Pfund zu 32 Lot zu 3 Solotnik zu 96 Doli = 16,38046 kg	0,06105	Rußland (UdSSR)
1 Krutschka (Stoof) = 1,22989 l	81,31	1 Tonne zu 6,2 Berkowitz zu 10 Pud = 1015,5 kg	0,9847/1000	
1 Tschetwert zu 8 Tschetwerik zu 8 Garnitzi = 2,099 hl	0,4764	1 Last = 2025,44 kg	0,4937/1000	
1 Wedro (Eimer) = $^1/_{40}$ Botscka (Faß) = 10 Stoof = 20 Flaschen = 12,299 l				
metrisch; früher:		metrisch; früher:		
1 Ahm zu 6 Kub.-Fuß zu 10 Kannen = 1,570313 hl	0,6368	1 Zentner zu 100 Skålpund zu 100 Ort = 42,50758 kg	0,02352	Schweden
1 Tonne = 1,6489 hl	0,6065	1 Schiffspfund = 170,028 kg	5,88138/1000	
		1 Schiffslast = 5760 Pfund = 2450 kg	0,40816/1000	
altenglisch		englisch		
1 (Wein-)Gallon zu 4 Quarts zu 2 Pints zu 4 Gills zu 4 Fluid Ounces = 3,7852 l	26,42	1 Hundred-weight häufig (z. B. in New York) zu 4 Quarters zu 25 Pfund = 45,359 kg	2,20463/100	Vereinigte Staaten von Nordamerika (das metrische Maß und Gewicht sind zugelassen)
1 Trocken-Gall. (Getreidem.) von 268,803 Kub.-Zoll = 4,4046 l	22,70	1 Ton (short ton) zu 2000 Pfund (lbs.) = 907,1853 kg	1,10231/1000	
(1 Bushel = 8 Trocken-Gall.)		1 long ton zu 2240 Pfund (lbs.) = 1016,0475 kg	0,984206/1000	
1 gehäuft. Gallon = $1^1/_4$ Trocken-Gallons		1 Barrel Mehl zu 196 Pfund = 88,9 kg	1,125/100	
1 Barrel Petroleum zu 42 Gallons = 1,5898 hl	0,6291	1 Barrel Fleisch zu 220 Pfund = 90,72 kg	1,1023/100	
1 Barrel Bier zu 31 Gallons = 1,173 hl	0,8525	1 Barrel Salz = 280 Pfund		
		1 Humpheon Maismehl zu 800 Pfund = 362,88 kg	2,756/1000	

Schiffsmaß:
1 Reg.-Ton = 100 engl. Kub.-Fuß = 2,832 m³; 1 m³ = 0,353 Reg.-Ton.
Bruttotonnengehalt = Gesamtinhalt aller Schiffsräume einschließlich Aufbauten.
Nettotonnengehalt = Inhalt des nutzbaren Schiffsraumes = Bruttotonnengehalt weniger die zum Betrieb nötigen Räume.

Maße.

Preußen	Sachsen (Königreich)	Württemberg	
1 Fuß (sog. rheinl.) = 0,3139 m 1 m = 3,1862 Fuß 1 Fuß zu 12 Zoll zu 12 Linien 12 Fuß = 1 Rute	1 Fuß = 0,2832 m 1 m = 3,5312 Fuß 1 Fuß zu 12 Zoll zu 12 Linien $15^1/_6$ Fuß = 1 Rute	1 Fuß = 0,2865 m 1 m = 3,4905 Fuß 1 Fuß zu 10 Zoll zu 10 Linien 10 Fuß = 1 Rute	Längenmaß
1 Morgen = 25,53225 a 1 ha = 3,9166 Morgen 1 Morgen = 180 Qu.-Ruten	1 Acker = 55,3423 a 1 ha = 1,8069 Acker 1 Acker = 300 Qu.-Ruten	1 Morgen = $^1/_8$ Jauchert = 31,517 a 1 ha = 3,1729 Morgen 1 Morgen = 384 Qu.-Ruten	Feldmaß
1 Pfund = 0,5 kg 1 kg = 2 Pfund	1 Pfund = 0,4676 kg 1 kg = 2,1386 Pfund	1 Pfund = 0,4677 kg 1 kg = 2,1380 Pfund	Gewicht

Maßeinheiten nach dem absoluten Zentimeter-Gramm-Sekunde-System (C-G-S-System)[1].

Grundeinheiten sind für die Länge das cm, für die Masse das g, für die Zeit die s. Als s gilt der 86400. Teil des mittleren Sonnentages; sie stimmt mit der s der bürgerlichen Zeitrechnung vollständig überein.

Von den drei Grundeinheiten cm, g, s sind alle anderen Einheiten abgeleitet. Sie werden als Potenzen von L (Länge), M (Masse), T (Zeit) dargestellt.

Man unterscheidet geometrische, mechanische, kalorische, magnetische, elektrostatische und elektromagnetische Einheiten.

Die Einheit der **Fläche** ist das Quadrat über der Längeneinheit.

Die Einheit des **Raumes** ist der Würfel über der Längeneinheit.

Winkeleinheit ist der Winkel, dessen Bogen gleich dem Halbmesser ist (57,296°).

Die Einheit des **Raumwinkels** liegt dann vor, wenn er aus der um seinen Scheitel geschlagenen Kugel vom Halbmesser 1 die Flächeneinheit ausschneidet.

Die Einheit der **Dichte** hat ein Körper von der Masse 1 in der Raumeinheit.

Die Einheit der **Geschwindigkeit** hat ein Punkt, der in der Zeiteinheit eine Längeneinheit zurücklegt.

Die Einheit der **Beschleunigung** ist diejenige, bei welcher die Geschwindigkeit in der Zeiteinheit um die Geschwindigkeitseinheit wächst.

Die Einheit der **Kraft**, 1 Dyn, ist diejenige, die der Masseneinheit in der Zeiteinheit die Geschwindigkeit-Einheit erteilt.

Die Einheit der **Arbeit**, 1 Erg, wird verrichtet durch die Kraft 1 Dyn, bei Verschiebung ihres Angriffspunktes in ihrer Richtung um die Längeneinheit.

Schwerebeschleunigung (in 45° geogr. Breite und im Meeresniveau) = 980,62 cm/s² (für Druckmessungen international 980,665 cm/s² festgesetzt):

1 Grammgewicht = 980,62 Dyn,
also 1 Dyn = $1{,}0198 \cdot 10^{-3}$ Grammgewicht,
1 Meterkilogramm = $980{,}62 \cdot 10^{5}$ Erg,
1 Erg = $1{,}0197 \cdot 10^{-8}$ Meterkilogramm.

Die Einheit der **Leistung** wird von der Arbeitseinheit in der Zeiteinheit geleistet.

Die Einheit des **Druckes** ist die Wirkung der Krafteinheit auf 1 cm².

Die Einheit des **Drehmoments** ist die Einheit der Kraft, die senkrecht am Hebelarm von 1 cm Länge angreift.

Die Einheit des **Trägheitsmoments** entspricht der Masse von 1 g im Abstande 1 cm von der Drehachse.

Die Einheit des **Elastizitätsmaßes** (Elastizitätsmoduls) hat ein Körper, der bei Querschnitt 1 in Stabform durch eine dehnende Kraft um einen ihr zahlenmäßig gleichen Bruchteil verlängert wird, falls die Kraft innerhalb des Gültigkeitsbereiches des Hookeschen Gesetzes bleibt.

Die Einheit der **Wärme** ist die der Arbeitseinheit, dem Erg, gleichwertige Wärmemenge.

Die Einheit der **elektrostatischen Elektrizitätsmenge** ist die Menge, welche auf eine gleich große Menge in der Entfernung 1 cm die Kraft 1 ausübt.

Die Einheit des **elektrostatischen Potentials** hat eine mit der Elektrizitätsmenge 1 auf ihrer Oberfläche gleichmäßig geladene Kugel.

Die Einheit der **elektrostatischen Kapazität** kommt dem leitenden Körper zu, der durch die Einheit der Elektrizitätsmenge zum Potential 1 geladen wird.

Die Einheit der **magnetischen Polstärke** übt auf einen gleich starken Pol in der Entfernung von 1 cm die Kraft 1 aus.

Die Einheit des **magnetischen Moments** hat ein Magnet, dessen beide Pole von der Stärke 1 den Abstand 1 cm haben.

Die Einheit der **magnetischen Feldstärke** herrscht dort, wo der Einheitspol die Kraft 1 erfährt.

Die Einheit der **elektromagnetischen Stromstärke** hat der Strom, der, einen Kreisbogen von 1 cm Länge und 1 cm Halbmesser durchfließend, auf den im Mittelpunkt befindlichen Magnetpol 1 die Kraft 1 ausübt.

Die Einheit der **elektromotorischen Kraft** oder **Spannung im elektromagnetischen Maße** entsteht in einem geraden, zur Feldrichtung senkrechten Leiter von 1 cm Länge, der sich mit der Geschwindigkeit 1 im magnetischen Felde 1 senkrecht zu diesem und zu sich selbst bewegt.

Die Einheit des **elektromagnetischen Widerstandes** hat ein Leiter, in dem die Potentialdifferenz 1 die Stromstärke 1 hervorruft.

---

[1]) Vgl. Kohlrausch: Lehrbuch der prakt. Physik.

Tafel 33. Einige Bezeichnungen.

(S. a. DIN 1301, 1304, 1305, 1306, 1314, 1335, 1350.)

Zeichen	Physikalische Größe oder Eigenschaft	Beziehungsgleichungen	Dimension	Technische Einheit: Zeichen	Technische Einheit: Name oder Bezeichnung	Technische Einheit: Wert in CGS
	I. Länge (Fläche, Volumen).					
l	Länge		L	cm m mm μ	Zentimeter Meter Millimeter Mikron = 0,001 mm	1 10^2 10^{-1} 10^{-4}
r	Halbmesser		L			
d	Durchmesser		L			
λ	Wellenlänge		L	mμ Å	Millimikron = 10^{-6} mm Ångström-Einheit = 10^{-7} mm	10^{-7} 10^{-8}
s	Weglänge		L			
b	Barometerstand		L		mm Quecksilbersäule	
h	Höhe		L			
ε	Bei Zug: Dehnung Bei Druck: Stauchung	$\varepsilon = \frac{\Delta l}{l}$				
εq	Querkürzung (lineare Querzusammenziehung, spezifische Querverkürzung)	$\varepsilon_q = \frac{d-d_0}{d_0}$				
μ	Querzahl	$\mu = \varepsilon q/\varepsilon$				
γ	Schiebung (Gleitung)					
F	Fläche (Querschnitt, Oberfläche)		L^2	cm^2 m^2 a	Quadratzentimeter Quadratmeter Ar = 100 m^2	1 10^4 10^6
V	Rauminhalt, Volumen		L^3	cm^3 l m^3	Kubikzentimeter Liter (= 1,000027 dm^3) Kubikmeter (Raummeter)	1 10^3 10^6
α, β..	Winkel, Bogen				arc sin 57,296° = 1	
φ	Voreilwinkel (Phasenverschiebung)					
ω	Räumlicher Winkel					
	II. Masse (und Menge).					
m	Masse		M	$kg\,m^{-1}\,s^2$		1
G	Gewicht, Kraft		LMT^{-2}	g kg mg	Gramm Kilogramm Milligramm	1 10^3 10^{-3}
v	Räumigkeit (spezifisches Volumen)	$v = V/M$	L^3M^{-1}	cm^3/g		
ϱ	Dichte	$\varrho = M/V = 1/v$	$L^{-3}M$	g/cm^3		
γ	Wichte	$\gamma = G/V$	$L^{-3}M$	g/cm^3		
J	Trägheitsmoment	$J = \sum m \cdot l^2$	L^2M			

Zeichen	Physikalische Größe oder Eigenschaft	Beziehungsgleichungen	Dimension	Technische Einheit: Zeichen	Technische Einheit: Name oder Bezeichnung	Technische Einheit: Wert in CGS
A	Atomgewicht . .					
M	Molekulargewicht					
n	Wertigkeit . . .					
A/n	Äquivalentgewicht eines Elementes . . .					
M/n	Äquivalentgewicht einer Verbindung . . .					
$A \cdot v$	Atomvolumen .		L^3M^{-1}			
$M \cdot v$	Molekularvolumen . . .		L^3M^{-1}			
P	Prozentgehalt .					
P_m	Massenprozentgehalt				g in 100 g Lösung	
P_v	Raumprozentgehalt				g in 100 cm³ Lösung	
c	Konzentration .				Grammolekel/1 l Lösung	
v	Verdünnung . .	$v = 1/c$				
	III. Zeit (und Länge).					
t	Zeit (Zeitpunkt oder Zeitdauer)		T	h m od. min s	Stunde Minute Sekunde } Zeiträume	3600 60 1
				h min s	Zeitpunkte, Uhrzeiten, (Zeichen erhöht)	
T	Periodendauer .	$T = 1/n$	T			
n	Umlaufszahl, Drehzahl . . .	$n = 1/T$		U/min	Umdrehungen in 1 min	1/60
n	Schwingungszahl			Per/s	Perioden in 1 s	1
f	Frequenz (bei Wechselgrößen)	$f = 1/T$	T^{-1}			
ω	Kreisfrequenz .	$\omega = 2\pi f$			Perioden in 2π s	$^1/_2\,\pi$
σ	Schlüpfung . .		T^{-1}		Unterschied der sekdl. Drehzahlen n je s	
Hz	Hertz					
v	Geschwindigkeit		LT^{-1}	m/s		
b	Beschleunigung		LT^{-2}	m/s²		
g	Fallbeschleunigung					
ω	Winkelgeschwindigkeit		T^{-1}			
	IV. Kraft und Druck.					
P	Kraft	$P = m \cdot b$	LMT^{-2}	 kg g	Phys.: Dyn Kilogramm Gramm	1 $981 \cdot 10^3$ 981
M	Moment einer Kraft (Drehmoment)	$M = P \cdot l$	L^2MT^{-2}			
p	Druck oder Zug (Kraft durch Fläche)	$p = P/F$	$L^{-1}MT^{-2}$	at Atm	techn. Atmosph. = 1 kg/cm² phys. Atmosph. = 760 Torr	$98{,}1 \cdot 10^4$ $1{,}013 \cdot 10^6$

1 Torr = 1 mm Quecksilbersäule	1 Millibar (mb) = 10^3 dyn/cm²
1 kg/m² ≈ 1 mm Wassersäule	1 Bar (b) = 10^6 dyn/cm²
1 Mikrobar (μb) = 1 dyn/cm²	Umrechnungszahlen s. DIN 1314

s. a. DIN 1343: „Normtemperatur, Normdruck, Normzustand" (s. S. 81)

Zeichen	Physikalische Größe oder Eigenschaft	Beziehungsgleichungen	Dimension	Technische Einheit: Zeichen	Technische Einheit: Name oder Bezeichnung	Technische Einheit: Wert in CGS
σ	Normalspannung	$\sigma = P/F$	$L^{-1} \cdot M \cdot T^{-2}$	kg/cm²	Kilogramm/Quadratzentimeter	$98{,}1 \cdot 10^4$
τ	Schubspannung .	$\tau = P/F$				
E	Elastizitätsmodul	$E = 1/\alpha$	$L^{-1} \cdot M \cdot T^{-2}$	kg/cm²	Kilogramm/Quadratzentimeter	$98{,}1 \cdot 10^6$
G	Schubmodul . .					
α	Dehnzahl	$\alpha = 1/E$	$L \cdot M^{-1} \cdot T^2$			
χ	Verdichtbarkeit (Kompressibilität)	$\chi = 1/E$				
μ	Reibungszahl . .					
η	Zähigkeit einer Flüssigkeit . . .		$L^{-1} \cdot M \cdot T^{-1}$			

V. Temperatur.

Zeichen	Physikalische Größe oder Eigenschaft	Beziehungsgleichungen	Dimension	Zeichen	Name oder Bezeichnung	Wert in CGS
t	Temperatur, vom Eispunkt aus .					
ϑ	Temperatur, beim Zusammentreffen mit Zeit . .					
T	Temperatur, absolute	$T = 273 + t$				
t_e	Schmelzpunkt (vom Eisp. aus)					
T_e	Erstarrungspunkt (absolut) .	$T_e = 273 + t_e$				
t_s	Siedepunkt (vom Eispunkt aus) .					
T_s	Kondensationspunkt (absolut) .	$T_s = 273 + t_s$				
t_u	Umwandlungspunkt (vom Eispunkt aus) . .					
T_u	Umwandlungspunkt (absolut) .	$T_u = 273 + t_u$				
α	Therm. Längsdehnungszahl (linearer Ausdehnungskoeffizient)					
γ	Therm. Raumdehnungszahl (kubischer Ausdehnungskoeffizient)	$\gamma = 3\,\alpha$				

VI. Arbeit, Energie, Wärmemenge.

Zeichen	Physikalische Größe oder Eigenschaft	Beziehungsgleichungen	Dimension	Zeichen	Name oder Bezeichnung	Wert in CGS
A	Arbeit	$A = P \cdot l$	$L^2 \cdot M \cdot T^{-2}$		Erg	1
W	Energie			J	Joule	10^7
W_e	Elektr. Energie .			kgm	Kilogrammeter	$98{,}1 \cdot 10^6$
W_m	Magnet. Energie .			ft lb	engl. Fußpfund	$13{,}4 \cdot 10^6$
				kWh	Kilowattstunde	$36 \cdot 10^{12}$
Q	Wärmemenge . .			cal	Grammkalorie	
q	Reaktionswärme .			kcal	Kilogrammkalorie	
r	Verdampfungswärme d. Wassers				539,1 cal (15°) bei 100°	
H	Heizwert			kcal/kg		
c	Spezif. Wärme . .	$c = \dfrac{Q}{m(t_2 - t_1)}$				
c_p	Spezif. Wärme bei konstant. Druck					
c_v	Spezif. Wärme bei konstantem Volumen					
R	Gaskonstante . .					
S	Entropie	$S = Q/T$				

Zeichen	Physikalische Größe oder Eigenschaft	Beziehungsgleichungen	Dimension	Technische Einheit: Zeichen	Name oder Bezeichnung	Wert in CGS
N	Leistung . . .	$N = A/t$	$L^2 \cdot M \cdot T^{-3}$		Watt	10^7
				kW	Kilowatt ≈ 102 mkg/s = 1,36 PS	10^{10}
				PS	Pferdestärke = 75 mkg/s	$736 \cdot 10^7$
				HP	Horsepower	$745 \cdot 10^7$
η	Wirkungsgrad .					
J	Arbeitswert der Kalorie . . .				1 Grammkalorie = 4,184 Joule (intern.)	$4{,}186 \cdot 10^7$
					1 Kilogrammkalorie = 426,9 kgm	$4{,}186 \cdot 10^{10}$
					1 BThU (British Thermal Unit) = 778 ft lbs. 107,6 kgm = 0,252 kcal	
k	Wärmeleitfähigkeit	$k = \frac{Q \cdot l}{F \cdot t\,(\vartheta_1 - \vartheta_2)}$				

VII. Optik und Lichttechnik.

Zeichen	Physikalische Größe oder Eigenschaft	Beziehungsgleichungen	Dimension	Technische Einheit: Zeichen	Name oder Bezeichnung	Wert in CGS
n	Brechungszahl (gegen Luft) .					
c	Lichtgeschwindigkeit . . .					
f	Brennweite . .					
Φ	Lichtstrom . .	$\Phi = I \cdot \omega$		lm	Lumen	
Q	Lichtmenge . .	$Q = \Phi \cdot t$		lmh	Lumenstunde	
I	Lichtstärke . .	$I = \Phi/\omega$		HK	Hefnerkerze	
E	Beleuchtungsstärke der beleuchteten Fläche F	$E = \Phi/F$		lx	Lux	
B	Leuchtdichte der leuchtenden Fläche f . . .	$B = \frac{J_\varepsilon}{f \cdot \cos \varepsilon}$		1) sb 2) asb	Stilb Apostilb	
R	Spez. Lichtausstrahlung . .	$R = \Phi/f$		lm/cm²	Lumen je cm²	

VIII. Magnetisches Feld.

Zeichen	Physikalische Größe oder Eigenschaft	Beziehungsgleichungen	Dimension	Technische Einheit: Zeichen	Name oder Bezeichnung	Wert in CGS
$\mathfrak{m}$	Magnet. Menge (Polstärke) . .	$P = \frac{\mathfrak{m}_1 \cdot \mathfrak{m}_2}{l^2}$	$L^{\frac{3}{2}} \cdot M^{\frac{1}{2}} \cdot T^{-1}$			
$\mathfrak{l}$	Polabstand . .		L	cm		
$\mathfrak{M}$	Magnet. Moment	$\mathfrak{M} = \mathfrak{m} \cdot \mathfrak{l}$	$L^{\frac{5}{2}} \cdot M^{\frac{1}{2}} \cdot T^{-1}$			
$\mathfrak{H}$	Magnet. Feldstärke	$\mathfrak{H} = P/\mathfrak{m}$ $\mathfrak{H} = 4\pi w I/l$	$L^{-\frac{1}{2}} \cdot M^{\frac{1}{2}} \cdot T^{-1}$		Weber	1
$\mathfrak{h}$	Horizont. Komponente des Erdmagnetismus					
$\mathfrak{B}$	Magnet. Induktion	$\mathfrak{B} = \mathfrak{H} + 4\pi\mathfrak{J}$			Gauß	
V	Magnetomotorische Kraft .	$V = \mathfrak{H} \cdot l$	$L^{\frac{1}{2}} \cdot M^{\frac{1}{2}} \cdot T^{-1}$		Gilbert in einer gleichmäßig gewickelten Spule $V = w \cdot 4 \cdot \pi I$	1

Zeichen	Physikalische Größe oder Eigenschaft	Beziehungsgleichungen	Dimension	Technische Einheit: Zeichen	Name oder Bezeichnung	Wert in CGS
Φ	Magnet. Induktionsfluß . . .	$\Phi = \mathfrak{B} \cdot F = \mathfrak{F}/\mathfrak{R}$ (F = Querschnitt)	$L^{3/2} \cdot M^{1/2} \cdot T^{-1}$		Maxwell	1
R_m	Magnetischer Widerstand .	$R_m = 1/\mu F$	L^{-1}			
μ	Magnet. Durchlässigkeit (Permeabilität) . .	$\mu = \mathfrak{B}/\mathfrak{H} = 1 + 4\pi\varkappa$				
$\varkappa$	Magnet. Aufnahmevermögen (Suszeptibilität)	$\varkappa = \mathfrak{J}/\mathfrak{H}$				

IX. Elektrischer Strom (elektromagnetische Maße).

Zeichen	Physikalische Größe oder Eigenschaft	Beziehungsgleichungen	Dimension	Technische Einheit: Zeichen	Name oder Bezeichnung	Wert in CGS
I	Elektrische Stromstärke .	$I = E/R$	$L^{1/2} \cdot M^{1/2} \cdot T^{-1}$	A	Ampere 1 Ampere scheidet aus in 1 s: 1,118 mg Ag 0,3294 mg Cu 0,0933 mg Wasser intern. Amp. = const. Strom, der in 1 s 1,118 mg Ag ausscheidet	10^{-1}
Q	Elektrizitätsmenge	$Q = I \cdot t$	$L^{1/2} \cdot M^{1/2}$	C	Coulomb Amperesekunde = 1/96500 g-Äquivalent	10^{-1}
				Ah	Amperestunde	360
	Stromdichte . .	$i = I/F$	$L^{-3/2} \cdot M^{-1/2} \cdot T^{-1}$	A/cm^3	$Ampere/cm^2$	10^{-1}
E	Elektromotor. Kraft (Potentialunterschied)	$E = I \cdot R$	$L^{3/2} \cdot M^{1/2} \cdot T^{-2}$	V	Volt intern. Volt (die EMK, welche in dem Widerstand 1 intern. Ω 1 intern. A erzeugt). Westonelement $1{,}01830 - 0{,}0_4 406 (t-20) - 0{,}0_5 95 (t-20)^2 + 0{,}0_7 1 (t-20)^3$ V Mit verdünnter Lösung 1,0187 V (praktisch unabhängig von der Temperatur)	10^8
U	Elektr. Spannung					
A	Elektr. Arbeit .	$A = Q \cdot E = I \cdot E \cdot t$	$L^2 \cdot M \cdot T^{-2}$	VC	Voltcoulomb	10^7
					1 intern. Joule (= intern. A · intern. V s) = 0,10203 kgm = 0,2390 cal (15°)	$1{,}000151 \cdot 10^7$
N	Elektr. Leistung	$N = E \cdot I = A/t$	$L^2 \cdot M \cdot T^{-3}$	kWh	Kilowattstunde	$36 \cdot 10^{12}$
				W	Watt (= 1/736 P = 0,00136 P)	10^7
				kW	Kilowatt (= 1 GP)	10^{10}
				BTU	Board of Trade Unit = 1 kW	10^{10}
C	Kapazität . . .	$C = Q/E$	$L^{-1} \cdot T^2$	F	Farad	10^{-9}
				μF	Mikrofarad	10^{-15}

Zeichen	Physikalische Größe oder Eigenschaft	Beziehungsgleichungen	Dimension	Technische Einheit: Zeichen	Technische Einheit: Name oder Bezeichnung	Technische Einheit: Wert in CGS
w	Windungszahl					
Ψ	Spulenfluß	$\Psi = w \cdot I$	$L^{\frac{3}{2}} \cdot M^{\frac{1}{2}} \cdot T^{-1}$			
A	Strombelag	$A = \Psi/l$	$L^{-\frac{1}{2}} \cdot M^{\frac{1}{2}} \cdot T^{-1}$	AW/cm	Amperewindung/cm	10^{-1}
L	Induktivität (Selbstinduktionskoeffizient)	$E = L \cdot dI/dt$	L	H	Henry	10^{9}
M	Gegeninduktivität (Gegeninduktionskoeffizient)	$E = M \cdot dI/dt$	L	H	Henry	10^{9}
p	Polpaarzahl (einer elektrischen Maschine)					

X. Elektrischer Widerstand.

Zeichen	Physikalische Größe oder Eigenschaft	Beziehungsgleichungen	Dimension	Zeichen	Name oder Bezeichnung	Wert in CGS
R	Elektr. Widerstand	$R = E/I = \varrho \cdot l/F$	LT^{-1}	Ω kΩ MΩ	Ohm Kiloohm Megohm intern. Ohm = Widerstand einer Hg-Säule von 1,063 m Länge u. 14,4521 g Gewicht bei 0° (besitzt 1 mm² Querschnitt) 1 legales Ohm hat 1,060 m	10^{9} 10^{12} 10^{15}
G	Leitwert	$G = 1/R$	$L^{-1}T$	S	Siemens	10^{-9}
ϱ	Spezif. Widerstand	$\varrho = R \cdot F/l$	$L^{2} \cdot T^{-1}$		Ohm mm²/m	10^{-5}
$\varkappa$	Elektr. Leitfähigkeit (von Elektrolyten)	$\varkappa = \frac{l}{R \cdot F}$	$L^{-2} \cdot T$			
α	Dissoziationsgrad					

XI. Elektrische Ladung und elektrisches Feld (elektrostatische Maße).

Zeichen	Physikalische Größe oder Eigenschaft	Beziehungsgleichungen	Dimension	Zeichen	Name oder Bezeichnung	Wert in CGS
Q	Elektrizitätsmenge, elektr. Ladung	$P = \frac{Q_1 \cdot Q_2}{l^2}$	$L^{\frac{3}{2}} \cdot M^{\frac{1}{2}} \cdot T^{-1}$		$\frac{1}{3} \cdot 10^{-9}$ Coulomb	
e	Elementarladung		$L^{\frac{3}{2}} \cdot M^{\frac{1}{2}} \cdot T^{-1}$			$1{,}60 \cdot 10^{-19}$ Coulomb $4{,}77 \cdot 10^{-10}$
$\mathfrak{E}$	Elektr. Feldstärke	$\mathfrak{E} = P/Q$	$L^{-\frac{1}{2}} \cdot M^{\frac{1}{2}} \cdot T^{-1}$			
$\mathfrak{D}$	Elektr. Induktion (Verschiebung)	$\mathfrak{D} = \Phi_e/F$	$L^{-\frac{1}{2}} \cdot M^{\frac{1}{2}} \cdot T^{-1}$			
Φ_e	Elektrischer Induktionsfluß	$\Phi_e = 4\pi Q$	$L^{\frac{3}{2}} \cdot M^{\frac{1}{2}} \cdot T^{-1}$			
ε	Dielektrizitätskonstante	$\varepsilon = \mathfrak{D}/\mathfrak{E}$				
C	Elektr. Kapazität		L	cm	$\frac{1}{9} \cdot 10^{-11}$ Farad	

Tafel 34. Kurzzeichen für Einheiten (nach DIN 1301).

(Siehe auch S. 58 und S. 73ff.)

h	Stunde	S	Siemens
m	Minute	C	Coulomb
min	Minute (alleinstehend)	J	Joule
s	Sekunde	W	Watt
Uhrzeit ..	Zeichen h, m, s erhöht Beispiel: $2^h\,26^m\,3^s$	F	Farad
°	Celsiusgrad	H	Henry
cal	Kalorie (Grammkalorie)	mA	Milliampere
kcal	Kilokalorie	kW	Kilowatt
A	Ampere	μF	Mikrofarad
V	Volt	$M\Omega$	Megohm
Ω	Ohm	kVA	Kilovoltampere
		Ah	Amperestunde
		kWh.....	Kilowattstunde

Tafel 35. Umrechnung von Pferdestärken (PS) in Kilowatt (kW).

PS	0	1	2	3	4	5	6	7	8	9
0		0,74	1,47	2,21	2,94	3,68	4,41	5,15	5,88	6,62
10	7,35	8,09	8,83	9 56	10,30	11,03	11,77	12,50	13,24	13,97
20	14,71	15,45	16,18	16,92	17,65	18,39	19,12	19,86	20,59	21,33
30	22,06	22,80	23,54	24,27	25,01	25,74	26,48	27,21	27,95	28,68
40	29,42	30,16	30,89	31,63	32,36	33,10	33,83	34,57	35,30	36,04
50	36,77	37,51	38,25	38,98	39,72	40,45	41,19	41,92	42,66	43,39
60	44,13	44,87	45,60	46,34	47,07	47,81	48,54	49,28	50,01	50,75
70	51,48	52,22	52,96	53,69	54,43	55,16	55,90	56,63	57,37	58,10
80	58,84	59,58	60,31	61,05	61,78	62,52	63,25	63,99	64,72	65,46
90	66,19	66,93	67,67	68,40	69,14	69,87	70,61	71,34	72,08	72,81
100	73,55	74,29	75,02	75,76	76,49	77,23	77,96	78,80	79,43	80,17
110	80,90	81,64	82,38	83,11	83,85	84,58	85,32	86,05	86,79	87,52
120	88,26	89,00	89,73	90,47	91,20	91,94	92,67	93,41	94,14	94,88
130	95,61	96,35	97,09	97,82	98,56	99,29	100,0	100,8	101,5	102,2
140	103,0	103,7	104,4	105,2	105,9	106,6	107,4	108,1	108,9	109,6
150	110,3	111,1	111,8	112,5	113,3	114,0	114,7	115,5	116,2	116,9
160	117,7	118,4	119,1	119,9	120,6	121,4	122,1	122,8	123,6	124,3
170	125,0	125,8	126,5	127,2	128,0	128,7	129,4	130,2	130,9	131,7
180	132,4	133,1	133,9	134,6	135,3	136,1	136,8	137,5	138,3	139,0
190	139,7	140,5	141,2	142,0	142,7	143,4	144,2	144,9	145,6	146,4
200	147,1	147,8	148,6	149,3	150,0	150,8	151,5	152,2	153,0	153,7
210	154,5	155,2	155,9	156,7	157,4	158,1	158,9	159,6	160,3	161,0
220	161,8	162,5	163,3	164,0	164,8	165,5	166,2	167,0	167,7	168,4
230	169,2	169,9	170,6	171,4	172,1	172,8	173,6	174,3	175,0	175,8
240	176,5	177,3	178,0	178,7	179,5	180,2	180,9	181,7	182,4	183,1
250	183,9	184,6	185,3	186,1	186,8	187,6	188,3	189,0	189,8	190,5
260	191,2	192,0	192,7	193,4	194,2	194,9	195,6	196,4	197,1	197,8
270	198,6	199,3	200,1	200,8	201,6	202,3	203,0	203,7	204,5	205,2
280	205,9	206,7	207,4	208,1	208,9	209,6	210,4	211,1	211,8	212,6
290	213,3	214,0	214,8	215,5	216,2	217,0	217,7	218,4	219,2	219,9
300	220,7	221,4	222,1	222,9	223,6	224,3	225,1	225,8	226,5	227,3

Tafel 36. **Verschiedene Maßeinheiten für die Arbeit (Energie) und ihr gegenseitiges Verhältnis.**

	Erg	Wattsekunde (Joule)	Grammkalorie	Literatmosphäre	Meterkilogramm	Pferdestärke × Sekunde
1 Erg =	—	**0,99950** $\cdot 10^{-7}$	**2,3887** $\cdot 10^{-8}$	0,98689 $\cdot 10^{-9}$	**1,019716** $\cdot 10^{-8}$	1,35962 $\cdot 10^{-10}$
lg		2,99978 − 10	2,37816 − 10	0,99427 − 10	2,00848 − 10	0,13342 − 10
1 Wattsekunde (Joule) =	**1,00050** $\cdot 10^{7}$	—	**0,23899**	0,98739 $\cdot 10^{-2}$	0,102023	1,36030 $\cdot 10^{-3}$
lg	7,00022		9,37840 − 10	7,99449 − 10	9,00869 − 10	7,13364 − 10
1 Kilowattstunde =		3600 $\cdot 10^{3}$	860 $\cdot 10^{3}$		367282,8	
lg		6,55630	5,93450		5,56500	
1 Grammkalorie =	**4,186** $\cdot 10^{7}$	**4,1842**	—	4,1314 $\cdot 10^{-2}$	0,42688	0,56918 $\cdot 10^{-2}$
lg	7,62180	0,62161		8,61610 − 10	9,63031 − 10	7,75525 − 10
1 Literatmosphäre =	1,013253 $\cdot 10^{9}$	1,012773 $\cdot 10^{2}$	24,205	—	**10,33258**	0,1377678
lg	9,00572	2,00551	1,38394		1,01420	9,13916 − 10
1 Meterkilogramm =	**9,80665** $\cdot 10^{7}$	9,80175	2,3426	**0,967812** $\cdot 10^{-1}$	—	**1,33333** $\cdot 10^{-2}$
lg	7,99152	0,99130	0,36970	8,98579 − 10		8,12493 − 10
1 Pferdestärke × Sekunde =	7,35493 $\cdot 10^{9}$	7,35131 $\cdot 10^{2}$	175,69	7,25859	**75,000**	—
lg	9,86658	2,86637	2,24475	0,86086	1,87504	
R/Mol =	**8,3132** $\cdot 10^{7}$	8,3030	1,9858	8,2042 $\cdot 10^{-2}$	0,84771	1,13028 $\cdot 10^{-2}$
lg	7,91977	0,91955	0,29794	8,91404 − 10	9,92825 − 10	8,05319 − 10

Erg und **Dyn** (Begriffsbestimmung s. S. 72).

1 Volt-Ampere × sek. = 1 Wattsekunde = 1 Joule wird geleistet, wenn der Strom von 1 Ampere im Widerstand von 1 Ohm während 1 Sekunde fließt.

1 kleine 15°-Kalorie, Grammkalorie, ist die Wärmemenge, die erforderlich ist, um 1 g Wasser von 14,5° auf 15,5° zu erwärmen. (Vgl. S. 75.)

1 Literatmosphäre ist die Arbeit, die der Vermehrung des Volumens um 1 Liter unter dem konstanten Drucke von 1 Atmosphäre (= 1013253 Dyn/cm²) entspricht.

1 Kilogrammeter ist die Arbeit, die durch Heben von 1 kg um 1 m entgegen der Anziehungskraft der Erde unter 45° Breite in Meereshöhe verrichtet wird.

Die unterste Zeile enthält die auf ein Mol (Gramm-Molekül) bezogene Gaskonstante R, ausgedrückt in den verschiedenen Einheiten, samt den zugehörigen Logarithmen.

Die den Umrechnungen zugrunde gelegten Ausgangswerte (vgl. z. B. Henning und Jaeger, Handbuch der Physik, II, S. 518) sind fett gedruckt.

Kraft und Druck.

Begriffsbestimmung (nach DIN 1301 u. f.).

Kraft ist alles das, was in t, kg, g, Dyn auszudrücken ist; also z. B. Auflagekraft (nicht mehr Auflagedruck), Schnittkraft (nicht mehr Schnittdruck), Spannkraft (nicht Spannung oder Spanndruck), Scherkraft, Windkraft usw.

Druck (Spannung) ist alles das, was in kg/m^2, kg/cm^2, kg/mm^2, at, atü, mm Wassersäule oder Quecksilbersäule auszudrücken ist; also z. B. Flüssigkeits- und Gasdruck, Festigkeitszahlen, Auflagedruck (statt spez. Auflagedruck), Winddruck (statt spez. Winddruck), Bodendruck usw.

Anziehungskraft (Schwerkraft).

g = Beschleunigung durch die Schwere = 981 cm/s^2 = 9,81 m/s^2
für das mitttlere Deutschland,
allgemein: $g = 9{,}806\,056 - 0{,}025\,028 \cdot \cos 2\varphi - 0{,}000\,003 \cdot h$ m/s^2,

worin φ die geographische Breite und h die Höhe des Beobachtungsortes in Metern über dem Meeresspiegel bedeutet. Eine Erhebung um 1000 m verkleinert den Wert um 0,3 cm/s^2. Die äußersten Werte für den Äquator und die Pole weichen um rund 2,6 cm/s^2 vom Mittelwert ab.

Druck. (Vgl. DIN 1314.)

1. Die Druckeinheit des Zentimeter-(Massen-)Gramm-Sekunden-Systems ist das Mikrobar (μb) = 1 dyn/cm^2. Das Bar (b) ist gleich 10^6 dyn/cm^2, das Millibar (mb) gleich 10^3 dyn/cm^2.
2. Die Druckeinheit des Meter-(Kraft-)Kilogramm-Sekunden-Systems ist die Einheit Kilogramm je Quadratmeter (kg/m^2). Sie ist sehr nahe gleich dem Druck einer Wassersäule von 1 mm Höhe bei 4° und bei dem Normwert der Fallbeschleunigung; daher ist für sie auch die Bezeichnung mm WS gebräuchlich.
3. Der Druck einer Quecksilbersäule von 1 mm Höhe bei 0° und bei dem Normwert der Fallbeschleunigung heißt 1 Torr.
4. Außerdem werden als Druckeinheiten die physikalische und die techn. Atmosphäre benutzt. Zur Vermeidung von Verwechslungen empfiehlt es sich, die Schreibweisen 760 Torr und kg/cm^2 zu bevorzugen.

Umrechnungstafel s. DIN 1314.

Abkürzungen: WS = Wassersäule, QS = Quecksilbersäule,
QuZ = Quadratzoll engl. (square inch) = 6,4516 cm^2.

1 (metr.) techn. Atmosphäre (at) = 1 kg/cm^2
= 735,5 mm QS von 0° = 737,4 mm QS von 15°
= 28,958 engl. Zoll QS von 0° = 14,223 engl. Pfd/QuZ
= 10000 mm WS von +4° C = 0,9678 Atm.

1 physikalische Atmosphäre (Atm) = 760 mm QS von 0°
= 1,0333 kg/cm^2; 1 mm QS von 0° = 1 Torr
= 762 mm QS von 15°
= 29,922 engl. Zoll QS von 0° = 14,696 engl. Pfd/QuZ
= 10,333 m WS von +4° C = 1,0333 techn. Atmosphäre.

10000 mm WS = 1 kg/cm^2 = 6,452 kg/QuZ = 14,223 engl. Pfd/QuZ = 228 Ounces/QuZ.

Normtemperatur, Normdruck, Normzustand. (DIN 1343, Normblatt-Erläuterungen.)

Die Normtemperaturen sind 0° C und 20° C, die Normdrucke 760 Torr und 1 kg/cm^2. Daraus ergeben sich die Normzustände 0° C, 760 Torr (physikalischer Normzustand) und 20° C, 1 kg/cm^2 (technischer Normzustand).

Tafel 37. **Umrechnung**

von QS in WS

QS mm	WS cm u. g	QS mm	WS cm u. g
0,1	0,1	10	13,6
0,2	0,3	20	27,1
0,3	0,4	30	40,7
0,4	0,5	40	54,2
0,5	0,7	50	67,8
0,6	0,8	60	81,4
0,7	0,9	70	94,9
0,8	1,1	80	108,5
0,9	1,2	90	122,1
1	1,4	100	135,6
2	2,7	200	271,2
3	4,1	300	406,8
4	5,4	400	542,4
5	6,8	500	678,1
6	8,1	600	813,7
7	9,5	700	949,3
8	10,8	800	1084,9
9	12,2	900	1220,5
10	13,6	1000	1356,1

von WS in QS

WS cm u. g	QS mm	WS cm u. g	QS mm
10	7,4	80	58,8
15	11	85	62,5
20	14,7	90	66,2
25	18,4	95	69,9
30	22,1	100	73,6
35	25,7	200	147,1
40	29,4	300	220,7
45	33,1	400	294,2
50	36,8	500	367,8
55	40,5	600	441,3
60	44,1	700	514,9
65	47,8	800	588,4
70	51,5	900	662,0
75	55,2	1000	735,5

Beispiele:

275 mm QS = 271,2 + 94,9 + 6,8 = 372,9 cm WS.

275 cm WS = 147,1 + 55,2 = 202,3 mm QS.

Tafel 38. **Barometer.**

1 mm QS = 1,33322 · 10⁻³ Bar = 1,33322 Millibar (mb).

Standort des Barometers über Meer m	Höhe der Quecksilbersäule mm	mb	Standort des Barometers über Meer m	Höhe der Quecksilbersäule mm	mb
0	760	1013,25	4000	463	617,28
100	751	1001,25	4500	435	579,95
200	740	986,58	5000	409	545,29
300	732	975,92	6000	361	481,29
400	723	963,92	7000	319	425,30
500	714	951,92	8000	282	375,97
600	705	939,92	9000	249	331,97
700	697	929,25	10000	220	293,31
800	688	917,26	12000	172	229,31
900	680	906,59	14000	134	178,65
1000	671	894,59	16000	105	139,99
1200	655	873,26	18000	82	109,32
1400	639	851,93	20000	64	85,326
1600	623	830,60	25000	34	45,330
1800	608	810,60	30000	19	25,331
2000	593	790,60	35000	1	1,3332
2500	557	742,60	40000	0,6	0,7999
3000	524	698,61	45000	0,3	0,4000
3500	493	657,28	50000	0,2	0,2666

Barometrische Höhenformel (Näherungsformel für Deutschland).

$$H = 29{,}40\,[545{,}7 + (t_u + t_o)] \cdot \frac{B_u - B_o}{B_u + B_o}.$$

H = Höhenunterschied; t_u (t_o) Lufttemperatur unten (oben); B_u (B_o) Barometerstand unten (oben), z. B.

$$B_u = 751\,;\quad B_o = 674\,;\quad t_u = 12°\,;\quad t_o = 10°\,;$$

$$H = 29{,}40\,[567{,}7] \cdot \frac{77}{1425} \approx 902 \text{ m}.$$

Aus Mechanik und Festigkeitslehre.

A. Grundtatsachen der Mechanik.

I. Kraft = Masse mal Beschleunigung, $\boldsymbol{P = mb}$. Die der freien Punktmasse m durch die Kraft P (kg) erteilte Beschleunigung b (m/s²) hat Richtung und Sinn von P (Abb. MF 1 a). Für $P = 0$ ist auch $b = 0$ (Trägheitsgesetz: Verharren in Ruhe oder in gleichförmig-geradliniger Bewegung). Masse $m = P/b$ (kgs²/m) und im Sonderfall der Schwerkraft $\boldsymbol{m = G/g}$ = Gewicht : Erdbeschleunigung (Abb. MF 1 b). Ist m geführt, so gilt $P \cos\alpha = mb$; die nach dem Wechselwirkungsgesetz von der Führung aufgenommene Seitenkraft $P \sin\alpha$ hat keine beschleunigende Wirkung (Abb. MF 2).

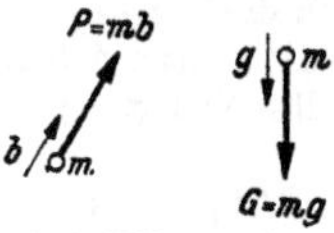

Abb. MF 1 a u. b.

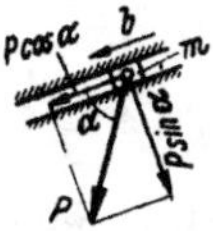

Abb. MF 2.

Abb. MF 3.

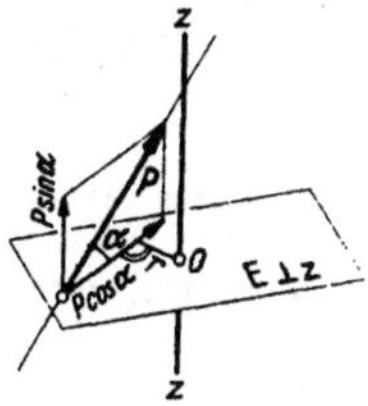

Abb. MF 4.

II. Moment von P für den Punkt O = Kraft mal Hebelarm, $\boldsymbol{M = Pr}$ (kgm, Abb. MF 3). Bezüglich der Achse $z - z$ gilt $M_z = Pr \cos\alpha$ (Abb. MF 4); die Seitenkraft $P \sin\alpha$ hat keine Drehwirkung. Schneidet P die Achse $z - z$, so ist $M_z = 0$.

III. Arbeit der Kraft P längs des Weges CD = Summe aller Produkte „Projektion $P \cos\alpha$ von P auf die Kurventangente mal kleiner Weg ds",

$$A = \int_{(C)}^{(D)} P \cos\alpha \, ds$$

(kgm, Abbildung MF 5a); die Seitenkraft $P \sin\alpha$ leistet keine Arbeit. Bei Zerlegung von P in X und Y (ebene Bewegung) ist $A = \int (X\,dx + Y\,dy)$ und im Raum (Abb. MF 5b) $A = \int (X\,dx + Y\,dy + Z\,dz)$. Für nach Größe und Richtung unveränderliches P ist

$$A = P \int_{(C)}^{(D)} \cos\alpha \, ds = P \cdot \overline{CD_1}$$

Abb. MF 5a.

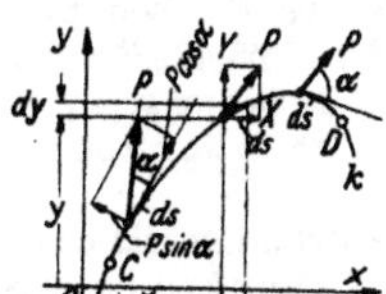

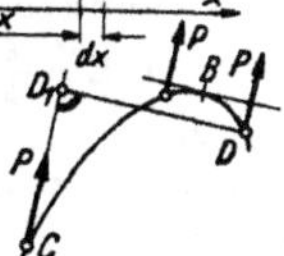

Abb. MF 6.

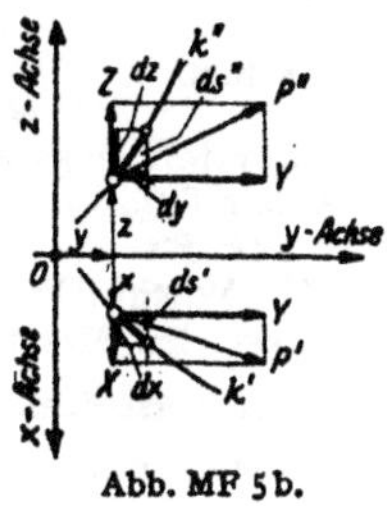

Abb. MF 5b.

= Kraft mal Weg in Richtung der Kraft (Abb. MF 6); im Sonderfall $P = G$ ist $A = Gh$ (Abb. MF 7). A ist positiv für spitze α, negativ für stumpfe α und Null, solange $\alpha = 90°$; so ist in Abb. MF 6 $A > 0$ von C bis B und $A < 0$ von B bis D.

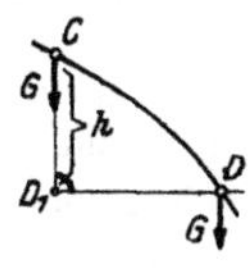

Abb. MF 7,

Beispiel. Verlängert sich ein prismatischer Stab unter einer von Null bis P (kg) allmählich anwachsenden Last der Spannung proportional um Δl (cm), so ist die **Formänderungsarbeit** $A = \frac{1}{2} P \Delta l$ (kgcm); durchschnittliche Last = $P/2$.

IV. Eine veränderliche Tangentialkraft T am Kreise mit r um O leistet auf dem kleinen Wege $r\,d\varphi$ die kleine Arbeit $dA = T r\,d\varphi = M\,d\varphi$ (M=Drehmoment); auf dem Wege von C bis D ist also $A = \int\limits_{\varphi=\alpha}^{\beta} T r\,d\varphi = \int\limits_{\alpha}^{\beta} M\,d\varphi$ (**Arbeit eines Moments,** Abb. MF 8a), wo φ, α und β in Bogenmaß (vgl. S. 40 unter der linken Figur). Im Tangentialkraft-Bild Abb. MF 8b ist $r\varphi$ der Weg des Kurbelzapfens; die kleine Arbeit dA wird durch die kleine Fläche und die ganze Arbeit A durch die ganze Fläche zwischen T_1 und T_2 dargestellt. Von $\varphi = \gamma$ bis δ ist $A < 0$. Ist T, also auch M = const, so wird $A = M\int\limits_{\alpha}^{\beta} d\varphi = M(\beta - \alpha)$.

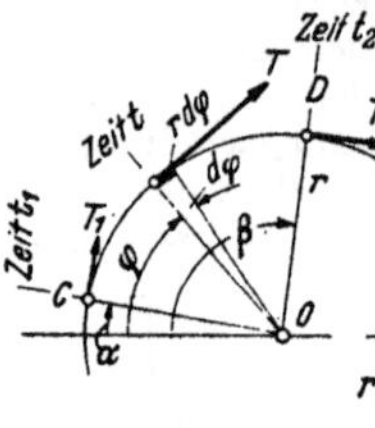

Abb. MF 8a.

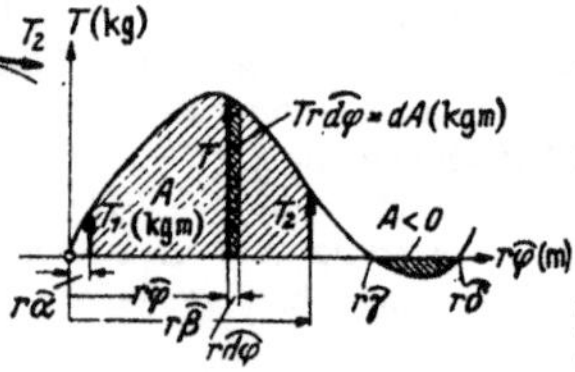

Abb. MF 8b.

Winkelgeschwindigkeit ω(s^{-1}), i. allg. veränderlich, ist die zeitliche Änderung von φ[1]), also $\boldsymbol{\omega = d\varphi/dt}$ (entsprechend $\boldsymbol{v = ds/dt}$ bei geradliniger Bewegung), so daß auch $A = \int\limits_{t=t_1}^{t_2} M\omega\,dt$. Bei gleichförmiger Drehung mit $\omega = \frac{\pi n}{30}$ = const ist $A = \omega\int\limits_{t_1}^{t_2} M\,dt$; ist auch M = const, so gilt $A = M\omega(t_2 - t_1)$.

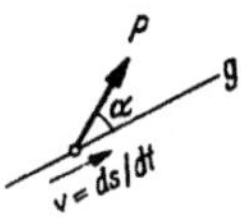

Abb. MF 9.

V. Leistung = Arbeit je Zeiteinheit, $\boldsymbol{N = dA/dt}$ (kgm/s); bei der Zeit proportionalem Arbeitsanfall ist $\boldsymbol{N = A/t}$. Wirkt P nach Größe und Richtung unveränderlich längs einer Geraden g, so gilt $N = P\cos\alpha \cdot ds/dt = Pv\cos\alpha$ (Abb. MF 9), wo v die augenblickliche Geschwindigkeit (m/s); für $\alpha = 0$ ist $\boldsymbol{N = Pv}$.

VI. Wucht oder **kinetische Energie** einer sich augenblicklich mit v (m/s) bewegenden Masse m — Punktmasse oder starrer Körper in **reiner Parallelverschiebung** — ist $\boldsymbol{E = \frac{1}{2} m v^2}$ (kgm Arbeitsinhalt); so hat die Schubstange in der Stellung Abb. MF 10a die Wucht $\frac{1}{2}m(r\omega)^2$. — Ist dagegen der starre Körper in **reiner Drehung** mit der augenblicklichen Winkelgeschwindigkeit ω(s^{-1}) um die Achse z—z begriffen (Abb. MF 11), so hat die kleine Masse dm die kleine Wucht $dE = \frac{1}{2}dm(\varrho\omega)^2 = \frac{1}{2}\omega^2\varrho^2\,dm$ und der ganze Körper die Wucht $E = \frac{1}{2}\omega^2\int\varrho^2 dm$. Hierin ist die Summe aller Produkte „Massenteilchen dm mal Quadrat seines Abstandes ϱ von der Drehachse z—z" das **Massenträgheitsmoment** $\boldsymbol{J_z = \int \varrho^2 dm}$ (kgms^2) des Körpers für die Drehachse z—z, also $\boldsymbol{E = \frac{1}{2} J_z \omega^2}$ (**Drehwucht** in kgm). Die Schubstange in der Stellung Abb. MF 10b dreht sich augenblicklich mit ω_1 um den Kreuzkopfzapfen B, so daß $E = \frac{1}{2}J_B\omega_1^2$, wobei $l\omega_1 = r\omega$. — Ist bei **beliebiger Bewegung** des starren Körpers v_s die

[1]) oder der in der Zeiteinheit durchlaufene Winkel in Bogenmaß.

augenblickliche Geschwindigkeit seines Schwerpunkts S, ω die augenblickliche Winkelgeschwindigkeit und J_s sein Trägheitsmoment für die durch S gehende Drehachse, so gilt $\boldsymbol{E = \frac{1}{2} m v_s^2 + \frac{1}{2} J_s \omega^2}$. Vgl. die Schubstange Abb. MF 10c in allgemeiner Stellung, deren Wucht

Abb. MF 10a.

Abb. MF 10b.

Abb. MF 10c.

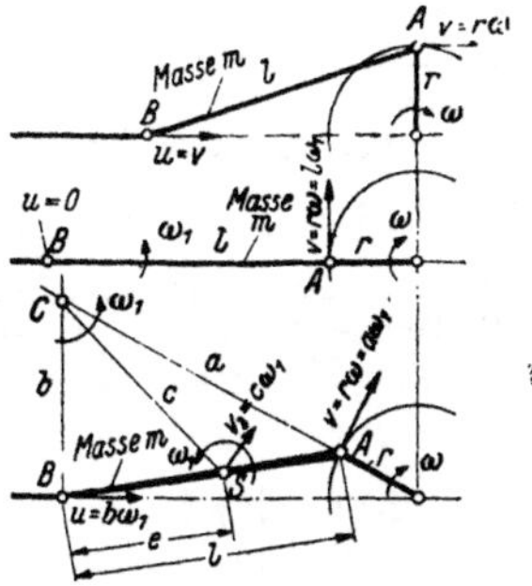

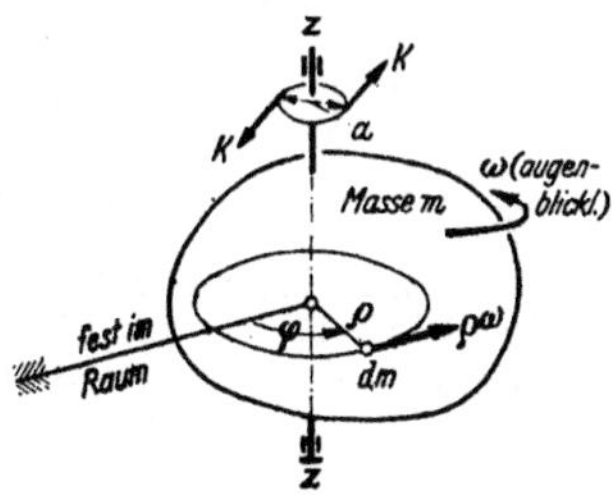

Abb. MF 11.

entweder als $\frac{1}{2} J_c \omega_1^2$ (reine Drehung um die Augenblicksachse C) oder eben als $\frac{1}{2} m v_s^2 + \frac{1}{2} J_s \omega_1^2$ anzuschreiben ist.

VII. Erhaltung der Summe von potentieller und kinetischer **Energie** z. B. beim widerstandsfreien Pendel: $Gh + \frac{1}{2} m v^2 = \text{const}$ (Abb. MF 12a) bzw. $Gh + \frac{1}{2} J_A \omega^2 = \text{const}$ (Abb. MF 13a). Bei $\varphi = 0$ (tiefste Lage, $h = 0$) nur kinetische, bei $\varphi_{max} = \alpha$ (Umkehrpunkt, $v_2 = 0$) nur potentielle Energie, so daß in Abb. MF 12a: $\frac{1}{2} m v_1^2 = G h_2 = m g h_2$ oder $v_1^2 = 2 g h_2$; ferner $\frac{1}{2} m v_1^2 = G h + \frac{1}{2} m v^2$ oder $\frac{1}{2} m (v_1^2 - v^2) = G h$ (Abnahme an Wucht = Zunahme an Energie der Lage)

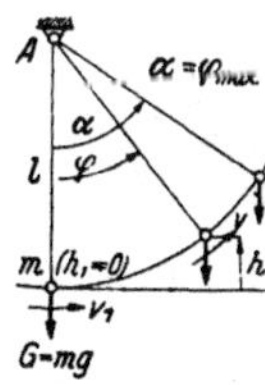

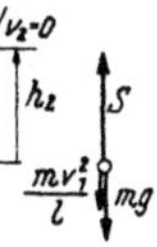

Abb. MF 12a. Abb. MF 12b.

VIII. Das Drehmoment $M = Ka$ (kgm) bewirkt in der kleinen Zeit dt eine Zunahme der augenblicklichen Winkelgeschwindigkeit $\omega\,(\text{s}^{-1})$ des starren Körpers Abb. MF 11 um $d\omega$. Das Verhältnis $\boldsymbol{d\omega/dt = \varepsilon}\,(\text{s}^{-2})$ ist die augenblickliche Winkelbeschleunigung, und es gilt: **Drehmoment = Trägheitsmoment mal Winkelbeschleunigung,** $\boldsymbol{M = Ka = J_z \varepsilon}$. Es ist $M < 0$, d. h. $\varepsilon < 0$ (Winkelverzögerung), falls M auf Verkleinerung des Drehwinkels φ wirkt. Für $M = \text{const}$ ist auch $\varepsilon = \text{const}$ (gleichförmig beschleunigte Drehung); für $M = 0$ ist auch $\varepsilon = 0$, also $\omega = \text{const}$ (gleichförmige Drehung). So ist beim physischen Pendel, Abb. MF 13a,

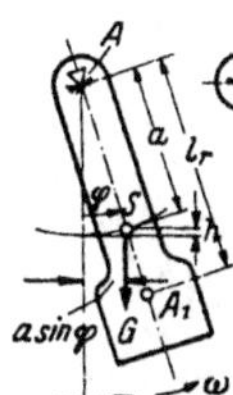

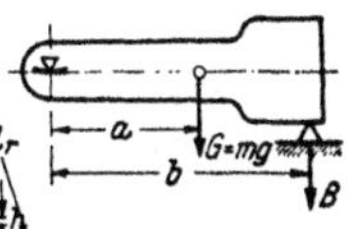

Abb. MF 13b.

Abb. MF 13a.

$M = -mga \sin\varphi = J_A \varepsilon$ oder $\varepsilon = -\dfrac{mga}{J_A} \sin\varphi$ und beim mathematischen Pendel, Abb. MF 12a, wegen $a = l$ und $J_A = ml^2$: $\varepsilon = -\dfrac{g}{l} \sin\varphi$, woraus sich für kleine Ausschläge ($\alpha = \varphi_{max}$ bis etwa 8°) die **Schwingungsdauer**

des Pendels in Sekunden (Dauer einer Vollschwingung = Hin- und Rückgang) zu $T = 2\pi\sqrt{\frac{J_A}{mga}}$ bzw. $T = 2\pi\sqrt{\frac{l}{g}}$ ergibt. $l_r = \frac{J_A}{ma} = A A_1$ ist die reduzierte Länge des physischen Pendels Abb. MF 13, das für die Schwingachse A_1 die gleiche Schwingungsdauer besitzt wie für A. Bestimmt man $mg \cdot a = Bb$ durch Messung von B und b nach Abb. MF 13b und T durch Beobachtung einer größeren Anzahl kleiner Schwingungen, so kann man das Trägheitsmoment J_A eines beliebigen Körpers für eine Achse A durch Versuch feststellen: $J_A = mga\frac{T^2}{4\pi^2}$.

IX. Einige Massenträgheitsmomente (Gesamtmasse m, Körper homogen). Stab, Abb. MF 14: $J_x = \frac{1}{12} m h^2$. Dünne Rechtecksplatte, Abb. MF 15: $J_x = \frac{1}{12} m h^2$, $J_z = \frac{1}{12} m b^2$, $J_y = \frac{1}{12} m(b^2 + h^2)$. Quader, Abb. MF 16:

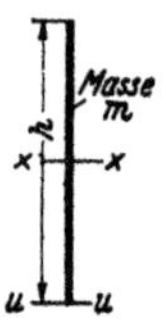

Abb. MF 14.

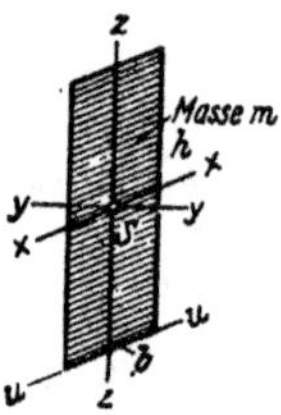

Abb. MF 15.

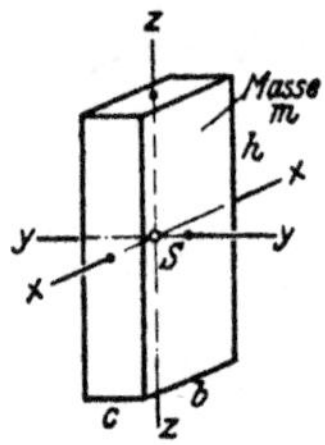

Abb. MF 16.

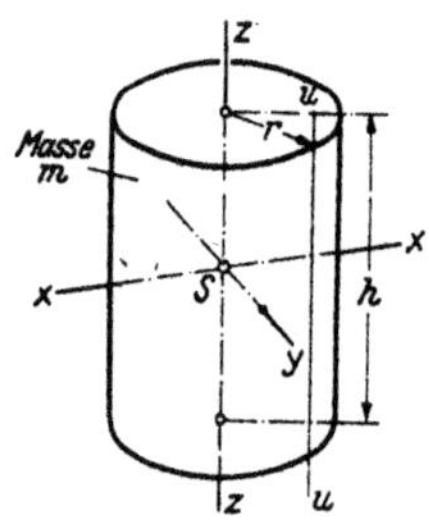

Abb. MF 19.

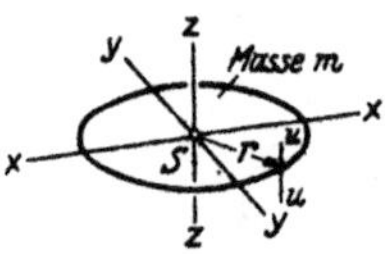

Abb. MF 17.

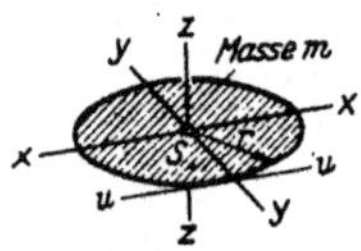

Abb. MF 18.

$J_x = \frac{1}{12} m(c^2 + h^2)$, $J_y = \frac{1}{12} m(b^2 + h^2)$, $J_z = \frac{1}{12} m(b^2 + c^2)$. Masse auf Kreisumfang, Abb. MF 17: $J_z = mr^2$, $J_x = J_y = \frac{1}{2} mr^2$. Dünne Kreisplatte, Abb. MF 18: $J_z = \frac{1}{2} m r^2$, $J_x = J_y = \frac{1}{4} m r^2$. Kreiszylinder, Abb. MF 19: $J_z = \frac{1}{2} m r^2$, $J_x = J_y = \frac{1}{12} m(3r^2 + h^2)$. Für den Hohlzylinder (R, r) ist $J_z = \frac{1}{2} m(R^2 + r^2)$, für den Zylindermantel $J_z = mr^2$, $J_x = J_y = \frac{1}{12} m(6r^2 + h^2)$. Kugel für jede Schwerachse $J = \frac{2}{5} m r^2$, Kugeloberfläche $J = \frac{2}{3} m r^2$. — Für eine zur Schwerachse im Abstand e parallele Achse gilt allgemein $\boldsymbol{J = J_s + me^2}$. So ist in Abb. MF 14 u. 15

$$J_u = \frac{1}{12} mh^2 + m\left(\frac{h}{2}\right)^2 = \frac{1}{3} mh^2,$$ in Abb. MF 17 $J_u = mr^2 + mr^2 = 2mr^2$,

Abb. MF 20.

in Abb. MF 18 $J_u = \frac{1}{4} mr^2 + mr^2 = \frac{5}{4} mr^2$, in Abb. 19 $J_u = \frac{1}{2} mr^2 + mr^2 = \frac{3}{2} mr^2$. In Abb. MF 10c ist $J_S = J_C - mc^2$, $J_B = J_S + me^2$ und in Abb. MF 13 $J_S = J_A - ma^2$.

Beispiel. Die homogene Walze, Abb. MF 20, rollt ohne zu gleiten auf waagerechter Ebene. Ihre Wucht ist

$$E = \frac{1}{2} J_A \omega_A^2 = \frac{1}{2} \cdot \frac{3}{2} m r^2 \cdot \left(\frac{v_s}{r}\right)^2 = \frac{3}{4} \cdot \frac{9810}{9{,}81} \cdot 3{,}0^2 = 6750\,\text{kgm}$$

(Drehung um Augenblicksachse A mit ω_A) oder $E = \frac{1}{2} m v_s^2 + \frac{1}{2} J_s \omega_s^2$, wo $J_s = \frac{1}{2} m r^2$ und $\omega_s = \omega_A = v_s/r$.

X. Trägheitshalbmesser i folgt aus $J = m i^2$ zu $\boldsymbol{i = \sqrt{J/m}}$. So ist in Abb. MF 17 $i_z = r$, $i_u = r\sqrt{2} \approx 1{,}414\,r$, in Abb. MF 18 und 19 $i_z = \frac{r}{2}\sqrt{2} \approx 0{,}707\,r$, in Abb. MF 18 $i_x = i_y = \frac{1}{2} r = \frac{1}{4} d$. Oft wird statt $J = m i^2$ mit $D = 2i$ als Trägheitsdurchmesser geschrieben: $J = \frac{G}{g} \cdot \frac{D^2}{4}$ oder Schwungmoment $\boldsymbol{GD^2 = 4gJ}$ (kgm²).

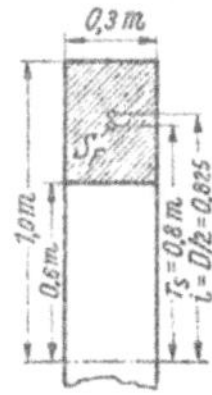

Abb. MF 21.

Beispiel. Der gußeiserne Schwungring, Abb. FM 21, von $G = 4400$ kg hat $i^2 = J/m = \frac{1}{2}(R^2 + r^2) = \frac{1}{2}(1{,}0^2 + 0{,}6^2) = 0{,}68$ m² und $D^2 = 4i^2 = 2{,}72$ m², also $GD^2 = 11970$ kgm² $= 11{,}97$ tm². $i = \sqrt{0{,}68} = 0{,}825$ m ist um 25 mm größer als der „Guldinsche" Halbmesser $r_s = 0{,}8$ m (vgl. S. 43); rechnete man mit $D_s^2 = 1{,}6^2 = 2{,}56$ m² — statt mit $D^2 = 2{,}72$ m² —, so würde man das Schwungmoment nur zu $\frac{2{,}56}{2{,}72} \cdot 100 \approx 94$ vH des tatsächlichen erhalten.

XI. Trägheitsmomente J (cm⁴) und Trägheitshalbmesser i (cm) ebener Flächen F (cm²) für die Festigkeitslehre (vgl. die Tafel S. 98/99). Ersetzt man die Masse m durch die Fläche F, so wird allgemein $\boldsymbol{J = \int \varrho^2 dF}$ (Abb. MF 22) und $\boldsymbol{i = \sqrt{J/F}}$, ferner $\boldsymbol{J_s = J - Fe^2}$; insbesondere: Rechteck (Abb. MF 15) $J_x = \frac{1}{12} \cdot bh \cdot h^2 = \frac{1}{12} bh^3$, $J_z = \frac{1}{12} hb^3$ (äquatoriale Trägheitsmomente), $J_y = \frac{1}{12} bh(b^2 + h^2) = J_x + J_z$ (polares Trägheitsmoment); Kreisfläche (Abb. MF 18) $J_x = J_y = \frac{1}{4} \cdot \pi r^2 \cdot r^2 = \frac{\pi}{4} r^4 = \frac{\pi}{64} d^4$ (äquatorial), $J_z = J_x + J_y = \frac{\pi}{2} r^4 = \frac{\pi}{32} d^4$ (polar). Bei der Dreiecksfläche, Abb. MF 23, kann man sich für die Ermittlung der Trägheitsmonente je $F/3$ in den Seitenmitten vereinigt denken: $J_x = \frac{F}{3}(y_1^2 + y_2^2 + y_3^2)$, $J_y = \frac{F}{3}(x_1^2 + x_2^2 + x_3^2)$, J_x und J_y äquatorial; $J_0 = J_x + J_y = \frac{F}{3}(\varrho_1^2 + \varrho_2^2 + \varrho_3^2)$ bezogen auf O (polar); $J_{xy} = \frac{F}{3}(x_1 y_1 + x_2 y_2 + x_3 y_3)$ ist das Zentrifugalmoment für das x, y-Achsenkreuz (die x und y sind in Abb. MF 23 sämtlich positiv).

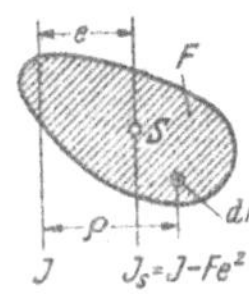

Abb. MF 22.

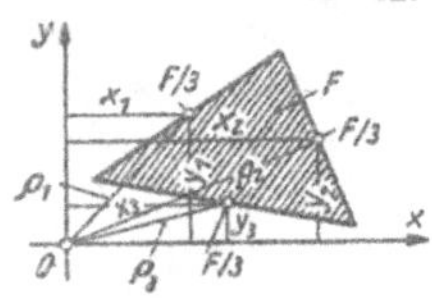

Abb. MF 23.

XII. Abb. MF 24a ist der **Geschwindigkeitsplan** (Hodograph) der Geschoßbahn Abb. MF 24b. Im Bahnpunkt B zur Zeit t ist die Bahngeschwindigkeit v, in C zur Zeit $t + dt$ ist sie $v + dv$ (geometrisch addiert!), wo $dv = dv_n + dv_t$ (Abb. MF 24c, geometrisch addiert). dv/dt ist die tatsächliche Beschleunigung b, hervorgebracht durch die in B auf das Geschoß von der Masse m wirkende Mittelkraft R aus Eigengewicht G und Luftwiderstand W (Abb. MF 24d), so daß $mb = R$. $dv_t/dt = b_t$ = Tangentialbeschleunigung (hier Verzögerung), $dv_n/dt = b_n$ = Normalbeschleunigung, entsprechend $R_t = m b_t$ und $R_n = m b_n$. Aus der Ähnlichkeit der Dreiecke MBC und $OB'B''$ folgt für den Krümmungshalbmesser ϱ der Geschoßbahn an der Stelle B $\frac{\varrho}{BC} = \frac{v}{b_n dt}$ oder

$\varrho = \frac{v}{b_n} \cdot \frac{BC}{dt} = \frac{v^2}{b_n}$ oder $b_n = \frac{v^2}{\varrho}$, das ist die nach dem Krümmungsmittelpunkt M hin gerichtete **Zentripetalbeschleunigung**. Im höchsten Bahnpunkt S ist $b_n = g$, sofern die Richtung von W mit der Bahntangente zusammenfällt; also gilt dort $\varrho_s = v_s^2/g$. Bei fehlendem W verliefe übrigens der Hodograph als Lotrechte L durch A'; die Bahn wäre eine gemeine Parabel, der Schuß ginge erheblich höher und weiter. — Um die Masse m bei einer Geschwindigkeit v oder einer Winkelgeschwindigkeit ω auf einem Kreise vom Halbmesser r zu halten, bedarf es der nach dem Kreismittelpunkt hin gerichteten **Zentripetalkraft** „Masse mal Zentripetalbeschleunigung" $= m v^2/r = m r \omega^2$; die sie aufhebende gedachte Scheinkraft wird als **Fliehkraft** bezeichnet, mit der oft gerechnet wird. So ist (Abb. MF 12b) die Fadenspannung im tiefsten Punkt $S = mg + m v_1^2/l$.

XIII. Nach **d'Alembert** verwandelt man eine dynamische Aufgabe — natürlich nur in der Vorstellung, für die Zwecke der Rechnung — dadurch in eine statische, daß man an jedem Massenpunkte des vorliegenden Systems als Hilfskraft oder Trägheitswiderstand eine

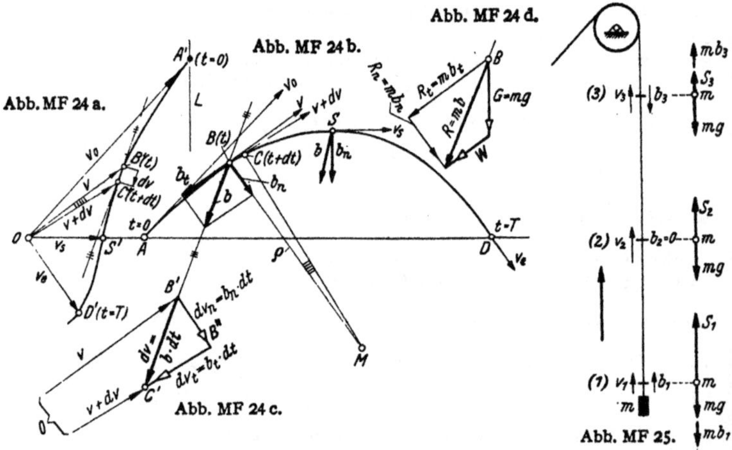

Kraft H von der Größe „Masse m mal tatsächliche Beschleunigung b des Massenpunktes" hinzufügt, und zwar in einer Richtung, die der von b entgegengesetzt ist, also $H = -mb$. Das war schon bei der „Fliehkraft" $m v_1^2/l$ beim mathematischen Pendel der Fall; sie weist in die der tatsächlichen Zentripetalbeschleunigung v_1^2/l entgegengesetzte Richtung (Abb. MF 12b).

Beispiel. Der Förderkorb von der Masse m (Abb. MF 25) bewege sich aufwärts. v_1 ist im Wachsen begriffen (b_1 also aufwärts gerichtet), v_3 im Abnehmen (b_3 also abwärts); v_2 sei konstant ($b_2 = 0$). Zu dem Gewicht mg (abwärts) und der jeweiligen Seilspannung S (aufwärts) ist nach d'Alembert im Falle (1) die Hilfskraft oder der Trägheitswiderstand mb_1 abwärts, im Falle (3) mb_3 aufwärts hinzuzufügen. Dann liefert das so künstlich hergestellte „Gleichgewicht":

$$S_1 = mg + mb_1 = m(g + b_1), \quad S_2 = mg, \quad S_3 + mb_3 = mg \quad \text{oder} \quad S_3 = m(g - b_3).$$

Die S gelten für die Anschlußstelle des Seils am Förderkorb. — Für die Abwärtsbewegung sind die v-Pfeile, nicht aber die b-Pfeile umzukehren; die S-Formeln bleiben bestehen.

XIV. Nach dem **1. Schwerpunktssatz** gilt für jedes materielle System (Punkthaufen): $\sum(mv)$, d. h. geometrische Summe aller Produkte „Punktmasse m mal zugehörige Geschwindigkeit v" gleich Gesamtmasse M mal Schwerpunktsgeschwindigkeit v_s des Systems, also $\boldsymbol{M v_s = \sum(m v)}$. Das Produkt mv heißt Bewegungsgröße oder Impuls.

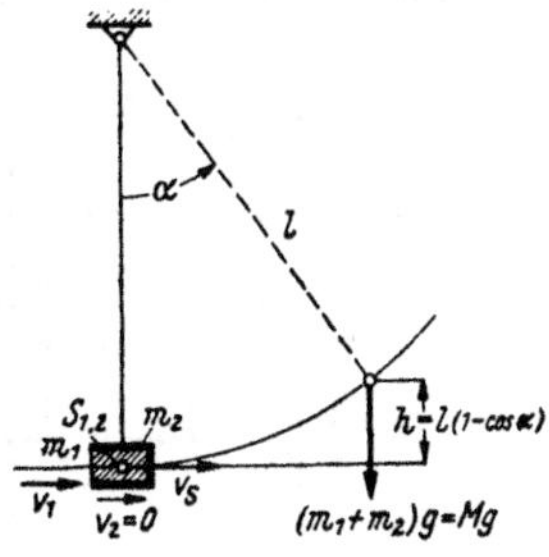

Abb. MF 26.

Beispiel. Das ballistische Pendel, Abb. MF 26, dient zur Ermittlung der Geschwindigkeit v_1 des Geschosses von der Masse m_1. Der Sandkasten von der Masse m_2 hatte zunächst $v_2 = 0$, so daß bei Vernachlässigung der Stangenmasse $\sum(mv) = m_1 v_1 + 0 = m_1 v_1$. Nach dem Eindringen des Geschosses nimmt die Gesamtmasse $M = m_1 + m_2$ (Schwerpunkt $S_{1,2}$) die Geschwindigkeit v_s an, die durch den Ausschlag α gemäß $v_s^2 = 2gl(1 - \cos\alpha)$ gemessen wird. Aus $m_1 v_1 = (m_1 + m_2) v_s$ folgt $v_1 = \frac{m_1 + m_2}{m_1} \times \times \sqrt{2gl(1 - \cos\alpha)}$. Mit $m_1 g = 0{,}01$ kg, $m_2 g = 5$ kg, $l = 1$ m, $\alpha = 30°$ wird $v_1 = 501\sqrt{2 \cdot 9{,}81 \cdot 1 \cdot 0{,}134} \approx 820$ m/s. — Falsch wäre folgender Ansatz: $\frac{1}{2} m_1 v_1^2 = \frac{1}{2}(m_1 + m_2) v_s^2$; der größte Teil der Geschoßwucht geht „verloren". Man erhielte nur $v_s \approx 37$ m/s.

XV. Nach dem **2. Schwerpunktssatz** bewegt sich der jeweilige Schwerpunkt eines Punkthaufens so, **als ob** in ihm die Gesamtmasse M des Systems vereinigt wäre und alle **äußeren** Kräfte P — statt an den einzelnen Punktmassen — an ihm angriffen, also $\boldsymbol{M b_s = \sum P}$ (geometrische Summe). Vorhandene innere Kräfte heben sich paarweise auf.

Beispiel. An unserem Sonnensystem wirken, wenn wir von dem geringen Einfluß der Fixsterne absehen, nur innere (Anziehungs-) Kräfte; sein Schwerpunkt S — nahe der Sonne gelegen — bewegt sich also wie ein Massenpunkt beim Fehlen einer ihn beschleunigenden Kraft, d. h. geradlinig gleichförmig.

B. Schwerpunkte ebener Linien und Flächen.

I. Satz von den statischen Momenten: Das statische Moment der Mittelkraft R für einen beliebigen Punkt C ist gleich der algebraischen Summe der statischen Momente der einzelnen Kräfte P für den gleichen Punkt (Abb. MF 27): $+Rr = +P_1 r_1 + P_2 r_2 - P_3 r_3 + P_4 r_4$.

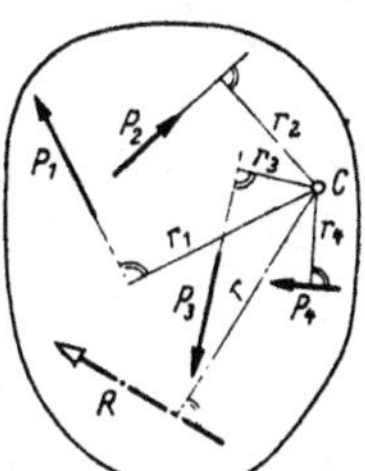

Abb. MF 27.

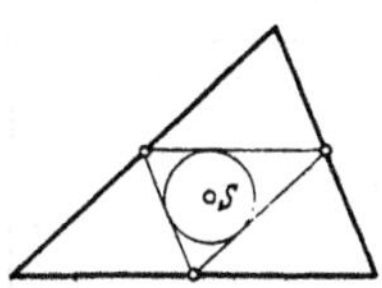

Abb. MF 28.

Abb. MF 29 a. Abb. MF 29 b.

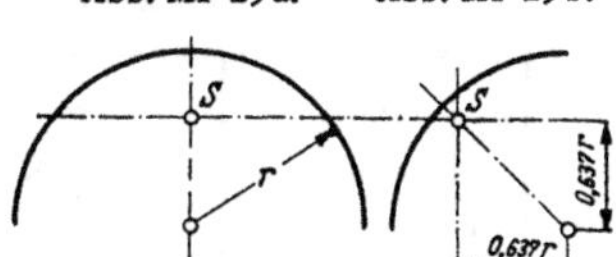

Abb. MF 30.

II. Linienschwerpunkte (für Schnittwerkzeuge). Schwerpunkt S des Dreiecksumfangs ist der Mittelpunkt des dem Seitenmittendreieck eingeschriebenen Kreises (Abb. MF 28). Halb- und Viertelkreisbogen, sowie flacher Kreisbogen nach Abb. MF 29a, b und 30.

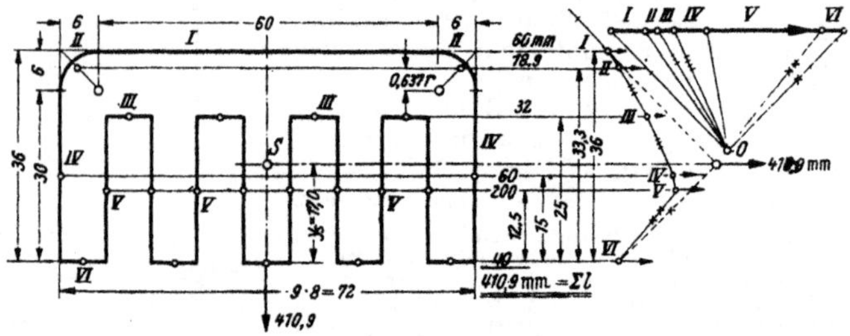

Abb. MF 31.

Beispiel 1. In Abb. MF 31 liegt der Schwerpunkt S des Gesamtumfangs $\sum l = 410{,}9$ mm auf der lotrechten Symmetrielinie; die Höhe y_s ergibt sich rechnerisch nach der Zahlentafel zu $y_s = \frac{\sum(ly)}{\sum l} = \frac{7000\ \text{mm}^2}{410{,}9\ \text{mm}} = 17{,}0$ mm.

Nr.	Länge l (mm)	Hebelarm y (mm)	Statisches Moment ly (mm²)
I	$1 \cdot 60 = 60$	36	2160
II	$2 \cdot \frac{6\pi}{2} = 18{,}9$	33,8	640
III	$4 \cdot 8 = 32$	25	800
IV	$2 \cdot 30 = 60$	15	900
V	$8 \cdot 25 = 200$	12,5	2500
VI	$5 \cdot 8 = 40$	0	0
	$\sum l = 410{,}9$		$\sum(ly) = 7000$

Zeichnerisch wird y_s mittels Seileck zu beliebigem Pol O gefunden; die „Kräfte" I bis VI sind den Längen l proportional.

Ohne Rücksicht auf Abrundungen wird hinreichend genau

$$y_s = \frac{72 \cdot 36 + 4 \cdot 8 \cdot 25 + 2 \cdot 36 \cdot 18 + 8 \cdot 25 \cdot 12{,}5 + 5 \cdot 8 \cdot 0}{72 + 4 \cdot 8 + 2 \cdot 36 + 8 \cdot 25 + 5 \cdot 8} = \frac{7188}{416} = 17{,}3 \text{ mm}.$$

Beispiel 2. Die Schwerpunktslage des unsymmetrischen Linienzuges Abb. MF 32 findet man nach Wahl geeigneter Bezugsachsen aus folgender Zahlentafel:

Nr.	Länge l (mm)	Hebelarm x (mm)	Stat. Moment lx (mm²)	Hebelarm y (mm)	Stat. Moment ly (mm²)
I	72	36	2 592	36	2592
II	$2 \cdot 8 = 16$	$40 + 8 + 4 = 52$	832	25	400
III	40	20	800	0	0
IV	$2 \cdot 8 = 16$	$40 + 2 \cdot 8 + 4 = 60$	960	0	0
V	$4 \cdot 25 = 100$	$40 + 8 + 4 = 52$	5 200	12,5	1250
VI	$2 \cdot 36 = 72$	36	2 592	18	1296
	$\sum l = 316$		$\sum(lx) = 12976$		$\sum(ly) = 5538$

$$x_s = \frac{12976}{316} = 41{,}1 \text{ mm}; \qquad y_s = \frac{5538}{316} = 17{,}5 \text{ mm}.$$

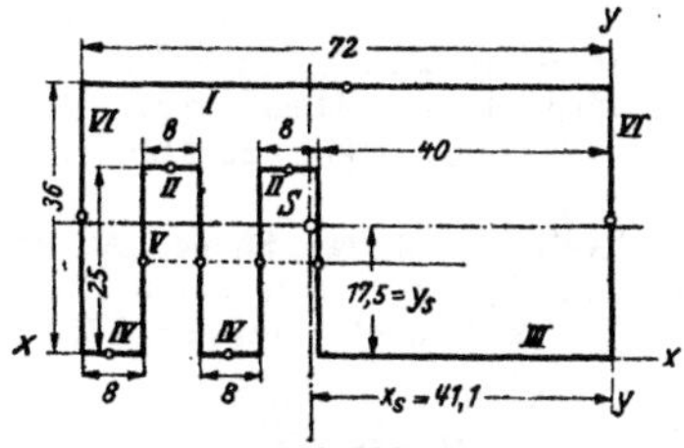

Abb. MF 32.

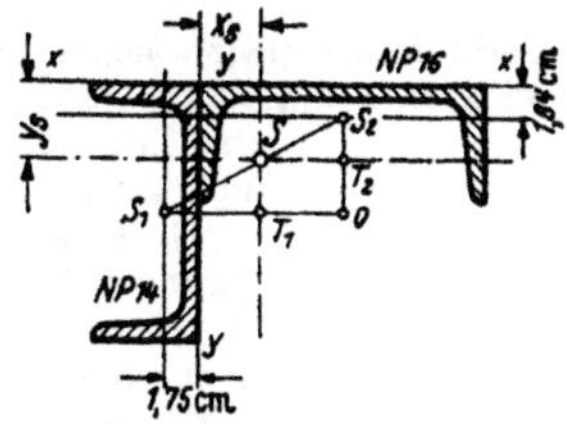

Abb. MF 33.

III. Flächenschwerpunkte werden sinngemäß ebenso bestimmt, also rechnerisch mittels Zahlentafel oder zeichnerisch mittels Seileck (vgl. Abb. MF 31), bei nur zwei Einzelflächen auch nach folgendem Beispiel unter b).

Beispiel (Abb. MF 33) a) rechnerisch.

Teilfläche	Fläche f (cm²)	Hebelarm x (cm)	Stat. Moment fx (cm³)	Hebelarm y (cm)	Stat. Moment fy (cm³)
NP 14	20,4	−1,75	− 35,70	+7,00	+142,80
NP 16	24,0	+8,00	+192,00	+1,84	+ 44,16
	$\sum f = 44{,}4$		$\sum(fx) = +156{,}30$		$\sum(fy) = +186{,}96$

$$x_s = \frac{+156{,}30}{44{,}4} = +3{,}52 \text{ cm}; \qquad y_s = \frac{+186{,}96}{44{,}4} = +4{,}21 \text{ cm}.$$

b) zeichnerisch-rechnerisch. Der Gesamtschwerpunkt S liegt auf der Verbindungslinie der Einzelschwerpunkte und teilt diese Strecke S_1S_2 im umgekehrten Verhältnis der Einzelflächen. Bei Zeichnen in natürlicher Größe hat man

$$OS_1 = 8{,}00 + 1{,}75 = 9{,}75 \text{ cm},$$
$$OS_2 = 7{,}00 - 1{,}84 = 5{,}16 \text{ cm};$$
$$OT_1 = OS_1 \frac{f_1}{f_1 + f_2} = 9{,}75 \frac{20{,}4}{44{,}4} = 4{,}48 \text{ cm},$$
$$OT_2 = OS_2 \frac{f_2}{f_1 + f_2} = 5{,}16 \frac{24{,}0}{44{,}4} = 2{,}79 \text{ cm}.$$

C. Gleichgewicht der Kräfte in der Ebene.

I. Kräfte an einem Punkt. An dem Fachwerkknoten A (Abb. MF 34) wirken in einer Ebene vier Stabkräfte S_1 bis S_4 und die äußere Kraft P. P, S_2 (Druck) und S_1 (Zug) seien bekannt. Die fünf Kräfte müssen ein Kraftfünfeck mit fortlaufendem Pfeilsinn bilden. Man zeichnet den Kraftzug $\alpha\beta\gamma\delta$ und durch α die Parallele zu S_4, durch δ die Parallele zu S_3 (Schnitt in ε). Die Pfeile von S_3 und S_4 weisen nach A hin; es handelt sich um Druckstäbe.

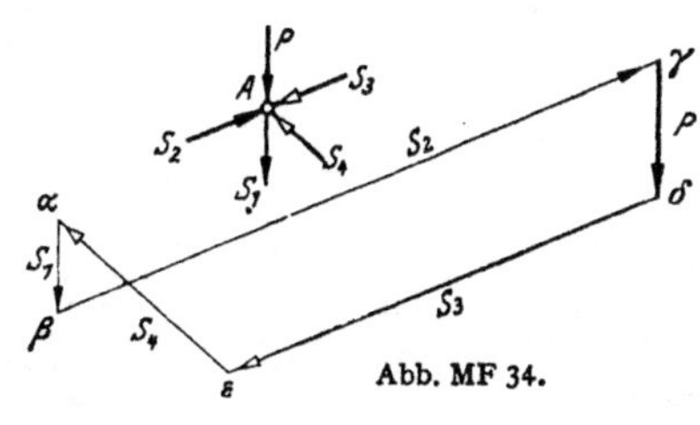

Abb. MF 34.

II. Drei Kräfte in starrer Ebene. Die Mittelkraft R aus Last und Auslegergewicht des Turmdrehkrans, Abb. MF 35, muß sich mit den Auflagerkräften B (hier waagerecht) und A in einem Punkte (S) schneiden **und** R, B, A müssen die Seiten eines Kraftdreiecks mit fortlaufendem Pfeilsinn sein. Vgl. die Schlußbemerkung zu Abb. MF 37 und auch Abb. MF 38a, b.

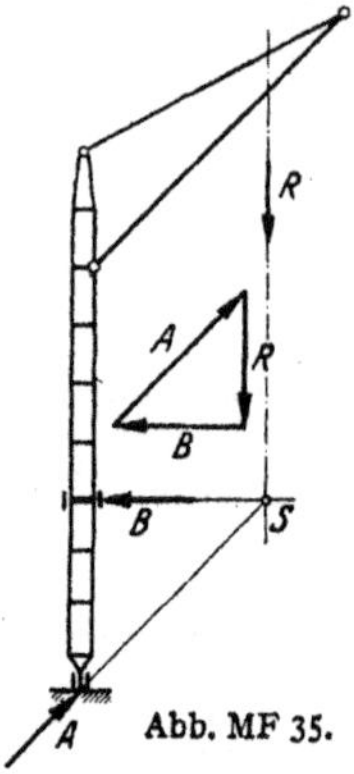

Abb. MF 35.

III. Beliebig viele Kräfte in starrer Ebene. An der starren Scheibe E (Abb. MF 36) wirken in deren Ebene die Kräfte P_1 bis P_n. Es besteht Gleichgewicht, wenn sich Krafteck **und** Seileck schließen. Reihenfolge der Kräfte im Krafteck und Pol O des Seilecks sind beliebig wählbar.

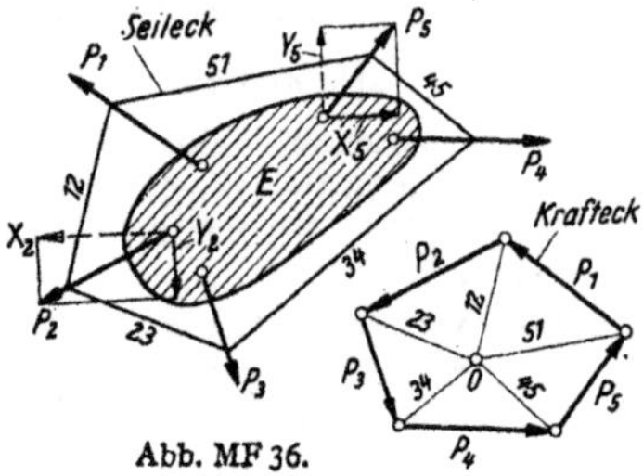

Abb. MF 36.

Rechnerisch: Zerlege, soweit im Einzelfalle noch nötig, alle Kräfte nach zwei beliebigen Richtungen — meist senkrecht aufeinander — in ihre Seitenkräfte X und Y und setze die algebraische Summe aller X, aller Y **und** aller statischen Momente M (für einen beliebigen Punkt der Ebene) einzeln gleich Null:

$$\left.\begin{array}{l}\sum X = 0\\ \sum Y = 0\end{array}\right\}\text{ (Schluß des Kraftecks) und } \sum M = 0 \text{ (Schluß des Seilecks).}$$

Beispiel (Abb. MF 37). An dem ebenen Rahmen müssen die Lasten W, Q und P mit den Auflagerkräften A (hier lotrecht) und B im Gleichgewicht sein. Zeichnerisch: Zeichne vom Krafteck die Seiten W, Q, P und vor W durch d die Parallele zu A, anschließend beliebige Wahl des Pols O. Beginne das Seileck mit Seilstrahl α durch I

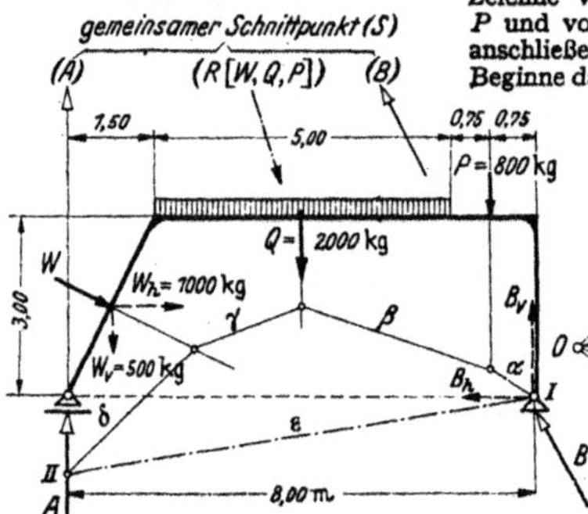

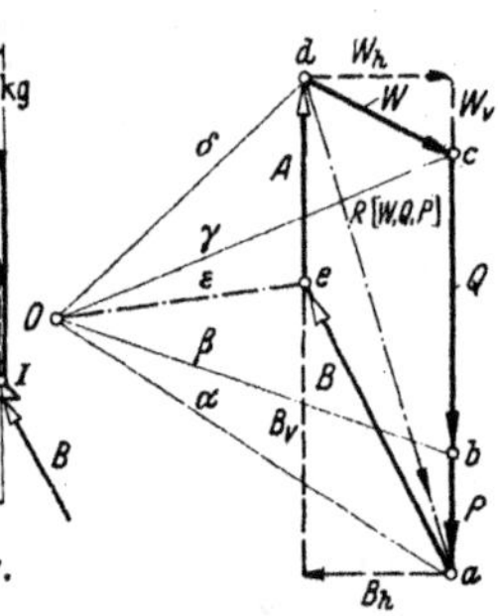

Abb. MF 37.

(Angriffspunkt von B), ziehe β, γ und δ bis II auf der Wirkungsgeraden von A. Die Parallele ε zur Schlußlinie II, I durch O liefert die fünfte Ecke (e) des Kraftecks $WQPBA$ und damit $ed = A$ und $ae = B$.

Rechnerisch: $\sum M = 0$ für I: $+A \cdot 8{,}00 - 500 \cdot 7{,}25 + 1000 \cdot 1{,}50 - 2000 \cdot 4{,}00 - 800 \cdot 0{,}75 = 0$ gibt $A = 1341$ kg; $\sum X = 0$ liefert sofort $B_h = 1000$ kg; $\sum Y = 0$, nämlich $+B_v + 1341 - 500 - 2000 - 800 = 0$ gibt $B_v = 1959$ kg, so daß $B = \sqrt{1959^2 + 1000^2} = 2299$ kg. — Nachprüfung: R aus W, Q, P muß mit B und A im Gleichgewicht sein. Das Kraftdreieck ist richtig vorhanden; die Richtungen von A, R und B müssen sich in einem Punkt (S) schneiden.

D. Statisch bestimmte ebene Fachwerke.

I. Cremonaplan. Vorbemerkung. Die Ebene des Dachbinders Abb. MF 38a wird durch die Fachwerkstäbe und die Wirkungsgeraden der äußeren Kräfte in die „Räume“ $\alpha, \beta, \gamma, \delta$ (innen) und a, b, c, d, e (außen) geteilt. So ist Raum β begrenzt durch O_2, V, D_1, a durch A, U_1, U_2, B und e durch W_3, O_3, O_4, B. Siehe die gleichbezeichneten Punkte im fertigen

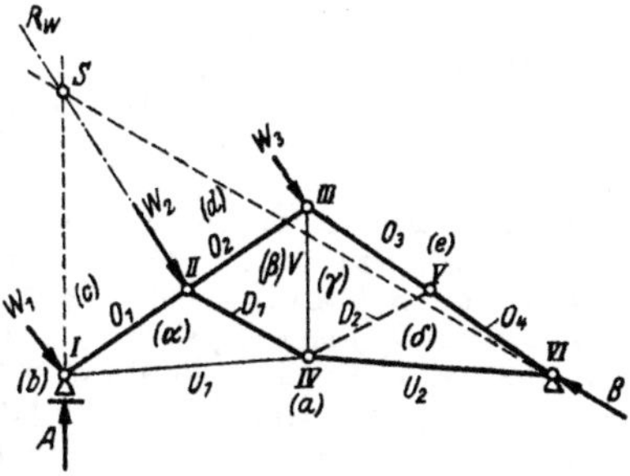

Abb. MF 38a.

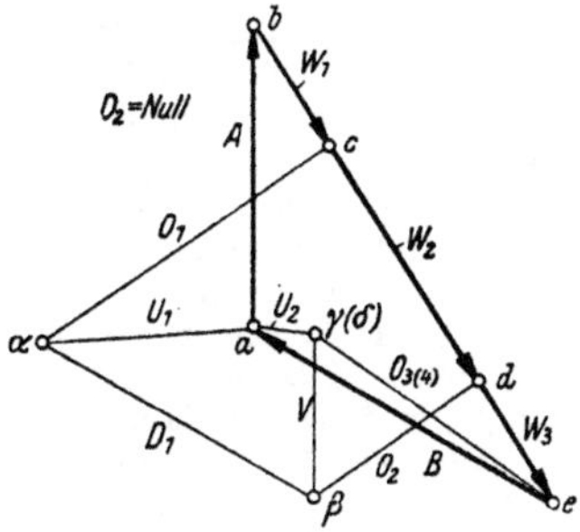

Abb. MF 38b.

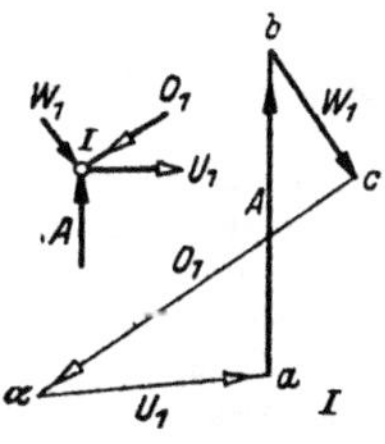

Abb. MF 38I.

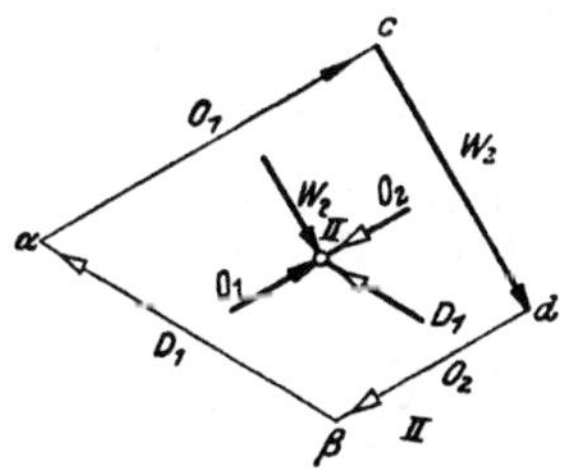

Abb. MF 38II.

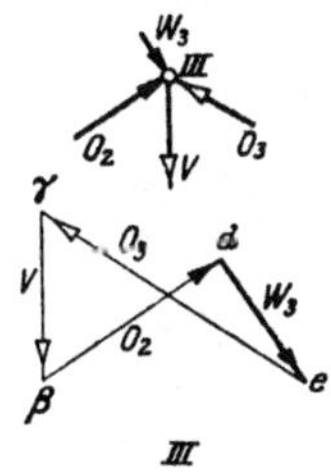

Abb. MF 38III.

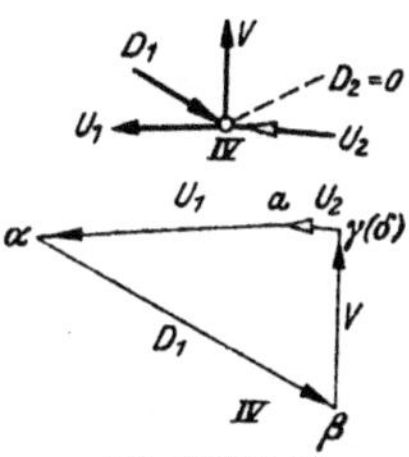

Abb. MF 38IV.

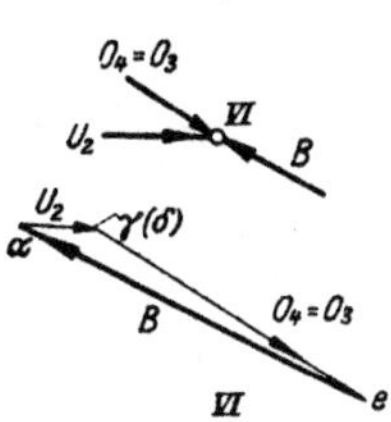

Abb. MF 38VI.

Cremonaplan Abb. MF 38b: in β treffen sich O_2, V, D_1, in a die A, U_1, U_2, B und in e die $W_3, O_3 = O_4, B$. Das ist in jedem richtigen Cremonaplan so.

a) Bestimmung der Auflagerkräfte A (hier lotrecht) und B. Die Mittelkraft R_W der W schneidet A in S; durch S muß auch B gehen (Abb. MF 38a). Zeichne das Krafteck $bcdea$ aus $W_{1,2,3}$ und den bekannten Richtungen von B und A (Abb. MF 38b); die Reihenfolge entspricht der in Abb. MF 38a, wenn man das Fachwerk außen im Uhrzeigersinn umfährt.

b) Von vornherein steht fest, daß hier D_2 spannungslos ist, weil im Knoten V keine äußere Kraft angreift und O_3, O_4 in der gleichen Geraden liegen ($O_3 = O_4$).

c) An jedem der sechs Knoten muß sich das Krafteck aus äußeren und inneren (Stab-) Kräften mit fortlaufendem Pfeilsinn schließen.

d) Beginn des Cremonaplans an einem Knoten, an dem nur zwei Stäbe[1]) liegen, also bei I oder VI.

e) Wir beginnen mit I (Abb. MF 38b und 38 I) und erhalten aus A und W_1 die Stabkräfte O_1 und U_1, und zwar O_1 als Druck, da nach I hin, U_1 als Zug, da von I weg gerichtet. O_1 bildet in Abb. MF 38a mit W_1 und W_2 den Raum c, also ist O_1 bei c anzuschließen; U_1 bildet mit A, U_2 und B den Raum a, also ist U_1 in a anzusetzen.

f) Fortsetzung des Plans stets bei einem Knoten, an dem nicht mehr als zwei unbekannte Stabkräfte angreifen, also bei II (Abb. MF 38b und 38 II). Bekannt sind O_1 (als Druck nach II hinweisend) und W_2, die richtig hintereinander liegen. Durch d geht O_2, durch α geht D_1 (Schnitt in β); beide Druck, da nach II hin gerichtet. — Es folgt Abb. MF 38 III; bekannt O_2, W_3; gesucht O_3 (Druck) und V (Zug). Jetzt Abb. MF 38 IV; bekannt U_1, D_1, V. Hier ist $\gamma a \parallel U_2$; D_2 ist, wie wir wissen, gleich Null. Nun zu Knoten V, wo sich lediglich $O_4 = O_3$ ergibt. Schließlich zu VI (Abb. MF 38 VI); das Kräftedreieck ist bereits richtig vorhanden. — Die Zeichnung geschieht sogleich in Abb. MF 38a; das Auseinanderziehen in einzelne Kraftecke I, II usw. geschah nur des besseren Verständnisses wegen.

II. Culmann. Q, die Mittelkraft aller an dem vom Schnitt $\alpha\beta$ aus rechten Fachwerkteil des Hafendrehkrans Abb. MF 39a wirkenden äußeren Kräfte, muß mit den drei Stabkräften O, D, U im Gleichgewicht sein. Koppeln wir diese vier Kräfte paarweise, so muß also die Mittelkraft R_{OQ} von O und Q — sie geht durch A — die Mittelkraft R_{DU} von D und U — sie geht durch B — aufheben; dazu müssen R_{OQ} und R_{DU} gleich groß und entgegengesetzt gerichtet sein und in eine Gerade fallen, als die nur die Culmannsche Gerade AB in Frage kommt. Das obere Dreieck in Abb. MF 39b (für A gültig) gibt O als Zugkraft (weg von C, Abb. MF 39c) und R_{OQ} bzw. — mit umgekehrtem Sinn — R_{DU}, womit das untere Dreieck in Abb. MF 39b (für B gültig) D und U liefert, beide als Druckkräfte (hin nach B, Abb. MF 39c).

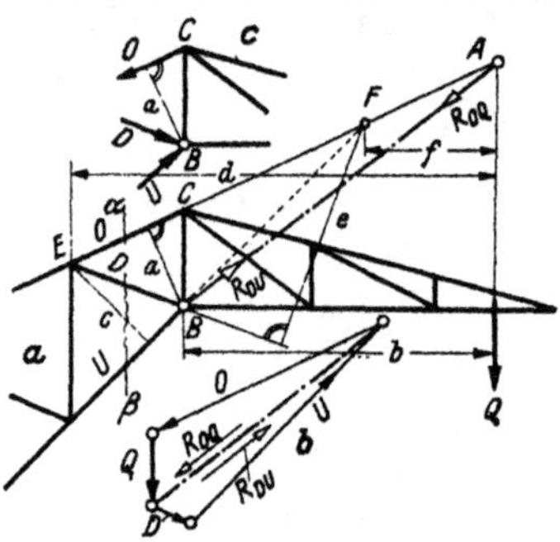

Abb. MF 39 a bis c.

III. Ritter arbeitet mit dem Satz von den statischen Momenten. An dem vom Schnitt $\alpha\beta$ aus rechten Fachwerkteil, Abb. MF 39a, wirken die Kräfte Q, O, D, U. Um z. B. O zu ermitteln, wählt er als Drehpunkt den Schnittpunkt B von D und U, damit deren Momente entfallen. Nimmt man O willkürlich als Zugkraft an, so gilt für B: $-Oa + Qb = 0$,

[1]) Solche Knoten gibt es in allen einfacheren Fachwerken.

d.h. $O = +Qb/a$; das Pluszeichen **bestätigt** die Annahme. Zur Ermittlung von U und D wird E bzw. F als Drehpunkt gewählt. Nimmt man auch U und D willkürlich als Zugkräfte an (also entgegen den Pfeilen in Abb. MF 39c), so gilt für E: $+Uc + Qd = 0$, d. h. $U = -Qd/c$, und für F: $+De + Qf = 0$, d. h. $D = -Qf/e$; die Minuszeichen besagen, daß U und D nicht, wie angenommen, Zug-, sondern Druckkräfte sind.

Beispiel. Für $Q = 10$ t, $a = 2{,}3$ m, $b = 8{,}2$ m wird $O = +\frac{10 \cdot 8{,}2}{2{,}3} = +35{,}7$ t.

E. Hydrostatischer Druck.

Liegt der Schwerpunkt S, Abb. MF 40, der ebenen Fläche F (m^2) um h (m) unter dem Spiegel der Flüssigkeit vom Einheitsgewicht γ (t/m^3), so ist der **Normaldruck** $N = Fh\gamma$ (t). Sein Angriffspunkt, der **Druckmittelpunkt** M, liegt auf der Symmetrieachse y der Fläche um das Maß e unterhalb S, für das allgemein gilt $e = \frac{J_x \sin\alpha}{Fh}$ (m), wo J_x (m^4) das Trägheitsmoment von F bezüglich der waagerechten Schwerachse x ist. Insbesondere:

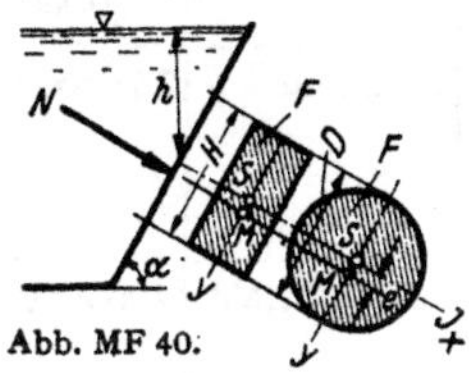

Abb. MF 40.

$$\text{Rechteck: } e = \frac{H^2 \sin\alpha}{12h}, \qquad \text{Kreis: } e = \frac{D^2 \sin\alpha}{16h}.$$

Beispiel. Rechteck $H = 2$ m, $F = 3\ m^2$, $h = 5$ m, $\gamma = 1\ t/m^3$, $\alpha = 60°$ ($\sin\alpha = 0{,}866$):

$$N = 3 \cdot 5 \cdot 1 = 15\ \text{t}, \qquad e = \frac{2^2 \cdot 0{,}866}{12 \cdot 5} = 0{,}058\ \text{m}.$$

F. Elastizitäts- und Festigkeitszahlen für Eisen und Stahl.

(Erläuterungen zur Zahlentafel S. 96.)

Abb. MF 41 gibt für weichen Flußstahl die Spannungen $\sigma = P/F_0$ (kg/cm^2; F_0 = ursprünglicher Querschnitt des prismatischen Probestabes) zu den **Dehnungen** $\varepsilon = \Delta l_0/l_0$ (Δl_0 = Verlängerung, l_0 = ursprüngliche Länge). [Die auf den wirklichen Querschnitt F bezogene Spannung P/F ist bei größeren ε erheblich größer als das rechnungsmäßige $\sigma = P/F_0$.]

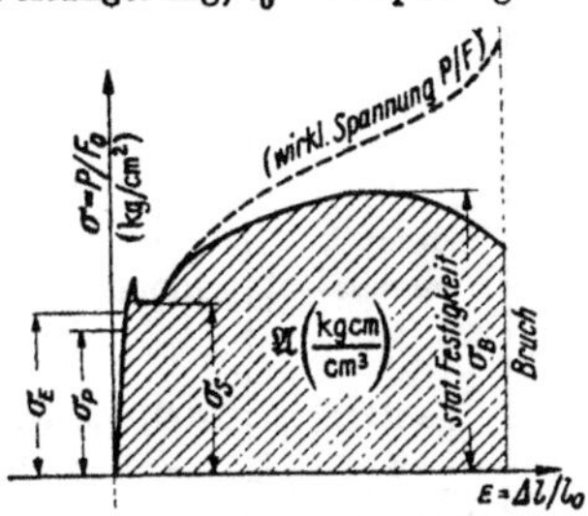

Abb. MF 41.

Dehnungszahl α (cm^2/kg) = Dehnung : Spannung, $\alpha = \varepsilon/\sigma$. Bis zur **Proportionalitätsgrenze** σ_P besteht Verhältnisgleichheit zwischen ε und σ (α nahezu konstant, Kurve praktisch gerade); es gilt das **Hookesche Gesetz** $\varepsilon = \alpha\sigma = \sigma/E$, wo $E = 1/\alpha$ (kg/cm^2) der **Elastizitätsmodul**. Bis zur **Elastizitätsgrenze** σ_E verhält sich der Stab nahezu vollkommen elastisch. Bei der **Fließgrenze** σ_S (Streck- bzw. Quetschgrenze) tritt eine besonders rasche bleibende Dehnung ein. σ_B wird meist als **Zugfestigkeit** (Bruchfestigkeit) bezeichnet, obwohl der Stab erst bei wieder abnehmender Spannung zerreißt.

Die in Abb. MF 41 schraffierte Fläche gibt das **Arbeitsvermögen** $\mathfrak{A}$ des Werkstoffs in $kgcm/cm^3$ an; es ist die zur Formänderung von 1 cm^3 des

Elastizitäts- und Festigkeitszahlen für Eisen und Stahl $\left(\frac{kg}{cm^2}\right)$.

E, G, σ_P und σ_S gelten für Zug und Druck.

Werkstoff	Elastizitätszahl $E = \frac{1}{\alpha}$	Gleitzahl $G = \frac{1}{\beta}$	Proportionalitätsgrenze σ_P	Streck- (Quetsch-) grenze σ_S	Festigkeit	
					Zug σ_B	Druck σ_{-B}
Gußeisen . .	750000 bis 1050000 im Mittel 1000000	290000 bis 400000 im Mittel 380000	—	—	1200 bis 2400	6000 bis 8500
Stahlguß . .	2150000	830000	2000 und mehr	2100 und mehr	3500 bis 7000 und mehr	Wie bei Flußstahl geschmiedet
Schweißstahl	2000000	770000	1300 bis 1600	1800 bis 2300	3300 bis 4000[1])	σ_S maßgebend
Flußstahl . . St 37	2100000	810000	1800 bis 2300	2000 und mehr	3700 bis 4500	σ_S maßgebend
Baustahl . . St 52	2200000	850000	$\delta = 20\%$	3600 und mehr	5200 bis 6200	σ_S maßgebend
Flußstahl geschmiedet	2100000	810000	2500 bis 6000 und mehr; je nach Behandlung	3000 und mehr; härterer Flußstahl ohne ausgeprägte Streckgrenze	5000 bis 20000 und mehr	Wenn weich, so ist σ_S maßgebend; wenn hart, so ist $\sigma_{-B} = \sigma_B$
Federstahl ungehärtet	2200000	830000 im Mittel	5000 und mehr	—	bis 10000 und mehr	—
gehärtet .	2200000	830000 im Mittel	7500 und mehr	—	bis 17000	—
Nickelstahl bis 3,5 vH Ni	2100000	—	—	3800	5600 bis 6700	—

[1]) Gilt für Schweißstahl parallel zur Walzrichtung; für Schweißstahl senkrecht zur Walzrichtung ist $\sigma_B = 2800$ bis 3500.

prismatischen Stabes bis zu dessen Zerreißen aufzuwendende Arbeit. Für Baustahl St 52 ist z. B. $\mathfrak{A} \approx 800$ kgcm/cm³.

Dem Hookeschen Gesetz für Normalspannungen σ, nämlich $\sigma = \varepsilon/\alpha = \varepsilon E$, entspricht dasjenige für Schubspannungen τ in der Form $\tau = \gamma/\beta = \gamma G$, wo γ die in Bogenmaß genommene **Winkeländerung**, β (cm²/kg) die **Schubzahl** und $G = 1/\beta$ der **Schubmodul** des Werkstoffs. (Unter der Wirkung der Schubspannungen ändert sich der ursprünglich rechte Winkel zwischen zwei Nachbarflächen eines quaderförmigen Stabelements um den kleinen Winkel γ. γ ist (wie ε) dimensionslos.

Zwischen den Größen α und β bzw. E und G besteht die Beziehung $\beta = \frac{2(m+1)}{m}\alpha$ oder $G = \frac{m}{2(m+1)}E$, wo m = Verhältnis „Dehnung: Querkürzung" die **Poissonsche Zahl.** Für die meisten Werkstoffe liegt m zwischen 3 und 4; für Metalle $m \approx 10/3$, so daß hier $\beta \approx 2{,}6\alpha$ und $G \approx 0{,}385\,E$. So ist für Flußstahl $E = 1/\alpha = 2100000$ kg/cm² und $G = 1/\beta = 808500 \approx 810000$ kg/cm².

G. Biegung.

Erläuterungen und Beispiele zu den Tafeln S. 98 bis S. 100.

Beispiel zu Tafel S. 98/99 (Abb. MF 42). Ein I-Eisen NP 50 hat $J_x = 68740$ cm⁴, $J_y = 2480$ cm⁴, $F = 180$ cm². Für den ganzen Querschnitt werden also nach Tafel S. 98, Fall 4 bzw. 1, und unter Beachtung von A XI die äquatorialen Trägheits- und Widerstandsmomente, sowie die Trägheitshalbmesser i (ohne Nietabzug):

$$J_x = 2 \cdot 68740 + \frac{60}{12}(53^3 - 50^3) = 137480 + 119385 \approx 256900 \text{ cm}^4,$$

$$J_y = 2 \cdot (2480 + 180 \cdot 17{,}5^2) + \frac{3 \cdot 60^3}{12} = 115210 + 54000 \approx 169200 \text{ cm}^4,$$

$W_x = J_x/26{,}5 = 9690$ cm³, $W_y = J_y/30{,}0 = 5640$ cm³, $F = 2\,(180 + 60 \cdot 1{,}5) = 540$ cm²,

$$i_x = \sqrt{J_x/F} = 21{,}8 \text{ cm}, \qquad i_y = \sqrt{J_y/F} = 17{,}7 \text{ cm}.$$

Wollte man die Angabe $J_x = 68740$ cm⁴ für ein I-Eisen NP 50 (Flanschbreite 18,5 cm, Stegdicke 1,8 cm, mittlere Flanschdicke 2,7 cm) nach Tafel S. 99 Fall 15 roh nachprüfen, so käme mit $B = 18{,}5$, $H = 50{,}0$, $b = 18{,}5 - 1{,}8 = 16{,}7$ und $h = 50 - 2 \cdot 2{,}7 = 44{,}6$ (cm): $J_x = \frac{BH^3 - bh^3}{12} = 69240$ cm⁴ (0,7 vH zu groß). — Bei Belastung in der y-Ebene könnte der Querschnitt Abb. MF 42 bei $\sigma'_{zul} = 1400$ kg/cm² ein Biegemoment $M = W_x\,\sigma'_{zul} = 9690 \cdot 1400 = 13566000$ kgcm ≈ 136 tm aufnehmen.

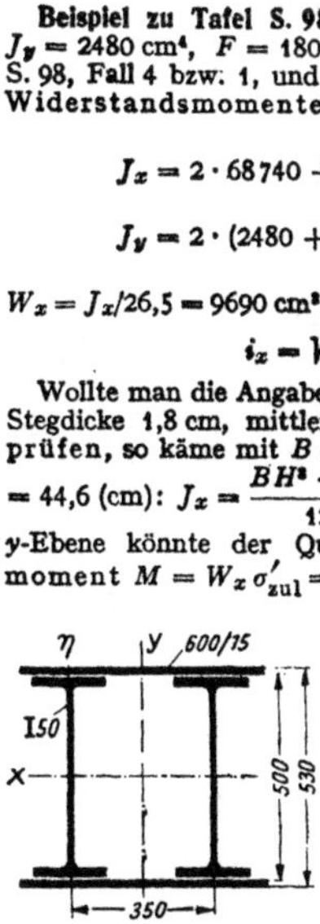

Abb. MF 42.

Beispiel 1 zu Tafel S. 100 (Abb. MF 43). Wünscht man im Fall 10 die Gleichheit der Durchbiegungen f_1 und f_2, so folgt aus $\frac{cl^2}{8} = \frac{c^2}{3}\left(c + \frac{3}{2}l\right)$ oder $c^3 + \frac{3}{2}lc = \frac{3}{8}l^2$ ein Verhältnis $c : l = 0{,}2183$, also $c = 0{,}2183\,l$.

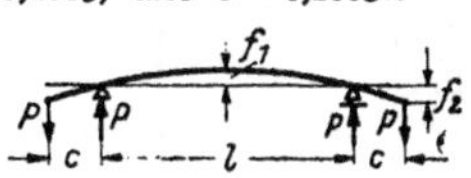

Abb. MF 43.

Beispiel 2 zu Tafel S. 100 (Abb. MF 44). Ein Leitungsmast aus nahtlosem Flußstahlrohr ($\sigma'_{zul} = 2200$ kg/cm²) hat bei $l = 10$ m den Spitzenzug $H = 500$ kg und als gleichmäßig verteilte Last den mit 125 kg je m² ebener Fläche zu rechnenden Winddruck $\mathfrak{W}$ aufzunehmen, wobei wegen der zylindrischen Mastform die Ansichtsfläche nur mit 50 vH anzusetzen ist. Gewählt wurde ein Rohr vom Außendurchmesser $D = 216$ mm

Flächeninhalte, Schwerpunktsabstände, Trägheits- und Widerstandsmomente gebräuchlicher Querschnitte.

Fall	Querschnitt	Flächeninhalt F	Schwerpunktsabstand e	Trägheitsmoment J	Widerstandsmoment $W = J$
1	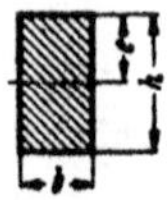	$b\,h$	$\frac{h}{2}$	$\frac{b\,h^3}{12}$	$\frac{b\,h^2}{6}$
2	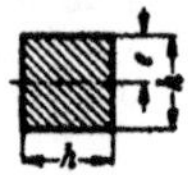	h^2	$\frac{h}{2}$	$\frac{h^4}{12}$	$\frac{h^3}{6}$
3		h^2	$\frac{h}{2}\sqrt{2}$	$\frac{h^4}{12}$	$\frac{h^3}{12}\sqrt{2} = 0{,}1179\,h^3$
4	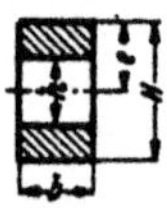	$b\,(H - h)$	$\frac{H}{2}$	$\frac{b}{12}(H^3 - h^3)$	$\frac{b}{6\,H}(H^3 - h^3)$
5	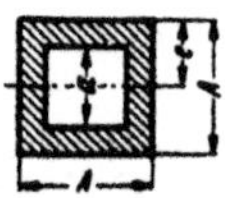	$A^2 - a^2$	$\frac{A}{2}$	$\frac{A^4 - a^4}{12}$	$\frac{1}{6}\,\frac{A^4 - a^4}{A}$
6	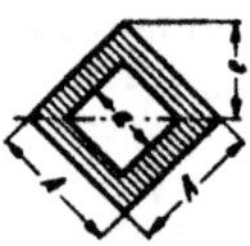	$A^2 - a^2$	$\frac{A}{2}\sqrt{2}$	$\frac{A^4 - a^4}{12}$	$\frac{A^4 - a^4}{12\,A}\sqrt{2} = 0{,}1179\,\frac{A^4 - a^4}{A}$
7	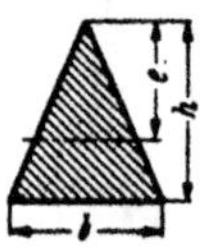	$\frac{b\,h}{2}$	$\frac{2}{3}\,h$	$\frac{b\,h^3}{36}$	$\frac{b\,h^2}{24}$
8		$(2b + b_1)\,\frac{h}{2}$	$\frac{3b + 2b_1}{3\,(2b + b_1)}\,h$	$\frac{6b^2 + 6bb_1 + b_1^2}{36\,(2b + b_1)}\,h^3$	$\frac{6\,b^2 + 6\,bb_1 + b_1^2}{12\,(3b + 2b_1)}\,h^2$

Flächeninhalte, Schwerpunktsabstände, Trägheits- und Widerstandsmomente gebräuchlicher Querschnitte.

Fall	Querschnitt	Flächeninhalt F	Schwerpunktsabstand e	Trägheitsmoment J	Widerstandsmoment $W = J/e$
9	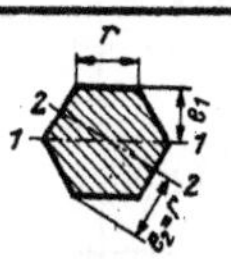	$2{,}598\,r^2$	$e_1 = 0{,}866\,r$ $e_2 = r$	$J_1 = J_2$ $= \frac{5\sqrt{3}}{16} r^4 = 0{,}5413\,r^4$	$W_1 = 0{,}625\,r^3$ $W_2 = 0{,}5413\,r^3$
10	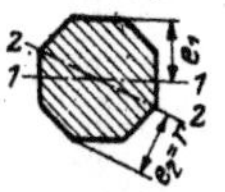	$2{,}828\,r^2$	$e_1 = 0{,}924\,r$ $e_2 = r$	$J_1 = J_2$ $= 0{,}6381\,r^4$	$W_1 = 0{,}6906\,r^3$ $W_2 = 0{,}6381\,r^3$
11	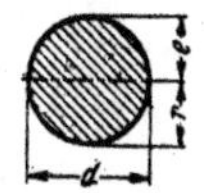	$\pi r^2 = \frac{\pi d^2}{4}$	$\frac{d}{2}$	$\frac{\pi d^4}{64} = \frac{\pi r^4}{4}$ $= 0{,}0491\,d^4 \approx 0{,}05\,d^4$ $= 0{,}7854\,r^4$	$\frac{\pi d^3}{32} = \frac{\pi r^3}{4}$ $= 0{,}0982 d^3 \approx 0{,}1\,d^3$ $= 0{,}7854\,r^3$
12	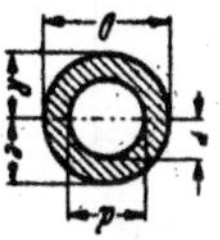	$\frac{\pi}{4}(D^2 - d^2)$	$\frac{D}{2}$	$\frac{\pi}{64}(D^4 - d^4)$ $= \frac{\pi}{4}(R^4 - r^4)$ $\approx 0{,}05\,(D^4 - d^4)$	$\frac{\pi}{32}\,\frac{D^4 - d^4}{D}$ $= \frac{\pi}{4}\,\frac{R^4 - r^4}{R}$
13	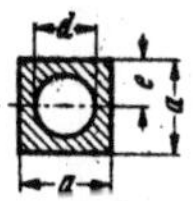	$a^2 - \frac{\pi d^2}{4}$	$\frac{a}{2}$	$\frac{1}{12}\left(a^4 - \frac{3\pi}{16} d^4\right)$	$\frac{1}{6a}\left(a^4 - \frac{3\pi}{16} d^4\right)$
14	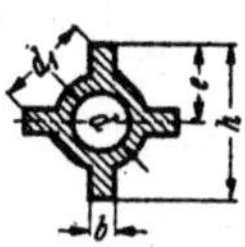	$2b(h - d_1)$ $+ \frac{\pi}{4}(d_1^2 - d^2)$	$\frac{h}{2}$	$\frac{1}{12}\Big[\frac{3\pi}{16}(d_1^4 - d^4)$ $+ b(h^3 - d_1^3)$ $+ b^3(h - d_1)\Big]$	$\frac{1}{6h}\Big[\frac{3\pi}{16}(d_1^4 - d^4)$ $+ b(h^3 - d_1^3)$ $+ b^3(h - d_1)\Big]$
15	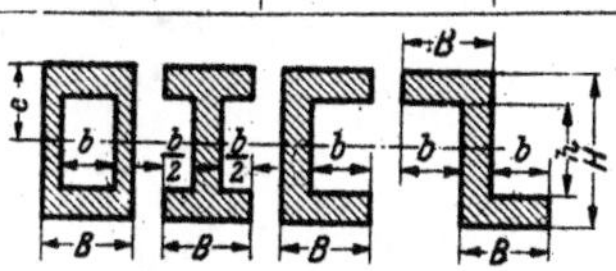	$F = BH - bh$	$e = \frac{H}{2}$	$J = \frac{BH^3 - bh^3}{12}$	$W = \frac{BH^3 - bh^3}{6H}$
16	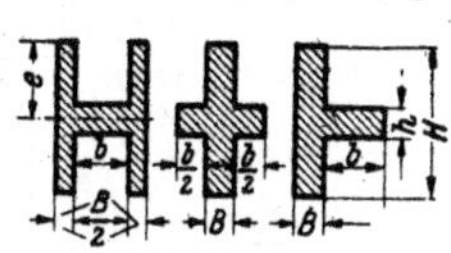	$F = BH + bh$	$e = \frac{H}{2}$	$J = \frac{BH^3 + bh^3}{12}$	$W = \frac{BH^3 + bh^3}{6H}$
17	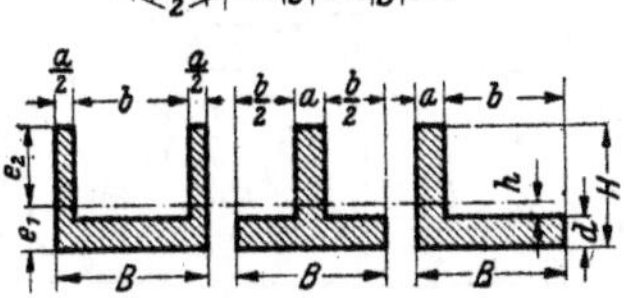	$F = BH - b(H - d)$	$e_1 = \frac{aH^2 + bd^2}{2(aH + bd)}$	$J = \frac{Be_1^3 - bh^3 + ae_2^3}{3}$	$W_1 = \frac{J}{e_1}$ $W_2 = \frac{J}{e_2}$

Trägerberechnung für einfache Belastungsfälle.

Fall	Belastungsart	Stützkräfte A, B Größt. Biegungsmoment M_{max}	Tragkraft P. Erford. Widerstandsmom. W	Durchbiegung f [1]	Gefährl. Querschnitt bei [1]
1	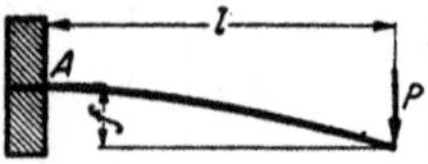	$A = P$ $M_{max} = P\,l$	$P = \frac{\sigma'_{zul}\,W}{l}$ $W = \frac{P\,l}{\sigma'_{zul}}$	$f = \frac{P l^3}{3 E J}$	A
2	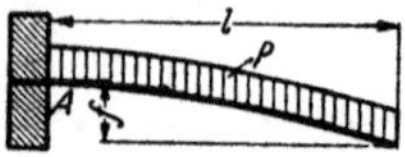	$A = P$ $M_{max} = \frac{P\,l}{2}$	$P = \frac{2\,\sigma'_{zul}\,W}{l}$ $W = \frac{P\,l}{2\,\sigma'_{zul}}$	$f = \frac{P l^3}{8 E J}$	A
3	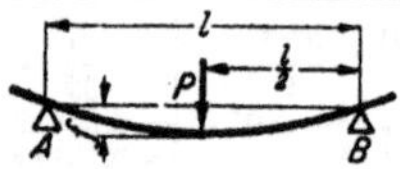	$A = B = \frac{P}{2}$ $M_{max} = \frac{P\,l}{4}$	$P = \frac{4\,\sigma'_{zul}\,W}{l}$ $W = \frac{P\,l}{4\,\sigma'_{zul}}$	$f = \frac{P l^3}{48 E J}$	in der Mitte
4	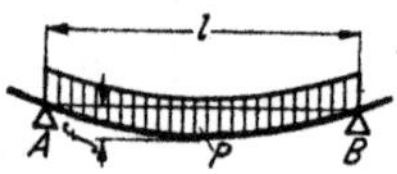	$A = B = \frac{P}{2}$ $M_{max} = \frac{P\,l}{8}$	$P = \frac{8\,\sigma'_{zul}\,W}{l}$ $W = \frac{P\,l}{8\,\sigma'_{zul}}$	$f = \frac{5 P l^3}{384 E J}$	
5	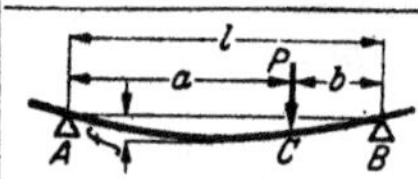	$A = \frac{P b}{l}$; $B = \frac{P a}{l}$ $M_{max} = \frac{P a b}{l}$	$P = \frac{\sigma'_{zul}\,W\,l}{a b}$ $W = \frac{P a b}{l\,\sigma'_{zul}}$	$f = \frac{P a^2 b^2}{3 E J l}$	C
6	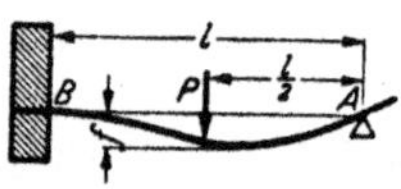	$A = \frac{5}{16} P$ $B = \frac{11}{16} P$ $M_{max} = \frac{3 P l}{16}$	$P = \frac{16}{3}\,\frac{\sigma'_{zul}\,W}{l}$ $W = \frac{3 P l}{16\,\sigma'_{zul}}$	$f = \frac{7 P l^3}{768 E J}$	B
7	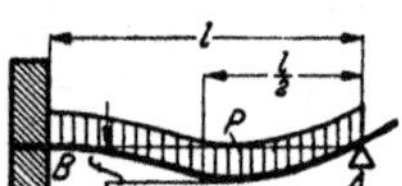	$A = \frac{3}{8} P$ $B = \frac{5}{8} P$ $M_{max} = \frac{P\,l}{8}$	$P = 8\,\frac{\sigma'_{zul}\,W}{l}$ $W = \frac{P\,l}{8\,\sigma'_{zul}}$	$f = \frac{P l^3}{185 E J}$	B
8	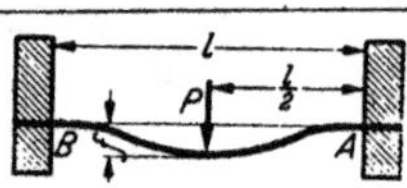	$A = B = \frac{P}{2}$ $M_{max} = \frac{P\,l}{8}$	$P = 8\,\frac{\sigma'_{zul}\,W}{l}$ $W = \frac{P\,l}{8\,\sigma'_{zul}}$	$f = \frac{P l^3}{192 E J} = \frac{1}{12}\,\frac{\sigma'_{zul}}{E}\,\frac{l^2}{h}$	A, B und in der Mitte
9	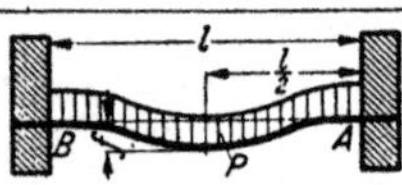	$A = B = \frac{P}{2}$ $M_{max} = \frac{P\,l}{12}$	$P = 12\,\frac{\sigma'_{zul}\,W}{l}$ $W = \frac{P\,l}{12\,\sigma'_{zul}}$	$f = \frac{P l^3}{384 E J} = \frac{1}{16}\,\frac{\sigma'_{zul}}{E}\,\frac{l^2}{h}$	A und B
10	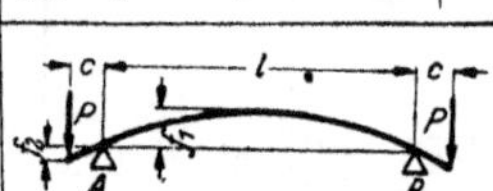	$A = B = P$ Für AB: $M = P\,c$ = konst.	$P = \frac{\sigma'_{zul}\,W}{c}$ $W = \frac{P\,c}{\sigma'_{zul}}$	$f_1 = \frac{P c l^3}{8 E J l}$ $f_2 = \frac{P c^2}{3 E J}\left(c + \frac{3 l}{2}\right)$	einer beliebigen Stelle zwischen A und B

[1]) Balkenquerschnitt und damit J konstant.

($8\frac{1}{2}''$), so daß $\mathfrak{W} = 0{,}5 \cdot 0{,}216 \cdot 10 \cdot 125 = 135$ kg. Nach Belastungsfall 1 und 2 S. 100 ist für die Einspannstelle $M_{\max} = Hl + \frac{\mathfrak{W}l}{2} = 500 \cdot 10 + 135 \cdot 5 = 5675$ kgm $= 567\,500$ kgcm, womit $W_{\mathrm{erf}} = \frac{M_{\max}}{\sigma'_{\mathrm{zul}}} = \frac{567\,500}{2200} = 258\ \mathrm{cm}^3 \approx 0{,}1 \cdot \frac{D^4 - d^4}{D}$ (vgl. Tafel S. 99, Fall 12). Hieraus $D^4 - d^4 = 258 \cdot 10 \cdot 21{,}6 = 55\,800\ \mathrm{cm}^4$ und $d^4 = 21{,}6^4 - 55\,800 = 161\,900\ \mathrm{cm}^4$, also $d = 20{,}06 \approx 20{,}0$ cm Innendurchmesser des Rohres.

Ausbiegung am freien Ende $f_{\max} = \frac{Hl^3}{3EJ} + \frac{\mathfrak{W}l^3}{8EJ} = \frac{l^3}{EJ}\left(\frac{H}{3} + \frac{\mathfrak{W}}{8}\right)$. Mit $J = \frac{\pi}{64}(D^4 - d^4) = 0{,}0491\,(21{,}6^4 - 20{,}0^4) = 2830\ \mathrm{cm}^4$, $l = 1000$ cm, $E = 2\,100\,000\ \mathrm{kg/cm}^2$ (Tafel S. 96), $H = 500$ kg und $\mathfrak{W} = 135$ kg wird $f_{\max} = 30{,}9$ cm, also rund $0{,}03\,l$.

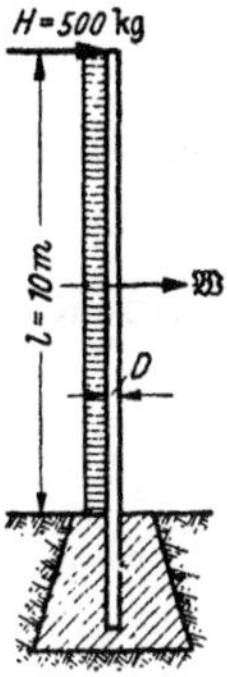

Abb. MF 44.

Ließe man nur $f'_{\max} = 0{,}02\,l = 20$ cm zu, so wäre für ein $J = \frac{30{,}9}{20{,}0} \cdot 2830 = 4380\ \mathrm{cm}^4$ zu sorgen.

Krangleisträger unter ruhender gleichmäßig verteilter Last Q und zwei beweglichen Einzellasten P im festen Abstand a (Abb. MF 45). Das größte Biegemoment tritt auf für

$$x = \frac{Ql + 2P(2l - a)}{2(Q + 4P)} \quad \text{und beträgt} \quad M_{\max} = \frac{x^2}{2l}(Q + 4P).$$

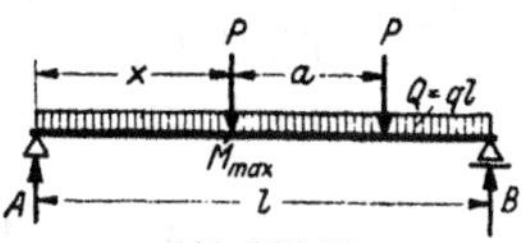

Abb. MF 45.

Die größte Durchbiegung ist bei unveränderlichem Trägheitsmoment

$$f_{\max} = \frac{\frac{5}{8}Ql^3 + P(l - a)[3l^2 - (l - a)^2]}{48EJ}.$$

Beispiel. $l = 10$ m, $a = 2$ m, $Q = 8$ t, $P = 12$ t, $\sigma'_{\mathrm{zul}} = 1200\ \mathrm{kg/cm}^2$, $f'_{\mathrm{zul}} = \frac{1}{1000}\,l = 1{,}0$ cm, $E = 2\,100\,000\ \mathrm{kg/cm}^2$. Hiermit wird

$$x = \frac{8 \cdot 10 + 2 \cdot 12(20 - 2)}{2(8 + 48)} = 4{,}57\ \mathrm{m}, \qquad M_{\max} = \frac{4{,}57^2}{20}(8 + 48) = 58{,}5\ \mathrm{tm},$$

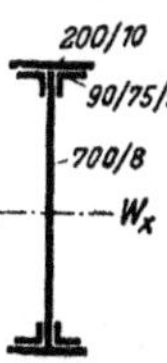

$$W_{\mathrm{erf}} = \frac{M_{\max}}{\sigma'_{\mathrm{zul}}} = \frac{5\,850\,000}{1200} = 4875\ \mathrm{cm}^3.$$

Löst man die Gleichung für f nach J auf, so kommt (alles in t und m):

$$J_{\mathrm{erf}} = \frac{\frac{5}{8} \cdot 8 \cdot 1000 + 12 \cdot 8\,[300 - 64]}{48 \cdot 2\,100\,000 \cdot 0{,}01} = 0{,}002\,74\ \mathrm{m}^4 = 274\,000\ \mathrm{cm}^4.$$

Gewählt zwei Blechträger, Abb. MF 46, mit $W_x = 2 \cdot 3130 = 6260\ \mathrm{cm}^3$ und $J_x = 2 \cdot 134\,900 = 269\,800\ \mathrm{cm}^4$ (nach „Stahl im Hochbau", Düsseldorf: Verlag Stahleisen, und Berlin: Springer).

Abb. MF 46.

In Abb. MF 47 ist die Querkraftfläche für die ungünstigste Laststellung gezeichnet, bei der die Mittelkraft $R = Q + 2P$ und die eine Einzellast P zur Trägermitte symmetrisch stehen müssen. $M_{\max}$ liegt dort, wo die Querkraft durch Null geht, und ist durch den Inhalt der positiven (oder auch der negativen) Querkraftfläche $\mathfrak{F}$ zu $M_{\max} = 58{,}5$ tm bestimmt.

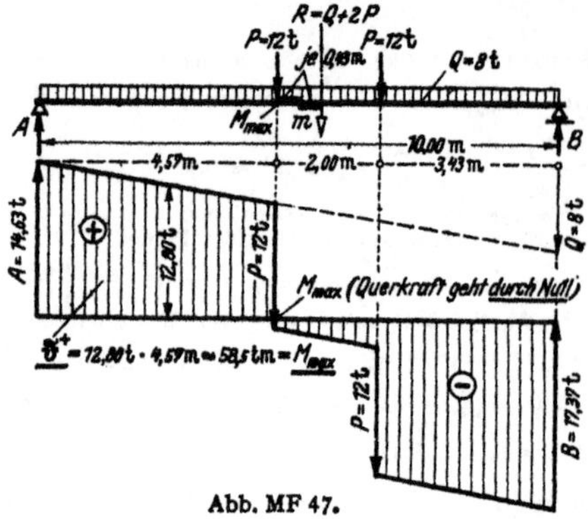

Abb. MF 47.

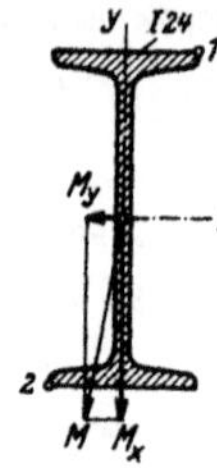

Abb. MF 48.

Schiefe Biegung (Abbildung MF 48). Das größte Biegemoment M habe die Seitenmonente $M_x = 320000$ kgcm und $M_y = 18000$ kgcm. I-Eisen NP 24 hat $W_x = 354\ \text{cm}^3$ und $W_y = 41{,}7\ \text{cm}^3$. Es sei $\sigma'_{\text{zul}} = 1400\ \text{kg/cm}^2$. Die größte vorhandene Biegespannung (bei 1 und 2) ist

$$\sigma'_{\text{vorh}} = \frac{M_x}{W_x} + \frac{M_y}{W_y} = \frac{320000}{354} + \frac{18000}{41{,}7}$$

$$= 904 + 431 = 1335\ \text{kg/cm}^2 < \sigma'_{\text{zul}}.$$

H. Schub.

Außer Biegespannungen treten im gebogenen Balken infolge der Schub- oder Querkraft Q (in der Symmetrieachse des Querschnitts F wirkend) **Schubspannungen** τ auf, die bei Verwendung der Formel $\tau = Q/F$ erheblich unterschätzt werden. Die τ sind ungleichmäßig über den Querschnitt verteilt.

Man rechne in Abb. MF 49 und 50 mit $\tau_{\max} = 1{,}5\,Q/F$ in der Schwerlinie xx des Rechtecks bzw. im Schwerpunkt S des Kreises, in Abb. MF 51

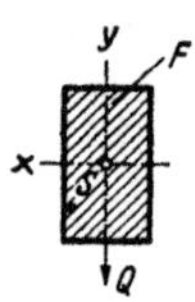

Abb. MF 49.

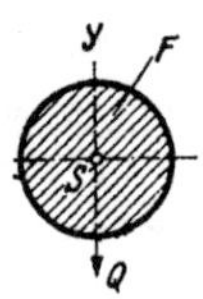

Abb. MF 50.

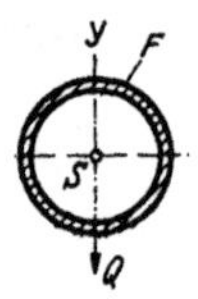

Abb. MF 51.

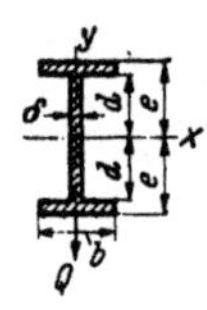

Abb. MF 52.

mit $\tau_{\max} = 2\,Q/F$ in der Schwerlinie xx des dünnwandigen Rohrquerschnitts und in Abb. MF 52 und 53 mit $\tau_{\max} = \dfrac{Q S_x}{\delta J_x}$ in der Schwerlinie des I-Querschnitts, wo J_x das Trägheitsmoment des vollen und S_x das statische Moment des halben Querschnitts bezüglich der x-Achse bedeutet. Dies führt in Abb. MF 52 auf $\tau_{\max} = 0{,}75\,\dfrac{Q}{\delta} \cdot \dfrac{b e^2 - (b-\delta) f^2}{b e^3 - (b-\delta) f^3}$; für Abb. MF 53 vgl. das folgende

Beispiel (Abb. MF 53). Ein L 150/150/14 hat $J_0 = 845\ \text{cm}^4$ bei $F = 40{,}3\ \text{cm}^2$, so daß

$$J_x = \frac{1}{12} \cdot 1{,}8 \cdot 100^3 + 4\,(845 + 40{,}3 \cdot 45{,}8^2) = 150000 + 341520 \approx 491500\ \text{cm}^4,$$

$$S_x = 1{,}8 \cdot 50 \cdot \frac{50}{2} + 2 \cdot 40{,}3 \cdot 45{,}8 = 2250 + 3691 \approx 5940\ \text{cm}^3,$$

womit bei $Q = 60000$ kg

$$\tau_{max} = \frac{Q S_x}{\delta J_x} = \frac{60000 \cdot 5940}{1{,}8 \cdot 491500} = 403\ \text{kg/cm}^2.$$

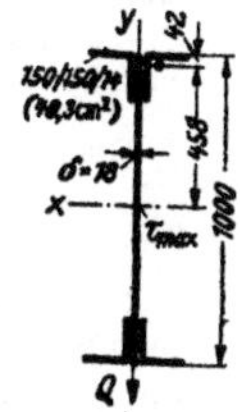

Abb. MF 53.

J. Knickung.

Schlankheitsgrad λ eines prismatischen Druckstabes = Stablänge l im Euler-Fall II dividiert durch Trägheitshalbmesser $i = \sqrt{J/F}$ des Querschnitts, also $\lambda = l/i$.

1. Bei **sehr schlanken Stäben,** und zwar für

Gußeisen $\lambda \geqq 80$, Weicher Flußstahl $\lambda \geqq 105$, Flußstahl $\lambda \geqq 89$, Nickelstahl bis 5 vH Ni $\lambda \geqq 86$, Holz $\geqq 100$,

Rechnung meist nach **Euler-Fall II** unter Wahl einer angemessenen Sicherheit ν, also bei mittigem Angriff der Belastung P mit

$$P = \frac{\text{Knickkraft } K}{\text{Sicherheit } \nu} = \frac{\pi^2 E J}{\nu l^2} \quad \text{oder} \quad J_{erf} = \frac{\nu P l^2}{\pi^2 E}.$$

Eulersche Formeln für die Knickkraft K.

Knickspannung σ_K (kg/cm²) ist die Druckspannung, bei der Knicken (Fall II) eintritt, also

$$\sigma_K = \frac{\pi^2 E J}{l^2 F}$$

(F in cm²)

oder mit $J/F = i^2$

$$\sigma_K = \frac{\pi^2 E}{\lambda^2}.$$

K in kg bei E in kg/cm², J in cm⁴, l in cm.

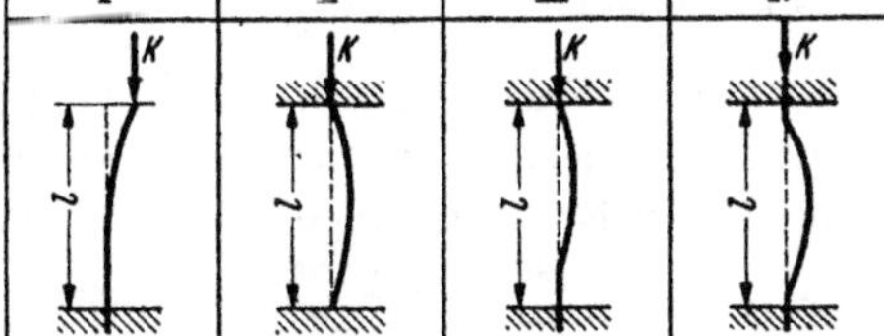

I	II	III	IV
Ein Ende eingespannt, das andere frei	Beide Enden frei, in der Stabachse geführt	Ein Ende eingespannt, das andere in der Stabachse geführt	Beide Enden eingespannt und in der Stabachse geführt
$K = \frac{\pi^2}{4} \cdot \frac{EJ}{l^2}$	$K = \pi^2 \cdot \frac{EJ}{l^2}$	$K \approx 2\pi^2 \cdot \frac{EJ}{l^2}$	$K = 4\pi^2 \cdot \frac{EJ}{l^2}$

Beispiel. Man stelle „Gebrauchsformeln" auf für sehr schlanke Baustützen (Euler-Fall II) in Gußeisen mit $\nu = 6$, in Flußstahl St 37 mit $\nu = 5$ und in Holz mit $\nu = 10$. — Für Gußeisen wird mit $\pi^2 \approx 10$, $E \approx 1000000$ kg/cm², P_t in t und l_m in m

$$J_{erf}\,(\text{cm}^4) = \frac{6 \cdot 1000\,P \cdot (100\,l)^2}{10 \cdot 1000000} = 6\,P_t\,l_m^2\,;$$

für Flußstahl $J_{erf} = 2{,}38\,P_t\,l_m^2$ bei $E = 2100000$ kg/cm²,

für Holz $J_{erf} = 100\,P_t\,l_m^2$ bei $E = 100000$ kg/cm².

Es handelt sich bei J_{erf} um das J_{min} des Querschnitts. So würde eine Baustütze aus Flußstahl bei $P_t = 10$ t und $l_m = 6$ m ein $J_{min\,erf} = 2{,}38 \cdot 10 \cdot 6^2 \approx 860\ \text{cm}^4$ erfordern, $\lambda = l/i \geqq 89$ vorausgesetzt, da ja sonst die Rechnung nach Euler unzulässig wäre. Wählte man etwa 2 I-Eisen NP 14 in 120 mm Mittenabstand, so hätte man $J_{min\,vorh} = 2 \cdot 573 \approx 1150\ \text{cm}^4$ bei $F = 2 \cdot 18{,}3 = 36{,}6\ \text{cm}^2$, also $i = \sqrt{J/F} = 5{,}61$ cm und $\lambda = l/i = 600/5{,}61 \approx 107 > 89$, wie es bei Euler sein muß. Die Druckspannung $\sigma_{d\,vorh} = \frac{10000}{36{,}6} \approx 275\ \text{kg/cm}^2$ bliebe erheblich unter der zulässigen. [Knickspannung $\sigma_K = \frac{\pi^2 E}{\lambda^2} \approx \frac{10 \cdot 2100000}{107^2} = 1830\ \text{kg/cm}^2$, so daß $\sigma_K/\sigma_{d\,vorh} \approx 6{,}6$.]

2. Bei **Schlankheitsgraden λ unterhalb** der bei 1. genannten Grenzen rechnet man im Hochbau nach dem ω-Verfahren (vgl. u. a. Hütte I), im Maschinenbau nach **v. Tetmajer,** dessen Versuche im sog. unelastischen Bereich der Knickung auf folgende Knickspannungen σ_K (kg/cm²) führten:

Gußeisen	$\sigma_K = 7760 - 120\lambda + 0{,}53\lambda^2$	für $\lambda \leqq 80$
Weicher Flußstahl	$\sigma_K = 3100 - 11{,}4\lambda$	„ $\lambda \leqq 105$
Flußstahl	$\sigma_K = 3350 - 6{,}2\lambda$	„ $\lambda \leqq 89$
Nickelstahl	$\sigma_K = 4700 - 23\lambda$	„ $\lambda \leqq 86$
Holz	$\sigma_K = 293 - 1{,}94\lambda$	„ $\lambda \leqq 100$

[Den Anschluß nach oben — für größere λ — gibt die Euler-Formel $\sigma_K = \pi^2 E/\lambda^2$. So ist für Flußstahl bei $\lambda = 89$ nach Tetmajer $\sigma_K = 3356 - 6{,}2 \cdot 89 \approx 2700\ \text{kg/cm}^2$, nach Euler $\sigma_K = \frac{3{,}14^2 \cdot 2100000}{89^2} = 2700\ \text{kg/cm}^2$]. Für ν-fache Sicherheit gilt dann: $\boldsymbol{P = F\sigma_K/\nu}$.

Beispiel. Schubstange kreisförmigen Querschnitts (d) aus weichem Flußstahl. Gegeben: $l = 160$ cm, $P = 25000$ kg, $\nu = 8$fache Sicherheit.

Nach Euler-Fall II ist $J_{erf} \approx \frac{\nu P l^2}{10 E} = \frac{8 \cdot 25000 \cdot 160^2}{10 \cdot 2100000} = 244\ \text{cm}^4 = \frac{\pi}{64} d^4$, entsprechend $d = 8{,}4$ cm. Trägheitshalbmesser $i = \sqrt{J:F} = \sqrt{\left(\frac{\pi}{64} d^4\right) : \left(\frac{\pi}{4} d^2\right)} = \frac{d}{4} = 2{,}1$ cm, so daß $\lambda = l:i = 160:2{,}1 \approx 76 < 105$, d. h. die Rechnung nach Euler ist unzulässig.

Nach Tetmajer ist hier $\sigma_K = 3100 - 11{,}4\,\lambda$, wo $\lambda = l : \frac{d}{4} = \frac{4\,l}{d} = \frac{640}{d}$, also $\sigma_K = 3100 - 11{,}4 \cdot \frac{640}{d} = 3100 - \frac{7296}{d}$. Die Formel $P = F\sigma_K/\nu$ führt auf $8 \cdot 25000 = \frac{\pi}{4} d^2 \left(3100 - \frac{7296}{d}\right) = \frac{\pi}{4} \cdot 3100 \left(d^2 - \frac{7296}{3100} d\right)$ oder $d^2 - 2{,}35 d = \frac{200000 \cdot 4}{3100\,\pi} = 82{,}3$, d. h. $\boldsymbol{d} = -1{,}175 + \sqrt{1{,}175^2 + 82{,}3} = \mathbf{10{,}3\ cm}$. Es ist $\lambda = \frac{4\,l}{d} = \frac{4 \cdot 160}{10{,}3} \approx 62 < 105$, wie es bei Tetmajer sein muß.

Bei dem einfachen Querschnitt war die unmittelbare Bemessung nach Tetmajer möglich. Im allgemeinen wird man einen Querschnitt annehmen — dann sind F und i (also auch λ und σ_K) bekannt — und die Sicherheit ν nachprüfen: $\nu = F\sigma_K/P$.

Dauerfestigkeit.

Dauerbrüche treten auf, wenn bei „wechselnder Beanspruchung" die Dauerfestigkeit des Werkstoffs an einer Stelle des betreffenden Bauteils überschritten wird. Abb. Df 1 und 2 lassen das Aussehen erkennen. Die glatte, mit „Rastlinien" durchsetzte Dauerbruchzone hat sich durch den anfangs sehr geringen, allmählich aber fortschreitenden Anriß gebildet. Die vielfach körnige Restbruchzone ist durch die plötzliche, gewaltsame Zerstörung entstanden, die eintrat, nachdem der Bauteil durch den Anriß weit genug geschwächt war. Der Restbruch erfolgt ohne vorherige Anzeichen, da der sehr feine Anriß meist nicht bemerkt wird. Daher ist öfteres Untersuchen wechselnd beanspruchter Bauteile auf Haarrisse notwendig.

Wechselnde Beanspruchung ist jede Beanspruchung, die zwischen zwei Grenzwerten pendelt. Zeitlicher Verlauf und Frequenz der Pendelung sind für die Dauerfestigkeit praktisch ohne Bedeutung. Im Idealfall ist der Verlauf sinusförmig gemäß Abb. Df 3.

Dauerfestigkeit ist der Grenzwert der wechselnden Beanspruchung, gekennzeichnet durch $\sigma_D = \sigma_m \pm \sigma_A$, der gerade noch beliebig lange ertragen wird; Bezeichnungen:

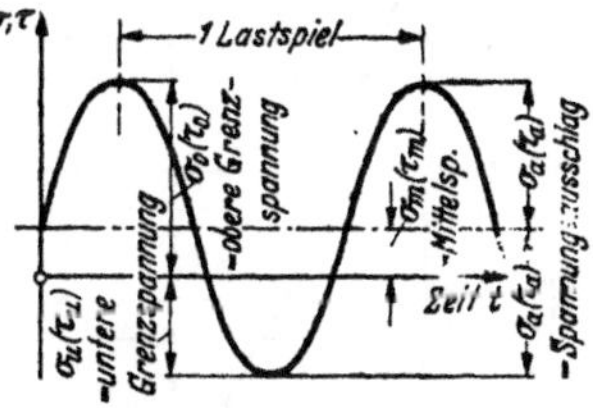

Abb. Df 3. Allgemeiner Verlauf einer wechselnden Beanspruchung.

$\sigma_D = \sigma_m \pm \sigma_A$ = Dauerfestigkeit (allgemeiner Oberbegriff).

σ_A = Spannungsausschlag der Dauerfestigkeit.

σ_a = Spannungsausschlag einer beliebigen Wechselbeanspruchung.

$\sigma_m = \dfrac{\sigma_0 + \sigma_u}{2}$ = Mittelspannung (Bedeutung von σ_0 und σ_u siehe Abb. Df 3).

σ_W = Wechselfestigkeit (Spannungsausschlag der Dauerfestigkeit für $\sigma_m = 0$).

σ_O = Oberspannung der Dauerfestigkeit. (Nur gültig bei gleichzeitiger Angabe der zugehörigen Unterspannung σ_u.)

σ_U = Ursprungsfestigkeit (Oberspannung der Dauerfestigkeit bei $\sigma_u = 0$).

Ermittlung erfolgt auf Dauerprüfmaschinen durch Aufnahme von Wöhlerkurven, Abb. Df 4, mit mindestens 5 bis 6 ganz gleichen Proben. Ermittelt wird bei zweckmäßig gestaffeltem Spannungsausschlag σ_a und bei gleichbleibender Mittelspannung σ_m die von den einzelnen Proben bis zum Bruch ertragene Anzahl N der Lastspiele. Die Wöhlerkurve ergibt sich, wenn man σ_a (im einfachen Maßstab) über den zugehörigen Werten von N (hierfür logarithmische Teilung) aufträgt. Der Spannungs-

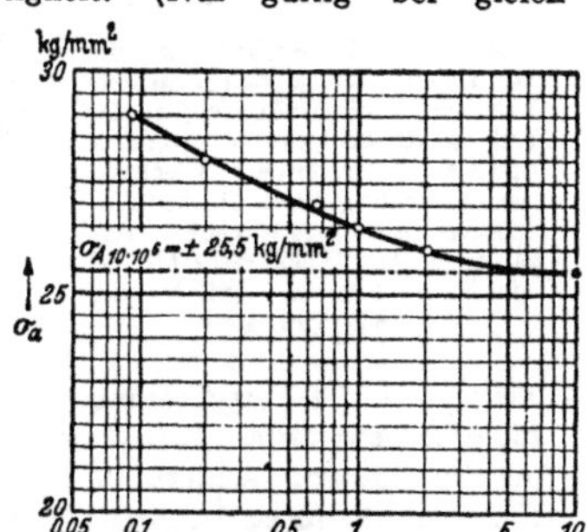

Abb. Df 4. Wöhlerkurve für St 50.11 bei Biegebeanspruchung, σ_a von 29 kg/mm² bei 0,095 · 10⁶ Lastspielen auf $\sigma_{A\,10\cdot10^6} = \pm 25{,}5$ kg/mm² bei 10 · 10⁶ Lastspielen abnehmend.

ausschlag der Dauerfestigkeit σ_A ist der Wert von σ_a, dem sich die Wöhlerkurve asymptotisch nähert. Die Näherung wird bei Probestäben au Stahl mit einem Durchmesser von 5 bis 15 mm etwa nach 10 Millionen Lastspielen erreicht. Bei Probestäben und Bauteilen großer Abmessunge liegt sie wesentlich höher (z. B. bei Kurbelwellen mit 250 mm Zapfendurchmesser bei 100 bis 150 Millionen Lastspielen). Die meisten Leichtmetalle haben keine Grenzspielzahl und keinen Grenzwert der Dauerfestigkeit. Man bestimmt hier zweckmäßig σ_A für 10^7 Lastspiele un kann außerdem angeben, um wieviel kg/mm² σ_A je Zehnerpotenz de Lastspielzahl weiter absinkt. Bei Duralumin und Dauerbiegebeanspruchung z. B. sinkt σ_A je Zehnerpotenz um ≈ 2 kg/mm², so daß für

$$N = 10^7 \ldots\ldots\ldots \sigma_A = \pm 14 \text{ kg/mm}^2,$$
$$N = 10^8 \ldots\ldots\ldots \sigma_A = \pm 12 \text{ kg/mm}^2,$$
$$N = 10^9 \text{ (1 Milliarde)} \ldots \sigma_A = \pm 10 \text{ kg/mm}^2,$$
$$N = 10^{10} \ldots\ldots\ldots \sigma_A = \pm\ 8 \text{ kg/mm}^2.$$

Die zugehörige Lastspielzahl heißt Grenzspielzahl. Zur Abkürzung der Versuchsdauer werden die Versuche häufig nicht bis zum Erreichen des waagerechten Astes der Wöhlerkurve durchgeführt. Zur eindeutigen Kennzeichnung ist deshalb bei der Angabe der Dauerfestigkeitswerte die Grenzspielzahl stets mit anzugeben. Es bedeutet z. B.

$\sigma_{D\,10\cdot10^6}$: Dauerfestigkeit bei einer Grenzspielzahl von 10 Mill.

$\sigma_{D\,2\cdot10^6}$: Dauerfestigkeit bei einer Grenzspielzahl von 2 Mill.

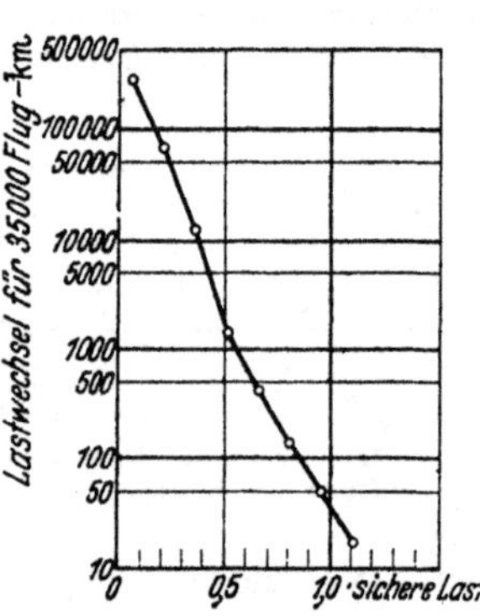

Abb. Df 5. Einheitskurve für die Häufigkeit der in den Tragwerken von Verkehrsflugzeugen der Lufthansa bei 35000 Flugkilometern auftretenden Wechselbeanspruchung. Die in der Abszissenachse aufgetragenen Amplituden der Wechselkraft sind als Vielfaches der „sicheren Last" gemessen.

Als Zeitfestigkeit bezeichnet man einen aus der Wöhlerkurve für eine bestimmte Lastspielzahl abgegriffenen Wert von σ_a, z.B. aus Abb. Df 4 für $N = 200000 = 0{,}2 \cdot 10^6$ ist die Zeitfestigkeit $\sigma_a = \pm 28$ kg/mm². Diese Wertung ist in Betracht zu ziehen, wenn ein Bauteil während seiner Lebensdauer nur eine begrenzte Anzahl von Lastspielen zu ertragen braucht (z. B. Flugzeugbauteil, Kanonenrohr).

Die richtige Behandlung dieser Aufgabe wird noch dadurch erschwert, daß bei derartigen Teilen die Wechselbeanspruchung meist unregelmäßig verläuft. Die Konstruktion muß dann so bemessen werden, daß die Teile, z. B. die Verschraubungen von Flugzeugtragflächen am Rumpf, nur für eine beschränkte Zeit (beim Flugzeug beschränkte Anzahl von Flugkilometern) halten. Andernfalls würde das Gewicht viel zu hoch. In diesen Fällen muß durch langfristige Messungen nach den Regeln der Großzahlforschung die Gesetzmäßigkeit der Belastung in Form einer Häufigkeitskurve festgestellt werden. Als Beispiel zeigt Abb. Df 5 die von der Deutschen Lufthansa gemessene mittlere Häufigkeitskurve (Einheitskurve) für die Betriebsbeanspruchung der Flügel von Verkehrsflugzeugen. — Bei Durchführung der Dauerprüfung muß das durch Unterteilung dieser Kurve in

Zahlentafel 1. Dauerfestigkeit [illegible] Werkstoffe

Werkstoff	Durchschnittliche Zusammensetzung C	Si	Mn	Ni	Cr	W	Zugfestigkeit	Streckgrenze	Dehnung	Dauerfestigkeit Wechselbiegefestigkeit	Wechselzugfestigkeit	Wechselverdrehfestigkeit	Ursprungsfestigkeit (Zug)
							σ_B	σ_S	δ_{10}	$\sigma_{Wb\,10^7}$	$\sigma_{Wz\,10^7}$	$\tau_{W\,10^7}$	$\sigma_{Uz\,10^7}$
	vH	vH	vH	vH	vH	vH	kg/mm²	kg/mm²	vH	kg/mm²	kg/mm²	kg/mm²	kg/mm²
St 37.11	0,12	0,1	0,4	—	—		37	22	23	±17	±12	±10	22
St 42.11	0,25	0,2	0,6	—	—	—	45	25	20	±19	±13,5	±11	24,5
St 50.11	0,35	0,25	0,7	—	—	—	55	31	18	±24	±18	±14	32
St 60.11	0,45	0,3	0,7	—	—	—	65	36	14	±28	±20	±16	36
St 70.11	0,6	0,4	0,7	—	—	—	75	42	10	±32	±23	±19	40
VCN 15 w	0,25…0,32	0,35	0,4…0,8	1,5	0,5	—	70	45	16…13	±32	±23	±19	38
VCN 15 h	0,32…0,40	0,35	0,4…0,8	1,5	0,5	—	80	56	15…12	±36	±26	±22	45
VCN 25 w	0,25…0,32	0,35	0,4…0,8	2,5	0,75	—	78	54	14…10	±34	±25	±21	42
VCN 25 h	0,32…0,40	0,35	0,4…0,8	2,5	0,75	—	88	61	12…8	±38	±28	±23	48
VCN 35 w	0,2…0,27	0,35	0,4…0,8	3,5	0,75	—	83	62	14…10	±36	±27	±21	46
VCN 35 h	0,27…0,35	0,35	0,4…0,8	3,5	0,75	—	98	73	12…8	±42	±30	±24	52
VCN 45	0,3…0,4	0,35	0,4…0,8	4,5	1,3	—	115	92	10…6	±46	±35	±28	60
Cr-Ni-W	0,3…0,5	0,2…0,3	0,3…0,5	3,5…4,5	0,9…1,2	0,5…0,7	120	100	10	±50	±37	±30	66
Grauguß Ge 12	3,3	2,33	0,5	—	—	—	11,6	—	—	± 6,0	—	± 4,5	—
Sonderguß Ge 24	2,94	2,0	1,07	—	—	—	24,8	—	—	± 9,0	—	± 7,5	—
Stahlguß, geglüht	0,20	0,28	0,61	—	—	—	49,6	30	23	±18	±12	±11	22
Federstahl	0,45	1,0	0,5	—	1,0	—	120	105	10	±54	±36	±30	—
Federstahl	0,54	0,25	0,82	—	1,1	Va 0,25	145	115	9	±60	±39	±32	—
	Al vH	Si vH	Cu vH	Zn vH	Mg vH					$\sigma_{Wb\,10^8}$	$\sigma_{Wz\,10^8}$	$\tau_{W\,10^8}$	$\sigma_{Uz\,10^8}$
Siluminguß	87	13	—	—	—	—	17,5	12	4,5	± 4,5	—	± 2,5	—
Elektronguß	—	—	—	4,5	95,5	—	17	13	4,5	± 6,5	—	± 3,0	—
Elektronpreßlegierung vergütet	—	—	—	4,5	95,5	—	36	20	14	±13	—	± 8,0	—
Duralumin, geglüht	94,4	0,3	4,0	Mn 0,5	0,5	Fe 0,3	27	12	18	±12	—	± 6,5	—
Aluminium, geglüht	99,5	—	—	Mn	—	Fe	9,8	5,5	24	± 5,0	—	± 3,0	—
Messing, geglüht	—	—	70	30	—	—	34	11	45	±15	—	± 8,5	—
Schmiedebronze, gewalzt	—	—	94	—	Sn 6%	—	57	43	21	±13	—	± 7,5	—
Kupfer(hartgezogen)	—	—	99,0	—	—	Fe	35	29	17	±12	—	± 5,0	—

etwa 10 Gruppen entstehende Belastungsprogramm aufgebracht werden. Es ist dann so oft zu wiederholen, bis der Bruch erfolgt. Die so erhaltene Anzahl von Wiederholungen gibt ein Maß für die Zeitfestigkeit. Neuerdings wird versucht, diese Prüfart durch entsprechend gebaute Maschinen selbsttätig ausführen zu lassen.

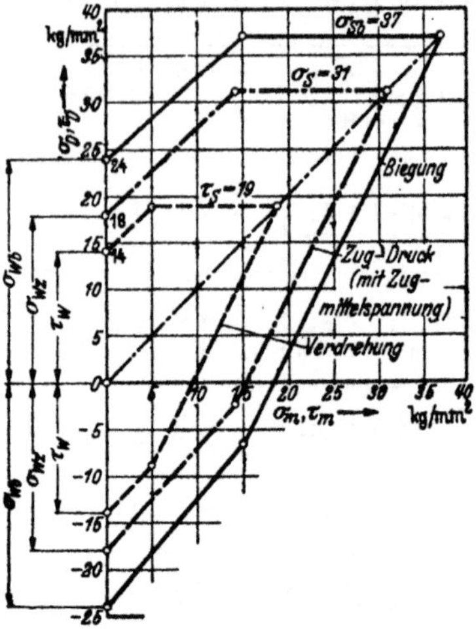

Abb. Df 6. Dauerfestigkeits-Schaubild von St 50.11, mittlere statische Festigkeitswerte: $\sigma_B = 55$ kg/mm²; $\sigma_S = 31$ kg/mm²; $\delta_{10} = 18$ vH. Durchschnittliche Analyse: C ≈ 0,35 vH, Si ≈ 0,25 vH, Mn ≈ 0.7 vH.

Das **Dauerfestigkeits-Schaubild,** Abb. Df 6 (Beispiel für St 50.11), zeigt die Dauerfestigkeit für Biegung, Zug-Druck und Verdrehung bei Prüfstäben von (meist) 10 mm Durchmesser (bzw. Dicke bei Flachproben), ideal-kerbfreier Form und polierter Oberfläche. Aus dem Schaubild kann man zu jeder Mittelspannung σ_m den Spannungsausschlag σ_A abgreifen. Das Schaubild ist bei der Wechselfließgrenze σ_S abzuschneiden; σ_S = Grenzwert von σ_m, bei dem der Probestab fließt, wenn ein geringer Spannungsausschlag von z. B. $\sigma_a = \pm 1$ kg/mm² aufgebracht ist. Der Spannungsausschlag σ_A ändert sich mit σ_m nur wenig, z. B. bei St 50.11 von $\sigma_m = 0$ bis $\sigma_m = \sigma_S$ um 10 vH, bei legiertem Stahl mit $\sigma_B = 120$ kg/mm² um 20 vH.

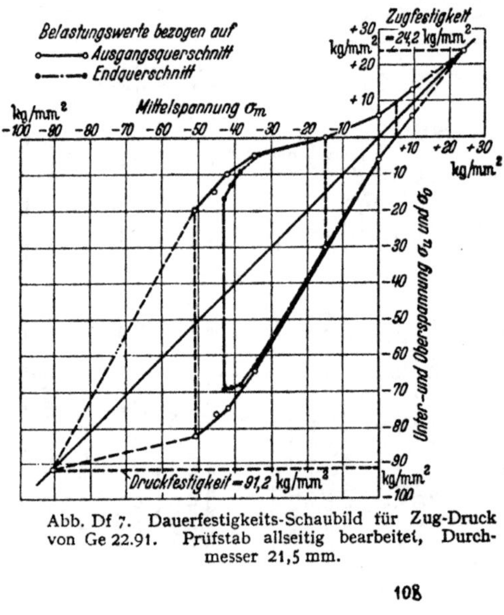

Abb. Df 7. Dauerfestigkeits-Schaubild für Zug-Druck von Ge 22.91. Prüfstab allseitig bearbeitet, Durchmesser 21,5 mm.

Wesentlich anders verläuft z. B. das Dauerfestigkeitsschaubild von Gußeisen, Abb. Df 7 [1]). Hier ist σ_A bei Zugmittelspannung wesentlich niedriger als bei Druckmittelspannung, z. B.

für $\sigma_m = +10$ kg/mm² ist $\sigma_A = \pm 3{,}5$ kg/mm²,
für $\sigma_m = -30$ kg/mm² ist $\sigma_A = \pm 26$ kg/mm².

Deshalb ist für die Berechnung dauerbruchsicherer Konstruktionen in erster Linie der Spannungs-

[1]) Nach M. Hempel: Z. VDI 1941 S. 290.

ausschlag σ_A maßgebend. Zahlentafel 1 zeigt statische Festigkeitswerte und Dauerfestigkeiten σ_{Wz}, σ_{Wb} und τ_W für einige Werkstoffe. Außerdem ist noch die Ursprungsfestigkeit für Zugbeanspruchung σ_{Wz} angegeben. Mit diesen Werten kann das Dauerfestigkeits-Schaubild aufgezeichnet werden. Diese Werte sind die höchst erreichbaren Grenzwerte.

Durch den **Einfluß der Werkstückgröße, der Oberflächenbeschaffenheit und der Formgebung** ist die Dauerfestigkeit der Bauteile selbst niedriger.

Die Erforschung des für die Praxis überaus wichtigen Einflusses der Werkstückgröße ist im Gang. Er ist offenbar weit stärker, als bisher angenommen war. Es liegen heute folgende Feststellungen vor, die wichtige Hinweise geben.

a) Für etwa 10 Stahlsorten der verschiedensten Festigkeit ergab sich bei Probestäben mit großem Kehlhalbmesser bei 30 mm Schaftdurchmesser eine Dauerbiegefestigkeit von rd. 85 vH des bei 7,5 mm Schaftdurchmesser erhaltenen Wertes.

b) Bei Probestäben aus St 50.11 ergab sich:
bei großem Kehlhalbmesser und

7,5 mm Schaftdurchmesser $\sigma_{wb} = 28$ kg/mm²
30 mm Schaftdurchmesser $\sigma_{wb} = 24$ kg/mm²
60 mm Schaftdurchmesser $\sigma_{wb} = 20$ kg/mm²
150 mm Schaftdurchmesser $\sigma_{wb} = 15$ kg/mm²

bei ganz scharf abgesetztem Übergang des Schafts in den Kopf, der den doppelten Durchmesser hatte, bei

7,5 mm Schaftdurchmesser $\sigma'_{wb} = 15$ kg/mm²
30 mm Schaftdurchmesser $\sigma'_{wb} = 11$ kg/mm²
60 mm Schaftdurchmesser $\sigma'_{wb} = 8$ kg/mm²
150 mm Schaftdurchmesser $\sigma'_{wb} = 6$ kg/mm²

c) Abb. Df 8 zeigt den Einfluß des Durchmessers bei Achsen mit aufgepreßtem Nabensitz. Dabei wurde die Dauerbiegefestigkeit von Modellachsen mit 40 mm Durchmesser gleich 100 vH gesetzt. Man erkennt, daß bei 160 mm Schaftdurchmesser (Eisenbahnradachsen) nur rd. 72 vH dieses Wertes, bei 300 mm Schaftdurchmesser nur rd. 63 vH erreicht werden.

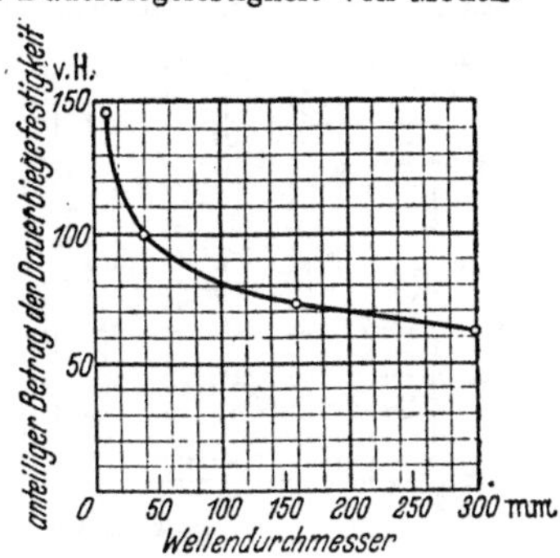

Abb. Df 8. Einfluß des Durchmessers auf die Dauerbiegefestigkeit von Achsen mit aufgepreßten Nabensitzen.

Der Einfluß von Oberflächenbearbeitung, Oberflächenverletzungen und Korrosion ist aus Abb. Df 9 zu entnehmen. Dieser Einfluß ist in erster Näherung von der Zugfestigkeit σ_B abhängig. Zur Berücksichtigung ist der Spannungsausschlag σ_A mit der aus Abb. Df 9 zu entnehmenden Kennzahl O_k zu multiplizieren.

Besonders gefährlich ist der Einfluß der Korrosion. Dabei sinkt die Dauerfestigkeit aller Stahlsorten etwa auf den gleichen Wert, und zwar an Probestäben von 5 bis 10 mm Schaftdurchmesser die Dauerbiegefestigkeit bei Korrosion mit Süßwasser etwa auf ± 10 kg/mm², mit Seewasser auf etwa ± 4 kg/mm². Die Grenzspielzahl wird dabei auch bei kleinen Probestäben erst nach 100 bis 200 Millionen erreicht. Bei Konstruktionsteilen aus Stahl, die einer Wechselbelastung ausgesetzt sind, muß daher Korrosion unter allen Umständen vollständig vermieden werden.

Beispiel. Gesucht: Dauerbiegefestigkeit von Federstahl $\sigma_B = 140$ kg/mm² mit Walzhaut; aus Zahlentafel 1 ergibt sich $\sigma_{Wb} = \pm 60$ kg/mm²; aus Abb. Df 9 für Walzhaut bei $\sigma_B = 140$ kg/mm², $O_k = 0{,}31$; also $\sigma_A = \pm 60 \cdot 0{,}31 = \pm 18{,}6$ kg/mm².

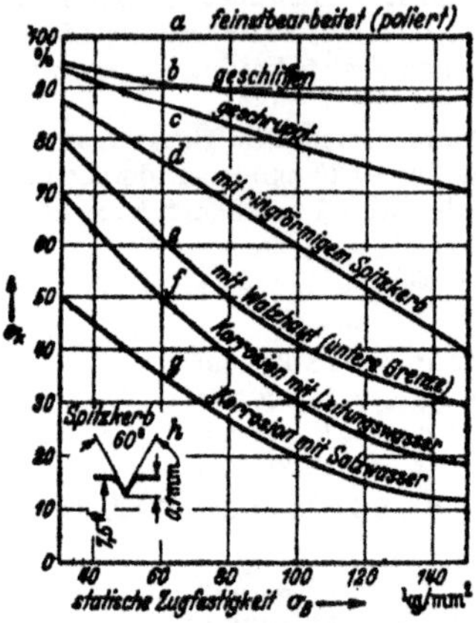

Abb. Df 9. Kennzahlen O_k für den Einfluß von Oberflächenverletzungen auf die Dauerbiegefestigkeit.

Einfluß der Formgebung. (Kerbwirkung konstruktiver Kerben.)

Die Dauerfestigkeit von ganzen Bauteilen wird ebenfalls durch Aufnahme von Wöhlerkurven an wenigstens je 6 gleichen Proben bei verschiedenem Spannungsausschlag ermittelt, wobei für jede Probe die bis zum Bruch ertragene Anzahl der Lastspiele N festgestellt wird. Dabei ergibt sich meist ein Streufeld, dessen untere Grenze für die Dauerfestigkeit maßgebend ist. Abb. Df 10 zeigt ein Beispiel. Angegeben wird entweder die Nenndauerfestigkeit, d. h. der nach den elementaren Formeln der Festigkeitslehre an der Bruchstelle errechnete Spannungsausschlag an der Dauerfestigkeitsgrenze oder die Kerbwirkungszahl β_k, d. h. das Verhältnis der Nenndauerfestigkeit des Bauteiles zum Spannungsausschlag der Dauerfestigkeit, welche der Werkstoff bei idealer Formgebung und Oberfläche hat. Einige der wichtigsten Ergebnisse sind nachstehend zusammengestellt.

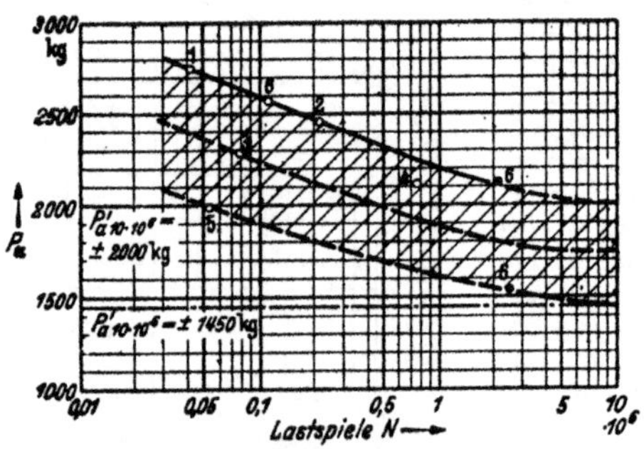

Abb. Df 10. Wöhlerschaubild mit Streufeld. o gebrochen; • nicht gebrochen.

Schrauben.

Werkstoff St 38.13, normale Ausführung mit Stahlmutter bei Schrauben bis zu 3/4″ Gewinde

$\sigma_A = \pm 4{,}5$ kg/mm² bei
$\sigma_m = 12$ bis 15 kg/mm²,

mit Gußeisenmutter

$\sigma_A = \pm 6$ kg/mm² bei
$\sigma_m = 15$ kg/mm².

Bei Schrauben mit 2″-Gewinde ist infolge des Größeneinflusses nur noch

$\sigma_A = \pm 3$ kg/mm².

Bei großen Gewinden, wie z. B. an Pressen, Kolbenstangenkupplungen von Großgasmaschinen, die aus St 50.11 hergestellt sind, kann man bei gut ausgerundetem Gewindegrund nur noch $\sigma_A = \pm 1{,}5$ bis 2 kg/mm² voraussetzen.

Bei kleinen Schrauben bis etwa 20 Ø:

Werkstoff Cr-Mo-Stahl mit $\sigma_B = 100$ kg/mm², Zugmutter, Gewindegrund stark ausgerundet: $\sigma_A = \pm 8$ bis 10 kg/mm² bei $\sigma_m = 15$ bis 20 kg/mm². Werkstoff W-F-100 (austenitischer Cr-Ni-Stahl mit 12 bis 15 vH Cr, 12 bis 15 vH Ni) kalt gezogen, Zugmutter, Gewindegrund stark ausgerundet, $\sigma_A = \pm 16$ bis 17 kg/mm² bei $\sigma_m = 25$ kg/mm². Nitrierte Schrauben $\sigma_A = \pm 20$ bis 25 kg/mm². Abb. Df 11 zeigt die richtige Formgebung für eine auf Wechselfestigkeit beanspruchte Schraubenverbindung. Bei Schrauben sehr großer Abmessungen Anwendung des „Solt-Gewindes" zu empfehlen. Messung der **richtigen Vorspannung** durch Messung der Längenänderung des Schraubenbolzens mittels Schraublehre. Bei Pleuelschrauben und anderen hochbeanspruchten Schrauben ist die richtige Vorspannung Vorbedingung für die Dauerhaltbarkeit. Solche Schrauben der Länge nach durchbohren, Meßstift einsetzen, der am unteren Ende der Bohrung befestigt; Bewegung des oberen Stiftendes gegen obere Stirnfläche des Schraubenbolzens gemessen mit Tiefenmikrometer gibt genaues Maß für die Vorspannung. Drehmoment-Meßschlüssel geben infolge der von Fall zu Fall unterschiedlichen Reibung im Gewinde stark streuende (etwa 1:3) Vorspannungen und sind deshalb unbrauchbar, wenn Vorspannung genau eingehalten werden muß.

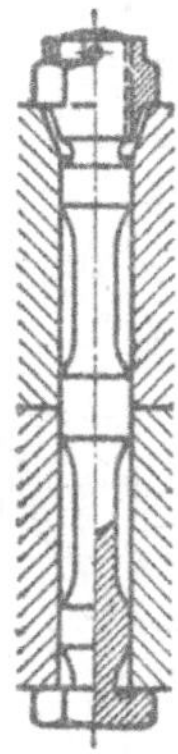

Abb. Df 11. Richtige Ausbildung einer durch Wechselkräfte beanspruchten Schraube.

Abb. Df 12 zeigt eine bei großen Schrauben, z. B. Zugankern von Groß-Dieselmotoren, anwendbare Vorspannpresse, die unbedingt zuverlässige Werte gibt. Die Kolbenstange der Presse wird auf das verlängerte Gewinde der anzuziehenden Schraube aufgeschraubt, nachdem die Mutter aufgesetzt ist. Der Kolben spannt, durch Drucköl betätigt, die Schraube mit der vorgeschriebenen Kraft. Dann wird die Mutter handfest angezogen, der Kolben entlastet und die Presse wieder abgenommen.

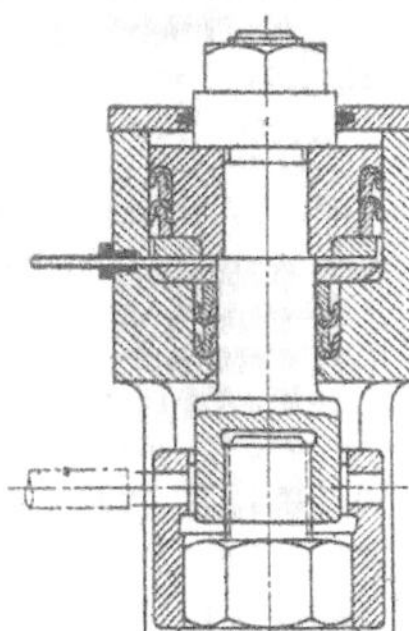

Abb. Df 12. Preßöl-Vorspannpresse für große Schrauben.

Nietverbindungen.

Abb. Df 13 zeigt das von Graf für zweireihige Nietverbindungen ermittelte Dauerfestigkeits-Schaubild. Die Werte für St 37 und St 52 fallen praktisch zusammen. Der Spannungsausschlag der Dauerfestigkeit σ_A ändert sich stark mit der Mittelspannung.

Beispiel. $\sigma_m = 0$; $\sigma_A = \pm 14$ kg/mm²
$\sigma_m = 7{,}5$; $\sigma_A = \pm 7{,}5$ „
$\sigma_m = 30$; $\sigma_A = \pm 3{,}5$ „

Schweißverbindungen.

Zum Erreichen von Schweißverbindungen hoher Dauerfestigkeit Laschen mit Stirn- und Flankennähten vermeiden; Stumpfschweißungen mit V- oder X-Naht und sorgfältig nachgeschweißter Wurzel. Der über die Oberfläche vorstehende Teil der Schweißung ist abzuschleifen, bis eine ganz glatte Fläche entsteht. Die geschweißten Teile werden zweckmäßig nach dem Spannungsfreiglühen mit Stahlsand abgeblasen, besonders sorgfältig an den Nähten.

Flankennaht aus St 37 $\sigma_A = \pm 4$ kg/mm²,

unbearbeitete V-Naht, Wurzel nachgeschweißt $\sigma_A = \pm 6$ kg/mm²,

bearbeitete V-Naht, Wurzel nachgeschweißt $\sigma_A = \pm 9$ kg/mm².

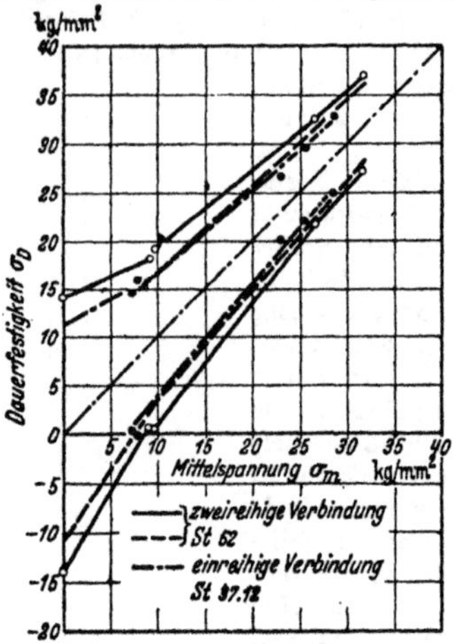

Abb. Df 13. Dauerfestigkeits-Schaubild von Nietverbindungen nach Graf. Ausgezogen: zweireihige Doppel-Laschennietung aus St 52, Nieten aus St 44; Grenzspielzahl 500000. Gestrichelt: vermutliche Dauerfestigkeit dieser Nietverbindungen bezogen auf eine Grenzspielzahl von 10 Millionen. Strichpunktiert: Dauerfestigkeit von einreihigen Doppel-Laschennietungen aus St 37, Nieten aus St 44, ermittelt für eine Grenzspielzahl von 2 Millionen.

Bei hochbeanspruchten Konstruktionen, namentlich bei St 52 und Plattenstärken über 20 mm sind — wenn irgend möglich — die Stücke vor dem Schweißen auf 100 bis 150° vorzuwärmen, um Schweißrissigkeit und Sprödigkeit zu begegnen. Maschinenteile, z. B. Gestelle, nach dem Schweißen stets bei etwa 600° mehrere Stunden lang spannungsfrei glühen und dann langsam im Ofen erkalten lassen.

Abb. Df 14 zeigt die Dauerfestigkeit von X-Stumpfnähten bei St 52.

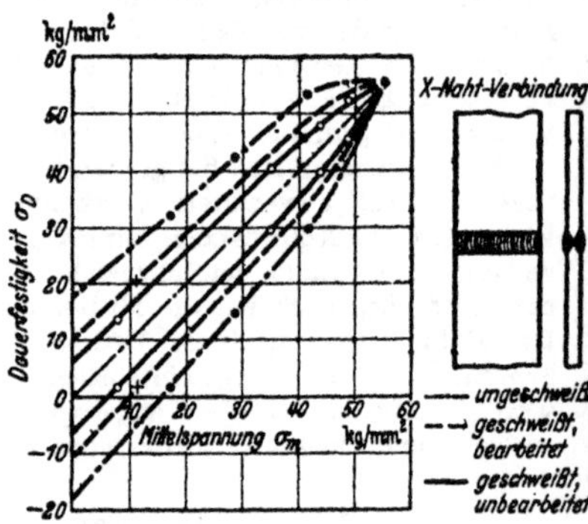

Abb. Df 14. Dauerfestigkeits-Schaubild von St 52 bei Zug-Druckbeanspruchung mit und ohne Schweißung nach Bierett.

Blattfedern,

einzelne Blätter mit Walz- und Härteoxydhaut aus Werkstoff mit $\sigma_B = 140$ bis 150 kg/mm².

Bei $\sigma_m = 40$ kg/mm² $\sigma_A = \pm 13$ bis 20 kg/mm² je nach Oberflächengüte, geschliffene Blätter bei $\sigma_m = 50$ kg/mm² . . . $\sigma_A = \pm 40$ bis 45 kg/mm², wird vor dem Härten der Federblätter die Walzhaut z. B. durch Abschleifen entfernt und werden die Blätter nach dem Härten allseitig mit Stahlsand unter bestimmten Bedingungen abgeblasen und dann etwa 0,05 mm dick verkupfert, so ergibt sich . . . . $\sigma_A = \pm 30$ bis 35 kg/mm², betriebsfertig geschichtete Blattfedern, Blätter mit Walzhaut . . . . $\sigma_A = \pm 10$ kg/mm²,[1])

biegebeanspruchte Schraubenfedern, gehärtet, Oberfläche mit Oxydhaut . . . . $\sigma_A = \pm 12$ bis 15 kg/mm².

(Einspann-Enden verstärkt ausbilden, mit großer Hohlkehle anschließen.)

Schraubenfedern.

Ventilfedern Drahtdurchmesser, etwa 4 mm, Klaviersaitendraht . . . . $\tau_A = \pm 15$ bis 18 kg/mm².

Cr-Si-Stahl aus geschliffenen Stangen, nach besonderem Verfahren gehärtet . . . . $\tau_A = \pm 25$ kg/mm².

Starkdrähtige Schraubenfedern $d = 20$ bis 35 mm üblicher Herstellung . . . . $\tau_A = \pm 4$ kg/mm²,

aus geschliffenen Stangen, cyangehärtet . . . $\tau_A = \pm 10$ bis 12 kg/mm²

τ_A bleibt von der Mittelspannung praktisch unbeeinflußt.

Drehstabfedern.

Widerstandsmoment des der Verzahnung der Köpfe einbeschriebenen Kreises mindestens 3 mal, besser 5 mal so groß wie das Widerstandsmoment des Schaftquerschnittes entsprechend $d_{Ki} \approx 1{,}45$ bis $1{,}70\, d_{Sch}$. Drehdauerfestigkeit bei $\tau_m = 35$ kg/mm², bei ungünstiger Herstellung $\tau_A = \pm 13$ bis 15 kg/mm². Bei sorgfältigster Härtung, Abschleifen der Oberfläche nach der Wärmebehandlung um etwa 1 mm, sorgfältigste Politur der Oberfläche τ_A bis ± 30 kg/mm². Wird die Oberfläche nach dem Härten unter besonderen Bedingungen mit Stahlsand abgeblasen oder gedrückt, so erreicht man $\tau_A = 35$ bis 40 kg/mm². Die günstigsten Werte werden mit Si-Stahl erreicht, wobei der Si-Gehalt $\approx 2\,\%$ oder $3\,\%$. Die Drehstreckgrenze der Stabfedern liegt bei $\sigma_B = 150$ bis 170 kg/mm² meist nicht höher als $\tau_S = 70$ kg/mm². Unter diesem Wert muß die Spitze der gesamten Drehbeanspruchung bleiben.

Stabköpfe.

Übliche Ausführung, Abb. Df 15 (Kreisringkopf), bei St 50.51

Bolzen mit üblichem Spiel . $\sigma_A = \pm 5{,}5$ kg/mm², $\sigma_U = 11$ kg/mm²;

Bolzen mit Gleitsitz . . . . $\sigma_A = \pm 6{,}5$ kg/mm²; $\sigma_U = 13$ kg/mm²;

60 vH überhöhter Scheitel gemäß Abb. Df 16:

Bolzen mit Spiel . . . . . . $\sigma_A = \pm 9$ kg/mm²; $\sigma_U = 18$ kg/mm².

Kettenglieder.

Bei geschweißten Ketten ohne Steg in üblicher Ausführung

$\sigma_A = \pm 4$ kg/mm².

Drahtseile, z. B. Bergwerkseile.

Bei $\sigma_m = 40$ bis 50 kg/mm² und schwellender Zugbeanspruchung $\sigma_A = \pm 6$ bis 7 kg/mm² (Achtung, sehr niedrig!) σ_m und σ_A bezogen auf den als Summe der Einzeldraht-Querschnitte ermittelten Gesamt-Querschnitt.

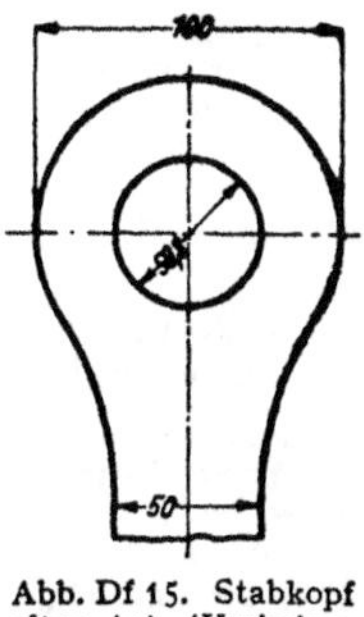

Abb. Df 15. Stabkopf alter Art (Kreisringform).

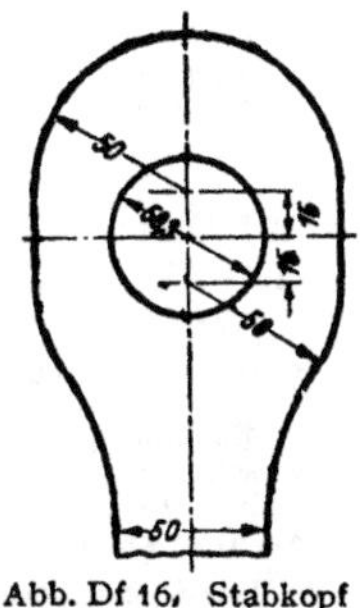

Abb. Df 16. Stabkopf verbesserter Form mit überhöhtem Scheitel.

[1]) Berechnung s. Dr.-Ing. E. Lehr VDI u. Dipl.-Ing. A. Weigand VDI: Spannungsverteilung in Federn. Forschg. Ing.-Wes. Bd. 8 (1937) Nr. 4, S. 161/169.

Abb. Df 17 zeigt schematisch die wichtigsten Form-Elemente der Wellen. Dies sind: 1. **Hohlkehlen**: Die Kerbwirkungszahlen β_k für biegebeanspruchte abgesetzte Wellen mit $D/d=2$ sind aus Abb. Df 18 zu entnehmen. Die Kurven sind nach der Zugfestigkeit σ_B der Werkstoffe gestaffelt. Aus Abb. Df 19 sind die Umrechnungszahlen zu entnehmen für den Fall, daß D/d kleiner ist als 2.

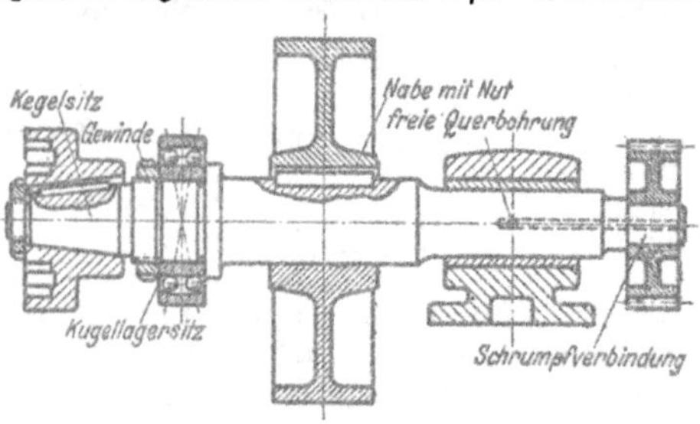

Abb. Df 17. Formelemente der Wellen.

Abb. Df 20 zeigt die entsprechenden Kerbwirkungszahlen für drehbeanspruchte Wellen. Bei der Berechnung ist außerdem noch der Einfluß des Durchmessers auf die Dauerfestigkeit zu berücksichtigen.

Hohlkehlen sind bei zugbeanspruchten Teilen, die einer Wechselbeanspruchung unterliegen, noch weit gefährlicher als bei Biegebeanspruchung.

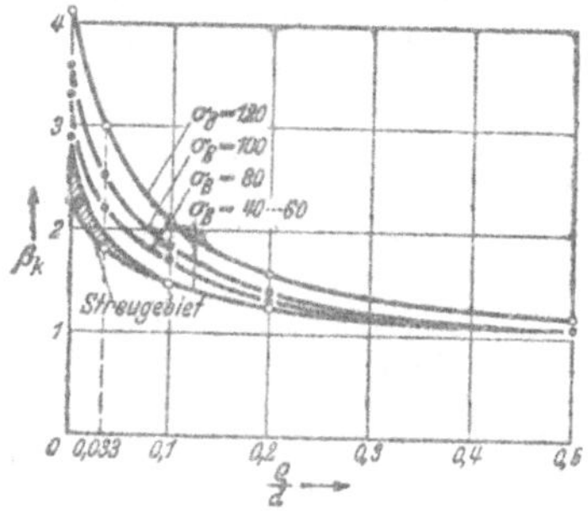

Abb. Df 18. Kerbwirkungszahl für biegebeanspruchte Wellen mit Hohlkehlen für $D/d = 2$, ermittelt an Wellen mit $d = 30$ mm.

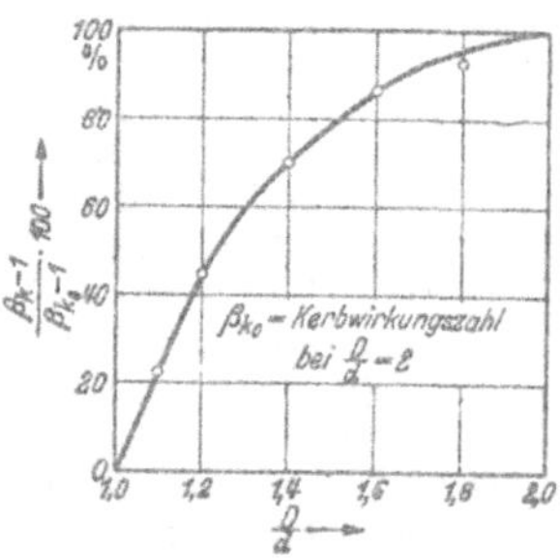

Abb. Df 19. Umrechnungszahl für den Einfluß des Durchmesserverhältnisses D/d kleiner als 2 auf die Kerbwirkungszahl von biegebeanspruchten Wellen mit Hohlkehlen.

Bei Vergütungsstahl von z. B. $\sigma_B = 100$ kg/mm² ist bei ganz scharfem Einstich $\beta_k \approx 8$.

Abb. Df 21 zeigt den Übergang einer schwingend beanspruchten Zugstange mit Spannkopf, bei dem **keinerlei Kerbwirkung** auftritt ($\beta_k = 1$).

Zahlenbeispiel. Biegebeanspruchte Welle $D = 80$ mm, $d = 50$ mm; (Hohlkehl-Halbmesser) $\varrho = 5$ mm; Werkstoff Cr-Mo-Vergütungsstahl mit $\sigma_B = 100$ kg/mm²; aus Abb. Df 18 für $D/d = 2$, $\varrho/d = 0{,}083$; $\sigma_B = 100$ kg/mm² ist $\beta_{k_0} = 2$; aus Abb. Df 19 für $D/d = 80/60 = 1{,}33$ ist $\beta_k - 1 = (\beta_{k_0} - 1) \cdot 0{,}65$. Somit $\beta_k = 1{,}65$.

Der Spannungsausschlag der Dauerbiegefestigkeit ist für den gewählten Stahl bei kleinen Proben und idealer Form $\sigma_A = \pm 45$ kg/mm²; er sinkt bei $d = 60$ auf rd. 67 vH, also auf $\sigma'_A = \pm 30$ kg/mm². Die Nennspannung der Welle kann also im Schaft von 60 Durchmesser ohne Sicherheit 18 kg/mm² betragen. Bei 1,3 facher Sicherheit ist eine Nennspannung von $\sigma_n = 14$ kg/mm² zulässig.

2. Querbohrungen: z. B. Schmierlöcher. Die Dauerfestigkeit von Wellen mit Querbohrung und 10 mm Durchmesser ist aus Abb. Df 22 zu entnehmen. Der Einfluß des Wellendurchmessers ist gesondert zu berücksichtigen.

3. Rundkerben: Für Rundkerben, wie sie an Eindrehungen von Wellenabsätzen vorkommen, ist im Mittel $\beta_k = 2$ zu setzen; sie sind möglichst zu vermeiden.

4. Spitzkerben sind unbedingt zu vermeiden, da hier β_k bis zu 6 ansteigt.

5. Nabensitze: Die Dauerbiegefestigkeit von glatten Wellen mit aufgepreßten oder aufgeschrumpften Naben mit abgerundeten Kanten liegt bei $d = 40$ mm zwischen 11 kg/mm² (St 50.11, $\beta_k = 2{,}3$) und 13 kg/mm² (legierter Stahl mit $\sigma_B = 120$ kg/mm², $\beta_k = 4{,}5$). Bei Wellen mit Nabensitzen aus St 60.11 bei 300 mm Durchmesser Dauerbiege-Nennfestigkeit $\pm 6{,}5$ bis 7 kg/mm², bei 160 mm Durchmesser ± 8 kg/mm². Das gleiche gilt für Kugellagersitze und Kupplungen. Um die volle Dauerfestigkeit zu erzielen, sind die Naben gemäß Abb. Df 23 auf einen Bund zu setzen, der bei St 50.11 und voller Welle einen Durchmesser von

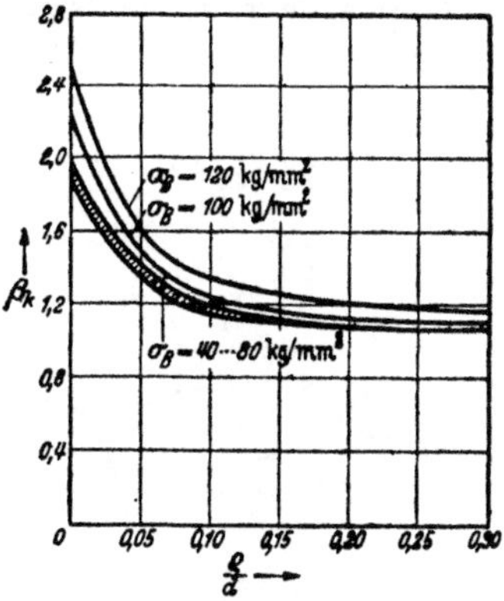

Abb. Df 20. Kerbwirkungszahlen für Wellen mit Hohlkehlen, die eine Drehwechsel-Beanspruchung erfahren; ermittelt bei $D/d = 1{,}4$.

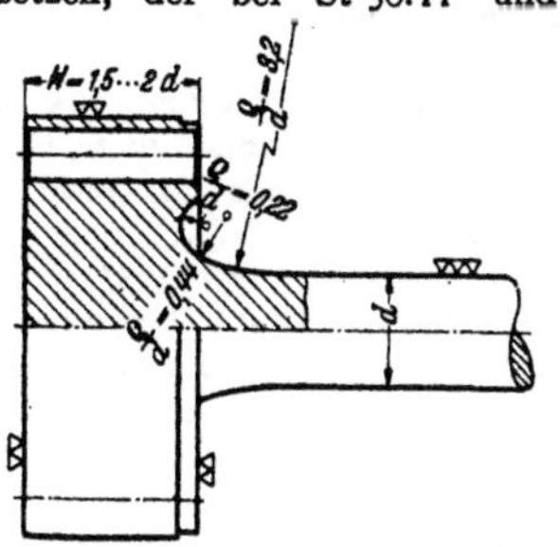

Abb. Df 21. Befestigung einer durch Wechselkräfte beanspruchten Zugstange mit kerbfreiem Übergang vom Schaft zum Kopf.

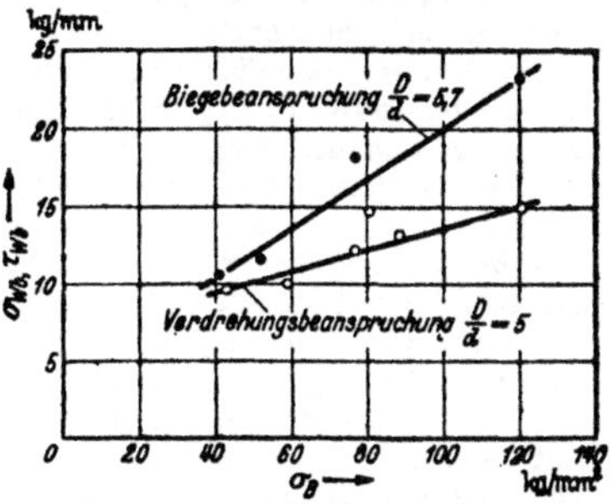

Abb. Df 22. Dauerfestigkeit von Wellen mit Querbohrung. D Durchmesser des Wellenschafts, d Durchmesser der Bohrung.

$d_B = 1{,}3\,d$, bei legiertem Stahl $d_B = 1{,}65\,d$ hat und mit Hohlkehlen vom Halbmesser $\varrho = d$ in die Welle übergeht. Bei Nichtbeachtung dieser Maßnahme ist die Verwendung von Stahl hoher Festigkeit zwecklos. Eine kegelig ausgestaltete Nabe bringt nur eine Erhöhung der Dauerfestigkeit von rd. 10 vH.

Nitrierte Wellen ergeben mit Nabensitz bei $d = 40$ mm eine Dauerbiegefestigkeit von ± 40 bis 45 kg/mm², bei Wälzlageraufspannung mit Mutter im Gewindekern eine Dauerbiegefestigkeit von ± 22 bis 25 kg/mm².

Wellen mit aufgekeilten Naben üblicher Ausführung haben bei St 50.11 und 40 mm Durchmesser eine Dauerbiegefestigkeit von $\sigma_{Wb} = 9$ bis 10 kg/mm². Bei Verwendung von Scheibenfedern, die eine besonders starke Kerbwirkung darstellen, sinkt die Dauerbiegefestigkeit auf 6 bis 7 kg/mm². Diese Werte sind auf den vollen Wellenquerschnitt bezogen (d. h. bei der Berechnung braucht der Einfluß der Querschnittsschwächung durch die Keilnut nicht berücksichtigt zu werden). Die entsprechenden Werte bei Drehschwingungsbeanspruchung sind noch nicht erforscht.

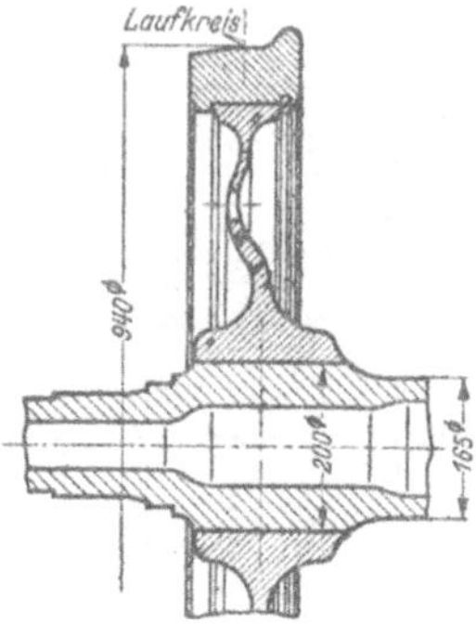

Abb. Df 23. Richtige Ausbildung von Wellen mit Nabensitzen. Beispiel hohle Eisenbahnradachse.

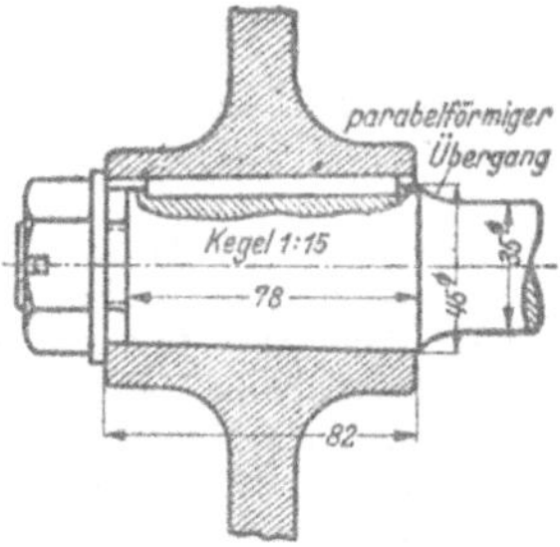

Abb. Df 24. Richtige Ausbildung von Wellen mit Kegelsitzen.

6. Kegelsitze: Bei Kegelsitzen gilt im wesentlichen das gleiche. Dauerbiegefestigkeit bei üblicher Ausführung und St 50.11 etwa 12, bei Vergütungsstahl bis zu 17 kg/mm². Richtige Ausbildung nach Abb. Df 24 mit verstärktem Ansatz.

Kurbelwellen üblicher Form aus St 50.11 sind so zu berechnen, daß die Biege-Nennspannung in Schenkeln und Zapfen 6 kg/mm² nicht übersteigt. Bei Drehschwingungsbeanspruchung muß der Spannungsausschlag der Nennspannung τ_A unter ± 5 kg/mm² bleiben. Kurbelwellen großer Abmessungen, z. B. $d = 250$ mm, haben bei Herstellung aus St 35.61 und üblicher Formgebung $\tau_{An} = \pm 4{,}0$ bis 4,3. Schmierbohrung darf nicht in der Kröpfungsebene angeordnet werden, sondern seitlich, so daß ihre Achse senkrecht zur Kröpfungsebene steht. Für höhere Beanspruchungen besondere, schwierig herzustellende Formgebung nötig, tonnenförmige („ausgekesselte") Bohrung, z. B. auf Vomag-Feinstbohrwerk herzustellen. Dabei mit legiertem Stahl von $\sigma_B \approx 120$ kg/mm² bei Wellendurchmesser von etwa 100 mm bis $\tau_A = \pm 16$ kg/mm² erreichbar.

Schrifttum.

Herold, W.: Wechselfestigkeit metallischer Werkstoffe. Berlin: Springer 1934. — Lehr, E.: Spannungsverteilung in Konstruktionselementen. Berlin: VDI-Verlag 1934.

Handbuch der Werkstoffprüfung, Herausgeber E. Siebel. Band I und II. Berlin: Springer 1940.

Lehr, E.: Formgebung und Werkstoffausnutzung. Stahl u. Eisen 1941 S. 965.

Thum, A., u. W. Buchmann: Dauerfestigkeit und Konstruktion. Berlin: VDI-Verlag 1932.

Martinaglia, L.: Schraubenverbindungen, Stand der Technik. Schweiz. Bauztg. 1942 S. 107.

Aus der Elektrotechnik.

(Vgl. Seite 77—80.)

A. Gesetzliche Einheiten.

Nach dem Reichsgesetz vom 1. Juni 1898 (R.-G.-Bl. S. 905).

Das (sog. internationale) **Ohm** ist die **Einheit des elektrischen Widerstandes.** Es wird dargestellt durch den Widerstand einer Quecksilbersäule von der Temperatur des schmelzenden Eises, deren Länge bei durchweg gleichem, 1 mm² gleich zu achtendem Querschnitt 106,3 cm[1]) und deren Masse 14,4521 g beträgt.

Das **Ampere** ist die **Einheit der elektrischen Stromstärke.** Es wird dargestellt durch den unveränderlichen elektrischen Strom, welcher bei dem Durchgang durch eine wässerige Lösung von Silbernitrat in einer Sekunde 0,001118[2]) g Silber niederschlägt.

Das **Volt** ist die **Einheit der elektromotorischen Kraft.** Es wird dargestellt durch die elektromotorische Kraft, welche in einem Leiter, dessen Widerstand 1 Ohm beträgt, einen elektrischen Strom von 1 Ampere erzeugt.

Diese Definitionen stimmen mit denjenigen überein, welche die internationale Elektrikerkonferenz zu London 1908 angenommen hat[3]).

Ohm'sches Gesetz:

$$\text{Stromstärke} = \frac{\text{Elektromotorische Kraft}}{\text{Widerstand}}, \qquad I = \frac{U}{R} = \text{Ampere} = \frac{\text{Volt}}{\text{Ohm}}.$$

B. Andere Einheiten.

Elektrischer Widerstand:

a) Sog. **„Legales Ohm"** nach dem Vorschlag des Internationalen Elektriker-Kongresses zu Paris 1884:
Der Widerstand einer Quecksilbersäule von 1 mm² Querschnitt und 106 cm Länge bei 0°.

b) **Siemens-Einheit** (S.-E.) ist der Widerstand einer Quecksilbersäule von 1 mm² Querschnitt mit 1 m Länge bei 0°.

c) **British-Association-Unit (B.A.U.)** ist der Widerstand einiger aus Draht verschiedenen Werkstoffs hergestellter Normale; 1 B.A.U. ist etwa gleich 0,987 Legales Ohm.

Das **Weston-Normalelement,** hergestellt nach den Vorschriften der Phys.-Techn. Reichsanstalt, mit gesättigter Kadmiumsulfatlösung, hat eine elektromotorische Kraft (international angenommen) von $1{,}0183 - 0{,}00004075\,(t - 20) - 0{,}00000094\,(t - 20)^2 + 0{,}00000001\,(t - 20)^3$ Volt, also bei

10°	1,01860 Volt	18°	1,01838 Volt
15°	1,01848 „	19°	1,01834 „
16°	1,01845 „	20°	1,01830 „
17°	1,01841 „	25°	1,01807 „

Das **Watt** (*Volt-Ampere*) ist die Leistung eines Stromes von 1 Ampere Stärke in einem Leiter, an dessen Enden eine Spannungsdifferenz von 1 Volt besteht.

1000 Watt sind **1 Kilowatt. Wattsekunde = Joule** = Arbeit von 1 Watt während 1 Sekunde. **Wattstunde** ist die **Arbeit** von 1 Watt während 1 Stunde. **Kilowattstunde** ist die Arbeit von 1000 Watt während 1 Stunde. 1 Pferdestärke = 736 Watt (genau 735,5) = 75 kgm in 1 Sekunde. 1 HP (horse-power) = 746 Watt (vgl. S. 80).

---

[1]) Der wahrscheinliche Wert ist 106,25 cm (Henning u. Jaeger, Handbuch der Physik, Bd. II, S. 499). Im Beschluß der Londoner Konferenz heißt es: 106,300.

[2]) Im Beschluß der Londoner Konferenz heißt es: 0,00111800.

[3]) E.T.Z. Bd. 30 (1909) S. 344.

Das **Coulomb** ist diejenige *Elektrizitätsmenge*, die in 1 Sekunde bei einer Stromstärke von 1 Ampere durch den Querschnitt eines Leiters fließt.

Das **Farad** ist die Kapazität eines Kondensators, der durch die Elektrizitätsmenge von 1 Coulomb auf die Spannung von 1 Volt geladen wird.

$1\,\mu F = 10^{-6}\,F = 9 \cdot 10^5$ cm.

Das **Henry** ist die Induktivität einer Strombahn, bei der eine Änderung der Stromstärke in 1 Sekunde um 1 Ampere eine induzierte Spannung von 1 Volt erzeugt.

C. Wechselstromgrößen.

Ein elektrischer Leiter vom Widerstand R und einer Induktivität L sowie einer Kapazität C hat bei einer Frequenz f einen Scheinwiderstand (Impedanz)

$$R_s = \sqrt{R^2 + \left(2\pi f \cdot L - \frac{1}{2\pi f \cdot C}\right)^2}.$$

Die Phasenverschiebung φ zwischen Strom und Spannung errechnet sich dann nach der Gleichung:

$$\operatorname{tg}\varphi = \frac{1}{R}\left(2\pi f \cdot L - \frac{1}{2\pi f \cdot C}\right).$$

Das Ohmsche Gesetz für einen Wechselstromkreis erhält die Form $I = \frac{U}{R_s}$.

Wirkleistung in einem Wechselstromkreis: $N = U \cdot I \cdot \cos\varphi$.

$\cos\varphi$ bezeichnet man als Leistungsfaktor.

Reiner Lichtbetrieb $\cos\varphi = 1$ } für Überschlagsrechnungen.
Motorenbetrieb $\cos\varphi = 0{,}85$ }

D. Leitungswiderstand.

$$R = \varrho \cdot l/F \text{ Ohm}$$

d. h., ein Leiter von der Länge l m und dem Querschnitt F mm² leistet einen Widerstand von $\varrho \cdot l/F$ Ohm. Hierbei ist ϱ eine vom Stoffe und der Temperatur des Leiters abhängige **Werkstoffkonstante,** der **spezifische Leitwiderstand;** $1/\varrho$ wird als spezifischer Leitwert, als **Leitfähigkeit** bezeichnet.

In nachfolgenden Tafeln finden sich Angaben über den Leitungswiderstand verschiedener Stoffe, von dessen Größe die Eignung für Leitungs- bzw. Isolierzwecke abhängt.

1. Widerstand in Ohm bei 1 m Länge und 1 mm² Querschnitt bei 20° C.

a) Metalle für Leitungen.			
Aluminium	0,029	Nickel, weich gegl.	0,087
Aluminiumbronze	0,13	Nickel, hart gew.	0,0855
Antimon	0,423	Platin	0,107
Blei	0,21	Quecksilber	0,958
Bronze	0,17	Silber	0,016
Chrom	0,026	Stahl, weich	0,1—0,2
Eisen	0,086	Stahl, gehärtet	0,4—0,5
Kupfer, rein	0,017	Tantal	0,12
Kupfer, gewöhnlich	0,018	Zink	0,06
Mangan	0,044	Zinn	0,12
Messing	0,07		
b) Werkstoffe für Widerstände.			
Bogenlichtkohle	etwa 60	Manganin	0,43
Gaskohle	50	Neusilber	0,36—0,4
Graphit aus Grönland	4,0	Nickelin	0,40
„ aus Sibirien	12,0	Patentnickel	0,34
Kruppin	0,85	Rheotan	0,45

2. Zulässige Strombelastung frei ausgespannter Drähte bei einer Drahttemperatur von 100° C.

Konstantan			Eisenhaltiger Chromnickel		
Nenn-durchm. in mm	Widerstand bei 20° C in Ω/m	Ampere	Nenn-durchm. in mm	Widerstand bei 20° C in Ω/m	Ampere
0,03	707	0,06	0,02	3500	0,03
0,06	177	0,13	0,025	2240	0,04
0,1	63,7	0,23	0,03	1560	0,05
0,16	24,9	0,39	0,04	875	0,07
0,2	15,9	0,50	0,05	560	0,09
0,3	7,07	0,83	0,06	389	0,10
0,4	3,98	1,20	0,07	286	0,11
0,5	2,55	1,60	0,08	219	0,12
0,7	1,30	2,50	0,09	173	0,13
1,0	0,637	4,00	0,1	140	0,15
1,2	0,442	5,10	0,11	116	0,17
1,4	0,325	6,35	0,12	97,3	0,19
1,6	0,249	7,65	0,14	71,5	0,23
1,8	0,196	9,00	0,16	54,7	0,26
2,0	0,159	10,50	0,18	43,2	0,30
2,5	0,102	14,50	0,2	35,0	0,33
3,0	0,0707	19,00	0,22	28,9	0,36
3,5	0,0520	24,00	0,25	22,4	0,41
4,0	0,0398	29,50	0,28	17,9	0,48
5,0	0,0255	41,00	0,3	15,6	0,58

3. Isolierstoffe.

Widerstand in Megohm eines Kubikzentimeter-Würfels (1 Megohm = 10^6 Ohm)

a) Feste Isolierstoffe.

Ceresin	$>5 \cdot 10^{12}$	Siegellack	$8 \cdot 10^{9}$
Quarz, geschmolzen	$>5 \cdot 10^{12}$	Bienenwachs, gelb	$2 \cdot 10^{9}$
Paraffin	$3 \cdot 10^{12}$	Porzellan, unglasiert	$3 \cdot 10^{8}$
Hartgummi	$1 \cdot 10^{12}$	Gewöhnliches Glas	$5 \cdot 10^{7}$
Glimmer, klar	$3 \cdot 10^{10}$	Linoleum	$1 \cdot 10^{6}$
Schwefel	$1 \cdot 10^{11}$	Mahagoni, paraffin.	$4 \cdot 10^{7}$
Bernstein	$5 \cdot 10^{10}$	Pappelholz, paraffin.	$5 \cdot 10^{5}$
Quarz, senkrecht zur optischen Achse	$3 \cdot 10^{10}$	Ton, gebrannt, ohne Glasur	$1 \cdot 10^{5}$
		Ahornholz, paraffin.	$3 \cdot 10^{4}$
Quarz, parallel zur optischen Achse	$1 \cdot 10^{8}$	Zelluloid, weiß	$2 \cdot 10^{4}$
		Schiefer	$1 \cdot 10^{3}$
Schellack	$1 \cdot 10^{10}$	Roter Fiber	$5 \cdot 10^{3}$

s. a. Abschnitt „Nichtmetallische Werkstoffe".

b) Flüssige Isolierstoffe

wechseln stark mit der chemischen Zusammensetzung und etwaigen Verunreinigungen.

Holzteer	$1700 \cdot 10^{6}$	Benzin	$14 \cdot 10^{6}$
Rohes Ozokerit	$450 \cdot 10^{6}$	Schweres Paraffinöl	$8 \cdot 10^{6}$
Stearinsäure	$350 \cdot 10^{6}$	Olivenöl	$1 \cdot 10^{6}$
Paraffinwachs	$110 \cdot 10^{6}$	Benzol	1300

4. Flüssigkeitswiderstände.

Widerstand in Ohm eines Kubikzentimeter-Würfels bei +18° C.

Schwefelsäure	5%	4,80	Zinksulfatlösung	5%	52,4
	10%	2,55		10%	31,2
	20%	1,53		15%	24,1
	30%	1,35		20%	21,3
Kochsalzlösung	5%	14,92	Kupfersulfatlösung	5%	52,9
	10%	8,27		10%	31,3
	15%	6,10		15%	23,8
	20%	5,11	Magnesiumsulfatlösung	5%	83,0
Ammoniak	1,6%	15,22		10%	24,2
	8,0%	9,63		15%	20,8
	16,2%	15,82		20%	21,0

5. **Elektrische Werte von Kunststoffen** (s. a. Abschn. „Nichtmetallische Werkstoffe").

	Widerstand im Innern $M\Omega$		Oberflächenwiderstand $M\Omega$		Dielektrizitätskonstante	Durchschlagfestigkeit kV/mm	Verlustwinkel $\operatorname{tg}\delta$ (800 Hz)
	direkt	n. 4 Tagen in 80% rel. Feuchtigkeit	direkt	n. 24 St. in Wasser			
Hartpapiere							
Klasse Stanzqualität	$50 \ldots 100 \cdot 10^3$	$2 \ldots 5 \cdot 10^3$	$50 \ldots 100 \cdot 10^3$	$2 \ldots 5 \cdot 10^3$			
„ Konstruktionsqualität	$150 \ldots 300 \cdot 10^3$	$15 \ldots 25 \cdot 10^3$	$150 \ldots 300 \cdot 10^3$	$15 \ldots 25 \cdot 10^3$	5,5	unter Öl	
„ Telephonbauqualität	10^6	$35 \cdot 10^3$	10^6	$35 \cdot 10^3$	5,4	20 … 35	0,006
„ Tropenqualität	10^6	$30 \ldots 50 \cdot 10^3$	10^6	$50 \cdot 10^3$	5,6		0,006
Hartgewebe (trocken)	10^3		bis 10^6	1000	5 … 6	20	0,2
Aminoplaste	$200 \cdot 10^3$	$100 \cdot 10^3$	10^6	$250 \cdot 10^3$	5	17	0,05
Phenoplaste							
Type S	$1 \ldots 5 \cdot 10^3$	300 … 1500	$1 \ldots 10 \cdot 10^3$	500 … 1000	5 … 7	15 … 20	0,05 … 0,15
„ 0	bis 10^6	bis $100 \cdot 10^3$	bis 10^6	bis $100 \cdot 10^3$	4,5 … 7	15 … 20	0,05 … 0,15
„ 1	600	400	1000	400	>10	5 … 10	0,5
„ M	600	400	1000	400	>10	5 … 10	0,5
„ T	1000	400	$10 \cdot 10^3$	500	5 … 6	10 … 15	0,1
„ 2			5000	500			
„ 3			5000	500			
Polystyrol (Trolitul)	$>3 \cdot 10^6$	$>3 \cdot 10^6$	$>3 \cdot 10^6$	$>3 \cdot 10^6$	2,3	50	0,0002
Azetylzellulose, Preß- und Spritzgußmassen	$500 \cdot 10^3$	$50 \cdot 10^3$	$300 \cdot 10^3$	$20 \cdot 10^3$	6	45	0,028
Polyvinyl-Akrylsäureester	$>10^6$	$>10^6$					
Vulkanfiber	>1000		>1000			3	
Zelluloid	25000	2000	$175 \cdot 10^3$	$17 \cdot 10^3$	5,9	30	0,025

E. Durchschlagswiderstand.

Ein Wechselstrom von 20000 Volt Spannung durchschlägt eine Isolierschicht von folgender Stärke:

Luft	34 mm	Isolieröl für Transformatoren	2,0 mm
Dicköl	9,64 „	Steinkohlenparaffin	2,2 „
Kabel Imprägniermasse	0,2 „	Muffenausgußmasse	0,45 „
Zeresin	0,65 „	Leinöl	7,5 „
Ozokerit	0,65 „	Stearinpech	8,0 „
Bienenwachs	0,25 „	Guttapercha	0,34 „
Paraffin	0.5 „	Nichtvulkanisierter Gummi	0,85 „
Venez. Terpentin	0,5 „	Vulkanisierter Gummi	1,2 „

Die Durchschlagsweiten wechseln stark, je nach der Reinheit der Stoffe und sind durchaus nicht verhältnisgleich der Spannung und Periodenzahl.

Überschlagfestigkeit von glasiertem Porzellan (Isolatoren) hängt von der Form des Isolators und von der Beschaffenheit der Luft (Feuchtigkeit) ab. Es läßt sich also keine allgemeingültige Angabe machen. (Erfahrungswerte beim Hersteller.)

F. Pferdestärke — Kilowatt.

(Vgl. S. 79.)

Eine Reihe der maßgebendsten wissenschaftlichen und technischen Gesellschaften und Vereinigungen sowie führende Großfirmen haben beschlossen, die Bezeichnung „Pferdestärke" in Zukunft, wenn möglich, nicht mehr anzuwenden. An Stelle der Leistungseinheit PS, die 75 Kilogrammmeter, oder HP (horse-power), die 76 Kilogrammeter in der Sekunde beträgt, ist die absolute Leistungseinheit 10^{10} Erg/s zu setzen, die mit Kilowatt, Großpferd oder Neupferd (NP) bezeichnet wird und praktisch 102 Kilogrammetern in der Sekunde entspricht.

1 PS = 0,9863 HP = 0,7350 kW = 75 kgm/s
1 HP = 1,0139 PS = 0,7447 kW = 76,05 kgm/s
1 kW = 1,360 PS = 1,341 HP = 101,98 kgm/s
1 Pferdestärkestunde PSh = 270000 kgm
1 Kilowattstunde kWh = 367000 kgm

1 kgm = 7,2331 Fußpfund engl.
1 Fußpfund engl. = 0,13825 kgm
1 HP = 550 Fußpfund engl.
1 PS = 542,48 „ „

$$M_d \text{ (mkg)} = 975 \cdot \frac{N \text{ (kW)}}{n \text{ (U/min)}}$$

G. Elektrische Antriebe für Werkzeugmaschinen.

I. Regelmöglichkeiten der Elektromotoren.

Vom Antrieb der Werkzeugmaschine verlangt man im allgemeinen einen möglichst großen Drehzahlregelbereich, um mit einer Mindestzahl von Getriebestufen auszukommen. Innerhalb des Regelbereiches wird eine gleichbleibende Leistung gefordert. Je nach der zur Verfügung stehenden Stromart ergeben sich verschiedene Regelmöglichkeiten.

a) Gleichstrom.

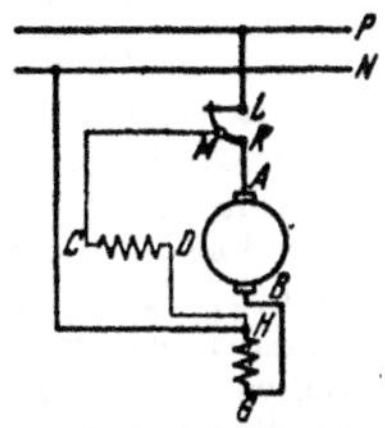

Abb. E 1. Schaltung eines Nebenschlußmotors mit Wendepolen für Rechtslauf.

Zum Antrieb der Werkzeugmaschinen verwendet man Nebenschlußmotoren oder fremd erregte Motoren. Beim Nebenschlußmotor ist eine Drehzahlregelung durch Feldänderung in normaler Ausführung bis höchstens 1:3 möglich (Sonderausführungen 1:5 und darüber). Die Grenzen der Regelung sind durch die elektrischen Verhältnisse der Maschine gegeben. Innerhalb des Regelbereiches bleibt die Leistung gleich. Aus elektrischen Gründen sind die größeren Nebenschlußmotoren oft mit einer zusätzlichen Reihenschlußwicklung versehen.

Genormte Klemmenbezeichnungen bei Gleichstrommaschinen:

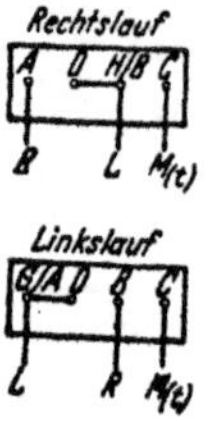

Anker	*A—B*
Nebenschlußwicklung	*C—D*
Reihenschlußwicklung	*E—F*
Wendepolwicklung bzw. Kompensationswicklung	*G—H*
Fremderregte Magnetwicklung	*I—K*
Leitung, unabhängig von Polarität	*L*
Netz, Zweileiter (Negativ-Positiv)	*N—P*
„ Dreileiter	*N—O—P*
„ Nulleiter	*O*
Anlasser	*L, M, R*
Magnetregler (*s* mit Schleifkontakt verbunden)	*s—t*

Dieselben Bezeichnungen tragen die Klemmen der zugehörigen Anlasser.

Abb. E 2. Klemmenbrett. — Die Enden der Hilfspolwicklungen (Wendepol- bzw. Kompensationswicklungen) führen die Hersteller meistens nicht zum Klemmenbrett, sondern verbinden im Innern der Maschine bei Rechtslauf *H* mit *B*, bei Linkslauf *G* mit *A*.

Benutzt man zum Antrieb einen fremderregten Motor, so kann man die Drehzahl durch Änderung der angelegten Spannung regeln. Dies ist wirtschaftlich nur dadurch möglich, daß man sich die veränderliche Spannung durch einen besonderen Generator erzeugt. Diese Art der Regelung führt zum Leonard-Antrieb. Für den Fall, daß kein Gleichstrom für die Erregungen zur Verfügung steht, erzeugt man sich die Gleichspannung durch einen selbsterregten Generator, der auf der Welle der Antriebsmaschine des Generators sitzt, oder durch einen Gleichrichter. Der Leonard-Antrieb überstreicht einen Regelbereich von 1 : 10. Er hat aber innerhalb dieses Bereiches keine Leistungsgleichheit.

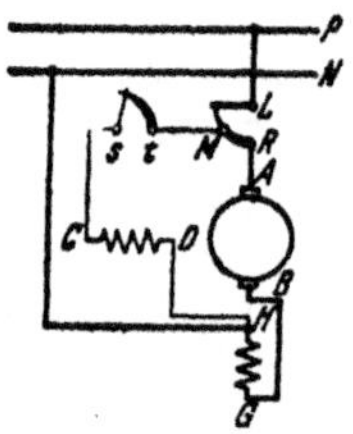

Abb. E 3. Schaltung eines Nebenschlußmotors mit Wendepolen und Feldregler für Rechtslauf.

Reihenschlußmotoren werden wegen der Gefahr des Durchgehens im Leerlauf nicht zum Antrieb von Werkzeugmaschinen verwendet. Man benutzt sie in kleinen Einheiten für Hilfsantriebe und Schnellverstellungen.

b) Drehstrom.

Genormte Klemmenbezeichnungen bei Drehstrommaschinen:

Netz, Drehstrom mit drei Leitungen	*R, S, T*
„ „ „ vier „	*R, S, T, O*
Ständer bei verketteter Schaltung	*U, V, W*
„ „ offener „	*U, V, W, X, Y, Z*
Läufer (dreiphasig)	*u, v, w*

Der verbreitetste Antriebsmotor dieser Stromart ist der Drehstrom-Kurzschlußläufer. Er ist sehr einfach aufgebaut. Nur der Ständer ist mit einer isolierten Wicklung ausgerüstet. Die drei Anfänge und die drei Enden der Wicklung sind herausgeführt und tragen die Bezeichnung *U*, *V*, *W* und *X*, *Y*, *Z*. Steht eine Spannung von 380 Volt zur Verfügung, so muß man den Ständer in Stern schalten, d. h. *X*, *Y* und *Z* miteinander verbinden. Bei einer Spannung von 220 Volt muß er in Dreieck geschaltet werden, wobei die Klemmen wie folgt verbunden werden: *X* mit *V*, *Y* mit *W* und *Z* mit *U*. Aus dem Leistungsschild ist ersichtlich, ob die angegebene Schaltart sich durchführen läßt, da ja die Ständerwicklung bei Dreieckschaltung für die höchste in Frage kommende Schaltung ausgelegt sein muß. Durch Vertauschen zweier Phasen der Netzzuführungsleitung kann die Drehrichtung umgekehrt werden. Der Läufer mit seiner Kurzschlußwicklung hat die Eigenschaft, sich jeder Polpaar-Zahl anzupassen. Man hat daher die Möglichkeit, durch Polumschaltung des Ständers die Drehzahl in ganzzahligen Sprüngen zu regeln. Da ja aus dem Kurzschlußzustand angefahren wird, treten sehr hohe Ströme auf. Um die hohe Stromaufnahme herabzusetzen, seien im folgenden die beiden gebräuchlichsten Möglichkeiten genannt:

1. Man setzt beim Anfahren die Spannung mittels eines Stern-Dreieckschalters herunter. Der Ständer wird zuerst in Stern-, dann in Dreieck geschaltet.

2. Man vergrößert beim Anfahren den Widerstand im Läufer auf elektrischem Wege (Doppelnutläufer).

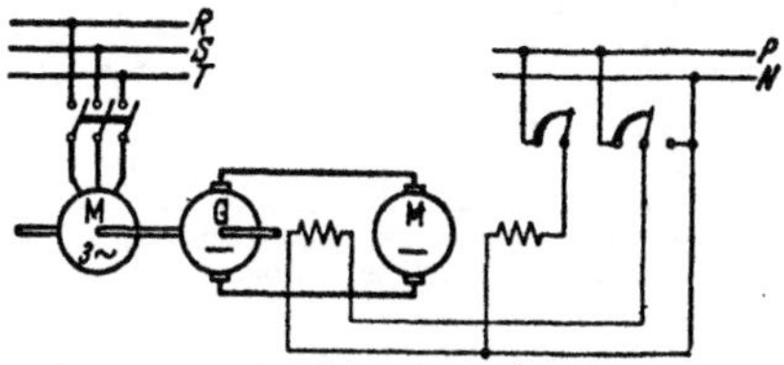

Abb. E 4. Leonard-Schaltung.

Da der Kurzschlußläufer beim Anfahren nur ein kleines Drehmoment entwickelt, ist ein Anlaufen unter Last nicht möglich. Ist man gezwungen, unter Last anzufahren, so muß man in den Stromkreis der Läuferwicklung regelbare Widerstände einschalten. Durch diese Maßnahme verkleinert man den Anfahrstrom bei gleichzeitiger Erhöhung des Anfahrdrehmomentes. Die in Stern geschaltete Läuferwicklung muß dann isoliert ausgeführt sein. Die Enden der Wicklung sind zu Schleifringen geführt, über die man dann die Widerstände einschaltet. Um die Bürsten nicht dauernd auf den Schleifringen laufen zu lassen, schließt man die Wicklung nach dem Anfahren in sich selbst kurz und hebt gleichzeitig die Bürsten ab.

Bei Werkzeugmaschinen verzichtet man wegen des aussetzenden Betriebes im allgemeinen auf diese Maßnahme. Die Umkehr der Drehrichtung erfolgt auch hier wieder durch Vertauschen zweier Phasen der Netzzuleitung. Schleifringläufer lassen sich auch polumschaltbar ausführen, wobei jetzt natürlich auch die Läuferwicklung polumschaltbar sein muß.

Eine wirtschaftliche Drehzahlregelung ist nur durch Verwendung besonderer Regelsätze möglich.

Drehstrom-Kollektormotoren finden wegen des hohen Preises nur wenig Verwendung für den Antrieb von Werkzeugmaschinen.

Die höchste erreichbare Drehzahl bei normalen Drehstrommotoren beträgt:

$$n = \frac{f \cdot 60}{p}.$$

Abb. E 5. Schaltbild eines Drehstrommotors mit Schleifringläufer.

Für eine Frequenz $f = 50$ und eine Polpaarzahl $p = 1$ wird $n = 3000$ U/min, abzüglich Schlupf. Höhere Drehzahlen als 3000 U/min, wie sie z. B. die Holzbearbeitungsindustrie braucht, lassen sich nur durch Erhöhung der Frequenz erreichen. Dies bedingt bei Anschluß an Anlagen mit $f = 50$ besondere Frequenzwandler.

Eine andere Lösung stellt der Doppelläufermotor dar, bei dem zwei Kurzschlußläufermotoren ineinandergeschachtelt sind. Zwischen dem Ständer und dem Läufer befindet sich noch ein ringförmiger umlaufender Körper, der innen die Ständerwicklung für den auf der Welle sitzenden Läufer und außen die Läuferwicklung für den äußeren Motor trägt. Der Ständerwicklung des inneren Motors wird der Strom über Schleifringe zugeführt. Die Drehzahl der Welle ergibt sich aus der Summe der Drehzahlen beider Motoren abzüglich zweimal Schlupf. (Bei Vollast $\approx$ je 6%.)

II. Voll-Laststromverbrauch der Motoren, Mindest-Kupferquerschnitt der Leitungen und Stärke der Sicherungen.

220 Volt Gleichstrom.

Nennleistung in kW	0,125	0,25	0,5	0,7	1,1	2,2	3,0	5,5	7,5	11,0	15,0	22,0	30,0	40,0	5
Wirkungsgrad in %	64	68	70	72	75	78	80	82	83	83	84	85	86	87	8
Strom in der Zuleitg. in Amp.	0,9	1,7	3,3	4,5	6,7	13	17	31	41	60	81	118	160	210	2
Querschnitt der Zuleitung in mm²	1	1	1	1	1,5	2,5	4,0	10	16	25	35	50	70	95	1
Sicherung	4	6	6	6	10	15	20	35	60	80	100	125	160	225	3

Für die Zuleitung der Magnetwicklung ist bis zur Leistung von 50 kW ein Kupferquerschnitt von 1 mm² ausreichend.

220 Volt Drehstrom.

Nennleistung in kW	0,125	0,25	0,5	0,75	1,1	2,2	3,0	5,5	7,5	11,0	15,0	22,0	30,0	40,0	50
Leistungsfaktor $\cos\varphi$	0,66	0,69	0,73	0,75	0,77	0,80	0,81	0,84	0,85	0,85	0,85	0,86	0,87	0,88	0,
Wirkungsgrad in %	67	70	75	77	80	83	84	85	86	87	87	88	89	89	9
Strom in der Zuleitg. in Amp.	0,7	1,4	2,4	3,4	4,7	8,7	11,5	20	27	39	53	77	102	134	1
Querschnitt der Zuleitung in mm²	1	1	1	1	1	1,5	2,5	4	10	10	16	25	50	70	9
Sicherung	2	2	6	6	6	10	15	25	35	50	60	80	125	160	2

380 Volt Drehstrom.

Strom in der Zuleitg. in Amp.	0,4	0,8	1,4	2,0	2,7	5,0	6,7	10,2	16,0	23,0	31,0	44,0	59,0	78,0	96
Querschnitt der Zuleitung in mm²	1	1	1	1	1	1	1,5	2,5	4	10	10	16	25	35	5
Sicherung	2	2	4	4	6	6	10	15	20	35	35	50	80	100	12

$\cos\varphi$ und Wirkungsgrad wie bei 220 Volt Drehstrom.

Die Zahlentafeln stellen nur Richtwerte dar, da der Wirkungsgrad und bei Drehstrommotoren auch der Leistungsfaktor von der Drehzahl abhängen.

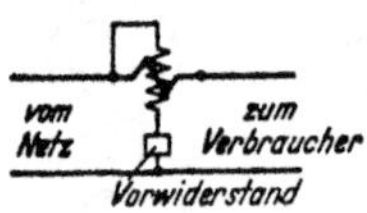

Abb. E 6. Leistungsmessung bei Wechselstrom.

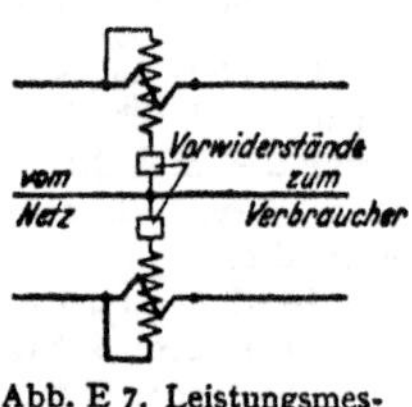

Abb. E 7. Leistungsmessung bei Drehstrom.

III. Leistungsmessung.

Leistung des Gleichstroms:

$$N = U \cdot I = \text{Spannung} \times \text{Strom}.$$

Leistung des Wechselstromes:

$$N = U \cdot I \cdot \cos\varphi = \text{Spannung} \times \text{Strom} \times \text{Leistungsfaktor (Phasenverschiebung)}.$$

Mißt man gleichzeitig Strom und Spannung (Produkt = Scheinleistung), so ergibt sich der Leistungsfaktor aus folgender Beziehung:

$$\cos\varphi = \frac{U \cdot I \cdot \cos\varphi \text{ (Wattmeterangabe)}}{U \cdot I}.$$

Messung der Drehstromleistung bei ungleichmäßiger und gleichmäßiger Belastung.

$N_1 + N_2 = N$ Gesamtleistung. Es ist auf das Vorzeichen zu achten.

IV. Sicherungen und Schalter.

Alle Elektromotoren sowie die Zuleitungen zu diesen vertragen nur eine gewisse Höchststromstärke. Um die Maschinen vor unzulässig hoher Erwärmung oder gar Beschädigung zu schützen, muß dafür gesorgt werden, daß der Strom selbsttätig unterbrochen wird, wenn die höchstzulässige Stromstärke überschritten wird. Die einfachsten Sicherungen sind die Schmelzpatronen, die für folgende Stromstärken hergestellt werden: 2, 4, 6, 10, 15, 20, 25, 35, 50, 60, 80, 100, 125, 160 und 200 Ampere.

Als Mindestausrüstung für jeden Motor kommen Sicherungen und Ausschalter in Frage, mit deren Hilfe eine allpolige Abschaltung vom Netz möglich ist. Für kleinere Leistungen verwendet man Drehschalter, für größere Hebelschalter. Sind keine besonderen Anlasser erforderlich, wie z. B. bei Kurzschlußläufermotoren, so können die Schalter auch gleichzeitig für die betriebsmäßige Bedienung der Motoren verwendet werden. Auch die Umschaltung von Motoren kleinerer Leistung geschieht mit Drehschaltern. Für größere Leistungen benutzt man Hebelschalter und dort, wo mehrere Kontakte in Frage kommen, Walzenschalter, die auch als Umschalter und Polumschalter ausgeführt werden. Walzenschalter eignen sich besonders für häufiges Schalten. Eine Vereinigung von Schalter und Sicherung stellen die selbsttätigen Überstromausschalter dar. Diese haben einen Elektromagneten, der bei unzulässig hohen Strömen ein Abschalten bewirkt, der aber außerdem von Hand betätigt werden kann. Um ein Ausschalten bei vorübergehender Überschreitung der Stromstärke zu vermeiden, sind diese Schalter auch oft mit Zeitrelais versehen, das bewirkt, daß nur dann abgeschaltet wird, wenn der Strom eine gewisse Zeit wirkt, nicht aber bei vorübergehenden Stromspitzen.

Weitere Arten von Selbstschaltern stellen die Rückstrom-, Unterstrom- und Unterspannungs-Selbstschalter dar. Oft sind auch mehrere dieser Arten in einem Schalter vereinigt. Überstrom-Selbstschalter kleinster Ausführung sind die Einschraubautomaten, die in jedem Sicherungselement verwandt werden können. Diese Automaten sind auch zum Schutz von Motoren geeignet, da sie mit thermischer Verzögerungseinrichtung versehen sind. Der zweckmäßigste Schutz für Motoren kleiner und mittlerer Leistung sind die Motorschutzschalter; sie unterbrechen allpolig und sind mit folgenden Schutzeinrichtungen ausgerüstet:

1. Einstellbare Bimetall-Wärmeauslöser zum Schutze gegen Überlastung bei jedem, auch aussetzendem Betrieb und bei Ausbleiben einer Phase.
2. Magnetische Schnellauslöser zum Schutze gegen Kurzschlüsse, Erdschlüsse und Bedienungsfehler.
3. Unterspannungsauslöser, der verhindert, daß der Motor bei Wiederkehr der ausgebliebenen Netzspannung unbeabsichtigt wieder anläuft.
4. Sondereinrichtungen zum Schutze gegen zu hohe Berührungsspannungen.

Durch die Einstellbarkeit des verzögert wirkenden Wärmeauslösers als auch des unmittelbar wirkenden Schnellauslösers kann man Motorschutzschalter allen vorkommenden Betriebsverhältnissen anpassen.

Man kann die elektromagnetisch betätigten Hebelschalter auch so einrichten, daß nicht nur die Ausschaltung, sondern auch die Einschaltung magnetisch erfolgt. Es ist dann möglich, durch Druckknöpfe, die den Magneten Strom in dem einen oder anderen Sinne zuführen, Ein- und Ausschaltungen dieses Schalters von beliebigen Stellen vorzunehmen. Ist er nur noch mittels Druckknöpfen, also überhaupt nicht mehr von Hand bedienbar, so spricht man vom Schütz. Große Schütze brauchen für die Betätigung ihrer Magnetwicklung höhere Stromstärken, die mit Druckknöpfen nicht mehr bewältigt werden können. Man benutzt dann Relais als Zwischenschalter, die durch Druckknöpfe oder Abhängigkeitsschalter gesteuert werden.

H. Motorstörungen, die im Betrieb auftreten können.

Die aufgeführten Betriebsstörungen stellen nur eine Auswahl dar. **Die Beseitigung der Mängel nehme man unter Beachtung der Unfallverhütungsvorschriften nur in den dringendsten Fällen selbst vor. Ratsamer ist es aber, auf jeden Fall einen Fachmann zu befragen,** der den Fehler meistens sofort erkennt und somit auch schneller beseitigen kann.

I. Gleichstrom.

Der Motor läuft **nicht** an: Es kann die Zuleitung unterbrochen sein oder aber der Anlasser ist durchgebrannt. Ferner besteht die Möglichkeit, daß die Bürsten den Kollektor nicht berühren. — Im ersteren Falle ist die Zuleitung zu prüfen; im zweiten Falle ist der Anlasser instand zu setzen oder zu erneuern; im letzten Falle reinige man den Bürstenhalter.

Der Motor läuft **schwer** an, der Anlasser wird mehr als handwarm, die Sicherungen brennen durch: Der Magnetstromkreis ist unterbrochen oder aber der Motor hat Körperschluß; die Bürstenbrücke steht nicht in der richtigen Stellung. — Man schiebt zwischen Kollektor und Bürsten Papier, schaltet den Anlasser ein und prüft, ob die Pole magnetisch sind. Bei Körperschluß muß ein Fachmann zu Rate gezogen werden. Die Bürstenbrücke auf die (meistens rote) Marke stellen.

Die **Lager** werden zu warm: Der Riemen ist zu straff gespannt oder Motor ist schlecht ausgerichtet.

Der Motor **„funkt“** bei Belastung, der Kollektor wird an der Oberfläche schwarz. Ungeeignete Bürsten; der Kollektor ist unrund oder die Lamellenisolation steht vor. Die Lager sind ausgelaufen. — Man befrage den Hersteller wegen der zu verwendenden Bürstensorte. Der Kollektor muß abgedreht und, wenn nötig, die Lamellenisolation ausgekratzt werden. Die Lager sind zu ersetzen.

Das „Funken“ des Motors kann auch eine Folge von Überlastung oder falscher Bürstenstellung sein. Fernerhin können die Wendepole falsch geschaltet sein. Man prüft mit einem Strommesser die Stromaufnahme zwischen Netz und Motor; sie darf bei Vollast nicht höher sein, als auf dem Leistungsschild angegeben ist. Die Bürstenbrücke muß, wie bereits erwähnt, auf der Marke stehen. Man prüfe das Schaltbild.

II. Drehstrom.

Der Motor läuft **nicht** an: Die Zuleitungen sind unterbrochen, z. B. infolge durchgebrannter Sicherungen; der Ständerstromkreis oder der Läuferstromkreis ist unterbrochen. — Die durchgebrannten Sicherungen sind zu ersetzen. Man prüfe, ob man am Klemmenbrett und am Schalter Spannung hat. Bei Schleifringläufern sehe man nach, ob die Bürsten guten Kontakt geben. Man löse die Zuleitung und die Schaltverbindungen am Klemmenbrett und prüfe die einzelnen Phasen mit einer Stromquelle (z. B. Akku) und Prüflampe gemäß untenstehender Zeichnung. Liegt die Unterbrechung innerhalb der Wicklung, so ist eine Instandsetzung von fachmännischer Seite erforderlich.

Der Motor läuft **schwer** an, die Drehzahl fällt bei Belastung stark ab: Die Ständerwicklung ist in Dreieck statt in Stern geschaltet; bei Schleifringläufern kann eine Phase des Läuferstromkreises unterbrochen sein. Der Anlaßwiderstand hat eine Unterbrechung. — Motor entsprechend Schaltbild umschalten. Man prüfe die Bürsten auf gute Auflage. Man untersuche, ob die Schleiffedern des Anlassers guten Kontakt vermitteln. Der schwere Anlauf ist manchmal auch auf ausgelaufene Lager zurückzuführen.

Die **Lager** werden zu warm: siehe unter 1. Gleichstrom.

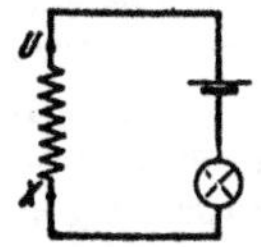

Abb. E 8. Prüfschema von Wicklungen auf Drahtbruch.

Beim Einschalten brennen eine oder mehrere **Sicherungen** durch: Es ist Kurzschluß zwischen zwei Phasen der Ständerwicklung oder zwischen einer Phase und Eisen; bei Schleifringläufern können zwei Schleifringe Kurzschluß haben oder aber die Läuferwicklung hat in sich Kurzschluß. Ferner kann in der Leitung vom Schalter zum Ständer oder in der Leitung vom Anlasser zum Motor Kurzschluß sein. — In den ersten vier Fällen befrage man unbedingt einen Fachmann. In Fall fünf löst man die Zuleitung vom Motorklemmenbrett und prüft die Zuleitungen gegeneinander; die Isolationsfehler sind zu beseitigen. Im letzten Fall hebt man die Bürsten durch Zwischenlegen von Papier von den Schleifringen ab und klemmt auch den Anlasser ab, sodann prüfe man die Anlasserleitungen gegeneinander und beseitige etwaige Isolationsfehler.

Beim Einschalten **brummt** der Motor stark: Eine Phase des Ständers ist unterbrochen oder hat Kurzschluß. — Sowohl bei Unterbrechung einer Phase innerhalb der Maschine als auch bei Kurzschluß wende man sich an einen Fachmann.

Im Leerlauf wird die **Ständerwicklung** in kurzer Zeit mehr als handwarm: Der Ständer ist in Dreieck statt in Stern geschaltet. — Man muß die Wicklung umschalten (s. a. a. O.).

Schrifttum.

Weidling, O.: Der Elektromotor für die Werkzeugmaschine. Werkstattbücher Heft 54.
Beinert-Birett: Hohe Drehzahlen durch Schnellfrequenzantrieb. Werkstattbücher Heft 84.
Brödner-Wolff: Elektrotechnik im Betrieb. Berlin: VDI-Verlag.
Maecker: Schaltungstechnik. Berlin: Springer-Verlag.

Lichttechnik.

A. Grundgrößen, Bezeichnungen und Einheiten. (Vgl. DIN 5031.)

Licht ist Strahlung der Wellenlängen (λ) zwischen rd. 0,4 ... 0,7 μ. Nach dem Maße der Empfindlichkeit (V_λ) des hell adaptierten Auges für die einzelnen Wellenlängen dieses Strahlungsbereiches sind die lichttechnischen Grundgrößen festgelegt (vgl. a. S. 76).

1. Lichtstrom Φ in Lumen (lm) ist die dementsprechend vom Auge bewertete **Leistung** des Lichtes.

2. Lichtmenge Q in Lumenstunden (lmh) ist die **Lichtarbeit** als Produkt von Lichtstrom und Zeit.

3. Lichtstärke I in „Neuen Kerzen" (NK) (früher Hefnerkerzen, siehe nächste Seite) die lichttechnische Grundeinheit, einer im Verhältnis zur Meßentfernung kleinen Lichtquelle in einer bestimmten Ausstrahlungsrichtung ist der Quotient aus Lichtstrom und durchstrahltem Raumwinkel. $I = \frac{\Phi}{\omega}$.

Raumwinkel ω wird gemessen: $\omega = \frac{F}{r^2}$.

Dabei F = Kugelfläche in m², r = Kugelhalbmesser in m, Lichtquelle im Kugelmittelpunkt. Für eine nach allen Richtungen, also in den vollen Raumwinkel $\left(\omega = \frac{4\pi r^2}{r^2}\right)$ gleichmäßig mit der Lichtstärke I strahlende Lichtquelle ist $\Phi = 4\pi I$ lm.

4. Beleuchtungsstärke E in Lux (lx) einer beleuchteten Fläche ist der Quotient aus auftreffendem Lichtstrom Φ und Fläche F (m²). $E = \frac{\Phi}{F}$.

Bei einer punktähnlichen Lichtquelle wird auf einem senkrecht zum Lichtstrahl stehenden Flächenelement die Beleuchtungsstärke $E = \frac{\Phi}{F} = \frac{I \cdot \omega}{F} = \frac{I \cdot F}{F \cdot r^2} = \frac{I}{r^2}$ lx, auf einen unter dem Winkel α zum Einfallslot stehenden Flächenelement der beleuchteten Fläche $E = \frac{I}{r^2} \cos\alpha$ lx.

5. Leuchtdichte B in Stilb (sb) [NK/cm²] einer leuchtenden Fläche in einer bestimmten Richtung ist der Quotient aus Lichtstärke I_ε in dieser Richtung und gesehener Flächengröße $f \cdot \cos\varepsilon$.

Also $B = \frac{I_\varepsilon}{f \cdot \cos\varepsilon}$. Dabei I_ε in NK, f in cm².

Die Leuchtdichte ist die für den im Auge hervorgerufenen Helligkeitseindruck maßgebende Größe.

Die Leuchtdichte beleuchteter Flächen wird meist in einer kleineren Untereinheit, in Apostilb (asb) angegeben.

$$1 \text{ asb} = \frac{1}{\pi} \cdot 10^{-4} \text{ sb}.$$

Eine vollkommen diffus reflektierende Fläche mit der Reflexionszahl $\varrho = 1$, die z. B. mit $E = 100$ lx beleuchtet ist, hat die Leuchtdichte $B = 100$ asb; bei $\varrho = 0{,}7$ (weißes Papier) die Leuchtdichte $B = 0{,}7 \cdot 100 = 70$ asb.

Ab 1. 1. 1941 gilt lt. zwischenstaatlicher Vereinbarung als Einheit der Lichtstärke die „Neue Kerze". Bis dahin war in Deutschland die „Hefnerkerze" (HK) die Einheit. Amerika, England, Frankreich und einige andere Länder benutzten bisher eine „internationale" Kerze (IK):

für Kohlefadenlampen gilt	1 NK	= 1,107 HK	= 0,995 IK
„ Wolfram-Vakuum-Lampen gilt	1 „	= 1,140 „	= 0,995 „
„ gasgefüllte Wolframlampen gilt ...	1 „	= 1,162 „	= 0,980 „

Messungen von Metalldampflampen werden auf Lampen von einer Farbtemperatur der Kohlefadenlampen bezogen; für sie gelten also die entsprechenden Umrechnungsfaktoren.

Eine entsprechende Umrechnung gilt auch für alle übrigen lichttechnischen Größen. In Amerika und England neben Lux noch gebräuchlich foot-candle:

1 foot-candle = 10,76 „intern." Lux.

B. Lichtquellen.

1. Elektrische Glühlampen. Kohlefadenlampen wegen geringer Lichtausbeute (rd. 4,5 lm/W) veraltet, nur noch in wenigen Sonderfällen verwendet.

Wolfram-Vakuum-Lampen nur bei kleinsten Leistungen handelsüblich.

Die für allgemeine Beleuchtungszwecke verwendeten Glühlampen sind fast ausschließlich Wolfram-Draht-Lampen (Tafel 1).

Tafel 1. **Glühlampen für Allgemeinbeleuchtung.**

Leistungsaufnahme Watt	Lichtstrom in Lumen etwa		Sockel	Ausführung
	110 V	220 V		
15	150	135	E 27	Einfachwendel innen matt und klar
25	270	240	E 27	
40	560	480	E 27	Doppelwendel innen matt
60	915	805	E 27	
100	1710	1510	E 27	
200	3620	3220	E 27	Einfachwendel klar
300	6000	5250	E 40	
500	10500	9500	E 40	
1000	23500	21000	E 40	
2000	44000	41600	E 40	

Lichtausbeute zwischen 9 lm/W (15 W, 220 V) und 22 lm/W (2000 W, 110 V).

Leuchtdichte zwischen 160 und 1500 sb bei Klarglas und zwischen 3 und 40 sb bei innen mattierten Lampen.

Tafel 2. Lampen mit erhöhter Stoßfestigkeit (Bahnlampen, Handleuchten).

Leistungsaufnahme Watt	Lichtstrom in Lumen etwa		Sockel
	110 V	220 V	
25	248	218	E 27
40	416	382	E 27
60	650	620	E 27

2. Metalldampflampen. Nur für Wechselstrom 220 V. Erforderlich Vorschaltung von Drosselspule oder Streufeldtransformator.

Handelsübliche Natriumdampflampen (Na), gelb.

" Quecksilberdampflampen (Hg), bläulich-weiß.

" Quecksilber-Mischlicht-Lampen, tageslichtähnlich; Quecksilberlampe und Glühlampe in einem Kolben, keine Drosselspule.

" Leuchtstofflampen, tageslichtweiß; bestes künstliches Tageslicht oder rötlich-weiß.

Tafel 3. **Na- und Hg-Dampflampen.**

Art	Lichtstrom etwa Lumen	Leistungsaufnahme[1]) Watt	Lichtausbeute[1]) lm/W	Sockel
Natrium	3300	63	52	E 40
"	5500	94	59	E 40
"	4400	80	55	Bajonett B 22
"	7200	105	69	Bajonett B 22
"	11000	165	67	Bajonett B 22
Quecksilber	3300	83	40	E 27
"	5500	130	42	E 27
"	11000	280	39	E 40
"	22000	475	46	E 40
"	55000	1060	52	Zweistiftsockel
Quecksilber-Mischlicht..	5500	250	22	E 40
Leuchtstoff-Lampen ...	1100	28	39	Sondersockel

Leuchtdichten: Natriumdampflampen rd. 14 sb.

" Quecksilberdampflampen 200 ... 650 sb klar rd. 50 sb innen matt.

3. Bogenlampen. Meist verwendet für Kinoprojektion und Scheinwerfer. Für allgemeine Beleuchtungszwecke nur Dauerbrand-Effekt-Bogenlampen mit 100 ... 120 Std. Brenndauer je Kohlenpaar. Vorschaltgerät erforderlich. Für Gleich- und Wechselstrom. Bei 110 V meist 2 Lampen, bei 220 V meist 4 Lampen in Reihe. Je nach Größe 10 ... 30 A, 11000 ... 44000 lm, Lichtausbeute rd. 25 lm/W einschließlich Vorschaltgerät.

4. Gas-Glühlicht. Nur als Hängeglühlicht verwendet. Meist mehrere Brenner in einem Geleucht.

Tafel 4. **Lampen für gasförmige und flüssige Brennstoffe.**

Lichtquelle		Lichtstrom etwa lm	Gasverbrauch etwa l/h
Gasglühlicht $H_0 = 4300$ kcal/m³	Niederdruck ≈ 45 mm W.-S. je Flamme	500	65
	Preßgas 1500 ... 2000 mm W.-S. je Flamme	5000	420
Propangas C_3H_8 $H_0 = 23000$ kcal/m³	Druck 500 ... 1500 mm W.-S. je nach Brennergröße	100 ... 600	4,5 ... 30
1 kg Propan gibt 550 l Propangas; Stahlflasche enthält ≈ 15 kg Propan			
Petroleumglühlicht (Starklicht)	Je nach Größe und Glühkörper	1600 ... 6000	etwa g/h 70 ... 250

[1]) Einschl. Verluste im Vorschaltgerät.

C. Leuchten (Geleuchte).

Lichtquellen sollen nicht ungeschützt verwendet werden, sondern nur in Leuchten, die den Lichtstrom zweckentsprechend lenken, Blendung verhindern und die, wenn nötig, wasser-, dampf- und säure-, staub-, explosions- oder schlagwettergeschützt sind.

1. Direkt wirkende Leuchten mit lichtundurchlässigen Email- oder Spiegelreflektoren oder zusammen mit lichtstreuenden Schirmen oder Glocken lenken den Lichtstrom nach unten. Verwendung für Außenbeleuchtung, für Allgemeinbeleuchtung in Werkhallen mit dunklen Wänden und Decken oder mit Glasdächern und für Arbeitsplatzbeleuchtung.

2. Leuchten mit allräumlicher Lichtausstrahlung aus lichtstreuenden Baustoffen umhüllen die Lichtquelle und setzen die Leuchtdichte im Blickbereich herab (Vermeidung von Blendung). Durch entsprechende Verwendung stärker reflektierender oder stärker durchlässiger Gläser usw. wird der Lichtstrom entweder mehr in den unteren Halbraum (vorwiegend direkt)

Tafel 5. **Beleuchtungsstärken für Arbeitsbeleuchtung.**

	Reine Allgemeinbeleuchtung lx	Vereinigte Beleuchtung	
		Platzbeleuchtung lx	Allgemeinbeleuchtung lx
Grobe Arbeit: Eisengießen, Gußputzen, Grobwalzen und -ziehen, Schmieden am Amboß und im Gesenk, Schruppen, Arbeiten im Ofenraum der Glashütte und Ziegelei, Arbeiten an Gruben und Fässern der Gerberei	40	50 ... 100	20
Mittelfeine Arbeit: Spritzguß, einfaches Formen, Arbeiten an der Revolverdrehbank (ausgenommen Einrichten), Pressen und Stanzen, Grobmontage, Sägen, Hobeln, Fräsen, Zellulose- und Holzstoffbereitung, Arbeiten an Papiermaschinen, Bäckerei, Metzgerei, Mühlen, Küchen	80	100 ... 300	30
Feine Arbeit: Schwieriges Formen, Feinwalzen und -ziehen, Einrichten von Revolverdrehbänken, Feindrehen, Feinpreßarbeit, Feinmontage, feine Sägearbeit, Polieren, Zurichten und Fertigmachen in der Papierherstellung und -verarbeitung, Spinnen, Weben und Bearbeiten von hellem Gut, Färben, Zuschneiden, Nähen, Maschinensatz, Drucken, Maschinenschreiben, Lese- und Schreibarbeit	150	300 ... 1000	40
Sehr feine Arbeit: Gravieren, feinmechanische Arbeiten, Zusammenbau von Meßinstrumenten, Schleifen und Polieren optischer Gläser, Spinnen, Weben und Bearbeiten von dunklem Gut, Zuschneiden, Nähen, Zurichten von Druckmaschinen, Handsatz, Lithographieren, Papierprüfen, Zeichnen	300	1000 ... 5000	50

oder gleichmäßig in den ganzen Raum (gleichförmig) oder mehr in den oberen Halbraum (vorwiegend indirekt) gelenkt. Verwendung in Räumen mit hellen Decken und Wänden.

3. **Indirekt wirkende Leuchten** strahlen den Lichtstrom ausschließlich nach oben. Verwendung in Innenräumen mit hellen Decken zweckmäßig und wenn eine praktisch schattenlose Beleuchtung gefordert wird.

D. Beleuchtung. (Vgl. DIN 5035.)

Maßgebend für Planung und Bewertung von Beleuchtungsanlagen ist die **Güte der Beleuchtung,** d. h. im wesentlichen: Beleuchtungsstärke, Schattigkeit, Gleichmäßigkeit der Beleuchtung, Blendung und Lichtfarbe.

1. Die **Beleuchtungsstärke** wird gewertet als **mittlere Beleuchtungsstärke** auf der Arbeits- oder Gebrauchsfläche. Fehlen Angaben über diese Flächen, so gilt die mittlere Beleuchtungsstärke auf der waagerechten Fläche 1 m über dem Fußboden. Erforderliche Beleuchtungsstärken siehe Tafel 5 und 6.

Tafel 6.

Beleuchtungsstärken für Verkehrsbeleuchtung.

Durchgänge und Treppen	mit schwachem Verkehr	15 lx
	mit starkem Verkehr	30 lx
Fabrikhöfe	mit schwachem Verkehr	3 lx
	mit starkem Verkehr	15 lx

Berechnung der Beleuchtungsstärke: Auf der waagerechten Fläche 1 m über dem Boden ist die

mittl. Beleuchtungsstärke $E_m = \frac{\Phi}{F} \cdot \eta$

$$= \frac{\text{Gesamtlichtstrom der nackten Lichtquelle}}{\text{Bodenfläche in m}^2} \times \text{Wirkungsgrad}$$

(Φ siehe Tafel 1 bis 4; η siehe Tafel 7).

Der Wirkungsgrad η ist abhängig von der Art des Geleuchtes, der Raumauskleidung und dem Raumverhältnis (s. Tafel 7).

Messung der Beleuchtungsstärke heute meist mit objektiven Beleuchtungsmessern (Photozellen). Oft eichen! Besondere Eichung für Licht verschiedener Farbe (Glühlampen, Tageslicht-, Metalldampflampen)!

2. **Schattigkeit.** Bestimmte Arbeiten erfordern schattenreiche (z. B. Wollwebstuhl) oder schattenarme (z. B. Zeichenbrett) Beleuchtung. Auf richtigen Lichteinfall ist zu achten.

3. Möglichst **gleichmäßige Ausleuchtung** des Arbeitsraumes ergibt günstigste Sehbedingungen.

4. **Blendung** durch übergroßen Kontrast der Lichtquelle zu ihrer Umgebung setzt Sehfähigkeit und Arbeitsleistung herab (s. Abschn. C Leuchten).

5. **Lichtfarbe.** Farbe der Gegenstände von Lichtfarbe abhängig. Im allgemeinen genügt Lichtfarbe der gebräuchlichen Lichtquellen den Anforderungen (am besten Leuchtstofflampen tageslicht-weiß).

Bewertung und Messung von Farben s. DIN 5033.

Tafel 7.

Wirkungsgrade in Proz. für Allgemeinbeleuchtung von Innenräumen.

(Leuchtabstand = 1 . . . 2 × Aufhängehöhe)

Beleuchtungsart ...	direkt	vorwiegend direkt	halbindirekt	indirekt	indirekt (Hohlkehle)
Beleuchtungskörper-Wirkungsgrad	η = 65% 0% oberer, 65% unterer Halbraum	η = 80% 35% oberer, 45% unterer Halbraum	η = 80% 50% oberer, 30% unterer Halbraum	η = 70% 70% oberer, 0% unterer Halbraum	
Entsprechend einem Raumverhältnis =	Raumbreite / Aufhängehöhe üb. Meßebene	Raumbreite / Aufhängehöhe üb Meßebene	Raumbreite / Deckenhöhe üb. Meßebene	Raumbreite / Deckenhöhe üb. Meßebene	
von:	1 ... 1,5 ... 2,5 ... 4 ... 8	1 ... 1,5 ... 2,5 ... 4 ... 8	0,6 ... 1,0 ... 1,5...2,5...5	0,6 ... 1,0 ... 1,5...2,5...5	–
gehören zu: heller Decke, mittelhellen Wänden die Wirkungsgrade:	25 ... 36 ... 44 ... 51 ... 58	17 ... 25 ... 33 ... 41 ... 53	14 ... 21 ... 27 ... 35 ... 46	11 ... 15 ... 20 ... 26 ... 34	15
zu mittelhellerDecke dunklen Wänden die Wirkungsgrade:	18 ... 30 ... 40 ... 47 ... 54	9 ... 16 ... 23 ... 30 ... 41	7 ... 13 ... 17 ... 24 ... 33	6 ... 8 ... 11 ... 16 ... 22	10

Künstliches Tageslicht erforderlich beim Aussuchen und Ausmustern von Farben (am besten Leuchtstofflampen tageslicht-weiß).

Angenähertes Tageslicht durch Mischlicht (Quecksilber- + Glühlampen- oder Quecksilber-Mischlicht-Lampe, Lichtstromverhältnis 1 : 1) z. B. in ungenügend oder unvollständig mit Tageslicht versorgten Räumen.

Maßgebend für die Bewertung der **natürlichen Tagesbeleuchtung** ist ebenfalls die Güte der Beleuchtung (vgl. DIN 5034). An Stelle der Beleuchtungsstärke tritt hier der Tageslichtquotient

$$T = \frac{\text{Beleuchtungsstärke am Arbeitsplatz im Raum}}{\text{Horizontalbeleuchtungsstärke im Freien}} \cdot 100\,(\%)$$

Empfehlenswert an Arbeitsplätzen in Industrie-Flachbauten mit Oberlicht $T = 10\,\%$. Dieser Wert ist in Arbeitsräumen mit Seitenfenstern nur in Fensternähe erreichbar.

6. Beleuchtung und Luftschutz. Grundsätzliches siehe: 8. Durchführungsverordnung zum Luftschutzgesetz vom 23. Mai 1939.

Wegen „Blaulichtverordnung" siehe: Erste Ausführungsbestimmung zum § 29 der 8. Durchführungsverordnung zum Luftschutzgesetz vom 22. Oktober 1940.

Nach § 9 der 8. DVO. werden folgende Verdunklungsmaßnahmen unterschieden:

a) Abblenden von Außen-Lichtquellen.

b) Abblenden der Lichtaustrittsöffnungen.

Zu a. Nach § 10 der 8. DVO. sind Lichtquellen im Freien so abzudunkeln — falls sie nicht außer Betrieb gesetzt werden können —, daß bei Dunkelheit und klarer Sicht aus 500 m Höhe für ein normales Auge weder unmittelbare noch mittelbare Lichterscheinungen wahrzunehmen sind.

Mittel zum Abblenden: Spannungsverminderung durch Umspanner usw.

Zu b. Nach § 12 der 8. DVO. sind Lichtaustrittsöffnungen von Baulichkeiten durch lichtundurchlässige und lichtdicht abschließende Verdunklungsvorrichtungen so abzublenden, daß kein Licht ins Freie dringt.

Mittel zum Abblenden: Klapp- oder Rolläden, Zug- oder Rollvorhänge, Jalousien, Tafeln.

c) Sperrfilter. Färbung der Glasflächen (Fenster, Oberlichte) zweckmäßig blau-grün und praktisch undurchlässig für künstliches Licht mit gelborange gefärbten Lichtquellen oder Natriumdampflampen bzw. Natriumdampf-Mischlicht oder Didymglas (Auer-Ges.). Nicht anwendbar, wo eine Farbunterscheidung arbeitswichtig ist. Um Tageswirkung zu verbessern, bleiben meist 10 % der Fensterflächen ungefärbt und werden mit mechanischen Mitteln verdunkelt.

d) Statt anderer Beleuchtungseinrichtungen auch fluoreszierende Leuchtfarben für Zifferblätter, Instrumentenskalen, Bedienungshebel, Hinweisschilder usw., die man durch Ultraviolettstrahler (z. B. Quecksilberdampflampen mit Blauglas) zum Leuchten bringt[1]).

e) Wegen Beleuchtung von Außentreppen im Freien siehe Erlaß des RdLuObdL. vom 11. Mai 1940.

---

[1]) Werkstatt und Betrieb 1939, Heft 1/2, Seite 1.

Wärme.

A. Gesetzliche Bestimmungen.

Die Wärme ist eine Energieart. Man unterscheidet Wärmehöhe (Temperatur) und Wärmemenge. § 2 des Gesetzes vom 7. 8. 1924, veröffentlicht in Nr. 52 des Reichsgesetzblattes vom 12. 8. 1924, legt die Einheiten der Temperatur und der Wärmemenge für das gesamte Reichsgebiet fest. Sie haben zugleich internationale Bedeutung.

B. Messen der Temperatur und der Wärmemenge.

I. Grundlage der Temperaturmessung

ist die thermodynamische Skale, d. i. die verbesserte hundertteilige Skale nach Celsius (1701—44 Upsala) (100 Grade zwischen Gefrierpunkt und

Vergleich der Temperaturgrade nach C und F.

+ über, — unter Null.

C°	F°	C°	F°	C°	F°	C°	F°	C°	F°	C°	F°
−40	−40										
−35	−31	165	329	365	689	565	1049	765	1409	965	1769
−30	−22	170	338	370	698	570	1058	770	1418	970	1778
−25	−13	175	347	375	707	575	1067	775	1427	975	1787
−20	− 4	180	356	380	716	580	1076	780	1436	980	1796
−15	+ 5	185	365	385	725	585	1085	785	1445	985	1805
−10	+14	190	374	390	734	590	1094	790	1454	990	1814
−5	+23	195	383	395	743	595	1103	795	1463	995	1823
0	**+32**	**200**	392	**400**	752	**600**	1112	**800**	1472	**1000**	1832
+5	41	205	401	405	761	605	1121	805	1481	1005	1841
10	50	210	410	410	770	610	1130	810	1490	1010	1850
15	59	215	419	415	779	615	1139	815	1499	1015	1859
20	68	220	428	420	788	620	1148	820	1508	1020	1868
25	77	225	437	425	797	625	1157	825	1517	1025	1877
30	86	230	446	430	806	630	1166	830	1526	1030	1886
35	95	235	455	435	815	635	1175	835	1535	1035	1895
40	104	240	464	440	824	640	1184	840	1544	1040	1904
45	113	245	473	445	833	645	1193	845	1553	1045	1913
50	122	250	482	450	842	650	1202	850	1562	1050	1922
55	131	255	491	455	851	655	1211	855	1571	1055	1931
60	140	260	500	460	860	660	1220	860	1580	1060	1940
65	149	265	509	465	869	665	1229	865	1589	1065	1949
70	158	270	518	470	878	670	1238	870	1598	1070	1958
75	167	275	527	475	887	675	1247	875	1607	1075	1967
80	176	280	536	480	896	680	1256	880	1616	1080	1976
85	185	285	545	485	905	685	1265	885	1625	1085	1985
90	194	290	554	490	914	690	1274	890	1634	1090	1994
95	203	295	563	495	923	695	1283	895	1643	1095	2003
100	**212**	**300**	572	**500**	932	**700**	1292	**900**	1652	**1100**	2012
105	221	305	581	505	941	705	1301	905	1661	1105	2021
110	230	310	590	510	950	710	1310	910	1670	1110	2030
115	239	315	599	515	959	715	1319	915	1679	1115	2039
120	248	320	608	520	968	720	1328	920	1688	1120	2048
125	257	325	617	525	977	725	1337	925	1697	1125	2057
130	266	330	626	530	986	730	1346	930	1706	1130	2066
135	275	335	635	535	995	735	1355	935	1715	1135	2075
140	284	340	644	540	1004	740	1364	940	1724	1140	2084
145	293	345	653	545	1013	745	1373	945	1733	1145	2093
150	302	350	662	550	1022	750	1382	950	1742	1150	2102
155	311	355	671	555	1031	755	1391	955	1751	1155	2111
160	320	360	680	560	1040	760	1400	960	1760	1160	2120

Siedepunkt destillierten Wassers bei Normalluftdruck = 760 Torr[1]). Si wird festgelegt durch die temperaturbedingte Druckänderung eines idealen Gases bei unveränderlichem Rauminhalt (Anwendung des Druck-Temperatur-Gesetzes von Gay-Lussac, 1778—1850). „Ideal" ist ein Gas, da streng diesem Gesetz gehorcht: $p_t = p_0(1 + \gamma t)$, wobei p_t = Druck be $t°$ C, p_0 = Druck bei 0° C, $\gamma = 1/273$, genau $\gamma = 1/273{,}16$[2]).

Das Wasserstoffgas-Druckthermometer wird auf 1000 mm QS. Anfangsdruck bei 0° C eingestellt und erfüllt obige Bedingung sehr weitgehend Es gilt als „Urnormal-Thermometer" und ist das Präzisionsmeßgerä der PTR (Phys.-Techn. Reichsanstalt) bei der Festlegung der thermodynamischen Skale und dem Anschluß von „Normal-Thermometern". Als solche sind eichfähig für alle Temperaturen

zwischen −183° und +630° die elektrischen Platin-Widerstandsthermometer

zwischen 630° und 1063° die Platin-Platinrhodium-Thermoelemente,

für darüber hinausgehende Temperaturen die optischen Pyrometer.

Diese Meßgeräte werden geeicht mit Hilfe der thermischen Festpunkte die selbst mittels Wasserstoffgas-Druck-Thermometern unter Anwendung der thermodynamischen Skale bestimmt worden sind.

Anmerkung: In Ländern des englischen Sprachgebietes herrscht im gewerblichen Leben noch heute die Fahrenheit-Skale (Nullpunkt gleich Temperatur einer Mischung von Schnee und Salmiak), während in dem wissenschaftlich-technischen Schrifttum die thermodynamische Skale benutzt wird. (Dan. Gabr. Fahrenheit, geb. 1696 in Danzig, gest. 1736 in Amsterdam.)

Bezeichnen n_c = Celsius-, n_f = Fahrenheit-Grade, so gelten die Umrechnungsgleichungen: $n_c = 5/9\,(n_f - 32)°$ und $n_f = (9/5 \cdot n_c + 32)°$.

Die Réaumur-Skale hat keine Gültigkeit mehr. Deutschen Eichämtern sind Eichungen nach dieser Skale verboten.

Die gesetzliche Einheit für das Messen der Temperatur ist der Celsius-Grad. Die Temperaturangaben erfolgen entweder nach der Celsius-Skale mit 0° = Gefrierpunkt destillierten Wassers, oder nach der absoluten Skale, bei der lediglich eine Verlegung des Nullpunktes um 273,16° C unter

Thermometrische Festpunkte.

Stoff	Gleichgewicht[3])	$t°$ C	$T°$ K
Kohlenstoff (C)	Sb	3540 ± 20	3810
Wolfram (W)	Sm	3380 ± 20	3650
Gold (Au)	Sm	*1063	1336,2
Silber (Ag)	Sm	* 960,5	1233,7
Schwefel (S)	Sd	444,60	717,8
Benzophenon ($C_{13}H_{10}O$)	Sd	305,9 ± 0,1	579,1
Naphthalin ($C_{10}H_8$)	Sd	217,9 ± 0,05	491,1
Wasser (H_2O)	Sd	* 100	373,16
Eis (H_2O)	Sm	* 0,00	273,16
Quecksilber (Hg)	Sm	− 38,87	234,29
Kohlendioxyd (CO_2)	Sb	− 78,52	194,64
Sauerstoff (O_2)	Sd	* −182,97	90,19
Stickstoff (N_2)	Sd	−195,81	77,35
Neon (Ne)	Sd	−246,09	27,07
Wasserstoff (H_2)	Sd	−259,20	13,96
Helium (He)	Sd	−268,94	4,22

* Durch internationale Vereinbarung und Ausführungsbestimmungen zum deutschen Reichsgesetz festgelegt.

[1]) 1 Torr (Torricelli) = 1 mm Quecksilbersäule.

[2]) γ = Raumausdehnungszahl der Gase (s. S. 143).

[3]) Sd = sieden, Sm = schmelzen, Sb = sublimieren.

den Gefrierpunkt des Wassers erfolgt ist. $T°$ abs. = $T°$ K (Lord Kelvin, engl. Physiker, 1824–1907); Umrechnungsgleichung:

$$T° \text{ K} = (273{,}16 + t)° \text{ C}.$$

II. Grundlagen der Wärmemengen-Messung.

Die gesetzlichen Einheiten für die Messung von Wärmemengen sind die Kilokalorie (kcal) und die Kilowattstunde (kWh).

Die Kilokalorie ist diejenige Wärmemenge, die 1 kg Wasser bei atmosphärischem Druck von 14,5 auf 15,5° erwärmt. Sie ist gleich der mittleren Kalorie, d. i. der hundertste Teil der Wärmemenge, die 1 kg Wasser von 0° auf 100° erwärmt.

Die Kilowattstunde ist gleichwertig dem 1000fachen der Wärmemenge, die ein Gleichstrom von 1 gesetzlichen Ampere in einem Widerstand von 1 gesetzlichen Ohm während einer Stunde entwickelt, sie ist gleich 860 kcal.

1 kcal = 1000 cal (Grammkalorien),

1 kWh = $3{,}6 \cdot 10^6$ gesetzliche Joule (1 J = 1 Ws [Wattsekunde],)

1 kcal = 4184 J = $4184 \cdot 10^4$ Erg = 4184 absolute J,

1 kcal = 426,9 kgm, wenn die normale Fallbeschleunigung 980,665 cm/s² zugrunde gelegt wird (Arbeitswert der Wärmeeinheit).

1 J = 1 Ws = 0,00023889 kcal (Wärmewert der Arbeitseinheit)

1 kWh = 860 kcal_{IT}[1]) („ „ „)

Die englische Wärmeeinheit (BTU = British Thermal Unit) ist die zur Erwärmung von 1 lbs. (engl. Pfd.) Wasser um 1° F notwendige Wärmemenge.

In Wärmemengen der Gewichtseinheit (kcal/kg oder cal/g) werden die wärmetechnischen Werte für die Schmelz- und die Verdampfungswärme der Stoffe angegeben, für die spezifische Wärme entsprechend in kcal/kg ° C oder cal/g ° C.

Unter spezifischer Wärme c eines Stoffes versteht man die Anzahl kcal bzw. cal, die nötig ist, um 1 kg (g) des Stoffes um 1° C zu erhöhen. Man unterscheidet die wahre von der mittleren spezifischen Wärme. c_{20} ist die wahre spezifische Wärme bei 20° C. Sie ist für die meisten Stoffe nahezu gleich der mittleren spezifischen Wärme zwischen 0° und 100° C. Um G kg eines Stoffes von der mittleren spezifischen Wärme c_m von t_1^0 auf t_2^0 zu erwärmen, ist zu rechnen: $\Delta Q = G \cdot c_m \cdot \Delta t$ [2]). Zwischen 0° und 100° C gilt in großer Annäherung die Gleichung: $\Delta Q = G \cdot c_{20} \cdot \Delta t$.

Die Schmelzwärme eines Stoffes ist diejenige Anzahl kcal (cal), die nötig ist, um 1 kg (g) eines auf seinem Schmelzpunkt befindlichen Stoffes ohne Temperaturerhöhung vom festen in den flüssigen Zustand überzuführen. Dieselbe Wärmemenge wird beim Erstarren des flüssigen auf seinem Schmelzpunkt befindlichen Stoffes frei.

Die Verdampfungswärme einer Flüssigkeit ist die Anzahl kcal (cal), die verbraucht wird, um 1 kg der Flüssigkeit bei unverändertem äußeren Druck in Dampf von gleicher Temperatur zu verwandeln. Dieselbe Wärmemenge wird frei, wenn der Dampf sich verflüssigt. Die Verdampfungswärme ist abhängig von der Siedetemperatur, die ihrerseits vom Druck abhängt.

III. Temperatur-Meßgeräte.

a) Quecksilber-Thermometer (Hg-Th.): Schmelzpunkt des Hg −38,87°, Siedepunkt +356,95° (wenn eutektische Hg-Thallium-Legierung [91,5 vH

---

[1]) kcal_{IT} = Kalorie der internationalen Dampftafel-Konferenz.

[2]) $\Delta Q = Q_2 - Q_1$, d. i. die Wärmemengenänderung, die der Temperaturänderung $\Delta t = t_2 - t_1$ entspricht.

Hg + 8,5 vH Th.] dann Schmelzpunkt −59°). Hg kann bis 150° in Thermometern bekannter Bauart benutzt werden; darüber hinaus ist in die geschlossene Kapillare Stickstoff eingeführt, dessen Druckerhöhung den Siedepunkt des Quecksilbers erhöht; dadurch Erweiterung des Meßbereiches bis 900° (Druck 100 atü).

Kapillare bis 360 aus gewöhnlichem Jenaer Glas, bis 575° aus Borosilikatglas, bis 900° aus Quarz.

b) Flüssigkeits-Thermometer mit nichtmetallischer, meist organischer Füllung in Einstellgenauigkeit und zeitlicher Unveränderlichkeit des Nullpunktes den Hg-Thermometern nicht gleichwertig.

Meßbereiche der Flüssigkeits-Thermometer.

Flüssigkeit	°C	Flüssigkeit	°C
Pentan[1]	−200 ... + 20	Methylalkohol[4]	− 95 ... +66
Toluol	−100 ... +110	Äthylalkohol[4]	−112 ... +78
Kreosot[2]	− 40 ... +180	Amylalkohol[4]	− 80 ... +35
Recol[3]	−250 ... +300		

c) Flüssigkeits-Feder-Thermometer bestehen aus dem mit Hg, Recol oder Amylalkohol gefüllten Temperaturfühler, einer langen Haarröhrchenverbindung und einer Röhrenfeder (Bourdon-Feder), deren Formänderung infolge Ausdehnung der Flüssigkeit die Temperaturänderung anzeigt. Meßbereich −30° bis +600°C, Toleranz ±1°C, brauchbar als Fernthermometer, z. B. im Kraftwagen. Überschreiten der höchsten Temperatur macht das Gerät unbrauchbar, Unterschreiten schadet nichts.

d) Dampfspannungs-Thermometer, ähnlich dem Flüssigkeits-Feder-Thermometer, mit Xylol, Toluol oder Hexan gefüllt. Im Temperaturfühler verdampft die Flüssigkeit. Das Anzeigegerät ist ein Druckmesser, brauchbar bis 350°C, Toleranz ±2°C.

e) Metallausdehnungs-Stabthermometer. Metallrohr großer Ausdehnung enthält Kern geringer Ausdehnung (Graphit, Porzellan usw.). Die relative Wärmeausdehnung wird auf ein Zeigerwerk übertragen, besonders geeignet für Temperaturregler.

f) Bimetall-Thermometer bestehen heute meistens aus zwei Eisennickel-Legierungen verschiedenen Nickelgehaltes, die sich sehr gut verschweißen lassen. Ihre Einstellgeschwindigkeit ist größer als die der Flüssigkeits-Metall-Thermometer. Ihre Meßsicherheit bleibt bei nicht zu hohen Übertemperaturen unverändert. Eine wesentliche Unterschreitung des unteren Grenzwertes beschädigt die Schweißung und macht das Thermometer unbrauchbar. Meßbereich −20 bis +500°.

g) Elektrische Widerstands-Thermometer bestehen aus einem temperaturempfindlichen Widerstandsdraht auf Glimmerkreuz (auch Quarz-, Glas- usw. Dorn aufgespult), einer hochempfindlichen Schaltung und einem entsprechenden Galvanometer. Ihre Wirkungsweise beruht auf der Erhöhung des elektrischen Widerstandes mit der Temperatur. Der Temperaturbeiwert α des Widerstandsdrahtes, d. i. die mittlere relative Zunahme des Widerstandes bei Erwärmung um 1°C, ermöglicht die Eichung

---

[1]) Kältethermometer. [2]) Aus technischem Buchenholzteer.

[3]) Organisches Gemisch nicht näher bekannter Zusammensetzung, durch thermische und ultraviolette Behandlung künstlich gealtert, den Hg-Thermometern an Anzeigegenauigkeit und Nullpunktbeständigkeit nahekommend.

[4]) Für untergeordnete Meßzwecke.

des Galvanometers in °C. Der Temperaturbeiwert α wird wie folgt bestimmt:

$$\alpha = \frac{R_{100} - R_0}{100\,R_0},$$

wenn R_{100} Widerstand bei 100°C, R_0 Widerstand bei 0°C bedeutet. Der Meßdraht besteht aus Pt, Ni oder Fe. Pt ist von —200° bis +650°C, Ni von —70°C bis +150°C und Fe von 0° bis 100°C brauchbar.

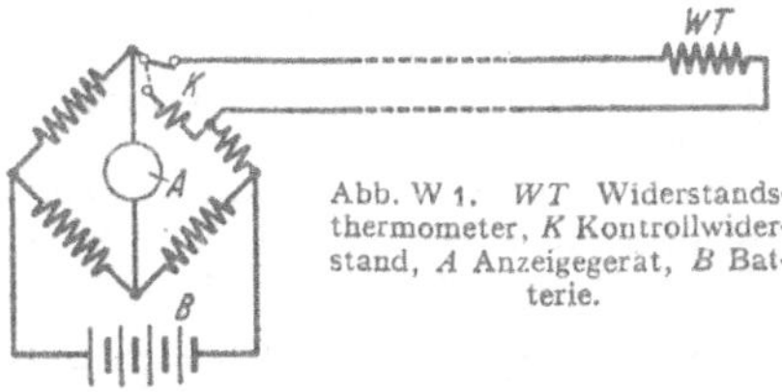

Abb. W 1. *WT* Widerstandsthermometer, *K* Kontrollwiderstand, *A* Anzeigegerät, *B* Batterie.

Wesentlich ist bei elektrischen Widerstands-Thermometern die Anwendung einer hochempfindlichen Schaltung (wegen der geringen Widerstandsänderung je Grad). Unter Benutzung von Gleichstrom (6 bis 24 V) verwendet man die Wheatstonesche Brücke, Abb. W 1, oder die Kreuzspulschaltung, Abb. W 2

Zum Vermeiden von Meßfehlern durch Widerstandsänderungen sehr langer Verbindungsdrähte (Drahtlänge bis 50 km möglich) wird die Kom-

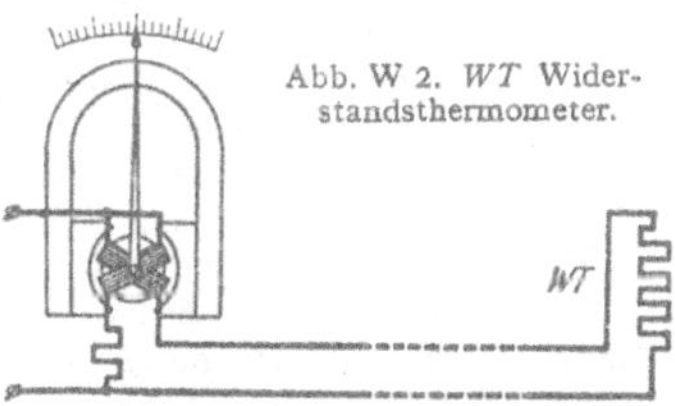

Abb. W 2. *WT* Widerstandsthermometer.

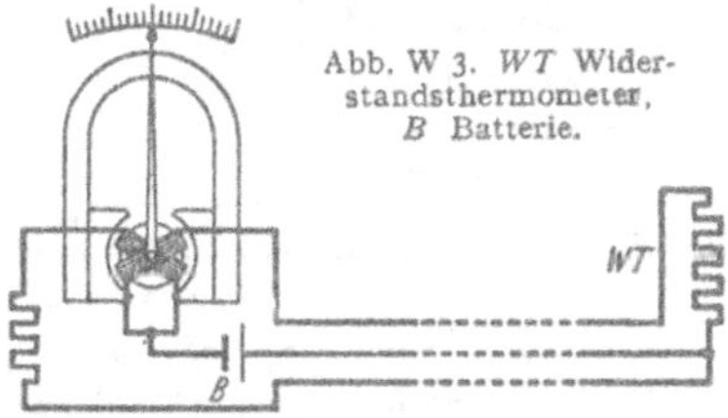

Abb. W 3. *WT* Widerstandsthermometer, *B* Batterie.

pensationsschaltung, Abb. W 3, verwendet. Durch diese wirkt eine etwa in den Leitungsdrähten auftretende zusätzliche Widerstandsänderung gleichmäßig auf beide Spulen des Kreuzspulwerkes und macht sie unschädlich.

Batterien und Gleichrichter lassen sich vermeiden, wenn man das unmittelbar an Wechselstrom anschließbare Ringeisen-Quotienten-Meßwerk, Abb. W 4, verwendet. Die beiden Meßwerkspulen sind mit dem Thermometer *WT* nebst Fernleitungen und einem unveränderlichen Vergleichswiderstand *VW* über einen Schutztrafo *Tr* an das Wechselstromnetz angeschlossen. Jede der beiden Spulen

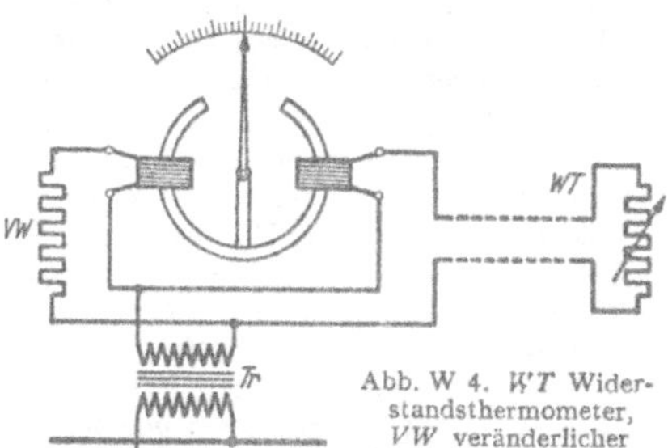

Abb. W 4. *WT* Widerstandsthermometer, *VW* veränderlicher Widerstand, *Tr* Trafo.

erzeugt ein elektromagnetisches Drehmoment. Die jeweilige Einstellung des Ringeisens entspricht dem Verhältnis der Spulenströme. Schwanken Spannung und Frequenz, so ändert sich die Stromstärke in beiden Spulen; die Genauigkeit der Messung wird also nicht beeinflußt.

h) Thermoelektrische Pyrometer bestehen aus einem Temperaturfühler, dem Thermoelement, und einem Anzeigegerät, dem Drehspulmillivoltmeter. Die Höhe der im Thermoelement erzeugten Spannung richtet sich nach dem Werkstoff der Drähte und nach dem Temperaturunterschied zwischen der Schweißstelle und den freien Enden. Es wird nicht die wahre Temperatur, sondern der Temperaturunterschied zwischen Schweißstelle und kalten Enden gemessen. Durch Thermostaten sucht man die kalten Enden des Thermoelementes auf gleicher Temperatur, meist 20°, zu halten, oder durch Bimetall-Kompensation die Anzeige des Instrumentes zu korrigieren.

Benutzt werden: Kupfer-Konstantan bis 500°, Silber-Konstantan bis 600°, Eisen-Konstantan bis 800°, Nickel-Nickelchrom bis 1000°, Platin-Platinrhodium bis 1600°, Wolfram-Graphit bis 2000°.

i) Strahlungs-Pyrometer für höchste Temperaturen von 1600° bis 3500° und mehr allein geeignet, für Bereiche 1000° bis 1600° notwendig, wenn angreifende Gase das Platin der Thermoelemente zerstören und Schutzrohre wegen ihrer langsamen Wärmeaufnahme die Messung verzögern würden.

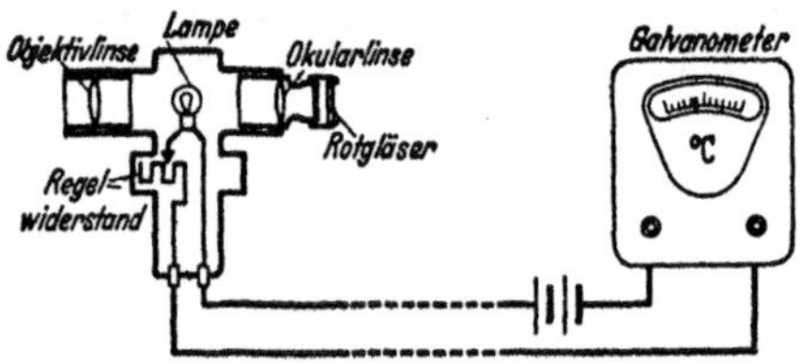

Abb. W 5.

Grundlage ist das Wien-Plancksche Gesetz: Die elektromagnetische Strahlung (Licht- und Wärmestrahlung) eines physikalisch schwarzen Körpers ist nur abhängig von seiner Temperatur; ihre Stärke wächst mit der vierten Potenz der absoluten Temperatur. Physikalisch schwarz ist ein Körper, der die gesamte einfallende Strahlungsenergie absorbiert, sie also weder reflektiert, noch durchläßt. Schwarz in diesem Sinne ist jeder fast geschlossene Hohlraum, z. B. rußiger Ofenraum mit nur kleiner Öffnung. Außerhalb des Ofens wird die Temperatur eines Körpers zu niedrig gemessen und muß mit Hilfe des Emissionsfaktors (siehe S. 149) des zu untersuchenden Werkstoffes korrigiert werden. Nur Messungen am physikalisch schwarzen Körper geben mit optischen Pyrometern die wahre Temperatur.

1. Optische Pyrometer, auch Teilstrahlungs-Pyrometer, verwenden nur den sichtbaren Teil der Strahlung durch den subjektiven photometrischen Vergleich mit der Lichtstrahlung einer Glühlampe, deren Heizstromstärke ein Maß für die Helligkeit, also für die Temperatur der strahlenden Fläche ist. Ihre Zuordnung zur Temperatur muß empirisch durch Eichen mit der Strahlung eines physikalisch schwarzen Körpers von bekannter Temperatur festgelegt werden.

Das Pyrometer von Holborn und Kurlbaum, Siemens & Halske, Abb. W5, mißt Temperaturen von 700 bis 1500° unmittelbar, von 1200 bis 2000° und von 1400 bis 3500° mittels zwischengeschalteter Rauchgläser. Aus der Strahlung wird durch Rotglas ein enger Frequenzbereich, um $\lambda = 0{,}65\ \mu$ (monochromatische Messung) herum, zu Meßzwecken hindurchgelassen. Das Rotglas darf bei Messungen unter 900° fehlen, weil solche Strahlung sowieso dem Auge rot erscheint. Der Regelwiderstand für die Glühlampe wird so eingestellt, daß der Glühfaden nicht mehr im Gesichtsfeld sichtbar ist. Das Galvanometer hat 3 Skalen für die 3 Meßbereiche in ° C-Teilung.

Das **Pyropto** von **Hartmann & Braun** arbeitet ähnlich. Stahlakku, Regelwiderstand und Meßgerät sind handlich im Schaft des Pyrometers eingebaut.

2. **Gesamtstrahlungs-Pyrometer** verwenden den sichtbaren und unsichtbaren Teil der Strahlung durch Vereinigung auf ein im Brennpunkt des Objektives befindliches hochempfindliches Vakuum-Thermoelement, Abb. W 6, mit einem Auffangplättchen von 3 mm Durchmesser und 1 μ Dicke. Die Ablesung geschieht an einem hochempfindlichen Millivoltmeter. Diese Pyrometer sind erst ab 550° verwendbar, weil die langwelligen Wärmestrahlen unter 550° von den Glaslinsen verschluckt werden, z. B. **Pyrradio** von Hartmann & Braun, Meßbereich 700 bis 2000° C.

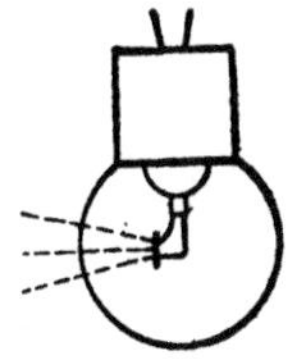

Abb. W 6. Schema eines Vakuum-Thermoelements.

k) Segerkegel dienen zum Messen von Temperaturen in Öfen, deren Erwärmung langsam ansteigt (z. B. keramische Industrie). Ihre Anzeigen sind nicht nur durch die Höhe, sondern auch durch die Geschwindigkeit und Dauer der Erhitzung bedingt.

Schmelzpunkte der Segerkegel.

Nr. des Kegels	Schmelzpunkt Grad C	Nr. des Kegels	Schmelzpunkt Grad C	Nr. des Kegels	Schmelzpunkt Grad C	Nr. des Kegels	Schmelzpunkt Grad C	Nr. des Kegels	Schmelzpunkt Grad C
022	600	010a	900	3a	1140	15	1435	32	1710
021	650	09a	920	4a	1160	16	1460	33	1730
020	670	08a	940	5a	1180	17	1480	34	1750
019	690	07a	960	6a	1200	18	1500	35	1770
018	710	06a	980	7	1230	19	1520	36	1790
017	730	05a	1000	8	1250	20	1530	37	1825
016	750	04a	1020	9	1280	26	1580	38	1850
015a	790	03a	1040	10	1300	27	1610	39	1880
014a	815	02a	1060	11	1320	28	1630	40	1920
013a	835	01a	1080	12	1350	29	1650	41	1960
012a	855	1a	1100	13	1380	30	1670	42	2000
011a	880	2a	1120	14	1410	31	1690		

Keramische Rohstoffe und Erzeugnisse, die bei Segerkegel 26 und darüber schmelzen, werden als feuerfest bezeichnet.

l) Temperaturmeßfarben (Thermocolore)[1]) sind Farbstoffe, die beim Überschreiten bestimmter Temperaturen ihre ursprüngliche Farbe ändern. Sie dienen zur Ermittlung der Temperaturverteilung an erwärmten Körpern, z. B. an luftgekühlten Motoren, Lagern, Getrieben, Kühlern usw., auch als Warnfarben in der Elektro- und chemischen Industrie, sowie an Industrieöfen. Der Farbauftrag erfolgt mit Pinsel oder Spritzpistole. Die Temperaturen können nach der thermischen Einwirkung abgelesen werden.

Zur schnellen Bestimmung und Kontrolle von Temperaturen, z. B. von Ofenwänden oder Schweißstücken, Überwachung der Temperatur in Gesenken, Verarbeitung von Leichtmetallen, Pressen von Glas, beim Glühen usw.

[1]) Hersteller: I.-G. Farbenindustrie A.-G., Ludwigshafen a. Rh., Werk Oppau. Verkauf: I.-G. Farbenindustrie A.-G., Abteilung Öle, Berlin NW 7, Unter den Linden 24.

dienen die Thermochrom-Temperaturmeßstifte[1]). Ein Farbstrich, auf die heiße Fläche aufgetragen, zeigt nach 1 bis 2 s durch einen deutlichen Farbumschlag, daß die dem Stift zugehörige Temperatur erreicht ist.

Übersicht der Temperatur-Meßfarben.

Einfach-Thermocolore.

Nr.	Farbumschlag	Temp.-Umschlag °C	Nr.	Farbumschlag	Temp. Umschlag °C
1	Rosa → Blau	40	6	Grün → Braun	220
2	Hellgrün → Blau	60	7	Gelb → Rotbraun	290
2 a	Blau → Grün	80	8	Weiß → Braun	340
3	Gelb → Violett	110	10	Rosa → Braun → Weiß	500
4	Purpur → Blau	140	11	Blau → Violett	580
4 a	Blau → Schwarz	165	12	Hellgrün → Türkis	680
5	Weiß → Braun	175			

Mehrfach-Thermocolore.

Nr.	Farbumschlag	bei °C	Farbumschlag	bei °C	Farbumschlag	bei °C	Farbumschlag	bei °C
20	Hellrosa → Hellblau	65 →	Hellbraun	145				
21	Graugrün → Olivgrün	145 →	Braun	220				
22	Rosa → Hellbraun	145 →	Schwarz	175				
23	Dunkelgelb → Graugrün	175 →	Rotbraun	290				
24	Gelb → Violett	290 →	Braun	340				
30	Graugrün → Hellblau	65 →	Olivgrün	145 →	Braun	220		
31	Brau → Graublau	155 →	Hellbraun	230 →	Rotbraun	275		
32	Rosa → Gelb	145 →	Grau	175 →	Olivgrün	340		
33	Gelb → Dunkelgrau	175 →	Violett	290 →	Braun	340		
40	Rosa → Hellblau	65 →	Gelb	145 →	Grauschwarz	175 →	Olivgrün	340
41	Hellgrün → Hellblau	65 →	Gelb	145 →	Grauschwarz	220 →	Braun	340

Übersicht der Temperatur-Meßstifte.

Thermochrom Nr. zugl. Umschlagtemperatur °C	Farbumschlag	Thermochrom Nr. zugleich Farbumschlag °C	Farbumschlag
120	Hellgrün → Blau	350	Braun → Rot
150	Grün → Violett	450	Rosa → Schwarz
200	Blau → Schwarz	510	Hellgelb → Orange
300	Grün → Braun	600	Dunkelblau → Weiß

Schrifttum.

Hohenner: Motor-Kritik 1939 Heft 16. — Z. VDI Bd. 83 (1939) Heft 3. — Chem. Fabrik 1939 Heft 12. 5. S. 358. — Glastechn. Ber. Bd 17 (1939) Heft 7. — Umschau 1939 Heft 35.

[1]) Hersteller: A. W. Faber, Castell-Bleistiftfabrik A.-G., Stein bei Nürnberg.

C. Sonstige wärmetechnisch wichtige Werte.

Alle angeführten Werte beziehen sich auf den Normalzustand, der durch die Angabe eines Normaldruckes und einer Normaltemperatur gekennzeichnet ist. Die Zusammenstellung 0° und 760 Torr (1 Torr = 1 mm Quecksilbersäule) ist der physikalische, 20° und 1 kg/cm² der technische Normalzustand.

I. Wärmedehnungszahlen.

Längenausdehnungszahl α: $\alpha = \frac{1}{l} \cdot \frac{\Delta l}{\Delta t}$; l = Anfangslänge, Δl = Verlängerung, Δt = Temperaturzunahme.

Raumausdehnungszahl γ: $\gamma = \frac{1}{V} \cdot \frac{\Delta V}{\Delta t}$; V = Anfangs-Rauminhalt, ΔV = Raumzunahme, Δt = Temperaturzunahme. Für feste Körper gilt $\gamma = 3\alpha$; für Gase gilt in großer Annäherung $\gamma = 1/273$, genau $\gamma = 1/273{,}16$.

Längenausdehnungszahl α bei 20°.

Stoff	$\alpha \cdot 10^{-6}$	Stoff	$\alpha \cdot 10^{-6}$
Aluminium	23,8	Konstantan	15,2
Antimon	10,8	Kupfer	18,5
Blei	29,0	Magnesium	26,1
Bronze	17,5	Messing	18,4
Chrom	7,0	Neusilber	18,0
Chromstahl	10,0	Nickel	13,0
Duralumin	23,5	Nickelstahl (58 vH Ni)	12,0
Eisen und Stahl[1]	12,2	Platin	9,0
Elektron	24,0	Platiniridium	8,3
Gips	25,0	Porzellan, Berliner	3,0
Glas, Jenaer (16 III)	8,1	Quarzglas	0,5
Gold	14,2	Schwefel	9,0
Hartgummi	77,0	Silber	19,5
Invarstahl, 36 vH Ni	1,5	Widia	5,3
Iridium	6,5	Wismut	13,4
Kadmium	24,7	Zink	26,7
Kobalt	12,7	Zinn	23,0

Raumausdehnungszahl γ bei 20°.

Stoff	$\gamma \cdot 10^{-6}$	Stoff	$\gamma \cdot 10^{-6}$
Benzol	106	Kohlenstofftetrachlorid	122
Glyzerin	50	Schwefelsäure, konz.	57

II. Schwindmaße.

Während des Erstarrens und Erkaltens verkleinern sich die Abmessungen der Metalle. Auftretende Spannungen, die auf ungleichmäßiges Erstarren und auf ungleiche Werkstoffverteilung zurückzuführen sind, vergrößern oder verringern die Abmessungen nach der einen oder anderen Seite des Gußstückes.

[1]) Eisen und Stahl haben nahezu gleiche Längenausdehnung. Sie beträgt im Durchschnitt zwischen 0° und 100° das $11{,}5 \cdot 10^{-6} \cdot t$ fache, bei höheren Temperaturen das $(11{,}5 \cdot 10^{-6} + 0{,}008 \cdot 10^{-6} \cdot t)$ fache der Länge (t = Anzahl der Grade der Temperaturerhöhung). Stahlguß hat in hartem Zustand eine höhere Ausdehnung bis zu 0,000014, die aber bei Temperung auf den normalen Wert zurückgehen kann. Weicher Stahl hat die gewöhnliche Ausdehnung. Bei Gußeisen geht die Ausdehnung bis zu $9 \cdot 10^{-6}$ herunter.
Bei Eisenbauten wird mit Temperaturschwankungen von $-25°$ bis $+35°$ C gerechnet. Für die Feststellung der Grundmaße eines Entwurfes wird eine mittlere Temperatur von $+10°$ C angenommen.

Schwindmaße für Metalle.

Metall	Schwindmaße bezogen auf					
	Länge		Oberfläche		Rauminhalt	
	Verhältnis	cm auf 1 m	Verhältnis	cm^2 auf 1 m^2	Verhältnis	cm^3 auf 1 m^3
Aluminium	1 : 56	1,79	1 : 28	357	1 : 19	53580
Aluminiumbronze	1 : 53	1,89	1 : 27	377	1 : 18	56610
Blei	1 : 92	1,09	1 : 46	217	1 : 31	32610
Bronze	1 : 63	1,59	1 : 32	317	1 : 21	47610
Glockenmetall	1 : 65	1,54	1 : 33	308	1 : 22	46140
Gußeisen	1 : 100	1,00	1 : 50	200	1 : 33	30000
Kupfer	1 : 125	0,80	1 : 63	160	1 : 42	24000
Messing	1 : 65	1,54	1 : 32	313	1 : 22	46140
Stahlguß	1 : 50	2,00	1 : 25	400	1 : 17	60000
Zinn	1 : 128	0,78	1 : 64	156	1 : 43	23400
Zink	1 : 62	1,61	1 : 32	313	1 : 21	48390

Beispiel. Ein Stab aus Stahlguß von 2,50 m Länge schwindet um 2,5 × 2 = 5,0 cm. Ein Körper aus Bronze, dessen Modell 300 cm^3 = 0,000300 m^3 enthält, hat ein Kubikmaß von 300 cm^3 — 0,000300 · 47610 cm^3 = 300 cm^3 — 14,28 cm^3 = 285,72 cm^3. In Walzwerken rechnet man das Schwinden des Stahles zu rd. 12 mm/m. Siehe „Gewichtsberechnung eines Gußstückes aus seinem Modell".

III. Wärmeleitzahl λ

(in kcal/m^2 h °C) ist die im Dauerzustand stündlich durch 1 m^2 Fläche des Stoffes zu einer anderen im Abstand von 1 m übertretende Wärmemenge bei 1 ° C Temperaturunterschied beider Flächen. λ ändert sich mit der Temperatur nach der Formel: $\lambda_t = \lambda_0(1 + \gamma t)$. γ ist die Temperaturziffer der Wärmeleitzahl. Bei elementaren Metallen ist γ negativ, sonst zumeist positiv. Poröse Stoffe leiten die Wärme wesentlich schlechter als kompakte, weil die Wärmeleitzahl der Luft sehr klein ist. Deswegen ist das Raumgewicht *R* bei porigen Stoffen als wichtig anzusehen.

Wärmeleitzahl λ_{20} bei Normaltemperatur für feste Stoffe, $t = 20$ °C.

Stoff	*R* kg/m^3	λ_{20} kcal/m^2 h °C	Bemerkungen
Metalle (rein):			
Silber	10500	360	
Kupfer	8930	340	
Aluminium	2700	197	
Nickel	8900	80	
Eisen	7860	63	
Quecksilber	13546	6,5	
Legierungen:			
Silumin	2633	139	88 vH Al, 12 vH Si
Alusil	2760	138	80 vH Al, 20 vH Si, Kolbenleg.
Duralumin	≈ 2800	125	95 vH Al, 4,5 vH Cu, 0,5 vH Mg
Messing	9381	96	70 vH Cu, 30 vH Zn
Bronze	8766	36	90 vH Cu, 10 vH Sn
Neusilber	8433	21,5	62 vH Cu, 15 vH Ni, 22 vH Zn
Monel	8710	19	29 vH Cu, 67 vH Ni, 2 vH Fe
Chromnickel	8660	15	10 vH Cr, 90 vH Ni

Stoff	R kg/m³	λ_{20} kcal/m² h °C	Bemerkungen
V2A-Stahl (Krupp)	7860	13	72,88 vH Fe, 18 vH Cr, 8 vH Ni, 0,5 vH Mn, 0,5 vH Si, 0,12 vH C
Invar		9,5	35 vH Ni, 65 vH Fe
Natursteine:			
Basalt	2920	1,4	
Granit	2600 bis 2900	2,5	versch. Zusammensetzung
Kalkstein	1650	1,9	feinkörnig
Marmor	2500 bis 2700	2,4	
Muschelkalk	2680	2,1	
Sandstein	2150 bis 2300	1,4 bis 1,8	
Baustoffe:			
Ziegel, gewöhnl.	1600	0,33	
„ hochporös	600	0,10	
Beton	1000	0,31	lufttrocken
Schlackenbeton	1200	0,25	
Magnesitstein	2010	2,4	
Schamotte	1940	0,64	für Ofenbau
Porzellan (Berlin)	2290	0,9 bis 1,1	
Org. Kunststoffe (elektr. Nichtleiter):			
Bakelit	1270	0,200	Phenol-Kresol-Formaldehyd
Fiber (Vulkan-)	1350	0,4	
Kautschuk 100%		0,11	rein, ohne Zusätze
Gummischwamm	224	0,047	
Linoleum	1180	0,13 bis 0,16	
Mikanit	2480	0,205	gemahl. Glimmer gepreßt
Hartpapier I	1300	0,179	hell
Hölzer:			
Eiche, längs der Faser	600 bis 800	0,32	
„ quer zur Faser		0,15 bis 0,18	
Fichte, längs der Faser	620	0,22	
„ quer zur Faser		0,12	
Faser- u. pulverförmige Wärmeschutzstoffe:			
Asbestwolle	50	0,050	
Glaswolle	50	0,032	
Schlackenwolle	100	0,029	
Kieselgur	100	0,037	
Flüssigkeiten:			
Paraffinöl	870	0,108	
Petroleum	800	0,130	raffiniert
Wasser	1000	0,515	
Transformatorenöl	840	0,130	
Zylinderöl	890 bis 910	0,116 bis 0,124	für Flugmotoren
Gase und Dämpfe:			bei $p = 1$ kg/cm², $t = 20°$ C
Kohlenoxyd (CO)	1,245	0,0211	
Kohlendioxyd (CO_2)	1,969	0,0136	
Luft (trocken)	1,238	0,0220	trocken
Methylchlorid (CH_3Cl)	2,299	0,0090	
Schwefelkohlenstoff (CS_2)	3,380	0,0060	
Tetrachlorkohlenstoff (CCl_4)	6,370	0,0055	
Wasserdampf	0,801	0,0140	
Wasserstoff (H_2)	0,0895	0,1600	

IVa. Schmelzwärme (q), Verd.-Wärme (r), wahre (c_t) und mittlere (c_m) spezifische Wärme von Metallen.

[c_t[1]) bei t° C, c_m[2]) zwischen 0° und t° C, gemessen bei 760 Torr.]

Metall	q $\frac{\text{kcal}}{\text{kg}}$	r $\frac{\text{kcal}}{\text{kg}}$	t° C	c_t $\frac{\text{kcal}}{\text{kg° C}}$	c_m $\frac{\text{kcal}}{\text{kg° C}}$	t° C	c_t $\frac{\text{kcal}}{\text{kg° C}}$	c_m $\frac{\text{kcal}}{\text{kg° C}}$
Aluminium	85	2800	−200	0,075	0,164	500	0,26	0,237
Antimon	40	300	−200	0,046	0,048	300	0,054	0,0515
Beryllium	341	5930	−100	0,20	0,305	200	0,535	0,475
Blei	5,7	220	−200	0,026	0,0287	300	0,0338	0,0325
Bronze 0,8 Cu, 0,2 Sn	—	—	20	c_{20}=0,084	—	—	—	—
Chrom	70	1470	−200	0,034	0,071	1000	—	0,135
Eisen	65	1520	−200	0,032	0,080	1400	—	0,165
Gold	16	420	−200	0,021	0,028	1000	0,0376	0,0336
Kadmium	13	240	−200	0,042	0,051	200	0,0586	0,0568
Kobalt	67	1550	−200	0,034	0,072	900	0,164	0,129
Kupfer	50	1110	−200	0,040	0,078	800	0,112	0,102
Magnesium	50	1350	−200	0,10	0,20	500	0,30	0,27
Mangan	60	1000	−100	0,095	0,105	800	0,14	0,127
Molybdän	—	1700	−200	0,020	0,047	1000	0,074	0,067
Messing 0,6 Cu, 0,4 Zn	≈44	—	−100	0,080	0,085	400	0,114	0,099
Nickel	70	1480	−200	0,036	0,083	700	0,13	0,125
Platin	27	600	−200	0,018	0,025	1200	0,0393	0,0355
Quecksilber	2,8	72	−200	0,027	—	200	0,0325	—
Silber	25	520	−200	0,0375	0,0505	700	0,0642	0,0597
Wismut	13	200	−200	0,024	0,027	200	0,032	0,0304
Wolfram	60	1150	−200	0,016	0,026	1500	0,039	0,0355
Zink	26,8	430	−200	0,058	0,082	400	0,11	0,10
Zinn	14	620	−100	0,050	0,052	200	0,058	0,056

Werte nach F. Henning: Wärmetechnische Richtwerte. VDI-Verlag 1938.

[1]) $c_t = \frac{Q_t - Q_{(t-1)}}{G\,(t - [t-1])}\left[\frac{\text{kcal}}{\text{kg° C}}\right]$. [2]) $c_m = \frac{Q_t - Q_0}{G \cdot t}\left[\frac{\text{kcal}}{\text{kg° C}}\right]$.

Q_t = Wärmeinhalt (Enthalpie) bei t° C. Q_0 = Wärmeinhalt (Enthalpie) bei 0° C.

V. Wärmeeigenschaften

Gas	Formel	Schmelzpunkt bei 760 Torr S_m °C	Schmelzwärme bei 760 Torr q $\frac{\text{kcal}}{\text{kg}}$	Siedepunkt bei 760 Torr S_d °C	Verd.-Wärme bei 760 Torr r $\frac{\text{kcal}}{\text{kg}}$	Wahre spe[z.] Wärme be[i] 0° u. 760 To[rr] c_{p_0} $\frac{\text{kcal}}{\text{kg}}$
Ammoniak[1])	NH_3	− 77,7	81	− 33,4	327	0,492
Chlor	Cl_2	−103	45	− 35	62	0,120
Freon 12[1])	$CHClF_2$	−155	—	—	36,84	—
Freon 22[1])	CCl_2F_2	−155	—	− 30,0	40	—
Helium	He	−272,1	1	−268,9	5	1,25
Kohlendioxyd	CO_2	− 56	44	− 78,48	137	0,197
Luft, atm. trocken	[2])	—	—	−194,0	43	0,239
Sauerstoff	O_2	−218,83	3,3	−182,97	51	0,218
Schwefeldioxyd	SO_2	− 75,3	27,9	− 10,0	96	0,151
Wasserstoff	H_2	−259,2	14	−252,78	110	3,400

IVb. Schmelzwärme (q), Verd.-Wärme (r), wahre (c_t) spezifische Wärme von Nichtmetallen.

(c_{20} = wahre spezifische Wärme bei 20° C und 760 Torr, s. a. Tafel IVa.)

Stoff	Symbol, Formel	$q \frac{\text{kcal}}{\text{kg}}$	$r \frac{\text{kcal}}{\text{kg}}$	$c_{20} \frac{\text{kcal}}{\text{kg}^\circ \text{C}}$
Äthyläther	$C_2H_5 \cdot O \cdot C_2H_5$	24	86	0,556
Äthylalkohol	$C_2H_5 \cdot OH$	25	201	0,590
Anilin	$C_6H_5 \cdot NH_2$	27,1	107	0,493
Bakelit	Kunstharz	—	—	0,38
Benzol	C_6H_6	30,4	94,5	0,415
Chlor	Cl_2	45	64	0,120[1]
Chlormethyl	CH_3Cl	—	100	0,176[1]
Chloroform	$CHCl_3$	19	59	0,23
Gips, gebr.	$CaSO_4 \cdot 1{,}5\,H_2O$	450	—	0,20
Glas, Spiegel-	—	—	—	0,183
Glyzerin	$C_3H_8O_3$	47,7	—	0,58
Granit	Silikatgemisch	—	—	0,18
Graphit	C	—	12000	0,19[2]
Hochofenschlacke	Fe-Silikate	≈ 50	—	0,20
Kohle, Holz-, Stein-	—	—	—	H. 0,18; St. 0,30
Marmor	$CaCO_3$-Krist.	—	—	0,193
Naphthalin	$C_{10}H_8$	36	75	0,31
Paraffin, Hart-	C_nH_{2n+2}	≈ 35	—	0,5
Phosphor, gelb	P	5,2	400	0,18
Petroleum	Kohlenwasserst.	—	—	0,51[3]
Schwefel, rhomb.	S	9,4	70	0,17
Schwefelsäure 100%	H_2SO_4	26,0	—	0,331
Terpentinöl	$C_{10}H_{16}$	—	70	0,43
Wasser, flüssig	H_2O	79,4	539,1	1,0[4]

[1]) c_p (bei konstantem Druck von 760 Torr).
[2]) $S_m = 3540°$; $S_d = 4000°$ C.
[3]) Zwischen 150° und 200° dest.
[4]) Eis 0,463, Dampf 0,43.

technischer Gase.

c_p/c_v	Kritische Größen t_k °C	p_k Atm.	$v_k \frac{\text{m}^3}{\text{kg}}$	Bemerkungen
1,32	132,4	111,5	0,4255	[1]) Kältemittel.
1,34	144	76	0,174	[2]) Luft ist ein Gemisch folgender Gase:
1,13	111,5	39,6	0,1804	
1,14	111,5	39,6	0,18	
1,66	−267,9	2,26	1,45	
1,31	31,0	73	0,217	
1,40	−140,7	37,2	0,323	
1,40	−118,8	49,7	0,232	
1,40	157,3	77,8	0,190	
1,41	−239,9	12,8	3,226	

Gas	N_2	O_2	Ar	CO_2	H_2
Gew. proz.	75,47	23,2	1,28	0,046	0,001
Gas	Ne	He	Kr	X	
Gew. proz.	0,0012	$0{,}0_4 7$	0,0003	$0{,}0_4 4$	

$0{,}0_4 = 0{,}0000$

VI. Schmelz- und Siedepunkte fester und flüssiger Stoffe bei Normaldruck (760 Torr).

Schmelz- und Siedepunkte für chemische Elemente s. S. 160 und 161.
(Nur gleichteilige [homogene] Stoffe haben scharfe Schmelz- und Siedepunkte.)

Stoff	Formel	Schmelzpunkt (°C) (Erweichungspunkt)	Siedepunkt (°C)
Aluminiumoxyd	Al_2O_3	2050	2980
Äthyläther	$C_2H_5 \cdot O \cdot C_2H_5$	−116,3	34,48
Äthylalkohol	$C_2H_5 \cdot OH$	−114,5	78,3
Anilin	$C_6H_5 \cdot NH_2$	− 6,2	184
Azeton	$CH_3 \cdot O \cdot CH_3$	−94,3	56,1
Bauxit	—	1820	—
Benzol (chemisch rein)	C_6H_6	+ 5,5	80,1
Benzophenon	$C_6H_5 \cdot CO \cdot C_6H_5$	49,7	305,9
Borax	$Na_2B_4O_7 + 10\,H_2O$	878	—
Bronze	90 bis 80 vH Cu, 8 bis 16 vH Sn, 2 bis 5 vH Zn	≈ 900	—
Chlorbarium	$BaCl_2$	955	1560
Chlorkalzium	$CaCl_2$	772	> 1600
Chlorkalziumlösung, ges.	—	−40	—
Chlornatrium (Kochsalz)	NaCl	802	1440
Chloroform	$CHCl_3$	−63,5	+61,2
Chromeisenerz	$Cr_2O_3 \cdot FeO$	≈ 2180	—
Deltametall	56 vH Cu, 41 vH Zn, 1 vH Fe, Mn, Pb	≈ 950	—
Eisen, Fluß-	—	1350 bis 1450	—
„ Guß-, grau	—	1200	—
„ „ weiß	—	1130	—
Eisenhochofenschlacke	Fe-Silikate + Fe-Oxyde	1300 bis 1430	—
Essigsäure (Eisessig)	$CH_3 \cdot COOH$	+16,7	118
Glyzerin (chemisch rein)	$C_3H_5 \cdot (OH)_3$	+18°, fest bei 0°	290
Invarstahl	Ni-Fe-Legierung	1425	—
Kautschuk	$[C_{12}H_{20}]_n$ [1])	≈ 125	—
Kochsalzlösung, gesättigt	NaCl aq	−18	—
Lote, Weich-	Sn-reich	135 bis 210	—
„ Wismut-	—	94 bis 125	—
Messing	66 vH Cu, Rest Zn	≈ 900	—
Naphthalin	$C_{10}H_8$	80,1	217,9
n-Oktan	C_8H_{18}	−57	125,7
Öl, Lein-	—	−20	316
„ Rüb-	—	−3,5	—
„ Terpentin-	$C_{10}H_{16}$	−10	160
Paraffin	CnH_{2n+2} [2])	40 bis 70	—
Phenol	$C_6H_5(OH)$	41	182
Porzellan, Hart-	kaolinreich	≈ 1480	—
Quarz	SiO_2	1470	über 2500
Schwefelkohlenstoff	CS_2	−112	46,3
Stahl	Fe, < 0,6 vH C	1520 bis 1450	—
Stearinsäure	$C_{17}H_{35} \cdot COOH$	70	380
Tetrachlorkohlenstoff	CCl_4	−22,8	76,7
Toluol	$C_6H_5 \cdot CH_3$	−95	110,7
Tonerde, rein	Al_2O_3	2050	2980
Wachs, Bienen-	—	≈ 63 bis 65	—
Walrat, rein, vom Potwal	—	49	—
Wasser	H_2O	0	100
„ 3,5 vH Salzgehalt	—	−2,3	—
Woodsches Metall	—	≈ 68	—

[1]) n = unbekannte ganze Zahl. [2]) $n > 10$.

VII. Wärmestrahlung.

a) Gesamtstrahlung E_s des physikalisch schwarzen Körpers. Ein m^2 dieses Körpers strahlt bei T °K in einer Stunde senkrecht zur Oberfläche in den Halbraum (Halbkugelraum über der strahlenden Fläche) aus:

$$E_s = 4{,}961 \left(\frac{T}{100}\right)^4 \frac{\text{kcal}}{\text{m}^2\,\text{h}},$$

z. B. bei $T = 300°$ K: $E_s = 4{,}961 \left(\frac{300}{100}\right)^4 = 4{,}018 \cdot 10^2 \frac{\text{kcal}}{\text{m}^2\,\text{h}}$.

b) Emissionsvermögen ε einiger fester Stoffe bei T °K $\varepsilon = \frac{E}{E_s}$.

Der Emissionsfaktor ε ist eine spezifische Konstante, die die Gesamtstrahlung des Stoffes in Bruchteilen der schwarzen Strahlung ausdrückt.

1. Emissionsvermögen ε einiger fester Stoffe bei 293 °K.

Stoff	ε	Stoff	ε	Stoff	ε
Aluminiumblech	0,07	Messing, matt	0,22	Mauerverputz	0,94
Aluminiumbronze	0,61	Stahlblech, Walzh.	0,65	Ziegel, unverp.	0,88
Bleiblech, grau	0,28	Asbestschiefer	0,96	Papier	0,8 ÷ 0,9
Eisen, vernickelt, matt	0,11	Dachpappe	0,93	Schamotte	0,85
Eisen, frisch geschmirgelt	0,24	Gips, glatt	0,90	Eis, Wasserfläche	0,96
Eisen, verzinkt	0,28	Glas, glatt	0,94	Benetzte Metallfl.	0,98
Eisen, rot verrostet	0,69	Hartgummi	0,95	Wollstoff, rot	0,75

2. Emissionsvermögen ε fester Stoffe bei höheren Temperaturen.

Stoff	T °K	ε	Stoff	T °K	ε
Feuerfester Stein	800	0,85	Sillimanitstein (0,33 SiO_2, 0,64 Al_2O_3)	1660	0,29
Silikatstein (0,95 SiO_2)	1500	0,66			
Schamotte (0,55 SiO_2, 0,41 Al_2O_3)	1500	0,59	Magnesitstein (0,8 MgO, 0,09 Al_2O_3)	1660	0,39

c) Gesamtstrahlung heißer Gase. Sie ist bei Industrieöfen von ausschlaggebender Bedeutung. Bei einem Siemens-Martin-Ofen von 60000 kcal/h Wärmeaufnahme erfolgte diese z. B. mit 6 vH durch Wärmeströmung, mit 39 vH durch Gewölbestrahlung und mit 55 vH durch Gasstrahlung. Zu ihrer Berechnung wurde folgende empirische Formel ermittelt.

$$q_{CO_2} = \left\{\varepsilon \sqrt[3]{p\,s}\,[0{,}0513\,(t_g - t_w) - 30{,}25]\right\}(t_g - t_w)\ \text{kcal/m}^2\,\text{h},$$

$$q_{H_2O} = \left\{\varepsilon \sqrt[5]{p^4 s^3}\,[0{,}107\,(t_g - t_w) - 46{,}5]\right\}(t_g - t_w)\ \text{kcal/m}^2\,\text{h}.$$

ε = Emissions- bzw. Absorptionsvermögen der Ofenwandung, p = Gasdruck, s = Schichtdicke des Gases, t_g [°C] = Gastemp., t_w [°C] = Wandtemp.

CO_2- und H_2O-Strahlung zweier Abgase bei 1700 °K in kcal/m²h.

Gasart	Schichtdicke	CO_2-Strahlung	H_2O-Strahlung	Zusammensetzung d. Gase
Gichtgas	0,05	15400	1860	0,233 CO_2, 0,035 H_2O, 0,732 N_2
	0,50	33300	7300	
Ferngasabgas	0,05	10300	3500	0,073 CO_2, 0,235 H_2O, 0,692 N_2
	0,50	22250	33600	

Bei geringen Schichtdicken überwiegt die CO_2-Strahlung, bei großen die H_2O-Strahlung. Nach „Mitteilungen der Wärmestelle Düsseldorf".

Verbrennung.

A. Erklärung der Formelzeichen.

Zeichen:	Dimension: feste u. flüssige Brennstoffe	Dimension: gasförmige Brennstoffe	Erklärung:
Nm^3	Normalkubikmeter bezogen auf 0° C, 760 mm HgS (Quecksilbersäule)		
Mol	ist die Gasmenge, deren Gewicht in kg gleich dem Molekulargewicht ist		
O_2	kg/kg	Nm^3/Nm^3	Sauerstoff
N_2	kg/kg	Nm^3/Nm^3	Stickstoff
C	kg/kg	Nm^3/Nm^3	Kohlenstoff
S	kg/kg	Nm^3/Nm^3	Schwefel
H_2	kg/kg	Nm^3/Nm^3	Wasserstoff
CO_2		Nm^3/Nm^3	Kohlensäure
CO		Nm^3/Nm^3	Kohlenoxyd
CH_4		Nm^3/Nm^3	Methan
C_nH_m		Nm^3/Nm^3	Schwere Kohlenwasserstoffe
W	kg/kg		Wassergehalt der festen Brennstoffe
H_2O		gr/Nm^3	Feuchtigkeitsgehalt der gasförmigen Brennstoffe
H_o	kcal/kg	$kcal/Nm^3$	oberer Heizwert
H_u	kcal/kg	$kcal/Nm^3$	unterer Heizwert
V_{oL}	Nm^3/kg	Nm^3/Nm^3	Luftbedarf zur Verbrennung
V_{oRG}	Nm^3/kg	Nm^3/Nm^3	Rauchgasmengen aus der Verbrennung (feucht gemessen)
V_{O_2}	Nm^3/kg	Nm^3/Nm^3	Sauerstoff zur Verbrennung
V_{CO_2}	Nm^3/Nm^3		Anteil der Kohlensäure in der Rauchgasmenge
V_{H_2O}	Nm^3/Nm^3		Anteil von Wasserdampf in der Rauchgasmenge
V_{N_2}	Nm^3/Nm^3		Anteil von Stickstoff in der Rauchgasmenge
$n_{ü} = \frac{V_{oRG}}{V_{oL}} \cdot \frac{O_2}{0{,}21 - O_2}$	Nm^3/Nm^3		Luftüberschuß in Teilen der theoretischen Luftmenge
t_2	° C		Abgastemperatur des Ofens (Ofenende) (wahre Gastemperatur) nach Aufhören der nutzbaren Wärmeübertragung
C_{pm}	$kcal/Nm^3$		mittlere spezifische Wärme des Abgases bei der Temperatur t_2
Q	kcal/kg	$kcal/Nm^3$	Luft- bzw. Gasvorwärmung

B. Wesen der Verbrennung.

Unter der technischen Verbrennung versteht man die wärmeentwickelnde Reaktion der Elemente Kohlenstoff und Wasserstoff mit Sauerstoff, die oberhalb einer gewissen Temperaturgrenze (dem Zündpunkt) lebhaft und ohne äußere Wärmezufuhr verläuft. Die technischen Brennstoffe kommen in den drei Aggregatzuständen: fest, flüssig und gasförmig vor. Sie setzen sich zusammen aus den chemischen Elementen Kohlenstoff, Wasserstoff und Schwefel. Der Schwefel bildet eine lästige Beimischung und wird heute vielfach, besonders bei den gasförmigen Brennstoffen, durch Aufbereitung entfernt. Kohlenstoff und Wasserstoff sind in den Brennstoffen nicht als reine Elemente, sondern in den verschiedensten chemischen Verbindungen enthalten. Der zur Verbrennung erforderliche Sauerstoff wird in den meisten technischen Feuerungen in Form von Luft zugeführt, die ein

Gemisch von Sauerstoff, Stickstoff und den verschiedensten Beimischungen wie Kohlendioxyd, Wasserstoff, Helium, Neon, Krypton, Xenon von der folgenden Zusammensetzung ist:

Bestandteile	Gewichtsteile	Raumteile
Sauerstoff O_2	23,1, rd. 23	20,93, rd. 21
Stickstoff N_2 einschließlich Beimengungen.....	76,9, rd. 77	79,07, rd. 79

Die Beziehungen zwischen Anfangs- und Endzustand einer Verbrennung sind gegeben durch die folgenden Gleichungen:

$C + O_2 = CO_2$ 1 Mol + 1 Mol = 1 Mol $2\,H_2 + O_2 = 2\,H_2O$ 2 Mol + 1 Mol = 2 Mol	$1\,Nm^3\,C + 1\,Nm^3\,O_2 = 1\,Nm^3\,CO_2$ $2\,Nm^3\,H_2 + 1\,Nm^3\,O_2 = 2\,Nm^3\,H_2O$
12 kg C (Gewicht eines Mol) werden in 1 Mol CO_2 (Molvolumen = 22,4 Nm^3), 4 kg H_2 in 2 Mol H_2O übergeführt unter einem Verbrauch von je 1 Mol Sauerstoff	$1\,kg\,C + \frac{22{,}4}{12}\,Nm^3\,O_2 = 1{,}87\,Nm^3\,CO_2$ $1\,kg\,H_2 + \frac{22{,}4}{4}\,Nm^3\,O_2 = 11{,}2\,Nm^3\,H_2O$

Man unterscheidet zwischen vollkommener und unvollkommener Verbrennung. Bei vollkommener Verbrennung ist der gesamte Gehalt an C und H_2 zu CO_2 und H_2O umgewandelt, während bei der unvollkommenen Verbrennung noch CO und H_2 in den Abgasen enthalten sind. Die vollkommene Verbrennung setzt voraus, daß zumindest die entsprechende theoretische Luftmenge zugeführt wird. Meistens arbeitet man bei technischen Feuerungen mit einem Luftüberschuß. Außerdem ist erforderlich, daß Brennstoff und Luft gut durchmischt werden und eine genügende Zeit zur Verbrennung gelassen wird. Man nimmt an, daß die Verbrennung der festen und flüssigen Brennstoffe über den dampfförmigen bzw. gasförmigen Zustand verläuft. Eine unvollkommene Verbrennung erzielt man dadurch, daß man mit Luftmangel verbrennt. Die Atmosphäre im Feuerraum nennt man bei dieser Art der Verbrennung **reduzierend**, im Gegensatz dazu bezeichnet man die Verbrennung mit Luftüberschuß **oxydierend.**

C. Heizwert der Brennstoffe.

Der obere Heizwert (Verbrennungswärme) H_o eines Brennstoffes stellt die Wärmemenge dar, die bei der vollständigen Verbrennung einer Einheit (kg oder Nm^3) gebildet wird, wenn nach der Verbrennung die Verbrennungsprodukte auf die Ausgangstemperatur zurückgekühlt werden und sich das bei der Verbrennung gebildete Wasser bzw. das Wasser, welches im Brennstoff enthalten ist, im flüssigen Zustand befindet.

Der untere Heizwert H_u, oft nur als „Heizwert" bezeichnet, ist gegenüber dem oberen Heizwert um die Verdampfungswärme des bei der Verbrennung gebildeten Wassers niedriger und für die Berechnung der Auswirkung einer Feuerung zugrunde zu legen.

Der Heizwert der Brennstoffe wird durch kalorimetrische Untersuchung bestimmt oder kann durch die Elementaranalyse und die nachstehende Berechnung ermittelt werden.

Der Heizwert der festen Brennstoffe ergibt sich aus der Verbandsformel:

$$H_u = 8100 \cdot C + 29000 \cdot \left(H_2 - \frac{O_2}{8}\right) + 2500 \cdot S - 600 \cdot W.$$

Der Heizwert von Gasen ist durch den Heizwert der einzelnen Bestandteile gegeben. Man kann hierfür einsetzen:

		Oberer Heizwert H_o	Unterer Heizwert H_u
Kohlenoxyd CO	kcal/Nm³	3020	3020
Wasserstoff H_2	„	3050	2570
Methan CH_4	„	9520	8550
Schwere Kohlenwasserstoffe C_nH_m ..	„	18150	17000

Die zur Verbrennung benötigten Sauerstoff- und Luftmengen V_{oL} und die entstehenden Rauchgasmengen V_{oRG} lassen sich durch die folgenden Beziehungen berechnen:

Feste und flüssige Brennstoffe:

Sauerstoffbedarf:

$$V_{O_2} = 22{,}4 \left(\frac{C}{12} + \frac{H_2}{4} + \frac{S}{32} - \frac{O_2}{32}\right) \text{Nm}^3/\text{kg}.$$

Luftbedarf:

$$V_{oL} = 4{,}76 \cdot V_{O_2} \text{ Nm}^3/\text{kg}.$$

Rauchgasmenge:

$$V_{oRG} = 22{,}4 \left(\frac{H_2}{4} + \frac{W}{18} + \frac{N_2}{28} + \frac{O_2}{32}\right) + V_{oL} \text{ Nm}^3/\text{kg}.$$

Gasförmige Brennstoffe:

Sauerstoffbedarf:

$$V_{O_2} = 3{,}67\, C_nH_m - O_2 + 0{,}5\, CO + 2\, CH_4 + 0{,}5\, H_2 \text{ Nm}^3/\text{Nm}^3.$$

Luftbedarf:

$$V_{oL} = 4{,}76 \cdot V_{O_2} \text{ Nm}^3/\text{Nm}^3.$$

Rauchgasmenge:

$$V_{CO_2} = CO_2 + 2{,}45\, C_nH_m + CO + CH_4 \text{ Nm}^3/\text{Nm}^3,$$

$$V_{H_2O} = 2{,}45\, C_nH_m + 2\, CH_4 + H_2 + H_2O \text{ Nm}^3/\text{Nm}^3$$

$$V_{N_2} = N_2 + 3{,}76 \cdot V_{O_2} \text{ Nm}^3/\text{Nm}^3,$$

$$V_{oRG} = V_{CO_2} + V_{H_2O} + V_{N_2} \text{ Nm}^3/\text{Nm}^3.$$

Ist aber nur die Brennstoffart und ihr Heizwert angegeben, so kann man mit genügender Genauigkeit die nachstehenden Erfahrungsformeln und Werte anwenden:

Brennstoff	Rauchgasvolumen	Luftbedarf
Feste Brennstoffe ...	$0{,}89 \cdot \frac{H_u}{1000} + 1{,}65$ Nm³/kg	$1{,}01 \cdot \frac{H_u}{1000} + 0{,}5$ Nm³/kg
Öle	$1{,}11 \cdot \frac{H_u}{1000}$ Nm³/kg	$0{,}85 \cdot \frac{H_u}{1000} + 2{,}0$ Nm³/kg
Armgase ($H_u < 3000$)	$0{,}725 \cdot \frac{H_u}{1000} + 1{,}0$ Nm³/Nm³	$0{,}875 \cdot \frac{H_u}{1000}$ Nm³/Nm³
Reichgase ($H_u > 3000$)	$1{,}14 \cdot \frac{H_u}{1000} + 0{,}25$ Nm³/Nm³	$1{,}09 \cdot \frac{H_u}{1000} - 0{,}25$ Nm³/Nm³

Brennstoffart	Unterer Heizwert kcal/Einh.	V_{oL} Luft Nm^3/Nm^3 oder kg	V_{oRG} Abgas Nm^3/Nm^3 oder kg
Feste Brennstoffe (1 kg feucht)	3000	3,54	4,26
	4000	4,54	5,18
	5000	5,55	6,10
	6000	6,56	7,02
	7000	7,58	7,94
	8000	8,59	8,86
Öl (1 kg)	9600	10,20	10,90
Generatorgas (1 Nm^3 trocken)	1100	0,97	1,84
	1200	1,05	1,90
	1300	1,13	1,97
	1400	1,21	2,03
	1500	1,29	2,10

Brennstoffart	Unterer Heizwert $kcal/Nm^3$	V_{oL} Luft Nm^3/Nm^3	V_{oRG} Abgas Nm^3/Nm^3
Koksofengas (1 Nm^3 trocken)	3800	3,87	4,60
	4000	4,04	4,81
	4200	4,31	5,02
	4400	4,53	5,24
Gichtgas (1 Nm^3 trocken)	900	0,714	1,56
	1000	0,792	1,62
	1100	0,871	1,69
Mischgas aus Koksofen- und Gichtgas (1 Nm^3 trocken)	1400	1,23	2,05
	1800	1,67	2,47
	2200	2,11	2,90
	2600	2,55	3,32
Wassergas	2685	2,35	2,90

D. Luftüberschuß bei technischen Feuerungen.

Die wirklich verbrauchte Luftmenge V_L weicht bei technischen Feuerungen im allgemeinen von der theoretisch errechneten ab. Die Luftmenge und die Abgasmenge bestimmen dann die nachstehenden Formeln:

$$V_L = 1 + n_{ü} \cdot V_{oL}/\text{Nm}^3,$$

$$V_{RG} = V_{oRG} + n_{ü} \cdot V_{oL}/\text{Nm}^3 \text{ oder kg.}$$

Das Verhältnis der verbrauchten Luftmenge V_L zur theoretisch errechneten Luftmenge V_{oL} bezeichnet man mit Luftfaktor $\lambda = \frac{V_L}{V_{oL}}$.

Zusammenstellung des Luftüberschusses bei technischen Feuerungen.

Steinkohle: Planrost mit Handbeschickung	$\lambda = 1,7-2,0$
„ „ mechanischer Beschickung	$\lambda = 1,4-1,7$
Wanderrost	$\lambda = 1,3-1,5$
Kohlenstaub	$\lambda = 1,2-1,4$
Braunkohle: Braunkohlenbrikett	$\lambda = 1,2-1,5$
Teeröl	$\lambda = 1,1-1,2$
Leuchtgas, Ferngas	$\lambda = 1,0-1,1$
Generatorgas gereinigt	$\lambda = 1,0-1,1$

E. Flammtemperaturen.

Bei wärmetechnischen Vorgängen ist neben einer bestimmten Wärmeleistung eine Temperaturhöhe erforderlich, deren obere Grenze für ein bestimmtes Gas durch eine Grenztemperatur gegeben ist. Die Flammtemperatur einer Verbrennung wird immer niedriger liegen als die Grenztemperatur t_g, da deren Höhe durch die Abstrahlung und die Ausbrenndauer erniedrigt wird.

Bei der offenen Verbrennung werden folgende Temperaturen erreicht:

Kesselfeuerungen mit Steinkohle, Innenfeuerung	etwa	1000—1200° C.
Unterfeuerung	„	1100—1250° „
Vorfeuerung	„	1300—1500° „
„ „ Braunkohle, je nach Kohle und Feuerungsart	„	700—1500° „
„ „ Holz und Torf, je nach Feuerungsart	„	700—1100° „
Leuchtgas, Bunsenbrenner, ohne Luftzufuhr	etwa	1700° „
„ mit halber Luftzufuhr	„	1800° „
„ „ voller „	„	1870° „
Leuchtgas-Sauerstoff	„	2200° „
Wasserstoff, frei an der Luft verbrennend	„	1900° „
mit Sauerstoff (Knallgebläse)	„	2420° „
Alkoholflamme	„	1700° „
Azetylen	„	2550° „

F. Näherungsformeln zur Bestimmung der Grenztemperatur ohne Berücksichtigung der Dissoziation (Zersetzung).

$$\underset{(1200-2000^\circ)}{t_g} = \frac{H_u + Q + 120 \cdot V_{CO_2} + 120 \cdot V_{H_2O} + 40 \cdot V_{N_2}}{0{,}639 \cdot V_{CO_2} + 0{,}519 \cdot V_{H_2O} + 0{,}373 \cdot V_{N_2}},$$

$$\underset{(1800-3000^\circ)}{t_g} = \frac{H_u + Q + 140 \cdot V_{CO_2} + 200 \cdot V_{H_2O} + 70 \cdot V_{N_2}}{0{,}649 \cdot V_{CO_2} + 0{,}561 \cdot V_{H_2O} + 0{,}389 \cdot V_{N_2}}.$$

G. Beurteilung von Brennstoffen.

Die Beurteilung der Wirtschaftlichkeit zweier Brennstoffe für einen Wärmeprozeß läßt sich nur im Rahmen eines Vergleichs des gesamten Wärmeprozesses und seiner gesamten Kosten durchführen. Die veredelten Energien: Gas und Elektrizität, werden im allgemeinen bei einem Vergleich der reinen Brennstoffkosten schlechter abschneiden als die billigen festen Brennstoffe. Der höhere Preis, der für diese veredelten Energien gezahlt werden muß, läßt sich rechtfertigen, wenn man die Nebenkosten berücksichtigt, wie z. B. Kohlentransport und Kohlenlagerung, Aschentransport, Löhne für Bedienung der Feuerung, Haltbarkeit des Ofens und der Nebenapparate (Töpfe bei Topfglühöfen und Temperöfen, Chargiergestelle bei Emailleöfen usw.), Güte der Erzeugnisse infolge Verringerung des Ausschusses durch bessere Beherrschung von Temperatur und Ofengang, Platzersparnisse innerhalb der Werkstatt durch Fortfall der Feuerung an den Öfen und der Kohlenlagerung, Übersichtlichkeit der Werkstätten, Sauberkeit des Betriebes. Für diese Nebenkosten lassen sich nur selten allgemein gültige Zahlen angeben; sie können aber leicht auf Grund der jeweils vorliegenden örtlichen Verhältnisse abgeschätzt werden.

Für den Vergleich zweier Brennstoffe ist nicht deren unterer Heizwert maßgebend, sondern diejenige Wärmemenge, die bei dem für den Prozeß erforderlichen Temperaturgefälle ausgenutzt werden kann. Das Verhältnis der ausgenutzten Wärmemenge zu der im Brennstoff zugeführten gesamten Wärmemenge wird als feuerungstechnischer Wirkungsgrad η_F bezeichnet. In nachstehender Zahlentafel sind die Kosten für 1000 kcal ausgenutzter Wärme für verschiedene Brennstoffe zusammengestellt:

Kosten für 1000 kcal Nutz-Wärmeeinheiten.

	Dimension	Fester Brennstoff	Heizöl	Generatorgas aus Anthrazit, gereinigt	Generatorgas aus Braunkohlenbriketts, gereinigt	Ferngas	Elektrizität
Heizwert	kcal/kg	7000	9600				
	kcal/Nm³			1250	1500	4100	
	kcal/kWh						860
Preise P einschließl.	Pf./kg	2,3	14,0				
Fracht u. Abladen	Pf./Nm³			0,8	0,9	3,2	
	Pf./kWh						3,5
Luftüberschuß	%	70	20	5	5	5	—
Feuerungstech. Wirkungsgrad η_F	%						
bei 500° C		68	77	72	75	78	100
„ 1000° C		32	51	42	47	54	100
„ 1300° C		11	35	22	30	40	100
Kosten K f. 1000 kcal	Pf./1000kcal						
bei 500° C		0,485	1,9	0,89	0,81	1,00	4,07
„ 1000° C		1,03	2,86	1,52	1,27	1,43	4,07
„ 1300° C		3,00	4,17	2,90	2,03	1,95	4,07

Die Preise P für die einzelnen Brennstoffe sind angenommen. Mit den angegebenen Zahlen können die Kosten K für 1000 Nutz-Wärmeeinheiten nach der Formel berechnet werden:

$$K = \frac{P}{H_u \cdot \eta_F} \cdot 1000.$$

H. Wärmeersparnis durch Luftvorwärmung.

Die Abwärme der Abgase läßt sich ausnutzen, indem man die Verbrennungsluft vorwärmt. Da die durch die Luftvorwärmung eingebrachte Wärmemenge keine Abgasverluste bedingt, so stellt dieselbe eine reine Nutzwärme dar. Bei Schmiedeöfen entspricht 1 kcal in der vorgewärmten Luft 2,5—3 kcal im Brennstoff zugeführt. Die zweckmäßige Luftvorwärmung bei Ferngas und Stadtgas liegt bei Öfen mit einer Arbeitstemperatur über 1000° bei 400—500°; bei Öfen, die mit Generatorgas geheizt werden, wird man in vielen Fällen Luft und Gas vorwärmen.

Die Brennstoffersparnis durch Ausnutzung der Abgase zur Luft- bzw. Gasvorwärmung gegenüber dem Betrieb mit kalter Luft ist in Hundertteilen:

$$\text{Brennstoffersparnis } E = \left(1 - \frac{H_u - V_{oRG} \cdot c_{pm} \cdot t_2}{H_u + Q - V_{oRG} \cdot c_{pm} \cdot t_1}\right) \cdot 100\%.$$

J. Chemische und technische Angaben über Brennstoffe.

Feste und flüssige Brennstoffe.

Zusammensetzung in Hundertteilen, Aschegehalt, Feuchtigkeit, Heizwert.

	C	H_2	O_2	N_2	S	Asche	Feuchtigkeit	Untere[r] Heizwe[rt] kcal/kg
Holz	50,5	6,2	42,3	1,0	—	1–3	17–20	3252–346
Torf	60,0	6,0	31,7	2,0	0,3	10–20	25–35	3450–250
Braunkohlen:								
Niederrhein	68,1	5,3	25,6	0,5	0,5	2–3,5	50–60	1800–250
Mitteldeutschland	70,5	5,1	21,1	0,9	2,4	6,65	29,64	3147
Steinkohlen, Ruhr:								
Gas- u. Gasflammkohle	81–85	5,4–5,8	7–11	1,3	1,1	4–12	1–10	7700–653
Eßkohle	88–90	4,3–4,7	4–5	1,2	1,0			8060–684
Anthrazitkohle	90–92	3,8–4,3	2–4	1,2	1,0			8000–680
Steinkohlen, Saargebiet	83,7	4,9	—	—	—	10,8	5,3	6780
Steinkohlen, Oberschles. Gaskohle (Kokskohle)	85–87	4,7–5,3	6–6,5	1,5–1,8	1,0–1,2	4–15	1–10	6540–800
Braunkohlenbriketts:								
rheinische	68,1	5,3	25,6	—	0,5	5	15	4500–520
mitteldeutsche	65,8	5,2	28,5	—	0,5	6,1	11,2	4795
Koks:								
Ruhr	97	0,4	0,6	1,0	1,0	6–10	1,0–10	7000–730
Oberschlesien	94,7	0,86	2,04	1,1	1,1	8–9	2–10	7330
Saar	96,7	0,65	1,63		1,02	—	—	6670
Kraftöle:								
Deutsche Erdöle	85,1–86,8	11,6–14,4	0,0–1,2		0,1–0,2	—	—	8900–103
Braunkohlenteeröle	85,4–86,7	9,8–12,6	0,8–3,2		0,4–1,6	—	—	9400–101
Steinkohlenteeröle	87,1–91,4	6,0–7,8	1,4–4,9		0,4–0,9	—	—	8800–910

Technische Brenngase.

Zusammensetzung in Hundertteilen, Heizwert, Verbrennungsmenge und Rauchgas.

	CO_2	C_nH_m	O_2	H_2	CH_4	Co	N_2	Oberer Heizwert H_o	Unterer Heizwert H_u	Theor. Luftmenge V_{oL}	Rau[ch]gas men[ge] V_{oR}
Generatorgas:											
aus Braunkohlenbrikett	5,0	0,4	—	13,6	2,0	30,0	49,0	—	1500	—	—
„ Anthrazit	5,5	—	0,1	16,5	1,0	25,6	—	—	1290	1,09	1,8
„ Koks	8,0	—	0,5	12,5	1,0	24,0	—	—	1140	0,94	1,7
Wassergas	5,0	—	0,5	47,5	0,5	37,5	—	—	2400	2,05	2,6
Gichtgas	7,5	—	—	2,5	—	29,0	61,0	950	940	0,75	1,5
Ferngas (Koksofengas)	1,9	2,1	0,4	57,1	24,2	5,9	8,4	4645	4092	4,17	4,9
Leuchtgas (Stadtgas)	4,0	2,0	0,4	51,5	17,0	21,5	4,0	4300	3830	3,81	4,4

Technisch wichtige Stoffe.

Gewerbliche Benennung	Chemische Benennung bzw. Anwendung	Chemische Formel
Aceton	Aceton	$CH_3 \cdot CO \cdot CH_3$
Acetylen	Acetylen	$HC \equiv CH$
Äther (Schwefel-)	Äthyläther	$C_2H_5 \cdot O \cdot C_2H_5$
Ätzkali (kaustische Pottasche)	Kaliumhydroxyd	$K(OH)$
Ätzkalk	Kalziumhydroxyd	$Ca(OH)_2$
Ätznatron (kaustische Soda)	Natriumhydroxyd	$Na(OH)$
Alaun, Ammonium-	Ammoniumaluminiumsulfat	$(NH_4)Al(SO_4)_2 + 12\,H_2O$
„ Kali-	Kaliumaluminiumsulfat	$KAl(SO_4)_2 + 12\,H_2O$
„ Natron-	Natriumaluminiumsulfat	$NaAl(SO_4)_2 + 12\,H_2O$
Amylacetat	Amylacetat	$C_5H_{11}(CH_3COO)$
Antifixiersalz	Natriumperkarbonat	$Na_2C_2O_6$
Arsenik	Arsenik	As_2O_3
Barium kohlensaures	Bariumkarbonat	$BaCO_3$
Barytweiß (Blancfixe, Permanentweiß)	Bariumsulfat	$BaSO_4$
Benzin	Zw. 80° u. 120° siedende Kohlenwasserstoffgemische der Methanreihe	C_nH_{2n+2} (n = 5 bis 9)
	Naphtha-Benzin	C_nH_{2n} (zykl. C-Wasserst.)
	Olefine	C_nH_{2n} (unges. C-Wasserst.)
	aromat. Kohlenwasserst.	C_nH_{2n-6}
Benzol	zyklischer Kohlenwasserstoff.	C_6H_6 ⟶ 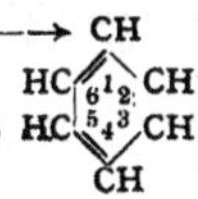
Bisulfit, Kalzium-	Kalziumhydrosulfit } Bleich- u. Desinf.M.	$Ca_2H_2(SO_3)$
„ Natrium-	Natriumhydrosulfit } Bleich- u. Desinf.M.	$NaHSO_3$
Bittersalz	Magnesiumsulfat	$MgSO_4 + H_2O$
Blausäure	Cyanwasserstoff	HCN
Bleichlauge	Natriumhypochlorit	$NaOCl$
Bleiweiß	Bleihydrokarbonat	$2\,PbCO_3 \cdot Pb(OH)$
Bleizucker	essigs. Blei (Bleiacetat)	$Pb(CH_3COO)_2 + 3\,H_2O$
Blutlaugensalz (rot)	Kalium-Eisen(3)-cyanid	$K_3Fe(CN)_6 + 3\,H_2O$
„ (gelb)	Kalium-Eisen(2)-cyanid	$K_4Fe(CN)_6 + 3\,H_2O$
Borax	Natriumtetraborat	$Na_2B_4O_7 + 10\,H_2O$
Borsäure	Borsäure	H_3BO_3
Braunstein	Mangandioxyd	MnO_2
Chlorkalk	Chlorkalk	$CaCl(OCl)$
Chlorkalzium	Kalziumchlorid	$CaCl_2 + 6\,H_2O$
Chlorkautschuk-(lack)	Chlorkautschuk	$C_{10}H_{12}Cl_8)_x$ { x = unbek. ganze Zahl
Chlorkupfer	Kupferchlorid	$CuCl_2 + 2\,H_2O$
Chlormagnesium	Magnesiumchlorid	$MgCl_2$
Chlormangan	Manganchlorid	$MnCl_2$
Chlorwasser	Chlorwasser	Cl_2 in Wasser gelöst
Chlorzinn (Zinnsalz)	Zinn(4)-chlorid	$SnCl_4$
	Zinn(2)-chlorid	$SnCl_2$
Chromkali, gelb	Kaliumchromat	K_2CrO_4
„ rot	Kaliumbichromat	$K_2Cr_2O_7$
Cyankali	Kaliumcyanid	KCN
Cyannatrium	Natriumcyanid	$NaCN$
Eisenchlorid	Eisen(3)-chlorid (Ferrochlorid)	$FeCl_3$
Eisenchlorür	Eisen(2)-chlorid (Ferrichlorid)	$FeCl_2$
Eisenkarbonyl	Antiklopfm. (Zusatz z. Benzin)	$Fe(CO)_5$
Essig	3 proz. Essigsäure	3 vH CH_3COOH + 97 vH H_2O
Essigessenz	10 proz. „	
Essig, Eis-	100 proz. „	CH_3COOH
Essigäther	Äthylacetat	$CH_3COOC_2H_5$
Fixiersalz	Natriumthiosulfat (unterschwefligs. Na)	$Na_2S_2O_3 + 5\,H_2O$
Fluorammon	Ammoniumfluorid	NH_4F
Fluornatrium	Natriumfluorid	NaF
Formaldehyd	Formaldehyd	$HCOH$ ·

Gewerbliche Benennung	Chemische Benennung bzw. Anwendung	Chemische Formel
Gips, gebrannt	Kalziumsulfat	$2\,CaSO_4 + H_2O$
Glaubersalz	Natriumsulfat	$Na_2SO_4 + 10\,H_2O$
Glycerin	Glycerin	$CH_2(OH) \cdot CH(OH) \cdot CH_2(OH)$
Glykol	(Gefrierschutzmittel) Äthylenglykol	$C_2H_4(OH)_2$
Grubengas	Methan	CH_4
Grünspan	Kupferacetat	$Cu(CH_3COO)_2 + H_2O$
Hexan	Lacklösungsmittel	C_6H_{14}
Kalk, gebrannt	Kalziumoxyd	CaO
„ gelöscht	siehe Ätzkalk	$Ca(OH)_2$
Kalkstein	feinkörniges bis dichtes Gestein aus Kalziumkarbonat meist mit Ton verunreinigt	$CaCO_3$
Kalziumkarbid	Kalziumkarbid	CaC_2
Kieselgur	Kieselgur	Diatomeenpanzer a. SiO_2
Kleesalz, saures	saures Kaliumoxalat	$C_2O_4HK \cdot C_2O_4H_2 + 2\,H_2O$
Kleesäure	Oxalsäure	$HOOC \cdot COOH$
Kochsalz (Steinsalz)	Natriumchlorid	$NaCl$
Königswasser	$^3/_4$ Salzs. + $^1/_4$ Salpeters.	$3\,HCl$ konz. + $1\,HNO_3$ konz.
Kohlenoxydgas	Kohlenmonoxyd	CO
Kohlensäure	Kohlendioxyd, gelöst in Wasser	H_2CO_3, $(CO_2 + H_2O)$
Korund	Aluminiumoxyd	Al_2O_3
Kreide	erdiger Kalkstein aus Foraminiferenschalen	$CaCO_3$ (kohlens. Kalk)
Kunststoffe	s. Abschn. Kunststoffe	
Laugensalz, flüchtiges	Ammoniumbikarbonat	NH_4HCO_3
Lithopone	weiße Anstrichfarbe	$BaSO_4 + ZnS$, gemischt
Lötsalz	Chlorzinksalmiak	$ZnCl_2 + 2\,NH_4Cl$
Lötwasser	wäßrige Lösung von Lötsalz	
Magnesiumoleat	Zusatz zu Benzin setzt Explosionsgefahr herab	$(C_{17}H_{33}COO)_2Mg$
Marmor	polierfähiger körniger Kalkstein (kohlens. Kalk)	$CaCO_3$
Mennige	höheres Bleioxyd	Pb_3O_4
Methanol	synth. Methylalkohol (für Spirituslacke)	$CH_3(OH)$
Methylacetat	löst Zellulose	$CH_3COO(CH_3)$
Methylchlorid	Kühlm. f. Kühlmaschinen	CH_3Cl
„Per“	Perchloräthylen, Entfettungsmittel	C_2Cl_4
Perborat	Natriumperborat	$NaBO_3 \cdot 4\,H_2O$
Perborax	Natriumtetraborat (Waschmittelzus.)	$Na_2B_4O_8$
Peroxyde, Natrium-	oxydierender Zusatz z. Waschmitteln	Na_2O_2
„ Wasserstoff-		H_2O_2
Perschwefels. Kalium	Kaliumpersulfat (Bleichmittel)	$K_2S_2O_8$
Phosgengas	Phosgen. Kohlenstoffoxydchlorid (Lungengift)	$COCl_2$
Phosphat, Ammoniumbi-	zum Hartlöten	$(NH_4)H_2PO_4$
„ Tetrapyro-	für Galvanotechnik	$Na_4P_2O_7$
„ Trinatrium-	Wasserenthärter	Na_3PO_4
„ Triphenyl-	Weichmacher f. Chlorkautschuk	$(C_6H_5)_3PO_4$
Pinksalz	Zinnchloridsalmiak	$SnCl_4 + 2\,NH_4Cl$
Pottasche	Kaliumkarbonat	K_2CO_3
Propangas	Heizgas, Abfall der Braunkohlenhydrierung	C_3H_8
Rost	Eisen(3)-hydroxyd (Ferrihydroxyd)	$Fe(OH)_3$
Rostschutz	Oberflächenbehand. d. Eisens mit kochend. Phosphatlösg.; Parkerisieren, mit Ammoniak: Nitrieren (bei etwa 600° C), mit Aluminium: Alumetieren (bei etwa 1000° C.	

Gewerbliche Benennung	Chemische Benennung bzw. Anwendung	Chemische Formel
Ruß	für techn. Zwecke aus reinstem Petroleum oder Acetylen gewonnen	C (staubfein, über 98 proz.)
Salmiak	Ammoniumchlorid	NH_4Cl
Salmiakgeist	Ammoniumhydroxyd	NH_3, gelöst in Wasser
Salpeter, Ammonium-	Ammoniumsalpeter	NH_4NO_3
„ Chile-	Natronsalpeter	$NaNO_3$
„ Indischer	Kalisalpeter	KNO_3
Salzsäure	Chlorwasserstoffgas, in H_2O g.	HCl, in Wasser gelöst
Scheidewasser	Salpetersäure	HNO_3
Schmiermittel (s. Abschnitt „Schmiermittel“)	Destillate, Raffinate (säurefrei, paraffinfrei, wenn bei tiefen Temp. verwendet) und Rückstände (für grobe Getriebe) des Erdöls, der Braunkohle, des Bitumenschiefers und der Steinkohle, sowie Rohöle oder Raffinate pflanzlicher und tierischer Herkunft, z. B. Knochenöl (gemischt mit Erdölraffinat für Feinmechanik), Rizinusöl (für schnellstlaufende Maschinen), verwendet auch als Mischöle, elektrisch behandelte Hochviskosöle oder (mit Kalk verseifte Stauffer-) Fette, sowie als (durch Seifen, Sulfosäuren, Schwefelsäureester oder Alkohol emulgierbar gemachte) Emulsionsöle (zugleich Kühl- und Rostschutzmittel für Metallbearbeitung). Graphitschmiermittel: kolloidale Suspensionen natürlichen oder künstlichen Graphits in den genannten Mineralöldestillaten und -raffinaten	
Schwefelsäure	Schwefelsäure, konz.	H_2SO_4
Schweflige Säure	Schwefeldioxyd, gel. in Wasser	H_2SO_3
Schwefelwasserstoff	Schwefelwasserstoff	H_2S
Schweißmittel	oxydlösende schmelzflüssige Salze, spez. leichter als die zu schweißenden Metalle, wasserlöslich, für Eisen verschiedene Phosphate, z. B.	
	Dinatriumphosphat	Na_2HPO_4
	Ammoniumdihydrophosphat	$(NH_4)H_2PO_4$
	für Leichtmetalle: Chloride und Fluoride der Alkalien und Erdalkalien, z. B. Gemische von LiF, CaF_2, $MgCl_2$, $CaCl_2$	
Seife, harte	fettsaures Natrium, z. B. stearinsaures Na	$Na(C_{18}H_{34}O_2)$
„ weiche	fettsaures Kalium, z. B. palmitinsaures Kalium	$K(C_{16}H_{31}O_2)$
Soda, krist.	Natriumkarbonat, krist.	$Na_2CO_3 \cdot 10\,H_2O$
„ kalz.	„ kalz.	Na_2CO_3
„Tetra“	Tetrachlorkohlenstoff, Entfettungsmittel	CCl_4
Tetrachloräthylen	löst Fette, Harze, Lacke	$CCl_2 : CCl_2$
Tetralin	Tetrahydronaphthalin, löst Lacke	$C_6H_4 < {CH_2 \cdot CH_2 \atop CH_2 \cdot CH_2}$
Titanweiß	Titandioxyd, Anstrichfarbe	TiO_2
Tonerde	Aluminiumoxyd	Al_2O_3
Tonerdehydrat	Aluminiumhydroxyd	$Al(OH)_3$
Tonerde, schwefelsaure	Aluminiumsulfat	$Al_2(SO_4)_3$
Transformatorenöl	Mineralöl von Naphthencharakter, 400000 V/cm Durchschlagsfestigkeit	
„Tri“	Trichloräthylen, Entfettungsm.	$CCl_2 : CHCl$
Vitriol, blauer	Kupfervitriol, schwefels. Kupfer	$CuSO_4 + 5\,H_2O$
„ grüner	Eisenvitriol, Ferrosulfat	$FeSO_4 + 7\,H_2O$
Wasserglas	Natriumsilikat	$Na_2Si_4O_9$ } wechselnde Zusammensetzung
	Kaliumsilikat	$K_2Si_4O_9$ }
Zaponlack	Dinitrozellulose, gel. in Amylacetat	$[(OH_2)(NO_2)_2C_{12}H_{18}O_8 + C_5H_{11}$
Zellulose		$(C_6H_{10}O_5)_n$
Zinkbutter	Zinkchlorid	$ZnCl_2$
Zinkweiß	Zinkoxyd	ZnO
Zinnasche (-stein)	Zinnoxyd	SnO_2
Zinnsalz	siehe Chlorzinn	

Chemische Elemente.

Ordnungszahl und Name	Zeichen	Atomgewicht	Wichte (s. S. 57 u. 73)	Atomvolumen	Spezifische Wärme	Schmelzpunkt °C	Sie[illegible] pu[illegible] °[illegible]
13 Aluminium.	Al	26,97	2,70	10,0	0,2144 (18°)	658	≈20
51 Antimon ..	Sb	121,76	6,69	18,3	0,0503 (17°—100°)	630	14
18 Argon	Ar	39,944	1,404 flüss.	28,4	—	—183	—1
33 Arsen	As	74,91	5,72 metall.	13,1	0,0830 (21°—68°)	817	6
56 Barium	Ba	137,36	3,6	39,3	—	850	—
4 Beryllium .	Be	9,02	1,85	4,9	0,4246 (0°—100°)	1280	—
82 Blei	Pb	207,22	11,34	18,5	0,0307 (2°)	327	15
5 Bor	B	10,82	1,73	6,2	0,2518 (0°—100°)	2300	—
35 Brom	Br	79,916	3,14 flüssig	25,5	0,1071 (13°—45°)	—7,3	5
48 Cadmium ..	Cd	112,41	8,64	13,0	0,0555 (28°)	321	7
55 Caesium ...	Cs	132,91	1,87	71,0	0,0522 (0°)	28,5	6
20 Calcium ...	Ca	40,08	1,545	25,9	0,149 (0°—100°)	800	12
58 Cer	Ce	140,13	6,77	20,7	0,0448 (0°—100°)	630	—
17 Chlor	Cl	35,457	1,57 flüssig	33,1	—	—101	—
24 Chrom	Cr	52,01	7,14	7,3	0,1039 (0°)	1520	≈22
26 Eisen	Fe	55,84	7,86	7,1	0,1045 (0°)	1525	24
68 Erbium ...	Er	167,64	4,8	35,0	—	—	—
9 Fluor	F	19,000	1,11 flüssig	17,1	—	—223	—1
31 Gallium ...	Ga	69,72	5,91	11,8	0,079 (12°—23°)	30	—
32 Germanium	Ge	72,60	5,46	13,3	0,0737 (0°—100°)	958	—
79 Gold	Au	197,2	19,25	10,2	0,0312 (18°)	1063	26
2 Helium ...	He	4,002	0,146 flüss.	2,7	—	—272	—2
49 Indium ...	In	114,76	7,25	15,8	0,0569 (0°—100°)	154	—
77 Iridium ...	Ir	193,1	22,4	8,6	0,0323 (0°—100°)	2350	—
53 Jod	J	126,92	4,942	25,7	0,0524 (2°—47°)	114	1
19 Kalium	K	39,096	0,862	45,4	0,182 (14°)	64	7
27 Kobalt	Co	58,94	8,83	6,7	0,1041 (0°—100°)	1490	≈23
6 Kohlenstoff	C	12,00	3,51 Diam.	3,4	0,112 (11°)	—	—
			2,3 Graphit	5,2	0,1604 (11°)	3500	—
36 Krypton ...	Kr	83,7	2,155 flüss.	38,5	—	—169	—1
29 Kupfer	Cu	63,57	8,933	7,1	0,0928 (50°)	1083	23
57 Lanthan ..	La	138,92	6,15	22,6	0,0448 (0°—100°)	810	—
3 Lithium ...	Li	6,940	0,534	13,0	0,7854 (0°)	180	>14
12 Magnesium.	Mg	24,32	1,75	13,9	0,2475 (17°—100°)	650	11
25 Mangan ...	Mn	54,93	7,3	7,8	0,1072 (0°)	≈1250	19
42 Molybdän .	Mo	96,0	10,2	9,4	0,0647 (20°—100°)	2500	≈35
11 Natrium ..	Na	22,997	0,971	23,7	0,290 (27°)	98	88
60 Neodym ...	Nd	144,27	6,96	20,5	—	840	—
10 Neon	Ne	20,183	0,695	—	—	—249	—24
28 Nickel	Ni	58,69	8,8	6,7	0,1084 (15°—100°)	1452	234
41 Niob	Nb	93,3	12,7	7,4	—	1950	—
76 Osmium ...	Os	191,5	22,48	8,5	0,0311 (19°—98°)	2500	—
46 Palladium .	Pd	106,7	11,5	9,3	0,0586 (18°)	1557	—
15 Phosphor ..	P	31,02	1,83 weiß	17,0	0,1772 (9°)	44	28
78 Platin	Pt	195,23	21,4	9,1	0,0320 (18°)	1771	380
59 Praseodym.	Pr	140,92	6,47	21,8	—	940	—
80 Quecksilber	Hg	200,61	13,55 (18°)	14,8	0,0332 (20°)	—39	35
88 Radium ...	Ra	225,97	—	—	—	700	—
86 Radon	Rn	222	5,7 flüssig	38,9	—	—71	—6
45 Rhodium ..	Rh	102,91	12,1	8,5	0,0580 (10°—97°)	1966	—
37 Rubidium..	Rb	85,44	1,52	56,2	0,0792 (20°—35°)	39	69
44 Ruthenium	Ru	101,7	12,26	8,3	0,0611 (0°—100°)	>1995	—
62 Samarium .	Sm	150,43	7,7—7,8	19,4	—	—	—
8 Sauerstoff .	O	16,000	1,42 fest	11,3	—	—218	—18
16 Schwefel ..	S	32,06	2,07 rhomb.	15,5	0,1751 (0°—95°)	113	44
34 Selen	Se	78,96	4,46 rot	17,8	0,084 (22°—62°)	220	68
47 Silber	Ag	107,880	10,50	10,3	0,0556 (0°)	960	≈200
14 Silicium ...	Si	28,06	2,34 krist.	12,0	0,171 (0°—99°)	≈1414	240
7 Stickstoff .	N	14,008	1,027 fest	13,6	—	—211	—19
38 Strontium .	Sr	87,63	2,63	33,3	—	≈800	—
73 Tantal	Ta	181,4	16,6	10,9	0,033 (14°—100°)	3030	—

Chemische Elemente (Fortsetzung).

Ordnungszahl und Name	Zeichen	Atomgewicht	Wichte (s. S. 57 u. 73)	Atomvolumen	Spezifische Wärme	Schmelzpunkt °C	Siedepunkt °C
52 Tellur	Te	127,61	6,25 krist.	20,4	0,0487 (15°—200°)	452	1390
81 Thallium ..	Tl	204,39	11,85	17,2	0,0326 (20°—100°)	302	1306
90 Thorium ...	Th	232,12	11,5	21,1	0,0276 (0°—100°)	1842	—
22 Titan......	Ti	47,90	4,5	10,6	0,1125 (0°—100°)	≈1800	—
92 Uran	U	238,14	18,7	12,7	0,0280 (0°—98°)	1690	—
23 Vanadin ...	V	50,95	5,7	8,9	0,1153 (0°—100°)	1715	—
1 Wasserstoff	H	1,008	0,076 fest	13,2	—	−257	−253
83 Wismut ...	Bi	209,00	9,80	21,3	0,0303 (18°)	271	≈1500
74 Wolfram ..	W	184,0	19,1	9,6	0,0338 (20°—100°)	3370	4830
54 Xenon.....	X	131,3	3,52 flüssig	37,0	—	−140	−107
39 Yttrium ...	Y	88,92	3,8	23,4	—	—	—
30 Zink	Zn	65,38	7,1	9,2	0,0925 (18°)	419	907
50 Zinn	Sn	118,70	7,28	16,3	0,0496 (0°—20°)	232	2275
40 Zirkonium .	Zr	91,22	6,4	14,3	0,0660 (0°—100°)	1860	—

Es beziehen sich die Atomgewichte (Deutsche Atomgewichte 1939) auf Sauerstoff = 16, die Wichte (spez. Gew.) auf Wasser bei 4° C = 1, die spezifische Wärme auf Wasser bei 0° C = 1.

Atomnummer (Ordnungszahl). Die Masse des Kerns, das Atomgewicht, ist bestimmt durch die Zahl der Protonen, die den Kern aufbauen, denn die Masse der Elektronen selbst kann vernachlässigt werden. Die Zahl der positiven Ladungen des Kerns ist gegeben durch die Zahl der Protonen abzüglich der Zahl der im Kern eingeschlossenen Elektronen. Um ein elektrisch neutrales Atom zu erhalten, muß daher um den positiven Kern eine der Zahl seiner positiven Ladungen gleiche Zahl von negativen Elektronen (Außen- oder Planetenelektronen) angeordnet sein. Diese Zahl ist gleich der in Spalte 1 angegebenen Ordnungszahl, Atomnummer, des Elementes.

Durchmesser der Wirkungssphäre eines Wasserstoffatoms 10^{-8} cm. Masse eines Wasserstoffatoms $1{,}649 \cdot 10^{-24}$ g, Masse eines Elektrons $9 \cdot 10^{-28}$ g.

Loschmidtsche Zahl $N = 6{,}06 \cdot 10^{23}$ = Anzahl der Molekeln in 1 Mol (22,4 l eines Gases).

Bestimmung der Wichte (spez. Gew.), s. VDM 35.

Der Probekörper wird zuerst freihängend gewogen — Gewicht = G_1 —, dann in Wasser getaucht und die Waage, die infolge des Auftriebes, den der Probekörper erleidet, ausschlägt, durch Auflegen eines Gewichtes G_2 wieder zum Einspielen gebracht. Die Wichte ist $\gamma = G_1 : G_2$.

Das Probestück darf beliebige Form haben, aber nicht zu klein sein, damit das Gewicht des Aufhängemittels (Roßhaar, Faden, Blumendraht) vernachlässigt werden kann. Sich ansetzende Luftblasen sind zu entfernen.

Beispiel:

Ein Stück Schnellstahl wiegt G_1 = 456 g
Ausgleichsgewicht .... G_2 = 55 g
Wichte γ .... = 456 : 55 = 8,3

Wichte (Spez. Gewicht)[1] [2].

a) Feste Körper.

Achat	2,5–2,8
Alabaster	2,3–2,88
Alaun	1,71
Aluminium, rein	2,70
„ gegossen	2,56
„ gehämmert	2,75
Aluminiumbronze	7,7
Antimon	6,69
Arsen	5,72
Asbest	2,1–2,8
Asbestpappe	1,2
Asphalt	1,1–1,5
Barium	3,6
Basalt	2,9
Bergkristall	2,65
Bernstein	1,0–1,1
Beryllium	1,85
Beton	1,8–2,5
Bimsstein, natürl.	0,4–0,9
Bittersalz, kristall.	1,7–1,8
Blei, gegossen	11,34
„ gewalzt	11,4
Bleioxyd (Bleiglätte)	9,3
Bleidioxyd (Bleisuperoxyd)	8,9
Bleiweiß	6,7
Borax	1,75
Braunkohle	1,2–1,5
Braunstein	5,0
Bronze (je nach Zinngehalt)	etwa 8,7
Buntkupferkies $CuFeS_4$	4,9–5,3
Cadmium	8,64
„ gegossen	8,54–8,57
Calcium	1,55
Calciumcarbid	2,27
(1 kg ergibt 0,3 m³ Acetylen)	
Cer	6,77
Chlorbarium	3,7
Chlorcalcium	2,2
Chlornatrium (Kochsalz)	2,15
Chrom	7,14
Deltametall	8,6
Diamant	3,5
Eis von 0°	0,9167
Eisen, rein	7,86
Roheisen, grau	6,6–7,8
„ weiß	7,0–7,8
Stabeisen	7,6–7,8
Draht	7,6–7,9
Flußeisen	7,85
Flußstahl	7,86
Gußeisen	7,6
Gußstahl	7,85
Schnellstahl bei 5 vH Wolfram	etwa 8,10
„ „ 10 „ „	„ 8,35
„ „ 15 „ „	„ 8,60
„ „ 20 „ „	„ 9,00
Molybdänstahl	etwa 8,10
Stahlformguß	7,8
Tiegelstahl	7,85
Eisenoxyd (Eisenglanz)	5,25
Eisenvitriol	1,88
Elfenbein	1,9
Erde	1,3–2,0

Feldspat	2,5	
Fette	0,92–0,9	
Feuerstein	2,5	
Flußspat	3,1	
Gips	2,3	
Glas, Spiegel-	2,4	
„ Fenster-	2,4–2,6	
„ Kristall-	2,9	
„ Flint-	3,0–5,9	
„ Flaschen-	2,6	
Glimmer	2,6–3,2	
Glockenmetall	8,8	
Gold, gediegen; gegossen	19,2	
„ gezogen	19,3	
„ geprägt	19,5	
Granit	2,50–3,0	
Graphit	1,8 –2,3	
Gummierzeugnisse	1,0 –2,0	
Weichgummi	1,1 –1,5	
Guttapercha	0,97–0,9	
Harz	1,0	
Holz	lufttrocken	frisch
Ahorn	0,53–0,8	0,83–1,5
Akazie	0,58–0,85	0,75–1,0
Apfelbaum	0,69–0,84	0,95–1,2
Birke	0,51–0,77	0,8 –1,1
Birnbaum	0,61–0,73	0,95–1,1
Buchsbaum	0,91–1,16	1,2 –1,2
Ebenholz	1,2	
Eiche	0,7 –1,0	0,93–1,3
Esche	0,57–0,94	0,7 –1,1
Fichte (Rottanne)	0,35–0,6	0,4 –1,0
Hickory	0,6 –0,9	
Kiefer (Föhre)	0,31–0,76	0,4 –1,1
Kirschbaum	0,75–0,85	1,0 –1,2
Lärche	0,47–0,56	0,8
Linde	0,35–0,6	0,6 –0,9
Mahagoni	0,55–1,05	
Nußbaum	0,6 –0,8	0,8 –1,0
Pappel	0,4 –0,6	0,6 –1,05
Pitchpine	0,83–0,85	
Pockholz	1,2 –1,4	
Roßkastanie	0,6	0,75–1,15
Rotbuche	0,66–0 83	0,85–1,12
Steineiche	0,7 –1,05	0,84–1,25
Tanne (Weißtanne)	0,37–0,75	0,75–1,2
Teakholz	0,9	
Ulme (Rüster)	0,56–0,82	0,8 –1,2
Weide	0,5 –0,6	0,8
Weißbuche	0,6 –0,82	0,9 –1,25
Holzkohle, in Stücken	0,36	
„ gestoßen	1,4–1,5	
Indigo	0,77	
Jod	4,94	
Jodsilber	5,62	
Kalium	0,86	
Kalk, gebrannt	2,3–3,2	
Kalkmörtel	1,6–1,8	
Kalksandsteine	1,9	
Kaolin (Porzellanerde)	2,2	
Kautschuk	0,92–0,96	
Kieselerde	2,66	
Knochen	1,7	

[1]) Wichte, s. S. 57 und 73. [2]) S. a. Abschnitt „Deutsche Werkstoffe".

Kobalt	8,83
Kochsalz	2,15
Kohle, Holz-	0,4
„ Stein-	1,2—1,5
Koks, lose, in Stücken	0,6
„ zerstoßen	1,25—1,4
Kohlenstäbe	1,6
Kopal	0,5
Kork	0,24
Korund (α-Korund)	3,99—4,05
„ (β-Korund)	3,31
Kreide	1,8 —2,6
Kupfer, gegossen	8,63—8,80
„ gewalzt	8,82—8,95
„ elektrolyt.	8,88—8,95
„ -Draht, hart	8,96
„ „ geglüht	8,86
Kupferglanz (Cu_2S)	5,7—5,8
Kupferkies ($CuFeS_2$)	4,2
Kupfervitriol	2,27
Leder, trocken	0,86
„ gefettet	1,02
Lithium	0,53
Magnesium	1,75
Magneteisenstein	5,1
Magnetkies	4,5—4,6
Mangan	7,3
Marmor	2,5—2,8
Mauerwerk, Bruchstein	2,5
„ Sandstein	2,0
„ Ziegelstein	1,4—1,6
Meerschaum	1,3
Mennige, Blei-	8,6—9,1
Messing	8,1—8,6
Molybdän	10,2
Natrium	0,97
Neusilber	8,5
Nickel, gegossen	8,30
„ gehämmert	8,35—8,65
„ gezogen	8,35—8,90
Palladium	11,5
Papier	0,7—1,2
Paraffin	0,87
Pech	1,07—1,10
Phosphor, weiß und gelb	1,83
„ rot	2,19
„ metallisch	2,34
Phosphorbronze	8,8
Platin, gegossen	21,15
„ gewalzt	21,3—21,5
„ gezogen	21,3—21,6
Porzellan	2,15—2,36
Quarz	2,65
Retortenkohle	≈1,9
Roteisenstein	4,9
Rubidium	1,52
Ruthenium	12,26

Salmiak	1,52
Salpeter, Natron-	2,24
„ Kali-	2,09
Sand, trocken	1,4—1,6
„ feucht	bis 2,0
Sandstein	2,2 —2,5
Schamottesteine	1,8 —2,2
Schiefer	2,65—2,70
Schlacke, Hochofen-	2,5 —3,0
Schmirgel	4,0
Schnee, lose, trocken	0,125
„ „ naß	bis 0,95
Schwefel	1,96—2,07
Schwerspat	4,45
Selen, amorph	4,2
„ metall	4,8
Serpentin	2,49
Silber, gegossen	10,42—10,53
„ gewalzt, gezogen	10,5 —10,6
Speckstein	2,7
Stahl	s. u. Eisen
Stearin	1,0
Steinkohle, im Stück	1,2—1,5
„ lose, in Haufen	0,9—1,1
Steinsalz	2,15
Strontium	2,63
Talk	2,7
Tantal	16,6
Tellur	6,25
Thallium	11,85
Thorium	11,0
Titan	4,5
Ton, trocken	1,8
„ frisch	2,6
Topas	3,54
Turmalin	3,15
Uran	18,7
Vanadin	5,7
Vulkanfiber	1,28
Wachs	0,96
Walrat	0,94
Wismut	9,80
Wolfram	19,1
Zement	0,8—2,0
Ziegelstein	1,4—2,0
Ziegelmauerwerk, trocken	1,45
„ frisch	1,6—1,8
Zink, gegossen	6,86
„ gehämmert	7,0 —7,2
„ gewalzt	6,95—7,15
Zinkvitriol	2,02
Zinn, gegossen	7,2
„ gewalzt	7,4
Zinnober	8,09
Zirkonium	6,4
Zucker (weißer)	1,61

b) Flüssige Körper.

Aceton	bei 18°	0,79
Ammoniakwasser	„ 18°	0,88
Amylazetat	„ 20°	0,875
Alkohol (Äthyl-)	„ 18°	0,791
Äther (Äthyläther)	„ 18°	0,717
Benzin	„ 15°	0,68—0,72
Benzol	„ 18°	0,881
Brom	„ 0°	3,187
Eiweiß	„ 15°	1,04

Essigsäure	bei 18°	1,053
Glykol	„ 20°	1,12
Glyzerin	„ 18°	1,26
Harzöl	„ 15°	0,96
Holzgeist	„ 0°	0,80
Kalilauge, 10 vH KOH	„ 18°	1,091
„ 20 „ „	„ 18°	1,188
„ 30 „ „	„ 18°	1,290
„ 40 „ „	„ 18°	1,400
„ 50 „ „	„ 18°	1,510
„ 55 „ „	„ 18°	1,570
Kienöl	„ 15°	0,855
Kochsalzlösung (wässerige), 5 vH NaCl		1,0345
„ „ 15 „ „	„ 18°	1,1090
„ „ 20 „ „	„ 18°	1,1485
„ „ 25 „ „	„ 18°	1,1897
Kupfervitriol mit 5 vH $CuSO_4$		1,051
„ „ 10 „ „	„ 18°	1,107
„ „ 15 „ „	„ 18°	1,167
Leinöl	„ 15°	0,93
Meerwasser	„ 4°	1,026
Methanol	„ 4°	0,8
Milch, Voll-	„ 15°	1,028
„ Halb-	„ 15°	1,030
„ Mager-	„ 15°	1,032
Mineralöle	„ 15°	0,8 —1,1
Spindelöle	„ 20°	0,89—0,90
Maschinenöle	„ 20°	0,90—0,91
Zylinderöle	„ 20°	0,92—0,94
Naphtha, Petroleum-	„ 20°	0,76
Natronlauge mit 10 vH NaOH	„ 18°	1,1098
„ „ 20 „ „	„ 18°	1,2202
„ „ 30 „ „	„ 18°	1,3290
„ „ 40 „ „	„ 18°	1,4314
„ „ 50 „ „	„ 18°	1,5268
Olivenöl	„ 18°	0,915
Perchloräthylen	„ 15°	1,624
Petroleum	„ 15°	0,79—0,82
Quecksilber	„ 0°	13,595
„	„ 15°	13,559
„	„ 20°	13,546
„	„ 25°	13,533
Rapsöl	„ 15°	0,91—0,92
Rizinusöl	„ 18°	0,961
Rüböl	„ 15°	0,92
Salpetersäure mit 25 vH HNO_3	„ 18°	1,151
„ „ 50 „ „	„ 18°	1,314
„ „ 75 „ „	„ 18°	1,418
„ „ 100 „ „	„ 18°	1,52
Salzsäure mit 10 vH HCl	„ 18°	1,0482
„ „ 20 „ „	„ 18°	1,0989
„ „ 30 „ „	„ 18°	1,1508
„ „ 40 „ „	„ 18°	1,199
Schwefelsäure mit 25 vH H_2SO_4	„ 18°	1,17[illegible]6
„ „ 50 „ „	„ 18°	1,397
„ „ 75 „ „	„ 18°	1,671
„ „ 100 „ „	„ 18°	1,833
„ rauchende	„ 18°	1,835
Specköl	„ 15°	0,92
Teer, Steinkohlen-		1,1—1,26
Terpentinöl	„ 18°	0,87
Tetrachlorkohlenstoff	„ 15°	1,63
Trichloräthylen	„ 15°	1,47
Wasser, destilliert	„ 0°	0,99987
„ „	„ 4°	1,00000
„ „	„ 15°	0,99913
„ „	„ 20°	0 [illegible]9823
„ „	„ 25°	0 [illegible]9707

c) Litergewicht von Gasen und Dämpfen.

(Bei 0° und 760 mm Q.-S.)

Gas oder Dampf	Formel	Molek.-Gewicht	Liter-gewicht g	Wichte (Spez. Gewicht) Luft = 1	Wichte (Spez. Gewicht) Wasser = 1
Acet-Aldehyd	$CH_3 \cdot CHO$	44	1,96	1,53	0,675 bei −33° verflüssigt
Ammoniak	NH_3	17	0,76	0,596	
Äthan	C_2H_6	30	1,34	1,049	
Äther	$C_2H_5 \cdot O \cdot C_2H_5$	74	3,30	2,56	0,898
Äthylen	C_2H_4	28	1,25	0,975	
(Äthyl-) Alkohol	$C_2H_5 \cdot OH$	46	2,05	1,61	0,806
Azeton	$CH_3 \cdot CO \cdot CH_3$	58	2,58	2,00	0,792
Azetylen	$HC \equiv CH$	26	1,16	0,910	
Benzol	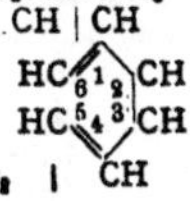	78	3,48	2,69	0,8991
Brom	Br_2	160	6,87	5,39	3,186 bei 0°
Chlor	Cl_2	71	3,16	2,491	1,558 bei −34° verflüssigt
Chlorkohlenoxyd	$COCl_2$	99	4,42	3,42	
Chlorwasserstoff	ClH	36,5	1,63	1,268	
Chloroform	$CHCl_3$	119,5	5,30	4,12	1,527
Cyan	$(CN)_2$	52	2,32	1,81	
Cyanwasserstoff	CNH	27	1,22	0,95	
Grubengas	CH_4	16	0,71	0,55	
Helium	He	4	0,18	0,14	
Jod	J_2	254	11,22	8,72	4,93 fest
Kohlenoxyd	CO	28	1,25	0,967	
Kohlensäure	CO_2	44	1,96	1,529	1,73 bis −78° fest
Leuchtgas			0,56	0,43	
Luft			1,29	1,00	
Methan	CH_4	16	0,71	0,555	
Naphthalin	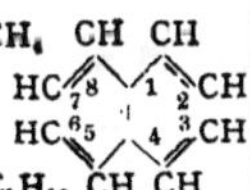	128	5,72	4,43	1,145 fest
Pentan	C_5H_{12}	72	3,22	2,49	0,6263
Phosphorwasserstoff	PH_3	34	1,53	1,18	
Propan	C_3H_8	44	1,96	1,562	
Quecksilber	Hg	200	9,02	6,98	13,595
Sauerstoff	O_2	32	1,43	1,105	
Schwefel	S_2	64	2,85	2,20	1,957 bis 2,07 fest
Schwefeldioxyd	SO_2	64	2,87	2,23	1,46 bei −10° verflüssigt
Schwefelkohlenstoff	CS_2	76	3,42	2,64	1,292
Schwefelsäure	H_2SO_4	98	2,78	2,15	1,842 wasserfrei
Schwefelwasserstoff	SH_2	34	1,54	1,191	
Stickstoff	N_2	28	1,25	0,967	
Stickoxydul	N_2O	44	1,97	1,530	
Stickoxyd	NO	30	1,34	1,037	
luol (Methylbenzol)	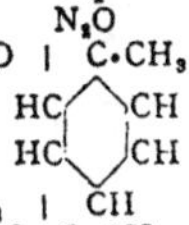	92	4,10	3,18	0,882
Wasserstoff	H_2	2	0,09	0,070	1,00 flüssig
Wasserdampf	H_2O	18	0,80	0,62	
Xylol (1,3-Dimethylbenzol, m-Xylol)	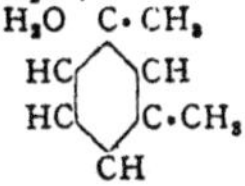	106	4,72	3,67	0,756

Zwischen Molekulargewicht, Litergewicht und Wichte auf Luft = 1 bezogen bestehen die Beziehungen: Molekulargewicht = 22,41 · Litergewicht in g;
Litergewicht in g = 1,293 · Wichte.

Gewichte geschichteter Körper.

Durchschnittsgewichte.

1 m³ wiegt kg:

Baustoffe:

Beton mit Granitbrocken	2200
„ „ Kalksteinbrocken	2000
„ „ Ziegelbrocken	1800
„ „ Hochofenschlacke	2200
Kalk- und Bruchsteine	2000
Mörtel (Kalk und Sand)	1700
Sand, Lehm, Erde, trocken	1600
„ „ „ naß	2100
Zement, lose	1400
„ eingerüttelt	2000
Ziegelsteine, gewöhnliche	1800
„ Klinker	1900

Früchte:

Gerste	690
Kartoffeln	750
Hafer	550
Malz	530
Obst	350
Roggen	680
Weizen	760
Mehl, lose	500

Hölzer, baureif:

Australische Harthölzer	1100
Buche	800
Eiche	900
Fichte	600
Gelbkiefer	800
Kiefer	700
Lärche	650
Pechkiefer	900
Tanne	600
Holz in Scheiten	400

Kohle:

Kohle, Braun-	750
„ Holz-	180
„ Preß-	1000
„ Stein-	900
Koks, Gas-	450
„ Zechen-	500

Verschiedenes:

Asche	900
Papier	1100
Salz	1250
Schnee, frisch gefallen	80—190
„ feucht	200—800
Stroh	45
Torfstreu	230

Gewichtsberechnung eines Gußstückes aus dem Modellgewicht.

(Nach Karmarsch.)

Das Gewicht eines Gußstückes ist angenähert dem Gewicht des Modelles mal der entsprechenden Zahl in der folgenden Tafel.

Das Modell besteht aus	Der Abguß besteht aus					
	Gußeisen	Messing	Rotguß oder Bronze	Glocken- oder Kanonen-metall	Zink	Aluminium
Fichten- oder Tannenholz	14,0	15,8	16,6	17,1	13,5	5,1
Eichenholz	9,0	10,1	10,4	10,9	8,6	3,3
Buchenholz	9,7	10,9	11,4	11,9	9,4	3,6
Lindenholz	13,4	15,1	15,6	16,3	12,9	4,9
Birnbaumholz	10,2	11,5	11,9	12,4	9,8	3,7
Birkenholz	10,6	11,9	12,3	12,9	10,2	3,9
Erlenholz	12,8	14,3	14,8	15,5	12,2	4,6
Mahagoniholz	11,7	13,2	13,6	14,2	11,2	4,3
Messing	0,84	0,95	0,99	1,0	0,81	0,31
Zink	1,00	1,13	1,17	1,22	0,96	0,36
Zinn (mit $^1/_3$—$^1/_4$ Blei)	0,89	1,00	1,03	1,12	0,85	0,32
Blei	0,64	0,72	0,74	0,78	0,61	0,23
Gußeisen	0,97	1,09	1,13	1,18	0,93	0,35

Beispiel:

Wiegt das Modell aus Eichenholz 1 kg, so wiegt das Gußstück aus Gußeisen $1 \times 9{,}0 = 9$ kg.

Gewichte, Maße, Draht- und Blechlehren.

A. Werte aus dem Eisenbahnwesen.

Lademaß I und Wagenbegrenzungslinie des Vereins Mitteleuropäischer Eisenbahnverwaltungen.

Maße in mm.

Die Breitenmaße der Ladungen sind wegen des Befahrens von Gleisbögen nach den Bestimmungen des Vereins-Wagenübereinkommens einzuschränken (s. Achsdruckverzeichnis des Vereins Mitteleuropäischer Eisenbahnverwaltungen 1939, S. 342. Berlin: Springer-Verlag.)

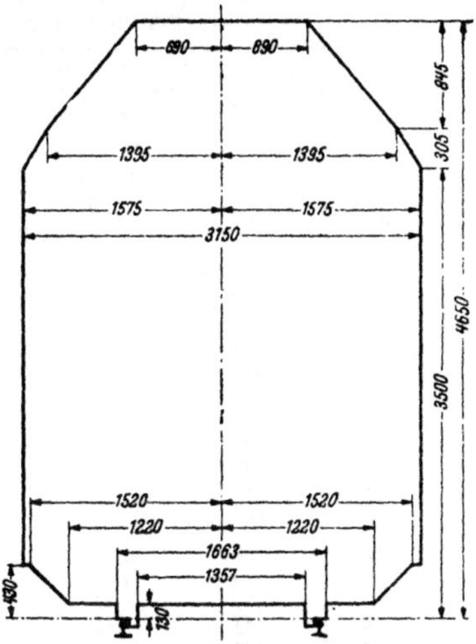

Eine Ladung von 10 000 kg enthält m³:

Braunkohlen, lufttrocken und in Stücken 12,8—15,4
Buchenholz in Scheiten 25,0
Eichenholz „ „ 24,0
Fichtenholz „ „ 31,5
Tannenholz „ „ 29,5
Flußkies, trocken . 3,7—4,3
„ naß .... 3,5—4,0
Flußsand, trocken . 7,0—7,5
„ naß .... 5,0—5,7
Formsand, aufgeschütt. 8,3
„ gestampft . 6,1
Holzkohlen, weich. Holz 67

Holzkohlen, hart. Holz ... 45
Kalk, gebrannt ..... 7,7—8,4
Kalk und Bruchsteine ... 5,0
Kartoffeln 14,0
Kohlen, Zwickauer 12,5—13,0
„ Oberschles. 12,5—13,2
„ Niederschles. 11,5—12,2
„ Saar- .... 12,5—13,9
„ Ruhr- .... 11,6—12,5
Koks, Gas- .... 21—28
„ Zechen- ...... 19—26
Lehm, frisch gegraben ... 6,0
Mörtel (Kalk u. Sand) 5,6— 5,9

Preßkohlen .... 9,0—10,0
Rüben .... 15,5—17,5
Schlacken und Koksasche 16,7
Schwemmsteine, rhein. . 11,8
Teer, Steinkohlen- 8,3
Ton, trocken 5,6
„ naß 5,0
Torf, lufttrocken .... 24—31
„ feucht .... 15—18
Ziegelsteine, gewöhnliche .... 6,5— 7,5
Ziegelsteine, Klinker 5,6— 6,3

Angaben über Güterwagen und Ladungen.

Bezeichnung	Kurzzeichen	Ladegewicht t	Lichte Kastenlänge m	Lichte Kastenbreite m	Kastenhöhe in der Mitte m	Laderauminhalt m³
Bedeckter Güterwagen ..	G	15	7,92	2,75	2,20	48,0
Kokswagen	Om	15	7,92	2,834	1,6	35,0
Offener Güterwagen	O	15	6,72	2,834	1,10	20,9
Eiserner Kohlenwagen ...	O	15	5,3	2,89	1,45	22,2
Eiserner Kohlenwagen ...	O	20	6,00	2,85	1,5	25,6
Kalkdeckelwagen	K	15	5,29	2,89	1,78	—
Plattformwagen	R	15	10,12	2,67	0,40	—
Plattformwagen	SS	30	12,0	2,9	—	—
Langholzwagen	H	10	4,38	2,48	—	—

B. Gewichte, Abmessungen und Lehren von Stabeisen, Draht Rohren und Blechen.

Quadrat-, Sechskant- und Rundstahl, Durchmesser der umschriebenen Kreise (Wichte $\gamma = 7{,}850$).

Dicke d mm	Gewicht in kg/m	Durchm. des umschriebenen Kreises in mm	Gewicht in kg/m	Durchm. des umschriebenen Kreises in mm	Gewicht in kg/m	Dicke d mm
5	0,196	7,071	0,170	5,78	0,154	5
6	0,283	8,48	0,245	6,93	0,222	6
7	0,385	9,90	0,333	8,09	0,302	7
8	0,502	11,31	0,435	9,24	0,395	8
9	0,636	12,73	0,551	10,40	0,499	9
10	0,785	14,14	0,680	11,55	0,617	10
11	0,950	15,56	0,823	12,71	0,746	11
12	1,130	16,97	0,979	13,86	0,888	12
13	1,327	18,38	1,149	15,02	1,042	13
14	1,539	19,80	1,332	16,17	1,208	14
15	1,766	21,21	1,530	17,32	1,387	15
16	2,010	22,63	1,740	18,48	1,578	16
17	2,269	24,04	1,965	19,64	1,782	17
18	2,543	25,46	2,203	20,79	1,998	18
19	2,834	26,87	2,454	21,95	2,226	19
20	3,140	28,28	2,719	23,10	2,466	20
21	3,462	29,70	2,998	24,26	2,719	21
22	3,799	31,11	3,290	25,41	2,984	22
23	4,153	32,53	3,596	26,57	3,261	23
24	4,522	33,94	3,916	27,72	3,551	24
25	4,906	35,36	4,249	28,88	3,853	25
26	5,307	36,77	4,596	30,09	4,168	26
27	5,723	38,18	4,956	31,19	4,495	27
28	6,154	39,60	5,330	32,34	4,834	28
29	6,602	41,01	5,717	33,50	5,185	29
30	7,065	42,43	6,118	34,65	5,549	30
32	8,038	45,25	6,961	36,96	6,313	32
34	9,075	48,08	7,859	39,27	7,127	34
35	9,616	49,50	8,328	40,42	7,550	35
36	10,174	50,91	8,811	41,58	7,990	36
38	11,335	53,74	9,817	43,89	8,903	38
40	12,560	56,57	10,877	46,20	9,865	40
42	13,847	59,40	11,992	48,51	10,876	42
44	15,198	62,22	13,162	50,82	11,936	44
45	15,896	63,64	13,766	51,96	12,485	45
46	16,611	65,05	14,385	53,13	13,046	46
48	18,086	67,88	15,663	55,44	14,205	48
50	19,625	70,71	16,995	57,75	15,413	50
52	21,226	73,54	18,383	60,06	16,671	52
54	22,891	76,37	19,824	62,37	17,978	54
55	23,746	77,78	20,560	63,52	18,650	55
56	24,618	79,20	21,320	64,68	19,335	56
58	26,407	82,02	22,870	66,99	20,740	58

Entsprechende Werte für Zwischenmaße siehe Anm. Seite 170.

Quadrat-, Sechskant- und Rundstahl, Durchmesser der umschriebenen Kreise (Wichte $\gamma = 7,850$).

Dicke d mm	Gewicht in kg/m (Quadrat)	Durchm. des umschriebenen Kreises in mm (Quadrat)	Gewicht in kg/m (Sechskant)	Durchm. des umschriebenen Kreises in mm (Sechskant)	Gewicht in kg/m (Rund)	Dicke d mm
60	28,260	84,85	24,474	69,30	22,195	60
62	30,175	87,68	26,133	71,61	23,700	62
64	32,154	91,51	27,846	73,92	25,253	64
65	33,160	91,92	28,720	75,07	26,050	65
66	34,195	93,34	29,614	76,23	26,856	66
68	36,298	96,17	31,436	78,54	28,509	68
70	38,465	99,00	33,312	80,85	30,210	70
72	40,694	101,82	35,243	83,16	31,961	72
74	42,987	104,65	37,228	85,47	33,762	74
75	44,130	106,06	38,240	86,62	34,680	75
76	45,342	107,48	39,267	87,78	35,611	76
78	47,759	110,31	41,361	90,09	37,510	78
80	50,240	113,14	43,509	92,40	39,458	80
85	56,716	120,21	49,118	98,18	44,545	85
90	63,585	127,28	55,067	103,95	49,940	90
95	70,846	134,35	61,355	109,73	55,643	95
100	78,500	141,42	67,983	115,50	61,654	100
105	86,546	148,50	74,951	121,28	67,973	105
110	94,985	155,56	82,260	127,05	74,601	110
115	103,816	162,63	89,908	132,83	81,537	115
120	113,040	169,70	97,896	138,60	88,781	120
125	122,656	176,78	106,224	144,38	96,334	125
130	132,665	183,85	114,891	150,15	104,195	130
135	143,066	190,92	123,899	155,93	112,364	135
140	153,860	197,99	133,247	161,70	120,841	140
145	165,046	205,06	142,934	167,48	129,627	145
150	176,625	212,13	152,962	173,25	138,721	150
155	188,596	219,20	163,329	179,03	148,123	155
160	200,960	226,27	174,036	184,80	157,834	160
165	213,716	233,34	185,084	190,58	167,852	165
170	226,865	240,41	196,471	196,35	178,179	170
175	240,406	247,49	208,198	202,13	188,815	175
180	254,340	254,56	220,265	207,90	199,758	180
185	268,666	261,63	232,638	213,68	211,010	185
190	283,385	268,70	245,419	219,45	222,570	190
195	298,496	275,77	258,506	225,23	234,438	195
200	314,000	282,84	271,932	231,00	246,615	200
205	329,896	289,91	285,927	236,78	259,100	205
210	346,185	296,98	299,805	242,55	271,893	210
215	362,866	304,05	314,251	248,33	284,994	215
220	379,940	311,12	329,037	254,10	298,404	220
225	397,406	318,20	344,164	259,88	312,122	225

Entsprechende Werte für Zwischenmaße siehe Anm. Seite 170.

Quadrat-, Sechskant- und Rundstahl, Durchmesser der umschriebenen Kreise (Wichte $\gamma = 7{,}850$).

Dicke d mm	Gewicht in kg/m (Quadrat)	Durchm. des umschriebenen Kreises in mm (Quadrat)	Gewicht in kg/m (Sechskant)	Durchm. des umschriebenen Kreises in mm (Sechskant)	Gewicht in kg/m (Rund)	Dicke d mm
230	415,265	325,27	359,631	265,65	326,148	230
235	433,516	332,34	375,437	271,43	340,483	235
240	452,160	339,41	391,583	277,20	355,126	240
245	471,196	346,48	408,068	282,98	370,077	245
250	490,625	353,56	424,894	288,75	385,336	250
255	510,446	360,62	442,060	294,53	400,904	255
260	530,660	367,70	459,565	300,30	416,779	260
265	551,266	374,76	477,411	306,08	432,963	265
270	572,265	381,83	495,597	311,85	449,456	270
275	593,656	388,91	514,022	317,63	466,257	275
280	615,440	396,98	532,988	323,40	483,365	280
285	637,616	403,05	552,193	329,18	500,783	285
290	660,185	410,12	571,738	334,95	518,508	290
295	683,146	417,19	591,623	340,79	536,542	295
300	706.500	424,26	611,848	346,50	554,884	300
305	730,246	431,33	632,413	352,28	573,534	305
310	754,385	438,40	653,318	358,05	592,493	310
315	778,916	445,47	674,563	363,83	611,759	315
320	803,840	452,54	696,148	369,60	631,334	320
325	829,156	459,62	718,071	375,38	651,218	325
330	854,865	466,69	740,336	381,15	671,409	330
335	880,966	473,76	762,940	386,93	691,909	335
340	907,460	480,83	785,885	392,70	712,717	340
345	934,346	487,90	809,169	398,48	733,834	345
350	961,625	494,98	832,793	404,25	755,258	350

Die angegebenen Dicken des Quadrat- und Sechskantstahles entsprechen dem Durchmesser des eingeschriebenen Kreises.

Das Gewicht von 1 m Rundstahl in kg $= \frac{d^2 \pi}{4} \cdot \frac{\text{Wichte}}{1000}$ (d in mm). Die Werte $\frac{d^2 \pi}{4}$ sind in der letzten Spalte der Tafeln Seite 2 bis 21 angegeben.

Das Gewicht von Sechskantstahl beträgt das $2{,}5981 : \pi = 0{,}827$fache (oder angenähert das $^5/_6$fache) des Gewichtes von Rundstahl, welcher den Durchmesser des umschriebenen Kreises des Sechskantstahles hat.

Vorstehende Gewichtsangaben sind zu multiplizieren für

Schweißstahl	mit 0,994	Bronze	mit 1,096
Gußeisen	„ 0,924	Zink	„ 0,917
Kupfer	„ 1,134	Blei	„ 1,448
Messing	„ 1,083		

Ist die Dicke d der zehnte Teil der in der Tafel angegebenen, so ist das Längeneinheitsgewicht der hundertste Teil.

Beispiel: 35-mm-Vierkantstahl wiegt 9,616 kg/m;
3,5- „ „ „ 0,09616 kg/m.

Auf diese Weise findet man die Zahlenwerte für die in den Gewichtstafeln nicht angegebenen kleineren Durchmesser und für die Zwischenmaße, z. B. für 8,5 mm.

Gewicht von 1 m Schnellstahl in kg.

Wolframgehalt vH	5	10	15	18
Wichte	8,10	8,35	8,60	8,90

a) Quadratstahl.

Die Gewichtsberechnung nicht angegebener Abmessungen erfolgt nach Anm. auf S. 170.

Dicke mm		5	6	7	8	9	10	11	12	13	14	15	16
Wolf-	5	0,202	0,292	0,397	0,518	0,656	0,810	0,980	1,166	1,369	1,588	1,822	2,074
ram-	10	0,209	0,301	0,409	0,534	0,676	0,835	1,010	1,202	1,411	1,637	1,879	2,138
gehalt	15	0,215	0,310	0,421	0,550	0,697	0,860	1,041	1,238	1,453	1,686	1,935	2,202
vH	18	0,222	0,320	0,436	0,570	0,721	0,890	1,077	1,282	1,504	1,744	2,002	2,278

Dicke mm		17	18	19	20	21	22	23	24	25	26	28	30
Wolf-	5	2,341	2,624	2,924	3,240	3,572	3,920	4,285	4,666	5,062	5,476	6,350	7,290
ram-	10	2,413	2,705	3,014	3,340	3,682	4,041	4,417	4,810	5,219	5,645	6,546	7,515
gehalt	15	2,485	2,786	3,105	3,440	3,793	4,162	4,549	4,954	5,375	5,814	6,742	7,740
vH	18	2,572	2,884	3,213	3,560	3,925	4,308	4,708	5,126	5,562	6,016	6,978	8,010

Dicke mm		32	34	36	38	40	42	44	46	48	50
Wolf-	5	8,294	9,364	10,498	11,696	12,960	14,288	15,682	17,140	18,662	20,250
ram-	10	8,550	9,653	10,822	12,057	13,360	14,729	16,166	17,669	19,238	20,875
gehalt	15	8,806	9,942	11,456	12,418	13,760	15,170	16,650	18,198	19,814	21,500
vH	18	9,114	10,288	11,534	12,852	14,240	15,700	17,230	18,832	20,506	22,000

b) Rundstahl.

Die Gewichtsberechnung nicht angegebener Abmessungen erfolgt nach Anm. auf S. 170.

Durchm. mm		5	6	7	8	9	10	11	12	13	14	15	16
Wolf-	5	0,159	0,229	0,312	0,407	0,515	0,636	0,770	0,916	1,075	1,247	1,431	1,629
ram-	10	0,164	0,236	0,321	0,420	0,531	0,656	0,794	0,944	1,108	1,285	1,475	1,679
gehalt	15	0,169	0,243	0,331	0,432	0,547	0,675	0,817	0,973	1,141	1,324	1,520	1,729
vH	18	0,175	0,252	0,342	0,447	0,566	0,699	0,846	1,007	1,181	1,370	1,573	1,789

Durchm. mm		17	18	19	20	21	22	23	24	25	26	27	28
Wolf-	5	1,838	2,061	2,297	2,545	2,806	3,079	3,365	3,664	3,976	4,301	4,638	4,988
ram-	10	1,895	2,125	2,367	2,623	2,892	3,174	3,469	3,777	4,099	4,433	4,781	5,141
gehalt	15	1,952	2,188	2,438	2,702	2,979	3,269	3,573	3,890	4,221	4,566	4,924	5,295
vH	18	2,020	2,265	2,523	2,796	3,083	3,383	3,698	4,026	4,369	4,725	5,096	5,480

Durchm. mm		29	30	31	32	33	34	35	36	37	38	39
Wolf-	5	5,350	5,726	6,114	6,514	6,928	7,354	7,793	8,245	8,709	9,186	9,676
ram-	10	5,515	5,902	6,302	6,715	7,142	7,581	8,034	8,499	8,978	9,470	9,975
gehalt	15	5,680	6,079	6,491	6,916	7,356	7,808	8,274	8,754	9,247	9,753	10,273
vH	18	5,879	6,291	6,717	7,158	7,612	8,080	8,563	9,059	9,569	10,094	10,632

Durchm. mm		40	42	44	45	46	48	50	52	54	55
Wolf-	5	10,177	11,222	12,316	12,882	13,461	14,657	15,904	17,202	18,551	19,244
ram-	10	10,491	11,568	12,696	13,280	13,877	15,110	16,395	17,733	19,123	19,838
gehalt	15	10,805	11,915	13,077	13,678	14,292	15,562	16,886	18,264	19,696	20,432
vH	18	11,182	12,330	13,533	14,155	14,791	16,105	17,475	18,901	20,383	21,145

Durchm. mm		56	58	60	62	64	65	66	68	70	72
Wolf-	5	19,950	21,401	22,902	24,454	26,058	26,878	27,712	29,417	31,172	32,979
ram-	10	20,566	22,061	23,609	25,209	26,862	27,708	28,567	30,325	32,135	33,997
gehalt	15	21,182	22,722	24,316	25,964	27,666	28,537	29,422	31,232	33,097	35,015
vH	18	21,921	23,515	25,164	26,870	28,631	29,533	30,449	32,322	34,251	36,236

Durchm. mm		74	75	76	78	80	85	90	95	100
Wolf-	5	34,837	35,785	36,745	38,705	40,715	45,963	51,530	57,415	63,617
ram-	10	35,912	36,889	37,879	39,899	41,972	47,382	53,120	59,187	65,581
gehalt	15	36,987	37,993	39,014	41,094	43,228	48,801	54,711	60,959	67,544
vH	18	38,277	39,319	40,374	42,527	44,736	50,503	56,619	63,085	69,901

Gewicht von 1 m Schnellstahl in kg.

c) Flachstahl.

Breite	Wolframgehalt vH	Dicke 3 mm	5	6	8	10	13	15	20	25	30
6 mm	5	0,146	0,243	0,292	0,389	0,486	0,632	0,729	0,972	1,215	1,458
	10	0,150	0,251	0,301	0,401	0,501	0,651	0,752	1,002	1,253	1,503
	15	0,155	0,258	0,310	0,413	0,516	0,671	0,774	1,032	1,290	1,548
	18	0,160	0,267	0,320	0,427	0,534	0,694	0,801	1,068	1,335	1,602

Breite	Wolframgehalt vH	Dicke 3 mm	5	6	8	10	13	15	20	25	30
8 mm	5	0,194	0,324	0,389	0,518	0,648	0,842	0,972	1,296	1,620	1,944
	10	0,200	0,334	0,401	0,534	0,668	0,868	1,002	1,336	1,670	2,004
	15	0,206	0,344	0,413	0,550	0,688	0,894	1,032	1,376	1,720	2,064
	18	0,214	0,356	0,427	0,570	0,712	0,926	1,068	1,424	1,780	2,136

Breite	Wolframgehalt vH	Dicke 3 mm	5	6	8	10	13	15	20	25	30
10 mm	5	0,243	0,405	0,486	0,648	0,810	1,053	1,215	1,620	2,025	2,430
	10	0,251	0,418	0,501	0,668	0,835	1,086	1,253	1,670	2,088	2,505
	15	0,258	0,430	0,516	0,688	0,860	1,118	1,290	1,720	2,150	2,580
	18	0,267	0,445	0,534	0,712	0,890	1,157	1,335	1,780	2,225	2,670

Breite	Wolframgehalt vH	Dicke 3 mm	5	6	8	10	13	15	20	25	30
12 mm	5	0,292	0,486	0,583	0,778	0,972	1,264	1,458	1,944	2,430	2,916
	10	0,301	0,501	0,601	0,802	1,002	1,303	1,503	2,044	2,505	3,006
	15	0,310	0,516	0,619	0,826	1,032	1,342	1,548	2,064	2,580	3,096
	18	0,320	0,534	0,641	0,854	1,068	1,388	1,602	2,136	2,670	3,204

Breite	Wolframgehalt vH	Dicke 3 mm	5	6	8	10	13	15	20	25	30
16 mm	5	0,389	0,648	0,778	1,037	1,296	1,685	1,944	2,592	3,240	3,888
	10	0,401	0,668	0,802	1,069	1,336	1,734	2,004	2,672	3,340	4,008
	15	0,413	0,688	0,826	1,101	1,376	1,789	2,064	2,752	3,440	4,128
	18	0,427	0,712	0,854	1,139	1,424	1,851	2,136	2,848	3,560	4,272

Breite	Wolframgehalt vH	Dicke 3 mm	5	6	8	10	13	15	20	25	30
20 mm	5	0,486	0,810	0,972	1,296	1,620	2,106	2,430	3,240	4,050	4,860
	10	0,501	0,835	1,002	1,336	1,670	2,171	2,505	3,340	4,175	5,010
	15	0,516	0,860	1,032	1,376	1,720	2,236	2,580	3,440	4,300	5,160
	18	0,534	0,890	1,068	1,424	1,780	2,314	2,670	3,560	4,450	5,340

Breite	Wolframgehalt vH	Dicke 3 mm	5	6	8	10	13	15	20	25	30
23 mm	5	0,559	0,932	1,118	1,490	1,863	2,422	2,795	3,726	4,658	5,589
	10	0,576	0,960	1,152	1,536	1,921	2,497	2,881	3,841	4,801	5,761
	15	0,593	0,989	1,187	1,582	1,978	2,571	2,967	3,956	4,945	5,934
	18	0,614	1,024	1,228	1,638	2,047	2,661	3,071	4,094	5,112	6,141

Breite	Wolframgehalt vH	Dicke 3 mm	5	6	8	10	13	15	20	25	30
25 mm	5	0,608	1,013	1,215	1,620	2,025	2,633	3,038	4,050	5,063	6,075
	10	0,626	1,044	1,253	1,670	2,088	2,714	3,131	4,175	5,219	6,263
	15	0,645	1,075	1,290	1,720	2,150	2,795	3,225	4,300	5,375	6,450
	18	0,668	1,113	1,335	1,780	2,225	2,893	3,338	4,450	5,563	6,675

Breite	Wolframgehalt vH	Dicke 3 mm	5	6	8	10	13	15	20	25	30
30 mm	5	0,729	1,215	1,458	1,944	2,430	3,159	3,645	4,860	6,075	7,290
	10	0,752	1,253	1,503	2,004	2,505	3,257	3,758	5,010	6,263	7,515
	15	0,774	1,290	1,548	2,064	2,580	3,354	3,870	5,160	6,450	7,740
	18	0,801	1,335	1,602	2,136	2,670	3,471	4,005	5,340	6,675	8,010

Breite	Wolframgehalt vH	Dicke 3 mm	5	6	8	10	13	15	20	25	30
40 mm	5	0,972	1,620	1,944	2,592	3,240	4,212	4,860	6,480	8,100	9,720
	10	1,002	1,670	2,004	2,672	3,340	4,342	5,010	6,680	8,350	10,020
	15	1,032	1,720	2,064	2,752	3,440	4,472	5,160	6,880	8,600	10,320
	18	1,068	1,780	2,136	2,848	3,560	4,628	5,340	7,120	8,900	10,680

Gewicht von 1 m Flachstahl in kg.

Wichte $\gamma = 7{,}850$

(s. auch Anm. auf S. 170).

Dicke mm	Breite in mm									Dicke mm
	10	12	14	15	16	18	20	22	24	
1	0,079	0,094	0,110	0,118	0,126	0,141	0,157	0,173	0,188	1
2	0,157	0,188	0,220	0,236	0,251	0,283	0,314	0,345	0,377	2
3	0,236	0,283	0,330	0,353	0,377	0,424	0,471	0,518	0,565	3
4	0,314	0,377	0,440	0,471	0,502	0,565	0,628	0,691	0,754	4
5	0,393	0,471	0,550	0,589	0,628	0,707	0,785	0,864	0,942	5
6	0,471	0,565	0,659	0,707	0,754	0,848	0,942	1,036	1,130	6
7	0,550	0,659	0,769	0,824	0,879	0,989	1,099	1,209	1,319	7
8	0,628	0,754	0,879	0,942	1,005	1,130	1,256	1,382	1,507	8
9	0,707	0,848	0,989	1,060	1,130	1,272	1,413	1,554	1,696	9
10	0,785	0,942	1,099	1,178	1,256	1,413	1,570	1,727	1,884	10
11	0,864	1,036	1,209	1,295	1,382	1,554	1,727	1,900	2,072	11
12	0,942	1,130	1,319	1,413	1,507	1,696	1,884	2,072	2,261	12
13	1,021	1,225	1,429	1,531	1,633	1,837	2,041	2,245	2,440	13
14	1,099	1,319	1,539	1,649	1,758	1,978	2,198	2,418	2,638	14
15	1,178	1,413	1,649	1,766	1,884	2,120	2,355	2,591	2,826	15
16	1,256	1,507	1,758	1,884	2,010	2,261	2,512	2,763	3,014	16
17	1,335	1,601	1,868	2,002	2,135	2,402	2,669	2,936	3,203	17
18	1,413	1,696	1,978	2,120	2,261	2,543	2,826	3,109	3,391	18
19	1,492	1,790	2,088	2,237	2,386	2,685	2,983	3,281	3,580	19
20	1,570	1,884	2,198	2,355	2,512	2,826	3,140	3,454	3,768	20
21	1,649	1,978	2,308	2,473	2,638	2,967	3,297	3,627	3,956	21
22	1,727	2,072	2,418	2,591	2,763	3,109	3,454	3,799	4,145	22
23	1,806	2,167	2,528	2,708	2,889	3,250	3,611	3,972	4,333	23
24	1,884	2,261	2,638	2,826	3,014	3,391	3,768	4,145	4,522	24
25	1,963	2,355	2,748	2,944	3,140	3,533	3,925	4,318	4,710	25
26	2,041	2,449	2,857	3,062	3,266	3,674	4,082	4,490	4,898	26
27	2,120	2,543	2,967	3,179	3,391	3,815	4,239	4,663	5,087	27
28	2,198	2,638	3,077	3,297	3,517	3,956	4,396	4,836	5,275	28
29	2,277	2,732	3,187	3,415	3,642	4,098	4,553	5,008	5,464	29
30	2,355	2,826	3,297	3,533	3,768	4,239	4,710	5,181	5,652	30
31	2,434	2,920	3,407	3,650	3,894	4,380	4,867	5,354	5,840	31
32	2,512	3,014	3,517	3,768	4,019	4,522	5,024	5,526	6,029	32
33	2,591	3,109	3,627	3,886	4,145	4,663	5,181	5,699	6,217	33
34	2,669	3,203	3,737	4,004	4,270	4,804	5,338	5,872	6,406	34
35	2,748	3,297	3,847	4,121	4,396	4,946	5,495	6,045	6,594	35
36	2,826	3,391	3,956	4,239	4,522	5,087	5,652	6,217	6,782	36
37	2,905	3,485	4,066	4,357	4,647	5,228	5,809	6,390	6,971	37
38	2,983	3,580	4,176	4,475	4,773	5,369	5,966	6,563	7,159	38
39	3,062	3,674	4,286	4,592	4,898	5,511	6,123	6,735	7,348	39
40	3,140	3,768	4,396	4,710	5,024	5,652	6,280	6,908	7,536	40
41	3,219	3,862	4,506	4,828	5,150	5,793	6,437	7,081	7,724	41
42	3,297	3,956	4,616	4,946	5,295	5,935	6,594	7,253	7,913	42
43	3,376	4,059	4,726	5,063	5,401	6,076	6,751	7,426	8,101	43
44	3,454	4,145	4,836	5,181	5,526	6,217	6,908	7,599	8,290	44
45	3,533	4,239	4,946	5,299	5,652	6,359	7,065	7,772	8,478	45

Gewicht von 1 m Flachstahl in kg.

Wichte $\gamma = 7{,}850$

(s. auch Anm. auf S. 170).

Dicke mm	Breite in mm									Dicke mm
	25	26	28	30	32	34	35	36	38	
1	0,196	0,204	0,220	0,235	0,251	0,267	0,275	0,283	0,298	1
2	0,393	0,408	0,440	0,471	0,502	0,534	0,550	0,565	0,597	2
3	0,589	0,612	0,659	0,705	0,754	0,801	0,824	0,848	0,895	3
4	0,785	0,816	0,879	0,942	1,005	1,068	1,099	1,130	1,193	4
5	0,981	1,020	1,099	1,177	1,256	1,334	1,374	1,413	1,492	5
6	1,178	1,225	1,319	1,413	1,507	1,601	1,649	1,696	1,790	6
7	1,374	1,429	1,539	1,648	1,758	1,868	1,923	1,978	2,088	7
8	1,570	1,633	1,758	1,884	2,010	2,135	2,198	2,261	2,386	8
9	1,766	1,837	1,978	2,119	2,261	2,402	2,473	2,543	2,685	9
10	1,963	2,041	2,198	2,355	2,512	2,669	2,748	2,826	2,983	10
11	2,159	2,245	2,418	2,590	2,763	2,936	3,022	3,109	3,281	11
12	2,355	2,449	2,638	2,826	3,014	3,203	3,297	3,391	3,580	12
13	2,551	2,653	2,857	3,061	3,266	3,470	3,572	3,674	3,878	13
14	2,748	2,857	3,077	3,297	3,517	3,737	3,847	3,956	4,176	14
15	2,944	3,061	3,297	3,532	3,768	4,003	4,121	4,239	4,474	15
16	3,140	3,266	3,517	3,768	4,019	4,270	4,396	4,522	4,773	16
17	3,336	3,470	3,737	4,003	4,270	4,537	4,671	4,804	5,071	17
18	3,533	3,674	3,956	4,239	4,522	4,804	4,946	5,087	5,369	18
19	3,729	3,878	4,176	4,474	4,773	5,071	5,220	5,369	5,668	19
20	3,925	4,082	4,396	4,710	5,024	5,338	5,495	5,652	5,966	20
21	4,121	4,286	4,616	4,946	5,275	5,605	5,770	5,935	6,264	21
22	4,318	4,490	4,836	5,181	5,526	5,872	6,045	6,217	6,563	22
23	4,518	4,694	5,055	5,417	5,778	6,139	6,319	6,500	6,861	23
24	4,710	4,898	5,275	5,652	6,029	6,406	6,594	6,782	7,159	24
25	4,905	5,103	5,495	5,888	6,280	6,673	6,869	7,065	7,458	25
26	5,103	5,307	5,715	6,123	6,531	6,939	7,144	7,348	7,756	26
27	5,299	5,511	5,935	6,359	6,782	7,206	7,418	7,630	8,054	27
28	5,495	5,715	6,154	6,594	7,034	7,473	7,693	7,913	8,352	28
29	5,691	5,919	6,374	6,830	7,285	7,740	7,968	8,195	8,651	29
30	5,888	6,123	6,594	7,065	7,536	8,007	8,243	8,478	8,949	30
31	6,084	6,327	6,814	7,301	7,787	8,274	8,517	8,761	9,247	31
32	6,280	6,531	7,034	7,536	8,038	8,541	8,792	9,043	9,546	32
33	6,476	6,735	7,253	7,772	8,290	8,808	9,067	9,326	9,844	33
34	6,673	6,939	7,473	8,007	8,541	9,075	9,342	9,608	10,14	34
35	6,869	7,144	7,693	8,243	8,792	9,342	9,616	9,891	10,44	35
36	7,065	7,348	7,913	8,478	9,043	9,608	9,891	10,17	10,74	36
37	7,261	7,552	8,133	8,714	9,294	9,875	10,17	10,46	11,04	37
38	7,458	7,756	8,352	8,949	9,546	10,14	10,44	10,74	11,34	38
39	7,654	7,950	8,572	9,185	9,797	10,41	10,72	11,02	11,63	39
40	7,850	8,164	8,792	9,420	10,05	10,68	10,99	11,30	11,93	40
41	8,046	8,368	9,012	9,656	10,30	10,94	11,27	11,59	12,23	41
42	8,243	8,572	9,232	9,891	10,55	11,21	11,54	11,87	12,53	42
43	8,439	8,776	9,451	10,13	10,80	11,48	11,81	12,15	12,83	43
44	8,635	8,980	9,671	10,36	11,05	11,74	12,09	12,43	13,13	44
45	8,831	9,185	9,891	10,60	11,30	12,01	12,36	12,72	13,42	45

Gewicht von 1 m Flachstahl in kg.

Wichte $\gamma = 7{,}850$

(s. auch Anm. auf S. 170).

Dicke mm	Breite in mm 40	42	44	45	46	48	50	52	54	Dicke mm
1	0,314	0,330	0,345	0,353	0,361	0,377	0,392	0,408	0,424	1
2	0,628	0,659	0,691	0,707	0,722	0,754	0,785	0,816	0,848	2
3	0,942	0,989	1,036	1,060	1,083	1,130	1,177	1,225	1,272	3
4	1,256	1,319	1,382	1,413	1,444	1,507	1,570	1,633	1,696	4
5	1,570	1,649	1,727	1,766	1,805	1,884	1,962	2,041	2,119	5
6	1,884	1,978	2,072	2,120	2,167	2,261	2,355	2,449	2,543	6
7	2,198	2,308	2,418	2,473	2,528	2,638	2,747	2,857	2,967	7
8	2,512	2,638	2,763	2,826	2,889	3,014	3,140	3,266	3,391	8
9	2,826	2,967	3,109	3,179	3,250	3,391	3,532	3,674	3,815	9
10	3,140	3,297	3,454	3,533	3,610	3,768	3,925	4,082	4,239	10
11	3,454	3,627	3,799	3,886	3,972	4,145	4,317	4,490	4,463	11
12	3,768	3,956	4,145	4,239	4,333	4,522	4,710	4,898	5,087	12
13	4,082	4,286	4,490	4,592	4,694	4,898	5,102	5,307	5,511	13
14	4,396	4,616	4,836	4,946	5,055	5,275	5,495	5,715	5,935	14
15	4,710	4,945	5,181	5,299	5,416	5,652	5,887	6,123	6,358	15
16	5,024	5,275	5,526	5,652	5,778	6,029	6,280	6,531	6,782	16
17	5,338	5,605	5,872	6,005	6,139	6,406	6,672	6,939	7,206	17
18	5,652	5,935	6,217	6,359	6,500	6,782	7,065	7,348	7,630	18
19	5,966	6,264	6,563	6,712	6,861	7,159	7,457	7,756	8,054	19
20	6,280	6,594	6,908	7,065	7,222	7,536	7,850	8,164	8,478	20
21	6,594	6,924	7,253	7,418	7,583	7,913	8,243	8,572	8,902	21
22	6,908	7,253	7,599	7,772	7,944	8,290	8,635	8,980	9,326	22
23	7,222	7,583	7,944	8,125	8,305	8,666	9,028	9,389	9,750	23
24	7,536	7,913	8,290	8,478	8,666	9,043	9,420	9,797	10,174	24
25	7,850	8,243	8,635	8,831	9,028	9,420	9,813	10,21	10,598	25
26	8,164	8,572	8,980	9,185	9,389	9,797	10,21	10,613	11,021	26
27	8,478	8,902	9,326	9,538	9,750	10,17	10,60	11,021	11,445	27
28	8,792	9,232	9,671	9,891	10,11	10,55	10,99	11,43	11,869	28
29	9,106	9,561	10,02	10,24	10,47	10,93	11,38	11,84	12,293	29
30	9,420	9,891	10,36	10,60	10,83	11,30	11,78	12,25	12,717	30
31	9,734	10,22	10,71	10,95	11,19	11,68	12,17	12,654	13,141	31
32	10,05	10,55	11,05	11,30	11,56	12,06	12,56	13,062	13,565	32
33	10,36	10,88	11,40	11,66	11,92	12,43	12,95	13,471	13,989	33
34	10,68	11,21	11,74	12,01	12,28	12,81	13,35	13,88	14,413	34
35	10,99	11,54	12,09	12,36	12,64	13,19	13,74	14,287	14,84	35
36	11,30	11,87	12,43	12,72	13,00	13,57	14,13	14,695	15,26	36
37	11,62	12,20	12,78	13,07	13,36	13,94	14,52	15,103	15,684	37
38	11,93	12,53	13,13	13,42	13,72	14,32	14,92	15,512	16,11	38
39	12,25	12,86	13,47	13,78	14,08	14,70	15,31	15,92	16,532	39
40	12,56	13,19	13,82	14,13	14,44	15,07	15,70	16,33	16,956	40
41	12,87	13,52	14,16	14,48	14,81	15,45	16,09	16,74	17,38	41
42	13,19	13,85	14,51	14,84	15,17	15,83	16,49	17,144	17,804	42
43	13,50	14,18	14,85	15,19	15,53	16,20	16,88	17,553	18,23	43
44	13,82	14,51	15,20	15,54	15,89	16,58	17,27	17,961	18,652	44
45	14,13	14,84	15,54	15,90	16,25	16,96	17,66	18,369	19,076	45

Gewicht von 1 m Flachstahl in kg.

Wichte $\gamma = 7{,}850$

(s. auch Anm. auf S. 170).

Dicke mm	Breite in mm									Dicke mm
	55	56	58	60	62	64	65	70	75	
1	0,432	0,440	0,455	0,471	0,487	0,502	0,510	0,549	0,589	1
2	0,864	0,879	0,911	0,942	0,973	1,005	1,021	1,099	1,177	2
3	1,295	1,319	1,336	1,413	1,460	1,507	1,531	1,648	1,766	3
4	1,727	1,758	1,821	1,884	1,947	2,010	2,041	2,198	2,355	4
5	2,159	2,198	2,276	2,355	2,433	2,512	2,551	2,747	2,944	5
6	2,591	2,638	2,732	2,826	2,920	3,014	3,062	3,297	3,532	6
7	3,022	3,077	3,187	3,297	3,407	3,517	3,572	3,846	4,121	7
8	3,454	3,517	3,642	3,768	3,894	4,019	4,082	4,396	4,710	8
9	3,886	3,956	4,098	4,239	4,380	4,522	4,592	4,945	5,299	9
10	4,318	4,396	4,553	4,710	4,867	5,024	5,103	5,495	5,887	10
11	4,749	4,836	5,008	5,181	5,354	5,526	5,613	6,044	6,476	11
12	5,181	5,275	5,464	5,652	5,840	6,029	6,123	6,594	7,065	12
13	5,613	5,715	5,919	6,123	6,327	6,531	6,633	7,143	7,654	13
14	6,045	6,154	6,374	6,594	6,814	7,034	7,144	7,693	8,242	14
15	6,476	6,594	6,829	7,065	7,300	7,536	7,654	8,242	8,831	15
16	6,908	7,034	7,285	7,536	7,787	8,038	8,164	8,792	9,420	16
17	7,340	7,473	7,740	8,007	8,274	8,541	8,674	9,341	10,01	17
18	7,772	7,913	8,195	8,478	8,761	9,043	9,185	9,891	10,60	18
19	8,203	8,352	8,651	8,949	9,247	9,546	9,695	10,44	11,19	19
20	8,635	8,792	9,106	9,420	9,734	10,05	10,21	10,99	11,78	20
21	9,067	9,232	9,561	9,891	10,221	10,55	10,72	11,54	12,36	21
22	9,499	9,671	10,017	10,36	10,707	11,053	11,23	12,09	12,95	22
23	9,930	10,111	10,472	10,83	11,194	11,56	11,74	12,64	13,54	23
24	10,36	10,55	10,927	11,30	11,681	12,058	12,25	13,19	14,13	24
25	10,79	10,99	11,383	11,78	12,168	12,56	12,76	13,74	14,72	25
26	11,23	11,43	11,838	12,25	12,654	13,062	13,27	14,29	15,31	26
27	11,66	11,87	12,293	12,72	13,141	13,565	13,78	14,84	15,90	27
28	12,09	12,31	12,748	13,19	13,628	14,067	14,20	15,39	16,49	28
29	12,52	12,75	13,204	13,66	14,114	14,57	14,80	15,94	17,07	29
30	12,95	13,188	13,659	14,13	14,601	15,072	15,31	16,49	17,66	30
31	13,38	13,63	14,114	14,60	15,088	15,574	15,82	17,04	18,25	31
32	13,82	14,067	14,570	15,07	15,574	16,077	16,33	17,58	18,84	32
33	14,25	14,501	15,025	15,54	16,061	16,579	16,84	18,13	19,43	33
34	14,68	14,95	15,48	16,01	16,548	17,082	17,35	18,68	20,02	34
35	15,11	15,386	15,936	16,49	17,035	17,584	17,80	19,23	20,61	35
36	15,54	15,826	16,391	16,96	17,521	18,086	18,37	19,78	21,20	36
37	15,98	16,265	16,846	17,43	18,008	18,589	18,88	20,33	21,78	37
38	16,41	16,705	17,301	17,90	18,495	19,091	19,39	20,88	22,37	38
39	16,84	17,144	17,757	18,37	18,981	19,594	19,90	21,43	22,96	39
40	17,27	17,584	18,212	18,84	19,468	20,096	20,41	21,98	23,55	40
41	17,70	18,024	18,667	19,31	19,955	20,598	20,92	22,53	24,14	41
42	18,13	18,463	19,123	19,78	20,441	21,101	21,43	23,08	24,73	42
43	18,57	18,903	19,578	20,25	20,928	21,603	21,94	23,63	25,32	43
44	19,00	19,342	20,033	20,72	21,415	22,106	22,45	24,18	25,91	44
45	19,43	19,782	20,489	21,20	21,902	22,608	22,96	24,73	26,49	45

Gewicht von 1 m Flachstahl in kg.

Wichte $\gamma = 7{,}850$

(s. auch Anm. auf S. 170).

Dicke mm	Breite in mm									Dicke mm
	80	85	90	95	100	110	120	130	140	
1	0,628	0,667	0,707	0,746	0,785	0,864	0,942	1,021	1,099	1
2	1,256	1,335	1,413	1,492	1,570	1,727	1,884	2,041	2,198	2
3	1,884	2,002	2,120	2,237	2,355	2,591	2,826	3,062	3,297	3
4	2,512	2,669	2,826	2,983	3,140	3,454	3,768	4,082	4,396	4
5	3,140	3,336	3,532	3,729	3,925	4,317	4,710	5,103	5,495	5
6	3,768	4,003	4,239	4,474	4,710	5,181	5,652	6,123	6,594	6
7	4,396	4,671	4,946	5,220	5,495	6,044	6,594	7,144	7,603	7
8	5,024	5,338	5,652	5,966	6,280	6,908	7,536	8,164	8,792	8
9	5,652	6,005	6,358	6,712	7,065	7,771	8,478	9,185	9,891	9
10	6,280	6,672	7,065	7,457	7,850	8,635	9,420	10,21	10,99	10
11	6,908	7,340	7,771	8,203	8,635	9,498	10,36	11,23	12,09	11
12	7,536	8,007	8,478	8,949	9,420	10,36	11,30	12,25	13,19	12
13	8,164	8,674	9,184	9,695	10,20	11,23	12,25	13,27	14,29	13
14	8,792	9,341	9,891	10,44	10,99	12,09	13,19	14,29	15,39	14
15	9,420	10,01	10,60	11,19	11,77	12,95	14,13	15,31	16,49	15
16	10,05	10,68	11,30	11,93	12,56	13,82	15,07	16,33	17,58	16
17	10,68	11,34	12,01	12,68	13,35	14,68	16,01	17,35	18,68	17
18	11,30	12,01	12,72	13,42	14,13	15,54	16,96	18,37	19,78	18
19	11,93	12,68	13,42	14,17	14,92	16,41	17,90	19,39	20,88	19
20	12,56	13,35	14,13	14,92	15,70	17,27	18,84	20,41	21,98	20
21	13,19	14,01	14,84	15,66	16,49	18,13	19,78	21,43	23,08	21
22	13,82	14,68	15,54	16,41	17,27	19,00	20,72	22,45	24,18	22
23	14,44	15,35	16,25	17,15	18,06	19,86	21,67	23,47	25,28	23
24	15,07	16,01	16,96	17,90	18,84	20,72	22,61	24,49	26,38	24
25	15,70	16,68	17,66	18,64	19,63	21,59	23,55	25,51	27,48	25
26	16,33	17,35	18,37	19,39	20,41	22,45	24,49	26,53	28,57	26
27	16,96	18,02	19,08	20,14	21,20	23,31	25,43	27,55	29,67	27
28	17,58	18,68	19,78	20,88	21,98	24,18	26,38	28,57	30,77	28
29	18,21	19,35	20,49	21,63	22,77	25,04	27,32	29,60	31,87	29
30	18,84	20,02	21,20	22,37	23,55	25,91	28,26	30,62	32,97	30
31	19,47	20,68	21,90	23,12	24,34	26,77	29,20	31,64	34,07	31
32	20,10	21,35	22,61	23,86	25,12	27,63	30,14	32,66	35,17	32
33	20,72	22,02	23,31	24,61	25,91	28,50	31,09	33,68	36,27	33
34	21,35	22,69	24,02	25,36	26,69	29,36	32,03	34,70	37,37	34
35	21,98	23,35	24,73	26,10	27,48	30,22	32,97	35,72	38,47	35
36	22,61	24,02	25,43	26,85	28,26	31,09	33,94	36,74	39,56	36
37	23,24	24,69	26,14	27,59	29,05	31,95	34,85	37,76	40,66	37
38	23,86	25,36	26,85	28,34	29,83	32,81	35,80	38,78	41,76	38
39	24,49	26,02	27,55	29,08	30,62	33,68	36,74	39,80	42,86	39
40	25,12	26,69	28,26	29,83	31,40	34,54	37,68	40,82	43,96	40
41	25,75	27,36	28,97	30,58	32,19	35,40	38,62	41,84	45,06	41
42	26,38	28,03	29,67	31,32	32,07	36,27	39,56	42,86	46,16	42
43	27,00	28,69	30,38	32,07	33,76	37,13	40,51	43,88	47,26	43
44	27,63	29,36	31,09	32,81	34,54	37,99	41,45	44,90	48,36	44
45	28,26	30,03	31,79	33,56	35,33	38,86	42,39	45,92	49,46	45

Gewicht von 1 m Flachstahl in kg.

Wichte $\gamma = 7{,}850$

(s. auch Anm. auf S. 170).

Dicke mm	Breite in mm 150	160	170	180	190	200	210	220	230	Dicke mm
1	1,178	1,256	1,335	1,413	1,492	1,570	1,649	1,727	1,806	1
2	2,355	2,512	2,669	2,826	2,983	3,140	3,297	3,454	3,811	2
3	3,533	3,768	4,004	4,239	4,475	4,710	4,946	5,181	5,417	3
4	4,710	5,024	5,338	5,652	5,966	6,280	6,594	6,980	7,222	4
5	5,887	6,280	6,673	7,065	7,458	7,850	8,243	8,635	9,028	5
6	7,065	7,536	8,007	8,478	8,949	9,420	9,891	10,362	10,83	6
7	8,242	8,792	9,342	9,891	10,44	10,99	11,54	12,089	12,64	7
8	9,420	10,05	10,68	11,30	11,93	12,56	13,19	13,816	14,44	8
9	10,60	11,30	12,01	12,72	13,42	14,13	14,84	15,543	16,25	9
10	11,77	12,56	13,35	14,13	14,92	15,70	16,49	17,270	18,06	10
11	12,95	13,82	14,68	15,54	16,41	17,27	18,13	18,997	19,36	11
12	14,13	15,07	16,01	16,96	17,90	18,84	19,78	20,724	21,67	12
13	15,31	16,33	17,35	18,37	19,39	20,41	21,43	22,451	23,47	13
14	16,48	17,58	18,68	19,78	20,88	21,98	23,08	24,178	25,28	14
15	17,66	18,84	20,02	21,20	22,37	23,55	24,73	25,905	27,08	15
16	18,84	20,10	21,35	22,61	23,86	25,12	26,38	27,632	28,89	16
17	20,02	21,35	22,69	24,02	25,36	26,69	28,02	29,359	30,69	17
18	21,20	22,61	24,02	25,43	26,85	28,26	29,67	31,086	32,50	18
19	22,37	23,86	25,36	26,85	28,34	29,83	31,32	32,813	34,30	19
20	23,55	25,12	26,69	28,26	29,83	31,40	32,97	34,54	36,11	20
21	24,73	26,38	28,02	29,67	31,32	32,97	34,62	36,27	37,92	21
22	25,91	27,63	29,36	31,09	32,81	34,54	36,27	37,99	39,72	22
23	27,08	28,89	30,69	32,50	34,31	36,11	37,92	39,72	41,53	23
24	28,26	30,14	32,03	33,91	35,80	37,68	39,56	41,45	43,33	24
25	29,44	31,40	33,36	35,33	37,29	39,25	41,21	43,18	45,14	25
26	30,61	32,66	34,70	36,74	38,78	40,28	42,86	44,90	46,94	26
27	31,79	33,91	36,03	38,15	40,27	42,39	44,51	46,63	48,75	27
28	32,97	35,17	37,37	39,56	41,76	43,96	46,16	48,36	50,55	28
29	34,15	36,42	38,70	40,98	43,25	45,53	47,81	50,08	52,36	29
30	35,33	37,68	40,04	42,39	44,75	47,10	49,46	51,81	54,17	30
31	36,50	38,94	41,37	43,80	46,24	48,67	51,10	53,54	55,97	31
32	37,68	40,19	42,70	45,22	47,73	50,24	52,75	55,26	57,78	32
33	38,86	41,45	44,04	46,63	49,22	51,81	54,40	56,99	59,58	33
34	40,04	42,70	45,37	48,04	50,71	53,38	56,05	58,72	61,39	34
35	41,21	43,96	46,71	49,46	52,20	54,95	57,70	60,45	63,19	35
36	42,39	45,22	48,04	50,87	53,69	56,52	59,35	62,17	64,99	36
37	43,57	46,47	49,38	52,28	55,19	58,09	60,99	63,90	66,80	37
38	44,75	47,73	50,71	53,69	56,68	59,66	62,64	65,63	68,61	38
39	45,92	48,98	52,05	55,11	58,17	61,23	64,29	67,35	70,41	39
40	47,10	50,24	53,38	56,52	59,66	62,80	65,94	69,08	72,22	40
41	48,28	51,50	54,72	57,93	61,15	64,37	67,59	70,81	74,03	41
42	49,46	52,75	56,05	59,35	62,64	65,94	69,24	72,53	75,83	42
43	50,63	54,01	57,38	60,76	64,14	67,51	70,89	74,26	77,64	43
44	51,81	55,26	58,72	62,17	65,63	69,08	72,53	75,99	79,44	44
45	52,99	56,52	60,05	63,59	67,12	70,65	74,18	77,72	81,25	45

Zulässige Maßabweichungen
für Stabstahl und Breitflachstahl nach DIN 1612.

Stabstahl (Rund-, Quadrat-, Sechskantstahl usw.)		**Breitflachstahl**			
Dicke mm	Zulässige Abweichung mm	Breite mm	Zulässige Abweichung Breite	Dicke mm	Zulässige Abweichung
5—25	± 0,5	3 mm u. dicker	±2 %	unter 10	±0,5 mm
über 25—50	± 0,75			bei 10 und mehr	±5 %
„ 50—80	± 1	Der Gewichtsspielraum für die Gesamtlieferung beträgt ±6%.			
„ 80—100	± 1,25	Diese Angaben sind die handelsüblichen groben Abmaße. Stabstahl und Breitflachstahl mit feineren Abmaßen wird nicht auf Lager gehalten und ist nur von Fall zu Fall lieferbar.			
„ 100—120	± 1,5				
„ 120—160	± 2				
„ 160—200	± 2,5				

Gewicht von 1000 m Draht in kg

aus Flußstahl (Wichte $\gamma = 7{,}85$), Messing (Wichte $\gamma = 8{,}5$), Kupfer (Wichte $\gamma = 8{,}9$).

Dmr.	Stahl[1]) DIN 177	Messing DIN 1757	Kupfer DIN 1766	Dmr.	Stahl[1]) DIN 177	Messing DIN 1757	Kupfer DIN 1766	Dmr.	Stahl[1]) DIN 177	Messing DIN 1757	Kupfer DIN 1766
0,1	0,062	—	0,070	*0,65	2,60	2,821	2,953	2,9	—	56,144	58,784
0,12	0,089	—	0,101	0,7	3,02	3,271	3,425	*3	55,5	60,083	62,914
0,14	0,121	—	—	*0,75	3,47	3,755	3,932	3,1	59,2	—	—
0,15	—	—	0,157	0,8	3,95	4,273	4,474	3,2	—	68,361	71,574
0,16	0,158	—	—	*0,85	4,45	4,823	5,051	3,4	71,3	—	—
0,18	0,200	—	0,226	0,9	4,99	5,407	5,662	3,5	—	81,780	85,626
0,2	0,247	0,267	0,280	*0,95	5,56	6,024	6,308	3,8	89,0	96,399	100,926
0,22	0,298	0,323	0,338	1	6,17	6,676	6,990	4	—	106,814	111,837
0,23	—	—	—	1,1	7,46	8,078	8,458	4,2	108,8	117,762	123,301
0,24	0,355	—	—	1,2	8,88	9,613	10,066	4,5	—	135,187	141,546
0,25	—	0,417	0,437	1,3	10,42	11,282	11,810	4,6	130,5	—	—
0,26	0,417	—	—	1,4	12,08	13,085	13,697	4,8	—	153,813	161,054
0,27	—	—	—	*1,5	13,87	15,020	15,727	5	154,1	166,897	174,751
0,28	0,483	0,523	0,548	1,6	15,78	17,090	17,898	5,5	186,5	201,946	211,446
0,3	—	0,601	0,629	*1,7	17,82	19,293	20,201	6	222	240,332	251,638
0,31	0,592	—	—	1,8	19,98	21,630	22,650	6,5	260	282,056	295,329
0,32	—	0,684	0,716	*1,9	22,3	24,100	25,231	7	302	327,118	342,508
0,34	0,713	—	—	2	24,7	26,704	27,963	7,5	—	375,518	393,184
0,35	—	0,818	0,856	2,1	—	29,441	30,830	7,6	356	—	—
0,37	0,844	—	—	2,2	29,8	32,311	33,828	8,0	—	427,257	447,358
0,38	—	0,964	1,009	2,3	—	35,315	36,979	8,2	415	—	—
0,4	0,986	1,068	1,118	*2,4	35,5	38,453	40,264	8,8	477	—	—
0,45	1,248	1,352	1,415	2,5	38,5	41,724	43,690	9	—	—	
0,5	1,541	1,669	1,747	*2,6	41,7	45,129	47,250	9,4	545	—	—
0,55	1,865	2,019	2,114	2,7	—	48,667	50,961	10	617	—	—
0,6	2,22	2,403	2,516	2,8	48,3	52,339	54,806				

Zulässige Abweichungen vom Durchmesser.

DIN 177	Dmr.	0,1—0,12	0,14—0,18	0,2—0,28	0,31—0,45	0,5—0,7	0,8—1,2	1,3—1,4	
	Abw.	± 0,005	± 0,01	± 0,015	± 0,02	± 0,02	± 0,03	± 0,04	
	Dmr.	1,6—2	2,2—2,8	3,1—10					
	Abw.	± 0,06	± 0,08	± 0,1					
DIN 1757	Dmr.	0,2—0,4	0,45—0,7	0,75—1	1,1—2	2,1—3	3,2—6	6,5—8	
	Abw.	± 0,02	0,025	0,03	0,04	0,05	0,06	0,08	
DIN 1766	Dmr.	0,1—0,2	0,22—0,4	0,45—0,7	0,75—1	1,1—2	2,1—3	3,2—6	6,5—8
	Abw.	± 0,02	0,025	0,03	0,04	0,05	0,06	0,08	0,10

[1]) **DIN 177 ist die genormte deutsche Millimeter-Drahtlehre.** Die * Durchmesser sind in ihr nicht enthalten; sie sind für Förder- und Drahtseile bestimmt.

Gewicht und Leitungswiderstand von Kupferdrähten bei 15° C.

Wichte $\gamma = 8{,}9$; spezifischer Leitwiderstand c bei 20° C = 0,01784 Ohm;

$$\text{Leitungswiderstand} = \frac{0{,}01784 \cdot \text{Länge (in m)}}{\text{Querschnitt (in mm}^2\text{)}}.$$

Durchmesser mm	Querschnitt mm²	Gewicht für 1 m g	Widerstand für 1 m Ohm	Durchmesser mm	Querschnitt mm²	Gewicht für 1 m g	Widerstand für 1 m Ohm
0,37	0,108	0,957	0,165	**2,3**	4,155	36,98	0,00429
0,45	0,159	1,416	0,112	**2,8**	6,158	54,81	0,00288
0,5	0,196	1,748	0.0910	**3,2**	8,04	71,59	0,00222
0,6	0,283	2,510	0.0630	**3,6**	10,18	90,60	0,00175
0,7	0,385	3,426	0.0463	**4,0**	12,57	111,9	0.00142
0,8	0,503	4,474	0.0355	**4,4**	15,21	135,4	0,00117
1,0	0,785	6,991	0.0227	**5,1**	20,43	181,8	0.000878
1,2	1,131	10,07	0 0155	**5,7**	25,52	217,1	0,000699
1,4	1,539	13,7	0,0116	**6,5**	33,18	295,4	0,000538
1,8	2,545	22,65	0,00701	**8,0**	50,77	447,4	0.000351

Beispiel: Durchmesser = 0,8 mm;

$$\text{Querschnitt} = \frac{3{,}14 \cdot 0{,}8^2}{4}\ \text{mm}^2 = 0{,}503\ \text{mm}^2;$$

$$\text{Leitungswiderstand} = \frac{0{,}01784 \cdot 1}{0{,}503}\ \text{Ohm} = 0{,}0355\ \text{Ohm}.$$

S. auch Abschnitt „Elektrotechnik".

Gewichte von Draht und Rohren aus Aluminium.

Wichte $\gamma = 2{,}69$ kg/dm³.

Aluminium-Draht		Aluminium-Rohre Gewicht von 1 m in kg		
Durchmesser	Gewicht von 1 m	Äußerer Durchmesser	Wandstärke in mm 0,5	1
mm	g	mm	kg	kg
0,5	0,53	5	0,0190	0,0340
1,0	2,12	6	0,0233	0,0424
1,5	4,77	8	0,0317	0,0590
2,0	8,48	10	0,0403	0,0763
2,5	13,23	12	0,0487	0,0933
3,0	19,06	15	0,0612	0,1185
3,5	25,97	20	0,0827	0,1612
4,0	33,91	25	0,1039	0,2035
4,5	42,93	30	0,1250	0,2460
5,0	53.0	35	0,1408	0,2884
5,5	64,12	40	0,1612	0,3308
6,0	76,32	45	0,1816	0,3731
6,5	89,58	50	0,2020	0,4156
7,0	103,9	55	0,2223	0,4579
7,5	119,3	60	0,2430	0,5005
8,0	135,7	65		0,5429
8,5	153,2	70		0,5825
9,0	171,7	80		0,6696
9,5	191,4			
10,0	212,0			

Flußstahlrohre.

Gasrohre nach DIN 2440 und **Dampfrohre** (dickwandige Gasrohre) nach DIN 2441.

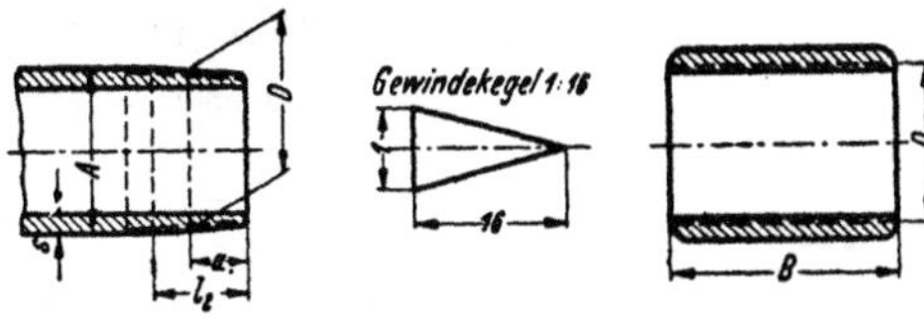

Handelsübliche Nennweite	Zugehörige Nennweite der Armaturen und Formstücke nach DIN 2402	Rohr					Gewinde		Muffe	Muffe
		Außendurchmesser ≈	Gasrohre		Dampfrohre		Theoretischer Gewindedurchmesser	Gangzahl auf 1 Zoll	Mindestlänge Gas	Mindestlänge Dampf
			Wanddicke ≈	Gewicht des glatten Rohres	Wanddicke ≈	Gewicht des glatten Rohres				
Zoll		A	s	kg/m	s	kg/m	D		B	B
1/8″	6	10	2	0,395	2,5	0,462	9,729	28	20	25
1/4″	8	13,25	2,25	0,610	2,75	0,712	13,158	19	25	30
3/8″	10	16,75	2,25	0,805	2,75	0,949	16,663	19	30	35
1/2″	15	21,25	2,75	1,25	3,25	1,44	20,956	14	35	40
3/4″	20	26,75	2,75	1,63	3,5	2,01	26,442	14	40	45
1″	25	33,5	3,25	2,42	4	2,91	33,250	11	45	50
1 1/4″	32	42,25	3,25	3,13	4	3,77	41,912	11	50	55
1 1/2″	40	48,25	3,5	3,86	4,25	4,61	47,805	11	55	60
2″	50	60	3,75	5,20	4,5	6,16	59,616	11	60	70
2 1/2″	70	75,5	3,75	6,64	4,5	7,88	75,187	11	65	75
3″	80	88,25	4	8,31	4,75	9,78	87,887	11	70	85
(3 1/2″)	(90)	101	4,25	10,1	5	11,8	100,334	11	80	90
4″	100	113,5	4,25	11,5	5	13,4	113,034	11	90	100
5″	125	139	4,5	14,9	5,5	18,1	138,435	11	100	100
6″	150	164,5	4,5	17,8	5,5	21,6	163,836	11	110	110

Gewindeform nach DIN 259.

Gewindedurchmesser D wird im Abstande a vom Rohrende über die Gewindespitzen gemessen.

Die beiden letzten Gewindegänge dürfen an der Spitze unvollkommen sein.

Maße a und l_1 (nutzbare Gewindelänge) siehe DIN 2999 „Whitworth Rohrgewinde für Fittinganschlüsse".

Ausführung: Nahtlos von Nennweite 1/8″ bis einschl. 6″; Stumpfgeschweißt von NW 1/8″ bis einschl. 2″ — schwarz, verzinkt, asphaltiert, asphalt. u. bejutet — Bei Bestellung besonders anzugeben.

Werkstoff: Flußstahl St 00.29 DIN 1629, Wichte zu 7,85 kg/dm³ angenommen.

Lieferart: Handelsüblich werden die Rohre in wechselnden Herstellungslängen nach laufenden Metern, mit kegeligem Gewinde an beiden Enden und einer aufgeschraubten Muffe geliefert. Werden die Rohre ohne Gewinde oder ohne Muffe gewünscht, so ist dies bei Bestellung besonders anzugeben. Abweichungen des Gewindekegels bis 1 : 32 sind zulässig.

Kaltwasserprobedruck: nahtlos 32 kg/cm², stumpfgeschweißt 16 kg/cm² für Gasrohre; 25 kg/cm² für Dampfrohre.

Technische Lieferbedingungen s. DIN 1629.

Handelsübliche nahtlos gezogene Messingrohre (Ms 60)

nach DIN 1755.

Außen-durch-messer	Innendurchmesser in mm und Gewichte in kg, gerechnet mit einem Gewicht von 8,5 kg/dm³															
mm	mm	kg	mm	kg	mm	kg	mm	kg	mm	kg	mm	kg	mm	kg	mm	kg
5			4	0,06	3,5	0,08	3	0,11	2	0,14						
6			5	0,07	4,5	0,10	4	0,13	3	0,18						
7			6	0,09	5,5	0,13	5	0,16	4	0,22						
8			7	0,10	6,5	0,15	6	0,19	5	0,26						
9			8	0,11	7,5	0,17	7	0,21	6	0,30						
10			9	0,13	8,5	0,19	8	0,24	7	0,34						
11			10	0,14	9,5	0,21	9	0,27	8	0,38						
12					10,5	0,23	10	0,29	9	0,42	8	0,53				
13							11	0,32	10	0,46	9	0,59				
15							13	0,37	12	0,54	11	0,69				
16							14	0,40	13	0,58						
17							15	0,43	14	0,62						
18							16	0,45	15	0,66	14	0,85				
19							17	0,48	16	0,70						
20	19,2	0,21					18	0,51	17	0,74	16	0,96	15	1,17		
22							20	0,56	19	0,82	18	1,07	17	1,30		
25	24,2	0,26					23	0,64	22	0,94	21	1,23	20	1,50		
28							26	0,72	25	1,06	24	1,39	23	1,70		
30	29,2	0,32					28	0,77	27	1,14	26	1,50	25	1,84		
32							30	0,83	29	1,22	28	1,60	27	1,97	26	2,3
35	34,2	0,37					33	0,91	32	1,34	31	1,76	30	2,17	29	2,5
38							36	0,99	35	1,46	34	1,92	33	2,37	32	2,8
40	39,2	0,43					38	1,04	37	1,54	36	2,03	35	2,50	34	2,9
42							40	1,09	39	1,62	38	2,14	37	2,64	36	3,1
45							43	1,17	42	1,74	41	2,30	40	2,84	39	3,3
50							48	1,31	47	1,94	46	2,56	45	3,17	44	3,7
54							52	1,42			50	2,78	49	3,44	48	4,0
60							58	1,57			56	3,10	55	3,84	54	4,5
70							68	1,84	67	2,74	66	3,63	65	4,51	64	5,3
80							78	2,11			76	4,17	75	5,17	74	6,1
Wanddicke mm	0,4		0,5		0,75		1		1,5		2		2,5		3	

Die zulässige Abweichung für Außen- und Innendurchmesser beträgt: bis 10 ± 0,08, über 10 bis 18 ± 0,10, über 18 bis 30 ± 0,12, über 30 bis 50 ± 0,15, über 50 bis 80 ± 0,20 mm.

Die Exzentrizität darf eine Abweichung der Wanddicke bis zu ± 10 vH vom Nennmaß der Wanddicke verursachen.

Technische Lieferbedingungen s. DIN 1775.

Gewichte von Metallplatten in kg/m².

Dicke mm	Gußeisen	Schweißstahl	Flußstahl	Gewalzter Stahl	Kupfer	Messing	Bronze	Zink	Blei
1	7,25	7,8	7,85	7,86	8,9	8,5	8,6	7,2	11,37
2	14,50	15,6	15,70	15,72	17,8	17,0	17,2	14,4	22,74
3	21,75	23,4	23,55	23,58	26,7	25,5	25,8	21,6	34,11
4	29,00	31,2	31,40	31,44	35,6	34,0	34,4	28,8	45,48
5	36,25	39,0	39,25	39,30	44,5	42,5	43,0	36,0	56,85
6	43,50	46,8	47,10	47,16	53,4	51,0	51,6	43,2	68,22
7	50,75	54,6	54,95	55,02	62,3	59,5	60,2	50,4	79,59
8	58,00	62,4	62,80	62,88	71,2	68,0	68,8	57,6	90,96
9	65,25	70,2	70,65	70,74	80,1	76,5	77,4	64,8	102,33
10	72,50	78,0	78,50	78,60	89,0	85,0	86,0	72,0	113,70
11	79,75	85,8	86,35	86,46	97,9	93,5	94,6	79,2	125,07
12	87,00	93,6	94,20	94,32	106,8	102,0	103,2	86,4	136,44
13	94,25	101,4	102,05	102,18	115,7	110,5	111,8	93,6	147,81
14	101,50	109,2	109,90	110,04	124,6	118,5	120,4	100,8	159,18
15	108,75	117,0	117,75	117,90	133,5	127,5	129,0	108,0	170,55
16	116,00	124,8	125,60	125,76	142,4	136	137,6	115,2	181,92
17	123,25	132,6	133,45	133,62	151,3	144,5	146,2	122,4	193,29
18	130,50	140,4	141,30	141,48	160,2	153	154,8	129,6	204,66
19	137,75	148,2	149,15	149,34	169,1	161,5	163,4	136,8	216,03
20	145,00	156,0	157,00	157,20	178,0	170,0	172,0	144,0	227,40
21	152,25	163,8	164,85	165,06	186,9	178,5	180,6	151,2	238,77
22	159,50	171,6	172,70	172,92	195,8	187,0	189,2	158,4	250,14
23	166,75	179,4	180,55	180,78	204,7	195,5	197,8	165,6	261,51
24	174,00	187,2	188,40	188,64	213,6	204,0	206,4	172,8	272,88
25	181,25	195,0	196,25	196,50	222,5	212,5	215,0	180,0	284,25
26	188,50	202,8	204,10	204,36	231,4	221,0	223,6	187,2	295,62
27	195,75	210,6	211,95	212,22	240,3	229,5	232,2	194,4	306,99
28	203,00	218,4	219,80	220,08	249,2	238,0	240,8	201,6	318,36
29	210,25	226,2	227,65	227,94	258,1	246,5	249,4	208,8	329,73
30	217,50	234,0	235,50	235,80	267,0	255,0	258,0	216,0	341,10

Gewichte vorstehender Metalle, bezogen auf:

(vgl. Seite 170)

	Gußeisen	Schweißstahl	Flußstahl	Gewalzter Stahl	Kupfer	Messing	Bronze	Zink	Blei
Gußeisen . .	1	1,076	1,083	1,084	1,228	1,172	1,186	0,993	1,568
Schweißstahl	0,929	1	1,006	1,008	1,141	1,089	1,103	0,923	1,458
Flußstahl . .	0,924	0,994	1	1,001	1,134	1,083	1,096	0,917	1,448

Bleche und Bänder aus Stahl und Nichteisenmetallen.

A. Stahlbleche und Bandstahl.

I. Stahlbleche.

a) Bezeichnung und Einteilung der Bleche.

Feinbleche	bis 3 mm
Mittelbleche	3 bis 4,75 mm
Grobbleche	ab 5 mm
Riffel- und Warzenbleche (nicht genormt)	

Für Fein-, Mittel- und Grobbleche gelten folgende Grundnormen:

	Feinbleche	Mittelbleche	Grobbleche
Maß- und Gewichtsabweichungen	DIN 1541	DIN 1542	DIN 1543
Technische Lieferbedingungen	DIN 1623	DIN 1622	DIN 1621

Für Feinbleche sind nachstehende Bezeichnungen genormt und üblich:

Neue Bezeichnung	Frühere Bezeichnung
1. Handelsbleche:	
St I 23 Schwarzblech I	Walzwerksgeglühtes Schwarzblech
St II 23 Schwarzblech II	In Kisten geglühtes Schwarzblech
St III 23 Emaillier- und Verzinkungsblech	Ungebeiztes Falz- und Emaillierblech
2. Qualitätsbleche:	
St V 23 Ziehblech I	1mal dekapiertes Stanzblech [1])
St VI 23 Ziehblech II	2mal dekapiertes Stanzblech
St VII 23 Tiefziehblech	2mal dekapiertes Tiefziehblech
St VIII 23 Sondertiefziehblech	
St IX 23 Bekleidungsblech	Glattes porenfreies Spezialblech
St X 23 Karosserieblech	Glattes porenfreies Spezial-Tiefziehblech
3. Bleche mit vorgeschriebener Festigkeit	
St 34.23 | St 42.23 | St 60.23	
St 37.23 | St 50.23 | St 70.23	

Bei den Mittelblechen unterscheidet man folgende Blecharten:

St 00.22	Handelsblech	St 37.22	Baublech I
St 00.22 S	Handelsblech S	St 37.22 S	Baublech I S
St 34.22 P	Preßblech Sondergüte (weiche Kesselblechgüte)	St 42.22	Baublech II
St 34.22 R	Röhrenblech	St 50.22	Stahlbleche höherer Festigkeit
		St 60.22	„ „ „
		St 70.22	„ „ „

Riffelbleche und Warzenbleche sind Belagbleche und werden geliefert als

Waffelbleche mit quadratischen Feldern, Abb. Bl 1,
Riffelbleche mit rhombischen Feldern, Abb. Bl 2,
Warzenbleche mit punktförmigen Erhöhungen, Abb. Bl 3,
Raupenbleche mit länglichen Erhöhungen, Abb. Bl 4.

b) Übliche Tafelgrößen und Gewichte von Blechtafeln. Es gibt Lager-Abmessungen, welche je Blechstärke verschieden sind, siehe Zahlentafel auf Seite 186. Fast alle Stahlbleche werden aus Flußstahl mit $\gamma = 7{,}85$ hergestellt.

[1]) Unter Dekapieren versteht man einen Beizvorgang. Die einmal dekapierten Bleche werden vor dem Fertigwalzen gebeizt, während die zweimal dekapierten Bleche bereits vor dem Auswalzen der Platine einmal gebeizt werden. Die höherwertigeren Bleche werden außerdem vorsortiert.

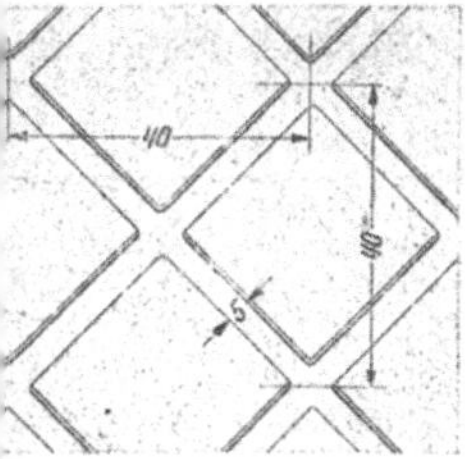

Abb. Bl 1. Waffelblech.

Wegen der erheblichen Toleranz der Bleche ist es in der Industrie mehrfach üblich, mit einer $\gamma = 8{,}0$ zu rechnen. Diese Wichte ist auch im Normblatt „Stahlbleche, Tiefziehblech" DIN L 451 (DIN 1541 gekürzt) angegeben.

Schrifttum: DIN-Taschenbuch. Werkstoffnormen. — Hilbert: Stanzereitechnik Bd. 1 u. 2. München: Carl Hanser Verlag. — Qualitätsbleche. Firmenschrift der Eisen- und Hüttenwerke A.-G. Bochum. — „Hütte" Bd. 1. Berlin: Wilhelm Ernst & Sohn. — Renesse, Herwarth v.: Werkstoff-Ratgeber. Essen: W. Girardet.

Abb. Bl 2. Riffelblech.

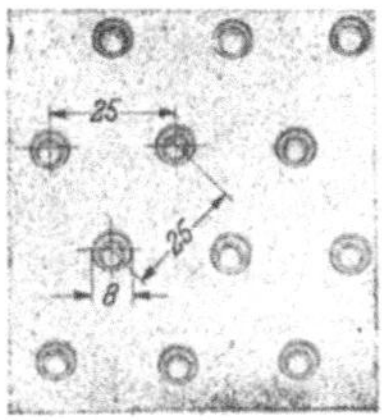

Abb. Bl 3. Warzenblech.

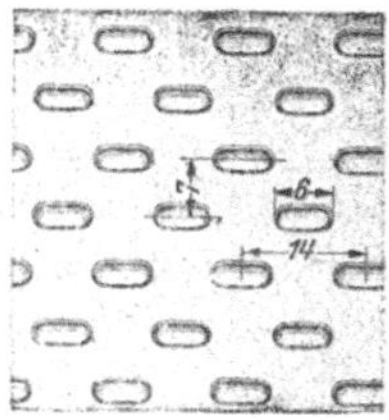

Abb. Bl 4. Raupenblech.

II. Bandstahl.

a) Bezeichnung und Einteilung der Bänder. Endgültige DIN-Normen liegen noch nicht vor. Es besteht ein Vorentwurf DIN 1624 [1]). Die Markenbezeichnung für kaltgewalzten Bandstahl ist wie folgt geplant:

Markenbezeichnung	Benennung	Richtlinien für die Verwendung	
		Zweck	Blechgruppe nach DIN 1623
B-St 0.24	walzhart	Stanzen, Lochen ebener Teile	—
B-St 1.24	weich	Gering beanspruchte Zieh- und Biegeteile	St I—VI. 23
B-St 2.24	ganz weich	Höher beanspruchte Zieh- und Biegeteile	St I—VII. 23
B-St 3.24	Tiefziehstahl ganz weich	Höchstbeanspruchte Zieh- und Biegeteile	St V—VIII. 23
B-St 4.24	Tiefziehstahl weich	Höchstbeanspruchte Zieh- und Biegeteile, fließfigurenfrei	St V—X. 23
B-St 5.24	1/8 hart	Flache Ziehteile, Biegeteile	
B-St 6.24	1/4 hart	Flache Ziehteile, Biegeteile gut stanzbar	
B-St 7.24	1/2 hart	Flache Ziehteile, Biegeteile gut stanzbar	
B-St 8.24	3/4 hart	Ebene Stanzteile	
B-St 9.24	4/4 hart	Ebene Stanzteile	
B-St 10.24	5/4 hart	Ebene Stanzteile	

[1]) Das Normblatt wurde von der Wirtschaftsgruppe für Werkstoffverfeinerung und verwandte Eisenindustriezweige bearbeitet.

Tafel 1. **Größte Längen und Breiten von Feinblechen und größte Durchmesser von Ronden in Millimetern**

nach Angaben der Eisen- und Hüttenwerke A.-G., Bochum.

Blechstärke mm	0,20 0,22 0,24	0,28 0,32	0,38 0,40	0,44	0,5	0,56	0,63	0,75	0,88	1,00	1,13 1,25 1,38	1,50 1,75	2,00 2,25	2,… 2,…
Deutsche Blechlehre Nr.	31 30 29	28 27	26 —	25	24	23	22	21	20	19	18 17 16	15 14	13 12	[illegible]
Zulässige Breite der Blechtafeln in Millimeter														
400	1200	1400	1600	1800	2000	2000	2000	2400	2400	2500	3000	4000	4000	5…
500	1500	1600	1800	2000	2100	2100	2200	2500	2500	2500	3000	4000	4000	5…
600	1800	2000	2000	2100	2200	2200	2200	2500	2500	2500	3000	4000	4000	5…
700	1800	2400	2400	2400	2400	2400	2400	2500	2500	2500	3000	4000	4000	5…
800		2400	2400	2400	2400	2400	2400	2500	2500	2500	3000	4000	4000	5…
900		2400	2400	2400	2400	2400	2400	2500	2500	2500	3000	4000	4000	5…
1000				2400	2400	2400	2400	2500	2500	2500	3000	4000	4000	5…
1100						2400	2400	2500	2500	2500	3000	4000	4000	5…
1200							2400	2500	2500	2500	3000	4000	4000	5…
1300							2400	2500	2500	2500	3000	4000	4000	5…
1400								2500	2500	2500	3000	4000	4000	5…
1500								3000	3000	3000	3000	4000	4000	5…
1600								3000	3000	3000	3000	4000	4000	5…
1700									3000	3000	3000	4000		
1800									4000	4000	4000	4000		
1900									4000	4000	4000	4000		
2000									4000	4000	4000	4000		

Ronden werden gestanzt bzw. geschnitten in folgenden Dicken und Größen geliefert:

0,20 bis 0,32 mm dick, 150 bis 500 mm Durchmesser

über 0,32 „ 2,00 „ dick, 150 bis 500 mm Durchmesser
Über diese Maße hinaus bis höchstens 1400 mm werden die Bleche auf der Kreisschere geschnitten.

über 2,00 bis 12,00 mm dick, 90 bis 690 mm Durchmesser
Darüber hinaus bis höchstens 1500 mm werden die Bleche auf der Kreisschere geschnitten.

Die Abmessungen unter dem starken Strich beziehen sich auf Qualitätsbleche für den Fahrzeugbau (Gruppen St VIII bis St X 23 nach DIN 1623). Alle übrigen Bleche werden bis höchstens 3300 mm Länge geliefert.

Unerhebliche Überschreitungen der obengenannten Abmessungen können berücksichtigt werden. Die Abmessungen für Festigkeitsbleche unterliegen besonderer Vereinbarung.

Beispiel: Für eine vorliegende Planung ist zu untersuchen, bis zu welcher Größe man Blechtafeln der Gruppe St V 23 bei einer Breite von 1800 mm und einer Dicke von 1,00 mm erhält. Entsprechend der Bemerkung unter dem Zahlenraum werden für Bleche, die nicht in die Qualitätsgruppe St VIII bis St X fallen, Bleche nur bis 3300 mm Länge geliefert. Man erhält also in solchen Fällen Blechtafeln nur bis 1 × 1800 × 3300 mm.

Tafel 2. **Größte Länge von Mittelblechen in m bei gegebener Breite und Blechdicke in mm und größter Rondendurchmesser in m (Dortmund-Hörder Hüttenverein).**

Blechdicken für Mittelbleche in mm		3	3,25	3,5	3,75	4,0	4,25	4,5	4,75
Zulässige Breite der Blechtafel in mm	800	10	10	10	10	10	10	10	10
	900	10	10	10	10	10	10	10	10
	1000	10	10	10	10	10	10	10	10
	1100	10	10	10	10	10	10	10	10
	1200	10	10	10	10	10	10	10	10
	1300	10	10	10	10	10	10	10	10
	1400	10	10	10	10	10	10	10	10
	1500	7,5	7,5	7,5	7,5	7,5	7,5	7,5	7,5
	1600	6,5	6,5	6,5	6,5	7	7	7,5	7,5
	1700	5	5	6	6	6,5	6,5	6,5	6,5
	1800	4	4	5	5	6	6	6	6
	1900	—	—	—	5	5	5	5	5
	2000	—	—	—	—	5	5	5	5
Rondendurchmesser		1,8	1,8	1.85	1,9	2	2	2	2

Tafel 3. **Gewichte für Blechtafeln.** Werkstoff: Flußstahl. Wichte 7,85 kg/dm³.

Dicken nach DIN 1541 1542, 1543 „s" in mm Nennmaß		Tafelgrößen nach DIN 1541, 1542 und 1543 — Abmessung in mm und Gewicht in kg							Gewicht je m²
		530 × 760	500 × 1000	600 × 1200	700 × 1400	800 × 1600	1000 × 2000	1250 × 2500	
		0,4028 m²	0,5 m²	0,72 m²	0,98 m²	1,28 m²	2 m²	5,125 m²	
0,18	Feinbleche nach DIN 1541	0,5692	0,7065						1,413
0,2		0,6324	0,785						1,57
0,22		0,6956	0,8635						1,727
0,24		0,7589	0,942						1,884
0,28		0,8854	1,099	1,5826					2,198
0,32		1,0118	1,256	1,8086	2,4618				2,512
0,38		1,2016	1,4915	2,1478	3,0772	3,8182	5,966		2,983
0,44		1,3913	1,727	2,4869	3,3849	4,4211	6,908		3,454
0,50		1,581	1,9625	2,826	3,8465	5,024	7,85		3,925
0,56		1,7707	2,198	3,1651	4,3081	5,6269	8,792		4,396
0,63		1,992	2,4727	3,5608	4,8466	6,3302	9,891		4,9455
0,75		2,3715	2,9437	4,239	5,7698	7,536	11,775		5,8875
0,88		2,7825	3,454	4,9738	6,7698	8,8422	13,816		6,908
1		3,162	3,925	5,652	7,693	10,048	15,7		7,85
1,13						11,3542	17,741		8,87
1,25						12,56	19,625		9,8125
1,38						13,8662	21,666		10,833
1,5						15,072	23,55		11,775
1,75						17,584	27,475		13,7375
2						20,096	31,4	49,0625	15,7
2,25						22,608	35,325	55,1953	17,6625
2,5						25,12	39,25	61,3281	19,625
2,75						27,632	43,175	67,4609	21,5875
3	Mittelbleche					30,144	47,1	73,5938	23,55
3,5						35,168	54,95	85,8593	27,475
4						40,192	62,8	98,125	31,4
4,5						45,216	70,65	110,3906	35,325
4,75						47,728	74,575	116,5234	37,2875
5	Grobbleche					50,24	78,5	122,6552	39,25
6						60,288	94,2	147,188	47,1
7						70,336	109,9	171,7188	54,95
8						80,384	125,6	196,25	62,8
9						90,432	141,3	220,7813	70,65
10						100,48	157	245,3125	78,5

b) Handelsübliche Abmessungen. Bandstahl ist lieferbar in Ringen oder Streifen, mit Naturkanten oder geschnittenen Kanten.

Innerer Ringdurchmesser etwa 250 bis 600 mm nach Wahl des Lieferwerkes. Streifen werden aus Ringen geschnitten und eben gerichtet. Handelsübliche Länge der Streifen 2000 bis 4000 mm.

III. Sonderstahlbleche, plattierte Bleche und Bänder.

Bezeichnung, Einteilung und handelsübliche Abmessungen. Neben den normalen Stahlblechen gibt es noch andere Stahllegierungen, deren Abmessungen nicht genormt sind, für die aber trotzdem ein großer Bedarf besteht. Im wesentlichen richten sich deren Abmessungen nach denen der Fein-, Mittel- und Grobbleche.

Teilweise geht man hier von den Stärken-Bezeichnungen nach der deutschen Blechlehre ab und zum metrischen System über. Die Sonderstahlbleche sind meistens unter einer der betreffenden Herstellerfirma geschützten Markenbezeichnung bekannt. Z. B. VA-Stähle, Deutro-S, Sicromal, Remanit usw.

Stahlbleche werden mit fast allen Nichteisenmetallen wie Kupfer, Messing, Nickel, Tombak, Monel, Silber usw., aber auch mit rost-, säure- bzw. zunderbeständigen Stählen plattiert. Die Plattierungen stellen Schichten dar und werden einseitig und doppelseitig in jeder Stärke aufgebracht. Plattierte Bleche bezeichnet man als Schicht- oder Verbundwerkstoffe. Plattierte Bleche mit Stahl als Kernwerkstoff werden bis 25 mm Dicke hergestellt.

Neben den plattierten Blechen, die nach dem Walzschweiß-Verfahren hergestellt werden, sind Bleche und Bänder in verbleiter, verzinnter, verzinkter und verkupferter Ausführung in den Abmessungen der Feinbleche erhältlich. Verzinnte Bleche werden als Weißbleche bezeichnet.

Abmessungen der Weißbleche:

Kreuzbleche	0,2 bis 2 mm dick, 530 × 760 mm groß[1])
Pontonbleche	0,42 bis 1,45 mm dick, 650 × 870 mm groß
Großformatbleche	0,45 bis 2,5 mm dick, 1000 × 2000 mm groß

Für Weißbleche gibt es keine DIN-Normen; am gebräuchlichsten ist die Größe 530 × 760 mm.

Außerdem sind Bleche und Bänder mit einseitig lackierter Oberfläche in allen Farben und solche mit Papierbelag stanz- und bruchfest lieferbar. Abmessungen und Dicken entsprechen den Feinblechen und dem normalen kaltgewalzten Bandstahl.

B. Bleche und Bänder. Nichteisen- und Leichtmetalle.

I. Nichteisenmetalle (Schwermetalle).

Nicht alle NE-Metalle sind bezüglich ihrer Abmessungen genormt. Obwohl es bei den nicht genormten Werkstoffen Lagergrößen gibt, sind diese aber nur als werksüblich zu betrachten. Bei den NE- und Leichtmetallen gibt es keine Unterscheidungen nach Fein-, Mittel- und Grobblechen wie bei den Stahlblechen. Lediglich dünnste Bleche bezeichnet man als Folien. Eine unterste Grenze, ab welcher Bleche zu den Folien zu rechnen sind,

[1]) Diese Abmessung wird als deutsche Tafelgröße bezeichnet im Gegensatz zur englischen Tafelgröße, die ein Maß von 510 × 710 mm hat.

gibt es nicht. Allgemein ist es üblich, Bleche unter 0,10 mm Dicke als Folien zu bezeichnen. Folien werden aus fast allen NE-Metallen hergestellt. Schwächste Folie etwa 0,5 μ (Kupfer-Zink-Folie). Folien aus Edelmetall sind in der Regel noch dünner.

a) Blei. Die Lieferart des Bleies in Blechen und Bändern ist nicht genormt. Gewöhnliche Lieferform des Bleibleches in Rollen etwa 1 m breit und etwa 3 m lang. Lieferbar in Dicken von 0,3 bis 1 mm jeweils um 0,1 mm steigend, von 1 bis 3 mm um 0,25 mm steigend und von 3 bis 12 mm um 0,5 mm steigend.

b) Kupfer- und Kupferlegierungen. Hierunter fallen z. B. folgende Werkstoffe: Kupfer, Messing mit seinen vielen Abarten, Aluminiumbronze[1]) und Phosphorbronze. Metalle wie Deltametall, Duranametall, Munz- und Yellowmetall sind nicht genormt, werden aber in der Regel in denselben Dicken und Abmessungen wie die ersteren geliefert.

Für Kupfer- und Kupferlegierungen gelten bezüglich ihrer Abmessungen folgende Normen:

Härtezustand und Oberflächenbeschaffenheit	DIN 1750, Blatt 1—4
Kupferblech kalt gewalzt	DIN 1752
Kupferband, Kupferstreifen kalt gewalzt, beschnitten	DIN 1792
Blech und Band für Federn aus Kupferlegierungen	DIN 1777
Messingblech kalt gewalzt	DIN 1751
Messingband, Messingstreifen kalt gewalzt, beschnitten . . .	DIN 1791

Die Dicken der Bleche und Bänder sind nur nach DIN genormt. Hierfür gelten keine Blechlehren wie z. B. bei den Stahl-, Weiß- und Zinkblechen. Die Dicken steigen von 0,1 bis 1 mm um jeweils 0,05 mm, von 1 bis 2 mm um 0,1 mm, darüber um 0,2 und 0,5 mm. Bänder haben in den unteren Dickenbereichen noch eine feinere Abstufung.

Lagerabmessungen:

Kupferblech bis 0,45 mm Dicke; 400, 500, 600 und 750 mm Breite bei 2000 mm Länge. Über 0,45 mm Dicke 1000 mm breit bei 2000 mm Länge.

Kupferband in Ringen von 100, 200, 300 und 400 mm Innendurchmesser.

Kupferstreifen etwa 4000 mm lang.

Kupferblech und -band für Federn 250, 300 und 350 mm Breite bei 2000 mm Länge.

Messingblech bis 2 mm Dicke 500, 530 und 600 mm Breite bei 1500 und 2000 mm Länge.

Messingband und -streifen wie Kupfer.

Bänder in Rollen werden nur bis 1 mm Dicke geliefert, darüber hinaus in Tafeln.

Kupferbleche können in verzinnter, vernickelter und verchromter ein- und doppelseitiger Ausführung geliefert werden.

Mit Kupfer wird Al-Blech plattiert. Handelsname „Cupal"[2]).

c) Nickel und Nickellegierungen. Lieferbar in Blechen von 600 mm Breite bei 1500 bis 2000 mm Länge. Dicken von 0,1 bis 4 mm. Monelmetall

[1]) Die Dickenabweichungen bei Aluminiumbronzen sind erheblich größer wie bei Messing und betragen etwa 15% bei den Breiten 600—800 mm und 20% bei den Breiten 800—1000 mm.

[2]) Siehe Seite 101.

ist eine Nickel-Kupfer-Legierung und wird in Tafeln von etwa 914 × 2438 mm bei verschiedenen Dicken geliefert. Neusilber ist in Form von Blechen und Bändern erhältlich. Neusilber-Federblech siehe DIN 1777, Liefergröße etwa 600 × 2000 mm. Dicken wie bei Kupfer. Nickel wird zu Folien verarbeitet.

d) Zink. Zinkblech in seinen Abmessungen nach DIN 9721 genormt. Die alte schlesische Zinkblechlehre ist in den Dinormen nicht berücksichtigt. Die Blechdicken sind metrisch gestuft.

Lieferart in Tafeln von 650, 800 und 1000 mm Breite bei 2000, 2250 und 2500 mm Länge bei 0,15 bis 6 mm Dicke.

Größte Länge etwa 6 m.

Zinkband genormt in seinen Abmessungen nach DIN 9722.

Herstellbreite und Länge nach Vereinbarung mit dem Lieferwerk.

Zinkbleche können ein- oder doppelseitig vernickelt, vermessingt, verkupfert geliefert werden.

e) Zinn. Zinnbleche sind wenig im Handel erhältlich. Vorwiegend werden nur Folien hergestellt. Größe der Zinnfolien etwa 330 × 550 mm.

II. Leichtmetalle.

a) Reinaluminium. Für Bleche gilt das Normblatt DIN 1753 und für Bänder und Streifen mit beschnittenen Kanten das Normblatt 1793.

Vorzugsbreiten bis 1 mm Dicke sind 350, 500, 600 und 750 mm; über 1 mm 1000 mm bei 2000 mm Länge. Blechstärken von 0,2 bis 5 mm für Bleche und 0,1 bis 4 mm für Bänder. Bandbreiten von 4 bis 200 mm als Vorzugsbreiten aber auch noch breiter. Abmessungen der Ringe wie bei Messing.

b) Al-Legierungen. Für Bleche gilt das Normblatt DIN 1783 und für Band und Streifen DIN 1784. Daneben gibt es noch die Dinormen L 23 und L 25 für den Flugzeugbau.

Bleche werden wie folgt geliefert:

von 0,2 bis 0,5 mm (um $^1/_{10}$ mm steigend) in der Größe 500 × 2000 mm,
von 0,6 bis 4,5 mm (um $^2/_{10}$ bzw. 0,5 mm steigend) bei Breiten von 500, 600, 700 und 1000 mm und einer Länge von 2000 mm,
von 5 bis 30 mm in der Größe von 500 × 2000 bzw. 300 × 1500 mm,
Band und Streifen wird in den Dicken von 0,2 bis 3 mm geliefert,
Breiten und Längen nach Vereinbarung.

c) Mg-Legierungen. (Flw 3501.2 und Flw 3510.2)[1]. Für Bleche gilt das Normblatt DIN 9101. Band und Streifen nicht genormt.

Bleche werden wie folgt geliefert:

0,3 und 0,4	mm	Dicke	in	der	Größe	400 × 2500	mm
0,5	,,	,,	,,	,,	,,	400 × 3000	,,
0,6	,,	,,	,,	,,	,,	500 × 3000	,,
von 0,8 bis 5	,,	,,	,,	,,	,,	650 × 3000	,,
6	,,	,,	,,	,,	,,	650 × 2500	,,
8	,,	,,	,,	,,	,,	650 × 1800	,,
10	,,	,,	,,	,,	,,	650 × 1450	,,

[1]) Fliegwerkstoffnormen des RLM

d) Plattierte Bleche auf Leichtmetall-Grundlage. Ebenso, wie Stahl bei den plattierten Stahlblechen als Kernwerkstoff dient, können Rein-Al und Al-Legierungen wechselseitig sowohl als Kernwerkstoff wie auch als Plattierungswerkstoff Verwendung finden.

Auch die plattierten Leichtmetall-Bleche sind nicht genormt. Sie werden in denselben Abmessungen wie der Kern- bzw. Plattierungswerkstoff geliefert. Al-Legierungen finden neuerdings auch als Plattierungswerkstoff für Stahlbleche Verwendung. Besondere Verwendung und Beachtung findet der Werkstoff „Cupal"[1]. Derselbe ist eine Kupferplattierung auf Rein-Al und hat somit Leichtmetall-Charakter. Hergestellt wird der Werkstoff in Dicken von 0,25 bis 8 mm. Breiten durchweg 500 mm. Herstell-Längen 1570 bis 560 mm. Die kleinere Länge gilt für die größeren Dicken.

e) Zusammenfassung. Die bei den einzelnen Werkstoffen angegebenen Tafel-Abmessungen sind Herstellgrößen, d. h., es sind auch andere Abmessungen lieferbar. Kleinere Abmessungen werden aus den größeren Abmessungen zugeschnitten und sind Festmaße. Dementsprechend muß z. B. bei der Werkstoffbestellung von Federblech aus Kupferlegierungen vorgegangen werden:

a) Federblech 0,4 × 300 mm in Herstellungslängen DIN 1777.

b) Federblech 0,4 × 300 mm × 1750 fest DIN 1777.

Bei a) erhält man Streifen in etwa 2000 mm Länge, während man bei b) ein festes Maß von 1750 mm einschließlich der zulässigen Abweichungen geliefert bekommt. Größere Abmessungen wie die Herstell-Längen sind jeweils besonders mit dem Lieferwerk zu vereinbaren, insbesondere ob überhaupt Liefermöglichkeit besteht.

Gewichte von Messing-, Kupfer-, Aluminiumblechen in kg/m².

Dicke mm	Messingblech DIN 1751	Kupferblech DIN 1752	Aluminiumblech DIN 1753	Dicke mm	Messingblech DIN 1751	Kupferblech DIN 1752	Aluminiumblech DIN 1753
0,1	0,85	0,89	—	1,1	9,35	9,79	3,00
0,15	1,27	1,33	—	1,2	10,20	10,68	3,28
0,2	1,70	1,78	0,55	1,3	11,10	11,60	3,55
0,25	2,12	2,22	0,68	1,4	11,90	12,50	3,82
0,3	2,55	2,67	0,82	1,5	12,75	13,35	4,09
0,35	2,97	3,11	0,96	1,6	13,60	14,20	4,37
0,4	3,40	3,56	1,09	1,7	14,50	15,10	(4,64)
0,45	3,82	4,00	1,23	1,8	15,30	16,02	4,91
0,5	4,25	4,45	1,37	1,9	16,20	16,90	(5,19)
0,55	4,68	4,90	—	2	17,00	17,80	5,46
0,6	5,10	5,34	1,64	2,2	18,70	19,60	6,01
0,65	5,53	5,79	—	2,5	21,25	22,30	6,83
0,7	5,95	6,23	1,19	2,8	23,80	24,90	7,64
0,75	6,38	6,68	—	3	25,50	26,70	8,19
0,8	6,80	7,12	2,18	3,2	27,20	28,50	8,74
0,85	7,23	7,57	—	3,5	29,75	31,20	9,55
0,9	7,65	8,01	2,46	4	34,00	35,60	10,92
1	8,50	8,90	2,73	4,5	38,30	40,10	12,28
				5	42,50	44,50	13,65

[1]) Werkst. u. Betr. 1940 H. 7 S. 150.

C. Blechlehren und sonstige Zahlentafeln.

Deutsche Drahtlehren[1]).

Dillinger Feinblechlehre[2])				Westfälische Stift-Drahtlehre			
Nr.	mm	Nr	mm	Nr	mm	Nr.	mm
0000	–	10	2,50	0000	–	10	1,40
000	–	11	2,25	000	–	11	1,56
00	–	12	2,00	00	–	12	1,66
0	–	13	1,85	0	–	13	1,84
1	5,50	14	1,70	1	0,60	14	2,04
2	5,00	15	1,55	2	0,68	15	2,20
2/2	–	16	1,40	2/2	–	16	2,40
2/4	–	17	1,25	2/4	–	17	2,60
2/6	–	18	1,10	2/6	–	18	2,92
2/8	–	19	1,00	2/8	–	19	3,40
3	4,50	20	0,90	3	0,76	20	3,84
3/1	–	21	0,80	3/1	–	21	4,20
3/4	–	21½	0,70	3/4	–	21½	–
3/7	–	22	0,60	3/7	–	22	4,65
4	4,25	22½	0,50	4	0,80	22½	–
4/5	–	23	0,40	4/5	–	23	5,45
5	4,00	24	0,30	5	0,88	24	–
5/5	–	25	–	5/5	–	25	7,0
6	3,50	26	–	6	1,00	26	7,6
7	3,25	27	–	7	1,12	27	8,8
8	3,00	28	–	8	1,20	28	9,4
9	2,75	29	–	9	1,30	29	10,0

Westfälische Drahtlehre[3]) Benennung	mm = Dicke
Ketten	7,8
Schleppen	6,83
Grobrinken	6,0
Feinrinken	5,55
Malgen	4,7
Grobmemel	4,12
Mittelmemel	3,82
Feinmemel	3,4
Klinkmemel.......	2,96
Natel	2,6
Mittel	2,36
Dünnmittel	2,15
3 Schillings.......	1,96
4 Schillings.......	1,74
2 Band	1,55
1 „	1,4
3 „	1,25
4 „	1,12
5 „	1,03
6 „	0,88
7 „	0,83
ord. Münst. od. 1 Blei	0,71
fein Münster	0,65
Gattung oder 3 Blei	0,6
Feine Gattung.....	0,55
1 Hol. oder 4 Blei	0,5
2 „ „ 5 „	0,46
3 „ „ 6 „	0,42
4 „ „ 7 „	0,39
5 „ „ 8 „	0,36
6 „ „ 10 „	0,31
7 „ „ 12 „	0,28
8 „ „ 14 „	0,26
9 „ „ 15 „	0,24
10 „ „ 16 „	0,22
11 „ „ 17 „	0,20

Französische Feinblech- und Drahtlehre[4]).

Nr.	mm	Nr.	mm	Nr	mm	Nr	mm	Nr.	mm	Nr	mm	Nr.	mm	Nr.	mm
30	10	26	7,6	22	5.4	18	3.4	14	2,2	10	1.5	6	1,1	2	0,7
29	9.4	25	7	21	4,9	17	3	13	2	9	1,4	5	1	1	0,6
28	8,8	24	6,4	20	4,4	16	2,7	12	1,8	8	1,3	4	0.9		
27	8,2	23	5.9	19	3.9	15	2,4	11	1,6	7	1,2	3	0,8		

P.0	0,50	P. 6	0.28	P.12	0,18
P.1	0,46	P. 7	0.27	P.13	0,17
P.2	0,42	P. 8	0,25	P.14	0,16
P 3	0,37	P. 9	0.23	P.15	0,15
P.4	0,34	P.10	0.22		
P.5	0,30	P.11	0 20		

Englische Normallehren für Bleche und Drähte.

In Großbritannien sind als Normen maßgebend die Standard Wire Gauge (S.W.G.), festgelegt am 23. 10. 1883, und die Birmingham Gauge (B.G.), festgelegt am 16. 7. 1914. Es sind noch eine Anzahl anderer nicht gesetzlicher Lehren in Gebrauch.

S.W.G. ist identisch mit der in Amerika gebräuchlichen Imperial wire gauge, wo auch die B. G. in Verwendung ist (Standard Birmingham Sheet and Hoops) (Maße siehe Seite 193).

[1]) Vom Deutschen Normenausschuß genormt: Blechlehren in DIN 1542 (siehe Seite 194) und Drahtlehren in DIN 177 (siehe Seite 179.

Vielfach ist in Deutschland auch noch die Englische Lehre (B.W.G. = Birmingham wire gauge) für Bleche, Draht und Bandeisen in Gebrauch (siehe Seite 193).

[2]) **Dillinger Lehre** benutzen die Werke von Dillingen und Hayange.

[3]) **Westfälische Drahtlehre** (älteste Lehre) nur noch Altena und Iserlohn üblich.

[4]) **Französische Drahtlehre** (Jauge de Paris, 1857) in Frankreich allgemein für Draht und Drahtstifte, in Deutschland für Drahtstifte, in Süddeutschland meist auch für Draht.

Blech- und Drahtlehren.

In den Vereinigten Staaten von Amerika gebräuchlich. Maße in mm.

Nr.	Washburn & Moen Steel Wire	American or Brown & Sharpe	Birmingham or Stubs Iron Wire and Sheets	U. S. Standard for Sheet Iron and Steel	Stubs Steel Wire	Imperial Wire Gage	Morse Twist Drill and Steel Wire	Wood and Machine Screws	Music Wire Gage	Standard Birmingham Sheet and Hoops	Trenton Iron Co.
7/0	12,446	—	—	12,700	—	12,700	—	—	—	16,932	—
6/0	11,748	—	—	11,913	—	11,786	—	—	—	15,876	—
5/0	10,935	—	—	11,126	—	10,973	—	—	—	14,943	11,430
4/0	10,003	11,684	11,532	10,313	—	10,160	—	—	—	13,757	10,160
3/0	9,208	10,404	10,795	9,525	—	9,449	—	0,081	—	12,700	9,144
2/0	8,408	9,266	9,652	8,738	—	8,840	—	1,143	0,022	11,309	8,382
0	7,785	8,253	8,636	7,950	—	8,230	—	1,473	0,023	10,069	7,747
1	7,188	7,348	7,620	7,138	5,766	7,620	5,791	1,803	0,025	8,972	7,239
2	6,668	6,543	7,214	6,757	5,563	7,011	5,614	2,134	0,028	7,994	6,731
3	6,190	5,827	6,579	6,350	5,385	6,401	5,410	2,464	0,030	7,122	6,223
4	5,723	5,189	6,045	5,944	5,528	5,893	5,309	2,794	0,033	6,350	5,715
5	5,258	4,620	5,588	5,563	5,182	5,385	5,220	3,150	0,036	5,652	5,207
6	4,877	4,115	5,156	5,156	5,106	4,877	5,182	3,480	0,041	5,032	4,826
7	4,496	3,665	4,572	4,496	5,055	4,471	5,106	3,810	0,046	4,481	4,445
8	4,115	3,264	4,191	4,369	5,004	4,064	5,055	4,140	0,051	3,988	4,064
9	3,767	2,906	3,759	3,963	4,928	3,658	4,979	4,471	0,056	3,551	3,683
10	3,429	2,588	3,404	3,582	4,852	3,251	4,915	4,801	0,061	3,175	3,302
11	3,061	2,304	3,048	3,175	4,775	2,947	4,852	5,156	0,066	2,827	2,985
12	2,680	2,055	2,769	2,769	4,699	2,642	4,801	5,487	0,071	2,517	2,667
13	2,324	1,829	2,413	2,388	4,623	2,337	4,699	5,817	0,076	2,240	2,357
14	2,032	1,628	2,108	1,981	4,572	2,032	4,623	6,147	0,081	1,994	2,032
15	1,829	1,450	1,829	1,778	4,521	1,829	4,572	6,477	0,086	1,776	1,778
16	1,588	1,290	1,651	1,588	4,445	1,626	4,496	6,807	0,091	1,588	1,549
17	1,372	1,151	1,473	1,430	4,369	1,422	4,394	7,163	0,097	1,412	1,334
18	1,207	1,024	1,245	1,270	4,267	1,219	4,305	7,493	0,102	1,257	1,143
19	1,041	0,912	1,067	1,113	4,166	1,016	4,217	7,823	0,107	1,118	1,016
20	0,884	0,813	0,889	0,953	4,090	0,914	4,090	8,154	0,112	0,996	0,889
21	0,805	0,724	0,813	0,874	3,988	0,813	4,039	8,484	0,117	0,886	0,787
22	0,726	0,645	0,711	0,795	3,937	0,711	3,988	8,814	0,122	0,795	0,711
23	0,655	0,574	0,635	0,714	3,886	0,610	3,912	9,144	0,130	0,706	0,635
24	0,584	0,511	0,559	0,635	3,836	0,559	3,860	9,500	0,140	0,630	0,572
25	0,518	0,455	0,508	0,556	3,759	0,508	3,797	9,830	0,150	0,559	0,508
26	0,460	0,404	0,457	0,476	3,709	0,457	3,734	10,160	0,160	0,498	0,457
27	0,439	0,361	0,406	0,437	3,632	0,417	3,658	10,491	0,170	0,445	0,432
28	0,411	0,320	0,356	0,396	3,531	0,376	3,564	10,821	0,180	0,396	0,406
29	0,381	0,287	0,330	0,358	3,404	0,345	3,455	11,151	0,188	0,353	0,381
30	0,356	0,254	0,305	0,318	3,226	0,315	3,264	11,507	0,198	0,312	0,356
31	0,335	0,226	0,254	0,277	3,048	0,295	3,048	11,837	0,208	0,279	0,330
32	0,325	0,201	0,229	0,257	2,921	0,274	2,921	12,167	0,218	0,249	0,305
33	0,300	0,180	0,203	0,239	2,845	0,251	2,870	12,497	0,229	0,221	0,279
34	0,264	0,160	0,178	0,218	2,794	0,234	2,820	12,827	0,239	0,196	0,254
35	0,241	0,142	0,127	0,198	2,743	0,213	2,794	13,158	0,249	0,175	0,241
36	0,229	0,127	0,102	0,178	2,693	0,193	2,705	13,513	0,259	0,155	0,229
37	0,216	0,112	—	0,168	2,616	0,173	2,642	13,844	0,269	0,137	0,216
38	0,203	0,102	—	0,160	2,565	0,152	2,578	14,174	0,284	0,122	0,203
39	0,190	0,089	—	—	2,515	0,132	2,527	14,504	0,300	0,109	0,190
40	0,178	0,079	—	—	2,464	0,122	2,489	14,834	0,318	0,099	0,178
41	0,168				2,414	0,112	2,438	15,164	—	0,086	—
42	0,157				2,337	0,102	2,375	15,520	—	0,079	—
43	0,152				2,235	0,091	2,260	15,850	—	0,069	—
44	0,147				2,159	0,081	2,184	16,180	—	0,061	—
45	0,140				2,057	0,071	2,083	16,511	—	0,056	—
46	0,132				2,007	0,061	2,057	16,841	—	0,048	—
47	0,127				1,956	0,051	1,994	17,171	—	0,043	—
48	0,122				1,905	0,041	1,930	17,527	—	0,038	—
49	0,117				1,829	0,030	1,854	17,857	—	0,033	—
50	0,112				1,753	0,025	1,778	18,187	—	0,030	—
51	—				—	—	1,702	—	—	—	—

Nr.	Morse	Nr.	Morse	Nr.	Morse
52	1,613	61	0,991	71	0,660
53	1,511	62	0,965	72	0,635
54	1,397	63	0,940	73	0,610
55	1,321	64	0,914	74	0,572
56	1,181	65	0,889	75	0,533
57	1,092	66	0,838	76	0,508
58	1,067	67	0,813	77	0,457
59	1,041	68	0,787	78	0,406
60	1,016	69	0,744	79	0,368
		70	0,711	80	0,343

Tafel der gebräuchlichsten Fein- und Mittelbleche.

Weißbleche Nicht nach DIN genormt					Eisenbleche unter 5 mm u. Stahlbleche unter 3 mm DIN 1542 u. 1541		Zinkbleche [1]) schlesische		
Dicke etwa mm	Marke	Form	Größe etwa mm	Gewicht einer Tafel etwa kg	Deutsche Blechlehre Nr.	Dicke etwa mm	Nr.	Dicke etwa mm	Gewicht eines m² etwa kg
0,15	N	einfach	265/380	0,128		4,75	1	0,100	0,70
0,19	IC^{4}/L	doppelbreit	380/530	0,310		4,50	2	0,143	1,00
0,22	IC^{3}/L		„	0,347		4,00	3	0,186	1,30
0,24	ICLL		„	0,375		3,50	4	0,228	1,60
0,27	ICL		„	0,445		3,00	5	0,250	1,75
0,32	IC		„	0,510	10	2,75	6	0,300	2,10
0,36	IX		„	0,590	11	2,50	7	0,350	2,45
0,24	DIC^{2}/L	vierfach	530/760	0,750	12	2,25	8	0,400	2,80
0,28	DICL		„	0,890	13	2,00	9	0,450	3,15
0,31	DIC		„	1,018	14	1,75	10	0,500	3,50
					15	1,50			
0,37	DIX		„	1,178	16	1,38	11	0,580	4,06
0,41	DIXX		„	1,356	17	1,25	12	0,660	4,62
0,46	DI^{3}/X		„	1,447			13	0,740	5,18
0,52	DI^{4}/X		„	1,660	18	1,13	14	0,820	5,74
0,58	DI^{5}/X		„	1,840	19	1,00	15	0,950	6,65
					20	0,88			
0,64	DI^{6}/X		„	2,000	21	0,75	16	1,080	7,56
0,70	DI^{7}/X		„	2,180	22	0,63	17	1,210	8,47
0,80	DI^{8}/X		„	2,500	23	0,56	18	1,340	9,38
0,90	DI^{9}/X		„	2,779	24	0,50	19	1,470	10,29
1,00	DI^{10}/X		„	3,125	25	0,44	20	1,600	11,20
0,43	S	doppelbreit Ponton	435/650	0,920	26	0,38	21	1,780	12,46
0,50	^{2}/S		„	1,100	27	0,32	22	1,960	13,72
0,57	^{3}/S		„	1,280	28	0,28	23	2,140	14,98
0,66	^{4}/S		„	1,480	29	0,24	24	2,320	16,24
0,75	^{5}/S		„	1,660	30	0,22	25	2,500	17,50
					31	0,2	26	2,680	18,76
					32	0,18			

[1]) Die schlesische Zinkblechlehre wurde beim Normblatt für Zink DIN 9721 nicht berücksichtigt. Sie wird in der Übergangszeit noch benutzt.

Nummern-Verzeichnis für Kupferspinndrähte.

Aufgestellt vom Verein Deutscher Pianofortefabrikanten.

Nr.	Dmr. in mm	Nr.	Dmr. in mm	Nr.	Dmr. in mm	Nr.	Dmr. in mm	Nr.	Dmr. in mm
10	0,20	3	0,55	3/0	0,90	6/0½	1,25	10/0½	1,65
9	0,25	2	0,60	3/0½	0,95	7/0	1,30	11/0	1,70
8	0,30	1	0,65	4/0	1,00	7/0½	1,35	11/0½	1,75
7	0,35	1/0	0,70	4/0½	1,05	8/0	1,40	12/0	1,80
6	0,40	1/0½	0,75	5/0	1,10	8/0½	1,45	12/0½	1,85
5	0,45	2/0	0,80	5/0½	1,15	9/0	1,50	13/0	1,90
4	0,50	2/0½	0,85	6/0	1,20	9/0½	1,55	13/0½	1,95
						10/0	1,60	14/0	2,00

Engl. Zinkdrahtlehre.

Durchmesser in mm.

Nr.	Durchm.	Nr.	Durchm.		Durchm.	Nr.	Durchm.
1	0,102	8	0,381	16	1,092	23	2,134
2	0,152	9	0,508	17	1,219	24	2,311
3	0,178	11	0,584	18	1,346	25	2,489
4	0,203	12	0,660	19	1,473	26	2,667
5	0,254	13	0,737	20	1,600		
6	0,279	14	0,813	21	1,778		
7	0,330	15	0,965	22	1,956		

Stubs Stahldraht-Buchstaben-Lehren.

Buchstaben	= Stärke in mm	Buchstaben	= Stärke in mm	Buchstaben	= Stärke in mm	Buchstaben	= Stärke in mm
A	5,943	H	6,756	O	8,026	V	9,576
B	6,045	I	6,909	P	8,204	W	9,804
C	6,147	J	7,036	Q	8,433	X	10,084
D	6,248	K	7,137	R	8,611	Y	10,262
E	6,350	L	7,366	S	8,839	Z	10,490
F	6,528	M	7,493	T	9,093		
G	6,629	N	7,671	U	9,347		

Gewichte und Bruchfestigkeit von Seilen.

Drahtseile.

Durchmesser	Arbeitslast bei 6facher Sicherheit			Gewicht auf 1 m Länge	Durchmesser	Arbeitslast bei 6facher Sicherheit			Gewicht auf 1 m Länge
	Eisendraht geglüht	Eisendraht blank	Gußstahldraht			Eisendraht geglüht	Eisendraht blank	Gußstahldraht	
mm	kg	kg	kg	kg	mm	kg	kg	kg	kg
9	150	200	450	0,22	18	680	950	2100	1,05
10	175	250	520	0,26	19	740	1000	2250	1,10
11	210	280	620	0,31	20	800	1050	2400	1,20
12	260	370	820	0,40	21	880	1100	2650	1,30
13	315	430	950	0,46	22	960	1250	2850	1,45
14	380	500	1100	0,52	23	1050	1400	3100	1,60
15	440	670	1450	0,70	24	1120	1500	3300	1,70
16	500	775	1650	0,82	25	1200	1600	3500	1,85
17	575	840	1800	0,86					

Sind die Seiltrommeln im Durchmesser kleiner als das 20fache des Seildurchmessers, so muß eine geringere Arbeitslast in Rechnung gestellt werden.

Hanfseile.

Durchmesser mm	Arbeitslast bei 8facher Sicherheit kg	Gewicht auf 1 m Länge kg	Durchmesser mm	Arbeitslast bei 8facher Sicherheit kg	Gewicht auf 1 m Länge kg
10	70	0,08	30	610	0,72
12	100	0,12	35	825	0,95
15	150	0,18	40	1100	1,20
18	225	0,26	45	1400	1,60
20	275	0,33	50	1700	1,90
23	360	0,42	60	2400	2,80
25	450	0,52	70	3400	4,00

Werkstoffe.

Deutsche Werkstoffe.

Der Werkstoffbedarf des Großdeutschen Reiches und ganz Europas kann nur zum geringen Teile aus dem Wirtschaftsraum gedeckt werden, der ihm im Frieden zur Verfügung stehen wird. In diesem Sinne können als europäische Werkstoffe nur wenige angesprochen werden, z. B. Holz, Stein, Glas, keramische Werkstoffe, Zellstoff und seine Abkömmlinge und nur wenige Metalle. Die Eisen- und Metallgewinnung hat gegen vorher eine wesentliche Erweiterung erfahren. Dank besonderer betrieblicher Vorsorgen ist auch das Erfassen von Schrott und anderen metallischen Altwerkstoffen stark gesteigert worden. Jedoch scheint in dieser Hinsicht das Höchstmaß vornehmlich beim Erfassen von legiertem Stahl (Werkzeuge) und anderen Altmetallen noch nicht erreicht zu sein. Diese Maßnahmen konnten jedoch den hohen Werkstoffbedarf noch nicht befriedigen. Das hat vor allem dazu beigetragen, neue Werkstoffe wie z. B. die Kunststoffe zu entwickeln.

Es ist selbstverständlich, daß jeder Konstrukteur den neuen und den uns in genügenden Mengen zur Verfügung stehenden alten Werkstoffen den Vorzug vor Mangel-Werkstoffen gibt. Darüber hinaus besteht aber auch die Pflicht, auch diese nur in einer Form einzusetzen, die ihre höchste Ausnutzung sichert. Andere Mittel zur Einsparung von Werkstoffen sind Anwendung der Normen für Werkstoffe und Formen, werkstoffgerechtes Planen und Bauen, sinnvolles Gestalten und Fertigen, Anwenden der Verbundverfahren, Schützen der Oberfläche gefährdeter Werkstoffe durch Schutzschichten usw. Der Austausch unerwünschter Werkstoffe gegen erwünschte alte oder neue Werkstoffe hat gezeigt, daß damit oft ein nicht vorausgesehener technischer Fortschritt verbunden ist. Die neuen Werkstoffe verdienen es daher, gleichwertig neben die alten zu treten. Durch die Zusammenfassung der Arbeiten zahlreicher Stellen und deren Ausrichten durch den Arbeitsstab für Metallumstellung der Reichsstelle Eisen und Metalle wird diese Umstellung laufend weiter geführt, meistens auf Nichtmetalle, in besonderen Fällen auch auf Metalle, z. B. Zink, Aluminium, Chromstähle als Austausch für Kupfer, Zinn, Blei, Nickel und deren Legierungen.

A. Metallische Werkstoffe.

Von den metallischen Werkstoffen stehen uns in genügenden Mengen nur Eisen und Zink, ferner noch Quecksilber und Kadmium, sowie gewisse Aluminiumsorten zur Verfügung. Auch diese Metalle werden aber durch ihren Einsatz als Austauschwerkstoffe für andere einzusparende Werkstoffe derart weitgehend beansprucht, daß ihre Erzeugung nur dann den Bedarf decken kann, wenn ihre Verwendung planmäßig gelenkt wird. Diesem Zwecke dienen verschiedene Maßnahmen der dafür zuständigen Reichsbehörden, vor allem der Reichsstellen für Eisen und Metalle und für Edelmetalle. Neben der Aufgabe, in Industrie und Wirtschaft einen sinnvollen Einsatz der Werkstoffe zu erzielen und der Aufgabenstellung für Wissenschaft und Forschung zielen diese Maßnahmen einerseits auf rein mengenmäßige Beschränkung des Bedarfes, andererseits auf das Vermeiden der Verwendung der metallischen Werkstoffe für technisch oder volkswirtschaftlich nicht gerechtfertigte Zwecke ab. In den folgenden Abschnitten werden daher auch stets die Verbots-Anordnungen der Reichsstellen angeführt.

Tafel 1. Überblick über die als Werkstoffe (Baustoffe) brauchbaren Metalle und ihre Gruppen (Leichtmetalle, seltene Metalle, Eisen, Edelmetalle, Schwermetalle).

(Wasserstoff)	Lithium	Natrium	(Kalium)	(Rubidium)	(Zäsium)	(?)
	Leichtmetalle					
	Beryllium	**Magnesium**	Kalzium	(Strontium)	Barium	(Radium)
	Bor	**Aluminium**	(Skandium)	(Yttrium)	seltene Erden	(Aktinium)
	Nichtmetalle					
	Kohlenstoff	Silizium	Titan	Zirkon	(Hafnium)	(Thorium)
				Seltene Metalle		
			Vanadin	**Niob**	**Tantal**	(Protaktinium)
			Chrom	**Molybdän**	**Wolfram**	(Uran)
			Mangan	(Masurium)	Rhenium	
			Eisen	Ruthenium	(Osmium)	
			Kobalt	Rhodium	Iridium	
				Edelmetalle		
			Nickel	Palladium	**Platin**	
			Kupfer	**Silber**	**Gold**	
			Zink	**Kadmium**	**Quecksilber**	
			(Gallium)	(Indium)	Thallium	
				Schwermetalle		
			(Germanium)	**Zinn**	**Blei**	
	Stickstoff	Phosphor	Arsen	Antimon	Wismut	
	Sauerstoff	Schwefel	(Selen)	Tellur	(Polonium)	
		Nichtmetalle				
	(Fluor)	Chlor	(Brom)	(Jod)	(?)	
(Helium)	(Neon)	(Argon)	(Krypton)	(Xenon)	(Emanation)	

Kursivschrift unterstrichen: Metall- und Nichtmetall-Gruppen im periodischen System.
Fettdruck: Als Werkstoffe wichtige Metalle.
Normalschrift: Als Bestandteil von Werkstoffen wichtige Elemente.
Eingeklammert: Nicht als Werkstoff oder Bestandteil wichtige Elemente.

Von den metallischen Stoffen sind als Werkstoffe wichtig Eisen un Eisenlegierungen in Form von Stählen, Gußeisen und Sintereisen, sowi Schneid- und Hartmetalle, ferner die Metalle und Legierungen der Grup pen Schwermetalle, Leichtmetalle und Edelmetalle (Tafel 1).

Unter den Stählen sind zweckmäßig Baustähle und Werkzeugstähl Stähle mit besonderen physikalischen Eigenschaften, sowie korrosions- un hitzebeständige Stähle zu unterscheiden. Wichtig sind ferner Gußeisen al Grauguß, Temperguß und Hartguß, sowie die Schneid- und Hartmetalle

Von den Schwermetallen werden als Werkstoffe Kupfer, Nickel Kobalt, Zink, Kadmium, Quecksilber, Zinn und Blei benutzt, als Legier metalle spielen außerdem Antimon und Wismut eine Rolle. Von de Leichtmetallen sind Aluminium und Magnesium wertvolle Werkstoffe Lithium, Beryllium und Natrium lediglich Legiermetalle.

Von den Edelmetallen finden sich Platin-, Gold- und Silberlegierunge als Werkstoffe, die anderen Platinmetalle nur als Legiermetalle. Ebens kommt den seltenen Metallen hauptsächlich für Legierzwecke auf den Stahlgebiet Bedeutung zu. Kalium, Kalzium und Barium werden al Legierelemente für Schwermetalle benutzt. Als Werkstoff hat das Chron als Überzugsmetall hohe Bedeutung erlangt, in Einzelfällen werden auc Wolfram und Molybdän, Tantal und Niob als Werkstoffe verwendet

I. Eisen und Eisenlegierungen.

Die Reichsstelle Eisen und Metalle hat mit der Anordnung 45 vor 3. 1. 1941 folgendes bestimmt:

Aufträge auf Lieferung von legiertem Eisen und Stahl.

§ 1.

Den Vorschriften dieser Anordnung unterliegen Aufträge auf Lieferung von

a) legierten Baustählen (einschl. Guß) für

Härtung	Einsatz- und Nitrierhärtung
Vergütung	geglühte und naturharte Verwendung,

warmfesten Baustählen (einschl. Guß), ausgenommen Hoch- und Tiefbaustähle;

b) Stählen (einschl. Guß), die
auf Grund ihres Legierungsgehaltes nichtrostend, korrosionsbeständig feuer- oder hitzebeständig sind, einschl. mit derartigen Stählen plattier ten Materials;

c) legierten Werkzeugstählen für Kalt- und Warmarbeit (einschl. Guß), ausgenomme Schnellarbeitsstähle;

d) Magnetstählen (einschl. Guß);

e) verschleißfesten Stählen (einschl. Guß);

f) hochlegierten Sonderstählen (einschl. Guß).

§ 2.

(1) Eisen verarbeitende Betriebe haben bei Aufträgen auf Lieferung der in § 1 ge nannten Erzeugnisse den Verwendungszweck derart anzugeben, daß ersichtlich ist, welche Erzeugnis aus dem bestellten Material hergestellt werden soll und welchen technischen Bedingungen das Material bei der Verarbeitung und Betriebsbeanspruchung genügen muß Der Auftraggeber ist verpflichtet, auf Rückfrage des Auftragnehmers die für die tech nischen Bedingungen gemachten Angaben zu ergänzen.

(2) Eisen verarbeitende Betriebe können Aufträge, bei denen sie die nach Abs. 1 ver langte Angabe des Verwendungszweckes aus zwingenden Gründen der Geheimhaltung nicht machen können, der Reichsstelle für Eisen und Stahl mit einem Antrag auf Frei gabe vorlegen, aus dem sich die in Abs. 1 geforderten Angaben ergeben. Die Reichsstelle für Eisen und Stahl entscheidet, ob der Auftrag angenommen werden darf.

(3) Die Auftragnehmer sind verpflichtet, über die Einrichtungen und Geschäftsver hältnisse, die infolge der Angaben des Verwendungszweckes zu ihrer Kenntnis gelangen, Verschwiegenheit zu beobachten und sich jeder Verwertung der Geschäfts- und Betriebs geheimnisse zu enthalten.

§ 3.

Eisen verarbeitende Betriebe dürfen das bezogene Material zu keinem anderen Zweck als dem im Auftrag angegebenen verwenden.

§ 4.

Aufträge auf Lieferung der im § 1 genannten Erzeugnisse dürfen nur angenommen werden, wenn die Lieferung dieser Erzeugnisse für die von den Auftraggebern genannten Verwendungszwecke von der Reichsstelle für Eisen und Stahl in Anordnungen oder Anweisungen zugelassen worden ist.

§ 5.

In besonders begründeten Einzelfällen können auf schriftlichen Antrag Ausnahmen von den Bestimmungen dieser Anordnung zugelassen werden. Die Anträge sind über die zuständige Wirtschafts- und Fachgruppe bzw. den zuständigen Reichsinnungsverband der Reichsstelle für Eisen und Stahl einzureichen.

Mit dieser Anordnung ist der Stahllieferer in die Lage versetzt, die jeweils für den Verwendungszweck am besten geeignete Stahlqualität unter Berücksichtigung der Rohstoffversorgung dem Verbraucher anzugeben.

Die Reichsstelle für Eisen und Stahl hat durch eine Anzahl Anordnungen Stahlqualitäten festgelegt, die für die einzelnen Verwendungszwecke erschmolzen und geliefert werden dürfen.

Es sind dies insbesondere die nachstehenden Anordnungen:

Anordnung E 23 b betr. legierte Baustähle. Nach dieser Anordnung sind Baustähle, z. B. für Einsatz und Vergütung, warmfeste Stähle, Nitrierstähle, für den allgemeinen Bedarf ohne weiteres lieferbar, soweit sie lediglich u. a. mit Cr, Mn, Si und V legiert sind. Die Lieferung und Verwendung von Mo-, Ni- und W-legierten Stählen ist nur in besonderen Fällen zulässig. Für Vergütungsstähle richtet sich der Mangan-, Vanadium- und Chromgehalt nach dem Vergütungsquerschnitt und der erforderlichen Mindestzugfestigkeit.

Anordnung E 24 betr. legierte Werkzeugstähle. In dieser Anordnung sind nähere Festlegungen über die höchstzulässigen Gehalte an W, Mo, Co und Ni für Kalt- und Warmarbeitsstähle getroffen. Grundsätzlich dürfen Werkzeugstähle bis zu 1,5% Cr, 2% Mn und 0,20% V enthalten. Höhere Legierungsgehalte sind nur zulässig, wenn für die jeweiligen Verwendungszwecke in der Anlage der Anordnung Entsprechendes zugelassen ist.

Anordnung 54 betr. hitze-, rost- oder gegen chemische Einflüsse beständige Stähle. Derartige Stähle dürfen nur bezogen und verwendet werden, falls der Bedarf durch Erteilung eines Freigabescheines mengenmäßig anerkannt und die Stahlsorte in diesem festgelegt ist. Die Freigabescheine werden vom Arbeitsstab für Metallumstellung, Berlin W 35, Tiergartenstr. 4 a, auf Antrag (Formblatt) ausgestellt. Die Anträge sind über die Kontingentsverwaltungsstellen einzureichen.

Anordnung E 32 betr. Dauermagnetstähle. Für den allgemeinen Bedarf ist ein mit Chrom legierter Magnetstahl ($\approx$5% Cr) zugelassen. Im übrigen werden in Zukunft nur noch Nickel-Aluminium-Dauermagnetstähle für bestimmte Verwendungszwecke zugelassen.

a) Baustähle.

1. Die bekannten Cr-Ni-legierten **Einsatz- und Vergütungsstähle** nach DIN 1662 und die Cr-Mo-legierten Einsatz- und Vergütungsstähle nach DIN 1663 sind durch die Stähle nach DIN E 1664 und 1665 abgelöst. Diese Stähle haben die gleichen mechanischen Eigenschaften wie die früher verwandten Cr-Mo-Stähle. Ihre chemische Zusammensetzung und Festigkeitseigenschaften sind in Tafel 2 angegeben.

2. Als **Stähle erhöhter Dauerstandsfestigkeit** für den Kessel- und Apparatebau (Kesselbaustähle) reichen unlegierte Werkstoffe bei erhöhten Temperaturen nicht immer aus, um die mechanischen Beanspruchungen aufzunehmen. In solchen Fällen finden Mangan-, Mangan-Vanadium- und Mangan-Chrom-Vanadium-Stähle je nach der erforderlichen Dauerstand-

Tafel 2.

Einsatz- und Vergütungsstähle nach DIN-Entwürfen 1664 und 1665.

	DIN-Bezeichnung	Chemische Zusammensetzung				Festigkeitseigenschaften				
		C vH	Si vH höchstens	Mn vH	Cr vH	A im geglühten Zustand Brinellhärte H_n kg/mm² höchst.	B nach Wärmebehandlung auf günstigstes Verhalten bei der Zerspanung Brinellhärte H_n kg/mm²	C nach Abschreckhärtung im Kern: Zugfestigkeit σ_B kg/mm²	Streckgrenze σ_S kg/mm² mindest.	Bruchdehnung δ_s vH mindestens
Einsatzstähle DIN E 1664	EC 30	0,10–0,16	0,4	0,5	0,4	170	131–170	55–70	35	14
	EC 60	0,12–0,18	0,4	0,5	0,75	187	143–187	70–90	45	12
	EC 80	0,14–0,19	0,4	1,25	0,9	207	170–207	85–110	60	10
	EC 100	0,18–0,23	0,4	1,35	1,3	217	179–217	110–145	75	7
Vergütungsstähle DIN E 1665	VM 125	0,28–0,35	0,4	1,35	–	217	179–217	65–80	42	16
	VM 175	0,33–0,40	0,4	1,75	–	217	179–217	70–85	48	14
	VC 135	0,30–0,37	0,4	0,65	1,10	217	179–217	75–90	50	12
	VMS 135	0,33–0,40	1,4	1,25	–	217	179–217	80–95	60	11
	VMC 140	0,35–0,43	0,8	1,15	1,15	217	179–217	90–105	70	11
	VCV 150	0,45–0,55	0,4	0,75	1,10	235	195–235	95–110	80	10

festigkeit und Werkstofftemperatur Anwendung. Der Kohlenstoffgehalt liegt meist bei etwa 0,1 %, der Mangan- und Chromgehalt bei 1 bis 1,5 % und der Vanadiumgehalt beträgt bis ≈1 %. Nur für höchste Ansprüche ist ein Molybdängehalt (≈0,2 %) zugelassen.

Für besondere Zwecke der chemischen Industrie finden Kesselbaustoffe mit höheren Chromgehalten bis ≈6 vH Anwendung. Desgleichen ist ein höherer Chromgehalt erforderlich, wenn die Ofenatmosphäre 550° übersteigt; man muß dann zunderfeste Stähle nehmen.

3. **Verschleißfeste Stähle** stehen im Mangan-Hartstahl (≈12 vH Mn) und in niedrig legierten Manganstählen (1 bis 2 vH Mn, ≈0,8 vH C und bis ≈1,5 vH Cr) zur Verfügung. Die dem ersten Stahl eigentümliche Härte kommt nur bei ausreichendem Oberflächendruck zur vollen Auswirkung. Anderenfalls (z. B. für Rutschen) nimmt man zweckmäßigerweise den niedrig legierten Mangan-Stahl, soweit nicht überhaupt Hartporzellan, Schmelzbasalt u. ä. Anwendung finden kann.

4. **Federstähle** für untergeordnete Zwecke und Kohlenstoff-Stähle mit ≈0,5 vH C bei ≈70 kg/mm² Festigkeit (nicht vergütet). Für normale und hoch beanspruchte Zwecke verwendet man vergütete Federn, für Druckfedern etwa 130 kg/mm², für Grammophon- und Uhrfedern bis etwa 200 kg/mm², (siehe Abschnitt „Schraubenfedern").

Es finden vornehmlich Verwendung:

α) C-Stahl für Wasserhärtung bis ≈0,4 vH C, für Ölhärtung ≈1 vH C; Verwendung: Schloß-, Kutschen- und Schraubenfedern.

β) Mn-, Si- und Mn-Si-Stahl, z. B. für Trag- und Blattfedern 0,4 bis 0,65 vH C, ≈1,7 vH Si, ≈0,6 vH Mn. Bis 0,5 % C Wasserhärtung, darüber Ölhärtung. Für ölgehärtete Kraftwagenfedern: ≈0,5 vH C, ≈1 vH Si, ≈1 vH Mn.

γ) Cr-legierter Federstahl ≈0,5 vH C, bis ≈1,5 vH Cr für ölgehärtete hochbeanspruchte Schraubenfedern, Ventilfedern (chromlegierter Federstahl ist nur für besondere Fälle zugelassen).

5. **Automatenstähle** sind für Bearbeitung auf Automaten entwickelt und geben einen kurzen, bröckeligen Span, der leicht abgeführt werden

kann. Diese Eigenschaft wird durch einen erhöhten Schwefelgehalt ≈ 0,2 vH S) erreicht. Festigkeit geglüht bis etwa 80 kg/mm², gezogen 10 bis 20 kg/mm² und höher.

b) Gußeisen und Temperguß.

Die Festigkeitseigenschaften des Gußeisens nach DIN 1691 und die von Temperguß nach DIN 1692 können durch besondere Herstellungsverfahren wesentlich überschritten werden (Sondergüten). Von Legierungsmetallen (Steigerung der Festigkeitseigenschaften) erst Gebrauch machen, wenn sich die Sondergüte auf andere Weise nicht erzielen läßt (Verfügung der Reichsstelle für Eisen und Stahl 97/40 dl/bi/td vom 20. 11. 1940 betr. legiertes Gußeisen).

c) Werkzeugstähle.

Man unterscheidet unlegierte Werkzeugstähle (besser Kohlenstoffstähle genannt) und legierte Werkzeugstähle. Unter letzteren sind Werkzeugstähle zu verstehen, die neben Kohlenstoff und geringen Mengen an Mn und Si zur Verbesserung ihrer Eigenschaften beabsichtigterweise mit anderen Legierungsmetallen, vornehmlich Wo, Cr, Ni, Mo, Va, Mn, Si oder Co, legiert werden. Für die Herstellung und Lieferung gelten die Vorschriften der weiter oben angeführten Anordnung E 24 der Reichsstelle für Eisen und Stahl. Zur Herstellung von hochwertigen Werkzeugen wird nur Edelstahl verwandt, der im Elektro- oder Hochfrequenzofen hergestellt ist. Gegenüber diesem Verfahren spielen andere, wie die Erzeugung im Tiegelofen, im sauren SM-Ofen u. a. nur noch eine geringe Rolle.

Gewöhnlicher Siemens-Martin-Stahl dient für gröbere Schlag- und Spannwerkzeuge; für Schneidwerkzeuge, wie große Feilen, nur wenn an sie keine hohen Anforderungen gestellt werden. Seines niedrigen Preises wegen wird er häufig an unrichtiger Stelle gebraucht. Der vermeintliche Preisgewinn wird meist durch erhöhten Ausschuß, vorwiegend in der Härterei, mehr als aufgehoben.

1. Kohlenstoffstähle.

α) Begriffsbestimmung.

Es werden darunter alle die Stähle verstanden, die zur Beeinflussung der wichtigsten Eigenschaften des Stahles (Härte, Härtbarkeit, Zähigkeit usw.) im wesentlichen nur Kohlenstoff enthalten.

Der Gehalt an Kohlenstoff schwankt bei Werkzeugstählen zwischen etwa 0,6 und 1,4 vH. Er ist maßgebend für die Auswahl; denn Festigkeit, Härte und Härtbarkeit nehmen mit steigendem Gehalt (wenigstens bis zu 1 vH) zu, Dehnung und Zähigkeit ab.

β) Kleingefüge.

Das Kleingefüge ist je nach dem Kohlenstoffgehalt der Stähle und der vorhergehenden Behandlung verschieden.

Der Kohlenstoff kommt bei allen Stählen nur als Eisenkarbid (Fe_3C) vor, das frei oder an das Eisen in fester Lösung gebunden sein kann (Härtungskohle).

Das freie Karbid kann sehr verschieden im Eisen verteilt sein, vom feinsten, strukturlosen Gemenge bis zu größeren Körnern, Plättchen, Schalen, die sich netzartig verbinden können.

Reines Eisen kommt in verschiedenen Formen vor (bedingt durch die Anordnung der Atome im Raum), in Abhängigkeit von der Temperatur. Bei gewöhnlicher Temperatur bis 770 bzw. 900° ist das magnetische α-Eisen beständig, bei höheren Temperaturen das unmagnetische γ-Eisen.

Die wichtigsten Gefügebestandteile haben in der Metallographie besondere Namen erhalten. Es heißen:

Das reine Eisen (Kristallkörner)	Ferrit (α-Eisen).
Das freie Karbid	Zementit.
Das feine streifige Gemenge von Karbid und Ferrit (0,9 vH C)	Perlit.
Körniges Karbid in Ferrit	Körniger Zementit.
Strukturlos feines Gemenge von Karbid und Ferrit	Sorbit und Troostit.
Feste Lösung von Karbid und γ-Eisen (Mischkristalle)	Austenit.
Feste Lösung (beim Beginn des Zerfalls) von Karbid und Ferrit	Martensit.

Gefüge der langsam erwärmten und langsam abgekühlten Stähle.

Das Kleingefüge besteht (Abb. W 1):

bei etwa 0,9 vH Kohlenstoff (eutektoider Stahl) aus Perlit;

bei weniger als 0,9 vH Kohlenstoff (untereutektoider Stahl) aus Perlit und Ferrit;

bei mehr als 0,9 vH Kohlenstoff (übereutektoider Stahl) aus Perlit und Zementit.

Ferrit ist der weichste dieser Bestandteile, Zementit der härteste.

Erhitzt man einen eutektoiden Stahl langsam, so beginnt oberhalb einer Temperatur von etwa 700° der Zementit des Perlits sich im Ferrit zu Austenit aufzulösen. Die Mischkristalle sind zunächst sehr klein, werden aber um so gröber, je höher die Temperatur steigt und je länger der Stahl ihr ausgesetzt ist.

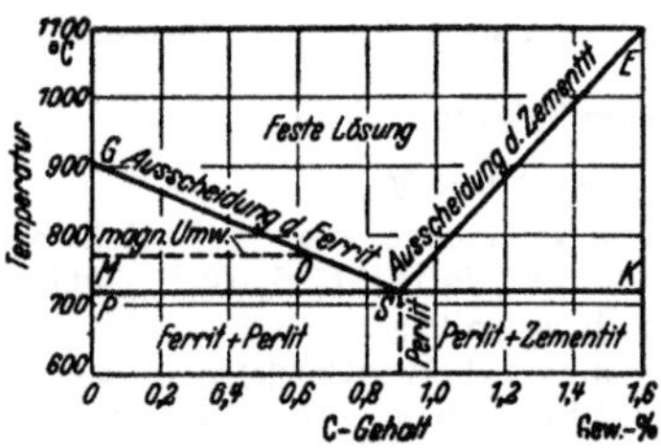

Abb. W 1. Ausschnitt aus dem Eisen-Zementit-Diagramm.

Erhitzt man einen untereutektoiden Stahl, so geht oberhalb 720° (unterer Haltepunkt) zunächst nur der Perlit in feste Lösung, während der Ferrit erst allmählich bei steigenden Temperaturen sich an der Lösung beteiligt. Beendet ist die Auflösung des Ferrits bei Temperaturen oberhalb der Kurve $G-O-S$ (Ferritlinie) in Abb. W 1, die die Abhängigkeit der Umwandlungstemperaturen vom Kohlenstoffgehalt angibt; obere Haltepunkte.

Erhitzt man einen übereutektoiden Stahl, so geht wieder oberhalb 720°, also der Geraden $S-K$, der Perlit in Lösung, während der Zementit sich erst bei höheren Temperaturen zu Austenit auflöst. Seine Lösung ist oberhalb der Kurve $S-E$ (Zementitlinie): obere Haltepunkte, beendet.

Läßt man einen Stahl von der hohen Temperatur sich langsam abkühlen bis unter 720°, so entstehen in umgekehrter Reihenfolge durch Zerfall der festen Lösung die oben besprochenen Gefügebestandteile.

Das Weichmachen des Stahles durch Ausglühen besteht in einer Umwandlung des streifigen Perlits in körnigen Zementit. Man erhitzt dazu den Stahl auf 680 bis 720°, hält die Temperatur einige Zeit und läßt langsam erkalten, oder man läßt die Temperatur um den unteren Haltepunkt pendeln.

Gefüge der rasch abgekühlten (abgeschreckten) Stähle.

Läßt man von Temperaturen über 720° den Stahl nicht langsam abkühlen, sondern schreckt ihn rasch ab, so wandelt sich das Austenit statt zu Perlit zu Martensit, der sehr hart ist (allerdings nicht so hart wie Zementit) und mit seinem oft etwas nadligen Gefüge den charakteristischen Bestandteil der gehärteten Werkzeugstähle bildet. Die zu seiner Bildung mindestens nötige Abkühlungsgeschwindigkeit nennt man die „kritische".

Bei Stählen mit 0,9 vH C erhält man beim Abschrecken von Temperaturen oberhalb 720° nur Martensit. Er ist beim Abschrecken von wenig oberhalb 720° sehr feinkörnig, wird aber um so gröber, je höher die Temperatur steigt und je länger der Stahl bei der hohen Temperatur gehalten wird.

Bei Stählen mit weniger als 0,9 vH C erhält man beim Abkühlen von Temperaturen wenig oberhalb 720° wieder feinkörnigen Martensit, aber mit Einschlüssen von weichem Ferrit. Erst bei Abschrecktemperaturen oberhalb der Kurve *G—O—S* ist aller Ferrit in Martensit gelöst, der nun aber nicht mehr so feinkörnig ist.

Bei Stählen mit mehr als 0,9 vH C erhält man beim Abschrecken von Temperaturen kurz oberhalb 720° wieder feinkörnigen Martensit, aber mit Einschlüssen von hartem Zementit. Erst bei Abschrecktemperaturen oberhalb der Kurve *S—E*, Abb. W1, ist aller Zementit in Martensit gelöst, der nun aber recht grobnadlig ist.

Übergangsgefüge.

Wird weniger rasch abgekühlt, als zur Bildung von Martensit nötig ist, jedoch rascher, als daß Perlit sich bilden könnte, so entstehen die Übergangsgefüge: Troostit, Sorbit, deren Härte, zwischen der von Martensit und Perlit liegend, in der angegebenen Reihenfolge abnimmt. Ähnliche Gefügebestandteile entstehen, wenn rasch abgeschreckter Stahl wieder erwärmt, d. h. angelassen wird.

In der Wirklichkeit entsteht beim Härten (außer bei sehr dünnen Stücken) neben Martensit stets nach dem Kern zu Übergangsgefüge, weil die Wärme aus dem Innern nie rasch genug abgeführt werden kann. Beim Abschrecken von höherer Temperatur wird die Martensitschicht dicker.

Richtige Härtetemperaturen.

Stähle mit etwa 0,9 vH C etwas über 720°, also etwas über dem Punkt *S*, Abb. W1. Dann ist der Martensit am feinsten, härtesten und wenigsten spröde.

Stähle mit weniger als 0,9 vH C oberhalb der Kurve *G—O—S*, denn der weiche Ferrit, der sonst im Martensit ist, beeinträchtigt die Härte außerordentlich.

Stähle mit mehr als 0,9 vH C kurz über der Kurve *S—K*, nur etwas über 720°, um so weniger, je höher der Kohlenstoffgehalt ist. Denn der Zementit, der neben dem Martensit erhalten wird, ist sehr hart, härter als dieser selbst. Der Zementit darf nur kein zusammen-

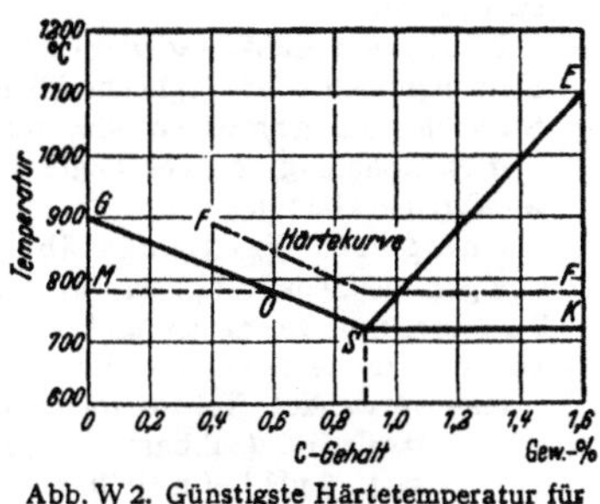

Abb. W 2. Günstigste Härtetemperatur für Kohlenstoffstähle.

hängendes Schalenwerk bilden, da er sonst den Stahl außerordentlich spröde macht.

In Abb. W2 gibt die Kurve $F-F$ die nach dem Vorstehenden für die verschiedensten Stähle richtigsten Härtetemperaturen an. In den einzelnen Feldern von Abb. W1 waren diejenigen Gefügebestandteile angegeben, die beim Abschrecken von einem Punkt des Feldes erhalten werden.

2. Legierte Werkzeugstähle.

Die in Absatz 1 β dargelegten Umwandlungsvorgänge, Gefügebestandteile und Härtetemperaturen erfahren unter dem Einfluß von Legierungsmetallen eine Änderung. Ist allerdings der Gehalt von Legierungsmetallen gering, so ist der Einfluß nicht besonders groß. In großen Zügen gilt

Nickel, Mangan, Chrom und Wolfram verfeinern das Korn, Silizium vergröbert es.

Silizium und Chrom erhöhen die Temperatur der Perlitumwandlung Mangan und Nickel verringern sie.

Chrom, Nickel und Mangan setzen die „kritische" Abkühlungsgeschwindigkeit herab.

Bei hohem Gehalt an Chrom und Wolfram entsteht eine besondere Art von Karbiden, sog. Ledeburite oder Doppelkarbide, die unlöslich sind und eine sehr gute Abriebbeständigkeit haben.

3. Auswahl der Stähle für Werkzeuge.

α) Spangebende Werkzeuge.

Maßgebend sind Schneidhaltigkeit und Preis. Ziel: Zerspanung mit möglichst geringen Gesamtkosten.

Die Schneidhaltigkeit wird von drei Forderungen bestimmt, welche je nach dem Zerspanungsfall verschieden großen Einfluß haben.

Abrieb- (Verschleiß-) Widerstand ist in hohem Maße abhängig von der meßbaren Härte, der Härte und Anzahl besonderer Gefügebestandteile (Karbide) und der Korngröße des Gefüges. Feinstes Korn bei größtmöglicher Härte und Karbidzahl ergibt größten Abrieb-Widerstand.

Anlaßbeständigkeit ist abhängig von der Höhe der Legierung. Unlegierter Kohlenstoffstahl hat die niedrigste Anlaßbeständigkeit (etwa 200° C), Hartmetall die höchste (etwa 1000°). Je höher die Anlaßbeständigkeit, um so höher die „ertragene Schnittemperatur", d. h. das Vermögen des Stahles, die durch die Zerspanung eintretende Erwärmung der Schneide zu ertragen.

Zähigkeit muß besonders dann verlangt werden, wenn durch Stöße, Schwingungen oder ungleichmäßige Härte des zerspanten Werkstoffes die Schneide zum Abbrechen oder Ausbröckeln beansprucht wird. Die Zähigkeit ist abhängig von der Legierungsart und in hohem Maße von der einwandfreien Härtung.

Unlegierte Werkzeugstähle haben für spanabhebende Formgebung nur geringe Bedeutung, da die Anlaßhärte (Härtebeständigkeit) bei hohen Temperaturen gering ist und sie sich daher für das Schruppen und hohe Leistung (hohe Schnittgeschwindigkeit) nicht eignen.

Man verwendet Kohlenstoffstahl mit

$\approx$1 vH C (zähhart) für größere Fräser,

$\approx$1,15 vH C (mittelhart) für Fräser, Gewinde- und Spiralbohrer,

$\approx$1,3 vH C (hart) für Reibahlen und Schaber.

Für Feilen findet im allgemeinen ein Stahl mit 1,2 bis 1,4 vH C Verwendung, der für hochwertige sehr schnitthaltige Feilen noch mit Cr (≈0,5 vH) legiert ist.

Schnellstähle werden nach bestimmten einheitlichen Analysen erschmolzen. Schnellstähle nach Tafel 3 finden vornehmlich für die angegebenen Zwecke Verwendung.

Tafel 3. Zusammensetzung und Verwendung neuerer Schnellstähle.

Legierungsgehalt						Anwendungsgebiet
C	Cr	W	Mo	V	Co	
≈0,8	4	9,5	—	1,5	—	Allgemeiner Werkstättenbedarf.
≈1,0	4	2,3	2,3	2,7	—	
≈0,9	4	9,5	—	2,5	—	Sonderbohrer, Gewinde-Schneidwerkzeuge, Fräser und Gewindefräser, Dreh- und Hobelstähle } für Festigkeiten von 70—100 kg/mm²
≈1,2	4	10,5	—	4,3	—	Form, Gewinde- u. Abwälzfräser, Hobelmesser f. Verzahnungsmasch. } für höchste Festigkeit. Dreh- und Hobelstähle für höchste Festigkeiten und Hochleistungsmaschinen. Automatenmesser für längste Standzeiten
≈1,1	4	9,5	—	2,7	2,7	Gewindefräser, Sonderfräser, Dreh- und Hobelstähle für höchste Festigkeiten und längste Standzeiten, größte Spanquerschnitte. Hochleistungsmaschinen. Bearbeitung austenitischer Stähle.

Wo die technischen Voraussetzungen es ermöglichen, ist es vorteilhaft, für die Zerspanung mit Hartmetall bestückte Werkzeuge zu benutzen. Bezogen auf die in der Einheit Hartmetall enthaltene Wo-Menge haben sie ein gegenüber Schnellstahl wesentlich vergrößertes Ausbringen an Spänen. Betrieblich ermöglichen sie eine größere Leistung bei verringerter Maschinen- und Arbeiterzahl durch Anwendung größerer Schnittgeschwindigkeit.

Sonderstähle für einige Werkzeuge:

Spiralbohrer ≈1,20 vH C, ≈1,5 vH Si, ≈1,3 vH Cr,

Riffelstähle (langsame Bearbeitung sehr harter Werkstoffe) ≈1,3 vH C, ≈3,2 vH Wo.

Sägen zur Bearbeitung von Holz, unlegierter C-Stahl ≈0,7 vH C,

Metallsägen, Chrom-Siliziumstähle.

β) Kaltarbeits-Werkzeuge.

1. Hohe Abriebbeanspruchungen an schneidenden oder scherenden Kanten ohne hohe Drücke:

Feinschnitte, Feinblechschnitte, Lochstanzen für dünne Blechstärken.

αα) Kohlenstoffstahl zäh-zähhart: 0,8 bis 1,1 vH C.

Geringe Einhärtungstiefe; Anlassen auf 58 bis 60 RC-Rockwell. Verzug ist bei diesem Stahl nicht auszuschalten.

ββ) Niedriglegierter Wasserhärter: Eigenschaft und Behandlung wie unter α. Sehr gut geeignet für gebrochene Härtung.

γγ) Ölhärter: 1,0 bis 1,5 vH C, 1,0 bis 1,5 vH Cr 0,6 bis 2,0 vH Mn.

Sehr große Einhärtungstiefe. Anlassen auf 58 bis 62 RC-Rockwell. Verzug ist sehr gering. Sehr gut geeignet für Warmbadhärtung.

δδ) Lufthärter: 1,8 bis 2,2 vH C, 12,0 bis 13,0 vH Cr.

Völlige Durchhärtung auch bei größeren Querschnitten. Rockwell RC 58 bis 62 nach Abkühlung an ruhiger Luft. Verzug praktisch Null. Sehr hohe Abriebbeständigkeit.

2. Starke Abriebbeanspruchungen an schneidenden oder scherenden Kanten oder ziehenden Flächen bei gleichzeitig hohen Drücken:

Grobschnitte, Grobscheren, schwere Lochstanzen, Kaltziehwerkzeuge aller Art, Prägewerkzeuge aller Art.

αα) Kohlenstoffstahl zäh: 0,6 bis 0,8 vH C.

Geringe Einhärtung und Kernhärte. Werkzeuge „setzen" sich, und Härtezone reißt ein. Daher geringe Lebensdauer. Anlassen auf 55 bis 60 RC-Rockwell; Ziehstempel auf 60 bis 62 RC-Rockwell.

ββ) Niedriglegierter Chromstahl: 0,8 bis 1,2 vH C, 0,5 bis 1,5 vH Cr.

Größere Einhärtungstiefe und höhere Kernhärte; verringerte Gefahr des „Setzens", höhere Abriebbeständigkeit.

Sehr gut geeignet für gebrochene Härtung.

Warmbadhärtung für kleinere Querschnitte schon anwendbar.

Nach Wasserhärtung Anlassen auf 58 bis 62 RC-Rockwell.

Unterstempel und Ziehringe zweckmäßig in Stützringe einschrumpfen.

γγ) Ölhärter gemäß a 1 γ.

δδ) Ölhärter sehr zäh: ≈0,45 vH C, 1 vH Si, 1,3 vH Cr, 1,8 vH W.

Für sehr hohe Drücke und Biegebeanspruchungen. Anwendung im vergüteten Zustand mit hoher Festigkeit, z. B. Maschinenmesser.

εε) Ölhärter sehr zäh: ≈0,6 vH C, 0,7 vH Cr, 1,5 vH Ni, z. B. große Kalt-Schermesser.

ζζ) Stahl nach β 1 δδ.

Für Unterstempel und Ziehringe empfiehlt sich Einschrumpfen in Stützringe.

3. Hohe Zähigkeitsbeanspruchungen durch Schlag oder Stoß. Anforderungen an Schnitthaltigkeit oder Abriebwiderstand:

Hämmer, Döpper, Meißel, Bossier- und Planierwerkzeuge usf.

αα) Kohlenstoffstahl sehr zäh bis zäh: 0,5 bis 0,7 vH C.

Härtung nur an der Arbeitsfläche oder Kante. Anlassen mit der Schaftwärme je nach Beanspruchung auf 50 bis 55 RC-Rockwell.

ββ) Preßluftwerkzeugstahl: ≈0,45 vH C, 1,2 vH Si, 1,3 vH Cr, 1,8 vH W. Werkzeuge werden ganz gehärtet und angelassen nach Vorschrift des Lieferanten.

γ) Warmarbeits-Werkzeuge.

1. Beanspruchungen auf Stoß oder Schlag bei nicht allzu hohen Temperaturen:

Einfache Fallhammer-Gesenke für geringe Stückzahlen, Abgratstempel, Lochdorne.

αα) Kohlenstoffstahl hammerhart oder nach Wasserhärtung an den Arbeitsflächen: 0,4 bis 0,6 vH C, 0,5 bis 1,0 vH Mn.

ββ) Niedriglegierter Mn-Si- oder Mn-Cr-Stähle im vergüteten Zustand nach Lieferantenvorschrift.

2. Beanspruchungen auf Stoß, Schlag oder Druck bei erhöhten Temperaturen:

Lange oder tief gravierte Gesenke, Matrizen in Spindelpressen, Abgratwerkzeuge für hohe Beanspruchung und hohe Stückzahlen.

$\alpha\alpha$) $\approx$0,45 vH C, 0,7 vH Cr, 1,5 vH Ni, 0,4 vH Mo.

Schwierige Warmbehandlung, daher gern im vergüteten Zustand bezogen: etwa 110 bis 135 kg/mm² Festigkeit.

$\beta\beta$) $\approx$ 0,3 vH C, 1,0 bis 3,0 vH Cr, $\approx$4,5 vH W.

Vergütet auf 120 bis 150 kg/mm² Festigkeit.

$\gamma\gamma$) Stahl nach β 1 $\delta\delta$.

Für Abgratwerkzeuge bei auf dünnem Grat geschlagenen Werkstücken.

3. Beanspruchungen auf sehr hohe Drücke oder sehr hohe Temperaturen: Teile für Strangpressen, Spritzguß-Werkzeuge usw.

Die Vielfältigkeit der Belastungen erfordert genaueste Angaben an das Lieferwerk, welches aus einer großen Reihe von Sonderstählen die geeignete Sorte zu bestimmen hat.

4. Geheizte Werkzeuge für Kunststoffpressen.

$\alpha\alpha$) Für kalt gesenkte Formen: 0,15 vH C, bis 1,5 vH Cr. Arbeitsflächen eingesetzt und gehärtet. Bei größerer Wandstärke und über 120 kg/mm² Festigkeit $\approx$0,15 vH C, 1,2 vH Cr, 1,1 vH Mn, 0,2 vH Mo.

$\beta\beta$) Für gravierte Formen im vergüteten Zustand: große Formen bei Preßluft- oder Ölhärtung $\approx$0,55 vH C, 0,7 vH Cr, 1,6 vH Ni, 0,4 vH Mo; normale Formen bei Preßluft- oder Ölhärtung $\approx$0,45 vH C, 1,3 vH Mn, 2,2 vH Cr, 0,25 vH Mo.

$\gamma\gamma$) Für gravierte Formen, säurebeständig: 0,35 bis 0,50 vH C, 13,0 bis 18,0 vH Cr.

Bearbeitung im geglühten Zustand. Härtung nach Vorschrift des Lieferwerkes.

$\delta\delta$) Für gravierte Formen, hoher Abriebbeständigkeit, aber geringerem Säurewiderstand als 3.

Stahl nach β 1 $\delta\delta$.

δ) Meßwerkzeuge.

$\alpha\alpha$) Kohlenstoffstahl: 1,1 bis 1,3 C, Mn und Si sehr niedrig;

$\beta\beta$) 1,2 bis 1,5 vH C, 1,5 bis 1,8 vH Cr.

$\gamma\gamma$) 0,90 vH C, $\approx$1,8 vH Mn, 0,2 vH Cr.

Alle drei Stähle nach der Härtung künstlich gealtert.

$\delta\delta$) 0,15 vH C, 1,5 vH Cr.

An den Meßflächen eingesetzt, ganzes Werkzeug gehärtet und künstlich gealtert.

ε) Federnde Werkzeuge.

Auswerferfedern für Kaltstanzen, Gußstahlfederdraht patentgezogen: 0,9 bis 1,0 vH C, $\approx$ 0,5 vH Mn, 0,2 vH Si.

Auswerferfedern für Warmschnitt-Werkzeuge, Ventilfederstahl gehärtet und angelassen: 0,6 bis 0,7 vH C, 0,8 vH Mn, 0,2 vH Si.

Spannhülsen: 0,6 vH C, 0,5 vH Mn, 1,0 bis 2,0 vH Si; 0,5 vH C, 0,7 vH Mn, 1,0 vH Cr, 0,2 vH V.

Beide nach Ölhärtung auf etwa 130 kg/mm² Festigkeit angelassen.

d) Korrosionsbeständige Stähle.

Eine Auswahl ist nur bei genauer Kenntnis der Angriffsverhältnisse möglich (Temperatur, Konzentration der Säure, Beimengungen usw.).

Wichtige korrosionsbeständige Stähle sind:

1. Chrom-Stähle 0,1 bis 0,45 vH C, bis zu 18 vH Cr; beständig gegen Wasser, Dampf, viele organische Säuren, kalte Salpetersäure und für die Nahrungsmittelindustrie. Stahl mit ≈0,1 vH C, ≈17 vH Cr hat erhöhte Rostsicherheit, besonders gegen Seewasser.

2. Chrom-Molybdän-Stähle bis zu 0,4 vH C, bis zu 18 vH Cr, ≈1,0 vH Mo haben gegenüber dem vorgenannten Chromstahl erhöhte Säurebeständigkeit.

3. Chromnickel-Stähle, zur Steigerung der Korrosionsbeständigkeit noch mit bis zu 2 vH Mo legiert. Stähle für höchste Beanspruchung, vornehmlich in der chemischen Industrie verwendet, z. B. ≈0,1 vH C, ≈18 vH Cr, ≈8 vH Ni.

4. Chrommangan-Stähle mit geringerer Korrosionsbeständigkeit als Cr-Ni-Stähle, vornehmlich für die Nahrungsmittelindustrie, z. B. 0,1 vH C, ≈9 vH Mn, ≈18 vH Cr.

Die Auswahl der korrosionsbeständigen Stähle hat unter Berücksichtigung der verlangten Verarbeitbarkeit (vor allem Tiefziehen, Schweißbarkeit) zu erfolgen.

e) Hitzebeständige Stähle.

Bis etwa 550° reichen unlegierte bzw. bei erforderlicher erhöhter Dauerstandsfestigkeit niedrig legierte Stähle aus. Bis etwa 850° finden korrosionsbeständige Stähle, die bis zu dieser Temperatur zunderfest sind, Anwendung, z. B. 14 vH Cr bis 800°, 17 bis 18 vH Cr bis 900°, 18 vH Mn, 9 vH Cr bis 900° (bei ≈0,1 vH C). Einige besonders häufig angewandte hitzebeständige Stähle sind:

1. Legierungen mit austenitischem Gefüge: 20 bis 25 vH Cr, 8 bis 20 vH Ni je nach Cr- und Ni-Gehalt, zunderbeständig bis etwa 1200°.

2. Ferritische, halbferritische bzw. ferritisch-austenitische Legierungen. Reine Cr-Stähle bis zu 30 vH Cr, je nach dem Cr-Gehalt zunderbeständig bis 1250°. Cr-Si- und Cr-Si-Al-Stähle mit bis zu ≈25 vH Cr, ≈2 vH Al und ≈2 vH Si, je nach Zusammensetzung zunderbeständig bis 1200°.

Die ferritischen, halbferritischen bezw. ferritisch-austenitischen Legierungen finden Verwendung, wenn nicht höchste Warmfestigkeit verlangt wird und einer Kaltversprödung, die diesen Stählen mehr oder weniger je nach der Zusammensetzung anhaftet, dem Betriebszweck nicht entgegensteht. Bei der Auswahl der Stähle ist zu berücksichtigen, daß die von den Stahllieferern angegebenen Zunderbeständigkeits-Grenzen keine festen Werte darstellen, sondern von der angreifenden Ofenatmosphäre abhängen. Ferner spielen bei der Auswahl einiger Stähle eigentümliche Versprödungs-Erscheinungen in niedrigeren Temperaturbereichen eine Rolle.

II. Schwermetalle.

a) Kupfer und Kupferlegierungen.

In den Verbotsanordnungen der Reichsstelle Eisen und Metalle werden Kupfer und Kupferlegierungen betroffen von Anordnung 26a, § 3; Anordnung 32a, §§ 3 und 15; Anordnung 38a, § 3 und Anordnung 39a, §§ 3 und 9.

1. Kupfer. Metallklasse 350.

Hüttenkupfer und Elektrolytkupfer nach DIN 1708. Reinheit von Hüttenkupfer A—D ist 99,0 bis 99,6 vH Kupfergehalt. Für die Reinheit von Elektrolytkupfer (Kupfer E) ist nur die elektrische Leitfähigkeit maßgebend.

Halbzeuge nach DIN 1752, 1754, 1766, 1767, 1768, 1773, 1787 und 1792.

Gußstücke aus Kupfer enthalten geringe Zusätze anderer Metalle zur Verbesserung der Gießbarkeit und Steigerung der Güte.

2. Messing. Metallklasse 355.

Knet- und Gußlegierungen nach DIN 1709. Tombak sind Messinge mit hohem Kupfergehalt. Sonder-Messinge enthalten zur Erhöhung ihrer Gütewerte weitere Metallzusätze, besonders wichtig Aluminiummessinge, Manganmessinge und Siliziummessinge als Austauschwerkstoffe für Bronzen. Halbzeug nach DIN 1751, 1755 bis 1765, 1774 bis 1778, 1782, 1785 und 1791.

Legierungen mit 42 bis 54 vH Kupfergehalt werden als Hartlote verwendet (DIN 1711). Silberlote sind Hartlote mit Silbergehalten von 8 bis 45 vH (DIN 1710).

3. Neusilber. Metallklasse 362.

Knet- und Gußlegierungen mit 12 bis 40 vH Zink- und 8 bis 28 vH Nickelgehalt. Sonder-Neusilber enthält weitere Legierzusätze. Halbzeug auch nach DIN 1777 und 1780.

4. Rotguß. Metallklasse 352.

Gußlegierungen nach DIN 1705. Rg 5 als Lagerlegierung wichtig.

5. Bronzen.

Alle nicht unter 2. bis 4. erfaßten Kupferlegierungen heißen Bronzen.

Zinnbronzen. Metallklasse 360. Knet- und Gußlegierungen nach DIN 1705. Halbzeug auch nach DIN 1777 und 1779.

Nickelbronzen. Metallklasse 352. Knet- und Gußlegierungen nicht genormt. Verwendung mit 42 bis 46 vH Nickelgehalt für Widerstände mit temperaturunabhängigem Widerstand.

Bleibronzen. Metallklasse 364. Gußlegierungen nach Vornorm DIN 1716.

Aluminiumbronzen. Metallklasse 364. Knet- und Gußlegierungen nach DIN 1714. In Festigkeitswerten und Säurebeständigkeit den Zinnbronzen gleichwertig oder überlegen.

Mangan- und Siliziumbronzen. Metallklasse 364. Knet- und Gußlegierungen nicht genormt; teilweise aushärtbar. Manganbronzen sind seewasserbeständig und an Stelle von Nickelbronzen als Widerstands-Legierungen mit niedrigem Temperaturbeiwert in Gebrauch.

b) Blei und Bleilegierungen.

In den Verbotsanordnungen der Reichsstelle Eisen und Metalle werden Blei und Bleilegierungen betroffen von Anordnung 26a, § 4; Anordnung 32a, §§ 5 und 15; Anordnung 38a, § 4; Anordnung 39a, §§ 4 und 9.

1. Weichblei. Metallklasse 370, Normblatt in Vorbereitung.

2. Hartblei (Antimon-Bleilegierungen). Metallklasse 372.

Teilweise genormt als Lagermetalle WM 10 und WM 5 nach DIN 1703 U, als Spritzguß nach DIN 1741.

Verwendung: Legierungen mit bis 8 vH Antimon und höchstens 3 vH Zinn für Rohre, Kabelmäntel, Akkumulatorenplatten, ferner als Spritzguß, Lagermetall, Letternmetall und zum Verbleien; mit etwa 10 vH Antimon und höchstens 10 vH Zinn als Spritzguß, Modellmetall oder für Lote; mit 13 bis 17 vH Antimon als Spritzguß und Lagermetall für nicht zu hohe Ansprüche. Letternmetall hat auch abweichende Zusammensetzungen (bis 23 vH Antimon und bis 22 vH Zinn).

3. Zinn-Bleilegierungen. Metallklassen 381 und als Lote 343. Teilweise genormt als Spritzguß nach DIN 1741, als Lote nach DIN 1707.

Verwendung: Legierungen mit höchstens 3 vH Zinn und 1 vH Antimo für Kabelmäntel und (mit kleinen Gehalten an Aluminium, Quecksilbe oder Arsen) zum Verbleien, mit 25 bis 50 vH Zinn (mit und ohne Kad miumgehalte) als Lote, bei gleichzeitigen Antimongehalten (etwa 13 vH und Kupfergehalten (2 bis 3 vH) als Spritzguß.

4. Kadmium-Bleilegierungen. Metallklasse 343, nicht genormt.

Verwendung: Legierungen mit etwa 5 bis 8 vH Kadmium- und 0 bi 5 vH Zinngehalten, sowie mit 13 vH Kadmium- und 2 vH Zinngehalt un mit 17 vH Kadmium- und 1 vH Zinkgehalt als Lote.

5. Kalzium-Bleilegierungen. Metallklasse 370, teilweise genormt nach DIN 1703 U als Lagermetalle.

Verwendung: Legierungen mit 0,04 vH Kalzium für Kabelmäntel, mi 0,1 vH Kalzium- und geringem Natriumzusatz für Akkumulatorenplatte und mit 0,7 vH Kalzium und Zusätzen von Natrium, Lithium und Alu minium (Bahnmetall) für Achslager.

6. Leichtflüssige Legierungen. Metallklasse 343. Nicht genormt. Si enthalten 30 bis 40 vH Zinn und 18 vH Kadmium oder 45 bis 48 vH Wis mut. Als leichtflüssige Legierungen werden auch Zinnlegierungen un Wismutlegierungen verwendet.

c) Zinn und Zinnlegierungen.

In den Verbotsanordnungen der Reichsstelle Eisen und Metalle werden Zinn und Zinnlegierungen betroffen von Anordnung 10, § 4; Anord nung 26a, § 5; Anordnung 32a, §§ 7 und 15; Anordnung 38a, § 5 und Anordnung 39a, §§ 5 und 9.

1. Zinn. Metallklasse 380. Genormt nach DIN 1704.

2. Weißmetall. Metallklasse 383. Genormt nach DIN 1703.

3. Spritzguß. Metallklasse 385. Genormt nach DIN 1742.

4. Lötzinn. Metallklasse 343. Genormt nach DIN 1707.

5. Leichtflüssige Legierungen. Metallklasse 343. Sie enthalten 43 bis 68 vH Zinn, Rest Blei oder Kadmium; vgl. auch unter Bleilegierungen.

d) Zink und Zinklegierungen.

In den Verbotsanordnungen der Reichsstelle Eisen und Metalle werden Zink und Zinklegierungen betroffen von Anordnung 26a, § 8; Anord-

Tafel 4. **Walzwerkstoffe aus Zink nach Merkblatt 20/1940.**
Zinkberatungsstelle G. m. b. H., Berlin W 50.

Benennung	Werkstoff	Zustand	Zugfest.-keit σ_B kg/mm²	Bruch-dehnung δ_{10} vH	Brinell-härte kg/mm²	Richtlinien für d Verwendung
Handelsgüte	Walzzink	paketgewalzt	19—28	23—14	45—50	Für Klempnerarbeit Drückarbeiten u. e fache Zieharbeite
		bandgewalzt	26—36	40—23	48—51	Stanz- und prägefä
Feinzinkgüte	Feinzink	bandgewalzt	12—14	60—52	32—34	Für Spritz-, Drüc Zieh- u. Prägearb
Sondergüten	Mischungen von Walz- und Feinzink	W (weich) M (mittel) H (hart)	Die Werte für Festigkeit, Dehnung und Härte liegen, dem jeweiligen Verwendgs.-zweck angepaßt, zwischen denen von Handelsgüte u. Feinzinkgüte			Vorwiegend für Zi und Drückarbeiten, denen höhere Ans an die Verformb keit gestellt werde

nung 32a, §§ 9 und 15; Anordnung 38a, § 6 und Anordnung 39a, §§ 6 und 9. Zu beachten ist außerdem die Anordnung 56 der Reichsstelle Eisen und Metalle betr. Herstellung und Verwendung von Zink und Zinklegierungen.

Hüttenrohzink mit einem Reinheitsgrad von etwa 98 vH dient als Ausgangswerkstoff für Zinkblech in Handelsgüte. Raffiniertes Hüttenzink mit einer Reinheit bis 99 vH entsteht durch Umschmelzen von Rohzink im Flammofen. Feinzink mit einem Zinkgehalt bis zu 99,995 vH wird auf elektrolytischem oder thermischem Wege gewonnen. Nähere Angaben über diese Zinksorten siehe DIN 1706.

1. Zink. Metallklassen-Kennummern 374 und 375. Genormt nach DIN 1706.

Bei den Walzwerkstoffen aus Zink unterscheidet man Handelsgüte, Feinzinkgüte und Sondergüten, Tafel 4. Zinkblech in Handelsgüte wird für Klempnerarbeiten und einfachere Verformungen verwendet, während sich Bleche und Bänder aus Feinzink und Sondergüten vor allem für die Herstellung von Tiefziehteilen eignen.

Bezüglich Verzinkung s. Abschn. Oberflächenschutz.

2. Feinzinklegierungen. Metallklassen-Kennummern 376, 377 und 379. Nach Anordnung 56 unterscheidet man Haupt- und zweckgebundene Legierungen, deren Zusammensetzung im Einheitsblatt DIN E 1724 (Tafel 5, 6 und 7, S. 212 u. 213) festgelegt ist.

Verwendung: An Stelle von Kupfer, Messing, Bronzen, Leichtmetallen. Bemerkenswert für Lager, Zahnräder und Zahnkränze, sowie Automatenlegierungen für spanabhebende Bearbeitung.

Neben den schon länger bekannten Zinkdruckgußlegierungen (frühere Bezeichnung: Spritzgußlegierungen), Tafel 5, haben in neuerer Zeit die Zinklegierungen für Sand-, Kokillen- und Schleuderguß, Tafel 6, sowie die Zink-Knetlegierungen, Tafel 7, als Austauschwerkstoffe für Bunt- und Leichtmetalle besondere Bedeutung erlangt. So wird beispielsweise die Gußlegierung G Zn-Al 4-Cu 1 auch für mittelbeanspruchte Lager und für Schneckenradkränze (bei ortsfesten Getrieben) verwendet.

Bleche und Bänder aus der Zinklegierungen Zn-Cu 1 werden neben Feinzink- und Sondergüten ebenfalls für Tiefziehzwecke verarbeitet, und zwar dann, wenn die Teile eine höhere Festigkeit besitzen müssen. Die Legierung Zn-Al 4-Cu 1 eignet sich in Blech- und Bandform infolge ihrer hohen Härte für die Herstellung von Stanzteilen (z. B. Platinen). Für die spangebende Verarbeitung auf Automaten kommen insbesondere Stangen der Legierungen Zn-Cu 4 A und Zn-Al 4-Cu 1 in Frage, wobei die erstere als besondere Bohr- und Drehqualität anzusehen ist. Für Rohre werden die Legierungen Zn-Al 4-Cu 1 und Zn-Cu 1 bevorzugt. Die Legierung Zn-Al 1 wird in Form von Drähten und Profilen fast ausschließlich in der Elektrotechnik verwendet; hierbei sind die diesbezüglichen VDE-Vorschriften (VDE 0204 K, 0250 K, 0608 K, 0100 K) zu beachten.

Beim Drehen der Legierung Zn-Cu 4 A soll der Spanwinkel 0°, der Freiwinkel 6—10° und der Keilwinkel 84—80° betragen, dagegen soll bei der Bearbeitung der übrigen Zinklegierungen der Spanwinkel 10—25°, der Freiwinkel 10—12° und der Keilwinkel 70—53° betragen. Beim Bohren von Zinklegierungen arbeitet man am besten mit einem Drallwinkel von 18—20° und einem Spitzenwinkel von 130°. Schnittgeschwindigkeiten und Vorschübe nach Tafel 8, S. 214.

Tafel 5. **Zink-Druckgu**

Benennung	Kurzzeichen (Kennfarbe) Schlagzeichen	Metallklasse	Zusammensetzung vH				Zulässige Beimengungen höchstens (vH)			
			Al	Cu	Mg	Zn	Pb + Cd	Sn	Bi + Tl	F
Feinzink-Druckgußlegierung Gattung D Zn-Al	**D Zn-Al 1** (schwarz-weiß) Z 100	377	0,7 bis 0,9	0,3 bis 0,5	0,02 bis 0,05	Rest	0,008	0,001	0,005	0,0
	D Zn-Al 4 (blau-schwarz-blau) Z 400	377	3,5 bis 4,3	0 bis 0,6	0,02 bis 0,05	Rest	0,011	0,001	0,010	0,0
Feinzink-Druckgußlegierung Gattung D Zn-Al-Cu	**D Zn-Al 4-Cu 1** (schwarz-blau-schwarz) Z 410	377	3,5 bis 4,3	0,6 bis 1,0	0,02 bis 0,05	Rest	0,011	0,001	0,010	0,0
	D Zn-Al 4-Cu 3 (schwarz-blau) Z 430	379	3,5 bis 4,3	2,4 bis 3,0	0,02 bis 0,05	Rest	0,011	0,001	0,010	0,0

Tafel 6. **Zinklegierungen für Sand-, Kokille**

Benennung	Kurzzeichen (Kennfarbe) Schlagzeichen	Metallklasse	Zusammensetzung vH				Zulässige Beimengungen höchstens (vH)				
			Al	Cu	Mg	Zn	Pb + Cd	Sn	Bi + Tl	Mg	F
Feinzink-Gußlegierung Gattung G Zn-Al	**G Zn-Al 1** (schwarz-weiß) Z 100	377	0,7 bis 0,9	0,3 bis 0,5	0,02 bis 0,05	Rest	0,008	0,001	0,005	—	0,0
Feinzink-Gußlegierung Gattung G Zn-Al-Cu	**G Zn-Al 4-Cu 1** (schwarz-blau-schwarz) Z 410	377	3,5 bis 4,3	0,6 bis 1,0	0,02 bis 0,05	Rest	0,011	0,001	0,010	—	0,0
	G Zn-Al 6-Cu 1 (schwarz-weiß-schwarz) Z 610	379	5,6 bis 6,0	1,2 bis 1,6	—	Rest	0,008	0,001	0,005	0,005	0,0

Tafel 7. **Zink-Knetlegierunge**

Benennung	Kurzzeichen (Kennfarbe) Schlagzeichen	Metallklasse	Zusammensetzung vH					Zulässige Beimengungen höchstens (vH)				
			Al	Cu	Mg	Mn	Zn	Pb + Cd	Sn	Bi + Tl	Mg	F
Feinzink-Knetlegierg. Gattg. Zn-Al	**Zn-Al 1** (schwarz-weiß) Z 100	377	0,7 bis 0,9	0,3 bis 0,5	—	—	Rest	0,008	0,001	0,005	0,005	0,0
Feinzink-Knetlegierg. Gattung Zn-Al-Cu	**Zn-Al 4-Cu 1** (schwarz-blau-schwarz) Z 410	377	3,5 bis 4,3	0,6 bis 1,0	0,02 bis 0,05 [4])	—	Rest	0,011	0,001	0,010	—	0,0
Feinzink-Knetlegierg. Gattung Zn-Cu	**Zn-Cu 1** (schwarz-violett) Z 010	376	0 bis 0,2	0,8 bis 1,4	—	0 bis 0,5	Rest	0,011	0,001	0,010	0,005	0,0
			Al	Cu	Pb		Zn	Cd	Sn	Bi + Tl	Mg	F
	Zn-Cu 4-Pb 1 (braun-schwarz-braun) Z 041 Pb	376	0,05 bis 0,2	3,5 bis 4,5	1,0 bis 1,4		Rest	0,018	0,003	0,010	0,005	0,1

[1]) Druckguß (D) tritt an Stelle der früheren Bezeichnung Spritzguß (SpG). Das Norn werte gelten für gesondert gegossene Probestäbe. Es kann nicht erwartet werden, daß die Zugfestigkeit und Bruchdehnung gelten für eine Geschwindigkeit (mm/min) der bewegten Fassur für schwierige Profile auch ohne Mg-Gehalt zugelassen. [5]) In Walzrichtung gemessen.

legierungen[1]) nach DIN E 1724.

Wichte kg/dm³	Zugfestigkeit[2,3]) σ_B kg/mm² mindestens	Bruchdehnung[2,3]) δ_5 vH mindestens	Brinellhärte (HB 10/5—30) kg/mm² mindestens	Richtlinien für die Verwendung. H = Hauptlegierung, Z = Zweckgebundene Legierung	
7,1	16	1,5	50	H	Gußstücke geringer Festigkeit, insbesondere, wenn Lötfähigkeit ohne Sonderlote erforderlich
6,7	25	1,5	70	H	Gußstücke aller Art, insbesondere bei höheren Anforderungen an Maßbeständigkeit
6,7	27	2	80	H	Gußstücke aller Art
6,8	30	2	90	Z	soweit vorhandene Formen den Einsatz bedingen

und Schleuderguß nach DIN E 1724.

Wichte kg/dm³	Zustand	Zugfestigkeit[2,3]) σ_B kg/mm² mindestens	Bruchdehnung[2,3]) δ_5 vH mindestens	Brinellhärte (HB 10/5—30) kg/mm² mindestens	Richtlinien für die Verwendung. H = Hauptlegierung, Z = Zweckgebundene Legierung	
7,1	Sandguß	10	0,5	50	H	Gußstücke geringer Festigkeit, insbesondere, wenn Lötbarkeit ohne Sonderlote erforderlich
	Kokillenguß	14	1			
6,7	Sandguß	18	0,5	70	H	Gußstücke aller Art, Lager, Schneckenräder (auch Schleuderguß)
	Kokillenguß	20	1			
6,5	Sandguß	18	1	80	Z	nachweislich schwierige Gußstücke sowie wasserführende Armaturen
	Kokillenguß	22	1,5			

nach DIN E 1724.

Wichte kg/dm³	Zustand	Zugfestigkeit[3]) σ_B kg/mm² mindestens	Bruchdehnung[3]) δ_5 vH mindestens	Brinellhärte (HB 10/5—30) kg/mm² mindestens	Richtlinien für die Verwendung. H = Hauptlegierung, Z = Zweckgebundene Legierung	
7,1	kalibergewalzt u. gezogen	18	40	40	H	Drähte, insbesondere für elektrische Leitungen
6,7	gepreßt und gezogen	30	5	80	H	Stangen, Rohre, Profile, Preßteile, auf Automaten bedingt verarbeitbar
	gewalzt	35[5])	3[5])	80		Bleche u. Bänder f. Stanzzwecke
7,1	gepreßt u. gezogen	20	20	50	H	Rohre, Stangen, Drähte
	gewalzt	18[5])	25[5])	40		Bleche und Bänder für Zieh- und Drückarbeiten
7,2	gepreßt und gezogen	27	5	70	Z	Verarbeitung auf Automaten

blatt DIN 1743 Zink-Spritzgußlegierungen ist hiermit aufgehoben. [2]) Die angegebenen Mindest-Zahlenwerte ohne weiteres an allen Stellen des Gußstückes erreicht werden. [3]) Die Werte der von 25±5 vH der Versuchslänge (mm) bei einer Prüftemperatur von 20±2°. [4]) Zn-Al 4-Cu 1

Tafel 8. **Spangebende Bearbeitung von Zinklegierungen.**

Bearbeitungsart	Schnitt-geschwindig-keit m/min	Vorschub mm/U
Schruppen . . . . Schlichten . . . . Seitliches Einstechen und Formdrehen	80—200 80—200 80—150	0,15—0,25 0,08—0,15 0,02—0,04
Bohren	60—90	bei Bohrer-Durchmesser unter 4 mm 0,10 4—10 mm 0,12—0,15 10—20 mm 0,15—0,20 20 u. darüb. 0,20—0,40
Reiben	5—14	je nach Durchm. 0,1—0,7
Gewindeschneiden	15—25	—
Fräsen	100—200	200—600 mm/min
Sägen	bis 600	bis 2000 mm/min

Beim Tiefziehen von Blechen und Bändern aus Zink und Zinklegierungen ist zu beachten, daß die Tiefziehfähigkeit geringer ist als bei Messing oder Aluminium. Für den ersten Zug kann mit einem Ziehverhältnis d/D (d = Stempeldurchmesser, D = Rondendurchmesser) von rund 0,6 gerechnet werden. Bei besonders schwierigen Tiefziehteilen, die in mehreren Stufen hergestellt werden, sind gegebenenfalls ein oder zwei weitere Arbeitsgänge einzulegen. Mitunter ist es auch von Vorteil, die Bleche im angewärmten Zustand, und zwar bei Temperaturen von 30—40° C zu verarbeiten.

Unlegiertes Zink und Zinklegierungen, deren Aluminiumgehalt unter 1 vH liegt, können mit den normalen zinnhaltigen Weichloten (Sn L 40, Sn L 33, Sn L 25) gelötet werden, während für die aluminiumreicheren Zinklegierungen die Verwendung kadmiumhaltiger Sonderlote (z. B. 13 und 17 vH Cd) erforderlich ist. Beim Schweißen von Zink und Zinklegierungen wird am häufigsten die Gasschmelzschweißung angewendet, wobei man wegen des niederen Schmelzpunktes dieser Werkstoffe mit kleiner Flamme arbeitet. Im allgemeinen werden für das Schweißen Flußmittel verwendet.

Neben der Gasschmelzschweißung kann auch die elektrische Schweißung, und zwar die Arcatom-Schweißung, Weibel-Schweißung und Widerstands-Schweißung angewendet werden. Falzen, Nieten und Schrauben kommt für Zink und seine Legierungen weniger in Frage.

Als Korrosionsschutz werden sowohl metallische Überzüge (galvanische Messing-, Kupfer-, Nickel- und Chromüberzüge) als auch nichtmetallische Überzüge aufgebracht. Unter den nichtmetallischen Überzügen haben vor allem die Phosphatierung und Chromatisierung besondere Bedeutung erlangt.

Schrifttum.

Burkhardt, A.: Technologie der Zinklegierungen. 2. Auflage. Berlin: Springer-Verlag (1940).
Merkblätter der Zinkberatungsstelle G. m. b. H., Berlin W 50.
Zinktaschenbuch. Halle: Verlag W. Knapp (1942).

e) Nickel und Nickellegierungen.

In den Verbotsanordnungen der Reichsstelle Eisen und Metalle werden Nickel und Nickellegierungen betroffen von Anordnung 26a, § 3; Anordnung 32a, §§ 3 und 15; Anordnung 38a, § 3 und Anordnung 39a, §§ 3 und 9.

1. Nickel. Metallklasse 389. Nicht genormt.

Verwendung: Als Vollwerkstoff nur noch beim Bau chemischer Apparate, meist aber als Deckschicht plattierter Bleche oder Rohre. Bezüglich Vernicklung vgl. unter Oberflächenschutz.

2. Kupfer-Nickellegierungen. Metallklasse 389. Nicht genormt.

Verwendung: Legierung mit etwa 30 vH Kupfergehalt für den Bau chemischer Apparate mit ganz besonderer Beständigkeit und als Schweißdraht für feilbare Gußeisenschweißungen.

3. Chrom-Nickellegierungen. Metallklasse 389. Nicht genormt.

Verwendung: Legierungen mit etwa 80, 60 und 30 vH Nickelgehalt, 15 bis 20 vH Chromgehalt, Rest meist Eisen, für hitzebeständige Ofenbauteile mit höchster Warmfestigkeit, elektrische Widerstände mit hoher Warmfestigkeit, Thermoelemente, Sonderlegierungen für Zündkerzen, Vakuumröhren und temperaturunabhängige Federn.

4. Eisen-Nickellegierungen. Metallklasse 389. Nicht genormt.

Verwendung: Legierungen mit 25 bis 80 vH Nickelgehalt, Rest meist Eisen, aber auch Kupfer, Mangan, Molybdän, Aluminium und Chrom, wegen besonderer magnetischer, elektrischer Eigenschaften oder Wärmeeigenschaften in der Elektrotechnik und im Ofen-, Apparate- und Meßgerätebau.

f) Kobalt, Kadmium und Quecksilber.

1. Kobalt. Metallklasse 388. Nicht genormt.

Bezüglich Kobaltüberzügen vgl. unter Oberflächenschutz, bezüglich Kobaltlegierungen unter Schneid- und Hartmetallen.

In den Verbotsanordnungen der Reichsstelle Eisen und Metalle werden Kobalt und Kobaltlegierungen betroffen von Anordnung 26a, § 3; Anordnung 32a, §§ 3 und 15; Anordnung 38a, § 3 und Anordnung 39a, §§ 3 und 9.

2. Kadmium. Metallklasse 387. Nicht genormt.

In den Verbotsanordnungen der Reichsstelle Eisen und Metalle werden Kadmium und Kadmiumlegierungen betroffen von Anordnung 26a, § 6; Anordnung 32a, §§ 11 und 15; Anordnung 38a, § 7 und Anordnung 39a, § 7. Bezüglich Verkadmung vgl. unter Oberflächenschutz.

3. Quecksilber. Metallklasse 390. Nicht genormt.

In den Verbotsanordnungen der Reichsstelle Eisen und Metalle wird Quecksilber betroffen von Anordnung 10, § 5; Anordnung 26a, § 7; Anordnung 32a, §§ 13 und 15; Anordnung 38a, § 8 und Anordnung 39a, § 8.

III. Leichtmetalle.

a) Aluminium und Aluminiumlegierungen.

In den Verbotsanordnungen der Reichsstelle Eisen und Metalle werden Aluminium und Aluminiumlegierungen betroffen von Anordnung 32a, § 15; Anordnung 39a, § 10, Anordnung 47, §§ 1, 4, 5 und 6 und M 57.

1. Aluminium. Metallklasse 301. Genormt nach DIN 1712 als Hüttenaluminium (Blatt 1), Umschmelzaluminium (Blatt 2), Tafel 9 und Reinaluminium im Halbzeug (Blatt 3) Tafel 10. Halbzeug auch nach DIN 1749, 1753, 1769 bis 1771, 1788 bis 1790, 1793, 1794, 1796 bis 1799. Reinst-Aluminium mit mehr als 99,9 vH Reinheitsgrad ist besonders korrosionsbeständig und wird deshalb als Deckschicht auf Aluminiumlegierungen hoher Festigkeit oder auch als Vollwerkstoff, z. B. im chemischen Apparatebau, für Kabelmäntel, Reflektoren und als Grundwerkstoff für Gleitlagerlegierungen verwendet.

Tafel 9. **Reinheitsgrade für Reinaluminium U nach DIN 1712, Blatt 2.**

Benennung[1])	Kurzzeichen[1])	Zulässige Beimengungen vH				
		insgesamt	davon			
		höchstens	Si+Fe weniger als	Ti weniger als	Cu+Zn höchstens	Sonstige Beimengungen
Reinaluminium U 99,5	Al 99,5 U	0,5	0,5	0,03	0,05	in handelsüblichen Grenzen
Reinaluminium U 99	Al 99 U	1	1	0,03	0,1	
Reinaluminium U 98/99	Al 98/99 U	2	2	0,05	0,1	(außer Mn) höchstens 0,1

Oberflächen von Walzplatten: Gußhaut von den Breitseiten der Platten entfernt.
Lieferart: Gußblöcke (Masseln), Walzplatten oder Walzbarren, Preßbolzen.

Tafel 10. **Reinheitsgrade von Reinaluminium in Halbzeugen nach DIN 1712, Blatt 3.**

Benennung	Kurzzeichen[2])	Zulässige Beimengungen vH					Verwendung
		insgesamt	davon				
		höchstens	Si+Fe weniger als	Ti weniger als	Cu+Zn höchstens	Sonstige Beimengungen	
Reinaluminium 99,7	Al 99,7	0,3	0,3	0,03	0,03	in handelsüblichen Grenzen	Chem. Industrie für besonders hohe Ansprüche
Reinaluminium 99,5	Al 99,5	0,5	0,5	0,03	0,05		Chem. Industrie Elektrotechnik Schiffbau
Reinaluminium 99	Al 99	1	1	0,03	0,1		Allgem. Zwecke
Reinaluminium 98/99	Al 98/99	2	2	0,05	0,1	(außer Mn) höchstens 0,1	

Eigenschaften von Leitaluminium und Stahlaluminium (mit Reinaluminium ummantelte Stahlseile) vgl. Tafel 11.

2. Aluminiumlegierungen. Metallklassen 300, 310, 320 und 302. Knet- und Gußlegierungen, genormt nach DIN 1713. Spritzgußlegierungen nach DIN 1744. Halbzeug auch nach DIN 1745 bis 1749, 1769, 1770, 1783, 1784, 1790, 1795 bis 1799 und L 24. Die bisherige DIN 1713 (September 1937) wurde aufgeteilt in DIN 1713, Blatt 1, Knetlegierungen (Juni 1941) und DIN 1713, Blatt 2, Gußlegierungen (Ende 1941 noch nicht erschienen). Eine neue Regelung der im Kriege noch zugelassenen Aluminiumlegierungen bringt die Anordnung M 57 der Reichsstelle Eisen und Metalle. Ihre Zusammensetzung geht aus Tafel 14, S. 220 bis 223, hervor.

[1]) Benennung und Kurzzeichen stimmen mit RAL 631 A überein.
[2]) Falls vom Besteller die Herstellung des Halbzeugs aus Reinaluminium H (Hüttenaluminium), siehe DIN 1712 Blatt 1, ausdrücklich gewünscht wird, ist dem Kurzzeichen für Al 99,7 oder Al 99,5 oder Al 99 der Buchstabe H hinzuzufügen.

Tafel 11. Baustoffe für elektrische Freileitungen.

	Rein-aluminium	Aldrey (Leitlegierung)	Stahlaluminium
Spezifisches Gewicht	2,7	2,7	3,45
Leitfähigkeit bei 20° $\frac{\text{m}}{\text{Ohm}\cdot\text{mm}^2}$	34,8	30	34,8[1])
Spez. Widerstand 20° $\frac{\text{Ohm}\cdot\text{mm}^2}{\text{m}}$	0,0287	0,0333	0,0287[1])
Temperaturkoeffizient je 10° C*)..	0,004	0,0036	0,004[1])
Reißlänge *F* in m: ohne Vorlast**)	6670	11100	8700[2])
mit Vorlast**)	2350	4330	3850[2])
Zulässige Zugspannung kg/mm²...	8	13	11
Zulässiger Mindestquerschnitt mm²	25	25	15
Verhältniszahlen gegenüber Kupfer = 1: Leitfähigkeit	0,63	0,54	0,63[1])
Querschnitt	1,60	1,86	1,60[1])
Gewicht	0,50	0,564	0,62[2])

F = Reißlänge = Bruchlast/Gewicht je m. Vorlast nach VDE-Normen.

Umschmelz-Aluminiumlegierungen werden in den in Tafel 13 angegebenen Zusammensetzungen hergestellt. Für die wichtigsten dieser Legierungen (Nr. 211, 212, 221, 223 und 232) sind technologische Richtwerte für die Gußstücke in dem HgN-Blatt E 12239 aufgestellt worden.

Die Aluminiumlegierungen lassen sich schweißen, hart- und unter gewissen Bedingungen auch weichlöten; bei ausgehärteten und kalt verfestigten Legierungen gehen dabei Festigkeit und Korrosionsbeständigkeit mehr oder weniger zurück. Bei elektrischer Punktschweißung und elektrischer Nahtschweißung tritt dieser Rückgang in vermindertem Maße ein.

Die meisten kupfer- und zinkfreien Aluminiumlegierungen erreichen nahezu dieselbe Korrosionsbeständigkeit wie Reinaluminium. Der Rückgang der Korrosionsbeständigkeit durch Zusatz von Kupfer und Zink läßt sich durch entsprechenden Oberflächenschutz ausgleichen.

Tafel 12.
Gießereitechnische Angaben über Leichtmetall-Druckgußlegierungen.

Legierungen mit dem Grundstoff	Erreichbare Genauigkeit des Sollmaßes	Mindestwanddicke je nach Stückgröße und Gestalt mm	Eingegossene Löcher			Verjüngung der Kerne in vH der Länge je nach Stückgröße und Länge mind.
			nicht durchgehend größte Tiefe	durchgehend größte Länge	Durchmesser mind. mm	
Aluminium	bis 15 mm: ±0,03 mm über 15 mm: ±0,20 vH	1—3	3 *D*	4 *D*	2,5	0,8
Magnesium	bis 13,5 mm: ±0,02 mm über 13,5 mm: ±0,15 vH	1—3	3 *D*	4 *D*	2	0,5

Bei der Verarbeitung der Legierungen im Preßguß-Verfahren gelten für die chemische Zusammensetzung und die mechanisch-technologischen Eigenschaften Sonderwerte.

[1]) Nur für den Aluminiummantel. [2]) Für das vollständige Seil.

*) Temperaturkoeffizient = Zahl, die angibt, um welchen Betrag sich um je 10° Temperaturerhöhung der spez. elektr. Widerstand sich ändert, abnimmt bei sinkender Temperatur, zunimmt bei steigender Temperatur.

**) Vorlast nach VDE-Normen = Sicherheitslast durch VDE-Normen vorgeschrieben; wegen der Belastung durch Schnee, Rauhreif und Wind im Betrieb, damit auch unter ungünstigsten Verhältnissen hohe Betriebssicherheit der Freileitung gewährleistet ist.

Tafel 13. Standardlegierungen der Vereinigun

(nur für den unmittelbaren Gebrauch der Schmelzwerke un

	Nr.	Kurzzeichen	Cu vH	Zn vH	Si vH	Fe vH	Ni vH	Mn vH	Mg vH	Pb vH	Sn vH
Knetlegierungen	111	U-Al-Cu-Mg-I	– 5.5	– 0,1	– 1,0	– 0,5		– 1,5	– 2,0		
	112	U-Al-Cu-Mg-II	– 5.5	– 0.2	– 1,0	– 0,7	– 0,1	– 1,5	– 2,0	– 0,1	
	113	U-Al-Cu-Mg-Pb	– 5,0	– 0,7	– 1,0	– 1,0	– 0,3	– 1,5	– 1,5	Pb+Sn+Cd +Bi b. 2 vH aber nicht zuzulegieren	
	121	U-Al-Mg-Si	– 0,1	– 0,1	– 1,5	– 0,6	Spuren	– 1,5	– 2,0	Spuren	Spure
Sand- und Kokillengußlegierungen	211	UG-Al-Zn-Cu-85	4,0 – 7,0	4,0 – 7,0	– 1,5	– 1,2	– 0,3	– 0,6	– 0,4	– 0,4	– 0,2
	212	UG-Al-Zn-Cu-88	2,0 – 4,0	4,0 – 6,0	– 1,5	– 0,9	– 0,3	– 0,6	– 0,3	– 0,3	– 0,1
	221	UG-Al-Cu-Zn-88	6,0 – 8,0	– 2,5	– 1,5	– 0,9	– 0,3	– 0,6	– 0,3	– 0,2	– 0,3
	223	UG-Al-Cu-Si	4,0 – 7,0	1,0 – 2,5	3,0 – 6,0	– 1,1	– 0,3	– 0,6	– 0,5	– 0,3	– 0,2
	231	UG-Al-Si-12	– 1,0	– 0,5	11,0 – 13,0	– 0,8	– 0,2	– 0,5	– 0,3	– 0,1	– 0,1
	232	UG-Al-Si-10	– 2,5	– 1,5	7,0 – 11,0	– 1,0	– 0,4	– 0,5	– 0,3	– 0,2	– 0,2
	241	UG-Al-Mg	– 0,1	– 0,1	– 0,7	– 0,6	Spuren	– 0,6	2,0 – 8,0	Spuren	Spure
	242	UG-Al-Mg-Si	– 0,2	– 0,2	2,0 – 5,5	– 0,7	Spuren	0,5 – 1,0	0,5 – 1,5	– 0,1	Spuren
Spritzgußlegierungen	311	USpg-Al-Si-Cu-I	1,5 – 3,0	– 0,6	4,0 – 6,0	– 1,5	– 0,5	0,2 – 0,6	– 0,5	– 0,2	– 0,1
	312	USpg-Al-Si-Cu-II	1,0 – 4,0	– 1,5	3,0 – 8,0	– 1,5	– 0,5	1,2 – 0,7	– 1,0	– 0,2	– 0,1
Desoxydations-Aluminium	411	USt-Al-I	– 4,5	– 0,5						– 0,3	Spure
	412	USt-Al-II	– 4,5	– 0,8						– 0,5	– 0,2
	413	USt-Al-III	– 4,5	– 2,5						– 1,0	– 0,5

Bemerkungen: Sonderlegierungen dürfen nur in solchen Fällen geliefert werden, in dene legierung ausschließen. Vorlegierungen sind nicht standardisiert. — Mittelwerte werden aus de für die Komponenten keine unteren Grenzen angegeben sind, handelt es sich um Höchstwert

der deutschen Aluminiumschmelzwerke (VddA)

der Werke der ersten Verarbeitungsstufe [Gießereien usw.]).

Weitere Bestandteile	Al vH	Bemerkungen zu den Bestandteilen	Bemerkungen zur Verwendung
in üblichen, unschädlichen Mengen	Rest	Streugrenzen um den Mittelwert einer Lieferung für: Cu ± 0,5 vH; Si ± 0,2 vH Mn ± 0,2 vH; Mg ± 0,3 vH	Verschnittlegierung
	Rest		
	Rest	Streugrenzen um den Mittelwert einer Lieferung für: Cu ± 0,5 vH; Si ± 0,2 vH; Mn ± 0,2 vH; Mg ± 0,3 vH; Pb ± 0,5 vH	Vorzugsweise als Verschnittlegierung für Bohr- und Drehqualität
	95,0—97,0	Streugrenze um den Mittelwert einer Lieferung für Mn ± 0,2 vH	Verschnittlegierung
	mind. 85,0	Fe + Ni + Mn + Mg + Pb + Sn bis 2,5 vH	Sandgußlegierung für einfache, nicht sonderlich beanspruchte Teile (mit einem höheren Cu- als Zn-Gehalt auch für Kokillenguß geeignet)
	mind. 88,0	Fe + Ni + Mn + Mg + Pb + Sn bis 2,0 vH	Sandgußleg. f. schwierigere oder höher beanspruchte Teile
	mind. 88,0	Fe + Ni + Mn + Mg + Pb + Sn bis 2,0 vH	Kokillenguß- u. Sandgußlegierung für schwierige oder höher beanspruchte Teile
	mind. 85,0	Fe + Ni + Mn + Pb + Sn bis 2,0 vH	Kokillen- und Sandgußleg. vorzugsweise f. dünnwandige Teile (aushärtbar)
	mind. 85,0	Cu + Zn + Fe + Ni + Mn + Mg + Pb + Sn bis 2,5 vH	Sand- und Kokillengußleg. für schwierige, stoßfeste Teile
	mind. 84,0	Zn + Fe + Ni + Mn + Mg + Pb + Sn bis 3,5 vH	Sand- und Kokillengußleg. für schwierige Teile mit hoher Schwingungsfestigkeit
	Rest	Al + Mg mind. 98,0 vH Cu + Zn + Si + Fe + Mn bis 2,0 vH	Gußlegierung, gut polier- und eloxierfähig
	91,0—93,0	Cu + Zn + Fe + Pb bis 1,1 vH	Legierung für schwierige hochbeanspruchte Gußstücke
	mind. 88,0	Zn + Fe + Ni + Pb + Sn bis 2,7 vH	Spritz- und Preßgußlegierung
	mind. 87,0	Zn + Fe + Ni + Pb + Sn bis 3,6 vH	Spritz- und Preßgußlegierung
	mind. 92,0	Cu-Gehalt m. einer Toleranz + 0,5 vH Rest Si + Fe + Ni + Mn + Mg + Ti + Co + Cr; Tonerde Spuren; in 413: Zn + Pb bis 3,0 vH	Stahldesoxydation
	mind. 90,0		
	88,0—90,0		

besondere technische Gründe beim Verarbeiter vorliegen, die die Verwendung einer Standard-
einzelnen Chargenwerten für geschlossene Lieferungen bis zu höchstens 10 t errechnet. — Wenn
Die **fett** gedruckten Komponenten sind Legierungsbestandteile, die übrigen Nebenbestandteile.

Kurzzeichen	Metall-Klassen-Kenn-Nr.	Zusammensetzung in vH (Hauptbestandte					
		Cu	Mg	Mn	Si	Fe	Zn
							1. Kn
Al-Cu-Mg 3	310	**3,0—3,3**	**1,1—1,6**	**0,5—0,8**	**0,2—0,5**	bis 0,6	bis 0,
Al-Cu-Mg 4	310	**3,8—4,5**	**0,9—1,4**	**0,8—1,2**	**0,2—0,7**	bis 0,5	bis 0,
Al-Cu-Mg (HgN)	310	**3,0—4,5**	**0,4—1,4**	**0,3—1,5**	bis 1,0	bis 0,7	bis 0,
Al-Cu-Mg-Pb	310	**3,0—4,5**	**0,4—1,5**	**0,3—1,5**	bis 1,0	bis 1,0	bis 0,
Al-Mg-Si	300	bis 01	**0,7—1,0**	**0,6—1,0**	**0,7—1,2**	bis 0,5	bis 0,
E-Al-Mg-Si	300	—	**0,4—0,5**	—	**0,5—0,6**	—	—
Al-Mg 5	300	bis 0,05	**4,0—4,5**	bis **0,8**	bis 0,5	bis 0,5	bis **0**,
Al-Mg 7	300	bis 0,05	**5,5—7,5**	bis **0,8**	bis 0,5	bis 0,5	bis **0**,
Al-Mg-Mn	300	bis 0,05	**2,0—2,5**	**0,8—1,3**	bis 1,0	bis 0,5	bis 0,
Al-Mn	300	bis 0,05	bis **0,2**	**1,0—1,5**	bis 0,5	bis 0,5	bis 0,
Pl Al	300	bis 0,05	bis **0,8**	bis **1,5**	bis **0,5**	bis 0,5	bis 0,
							2. Sand- und Kokillengu
UG Al-Zn-Cu 85	302	**4,0—7,0**	bis 0,4	bis 0,6	bis 1,5	bis 1,2	**4,0—7**
UG Al-Zn-Cu 88	302	**2,0—4,0**	bis 0,3	bis 0,6	bis 1,5	bis 0,9	**4,0—6**
UG Al-Cu-Zn	302	**6,0—8,0**	bis 0,3	bis 0,6	bis 1,5	bis 0,9	bis 2,
UG Al-Cu-Si	302	**4,0—7,0**	bis 0,5	bis 0,6	**3,0—6,0**	bis 1,1	**1,0—2**
UG Al-Si 10	302	bis 2,5	bis 0,3	bis **0,5**	**7,0—11,0**	bis 0,1	bis 1,
G Al-Si 13	320	—	—	**0,35—0,45**	**12,75—13,25**	—	—
G Al-Si-Mg	320	bis 0,1	**0,2—0,5**	**0,3—0,45**	**9,0-10,0**	—	—
G Al-Mg 3	300	bis 0,05	**2,0—3,0**	**0,3—1,0**	**bis 1,3**	bis 0,5	bis 0,
G Al-Mg 5	300	bis 0,05	**4,5—5,5**	**0,1—0,4**	**0,8—1,3**	bis 0,5	bis 0,
							3. Druckguß- (Spritz- u
UD Al-Si-Cu	302	**3,0—3,5**	**0,8—1,2**	**0,2—0,6**	**5,0—6,0**	**1,0 bis 1,5**[4]**)**	0,2—(
D Al-Si-Mg	320	bis 0,1	**0,2—0,5**	bis **0,5**	**8,0—10,0**	bis 1,5[4])	—
D Al-Mg 9	300	—	**7,0—10,0**	**0,1—0,8**	**0—0,6**	bis 1,5[4])	—

[1]) Zusammensetzungs-Angaben beziehen sich auf die Halbzeug-Werkstücke; Zusamme miniumschmelzwerke (VddA), Berlin-Charlottenburg 2, Berliner Straße 168. [3]) Ni, Bi, Cd u [4]) Bis auf weiteres zulässig 1,8 vH Fe. Die Höhe der zulässigen Beimengungen soll n zwischen Hersteller und Besteller vereinbart werden.

Für einige der in diesem Blatt angegebenen Legierungen oder für ihre Anwendu

luminiumlegierungen.

tt gedruckt) Sonstige	Bemerkungen	Verwendung. H = Hauptlegierung, Z = zweckgebundene Legierg.	
gierungen [1]).			
—	abweichend von DIN 1713	H	siehe DIN 1713
—	abweichend von DIN 1713	Z	nach Vorschrift d. Wehrm.
s 0,2	nach HgN 12240; herzustellen aus U-Leg. VddA Nr. 112 neu	Z	nach Vorschrift d. Wehrm.
is 0 3 Ni; Pb + Sn + Cd + + Bi 0,5 bis 2 [2,3])	nach Flw. 3167; herzustell. aus U-Legierung VddA Nr. 113	Z	für Bohr- und Drehteile
—	abweichend von DIN 1713	H	siehe DIN 1713
—	entspricht der Legierg. Aldrey	Z	Sonderlegierung für Drähte m. gut. elektr. Leitfähigk.
—	abweichend von DIN 1713	H	siehe DIN 1713
—0,2 Cr	abweichend von DIN 1713	H	siehe DIN 1713
—0,2 Sb	abweichend von DIN 1713	H	siehe DIN 1713
—	abweichend von DIN 1713	Z	nach Vorschrift der Wehrmacht (RLM)
—	abweichend von DIN 1713	Z	Plattierwerkstoff für Al-Cu-Mg
gierungen [1]).			
is 0,3 Ni bis 0,4 Pb; bis 0,2 Sn[3])	entspricht U-Legierung VddA Nr. 211	H	mit höherem Cu- als Zn-Gehalt auch f. Kokillenguß
is 0,3 Ni; bis 0,3 Pb; bis 0,1 Sn[3])	entspricht U-Legierung VddA Nr. 212	H	nur Sandguß
is 0,3 Ni; bis 0,2 Pb; bis 0,3 Sn[3])	entspricht U-Legierung VddA Nr. 221	H	siehe Standardliste der VddA
is 0,3 Ni; bis 0,3 Pb; bis 0,2 Sn[3])	entspricht U-Legierung VddA Nr. 223	H	siehe Standardliste der VddA
is 0,4 Ni; bis 0,2 Pb; bis 0,2 Sn[3])	entspricht U-Legierung VddA Nr. 232	H	siehe Standardliste der VddA
is 0,65 Fe+Ti; bis 0,15 Ti	abweichend von DIN 1713	H	siehe DIN 1713
is 0,65 Fe+Ti; bis 0,15 Ti	abweichend von DIN 1713	H	siehe DIN 1713
—0,2 Ti: 0—0,2 Sb	abweichend von DIN 1713	H	siehe DIN 1713
—0,2 Ti	abweichend von DIN 1713	H	siehe DIN 1713
reßguß-) Legierungen [1]).			
is 0,5 Ni; bis 0,2 Pb; bis 0,1 Sn[3])	Zn + Fe + Ni + Pb + Sn bis 2,7 vH; entspricht U-Legierung VddA Nr. 311 neu	H	—
—	tritt an Stelle von Spg Al-Si 7 u. Spg Al-Si 13 aus DIN 1744	Z	nur zu verwenden, falls Gießbarkeit oder Korrosionsbeständigkeit von UD Al-Si-Cu nicht ausreichen
is 0,3 Cu+Zn; bis 0,1 Cu allein	entspricht Spg Al-Mg 9 nach DIN 1744	Z	nur zu verwenden, falls Korrosionsbeständigkeit von DAl-Si-Mg nicht ausreicht

etzung der Blöcke von U-Legierungen siehe Standardliste der Vereinigung der deutschen Alu-
n dürfen nicht zulegiert werden. [3]) Übrige Verunreinigungen siehe Standardliste der VddA.
Rücksicht auf die gewünschte Korrosionsbeständigkeit innerhalb der angegebenen Grenzen

estehen im In- und Ausland gewerbliche Schutzrechte oder Anmeldungen hierfür.

Tafel 14. Kurzliste der Alumini

Kurzzeichen	Metall-Klassen-Kenn-Nr.	Zusammensetzung in vH (Hauptbestan					
		Cu	Mg	Mn	Si	Fe	Z
							4. L
Al-Cu-Mg-Pb	310	**3,0—4,5**	**0,4—1,5**	**0,3—1,5**	bis 1,0	bis 1,0	bis
Lg Al-Fe	300	—	**0,5**	—	bis 0,3	**6,0**	-
Lg Al-Fe-Mn	300	—	—	**1,2**	—	**1,2**	-
Lg Al 3210/11	320	**0,8—1,3**	**0,8—1,3**	—	**11,5—13,0**	—	-
							5. Ko
K Al 3210/11	320	**0,8—1,3**	**0,8—1,3**	—	**11,5—13,0**	—	-
K Al 3212/13	320	**0,3—0,8**	**0,8—1,5**	bis **0,5**	**11,5—13,5**	—	-
							6. Versch
UV Al-Cu-Mg I	310	bis **5,5**	bis **2,0**	bis **1,5**	bis 1,0	bis 0,5	bis
UV Al-Cu-Mg II	310	bis **5,5**	bis **2,0**	bis **1,5**	bis 1,0	bis 0,7	bis
UV Al-Cu-Mg-Pb	310	bis **5,0**	bis **1,5**	bis **1,5**	bis 1,0	bis 1,0	bis
UV Al-Mg-Si	300	bis 0,1	bis **2,0**	bis **1,5**	bis **2,0**	bis 0,6	bis
UV Al-Mg I	300	bis 0,1	**2,0—10,0**	bis 1,0	bis 0,5	bis 0,5	bis
UV Al-Mg II	300	bis 0,5	bis **10,0**	bis 1,0	bis 0,7	bis 0,6	bis
UV Al-Si 12	320	bis 1,0	bis 0,3	bis **0,5**	**11,0—13,0**	bis 0,8	bis
							7. Reduktions- (Des
UR Al I	302	bis 4,5	—	—	—	—	bis
UR Al II	302	bis 4,5	—	—	—	—	bis
UR Al III	302	bis 4,5	—	—	—	—	bis

[1–3]) siehe Fußnote 1—3 auf S. 220/221.
[4]) Für diese Teile sind ferner die Hauptlegierungen UG Al-Zn-Cu 85 und UG Al-Zn-Cu

Für einige der in diesem Blatt angegebenen Legierungen oder für ihre Anwend

legierungen (Fortsetzung).

fett gedruckt) — Sonstige	Bemerkungen	Verwendung. H = Hauptlegierung, Z = zweckgebundene Legierung	
legierungen [1]).			
bis 0,3 Ni; Pb + Sn + Cd + Bi 0,5 – 2 [2,3])	nach Flw. 3167; herzustellen aus U-Legierungen VddA Nr. 113	Z	für Gleitlager, Schneckenräder, Gleitsteine, Zylinder und Gleitbahnen [4]): Vollstangen
—	—	Z	Gußstücke
0,5 Ni; 0,5 Cr; 1,0 Pb; 1,0 Sb; 0,3 Ti	—	Z	Gußstücke
0,8 – 1,1 Ni; bis 0,8 Fe + Ti; bis 0,2 Ti	nach Flw. 3210/11	Z	3210 für Gußstücke 3211 für Preßteile
legierungen [1]).			
0,8 – 1,1 Ni; bis 0,8 Fe + Ti; bis 0,2 Ti	nach Flw. 3210/11	Z	f. Kolben von Brennkraftmaschinen: 3210 für Gußstücke 3211 für Preßteile
0,2 – 0,4 Ni; bis 0,8 Fe + Ti; bis 0,2 Ti	sparstoffarme Kolbenlegierung nach Flw. 3212/13	Z	3212 für Gußstücke 3213 für Preßteile
legierungen.			
[3])	entspricht U-Legg. VddA Nr. 111 neu	Z	Verschnittlegierungen für Knetlegierungen
bis 0,1 Ni; bis 0,1 Pb [3])	entspricht U-Legg. VddA Nr. 112 neu	Z	
bis 0,3 Ni; Pb + Sn + Cd + Bi bis 2 [2,3])	entspricht U-Legg. VddA Nr. 113	Z	
Cu + Zn + Fe + Pb bis 1,0; bis 0,1 Pb allein [3])	entsprichs U-Legg. VddA Nr. 121 neu	Z	
Al + Mg mindestens 98,0; Cu + Zn + Si + Fe + Mn bis 2,0 [3])	entspricht U-Legg. VddA Nr. 131 neu	Z	
[3])	entspricht U-Legg. VddA Nr. 132 neu	Z	
bis 0,2 Ni; bis 0,1 Pb; bis 0,1 Sn [3])	entspricht U-Legg. VddA Nr. 231	Z	Verschnittlegierung für Gußlegierungen
dations-) Legierungen.			
bis 0,3 Pb; Spuren Sn [3])	entspr. U-Legg. VddA Nr. 411	Z	als Reduktionsmittel, z. B. für kohlefreie Metalle, für Stahldesoxydation, als Zusatz zu Zinkbädern, als Pigment von Lacken
bis 0,5 Pb; bis 0,2 Sn [3])	entspr. U-Legg. VddA Nr. 412	Z	
bis 1,0 Pb; bis 0,5 Sn [3])	entspr. U-Legg. VddA Nr. 413	Z	

für Schneckenräder auch die Hauptlegierung G Al-Si-Mg anwendbar.

bestehen im In- und Ausland gewerbliche Schutzrechte oder Anmeldungen hierfür.

b) Magnesiumlegierungen.

In den Verbotsanordnungen der Reichsstelle Eisen und Metalle werden Magnesium und Magnesiumlegierungen betroffen von Anordnung 39a, § 10 und Anordnung 47, §§ 1, 4,5 und 6.

Metallklasse 330. Knet- und Gußlegierungen genormt nach DIN 1717, Tafel 15; Spritzgußlegierungen nach DIN 1740. Halbzeug nach DIN 9101, 9701—9708 und L 24.

Magnesium selbst wird als Werkstoff kaum verwendet.

Tafel 15. Einteilung der Magnesiumlegierungen nach DIN 1717.

A. Magnesium-Knetlegierungen.

Ungefähre Zusammensetzung vH	Zustand	Streckgrenze kg/mm²	Zugfestigkeit kg/mm²	Bruchdehnung vH	Brinellhärte kg/mm²	Verwendung
1. Gattung Mg-Al.						
Mg-Al 3: 2—4 Al, 0—1,5 Zn, 0—0,5 Mn, Rest Mg	ohne Warmbehandlung	15—18	24—29	18— 8	55—60	Leicht verformbare Legi rung, z. B. für Schmied stücke mit hohen Rippen Ätzplatten; kleine Preß teile; Plaketten
Mg-Al 6: 6—7 Al, 0—1,5 Zn, 0—0,5 Mn, Rest Mg	ohne Warmbehandlung	18—22	27—33	16—10	60—65	Übliche Legierung für Stangen, Rohre, Profile un Schmiedestücke; beschränk schweißbare Blechlegierun (kurze Schweißnähte)
Mg-Al 9: 8—11 Al, 0—1,5 Zn, 0—0,5 Mn, Rest Mg	ohne Warmbehandlung	20—28	28—37	12— 6	70—80	Hoch beanspruchte Kon struktionsteile, z. B. Mo torträger, Luftschraube
	homogenis.	22—26	32—38	12— 9	65—75	
	ausgehärtet	26—30	36—43	6— 2	85—95	
2. Gattung Mg-Zn.						
4—5 Zn, 0—0,2 Mn, Rest Mg	ohne Warmbehandlung	16—18	24—28	18—14	50—60	Leicht verformbare Le gierung, farbig beizbar z. B. für Büroartikel
3. Gattung Mg-Mn.						
1—2,5 Mn, Rest Mg	ohne Warmbehandlung	8—15	18—24	8—1	40—50	Übliche Legierung f. Bleche gut korrosionsbeständig, gu schweißbar, z. B. für Ve kleidungsbleche, Kraftstoff behälter, Armaturen

B. Magnesium-Gußlegierungen.

1. Gattung G Mg-Al.

Ungefähre Zusammensetzung vH	Zustand		Zugfestigkeit kg/mm²	Bruchdehnung vH	Brinellhärte kg/mm²	Verwendung
7—11 Al, 0—0,5 Zn, 0—0,5 Mn, Rest Mg	Sandguß	ohne Warmbehandlung	16—20	3— 6	50—60	Dauerbeanspruchte Gußteile, z. B. Flugmotorengehäuse
		homogenis.	23—29	5—12	55—65	homogenisiert: für hohe Stoß- und Dehnungsbean spruchung
		ausgehärtet	24—29	1— 5	70—90	ausgehärtet: für hohe An forderung an Streckgrenz und Härte
	Kokillenguß	ohne Warmbehandlung	16—24	2— 8	55—65	Kokillengußteile jeder Art

Tafel 15 (Fortsetzung).

Ungefähre Zusammensetzung vH	Zustand	Zugfestigkeit kg/mm²	Bruchdehnung vH	Brinellhärte kg/mm²	Verwendung
2. Gattung G Mg-Al-Zn.					
3-Zn: 2,5—3,5 Al, 0,5—1,5 Zn, 0—0,5 Mn, Rest Mg	Sandguß ohne Warmbehandlung	14—17	7—10	40—50	Flüssigkeitsdichte Gußteile, z. B. Armaturen, Teile f. Öldruckleitungen
4-Zn: 3—4,5 Al, 2—3,5 Zn, 0—0,5 Mn, Rest Mg	Sandguß ohne Warmbehandlung	17—22	5— 9	45—55	Stoßbeanspruchte Teile, z.B. Flugzeuganlaufräder
6-Zn: 4—6,5 Al, 2—3,5 Zn, 0—0,5 Mn, Rest Mg	Sandguß ohne Warmbehandlung	16—20	3— 6	50—60	Dauerbeanspruchte Gußteile, z. B. Motorgehäuse, Getriebegehäuse; übliche Legierung für Gußteile in Elektrotechnik, Feinmechanik, Optik, Werkzeugmaschinenbau, Gerätebau
3. Gattung G Mg-Mn.					
1—2,5 Mn, Rest Mg	Sandguß ohne Warmbehandlung	8—11	2—5	35—40	Gut korrosionsbeständig, gut schweißbar, einzuschweißende Armaturen für Kraftstoff- und Ölbehälter
4. Gattung G Mg-Si.					
0,5—2 Si, Rest Mg	Sandguß ohne Warmbehandlung	9—13	1—4	40—45	Flüssigkeitsdichte Gußteile, z. B. Armaturen, Teile für Öldruckleitungen, in Fällen, wo die Legierung G Mg-Al 3-Zn wegen Gießschwierigkeiten nicht verwendbar ist

Tafel 16. **Übersicht über die Magnesiumlegierungen nach Handelsbezeichnungen geordnet.**

Handelsname	Gattung nach DIN 1713	Hersteller bzw. Lieferer
A. Knetlegierungen nach DIN 1717.		
AM 503, 537	Mg-Mn	I. G.
AZ 21, 31, 855, M	Mg-Al	I. G.
Emgan A 10, 12, 13, 15	Mg-Al	Rackwitz
Emgan M 1, 2, 3	Mg-Mn	Rackwitz
Magmaur W 380	Mg-Mn	Düren
Magmaur W 383, 386, 389	MgAl	Düren
Magmaur W 384	Mg-Zn	Düren
Magnesal	Mg-Al, Mg-Mn	V.D.M.
Magnewin 3501	Mg-Mn	V.L.W. u. Wintershall
Magnewin 3510, 3512, 3515	Mg-Al	V.L.W. u. Wintershall
Magnewin 40	Mg-Zn	V.L.W. u. Wintershall
Z 1 b	Mg-Zn	I. G.
B. Gußlegierungen für Sand- und Schalenguß nach DIN 1717.		
A Z F, A Z G	G Mg-Al-Zn	I. G.
A 9 V	G Mg-Al	I. G.
A Z 31	G Mg-Al-Zn	I. G.
A M 503	G Mg-Mn	I. G.
A Z 91	G Mg-Al	I. G.
C M Si	G Mg-Si	I. G.
Magnewin 3508	G Mg-Al	Wintershall

(Fortsetzung von Tafel 16 auf S. 228.)

Tafel 17. Übersicht der Leichtmetall-Legierungen nach Gattungen und Erzeugerfirmen geordnet.

I. Aluminium-Knetlegierungen.

Erzeuger	Al-Cu-Mg	Al-Cu-Mg A	Al-Mg	Al-Mg-Mn	Al-Mg-Si	Al-Mn	Sonderlegierungen
AEG.	AlCuMg 422, 426	AlCuMg Aut	AlMg 406, 410, 414, 418		AlMgSi 431	AlMn 441	
Aldrey					Aldrey		
Bergmann	Bergal A	Bergal BD			Bergal C		
Deltametall	Deltumin P, S	Deltavit I	Deltoxal		Deltal		
Düren	Duralumin, Duralplat	Durmes	Duranalium Mg 3, 5,7, 9, Polital 38	Duranalium Mg 25	Polital	MN 20	**Al-Cu-Ni** Duralumin W
Erbslöh	Qualität Q	Automal	Ermagal	Ermagal	Qualität M	Wicromal	**Sonderleg.**, Qualität 512/210, **Al-Cu** Qualität 55
Eveking		Hartal					
Felten & Guilleaume	F u. G 1	Bohr- u. Drehqual.	F u. G 5	F u. G 6	F u. G 4	F u. G 8	**Al-Cu**, F u. G 3
Göttingen					AGG 51	AGG 3	
Hirsch Kupfer	Finodur	Optimal	Finomalium		Finodal	Finoman	
Honsel	Modur				Howal	Ho 3	
Hueck	Silal HL 35, H 132, V2	Silal BD	Silal 53		Silal V	Silal K Leg. M	
I. G.	Igedur 26, Igedur 32		Hydronalium Hy5, 7,9				**Al-Mg-A**, DBA
Kreidler	Alkumag 300	Spanal 320			Simagal 200		
Mansfeld	ML 1/11, 1/93	AM 24	ML 5/30, 5/50, 5/70	ML 6/15	ML 4/12	ML 8/01	
Osnabrück	Okadur 3, 6, 10	Okadur 58	Osnalium 3, 5, 7, 9	Osmagal S	Zieral	Osmagal	
Rackwitz	Al-Cu-Mg Rackwitz D 39, 42, SD 46, Z 39, 42		Vanalium V 2, 3, 5, 7, 9, 16, 18				
Rautenbach							**Al-Cu-Ni**, Hiduminium RR 56, 59
Rheinmetall	Rheindur	Automatenleg.			R-S-Leg.		
Schmöle					Erges 4		
Silumin							**Al-Si**, Silumin
Siemens-Schuckert	Protal	Protal BD			Legal		**Al-Mg-Si A**, Legal BD
Singen	Avional D, Z, 3125	BD 11	Peraluman 3, 5, 7	Peraluman 2	Anticorodal	Aluman AW 15	
Unna	MWU 1		MWU 5	MWU 6	MWU 4	MWU 8	**Sonderleg.**, MWU 090
VDM	Hoddur H 1 V, H 3 V, H 4 V, HND	Tordal	Heddenal 3, 5, 7, 9 BS-Seewasser	Heddenal L	Pantal	Heddal	**Lagerleg.**, Alva 36, **Sonderleg.** Neomagnal
VLM	Bondur platt: Bondurplat, Albondur	MZB	BS-Seewasser Leg. 63/03		Pantal	Mangal	**Al-Cu** Lautal, Al-Cu, **platt.** Allautal
Wieland	Ulminium N, P, Q, R, S	W I 301	AlMg 3, 5, 7		Ulmal	Donal	**Al-Mg-Si-A**, WA 301
Wutöschingen	Aludur 570, 580, 630		Aludur 300	Aludur 275	Aludur 533 Korrofestal	M 115	**Lagerleg.**, Quarzal Q 2—15

II. Aluminium-Gußlegierungen.

Erzeuger	G Al-Cu amerikan. Leg.	G Al-Cu-Ni Y-Legierung	G Al-Mg	G Al-Mg-Si	G Al-Si	G Al-Si-Cu	G Al-Si-Mg	G Al-Zn deutsche Legierung
AVG			**G Al-Mg-Mn** L 15 III	L 15 I				
Düren			Duranalium	Polital				
I. G.			Hydronalium 21, 31, 51, 71. Spritzg.: Hy 9					
Nürnberg	Neoalium Nüral 30 „ 122 „ 195 „ 200	Nüral 94 „ 142		Nüral 5 „ 43		Nüral 85 „ 132 „ 1531 „ 1761		**G Al-Zn-Cu** Nüral 77
Rautenbach.....		Hiduminium RR 50, 53						
K. Schmidt			BS-Seewasser KS-Seewasser Titan-Sonderseewasser TSS 3, 5, 8		KSY	Alusil KS 245 KS 280 KS 1275	EC 124	
Silumin.........			Silumin-Gamma	Pantal 5	Silumin	Kupfer-Silumin Lo-Ex	Silumin-Beta	
Stock			Stalanium					
Villingen........				Anticorodal				
VAW		**G Al-Cu-Mn** G 97						**G Al-Zn-Mg** G 54

III. Magnesium-Knetlegierungen.

Erzeuger	Mg-Al	Mg-Mn	Mg-Zn
Düren	Magmaur W 383, 386, 389	Magmaur W 380	Magmaur W 384
I. G.	AZ 21, 31, 855, AZM	AM 503, 537	Z 1 b
Rackwitz	Emgan A 10, 12, 13, 15	Emgan M 1, 2, 3	
VDM...........	Magnesal	Magnesal	
VLM u. Wintershall	Magnewin 3510, 3512, 3515	Magnewin 3501	Magnewin 40

IV. Magnesium-Gußlegierungen.

Erzeuger	Mg-Al	Mg-Al-Zn	Spritzguß Mg-Al-Zn	Mg-Mn	Mg-Si
I. G.	A 8, A 8 K, A 9 V, AZ 91	AZF, AZG, AZ 31	AZ 91	AM 503	CM Si
Wintershall	Magnewin 3508		Magnewin Sg		

Tafel 16 (Fortsetzung von S. 225).

Handelsname	Gattung nach DIN 1717	Hersteller bzw. Lieferer
C. Spritzgußlegierungen nach DIN 1744.		
A Z 91	Sg Mg-Al-Zn	I. G.
Magnewin Sg	Sg Mg-Al-Zn	Wintershall

Die große Anzahl der Leichtmetallgießereien (Lizenznehmer) kann aus Platzmangel nicht vollständig angeführt werden. Für Änderungen in den Handelsbezeichnungen und in den Lieferfirmen kann volle Bürgschaft nicht übernommen werden. Legierungen, die nicht mehr hergestellt werden, sind nicht aufgeführt. Legierungen aus der Ostmark und dem Sudetenland sind noch nicht berücksichtigt. Stand Dezember 1938.

Bedeutung der Firmen-Kurzbenennungen.

Düren .... Dürener Metallwerke A.-G., Hauptverw., Berlin-Borsigwalde
I. G. .... I. G. Farbenindustrie Aktiengesellschaft, Bitterfeld.
Rackwitz .... Leipziger Leichtmetallwerk Rackwitz, Bernhard Berghaus & Co. Kom.-Ges., Rackwitz bei Leipzig.
V.D.M. .... Vereinigte Deutsche Metallwerke A.-G., Werk Heddernheim, Frankfurt a. M.-Heddernheim.
V.L.W. .... Vereinigte Leichtmetall-Werke GmbH, Werk Linden, Hannover-Linden.
Wintershall .... Wintershall A.-G., Kassel.

Schrifttumsnachweis für Leichtmetalle.

a) Bücher.

Aludur-Handbuch, Aluminiumwerk Wutöschingen GmbH., Wutöschingen (Baden).
Aluminium-Taschenbuch. 8. Aufl. Berlin: Alu-Zentrale Neudruck 1939.
Bürgel: Deutsche Austauschwerkstoffe. Berlin: Julius Springer 1937.
Claus, Willi: Die austauschweise Verwendung von Nichteisenmetallen und legierten Stählen, S. 641. Berlin: N.E.M.-Verlag 1938.
Melchior: Aluminium. Berlin: VDI-Verlag 1929.
Nüral, Technisches Handbuch, Aluminiumwerke Nürnberg.
Schriftenreihe Aluminium: Verwendung des Aluminiums in der chemischen und Nahrungsmittelindustrie. Deutsche Ausgabe der Alu-Zentrale Berlin.
Ullmann: Enzyklopädie der Technischen Chemie. Berlin-Wien: Urban & Schwarzenberg 1932.
Werkstoffhandbuch Nichteisenmetalle. Berlin: VDI-Verlag 1936/37.
Werkstoff Magnesium. 2. Aufl. Berlin: VDI-Verlag 1939.
v. Zeerleder: Technologie des Aluminiums und seiner Legierungen. Leipzig: Akad. Verlagsges.

b) Zeitschriften.

Aluminium. Berlin: Verlag Alu-Zentrale.
Automobiltechnische Zeitschrift. Stuttgart: Franckhsche Verlagshandlung.
Elektrotechnische Zeitschrift. Berlin: Julius Springer.
Gießereizeitung. Düsseldorf: Gießerei-Verlag.
Maschinenbau und Betrieb. Berlin: VDI-Verlag.
Metallwirtschaft, -Wissenschaft, -Technik, Berlin. N.E.M.-Verlag und Buchvertrieb Dr. Georg Lüttke, Berlin.
Stahl und Eisen. Düsseldorf: Stahleisen-Verlag.
Technische Zeitschrift für praktische Metallbearbeitung. Berlin: Union-Verlag
Werkstatt und Betrieb. München 27: Carl Hanser Verlag.
(Sonderhefte „Leichtmetalle“ 1937, 19/20, 21/22 und 1938, 23/24.)
Zeitschrift des Vereins Deutscher Ingenieure. Berlin: VDI-Verlag.
Zeitschrift für Metallkunde. Berlin: VDI-Verlag.

c) Sonderdrucke und Leitblätter.

Kleinere Druckschriften der Griesogen, Frankfurt a. M.: Der Leichtmetallschweißer; Schweißen von Leichtmetallen.
Leitblätter der Aluminium-Zentrale Berlin.
Leitblätter und Sonderdrucke der I. G. Farbenindustrie Aktiengesellschaft, Bitterfeld.
Magnewin-Drucksachen der Wintershall A.-G., Kassel.
Merkblätter der Vereinigten Leichtmetallwerke Hannover.

Mitteilungen der Silumin-Gesellschaft, Frankfurt a. Main.
Sonderdrucke der Lurgi, Frankfurt a. Main.
Sonderdrucke der Rudolf Rautenbach Leichtmetallgießereien, Solingen.
Technische Mitteilungen der Aluminiumwerke Nürnberg.
Werkstoffblätter der Dürener Metallwerke, Hauptverwaltung Berlin-Borsigwalde.
Werkstoffblätter und Sonderdrucke des Leipziger Leichtmetallwerkes Rackwitz bei Leipzig.

IV. Edelmetalle.

a) Platinlegierungen.

1. **Platin** wird in der Technik unlegiert nicht verwendet.

2. **Platinlegierungen,** Verwendung: Mit Rhodium für Thermoelemente, Heizdrähte und als Katalysator, mit Iridium für Anoden (Chlor), Kontakte, Zünddrähte, Injektionskanülen, Radiumträger, mit Ruthen für chirurgische Instrumente, mit Gold für Spinndüsen und als phosphorsäurebeständiger Werkstoff, mit Rhenium für Thermoelemente und Netzelektroden, mit Beryllium für Kontakte, Widerstände, Zünddrähte, Spinndüsen, Laboratoriumsgeräte und chirurgische Geräte, mit Vanadin, Tantal oder Niob für Laboratoriumsgeräte, mit Wolfram oder Nickel für Kontakte und mit Zinn für Spinndüsen und Heizwicklungen.

b) Goldlegierungen.

1. **Gold** wird in der Technik unlegiert nicht verwendet.

2. **Goldlegierungen,** Verwendung: Mit Platin oder Palladium für Spinndüsen und Laboratoriumsgeräte, mit Nickel (Weißgold) in der Feinmechanik und Optik, sowie für Füllhalterfedern, ferner für Schmuck und in der Zahnheilkunde.

Vergoldung s. Abschn. Oberflächenschutz.

c) Silber und Silberlegierungen.

1. **Silber.** Verwendung von Feinsilber für Verbindungsteile, Kontakte, Sicherungsdrähte und dergleichen in der Fernmelde- und Fernsehtechnik, für chemische Apparate als salzsäure- und laugenbeständiger Werkstoff, zur Herstellung von Heilmitteln und photographischen Salzen, für künstliche Knochen und in der chemischen Industrie als Keimtöter bei der Wasserentkeimung und als Katalysator.

2. **Silberlegierungen.** Verwendung mit Kupfer für Sicherungsdrähte in der Elektrotechnik und für Tafelgerät, mit Palladium für Kontakte, Schreibfedern und Spinndüsen (für Kontakte auch Silberlegierungen mit Platin, Gold und Wolfram), mit Mangan (Zinn, Germanium) für temperaturunabhängige Widerstände, Schmuck und in der Zahnheilkunde, mit Zink und Kadmium (Silberlote) als Hartlote, Hartsilberlegierungen (unter Zusatz kleiner Mengen seltener Metalle) beim Bau chemischer Apparate und mit Nickel (Feinkornsilber) für höhere Temperaturen. Silbermanteldrähte für Kontakte.

Versilberung s. Abschn. Oberflächenschutz.

V. Seltene Metalle.

Tantal und Niob werden nur selten, z. B. für Spinndüsen der Kunstseidenindustrie oder für chirurgische Instrumente verwendet.

Wolfram und Molybdän werden verwendet für Glühlampendrähte, Kontakte und ähnliche Zwecke der Elektrotechnik und wie Vanadin, Titan, Chrom und Mangan als Legiermetalle für Edelstähle, Schneid- und Hartmetalle.

Verchromung s. Abschn. Oberflächenschutz

In den Verbotsanordnungen der Reichsstelle Eisen und Metalle werden Chromüberzüge betroffen von Anordnung 26a, § 3; Anordnung 32a, §§ 3 und 15; Anordnung 38a, § 3 und Anordnung 39a, §§ 3 und 9.

B. Nichtmetallische Werkstoffe.

Im Laufe der letzten Jahre wurden eine ganze Anzahl neuer Werkstoffe entwickelt, die auch für die Metallindustrie großes Interesse haben.

Es handelt sich hier sowohl um Naturstoffe, deren Eigenschaften durch chemische oder physikalische Verfahren verbessert werden konnten, ferner um weitere Stoffgruppen, die im rein synthetischen Aufbau neu entstanden. Diese Werkstoffe fassen wir heute in dem Sammelbegriff „Kunststoffe" zusammen.

I. Kunststoffe.

Den Grundstoffen entsprechend, lassen sich die Kunststoffe in drei große Gruppen aufteilen:

a) Werkstoffe aus Zellulose. Im weiteren Sinne gehören hierzu auch die vergüteten Hölzer, dann Zellwolle, Kunstseide, Zellulose-Lacke und formbare Zellulose-Massen.

b) Härtende Kondensations-Produkte (Kunstharze) und Polymerisations-Produkte (synthetischer Kautschuk).

c) Nicht härtende Kunststoffe, wie lösliche Kunstharze und die formbaren hochpolymeren Neustoffe, aus dem Grundstoff Kohle.

a) Werkstoffe aus Zellulose.

Ein umfassenderer Einsatz von Holz war auch außerhalb des Bauwesens wünschenswert. Hierdurch war die Notwendigkeit gegeben, gewisse Eigenschaften der Hölzer zu ergänzen und zu verbessern. Diese Aufgabe wurde gelöst:

1. durch Beeinflussung des Holzfaser-Verbandes mit Hilfe einer Verdichtung durch Pressen, durch Schichtung und durch Tränkung;
2. durch die Ausnutzung holzfreier Zellulosefasern zum Aufbau neuer Werkstoffe.

Daneben wurde Holzstoff im Wege der Umformung von gereinigten Holzzellulosen im Lösungsprozeß für die Herstellung künstlicher Faserstoffe eingesetzt.

Holz als Grundstoff. Nach der „Begriffsordnung und Zeichen für vergütete Hölzer und holzartige Bau- und Werkstoffe", Normenblatt DIN 4076, umfaßt der Begriff „Lagenholz":

1. Unverdichtetes Lagenholz, nämlich Sperrholz, Sternholz und Schichtholz (Rohwichte bis 850 kg/m^3),
2. Verdichtetes Lagenholz (Preßlagenholz) wie Preß-Sperrholz, Preß-Sternholz und Preß-Schichtholz (Rohwichte über 850 kg/m^3). Die Eigenschaftswerte dieser Gruppe sind unter der Werkstoffbezeichnung „Kunstharz-Preßholz" in DIN 7701 enthalten.

Abb. W3. Verschiedene Anordnungsmöglichkeiten von Furnieren beim Verleimen. [Werkst.-Techn. Bd. 22 (1928) Heft 11].

Tafel 18. Eigenschaften von lamelliertem Holz im Vergleich zu Vollholz[1]) (nach Bittner-Klotz).

Nr.	Eigenschaft		Birke 50fach[2])	Birke voll	Birke Zunahme %	Buche 45fach	Buche voll	Buche Zunahme %	Esche Vollholz	Nußbaum Vollholz
1	Spez. Gewicht (g/cm^3)		1,00	0,67	+49	0,94	0,65	+45	0,65	0,60
2	Feuchtigkeitsgehalt (%)		6,5	10,0	−35	6,0	9,0	−33,3	8,4	7,5
3	Zugfestigkeit (kg/cm^2)	längs	1280	1380	−7,3	1290	1400	7,9	1330	1250
		quer	383	75	+410	215	100	+115	125	92
4	Druckfestigkeit (kg/cm^2)	längs	1150	700	+64	1350	600	+125	600	680
		quer	540	90	+500	540	—	—	100	120
5	Biegefestigkeit (kg/cm^2)	längs	2200	1400	+57	2200	1300	+69	1250	1400
		quer	550	100	+450	360	120	+200	190	157
6	Verdrehfestigkeit (kg/cm^2)	längs	—	200	—	320	200	+60	260	300
		quer	—	—	—	200	110	+82	165	150
7	Spez. Schlagarbeit (kg/cm^2)	längs	81···89	120···140	−(33···36)	33···67	60···95	−(11···188)	80···125	40···70
		quer	15	3···5	+(200···400)	1,7···4,9	3···4	− 43···+63	3···4	1,5···2,5
8	Elastizitätsmodul (kg/cm^2)	längs	215000	160000	+34	185000	150000	+23	150000	140000
		quer	48000	5800	+728	34000	9000	+278	16000	12000
9	Schubmodul (kg/cm^2)	längs	—	8000	—	15000	9200	+63	13000	15000
10	Feuchtigkeitsaufnahme nach 50 h Wasserlagerung (%)		8,0	43,3	−82	8,8	38,5	−77	21,1	16,7
11	Quellen nach 50 h Wasserlagerung (%)	Dicke	1,85	5,18	−64	1,05	5,8	−82	2,55	2,08
		Breite	0,18	6,5	−97	—	3,5	—	1,4	1,3
12	Verhältnis:									
	Zugfestigkeit: Spez. Gewicht	längs	12,8	20,5	−38	13,7	21,5	−36	20,5	20,8
		quer	3,8	1,1	+245	2,3	1,5	+53	1,9	1,5
	Druckfestigkeit: Spez. Gewicht	längs	11,5	10,5	+9,5	14,4	9,25	+56	9,5	11,3
		quer	5,4	1,3	+315	5,8	—	—	1,5	2,0
	Biegefestigkeit: Spez. Gewicht	längs	22,0	21,0	+4,8	23,5	20,0	+17,5	19,3	23,3
		quer	5,5	1,5	+267	3,8	3,1	+22,5	2,9	2,6
	E-Modul: Spez. Gewicht	längs	2150	2400	−10,4	1970	2300	−14,3	2300	2330
		quer	480	87	+452	360	140	+157	250	200

[1]) Mittelwerte aus mehreren Versuchen. [2]) Jede zehnte Lage quer angeordnet.

Tafel 19. **Druck-, Zug- und Biegefestigkeit von Sperrholz.**

(Nach Bittner-Klotz.)

Holzart	Plattenaufbau	Plattendicke mm	Probenentnahme	Druckfestigkeit kg/cm²	Zugfestigkeit kg/cm²	Biegefestigkeit kg/cm² ∥ zur Fuge	Biegefestigkeit kg/cm² ⊥ zur Fuge	Beobachte[1]
			Nadelhölzer:					
Douglasie (Pseudotsuga taxifolia)	3fach	2,5···12,7	längs quer		435 275			U.S.F.P.L.
Kiefer $\gamma = 0{,}6$	3fach	1,2	längs quer		580 350			O. Kraem
Weymouthskiefer (Pinus strobus)	3fach	2,5···12,7	längs quer		402 235			U.S.F.P.L
			Laubhölzer:					
Birke (Betula verrucosa)	3fach 1:1,25:1	3,2	längs quer diagonal		1031 829 304			O. Kraem
Wichte γ 0,72	5fach 5×1,3	6,2	längs quer diagonal		850 835 274	875 775 280	1070 615 238	
γ 0,75	7fach 1,15:1,3:1,15 :1,3:1,15 :1,3:1,15:1,3	8,0	längs quer diagonal	371 375 290	950 637 277	800 710 311	940 675 326	
γ 0,72	9fach 1:1,3:1:1,3:1 :1,3:1:1,3:1	9,75	längs quer diagonal	375 373 250	755 774 284	726 868 384	857 768 359	
Buche (Fagus silvatica)	3fach	1,3	längs quer		740 660			O. Kraem
	3fach	2,5···12,7	längs quer		913 512			U.S.F.P.L.
Erle (Alnus glutinosa) γ 0,52	3fach 1,0:1,2:1,0	3,2	längs quer		469 222			R.Bauman
γ 0,55	3fach	1,7	längs quer		644 603			O. Kraem
Esche (Fraxinus excelsior)	3fach	2,5···12,7	längs quer		457 306			U.S.F.P.L.
Gaboon (Aucoumea klaineana)	3fach 1,5:3:1,5	6	längs quer	(K[2]):186)	365 380			G. Christians
	3fach 1,5:2:1,5	5	längs		322···435			R.Bauman
	5fach 2,3: 4,05:3,2: 4,05:2,3	16	längs	(K:301)	375	481		G. Christians
Nußbaum (Juglans nigra)	3fach	2,5···12,7	längs quer		579 370			U.S.F.P.L
Pappel	3fach 1:1:1	3,0	längs quer		576 390			R.Bauman

[1]) U.S.F.P.L. = United States Forest Products Laboratory. [2]) K = Knickfall.

Durch Verbindung einzelner Holzlagen mittels Verleimung wird erreicht, daß durch Witterungseinflüsse bedingte Schrumpfung und Quellung unverleimter Elemente unterbunden und die Auslösung von Spannungen aufgefangen oder „gesperrt“ wird.

Sperrholz mit der Gattungsbezeichnung „Furnierholz“ hat durch eine Lamellenschichtung um 90° besonders hohe Zugfestigkeit in Faserrichtung, während beim Sternholz die sternförmige Schichtung ausgeglichene Festigkeit nach allen Richtungen gibt.

Abb. W 4. Dreifach verleimte Furniersperrplatte.

Durch diagonale Faserschichtung der Decklagen zu den Außenkanten werden „Diagonalplatten“ für besondere Zwecke der Luftfahrt hergestellt.

Die „Tischlerplatte“ begrenzt durch beiderseitige Absperrfurniere eine aus Stäbchen, Leisten oder Streifen aufgebaute Mittellage.

Während die Vergütung beim Sperrholz besonders die Formbeständigkeit bei Temperatur- und Witterungseinfluß zum Ziele hat, erstreckt sich bei „Schichtholz“ die Verbesserung auch auf den Ausgleich wachstumbedingter Holzfehler. Im allgemeinen liegen die Furniere beim Schichtholz parallelfaserig. Neben der stofflich begründeten höheren und besonders gleichmäßigeren Festigkeit wird diese durch das Bindemittel weiter gefördert, wenn Kunstharzleime[1]) (Tegofilm oder Kunstharzlösung) an Stelle der bei Sperrholz üblichen Leimung mit Blut- und Kaseinleim verwendet werden. Die Kunstharzleimung bringt auch Verbesserung der Feuchtigkeits- und Witterungsfestigkeit. Durch Tego-Leimfilme lassen sich Holzlamellen unlöslich miteinander verbinden; durch den Tegeviro-Drahtleim gelingt es auch, dicke Bohlen, wie Eisenbahnschwellen usw., fest zu vereinigen (s. Tafel 20).

Tafel 20. **Bindefestigkeit von verschieden verleimtem Birkensperrholz.** (Nach O. Kraemer.)

	Sperrholzdicke mm	Bindefestigkeit kg/cm² Mittelwerte trocken	naß 48 h	Verhältnis naß : trocken
Kasein	1,0 · · · 1,8	38	15	0,40
Kasein-Blutalbumin	2,0	36	19	0,53
Blutalbumin	1,7	42	33	0,78
Tegofilm	1,5	49	38	0,78
Kaurit	1,2	48	39	0,81
Tränkungsverleimung: Bakelit	2,0	58	51	0,88

Unverdichtete Sperr- und Schichthölzer werden nur durch leichten Druck verleimt (etwa 25 kg/cm²), während der bei der Behandlung verdichteter Hölzer aufgewendete Preßdruck (bis 200 kg/cm²) bereits Verdichtung des Holzgefüges verursacht, die eine zusätzliche Festigkeitssteigerung der Hölzer zur Folge hat.

Nach den vom Reichsausschuß für Lieferbedingungen (RAL) in Gemeinschaft mit der Fachuntergruppe Sperrholzindustrie aufgestellten Grundlagen für Sperrholz-Bewertung soll der Höchstwassergehalt von Sperrholz 12% betragen. Auch sind Mindestwerte für Leimfestigkeit aufgestellt:

[1]) AWF-Betriebsblatt 30 d „Anwendung und Behandlung von Kunstharzleimen in holzverarbeitenden Betrieben“. Berlin: Beuth-Vertrieb.

1. Für feuchtverleimte Platten im lufttrockenen Zustand 20 kg/cm², nach 48stündiger Wasserlagerung 7,5 kg/cm².

2. Für wasserfest verleimte Platten im lufttrockenen Zustand 20 kg/cm², nach 96stündiger Wasserlagerung 15 kg/cm².

3. Für kochfeste Platten (nach 1stündiger Kochung) im nassen Zustande 10 kg/cm², nach der Trocknung 15 kg/cm².

Tafel 20 gibt eine Übersicht über die Bindefestigkeit der Verleimungsarten von Birkensperrholz, geprüft nach den „Bauvorschriften für Flugzeuge“.

Die Eigenschaftswerte von Sperr- und Schichtholz sind aus den Zahlentafeln 18 und 19, Seite 231 und 232, zu entnehmen.

Es ist durch Druck und Druckwärmebehandlung möglich, die Holz-Eigenschaften weitgehendst zu verändern, z. B. bei Umwandlung von Buchenholz in Lignostone, Tafel 21, durch allseitig wirkenden starken Druck.

Tafel 21. **Veränderung der Eigenschaften von Buchenholz durch Umwandlung in Lignostone.**

	Buche	Lignostone aus Buche
Raumgewicht	0,65	1,4
Zugfestigkeit .... kg/cm²	1400	3300
Biegefestigkeit ...... kg/cm²	1300	2784
Druckfestigkeit parallel der Faser ... kg/cm²	610	1548
E-Modul .... kg/cm²	150000	296000
Spaltfestigkeit........ kg/cm²	6,5	30
Scherfestigkeit ...... kg/cm²	92	280

Tego-Leim und Tegoviro-Drahtleim erfordern Druck- und Wärmebehandlung. Daneben gibt es Kaltleim-Verfahren, die druckfreie, auch kalte Härtung ermöglichen, wie z. B. Kaurit-, Pressal- und Melocol-Leime. Zur Herstellung im Ziehverfahren profilierbarer Furniere werden Holzlamellen mit Zwischenlagen von elastischen Harzfolien benutzt.

Schichthölzer sind ebenso wie Sperrholz durchweg harzarm (unter 8 vH). Erhöht man den Kunstharz-Gehalt über 8 vH, so kommt man zu preßstoffartigen sogenannten Kunstharz-Preßhölzern, deren Eingliederung in die DIN 7701 Preßstoffnormen vorgenommen ist.

Infolge der saugfähigen Holzlamellen behalten die Kunstharz-Preßhölzer eine gewisse Feuchtigkeitsempfindlichkeit, auf die bei der Verwendung Rücksicht zu nehmen ist.

Zahlentafel 22 zeigt den Einfluß der Harz- und Druckbehandlung auf Buchenholz.

Bei holzmehlhaltigen Preßstoffen ist die Faser stark in Harz eingebettet, so daß Feuchtigkeit keine Angriffsfläche findet. Preßstoffe sind in einem Sonderabschnitt besprochen.

Papier als Grundstoff. Die Verwendung von Papieren zum Aufbau neuer Werkstoffe ist gleichfalls im Abschnitt „Preßstoffe“ behandelt.

Papierfaser dient auch zur Herstellung von Preßspänen, deren Güte in der sehr weitgehenden Faserverfilzung begründet ist.

Bei der Herstellung von Vulkanfiber werden Papierbahnen durch zelluloseverhornende Stoffe pergamentiert. Vulkanfiber ist unter den Zellulose-Derivaten der Werkstoff der höchsten mechanischen Festigkeit.

Tafel 22. **Einfluß der Harz- und Druckbehandlung auf Buchenholz.**

		Vollholz	TVBU 40 40 Lamellen Buche Tego verleimt	Kunstharz-schichtholz Höchstwerte
Raumgewicht γ	g/cm³	0,65	0,86	1,35
Zugfestigkeit σ_B	kg/cm²	1400	1820	3590
Druckfestigkeit σ_{-B}	kg/cm²	600	1020	2160
Biegefestigkeit σ'_B	kg/cm²	1300	1940	3540
Spez. Schlagbiegearbeit	cmkg/cm²	60 bis 95	33 bis 43	75 bis 98
E-Modul	kg/cm²	150000	187000	311000
$\sigma_B : 100 \cdot \gamma$		21,6	21,2	26,6
$\sigma_{-B} : 100 \cdot \gamma$		9,2	11,9	16,0
$\sigma'_B : 100 \cdot \gamma$		20,0	22,6	26,2
$E : 100 \cdot \gamma$		2300	2180	2300
Feuchtigkeitsaufnahme	%*	61,0	33,2	3,9 bis 39,0
Dickenquellen	%*	8,5	7,4	6,0 „ 21,2
Breitenquellen	%*	3,8	1,3	3,7 „ 5,5

* Nach 100stündiger Wasserlagerung.

Synthetische Faserstoffe aus Holz. Als Austausch für Baumwolle dient die aus dem Zellstoff des Sulfitaufschlusses von Buchenholz gewonnene Zellwolle. Gelöste Hydratzellulose (Viskose) gibt beim Ziehen endloser Fäden Viskose-Seide, bei Aufteilung dieser in Längenabschnitte Stapelfaser (Zellwolle). Auch Zellwolle dient ebenso wie Papier als Harzträger für Preßstoffe. Hydratzellulose ist im Handel, abgesehen von Faser- und Gewebeform, auch in strukturlosem Zustand als Platte und Folie unter dem Sammelbegriff Zellglas eine bekannte Ware. Zellstoff dient weiter zur Herstellung von Nitro- und Azetylzellulose, den Ausgangsprodukten von Lacken und plastisch verformbaren Kunststoffen, wie Zellhorn und Azetylzelloid (Cellon, Ecavit), sowie für Appreturmittel, Klebstoffe und Bindemittel für Anstrichfarben.

b) Härtende Kunststoffe.

Von Kunstharzen treten im Maschinenbau Kresol- und Phenolformaldehydharze in Erscheinung. Man findet sie als Bindemittel für Preßstoffe, als reine Preßharze, als Gießharze und als Lack- und Klebstoffe.

Phenol und Kresol stammen aus dem Steinkohlenteer und der Braun- und Steinkohlen-Schwelerei. Phenole werden neuerdings auch in erheblichem Umfange im Wege der Synthese gewonnen.

Von besonderer Wichtigkeit sind die härtenden Kunstharze. Das Härten kommt dadurch zustande, daß im Wege der chemischen Kondensation ein Zusammenschluß von Molekülen zu großen Molekülgruppen stattfindet. Der Umstand, daß die Härtung gestuft vor sich geht, wird technisch ausgenutzt, indem die Verformung während eines wärmeplastischen Zwischenzustandes vorgenommen wird. Die Aushärtung geht alsdann in dem ausgeformten Harz vor sich. Dies gilt sowohl für Preßmassen als auch für alle anderen Anwendungsgebiete der härtenden Kunstharze.

Durch Wechsel der Mengenverhältnisse der einzelnen Aufbaukomponenten sowie durch die Art der Kondensationsführung, lassen sich Härtung und Härtungsgeschwindigkeit regeln. Bei Hartpapieren und Hartgeweben erfordert die Aufbringung des Harzes, besonders die Verteilung der Harzschicht auf den Flächen, gewisse Zeit. Hierfür sind langsam härtende Harze erforderlich. Die Wirtschaftlichkeit der Verformung von Preßmassen bedingt dagegen schnelle Erhärtung. Es werden dafür Harze verwendet, deren Verfestigung nach dem Verformungsprozeß sehr schnell erfolgt. Man bezeichnet in der Kunstharztechnik die einzelnen Härtungsstufen als Resole, Resitole und Resite. Der Harzzustand wirkt sich z. B. bei Phenol- und Kresolharzen auch in der Löslichkeit aus. Resole sind in Spiritus in jedem Verhältnis löslich. Bei Resitolen läßt die Löslichkeit bereits nach und Resite sind völlig unlöslich. Resole sind ferner schmelzbar, sie werden daher auch als Gießharze verwendet, indem die Schmelze in Formen gegossen und alsdann bei langsam gesteigerter Temperatur allmählich in den Resit-Zustand übergeführt wird. Der lösliche Resolzustand macht die Anwendung als Anstrichmittel möglich. Diese Lösungen sind aber nicht die eigentlichen Lackharze, die im späteren Abschnitt zu besprechen sind.

Hauptanwendungsgebiete für Phenol- und Kresolharze sind Preßstoffe und Lacke.

Preßstoffe. In den Preßmassen wird die Festigkeit der im reinen Zustand spröden Kunstharze durch Vermischen mit Füllstoffen verbessert. Die Art der Füllstoffe regelt die Gruppierung der Preßmassen in die Typenordnung des VDE. Eine Unterteilung in bestimmte Typen wurde vorgenommen, um Verbrauchern und Aufsichtsbehörden gewisse Sicherheiten über diese Werkstoffe zu geben. In der Typisierung finden sich Mindestwerte der wichtigsten Eigenschaften von jedem Preßstofftyp.

Durch einen Vertrag zwischen der Fachgruppe Preßstoffe und dem Staatl. Materialprüfamt ist dieser Behörde die Überwachung der Erzeugnisse aller dem Verbande angehöriger Firmen unterstellt. Auch die Preßstoff herstellenden Firmen unterliegen dieser Überwachung. Zur Kennzeichnung der Mitgliedschaft sind die der Fachgruppe angehörenden Firmen berechtigt, ein Überwachungszeichen, Bild W 5, auf ihren Preßteilen aufzupressen.

Abb. W 5. **Überwachungszeichen beispielsweise für Typ S und Mitglied Nr. 89. Das Zeichen ist entstanden aus Zusammenfügen der Buchstaben MPD (Materialprüfamt Dahlem).**

In DIN 7701, Tafel 23, sind die Eigenschaften der Preßmassen enthalten, die als Werkstoffe allgemeine Bedeutung haben.

Es werden unterschieden: nicht geschichtete Preßstoffe und geschichtete Preßstoffe.

Nicht geschichtete Preßstoffe. Die nicht geschichteten Preßstoffe unterscheiden sich von den geschichteten Preßstoffen durch die Art der Verformung. Diese werden durch spanlose Formung in beheizten Gesenken bereits als Fertigerzeugnisse gewonnen, jene preßt man in der Regel zu Platten oder formt sie zu Rohren und Stangen, um ihnen alsdann durch spanabhebende Verarbeitung die endgültige Form zu geben.

Für die Elektrotechnik sind neben den Typen DIN 7701 noch weitere Preßmassen vorhanden. Diese in den VDE-Leitsätzen „Isolierpreßstoffe" benannt, sind in den VDE-Vorschriften 0320 und VDE 0320 a/XI. 40 behandelt (neueste Ausgabe 1942 siehe Tafel 24).

Preßmassen sind also Mischungen von Kunstharzen und Füllstoffen. Alle nicht geschichteten Preßmassen DIN 7701 sind schnellhärtend, d. h. von der Einführung des Preßpulvers in die beheizte Form vergehen bis zur Entnahme des fertigen Stückes nur Minuten. Die sogenannte Backzeit,

Tafel 23. Eigenschaften der Preßmassen nach DIN 7701.

1	2	3	4	5	6	7	8	9	10	11	12	13	14	15	16	17
		Mechanische Eigenschaften							Thermische Eigenschaften							
										Zulässige Höchsttemperatur						
											bei kurzzeitiger Wärmebeanspruchung und Berücksichtigung der					
Zusammensetzung	Bezeichnung Typ	Biegefestigkeit σ_{bB} mind. kg/cm²	Schlagbiegefestigkeit a_n mind. cmkg/cm²	Kerbzähigkeit a_k mind. cmkg/cm²	Druckfestigkeit σ_{dB} mind. kg/cm²	Zugfestigkeit σ_{zB} mind. kg/cm²	Härte mind. kg/cm²	Elastizitätsmodul E Richtwerte kg/cm²	Wärmefestigkeit nach Martens mind. °C	bei dauernder Wärmebeanspruchung °C	Biegefestigkeit −10% °C	Schlagbiegefestigkeit −10% °C	Schrumpfung 0,6% °C	Glutfestigkeit mind. Gütegrad	Lineare Wärmedehnzahl je °C zwischen 0 u. 50 $\alpha_t \cdot 10^6$	Wichte kg/dm³
Phenolharz mit anorganischem Füllstoff	1_1	500	3,5	1,0	1200	150	1800	60000 bis 150000								
	1_2	500	3,5	2,0	1200	250	1500	90000 bis 150000	150	150	215	215	200	4	15 bis 30	≈ 1,8
	M	700	15,0	15,0	1200	250	1500	90000 bis 160000								
Phenolharz m. Holzmehl als Füllstoff	S	700	6,0	1,5	2000	250	1300	55000 bis 80000	125	100	135	130	130	3	30 bis 50	≈ 1,4
Phenolharz mit Textilfaser als Füllstoff	T_1	600	6,0	6,0	1400	250	1300	50000 bis 90000								
	T_2	600	12,0	12,0	1400	250	1300	70000 bis 100000	125	100	100	125	165	2	15 bis 30	≈ 1,4
	T_3	800	25,0	18,0	1200	500	1300	40000 bis 90000								
Phenolharz mit Zellstoff als Füllstoff	Z_1	600	5,0	3,5	1400	250	1300	40000 bis 80000							15 bis 30	
	Z_2	800	8,0	5,5	1000	250	1300	60000 bis 100000	125	100	135	115	130	3	10 bis 30	≈ 1,4
	Z_3	1200	15,0	10,0	1600	800	1300	80000 bis 130000							10 bis 30	
Harnstoffharz mit organisch. Füllstoff	K	600	5,0	1,2	1800	250	1500	50000 bis 100000	100	65	90	90	80	3	40 bis 50	≈ 1,5

Tafel 24. **Typen nicht keramischer, gummifreier Isolierpreßstoffe nach VDE-Vorschriften, Ausgabe 1942.**

Bearbeitet vom Typisierungsausschuß der Fachabteilung 7 „Isolier- und Preßstoffe“ der Wirtschaftsgruppe Elektroindustrie und der Technischen Vereinigung der Hersteller typisierter Preßmassen und Preßstoffe e. V.

Typ	Zusammensetzung	Mechanische Eigenschaften			Therm. Eigenschaften		Elektrische Eigenschaften			Verarbeitungsart
		Biegefestigkeit mind. kg/cm²	Schlagbiegefestigkeit mind. cmkg/cm²	Kerbzähigkeit mind. cmkg/cm²	Formbeständigkeit nach Martens bis mind. °C	Glutfestigkeit mind. Gütegrad	Oberflächen-Widerstand mind. Vergleichszahl	Spez. Widerstand mind. Ω cm	Dielektrischer Verlustfaktor tg δ höchstens	
11	Phenolharz mit anorganischem Füllstoff	500	3,5	1,0	150	4	8	—	—	Warmpressung
11*							10	10^{11}	0,1	
12		500	3,5	2,0			8	—	—	
M		700	15,0	15,0			7	—	—	
0	Phenolharz mit Holzmehl als Füllstoff	600	5,0	1,5	100	2	8	—	—	
0*							10	10^{11}	0,1	
S		700	6,0	1,5	125	3	8	—	—	
S*							10	10^{11}	0,1	
T1	Phenolharz mit Textilfaser als Füllstoff	600	6,0	6,0	125	2	7	—	—	
T2		600	12,0	12,0						
T3		800	25,0	18,0						
Z1	Phenolharz mit Zellstoff als Füllstoff	600	5,0	3,5	125	3	7	—	—	
Z2		800	8,0	5,5						
Z3		1200	15,0	10,0						
K	Harnstoffharz mit organischem Füllstoff	600	5,0	1,2	100	3	10	—	—	
K*							10	10^{11}	0,1	
6	Naturharz, natürl. oder künstl. Bitumen mit anorganischem Füllstoff	350	3,5	3,5	65	2	8	—	—	
7		250	1,5	1,5		1				
8	Nat. od. künstl. Bitumen mit anorg. Füllstoff	180	1,2	1,2	50	3	10	—	—	
A	Azetylzellulose mit oder ohne Füllstoff	300	15,0	10,0	40	1	8	—	—	
A*							10	10^{11}	0,1	
2	Kunstharz m. Asbest u. and. anorg. Füllstoff	350	2,0	1,5	150	4	8	—	—	Kaltpressung
3	Kunstharz m. Asbest u. and. anorg. Füllstoff	200	1,7	1,2	150	4	7	—	—	
4	Natürl. oder künstl. Bitumen mit Asbest und anderem anorganischen Füllstoff	150	1,2	1,0	150	4	7	—	—	
Y	Bleiborat mit Glimmer	1000	5,0	5,0	400	5	10	—	—	Warmpr.
[illegible]	Zement oder Wasserglas mit Asbest und an-									[illegible]

also die notwendige Zeit zum Überführen des Harzes vom erweichbaren in den Endzustand, wird durch die Wandstärke des Werkstückes und durch den verwendeten Füllstoff bestimmt. Ebenso ist auch der zur Verformung benötigte Druck, der „spezifische Druck" der Preßmasse, temperatur- und füllstoffabhängig. Zum Beispiel hat die Preßmasse Typ S Holzmehl als Füllstoff, das ein gutes Fließen der Masse im Verformungsprozeß begünstigt. Bei Verwendung von Faserfüllstoffen, wie im Typ T und Z, erfordert bei gleicher Temperatur der Form das Faserstoffskelett einen höheren Druck wie Holzmehl-Massen. Der Druckbedarf wird aber neben der Wandstärke des Teiles und dem Füllstoff der Masse auch durch die Steighöhe geregelt, so daß man nur bei Formstücken gewisser Ausmaße von einem mittleren spezifischen Druck einer Preßmasse sprechen kann.

Die in der Elektrotechnik verwendeten anorganisch gefüllten Preßmassen haben gegenüber Holzmehl- und Papierfaser-Massen den Vorteil geringerer Feuchtigkeitsempfindlichkeit und höherer thermischer Widerstandsfähigkeit. Sie sind aber, abgesehen von Asbestkordel-Massen, mechanisch weniger fest als die Massen mit organischem Füllstoff.

Auch bei Typ S begrenzt die kurze Holzfaser die mechanischen Eigenschaften. Für größere Festigkeiten stehen Textil- und Zellstoff-Preßmassen zur Verfügung. Bereits beim Typ T 1 und Z 1 gibt sich der Einfluß der Fasern durch erhöhte Kerbzähigkeit zu erkennen. Kerbzähigkeit und auch Schlagfestigkeit steigen bei Schnitzel-Preßstoffen weiter und erreichen ein Höchstmaß bei Textil- und Papierbahnen als Harzträger.

Harnstoffharz-Preßmassen. Preßmassen mit Phenol- und Kresolharzen als Bindemittel sind von Natur dunkelfarbig. In manchen Fällen sollen hellfarbige Preßteile Verwendung finden, hierfür stehen Harnstoff- und Melamin-Harze zur Verfügung. Der älteste Vertreter der Harnstoffharze ist Pollopas, von Melaminharzen wurde neuerdings unter der Bezeichnung Ultrapas ein neuer Preßstoff in den Handel gebracht. Auf dem Gebiet der tragenden Baustoffe haben sich die Harnstoff-Preßmassen nicht in dem Umfange eingeführt, wie z. B. die Kunstharz-Leimharze (Kauritleim und Pressal) als Bindemittel bei der Holzvergütung. Ultrapas-Preßmassen sind erst kurze Zeit im Verkehr.

Über die Eigenschaften von Harnstoffharz-Preßmassen vergleiche DIN 7701 bzw. VDE-Vorschriften, Tafel 23 u. 24.

Die mechanischen Eigenschaften ebenso wie die Wärmefestigkeit der Melaminharze übertreffen die der Harnstoffharze. In den Merkblättern der Lieferer finden sich hierüber folgende Angaben:

Wichte	1,5 bis 1,6
Schlagbiegefestigkeit	8 cmkg/cm²
Biegefestigkeit	900 kg/cm²
Kerbzähigkeit	1,7 cmkg/cm²
Druckfestigkeit	2200 kg/cm²
Zerreißfestigkeit	500 kg/cm²
Elastizitätsmodul	70000 kg/cm²
Kugeldruckhärte	1800 kg/cm²
Wärmefestigkeit nach Martens	135° C

Geschichtete Preßstoffe. Hartpapiere und Hartgewebe werden unter Verwendung langsam härtender Harze hergestellt. Es ist schon darauf hingewiesen, daß hierdurch eine gleichmäßige Ausbreitung des geschmolzenen Harzes über die ganze Fläche des Harzträgers erreicht wird. Das geschmolzene Harz kann dabei auch die Oberfläche der Stoffbahnen gleichmäßig durchtränken. Durch eine mehr oder weniger tiefgehende Durchtränkung ist die mechanische Festigkeit von Hartpapieren zu regeln. Die Feuchtigkeitsaufnahme nimmt mit fortschreitender Imprägnierung ab.

Im Maschinenbau wird wegen der guten mechanischen Festigkeit am meisten die Hartpapierklasse 2 verwendet, bei dieser ist die mechanische Festigkeit des Papierskelettes erhalten. Das Gefüge von Textilgeweben bedingt tieferes Eindringen des geschmolzenen Harzes in die Gewebemaschen, infolgedessen ist Hartgewebe gegen Feuchtigkeit widerstandsfähiger wie Hartpapier

In der Verarbeitung von Preßmassen mit Papier- und Textilbahnen als Füllstoff und der von Hartpapier und Hartgewebe bestehen gewisse Unterschiede. Schichtpreßstoffe T 3 und Z 3 werden in Matrizen zu fertigen Formstücken gepreßt, während, wie bereits erwähnt, Hartpapiere und Hartgewebe durch spanabhebende Nachbearbeitungen endgültig geformt werden müssen. Die Schichtpreßstoffe vom Typ Z 3 und T 3 erfordern bei der Verpressung die Berücksichtigung gewisser werkstoffbedingter Eigenschaften. Nur wenn das Faserstoffskelett bei der Verpressung unbeschädigt bleibt, besteht Gewähr für die volle mechanische Festigkeit.

Diese Preßpappen werden teilweise auch im Leichtbau als tragende Baustoffe eingesetzt. Ihre geringe Wichte von 1,4 gegenüber Duralumin von 2,8 und Magnesium von 1,7 gibt mancherlei Vorteile Bei Teilen gleichen Baugewichtes sind daher größere Wandstärken möglich. Versteifungsrippen zur mechanischen Verfestigung lassen sich im gleichen Arbeitsgang anbringen.

Vergleicht man das Verhältnis der Festigkeitswerte von Schichtpreßstoffen zur Wichte mit dem der Leichtmetalle, so erhält man für beide Werkstoffgruppen gut vergleichbare Werte.

Für manche Verwendungszwecke ist auch beachtlich, daß das Dämpfungsvermögen dieser Schichtpreßstoffe um 1 bis 2 Zehner-Potenzen höher ist als das der Metalle.

In den DIN-Vorschriften 7701, Tafel 25, sind für die Eigenschaften von geschichteten Preßstoffen, die von allgemeinem technischen Interesse sind, Mindestwerte angegeben.

Für den Gebrauch der Elektrotechnik sind in den VDE-Vorschriften 0318, Tafel 26, die elektrischen Werte aller Klassen von Hartpapieren und Hartgeweben erfaßt.

In einem Nachtrag zu DIN 7701 vom Januar 1939 sind Eigenschaften von Zellwoll-Hartgeweben zusammengestellt. Ein Vergleich dieser mit den Werten der Baumwoll-Hartgewebe zeigt in den angegebenen mechanischen Festigkeiten keine wesentlichen Unterschiede. Unterschiede bestehen dagegen in der Einwirkung von Feuchtigkeit auf Zellwollgewebe gegenüber der Baumwollfaser sowie in der Scheuerfestigkeit dieser Faserstoffgruppe.

Abmessungen von Platten, Rohren und Formstangen sowie auch von Formstücken sind aus DIN 605, 606 und 607 zu ersehen.

Um Kunstharz-Preßmassen wirtschaftlich und technisch einwandfrei zu verarbeiten, sind bei der Konstruktion bestimmte Richtlinien zu beachten. Hierfür bringen die VDE-Richtlinien „Gestaltung von Kunstharzpreß-

Tafel 25. **Vorschriften für geschichtete Preßstoffe nach DIN 7701.**

1	2	3	4	5	6	7	8	9	10	11	12	13
Art	Klasse	Eigenschaften									Wichte kg/dm³ ≈	Bearbeitbarkeit
		mechanische								thermische		
		Biegefestigkeit σ_{bB} kg/cm² mindestens		Schlagbiegefestigkeit a_n cmkg/cm² mindestens	Druckfestigkeit σ_{dB} kg/cm² mindestens	Zugfestigkeit σ_{zB} kg/cm² mindestens	Härte kg/cm² mindestens	Elastizitätsmodul E kg/cm² Richtwerte	Spaltfestigkeit kg mindestens	Lineare Wärmedehnzahl je °C zwischen 0° und 50 $\alpha_l \cdot 10^6$		
		roh	abgearbeitet									
Hartpapier (Platten)	II	1500	1300	25	1500	1200	1300	80000 bis 110000	200	10 bis 25	1,4	leicht für jede spanabhebende Formung mit geeigneten Werkzeugen
Hartgewebe (Platten)	G	1000	800	25	2000	500	1300	60000 bis 80000	300	10 bis 25	1,4	
	F	1300	1000	30	2000	800	1300	70000 bis 90000	250	10 bis 25	1,4	
Hartgewebe (Platten)	GZ FZ	1000 1000	800 800	30 30	1800 1800	500 500	— —	— —	300 250	— —	1,4 1,4	

Tafel 26. **Eigenschaften und Prüfwerte von**

1	2	3	4	5	6	7	8	9…
		§ 11	§ 12		§ 13	§ 14	§ 15	§ 1…
Gruppe nach § 4	Art des Hartpapiers oder Hartgewebes	Raumgewicht (bei Platten Höchstwert, sonst Mindestwert)	Biegefestigkeit $\sigma_{b\,B}$ unbearbeitet	Biegefestigkeit $\sigma_{b\,B}$ abgearbeitet	Schlagbiegefestigkeit a	Zugfestigkeit $\sigma_{z\,B}$	Druckfestigkeit $\sigma_{d\,B}$	Spa… ba… kei…
		kg/dm³	mind. kg/cm²	mind. kg/cm²	mind. cmkg/cm²	mind. kg/cm²	mind. kg/cm²	min… kg…
1	Platten, Hartpapier, Klasse I	<1,42	1300	1000	25	1000	1000	20…
2	„ „ II	<1,42	1500	1300	25	1200	1500	20…
3	„ „ III	<1,42	1300	1000	15	1000	—	—
4	„ „ IV	<1,42	800	700	8	700	—	—
5	Platten, Hartgewebe, Klasse G	<1,42	1000	800	25	500	2000	30…
6	„ „ F	<1,42	1300	1000	30	800	2000	25…
7	Rundrohre, gewickelt	>1,05	800	—	—	500	400	—
8	Rohre, gepreßt	>1,15	—	—	—	—	700	—
9	Umpressungen	—	—	—	—	—	—	—
10	Vollstäbe	>1,3	1000	—	15	500	800	—
11	Flachleisten	>1,15	800	—	15	500	500	—
12	Formstücke	>1,15	—	—	—	—	—	—

teilen" Grundregeln, deren Kenntnis für den Konstrukteur unerläßlich ist. Es werden hier Anweisungen gegeben über die erforderliche Konizität, über Wandstärke, Abrundungen, Versteifungen und Verschneidungen, Ausbrechwände, Randgestaltung, Griff-Flächen an Knöpfen, Grundflächen und Befestigungsaugen an Sockeln, Befestigungen von Abdeckklappen, Befestigungslöchern, gepreßte Löcher und Schlitze, Schrauben und Schraubenkopflöcher, Gewinde, Einpressen von Metallteilen, nachträgliche Befestigung von Metallteilen, Beschriftung von Preßteilen, Preßgraten, Toleranzen und Schwindmaßen. Zur Zeit sind die bei der Gestaltung von Werkstücken zu beachtenden Toleranzen als Entwurf DIN E 7710 zur Aussprache gestellt.

Lager-Werkstoffe. Die bereits seit Jahren unternommenen Versuche, die Verschleißfestigkeit von Preßstoffen auch im Lager-Werkstoff auszuwerten[1]), haben im Gebiete langsamlaufender Maschinen zu sehr befriedigenden Ergebnissen geführt. In systematischen Entwicklungsarbeiten werden immer neue Anwendungsgebiete erschlossen, um die gebotenen Vorteile möglichst vielseitig zu verwerten.

In den VDE-Richtlinien vom Januar 1939 „Gestaltung und Verwendung von Gleitlagern aus Kunstharz-Preßstoff" sowie in DIN 7703 sind die Ergebnisse der bisherigen Erfahrungen zusammengefaßt und vermitteln in einer übersichtlichen Zusammenstellung dem Konstrukteur das Wissenswerte auch über die für diese Herstellung geeigneten Werkstoffe; siehe Tafel 27.

---

[1]) Vgl. Novotext-Lager, AEG-Werkbericht 1940.

Hartpapier und Hartgewebe nach VDE 0818.

10	11	12	13	14	15	16	17	18	19	20
§ 17		§ 18		§ 19				§ 20	§ 21	§ 22
Oberflächenwiderstand		Widerstand im Innern		Durchschlag-Prüfspannung				Dielektr. Verlustfaktor tg δ (bei 800 Per/s)	Wärmebeständigkeit Temperatur	Wasseraufnahme (nach Abb. 7, hier angeg. für 3 mm Dicke) höchst.
				parallel zu den Schichten		senkrecht zu den Schichten (nach Abb. 6, hier angegeben für 3 mm Dicke)				
nach Vorbeh. a mind. MΩ	nach Vorbeh. b mind. MΩ	nach Vorbeh. a mind. MΩ	nach Vorbeh. b mind. MΩ	bei 20° kV	bei 90° kV	bei 20° kV	bei 90° kV	höchst.	°C	%
10^6	10^3	10^4	10^3	40	25	60	40	0,1	130	11
10^5	10^3	10^4	10^3	—	—	—	—	—	130	11
10^6	10^3	10^4	10^3	—	—	—	—	0,1	150	8
10^6	$5 \cdot 10^3$	$5 \cdot 10^4$	$5 \cdot 10^3$	—	—	—	—	0,1	150	1,5
10^4	10^3	10^3	10^3	—	—	—	—	—	130	—
10^4	10^3	10^3	10^3	—	—	—	—	—	130	3
10^4	10^3	10^4	10^3	20	—	30	24	—	130	—
10^4	10^3	10^4	10^3	20	—	20	16	—	130	—
10^4	10^3	—	—	—	—	20	16	—	130	—
10^4	10^3	10^4	10^3	—	—	—	—	—	130	—
10^4	10^3	10^4	10^3	—	—	—	—	—	130	—
—	—	10^4	10^3	—	—	—	—	—	130	—

Gruppe a. Lagerschalen und Lagerbuchsen aus Schnitzel-Preßstoff eignen sich auch für staubige Betriebe. Gestanzte Grobgewebe sind in der mechanischen Festigkeit den zerrissenen Feingewebeschnitzeln für höherbelastete Lagerelemente vorzuziehen. Schnitzelmassen vom Typ T 2 sind auch zum Auspressen verwickelterer Lagerformen verwendbar.

Gruppe b. Um größere Werkstoffdichte zu erzielen, werden gewickelte Hartgewebe-Rohre nachgepreßt. Hierdurch steigt die mechanische Festigkeit und die Neigung zum Quellen und Spalten wird geringer.

Gruppe c. Bei parallelgeschichteten Werkstoffen der Hartgewebeklasse G und F besteht die Möglichkeit des Spaltens und Eindringens von Ölen zwischen die Einzellagen. Man verwendet daher bei Lagern großer Durchmesser aus Segmenten zusammengesetzte Sonderlager, z. B. in Walzwerken, im Mühlenbau und bei Schiffsschraubenwellen.

In zwei Nachträgen zu den VDI-Richtlinien werden nähere Angaben über Belastbarkeit von einfachen geschlossenen Preßstoff-Gleitlagern mit Fettschmierung für Dauerbetrieb gegeben und Rohrrohlinge zur Herstellung von Lagerschalen und Lagerbuchsen behandelt.

Die Verwendung von Kunstharz-Preßmassen im Lagerbau macht wegen gewisser Werkstoffeigenschaften konstruktive Maßnahmen erforderlich. Das geringe Wärmeleitvermögen ermöglicht es zur Zeit noch nicht, Preßstoff-Lager unter gewöhnlichen Bedingungen bei schnellaufenden Maschinen, z. B. an Elektromotoren, einzusetzen. Neuere Versuche, durch Verwendung von Hartgewebefolien eine bessere Abführung der Reibungswärme zu

Tafel 27. **Bezeichnungen, Werkstoffe und Ausführungsarten von Lager-Werkstoffen nach DIN 7703.**

1	2	3	4	5		6	7
Bezeichnung für Lagerpreßstoff und Ausführungsart des Lagers	Kunstharz-Preßstoff nach DIN 7701	Werkstoffeigenschaften	Ausführungsart des Lagers	Zusätzliche Bedingungen be[i] der Abnahme			
				Kochversuch, Wasseraufnahme höchstens mg/cm²		Prüfung mit der Vicatnadel	Wic[...] mi[...] dest[...] kg/c[...]
T_2—A DIN 7703	Typ T_2	entsprechend DIN 7701 außer Kochversuch	a) In Formen einbaufertig gepreßt oder leicht nachgearbeitet	2	Blasen dürfen sich nicht bilden. Schichten und Gewebestücke dürfen sich nach dem Kochversuch von Hand nicht trennen lassen	Die Eindrucktiefe nach 2stündiger Lagerung bei 100 darf nicht kleiner sein als vorher	1,3
T_3—A DIN 7703	Typ T_3			4			
G—B DIN 7703	Hartgewebe Klasse G		b) Durch spanabhebende Bearbeitung hergestellt aus Rohren. Die Rohre aus Hartgewebe müssen nach dem Wickeln in Preßformen nachgepreßt und ausgehärtet sein	4			
F—B DIN 7703	Hartgewebe Klasse F			4			
T_2—B DIN 7703	Typ T_2			2			
G—C DIN 7703	Hartgewebe Klasse G		c) Durch spanabhebende Bearbeitung aus Blökken, Platten und Vollstäben hergestellt	4			
F—C DIN 7703	Hartgewebe Klasse F			4			
T_2—D DIN 7703	Typ T_2			2			

erreichen, verlaufen sehr aussichtsreich. Zahlenmäßige Angaben lassen sich heute noch nicht geben, weil die Versuche noch nicht abgeschlossen sind.

Preßstoffe zeigen auch eine gewisse Nachgiebigkeit, der konstruktiv Rechnung zu tragen ist. Die Lager müssen z. B. den Unterlagen fest aufliegen und sollen keine Hohlräume oder Aussparungen im Rücken haben, um Durchdrücken oder Durchbrechen der Lager zu vermeiden. Eine besondere Aufgabe ist die Lagerung der Preßstofflager auf unbearbeiteten Flächen beispielsweise bei Feldbahnwagen. Erfolgreich wurden hier Verbundlager verwendet. Stützschalen aus Temperguß oder weichem Stahl nehmen die Biegebeanspruchung auf, während eine dünne Preßstoffschicht die Gleiteigenschaften gewährleistet.

Bei Preßstoff-Lagern ist eine leichte Quellbarkeit der Oberfläche zu berücksichtigen. Von größter Bedeutung ist daher auch die Auswahl der Schmiermittel. Diese Lager laufen wegen der geringen Wärmeableitung immer wärmer als Metall-Lager; diesem Umstand sind die Tropfpunkte der Schmierfette anzupassen.

Zahnrad-Werkstoffe. Für die Geräuschdämpfung schnellaufender Maschinen wurden früher Buntmetalle und amerikanische Büffelrohhaut verwendet. Bei Rohhäuten, Buntmetallen usw. mußte eine große Abnutzung beim Trockenlauf in Kauf genommen werden; sie verloren unter der Einwirkung von Schmiermittel an Festigkeit. Hartgewebe-Zahnräder haben sich außerordentlich bewährt.

Die Laufbedingungen von Zahnradgetrieben sind sehr verschieden. Einzelheiten hierüber sind am besten aus den Sonder-Drucksachen der einzelnen Lieferfirmen zu entnehmen. Zahnräder aus Baumwoll-Hartgewebe sind auch für säurebeanspruchte und chemischen Einflüssen ausgesetzte Maschinen verwendbar.

Verarbeitungsmaschinen für Preßstoffe. Maschinen für nicht geschichtete Preßstoffe. Zur Verformung der Kunstharz-Preßmassen sind Pressen von verschiedener Bauart im Gebrauch. Für kleine Preßteile eignen sich Kniehebel-Pressen, für große Formteile werden durchweg Drucköl-Pressen benutzt. Spritzpreß-Verformung erfolgt teils auf Sonderpressen, teils bei Verwendung besonders gestalteter Matrizen in gewöhnlichen Druckwasser-Pressen.

Die Verformung der Massen unter den Pressen geschieht in Matrizen, deren Oberfläche es gestattet, hochglanzgepreßte Teile zu erzeugen und sie mit Hilfe der natürlichen Schrumpfung durch Anblasen mit Preßluft oder durch eingebaute Auswerf- oder Abstreifvorrichtungen aus der Form zu entfernen. Die Beheizung der Matrizen findet teils mit Gas, teils mit elektrischem Strom, teils mit Heißwasser oder Heißdampf statt.

Die Gestaltung und Ausführung der Matrizen sind ausschlaggebend für den wirtschaftlichen Verformungsvorgang. Die Formen sollen in Anbetracht des hohen Preßdruckes widerstandsfähig sein und die gleichmäßige Übertragung der Temperatur auf die Masse ermöglichen. Legierte Stähle sind für die Formen notwendig, um durch Härte und Zähigkeit die beste Ausnutzung der Werkzeuge bei geringen Nacharbeitungskosten zu erreichen.

Entgegen der unmittelbaren Verformung von Preßmassen in geschlossenen Werkzeugen ermöglichen Strangpressen die Herstellung beliebig langer Rohre, Profile, Leisten usw. aus Holzmehl-Preßmassen.

Maschinen für geschichtete Preßstoffe. Hartpapier und Hartgewebe werden in Druckwasser-Pressen verarbeitet. Es werden meistens Stockwerk-Pressen verwendet, deren Tischgröße 600×1100, 1100×1100 mm und darüber hinaus beträgt. Diese Plattengrößen erfordern einen erheblichen Höchstdruck der Pressen, der in der Größenordnung von 500, 1000 und mehr Tonnen liegt. Die Plattenpressen sollen möglichst für mehrere Druckstufen eingerichtet sein, so daß es möglich ist, die Harzverteilung und die Imprägnierung im Vordruck zu regeln und anschließend die endgültige Härtung bei vollem Pressendruck eintreten zu lassen.

Spangebende Bearbeitung von Preßstoffen. Ein Nachbearbeiten von Preßstoffen kommt stets für Hartpapiere und Hartgewebe in Frage. Bei nicht geschichteten Preßteilen wird nur entgratet, gelegentlich auch durch Bohren, Senken und Gewindeschneiden eine mechanische Nachbearbeitung ausgeführt.

Bei der spangebenden Bearbeitung entsteht starker Staub, der die Maschinenführungen schnell verschleißt. Es ist deshalb unerläßlich, die Maschinen mit gut arbeitenden Absaugvorrichtungen zu versehen. Die Bearbeitung der Preßstoffe beansprucht die Werkzeugschneiden außerordentlich stark, so daß hierfür Hartmetall-Werkzeuge verwendet werden müssen. Als Hartmetallmarken eignen sich die der Gruppen G 1, G 2 und H 1 (siehe Abschnitt „Hartmetalle", Seite 270).

Drehen. Das Drehen von Preßstoff-Teilen erfordert größere Span- und Freiwinkel wie die Bearbeitung von Metallen[1]).

---

[1]) A. Fehse, Hartmetallwerkzeuge. Abschnitt „Drehen". Leipzig: Verlag Teubner. Verlags-Best.-Nr. 12073.

Fräsen wird meistens mit Schaftfräsern und Hartmetall-Auflage ausgeführt. Für Walzen- und Scheibenfräser verwendet man Schnellstahl bzw. Hartmetalle. Die Schnittgeschwindigkeit beim Fräsen beträgt für Hartpapiere und Hartgewebe 50 m/min, bei Verwendung von Hartmetallen 60 bis 100 m/min.

Gewindeschneiden. Sollen Gewinde auf Rohre geschnitten werden, so verwendet man gepreßte Papierrohre, da bei gewickelten Rohren sich die Stofflagen leicht abheben.

Innengewinde werden auf Gewindeschneidemaschinen mit Reibungskupplungen für Vor- und Rückwärtsgang geschnitten.

Große Span-Nuten sind wegen der besseren Spanabfuhr vorzusehen, um Brennen der Späne zu vermeiden. Für Gewinde bis M 5 eignen sich Bohrer mit 3 Span-Nuten. Zur Erhaltung der Schnittfähigkeit können die Bohrer vor jedem Schnitt mit Talg oder Staufferfett geschmiert werden. M 1,7 ist das kleinste schneidbare Gewinde.

Bohren — Senken — Reiben. Spiralbohrer mit eingelöteten Hartmetallplättchen sind im Handel käuflich. Wenn nur wenige Bohrungen hergestellt werden sollen, sind Schnellstahl-Bohrer verwendbar. Schmiermittel werden beim Bohren nicht verwendet. Erfahrungsgemäß ziehen sich die Bohrlöcher bei Hartpapier und Hartgewebe etwas zusammen, es ist deshalb ratsam, die Durchmesser etwa 0,1 mm größer zu wählen. Der Spitzenwinkel der Bohrer beträgt 80 bis 90°. Für Bohrungen von 10 bis 25 mm und einer Tiefe bis zu etwa 5 mm werden Zweischneider verwendet. Für Bohrungen über 25 mm nimmt man Kreisschneider mit Führungszapfen.

Zum Senken verwendet man Zweischneider mit Hartmetall-Plättchen und auswechselbarem Führungszapfen. Reibahlen werden gleichfalls mit Hartmetallschneide versehen, jedoch ist diese Maßnahme für die Praxis meistens zu kostspielig.

Die Schnittgeschwindigkeiten beim Bohren und Senken sind bei Hartpapier und Hartgeweben unter Verwendung von Hartmetall-Bohrern 80 bis 100 m/min, bei Schnellstahl-Bohrern 40 bis 70 m/min. Neben Schnellstahl mit aufgesetzten Hartmetallschneiden werden in letzter Zeit auch keramische Werkzeuge in vielseitiger Form benutzt. Als Grundstoff dient Speckstein. Diese Werkzeuge eignen sich gut zur Bearbeitung stark schleifender Massen. Im Handel sind Hohlbohrer, Bohreinsätze, Fräser und Sägen. Als Drehwerkzeuge werden mit Schneidkanten versehene keramische Körper verwendet, die in geeigneter Weise gefaßt sind. Schnittgeschwindigkeit, Vorschub und. Spantiefe bleiben die gleichen wie beim Hartgewebe.

Schneiden mit der Schlagschere. Schneiden mit der Schlagschere ist bis zu einer Plattenstärke von 2 bis 2,5 mm möglich. Sollen abgeschnittene Streifen Verwendung finden, so soll die Plattenstärke nur bis 0,4 mm betragen. Hartgewebe lassen sich bis 3 bzw. 1,5 mm Plattenstärke mit der Schlagschere aufteilen.

Sägen. Gesägt wird mit Band- und Kreissägen. Schnitte von Bandsägen mit geschränkten Zähnen erfordern ein Nachfräsen. Hartgewebe und Hartpapiere können mit geschränkten Kreissägen bis zu Plattenstärken von 40 mm verarbeitet werden. Ungeschränkte hohlgeschliffene Kreissägen aus Schnellstahl oder sonderlegiertem Werkzeugstahl ergeben saubere Schnittflächen. Das Sägen hiermit ist nur bis 25 mm Plattenstärke möglich, weil sich die Schnittflächen bei größeren Stärken zu stark erwärmen.

Die Schnittgeschwindigkeit beträgt bei Bandsägen und einer Zähnezahl von 4 bis 6 auf 1" etwa 1900 m/min. Bei Kreissägen mit einer Zahnteilung in 6 bis 8 mm 50 bis 3600 m/min.

Ausschneiden (Stanzerei). Die Schneidbarkeit stärkerer Platten ist beschränkt, weil die Schnittflächen stark ausbröckeln. Beim Ausschneiden über 1 mm Stärke muß die Kunststoffplatte auf 80 bis 120°, je nach Dicke, angewärmt werden. Durch die Erwärmung werden die ausgeschnittenen Abmessungen verringert, so daß sie von vornherein um 0,15 bis 0,20 % größer zu halten sind. Das Ausschneiden von Hartpapieren und Hartgeweben ist mit Folge- und Gesamtschnitten für Hartpapier bis 3 mm, für Hartgewebe bis 4 mm Plattenstärken durchführbar.

Schleifen und Polieren. Für das Schleifen von geschichteten Preßstoffen gibt es Sondermaschinen mit Glaspapier-Bespannung.

Schwabbeln und Polieren erfolgt in üblicher Weise mit Hilfe gefetteter Nesselscheiben. Hochglanz wird mit trockenen Flanellscheiben erreicht. Die Scheiben laufen mit 25 bis 35 m/s Umfangsgeschwindigkeit. Zu beachten ist die leicht eintretende Erwärmung der Werkstücke bei zu starkem Andrücken an die Polierscheiben.

Allgemeine Regeln. Die in den Passungssystemen festgelegten Toleranzen sind auf Preßteile nicht ohne weiteres übertragbar. Näheres hierüber vergleiche VDI-Richtlinien „Gestaltung von Kunstharz-Preßteilen" und DIN E 7710.

Lackgrundstoffe sind im Abschnitt „Lacke und Anstrichfarben" im Zusammenhang ausführlich behandelt.

Vulkanisierbare Kunststoffe sind im Abschnitt „Gummi aus natürlichem und synthetischem Kautschuk" ausführlich behandelt.

c) Nicht härtende Kunststoffe.

In ähnlicher Weise, wie Kondensations-Vorgänge die Verknüpfung von Einzelmolekülen zu großen Molekulargruppen ermöglichen, wirken auch Polymerisations-Prozesse molekülverbindend. Es werden auf diese Weise niedrigmolekulare Stoffe zu Hochpolymeren verdichtet. Hierdurch bilden sich harzartige Stoffe, die in dem Begriff „Kunststoffe" oder auch „Kunstharze" zusammengefaßt werden. Von diesen „Hochpolymeren" sind einige, nämlich Buna S und Perbunan, ähnlich dem Naturgummi härtbar oder, wie der technische Ausdruck lautet, vulkanisierbar (siehe Abschnitt „Gummi aus natürlichem und synthetischem Kautschuk").

Die sehr große Gruppe der „nicht härtenden Kunststoffe" umfaßt Polymerisations-Produkte, deren Verdichtung im Herstellungsverfahren bis zu einer bestimmten Stufe geleitet ist, die alsdann aber nicht mehr, wie die härtenden Kunstharze, die Fähigkeit zur weiteren Verdichtung hat. Das bedeutet, daß der Zustand dieser Stoffe unveränderlich bleibt, also auch bei späterer Wärmebelastung sich nicht mehr verändern kann.

Hierher gehören auch die schon behandelten Zellulose-Produkte, ferner viele der neueren Werkstoffe, die ihre Entstehung der Kohle als Rohstoff verdanken. Azetylen als Erzeugnis der im elektrischen Lichtbogen gebildeten Vereinigung von Kalk und Kohle, und Äthylen als gasförmiger Bestandteil der Kokereigase sind die eigentlichen Ausgangsstoffe. Neuerdings finden auch Polykondensate, z. B. Polyamide und Polyurethane (Igamide) Eingang in die Technik. Diese Stoffe zeigen im allgemeinen das Verhalten thermoplastischer Kunststoffe, sind aber schmelzbar.

In den meisten Fällen handelt es sich um Vinylderivate und Akrylate, die in sehr vielseitiger Verbindungsart heute werkstoffmäßig eingesetzt werden. Man findet sie als reine Kohlenwasserstoffe, als Chloride, als essigsaure Verbindungen, als Alkohole, Ester, Äther und in Form geschwefelter Verbindungen. Dem Polymerisationsgrad entsprechend sind sie flüssig, weich, kautschukartig oder hart und spröde. Der jeweilige Aggregatzustand ist für den technischen Einsatz maßgeblich. Flüssige und weiche Stoffe finden Anwendung als Weichmacher und Lackrohstoffe. Stoffe von kautschukartiger Beschaffenheit sind teils Austauschstoffe für Metalle und Gummi, teils Werkstoffe für neuzeitliche Anfertigungen; sie werden ähnlich dem Naturgummi verarbeitet. Harte Stoffe verformt man auf Heißkalandern oder im Wege des Spritzgusses bzw. der Heißpressung, wobei der thermoplastische Charakter ein Herunterkühlen der Preßwerkzeuge vor Entnahme der Formlinge notwendig macht. Außerordentliche Verbreitung hat der Anwendungsbereich harter thermoplastischer Werkstoffe durch die Verarbeitung durch Spritzguß erfahren.

Die Bearbeitungs- und Verarbeitungsverfahren sind dem thermoplastischen Charakter der Stoffe weitgehend angepaßt. Manche lassen sich, wie Zelluloid, durch Blasen zu Hohlkörpern formen, im Ziehverfahren wird die Dehnbarkeit der Stoffe formgebend ausgenutzt. Dicke Platten lassen sich nach genügender Vorwärmung oder auf geheizten Unterlagen ausschneiden und stanzen. Spangebende Bearbeitung macht weniger Schwierigkeiten als bei den härtenden Kunststoffen. Schweißung[1]) ist ähnlich wie bei Metallen möglich. Im angequollenen Zustand oder nach der Erwärmung sind manche Stoffe zu verkleben. Die gute mechanische Festigkeit läßt auch Ziehen und Gießen dünnster Folien zu. Neuerdings stellt man auch Fasern aus Kunststoffen her, die teils in der Art der Baumwoll- und Seidenverarbeitung versponnen werden, teils in Form von Borsten an Stelle von Roßhaar mit tierischen Borsten Verwendung finden (PeCe-Faser, Perlonseide).

Alle Glieder dieser Stoffgruppen mit Ausnahme der schmelzbaren Polyamide und Polyurethane erweichen bei bestimmten Temperaturen, ohne daß ein Schmelzen eintritt. Beim Abkühlen wird der anfängliche Zustand wieder hergestellt. Zum Unterschied von Kautschuk und Gummi ist nur eine geringe Elastizität, wohl aber eine starke Plastizität vorhanden. Für die praktische Anwendung bedeutet dies, daß nach Reckung oder Deformation der anfängliche Zustand nicht oder nur sehr langsam wieder hergestellt wird. Besonders bei stärkeren Stoffschichten besteht ferner das Bestreben, sofern keine Raumbegrenzung vorgesehen ist, auch ohne Wärmezufuhr zu fließen. Dieser sogenannte „kalte Fluß" ist bei allen mechanisch belasteten Teilen zu berücksichtigen.

Fast alle hochpolymeren Kunststoffe sind gegen Feuchtigkeit sehr widerstandsfähig und auch chemischen Angriffen gewachsen. Lösungsmittel, wie Benzine und aliphatische Kohlenwasserstoffe, sind ohne Einfluß, dagegen besteht geringe Festigkeit gegen Benzol und aromatische Lösungsmittel überhaupt, sowie gegen chlorierte Kohlenwasserstoffe. Wenn es nicht bis zur Lösung kommt, tritt Quellung ein. Die Wärmebeständigkeit der Thermoplasten ist begrenzt. Polyamide sind thermisch am widerstandsfähigsten, nämlich bis 220 oder 250°. Das Hauptanwendungsgebiet liegt daher im Bereiche der Raumtemperatur. Die mechanischen Eigenschaften sind sehr gut und übertreffen die härtender Kunstharze und Preßmassen;

[1]) Werkstatt und Betrieb 1940, H. 1, S. 19.

besonders die hohe Schlagbiegefestigkeit ist hervorzuheben. Die Mischbarkeit der Hochpolymeren mit weichmachenden Stoffen wird in der Technik stark in Anspruch genommen.

Faßt man den Einsatz eines dieser Stoffe ins Auge, so sind vorerst die Werkstoffeigenschaften im Hinblick auf die auftretende Belastung zu überprüfen. Man darf sich nicht durch einzelne besonders ins Auge fallende Eigenschaften, z. B. mechanische Werte, beeinflussen lassen, ohne sich zu vergewissern, ob auch das sonstige Verhalten mit den Erfordernissen im Einklang steht. Beim Entwurf stützt man sich am besten auf Merkblätter, welche seitens der Erzeuger herausgebracht sind. Das Gebiet der neuen Werkstoffe ist heute bereits so umfangreich und wird durch Neuerscheinungen und Verbesserungen ständig erweitert, so daß es Nichtfachleuten unmöglich ist, die Einsatzmöglichkeiten selber zu entscheiden.

Auf dem Gebiete der Vinylpolymerisate sind Chloride in der Technik stark vertreten. Es werden harte, d. h. nicht weichgemachte Produkte, und solche, denen durch Verarbeitung mit Weichmachern eine mehr gummiartige Konsistenz verliehen ist, verwendet.

Igelite, Mipolame und Polyvinyle. Harte Polyvinylchloride sind unter dem Gattungsbegriff Igelite im Handel und werden als Halbzeug, z. B. unter dem Warenzeichen Vinidur, vertrieben. Tafel 28 zeigt die wichtigsten physikalischen Eigenschaften.

Tafel 28. **Festigkeitseigenschaften bei 20° von Halbzeug aus Igelit PCU (Vinidur).**

Zugfestigkeit (3 min-Wert nach DIN 7701)	550	kg/cm^2
Druckfestigkeit (DIN 7701)	750	„
Biegefestigkeit (DIN 7701)	1100	„
Dauerstandfestigkeit	190	„
Elastizitätszahl für Zug	28000 bis 30000	„
Kugeldruckhärte (H 5/31, 2/30)	1600	„
„ (VDE 0302)	1200	„
Schlagbiegefestigkeit (VDE 0302)	150	$kgcm/cm^2$
Schlagzähigkeit	130	„
Kerbschlagzähigkeit	10	„

Vinidur kommt in Form von Rohren, Rundstangen, Profilen, Folien, Platten und Blöcken in den Handel. Hauptanwendungsgebiet ist der Rohrleitungsbau. Vinidur-Rohre sind für drucklose Anwendung sowie für 2,5 und 6 atü Druck genormt. Über die zulässigen Innendrücke, Tafel 29, entscheidet die Temperatur der Durchlauf-Flüssigkeit.

Tafel 29. **Dauernd zulässige Innendrücke von Rohren aus Igelit PCU (Vinidur) der drei genormten Druckstufen (DIN E 8061 bis 8067).**

Wandungs-temperatur °C	Zulässige Innendrücke		
	Drucklose Reihe atü	Reihe ND 2,5 atü	Reihe ND 6 atü
0	(1,0)	(5,5)	(12)
20	0,9	4,5	10
40	0,5	2,5	6,0
60	0,2	1,0	2,5
75	(0,07)	(0,35)	(0,8)

(Klammerwerte durch Dauerstandversuche noch nicht bestätigt.)

Über 40° nimmt die Druckfestigkeit der Rohre stark ab, bei 75° ist sie fast aufgehoben. Kurzzeitige Temperaturüberlastung schädigt druckfreie Leitungen nicht, auch ist die Reinigung der Rohre mit heißem Wasser möglich.

Rundstangen aus Vinidur werden spangebend zu Schrauben, Bolzen, Spindeln, Büchsen, Absperrorganen usw. verarbeitet.

Folien finden zum Auskleiden von Behältern Anwendung. Dieser Korrosionsschutz ist das Neueste auf dem Gebiete der säurefesten Auskleidung, für die bisher Gummi verwendet wurde[1]) oder Plattierung mit Leicht- und Buntmetallen sowie Edelstählen und Edelmetallen erfolgte. Auskleidung durch Vinidur ist in einem Temperaturbereich von −10 bis +60° möglich. Die Folienstärke soll bei Auskleidungen 0,4 mm nicht unterschreiten und möglichst 0,8 bis 1,2 mm betragen. Aufbringen der Folien auf die Unterlagen geschieht mittels einer Klebelösung. Behälter- und Rohrwand werden von außen mit einer Flamme aufgeheizt, so daß der Film eine Temperatur von 130° erhält. Alle Lösungsmittelreste müssen vor dem Verkleben entfernt werden, um späteren Blasenbildungen vorzubeugen. Das Auskleiden keramischer Behälter macht wegen der schwierigen Erwärmung der Unterlagen Umstände. Es sind für diesen Zweck daher lösungsmittelfreie Klebstoffe im Handel, die in geschmolzenem Zustande verwendet werden. Um gutdichtende Überzüge oder Auskleidungen zu erhalten, ist eine gute Überdeckung oder Überlappung notwendig. Bei schwächeren Folien genügt Verklebung der Stoßstellen, bei stärkeren Folien ist Schweißung mit einem Sondergerät möglich.

Vinidur-Auskleidungen sind gegen Säuren, Alkalien und Salzlösungen in verdünntem und konzentriertem Zustande beständig.

Vinidur-Platten dienen zur Anfertigung von Konstruktionsteilen jeder Art, ferner für Rohre größeren Durchmessers, für Gebläse, für Flüssigkeits- und Gasmesser, Kolben, Zahnräder, Pumpen usw.

Neben harten Igeliten werden Igelit-Weichmassen und Mipolame verwendet:

1. an Stelle von Weichgummi für die Herstellung von Schläuchen, Formware, Manschetten, Fußboden- und Tischbelegen;
2. in Form von Latex für Kunstleder, Wachstuche, Anstrichfarben;
3. an Stelle von Blei und Naturgummi für Dichtungsmassen, Draht- und Kabelisolationen sowie Ummantelungen;
4. in Form härterer Plattenwerkstoffe, wie Astralon, Decelit. Die Platten sind in jeder Farbtönung von glasklar bis dunkel lieferbar und dienen auch als Fensterwerkstoff.

Neben chlorierten Vinylverbindungen finden technische Anwendung:

Polyvinyl-Azetat als Klebstoff und als Zwischenlagen bei der Herstellung elastischer Sperrhölzer.

Polyvinyl-Alkohol für die Herstellung benzinfester Schläuche, treibstoffsicherer Dichtungen usw.

Polyvinyl-Äther als Weichmacher in der Lackindustrie, Öldichtungsmittel Igavin.

Reine Kohlenwasserstoffe. Von solchen finden Trolitul und Luvikan in der Spritzgußtechnik Anwendung (vgl. Abschnitt „Spritzguß-Massen").

Von sonstigen Kohlenwasserstoffen ist Oppanol zu erwähnen. Dieses kommt in verschiedenen Sorten in den Handel. Oppanole haben roh-

[1]) Siehe Abschnitt „Gummi".

kautschukähnliche Eigenschaften und sind nicht vulkanisierbar. Die weicheren Typen geben in Mischung, z. B. mit Bitumen Klebstoffe, die härteren Mischungen ergänzen das Vinidur bei der Auskleidung von Behältern in einer höheren Wärmebeständigkeit. Während diese im Temperaturbereich von −10 bis +60° verwendbar sind, lassen sich Oppanol-Auskleidungen von −50 bis +130 verwenden. Für Zwecke der Auskleidung dient das füllstofffreie Oppanol O und das füllstoffhaltige Oppanol ORG. Die Folienstärke beträgt 1 bis 2 mm. Auch Holz- und Betonbehälter sind mit Oppanol auszukleiden. Für den Oberflächenschutz von Rohren, z. B. aus Metall oder Papier, werden Oppanol-Schläuche in die Rohre eingeklebt. Ähnlich dem Klingerit gibt es eine oppanolhaltige Dichtung, die den Vorteil hat, weich zu bleiben und daher auch für Glas- und Porzellangeräte Verwendung finden kann.

Acrylate. Ester der Polyacrylsäure und der Methacrylsäure finden umfassende technische Anwendung. Beide Werkstoffarten zeichnen sich durch ungewöhnliche Durchsichtigkeit und Klarheit aus, ferner sind sie sehr alterungsfest und gegen Witterungs- und Lichteinflüsse beständig. Poly-meth-Acrylate, die als Plexiglas bekannt sind, sind härter als die Poly-Acrylate, deren Verwendungsgebiet daher mehr im Gebiet des Weichgummiaustausches, der Klebstoffe und Lacke liegt.

Plexiglas. Für Zwecke, bei denen hervorragende Durchsichtigkeit und Klarheit bei hohen optischen Forderungen gestellt wird und bei denen verzerrungsfreie Durchsicht notwendig ist, findet Plexiglas Anwendung. Es wird für Fahrzeug- und Flugzeug-Verglasung stark eingesetzt. Das geringe spezifische Gewicht, die leichte Verformbarkeit, das gute Verhalten bei Beschuß sind hierfür zusätzliche Vorteile. Silikatgläsern gegenüber ist die acht- bis zehnfache Schlagfestigkeit vorhanden, während die Lichtdurchlässigkeit beider Glassorten gleich ist. Für Befensterungszwecke ist die Splittersicherheit von Plexiglas sehr wertvoll, ebenso ein beträchtliches Formänderungsvermögen beim Verwinden der Fensterrahmen.

Hervorzuheben ist ferner die starke Durchlässigkeit von Plexiglas für ultraviolettes Licht, deren Ausnutzung in der Befensterung von Arbeitsräumen, Krankenanstalten und Schulen durchführbar ist. Zur Kennzeichnung der Durchlässigkeit sind nachstehend einige Beispiele angeführt.

Nimmt man die Durchlässigkeit für ultraviolettes Licht bei

Quarzglas mit	100 %	an, so hat
Plexiglas 222	73,5 %	
Uviolglas M	54 %	
Spiegelglas	3 %	
Fensterglas	0,6 %	

Zur Verformung von Plexiglas bestehen mehrere Möglichkeiten, nämlich Formpressen in einem Gesenk, Biegen oder Ziehen sowie Blasen. Optische Gläser, z. B. Linsen, Prismen, Brillengläser usw., werden durch Blasen hergestellt.

Auch im Modellbau, neuerdings auch im Lehrenbau, findet Plexiglas Verwendung. Lehren hieraus dienen z. B. zur Prüfung von Gußteilen bei der Erfassung wichtiger Maße an Gußrohlingen. Die für Gießereien und Fertigungsbetriebe eingeführten Lehren ermöglichen ein einwandfreies Prüfen der Gußmaße und der zum Einbringen in die Arbeitsvorrichtung wichtigen Auflagestellen. Derartige Lehren sind auch zu einer Prüf- und

Anreißeinrichtung weiterentwickelt, die den ersten Betriebsanriß einspar und Anbringen von Mittelrissen in den drei Achsenrichtungen ermöglicht

Plexiglas findet weitere Anwendung für die Herstellung von Farbfiltern. Im Gegensatz zu Silikat- und Bleiglas ist bei Plexiglas-Filtern Anfärbung mit organischen Farbstoffen möglich, die in unbeschränkter Zahl zur Verfügung stehen. Auch in der Schnitzstoffindustrie wird viel mit Plexiglas gearbeitet. Eigenschaften von Plexiglas M 222 sind in Tafel 30 zu finden.

Tafel 30.

Eigenschaften von Plexiglas M 222.

Wichte	1,18
Biegefestigkeit (VDE)	1400 kg/cm²
Schlagbiegefestigkeit (VDE)	20 cmkg/cm²
Druckfestigkeit	1400 kg/cm²
Zugfestigkeit bei 20° C	790 kg/cm²
Elastizitätsmodul bei 20°	32000 kg/cm²
Kugeldruckhärte (VDE)	
5/50/10	2000 kg/cm²
5/50/60	1850 kg/cm²
Ritzhärte nach Mohs	2 bis 3

II. Spritzpressen und Spritzgießen.

a) Spritzpressen härtender Kunststoffe.

Neben dem eigentlichen Preßverfahren in Gesenken ist neuerdings für die Verformung härtender Preßmassen das „Spritzpressen" in erhöhtem Maße aufgenommen. Bei dem Preßverfahren wird Preßmasse in den Hohlraum der Form eingeführt und mit Hilfe meistens des einen Formteils (Oberstempel) unter Druck gesetzt, wobei der volle Pressendruck auf der Preßmasse liegt. Diese wird nach dem Erweichen in die Form hineingedrückt und der Druck ruht in den meisten Fällen bis zum Auffahren der Presse auf dem Formling. Um dieser Druckbelastung zu widerstehen, muß das Werkzeug sehr kräftig gebaut sein. Einzupressende Metallteile müssen eine bestimmte Mindeststärke haben und so verankert sein, daß sie durch die Preßmasse nicht verformt oder beiseite gedrängt werden.

Beim Spritzpressen wird die Preßmasse in einem von der eigentlichen Form getrennten Raum erweicht und alsdann durch Düsen der Form zugeführt. Der Massefluß erhält infolge des geringen Düsendurchmessers einen sehr hohen Druck. Hierdurch wird die Masse nochmals durchgeknetet und dabei sehr gleichmäßig durchwärmt, so daß der Härtungsprozeß in der Form abgekürzt wird. Zur Aufnahme des hohen Druckes wird die quer oder längs aufgeteilte Form seitlich kräftig zusammengehalten. Dies geschieht bei Sonderpressen durch mehrere Druckkolben, die von verschiedenen Seiten, z. B. von oben und unten oder von oben und einer Seite, auf die Form einwirken. Derartige Sonderpressen werden von verschiedenen Herstellern gebaut. Stehen diese Pressen nicht zur Verfügung, so genügt in manchen Fällen Einsetzen des Werkzeugs in einen kegelig ausgedrehten Ring.

Neben den Vorteilen des Durchknetens und gleichmäßig schnellen Durchwärmens der Massen besteht bei genügendem Seitendruck noch der Vorzug hauchdünner Gratbildung. Auch feinste Metallteile können bei dieser Arbeitsweise einwandfrei gefaßt und umspritzt werden. Allerdings muß mit einem höheren Werkstoffverlust und einer etwas verlängerten Nebenzeit gegenüber dem eigentlichen Pressen gerechnet werden.

b) Spritzgießen nicht härtender Kunststoffe.

Das Verfahren des Spritzgießens organischer Werkstoffe ist dem der Metallspritzgießerei ähnlich. Es entstand aus dem Bestreben, Kühlen und Entfernen der Formlinge aus den Werkzeugen in kürzester Zeit zu ermöglichen,

In den für diesen Zweck gebauten Maschinen erfolgt die Verflüssigung der Masse räumlich getrennt von der eigentlichen Matrize. Der Schmelzfluß wird durch Kanäle dem Hohlraum der wassergekühlten Form mit Hilfe von hohem Druck zugeführt und erstarrt, sobald die Form ausgefüllt ist. Die Übertragung der hohen Temperatur des Schmelzraumes auf die Form wird vermieden dadurch, daß zwischen diesen beiden Teilen eine Verbindung nur durch die eigentliche Düse und nur während des eigentlichen Spritzvorganges besteht.

Der heiß in die Form hineinschießende Kunststoff kühlt bei der Berührung mit der kalten Formwand schnell herunter, so daß durch Gratbildung kein nennenswerter Werkstoffverlust entsteht und keine wesentliche Nachbearbeitung der Formlinge notwendig ist. Abgesehen von dem Spritzansatz treten keine Werkstoffverluste ein. Die Vorsorge, daß dem Schmelzraum stets nur geringe Mengen von frischem Werkstoff zugeführt werden, verhindert, daß eine Überhitzung des Kunststoffes entsteht.

Es sind verschiedene Bauarten an Spritzguß-Maschinen im Handel, die teils als Voll-, teils als Halbautomaten ausgebildet sind und durch Preßluft oder aber mechanischen Antrieb betätigt werden.

Tafel 31. Eigenschaften im Handel befindlicher Spritzgußmassen.

	Zellulose-Derivate		Polymerisations-Produkte								Quarzhalt. hochpolymere Stoffe		Poly-Kondensat	
	Trolit W	Benzyl-Zellulose	Trolitul III	Trolitul IV	Trolitul EF	Trolitul EN	Trolitul EH	Plexigum M 272	Mipolam	Luvikan	Trolitul Si.	Amenit	Igamid B	Igamid U
Wichte	1,35	1,22	1,05	1,05	1,05	1,08	1,09	1,18	1,13	1,2	1,18	1,5	1,13	1,21
Biegefestigkeit kg/cm²	650	700	700	750	700	1400	700—1000	1200	1000	600	950	500	200—400	500—600
Schlagbiegefestigkeit cmkg/cm²	30	75	18	15	18	30	18—25	25	>160	10	10	6	< 130	90—110
Kerbzähigkeit cmkg/cm²	8	3	5	—	5	—	5	—	11	2	2	—	3	—
Druckfestigkeit kg/cm²	575	500	950	—	—	—	—	1400	—	—	—	—	1100	—
Zerreißfestigkeit kg/cm²	350	390	400	—	300	—	—	760	780	150	—	—	500	600
Elastizitäts-Modul kg/cm²	20000	25000	32000	—	34000	—	—	32000	34000	—	51000	—	35000	—
Wärmefestigkeit:														
1. nach Martens ... °C	40	55	64	70	72	85	100	56	58	125—150	74	87	—	40°
2. nach Vicat ..... °C	55	83	90	100	105	108	125	85	75	190	82	—	180	170—180°
Wärmeleitfähigkeit cal/cm² · s · °C · 10⁵ ..	50	47	38	—	38	—	—	—	—	60	—	—	80	—
Lineare Ausdehnungszahl	130	—	102	—	—	—	—	—	—	—	—	—	110	—

Das Spritzgießen der nicht härtenden Kunststoffe fand erst in den letzten Jahren in die Industrie Eingang. Azetyl-Zellulose, die erste im Wege des Spritzgusses verformte Masse, wird besonders in Fällen verwendet, wo große mechanische Festigkeit erforderlich ist und Feuchtigkeits- sowie Wärmebelastungen nicht eintreten. Von großem Einfluß auf die verbreitete Einführung des Spritzgußgießens war das Erscheinen der Trolitulmassen. Große Feuchtigkeitsbeständigkeit, glasklare Durchsicht, jede gewünschte Farbtönung und weitere Vorteile erschlossen dem Trolitul und damit dem Spritzgießen eine große Verbreitung. Um Sonderwünschen nachkommen zu können, wurden die Trolitultypen vermehrt, wobei besonders eine höhere Wärmebeständigkeit in den Trolitulmassen EF, EN und EH gegenüber dem Trolitul III erstrebt wurde. Parallel hierzu kamen auch Spritzgußmassen auf Grundlage von Plexiglas in die Industrie, die auch die Vorteile dieses Werkstoffes in größerem Umfang ausnutzen ließen. Es entstand ferner das Luvikan, bei dem eine höhere Wärmebeständigkeit allerdings mit einem Rückgang der mechanischen Festigkeit verbunden ist, so daß diese Masse mehr als Sonderwerkstoff zu werten ist. Neuerdings sind dann weitere Massen entwickelt, die als synthetische Eiweißstoffe sowohl in der Wärmebeständigkeit als auch in den mechanischen Eigenschaften alle bisherigen Spritzgußmassen übertreffen. Diese Polyamide bzw. Polyurethane, mit der Handelsbezeichnung Igamide, erschlossen der Kunststoff-Anwendung weitere Anwendungsgebiete. Igelit läßt sich in weichmacherfreiem Zustande im Spritzguß nur schwierig verformen, in weichmacherhaltigem Zustand können die kautschukartigen Eigenschaften auch beim gespritzten Formteil ausgenutzt werden.

Tafel 31 bringt eine Übersicht über die Eigenschaften heute im Handel befindlicher Spritzgußmassen. Das Anwendungsgebiet dieser Stoffe liegt in erster Linie bei den Gegenständen des täglichen Bedarfes, der Schmuck- und Kunstindustrie, dem Bekleidungswesen und auf gewissen Sondergebieten.

Schrifttum.

Vergütetes Holz. Küch, W.: Holz als Roh- u. Werkstoff Bd. 2 (1939) S. 257. — Armbruster, Fr.: Holz als Roh- u. Werkstoff Bd. 3 (1940) S. 78. — Riechers, K.: Holz als Roh- u. Werkstoff Bd. 2 (1939) S. 110 — Kunststoffe Bd. 30 (1940) S. 78. — Werkst. u. Betr. Bd. 72 (1939) S. 160, 266. — Werkstattbücher, Heft 76 und 77, Bittner-Klotz. Berlin: Springer. — Normenblattentwurf DIN E 4076 in Bauwelt Bd. 31 (1940) S. 362.

Faserstoffe aus Holz. Zbl. Forstwesen 1938 S. 127.

Melaminharze. Kunststoff-Technik. Werbeblatt: Troisdorfer Kunststoff — Ultrapas.

Lager-Werkstoffe: Im Gas- u. Wasserwerkbetrieb. Gas- u. Wasserfach Bd. 8 (1938) S. 2—4 (Albrecht). — In der Bauindustrie. RTA Bd. 17 (1937) Nr. 44 S. 8 (G. Garbotz). — In der Erzaufbereitung. Popular Mechanics. Bd. 69 (1938) S. 218, Ref. Kunststoffe 1938 S. 215. — Im Dampfkraftwerk. Arch. Wärmew. Bd. 19 (1938) S. 60/61 (A. Niggemeier). — An Hartzerkleinerungsmaschinen. Ref. Kunststoffe 1938 S. 327. — An Landmaschinen. Kunststoffe Bd. 29 (1939) S. 221 (Mebold) — Kunststoffe Bd. 27 (1937) S. 319 u. 311 (Mebold). — An Braunkohlenbrikettpressen. Braunkohle Bd. 37 (1938) S. 793/96 (Graebing) — Kunststoffe Bd. 27 (1937) S. 316. — Im Baggerbau. Z. VDI Bd. 83 (1939) S. 684 (Ehlers). — An Kohlenseilbahnen. Kunststoffe Bd. 29 (1939) S. 175 (H. Frank). — Preßstofflager in Betonmischmaschinen. Straße 1939 Heft 16, 17 u. 18 (G. Ehlers). — Burmeister, H.: Die nichtmetallischen Werkstoffe.

Preßstoff-Konstruktionsfragen. Flötgen, R.: Kunststoffe Bd. 31 (1941). — Brandenburger: Werkst. u. Betr. Bd. 68 (1935) S. 20, 74, 166, 194; Bd. 70 (1937) S. 67, 194, 243.

Zahnrad-Werkstoffe. Opitz, H., u. F. Blasberg: Deutsche Kraftfahrtforschung 1939 H. 36. — Kraemer: Kunststoffe Bd. 31 (1941).

Verarbeitungsmaschinen für Preßstoffe. Mehdorn, W.: Kunstharzpreßstoffe und andere Kunststoffe. 2. Aufl. 1939. — Tochtermann, W.: Z. VDI Bd. 83 (1939) S. 1003.

Spanabhebende Bearbeitung. Fehse, A.: Hartmetallwerkzeuge. Verlag Teubner.

Lackgrundstoffe. Scheiber u. Sändig: Die künstl. Harze. — Scheiber: Lacke u. ihre Rohstoffe. — Peters: Korrosion und Metallschutz Bd. 14 (1938). — Jordan, O.: Farben-Ztg. Bd. 44 (1939) S. 442. — Wagner, H.: Chemiker-Ztg. Bd. 60 (1936) S. 393; Bd. 64 (1940) S. 417. — König, W.: Kunststoff-Technik Bd. 10 (1940) S. 527. — Greth, A.: Angewandte Chemie Bd. 51 (1938) S. 719 — Kunststoffe. — Scheiber, J.: Z. Ver. dtsch. Chem. 1935, Beiheft Nr. 19. — Burmeister, H.: Feinmech. u. Präz. 1941 Märzheft. — Sarx: Werkst. u. Betr. Bd. 71 (1938) S. 332.

Vulkanisierbare Kunststoffe. Roelig, H.: Kunststoffe Bd. 30 (1940) S. 164 — Werkst. u. Betr. Bd. 72 (1939) S. 293. — Springer, A.: Kunststoffe Bd. 30 (1940) S. 285.

Nicht härtende Kunststoffe. Nowak, P.: Kunststoffe Bd. 27 (1937) S. 184; Bd. 38 (1938). — Berger, H.: ETZ Bd. 61 (1940) S. 97. — Dörfel, E.: Elektrizitätswirtsch. Bd. 39 (1940) Heft 11.

Igelite. Kolleg, L.: Kunststoffe Bd. 29 (1939) Heft 2. — Krannich, W.: Chem. Fabrik Bd. 13 (1940) S. 233. — Schwarz, A.: Kautschuk Bd. 16 (1940) S. 97 — Kunststoffe Bd. 29 (1939) S. 9. — Bachmann, W.: Z. VDI Bd. 84 (1940) S. 425.

Plexiglas. Tromsdorf, E.: Kunststoffe Bd. 29 (1939) S. 45 u. 172 — Masch.-Bau u. Betrieb Bd. 18 (1939) S. 501. — Froehlich, K.: Kunststoffe Bd. 30 (1940) S. 267.

Spritzpressen. Weprecht, B.: Kunststoff-Technik Bd. 10 (1940) S. 289 — Kunststoffe Bd. 31 (1941) S. 57. — Brandenburger, K.: Kunststoff-Technik Bd. 10 (1940) S. 89.

Spritzgußmassen. Lacis, M. E.: Kunststoffe Bd. 29 (1939) S. 17 u. 65. — Mehdorn, W.: Kunstharzpreßstoffe und andere Kunststoffe. 2. Aufl. — Mienes, K., u. A. Krause: Kunststoffe Bd. 30 (1940) S. 1.

III. Gummi aus natürlichem und synthetischem Buna-Kautschuk.

Unter Kautschuk versteht man den unvulkanisierten Rohstoff, unter Gummi das vulkanisierte Fertigerzeugnis der Gummi-Industrie. Natur-Kautschuk ist aus dem Saft der tropischen Kautschukpflanze auf Plantagen gewonnen, Buna-Kautschuk in chemischen Fabriken in mehrstufigem Verfahren von Azetylen ausgehend hergestellt. Durch Abwandlung des Verfahrens erhält man die verschiedenen Sorten Buna-Kautschuk.

Die Verarbeitung von Kautschuk zu Gummi geschieht bei Natur- und Buna-Kautschuk in ähnlicher Weise durch Plastizieren, Mischen mit Füllstoffen (Ruß, Zinkweiß) Weichmachern und Schwefel und durch darauffolgendes Vulkanisieren in Wärme. Durch die Vulkanisation erhält Gummi die für ihn charakteristischen elastischen Eigenschaften. Weichgummi hat niederen, Hartgummi höheren Schwefelgehalt.

Die wichtigsten Buna-Sorten sind:

Buna S: hochelastisch, hohes Arbeitsvermögen, hitze- und alterungsbeständiger als Naturgummi, höhere Abriebfestigkeit, elektrischer Isolator.

Verwendung: Reifen, Dichtungen und Schläuche für Dampf und Heißwasser bis etwa 110° C, Förderbänder besonders im Bergbau. Isolier- und Schutzmäntel für Kabelleitungen.

Buna SS: verbesserte elektrische Eigenschaften als Buna S, ebenso hitze- und alterungsbeständig, etwas geringere Elastizität.

Perbunan, quellbeständig und gleichzeitig hitzebeständig bis etwa 130° C, öl-, fett- und benzinfest, hochelastisch, Gasdurchlässigkeit $^1/_4$ bis $^1/_5$ von Naturgummi, elektrischer Halbleiter.

Verwendung: Dichtungen, Stulp- und Wellendichtungen, Werkstoff für Federungen zur Schwingungsisolierung und Schalldämpfung besonders im Fahrzeug- und Flugzeugbau, elastische Kupplungen, Membranen, ölfeste Keilriemen, öl- und benzinfeste Schläuche, Kabelmäntel besonders für Schiffskabel an Stelle des Bleimantels zur Gewichtsersparnis, Druckwalzen, Schutzkleidung.

Perbunan-extra: gesteigerte Quellfestigkeit gegenüber Perbunan bei geringerer Elastizität.

Verwendung: quellfeste Schläuche und Dichtungen.

Den vulkanisierbaren Stoffen zugerechnet werden auch die organischen Polysulfide Perduren und Thiokol. Sie sind im Gegensatz zu Naturgummi und den Bunagummisorten auch quellbeständig gegen Benzol, jenen aber an Elastizität und Festigkeit unterlegen.

Elastische Eigenschaften von Weichgummi.

Weichgummi wird konstruktiv vorwiegend auf Druck und Schub beansprucht. Dabei soll die Belastung 10 kg/cm² nicht überschreiten.

Zwischen der in der Gummi-Industrie üblichen Kennzeichnung der Gummiqualitäten (aus Natur- und Bunakautschuk) nach Härte oder Weichheit (DIN DVM 3503) und ihrem Druck- und Schubmodul besteht die Beziehung, Tafel 32.

Tafel 32.

Zusammenhang der Festigkeitseigenschaften von Weichgummi.

Härte Shore-Grade	Weichheit (nach DIN DVM 3503)	Druckmodul kg/cm² (bis 20 vH Zusammendrückung) Formfaktor 0,5	2	Schubmodul kg/cm²
30	130	22	93	3
40	90	27	133	4
50	70	40	183	5
60	54	60	260	7
70	40	100	400	12

Der Druckmodul ist formabhängig, wobei (nach Kimmich) der Formfaktor als Verhältnis der belasteten zur freien Oberfläche zugrunde gelegt wird. Der Schubmodul ist nur wenig formabhängig.

Das elastische Verhalten von Weichgummi wird gekennzeichnet bei statischer Belastung

1. durch die elastische Nachwirkung, welche bei Belastung auf die sich sofort einstellende Formänderung folgt und 5 bis 40 vH der Gesamtformänderung beträgt;

2. durch den Formänderungsrest (Plastizität) nach Entlastung (DIN DVM 3503);

3. bei dynamischer Beanspruchung durch den Hysteresis-Verlust (Dämpfung DIN DVM 5310/11), der zu einer Erwärmung des Gummis führt und 5 bis 40 vH der aufgenommenen Energie (Arbeitsvermögen) beträgt. Weichgummi ist um so elastischer, je kleiner elastische Nachwirkung, Formänderungsrest und Dämpfung sind.

In der Kälte friert Weichgummi je nach seiner Zusammensetzung zwischen −20° und −65° ein, wobei er verhärtet und seine Elastizität verliert. Als untere erreichbare Grenze für technische Gummiqualitäten gilt für Naturgummi (−65°), Buna S (−55°), Perbunan (−50°), Buna SS und Perbunan extra (−20°).

Natur- und Buna-Gummi lassen sich bei der Vulkanisierung mit metallischen und nichtmetallischen Werkstoffen festhaftend verbinden.

Dabei werden bei statischer Prüfung Haftfestigkeiten von 30 bis 60 kg/cm² erreicht. Bei dynamischer Beanspruchung liegt die Haftfestigkeit bei ± 3 bis ± 5 kg/cm². Die Haftfestigkeit sinkt in der Wärme ab und steigt in der Kälte.

Elektrische Eigenschaften von isolierenden Gummimischungen: Spezifischer Widerstand Naturgummi 10^{15} bis 10^{16} Ohmcm, Buna S und Buna SS-Gummi 10^{14} bis 10^{15} Ohmcm. Für Naturgummi, Buna S und Buna SS: DK (800 Hz) 3,5 bis 7; $\operatorname{tg}\delta$ (800 Hz) 0,005 bis 0,02; Durchschlagsfestigkeit 10 bis 30 kV/mm.

Elektrisch leitender Gummi (spez. Widerstand 10^8 bis 10 Ohmcm) ist aus allen Kautschuksorten, besonders aus Perbunan herstellbar. Er dient zur Ableitung elektrostatischer Aufladungen (Riemen, Tankschläuche, Reifen, Bodenbelag, Kabelmäntel).

Alle Bunasorten lassen sich zu Hartgummi verarbeiten. Verwendung besonders als Oberflächenschutz gegen chemischen Angriff (Säuren, Alkalien) bei hoher Wärmebeständigkeit (bis 100°). Ersparnis hochwertiger Metalle.

Schrifttum.

E. G. Kimmich: Weichgummi bei Druckbeanspruchung. India Rubber World 1940, Dez., S. 45—50. — E. Konrad: Über den synthetischen Kautschuk Buna. Jahrbuch der Deutschen Luftfahrtforschung 1938, S. 574—577. — H. Roelig: Buna als Werkstoff im Maschinen- und Werkzeugbau. Werkstatt u. Betrieb 1939, Heft 23/24, S. 293—296. München 27: Carl Hanser Verlag. — H. Roelig: Z. VDI. Bd. 82 (1938), Nr. 6, S. 139 bis 142. — H. Roelig: Buna in der Kabeltechnik. Z. Kautschuk, Jahrg. 16 (1940), S. 25 bis 33. — H. Roelig: Das elastische Verhalten von Weichgummi bei statischer Druckbelastung in Abhängigkeit von der Temperatur. Z. Kautschuk, Jahrg. 18 (1942), Heft 1, S. 1—8. — Werkstattblatt 74 „Anwendung von Naturgummi und Bunagummi im Maschinenbau". München 27: Carl Hanser Verlag. — VDI-Richtlinien: Gestaltung und Anwendung von Gummiteilen. Berlin NW 7: VDI-Verlag GmbH.

Tafel 33. **Kunststoffe nach Handelsbezeichnungen geordnet.**

Handelsbezeichnung bzw. gesetzlich geschützter Name	Grundstoff und Typenbezeichnung nach DIN 7701	Hersteller bzw. Lieferer der fertigen Teile
Aceplast	Phthalsäureharz für Lacke	Blumer
Acetylcellulose	Zelluloseacetat	I. G.
Aclait	Phenol-(Kresol) Kunstharz; Hartgewebe Klasse F, G, Hartpapier, typisierte Preßmassen und Sonderpreßmassen	Acla
Aclasyn	Mischpolymerisat aus polymerisierten Vinyl-Verbindungen	Acla
Acronal	Polyakrylester	I. G.
Acronal D	Dasselbe in Dispersionsform	I. G.
Albertat	Lackkunstharz (Tonerde-Verbindungen des Albertols) zum Mattieren von Lacken und zum Verhindern des Absetzens von Pigmenten	Albert
Albertol	Lack-Kunstharz, modifiziertes Phenolharz, öl- oder spritlöslich	Albert
Alberit-Schnellpreßmassen	Phenol- (Kresol-) Kunstharz Typ 1_1 und 1_2	Albert
Alberit-Preßflocken	Phenol- (Kresol-) Kunstharz Typ Z_1 und Z_2	Albert
Alberit-Preßbahnen	Phenol- (Kresol-) Kunstharz Typ Z_3	Albert
Alberit-Schnellpreßmasse	Phenol- (Kresol-) Kunstharz Typ T_1 und T_2	Albert
Alberit-Preßharz	Phenol- (Kresol-) Kunstharz	Albert
Alcella-Lacke	Azetylzellulose mit verschiedenen Lösungsmitteln und Zusätzen	Dielektra
Alfenat	Lackkunstharz, Phenolharz-Mischester	Albert
Alftalat	Lackkunstharz, Phtalsäureharz	Albert
Alkydal	Phthalsäure-Harze zur Herstellung von Kunstharz-Lacken	I. G.
Alkydal RD	Dasselbe auf rein deutscher Grundlage	I. G.
Alkyphen	Phenolharz zur Herstellung von Öllacken	I. G.
Alnovol	Lackkunstharz, nicht härtbare, reine Phenolharze, spritlöslich	Albert
Alresat	Lackkunstharz, Maleinat-Harz	Albert
Alresen	Reines (Alkyl-) Phenolharz, öllöslich	Albert
Aminoplaste	Harnstoffharz; Sammelname; die daraus hergestellten Preßmassen Typ K	s. einz. Herstell.
Asplit u. Asplit „A“	Phenolharzlösungen mit anorganischem Füllstoff	I. G. Uerdingen
Astralon	Mischpolymerisat aus polymerisierten Vinylverbindungen; thermoplastischer Werkstoff in Form von Platten, Stäben und Röhren	Celluloid-Verk.
AT-Cellulose B u. BS	Äthylzellulose	I. G.
AW 2-Kunstharz	Cyclohexanonharz	I. G.
Azetylzellulose-Lacke oder A-Zellulose-lacke	Azetylzellulose mit verschiedenen Lösungsmitteln und Zusätzen	alle größeren Lackfabriken
Bakelite-Harze	Phenol- und Harnstoff-Kunstharze fest und flüssig	Bakelite
Bakelite-Kitte	Flüssige Phenol-Harze mit anorganischen Füllstoffen	Bakelite
Bakelite-Lack	In Ölen bzw. Lösungsmitteln lösliche oder gelöste, zum Teil mit fetten Ölen kombinierte Kunstharze auf Phenol- oder Harnstoff-Grundlage	Bakelite
Bakelite-Preßharz	Fast reines Phenol-(Kresol-)Harz ohne Füllstoff	Bakelite
Bakelite-Preßmassen	Phenol-(Kresol-)Harze mit Füllstoffen; Typ 11, 12, M, O, S, T, Z	Bakelite
Bakelite – weiß	Harnstoffharz + Füllstoff, Typ K	Bakelite
Benzyl-Cellulose (Be-Cellulose)	Benzylzellulose in verschiedenen Lösungsmitteln gelöst mit Zusätzen	I. G.

Tafel 33 (Fortsetzung).

Handelsbezeichnung bzw. gesetzlich geschützter Name	Grundstoff und Typenbezeichnung nach DIN 7701	Hersteller bzw. Lieferer der fertigen Teile
Borron	Akrylharz mit Füllstoffen verarbeitet als thermoplastische Masse, verarbeitbar zu Schläuchen, Profilen, Platten	Röhm & Haas
Buna	Synthet. Kautschuk auf Grundlage Butadien	I. G.
Cambric	Hartgewebe mit Phenol-(Kresol-)Harz hergestellt, Klassen F u. G	Wahn
Canvass		
Carta	Hartpapier mit Phenol-(Kresol-)Harz hergestellt, Klasse 1, 2, 3 und Tropengüte	Isola
Carta-Asbest	Hart-Asbest mit Phenol-(Kresol-)Harz hergestellt	
Carta-Coton	Hartpapier mit Phenol-(Kresol-)Harz hergestellt, Sondergüte	
Carta-Textil	Hartgewebe mit Phenol-(Kresol-)Harz hergestellt, Klassen F u. G	
Cellit B	Zelluloseazetobutyrat	I. G
Cellit L und T	Zelluloseazetat	
Cellit TP	Zellulosetripropionat	
Cellon-Acetylcelloid	Thermoplastischer Werkstoff auf der Grundlage von Azetyl-Zellulose in Form von Platten, Stäben und Röhren	Celluloid-Verkauf
Cellon-Lacke	Andere Bezeichnung für Azetylzellulose-Lacke	Diwag
Cellophan (Zellglas)	Viskose	Kalle
Celluloid	siehe Zelluloid	
Celluloseäther	Methyl-, Äthyl- und Benzylzellulose	I. G.
Clophen	Unverseifbare Weichmacher und Harze für Lacke auf Grundlage chlorisierter aromatischer Kohlenwasserstoffe	
Cohaerit	Kondensationsprodukt zum Binden von Korkschrot	
Cohesan	Klebstoff auf Zellulose-Grundlage	
Columbus	Schnellpreßmasse aus Phenol-(Kresol-)Harz mit organischen Füllstoffen (Zellulose), Typ Z_{1-3}	New-York Hamburg
Condensite	Phenol-(Kresol-)Harze für Schleifscheiben	Bakelite
Decelith	Vinylpolymerisat und andere Polysterine in Folien, Tafeln und Fertigerzeugnissen für chemisch-techn. Apparatebau und viele andere Zwecke	Deutsche Celluloid
Dekorit	Reines Phenol-Kunstharz ohne Füllstoff, sog. Edelkunstharz	Dr. Raschig
Dekorit F	Reines Phenol-Kunstharz, füllstofffrei, säurebeständig, für den Maschinen- und chemischen Apparatebau; bearbeitungsfähig	
Dekorit-Kitt	Phenolharz-Lösung mit anorgan. Füllstoffen; Kitte säurefest und flüssigkeitsdicht, kalthärtend	
Deurolith	Schnellpreßmasse aus Phenol-(Kresol-)Kunstharz mit Papier als Füllstoff, zu Gleitlagern	Römmler
Diphen	Lack-Kunstharz, spritlöslich, hitze- und katalysatorenhärtend, verträglich mit Nitrozellulose	Blumer
Durax	Preßmasse aus Phenol-(Kresol-)Harz hergestellt. Typ 0, 1_1, 1_2, S, M, Z_1, Z_2. Lagerpreßstoffe nach DIN 7703	Isola
Durax-Textil	Leinenschnitzel-Preßmasse mit Phenol-(Kresol-)Harz Typ T_{1-2}	
Durcoton	Hartgewebe mit Phenolharz hergestellt, Klassen F und G	Dielektra
Duroftal	Lackkunstharz, benzol-kohlenwasserstoff-lösliches plastifiziertes, härtbares Phenolharz	Albert

Tafel 33 (Fortsetzung).

Handelsbezeichnung bzw. gesetzlich geschützter Name	Grundstoff und Typenbezeichnung nach DIN 7701	Hersteller bzw. Lieferer der fertigen Teile
Durophen	Lack-Kunstharz, spritlösliches, hitze- und katalysatoren-härtendes bzw. benzol-kohlenwasserstoff-lösliches, plastifiziertes, hitzehärtendes Phenolharz bzw. mit Füllstoffen zu Schnellpreßmassen Typ S verarbeit.	Albert
Duxalkyde verschied. Güteklassen	Trocknende Alkydharze, phenolfrei	Blumer
Dynos	Hydrat-Zellulose, Markenbezeichnung für Vulkanfiber	Venditor
Dytron	Lagerwerkstoff, wärme- und feuchtigkeitsbeständig, verschleißfest, gut isolierend, gut bearbeitbar. Schichtstoffe aus Gewebebahnen, Textilschnitzeln, Textilfasern, Zellstoffbahnen, Zelluloseschnitzeln, Zellulosefasern mit Phenol-(Kresol-)Harz getränkt. Typ T_1, T_2, T_3, Z_1, Z_2, Z_3 in Platten, Blökken, Rohren, Stäben, Formstücken (Gleitlager)	Venditor
Ecarit-Acetylcelloid	Thermoplastischer Werkstoff auf der Grundlage von Azetylzellulose in Form von Platten, Stäben und Röhren	Celluloid Speyer
Ecaron	Spritz- und Preßmasse auf Acetylcellulose-Grundlage	Celluloid Speyer
Edelkunstharze	Reine Phenol-(Kresol-)Kunstharze ohne Füllstoffe gegossen und gehärtet für Drechsler- und Schnitz-Zwecke	Versch. Herst.; s. jeweils die Hinweise
Eshalit	Schnellpreßmassen aus Phenol-(Kresol-)-Kunstharz, Typ 0, 1_{1-3}, M, S, T_{1-3}, Z_{1-3}, O* und S* Preßmasse ohne Füllstoffe aus Reinharz Schnellpreßmasse aus Hartpech mit Asbest und mineralischem Füllstoff, Typ 8	Verarbeitet von SSW
Eshalit E 100	Schnellpreßmasse aus Harnstoffharz mit Füllstoffen, Typ K	Verarbeitet von SSW
Eshalit E 61	Preßmasse aus Bitumen mit Asbest und anorganischem Füllstoff, Typ 4	Verarbeitet von SSW
Eshalit E 90	Preßmasse aus Zement mit Asbest und anorganischem Füllstoff, Typ X	Verarbeitet von SSW
Eshalit E 86	Thermoplastische Masse aus Azetylzellulose, Typ A	Verarbeitet von SSW
Eshalit E B_1	Preßmasse aus Naturharz mit Asbest und anorganischem Füllstoff, Typ 7	Verarbeitet von SSW
Faturan	Schnellpreßmischungen und Bahnen, Typ S, 1, T, Z und Sondertypen	New-York Hamburg
Fermit	Kalt-Preßstoff mit anorganischen Füllstoffen, Typ 2 und X	Isola
Ferrozell............	Hartgewebe mit Phenol-(Kresol-)Harz hergestellt, Klassen F und G Leinen-Schnitzel-Preßmasse Typ T	Ferrozell
Formolit............	Phenol- (Kresol-) Harzpreßlinge mit Holzmehl-Füllstoff	New-York Hamburg
Gerohlex	Hartgewebe mit Phenol-(Kresol-)Harz für Gleitlager	Römmler
Gerohlit	Schnellpreßmasse mit Phenol-(Kresol-)Harz, Füllstoff; regellose Gewebeteile für Gleitlager	Römmler
Galalith	siehe Kunsthorn	
Geophan............	Zellulose-Triacetat. Folie für elektr. Isolation	AEG
Glyptal.............	Phthalsäure-Glyzerin-Ester zum Teil modifiziert mit fetten Ölen	Bakelite

Tafel 33 (Fortsetzung).

Handelsbezeichnung bzw. gesetzlich geschützter Name	Grundstoff und Typenbezeichnung nach DIN 7701	Hersteller bzw. Lieferer der fertigen Teile
Hares	Phenol-(Kresol-)Harze und daraus hergestellte Schnellpreßmassen Typ S, T, Z, I	Römmler
Hares E L	Kunstharzlacke aus Phenol-(Kresol-)Harzen	
Hares-Kitte	Phenolharze mit Zusätzen	
Hares	Hartpapier mit Phenol-(Kresol-)Harz, Klassen I, II, III, IV	
Harex	Hartgewebe mit Phenol-(Kresol-)Harzen hergestellt, Klassen F und G	
Heliosit Typ 2	Preßmasse mit Asbest und anorganischem Füllstoff, Typ 7, 8	
Hartgewebe	Sammelname für alle mit Baumwoll- bzw. Zellwoll-Bahnen und Phenolkunstharzen hergestellte Schichtstoffe, Klassen F u. G	Verschied. Hersteller, siehe bei den einzelnen Namen
Hartholz	Aus Holz mit Phenolkunstharz hergestelltes vergütetes Holz	
Hartpapier	Sammelname für alle aus Papierbahnen mit Phenolkunstharzen hergestellte Schichtstoffe, Klassen I, II, III, IV	
Hercules	Schnellpreßmasse aus Phenol-(Kresol-)Harz mit organischen Füllstoffen (Textil), Typ T_1, T_2 und T_3	
Hochvolt	Hartpapier mit Phenol-(Kresol-)Harz hergestellt, Klassen I, II, III, IV und Sondergüten in Platten, Rohren, Formstücken	Hochvoltisolation
Hornit	siehe Kunsthorn	
Idonit	Vergußmasse aus Phenol-(Kresol-)-Kunstharz	I. G.
Idonit	Phenol-(Kresol-)Kunstharz, flüssig	Bakelite
Igamide	Lineare Polykondensationsprodukte für die Kunstofftechnik. Verarbeitung im Spritzguß-, Spritz- und Preßverfahren sowie über die Lösung im Streichverfahren	I. G.
Iganil	Kondensationsprodukt aus Anilinformaldehyd für die Preßtechnik	
Igelit	Polymerisationsprodukt auf Vinyl-Grundlage	
Igevine	Polymere Vinyl-Verbindungen für Klebstoffe, Kunststoffe und Lacke	
Jarax	Hartpapier mit Phenol-(Kresol-)Harz hergest.	Scherb & Schwer
Jaroplast	Schnellpreßmasse aus Phenol-(Kresol-)Harz, Typ 0, 11, 12, M, T_1, T_2, T_3, Z_1, Z_2, Z_3	
Kauritleime	Harnstoffharzlösungen mit besonderen Zusätzen und Härtemitteln	I. G. Uerdingen
Kerit	Schnellpreßmasse aus Phenol-(Kresol-)Harzen aller Klassen	Galalith
KM-Harze	Kunstharze für Lacke auf Grundlage Kolophonium-Maleinsäure-Glyzerin	I. G.
Kunsthorn	Sammelname für Erzeugnisse aus Kasein; übl. Handelsnam.: Galalith, Syrolith, Hornit	Galalith und Kunsthornfabr.
Leukorit	Reines Phenol-(Kresol-)Kunstharz ohne Füllstoff, sog. Edelkunstharz	Dr. Raschig
Lignofol	Schichtstoff aus Holzfurnieren mit Phenol-(Kresol-)Harz gebunden. Vorrichtungen, Propeller, Werkzeuge usw.	Venditor
Lignostone	Mechanisch sehr hochwertiges Preßholz	Holzveredlung
Linax	Hartgewebe mit Phenol-(Kresol-)Kunstharz hergestellt, Klassen F und G	SSW
Luglas	Sicherheitsglas mit Zwischenschicht aus Acrylharzen	Röhm & Haas
Luphen	Phenolharze für luft- u. ofentrocknende Lacke	I. G.
Lupolen	Elektrisch hochwertiger polymerer Kohlenwasserstoff für Vergußmassen und für Kombination mit Oppanol B	

Tafel 33 (Fortsetzung).

Handelsbezeichnung bzw. gesetzlich geschützter Name	Grundstoff und Typenbezeichnung nach DIN 7701	Hersteller bzw. Lieferer der fertigen Teile
Luresin	Harzstreckmittel für Papierindustrie	I. G.
Luvican	Thermoplastische Masse aus Vinyl-Polymerisation	I. G.
Luvitherm-Film	Folien aus Igelit PCU	I. G.
Luxit	Preßmasse mit Hartpech hergestellt, entsprechend Typ 8	Isola
Maprenal	Stickstoffhaltiges Kunstharz besonders für nicht gilbende Einbrennlacke	I. G.
Mipolam	Erzeugnisse auf der Grundlage polymerisierter Vinylverbindungen, z. B. Kabelmasse, Preßmasse, Masse zur Anfertigung von Rohren, Schläuchen, Matten, Läufern, Dichtungen usw.	Venditor
Monostyrol	Monomeres Styrol	I. G.
Mowilith	Polyvinylacetat-Harze für Lacke und Kunststoffe	I. G.
Mowilith D	Dasselbe in Dispersionsform	I. G.
Neoresit	Phenol-(Kresol-)Kunstharz fest, flüssig oder gelöst und daraus hergestellte Schnellpreßmassen Typ 0, 1, M, S, T, nicht typisierte Sonderpreßmassen und auch Lacke verschiedenster Zusammensetzung	Nowack
Nitrozellstoff	Kollodiumwolle auf Zellstoff-Grundlage	I. G.
Novotext	Hartgewebe mit Phenol-(Kresol-)Kunstharz hergestellt, Klassen F und G	AEG
Nyhax	Hartpapier mit Phenol-(Kresol-)Harz hergestellt. Platten Klasse I, II, III, IV und Sondergüten wie Supratropen u. Konstruktion als Rohre und Stäbe	New-York Hamburg
Nyhatex	Hartgewebe mit Phenol-(Kresol-)Harz hergestellt. Platten Klasse I, II, III, IV und Sondergüten wie Supratropen u. Konstruktion als Platten, Rohre und Stäbe	New-York Hamburg
Oppanol B	Hochpolymerer Kohlenwasserstoff. Verwendung in der Gummi-, Kabel-, Kunstleder-, Klebstoff-, Lack-, Textil- und Papier-Ind.	I. G.
Oppanol C	Hochpolymerer Kohlenwasserstoff für Klebstoff-, Gummi-, Lack- und Kunstleder-Industrie	I. G.
Palatinol	Weichmacher auf Phthalsäure-Grundlage für Kunststoffe und Lacke	I. G.
Pekaglas	Verbundglas (Mehrschichten-Sicherheitsglas) mit Zwischenfilm aus Polyvinylazetat, biegungs- und dehnungselastisch	Verbundglas
Perbunan	Synthet. Kautschuk auf Grundlage Butadien	I. G.
Perduren	Organisches Polysulfid	I. G.
Pergut	Chlorkautschuk für Lacke	I. G.
Perloid	Nitrozellulose ohne und mit Füllstoffen	Celluloid-Verkauf
Perlopal	Nitrozellulose ohne und mit Füllstoffen	Celluloid-Verkauf
Pertinax	Hartpapier mit Phenol-(Kresol-)Harz hergestellt, Klassen I, II, III, IV	Dielektra
Pertinit	Schnellpreßmasse aus Phenol-(Kresol-)Harzen, Typ S, 0, 1_1 und T_2	Dielektra
Phenoplaste	Sammelname für alle aus Phenol-(Kresol-)-Kunstharzen hergestellten Schnellpreßmassen	Verschiedene Hersteller
Phtalopale	Kunstharze auf Phthalsäure-Grundlage für Lacke	I. G.
Plastopale	Harnstoff-Aldehyd-Harze für Lacke	I. G.
Plexiglas	Einschichtiges, organisches Sicherheitsglas aus Polymetakrylsäureester	Röhm & Haas

Tafel 33 (Fortsetzung).

Handelsbezeichnung bzw. gesetzlich geschützter Name	Grundstoff und Typenbezeichnung nach DIN 7701	Hersteller bzw. Lieferer der fertigen Teile
Plexigum	Sammelname für Akrylharze, verwendet zu thermoplastischer Spritzguß- und Preßmasse, Lackrohstoff, Zwischenschicht für Sicherheitsglas, Weichmacher für Kunstgummi	Röhm & Haas
Poliplast	Spritlösliche Alkydharze für Lacke	Blumer
Pollopas	a) Schnellpreßmasse a. Harnstoffharz, Typ K b) Schichtstoff aus Harnstoffharz	Venditor u. I.G.
Polystyrol	Polystyrol für Kunststoffe und Lacke	I. G.
Pressal	Unter Hitze und Druck abbindender Holzleim auf Grundlage niedermolekularen Kondensationsprodukt a. Melamin u. Formaldehyd	Henkel
Preßcoton	Leinenschnitzel-Preßmasse mit Phenol-(Kresol-)Kunstharz, Typ T	Dielektra
Ralotext	Phenol-(Kresol-)Schnellpreßmasse, gedrehte Asbestfäden als Füllstoff	Römmler
Repelit	Hartpapier mit Phenol-(Kresol-)Kunstharz hergestellt, Klassen 1, 2, 3 u. Sondergüte	SSW
Resamin	Lack-Kunstharz, Harnstoffharz	Albert
Resenoplast	Nicht trocknende Alkydharze für Lacke	Blumer
Resiform	a) Schnellpreßmasse aus Phenolharz hergestellt, Typ 0, 1, S, T_1 und T_2 b) Schnellpreßmasse aus Harnstoffharz hergestellt, Typ K	Bosch
Resitex	Hartgewebe mit Phenol-(Kresol-)Harz hergestellt, Klassen F und G	
Resinol	Phenol-(Kresol-)Kunstharz und daraus hergestellt Schnellpreßmassen aller Typen, ferner die daraus hergestellten Kitte und Lacke	Dr. Raschig
Resinite	Reine Phenol-(Kresol-)Harze für Kitte und Klebmittel	Bakelite
Resistan	Preßmasse aus Phenol-(Kresol-)Kunstharz, Typ 1_1, 1_2	
Resistan E	Preßmasse aus Zement (Wasserglas), Typ X	
Resopal	a) Schnellpreßmasse a. Harnstoffharz, Typ K b) Schichtstoffe aus Harnstoffharz, ein- und mehrschichtig	Römmler
Sigla	Mehrschichten-Sicherheitsglas, nachgiebiger Typ mit Plexigum-Zwischenschicht	Sigla
Stabol	a) Thermoplastische Masse aus Polymetakrylsäureester mit und ohne Füllstoff b) Leder- bzw. gummiähnliche Erzeugnisse aus demselben Grundstoff	AEG
Styresin	Öllösliches Stryolharz für Lacke	I. G.
Styroflex	Folien aus Polystyrol = Trolitul	Venditor
Syrolith	siehe Kunsthorn	
TEGO-Leimfilm	Kunstharzleim auf Phenol-Grundlage in Filmform; dient zur Sperrholzherstellung	
TEGOWIRO	Verfahren zum Verleimen dickwandiger Werkstücke. Zum Abbinden des Leimes erforderliche Wärme wird unmittelbar in der flächigen Leimfuge erzeugt bzw. dieser zugeführt. Es wird z. B. ein metallischer Träger (Drahtgewebe usw.) in die Leimfuge eingebettet und elektrisch erhitzt	Goldschmidt
Tenacit	a) Schnellpreßmasse aus Phenol-(Kresol-)-Kunstharzen, Typ 1, M, 0, S, 2, 3 b) Desgl. aus Kunstharzstoff, Typ K c) Preßmassen aus Bitumen, Typ 4, 8 d) Desgl. aus Glimmer-Bleiborat, Typ Y e) Desgl. aus Naturharz, Typ 6/7	AEG

Tafel 33 (Fortsetzung)

Handelsbezeichnung bzw. gesetzlich geschützter Name	Grundstoff und Typenbezeichnung nach DIN 7701	Hersteller bzw. Lieferer der fertigen Teile
Tenatext	Schnellpreßmasse aus Phenol-(Kresol-)Harz, Typ T_1–T_3	AEG
Thesit	Schnellpreßmassen aus Phenol-(Kresol-)-Kunstharzen, Typ 11, 12, M, S, T_1, T_2, T_3, Z_1, Z_2, Z_3 und Harnstoff-Preßmasse, Typ K	Preßwerk Essen
Toplast	Synthetischer Weichmacher für Lacke	Blumer
Trolit	Thermoplastische Massen: a) Azetylzellulose: Trolit W b) Nitrozellulose: Trolit F c) Benzylzellulose: Trolit BC	
Trolitul	Thermoplastische Masse aus Polystyrol (Vinylbenzol)	
Trolon	Reines Phenol-(Kresol-)Kunstharz ohne Füllstoff, sog. Edelkunstharz	
Trolitan	Schnellpreßmasse aus Phenol-(Kresol-)Kunstharzen aller Typen und in verschiedenen Sondergüten	Venditor
Trolitax	Hartpapier mit Phenol-(Kresol-)Harz hergestellt, Klasse 1, 2, 3 und verschiedene Sondergüten	
Trosbestos	Wärmeschutzplatten als Verbundplatten aus Asbestschiefer und Hartpapier	
Turbax	Hartgewebe mit Phenol-(Kresol-)Harz hergestellt, Klassen F und Z und verschiedene Sondergüten	
Turbonit	Hartpapier mit Phenol-(Kresol-)Harz hergestellt, Klassen I, II, III, IV und verschiedene Sondergüten	Scherb&Schwer
Ultrapas	Melaminharz-Preßmasse	Venditor
Uresin	Kondensationsharz für Lacke	I. G.
Unitex	Hartgewebe mit Phenol-(Kresol-)Harz hergestellt, Klassen F und G, in Platten, Rohren und Formstücken	Hochvoltisolation
Vinidur	Thermoplastisches Kunststoff-Erzeugnis auf Grundlage Polyvinylchlorid als Rohre, Platten, Folien. Korrosionsfester Werkstoff im Apparatebau usw.	Kunststoff-Verkauf
Vinifol	Folien aus Vinyl-Polymerisation	I. G. (Berlin SO 36)
Vinnapas	Lackrohstoff und Klebstoff auf Grundlage von Polyvinylazetat	Wacker
Vinoflex	Polymere Vinylverbindungen für Lacke	I. G. (Berlin SO 36)
Vinol	Thermoplastischer, verformbarer Kunststoff auf der Grundlage von Polyvinylchlorid	Wacker
Vulkanfiber	Hydratzellulose	Venditor und M. Schmid
Wahnerit	Hartpapier mit Phenol-(Kresol-)Harz hergestellt, Klassen 1, 2, 3 und Sondergüten	Wahn
Wahnerol	Isolierschlauch aus Mischpolymerisation	
Weichharz	Weichmacherharz vom Typ der Dicarbonsäure-Ester	Albert
Zelluloid	Thermoplastischer Werkstoff auf der Grundlage von Nitrozellulose in Form von Tafeln, Stäben und Röhren	Celluloid-Verk. Celluloid Speyer

Für Änderungen in den Handelsbezeichnungen und in den Lieferfirmen kann volle Bürgschaft nicht übernommen werden. Kunststoffe, die nicht mehr hergestellt werden, sind nicht aufgeführt. Kunststoffe aus der Ostmark und dem Sudetenland sind noch nicht berücksichtigt. Stand Frühjahr 1941.

Bedeutung der Firmen-Kurzbenennungen.

Acla	Acla Aktiengesellschaft, Köln-Mülheim
AEG	AEG-Fabriken, Henningsdorf (Osthavelland)
Albert	Chemische Werke Albert, Wiesbaden-Biebrich
Bakelite	Bakelite Gesellschaft mbH, Erkner b. Berlin
Blumer	Louis Blumer, Chemische Fabrik, Zwickau II
Bosch	Robert Bosch GmbH, Stuttgart 1
Celluloid Speyer	Celluloidfabrik Speyer, Kirrmeier & Scherer, Speyer a. Rh.
Celluloid-Verkauf	Celluloid-Verkaufs-Gesellschaft mbH, Berlin W 9
Deutsche Celluloid	Deutsche Celluloid-Fabrik A.-G., Eilenburg
Dielektra	Dielektra A.-G., Porz a. Rh.
Diwag	Diwag Chemische Fabriken, Berlin-Weidmannslust
Ferrozell	Ferrozell-Gesellschaft Ecke & Co., Augsburg 2
Galalith	Internationale Galalith-Gesellschaft A.-G., Hamburg-Harbg. 1
Goldschmidt	Th. Goldschmidt A.-G., Essen
Henkel	Henkel & Cie A.-G., Düsseldorf
Hochvoltisolation	Hochvoltisolation Fr. Uhlmann & Co., Dresden A 39
Holzveredlung	Holzveredlung G. m. b. H., Haren-Ems
I. G.	I. G. Farbenindustrie Aktiengesellschaft, Verkaufsgemeinschaft Chemikalien, Frankfurt (Main) 20
I. G. Uerdingen	I. G. Farbenindustrie Aktiengesellschaft, Verkaufsgemeinschaft Chemikalien, Zweigstelle Uerdingen, Krefeld-Uerdingen
Isola	Isola Werke A.-G., Birkesdorf bei Düren (Rheinland)
Kalle	Kalle & Co., A.-G., Wiesbaden-Biebrich
Kunsthorn-Fabriken	Verkaufsvereinigung von Kunsthorn-Fabriken, Berlin
Kunststoff-Verkauf	Verkaufsgesellschaft für Kunststoff-Erzeugnisse mbH, Frankfurt (Main) 1
New-York-Hamburg	New-York-Hamburger Gummi-Waaren Compagnie, Hambg. 33
Nowack	A. Nowack A.-G., Bautzen
Preßwerk Essen	Preßwerk A.-G., Essen
Dr. Raschig	Dr. F. Raschig GmbH., Chemische Fabrik, Ludwigshafen a. Rh.
Röhm & Haas	Chemische Fabrik Röhm & Haas GmbH, Darmstadt
Römmler	H. Römmler Aktiengesellschaft, Spremberg (Nd.-Lausitz)
Scherb & Schwer	Elektro-Glimmer- und Preßwerke Scherb & Schwer K.-G., vorm. Jaroslaw, Berlin-Weißensee
M. Schmid	Vulkanfiber-Fabrik M. Schmid, Berlin W 15
SSW	Siemens-Schuckert-Werke A.-G., Abt. Isolierstoffe, Berlin-Siemensstadt
Sigla	Sicherheitsglas GmbH, Kunzendorf N.-L.
Venditor	Venditor Kunststoff-Verkaufsgesellschaft mbH, Troisdorf, Bez. Köln
Verbundglas	Verbundglas GmbH, Berlin-Lichterfelde 1
Wacker	Dr. Alexander Wacker, Gesellschaft für elektrochemische Industrie G. m. b. H., München
Wahn	Elektro Isolier-Industrie Wahn, Wilhelm Ruppert, Wahn (Rhld.).

IV. Hartporzellan, Steatit und keramische Hochfrequenz-Isolierstoffe.

Als Isolierstoffe werden in der Hochspannungs- und Niederspannungstechnik Hartporzellan und Steatit, in der Hochfrequenztechnik keramische Sonderwerkstoffe umfangreich verwendet. Die Isolierkörper werden vor dem Brande durch Drehen, Gießen, Strang-, Feucht- oder Trockenpressen geformt. Sie lassen sich daher dem Verwendungszweck eng anpassen und auch bei schwieriger Gestalt oder kleiner Stückzahl wirtschaftlich herstellen. Ihre Maßhaltigkeit kann durch Zwischenbearbeiten nach dem Trocknen oder Verglühen (Vorbrennen) gesteigert und durch Schleifen nach dem Brande auf höchste Genauigkeit gebracht werden. Bei Rund- oder Planschliff sind erforderlichenfalls Toleranzen bis zu $\pm 0{,}01$ mm herunter in normaler Fertigung einzuhalten. Sehr maßgenaue Stücke werden auch durch Zusammenglasieren fertiggebrannter und geschliffener

Tafel 34. Eigenschaften von Hartporzella

Die Zahlenwerte gelten für Prüfkörper nach VDE 0335/XI. 40 und können nicht auf ande gesetzt ist, ist die betreffende Eigensch

Bezeichnung	Hartporzellan gedreht gegossen stranggepreßt	 feuchtgepreßt
Gruppe nach DIN 40685	I A 1	I A 2
Scherben	dicht	dicht
Raumgewicht in kg/dm³	2,4	2,4
Korrosionsfestigkeit	Beständig gegen a	
Zugfestigkeit		
glasiert in kg/cm²	300—500	—
unglasiert in kg/cm²	250—350	—
Druckfestigkeit		
glasiert in kg/cm²	4500—5500	3000—4000
unglasiert in kg/cm²	4000—4500	2500—3500
Biegefestigkeit		
glasiert in kg/cm²	600—1000	—
unglasiert in kg/cm²	400—700	300—600
Schlagbiegefestigkeit		
unglasiert in cmkg/cm²	1,8—2,2	1,3—1,6
Lineare Wärmezahl zwischen 20 und 100° für 1 °C in 10^{-6}	3,5—4,5	3,5—4,5
Spezifische Wärme zwischen 20 und 100° in $\frac{\text{kcal}}{\text{kg °C}}$	0,19—0,21	0,19—0,21
Temperaturleitfähigkeit zwischen 20 und 100° m²/h in 10^{-4}	21—29	21—29
Wärmeleitfähigkeit zwischen 20 und 100° in $\frac{\text{kcal}}{\text{h m °C}}$	1,3—1,4	1,3—1,4
Temperaturwechselbeständigkeit Vergleichszahl in °C	160	—
Feuerfestigkeit in °C	1670	1670
Durchschlagfestigkeit (geschliffen, unglasiert) bei 50 Hz in kV/mm	30—35	—
Dielektrizitätskonstante (ε)	≈6	—
Temperaturkoeffizient (TK_ε) der Dielektrizitätskonstanten in 10^{-6} (für 1 °C zwischen 20 und 60°)	bei 50 Hz +550 bis +600	
Dielektrischer Verlustfaktor (tg δ) in 10^{-4} bei 20° und 1000 kHz	60	—
Spezifischer Durchgangswiderstand (Wirkwiderstand) in Ω cm		
bei 50 Hz und 20°	10^{11}	
200°	10^{7} —10^{9}	
Oberflächenwiderstand bei 80 vH relativer Luftfeuchtigkeit	Bei 1 cm Elektrodenabstan	
Verhalten gegen Kriechstrom	Durch elektrische Funken erleide	
Lichtbogenfestigkeit (VDE 0303)	Stufe *L*	

Steatit und keramischen Isolierstoffen.

Prüfkörper oder Fertigstücke übertragen werden. Wenn statt eines Wertes ein Strich ein-
für die technische Verwendung belanglos.

Steatit	Magnesium-silikathaltige Massen	Titandioxyd- (Rutik-) haltige Massen		Magnesium-titanhaltige Massen
II B 1	II B 2	III A 1	III A 2	III B
dicht 2,6—2,8	dicht 2,6—2,8	dicht 3,9	dicht 3,7	dicht 3,1
Säuren außer Flußsäure; bei Raumtemperatur auch gegen alle Alkalien				
600—950 450—600	600—1000 450—600	— —	— —	— —
8500—9500 8500—9500	9000—10000 9000—10000	— —	— —	— —
1200—1400 1200—1400	1400—1600 1400—1600	— —	— —	— —
3—5	4—5	—	—	—
7—9	6—8	6—8	6—8	6—10
0,19—0,22	0,19—0,22	0,17—0,19	0,19—0,21	0,22
39	39—40	42—54	40—42	46
1,95	1,9—2,2	3—3,5	2,5—3	3,2
—	110—150	—	—	—
1350	1350	—	—	—
20—30 ≈6	30—45 ≈6	10—20 60—80	10—20 30—45	10—20 12—16
bei 10^6 Hz +500 bis +600	bei 10^6 Hz +120 bis +160	bei 10^6 Hz —650 bis —750	bei 10^6 Hz —250 bis +500	bei 10^6 Hz +30 bis +50
15—20	3—5	3—8	3—20	0,5—3
10^{12} 10^{10}—10^{11}	10^{12}—10^{13} 10^{11}—10^{12}	10^{10}—10^{12} 10^{8}—10^{9}	10^{10}—10^{12} 10^{9}—10^{10}	10^{12}—10^{13} 10^{10}
und 10 cm Elektrodenlänge 10^9—10^{12} Ω (VDE-Vergleichszahlen 9—12)				
die Oberfläche keine Veränderungen, die zum Entstehen eines leitenden Kriechweges führen (zerspringt)				

Einzelteile hergestellt. Verbindungen mit Metallarmaturen sind durch Verschrauben, Vernieten, Aufschrumpfen, elektrisches Einstauchen oder Löten möglich. Im letztgenannten Falle wird zunächst ein dünner Silberbelag aufgebrannt, der anschließend durch Bespritzen oder galvanisch mit Kupfer verstärkt wird. Außerdem werden durch Aufbrennen von Metallbelägen auf keramische Sonderwerkstoffe Hochfrequenz-Kondensatoren und -Spulen mit höchster, auf andere Weise nicht erreichbarer Konstanz der Kapazitäts- bzw. Induktivitätswerte hergestellt, während es für die Röhrentechnik sehr wichtig ist, daß heute keramische Werkstoffe mit Ausdehnungszahlen von 2,5 bis $9 \cdot 10^{-6}$ mit passend gewählten Gläsern und mit Glas als Zwischenmittel auch mit Metall hochvakuumdicht und temperaturwechselbeständig verschmolzen werden können.

Hartporzellan, Brenntemperatur etwa 1400°; durchschnittliche Zusammensetzung: 50 vH Kaolin, 25 vH Quarz, 25 vH Feldspat, wird in der Hochspannungstechnik wegen seiner mechanischen Festigkeit, elektrischen Durchschlagfestigkeit und unbedingten Wetterbeständigkeit für Freileitungsisolatoren, Durchführungen und Stützer verwendet, die die Forderungen nach VDE 0111 und 0210 einwandfrei erfüllen. Für die Niederspannungstechnik werden außerdem daraus in großem Umfange hochwertige Installationsteile hergestellt, die den Forderungen nach VDE 0100 und 0610 mit mehrfacher Sicherheit entsprechen.

Im Rahmen des Vierjahresplanes wird Hartportzellan, namentlich im Apparatebau für chemische und verwandte Industrien, in ausgedehntem Maße als Austauschstoff für Sparstoffe oder devisengebundene Metalle und Legierungen verwendet. Ausschlaggebend hierfür sind seine unübertroffene Korrosionsbeständigkeit, sein Freisein von katalytischen (mittelbar chemisch wirksamen) Nebenreaktionen und seine hohe Verschleißfestigkeit, wodurch fast immer eine Gütesteigerung erreicht wird. Heute werden daher u. a. Rohrleitungen, Hähne, Ventile, Kreiselpumpen, Wärmetauscher, Kessel, Absorptions-, Rektifizier-, Wasch- und Kühltürme, Destillierkolonnen u. dgl. aus Hartporzellan hergestellt.

Steatit, Brenntemperatur etwa 1400°, Hauptrohstoff Speckstein, wird in der Niederspannungstechnik vornehmlich als trockengepreßter, sehr maßgenauer Installationsstoff und in der Hochspannungstechnik da verwendet, wo eine dem Hartporzellan überlegene mechanische Festigkeit erforderlich ist.

Sonderwerkstoffe. Der Rundfunk- und Kurzwellentechnik sind grundsätzliche und weitgehende Fortschritte ermöglicht worden durch keramische, zu Beginn und im Laufe des letzten Jahrzehnts entwickelte verlustarme, formstarre und zeitlich unveränderliche Hochfrequenz-Isolierstoffe, die teils auf Talkum-Speckstein-Grundlage (z. B. Calit, Frequenta), teils auf der Grundlage von Titandioxyd (z. B. Condensa, Kerafar), teils auf der Grundlage von Magnesium-Titanaten (z. B. Tempa, Diacond) aufgebaut sind Die erstgenannten Massen werden als Werkstoff für dämpfungsarme Isolier- und Aufbauteile und als Dielektrikum von Kondensatoren, die anderen ausschließlich als Kondensator-Dielektrikum verwendet. Ihre Eigenschaften sind im einzelnen aus Tafel 34 ersichtlich. Für ihre Prüfung gelten die Bestimmungen nach VDE 0335/XI. 40.

C. Deutsche Hartmetalle.

I. Einleitung.

Schon Taylor hatte den großen Einfluß erkannt, den die schwer schmelzbaren Metallkarbide auf Härte, Warmhärte und Schneidhaltigkeit der Werkzeugstähle ausüben. Diese Erkenntnisse und deren Verwertung führten zur Entwicklung der hochwertigen Schnellstähle.

Eine weitere Entwicklung war die Herstellung von Legierungen aus nur hoch schmelzbaren Metallen bzw. Karbiden. Zuerst brachte Haynes (USA.) unter dem Namen „Stellit" eine Chrom-Kobalt-Wolfram-Gußlegierung auf den Markt, und hierbei wurde zum ersten Male Eisen als Grundlage der Schneidlegierungen aufgegeben. Die Stellite hatten aber noch eine große Sprödigkeit, so daß sie nur bedingt verwandt werden konnten. Die Bedeutung der Schwermetallkarbide, insbesondere des Wolframkarbids und Molybdänkarbids, war aber erkannt, und auf dieser Grundlage wurde nun weiter gearbeitet. Hieraus ergab sich die Schaffung der Sinter-Hartmetalle. Die gegossenen Stellite sind seit Anfang 1939 als Schneidmetalle erneut wieder für Zerspanungswerkzeuge in Gebrauch gekommen.

II. Eigenschaften der deutschen Hartmetalle.

Die auf dem Markt befindlichen bekannten deutschen Hartmetalle werden auf metallkeramischem Wege, Sintern, gefertigt, indem aus Metallpulvern nach dem Pressen zu Formlingen durch Sinterung Metallkörper hergestellt werden. Die Zugabe von Hilfsmetallen, deren Schmelzpunkt wesentlich niedriger liegt als der von Wolframkarbid, spielt eine erhebliche Rolle.

Für die Bearbeitungstechnik liegt der Wert der Hartmetalle in der guten Warmhärte, die eine hohe Schnittgeschwindigkeit gestattet. Die Härte von Hartmetallen bleibt bis 900° C fast gleich, während die guten Schnellstähle bei etwa 600° C ihre Härte und Schneidfähigkeit verlieren. Für die verschiedenen Verwendungszwecke werden die Hartmetalle in verschiedenen Härtestufen geliefert wie Tafel 35 zeigt.

Die Hartmetalle werden in Form von kleinen Plättchen geliefert, die mit dem Grundwerkstoff des Werkzeuges durch Löten verbunden werden. Hartmetallplättchen sind für den allgemeinen Bedarf nach DIN E 4966 genormt.

Form- oder Maßveränderungen an fertiggesinterten Hartmetallplättchen können nur durch Schleifen auf geeigneten Schleifscheiben vorgenommen werden; darum sollte man vor Aufgabe der Bestellung auf Hartmetallplättchen genauestens prüfen, ob Freiwinkel, Rundungen, Hohlkehlen usw. vorgesehen sind. Nachträgliches Anschleifen bedeutet Verschwendung an Hartmetall und Schleifscheiben, also einen beachtenswerten Verlust. Die Plättchen selbst können, da es sich um eine Einzelherstellung handelt, in jeder gewünschten Form bezogen werden. Eine Anlehnung an die Normalien der Hartmetalle herstellenden Firmen ist aber im Interesse der schnelleren Lieferung und einfacheren Lagerhaltung das Gegebene. Für Schneidmetalle gilt das Gesagte mit der Einschränkung, daß sich diese wesentlich leichter schleifen lassen und deswegen eine nachträgliche Formgebung einfacher ist.

Wichtig für die wirtschaftliche Ausnutzung der gesinterten Hartmetalle ist die Möglichkeit der Anwendung hoher Schnittgeschwindigkeiten bei

Tafel 35. **Verwendungsbereich der deutschen Hartmetalle.**

AWF-Kennzeichen ab 1. 10. 39	Kennfarbe	Bisherige Firmenbezeichnung							Anwendungsbereich der Hartmet
		Böhlerit	Diadur	Miramant	Rheinit	Titanit	Widia		
F 1	grau	EEH	SSS	—	—	SU 25	S 246		Feinstdrehen und Feinstbohren Stahl, also Arbeiten mit sehr klei Spanquerschnitten und Schn kräften
S 1	schwarz	E	SS	70	I	U	XX	Bearbeitung von Stahl und Stahlguß aller Art	für hohe Schnittgeschwin keiten bei Vorschüben 1 mm/U
S 2	weiß	E 88	SU	65	II	U 2	X 8		für mittlere Schnittgeschw digkeiten bei Vorschüben 2 mm/U, insbesondere Verwendung älterer W zeugmaschinen, sowie bei beiten mit unterbrochen Schnitt oder wechseln Schnittiefen. Die Schnitt schwindigkeiten liegen e 40 vH tiefer als die für Gru S 1
S 3	rot	E 49	SA	60	V	U 3	S 58		für niedrige und mittl Schnittgeschwindigkeiten Vorschüben bis 3 mm/U, besondere für Arbeiten stark wechselnden Schn tiefen oder unterbrochen Schnitt. Die Schnittgeschw digkeiten liegen etwa 60 tiefer als die für Gruppe
G 1	blau	GS	B	75	III	G	N		Bearbeitung von Gußeisen ur 200 kg/mm² Brinellhärte, Kup Kupferlegierungen, Messing, Leic metallen, Kunst- und Preßstof und ähnlichen Werkstoffen; fer zum Bestücken von Drehba körnerspitzen, Meßflächen aller und Gleitflächen von Führun schienen
G 2	braun	GB 12	BF	55	—	—	G		Bearbeitung von Kunst- und H holz, Faserstoffen, verschiede Preßstoffen und für Schlagb werkzeuge
G 3	blau mit schwarz. Streifen	—	—	—	—	GGG	NK		Bearbeitung von Elektrodenkohle
H 1	gelb	HG	A	80	IV	GG	H		Bearbeitung von Hartguß, Gußeis über 200 kg/mm² Brinellhärte, Gu eisen mit harten Stellen in der Ra schicht, Temperguß, Glas, P zellan, Gesteine, Hartpapier
H 2	gelb mit schwarz-Streifen	HHG	—	—	—	GGG spez.	H 167		Sonder-Hartguß (z. B. Mo-legier Hartguß) über 100 Shoregrade

Siehe Zeitschrift „Werkstatt und Betrieb“. München 27: Carl Hanser Verlag. 1938, Heft 19/20, Werkstattblatt 64, und 1939, Heft 5/6 und 21/22; DIN E 4971 (früher AWF-Blatt 118). AWF-Mitteilungen 1940, Heft 10, Seite 56.

üblichen Vorschüben und stoß- bzw. erschütterungsfreiem Lauf. Andernfalls wird der Verschleiß des Werkzeuges vorwiegend durch die geringe Zähigkeit des Hartmetalls beeinflußt. Dies führt zum Ausbröckeln bzw. Ausbrechen der Schneidenkanten und damit zum vorzeitigen Versagen. Werden dagegen alle Einflüsse, die eine Belastung auf Zähigkeit zur Folge haben, nach Möglichkeit ausgeschieden, so ist die Lebensdauer und die Schneidleistung ein Vielfaches von Stahl gleichgültig welcher Zusammensetzung.

Auf Grund dieser Überlegungen bedarf es bei der Einführung von Hartmetall zunächst einer genauen Untersuchung des vorhandenen Werkzeugmaschinenparkes. Die Lagerungen der Arbeitsspindeln und die Führung der Werkzeugschlitten müssen in Ordnung sein. Getriebe und Spindellagerungen müssen für hohe Drehzahlen eingerichtet sein. Die Spannvorrichtungen müssen ein starres Einspannen der Werkstücke gestatten. An Drehbänken werden die Reitstöcke zweckmäßig mit Kugellagerspitzen ausgerüstet.

III. Werkzeugschäfte, Plättchen, Herstellung der Werkzeuge.

Da es keine Hartmetalle gibt, welche für die Bearbeitung aller Werkstoffe gleichmäßig gut wären, hat man verschiedene Sorten für verschiedene Werkstoffgruppen geschaffen, Tafel 35. Die geeigneten Hartmetallsorten werden zweckmäßig den Druckschriften und Handbüchern der Hartmetall herstellenden Firmen entnommen.

Die Wahl des Schaftwerkstoffes ist von ausschlaggebender Bedeutung für die Leistungsfähigkeit des Hartmetallwerkzeuges. Für einfache Dreh- und Hobelmeißel erfordern die in DIN E 4966 vorgesehenen Abmessungen einen Stahl von mindestens 80 bis 90 kg/mm² Festigkeit, also zweckmäßig St C 6061 nach DIN 1661, mit Festigkeit an der oberen Grenze. Es empfiehlt sich, die von den Edelstahlerzeugern gelieferten Sonderschaftstähle (meist Mn-legiert) mit 90 bis 100 kg/mm² Festigkeit einzusetzen, da diese die Löttemperatur von etwa 1100° ohne allzugroße Kornvergröberung ertragen. Zur Vermeidung von Kerbwirkungen ist es notwendig, am Übergang von zwei Lötflächen den Schaft mit einer Hohlkehle (nicht mit einer scharfen Kante) und die Hartmetallplättchen mit einer Rundung, deren Halbmesser etwas größer sein muß als der Halbmesser der Hohlkehle des betreffenden Werkzeugschaftes, zu versehen.

Das Auflöten der Plättchen erfolgt in einem Gasmuffelofen mit reduzierender Flamme, d. h. mit Gasüberschuß. Für kleinere Werkzeuge eignet sich auch die elektrische Widerstandserwärmung. Bei dem Auflöten größerer Platten aus F1, S2 und S3 ist es zweckmäßig, Zwischenlagen aus sieb- oder rasterähnlichen Geweben oder Blechen einzulegen. Die sonst zu Spannungsrissen führenden Abkühlungsspannungen zwischen Hartmetall und Schaftwerkstoff werden hierdurch ausgeglichen.

Abb. Wk 1.

Den überstehenden Schaftwerkstoff (unterhalb des Hartmetallplättchens) schleift man mit einer groben Korundumscheibe, das Hartmetallplättchen selbst mit einer Sonderschleifscheibe aus Siliziumkarbid. Hierbei ist darauf zu achten, daß man, um unnötige Erwärmungen zu vermeiden, das Hartmetallplättchen mit einer Vorschleifscheibe (grobe Körnung) vor- und mit einer Fertigschleifscheibe (feinere Körnung) fertigschleift. Naßschliff ist vorzuziehen. Feinstdrehen und -bohren, überhaupt sauberste Oberflächenbeschaffenheit bedingt ein leichtes Nachschleifen (Fasenschliff) mit geeigneten Diamantschleifscheiben.

Die Winkelbezeichnung, Abb. Wk 1, ist beim Ablesen der Schneidwinkel gemäß Tafel 36 zu verwerten[1]).

Tafel 36. **Schnittwinkel an Hartmetall-Drehmeißel.**

Zu bearbeitende Werkstoffe	Festigkeit in kg/qmm	Freiwinkel $\alpha \pm 1°$	Keilwinkel β
Stahl	bis 60	5°	65°
Stahl	über 60— 85	5°	70°
Stahl	„ 85—110	5°	75°
Stahl	„ 110—140	5°	80°
Stahl	„ 140—180	5°	84°
Stahl	„ 180—240	4°	90°
Nichtrostender Stahl	—	5°	75°
Hartstahl (12 vH Mn)	—	5°	80°
Stahlguß	50—70	5°	75°
Stahlguß	über 70—100	5°	80°
Stahl und Stahlguß mit schlagartig scharfen Unterbrechungen oder krustiger oder poröser Außenhaut	—	4°	90°
Gußeisen	bis 200 Brinell	4°	75°
Gußeisen	200—400 „	4°	75—80°
Hartguß	65— 90 Shore	3°	82—86°
Silizium-Eisenguß (bis 16 vH Si)		3°	80—85°
Bronze, Messing u. ähnl.		6°	65—75°
Leichtmetalle		8°	50—55°

IV. Drehen, Hobeln, Fräsen mit Hartmetallwerkzeugen.

Hartmetallwerkzeuge eignen sich zur Bearbeitung (Drehen, Fräsen, Bohren, Reiben, Schaben usw.) aller Werkstoffe, wie 12proz. Mangan-Hartstahl, Eisen-Silizium-Guß, Kokillen-Hartguß, Stahlguß mit hohem Mangangehalt, überhaupt Stählen aller Art, Stahlguß, Gußeisen, Bronze, Leichtmetall, Kupfer, sämtlicher Isolierstoffe, Kohle, Gestein, Ziegel-Mauerwerk, Glas, Porzellan, Marmor, Hart- und Sperrholz, Preßpapier usw. Im allgemeinen wird die Mehrleistung durch Erhöhung der Schnittgeschwindigkeit unter Beibehaltung der alten Spanquerschnitte erreicht. In Fällen, wo die Schnittgeschwindigkeit mit Rücksicht auf veraltete Maschinen usw. oder ungünstige Form der Werkstücke nicht erreicht werden kann, können selbst bei Verwendung großer Spanquerschnitte außerordentlich große Standzeiten erreicht werden, die die Anwendung der Hartmetallwerkzeuge ohne weiteres wirtschaftlich gestalten. Bei Mehrmeißelmaschinen, wo mit Rücksicht auf die zur Verfügung stehende Energie und auf die verschiedenen Durchmesser der Werkstücke eine Zusammenstellung von Meißeln für kleine und große Durchmesser vorgesehen werden muß, empfiehlt es sich, bei den kleinen Durchmessern Schnellstahlwerkzeuge und bei den größeren Durchmessern (also größere Schnittgeschwindigkeit) Hartmetallwerkzeuge anzuwenden.

Es würde zu weit führen, hier die Bearbeitung sämtlicher Werkstoffe bis ins kleinste zu besprechen. Aus der nachstehenden Zahlentafel 37 ist aber alles Wissenswerte zu entnehmen.

Bei Bearbeitung von Sonderwerkstoffen und Leichtmetallen, hochvergüteten Chromnickelstählen empfiehlt es sich, die Sonderschriften bzw. Handbücher der Hartmetall erzeugenden Fabriken einzusehen.

[1]) AWF-Mitteilungen 1938, Heft 8. Werkstatt und Betrieb 1938, Heft 19/20, S. 256.

Die bei einwandfreiem Arbeitsverfahren mit Hartmetallwerkzeugen auf geeigneten Maschinen zu erreichenden Vorteile:

Steigerung der Schnittgeschwindigkeit,
Steigerung der Standzeit (Ersparnis an Einrichterlöhnen),
große Zerspanungsmenge in der Zeiteinheit,
Zusammenlegung von Schrupp- und Schlichtschnitt,
feinste Bearbeitung besonders bei dünnwandigen Stücken,

also erhöhte Erzeugung und kürzere Lieferfristen, beweisen ohne weiteres die Wirtschaftlichkeit.

Tafel 37. Schnittgeschwindigkeiten v in m/min, Spantiefen a in mm, Vorschübe s in mm/U für das Bearbeiten verschiedener Werkstoffe.

Werkstoff und Festigkeit		Mögliche Schnittgeschwindigkeiten und Spanquerschnitte	Gute Durchschnittswerte für	
			Schruppen	Schlichten
Stahl bis 60 kg/qmm	v	80–350	80–160	200–350
	a	1–30	5–10	etwa 1
	s	0,2–2,5	etwa 1	etwa 0,2
Stahl, 60 bis 85 kg/qmm	v	70–200	70–140	140–200
	a	1–30	5–10	etwa 1
	s	0,2–2	etwa 1	etwa 0,2
Stahl, 85 bis 110 kg/qmm	v	60–150	60–100	100–150
	a	1–30	5–10	etwa 1
	s	0,2–2	etwa 1	etwa 0,2
Stahl, 110 bis 140 kg/qmm	v	45–100	45–70	70–100
	a	1–25	5–10	etwa 1
	s	0,2–2	etwa 1	etwa 0,2
Stahl, 140 bis 180 kg/qmm	v	20–60	20–40	40–60
	a	0,5–10	5–10	etwa 0,5
	s	0,2–1	etwa 0,5	etwa 0,2
Nichtrostender Stahl	v	50–120	50–70	80–120
	a	1–20	4–8	etwa 1
	s	0,2–2	etwa 1	etwa 0,2
Hartstahl, 12 vH Mangan	v	10–35	10–20	20–35
	a	1–10	3–10	etwa 1
	s	0,2–1	0,3–0,5	etwa 0,2
Stahlguß, 50 bis 70 kg/qmm	v	60–150	60–100	100–150
	a	1–30	5–10	etwa 1
	s	0,2–2	etwa 1	etwa 0,2
Stahlguß, 70 bis 100 kg/qmm	v	30–80	30–60	50–80
	a	1–30	5–10	etwa 1
	s	0,2–2	etwa 1	etwa 0,2
Kokillenhartguß, 75–90 Shore	v	4–10	4–6	4–9
	a	1–6	3–6	etwa 1
	s	2–8	etwa 2–3	etwa 4–8
Riffeln von Kokillenhartguß	v	5–8	5–8	5–8
	a	ergibt sich bei radialer Meißelzustellung von selbst.		
	s	0,1–0,2	0,1–0,2	0,1–0,2
Bronze	v	250–500	etwa 300	300–500
	a	0,5–30	5–10	etwa 1
	s	0,2–2,5	etwa 1	etwa 0,2

Werkstoff und Festigkeit		Mögliche Schnittgeschwindigkeiten und Spanquerschnitte	Gute Durchschnittswerte für	
			Schruppen	Schlichten
Aluminium	v	800–1300	etwa 1000	etwa 200
	a	1–30	5–10	etwa 1
	s	0,2–4	etwa 1	etwa 0,2
Grauguß bis 200 Brinell	v	50–120	75–100	80–120
	a	1–30	5–10	etwa 1
	s	0,2–4	etwa 1–2	etwa 0,2
Grauguß von 200–400 Brinell	v	40–80	40–75	50–80
	a	1–25	5–10	etwa 1
	s	0,2–3	1–2	etwa 0,2
Bohren von karrarisch. Marmor	v		etwa 22	Beispiel: 12 mm Lochdmr. Lochtiefe 20 mm Bohrdauer ≈ 8 sek
	s		möglichst von Hand	
Ural-Tuffstein	v	300–600	etwa 400	400–600
	a	1–30	etwa 10	etwa 1
	s	1–4	etwa 1	etwa 1
Glas	v	40–100	40–60	60–100
	a	0,2–3	1–3	0,1–0,2
	s	0,1–0,4	etwa 0,1–0,4	0,1–0,2
Porzellan je nach Härte	v	6–30	6–20	10–30
	a	0,5–5	0,5–1	etwa 0,5
	s	etwa 0,5	etwa 0,5	etwa 0,2
Odenwälder Granit	v	6–10	etwa 6	etwa 10
	a	1–10	etwa 4	etwa 1
	s	1–4	etwa 2,5	etwa 1–2
Kollektoren-Kupfer	v	250–350	etwa 250	etwa 320
	a	0,2–10	etwa 5	etwa 0,2
	s	0,2–1	etwa 1	etwa 0,2
Hartgummi, Stabilit, Ebonit usw.	v	200–300	etwa 200	etwa 300
	a	0,5–30	1–6	0,5–1
	s	0,3–1	0,3–0,5	0,3–0,5
Elektroden-Kohle	v	50–100	60–80	80–100
	a	1–30	5–10	etwa 1
	s	1–3	etwa 1	etwa 0,5

Empfehlenswert ist es, in allen Fällen von den Erfahrungen der Hartmetall erzeugenden Firmen regen Gebrauch zu machen.

Die allgemeinen Grundregeln für die Verwendung von Hartmetallwerkzeugen sind:

1. Sämtliche Hartmetallwerkzeuge sind möglichst fest und mit kurzer Ausladung einzuspannen, ganz gleich, ob es Schrupp-, Hobel- oder Riffelwerkzeuge sind oder Werkzeuge, die in Messerköpfe eingespannt werden.

2. Hartmetallwerkzeuge müssen an der vorderen Kante des Werkzeugschlittens gut aufliegen. (Auflagefläche des Werkzeugs plan schleifen.)

3. Umlaufende Werkzeuge, wie Messerköpfe, Fräser usw., müssen unter allen Umständen schlagfrei laufen. Andernfalls können Beschädigungen der Meißelschneide eintreten.

4. Der Hauptantrieb der Maschine darf bei voller Schnitt- oder Vorschubbelastung nicht eher angehalten werden, bevor der Vorschub ausgeschaltet ist. Bei plötzlichem Stillsetzen der Maschine ohne vorherige Auslösung des Vorschubs, besonders bei größerem Spanquerschnitt, wird aus der Druckbeanspruchung eine Zugbeanspruchung, die zu einer Beschädigung der Schneide führen kann.

5. Sollte die Maschine einmal im Schnitt stehenbleiben, so löse man die Klemmschrauben der Meißelhalterbrücke und ziehe den Stahl vorsichtig aus dem Schnitt heraus.

Jede Hartmetallmarke ist ebensogut für Schrupp-, als auch für Schlichtschnitte geeignet, vorausgesetzt, daß die für den jeweils zu bearbeitenden Werkstoff bestimmte Hartmetallmarke gewählt wird.

Bei Aufteilung der Spanquerschnitte sollte man nach Möglichkeit nach Abb. Wk 2 verfahren.

Beim Drehen langer oder dünner Wellen verwendet man möglichst Werkzeuge, bei denen außer dem senkrechten Schnittdruck nur Axialdrücke auftreten, Abb. Wk 3, mit einem Anstellwinkel von 90°.

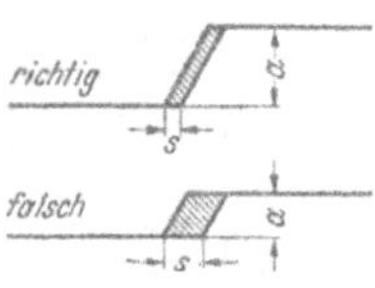

Abb. Wk 2. Spanquerschnitte.

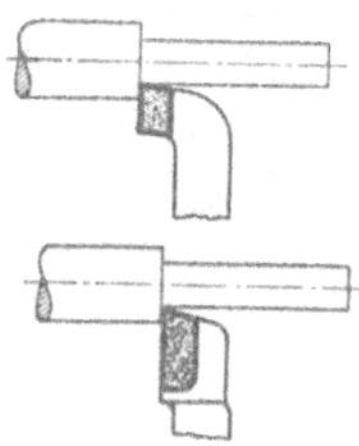
Abb. Wk 3. Drehen dünner Wellen.

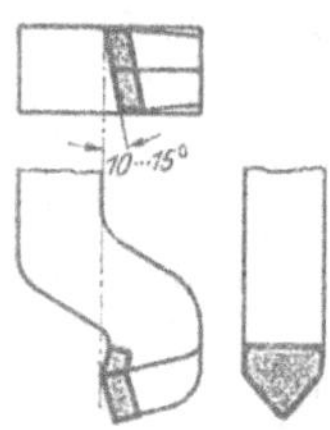

Abb. Wk 4. Dreh- und Hobelmeißel für schwere Schnitte.

Vor Verwendung von Fräswerkzeugen oder Messerköpfen fordere man die einschlägigen Druckschriften der Hartmetall erzeugenden Fabriken an.

Beim Abnehmen schwerer Späne sowie beim Hobeln verwende man Werkzeuge, bei denen der Neigungswinkel (bei positivem Spanwinkel) 8 bis 20° beträgt, Abb. Wk 4.

V. Bohren mit Hartmetallwerkzeugen.

In vollen Werkstoff zu bohren wird allgemein nur dann empfohlen, wenn Werkzeuge aus Schnellstahl versagen, d. h. bei Hartguß, Mangan-

Hartstahl, gehärtetem Stahl oder ähnlichem Werkstoff; oder aber bei Langlöchern, bei denen die Schneidhaltigkeit der Schnellschnittstähle nicht ausreicht, um die lange Bohrung ohne Meißelwechsel zu bearbeiten.

Daß man Marmor, Kunst- und Isolierstoffe aller Art, wie auch Hartgummi, Bakelit, Novotext, Pertinax usw. mit Hartmetallwerkzeugen besonders wirtschaftlich bearbeitet, ist bekannt. Die Mehrleistung gegenüber den besten bisher vorhandenen Bohrern beträgt bei Bearbeitung dieser Werkstoffe etwa das Fünfzigfache. Die Bohrstangen bei Langlöchern sollte man kräftig und verdrehungsfrei ausführen. Man wähle darum eine größere Schnittgeschwindigkeit und geringere Spantiefen bzw. Spanquerschnitte. Die reichliche Verwendung von Kühlwasser bzw. Druckspülung ist besonders beim Langlochbohren zu empfehlen. Die Hartmetallbohrer, Abb. Wk 5 und 6 sind bei den Hartmetallfabriken und teilweise auch im freien Handel zu haben.

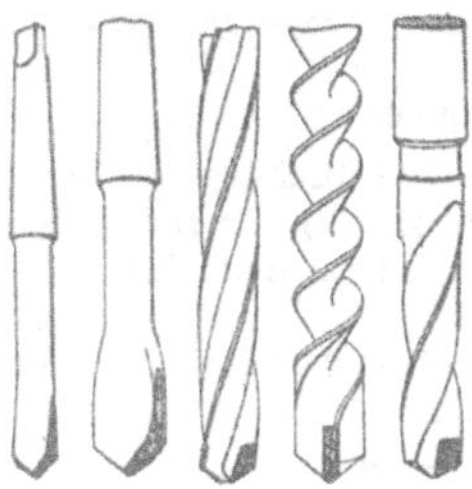

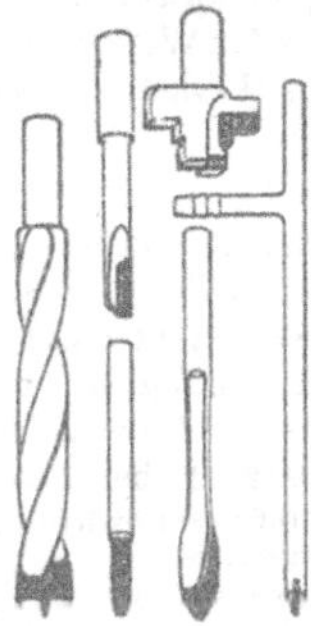

Abb. Wk 5 und 6. Hartmetall-Bohrer.

VI. Reiben mit Hartmetallwerkzeugen.

a) Regeln.

Beim Reiben mit Hartmetallwerkzeugen ist zu beachten:

1. Gleiche Lippenzahl, aber **ungleiche Teilung;** wobei zu beachten ist, daß einmal zwei Lippen radial gegenüberliegen müssen, damit der Durchmesser gemessen werden kann.

2. Rundschleifen der Reibahle muß mit schrägem Stirnschliff, also nicht mit dem Umfang der Schleifscheibe vorgenommen werden. Wenn mit dem Umfang der Schleifscheibe geschliffen wird, federt die Scheibe in den leeren Raum zwischen zwei Schneidlippen hinein und wird erst von der nächsten Lippenkante wieder in ihre alte Lage zurückgedrängt. Diese Fase an der nächsten Lippenkante wird daher nicht genau zylindrisch, sondern weicht mit der Schneide etwas nach innen ab.

3. Es muß darauf geachtet werden, daß **Handreibahlen**

1. lange Schneidplättchen haben, damit sie besser führen,
2. der Schaft kurz und
3. der Anschnitt kegelig ist.

Die kegelige Länge des Anschnitts beträgt einheitlich ein Viertel des Reibahlendurchmessers.

Bei Sacklöchern läßt sich dies natürlich nicht durchführen; hier kann nur ein kurzer Anschnitt helfen.

Rechts schneidende Reibahlen müssen mit einem geringen Linksdrall versehen sein, da sonst die Löcher unrund werden.

4. Die **Maschinen-Reibahlen** können kürzere Schneiden und einen runden Anschnitt erhalten, der allerdings nur auf Sondereinrichtungen genau formgerecht nachschärfbar ist. Besser ist ein etwa 40° zur Achse geneigter Anschnitt, der den gleichen Zweck erfüllt.

5. Das **Hinterschleifen** muß ähnlich wie auf Wetzmaschinen vorgenommen werden, wobei streng darauf zu achten ist, daß die Fase des Rundschleifens erhalten bleibt.

6. Beim Aufreiben von Löchern, die durch Querlöcher oder Längs- und Quernuten behindert werden, müssen **spiralverzahnte** Reibahlen verwandt werden. Die Reibahlen-Wetzgeräte lassen ein einwandfreies Wetzen auch spiralverzahnter Reibahlen zu.

7. **Zugabe zum Fertigreiben.** Die Erfahrung zeigte, daß beim Aufreiben kurzspanender Werkstoffe die Zugabe im Durchmesser etwa $^4/_{1000}$, bei langspanenden Werkstoffen etwa $^8/_{1000}$ des Lochdurchmessers sein soll.

b) Spülen.

Beim Reiben von Silumin hat sich eine Mischung von 70 vH Benzol und 30 vH Automatenöl (noch besser Paraffinöl) als richtig bewährt.

Beim Reiben von Stahl hat sich Eumeta (natürlich entsprechend verdünnt) als vorzüglich erwiesen.

Der Spüldruck bzw. Durchfluß muß ziemlich stark sein; bei Sacklöchern noch stärker als bei durchgehenden Löchern, damit die feinen Spänchen an der Einführungsöffnung herausquellen.

c) Arbeitsgeschwindigkeiten.

Die Schnittgeschwindigkeit und der Vorschub betragen beim Reiben von

Stahl, Stahlguß	v = etwa	5—8 m/min	s = 0,4 mm/U
Gußeisen, Bronze, Rotguß usw.	v = „	12—15 m/min	s = 0,6 mm/U
Alusil, Silumin	v = „	30—35 m/min	s = 0,15 mm/U
Elektron	v = „	70 m/min	s = 0,5 mm/U

Der Vorschub soll bei Verwendung von Hartmetall-Reibahlen im allgemeinen mehr als doppelt so groß gewählt werden, als dies bei Verwendung von Schnellstahl-Reibahlen der Fall ist, da das Werkzeug besser schneidet und auf jeden Fall Späne entstehen müssen.

VII. Die häufigsten Störungen beim Arbeiten mit Hartmetallwerkzeugen und ihre Ursachen.

a) Vor Ingebrauchnahme des Werkzeugs.

Risse im Hartmetallplättchen.

1. Ungeeigneter Schaftwerkstoff, in der Festigkeit zu gering, oder zu geringe Schaftunterlage.
2. Bei titanhaltigen Hartmetallplättchen keine Lötfolie verwandt. (Lötfolie besonders zu empfehlen, da titanhaltige Hartmetallplättchen Neigung zur Rißbildung zeigen.)
3. Ungeeignete Lötmittel verwandt.
4. Nicht in Elektrodenkohle abgekühlt.
5. Bei Trockenschliff durch zu hohen Schleifdruck überhitzt.
6. Unzureichende Kühlung während des Naßschleifens.

7. Erwärmen bei Trockenschliff mit nachherigem Abschrecken in kaltem Wasser.
8. Wechselnde Kühlung beim Schleifen.
9. Beim Arbeiten erwärmte Werkzeuge unter Verwendung von kaltem Wasser geschliffen, bevor sie abgekühlt waren.
10. Ungeeignete oder zu harte Schleifscheiben verwandt.

b) Während der Arbeit.

Zerstörung der Schneide.

1. Schlecht nachgeschliffen. Schleifscheibe zu grob, schartige Schneide.
2. Meißel zu weit ausladend eingespannt.
3. Schaftquerschnitt des Meißels zu schwach für die verlangten Spanquerschnitte, oder Plättchenstärke zu gering.
4. Bei Schnittunterbrechungen kein Neigungswinkel, oder Neigungswinkel zu gering.
5. Maschine im Schnitt stillgesetzt, ohne Vorschub auszuschalten.
6. Mit stumpfgewordener Schneide weitergearbeitet.
7. Ungeeignete Werkzeugform.
8. Rattern beim Drehen dünner Wellen.
9. Zu geringe Schnittgeschwindigkeit.
10. Falsche Schnittwinkel.

Warmbehandlung von Metallen.

Warmbehandlung von Werkzeugstählen und Baustählen.

A. Ausglühen der Werkzeugstähle.

I. Gründe.

a. Um grobe Kristallisation, Ungleichheiten und Verzerrungen zu beseitigen, bzw. um ein gleichmäßiges, feines Korn und günstigsten Zustand für die Bearbeitung und die nachfolgende Warmbehandlung zu erzeugen;

b. um Spannungen zu beseitigen.

Daher wird geglüht:

a. nach dem Walzen und Schmieden (meist im Stahlwerk);

b. nach Kaltbearbeitung durch Hämmern, Biegen, Ziehen usw.;

c. nach spanhebender Bearbeitung durch Drehen, Fräsen, Hobeln usw., um ein Verziehen und Reißen bei der Härtung zu verhindern;

d. wenn die Wirkung des Härtens wieder beseitigt werden soll.

II. Ausführung.

a) Richtiges Glühen. Zum eigentlichen Weichglühen, das der Umkristallisation zu körnigem Zementit entspricht, muß bis kurz über der unteren Umwandlungskurve (etwa 720 bis 760°) erhitzt werden, während zum Entspannen allein Temperaturen unter 700° genügen. Veränderung der Oberfläche (Kohlung, Entkohlung, Zunderbildung, Schwefelzufuhr) ist möglichst zu verhindern. Dann langsames Abkühlen. (Glühfarben auf S. 287.)

Glühtemperaturen:	680 bis 730°	für Kohlenstoffstahl,
	700 „ 800°	„ niedriglegierte Stähle,
	680 „ 800°	„ Schnellstahl.

b) Falsches Glühen: 1. Durch zu hohe Glühtemperatur. Wird die richtige Temperatur erheblich überschritten, so wird der Stahl grobkörnig und verliert an Zähigkeit: überhitzter Stahl.

Wird die Temperatur bis zur hellen Glut und Funkensprühen gesteigert, so können Verbrennungsprodukte in den Stahl eindringen und ihn mürbe machen: verbrannter Stahl.

Ungleichmäßige Erhitzung mit teilweiser Überhitzung bzw. Verbrennung ist beim Glühen im Schmiedefeuer in offener Flamme schwer zu vermeiden.

2. Durch zu langes Glühen. Der Stahl wird ebenfalls grobkörnig: verglühter oder abgestandener Stahl.

Nur überhitzter oder verglühter Stahl kann wiederhergestellt werden durch Härten mit nachfolgendem Glühen bei richtiger Temperatur oder bei Rohstücken durch Überschmieden und Ausglühen.

3. Veränderungen der Oberfläche. Sie wird vielfach hervorgerufen durch Berührung der glühenden Oberfläche mit Luft oder Verbrennungsgasen, die Sauerstoff, Wasserstoff und auch Schwefel enthalten können.

Durch Verbrennen des Kohlenstoffs oder durch Bildung von Kohlenwasserstoff tritt eine Entkohlung ein, durch Verbrennen von Eisen eine Verzunderung, beides meist zugleich. Auch kann Schwefel aus den Verbrennungsgasen aufgenommen werden.

Gering gehalten wird die Veränderung der Oberflächen durch eine reduzierende Atmosphäre (Überschuß an Kohlenstoff) im Gas- oder Ölofen oder durch Glühen im Muffel- oder elektrischen Ofen mit Schutzgas. Fertig bearbeitete Werkzeuge schützt man am sichersten durch Einpacken in ausgeflammter oder gebrauchter Leder- oder Holzkohle oder reinen Gußeisenspänen.

B. Härten.

Wenn auch das Härten eine Kunst ist und auch heute noch viel Erfahrung verlangt, so sind doch, um dauernd die besten Ergebnisse zu erzielen, wissenschaftliche Einsicht und neuzeitliche Härteeinrichtungen unentbehrlich.

I. Erhitzen auf Härtetemperatur.

Ebenso wie bei dem Glühen besteht auch hier die Gefahr der Beschädigung der Oberflächen durch Entkohlung, Aufkohlung oder Verbrennung, was die gleichen Vorkehrungen verhindern.

Je größer die zu härtenden Stücke sind, um so langsamer muß das Erhitzen vonstatten gehen. Bei ungleichmäßig geformten Teilen empfiehlt sich das Einschalten einer Vorwärmestufe etwa 100° unter der Härtetemperatur, auf welcher das Werkzeug so lange zu halten ist, bis auch die starken Querschnitte völlig durchwärmt sind. Das Aufwärmen auf die Härtetemperatur kann dann schneller erfolgen, so daß kein Überglühen der dünneren Querschnitte zu befürchten ist.

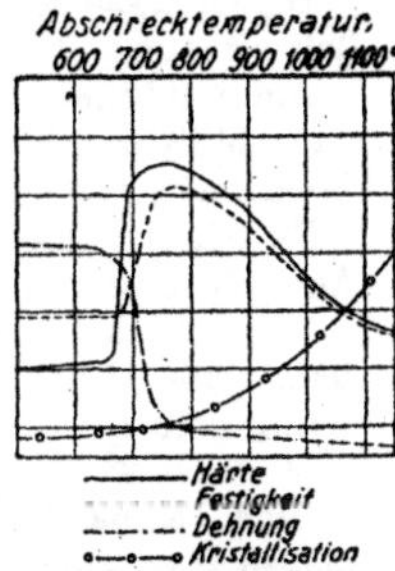

Abb. H 1. Einfluß der Abschrecktemperatur auf die Eigenschaften des Stahles.

Die Wärmeleitfähigkeit eines Stahles ist allgemein um so schlechter, je höher er legiert ist. Bei dem Aufwärmen ist hierauf Rücksicht zu nehmen.

Die Härtetemperaturen (s. a. S. 203) sind:

Kohlenstoffstähle	750 bis 800° C	(Abb. W 2, S. 203)
Legierte Stähle .	750 „ 950° C	
Schnellstähle . . .	1150 „ 1350° C.	

Die Angaben der Lieferfirmen sind genauestens einzuhalten.

Abb. H 1 zeigt das Verhältnis der Härte zur Abschrecktemperatur bei einem Kohlenstoffgehalt von etwa 1 vH. Die richtige Abschrecktemperatur entspricht der höchsten Härte.

Wasserhärter und meist auch Ölhärter zeigen am Aussehen der abgeschreckten Oberfläche, ob die richtige Härtetemperatur eingehalten wurde. Die sich auch in reduzierender Ofenatmosphäre bildende dünne Zunderschicht platzt nach Abkühlung ab (Abschütten), wogegen sie bei zu niedrig oder zu hoch erhitzten Stählen fest haftet.

Die hohen Temperaturen, die für die einwandfreie Härtung notwendig sind, sowie die hohen Legierungsgehalte erfordern für die Härtung von **Schnellstahl** ganz besondere Sorgfalt. Die geringe Wärmeleitfähigkeit erfordert die Einschaltung von einer oder mehreren Vorwärmestufen, je nach Form und Größe des zu härtenden Teiles. Diese Vorwärmestufen sind:

200 bis 250°, 800 bis 850°, von da auf Härtetemperatur, oder
200 bis 250°, 600 bis 650°, 900 bis 1000°, von da auf Härtetemperatur.

Der Stahl soll nach Erreichen der Härtetemperatur kurze Zeit auf dieser gehalten werden. Die Haltezeit beträgt je nach Größe und Form des Werkzeuges 10 bis 100 sek.

Gutes Vorwärmen und Halten im auf richtiger Härtetemperatur gefahrenen Ofen vermeidet das mehrmalige Herausnehmen und „Ziehenlassen" an Luft, wodurch die Verzunderung der Oberfläche sehr beschleunigt wird.

Bei Mo-legierten Schnellstählen ist, falls die Härtung nicht aus dem Salzbadofen (s. Absatz II) erfolgt, das Aufstreuen von Boraxpulver nach

Erreichen der Vorwärmestufe 800 bis 850° unerläßlich. Das Abrauchen durch sich bildendes MoO_3 in Gestalt eines gelben Gases wird dadurch vermieden.

Für alle Werkzeuge aus jedem Stahl gilt: Bei teilweisem Erhitzen ist eine scharfe Grenze zwischen erhitzten und nichterhitzten Stellen zu vermeiden. Müssen die Teile (Bohrungen, Zapfen usw.), die später weichbleiben sollen, mit in den Ofen, sind sie durch Lehm- oder Asbestpackungen od. dgl. zu schützen.

II. Härte- und Anlaß-Öfen.

Die zu stellenden Anforderungen sind:

Sie sollen im ganzen Heizraum möglichst gleichmäßige Temperatur haben, die nirgends die Höchsttemperatur für den Stahl wesentlich überschreitet. Die Temperatur soll leicht regelbar, aber auch leicht festzuhalten sein.

Die Erwärmung soll möglichst ohne chemischen Einfluß auf den Stahl vor sich gehen.

Der Ofen soll den Arbeiter nicht belästigen, reinlich, ruhig und wirtschaftlich arbeiten.

Am wenigsten erfüllt das **Schmiedefeuer** diese Anforderungen. Doch da es billig und bequem ist, findet es noch vielfach Anwendung, besonders für einfachere, weniger empfindliche Werkzeuge, wie Drehstähle, Meißel usw.

Es soll aus einer Grundfüllung ausgebrannter Schmiedekohle und einer Aufschüttung von Holzkohle bestehen.

Nur bei sehr großer Vorsicht und Geschick ist es auch für andere Werkzeuge brauchbar. In diesem Falle ist es zweckmäßig, durch Schamotte-Formsteine im Feuer eine kleine Muffel zu bauen, damit das Werkzeug beobachtet werden kann.

Eine Temperaturkontrolle durch Meßgeräte ist nicht möglich. Einigermaßen zuverlässiges Schätzen nach Glühfarben (s. S. 287) ist nur bei gleichmäßiger Helligkeit ohne unmittelbare Sonnen- oder Lampenstrahlung möglich.

Für kleinere und mittlere Leistungen sind die **Gasöfen für Leuchtgas** sehr einfach, reinlich und anpassungsfähig. Im Plattenofen können Entkohlung und Zunder durch Gasüberschuß („reduzierende Atmosphäre") verhindert werden. Muffeln, die den Betrieb verteuern, sind nur nötig, wenn das Werkstück vor schwefelhaltigen Gasen geschützt werden muß. Ein Gebläse ist unentbehrlich; für hohe Temperaturen (Schnellstahl) wird auch das Gas verdichtet, und zwar entweder allein für sich und dann mit der Gebläseluft gemischt oder nach der Mischung mit Luft (Selasgas).

An Stelle der Gasöfen, besonders für größere Abmessungen, werden viel die **Ölöfen** benutzt, die im Betriebe billiger, aber nicht so reinlich sind.

Elektrische Glühöfen sind für alle Temperaturen geeignet. Sie arbeiten mit Heizwiderständen, die für Temperaturen bis etwa 1000° aus Chromnickel, für Temperaturen bis etwa 1300° aus Karborundum (Silit) oder für Temperaturen bis 1400° aus Molybdän (mit Schutzgas) bestehen. Sie sind sehr gut auch selbsttätig regelbar und haben sehr gleichmäßige Temperatur.

Die sogenannten Haltepunktöfen zeigen die Umwandlungs-Haltepunkte eines im Ofenraum befindlichen Werkzeuges an und bestimmen somit die richtige Härtetemperatur selbsttätig.

Elektrische Härteöfen aller Art sind nur dann wirtschaftlich, wenn sie im Dauerbetrieb Verwendung finden und die Stromkosten 0,05 RM/kWh nicht überschreiten.

Sehr rasch und gleichmäßig arbeiten die **Öfen mit Flüssigkeitsbädern**, die daher für die Massenfertigung unentbehrlich sind. Die Bäder werden durch Gas, Öl oder Elektrizität erwärmt. Als Flüssigkeit dienen Metalle (Blei) nur für Temperaturen bis etwa 900°, Salze (Chlorbarium, Chlornatrium, Chlorkalium; Schmelzpunkte s. S. 148) für Temperaturen bis 1400°. Dem Chlorbariumbad für Schnellstahlhärtung wird zum Vermeiden der Entkohlung Borax zugesetzt. Salze erwärmen langsamer als Metalle und verhindern das oberflächliche Oxydieren beim Herausnehmen aus dem Bade durch Bildung einer dünnen Salzkruste.

Zum Glühen sehr großer Werkzeuge (Gesenke, Federn) dienen gemauerte Öfen, die durch Steinkohle, Öl, Generatorgas usw. geheizt werden.

Von besonderer Wichtigkeit für die Härterei sind gute **Anlaßöfen**. Einfache Platten- oder Muffelöfen können hier nur als Notbehelf angesehen werden, da die Gleichmäßigkeit der gewünschten Temperaturen in solchen Öfen nicht verbürgt werden kann.

Es finden Verwendung: Gas- oder elektrisch beheizte Öl-Anlaßbäder für Temperaturen von 100 bis 250°; gas-, öl- oder elektrisch beheizte Salz- oder Metallbäder für Temperaturen von 200 bis 600°; elektrische Luftumwälzöfen für jeden Temperaturbereich bis 700°

Selbsttätiges Einhalten der gewünschten Temperaturen durch mit der Temperaturkontrolle gekuppelte Schaltgeräte ist erwünscht.

III. Abschrecken.

Diese Bezeichnung ist nur berechtigt für die Abkühlung in Wasser. In Öl oder an Luft geht der Temperaturrückgang schon so langsam vonstatten, daß nur noch von Abkühlen oder Ablöschen gesprochen werden kann.

Die Abkühlungsgeschwindigkeit fällt in nachstehender Folge der Kühlmittel:

Quecksilber (selten, höchstens für Nadelspitzen),
Wasser mit Säure- oder Salzzusätzen,
W a s s e r r e i n,
Wasser mit Glyzerin- oder Wasserglaszusatz,
M i n e r a l ö l (besonderes Härteöl),
Rüböl (heute meist durch Mineralöl ersetzt),
L u f t b e w e g t,
L u f t r u h i g.

Allgemein verwendet werden nur die gesperrt gesetzten Mittel. Die anderen sind Überbleibsel aus der Zeit, als die Härterei noch eine geheimnisvolle schwarze Kunst war. Tatsächliche Vorteile konnten niemals nachgewiesen werden.

Temperaturen der Kühlmittel:

Die Wirkung der Kühlmittel beruht in hohem Maße auf ihrer spezifischen Wärme, d. h. auf ihrer Wärmeaufnahmefähigkeit. Erhöhte Temperaturen der Kühlmittel setzen die Wärmeaufnahme aus dem Werkstück herab; es ist also bei Wasser als Kühlmittel für eine stets gleich bleibende Temperatur zu sorgen. Allgemein üblich ist eine Wassertemperatur von 20°, bei welcher sich die beste Wirkung ergibt. Höhere Temperaturen fördern das Bilden von Dampfblasen und durch die damit verbundene ungleichmäßige Abkühlung die Gefahr des Ausschusses.

In Ölbädern ist die Wirkung höherer Temperatur eine andere. Durch diese wird die Dünnflüssigkeit und damit der Wärmeaustausch verbessert. Die Kühlwirkung ist also nicht vermindert.

Bei bewegter Luft ist zu beachten, daß Preßluft stets Wassertröpfchen mitreißt, wodurch die bestrahlte Fläche von Lufthärterstahl einer örtlichen Wasserabschreckwirkung ausgesetzt wird. Diese kann zu Oberflächenrissen führen. Es ist deshalb Gebläseluft vorzuziehen, wenn auch die Strahlwirkung nicht so stark ist.

Abkühlvorrichtungen für die Teilhärtung von Gravuren, Bohrungen und Arbeitskanten werden für alle Kühlmittel verwendet und sind im Schrifttum eingehend beschrieben; ebenso Vorrichtungen für das Planrichten und Härten dünner Scheiben zwischen gekühlten Metallplatten.

Ein besonderes Gebiet der Abkühltechnik sind die **gestufte** und die **gebrochene Härtung.**

Die endgültige Umwandlung des Austenit, also des bei der Härtetemperatur eingestellten Gefüges zum Martensit, tritt nämlich nicht sofort ein, sondern während des Abkühlungsintervalles von 300 bis 180° je nach Stahllegierung. Voraussetzung ist nur, daß bis zu diesem Punkt überkritisch, d. h. schneller als die kritische Abkühlungsgeschwindigkeit es verlangt, abgekühlt wird. Von dann ab kann der Temperaturrückgang wesentlich langsamer vonstatten gehen. Der Stahl hat dann Zeit, die bei der Gefügeumwandlung auftretenden Maßveränderungen langsam durchzuführen. Die gebrochene Härtung verwendet diese Tatsache bei sperrigen und härtetechnisch ungünstigen Werkzeugformen aus wasserhärtenden Stählen, indem die Abkühlung in zwei verschiedenen Bädern zunächst schnell in Wasser bis etwa 400° (Verschwinden der Glut) und dann langsam in Öl gehandhabt wird. Abschreckspannungen werden auf diese Weise fast völlig unterdrückt.

Die **gestufte** (Warmbad-, Termal-) **Härtung** verwendet in gleicher Weise für Öl- und Lufthärter ein heißes Bad, dessen Eigentemperatur je nach Zusammensetzung des Stahles bei 300 bis 180° gefahren wird. Die Abkühlung erfolgt zunächst in diesem bis zur Annahme der Badtemperatur und dann weiter bis Raumtemperatur an ruhiger Luft. Das Gelingen dieses Verfahrens ist in hohem Maße abhängig von der Form des Werkzeuges (für massige Teile meist ungeeignet) und der Zusammensetzung des verwendeten Stahles. Es empfiehlt sich deshalb Rückfrage bei der Lieferfirma. Für die heißen Bäder haben sich Zusammensetzungen von Kali- und Lithiumsalpeter am besten bewährt.

Die gestufte Abkühlung von Schnellstahl erfolgt im Warmbad von etwa 550° mit nachfolgender Abkühlung an ruhiger Luft. Während die echte Termalhärtung legierter Stähle von der Notwendigkeit des Anlassens entbindet, ist das Anlassen von gestuft abgekühltem Schnellstahl zur Erreichung der vollen Leistungsfähigkeit unerläßlich.

IV. Anlassen.

Durch das Anlassen wird das Abschreckgefüge einer Änderung unterworfen. Diese ist abhängig von der Zusammensetzung des behandelten Stahles und der Höhe der Temperatur.

a) Abkochen, Entspannen, Altern geschieht bei 100 bis 200° und hat den Zweck, das Gefüge von Stählen mit hoher kritischer Abkühlgeschwindigkeit nach dem schroffen Abschrecken zu festigen und die Abschreckspannungen zu beseitigen. Ein Härteverlust tritt nicht ein, aber auch keine Steigerung der Zähigkeit. Das Verfahren wird angewendet bei Kohlenstoffstählen und niedriglegierten Wasser- und Ölhärtern, zur Vermeidung von nachträglichen Maßänderungen an Meßwerkzeugen usw. durch natürliches Altern oder von Ausschuß durch nachträgliches Platzen oder Zerspringen bei ungleichförmigen Querschnitten.

b) Anlassen, Nachlassen, Verzähen. Hierdurch wird der nadelige Martensit in Hardenit bzw. (bei höheren Temperaturen) in Troostit und Sorbit überführt. Durch eine solche Behandlung werden nicht nur die Abschreckspannungen beseitigt, sondern bei allerdings nicht zu vermeidendem Härteverlust die Zähigkeit stark erhöht. Das Gebiet des merklichen Härteabfalles liegt zwischen 200 und 300° bei allen Wasser- und Ölhärtern, abgesehen von den Schnellstählen und den diesen ähnlichen hochlegierten Schnitt- und Warmarbeitsstählen. Die üblichen Anlaßtemperaturen bewegen sich deshalb auch in diesen Grenzen. Sie werden innerhalb dieser um so höher gewählt, je größere Ansprüche an die Zähigkeit und je geringere an die Härte gestellt sind.

c) Vergüten. Diese der gleichen Behandlung von Baustahl entnommene Bezeichnung verwendet Anlaßtemperaturen von 350 bis 550°, durch welche das Härtungsgefüge fast völlig in Sorbit zurückgewandelt wird. Es kann hiernach nicht mehr von Härte im Sinne der Stahlbehandlung die Rede sein, sondern nur noch von hohen Festigkeiten. Werkzeuge, welche kalt- oder warmarbeitend hohen Schlag-, Preß- oder Druckwirkungen ausgesetzt sind, oder welche im Rahmen der Vergütungstemperaturen bei der Arbeit schnell wechselnden Arbeitswärmen ausgesetzt sind, werden so behandelt, ebenso Bauteile, die hohen Beanspruchungen ausgesetzt sind.

d) Anlassen von Schnellstahl. Infolge der notwendigen hohen Härtetemperaturen besteht die Grundmasse des Schnellstahles bzw. der ihm verwandten Stahllegierungen nach dem Abkühlen aus Austenit. Dieses Gefüge ist bei nicht allzu hoher Härte recht spröde. Es empfiehlt sich deshalb, den aus hohen Härtetemperaturen abgekühlten Stahl bei Temperaturen anzulassen, die den Zerfall des Austenit in Martensit gewährleisten. Diese Temperaturen liegen je nach Höhe und Art der Legierung zwischen 550 und 600°.

Durch die Gefügeumwandlung Austenit-Martensit steigt die Härte des Schnellstahles an. Voraussetzung hierfür ist austenitisches Abkühlgefüge. War die Härtetemperatur aus irgendeinem Grunde so niedrig, daß es nicht entstanden ist, dann kann die hohe Anlaßtemperatur natürlich nicht angewendet werden. In diesem Falle wird Schnellstahl wie niedriglegierter Werkzeugstahl behandelt. Es ist dann aber auch fraglich, ob die Verwendung eines Schnellstahles überhaupt am Platze ist.

e) Nitrieren von Schnellstahl. Nach dem Anlassen und Scharfschleifen von Schnellstahlwerkzeugen können diese durch Behandlung in Nitrierbädern (Zyanieren) mit einer sehr harten, dünnen Oberflächenschicht zum Zwecke der Leistungssteigerung bei spanabhebender Arbeit überzogen werden. Die Nitriersalze[1]) finden Verwendung in normalen Tiegelöfen. Die Behandlung erfolgt bei 500 bis 550° je nach Schnellstahlgüte, also etwa 30° unter der Anlaßtemperatur. Behandlungsdauer für 0,02 mm Schichtstärke $^1/_2$ Stunde. Einwandfrei angelassene Schnellstahlwerkzeuge verziehen sich durch diese Behandlung nachträglich nicht mehr. Nach jedem Scharfschleifen wird erneut nitriert. Die Leistungssteigerung beträgt bis zum 20fachen des unbehandelten Werkzeuges.

f) Kontrolle der Anlaßtemperaturen: Einen Anhalt für die Höhe der erreichten Temperaturen gibt bei an Luft erwärmten Werkzeugen die An-

[1]) Lieferanten: Duoferrit GmbH., Frankfurt; Deutsche Houghton GmbH., Magdeburg.

lauffarbe. Bei Kohlenstoff- und niedriglegierten Stählen gestattet sie eine genügend genaue Bestimmung im Gebiet der Temperaturen von 220 bis 330° C unter der Voraussetzung, daß die Erwärmung gleichmäßig und verhältnismäßig schnell vonstatten geht und die Oberfläche des Werkzeuges völlig frei von einer schützenden Fett- oder Salzschicht ist (s. Tafel 2).

Stähle mit hohen Gehalten an Chrom, Wolfram oder Kobalt zeigen gar keine bzw. andere Anlauffarben, so daß hier die Temperaturschätzung nicht möglich ist. Für diese Stähle, ferner für genaue Messung von Temperaturen, welche mehr als Minutendauer zu halten sind, müssen Meßgeräte Verwendung finden, wie sie in Tafel 1 und im Abschnitt „Wärme" genannt sind.

Das Anlassen mit der eigenen Wärme aus dem Werkzeugschaft (Meißel, Döpper, Kopfmacher usf.) genügt für geringe Ansprüche. Im Falle höherer Anforderungen ist das gleichmäßige Erwärmen des ganzen Werkzeugkörpers vorzuziehen, auch dann, wenn er nur teilgehärtet ist.

V. Reinigung.

Für Teile, welche aus dem Salzbad blank gehärtet werden sollen, ist eine Säuberung vor dem Erhitzen durch Abkochen in Sodalauge oder Waschen in üblichen Reinigungsmitteln notwendig.

Farb- oder Fettkreidezeichen ergeben unter Umständen Weichfleckigkeit und sollen deshalb ebenfalls abgewaschen werden.

Anhaftende Reste von Metall- oder Salzbädern müssen abgeschabt bzw. abgebürstet werden.

Anhaftender Zunder wird durch Sandstrahl beseitigt. Bei Härtung aus dem Salzbadofen können für Temperaturen bis 900° Salze mit geringem Zyanzusatz das Sandstrahlen erübrigen, wenn bald nach dem Abkühlen in Wasser bzw. Blankhärteöl im Ölanlaßbad angelassen werden kann. Schnellstahl-Werkzeuge, welche im Salzbad vorgewärmt und aus dem Salzbad gehärtet werden, bleiben ebenfalls graublank, wenn in einem leicht zyanisierten Zwischenbad von 500 bis 600° gestuft abgekühlt wird. Die Salzrückstände des Zwischenbades werden in heißer Sodalauge abgewaschen, die Werkzeuge sodann in heißem Öl gefettet. Auch in diesem Falle kann das Sandstrahlen eingespart werden.

VI. Richten gehärteter Werkzeuge.

Allgemein üblich ist das Richten in der Anlaßtemperatur durch Durchbiegen über die Elastizitätsgrenze oder Strecken der kurzen Faser mit der Hammerfinne. Ausschußärmer und mit größerer Sicherheit für das spätere „Stehenbleiben" ist das Warmrichten vor der Martensitumwandlung. Zu diesem Zweck wird bei niedrig legierten Stählen die Termalhärtung (siehe S. 282) angewendet, wobei die Badtemperatur an der oberen Grenze (also 240 bis 280° je nach Stahllegierung) gehalten wird. Das Richten erfolgt dann in bekannter Weise im Abkühlungsintervall obere bis untere Termaltemperatur, welche meist 40 bis 60° beträgt. Die Zeitdauer dieses Intervalles beträgt 3 bis 5 min, eine Zeit, welche für einwandfreies Richten völlig ausreicht.

Das Richten von Schnellstahl erfolgt sinngemäß im Abkühlungsintervall 550 bis 250° nach gestufter Abkühlung. Nach dem Richten aus der Termaltemperatur werden legierte Stähle zweckmäßig bei 120 bis 150° etwa 1 Stunde angelassen. Schnellstähle werden normal angelassen.

C. Hauptursachen für Mißerfolge beim Härten.

I. Fehler im Ausgangszustand.

a) Mängel im Werkstoff. Blasen, Lunker, Seigerungen, Schmiede- bzw. Walzfehler.

Folge: Risse bei der Abkühlung aus der Härtetemperatur, welche meist in der Faserrichtung verlaufen und stark klaffen.

Abhilfe: Scharfe Liefervorschriften, Auswahl nur vertrauenswürdiger Lieferfirmen. —

Zementitnetzwerk bzw. Karbidzeilen.

Folge: Zackige oder netzartig verlaufende Risse bei der Abkühlung aus der Härtetemperatur.

Abhilfe: wie vor bzw. bei Eigenschmiedung entsprechende Glühbehandlung bzw. Umschmiedung. —

Verglühter Werkstoff.

Folge: Weichfleckigkeit, ungenügende Härteannahme, abnormale Spannungsrisse.

Abhilfe: wie vor bzw. bei Eigenglühung Nachglühen. —

b) Bearbeitungsspannungen. Folge: Starker Verzug. Abnormale Spannungsrisse.

Abhilfe: entspannendes Glühen.

c) Fehler in der Werkzeugform. Masseunterschiede zu groß; scharfkantige Übergänge an Bunden, Nuten, Zähnen.

Folge: Risse entlang der Massegrenzen; Abplatzen der Kanten bzw. Ecken; starker Verzug.

Abhilfe: Hohlkehlen an den Ecken; Runden der Kanten; Ausbohren dicker Querschnitte. Bei unbedingt notwendigen scharfen Ecken Einlegen von Eisenrunddraht, in diesem Falle kein merklicher Härteverlust an der Eckenkante oder Anlegen von Schutzleisten (Abb. H 2), in diesem Falle Weichbleiben der Eckenkanten, oder Verwendung von Lufthärtern.

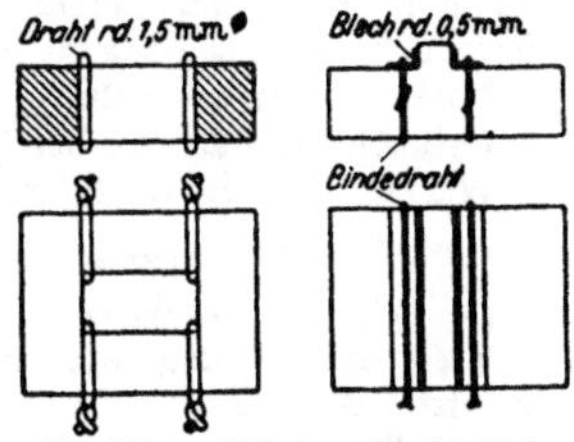

Abb. H 2. Schutz scharfer Ecken beim Härten.

II. Fehler beim Härten.

a) Bei dem Erwärmen. Über- oder Unterschreiten der richtigen Härtetemperatur.

Folge: Weichbleiben bzw. große Sprödigkeit, Spannungsrisse, mangelhafte Leistung bei der Arbeit.

Abhilfe: Temperaturkontrolle. —

Zu schnelles Erhitzen, Kern bleibt wesentlich unter Härtetemperatur.

Folge: Aufreißen der Härtedecke.

Abhilfe: Halten kurz unter Härtetemperatur bis Wärme gut durchgezogen, dann auf Härtetemperatur gehen. —

Ungleichmäßiges Erwärmen bei zu kleinem Ofenraum oder falscher Brennereinstellung bzw. Erhitzen im Schmiedefeuer.

Folge: Spannungsrisse entlang der Grenze verschiedener Temperaturzonen; starker Verzug.

Abhilfe: Befeuerung prüfen; größeren Ofenraum verwenden; Wärme besser durchziehen lassen. —

Falsche Ofenatmosphäre durch starken Luftüberschuß.

Folge: Oberflächenentkohlung, daher Weichhaut oder Weichfleckigkeit.
Abhilfe: Brennereinstellung berichtigen. —
Oberflächenaufkohlung durch Einpacken in stark kohlende Schutzmittel.
Folge: Ausbrechen der Arbeitskanten bei der Benutzung.
Abhilfe: Milde Schutzmittel verwenden.

b) Fehler bei dem Abkühlen. Zu schroff oder zu weich.
Folge: Spannungsrisse oder keine Härteannahme.
Abhilfe: Härteanweisung genau einhalten. —
Anhaftende Dampfblasen (Leidenfrostscher Tropfen);
Folge: Weichfleckigkeit, unter Umständen Spannungsrisse.
Abhilfe: Werkzeug in Kühlmittel bewegen; Sprudelvorrichtung im Kühlbottich. —
Verkehrte Tauchrichtung.
Folge: Starker Verzug; Weichflecke in Gravuren.
Abhilfe: Tauchen in der Längsachse; Bewegen in Richtung der Längsachse; Gravuren in Richtung des Flüssigkeitsspiegels.

c) Ausschuß durch natürliche Gefügeumwandlungs-Vorgänge. Die Notwendigkeit der mehr oder weniger schroffen Abkühlung verursacht Spannungen, welche bei ungünstigen, aber nicht zu vermeidenden Werkzeugformen zu Verzug oder zu Rissen führen.
Vorkehrungsmaßregeln:
Gebrochene Härtung bei Wasserhärtern (s. Abschrecken).
Warmbad- (Termal-) Härtung bei Ölhärtern (s. Abschrecken).

D. Messung der Temperatur in der Härterei.

Die folgende Zusammenstellung[1]) gibt eine Übersicht über die für das Härten und Glühen wichtigsten Temperaturmeßgeräte, siehe auch Abschnitt „Wärme".

Alle Geräte zeigen ganz objektiv und selbsttätig an und können auch zum Aufschreiben ihrer Anzeigen eingerichtet werden, außer den Strahlungs-Pyrometern. die daher für dauernde Überwachung auch nur noch wenig verwendet werden.

Die thermoelektrischen Pyrometer messen tatsächlich den Wärmeunterschied zwischen der Lötstelle und der Anschlußklemme. Ist die Anschlußstelle nicht genügend außerhalb des Bereiches der Ofenwärme und damit schwankenden Temperaturen ausgesetzt, so kann diese Fehlerquelle durch Kompensationsleitungen beseitigt werden. Sehr gut bewährt hat sich auch Eingraben der Anschlußstelle im Erdboden oder Einführen in eine handelsübliche Thermosflasche durch gelochte und abgedichtete Gummikorke. Bei anhaltender Benutzung in hohen Wärmegraden brennen die Schutzrohre leicht durch, besonders in Salzbädern für Schnellstahl. Sie müssen also leicht auswechselbar sein. Die Meßdrähte werden von heißen Gasen leicht angegriffen und messen dann falsch. Daher sind ihre Angaben in regelmäßigen Abständen nachzuprüfen.

Die Strahlungspyrometer leiten die Strahlen der Meßstelle des Ofens auf die Lötstelle eines Thermoelements, dessen Thermokraft, wie beim thermoelektrischen Pyrometer, gemessen oder aufgezeichnet wird, oder die Strahlung erwärmt einen sehr dünnen Widerstandsdraht (Bolometer), dessen Widerstandsänderung, wie beim Widerstandsthermometer, zur Messung benutzt wird. Die Strahlungspyrometer sind wie die optischen Störungen

[1]) Entnommen aus Werkstattbücher Heft 8. „Härten und Vergüten", 2. Teil, Berlin: Springer.

Tafel 1. Verzeichnis der Temperaturmeßgeräte.

Grundlage der Messung	Art und Bezeichnung	Ausführung	Für Temperaturen bis
Ausdehnung flüssiger und fester Körper	Quecksilber-Glas-Thermometer in Metallfassung	gewöhnlich	300°
		mit Stickstoffüllung (bis 20 at)	550°
	Quecksilber-Metallrohr-Thermometer	Quecksilber unter hohem Druck in festem oder biegsamem Metallrohr	600°
	Stab-Ausdehnungs-Thermometer	Stab (oder Rohr) aus Stahl	800°
		Stab (oder Rohr) aus Nikkelstahl oder Graphit	1100°
Thermo-elektrischer Strom	Thermoelemente	Kupfer-Konstantan	400°
		Eisen-Konstantan	700°
		Chromnickel-Konstantan	900°
		Nickel-Chromnickel	1100°
		Platin-Platinrhodium	1500°
Thermostrom durch Strahlung	Ganzstrahlungs-pyrometer	mit Fernrohr	2000°
Glühfarben	Teilstrahlungs-(optisches) Pyrometer	mit Fernrohr	1800°

wenig ausgesetzt, da sie mit den heißen Teilen des Ofens nicht in Berührung kommen. Sie sind auf schwarzstrahlende Körper geeicht, können also nur dort Verwendung finden, wo ausschließlich die Eigenstrahlung (ohne Reflexion zusätzlicher Strahlungsquellen) des zu messenden Körpers (Ofenraum, Salzbadspiegel im auf gleicher Temperatur befindlichen Tiegel oder glühende schwarze Körper) das Meßergebnis beeinflußt. In Platten oder Herdzugöfen, deren Arbeitsraum von den Feuerungsgasen durchzogen ist, werden bereits starke Abweichungen eintreten. Bei den Geräten, welche

Tafel 2. Glühfarben und Anlaßfarben.

Glühfarbe	Temperatur	Anlaßfarbe	Temperatur
Beginn des Dunkelrot	650°	Hellgelb	225°
Dunkelrot	700°	Dunkelgelb	240°
Kirschrot	800°	Gelbbraun	255°
Hellrot	900°	Rotbraun	265°
Lachsrot	1000°	Purpurrot	275°
Orange	1100°	Violett	285°
Zitronengelb	1200°	Dunkelblau	295°
Weiß	1300°	Hellblau	310°
		Grau	325°

die Strahlung durch einen Spiegel auf das Thermoelement konzentrieren, ist ferner darauf zu achten, daß das Reflexionsvermögen des Spiegels nicht durch Staub, Schmutz oder Kratzer auf der Politur geändert wird. Die Geräte sind deshalb des öfteren, und zwar am besten an der Gebrauchsstelle, neu zu eichen. Anwendung oberhalb 600°. Verwendbar als Handinstrument oder mit fester Aufstellung. Der Abstand des Aufstellungspunktes von der Stelle, deren Temperatur gemessen werden soll, ist gleichgültig, sobald keine Strahlung durch die Ofenöffnung abgeblendet wird.

Die Haltepunktschreiber erfüllen eine weitergehende Aufgabe als die Pyrometer, indem sie zugleich die Haltepunktkurve der zu härtenden

Stähle in Abhängigkeit von der Temperatur aufschreiben. Dadurch sichern sie für jeden auch unbekannten Stahl — abgesehen von hochlegierten — die richtige Härtetemperatur. Sie sind für die Werkstatt mit einem elektrischen Ofen organisch verbunden.

E. Warmbehandlung der Baustähle.

Warm behandelt werden vorwiegend die Stähle gem. Zusammenstellung DIN 1660. Zwar werden sehr oft auch Automateneisen, Schnellautomaten-Weichstahl und Stähle DIN 1611 einer irgendwie gearteten Härtung unterzogen, jedoch ist für eine geregelte ausschußarme Fertigung die Verwendung der erstgenannten vom Standpunkt der Warmbehandlung vorzuziehen. Für sehr hochbeanspruchte Triebwerks- und Motorenteile geht man noch einen Schritt weiter mit der Verarbeitung von Stählen aus Klein-Martin- oder Elektroöfen, Stähle also, welche sich in bezug auf ihren Reinheitsgrad nur sehr wenig von Werkzeugstahl unterscheiden.

Da von Bauelementen aller Art in erster Linie eine sehr hohe Zähigkeit verlangt wird, erreichen die Kohlenstoffgehalte nur in Ausnahmefällen die Höhe der Werkzeugstähle. Dennoch wird oft eine sehr hohe Oberflächenhärte verlangt.

I. Einsatzhärten (Zementieren)[1].

Es bedeutet die Erzeugung einer kohlenstoffreichen, gut härtbaren Oberfläche auf Teilen aus weichem Stahl durch Glühen in kohlenstoffabgebenden Mitteln. Beim Härten der aufgekohlten (zementierten) Schicht bleibt der innere Teil des Werkstücks, der Kern, weich und zäh.

a) Anwendung. Das Einsatzhärten wird benutzt:

1. um Werkstücke zu schaffen, die außen sehr hart und verschleißfest und wegen des zähen Kerns doch schlag- und stoßfest sind;

2. um die Verwendung von hochgekohltem Stahl zu umgehen, da er nach dem Härten weder außen noch innen bearbeitet werden kann (außer durch Schleifen), da er beim Abschrecken leicht hohe Spannungen bekommt, die zu Verzerrungen oder gar Rissen führen und da er meist teuer ist.

b) Einsatzstahl. Jeder zähe, nicht zu hoch gekohlte Stahl ist verwendbar. Der Gehalt an Kohlenstoff soll höchstens 0,25 vH sein, weil der Stahl sonst spröde wird. Der Gehalt an Schwefel und Phosphor und auch an Silizium soll gering, der Werkstoff also rein sein. Deshalb ist an Stelle von gewöhnlichem Maschinenstahl besser besonderer Einsatzstahl DIN 1661 zu verwenden.

Kohlenstoffstahl hat nach dem Härten der aufgekohlten Außenzone eine zu niedrige Kernfestigkeit. Niedriglegierte Chrom-, Chrom-Nickel- und Chrom-Molybdän-Einsatzstähle ergeben bessere Werte je nach Höhe der Gehalte (DIN 1662 und 1663).

c) Einsatzmittel. Diese können in festem, pastenartigem, flüssigem oder gasförmigem Zustand Verwendung finden. Ihre Wirksamkeit beruht auf der Bildung von kohlenstoffgebenden Gasen: Kohlenoxyd, Cyan, flüchtigen Cyanverbindungen und leichten Kohlenwasserstoffen. Fester elementarer Kohlenstoff zementiert nur schwach.

Von festen Mitteln werden gebraucht: Holz-, Knochen- und Lederkohle, Ruß, allein oder gemischt mit Soda, Kalk, Kochsalz usw. Sehr kräftig wirkt Holzkohle mit gelbem Blutlaugensalz. Besonders bewährt hat sich auch Holzkohle, getränkt mit Bariumkarbonat im Verhältnis 60 : 40 bis 80 : 20.

[1]) Werkstatt und Betrieb 1938, Heft 17/18, S. 225, Heft 19/20, S. 276; 1939, Heft 3/4, S. 46.

Von den gasförmigen Mitteln wird am meisten benutzt: Leuchtgas, ferner Azetylen (Azetylen-Sauerstoff-Flamme) und Kohlenoxyd; von den flüssigen: geschmolzenes Zyankali, auch Ferrozyankali oder besser Zyan-Härtefluß (Natriumzyanid u. dgl.). — Anforderungen an ein gutes Zementiermittel:

1. Es muß preiswert, besonders aber im Gebrauch sparsam sein.

2. Es muß unschädlich für den Stahl sein (keine Zuführung von Schwefel, Phosphor, Wasserstoff usw.).

3. Es muß bei mäßiger Temperatur (nicht über 900°) und mäßiger Glühzeit genügend wirken, doch nicht zu heftig, damit sich kein schroffer Übergang zwischen Kern und zementierter Schicht bildet.

d) Ausführung des Zementierens. 1. Feste Zementationsmittel. Die Teile werden, rings umgeben von dem Zementiermittel, das in einer Schicht von 15 bis 50 mm gegen die Teile gestampft wird, in eiserne Kästen gepackt, die mit einem Deckel verschlossen und mit Lehm sorgfältig abgedichtet werden. (Für einzelne größere Spindeln haben sich eiserne Rohre gut bewährt.) Die Kästen werden dann in einem Ofen längere Zeit geglüht. Da Kästen aus Eisenblech durch Glühspan bald zerstört werden, haben sich Glühkästen aus zunderfestem Stahlblech geschweißt sehr gut eingeführt. Diese sind zwar wesentlich teurer als die ersteren, haben jedoch eine Lebensdauer von 1000 und mehr Brennstunden.

Die zementierte Schicht soll etwa 0,8 bis 1 vH Kohlenstoff enthalten, je nach Anforderung und Größe des Stückes, 0,5 bis 2 mm stark sein und allmählich in den weichen Kern übergehen. Die dazu geeignetste Temperatur und Glühzeit hängt von der Zusammensetzung des Einsatzstahles und des Einsatzmittels ab. Die Temperatur soll nicht unnötig hoch sein, muß aber so hoch sein, daß sich die feste Lösung bilden kann. Dazu ist eine Temperatur von 850 bis 920° nötig. Die Zeit, meist einige Stunden, muß um so länger sein, je tiefer die zementierte Schicht sein soll. Es ist nicht zu empfehlen, durch zu hohe Erhitzung die Einsatzzeit abzukürzen.

Das Zementieren kann auf bestimmte Teile der Oberfläche beschränkt werden dadurch, daß man die anderen Teile mit Lehm, Asbest od. dgl. verpackt, Eisenplatten gegen sie preßt, Ringe überzieht oder sie galvanisch verkupfert. Man kann auch nach dem Zementieren der ganzen Oberfläche doch vor dem Härten, von den Stellen, die nicht hart werden sollen, die zementierte Schicht durch spanhebende Bearbeitung wieder entfernen.

2. Flüssige Zementationsmittel. Es ist größte Vorsicht geboten, da diese Mittel alle mehr oder weniger giftig sind. Das Bad dient unmittelbar zum Glühen und Zementieren, so daß das Verfahren außerordentlich einfach und schnell arbeitet. Für große Werkstücke verbietet es sich von selbst.

Tiefzementierbäder, deren Zusammensetzung während des Betriebes allerdings ständig überwacht werden muß, gestatten auch nach diesem Verfahren Einsatztiefen bis 2 mm.

3. Gasförmige Zementationsmittel. Beim Einsetzen in Gase kommen die Werkstücke in eine Muffel, die von außen erhitzt wird, während innen ein Gasstrom durchgeleitet wird. Die Gaszementation ermöglicht die größten Einsatztiefen (5 und mehr mm) bei verhältnismäßig geringer Kornvergröberung.

e) Die Nachbehandlung soll:

1. die Sprödigkeit, die der Stahl infolge des Glühens bei hoher Temperatur erhalten hat, möglichst wieder beseitigen;

2. die zementierte Schicht härten.

Folgende Verfahren sind üblich:

α) Nur Abschrecken aus der Zementationshitze. Verfahren sehr einfach: Kern wird zurückgefeint, jedoch Schicht überhitzt gehärtet. Verfahren daher nur für nicht empfindliche, meist kleinere Teile üblich.

β) Im Kasten erkalten lassen, dann von 780 bis 800° härten. Schicht dadurch richtig gehärtet, Kern jedoch nur bei nickellegierten Stählen fein.

γ) Abschrecken wie bei α, dann nochmals Abschrecken von 780 bis 800°. Schicht richtig gehärtet, Kern fein, jedoch Gefahr erheblicher Spannungen.

δ) Wie bei γ, nur nach dem ersten Abschrecken Zwischenglühen bei 600 bis 650°. Wenig Spannungen, Kern fein.

ε) Wie bei δ ohne erstes Abschrecken. Ebensogut wie δ für nickellegierte Stähle.

Höherlegierte Nickelstähle können nur durch Zementieren, ohne Abschrecken, glashart werden.

Einfache Teile, wie Schlüssel, Muttern usw., die bunt gehärtet werden sollen, werden von Fett gereinigt, in trockene Markknochenkohle gepackt und in einem Wasserbad abgeschreckt, in das Luft unten eingeleitet wird, so daß sie in Perlen aufsteigt. Auch durch Erhitzen in reinem Zyankali und Abschrecken in Wasser kann eine schöne Bunthärtung erzielt werden.

Größere Teile, die sich beim Härten verzogen haben, können unter leichtem Erwärmen gerichtet werden.

Eine Oberflächenhärtung von sehr geringer Tiefe ist an kleineren Flächen, z. B. Kopf und Druckende von Schrauben usw., durch Abbrennen mit Zyankali oder dem ungiftigen gelben Blutlaugensalz („Kali" der Werkstatt) zu erreichen. Dazu werden die Teile rotwarm erhitzt, dann mit dem Pulver bedeckt, nochmals erhitzt und abgeschreckt. Bei Massenfertigung statt dessen: Erhitzen in den oben genannten flüssigen Zementationsmitteln.

II. Nitrierhärten (Verstícken).

An Stelle von Kohlenstoff kann man zum Härten auch Stickstoff in die Randschicht von Stahl einführen, was z. B. nach dem Verfahren von Krupp dadurch geschieht, daß man den Stahl bei 500 bis 550° längere Zeit einem Strom von Ammoniakgas aussetzt (Nitrieren).

Die dadurch erzeugte Schicht von Stickstoffverbindungen ist ohne Abschrecken hart, sogar härter als die aus Martensit bestehende beim gewöhnlichen Einsatzhärten; sie verliert von ihrer Härte beim Anlassen bis 500° fast gar nichts.

Das Nitrieren hat weiter den Vorteil, daß das Werkstück sich nicht verzieht, weil die Glühtemperatur niedrig ist und weil langsam abgekühlt wird.

Nachteile des Nitrierens: Die Schicht wird nur einige hundertstel Millimeter dick und kann deshalb stärkerem spezifischem Drucke nicht widerstehen. Es muß Sonderstahl — mit etwas Chrom und Aluminium oder Vanadin — benutzt werden.

Das Nitrieren ist nicht billig. Am empfehlenswertesten ist das Nitrieren für Maschinenteile, die sehr verschleißfest sein müssen und nicht geschliffen werden, wie Schnecken, kleine Schubstangen und Kurbelwellen, Kolbenbolzen, Schwingen, Kurvenscheiben usw., und für Teile, die bei hoher Arbeitstemperatur ihre Härte halten sollen.

III. Oberflächenhärtung

durch Erhitzen der äußeren Schichten unlegierter oder niedrig legierter Baustähle mit C-Gehalten von 0,5 bis 0,6 % mit Hilfe einer Leuchtgas-

Sauerstoff- oder Azetylen-Sauerstoff-Flamme und sofortigem Abschrecken durch eine Wasserbrause[1]).

Von steigender Bedeutung ist das Oberflächenhärten niedrig legierter Stähle der Grundlage Mn-Cr-V mit 0,3 bis 0,5% C nach dem OCE-Verfahren (**O**hne **C**ementation-**V**erfahren). Hierbei werden bei Anwendung des Thermalhärtens durch Abkühlung in Warmbädern Oberflächenhärten von 60 bis 65 Rc-Härte bei sehr zäher Kernhärte erreicht. Das Verfahren eignet sich besonders für die Behandlung von Zahnrädern und ähnlichen Getriebeteilen in Fahrzeug- und Maschinengetrieben auch der schwersten Art. OCE-Sonderstähle werden von der Patentinhaberin, der Fa. Röchlingstahl, und ihren Lizenznehmern geliefert.

IV. Vergüten von Stahl.

a) Begriff. Vergüten bedeutet eine Warmbehandlung von Stahl, vorzüglich von Baustahl, durch Abschrecken und Anlassen auf so hohe Temperatur, daß die Zähigkeit wesentlich gesteigert wird.

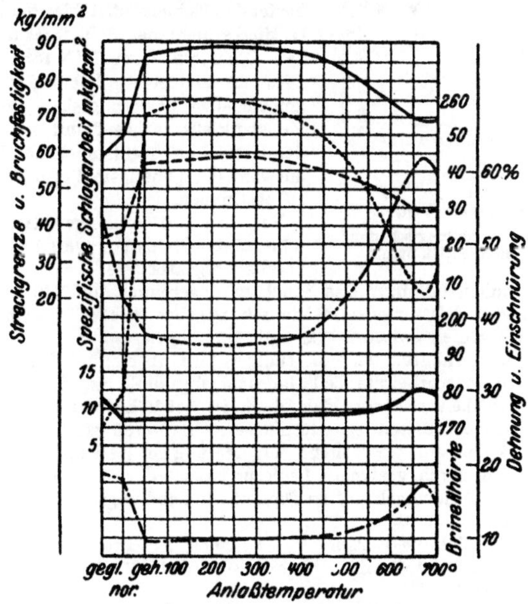

Abb. H 3. Vergütungsschaubild eines Kohlenstoffstahles.

Durch Wahl der Anlaßtemperatur können Festigkeit, Zähigkeit und Härte, allerdings in bestimmter Abhängigkeit voneinander, in weiten Grenzen geändert werden.

Vergüten unterscheidet sich vom Härten einmal durch das Anlassen auf hohe Temperatur (400 bis 700°), während nach dem Härten nur auf ge-

[1]) Masch.-Bau Betrieb, 1939, H. 23/24, S. 579; Werkstatt und Betrieb 1939, H. 23/24; Z. VDI. 1941, Nr. 13, S. 317; Grönegreß: Brennhärten. Werkstattbuch 89 Berlin: Springer 1942.

ringe Temperatur, manchmal gar nicht, angelassen wird; dann durch den Werkstoff, der beim Härten Stahl mit über 0,6 bis 0,7 vH Kohlenstoff ist, beim Vergüten Stahl mit meist weniger als 0,6 vH, so daß die Härte niemals sehr hoch wird. Eine scharfe Grenze zwischen Härten und Vergüten besteht jedoch nicht (Federstahl).

b) Werkstoffe. Gewöhnlicher weicher Flußstahl (Maschinenbaustahl) wird selten vergütet, da die Wirkung nur gering wäre. An Stelle des gewöhnlichen Maschinenbaustahls mit höherem Kohlenstoffgehalt wird besser ein besonderer Vergütungsstahl gewählt, wie er in DIN 1661 genormt ist. Am häufigsten werden legierte Stähle vergütet, vorwiegend die Stähle nach DIN 1662 und 1663, also Chrom-, Chrom-Nickel- und Chrom-Molybdän-Stähle.

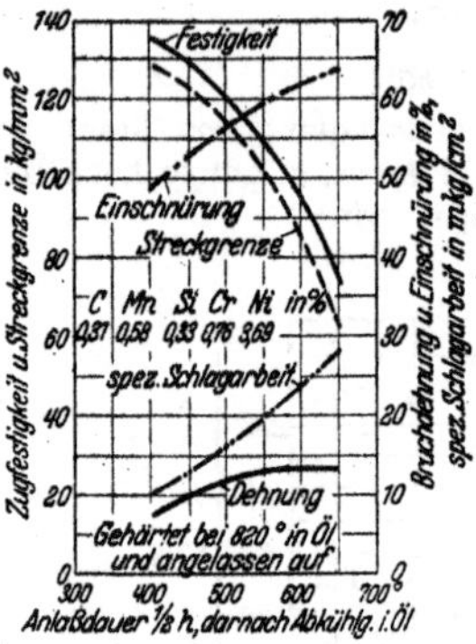

Abb. H 4. Vergütungsschaubild eines Chrom-Nickel-Stahls.

Hier ist es wichtig, daß durch die Gehalte an diesen Elementen bei der Vergütung dickerer Stücke eine möglichst weitgehende Durchvergütung stattfindet. Bei den wasserhärtenden Kohlenstoffstählen nach DIN 1661 ist dieses nicht der Fall, wohl dagegen bei den Ölhärtern nach DIN 1662 und 1663. Dies um so mehr, je höher der Gehalt an den einzelnen Legierungselementen ist. Der Konstrukteur hat es damit weitgehend in der Hand, durch entsprechende Werkstoffauswahl die günstigste Form der Bauteile zu bestimmen.

Es wird das rohe, gewalzte oder geschmiedete Stahlstück vergütet oder das bereits vorgearbeitete.

c) Warmbehandlung. Das Stück wird gereinigt, auf 780 bis 850° erwärmt und in Wasser oder meistens in Öl abgeschreckt. Nachher wird es auf Temperaturen zwischen 300 und 700° angelassen.

Nach dem Anlassen wird an ruhiger Luft abgekühlt. Werden bis auf Schleifmaß vorgearbeitete Teile langsam abgekühlt, um Spannungsverzug nach Möglichkeit zu vermeiden, dann ist bei höher chromnickellegierten Stählen auf die diesen eigentümliche „Anlaßsprödigkeit" Rücksicht zu nehmen. Sie hat eine wesentliche Verringerung der Kerbzähigkeit zur Folge, kann jedoch durch geeignete Legierungszusätze verhindert werden. Die Lieferfirma ist demnach auf so geplante Behandlungsarten bei Bestellung hinzuweisen.

Abb. H 3 zeigt die Wirkung des Glühens, Abschreckens und Anlassens auf einen Kohlenstoffstahl mit etwa 0,4 vH C (ähnlich dem genormten Stahl St C 45.61).

Abb. H 4 ist das Vergütungsschaubild des genormten Chrom-Nickel-Stahles VCN 35.

Schrifttum.

Oberhoffer, P.: Das technische Eisen. Berlin: Springer.
Verein deutscher Eisenhüttenleute: Werkstoff-Handbuch Stahl und Eisen. Düsseldorf: Stahleisen.
Rapatz, F.: Die Edelstähle. Berlin: Springer.
Reiser-Rapatz: Das Härten des Stahles. Leipzig: Arthur Felix.
Örtel-Grützner: Die Schnelldrehstähle. Düsseldorf: Stahleisen.
Härten und Vergüten (H. 7 und 8 der Werkstattbücher). Berlin: Springer.

Wärmebehandlung von Aluminium und Aluminiumlegierungen.

A. Weichglühen.

Durch Kaltverformung von Aluminium und Aluminiumlegierungen tritt eine Verfestigung auf, die mit dem Verformungsgrad zunimmt. Zugfestigkeit, Streckgrenze und Härte steigen, die Dehnung sinkt dabei. Diese Kaltverfestigung wird durch Weichglühen wieder entfernt. Es wird gewöhnlich bei 360–400° ausgeführt. Nach Glühen bei 450–500° ist die Korrosionsbeständigkeit des Aluminiums höher.

Das Weichglühen von Aluminium beruht darauf, daß die durch die Kaltverfestigung hervorgerufenen Spannungen bei Wärmezufuhr unter Neubildung des Kornes (Rekristallisation) gelöst werden. Für die Eigenschaften des weichgeglühten Aluminiums sind daher der Grad der vorausgegangenen Kaltverformung, die Anwärmgeschwindigkeit, Glühtemperatur und Glühdauer wichtig, weil durch sie die sich ausbildende Korngröße und der verbleibende Spannungszustand bestimmt werden. Die Kaltverformung beträgt am besten 70–90 vH, auf jeden Fall nicht unter 50 vH, weil sonst zu großes Korn entsteht. Der Temperaturbereich der beginnenden Rekristallisation (zwischen 230 und 300°) soll dabei so rasch als möglich durchschritten werden. Bei gegebenem Verformungsgrad entsteht um so feineres Korn je höher geglüht wird, wobei wie stets Temperatur durch Zeit ersetzt werden kann.

B. Aushärten.

A. Wilm fand an der Gattung Al-Cu-Mg, daß die Härte dieser Legierungen nach dem Abschrecken von höheren Temperaturen bei längerem Lagern auf Werte ansteigt, die sonst bei Aluminiumlegierungen nicht erreicht werden können. Diese Aushärtung kann auch bei den Gattungen Al-Mg-Si und Al-Zn-Mg beobachtet werden. Sie beruht auf der bei hohen Temperaturen höheren Löslichkeit der Verbindungen $CuAl_2$, MgSi und $MgZn_2$ in Aluminium. Die Behandlung besteht daher in drei Stufen:

1. einem Glühen bei etwa 500° während $^1/_2$ bis 24 Stunden, wobei die bezeichneten Verbindungen in feste Lösung gehen,

2. einem Abschrecken in Wasser, ausnahmsweise auch in Öl oder Wind. Die Verbindungen bleiben hierbei zwangsweise gelöst, obwohl die Löslichkeitsgrenze bei Raumtemperatur überschritten ist. Die Legierungen sind in diesem Zustande noch weich,

3. dem Auslagern. Bei Raumtemperatur (natürlichem Altern) scheiden sich nach $^1/_2$ Stunde bis 8 Tagen die zwangsweise gelösten Verbindungen in feinverteilter Form aus, wobei sehr harte, im einzelnen noch nicht genau erforschte Zwischenzustände entstehen. Die Zeit des Auslagerns kann durch Erwärmen auf 100° (z. B. durch Kochen in Wasser) oder bis 200° (Kochen in Öl) verkürzt werden (künstliches Altern). Durch das Altern steigen Festigkeit, Streckgrenze und Härte sehr stark an, während die Dehnung gleich bleibt oder etwas zurückgeht und die Querschnittsverminderung (Kontraktion) als Maßstab des plastischen Formänderungsvermögens kleiner wird.

Die Glühtemperatur muß beim Aushärten sehr genau eingehalten werden, die Geschwindigkeiten der Erwärmung zum Glühen oder künstlichen Altern und der Abkühlung nach dem Auslagern sind nicht von Belang.

Die Wärmebehandlung wird am besten in Salzbadöfen, in neuerer Zeit auch in elektrisch beheizten Luftumwälzöfen ausgeführt.

Ausgehärtete Aluminiumlegierungen können durch Glühen zwischen 300 und 400° wieder weichgeglüht werden. Weichgeglühte Legierungen können wieder ausgehärtet werden. Eine Zusammenstellung der besten Temperaturen und Reckgrade für Aluminium und seine Legierungen ist in Tafel 3 (nach Aluminiumhandbuch, 8. Auflage) gegeben.

Bei den ausgehärteten Legierungen der Gattung Al-Cu-Mg sind mit Rücksicht auf einen Festigkeitsabfall Gebrauchstemperaturen von über 120° nicht zulässig. Ein Rückgang der chemischen Widerstandsfähigkeit tritt aber bei Dauertemperaturen von 80—100° auf. (Das gilt auch für Al-Cu).

Künstlich ausgehärtete Legierungen wie die Gattungen Al-Cu oder Al-Mg-Si sollten aus Festigkeitsgründen höchstens bis zur Warmhärtetemperatur erwärmt werden (siehe Tafel 3).

Als höchste Betriebstemperatur für Al-Mg 7—9 gilt 80°, für Al-Mg 3—5 gilt 150°. Bei den sonstigen kupferfreien Legierungen tritt bei höheren Temperaturen eine Ausglühwirkung und damit ein Festigkeitsrückgang auf.

Tafel 3. **Warmbehandlungstemperaturen und Kaltreckgrade von Aluminium und Legierungen.**

Legierungs-Gattung nach DIN 1713	Warmknet-Temperatur anfangs in °C	tiefste in °C	Kaltreckgrad in vH total	je Stich	Weichglüh-Temperatur in °C	Lösungs-glüh-Temperatur in °C	Aus-lagerun Temper in °
Rein-Aluminium DIN 1712	480—520	280	70—90	50	360—450	—	—
Al-Cu-Mg	400—460	360	60—85	20	330—370	500—520	Raumte peratu
Al-Cu-Ni	400—440	360	40—60	20	330—360	500—520	155—1
Al-Cu	400—440	360	60—85	20	330—360	500—510	125—1
Al-Mg-Si (Knetlegierung).	460—500	400	60—85	25	330—370	540—560	155—1
EAl-Mg-Si	480—500	450	90—95	25	330—360	500—530	130—1
Al-Mg[1]).	330—440[1])	320	30—50	15	280—400[1])	—	—
Al-Mg-Mn	400—450	350	40—80	20	400—450	—	—
Al-Si.	460—500	400	—	25	360—400	—	—
Al-Mn	480—520	350	60—85	25	450—500	—	—
GAl-Si-Mg	—	—	—	—	—	150—530	150—1
GAl-Mg-Si	—	—	—	—	—	520—540	155—1

[1]) Die Angaben für Legierungen derselben Gattung, insbesondere der Gattung Al-Mg, weichen etwas voneinander ab. Es ist also zweckmäßig, in jedem Fall genaue Unterlagen von den Lieferfirmen anzufordern.

Schutz von Metallen.

Korrosion und Oberflächenschutz.

A. Allgemeines über Korrosion.

Die meisten Metalle haben eine mehr oder weniger starke Affinität oder chemische Verwandtschaft zum Sauerstoff. Sie neigen dazu, an der Luft, insbesondere bei Feuchtigkeit, sich mit dem Sauerstoff zu verbinden, d. h. zu oxydieren. Von der Neigung, Sauerstoff aufzunehmen, sind nur die Edelmetalle sowie einige andere Metalle mit passiven Oberflächen-Erscheinungen ausgenommen. Die übrigen Metalle oxydieren im allgemeinen um so leichter, je unedler sie sind. Deshalb sind die Leichtmetalle am meisten der Gefahr der Korrosion ausgesetzt.

Die Oxydation kann auf die Oberfläche eines Metalles beschränkt bleiben, ohne daß die darunter liegenden Schichten verändert werden. In solchen Fällen kann die gebildete Oxydhaut das darunter liegende Metall vor weiterer Oxydation schützen. Bei anderen Metallen, wie z. B. bei Eisen und Magnesium usw., geht jedoch die Oxydation weiter, es findet eine fortschreitende Zerstörung des Metalles statt. Man bezeichnet diesen Vorgang als Korrosion. Im weiteren Sinne ist unter Korrosion nicht nur die Oxydation durch Sauerstoff bzw. durch die Atmosphäre, sondern auch die Zerstörung, die die Metalle durch den Einfluß von Rauchgasen, Seewasser, sauren, alkalischen oder Salzlösungen erleiden, zu verstehen. Bei Leichtmetallen kann Korrosion auch durch Einwirkung des Stickstoffes, namentlich bei höherer Temperatur unter Nitridbildung eintreten.

Die Korrosion kann verschiedene Erscheinungsformen haben. Neben der gewöhnlichen Korrosion durch Einwirkung der Atmosphäre sind insbesondere die punktförmigen Zerstörungen zu erwähnen, die man auch als Lochfraß bezeichnet, hervorgerufen durch galvanische Lokalelement-Bildung und die interkristalline Korrosion, die entlang der Korngrenzen von Legierungen auftritt. Außerdem unterscheidet man noch intramolekulare Korrosion, Kontakt-Korrosion, Spannungs-Korrosion usw.

Durch die Korrosion gehen alljährlich erhebliche Mengen an Metallen und damit große wirtschaftliche Werte verloren. Die Frage des Korrosions-Schutzes ist daher immer von großer Bedeutung. In Zeiten angespannter Rohstoffversorgung, also insbesondere im Kriege, muß ihr ein ganz besonderes Augenmerk geschenkt werden.

Von den Maßnahmen, die zur Einschränkung oder Verhinderung der Korrosion angewendet werden, sind als wichtigste zu erwähnen:

1. Verwendung reinster Metalle. Diese müssen sowohl von metallischen als auch von nichtmetallischen Verunreinigungen möglichst frei sein und dürfen auch keinen Gasgehalt haben. Bei Legierungen muß von möglichst reinen Komponenten (Legierungs-Bestandteilen) ausgegangen werden.

2. Zusatz von Inhibitoren (korrosionshindernden Mitteln) zum angreifenden Stoff. Diese Schutzmaßnahmen sind nur beschränkt anwendungsfähig und kommen in erster Linie bei Leichtmetallen in Frage. Häufig kann man sich auch dadurch helfen, daß man ununterbrochen einen elektrischen Strom durch die zu schützenden Teile schickt.

3. Legierungsschutz. Durch Zusatz von geeigneten Bestandteilen kann man oft die Widerstandsfähigkeit von Metallen gegen chemische Einflüsse erhöhen.

4. Aufbringen von Schutzüberzügen und Deckschichten (Oberflächenschutz). Diese Maßnahmen bilden die häufigsten und wichtigsten Mittel, Korrosion zu verhindern. Sie sollen im nachstehenden eingehend behandelt werden.

B. Einiges über Oberflächenschutz.

I. Allgemeines.

Spricht man von einem Oberflächenschutz, so denkt man in erster Linie an den bei fertigen Erzeugnissen. Jedoch müssen auch Rohmaterial, Halb- und Zwischenerzeugnisse, wenn sie längere Zeit aufbewahrt werden, gegen Korrosion geschützt werden. Da hierbei aber meist eine nur beschränkte Frist in Frage kommt, genügt es in der Regel, wenn die Werkstoffe gut eingefettet werden. Nur selten ist ein Schutz durch Lack- oder Asphalt-Anstrich erforderlich. Roh- oder Halbmaterial aus Magnesiumlegierungen schützt man am besten durch Beizen mit Bichromat-Lösungen. Daß außerdem alle metallischen Lagervorräte möglichst trocken aufbewahrt werden müssen, dürfte selbstverständlich sein.

Handelt es sich um Oberflächenschutz bei fertigen Erzeugnissen, so muß in erster Linie auf eine lange Lebensdauer der Schutzüberzüge hingearbeitet werden. Die zu wählenden Überzüge richten sich nach der Art des zu schützenden Metalles und nach der Art der chemischen, thermischen und mechanischen Beanspruchung, denen das Metall oder die Legierung ausgesetzt ist. Treten chemische Angriffe und gleichzeitig mechanische Beanspruchungen auf, so kann in der Regel nur ein metallischer Oberflächenschutz angewandt werden. Mit Rücksicht auf den großen Metallbedarf für technisch wichtige Zwecke soll aber mit der Verwendung von Metallen als Oberflächenschutz möglichst sparsam umgegangen werden.

Bei Gegenständen, die nur atmosphärischen Einflüssen ausgesetzt sind, genügen im allgemeinen Lacküberzüge. Diese sind jedoch dann nicht brauchbar, wenn die zu schützenden Erzeugnisse höhere Temperaturen annehmen. In solchen Fällen können jedoch Überzüge aus Emaille wertvolle Dienste leisten. Auch die örtlichen Verhältnisse spielen bei der Auswahl der Überzüge eine erhebliche Rolle. Erzeugnisse, die in der Nähe der Meeresküste liegen und den Einwirkungen der Seeluft ausgesetzt sind, müssen besser geschützt werden als solche im Binnenland. Ähnlich sind Gegenstände, die für das Hochgebirge bestimmt sind, wo sie einer starken ultravioletten Bestrahlung und stärkeren Regenfällen ausgesetzt sind, in anderer Weise zu schützen als solche im Tiefland.

Bei aller Verschiedenartigkeit der Beanspruchungen gibt es jedoch Grundregeln, die bei der Herstellung aller Arten von Überzügen gelten, unabhängig davon, welchen Beanspruchungen sie ausgesetzt sind.

II. Vorbehandlung der Werkstoffe.

Um dauerhafte Überzüge zu erhalten, ist es erforderlich, daß vor dem Aufbringen der Überzüge die Erzeugnisse von Verunreinigungen jeder Art, wie Oxyden, Zunder, Staub, Fett usw., vollständig frei sind. Für Öl- und Lacküberzüge kommt hierzu noch die Forderung nach vollständiger Trokkenheit. Nur wenn diese Voraussetzungen erfüllt sind, ist eine Gewähr für die Haftfestigkeit der Überzüge gegeben. Von den wichtigsten Verfahren zur Vorreinigung der Werkstücke sind zu erwähnen:

a) Das Entfetten der Gegenstände. Dies geschieht entweder durch Behandlung mit Benzin oder besser mit Fettlösemitteln, wie Tri- oder Perchloräthylen, durch Abkochen in alkalischen Bädern, wie z. B. P 3, Siliron, Betazinol, Radikal usw. Bei galvanischen Überzügen verwendet man zweckmäßig auch das sogenannte Kupfer-Entfettungsbad.

b) Das Entrosten und Entzundern. Diese Reinigung, die stets nach der Entfettung zu erfolgen hat, kann durch Schleifen mit Schleifscheiben, Schmirgeln mit Schmirgelscheiben, Kratzen mit Drahtbürsten oder durch Sandstrahlen erfolgen. Massenware wird mit Vorteil in Trommeln im Naß- oder Trockenverfahren gereinigt. Zur Entrostung stehen ferner chemische Verfahren mit verdünnten Säuren oder Salzlösungen, ferner elektrolytische Verfahren, wobei die Werkstücke anodisch oder kathodisch behandelt werden, zur Verfügung.

III. Porigkeit und Stärke der Überzüge.

In dünnen Schichten sind fast alle Überzüge porig. Besonders gilt dies von den galvanischen und Spritzüberzügen; aber auch Lacküberzüge sind nicht porenfrei. Da aber die Porigkeit der Überzüge deren Zweck vollständig aufhebt, bei metallischen Überzügen infolge Lokalelementbildung sogar eine verstärkte Korrosion zur Folge haben kann, so daß dann gerade das Gegenteil des gewünschten Schutzes eintritt, sind die Überzüge unbedingt in ausreichender Stärke herzustellen, damit die einzelnen Poren überdeckt werden. Lacküberzüge müssen aus dem gleichen Grunde in mehreren Schichten aufgetragen werden. Außerdem müssen selbstverständlich Verfahren oder Mittel angewandt werden, durch die möglichst porenarme Überzüge erzielt werden können.

C. Rostschutzüberzüge für Eisen und Stahl[1]).

Für den Oberflächenschutz bei Eisen und Stahl werden folgende Arten von Überzügen angewendet:

I. Metallische Überzüge,
II. Nichtmetallische-anorganische Überzüge,
III. Öl- und Lacküberzüge.

I. Metallische Überzüge.

Die *Reichsstelle Eisen und Metalle* hat umfangreiche Verbote für die Verwendung von Metallen zur Herstellung von Überzügen erlassen, die von Fall zu Fall zu beachten sind.

Man hat früher die Metalle, die zur Herstellung von Schutzüberzügen auf Eisen angewandt wurden, eingeteilt in solche, die nach ihrem elektrochemischen Verhalten edler oder unedler sind als Eisen. Diese Einteilung läßt jedoch sich nicht aufrecht halten. Untersuchungen der letzten Jahre haben gezeigt, daß das elektrochemische Verhalten wesentlich von dem jeweils angreifenden Stoff abhängig ist.

Für das Aufbringen von metallischen Überzügen stehen nachstehende Verfahren zur Verfügung:

a) Plattierungen. Die Plattierungen werden nicht immer wegen des Oberflächenschutzes aufgebracht. Häufig wählt man eine Plattierung auch

[1]) Siehe Dr.-Ing. Schuster, „Oberflächenschutz von Eisen und Stahl", Werkstatt und Betrieb 1940, H. 9, S. 195—199.

zwecks Einsparung von Metallen an Stelle von Vollwerkstoff oder wegen besonderer Eigenschaften, die durch die Vereinigung zweier Metalle erreicht werden können. Plattierungen werden durch Aufwalzen von Metallen auf Stahl und Eisen aufgebracht. Für die Deckschichten kommen in erster Linie Kupfer und dessen Legierungen, Nickel, Aluminium und korrosionsbeständige Stähle in Betracht, wobei auf die Verwendungsverbote der Reichsstelle für Metalle zu achten ist.

b) Tauchüberzüge. Die Tauchverfahren können nur für Metalle mit niedrigem Schmelzpunkt, nämlich Zinn, Blei und Zink angewandt werden. Die zu überziehenden Werkstücke werden durch Eintauchen in ein feuerflüssiges Metallbad überzogen. Im Gegensatz zur Plattierung, die nur bei Halbmaterial angewendet werden kann, können durch Tauchen sowohl Halb- als auch Fertigmaterial überzogen werden.

Vorteile des Tauchverfahrens sind: Einfachheit der Einrichtung und der Durchführung, Ausfüllung von Poren und Unebenheiten.

Nachteile sind: Großer Metallverbrauch, ungleichmäßige Verteilung der Metallauflage, schlechte Maßhaltigkeit, Verwerfungsgefahr und Änderung mechanischer Eigenschaften des Grundmetalles infolge der Erhitzung.

Verwendung der *Feuerverzinkung*: Halbmaterial: Bleche, Bänder, Rohre, Drähte usw. Fertigerzeugnisse: Baubeschläge, Kleineisenwaren, Fässer, Behälter usw. Nur wenige Verwendungsverbote der Reichsstelle für Metalle.

Verwendung der *Feuerverzinnung*. Apparate, Geräte und Verpackungsmittel in der Nahrungs- und Genußmittelindustrie. Umfangreiche Verwendungsverbote der Reichsstelle für Metalle.

Verwendung der *Feuerverbleiung*. Bauteile und Apparate zum Schutz gegen Rauchgase, schwefelige Säure und Seewasser. Umfangreiche Verwendungsverbote der Reichsstelle für Metalle.

c) Galvanische Überzüge. Diese werden erzeugt durch Einhängen der zu überziehenden Werkstücke als Kathode in ein galvanisches Bad, das ein geeignetes Salz des Überzugmetalles gelöst enthält. Als positiver Pol dient eine Anode aus dem Überzugsmetall oder eine unlösliche Anode.

Vorteile des galvanischen Verfahrens: Geringer Metallverbrauch, gleichmäßige Schichtstärken, allgemeine Anwendungsmöglichkeit auch bei Metallen mit hohem Schmelzpunkt, Haftfestigkeit, Maßhaltigkeit, sofern man den Niederschlagstärken auf Grund der Gesetze über die Stromabscheidung Rechnung trägt.

Nachteile sind: Porigkeit der Überzüge; bei den neuzeitlichen Verfahren ist ein besonders peinliches Arbeiten mit den galvanischen Bädern erforderlich.

Galvanische Überzüge auf Eisen werden aus folgenden Metallen hergestellt:

Kupfer. Cyankalische Bäder, Schichtstärke beschränkt, daher oft Verstärkung im sauren Bad. Rostschutzwirkung beschränkt. Umfangreiche Verwendungsverbote der Reichsstelle für Metalle, als Zwischenschichten für die Verchromung teilweise zugelassen!

Messing. Cyankalische Bäder. Rostschutzwirkung beschränkt. Verwendungsverbote wie bei Kupfer!

Nickel. Schwach-saure Bäder. Zwischenschichten aus Kupfer erforderlich. Geringe Rostschutzwirkung. Gute Anlaufbeständigkeit. Umfangreiche Verwendungsverbote der Reichsstelle für Metalle!

Chrom. Chromsäurebäder. Ausgezeichnete Anlaufbeständigkeit. Rostschutz nur bei geschliffenem Stahl, sonst nur auf Zwischenschichten aus

Nickel und Kupfer. Hartverchromung[1]) (ohne Zwischenschichten) zur Herstellung verschleißfester Oberflächen.

Umfangreiche Verwendungsverbote der Reichsstelle für Metalle!

Zinn. Saure und alkalische Bäder. Mäßige Rostschutzwirkung. Gute Anlaufbeständigkeit. Umfangreiche Verwendungsverbote der Reichsstelle für Metalle, namentlich im Maschinen- und Apparatebau!

Kadmium. Zyankalische Bäder. Sehr gute Rostschutzwirkung, jedoch nicht besser als bei Zink. Mäßige Anlaufbeständigkeit. Grundsätzliche Verwendungsverbote der Reichsstelle für Metalle!

Zink. Saure und alkalische Bäder. Sehr gute Rostschutzwirkung. Mäßige Anlaufbeständigkeit. Wichtig ist die Glanzverzinkung (an Stelle der Vernicklung). Nur wenige Verwendungsverbote!

Edelmetalle. Überzüge aus Edelmetallen werden in der Regel bei Schmuckwaren und ähnlichen Gegenständen zur Verschönerung der Oberfläche angewandt. Nur die Versilberung dient manchmal auch zum Schutze gegen Korrosion, z. B. an optischen Geräten. Im chemischen Apparatebau wird die Versilberung häufig zum Schutze gegen Ätzalkalien und andere chemisch wirkende Stoffe angewandt.

d) Spritzüberzüge nach dem Schoop-Verfahren. Bei diesem Verfahren wird das Metall im flüssigen Zustand durch Spritzen aufgetragen. Zum Auftragen dient eine Spritzpistole, mit der das Metall in Drahtform durch eine Düse geführt und da durch eine Knallgasflamme oder elektrisch geschmolzen und durch Druckluft geschleudert wird.

Das Verfahren findet hauptsächlich für Metalle mit niedrigem Schmelzpunkt Anwendung. Es können jedoch auch Kupferlegierungen verspritzt werden. Neuerdings hat das Verfahren hauptsächlich für Überzüge aus Aluminium und Aluminium-Magnesiumlegierungen Bedeutung erlangt. Da nämlich Überzüge aus Aluminium und dessen Legierungen weder durch Eintauchen noch auf galvanischem Wege hergestellt werden können, besteht mit Hilfe des Spritzverfahrens eine Möglichkeit, auch Leichtmetalle für Überzüge zu verwenden.

Vorteile des Verfahrens: Einfache Handhabung, Möglichkeit des Auftragens auf alle Arten von Gegenständen unabhängig von der Art der Oberflächengestaltung.

Nachteile des Verfahrens: Keine Maßhaltigkeit, körniges Gefüge, daher nachträgliche Bearbeitung durch Polieren erforderlich, Porigkeit der Überzüge; diese kann gegebenenfalls durch nachträgliche thermische Behandlung beseitigt werden.

e) Überzüge durch Sherardisieren und Alitieren. Kleine Eisenteile werden in einer umlaufenden Trommel, die mit Zinkstaub und Sand gefüllt ist, bis unterhalb des Schmelzpunktes des Zinks erhitzt. Dieses Verfahren hat nur untergeordnete praktische Bedeutung. Ähnlich ist das häufiger angewendete Alitieren, bei dem Aluminiumpulver an Stelle des Zinkpulvers tritt. Mit Hilfe der durch Alitieren hergestellten Überzüge lassen sich vielfach hitzebeständige Chromstähle einsparen. An Stelle von Pulver aus Reinaluminium kann auch Pulver aus Aluminiumlegierungen angewendet werden.

f) Überzüge durch Diffusionsverfahren. Diese Verfahren, die schon für verschiedene Metalle vorgeschlagen wurden, haben für Chrom bereits hohe

---

[1]) Siehe Seite 310 und 311.

technische Bedeutung erlangt. „Inchromieren"[1]). Die zu überziehenden Gegenstände werden bei einer Temperatur von etwa 1000° den Dämpfen eines Chromsalzes ausgesetzt. Hierbei diffundieren die Dämpfe in die Oberfläche des Eisens, es vollzieht sich ein teilweiser Austausch von Eisen- gegen Chrom-Atome und die Oberfläche überzieht sich mit einer Schicht von Chromstahl, die im äußersten Teil etwa 30 vH Chrom enthält, während nach innen der Chromgehalt der 0,5 mm starken Schicht rasch abnimmt.

Vorteile des Verfahrens: Rohstoffsparend, da voller bzw. vollwandiger Chromstahl eingespart werden kann, allgemeine Anwendbarkeit ohne Rücksicht auf die Form der Gegenstände.

Nachteile: Nur bei bestimmten kohlenstoffarmen Stählen anwendbar, große Anlagekosten für die Einrichtungen.

II. Nichtmetallische-anorganische Überzüge.

Man hat bei diesen Überzügen oxydische und Phosphatüberzüge und als besondere Gruppe die Emailüberzüge zu unterscheiden. Im Gegensatz zu den bisher behandelten Überzügen werden Oxyd- und Phosphatüberzüge aus der Oberfläche des Eisens selbst durch oxydierende oder phosphatierende Einwirkung erzeugt.

a) Oxydschichten. Die verschiedenen Verfahren faßt man unter dem Namen Brünieren[2]) zusammen. Das eigentliche Brünieren besteht in einer Behandlung mit Eisenchloridlösung. Andere Verfahren sind: *Abbrennen* mit Ölen, Fetten und Harzen bei Temperaturen von 200 bis 400°, das *Inoxydieren* bei 800 bis 900° in abwechselnd oxydierenden und reduzierenden Gasen, das *Schwarzoxydieren* durch Eintauchen in eine Schmelze von Ätznatron und Salpeter oder in heiße konzentrierte Lösungen von Ätznatron und Oxydationsmitteln.

Die Oxydschichten sind verhältnismäßig dünn und haben nur eine sehr beschränkte Rostschutzwirkung. Oft dienen sie nur dem Zwecke einer Verschönerung des Aussehens.

b) Phosphatverfahren. Die bekanntesten Verfahren sind

1. das Parkerverfahren } mit Behandlungszeiten von
   „ Atramentverfahren } 30—60 min.
2. „ Bonderverfahren } mit Behandlungszeiten von
   „ Schnell-Atramentverfahren } 5—15 min

Die zu behandelnden Eisenteile werden in phosphorsäurehaltigen Lösungen gekocht, wobei sich an der Oberfläche Schichten aus unlöslichem Eisenphosphat bilden, die eine bedeutend bessere Rostschutzwirkung als Oxydschichten ausüben. Ihre Haftfestigkeit und mechanische Festigkeit ist jedoch gering.

Sowohl Oxyd- als auch Phosphatschichten dienen daher meist als Grundschichten für eine nachträgliche Einfettung oder Lackierung. Phosphatschichten haben sich besonders als Grundlage für Überzüge aus Einbrennlacken bewährt.

c) Emailüberzüge. Emailüberzüge sind Überzüge glasartiger Zusammensetzung. Wegen der hohen Schmelztemperatur des Überzuges sind sie nur bei Metallen mit hohem Schmelzpunkt anwendbar. In der Hauptsache wird Eisen, und zwar sowohl Stahlblech wie Gußeisen emailliert. Man

---

[1]) Z. VDI. 1941, Heft 5, S. 127; Werkstatt und Betrieb 1942.

[2]) Siehe Dr. Wohlgemuth, „Über neuzeitliche Brünierverfahren", Werkstatt und Betrieb 1940, Heft 10, S. 216—219.

unterscheidet demnach zwischen Blech- und Guß-Email. Durch Zusatz verschiedener Farbkörper können die Emailüberzüge in verschiedenen Farben hergestellt werden. Um eine hohe Güte zu erreichen, muß die Email in mehreren Schichten nacheinander aufgetragen werden.

Vorteile der Emailüberzüge: Gute Beständigkeit gegen hohe Temperaturen und gegen chemische Einflüsse.

Nachteile: Empfindlichkeit gegen mechanische Beanspruchung (Stoß oder Schlag).

Von sehr hoher Güte hat sich die Glas-Email herausgestellt, die sich durch gute Beständigkeit gegen Temperaturwechsel auszeichnet und auch eine gute Beständigkeit gegen Stoß oder Schlag hat. Sie wird im umfangreichen Maße im chemischen Apparatebau und in der Nahrungsmittel-Industrie angewendet.

III. Öl- und Lacküberzüge

sind im Abschnitt G. Seite 305, im Zusammenhang behandelt.

D. Schutzüberzüge auf Zink und Zinklegierungen[1]).

Zinklegierungen werden seit mehreren Jahren in steigendem Umfange an Stelle von Kupferlegierungen eingesetzt. Da aber Zink entsprechend seiner Stellung in der Spannungsreihe ein verhältnismäßig unedles Metall und daher an feuchter Luft und gegen chemische Einflüsse wenig beständig ist, ergibt sich die Notwendigkeit, der Oberflächenbehandlung von Gegenständen aus Zink und Zinklegierungen ein besonderes Augenmerk zuzuwenden.

I. Mechanische Vorbehandlung. Die mechanische Vorbehandlung geschieht durch Sandstrahlen, Scheuern, Schleifen, Bürsten und Polieren.

Zur Reinigung und gleichzeitigen Aufrauhung zwecks Erzielung eines guten Haftgrundes für Lacke wird mit Vorteil das *Sandstrahlen* mit einem Quarzsand der Körnung 0,5 bis 2 mm durchgeführt. Hierbei darf kein Stahlsand verwendet werden, weil feine Stahlflitter auf der Zinkoberfläche Lokalelement-Bildung hervorrufen. Kleine Massenartikel werden in Trommeln mit Sand zur Entfernung oxydischer Verunreinigungen *gescheuert.*

Zum Entfernen von Grat und von Unebenheiten, z. B. von Löt- und Schweißstellen, verwendet man zum *Schleifen* gefräste Feilscheiben aus Stahl oder grobkörnige Schleifscheiben aus Siliziumkarbid. Die Umfangsgeschwindigkeit der Schleifscheiben beträgt zweckmäßig 20 bis 35 m/s. Für das Vor- und Feinschleifen eignen sich mit Leim und Schleifmittel, am besten Elektro-Korund, präparierte Filzscheiben. Die Schleifscheiben haben zweckmäßig einen Durchmesser von 250—300 mm. Bei stark profilierten Gegenständen findet an Stelle des Schleifens das *Bürsten* mit rotierenden Bürsten, die mit Öl oder Schmirgel präpariert werden, Anwendung.

Zinklegierungen lassen sich auch *polieren.* Die feingeschliffenen und entfetteten Teile werden mit Schwabbelscheiben von meist 250 bis 400 mm Durchmesser poliert. Die Umdrehungszahlen der Spindeln der Poliermaschinen betragen ungefähr 2 bis 3000 je Minute. Als Poliermittel dienen Polierrot, Chromoxyd, Aluminiumoxyd und zusätzlich Wiener Kalk.

II. Chemische Vorbehandlung. Für eine nachfolgende Lackierung oder galvanische Behandlung müssen die letzten Reste von Poliermitteln,

[1]) Siehe Merkblatt 40 der Zink-Beratungsstelle GmbH., Berlin W 50.

Fetten, Oxyden usw. entfernt werden. Hierzu stehen chemische und elektrochemische Verfahren zur Verfügung.

Als nichtbrennbare *Fettlösemittel* sind Trichloräthylen und Perchloräthylen in Gebrauch, durch die aber Oxyde nicht entfernt werden können. Für eine anschließende galvanische Veredlung empfiehlt sich daher eine zusätzliche *galvanische* oder *Tauchentfettung*. Letztere am besten durch alkalische Lösungen ($p_H = 7—10$), wie z. B. P 3 oder Siliron, die heiß in 5proz. Lösung angewendet werden. In galvanischen Betrieben ist häufig die galvanische Entfettung üblich: Man verwendet Lösungen von Ätznatron, Soda und Cyannatrium, die kathodische Stromdichte beträgt 10 bis 20 Amp/qdm.

Das *Beizen* von Zink und Zinklegierungen kann in Säuren und Alkalien vorgenommen werden. Besonders geeignet sind Salz- und Schwefelsäure oder auch Natronlauge in starker Verdünnung. Eine silberhelle Oberfläche erhält man auf Knetmaterial aus Zink und kupferarmen Zinklegierungen durch Behandlung mit einer Blankbeize auf Chromsäurebasis.

III. Galvanische Überzüge. Zink und dessen Legierungen können galvanisch mit Überzügen aus Kupfer, Messing, Nickel, Chrom und Silber versehen werden. Ähnlich wie bei Eisen sind auch bei Zink galvanische Überzüge aus Chrom mit Zwischenschichten aus Kupfer bzw. Messing und Nickel am meisten angewendet worden. Chromschichten lassen sich auch unmittelbar auf die Zinkoberfläche aufbringen, verbürgen aber dann infolge ihrer Porosität keinen genügenden Korrosionsschutz, insbesondere bei Witterungseinflüssen. Bei der galvanischen Versilberung werden ebenfalls dünne Zwischenschichten aus Kupfer oder Messing angewendet. Die Verwendungsverbote der Reichsstelle Eisen und Metalle sind bei galvanischen Überzügen zu beachten. Da alle Überzugsmetalle Mangelmetalle sind, ist zu empfehlen, auf galvanische Überzüge nach Möglichkeit gänzlich zu verzichten und dafür chemisch aufgebrachte oder Lacküberzüge zu verwenden.

IV. Chemisch erzeugte Überzüge. Beim *Chromatverfahren* werden die Gegenstände bei Zimmertemperatur 12 bis 15 s in Bichromatlösungen getaucht und nach dem Spülen in fließendem, kaltem Wasser an der Luft getrocknet. Die Bichromatüberzüge bieten einen sehr guten Korrosionsschutz. Sie sind jedoch sehr dünn und wenig verschleißfest und nur in Fällen anwendbar, bei denen kein Abrieb erfolgt. Ihr Aussehen ist je nach Art der Legierung verschieden, meist aber unansehnlich, weshalb sie nicht für dekorative Zwecke verwendet werden können. Es ist daher meist noch eine nachträgliche Lackierung erforderlich. Durch Chromatisieren auf elektrochemischem Wege erhält man dicke und abriebfeste Chromatüberzüge von gelbgrüner Farbe. Die Lackierung dieser Überzüge bietet aber vorerst noch Schwierigkeiten. Die *Phosphatverfahren* sind grundsätzlich die gleichen wie bei Eisen und Stahl. Phosphatüberzüge haben sich auch bei Zinklegierungen sehr gut bewährt. Sie dienen auch hier in der Regel als Grundlage für nachträgliche Lackierungen.

E. Schutzüberzüge auf Aluminium und Aluminiumlegierungen[1]).

Aluminium und dessen Legierungen werden durch Überzüge in Form von Plattierungen oder galvanischen Niederschlägen und durch chemisch

[1]) Siehe Dr.-Ing. Linicus, „Oberflächenschutz von Aluminium und Aluminium-Legierungen“, Werkstatt und Betrieb 1940, Heft 7, S. 146—151.

erzeugte Überzüge gegen Korrosion geschützt. Auch hier hat wie stets eine mechanische oder chemische Behandlung voranzugehen.

I. Mechanische und chemische Vorbehandlung. Guß- und Schmiedestücke werden durch Sandstrahlen mit den üblichen Einrichtungen behandelt, wobei eine mattgraue Oberfläche entsteht. Da die gleichmäßige Mattierung bei größeren Flächen Schwierigkeiten bereitet, müssen entweder Sondermaschinen verwendet werden oder man behandelt die Flächen mit Bürsten. Bleche werden mit umlaufenden Bürsten mattiert. Zum Schleifen und Polieren des Aluminiums und dessen Legierungen dienen die üblichen Vorrichtungen. Zum Polieren verwendet man Scheiben aus Siliziumkarbid, Korngröße 36—42, wobei die Umfangsgeschwindigkeiten der Scheiben im Gegensatz zu den geringen Geschwindigkeiten bei Zinklegierungen 2000 bis 2500 m/min = 33—42 m/s betragen sollen. Für das Polieren von kleinen Massenartikeln eignen sich Poliertrommeln, auch Rollfässer genannt.

Für die chemische Vorbehandlung von Aluminium und dessen Legierungen werden nur rein chemische Verfahren angewandt. Als Reizflüssigkeiten kommen in Betracht Natronlauge, Sodalösungen und Gemische von Salpetersäure und Flußsäure. Das Beizen in einer heißen 10—20proz. Natronlauge erzeugt eine schöne, weiße Oberfläche. Durch Eintauchen in eine heiße 10proz. Sodalösung erhält man in 5—10 min mattweiße Oberflächen. Kupferhaltige Legierungen werden beim Beizen in alkalischen Lösungen schwarz. Dieser Überzug verschwindet aber sofort nach kurzem Eintauchen in konzentrierte Salpetersäure. Durch Beizen in kalter Salpeter-Flußsäure (etwa 5 min) erhält man eine besonders reine, weiße Oberfläche. Da alle Beizflüssigkeiten stark korrodieren, ist auf ein besonders sorgfältiges Spülen der Gegenstände nach dem Beizen zu achten.

II. Plattierungen werden in der Regel nur bei den nichtkorrosionsbeständigen kupferhaltigen Aluminiumlegierungen verwandt. Diese werden entweder mit Reinaluminium oder mit kupferfreien Aluminiumlegierungen plattiert. So entstehen die besonders im Flugzeugbau wichtigen Werkstoffe[1]), wie Duralplat, Alplat, Allautal, Albondur usw. Die Plattierungen können durch Warm- oder Kaltwalzen hergestellt werden. Beim Warmwalzen erfolgt ein vollkommenes Verschweißen der beiden Metallschichten. Beim Kaltwalzen sind sehr hohe Drucke erforderlich. Beim Vergütungsglühen der fertigen Walzenbleche wird durch Diffusion die Haftfestigkeit noch verbessert. Den besten Korrosionsschutz gewährt eine Plattierung mit Reinstaluminium.

III. Galvanische Überzüge lassen sich aus den verschiedensten Metallen unter Beachtung besonderer Vorsichtsmaßnahmen auf Aluminium aufbringen. Sie haben aber bei Aluminium nur geringe technische Bedeutung, da wegen der großen Potentialdifferenz zwischen Schwermetallen und Aluminium die Gefahr einer verstärkten Korrosion besteht. Lediglich die Hartverchromung[2]) hat sich bei Aluminium wegen des geringen Spannungsunterschiedes zwischen Chrom und Aluminium gut eingeführt. Die Hartverchromung auf Aluminium wird hauptsächlich dann angewandt, wenn gleichzeitig auch eine mechanische Beanspruchung auftritt, wie z. B. bei Hahnkücken.

IV. Oxydschichten bilden bei Aluminium und dessen Legierungen einen sehr guten Schutz gegen Korrosion. Das Aluminium überzieht sich an der

---

[1]) Siehe Tafel 16 und 17, S. 225—228.
[2]) Siehe Abschnitt „Hartverchromung", S. 310 und 311.

Luft von selbst mit einer dünnen Oxydschicht, welche das darunterliegende Metall vor weiterer Korrosion schützt. Bei dem Oxydationsverfahren kommt es darauf an, eine stärkere Oxydhaut herzustellen. Dies kann entweder auf chemischem oder auf elektrolytischem Wege geschehen.

a) Chemische Verfahren. Das bekannteste hiervon ist das M. B. V.-Verfahren (Modifiziertes Bauer-Vogel-Verfahren). Nach diesem Verfahren werden die Gegenstände 5—20 min in eine heiße Lösung von Soda und Natriumchromat getaucht. Die gebildeten Oxydschichten können durch anschließendes Auskochen mit Wasserglas und Ausglühen bei 100° verdichtet werden.

Vorteile: Einfachheit der Anwendung, Billigkeit des Verfahrens; die Überzüge haften fest, sind gut saugfähig und bilden daher einen guten Haftgrund für Lackanstriche. Nachteile: dünne Oxydschichten, bei kupferhaltigen Legierungen nicht anwendbar.

b) Elektrolytische Verfahren. In Deutschland sind die verschiedenen patentierten Verfahren unter dem Namen Eloxal-Verfahren zusammengefaßt. Die Oxydation erfolgt durch Einhängen der Gegenstände in einem Bad unter Gleich- oder Wechselstrom. Der Elektrolyt besteht im wesentlichen aus einer Lösung von Schwefelsäure oder Oxalsäure. Es gibt eine Reihe von Arbeitsmöglichkeiten je nach Art der Legierungen, des gewünschten Aussehens und der späteren Verwendung. Durch Veränderung der Stromverhältnisse, der Badtemperatur, der Badkonzentration und der Behandlungsdauer lassen sich Oxydschichten von ganz bestimmten Eigenschaften herstellen. Da alle Eloxalschichten porig sind, empfiehlt sich stets eine Nachverdichtung, die am besten durch Eintauchen in siedendes Wasser oder in heißer Bichromatlösung oder auch in heißer Schwermetall-Azetatlösung erzielt wird.

Vorteile: Starke Oxydschichten von großer Härte, guter Korrosions-Schutz, gute chemische Beständigkeit und gute Isolation für den elektrischen Strom; infolge der guten Saugfähigkeit der Eloxalschichten bilden sie einen guten Untergrund für Lackierungen.

Nachteile: Hohe Anschaffungs- und Betriebskosten.

F. Schutzüberzüge auf Magnesiumlegierungen[1]).

I. Vorbehandlung. Bei Magnesiumlegierungen läßt sich das Sandstrahlen von Gußstücken mit Vorteil anwenden, da hierbei nicht nur die Gußhaut entfernt wird, sondern auch durch die hämmernde Wirkung des Sandstrahles eine Verfestigung der Oberfläche erzielt wird. Nach dem Sandstrahlen ist stets eine Beizung erforderlich. Zum Entfetten von Gegenständen aus Magnesiumlegierungen verwendet man Tetrachlorkohlenstoff, Siliron, P 3 usw.

II. Überzüge. Metallische Überzüge auf Magnesium sind zwar auf verschiedene Weise herstellbar, jedoch sind sie im Hinblick auf die bei Aluminium geschilderten Verhältnisse, die im erhöhten Maße auch für Magnesium gelten, praktisch noch ohne Bedeutung. Nur Spritzüberzüge aus Aluminiumlegierungen haben — wenn es gelingt, diese porenfrei herzustellen — Aussicht auf technische Anwendung.

Gegenwärtig haben nur nichtmetallische Überzüge durch Beizverfahren oder Anstriche praktische Bedeutung. Die gebräuchlichsten Beizverfahren

[1]) Siehe Grahl, „Die Oberflächenveredelung von Aluminium- und Magnesium-Legierungen", Werkstatt und Betrieb 1940, Heft 7, S. 151—154.

bestehen in der Anwendung von salpetersauren Alkalibichromatlösungen, die nur eine kurze Beizzeit benötigen. Wird Maßhaltigkeit verlangt, so verwendet man neutrale Bichromatlösungen, bei denen eine Beizzeit von 1–2 Stunden erforderlich ist. Den stärksten Korrosionsschutz erreicht man durch eine Vereinigung der beiden Verfahren. Die gebeizte Oberfläche bietet eine gute Grundlage für darauffolgende Lackanstriche.

Die in den letzten Jahren bekannt gewordenen anodischen Oxydationsverfahren sind vorerst noch umständlich und kostspielig im Betrieb und in der Korrosionsschutzwirkung zum mindesten nicht besser als Chromatüberzüge.

G. Lacke und Anstrichfarben.

Anstriche haben im allgemeinen zwei verschiedene Aufgaben: Sie sollen erstens die damit versehenen Gegenstände gegen äußere Einflüsse schützen und zweitens eine Verschönerung bewirken. Je nach dem Verwendungszweck tritt bald die eine, bald die andere Aufgabe in den Vordergrund; hiernach ist die Auswahl des Anstriches zu treffen. Daneben spielt naturgemäß noch die Preisfrage eine wichtige Rolle.

Sondergebiete stellen weitere Anforderungen, so z. B. die Elektrotechnik an die dem Isolationsaufbau dienenden Isolierlacke.

Durch die Beschränkung des galvanischen Metallschutzes ist der Anwendungsbereich von Lacken sehr erweitert, auch die Mehrverwendung von Leichtmetallen ist von der Güte eines Lackfilmes abhängig.

Infolge der großen Anzahl verschiedenartiger Verwendungszwecke ist auch das Gebiet der Anstrichtechnik sehr vielseitig; an dieser Stelle können nur die wichtigsten Anstricharten in ihren Grundzügen erörtert werden.

Gegenwärtig ist die Herstellung und Verarbeitung von Lacken und Anstrichfarben weitgehend auf heimische Rohstoffe eingestellt. Die Bestandteile der Schutzanstrichmittel (z. B. Farbkörper, Bindemittel) müssen nach Art und Menge aufeinander abgestimmt sein. Es kommt aber nicht allein auf die Güte eines Anstrichstoffes, sondern auch auf die richtige Verarbeitung an.

Einfache Anstriche genügen selten, im allgemeinen machen die Ansprüche an Haftfestigkeit und Schutzvermögen einen aus mehreren Schichten bestehenden Anstrich erforderlich.

Die Beständigkeit und Wirkung des Lacküberzuges müssen zum mindesten für eine gewisse Zeit gesichert sein.

Aber auch abgesehen von äußeren Einflüssen sind zum Erreichen bestimmter Wirkungen, z. B. Hochglanz bei Lackierungen, oftmals mehrere Arbeitsgänge erforderlich (mehrfacher Lackanstrich, Schleifen, Polieren).

Es dürfen nur solche Anstrichstoffe übereinander gestrichen oder gespritzt werden, die nicht nachteilig aufeinander einwirken.

a) Vorbehandlung. Vor Beginn von Anstricharbeiten muß der Untergrund sauber und trocken sein. Bei Metalloberflächen müssen Rostspuren, Öl- und Fettreste sorgfältig beseitigt werden. Andernfalls wird der Schutzanstrich nicht oder nur ungenügend auf dem Untergrunde haften, sich teilweise ablösen und daher in keiner Weise die an ihn gestellten Anforderungen erfüllen können.

b) Ölfarben bestehen aus Leinölfirnis und gewissen anorganischen Farbkörpern wie Bleimennige, Zinkweiß, Bleiweiß, Zinkgelb, Chromgelb, Eisenrot u. a. Leinölfirnis besteht aus Leinöl und darin gelösten Trockenstoffen

(Sikkative), für Deckfarben wird oftmals Leinölstandöl (eingedicktes Leinöl) verwendet. Für Anstriche von Stahlbauwerken benutzte man bis vor kurzem ausschließlich Rostschutzfarben auf Leinölgrundlage. Nach den zahlreichen Erfahrungen bewies besonders der Mennigeanstrich hervorragende Eignung als Grundierung, so daß er auch heute noch überwiegend Verwendung findet. Zur Einsparung von Blei müssen Mennigefarben zur Zeit mit Schwerspat verschnitten werden.

Neuerdings werden auch Kunstharzlacke (f) für Rostschutzanstriche eingesetzt. Für Standölfarben, Austausch- und Streckfirnisse u. ä. können veredelte Trane oder Tran-Standöle zum Teil an Stelle von Leinöl treten.

c) Bituminöse Anstrichstoffe werden für Gegenstände, die in die Erde verlegt werden müssen, benutzt; diese werden teilweise heiß aufgetragen und mit Gewebezwischenlagen versehen, z. B. beim „Isolieren" unterirdischer Behälter.

Für Betonbauwerke, die dauernd mit Wasser in Berührung kommen (Schwimmbecken, Hafenanlagen), haben sich seit mehreren Jahren die Chlorkautschuk-Lacke neben bituminösen Anstrichstoffen bewährt.

d) Öllacke bestehen im wesentlichen aus Ölen, Harzen und Lösungsmitteln. Sie müssen zur Zeit weitgehend durch Nitrozellulose- (e) und Kunstharzlacke (f) ersetzt werden.

e) Nitrozelluloselacke, die meist im Spritzverfahren verarbeitet werden, enthalten als charakteristischen Bestandteil Nitrozellulose, die zur Lackerzeugung in besonderer Beschaffenheit hergestellt wird („Lackwolle"). Diese ist in fetten Ölen und Benzin unlöslich; zur Lackherstellung müssen daher besondere Lösungsmittelgemische aus Äthylazetat, Butylazetat, Toluol, Alkohol, Butanol u. a. angewendet werden. Weitere Bestandteile der Nitrozellulose-Lacke sind im allgemeinen Harze und Weichmachungsmittel. Die letzteren sollen den Lackfilm geschmeidig machen, um Rißbildung zu verhüten. Ein Hauptvorzug dieser Lacke ist das schnelle Auftrocknen, ein besonders wichtiges Anwendungsgebiet ist die Fahrzeug-Lackierung. Auch die Zaponlacke (i) sind Nitrozelluloselacke. Ähnliche Lacke werden aus Azetyl-, Äthyl- und Benzyl-Zellulose erhalten. Nitrolacke werden durch Zusatz von Harnstoff- oder Alkydharzen gegen thermische Einflüsse widerstandsfähiger.

f) Die Kunstharz-Lacke bilden den jüngsten Zweig der Anstrichtechnik. Dieses Gebiet ist sehr vielseitig, sowohl in Bezug auf die Zusammensetzung der Lacke wie auf die Anwendungsgebiete. Die Kunstharz-Industrie hat eine Anzahl neuer Lackgrundstoffe herausgebracht, die teils die Wirkung trocknender Öle verbessern, teils auch ohne zusätzlichen Ölgehalt den erforderlichen Korrosionsschutz gewähren. Phthalsäureharz-Lacke dienen als schnelltrocknende Lacke mit öllackähnlichen Eigenschaften zur Fahrzeug-Lackierung und für Rostschutz-Anstriche, daneben für manche Sonderzwecke, z. B. stoß- und schlagfeste Lackierungen und Grundanstriche auf Leichtmetallen. Auch der EL-Firnis („Einheitslackfirnis") ist ein Phthalsäureharz-Lack. Phthalsäureharze (Alkydharze) bleiben auch in der Wärme (Ofentrocknung) hell und sind dadurch wertvolle Bestandteile der verschiedensten Industrielacke.

Harze dieser Gruppen finden auch als Klebelacke Verwendung. Die Elektrotechnik benutzt z. B. unter der Bezeichnung „Heizmikanit" eine Glimmerzubereitung, bei der Glimmerblättchen mit Hilfe von Alkydharzen verklebt sind.

Phenolharzlacke sind Lösungen von Phenol- und Kresolharzen in Lösungsmitteln wie Alkohol, Azeton, Butanol u. a. Diese trocknen zunächst durch Verdunsten des Lösungsmittels und erhärten dann durch chemische Vorgänge zu einer völlig unlöslichen und äußerst wiederstandsfähigen Schicht.

Bei der Härtung findet Abscheidung von Wasser statt. Einzelne Moleküle lagern sich hierbei zu großen Molekülen (Makromolekülen) zusammen. Auf die Wasserbildung wird im Trocknungsprozeß Rücksicht genommen, indem man Vorsorge zu treffen hat, daß die Verflüchtigung des Wassers vor der endgültigen Aushärtung der Filme geschehen ist.

Bei gewissen, für die Lackindustrie besonders interessanten Lackharzen wird durch chemischen Einbau weichmachender Stoffe eine genügende Elastizität erreicht, so daß Anstrichfarben ohne Ölzusatz hergestellt werden können. In besonderen Fällen nur ist ein zusätzlicher Ölgehalt notwendig, besonders, wenn es sich, wie in der Elektrotechnik, darum handelt, Dauerbelastungen durch Wärme und Feuchtigkeit mit Sicherheit zu begegnen.

Härtbare, sprit- und toluollösliche Phenolharze (Bakelite, Duriphene) dienen für hitzebeständige Lacke, für treibstoffbeständige Metallacke, Holzlacke (Griffolitlack) und Imprägnierlacke für elektrotechnische Zwecke (Hartpapier) sowie Leichtmetallacke. Diese sind zum Teil Einbrennlacke, die bei höherer Temperatur, z. B. 120° C, getrocknet werden müssen. Trockendauer und Temperatur werden vom Hersteller für jeden Lack genau vorgeschrieben. Die Vinylharz- und Akrylsäureharz-Lacke zeichnen sich durch hohe, fast kautschukartige Geschmeidigkeit und Widerstandsfähigkeit gegen chemische Angriffe aus.

Auch im Gebiet der Harnstoff- und Melaminharze sind brauchbare Lackharze entstanden, die besonders für helle und weiße Oberflächenanstriche Verwendung finden. Diese Lacke sind auch verhältnismäßig wärmefest und dienen z. B. zum Anstrich von Heißwasserspeichern.

Phenol-, Vinyl-, Akrylsäure-, Harnstoff- und Melaminharze sich reine Inlandserzeugnisse.

Die Kunstharzlacke enthalten außer Kunstharz zumeist noch Weichmachungsmittel. Dieses darf sich nicht verflüchtigen oder durch Wassereinwirkung (feuchte Räume) herauslösen.

Ähnlich wie Lacke aus in Lösung befindlichen Harzen werden heute auch für manche Zwecke Dispersions-Lacke verwendet. Diese bestehen aus in Wasser feinst verteilten, meist thermoplastischen Kunststoffen, deren Filme z. B. auf Zement oder Beton haften und diese gegen Witterungseinflüsse sichern.

g) Emaillelacke oder Lackfarben werden durch Einführung von anorganischen Farbkörpern wie Zinkweiß, Titanweiß, Chromgelb, Eisenrot und anderen in die obengenannten Lacke erhalten. Sie sind gegen korrodierende Einflüsse widerstandsfähiger als die klaren Lacke und sind daher bei stärkerer Beanspruchung der lackierten Gegenstände vorzuziehen. Außerdem werden sie dann gebraucht, wenn eine farbige, deckende Lackierung erzielt werden soll. Für gewöhnlich werden diese Lacke in mehreren Schichten aufgetragen, wobei die Zusammensetzung der verschiedenen übereinanderliegenden Schichten zumeist nicht die gleiche ist. Die Grundfarben sind oft magerer, d. h. sie enthalten mehr Farbkörper als die Deckfarben.

h) Bronzelacke. Ein Farbkörper mit besonders guter Deckkraft und gutem Rostschutzvermögen ist die Aluminiumbronze. Bronzelacke werden oftmals vorteilhaft als Rostschutzanstrich für rohe Eisenteile verwendet. Sie sind auch beständig gegen hohe Temperaturen (eiserne Öfen, Ofenrohre).

i) Metall-Lacke und Metall-Zapone werden im allgemeinen in dünnen Schichten aufgetragen, um Metalloberflächen, wie z. B. Silber und Messing, vor dem Anlaufen zu schützen.

k) Arbeitsverfahren. Die wichtigsten Verfahren zum Aufbringen von Anstrichen sind Streichen, Spritzen und Tauchen. Bei allen Verfahren ist auf gutes und gleichmäßiges Verteilen der Lacke und Anstrichfarben zu achten. Die Schichtdicke darf weder zu klein noch zu groß sein.

Zur Beurteilung der richtigen Arbeitsweise sind eingehende Fachkenntnisse erforderlich; viele in der Praxis vorkommende Anstrichfehler rühren nicht vom Werkstoff, sondern von unsachgemäßer Arbeitsweise her.

Streichfertige Anstrichstoffe hinterlassen nach dem Aufstreichen entweder Pinselfurchen (Ölfarben), oder sie verlaufen zu einer glatten Oberfläche (Lacke und Lackfarben).

Durch die Anwendung des Spritzverfahrens läßt sich große Wirtschaftlichkeit der Lackierungsarbeiten erreichen, besonders dann, wenn größere Gegenstände zu behandeln sind. Voraussetzung für gute Ergebnisse ist geeignete Viskosität der Lacklösung. Beim Tauchlackieren werden die Gegenstände in dünnflüssigen Lack getaucht und dann ablaufen gelassen.

Hinsichtlich der Trocknung unterscheidet man lufttrocknende und ofentrocknende Lacke; die letztgenannten müssen bei höheren Temperaturen eingebrannt werden. In allen Fällen, wo Rostschutz, Wärmebeständigkeit, Widerstandsfähigkeit gegen chemische Angriffe und Lösungsmittel erforderlich ist, werden ofentrocknende Lacke bevorzugt, soweit die Abmessungen der zu schützenden Gegenstände dies zulassen. Ofentrocknende Lacke sollen zunächst an der Luft vorgetrocknet werden. Die flüchtigen Lacke trocknen lediglich durch Verdunsten des Lösungsmittels, z. B. Nitrozellulose-Lacke. Andere Anstrichstoffe trocknen dagegen infolge chemischer Veränderungen, z. B. Leinölfirnis durch Aufnahme von Sauerstoff aus der Luft.

Bei mehrschichtigen Anstrichen muß nach jedem Auftrag eine hinreichende Trocknungspause eingeschaltet werden. Für laufende Lackierungsarbeiten empfiehlt sich die Aufstellung von Lackspritzkammern mit Absaugung. Die Räume sind vor Zugluft und Staub zu schützen, damit glatte Lacküberzüge erhalten werden.

Besondere Vorsichtsmaßregeln sind infolge der Feuergefährlichkeit der meisten Lacklösungen und Verdünnungsmittel geboten. In bestimmter Konzentration vermögen ihre Dämpfe, mit Luft gemischt, explosive Gasgemische zu bilden. Offene Flammen und Funkenbildungen an Schaltern oder Motoren führen zur Entzündung. Elektromotoren und Schalter sind nicht im Lackierungsraum aufzustellen. Da viele Anstrichstoffe starke Gifte sind, müssen auch die arbeitshygienischen Erfordernisse streng beachtet werden.

l) Lieferbedingungen und Prüfverfahren des „Reichsausschusses für Lieferbedingungen" (RAL) bestehen für folgende Anstrichstoffe: RAL 844 B Bleimennige, 844 C 2 Zinkweiß und Zinkoxyd, 844 E Eisenocker, 844 F Sulfat-Bleiweiß, 844 H Titanweiß, 844 J Lithopone, 848 A Leinöl, 848 B Leinölfirnis, 848 C Terpentinöl, 848 E Lackbenzin, 848 F Einheitslackfirnis, 849 A Lackspachtel.

Kennfarben für Rohrleitungen nach DIN 2403.

Kennfarbe [1]	Kennzeichnung der Rohrleitungen [2]			
rot — Dampf	rot	Sattdampf	rot – grün – rot	Abdampf
	rot – weiß – rot	Heißdampf		
grün — Wasser	grün	Trinkwasser	grün – schwz. – grün	Nutzwasser Flußwasser
	grün – weiß – grün	Warmwasser	grün (punktiert)	Spülversatz
	grün – rot – grün	Preßwasser Speisewasser	grün – schwz. – grün – schwz. – grün	Schmutzwasser Abwasser
blau — Luft	blau	Gebläseluft	blau – rot – blau	Preßluft
	blau – weiß – blau	Heißluft		
gelb — Gas	gelb	Gichtgas (Hochofengas Schmelzofeng.) gereinigt	gelb – weiß – gelb – weiß – gelb	Azetylen
	gelb – schwz. – gelb	Gichtgas (Hochofengas Schmelzofengas) roh.	gelb – grün – gelb	Wassergas
	gelb – blau – gelb	Generatorgas	gelb – braun – gelb	Ölgas
	gelb – rot – gelb	Stadtgas Koksofengas		
orange — Säure	orange	Säure	orange – rot – orange	Säure konzentriert
lila — Lauge	lila	Lauge	lila – rot – lila	Lauge konzentriert
braun — Öl	braun	Öl	braun – schwz. – braun	Teeröl
	braun – gelb – braun	Gasöl	braun – rot – braun	Benzin
schwarz — Teer	schwarz	Teer		
grau — Vakuum	grau	Vakuum		

[1]) Die Angabe gilt als Richtlinie für das Anreiben der streichfertigen Farben.
[2]) Gilt nur für fertig verlegte Rohrleitungen. Jedem Betriebe ist überlassen, die Rohrleitungen in ihrer ganzen Länge mit der Kennfarbe zu streichen oder die Kennzeichnung durch Anhängeschilder, farbige Bänder, farbige Pfeile — die gleichzeitig die Durchflußrichtung angeben — oder auf andere Weise vorzunehmen.

Für **Rohrleitungspläne** sind die Kennfarben nach Spalte 1 zu wählen. Dem Verwendungszweck entsprechende Unterscheidungen werden durch hellere oder dunklere Tönung der Kennfarben gemacht. Diese sind durch eine Farbtafel auf den Rohrleitungsplänen zu erläutern.

Den Firmen bleibt überlassen, Druckangaben durch Anbringen mehrerer farbiger Striche zu kennzeichnen und diese Maßnahme entsprechend zu erläutern.

Ferner für Farbtöne: RAL-Farbtonregister 840 R, RAL 840 B 2 Farbtonkarte für Fahrzeuganstriche.

Die Großverbraucher (Wehrmacht, Reichsbahn, Reichsarbeitsdienst) haben eigene technische Lieferbedingungen für die von ihnen benötigten Lacke und Anstrichfarben aufgestellt.

m) Normblätter (DIN). Es seien hier die folgenden Normen auf dem Anstrichgebiete genannt: DIN 1976 Technische Vorschriften für Maler- und Anstricharbeiten, DIN 2403 Kennfarben für Rohrleitungen (s. S. 309), DIN 5381 Kennfarben für Schilder, Behälter, Leitungen.

Schrifttum.

Bücher.

Bablik, H.: Grundlagen des Verzinkens. Berlin: Springer 1930.

Evans, N. R.: Die Korrosion der Metalle; dtsch. von Hornegger. Leipzig, Berlin, Zürich: Orell Füssli 1926.

Krause, H.: Galvano-Technik. 8. Aufl. Leipzig: M. Jänecke 1937.

Pfannhauser, W.: Galvanotechnik. 7. Aufl. Berlin: Springer. — Verchromungstechnik. Leipzig: Langbein-Pfannhauser-Werke A.-G.

Elssner, G.: Galvanotechnik. Leipzig: Akad. Verlagsgesellschaft m. b. H. 1933.

Schlötter, M.: Galvanostegie. I. u. II. Teil. Berlin W 9: Dtsch. Buchdrucker-Verein e. V.

Hess, Manfred: Häufige Anstrichmängel und Anstrichschäden. Berlin: Union Deutsche Verlagsges. 1938.

Vincentz, L.: Jahrbuch für Lackierbetriebe, 1942. Hannover: Curt R. Vincentz.

Rudolf: Die Zelluloselack-Lackierung. München: Georg D. W. Callwey 1935.

Wulf: Werkstoffkundliche Merkblätter für Maler, Lackierer und Farbenverkäufer. Stuttgart: Wiss. Verlagsges. 1941.

Scheiber: Lacke und ihre Rohstoffe. Leipzig: J. A. Barth 1926.

Stock, E. u. Mitarbeiter: Taschenbuch für die Farben- und Lackindustrie. 9. Aufl. Stuttgart: Wiss. Verlagsges. 1940.

Wagner: Taschenbuch der Farben- und Werkstoffkunde. 4. Aufl. Stuttgart: Wiss. Verlagsges. 1941.

Micksch: Taschenbuch der Kitte und Klebstoffe. Berlin: Wiss. Verlagsges. 1940.

Zeitschriften.

Metallwaren-Industrie und Galvanotechnik. Leipzig N 22, Blumenstr. 10: F. Ernst Steiger.

Zeitschrift für Oberflächentechnik. Coburg: Müller & Schmidt.

Zeitschrift für Korrosion und Metallschutz. Berlin-Pankow, Parkstr. 20.

Zeitschrift Aluminium. Berlin W 9, Potsdamer Str. 23a: Aluminiumzentrale. Literarisches Büro.

Werkstatt und Betrieb Carl Hanser, Verlag, München 27.

Farben-Zeitung. Union Deutsche Verlagsgesellschaft, Berlin.

Farbe und Lack. Hannover: Verlag Curt R. Vincentz. — Der Farben-Chemiker. Berlin: Otto Elsner Verlagsges.

Die Hartverchromung.

Während die galvanischen Überzüge in der Regel zum Zwecke des Korrosionsschutzes oder aus dekorativen Gründen aufgebracht werden, dient die Hartverchromung zur Oberflächenhärtung, insbesondere von Eisen und Stahl. Sie muß daher einer besonderen Betrachtung unterzogen werden.

Hartchrom-Überzüge werden insbesondere an Werkzeugen und Maschinen hergestellt. Während man früher die Hartverchromung nur bei Stahl anwandte, hat sich dieses Verfahren in letzter Zeit auch bei Aluminium eingeführt.

Die Hartchromniederschläge haben eine außerordentlich große Härte (65—70° Rockwell, bzw. 570—1250 Brinellhärte), hohen Verschleißwiderstand, niedrige Reibungszahl der feingeschliffenen Fläche und geringe Klebefähigkeit, ferner Widerstandsfähigkeit gegen chemische Beanspruchung, Beständigkeit gegen hohe Temperaturen und vollkommene Verankerung der Chromschicht im Grundmetall.

Infolge dieser ausgezeichneten mechanischen und chemischen Eigenschaften wird die Hartverchromung für die verschiedensten Werkzeuge und Maschinenteile verwandt. Sie dient vor allem auch zur Instandsetzung durch den Gebrauch abgenützter Werkstücke, indem man sie durch Aufchromen wieder auf das ursprüngliche Maß bringt. Das Verfahren trägt also infolge der vielseitigen Anwendungsmöglichkeiten zur Werkstofferhaltung und damit zur Werkstoffeinsparung bei.

Der großen Zahl von Vorteilen bei der Hartverchromung stehen auch einige Nachteile gegenüber, neben schlechter Stromausbeute und schlechtem Streuvermögen der Chrombäder vor allem die Porigkeit der Überzüge. Sollen daher die Überzüge auch einen Korrosionsschutz gewähren, so müssen entsprechend dicke Schichten aufgetragen werden. Nachteilig ist auch die Giftigkeit der Chromsalze, weshalb besondere Vorkehrungen zum Schutze der mit den Chrombädern beschäftigten Personen notwendig sind.

Die Hauptanwendungsgebiete für die Hartverchromung sind: Lehren und Meßwerkzeuge, Ziehringe, Ziehdorne, Ziehstempel, Schneidwerkzeuge, Bohrer, Fräser, Feilen usw., Preßformen, Gießformen, Schlaggesenke, Zylinder und Zylinderbüchsen von Verbrennungsmotoren, Tiefdruck- und Kattundruckwalzen usw. Es besteht auch die Möglichkeit maßhaltig zu verchromen. Die Anwendung des maßhaltigen Verchromens setzt aber große Erfahrungen und besonders genaues Arbeiten voraus.

Die Hartchromschichten werden unmittelbar auf Eisen ohne Zwischenschichten aufgetragen. Das Hartchrom-Verfahren unterscheidet sich von der gewöhnlichen Weichverchromung durch eine besondere Zusammensetzung der Bäder und durch Anwendung einer höheren Stromdichte. Die Stärke der Hartchrom-Überzüge kann 0,02–0,2 mm betragen, Badzusammensetzung, Temperatur und Stromdichte müssen genau beachtet und aufrechterhalten werden.

Neuerdings hat man versucht, das Hartverchromungs-Verfahren durch Überlagerung des Gleichstromes mit Wechselstrom zu verbessern, und scheint damit günstige Erfolge erwirkt zu haben. Außerdem hat man seit einiger Zeit versucht, durch nachträgliches Glühen den hartverchromten Werkstücken eine größere Hitze- und Korrosionsbeständigkeit zu verleihen. Durch Glühen hartverchromter Werkstücke entsteht an der Grenzschicht zwischen dem Chromüberzug und der Kernschicht aus Stahl eine Zwischenschicht von Chromstahl, die eine bemerkenswerte Hitze- und Korrosions-Beständigkeit besitzt. Der Überzug besteht dann nach dem Glühen in der äußersten Schicht aus Chrom, welche nach innen in eine Chromstahlschicht übergeht, deren Chromgehalt stetig abnimmt. Diesem Verfahren dürfte in Zukunft noch eine erhebliche Bedeutung zukommen. Gegenüber dem Diffusionsverfahren hat das Verfahren der Glühung von Hartchrom-Schichten den Vorteil, daß diese auf jede Art von Stahl aufgebracht werden können und nicht auf kohlenstoffarme Stähle beschränkt sind.

Schmiermittel.

A. Allgemeines.

Aufgabe des Schmiermittels ist es, aufeinandergleitende oder -reibende Maschinenteile vor der unmittelbaren metallischen Berührung zu schützen. Die gebildete Schutzschicht (Schmierfilm) muß gut haften, druckbeständig und auch dicker sein, als die Summe der höchsten durch die Bearbeitung entstehenden Unebenheiten der beiden zu trennenden Teile. Die Reibung spielt sich dann in der Schmierschicht ab (flüssige Reibung im Gegensatz zur halbflüssigen und trockenen Reibung, bei denen teilweise oder vollständige metallische Berührung eintritt).

Die Entwicklung im Maschinenbau hat eine hohe Beanspruchung der Werkstoffe mit sich gebracht. Die Lagerbelastung ist höher geworden und damit auch die Schmierfilmbeanspruchung. Dies erstreckt sich auf alle Gebiete des Maschinenbaues, vor allem aber auf die Kraftmaschinen. Die Entwicklung der Schmierstoffe mußte der Steigerung dieser Beanspruchungen folgen. Die Änderung der Schmierstoffanwendung stellt ebenfalls erhöhte Anforderungen an die Güte der Schmiermittel. Früher war nur eine einmalige Verwendung des Öles vorherrschend, heute findet man häufig Umlaufschmierung, also Dauerverwendung. Die heutigen Schmieröle müssen daher viel beständiger sein als früher.

B. Herkunft der Schmiermittel.

Die heute verwendeten Schmierstoffe werden größtenteils auf mineralischer Grundlage, also auf dem Roh-Erdöl aufgebaut. Vor der Kenntnis des Erdöles wurden fette Öle angewandt (tierischer oder pflanzlicher Herkunft). Heute benutzt man fette Öle in reinem Zustand nicht mehr für Schmierzwecke. Tierische Öle sind Fischtran, Lardöl u. a.; pflanzliche Öle Rüböl, Olivenöl usw.

Der Schmierwert der fetten Öle ist höher als der der reinen Mineralöle. Dagegen ist aber die Beständigkeit der Mineralöle der der fetten Öle weit überlegen. Fette Öle ebenso wie tierische Fette werden ranzig und harzen. Die Beständigkeit ist aber meist wichtiger als der Schmierwert; deshalb werden die mineralischen Schmierstoffe vorgezogen. Der Verlust an Schmierwert wird durch bessere Gestaltungen und durch Verbesserung der mineralischen Schmierstoffe selbst ausgeglichen.

I. Mineralische Öle. Die Herstellung beruht auf der Eigenschaft des Erdöls, durch Wärmebehandlung zerlegt werden zu können, da das Rohöl aus einem Gemisch verschieden hoch siedender Kohlenwasserstoffe besteht. Einer der ersten Arbeitsvorgänge ist die Destillation, Abb. S 1. Das Rohöl wird zu diesem Zwecke vergast. Die einzelnen Kohlenwasserstoff-Gemische werden getrennt in einer Scheide-Anlage verflüssigt (fraktionierte Destillation). Die einzelnen Destillate enthalten noch unreine Bestandteile, die entfernt werden müssen. Destillate selbst sind nur für untergeordnete Schmierzwecke verwendbar (z. B. Ketten- und Seilschmierung, für Förderwagen-Gleitlager usw.).

In der Raffination werden die unerwünschten Anteile entfernt und die Öle hochwertig gemacht. Man wendet heute zwei Verfahren an:

a) Behandlung mit Schwefelsäure (altes Verfahren). Die Destillate werden mit der Säure vermischt; unerwünschte Bestandteile fallen als Säureharz aus. Eine nachfolgende Neutralisation entfernt die restlichen Säureteile. Die Säure greift stark in den chemischen Aufbau der Öle ein und zerstört wertvolle Teile.

b) Behandlung mit selektiven Lösungsmitteln (neueres Verfahren) wirkt physikalisch. Nur die unerwünschten, für die Schmierzwecke unbrauchbaren Anteile werden durch Lösung schonend entfernt.

Hochwertige, sehr schmierfähige Öle werden nach dem zweiten Verfahren erzeugt, beispielsweise Turbinenöle, Transformatorenöle, Diesel- und Gasmotorenöle usw.

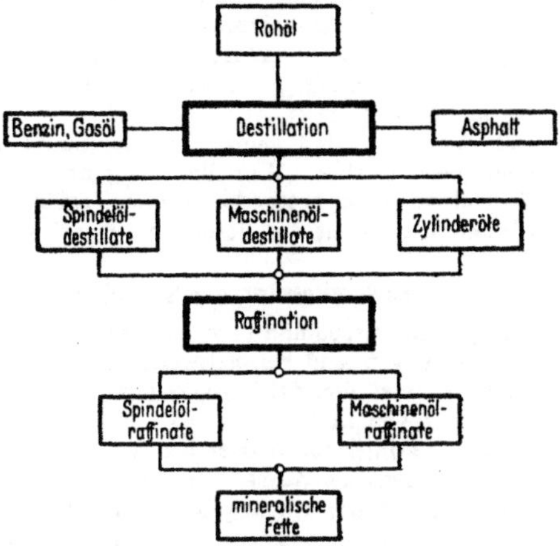

Abb. S 1. Verarbeitungsschema eines Rohöles.

II. Gefettete Öle. Der Schmierwert mineralischer Öle kann durch die Zumischung von fetten Ölen gesteigert werden. Die Menge des Zusatzes wird nur so hoch gehalten, daß die harzende Neigung der Fettöle nicht in Erscheinung tritt. Gefettete Öle sind nicht wasserbeständig. Sie gehen mit Wasser eine innige Mischung „Emulsion" ein, die nur sehr schwer wieder zu trennen ist. In manchen Bedarfsfällen wird die Mischung aber angestrebt, z. B. in der Textilindustrie.

III. Mineralische Fette. Diese werden unter Zuhilfenahme von mineralischen Ölen hergestellt. Erzeugungsvorgang: Kochen einer Seife aus fetten Ölen mit einer Kalk- oder Natronlauge. In diese Seife wird das Mineralöl nebst den nötigen Chemikalien und Farbe gegeben. Fettkochen erfordert große Erfahrung. Die mineralischen Fette sind sehr viel beständiger als die tierischen Fette.

C. Unterschiede und Einteilung der Schmierstoffe.

Man teilt die Schmierstoffe ein in:

I. Öle nach Herstellung in Destillate und Raffinate;

nach Zähflüssigkeit in Spindelöle (dünnflüssig), Maschinenölraffinate (leicht-mittel-zähflüssig), Zylinderöle (sehr zähflüssig);

nach Art der Verwendung in Turbinenöle, Transformatorenöle, Verdichteröle, Metallbearbeitungsöle, Marineöle, Textilöle usw.

Öle unterscheiden sich:

a) in der Zähflüssigkeit oder Viskosität,

b) im Schmierwert,

c) im Kälte- und Wärmeverhalten,

d) in der Beständigkeit gegen den Sauerstoff der Luft, gegen Wasser, Metalle und Wärme.

II. Fette nach Art der Verseifung in Kalkseifen-, Natronseifen- und Metallseifenfette, nach Art der Verwendung in Maschinenfette, Wagenfette, Wälzlagerfette, Heißlagerfette usw.

Fette unterscheiden sich:

a) im Tropfpunkt, also Temperaturverhalten;

b) in der Konsistenz (es gibt weiche bis zähe Fette);

c) in der Druckaufnahmefähigkeit;

d) in der Wasserbeständigkeit (kalkverseifte und metallverseifte Fette sind wasserbeständig, natronverseifte Fette sind nicht wasserbeständig);

e) in der Farbe.

Die Vaselinen sind keine Fette im landläufigen Sinne, sondern reine Mineralölerzeugnisse. Eine Verflüssigung schadet deshalb diesen nichts, während verseifte Fette durch eine Verflüssigung zerstört werden. Die Wärmebeständigkeit der Vaselinen ist gering.

D. Untersuchung der Schmierstoffe im Laboratorium.

Es gibt chemische und physikalische Untersuchungsarten. Physikalische Untersuchungen sind beispielsweise:

I. Bestimmen der Zähflüssigkeit im Engler-Viskosimeter. Vergleich der Auslaufzeit von Öl bei einer bestimmten Meßtemperatur zu der Auslaufzeit von destilliertem Wasser bei 20°. Öl braucht zum Auslauf aus dem Meßgerät länger als Wasser. Je länger die Auslaufzeit, desto zäher das Öl. Maßeinheit ist der Englergrad. Spindelöl hat etwa 3 bis 7 E (Englergrade)/20°, Maschinenöl etwa 6 bis 15 E/50°, Zylinderöl etwa 4 bis 6 E/100°.

II. Bestimmen des Flammpunktes. Erhitztes Öl bildet Dämpfe. Eine nach genau festgelegter Vorschrift zugeführte Flamme entzündet diese. Die Temperatur beim ersten einmaligen Aufflammen ist der Flammpunkt; er ist bei verschiedenen Ölarten verschieden hoch. Bestimmung im offenen oder geschlossenen Tiegel. Im geschlossenen Tiegel liegt der Flammpunkt niedriger als im offenen Tiegel.

III. Bestimmen des **Stockpunktes**, d. h. Prüfung auf Kälteverfahren. Besonders wichtig für Autoöle, Flugmotorenöle, überhaupt immer dann, wenn ein Schmieröl tiefen Temperaturen ausgesetzt werden muß und dabei sein Fließvermögen nicht verlieren darf.

Bei Erreichen der Stockpunkt-Temperatur fließt das Öl im Prüfgerät nicht mehr unter seiner eigenen Schwere.

IV. Bestimmen des **Tropfpunktes**. Dieser wird bei mineralischen Fetten festgestellt. Das Fett wird im Luftbad erwärmt. Die Temperatur, bei der der erste Tropfen des schmelzenden Stoffes abfällt, ist der Tropfpunkt.

V. Chemische Untersuchungen. Mit Hilfe dieser Prüfungen bestimmt man das Alterungsverhalten bzw. den Zustand gealterter Öle. Kein Mineralöl behält seinen Ursprungszustand auf die Dauer bei, sondern alle werden durch äußere Einflüsse allmählich verschlechtert. Dieser Vorgang wird mit „Altern" bezeichnet. Die Zahl solcher Laboratoriumsuntersuchungen ist sehr groß.

E. Hinweise für die Auswahl der Schmierstoffe.

Man unterscheidet Öl- und Fettschmierung.

I. Bei **Gleitlagern** (auch bei geschlossenen Zahnradgetrieben) richtet sich die Ölauswahl nach den Belastungen und Gleitgeschwindigkeiten, nach der Bearbeitung der Gleitflächen, der Größe des Lagerspieles, nach der Lager- und Getriebe-Temperatur. Im allgemeinen gilt der Satz: Je höher die Belastung und je niedriger die Drehzahl, desto zäher muß das Öl ausgewählt werden, je höher die Drehzahl und je niedriger die Belastung, desto niedriger die Ölzähigkeit. Zusätzlich gilt, daß bei steigender Temperatur etwa durch Strahlungswärme (Lager oder Getriebe neben wärmeabgebenden Stellen) die Ölzähigkeit erhöht ausgesucht werden muß, falls keine Ölkühlung vorhanden ist.

Von Einfluß ist auch die Art der Ölanwendung. Bei Umlaufschmierungen ist die Ölbeständigkeit besonders wichtig. Nur sehr reine Öle verwenden (Raffinate); bei Gefahr von Wasserzutritt keine gefetteten Öle.

Die Fettschmierung kommt für einfache, schlecht abgedichtete oder schlecht zugängliche Gleitlager mit niederen Drehzahlen in Frage, ferner für die Schmierung von Maschinen bei Staubeinfluß (Steinbrüche, Braunkohlenbetriebe usw.). Fett dichtet die Lager besser ab. Je kälter die Lager, und je niedriger der Lagerdruck, desto niedriger der Tropfpunkt und desto weicher das Fett. Je heißer die Lager und je höher der Druck, desto höher der Tropfpunkt und desto zäher das Fett. Bei Wasserzutritt nur kalkverseifte Fette.

II. Graphitschmierung: Zusatz von kolloidalem Graphit zu Schmieröl, insbesondere für das Einlaufen neuer Maschinen. Graphitteilchen setzen sich in die Unebenheiten der Laufflächen und füllen diese aus. Graphit schmiert ebenfalls und vermeidet Lagerflächenbeschädigungen, selbst dann, wenn die Ölzufuhr zeitweise aussetzen sollte. Graphitierte Flächen werden vom Schmieröl besser benetzt als „nackte" Metallflächen. Flockengraphit und Pudergraphit sind nicht geeignet, da sie nicht rein genug sind.

III. Wälzlager haben meist Fettschmierung. Im Falle der Ölschmierung entscheidet Drehzahl und Temperatur. Hohe Drehzahlen und niedrige Lagertemperaturen erfordern dünnflüssige Öle (2 bis 3 E/50°), niedrige Drehzahlen und hohe Temperaturen zähere Öle (5 bis 6 E/50°).

IV. Preßstoff-Lager sind schlechte Wärmeleiter. Daher hohe Temperaturen an den Laufflächen, falls Belastungen und Drehzahlen hoch sind. Gute Lagerkühlung ist in diesem Falle Bedingung, da die Preßstofflager höhere Temperaturen als 100 bis 110° nicht dauernd vertragen können. Die Lauffläche verkohlt bzw. verascht in diesem Falle; daher Wasserkühlung oder Ölkühlung durch Umlaufschmierung. Reichlicher Ölfluß ist nötig. Besser Preßstoffbüchse mit der Welle umlaufen lassen, damit Wärme nach außen abfließen kann. Bei niedriger Drehzahl und Belastung genügt Ringschmierung. Bei Fettschmierung gutes Staufferfett verwenden. Falls Fettschmierung bei hoher Last angewendet werden muß, müssen Fette mit hohem Tropfpunkt gewählt werden (natronverseifte Fette).

F. Richtige Lage der Schmiernuten.

Grundsätzlich keine Nuten in die belastete Zone des Lagers legen. Nuten stören die Öldruckverteilung. Gleitende Teile berühren sich dann und außerdem verkleinern die Nuten die tragende Fläche. Ölzufuhr und Fettzufuhr immer in die unbelastete Zone legen, Abb. S 2.

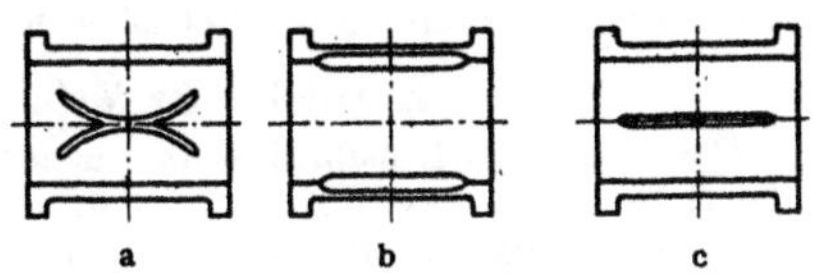

Abb. S 2. Anordnung der Schmiernuten in Gleitlagern: *a* Kreuznut in der belasteten Lagerschale falsch. *b* Längsnut am Rande der belasteten Lagerschale richtig. *c* Ölzufuhr durch Nute in der unbelasteten Lagerschale.

Zur Verteilung des Schmierstoffes keine Kreuznuten, sondern nur Längsnuten oder sog. Schmiertaschen anbringen. Nur solche unterstützen die Bildung des Schmierfilms. (Genaues hierüber s. AWF-Heft „Zweckmäßige Schmiernuten".)

G. Wahl der zweckmäßigsten Schmiergeräte und verschiedenen Schmiersysteme.

Maßgebend für die Festlegung des richtigen Schmiergerätes ist die Beanspruchung und Gestaltung der Schmierstelle. Niedrig beanspruchte Lagerstellen, einfache schwach belastete Gleitlager erhalten Ölschmierung durch Handöler (offene Öllöcher, Tropföler) oder Fettschmierung durch Staufferbüchsen. Fettbüchsen, bei denen die Nachförderung des Schmierfettes durch Federbelastung erfolgt, stellen einen Fortschritt dar. Höher beanspruchte Lagerstellen müssen zur Vermeidung der Abnützung und zum Erreichen niederer Lagertemperaturen rechtzeitigen Ersatz des verbrauchten

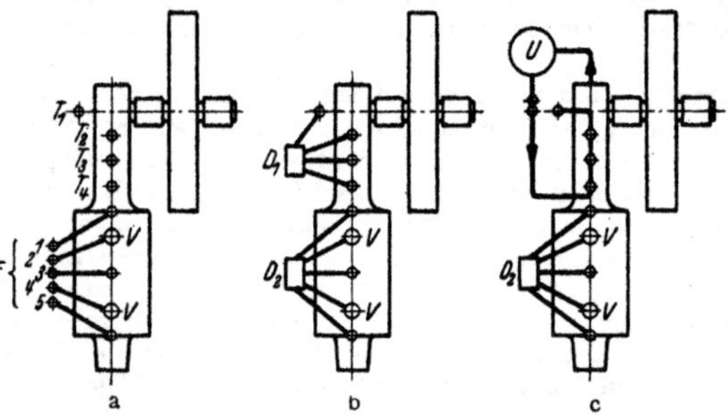

Abb. S 3a bis c. Schmierarten an Dampfmaschinen (V Dampfverteilventile). a) Alte Art· Einkolbenpresse E für Zylinder-Tropföler $T_{1 \div 4}$ für Triebwerk. b) Selbsttätige Schmierpressen D_1 für Triebwerk und D_2 für Zylinder. c) Selbsttätige Schmierpresse D_2 für Zylinder, Umlaufschmierung U für Triebwerk.

Schmierstoffes erhalten. Deshalb Druckschmierung durch selbsttätig wirkende Drucköler oder selbsttätig wirkende Fettpressen. Beide sind im Verbrauch für jede einzelne Schmierstelle weitgehend regelbar. Besonders erwähnt sei auch für fettgeschmierte Lager die sogenannte Hochdruckschmierung, bei der mit hand- oder fußbetätigten Hochdruckpressen verschiedener Bauarten eine sichere Lagerdurchschmierung, auch unter Belastung, erreicht wird. Diese Schmierungsart wirkt sich auch in Richtung Fettersparnis sehr günstig aus. Ist Wärmeabfuhr, also Kühlung nötig, dann kommt, abgesehen von einer möglicherweise anwendbaren Wasserkühlung, Ölumlaufschmierung in Frage mit Ölrückkühlung. Maßgebend ist immer auch die Förderung nach einfachster Bedienung. Viele Einzelschmierstellen erfordern große Aufmerksamkeit. Ersatz der Einzelschmierstellen durch Zentralschmierung oder Umlaufschmierung vereinfacht die Aufsicht und erhöht die Betriebssicherheit, Abb. S 3.

H. Öle für die Metallbearbeitung.

Öle werden als Hilfsflüssigkeiten in der Metallindustrie in großem Umfange für die Bearbeitung aller Arten von Metallen in zerspanender oder spanloser Fertigung benötigt. In beiden Fällen müssen die verwendeten Öle sowohl schmieren als auch kühlen, d. h. sie müssen beim zerspanenden Arbeitsvorgang für einen guten Spanablauf sorgen, sowie die beim Abtrennen der Späne entstehende Wärme abführen und damit die Schneidfähigkeit des Werkzeuges erhalten. Bei der spanlosen Verformungsarbeit muß das

Schmiermittel besonders gut schmieren, um das Werkzeug vor Verschleiß zu schützen und Riefenbildung auf dem Werkstück zu vermeiden.

Man unterscheidet:

Schneidöle, mit Wasser nicht mischbar (dünnflüssig);

Kühlmittelöle und Kühlmittelfette, mit Wasser vermischt zu verwenden.

I. Schneidöle. Früher wurden fette Öle, hauptsächlich Rüböl, für diesen Zweck bevorzugt. Wegen ihrer Unbeständigkeit sind sie für den neuzeitlichen Zerspanungsvorgang nicht mehr zu gebrauchen. Mineralöle haben sich besser bewährt. Vielfach werden aber gefettete Öle benutzt, s. Abs. B II. Es gibt auch Sonderöle mit besonderer zusätzlicher chemischer Behandlung. Insbesondere für schwerste Arbeiten. Reine Mineralöle genügen im allgemeinen für die Bearbeitung von Stählen niedriger Festigkeiten und für Metalle, wie Messing, Bronze, Aluminium. Gefettete Öle werden für Stähle höherer Festigkeiten benutzt. Sonderschneidöle für Stähle höchster Festigkeiten. Gewindeschneiden, Zahnradstoßen, Räumen erfordern auf alle Fälle Sonderschneidöle.

II. Kühlmittelöle und Kühlmittelfette haben größere Kühlwirkung, aber geringere Schmierwirkung als reine Schneidöle: Das verwendete Wasser soll möglichst weich sein; sonst wird Mischung (Emulsion) nicht gut und nicht haltbar. Mischungsverhältnis zwischen Wasser und Öl richtet sich nach dem jeweiligen Arbeitsvorgang. Häufig verwendetes Mischungsverhältnis ist: 1 Teil Öl auf 10 Teile Wasser. Bei Stählen niederer Festigkeit oder bei Metallen: 1 Teil Öl auf 20 bis 30 Teile Wasser. Bei Schleifarbeiten sogar 1:50. Auch Blechzieharbeiten, Rohr- und Stangenzüge werden häufig mit Kühlmittel-Emulsionen durchgeführt.

J. Härte- und Anlaßöle.

In der Härterei dienen die Mineralöle bei dem Abschreckvorgang zum Wärmeentzug oder zum Erwärmen auf die Anlaßtemperatur.

Man unterscheidet:

Härteöle, Zähflüssigkeit meist 4 bis 5 E/50°;

Anlaßöle, zähflüssige Öle 4 bis 6 E/100°.

I. Härteöl. Am besten bewähren sich auch hier reine Mineralöle. Beständigkeit des Öles ist in diesem Falle sehr wichtig. Bei Salzbadhärtung sind besonders beständige Öle nötig, da das Salz, das mit den Werkstücken in das Öl gebracht wird, dieses stark angreift. Abschreckölbäder sollten nicht mit Preßluft umgewälzt und gekühlt werden, da der Luftsauerstoff die Öle ungünstig beeinflußt („altert"). Mechanische Umwälzung bevorzugen. Blankhärteöle lassen die Werkstücke frei von dem sonst entstehenden eingebrannten Ölüberzug.

II. Anlaßöl. Ebenfalls reines Öl nötig. Anlaßöl muß besonders wärmebeständig sein. Da Anlaßtemperaturen hoch liegen, kommen nur sehr zähflüssige Öle in Betracht.

K. Ölerhaltung und Ölpflege.

Mineralöle kann man schonen, wenn die Ölfüllungen in Lagern, Getrieben, Turbinen usw. keinen zu hohen örtlichen Überhitzungen ausgesetzt werden. Entsprechende Schutzmaßnahmen sind vorzusehen. Eine Schonung kann auch erzielt werden, wenn Ölfüllungen, insbesondere bei Umlaufschmierungen, nicht zu klein gehalten werden, wenn man sie von Zeit zu Zeit von Alterungsstoffen und Fremdkörpern befreit (Schleudern, Filtern) und die Ölwege gut reinigt. Nicht nur die Öle, auch die geschmierten Lager und Maschinen werden dadurch länger betriebsfähig erhalten.

Die Rohstoffversorgungslage bringt es mit sich, daß Einsparungen unerläßlich sind:

I. Verbrauch an Frischölen und Fetten: Bei der Gestaltung neuer Maschinen ist auf die Anwendung der geeignetsten Schmierungsart zu achten Umlaufschmierung überall dort, wo sie irgend möglich ist. Offene, von Hand zu schmierende Lagerstellen vermeiden. Austausch von Staufferbuchsen durch Fettnippel (Handpressenschmierung). An Stelle von Tropfölern mechanische Ölförderung, da Tropföler sehr häufig Ölvergeuder sind. Der Gestalter muß auf beste Dichtung der Lagerstellen und Gehäuse achten und dafür sorgen, daß Leckölmengen selbsttätig wieder in den Ölvorra zurückfließen können.

Bei der spanabhebenden Metallbearbeitung sind Schneidöle mit Fettstoffanteilen über 3 vH in der Anwendung untersagt bzw. auf äußerste Fälle eingeschränkt. Mit Wasser mischbare Kühlmittelöle oder Fette dürfen nur noch in kleinsten Zusätzen zu Wasser zur Anwendung kommen. Das Wasser darf dabei keine höhere Härte als 8° d. H. aufweisen. Es ist unerläßlich an Stellen, an denen bisher aus Einheitlichkeitsgründen eine Mischung 1:1(eingesetzt wurde, obwohl 1:30 genügte, die letztere Mischung anzuwenden Häufig kann man im Mischungsverhältnis noch weiter zurückgehen.

Wo irgend möglich, müssen mineralische Öle durch andere Stoffe ersetzt werden. So müssen z. B. an Stelle von Bohröl- oder Schleiföl-Emulsionen Schleifsalze oder andere alkalische Mittel zum Einsatz kommen.

Anlaßölbäder lassen sich durch Luftumwälzöfen oder Anlaß-Salze ersetzen. Das gleiche gilt für Entspannungsölbäder.

II. Rückgewinnung gebrauchter Schmierstoffe. Gemäß der Anordnung 4(der Reichsstelle für Mineralöl vom 8. Juli 1941 müssen alle Schmierstoffe getrennt nach Sorten gesammelt, der Aufarbeitung und in neuwertigem Zustand den gleichen Verwendungszwecken wieder zugeführt werden. Eine Verwendung von Altöl an untergeordneten Stellen muß unter allen Umständen unterbleiben. Jeder Betrieb muß geeignete Sammelgefäße bereitstellen, die jedes zusätzliche Verunreinigen der Altöle ausschließen. Lediglich mechanisch verunreinigte Öle müssen durch einfaches Filtrieren oder Schleudern wieder verwendungsfähig gemacht werden. Gefettete Öle dürfen auf keinen Fall chemisch regeneriert werden, da sie dadurch ihre wertvollen Eigenschaften verlieren. Das trifft z. B. vor allem auf Metallbearbeitungsöle zu.

Altemulsionen dürfen nicht mehr unbeachtet weggegossen werden, sondern müssen durch die Anwendung von Trennsalzen in ihre Bestandteile Öl und Wasser geschieden und das Öl zur Verwertung abgeliefert werden.

Es ist auch unbedingte Pflicht, alles erfaßbare Schneidöl wiederzugewinnen. Späne müssen durch Schleudern von dem anhaftenden Öl befreit werden. Das gleiche trifft auch für die Werkstücke zu, die in Laugebädern zwecks Reinigung und Entfettung gekocht werden. Das Öl der Alt-Lauge muß aufgefangen und aufgearbeitet werden, was nicht schwierig ist.

Altfette sind ebenso zu behandeln. Sie müssen gesammelt werden und an Altfettsammelstellen zur Ablieferung kommen.

Schrifttum.

Reuschle: Schmierung. München 27: Carl Hanser Verlag. — Krekeler: Schmierung. Berlin: Springer.

Härteprüfung.

Den Techniker interessiert weniger der umstrittene physikalische Begriff der absoluten Härte als die technische Härte, die teilweise mit der Bearbeitbarkeit und Abnutzung zusammenhängt.

A. Begriff der technischen Härte.

In der Technik wird unter der Härte der Widerstand verstanden, den ein Körper dem Eindringen eines anderen, härteren Körpers entgegensetzt. Die Härtezahl ist keine eindeutig bestimmte Größe, sondern hängt von dem Verfahren der Prüfung ab. Mit Hilfe von Umrechnungskurven bzw. Erfahrungszahlen lassen sich, meistens jedoch nur angenähert, die der Härtezahl eines Verfahrens entsprechenden Härtezahlen anderer Verfahren ermitteln. Für Stahl ist auch die Bestimmung der Zugfestigkeit aus der Brinellhärte möglich.

B. Die wichtigsten Verfahren der technischen Härteprüfung.

I. Der Probekörper wirkt bei ruhender Prüflast (statische Prüfung).

a) Der Probekörper wird in den zu prüfenden eingedrückt, und zwar eine Stahlkugel bei dem Verfahren von Brinell, eine Stahlkugel bzw. ein Diamantkegel bei dem Verfahren von Rockwell und eine Diamantpyramide beim Verfahren von Vickers.

Als Härtemaß dient der Durchmesser der erzeugten Kugelkalotte (Brinell), die Eindringtiefe (Rockwell) oder die Länge der Eindrucksdiagonalen (Vickers) bei gleichbleibender Prüflast.

b) Der Probekörper wird unter Einwirkung der Prüflast über den zu prüfenden hingeführt, Ritzhärteprüfung nach Martens.

Als Härtemaß dient.

1. die Ritzbreite bei bestimmter Prüflast,
2. die Prüflast für einen Ritz bestimmter Breite,
3. die Prüflast für eine bestimmte Fläche (P/F).

II. Der Probekörper wirkt durch Schlag oder Stoß (dynamische Prüfung).

a) Ein Stempel wird in das zu prüfende Material eingeschlagen.

Als Härtemaß dient:

1. der Durchmesser der Kugelkalotte oder die Eindringtiefe bei gleicher Schlagleistung (Kugelschlaghammer),
2. die Schlagleistung für eine bestimmte Eindringtiefe.

b) Ein Körper wird aus bestimmter Höhe, also mit bestimmter Geschwindigkeit auf den zu prüfenden Körper fallen gelassen, Kugelfallprobe.

Als Härtemaß dient:

1. der Durchmesser der Kugelkalotte oder die Eindringtiefe bei gleicher Schlagleistung (gleiche Fallhöhe und gleiches Fallgewicht),
2. die Rücksprunghöhe bei gleicher Schlagleistung (Rückprallhärte nach Shore).

Nicht in diese Gruppen einreihbar ist der Pendelhärteprüfer von Herbert, der durch Druck und Abwälzen einer kleinen Kugel wirkt, wobei der Ausschlag des Pendels oder seine Schwingungszeit als Härtemaß dient, ferner das Anfeilverfahren (Dr. Buxbaum, Steinrück), wobei durch den Vergleich des Widerstandsgefühls beim Anfeilen des zu prüfenden Werkstückes und Prüfstücken bekannter Härte auf die Härte des ersteren geschlossen werden kann. Das Verfahren gibt Anhaltspunkte insbesondere für den Bearbeitungs- und Verschleißwiderstand. Die Prüfung auf Grund der Härteskala von Mohs, die so abgestuft ist, daß der Stoff mit höherer Härte den vorausgehenden mit niederer gerade noch ritzt, hat heute nur noch theoretischen Wert. Die Skala ist 1. Talk, 2. Gips, 3. Kalkspat, 4. Flußspat, 5. Apatit, 6. Feldspat, 7. Quarz, 8. Topas, 9. Korund, $9^1/_2$. Karborund, 10. Diamant. Feinere Härteunterschiede, wie sie die Technik braucht, lassen sich damit nicht feststellen.

C. Die wichtigsten Härteprüfverfahren.

1. Kugeldruckhärteprüfung nach Brinell (vgl. DIN 1605).

Begriff: Die gehärtete Stahlkugel vom Durchmesser D (Abb. 1) wird durch eine so große Belastung in das zu prüfende Werkstück eingedrückt, daß die Elastizitätsgrenze überschritten wird und so der bleibende Eindruck eines Kugelabschnittes (Kalotte) entsteht.

Bezeichnet F die Oberfläche der Kalotte, so ist die Härtezahl $H = P/F$ Brinell-Einheiten (BE). F kann aus der zu messenden Tiefe h oder dem zu messenden Durchmesser d der Kalotte berechnet werden (S. 47). Es ist

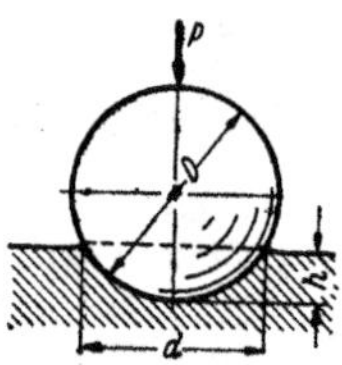

Abb. 1.

$$F = \pi D \cdot h = \frac{\pi D}{2}\left(D - \sqrt{D^2 - d^2}\right),$$

daraus

$$H = \frac{2P}{\pi D\left(D - \sqrt{D^2 - d^2}\right)} \text{ kg/mm}^2 .$$

Statt F wird auch die Projektion der Kalotte $F_1 = \frac{d^2 \pi}{4}$ zur Bestimmung der Härte benutzt (S. 324 u. 325).

Ausführung: Der Versuch ist an einer blanken, ebenen Fläche auszuführen. Die Belastung ist stoßfrei während 15 Sekunden gleichmäßig zu steigern und in der Regel 30 Sekunden auf ihrem Endwert zu belassen. Für Stahl von $H \geqq 140$ kg/mm² genügen 10 Sekunden. Der Eindruckdurchmesser d ist bis auf Hundertstelmillimeter anzugeben. Maßgebend ist der Mittelwert aus mindestens zwei Eindrücken.

H ist von der Größe von P und D nicht ganz unabhängig. Bei gleicher Belastung wird nämlich die Härtezahl kleiner, je größer der Kugeldurchmesser ist; bei gleichem Kugeldurchmesser wird sie größer, je größer die Belastung ist. Deshalb dürfen Versuche mit verschiedenen Kugeldurchmessern nicht ohne weiteres miteinander verglichen werden, und um Fehler zu vermeiden, muß mit bestimmten Prüflasten und Kugeldurchmessern gearbeitet werden, die durch DIN 1605 wie folgt festgelegt sind:

Dicke der Probe a mm	Kugel-durchmesser D mm	Belastung P in kg		
		$30 \cdot D^2$ für Gußeisen und Stahl	$10 \cdot D^2$ für hartes Kupfer, Messing, Bronze u. a.	$2{,}5 \cdot D^2$ für weichere Metalle
über 6	10	3000	1000	250
von 6 bis 3	5	750	250	62,5
unter 3	2,5	187,5	62,5	15,6

Zur Kennzeichnung der angewendeten Versuchsbedingungen dient die Schreibweise z. B. bei $D = 5$ mm, $P = 250$ kg und 30 Sekunden Belastungsdauer H 5/250/30. Für H 10/3000/30 (Regelversuch) wird das Kurzzeichen H_n benutzt.

Die Zahlentafel auf Seite 324 und 325 gibt die Werte von H an in Abhängigkeit vom Kalottendurchmesser und der Belastung P für die Kugeldurchmesser 2,5, 5 und 10 mm.

Die Mittelwerte der an einem Prüfstück unter verschiedenen Versuchsbedingungen gewonnenen Härtezahlen stimmen nicht unbedingt überein. Für Gußeisen konnte festgestellt werden, daß im Bereich von etwa 100 bis 250 BE folgende Beziehung besteht:

$$H\ 5/750/30 = 1{,}12 \cdot H\ 10/3000/30 - 36{,}5\,.$$

Bei Härten über 300 bis 400 BE sollten wegen der sonst eintretenden Kugelverformung nur Hartmetallkugeln verwandt oder aber die Härteprüfung nach Vickers (s. Abs. III) vorgenommen werden.

Ablesung. Der Durchmesser des Eindrucks am Werkstück muß mit besonderen Hilfsmitteln ausgemessen werden. Es werden benutzt: Maßstäbe mit schräg gestellten Geraden für unmittelbare Ablesung (nicht sehr genau), Lupen mit Ablesevorrichtung und Mikroskope mit Ablesevorrichtung. Die Tiefe der Kalotte statt der Durchmesser auszumessen, empfiehlt sich nicht.

Brinellhärte und Festigkeit. Die Erfahrung hat gezeigt, daß bei Stahl ein enger Zusammenhang zwischen der Brinellhärte und der Festigkeit besteht. Da nun die Brinellhärte leichter und ohne wesentliche Zerstörung des Stoffes zu ermitteln ist, so wird sie häufig als Ersatz für die Festigkeit bestimmt.

Die Zugfestigkeit σ_B kann aus der Brinellhärte H aus folgender Gleichung näherungsweise berechnet werden:

für Kohlenstoffstahl ($\sigma_B = 30$ bis 100 kg/mm²) $\sigma_B = 0{,}36\,H_B$ (10/3000/30),
für Chromnickelstahl ($\sigma_B = 65$ bis 100 kg/mm²) $\sigma_B = 0{,}34\,H_B$ (10/3000/30).

II. Vorlasthärteprüfung nach Rockwell (vgl. DVM A 103 Vornorm).

Weiche Werkstoffe werden mit einer Stahlkugel von 2,5 mm Durchmesser, harte mit einem Diamantkegel mit Spitzenwinkel von 120° geprüft. Die Prüfung erfolgt unter Vorlast von 10 kg. Die Prüflast beträgt bei Anwendung der Kugel in der Regel 187,5 kg, bei weicheren entsprechend den Laststufen der Brinellprüfung 62,5, 31,25, 15,625 kg, bei Anwendung des Diamantkegels 150 kg und muß in etwa 10 Sekunden gleichmäßig aufgebracht werden. Die Härte eines Werkstoffes wird als Unterschied der Eindringtiefe zwischen Vorlast und Hauptlast ermittelt, die mit einer Meßunsicherheit von $\pm 2\,\mu$ abgelesen werden kann. Die Härteprüfung nach Rockwell hinterläßt geringere Prüfspuren als die nach Brinell und ist wesentlich schneller zu erledigen als die Härteprüfung nach Brinell.

III. Härteprüfung nach Vickers (vgl. DIN Vornorm DVM A 133).

Für alle Werkstoffe, gleichgültig welcher Härte, dient als Prüfkörper eine Diamantpyramide von 136° Öffnungswinkel, die mit 1 bis 120 kg Belastung in den Werkstoff hineingedrückt wird (Regelbelastung 30 kg; bei dünnen Schichten und Gefügebestandteilen Belastung 0 bis 200 g). Die Pyramidenhärte H_P ist das Verhältnis der Prüflast P zur Eindruckoberfläche O; diese ist zu bestimmen durch das Ausmessen beider Diagonalen (E_1 und E_2) des Eindrucks, der die Seitenlänge a hat.

$$H_P = \frac{P}{O}; \quad O = \frac{a^2}{\sin 68^\circ} = \frac{1}{\sin 68^\circ}\left(\frac{E_1 + E_2}{2\cdot\sqrt{2}}\right)^2 = \frac{E^2}{1{,}8544}.$$

$$H_P = \frac{P}{E^2}\cdot 1{,}8544 \text{ kg/mm}^2.$$

Die Pyramidenhärte stimmt mit den Brinellhärtezahlen bis zu $H_n = 250$ BE genau überein.

Die Härteprüfung nach Vickers gestattet mit zunehmender Oberflächengüte ein Heruntergehen auf sehr geringe Belastungen, so daß die Verletzung der Oberfläche auf das äußerste beschränkt und mit geeigneten Geräten die Härte von sehr dünnen Schichten und Gefügebestandteilen geprüft werden kann.

IV. Mikrohärteprüfung.

Der Mikrohärteprüfer, der in einem Gerät eine Diamantpyramide und das optische System des Metallmikroskops vereinigt, dient zur Härteprüfung am Einzelkristall und an Werkstücken, deren Härteeigenschaften örtlich sehr verschieden sind. Bei kaltverformten Werkstücken z. B. kann man durch die Mikrohärteprüfung ein gutes Bild der durch die Kaltverformung zustande gekommenen Härteverteilung gewinnen.

V. Rückprallhärteprüfung (Skleroskophärte).

Die Härteprüfer nach dem Rückprallverfahren sind einfache und handliche Geräte. Bei der Bauart Reindl & Nieberding fällt ein Stahlhämmerchen mit Diamantspitze innerhalb einer Führung aus immer gleicher Höhe herab; in der höchsten Rücksprungstellung wird der Hammer festgehalten und die erreichte Höhe an einer Skale abgelesen. Der Rückprallhärteprüfer nach Leesen, Duroskop, hat einen Pendelhammer, der beim Rückprall einen Schleppzeiger zum Anzeigen der Höhe mitnimmt.

Das Verfahren stellt keine reine Elastizitätsprüfung dar. Die Höhe des Rückpralls wird durch die vom Fallkörper geleistete Verdrängungsarbeit in der Weise beeinflußt, daß mit wachsender Größe der Verdrängung sich die Höhe des Rückpralls verringert. Die Rückprallhärte-Prüfung zeichnet sich durch Einfachheit in der Bedienung aus. Sie ist insbesonders für die Prüfung gehärteter Werkzeuge und fertiger Teile aller Art, die nicht beschädigt werden dürfen, geeignet. Für die Prüfung sehr weicher Metalle wird statt des Diamanthammers ein Hartmetallhammer mit vergrößerter Aufschlagfläche benutzt. Bei der Prüfung leichter Teile ist ein festes Aufliegen auf einer genügend schweren Unterlage sehr wichtig, um fehlerfrei prüfen zu können.

VI. Schlaghärteprüfung.

Die Geräte für die Schlaghärteprüfung ergeben zwar nicht so genaue Werte, wie man sie bei der Brinell-, Vickers- oder Rockwellprüfung erhält, sind jedoch für die Verwendung im Betrieb recht geeignet. Bei den Schlaghärteprüfern von Baumann-Steinrück und Werner erzeugt eine mit Federkraft in das Prüfstück geschlagene Kugel einen Eindruck; nach Ausmessen des Eindruckdurchmessers erhält man aus einer dem Gerät beigegebenen Eichkurve die Brinellhärte.

Beim Brinellmeter und dem Poldi-Hammer wird mit einem Handhammer auf einen Schlagbolzen geschlagen, so daß durch eine Kugel gleichzeitig in einem Vergleichsstück und im Prüfstück ein Eindruck erzeugt wird. Die Härte des Prüfstückes wird in Abhängigkeit von der Härte des Vergleichsstückes und den entstandenen Eindruckdurchmessern aus einer Zahlentafel entnommen.

VII. Fallhärteprüfung.

Die Härte ergibt sich aus dem Durchmesser eines Eindrucks, der durch eine an einem frei fallenden Körper sitzende Kugel (Wüst-Bardenheuer) oder durch eine auf dem Prüfstück liegende Kugel, auf die ein Hammer niederfällt (M. v. Schwarz), hervorgerufen wird. Die Geräte sind für die Werkstatt geeignet und geben bei ebener und waagerechter Prüffläche genügend genaue Ergebnisse.

VIII. Anwendung der verschiedenen Prüfverfahren.

Die Vielzahl der Härteprüfungen macht es oft schwer, für einen vorliegenden Fall das geeignete Verfahren auszuwählen. Es erscheint unbedingt erstrebenswert, künftig zur Kennzeichnung der Härte nur noch die Brinell-Vickers-Skale zu benutzen, die vom weichsten bis zum härtesten Werkstoff durchläuft. Hierbei sollte das Gebiet über 300 bis 400 BE vollkommen der durch die Vickersprüfung zu bestimmenden Pyramidenhärte vorbehalten sein. Daneben werden die übrigen Verfahren, die durchweg weniger genaue Ergebnisse liefern, für bestimmte Zwecke ihren Platz in der Werkstoffprüfung behaupten. Und zwar besonders für solche Aufgaben, die bei kurzer Prüfzeit die Prüfung einer großen Zahl von Werkstücken auf Gleichmäßigkeit in der Härte bei nicht zu kleinen Toleranzen verlangen (Vorlasthärteprüfung nach Rockwell, Rückprallhärteprüfung), und außerdem für Härteprüfungen, die ein ortsbewegliches, leichtes, handliches Prüfgerät erfordern (Schlaghärteprüfung, Fallhärteprüfung).

Tafeln zur Bestimmung der Pyramidenhärte und der Brinellhärte, letztere verbunden mit einer Umrechnungstafel für die verschiedenen Härtezahlen und die Zugfestigkeit, sind auf den Seiten 324 und 325 zu finden.

D. Härte und Schneidhaltigkeit.

Die Schneidhaltigkeit eines Werkzeuges wird, abgesehen von seiner Form, durch seine Härte und durch die Bearbeitbarkeit des Werkstückes bestimmt.

Um die Härte von Werkzeugen zu prüfen, sind die Eindruckhärteprüfungen als nicht immer zureichend und oft schwer durchführbar anzusehen, während eine magnetische Prüfung, bei der nach den einzelnen Stufen der Wärmebehandlung Permeabilitäts-Messungen durchgeführt werden, für Schnellstähle geeignet erscheint, um den Härtezustand durch Vergleichsmessungen zu bestimmen.

E. Härte und Abnutzung.

Ein gesetzmäßiger Zusammenhang zwischen Härte und Abnutzung besteht nicht. Es konnte aber nachgewiesen werden, daß jeweils bei einem bestimmten Werkstoff, dessen Härte und Verschleißfestigkeit durch Warmbehandlung geändert worden war, der Verschleiß für $H < 200$ BE mit abnehmender Härte stark ansteigt und daß er für $H > 200$ BE nur noch sehr wenig von der Härte abhängig ist. Für Gußeisen liegt diese Grenze

Tafel 1. Ermittlung der Brinellhärte und für Stahl geltende Beziehungen von H_n (mit Stahlkugel bestimmt) zu anderen Härtezahlen und zur Zugfestigkeit[1]).

Eindruckdurchmesser in mm für Kugeldurchmesser D = mm			Brinellhärte für Belastung P = kg			Pyramidenhärte H_P	Rockwell		Rückprallhärte	Zugfestigkeit σ_B
2.5	5	10	15,6 / 62,5 / 250	62,5 / 250 / 1000	187,5 / 750 / 3000		B 100 kg Prüflast 1/16″ Kugel	C 150 kg Prüflast Diamantkegel		
0,50	1,00	**2,00**	79	315	**946**					
		2,05	75	300	**899**					
	1,05	**2,10**	72	286	**856**					
		2,15	68	273	**818**					
0,55	1,10	**2,20**	65	260	**780**	**1175**		**70**	**106**	
		2,25	62	248	**745**	**1085**		**68**	**100**	
	1,15	**2,30**	59	238	**712**	**1000**		**66**	**95**	
		2,35	57	228	**682**	**930**		**64**	**91**	
0,60	1,20	**2,40**	54	218	**653**	**845**		**62**	**87**	
		2,45	52	209	**627**	**790**		**60**	**84**	
	1,25	**2,50**	50	201	**601**	**735**		**58**	**81**	
		2,55	48	193	**578**	**692**		**57**	**78**	
0,65	1,30	**2,60**	46	185	**555**	**645**		**55**	**75**	
		2,65	44	178	**534**	**608**		**53**	**72**	
	1,35	**2,70**	43	171	**514**	**575**		**52**	**70**	
		2,75	41	165	**495**	**546**		**50**	**67**	
0,70	1,40	**2,80**	40	159	**477**	**520**		**49**	**65**	
		2,85	39	154	**461**	**496**		**47**	**63**	
	1,45	**2,90**	37	148	**444**	**473**		**46**	**61**	
		2,95	36	143	**429**	**454**		**45**	**59**	
0,75	1,50	**3,00**	35	139	**415**	**437**	**115**	**44**	**57**	
		3,05	34	134	**401**	**420**	**114**	**42**	**55**	
	1,55	**3,10**	32	129	**388**	**404**	**114**	**41**	**54**	
		3,15	31	125	**375**	**389**	**113**	**40**	**52**	
0,80	1,60	**3,20**	30	121	**363**	**375**	**113**	**38**	**51**	
		3,25	29	117	**352**	**363**	**112**	**37**	**49**	
	1,65	**3,30**	28	114	**341**	**350**	**111**	**36**	**48**	
		3,35	27,5	110	**330**	**339**	**111**	**35**	**46**	
0,85	1,70	**3,40**	26,8	107	**321**	**327**	**110**	**34**	**45**	
		3,45	26	104	**311**	**316**	**109**	**33**	**44**	
	1,75	**3,50**	25	101	**302**	**305**	**108**	**32**	**43**	
		3,55	24,5	98	**293**	**296**	**107**	**31**	**42**	
0,90	1,80	**3,60**	23,8	95	**285**	**287**	**107**	**30**	**40**	**103**
		3,65	23	92	**277**	**279**	**106**	**29**	**39**	**100**
	1,85	**3,70**	22,5	90	**269**	**270**	**105**	**28**	**38**	**97**
		3,75	21,8	87	**262**	**263**	**104**	**26**	**37**	**94**
0,95	1,90	**3,80**	21,3	85	**255**	**256**	**103**	**25**	**37**	**92**
		3,85	20,8	83	**248**	**248**	**102**	**24**	**36**	**89**
	1,95	**3,90**	20	80	**241**	**241**	**101**	**23**	**35**	**87**
		3,95	19,5	78	**235**	**235**	**100**	**22**	**34**	**84**
1,00	2,00	**4,00**	19	76	**229**	**229**	**99**	**21**	**33**	**82**
		4,05	18,5	74	**223**	**223**	**98**	**20**	**32**	
	2,05	**4,10**	18	72	**217**	**217**	**97**	**19**	**31**	**80**
		4,15	17,7	71	**212**	**212**	**96**	**18**	**31**	
1,05	2,10	**4,20**	17,2	69	**207**	**207**	**95**	**17**	**30**	**75**
		4,25	16,8	67	**201**	**201**	**94**	**15**	**30**	
	2,15	**4,30**	16,5	66	**197**	**197**	**93**		**29**	**71**
		4,35	16	64	**192**	**192**	**92**		**28**	

[1]) Die Rückprallhärte kann um ±10 Einheiten schwanken. Die Zugfestigkeit bezieht sich auf Kohlenstoffstahl und $H_{(10/3000/30)}$.

Tafel 1 (Fortsetzung).

Eindruckdurchmesser in mm für Kugeldurchmesser D = mm			Brinellhärte für Belastung P = kg			Pyramidenhärte H_P	Rockwell		Rückprallhärte	Zugfestigkeit σ_B
2,5	5	10	15,6 62,5 250	62,5 250 1000	187,5 750 3000		B 100 kg Prüflast $^1/_{16}''$ Kugel	C 150 kg Prüflast Diamantkegel		
1,10	2,20	**4,40**	15,5	62	**187**	**187**	**91**		**28**	**67**
		4,45	15,2	61	**183**	**183**	**90**		**27**	
	2,25	**4,50**	15	60	**179**	**179**	**89**		**27**	**64**
		4,55	14,5	58	**174**	**174**	**88**		**26**	
1,15	2,30	**4,60**	14,2	57	**170**	**170**	**87**		**26**	**61**
		4,65	14	56	**167**	**167**	**86**		**25**	
	2,35	**4,70**	13,5	54	**163**	**163**	**85**		**25**	**59**
		4,75	13,2	53	**159**	**159**	**84**		**24**	
1,20	2,40	**4,80**	13	52	**156**	**156**	**83**		**24**	**56**
		4,85	12,8	51	**152**	**152**	**82**		**23**	
	2,45	**4,90**	12,5	50	**149**	**149**	**81**		**23**	**54**
		4,95	12,2	49	**146**	**146**	**80**		**22**	
1,25	2,50	**5,00**	12	48	**143**	**143**	**79**		**22**	**52**
		5,05	11,8	47	**140**	**140**	**78**		**21**	
	2,55	**5,10**	11,5	46	**137**	**137**	**77**		**21**	**49**
		5,15	11,1	44,4	**133**	**133**	**76**		**21**	
1,30	2,60	**5,20**	10,9	43,7	**131**	**131**	**75**		**20**	**47**
		5,25	10,7	42,8	**128**	**128**	**74**		**20**	
	2,65	**5,30**	10,5	41,9	**126**	**126**	**73**			**46**
		5,35	10,2	41	**123**	**123**	**72**			
1,35	2,70	**5,40**	10	40,2	**121**	**121**	**71**			**44**
		5,45	9,8	39,4	**118**	**118**	**69**			
	2,75	**5,50**	9,6	38,6	**116**	**116**	**68**			**42**
		5,55	9,5	37,9	**114**	**114**	**67**			
1,40	2,80	**5,60**	9,3	37,1	**111**	**111**	**65**			**40**
		5,65	9,1	36,4	**109**	**109**	**64**			
	2,85	**5,70**	8,9	35,7	**107**	**107**	**62**			**39**
		5,75	8,8	35,0	**105**	**105**	**61**			
1,45	2,90	**5,80**	8,6	34,3	**103**	**103**	**59**			**37**
		5,85	8,4	33,7	**101**	**101**	**58**			
	2,95	**5,90**	8,3	33,1	**99**	**99**	**56**			**36**
		5,95	8,1	32,4	**97**	**97**	**54**			
1,50	3,00	**6,00**	7,9	31,8	**95**	**95**	**52,5**			**34**
		6,05	7,8	31,2	**94**					
	3,05	**6,10**	7,7	30,7	**92**					**33**
		6,15	7,5	30,1	**90**					
1,55	3,10	**6,20**	7,4	29,6	**89**					**32**
		6,25	7,2	29,0	**87**					
	3,15	**6,30**	7,1	28,5	**86**					**31**
		6,35	7	28,0	**84**					
1,60	3,20	**6,40**	6,9	27,5	**83**					
		6,45	6,8	27,0	**81**					
	3,25	**6,50**	6,6	26,5	**80**					
		6,55	6,5	26,1	**78**					
1,65	3,30	**6,60**	6,4	25,6	**77**					
		6,65	6,3	25,1	**75**					
	3,35	**6,70**	6,2	24,7	**74**					
		6,75	6,1	24,3	**73**					
1,70	3,40	**6,80**	6	23,9	**72**					
		6,85	5,9	23,4	**70**					
	3,45	**6,90**	5,8	23,0	**69**					
		6,95	5,7	22,7	**68**					

schon bei 160 BE; es ist aber bei etwa 230 BE wieder eine höhere Verschleißfestigkeit zu erwarten. Stahl soll sich um so weniger abnutzen, je höher er angelassen ist. Für gehärteten Stahl konnte festgestellt werden, daß sich durch eine beim Schleifen auftretende zu starke Erwärmung eine sehr dünne Weichhaut bildet. Dieser verminderten Härte in der Oberflächenschicht entspricht bei gleichem Werkstoff auch eine größere Abnutzung. Bei verschiedenen Werkstoffen von gleicher Härte kann jedoch die Abnutzungs-Widerstandsfähigkeit sehr unterschiedlich sein. Die Härteprüfung gestattet also nicht, die Verschleißfestigkeit eines Werkstoffes zu beurteilen.

Schrifttum.

I. Normen.

DIN 1605 Blatt 3: Kugeldruckversuch nach Brinell.
DIN-Vornorm A 103: Vorlasthärteprüfung nach Rockwell.
DIN-Vornorm A 132 Entwurf: Härteprüfung bei höheren Temperaturen.
DIN-Vornorm A 133 Entwurf: Härteprüfung nach Vickers.
VDE 0302/VII. 40: Leitsätze für mechanische und thermische Prüfungen fester Isolierstoffe. III. § 6. Kugeldruckhärte.

II. Bücher.

Ludwik: Härteprüfung. — Martens u. Heyn: Vorrichtung zur vereinfachten Prüfung der Kugeldruckhärte und die damit erzielten Ergebnisse.
Keßner: Die Bearbeitbarkeit der Metalle und Legierungen. VDI Forschungshefte 1918.
Mitt. K. Materialprüfungsamt Lichterfelde 1915, Heft 7/8.
Waizenegger: Beitrag zur Härteprüfung. Forschungshefte des VDI. 1921.
Wüst, F., u. P. Bardenheuer: Härteprüfung durch die Kugelfallprobe. Mitt. Eisenforsch. Bd. 1 (1920) S. 1.
Döhmer: Die Brinellsche Kugeldruckprobe. Berlin: Springer 1925.
Nieberding: Zur Frage der Abnutzung von Metallen unter besonderer Berücksichtigung der Meßflächen von Lehren. Bd. 5 d. Betriebswiss. Arb. d. VDI. VDI-Verlag 1930.
Schneidmer: Beitrag zur statischen und dynamischen Härteprüfung. Nr. 5 d. Forschungsarb. über Metallkunde und Röntgenmetallogr., herausgeg. v. M. v. Schwarz.
Damerow u. Herr: Hilfsbuch für die praktische Werkstoffabnahme in der Metallindustrie. Berlin: Springer 1936.
Gmelins Handbuch der anorganischen Chemie. System-Nr. 59: Eisen. Teil C — Lieferung 1, Härteprüfverfahren. Berlin: Verlag Chemie, GmbH, 1937.
Werkstoffhandbuch Stahl und Eisen. Düsseldorf: Verlag Stahleisen mbH, 1937.
Reicherter: Handbuch für Kugeldruckversuch nach Brinell, Vorlasthärteprüfung und Härteprüfung nach Vickers. Berlin: Springer 1938.
Siebel: Handbuch der Werkstoffprüfung. Berlin: Springer 1940.
Narath: Prüfgeräte für die Werkstoffprüfung in der Metallbearbeitung. Leipzig: J. A. Arnd 1941.

III. Aufsätze.

Meyer, Eugen: Untersuchungen über Härteprüfung und Härte. Z. VDI 1908 S. 645.
Martens u. Heyn: Vorrichtung zur vereinfachten Prüfung der Kugeldruckhärte. Z. VDI 1908 S. 1719.
Kirner: Pendelhärtemesser. Z. VDI 1910 S. 1834.
Schneider, John J.: Die Kugelfallprobe. Z. VDI 1910 S. 1631.
Shore: Das Skleroskop im Automobilbau. Z. prakt. Masch.-Bau 1910 S. 67.
Herbert, G. E.: Schneideeigenschaften des Werkzeugstahles. Z. prakt. Masch.-Bau 1910 S. 1903, 1968.
Berndt, G.: Skleroskop-, Kugeldruck- und Ritzhärte. Werkst.-Techn. Bd. 14 (1920) S. 201.
Pomp u. Schweinitz: Der Herbert-Pendelhärteprüfer und seine Eignung für die Werkstoffprüfung. Mitt. Kais.-Wilh.-Inst. Eisenforschg., Düsseld. Bd. 8 (1926) S. 79—100.
Franke: Ein Beitrag zur Härteprüfung. Ber. Werkstoffaussch. Ver. dtsch. Eisenhüttenl. Nr. 102. Düsseldorf: Verlag Stahleisen mbH 1927.
Rapatz u. Krekeler: Die Prüfung der Bearbeitbarkeit. Stahl u. Eisen 1928 S. 257.
Wallichs u. Krekeler: Bearbeitbarkeit. Masch.-Bau 1929 Heft 15.
Moser: Die technische Härteprüfung. Kruppsche Mh. Juni 1929.
Buxbaum: Härteprüfung. Masch.-Bau 1931 Heft 6.
Eilender, Oertel u. Schmalz: Grundsätzliche Untersuchungen des Verschleißes auf der Spindelmaschine. Arch. Eisenhüttenwes. Bd. 8 (1934/35) S. 61.

Trump: Härteprüfung nach Brinell an gehärtetem Stahl. Werkst. u. Betr. 1935 S. 245.
Schmidt, Hans: Die Härteprüfung von Lehren. Werkst.-Techn. u. Werksl. 1935 S. 213.
Werkstattmäßige Härteprüfungen. Werkst. u. Betr. 1936 Heft 19/20 S. 278. Werkstattblatt 27. Carl Hanser Verlag, München 22.
Söhnchen u. Piwowarsky: Die Abnutzung des Gußeisens bei gleitendem Verschleiß. Gießerei 1936 S. 489.
Reiniger: Einfluß der Prüfbedingungen auf das Ergebnis der Brinellhärteprüfung von Gußeisen. Arch. Eisenhüttenwes. Bd. 10 (1936/37) S. 29.
Hengemühle: Neuere Härteprüfer. Stahl u. Eisen Bd. 56 (1936) S. 1017.
Tammann u. Tampke: Bemerkungen über die Ritzhärte. Z. Metallkde. (1936 S. 336.
Sawin: Einfluß der Endbearbeitung auf den Zustand der Oberflächenschichten und ihre Widerstandsfähigkeit gegen Abnutzung. Werkst.-Techn. u. Werksl. 1937 S. 243.
Frank: Die Bedeutung der Kontrollplättchen bei der Härteprüfung. Das neue Zweigerätesystem bei der Härteprüfung mit optischer Auswertung. Werkst.-Techn. u. Werksl. 1937 S. 213 u. 271.
Frank: Neuzeitliche Härteprüfung in der Werkstatt. Werkst. u. Betr. 1937 Heft 1/2 S. 12.
Sporkert: Die Bestimmung der zum Ausmessen von Vickers-Eindrücken erforderlichen Vergrößerung. Z. Metallkde. Bd. 29 (1937) S. 168.
Brenner u. Kostron: Schlaghärteversuche an Aluminium-Knetlegierungen. Z. Metallkunde 1937 S. 293.
Sporkert: Bedingungen für genaues Ausmessen von Härteprüfeindrücken. Z. Metallkde. Bd. 30 (1938) S. 199.
Sporkert: Ein neuer Härteprüfer für das Laboratorium. Masch.-Bau 1938 S. 527.
Richter: Härteprüfung dünner Überzüge nach dem Ritzhärteverfahren mittels des umgebauten Martens-Ritzhärteprüfers. Z. Metallkde. Bd. 29 (1937) S. 355.
Lips: Härtemessungen an Gefügebestandteilen. Z. Metallkde. Bd. 29 (1937) S. 339.
Johannsson u. Weibull: Härtemessungen an drahtförmigen Proben. Z. Metallkde. Bd. 29 (1937) S. 418.
v. Weingraber: Die Einsatzhärte und ihre Prüfung. Werkst.-Techn. 1937 S. 384.
v. Weingraber: Die Fehlerquellen bei der Vickers-Härteprüfung. Werkst.-Techn. u. Werksl. 1938 S. 361.
Müller, Bremen: Der neue Rockwell-Handhärteprüfer nach Focke-Wulf. Automob.-techn. Z. 1938 Heft 12.
König: Bestimmung von Härte, Zugfestigkeit und Dehnung mit einfachen Mitteln. Z. Metallkde. 1938 S. 267.
N. N.: Neuere Härteprüfer für Werkstoffe. Automob.-techn. Z. 1938 Heft 12.
Sawin: Über Verschleiß an Metallen. Werkzeugmaschine 1940 S. 225.
Springer: Magnetische Härteprüfung von Schnellstählen. Z. VDI 1940 S. 365.
Frölich: Kugelrollprüfung zur Härtebestimmung von Kunststoffen. Kunststoffe 1940 S. 103.
Bernhardt: Die Mikrohärteprüfung. Z. VDI 1940 S. 733.
Ehrenberg: Die Ritzhärte in c-g-s-Einheiten. Quantitative Beziehungen zwischen Ritzhärte und Druckhärte. Z. Metallkde. 1941 S. 22.
Meyer, K.: Härteprüfung im Betrieb. Masch.-Bau-Betrieb 1941 S. 431.

IV. Druckschriften der Firmen

Karl Frank, Mannheim.
Ges. für Feinmechanik, Mannheim.
Hahn & Kolb, Stuttgart.
„IBA" Industriebedarf Erhard Höpfner K.-G., Berlin.
Mohr & Federhaff A.-G., Mannheim.
Rational, Berlin-Wilmersdorf.
Georg Reicherter, Eßlingen a. N.
Reindl & Nieberding, Berlin.
Louis Schopper, Leipzig.
Hermann Steinrück, Berlin.
Otto Wolpert, Ludwigshafen a. Rh.
Carl Zeiss, Jena.

Die Schleiffunkenprobe.

Gegenüber der genauen, aber umständlichen chemischen Analyse und metallurgischen Mikroskopie ermöglicht die Schleiffunkenprobe bei aller Einfachheit, Stahl schnell und für viele Zwecke doch genügend genau zu unterscheiden. Bei einiger Übung und Verwendung von analysierten Vergleichsstücken gestattet sie auch den Gehalt an Kohlenstoff und einigen Legierungsbestandteilen gut zu schätzen.

Der Werkstoff wird aus folgenden Erscheinungen erkannt:

1. Funke:

a) Häufigkeit und Größe (außer vom Stahl abhängig von: Schmirgelkorngröße, Schnittgeschwindigkeit und Anpreßkraft);

b) Funkenbild am Strahlenende: einfaches Stachelbüschel, blätterartig bei sekundärer Explosionserscheinung;

c) Lichterscheinung — Farbe: Einfluß der oxydierenden Legierungsbestandteile und der Anfangstemperatur (die überwiegend von Schnittfähigkeit und Schnittgeschwindigkeit der Schmirgelscheibe abhängig ist), Farbe in Nähe der Schleifscheibe — Helligkeitszunahme — Entfernung des Aufleuchtens — Farbe am Ende des Funkenbündels.

2. Länge und Art (Stärke, Gabelung usw.) der Strahlen, Dichte und Umfang des Strahlenbündels: proportional der Größe der Werkstoffteilchen, d. h. Einfluß der Werkstoffhärte und -bildsamkeit (Bearbeitbarkeit).

Einzuhaltende Versuchsbedingungen:

1. Schmirgelscheibe: scharf, körnig, mittelhart; 30—35 m/s Umfangsgeschwindigkeit;

2. Einhalten der Anpreßkraft und der Schnittgeschwindigkeit, d. h. der Schleifstelle beim Schleifen an der Scheibenseitenfläche;

3. Reinigung der Schleifscheiben zwischen den einzelnen Proben zur Vermeidung irreführender Ergebnisse.

Die charakteristischen Erkennungszeichen verschiedener Stahlsorten zeigt die Zusammenstellung auf S. 329.

Die Erkennungsdeutlichkeit der legierten Stähle steigt mit zunehmendem C-Gehalt; entsprechend der Härtesteigerung werden mit zunehmender Zahl der Legierungselemente bzw. wachsendem Mengengehalt die Funkenbilder seltener.

Die dargestellten Schleiffunkenbilder erscheinen in Wirklichkeit mehr oder weniger verzerrt.

Schrifttum.

Engelmeyer, P. K. v.: Unterscheidung von Schmiedeeisen, Stahl und Gußeisen an der Schmirgelscheibe. Uhlands Techn. Rundschau 3, Okt. 1889.

Bermann, M.: Die Funken als Erkennungszeichen der Stahlsorten. Z. VDI Bd. 53 (1909) S. 171/78.

Pitois, E.: Unterscheidung der Stähle durch Schleiffunkenprüfung in Luft und Sauerstoff. Comptes rendus Bd. 178 (1924) S. 924/44.

Mesnager, M.: Unterscheidung von Stählen mit Hilfe von Schleiffunkenbildern. Comptes rendus Bd. 178 (1924) S. 1037/38.

Enos, G. M.: Bemerkungen über die Funkenprobe an Stahl. Trans. Amer. Soc. Stl. Treat. 1927 S. 976/81.

Wagner, H. W.: Funkenprobe zur Bestimmung der Metallcharakteristik. Abrasive Industry, Mai 1930 S. 29.

Eschelbach, R.: Die Stahlkontrolle (Funkenbilder). Werkzeugmasch. Bd. 36 (1932) S. 125.

Grahl: Werkstoff-Prüfung. Werkstatt-Kniffe, Folge 6. Carl Hanser Verlag, 1938. München 27.

1	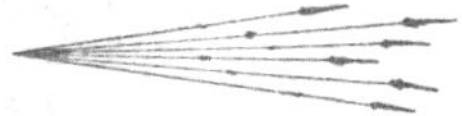	C-armer Stahl	In lange Tropfen auslauf. glatte Linien; Mit steigendem C-Gehalt: Zunahme d. Strahlendichte und der Stachelbüschelbildung. Abnahme der Tropfengröße	hellgelb
2		Mittlerer C-Stahl		
3	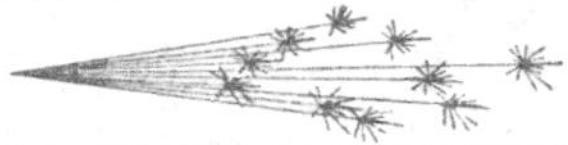	C-reicher Stahl		
4	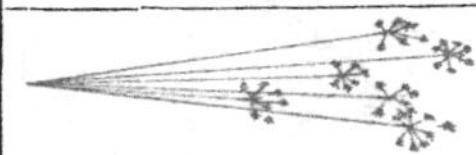	Mn-Stahl	Mittellange feine Strahlen mit zahlreichen blätterartigen Stachelbüscheln	hellgelb
5		Si-Gehalt	Lange Strahlen mit sehr hellen Tropfen	
6	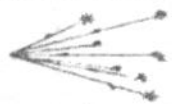	Gußeisen	Graues — viele / Weißes — wenige } kurze Strahlen	rötlichgelb
7		Stellite	Wenige kurze, glatte Strahlen	orange
8		Schnelldrehstahl (hoher W-Gehalt)	Mäßig lange Strahlen mit kurzen Tropfen bei zunehmendem C-Gehalt: Sternchenbildung	dunkelrot
9		W-Stahl (niederer W-Gehalt)	≈ Schnelldrehstahl Stachelbüschel mit kugeligen Enden	ziegelrot mit steigendem Wo-Gehalt ins Dunkelrote übergehend
10	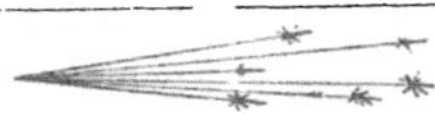	Cr- / Ni- } Stahl	≈ C-Stählen, aber mit geringerer Stachelbildung	orangegelb

Schleiffunkenbilder verschiedener Stahlsorten.

Verbindende und zerteilende Bearbeitung.

Schweißtechnik.

A. Einteilung der Schweißungen.

Grundsätzlich sind zu unterscheiden:

I. Preßschweißungen,

bei denen die hoch erhitzten, aber nicht teigigen oder flüssigen, sondern nur plastischen Teile der Werkstücke unter Druck zusammengefügt werden und

II. Schmelzschweißungen,

bei denen die Kanten der zu verbindenden Werkstücke aufgeschmolzen und durch eingeschmolzenen Zusatzwerkstoff vereinigt werden.

B. Arten der Schweißungen.

I. Hammerschweißung (Preßschweißung).

Älteste Form der Schweißung. Heute nur noch gelegentlich bei Nickel und Aluminium angewendet.

II. Wassergasschweißung (Preßschweißung).

Anwendung nur, wo noch Anlagen vorhanden. Wassergas ($H_2 + CO$) wird in großen Schamottbrennern unter Zugabe von Luft verbrannt und zur Erhitzung der Werkstücke benutzt. Eigentliche Schweißung dann durch Handhämmer oder Druckrollen.

III. Thermitschweißung

(Verschiedene Verfahren, teils Preß-, teils Schmelzschweißung).

Nur noch für Schienenverbindung. Ausführung durch Fachfirmen. Thermitreaktion:

$$Fe_2O_3 + 2\,Al = 2\,Fe + Al_2O_3\ (+\ 188\ \text{WE/kg}).$$

IV. Gasschmelzschweißung (Autogenschweißung).

Brenner für Brenngas und reinen Sauerstoff wird zum Aufschmelzen der Werkstückkanten und des Zusatzdrahtes benutzt. Bei der Ausführung

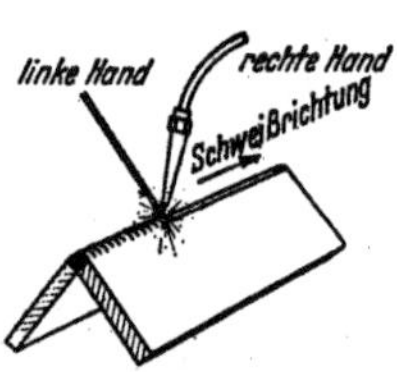

Abb. Sch 1. Nachrechtsschweißung.

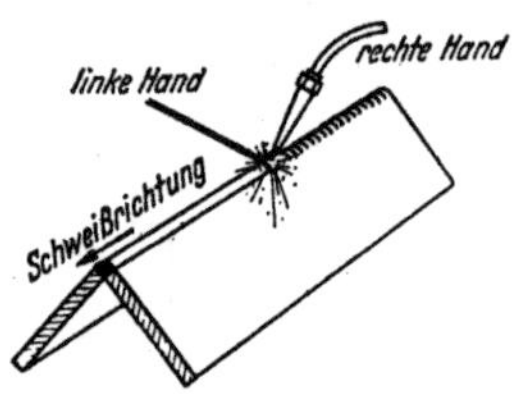

Abb. Sch 2. Nachlinksschweißung.

der Schweißung unterscheidet man Nachrechts- und Nachlinks-Schweißung (Abb. Sch 1 u. Sch 2). Die Nachlinksschweißung ist handwerklich etwas leichter und meist dem Aussehen nach besser, die Nachrechtsschweißung dagegen im allgemeinen wirtschaftlicher und hinsichtlich der mechanischen Eigenschaften besser.

a) Gase.

In der Tafel Flammentemperaturen bei Verwendung von reinem Sauerstoff.

Brenngas	Höchst-temperatur °C	Anwendbar für Stahlblech bis mm
Leuchtgas ..	1700	3
Wasserstoff .	1900	7
Methan	2000	7
Blaugas	2300	8
Benzol	2700	12
Azetylen ...	3200	50

Heute wird fast ausschließlich Azetylen benutzt, das entweder Entwicklern oder Flaschen entnommen wird.

1. Entwickler-Azetylen. Bewegliche oder ortsfeste Anlagen, in denen Kalziumkarbid und Wasser zu Azetylen und Kalkschlamm umgewandelt wird. Azetylen neigt bei höheren Drücken und Temperaturen zu explosivem Zerfall. Daher im Betrieb höchstens 1,5 atü.

Niederdruckentwickler: 0,02 bis 0,04 atü,
Mitteldruckentwickler: 0,04 bis 0,2 atü,
Hochdruckentwickler: 0,2 bis 1,5 atü.

Im Betriebe muß der Entwickler unbedingt kalt bleiben. Höchstzulässige Temperatur 60° C. Daher auf 1 kg Karbid mindestens 10 l Wasser. Der bei der Entwicklung des Azetylens entwickelte Kalkschlamm wird regelmäßig abgelassen und muß rein weiß sein. Bräunliche Färbung deutet auf Übertemperatur! Größte Vorsicht beim Reinigen der Entwickler wegen möglicher Azetylenrückstände. Azetylen und Luft sind in Mischungsverhältnissen von 3 bis 65 vH, Azetylen und Sauerstoff von 3 bis 93 vH explosiv. Keine Stahlwerkzeuge zum Abschlagen der Kalkreste. (Funkenbildung!)

2. Flaschengas (Dissousgas). Azetylen wird unter Druck von Azeton gelöst. Die Azetylenflaschen sind vollständig mit einer porösen Masse gefüllt, die Azeton enthält. Bei einem Druck von nur 15 atü faßt eine normale Flasche 6000 l Azetylen in gelöstem Zustand. Flaschengas ist reiner und sicherer, aber teurer als Entwicklergas.

3. Sauerstoff wird in Stahlflaschen geliefert, in denen er auf 150 atü verdichtet ist. Eine normale Flasche enthält 6000 l Sauerstoff. Vorsicht beim Befördern! Nicht werfen! Nicht in die Sonne stellen! Stets anketten! Kein Fett an sauerstoffführende Teile bringen!

b) Zubehör.

1. Kennfarben und Anschlüsse. Für alle technischen Gase sind zum Vermeiden von Verwechslungen Kennfarben vorgesehen, und zwar für

Sauerstoff blau,	Stickstoff grün,
Azetylen weiß,	Kohlensäure schwarz,
Wasserstoff rot,	Preßluft grau.

Die Anschlußgewinde für das Ansetzen der Reduzierventile (Druckminderer) an die Flaschen sind ebenfalls für alle Gase verschieden, teils Rechtsgewinde, teils Linksgewinde, DIN 477. Nur Azetylen macht eine Ausnahme; Azetylenventile werden mit Bügelverschluß befestigt.

2. Druckminder-Ventile (Reduzierventile) bezwecken das Herabsetzen des hohen Flaschendrucks auf den für die Brenner vorgeschriebenen Druck. Vor dem Ansetzen Dichtungen und Sauberkeit nachprüfen, Flaschenventile langsam öffnen. Plötzliches Öffnen von Sauerstoff-Flaschen kann zum Ausbrennen des Druckminderers und zu Unfällen führen. Kein Fett an sauerstoffführende Teile!! Bei zu starker Sauerstoffentnahme Gefahr des Einfrierens der Ventile.

3. Brenner. 1. Saugbrenner. In diesen saugt sich der Drucksauerstoff das notwendige Brenngas an (Injektor), Brenngas daher fast drucklos und Anwendung von Azetylen-Niederdruckentwicklern möglich. Die Brenner neigen bei Erhitzung der Düse und des Mischrohrs zum Flammrückschlag infolge der Mischungsänderung des Gasgemisches. 2. Druckbrenner. Beide Gase werden unter gleichem oder fast gleichem Druck zugeführt. Keine Mischungsänderung. Bei Verwendung von Azetylen nur Hochdruckentwickler oder Flaschengas.

4. Wasservorlage. Schutzvorrichtung gegen Flammrückschlag in die Azetylenleitung. Bei Entwicklern vorgeschrieben.

c) Flußmittel.

Während die Schweißung von Stahl ohne besondere Zusatzmittel möglich ist, erfordert die Schweißung von Gußeisen und Nichteisenmetallen sowie verschiedener Sonderstähle die Anwendung von Flußmitteln, die die Oxydation des Werkstoffs verhindern bzw. bereits gebildete Oxyde lösen sollen. Das vorgeschriebene Flußmittel muß unter allen Umständen, auch wenn die Schweißung sich scheinbar ohne dieses ausführen läßt, angewendet werden, um fehlerhafte porige Schweißnähte zu vermeiden.

d) Zeit- und Stoffaufwand bei der Gasschmelzschweißung.

Blechstärke Stahl	Zusatzdraht		Sauerstoff	Azetylen	Leistung	Zeit
mm	Gew. kg	Durchm. mm	Liter	Liter	m/h	min/m
0,5	0,015	1	4,6	4,2	10	6
1	0,02	1,5	14	13	7,5	8
2	0,05	2	38	35	6	10
4	0,18	3	105	97	4	15
6	0,375	4	220	202	3	20
8	0,65	5	345	320	2,3	26
10	1,0	6	670	620	1,9	33
15	1,9	8	1260	1160	1,3	45
20	2,4	8	2060	1905	0,9	60
25	3,2	8	3160	2935	0,75	80
30	4,5	10	4950	4550	0,6	100
40	6,0	10	7200	6600	0,4	140
50	12,0	10	9000	8300	0,33	160

Die angegebenen Werte beziehen sich auf 1 m Schweißnaht bei der für die Blechstärke üblichen Stoßkantenbearbeitung (siehe Abb. Sch 5 bis Sch 9).

V. Brennschneiden (Autogenschneiden).

Die meisten Gas-Schweißbrenner haben eine Zusatzeinrichtung, die es erlaubt, Stahl mittels Sauerstoff zu schneiden. Ein solcher Schneidbrenner hat grundsätzlich 2 Düsen, von denen die eine ein Brenngas-Sauerstoff-Gemisch, die andere reinen Sauerstoff führt. Zunächst wird das Brenngas Sauerstoff-Gemisch der einen Düse (meist ringförmig um die Sauerstoffdüse angeordnet) entzündet und mit dieser Vorwärmflamme die Kante des zu schneidenden Stückes bis auf Entzündungstemperatur erwärmt (1000 bis 1200° C), dann wird der reine Sauerstoff der anderen Düse eingeschaltet, der nun den erhitzten Werkstoff rasch verbrennt. Infolge des hohen Druckes und der hohen Ausströmgeschwindigkeit des Schneid-Sauerstoffs entsteht ein scharf begrenzter Schnitt, wenn der Brenner über das Werkstück bewegt wird. Schneidbar ist nur Stahl, sofern er nicht zu hoch legiert ist. Die Sauberkeit des Schnittes hängt ab von Sauerstoffdruck, Düsendurchmesser, Schnittgeschwindigkeit (Abb. Sch 3), Einstellung der Vorwärmung, Reinheit

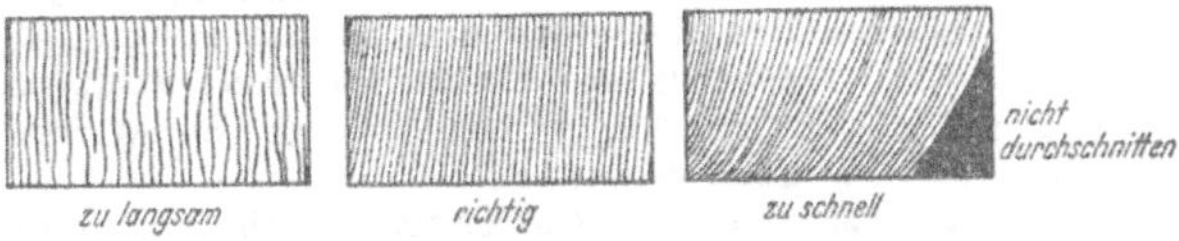

Abb. Sch 3. Schnittriefenbildung bei verschiedenen Vorschubgeschwindigkeiten.

des Sauerstoffs. Mit reinstem Sauerstoff und der höchsten einwandfrei zu erreichenden Schnittgeschwindigkeit sind die Kosten der Schneidarbeit am geringsten. Genaue Schnitte lassen sich nur mit zwangsläufig gesteuerten Schneidmaschinen erreichen. Als Brenngas wird, da meist sowieso vorhanden, Azetylen benutzt, doch eignen sich Benzol und Wasserstoff wegen der größeren Tiefenwirkung der Vorwärmflamme besser zum Schneiden von besonders dicken Stücken (über 300 mm) und für Paketschnitte.

Zeit- und Stoffaufwand beim Brennschneiden je m Naht.

Blechstärke	Sauerstoffdruck	Sauerstoffverbrauch	Azetylenverbrauch	Leistung	Zeit
mm	atü	Liter	Liter	m/h	min/m
5	2	50	12	24	2,5
10	3	100	15	20	3
20	3,6	210	25	17	3,5
30	4	310	35	15	4
50	4,5	560	55	12	5
75	5	900	80	10	6
100	6	1200	100	7,5	8
150	8	2100	160	6	10
200	9	3000	200	5	12
300	11	5600	320	3,8	16

VI. Lichtbogenschweißung (Schmelzschweißung).

a) Benardos-Verfahren (Kohle-Lichtbogenschweißung).

Zwischen Werkstück und einer Kohle-Elektrode wird ein Gleichstromlichtbogen gezogen, der das Werkstück örtlich aufschmilzt. Zum Auffüllen der Naht kann Zusatzdraht, ähnlich wie bei der Gasschmelzschweißung, zugegeben werden. Nur mit Gleichstrom durchführbar. Werkstück am positiven, Kohle am negativen Pol. Bei Schweißung von Stahl bei umgekehrter Polung starke Aufkohlung des Werkstücks bis zur Bildung von weißem Roheisen. Beruhigen und Richten des Lichtbogens durch Blasspule oder Luftstrom zweckmäßig. Das Verfahren wird heute vielfach zur Schweißung von Bördelnähten ohne Zusatzdraht und für Schweißautomaten benutzt.

b) Slavianoff-Verfahren (Draht-Lichtbogenschweißung).

1. Maschinen. Die Lichtbogenschweißung nach Slavianoff läßt sich grundsätzlich sowohl mit Gleich- wie mit Wechselstrom ausführen, jedoch erfordert die Besonderheit dieses Arbeitsverfahrens besondere Stromquellen. Dafür kommen in Betracht:

1. Umformer für Gleichstrom mit beliebigem Antriebsmotor,

2. Einphasenumspanner für Wechselstromschweißung,

3. Schweißstromgleichrichter für gleichphasigen Anschluß an Drehstromnetz und Schweißung mit Gleichstrom.

2. Elektroden. Bei der normalen Lichtbogenschweißung wird zwischen dem zu schweißenden Werkstück und dem Zusatzdraht ein Lichtbogen gezogen, wobei Werkstück und Zusatzdraht durch entsprechend kräftige Kabel mit der Stromquelle verbunden sind. Es werden verschiedene Typen von Elektroden verwendet:

1. Blanke Drähte. Nur für Gleichstrom. Draht am Minuspol. Schweißnaht fest, aber spröde und porös.

2. Seelenelektroden; auch für Wechselstrom, besser wie blanke Drähte.

3. Mantelelektroden. α) Schwach umhüllte Elektroden. Für Gleich- und Wechselstrom. Besser als blanke Drähte und Seelenelektroden. β) Mittelstark umhüllte Elektroden, durch Tauchung oder Umpressung hergestellt. Kommen dem Ergebnis von γ) näher, Naht hat aber geringere Dehnung. Häufig gut geeignet für Schweißung dünner Bleche. γ) Stark umhüllte Elektroden. αα) Getaucht oder gepreßt; ββ) mit Blauasbest umwickelt (beide für Gleich- und Wechselstrom); γγ) mit Weißasbest gewickelt (nur für Gleichstrom am Pluspol).

Die ummantelten Elektroden vermeiden die schädliche Aufnahme von Sauerstoff und Stickstoff aus der Luft, ermöglichen einen ruhigen und stabilen Lichtbogen und ergeben bei richtiger Verarbeitung porenfreie und zähe Nähte. Lichtbogenlänge etwa gleich Elektroden-Kerndurchmesser.

3. Allgemeines. Die Lichtbogenschweißung hat gegenüber der Gasschmelzschweißung den Vorteil, daß die beim Schweißen auftretenden Verziehungen des Werkstückes wegen der schnelleren Wärmeentwicklung des Lichtbogens geringer sind. Dagegen sind die zurückbleibenden inneren Spannungen im allgemeinen größer. Ferner kann man mit gleichem Elektrodendurchmesser beliebige Blechstärken verschweißen, insbesondere auch stark voneinander abweichende Blechstärken gleichzeitig. Beim Verschweißen verschiedener Stahlsorten miteinander muß beachtet werden, daß die Legierung der Stähle nicht zu stark voneinander abweicht.

Für die meisten Nichteisenmetalle, wie für Kupfer, Messing, Bronze, Aluminium, Al-Legierungen, nichtrostende Stähle u. a. m., sind in letzter Zeit ebenfalls ummantelte Elektroden entwickelt worden.

Bei der Lichtbogenschweißung von G r a u g u ß ist zu unterscheiden zwischen Kaltschweißung ohne Vorwärmung des Werkstücks und Warmschweißung mit Vorwärmung des Werkstücks. Die Kaltschweißung kann mit normalen Stahl-Elektroden ausgeführt werden, ergibt aber mindestens teilweise harte Stellen durch Bildung von weißem Roheisen infolge zu schneller Abkühlung. Elektroden aus Monelmetall ergeben feilenweiche Nähte. Bei der Warmschweißung wird das Werkstück völlig in einen Ofen eingebaut und dort auf Rotglut erhitzt. In diesem Zustand wird die Schweißung mit starken Grauguß-Elektroden mit Stromstärken bis zu 1000 A durchgeführt. Bei entsprechend langsamer Abkühlung erstarrt das Schweißgut zu Grauguß.

4. Schutzmaßnahmen. Obwohl die beim Schweißen benutzten Spannungen im allgemeinen verhältnismäßig niedrig liegen, muß doch für sorgfältige Isolierung und t r o c k e n e s Arbeiten gesorgt werden, da beim Zusammentreffen ungünstiger Umstände lebensgefährliche Unfälle nicht ausgeschlossen sind. Ferner erfordert die außerordentlich starke Ultraviolettstrahlung des Lichtbogens Schutz für Augen und Haut. Schweißbrillen — auch mit sehr dunklen Gläsern — dürfen keinesfalls verwendet werden. Niemals ohne Schutzglas in den Lichtbogen sehen, da sonst Bindehautentzündungen des Auges auftreten, die zwar nicht gefährlich, aber sehr unangenehm und schmerzhaft sind! Stets Schutzschirm oder Helm benutzen, der das Gesicht ganz abdeckt!

5. Zeit- und Stromaufwand bei der Lichtbogenschweißung.

Blechstärke	Elektrodendurchmesser	Mittlere Stromstärke		Reine Schweißzeit	
		blank	ummantelt	blank	ummantelt
mm	mm	Amp	Amp	min/m	min/m
3	2,5	90	85	4	3
4	3	110	95	10	9
5	4	150	125	11	10
6	4	160	150	12	10
8	4	160	150	25	20
10	4	160	150	27	25
10	5	190	165	24	21

Die angegebenen Werte gelten für die Verschweißung von Stahl, können aber nur als Anhaltspunkte gewertet werden. Die Angabe der reinen Schweißzeit bezieht sich auf 1 m Schweißnaht.

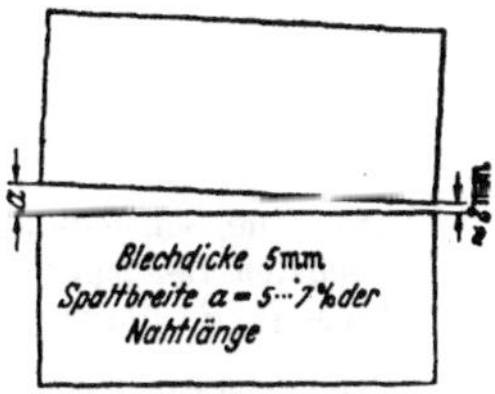

Abb. Sch 4. Ausgleichen der Verziehungen.

6. Arcatomschweißung (Schutzgasschweißung). Zwischen zwei dünnen Wolfram-Elektroden wird ein Lichtbogen gezogen, wobei Elektroden und Schweißstelle dauernd von Wasserstoff umgeben sind, der aus zwei um die Elektroden angeordneten Ringdüsen strömt. Mit diesem Arcatom-Brenner wird ähnlich wie mit dem Gasschweißbrenner gearbeitet. Hochwertiges Arbeitsverfahren.

7. Automatisches Lichtbogenschweißen.

1. Vorschubautomaten. α) Kohleautomat: Selbsttätige Steuerung des Lichtbogens und des Zusatzdrahtes sowie u. U. eines Papierstreifens, der durch Verbrennen eine reduzierende Atmosphäre schafft. Beruhigung des Bogens durch Magnetfeld oder Luftstrom. β) Drahtautomaten: Selbsttätiger Nachschub eines blanken Drahtes (in großen Längen auf eine Vorratsrolle gewickelt) entsprechend dem Abbrand. γ) Elektrodenautomat: Steuerung des Nachschubs wie α) u. β). Bei Benutzung von Mantelelektroden in üblichen Längen, selbsttätiger Wechsel von Lichtbogen und Elektroden.

2. Automatische Verfahren. α) Ellira-Verfahren: Für lange Nähte an dicken Blechen. Die Schweißfuge wird mit einer der Umhüllung der Mantelelektroden entsprechenden körnigen Masse gefüllt, in der ein Lichtbogen zwischen einem selbsttätig nachgeschobenen blanken Draht und dem Werkstück brennt. Ergebnis wie bei Mantelelektroden, aber Nähte bis zu 60 mm Dicke in einer Lage. Stromstärken 600—3000 Amp. β) Hafergut-Verfahren: Ausnutzung der Isolierfähigkeit der Umhüllung bei Mantelelektroden zum selbsttätigen Schweißen. Eine in die Schweißfuge längs eingelegte Elektrode brennt, einmal gezündet, selbsttätig ab. Die Elek-

trode wird durch eine Halteschiene festgelegt, so daß sie durch Wärmespannungen nicht bewegt werden kann. Erprobt auch für lange Nähte mit langen Sonderelektroden.

8. Ausgleichen der Verziehungen. Beim Entwurf von geschweißten Teilen muß berücksichtigt werden, daß das Schweißen fast immer zu einer Verziehung des geschweißten Stückes führt. Vor dem Schweißen muß die Verziehung durch entsprechendes Zurechtlegen der Einzelteile ausgeglichen werden (Abb. Sch 4).

9. Vorbereitung, Berechnung und Ausführung von Schweißungen. Vorbereitung von Blechen für Stumpfnähte nach Abb. Sch 5 bis Sch 9.

Die Berechnung der Stumpf- und Kehlnähte erfolgt mit einer zulässigen Spannung nach DIN 4100 (Vorschriften für geschweißte Stahlbauten).

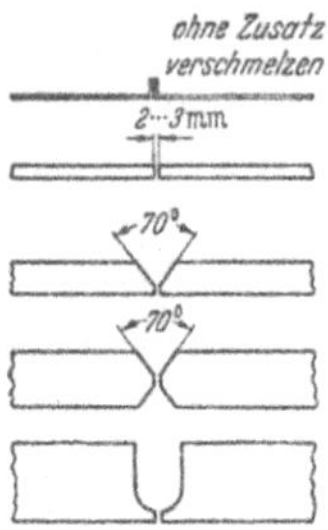

Abb. Sch 5. Bördelnaht (bis 1,5 mm).

Abb. Sch 6. I-Naht (bis 5 mm).

Abb. Sch 7. V-Naht (bis 15 mm).

Abb. Sch 8. X-Naht (ab 15 mm).

Abb. Sch 9. U-Naht (Kelchnaht) (ab 20 mm).

Bearbeitungen sollten möglichst nach der Schweißung, Fein- und Feinstbearbeitungen müssen nach der Schweißung ausgeführt werden. Bei jeder Konstruktion muß beachtet werden, daß durch die Anwendung des Schweißens ganz andere Voraussetzungen für den Arbeitsgang gegeben sind, und daß daher Konstruktionen, die bisher gegossen, genietet oder geschmiedet wurden, schweißgerecht neu entworfen werden müssen. Die Schweißnähte sollen möglichst nicht gerade an die Stellen der höchsten Beanspruchung gesetzt werden. Schweißarbeiten in unbequemer Lage (z. B. überkopf) sollen vermieden werden.

10. Ausführungsbeispiele.

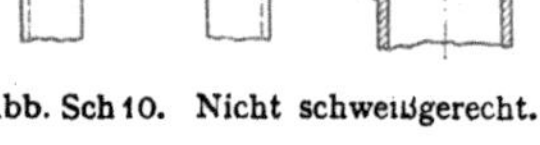

Abb. Sch 10. Nicht schweißgerecht.

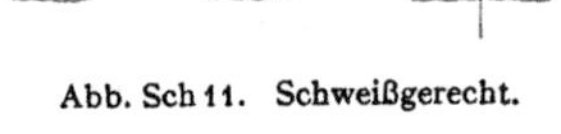

Abb. Sch 11. Schweißgerecht.

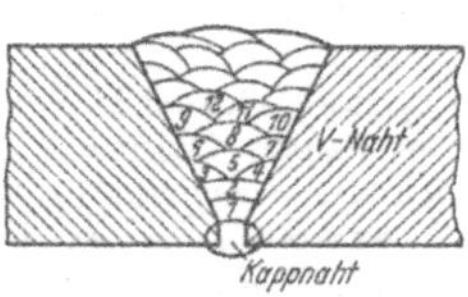

Abb. Sch 12.
Nahtfolge bei V-Naht.

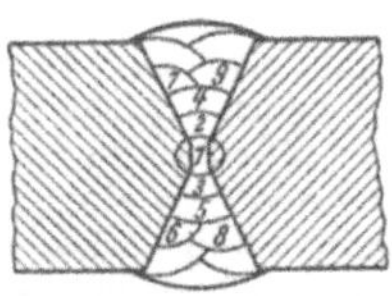

Abb Sch 13.
Nahtfolge bei X-Naht.

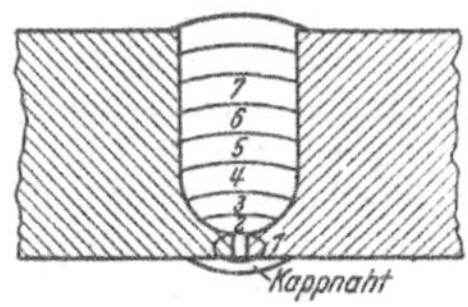

Abb. Sch 14.
Nahtfolge bei U-Naht.

VII. Widerstandsschweißung.

Der bei der Berührung zweier elektrischer Leiter auftretende Übergangswiderstand wird nach verschiedenen Verfahren zum Erwärmen und Verschweißen der Berührungsstellen benutzt.

Punktschweißung. Zum Verbinden verhältnismäßig dünner Bleche an Stelle von Einzelnieten.

Die zu verbindenden Bleche werden zwischen zwei unter Druck aufsitzende wassergekühlte Kupfer-Elektroden gesetzt. Ein kurzzeitig fließender außerordentlich starker Strom verschweißt die Bleche an der Stelle der größten Wärmeentwicklung, die infolge des höchsten elektrischen Widerstandes zwischen den beiden Blechen liegt. Zur Erzeugung der hohen Stromstärken wird durchweg ein Einphasen-Umspanner benutzt. Regelung der Stromstärke durch Anzapfungen der Primärwicklung. Regelung der Schweißzeit durch Schweißzeitbegrenzer verschiedener Bauarten: Maximal-Stromzeit-Relais mit Druckluft- oder elektrischer Verzögerung, Röhren-Schweißzeit-Begrenzer zur Steuerung des Schweißschützes oder gittergesteuerte Stromrichter zur trägheitslosen Schaltung des Primärstroms. Bei verhältnismäßig kleinen Werkstücken werden Umspanner, Elektrodenzuführung und Elektroden zu einer ortsfesten Maschine vereinigt. Bei großen Werkstücken werden die Elektroden, die in Form einer Schweißzange ausgebildet sind, durch entsprechend lange Kabel mit dem Umspanner verbunden. Betätigung der Schweißzange vorwiegend durch Druckluft.

Ausschlaggebend für das Gelingen der Schweißung sind Stromstärke, Schweißzeit, Elektrodendruck und Elektrodendurchmesser. Die Änderung eines dieser Faktoren bedingt immer die Änderung mindestens eines der andern.

Die Verschweißung von Nichteisenmetallen erfordert wegen der meist höheren Wärmeleitfähigkeit erheblich höhere Energien als die Verschweißung gleicher Stahlblechstärken.

Buckelschweißung dient zur gleichzeitigen Erzeugung mehrerer Schweißpunkte. Das eine Blech wird an den zu schweißenden Stellen mit kleinen Eindrückungen versehen, deren Erhöhungen an dem andern Blech anliegen. Beide Bleche werden zwischen großflächige parallele Elektroden gelegt, wobei der Stromweg durch die Buckel gegeben ist. Die dazu notwendige Maschine muß wesentlich kräftiger als eine normale Punktschweißmaschine ausgebildet sein und wird in dieser Form als Schweißpresse bezeichnet.

Rollennahtschweißung. Zur dichten Verbindung verhältnismäßig dünner Bleche durchlaufende überlappte Punktschweißungen. Die stiftförmigen Elektroden der Punktschweißmaschine sind hier durch mechanisch angetriebene Rollen ersetzt, die für die Weiterbewegung der Bleche sorgen. Bei gleicher elektrischer Bemessung können durch Rollennahtschweißung nur wesentlich dünnere Bleche verarbeitet werden als mit der Punktschweißung. Beim Nahtschweißen von Nichteisenmetallen empfiehlt es sich, die Schweißstelle und die Elektroden während der Schweißung von außen her reichlich mit Wasser zu kühlen. Davon abgesehen werden die Elektroden der Punkt- und Nahtschweißmaschinen immer von innen wassergekühlt. Das Einschalten der Maschinen erfolgt durch Fußhebel, das Ausschalten (bzw. die fortlaufende Schaltung der Nahtschweißmaschinen) durch automatisch arbeitende Kontroller zum Einhalten genauer Zeiten. Für kürzeste Zeiten reichen die elektromagnetisch arbeitenden

Höchststrom-Zeitrelais im allgemeinen nicht aus und müssen durch Stromrichter-Steuerung ersetzt werden.

Stumpf- und Abschmelzschweißung. Zur axialen Verbindung von Profilen, heute meist mit vollselbsttätigen Maschinen. Die Stumpfschweißung gibt an der Schweißstelle einen Wulst, die Abschmelzschweißung einen scharfen Grat. Beide Verfahren werden auf der gleichen Maschine ausgeführt. Wo möglich, ist die Abschmelzschweißung vorzuziehen.

Weibelverfahren. Zwei mit einer geeigneten Stromquelle verbundene Kohle-Elektroden werden seitlich federnd an die in Bördelform ausgebildete Naht gelegt. Durch Widerstandserwärmung wird die Berührungsstelle bis zum Schmelzfluß erhitzt, und durch Weiterziehen des Gerätes wird die Bördelkante verschweißt. Auch für Nichteisenmetalle.

Verzeichnis der bisher erschienenen DIN-Blätter der Schweißtechnik.

DIN-Blatt	Gegenstand	DIN-Blatt	Gegenstand
1901	Schläuche	1912	Schmelzschweißung, Zeichnungsnormen
1902	Feste Schlauchtüllen		
1903	Lösbare Schlauchtüllen und Anschlüsse	1914	Richtlinien für Röntgenprüfung
1904	Schweißbrenner	4100	Vorschriften für geschweißte Stahlbauten
1905	Schneidbrenner (Ringdüsenbrenner)		
1906	Druckminderer	4101	Vorschriften für geschweißte Straßenbrücken
1907	Manometer		
1908	Lösbare Schlauchtüllen für Druckminderer	4647	Strahlungsschutz
		4655	Schutzschilde für Lichtbogen-Schweißen (Lieferbedingungen)
1909	Anschlußbügel für Azetylenflaschen		
1910	Begriffe und Arten des Schweißens	4664	Stahlflaschen für verdichtete Gase
1911	Widerstandsschweißung, Zeichnungsnormen	4666	Stahlflaschen für Azetylen
		4671	Flaschenkennzeichnung

Verzeichnis der DIN-Vornormen der Schweißtechnik.

DIN-Blatt	Gegenstand	DIN-Blatt	Gegenstand
1192	Kupferschweißdraht (Entwurf)	DVM A 121	Faltversuch bei Schweißverbindungen
1913	Schweißdraht für Lichtbogen- und Gasschweißung von Stahl. Technische Lieferbedingungen	DVM A 122	Kerbschlagversuch bei Schweißverbindungen
		50123	Zugversuch bei Schweißverbindungen bei Leichtmetall (Entwurf)
DVM A 120	Zugversuch bei Schweißverbindungen	50124	Scherzugversuch an Punktschweißnähten

Schrifttum.

Schimpke-Horn: Praktisches Handbuch der gesamten Schweißtechnik (Bd. I: Gas-Schw., 3. Aufl. 1938; Bd. II: Elektro-Schw., 2. Aufl. 1935). Berlin: Springer.

Kautny-Holler: Leitfaden für Azetylenschweißer. 13. Aufl. 1938.

Meller: Handbuch der Lichtbogenschweißung. 1935.

Meller: Taschenbuch der Lichtbogenschweißung. 1937.

Zeitschriften: Autogene Metallbearbeitung, Elektroschweißung.

Die wichtigsten Zeichnungsnormen für Schweißnähte.

(Din 1911 und 1912 gekürzt.)

Benennung		maßstäbliche Darstellung	Sinnbild
Bördelnaht		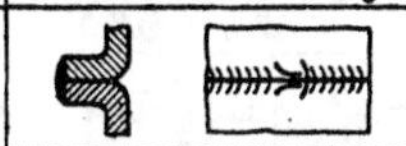	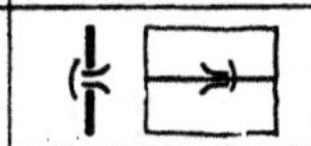
Stumpfnaht	I-Naht	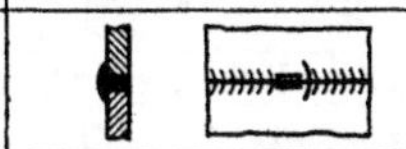	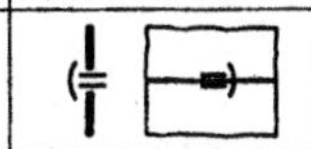
	V-Naht	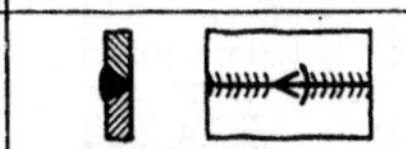	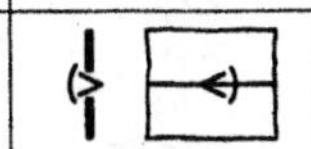
	X-Naht	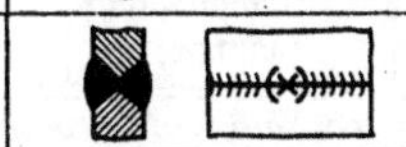	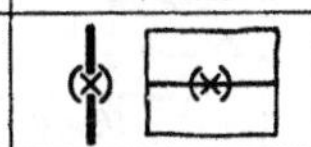
Kehlnaht	überwölbte Kehlnaht durchlaufend	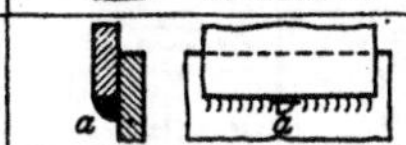	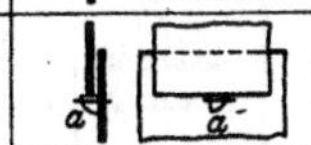
	flache Kehlnaht durchlaufend	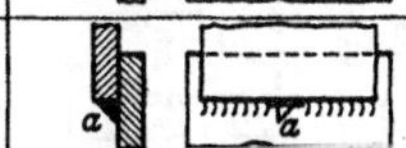	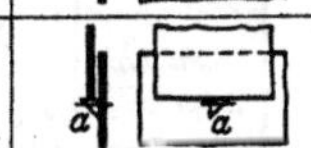
	hohle Kehlnaht durchlaufend	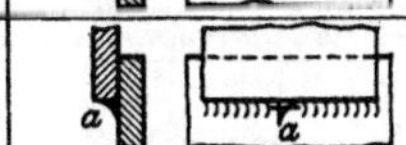	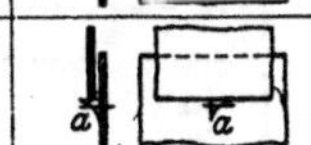
Kehlnaht	überwölbte Kehlnaht unterbrochen	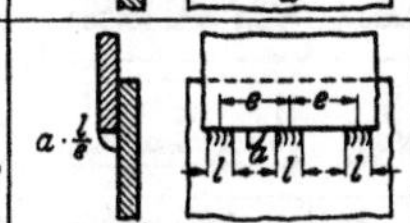	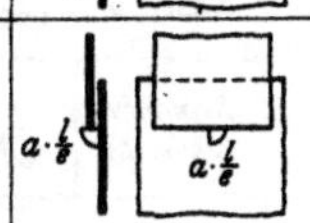
	hohle Kehlnaht unterbrochen	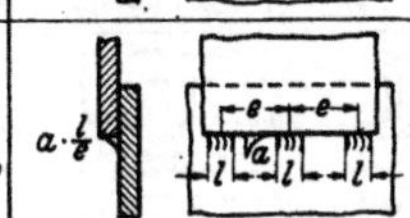	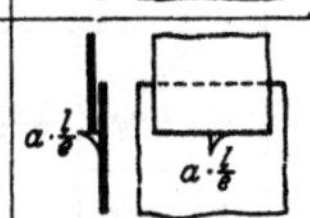
	überwölbte Kehlnaht zickzack	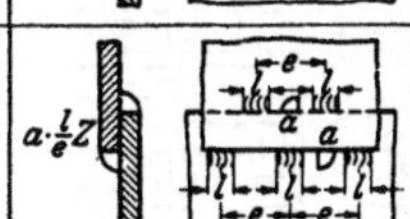	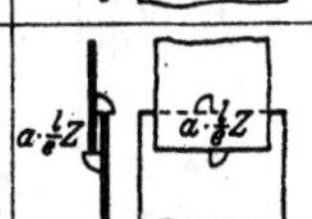

22*

Die wichtigsten Zeichnungsnormen für Schweißnähte.

(DIN 1911 und 1912 gekürzt.)

Benennung	*maßstäbliche Darstellung*	*Sinnbild*
Stirnstoß		
Kehlnaht einseitig	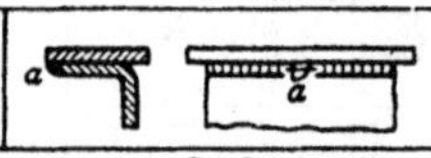	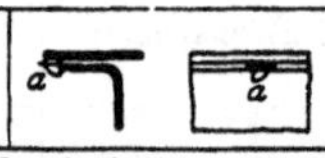
Überlappter Stoß, durchlaufende Naht		
Kehlnaht einseitig	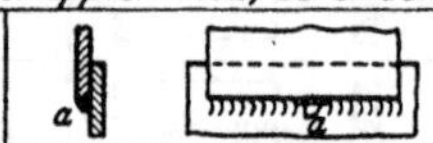	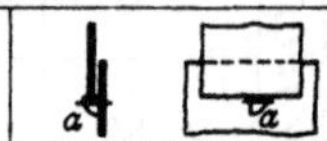
Kehlnaht zweiseitig	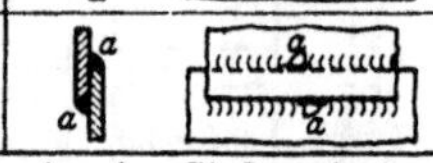	
Überlappter Stoß, unterbrochene Naht		
Kehlnaht einseitig	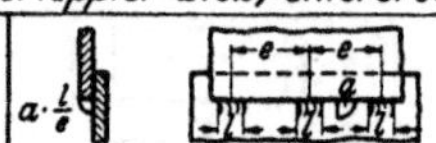	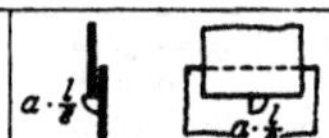
Kehlnaht zweiseitig	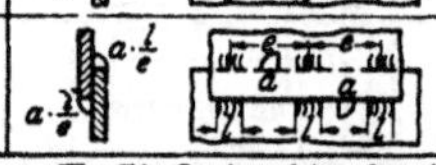	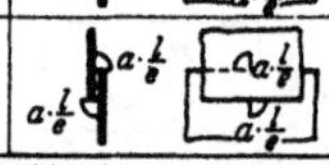
T-*Stoß, durchlaufende Naht*		
Kehlnaht einseitig	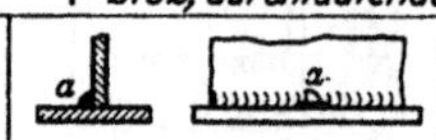	
Kehlnaht zweiseitig	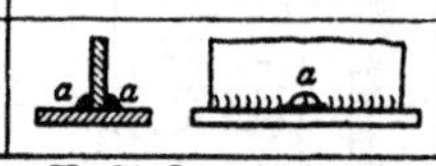	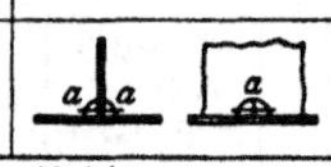
T-*Stoß, unterbrochene Naht*		
Kehlnaht einseitig	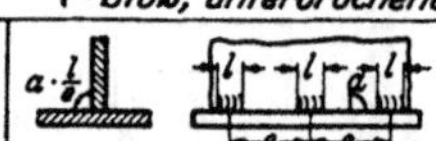	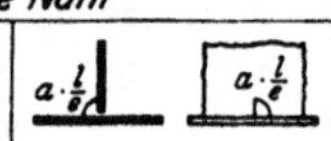
Kehlnaht zweiseitig	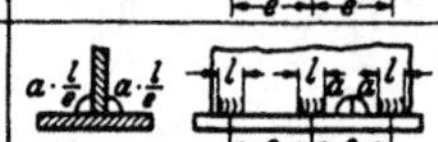	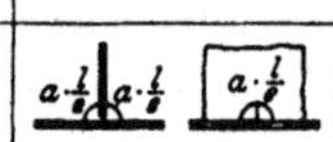
Kehlnaht zickzack	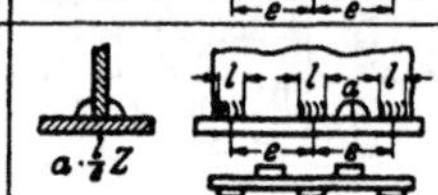	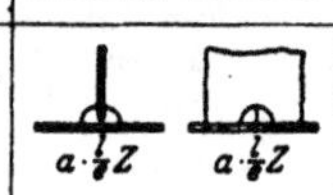

Maschinenmesser.

A. Grundlagen des Schneidens.

Die Arbeitsweise der durch Zuschärfung entstandenen keilförmigen Messerschneide kann je nach Anstellung und Bewegung zur Arbeitsfläche eine schneidende, Abb. Mm 1, oder eine scherende, Abb. Mm 2, sein.

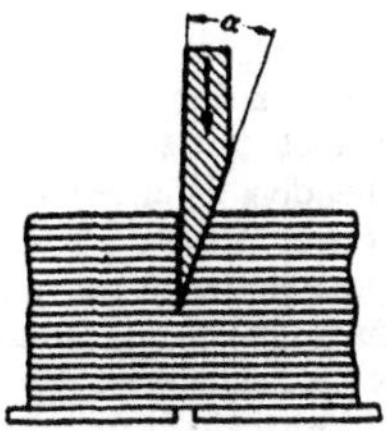

Abb. Mm 1. Schneidende Wirkung eines Messers.

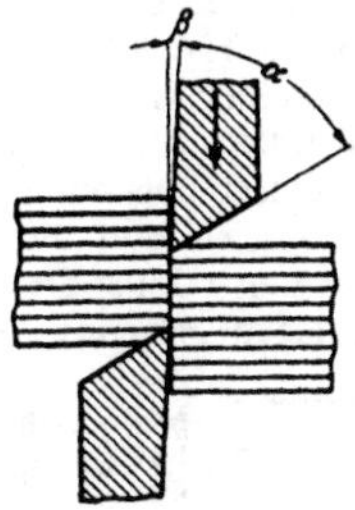

Abb. Mm 2. Scherende Wirkung eines Messerpaares.

Die erste bezeichnet man als Druckschnitt, wenn Messer und Schneidgut auf dem kürzesten Wege und mit geringer Geschwindigkeit gegeneinander bewegt werden. Der Druckschnitt wird zum Hackschnitt, wenn das Messer mit großer Geschwindigkeit herangeführt wird.

Zu der schneidenden Arbeitsweise des Messers kommt eine sägende Wirkung, wenn ein ziehender Schnitt angewandt wird, d. h. wenn zu der Vorschubbewegung eine Zusatzbewegung in Längsrichtung der Schneide kommt. Der ziehende Schnitt kann durch eine Bewegung des Messers oder des Schneidgutes zustande kommen. Eine zusätzliche Bewegung des Schneidgutes erreicht man bei nachgiebigen Stoffen ohne besondere Antriebsmittel einfach durch Schrägstellen der Messerschneide zu der Bahn, auf der sich Messer oder Schneidgut gegeneinander bewegen. Das Schneidgut wird in diesem Falle im Augenblick des Schnittes um einen geringen, aber für den Schneidvorgang doch schon wirksamen Betrag seitlich abgedrängt, also an der Schneide entlanggezogen.

Eine Sonderform des ziehenden Schnittes ist der Raff-Schnitt, bei dem der zu zerteilende Stoff durch ein sichelartiges Messer auf eine bestimmte Stelle zusammengedrängt wird.

Die schneidende Arbeitsweise erfolgt mittels einzelner Messer.

Auch bei der scherenden Arbeitsweise ist mit einem Messer auszukommen, wenn verhältnismäßig geringe Schneidkräfte zu überwinden sind. In solchen Fällen wird die Kante der Arbeitsstück-Unterstützung für die Scherarbeit mit herangezogen.

Für die scherende Wirkung bestimmte Messer müssen stets so gestaltet sein, daß ihre Schneiden in oder doch nahe der Scherebene liegen. Zwecks Verminderung der Reibungsarbeit wird für das Schneiden von Blechen ein kleines, nach Blechstärke und Werkstoff abgestuftes Spiel zwischen den Schneiden empfohlen[1]).

---

[1]) E. Krabbe: Stanztechnik. I. Teil. Werkstattbücher Heft 44. Berlin: Springer 1940.

Um einen Kraftausgleich herbeizuführen, werden die beiden Messer, namentlich bei längeren Schnitten, zueinander geneigt angeordnet. Es entsteht dann ein Scherenschnitt mit wanderndem Schnittpunkt. In dem Maße, in dem der Winkel der Scherschräge wächst, verringert sich der Kraftverbrauch. Da aber mit zunehmender Scherschräge auch die Kraft wächst, die den Werkstoff vor der Schneide her zu schieben sucht, und da außerdem auch der zur Vollendung der Trennung erforderliche Hub bei zunehmender Scherschräge größer wird, verwendet man praktisch Scherschrägen nur bis 12°.

Eine Sonderklasse bilden Maschinenmesser zum Schneiden oder Mahlen von Rohstoffen, z. B. in der papierverarbeitenden Industrie. Hier befinden sich die Messer teils ohne Wate, vereinzelt auch mit stumpfer Wate radial nach außen gerichtet auf einem sich drehenden Zylinder in einer Stoffumlaufwanne (Holländer). Als Gegenmesser arbeiten mehrere, durch Zwischenlagen getrennte Stahlplatinen. Je nach dem zu verarbeitenden Schneidgut wird durch Zustellung des Zylinders oder der Gegenmesser eine schneidende oder mahlende Wirkung erzielt.

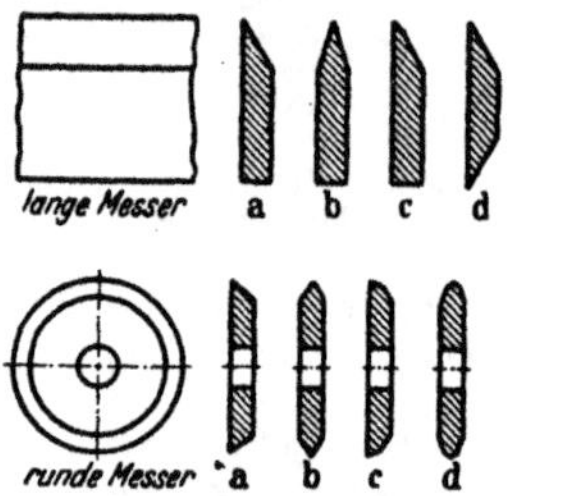

Abb. Mm 3. Verschiedene Waten-Formen an langen und an runden Messern. a Einseitige Wate, b zweiseitige Wate, c einseitige gebrochene Wate, d doppelseitige gebrochene Wate.

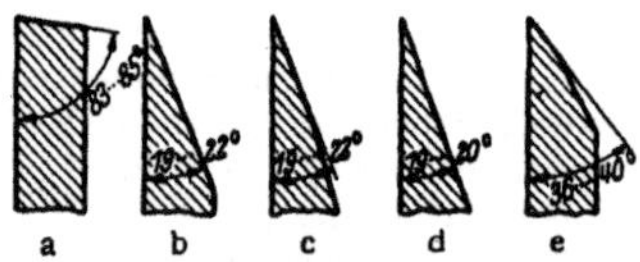

Abb. Mm 4. Watenwinkel für verschiedene Zwecke: a Scherenmesser für Metalle; b und c Papiermesser; d Fourniermesser; e Hackmesser.

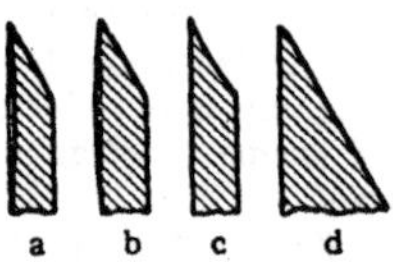

Abb. Mm 5. Günstige und ungünstige Planflächen und Waten: a Planfläche hohl, günstig; b Planfläche gewölbt, ungünstig; c Wate hohl, nicht widerstandsfähig, ungünstig; d Wate nach dem Schärfen durch Ölstein mit schmaler Fase versehen.

B. Wahl der Messer.

Die Stirnfläche der keilförmigen Messerschneide, die sogenannte Wate, muß für die verschiedensten Anwendungsgebiete in einem ganz bestimmten Winkel zur Planfläche des Messers oder bei doppelkeilförmigen Schneiden zur Gegenwate stehen. In Abb. Mm 3 sind die gebräuchlichsten Watenausbildungen und in Abb. Mm 4 die gebräuchlichsten Watenwinkel wieder gegeben. Es ist ferner darauf zu achten, daß die Planfläche des Messers mit der Scherebene einen kleinen Winkel β, Abb. Mm 2, bildet oder mit diesem zusammenfällt. In keinem Fall ist eine entgegengesetzte Neigung der Planfläche zulässig (vgl. Ausführung *a* und *b* in Abb. Mm 5).

Bei der Wahl des Werkstoffes für die Messer empfiehlt sich die beratende Mitwirkung einer Messerfabrik. Ganz allgemein ist darauf hinzuweisen, daß es bei Messern mit aufgelegtem Stahl (Stahl auf Eisen) nicht nur auf die Güte des Stahles, sondern auch auf die Festigkeit des Eisens ankommt, damit beim Nachschleifen ein Verziehen, d. h. ein Krummwerden der Messer, vermieden wird.

In vielen Fällen kommt es bei der Bestimmung des Werkstoffes für die Messer nicht nur auf das Erreichen einer großen Lebensdauer an, obgleich dieses Ziel natürlich im Vordergrunde steht, sondern es sind auch die Einwirkungen des Werkstoffes, aus denen die Messer hergestellt werden sollen, auf das Schneidgut zu beachten, z. B. Rost- oder Bronzeflecken auf dem vielfach in feuchtem Zustand zu schneidenden Stoff[1]). Auch die Wirtschaftlichkeit der getroffenen Werkstoffwahl ist zu berücksichtigen.

C. Instandhaltung der Messer.

Beim Schärfen der Messer ist für richtige Wahl der Schleifscheibe, richtige Schnittgeschwindigkeit und für ausreichende Kühlung Sorge zu tragen (siehe Abschnitt „Schleifen"). Bei Verwendung ungeeigneter Schleifscheiben

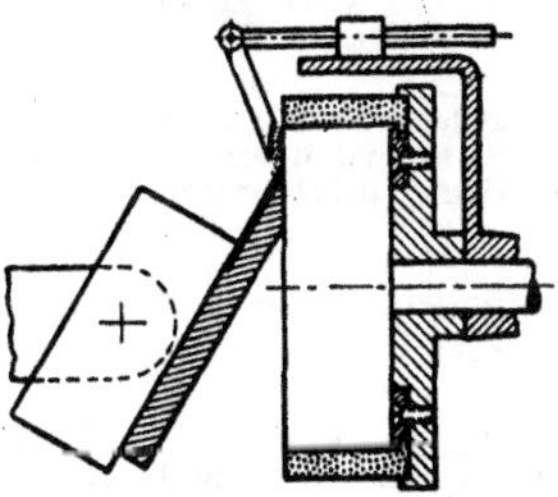

Abb. Mm 6. Richtige Lage des Messers beim Schärfen.

bzw. Schleifringe oder ungenügender Kühlung entsteht eine zu hohe örtliche Erwärmung. Die dadurch auftretenden Spannungen führen zu Schleifrissen und beim späteren Gebrauch der Messer zum Bruch. Man schleife niemals ein Messer mit nach unten gerichteter Schneide, weil das von oben zugeführte Kühlwasser die dünne Schneide nicht ausreichend überspült, so daß diese leicht verbrennt. Man verfahre nach Abb. Mm 6..

Bei der Wahl von Härte und Körnung der Schleifscheiben lasse man sich vom Hersteller beraten. Ungeeignete Scheiben erhöhen die Schleifzeiten, zerstören das Gefüge oder die Scheiben nutzen sich zu früh ab. Man nehme nie zu harte Scheiben. Um Zeitverlust durch das Aufkitten neuer Schleifringe zu vermeiden, sind Schleifring-Aufnahmen gemäß Abb. Mm 6 zu empfehlen.

Nach dem Schleifen der Messer entferne man den an der Schneide noch haftenden Grat durch starkes Zustreichen von beiden Seiten mit einem Ölstein unter Anwendung von Öl oder Petroleum. Dabei verfahre man so, daß eine kleine stumpfwinklige Fase entsteht, wie sie stark vergrößert in Abb. Mm 5 d dargestellt ist.

---

[1]) H. Busch: Die Auswahl wirtschaftlicher, zweckentsprechender Werkstoffe für Holländer-Jordan- und Kegelstoff-Mühlenmesser. Papiermacher-Jb. Schotten (Oberhessen): Wilhelm Engel 1941.

Vielfach wird übersehen, daß eine einwandfreie Instandhaltung der Messer eine sorgfältige Pflege der Scharfschleifmaschine voraussetzt. Genaue Lagerung der Schleifscheiben, sichere Führung im Zusammenhang mit richtigen Schleifscheiben verhüten im allgemeinen das Verbrennen der hochlegierten Stähle. Wichtig ist auch, daß die Aufspannvorrichtungen unter dem Gewicht der Maschinenmesser nicht durchhängen. Abb. Mm 7

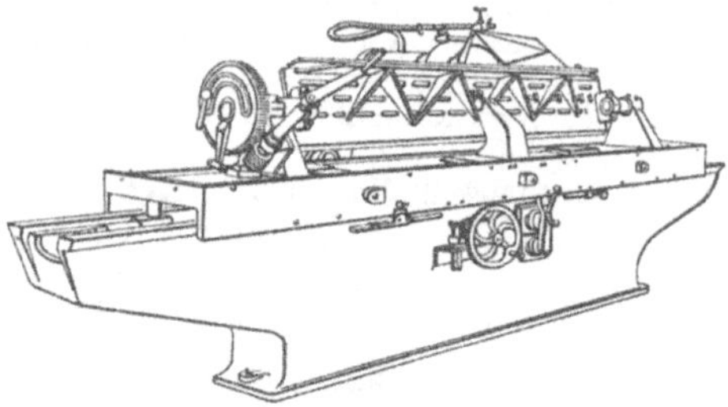

Abb. Mm 7. Scharfschleifmaschine für Langmesser. a Messer-Aufspannbalken; b Schneckengetriebe zum Einschwenken von a in den vorgeschriebenen Watenwinkel; c zu schleifendes Messer; d Schleifring oder Segment-Schleifzylinder.

zeigt eine Messerschleifmaschine, die in verschiedenen Größen, bis zu 5 m Schleiflänge, gebaut wird[1]).

[1]) H. Busch: Die Bedeutung der einwandfreien Unterhaltung der Maschinenmesser. Papiermacher-Jb. Schotten (Oberhessen): Wilhelm Engel 1942.

Drehen.

Für das wirtschaftliche Drehen sind eine große Anzahl von Einflußpunkten zu beachten. In erster Linie stehen:

der Spanquerschnitt, die Drehbank und
die Schnittgeschwindigkeit, das Werkzeug (Drehmeißel).

A. Spanquerschnitt.

Der Spanquerschnitt richtet sich nach der zulässigen Schnittkraft und nach der Bearbeitungszugabe. Die Gesamtschnittkraft wird zweckmäßig zerlegt in die drei Komponenten: Hauptschnittkraft P_H in Richtung der Schnittbewegung, Vorschubkraft P_V in Richtung des Vorschubes und Abdrängkraft P_A in Richtung des Meißelschaftes, Abb. D 1. P_V ist bei scharfer Schneide etwa $P_H/8$ bis $P_H/4$, P_A etwa $P_H/3$ bis $P_H/2$. Für die Bestimmung der Leistung ist nur die Hauptschnittkraft P_H von Bedeutung. Sie ist abhängig von dem spezifischen Schnittwiderstand k_s und dem Spanquerschnitt f. $P_H = f \cdot k_s$. Dieser wieder setzt sich zusammen aus Schnittiefe a und Vorschub s, bleibt aber wegen der Spitzenabrundung immer etwas kleiner als $a \cdot s = b \cdot d$ (s. Abb. D 2). Je größer der Abrundungshalbmesser und je größer der Vorschub s ist, desto kleiner wird der wirkliche Spanquerschnitt und desto größer der am Werkstück haftenbleibende sogenannte Restquerschnitt.

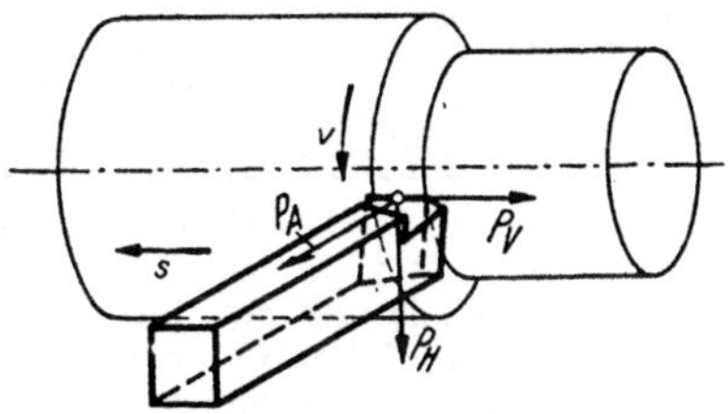

Abb. D 1. Kräfte am Drehmeißel. P_H Hauptschnittkraft, P_V Vorschubkraft, P_A Abdrängkraft, v Schnittgeschwindigkeit, s Vorschub je Umdrehung.

Der spezifische Schnittwiderstand k_s für einen bestimmten Werkstoff stellt die Kraft dar, die zu überwinden ist, um 1 mm² Querschnitt eines Drehspans abzuheben. Beeinflußt wird der Schnittwiderstand außer von den Eigenschaften des Werkstoffes auch von der Bogenspandicke[1]) $m = (s \cdot a)/l$, das ist das Verhältnis des Spanquerschnittes $f = s \cdot a$ zur Schnittbogenlänge l (s. Abb. D 2). Je größer das umgekehrte Verhältnis $l/s \cdot a$, d. h. je größer die Schnittlinie zur Spanfläche wird, je feiner die Späne werden, desto größer wird der spezifische Schnittwiderstand und damit die zur Abtrennung des Spanes aufzuwendende Leistung.

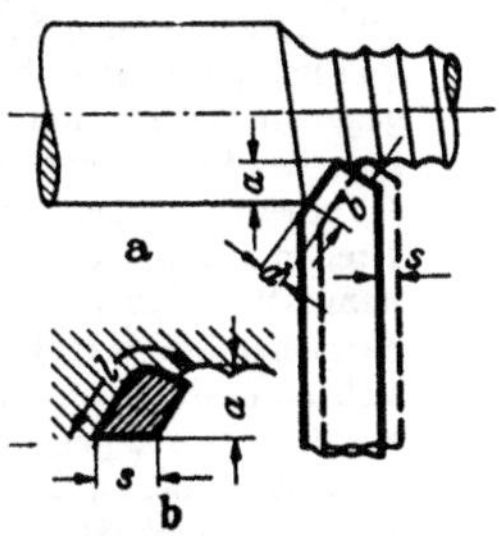

Abb. D 2a und b. Spanquerschnitt und Restquerschnitt. a Schnittiefe, b Spanbreite, d Spandicke, s Vorschub je Umdrehung, l Schnittbogenlänge.

Für überschlägige Rechnungen setze man $k_s = 3$ bis $4 \cdot \sigma_B$ (Zerreißfestigkeit). In der Zahlentafel 1 sind für eine Reihe von Werkstoffen die k_s-Werte für Spanquerschnitte von 1 und 5 mm² angegeben[2]). Aus den Zahlen sieht man, daß

[1]) Siehe auch Friedrich: Z. VDI 1909 S. 860 — AWF-Betr.Bl. 121 a u. 121 b.

[2]) Die Zahlen sind aus der Gemeinschaftsarbeit verschiedener Ausschüsse und Versuchsfelder entstanden.

k_s für den gleichen Werkstoff, je nach der Größe des Spanquerschnittes, veränderlich ist. Wird a/s groß, dann erhöht sich außerdem der Schnittwiderstand. k_s wird auch erheblich vom Spanwinkel γ beeinflußt. Siehe Abschn. D I a.

Tafel 1. Schnittdrücke in kg/mm².

Werkstoff	Schnittdruck k_s in kg/mm² bei Spanquerschnitt f	
	f = 1 mm²	f = 5 mm²
St 60	k_s = 160 kg/mm²	k_s = 135 kg/mm²
St 70	k_s = 190 „	k_s = 160 „
VCN 35 (90—105 kg/mm²)	k_s = 235 „	k_s = 190 „
VCN 45 (140 kg/mm²)	k_s = 350 „	k_s = 260 „
Nichtrostender Stahl (8/18)	k_s = 300 „	k_s = 250 „
Mangan-Hartstahl (12 vH Mn)	k_s = 480 „	k_s = 370 „
Stg (50—60 kg/mm²)	k_s = 150 „	k_s = 125 „
Ge (HB = 220 kg/mm²)	k_s = 200 „	k_s = 170 „
Ms 58	k_s = 75 „	k_s = 65 „
Al-Cu-Mg (Duralumin)	k_s = 80 „	k_s = 70 „
G Al-Si (Silumin)	k_s = 100 „	k_s = 85 „

Einen nicht unerheblichen Einfluß auf die Wahl des Spanquerschnittes hat auch die Starrheit und die Einspannmöglichkeit des Werkstückes. Um Überbeanspruchungen des Werkstücks, Rattern und ungenaues Arbeiten zu vermeiden, wird man bei ungenügender Starrheit, also bei großer Länge des Werkstückes im Verhältnis zum Durchmesser, oder bei unzureichender Einspannmöglichkeit entweder den Spanquerschnitt vermindern oder, wenn angängig, Setzstöcke anwenden müssen.

Die Gestalt des Spanquerschnittes wird wesentlich außer von der Wahl des Vorschubes und der Schnittiefe auch vom Einstellwinkel $\varkappa$ des Stahles zur Achse des Werkstückes beeinflußt. Ein kleiner Einstellwinkel ergibt bei gleicher Schnittiefe eine größere im Schnitt stehende Schneidkantenlänge und daher dünnen Span, verlängerte Standzeit des Werkzeuges, aber eine ungünstige Kraftrichtung des Stahles auf das Werkstück; die Sicherheit gegen das Auftreten von Erschütterungen wird erniedrigt. Bei Verkleinerung des Einstellwinkels tritt immer das Umgekehrte ein, s. Abb. D 3a und b.

Indessen ist meist nur für den Fall schwerer Schrupparbeit oder bei dem Drehen abgesetzter Werkstücke aus dem Vollen die Wahl des Querschnittes, namentlich hinsichtlich der Schnittiefe, frei. Diese ist bei der heute vorherrschenden geringen Bearbeitungszugabe meist gegeben. Es empfiehlt sich hierbei jedoch nicht, zum Erreichen eines größeren Spanquerschnittes aus den oben angegebenen Gründen große Vorschübe zu wählen. Es werden in neuerer Zeit auch beim Schruppen die kleineren Spanquerschnitte zum Erzielen erschütterungsfreien Laufes und zur Schonung der Drehbänke unter Ausnutzung der stark verbesserten Werkzeuggüte und dementsprechend erhöhter Schnittgeschwindigkeit namentlich an Revolverdrehbänken und Automaten bevorzugt. Die geringfügige Erhöhung des Leistungsverbrauches spielt keine Rolle. Der durch die Wahl des feinen Querschnittes entstehende Verlust an Fertigstellungszeit wird durch Erhöhung der Arbeitsgeschwindigkeit und Verbesserung der Oberfläche mehr als ausgeglichen.

B. Schnittgeschwindigkeit (s. auch Abschnitt V und VIII, S. 352 und 354).

Die Wahl der Schnittgeschwindigkeit hängt hauptsächlich von folgenden Punkten ab:

1. von der Festigkeit und anderen physikalischen und chemischen Eigenschaften des zu schneidenden Werkstoffes;

2. von der Querschnittsform (Vorschub und Schnittiefe) des Spanes;

3. von der Abnutzung, dem Festigkeits- und Gütegrad, der gewählten Drehzeit und der Form und dem Anschliff des Drehmeißels;

4. von der Art und Starrheit, den Drehzahlen der Spindel und den Vorschubgrößen der Drehbank;

5. von der geforderten Oberflächengüte;

6. von der Menge und Art der zugeführten Schneidflüssigkeit;

7. von der Starrheit des Werkstückes, d.h. dem Verhältnis Durchmesser zu Länge.

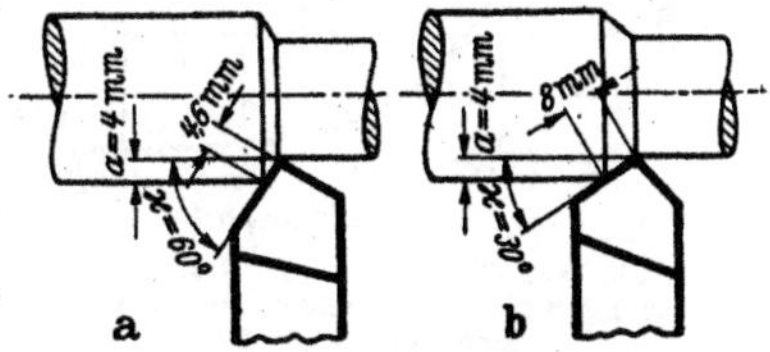

Abb. D 3a und b. Einstellwinkel und Schneidkantenlänge bei gleicher Schnitttiefe $a = 4$ mm. Bei $\varkappa = 60°$ wird 4,6 mm, bei $\varkappa = 30°$ wird 8,0 mm.

I. Festigkeit.

Je höher die Festigkeit (Härte) und Dehnung und je geringer die Wärmeleitfähigkeit des Werkstoffes ist, desto geringer muß man die Schnittgeschwindigkeit wählen.

II. Verhältnis Schnittiefe zu Vorschub.

Je größer die Schnittiefe und geringer der Vorschub für den gleichen Querschnitt gewählt wird, desto mehr wird wegen der längeren unter Schnitt stehenden Kante der Drehmeißel geschont, desto höher kann demnach die Schnittgeschwindigkeit für die gleiche Drehzeit sein (s. Abb. D 3a und b).

III. Standzeit des Werkzeuges.

Standzeit ist die Zeit bis zum Unbrauchbarwerden bzw. bis zu einem bestimmten Abnutzungsgrad des Drehmeißels.

Das sogenannte Erliegen (Ausgeben, Abnutzung bis zum Unbrauchbarwerden) beendigt die Standzeit der Drehmeißel. Es ist gekennzeichnet:

α) plötzliches Abschmelzen (Schnellstähle bei Bearbeitung harter Stoffe, wie übliche Baustähle, Stahlguß usw.);

β) Bruch der Schneidkante (z. B. bei Hartmetallen, vielfach verbunden mit Funkenerscheinungen — Rundfeuer —);

γ) Verschleiß auf der Freifläche bzw. Spanfläche (bei solchen Stoffen, die den Drehmeißel weder durch Bruch, noch durch die erzeugte Schnitttemperatur zum Erliegen bringen können — Leichtmetalle — Messing — Kunststoffe).

Wenn auch diese Arten des Erliegens vielfach allein auftreten, ist doch zu beachten, daß auch ein Zusammenwirken der verschiedenen Arten nacheinander stattfinden kann[1]).

a) Beziehungen zwischen Standzeit und Schnittgeschwindigkeit.

Die Beziehung von Standzeit T und Schnittgeschwindigkeit v stellt die T-v-Kurve (Abb. D 4) dar, deren Lage und Verlauf die Wechselwirkung zwischen Werkzeug und Werkstück ausdrückt. Bei gleichförmig gehaltenem Werkstoff kann aus ihr die Leistungsfähigkeit des Drehmeißels, bei gleichem Drehmeißel die Zerspanbarkeit (Drehbarkeit) des Werkstoffes ent-

[1]) R. Wallichs: Werkzeugverschleiß, insbesondere an Drehmeißeln. Diss. München 1938.

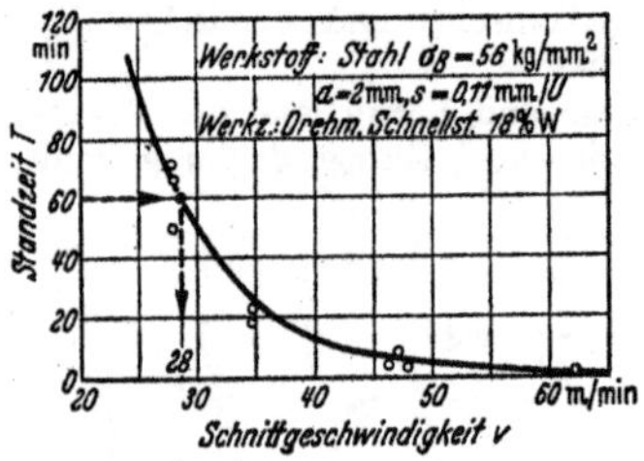

Abb. D 4. T-v-Kurve für Stahl σ_B = 56 kg/mm². Drehmeißel aus Schnellstahl mit 18 vH W. a = 2 mm, s = 0,11 mm/U.

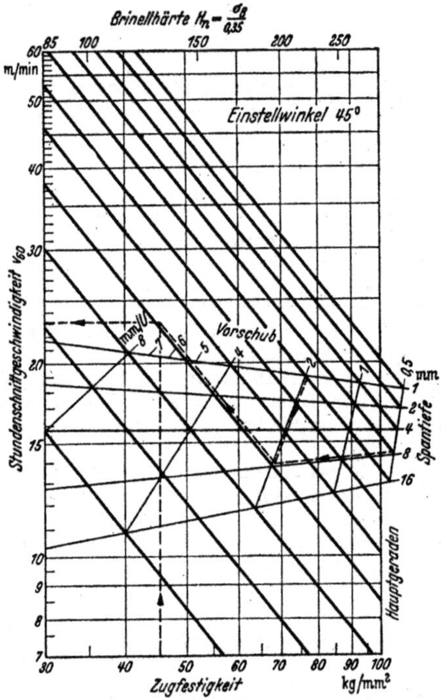

Abb. D 5. Bestimmungstafel für Schnittgeschwindigkeit v_{60} zum Schruppen werkstattüblichen Baustahles ohne Kühlung. Drehwerkzeug aus Schnellstahl etwa 18 vH W, 2,5 vH Co, 1,6 vH V.

nommen werden. Für Schrupparbeiten im Grobschnitt (herunter bis ≈ 0,5 mm/U Vorschub) nimmt man die Standzeit des Drehmeißels zu 60 min[1]) an und erhält als Meßgröße die hierfür zulässige Schnittgeschwindigkeit v_{60}[1]).

Beispiel. Abb. D 4. Für ein Werkstück aus St 60.11 ergibt sich bei einem Vorschub von s = 0,11 mm/U und einer Schnittiefe von a = 2 mm bei Anwendung des geraden Drehmeißels, Abb. D12, eine Schnittgeschwindigkeit v_{60} = 28 m/min im trockenen Schnitt.

Aus einer Vielzahl von Grobschnittversuchen mit verschiedenen Spanquerschnitten ($a \times s$) und Werkstoffen verschiedener Festigkeit wurden für Stahl und Stahlguß, Abb. D 5, und für Gußeisen, Abb. D 6, Bestimmungstafeln für die zu wählende Schnittgeschwindigkeit v_{60} entwickelt[2]).

Beispiel. Es soll Gußeisen mit der Brinellziffer H_n = 210 kg/mm² durch Drehen zerspant werden. Auf Grund der vorliegenden Zerspanungsarbeit, Werkstückform, Maschinengröße usw. sind Spantiefe a = 8 mm, Vorschub s = 2 mm/U, also Nenn-Spanquerschnitt F = 16 mm² gewählt. Gesucht ist v_{60}, d. h. die Schnittgeschwindigkeit für die Standzeit der Schneide von 60 min. Suche in Linientafel, Abb. D6, in dem mit „Vorschub" und „Spantiefe" gekennzeichneten Hilfsnetz den Schnittpunkt der Linien a = 8 mm und s = 2 mm/U, gehe von diesem Punkt in Richtung zu den mit „Hauptgeraden" bezeichneten schräg von links oben nach rechts unten verlaufenden Linien entlang bis an die Ordinate der betreffenden Brinellhärte 210. Von diesem Schnittpunkt geht man waagerecht nach links und liest den gesuchten Wert v_{60} = 9,5 m/min am linken Randmaßstab ab.

[1]) Nach Vorschlägen des AWF.

[2]) Laboratorium für Werkzeugmaschinen und Betriebslehre an der Technischen Hochschule, Aachen. Näheres siehe Wallichs, Dabringhaus: Masch.-Bau (Der Betrieb 1930 Heft 8). Näheres über die gebräuchlichen Schnellstahlsorten und die Verhältnisse ihrer Schneidleistungen, siehe Rapatz, Holzberger, Pollack: Die Schnittleistungen ... Stahl u. Eisen 1938 Heft 10.

Bei anders legierten Schnellstahlmeißeln sind die v_{60}-Werte mit einem Umrechnungswert herunter bis 0,75 (niedrigst legiert), herauf bis auf 1,3 (höchst legiert) zu multiplizieren.

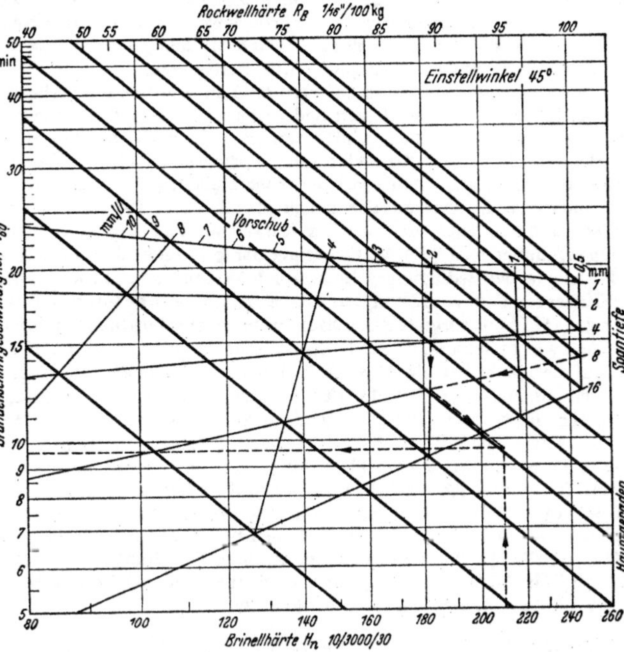

Abb. D 6. **Bestimmungstafel für Schnittgeschwindigkeit v_{60} zum Schruppen werkstattüblichen Gußeisens ohne Kühlung. Drehwerkzeug aus Schnellstahl etwa 18 vH W, 2,5 vH Co, 1,6 vH V.**

Für andere Standzeiten (z. B. 120, 240, 480 min) sind die v_{60}-Werte ebenfalls mit entsprechenden Umrechnungswerten zu multiplizieren. Als Anhalt mögen folgende Ziffern dienen:

$$v_{120} = v_{60} - 8 \cdots 14 \text{ vH} = 0{,}92 \cdots 0{,}86 \cdot v_{60},$$
$$v_{240} = v_{60} - 16 \cdots 28 \text{ vH} = 0{,}84 \cdots 0{,}72 \cdot v_{60},$$
$$v_{480} = v_{60} - 32 \cdots 56 \text{ vH} = 0{,}68 \cdots 0{,}44 \cdot v_{60}.$$

Zahlentafel 2 (S. 351) gibt die Zusammensetzung neuer im Vergleich zu der bisheriger Schnellstähle. Die Versuche für die Bestimmungstafeln, Abb. D 5 und D 6, sind mit Drehwerkzeugen der Gruppe C gefahren.

Mit Hilfe dieser beiden v_{60}-Bestimmungstafeln sind nunmehr alle Stellen des Betriebes (Zeitstudienbeamte, Vorkalkulator, Betriebsingenieur und Werkmeister) in der Lage, für ein Werkstück aus Gußeisen oder Stahl die Stundenschnittgeschwindigkeit v_{60} (für Grobschnitt) lediglich auf Grund der bekannten Festigkeit oder Brinellziffer des Werkstoffes abzugreifen.

Beim Feinschnitt, d. h. bei Spandicken unter 0,5 mm, sind die Erscheinungen und Gesetze noch nicht restlos geklärt. Für die Wahl der Schnittgeschwindigkeit beim Zerspanen von Baustählen und Gußeisen und von den in die Bestimmungstafeln nicht einbezogenen Nichteisen- und Leichtmetalle können hierbei die in den Lehrbüchern und Firmenschriften enthaltenen Grenzwerte, von denen in den Zahlentafeln 3 bis 5 (S. 354 u. 356) ein Auszug gegeben ist, einen gewissen Anhalt bieten.

In der Massenfertigung und bei Formmeißeln muß bei den Arbeiten auf Vielstahlbänken, Revolverbänken und Automaten die Standzeit gegenüber den v_{60}-Werten wesentlich erhöht werden. Je nach der Schwierigkeit des Meißelwechsels und der geforderten Formgenauigkeit der Werkstücke schwanken die Standzeiten zwischen einer halben, ganzen und vereinzelt auch mehreren Schichten. Die entsprechenden Arbeitsgeschwindigkeiten werden, wenn möglich, aus den T-v-Kurven als v_{120}, v_{240}, v_{480} usw. entnommen, immer unter Berücksichtigung der gegenüber dem Standzeitversuch veränderten Bedingungen hinsichtlich Meißelform und Güte, Kühlung, Erschütterungen u. a. m. und der Tatsache, daß die Zahlen der Bestimmungstafeln aus sorgfältig durchgeführten Versuchen stammen und daher als Bestwerte anzusehen sind. Entsprechende Abzüge sind auf Grund der auf den Zahlentafeln bzw. Abbildungen angegebenen Umrechnungsfaktoren zu machen. Frei ablaufender Span, ebene Spanflächen und normale, für Schrupparbeiten gebräuchliche Schneidwinkel (Abb. D 11) sind vorausgesetzt. Die Gültigkeit bezieht sich z. B. nicht auf Drehen mit Gewinde-, Form- und Abstechmeißeln, für welche wesentlich niedrigere Werte gelten. Ist namentlich bei Schrupparbeiten die Wahl der Spanunterteilung frei, so ergibt sich unter Benutzung der v_{60}-Werte aus der Bestimmungstafel D 5 und D 6 das größte Spanvolumen und damit die kürzeste Fertigstellungszeit bei großer Schnittiefe und kleinem Vorschub[1]), weil ein solches Verhältnis die höchste Schnittgeschwindigkeit zuläßt; für die Praxis ist dies in den meisten Fällen die gegebene Richtschnur.

b) Schneidstoffe (siehe auch Abschnitte „Werkstoffe" A I c 3, S. 204, und „Deutsche Hartmetalle", S. 269).

Von den Werkstoffgüten der Drehmeißel sind außer dem Diamant, dem ein besonderer Abschnitt, S. 365, gewidmet ist, in Anwendung:

1. Werkzeugstahl (Kohlenstoffstahl). Nur für gewisse Sonderzwecke, z. B. Formwerkzeuge mit besonders scharfer Schneide (v klein), Gewindeschneiden u. a. m.

2. Legierte Kohlenstoffstähle. Hierzu gehören auch die gering legierten Wolframstähle, z. B. Riffelstähle.

3. Schnellstähle. Wie 2., nur mit höherem Chrom- und Wolframgehalt, weiter verbessert durch Zusätze wie Vanadium, Molybdän, Kobalt usw.

Über Zusammensetzung der neuen Schnellarbeitsstähle siehe Abschnitt „Werkstoffe" A I c 3 S. 204, über Härten und Anlassen siehe Abschnitt „Warmbehandlung" von Werkzeugstählen B I—IV S. 279 u. f.

4. Hartmetalle siehe Abschnitt „Werkstoffe, deutsche Hartmetalle" S. 269 u. f. Über die Mehrleistung der Hartmetalle gegenüber den Schnellstählen gibt Tafel 2 Auskunft.

---

[1]) Wallichs-Dabringhaus: Die Zerspanbarkeit und die Festigkeitseigenschaften bei Stahl und Stahlguß. Maschinenbau/Betrieb 1930 S. 257/262.

Tafel 2. Schnittgeschwindigkeit v_{240} beim Drehen von St 70 mit Hartmetall und mit Schnellarbeitsstahl[1]).

	Vorschub	Schnittgeschwindigkeit v_{240} in m/min für eine Schnittiefe von					Mehrleistung von Hartmetall gegenüber Schnellarbeitsstahl
	mm/U	0,5 mm	1 mm	2 mm	4 mm	8 mm	
Hartmetall, Gruppe S 1 (S. 270)	0,10	310	300	285	—	—	etwa 9,5-fach
Schnellarbeitsstahl	—	32,5	31,5	29,5	—	—	
Hartmetall, Gruppe S 1 (S. 270)	0,25	260	225	200	185	—	etwa 7,5-fach
Schnellarbeitsstahl	—	30,5	29	27,5	25	—	
Hartmetall, Gruppe S 1 (S. 270)	1,0	—	—	110	101	98	etwa 5,5-fach
Schnellarbeitsstahl	—	—	—	20,5	18	16	

Die große Überlegenheit der neuzeitlichen Hartmetalle, z. B. für Automatenarbeit, geht aus den Vergleichszahlen Hartmetall zu Schnellstahl (Zahlentafel 2) hervor[2]).

5. Diamanten. Hierüber siehe den besonderen Abschnitt: „Der Diamant als Drehwerkzeug", S. 365.

IV. Verschleiß des Werkzeuges beim Bearbeiten von Nichteisen- und Leichtmetallen.

Beim Schneiden dieser Metalle tritt normal keine Zerstörung durch Wärmewirkung, sondern nur Verschleiß des Drehmeißels auf, Abb. D 7. Unter Standzeit wird in diesem Falle die Drehzeit für einen bestimmten Abnutzungsgrad, gemessen an der Größe der auf der Freifläche des Drehstahles auftretenden Verschleißmarken[3]) verstanden. Dabei wird die Verschleißmarkenbreite VB als Meßeinheit für die Drehbarkeit des Werkstoffes angenommen, und zwar drückt sich diese als diejenige Schnittgeschwindigkeit in m/min aus, die in einer bestimmten Zeit eine bestimmte VB erzeugt. Z. B. würde die Schnittgeschwindigkeit $v_{10-0,2}$ diejenige sein, die in 10 min eine VB von 0,2 mm erzeugt. In Abb. D 8 ist die Schneidkantenversetzung und die VB mit zunehmenden Drehzeiten zu erkennen.

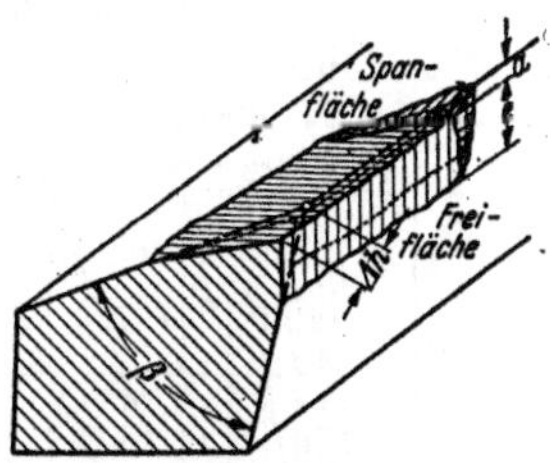

Abb. D 7. Schneidkante am Drehmeißel nach längerer Drehdauer. Ursprüngliche Form gestrichelt, eine Zwischenform gepunktet, Endform stark ausgezogen. *a* Schneidkantenversetzung SKV auf der Freifläche, *e* Verschleißmarkenbreite VB auf der Freifläche, *Δ h* Zurücksetzung der Schneidkante.

Die Schnittgeschwindigkeiten v_{60} der verschiedenen Werkzeugbaustoffe, ermittelt beim Schnitt von Flußstahl ($\sigma_B = 70$ kg/mm² Festigkeit), verhalten sich bei den vorgenannten Sorten:

	Werkz.-Stahl a		Leg.Wz.-Stahl b		Schnellstahl c		Hartmetall d
etwa wie	1	:	1,6	:	3,6	:	8

[1]) Nach Rapatz, Holzberger, Pollack: Stahl u. Eisen 1938 S. 265.

[2]) Zusammengestellt aus den Angaben von Rapatz, Holzberger, Pollack: Stahl u. Eisen 1938 Heft 10. 10. März.

[3]) Wallichs-Hunger: Untersuchung der Drehbarkeit von Leichtmetallen. Masch.-Bau (Der Betrieb) 1937 Heft 3/4 — Wallichs: Drehen und Zerspanbarkeit der Leichtmetalle. Werkstatt und Betrieb 1937 Heft 19/20 und 21/22.

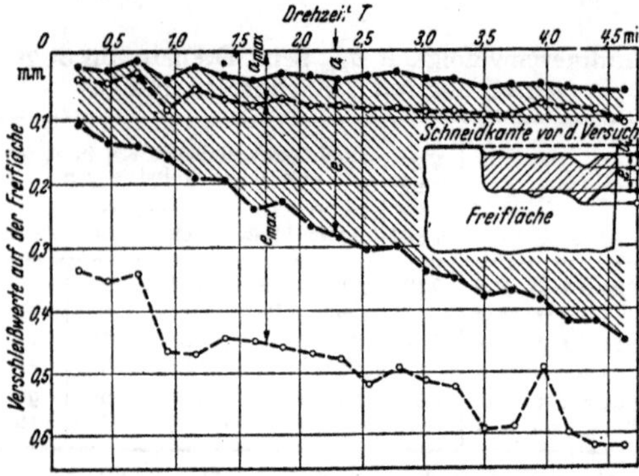

Abb. D 8. Verschleißwerte auf der Freifläche eines Schnellstahl-Drehmeißels in Abhängigkeit von der Drehzeit. Werkstoff Leichtmetall Al-Mg-Si. Schnittgeschwindigkeit v = 1000 m/min. Spanquerschnitt $f = a \cdot s = 2{,}0 \cdot 0{,}2 = 0{,}4\ mm^2$. Kühlung Mineralöl MA 21. a Schneidkantenversetzung SKV, e mittlere Verschleißmarkenbreite VB.

Beim Schneiden von Nichteisenmetallen und Leichtmetallen ergaben sich Erhöhungen $c:d$ im Mittel wie 1 : 6; in einzelnen Fällen (Aluminium-Kolbenlegierung) wie 1 : 18.

Den Verbrauch von Schnellstahl zu Hartmetall für eine gleichbleibende Zerspanungsmenge gibt Rapatz für Stahl mit 1 : 40 an[1]).

V. Umlaufzahl-Stufung der Drehbank.

Über Auswahl der Drehbank s. Abschnitt „Die Drehbank“, über Drehzahlen s. Kapitel „Stufung, Normzahlen, Normdrehzahlen“.

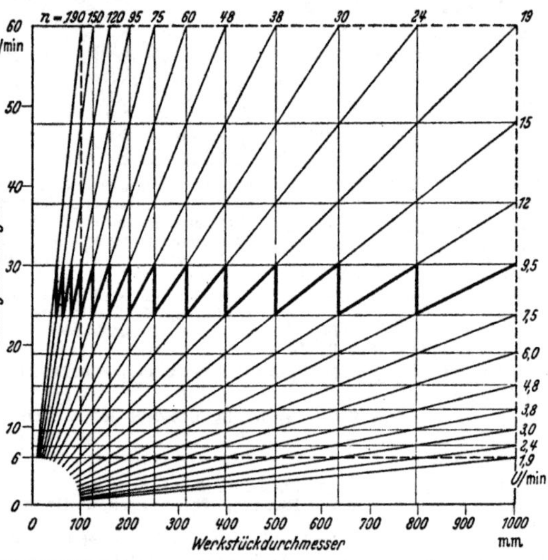

Abb. D 9. Sägediagramm für die Bereiche d = 100 bis 1000 mm, v = 6 bis 60 m/min und n = 1,9 bis 190 U/min bei einem Stufensprung φ = 1,26.

[1]) Siehe Fußnote 2 auf S. 351.

Zwischen Drehzahl n in U/min, der Schnittgeschwindigkeit v in m/min und dem Drehdurchmesser d in m besteht die einfache Beziehung $v = d \cdot \pi \cdot n$ m/min. Aus dem Sägediagramm v/d, Abb. D 9, erscheinen die Drehzahllinien für verschiedene n (Stufenschaltungen) als gerade Linien. Die einzelnen Drehzahlen bilden in den neueren Maschinen meist annähernd eine geometrische Reihe. Je feiner die Stufung der Drehzahlen ist, desto genauer läßt sich für einen bestimmten Durchmesser die gewünschte Schnittgeschwindigkeit einstellen. Für jede Drehbank mit gestuften Drehzahlen sollte ein Schaubild oder Zahlentafel zum Ablesen von n bei gegebenem d und v greifbar sein. Der stark ausgezogene Teil der Drehzahllinien begrenzt den für einen bestimmten als wirtschaftlich angenommenen Schnittgeschwindigkeitsbereich brauchbaren Teil dieser Linien (z. B. $v = 25$ bis 30 m/min).

VI. Oberflächengüte.

Siehe hierfür auch Abschnitt „Feinstbearbeitung".

Wird bereits im Drehvorgang eine Oberfläche mit geringer Rauhigkeit verlangt, welche Forderung namentlich bei Automatenarbeit aufgestellt wird, so sind folgende Bedingungen zu erfüllen: Spindellagerung mit geringstem Spiel, erschütterungsfreier Lauf, also in Gestalt und Einspannung starre und gut ausgewuchtete Werkstücke, feinster Vorschub, geringe Schnitttiefe, hohe Schnittgeschwindigkeit, bestgeeignetes Kühl- und Schmiermittel. Als Drehwerkzeug ist gesintertes Hartmetall oder Diamant mit fast achsenparalleler Nebenschneide (2°) zu bevorzugen. Von den drei Grundformen der Entstehung des Spanes an der Spanwurzel: Reißspan, Scherspan und Fließspan[1]) muß beim Drehen von Stahlsorten der Fließspan durch hohe Schnittgeschwindigkeit und feinen Vorschub erreicht werden. Hierbei verschwindet auch der schlimmste Feind einer guten Oberfläche, die Bildung der sogenannten Aufbauschneide, auch Schneidenansatz genannt. Der mechanische Anschliff der Spitzenabrundung des Drehmeißels auf einer besonderen Einrichtung nach Opitz-Moll[2]), ferner die Größe des Halbmessers der Abrundung und dessen Verhältnis zum Vorschub sind von wesentlichem Einfluß auf die Erzielung höchster Oberflächengüte beim Drehvorgang[2]).

Im Mittel liegt die Grenze, über welche keine Aufbauschneide mehr auftritt, für C-Stahl bei $v = 70$ bis 120 m/min. Bei Nichteisenmetallen, namentlich bei den Leichtmetallen, konnten bisher keine Grenzen mit Sicherheit festgestellt werden.

Bei Gußeisen aller Art und Gußlegierungen der Nichteisenmetalle, also bei allen Werkstoffen mit bröckelnder Spanbildung, tritt im allgemeinen keine Aufbauschneide ein. Doch verhindert hier häufig das Ausbrechen kleinster Teile beim Drehschnitt die Bildung einer ganz glatten Oberfläche.

VII. Kühlen und Schmieren.

Die Anwendung von Schneidflüssigkeiten beim Drehen zum Kühlen und Schmieren, unter Umständen auch zur Spanabfuhr, empfiehlt sich für die meisten Werkstoffe und Werkzeuge zur Erhöhung der Standzeit der Drehmeißel, beim Schlichten außerdem zur Erhöhung der Oberflächenglätte.

---

[1]) Siehe auch F. Schwerd: Z. VDI 1932 S. 1257.

[2]) Siehe Moll: Die Herstellung hochwertiger Drehflächen, Diss. Aachen 1939, oder Bd. 14 der Berichte über betriebswirtschaftliche Arbeiten.

Der Einfluß einer reichlichen Kühlmittelzufuhr (12 bis 15 l/min) auf die Erhöhung der Schnittgeschwindigkeit bei gleicher Standzeit [nach Taylor[1]] ist bei Stahlbearbeitung 40 %, beim Gußeisenschnitt 15 %. Ausgenommen sind wegen Brandgefahr die Magnesiumlegierungen (Elektron), die nicht mit Wasser, wohl aber mit einer 4 %igen wässerigen Natron-Fluoridlösung oder mit einer ölartigen Flüssigkeit (z. B. Shell Jumax) zu behandeln sind. Zum Löschen entstandener Brände an Magnesiumspänen wird Magnesin (Vertrieb durch Minimax A.-G., Berlin) empfohlen[2]). Die heute gebräuchlichen Mittel sind:

A. Schneid- und Kühlöl nach DIN 6557,
B. Bohrölemulsion = Kühlmittelemulsion nach DIN 6558,
C. dünnflüssiges, oxydationsfreies Mineralöl DIN 6541.

Für Stahl verwendet man A und B, für Gußeisen B allein; für Kupfer und dessen Legierungen B und C. Für Aluminiumlegierung A und B, in einzelnen Fällen auch Petroleum oder Seifenspiritus.

Für nahezu alle Automatenarbeiten (außer Gußeisen) ist die Anwendung eines breiten Filmes der Schneidflüssigkeit (meist Automatenöl) auch zur Fortspülung der Späne zwingend.

Im einzelnen siehe: Betriebsblatt AWF 37: Kühlen und Schmieren bei der Metallbearbeitung. Ferner Gottwein: Kühlen und Schmieren bei der Metallbearbeitung. Masch.-Bau Bd. 27 S. 221 — Zur Wirkung der Kühl- und Schmiermittel beim Abdrehen von Stahl. Berichte über betriebswissenschaftliche Arbeiten Bd. 3.

VIII. Allgemeines über Schnittgeschwindigkeit. Feinstbearbeitung der Leichtmetalle.

Die rasche Entwicklung des Schnellstahles und der Hartmetalle hat die Möglichkeit einer Erhöhung der Arbeitsgeschwindigkeit für das Schneiden aller Metalle auf der Drehbank gebracht; doch kann diese Möglichkeit nur in beschränktem Maße ausgenutzt werden, weil nur die neuen Drehbänke für die hohen Drehzahlen eingerichtet sind, die große Zahl der langsam laufenden, aber nur ganz allmählich ausgewechselt bzw. auf hohe Drehzahlen umgeändert werden können. Anzustreben ist für die kleineren und mittleren Drehbänke diejenige Schnittgeschwindigkeit, welche bei möglichst großer Schnittiefe und geringem Vorschub und bei Verwendung von Hartmetallschneiden die wirtschaftliche Standzeit von 60 bis 80 min[3]) ergibt. An schweren Drehbänken ist namentlich bei Bearbeitung roher Schmiedestücke und der harten Kruste von Stahlgußstücken niedrigere Schnittgeschwindigkeit bei entsprechend kräftigen Spanquerschnitten am Platze. Für die gebräuchlichen Gußeisen und Stahlsorten kann für die Wahl von v gemäß Punkt 1 (S. 347) die Festigkeitsziffer bzw. die Brinellhärte bei Gebrauch der Bestimmungstafel im Grobschnitt bleiben. Für die Kupfer- und Aluminiumlegierungen sind noch keine für jede Größe und Form gültigen

Tafel 3. Grenzwerte der Schnittgeschwindigkeit v_{60} in m/min für Nichteisenmetalle beim Schruppen mit Schnellstahl mittlerer Güte.

Kupfer	Messing	Rotguß	Gußbronz.	Aluminium weich	Silumin	Alusil	Elektron
80—220	90—250	60—150	40—100	300—500	25—50	10—25	400—600

[1]) Siehe Taylor-Wallichs: Über Dreharbeit und Werkzeugstähle. Berlin: Springer.
[2]) Werkstatt u. Betrieb 1940 Heft 5 S. 110.
[3]) Wallichs-Schöpke: Die 60 min-Standzeit als Richtwert beim Schruppdrehen. Z. VDI 1934 S. 278/280.

Festwerte vorhanden. Die in Zahlentafel 3 gegebenen Richtwerte können daher nur die Grenzen nach unten und oben ganz roh angeben. Für das Drehen mit Hartmetall sind die aus neueren Versuchen der Hochschulversuchsfelder in Aachen, Berlin und München stammenden Anhaltswerte in Zahlentafel 4 im Auszuge wiedergegeben. Für den Querschnitt von 0,4 mm² sind in Zahlentafel 5 die auf Grund von der Einheitsbewertung $v_{1-0,1}$ gewonnenen Vergleichszahlen einiger untersuchter Leichtmetall-Legierungen gegeben. Da diese Zahlen auf Grund sehr kurzer Drehzeiten gewonnen sind, stellen sie nur Vergleichs-, jedoch keine Arbeitswerte dar.

Da die Verarbeitung von Aluminiumlegierungen in neuer Zeit einen sehr wichtigen Zweig unserer gesamten Metallindustrie umfaßt, seien hierfür einige Hinweise gegeben:

1. Leichtmetall soll mit hoher Geschwindigkeit bei geringem Spanquerschnitt gedreht werden.

2. Der Meißelanschliff muß den Eigenarten jeder Legierung angepaßt werden. Die für die Automatenarbeit erforderliche Kurzbrüchigkeit der Späne bei den Automaten-Leichtmetallen wird fast einheitlich beim Spanwinkel $\gamma = 0°$ erreicht.

Tafel 4. **Grenzwerte der Schnittgeschwindigkeit v_{240} in m/min für das Drehen mit Hartmetall.** Schnittgeschwindigkeitswerte finden sich auch im Abschnitt „Deutsche Hartmetalle".

Die Zahlen stellen in den oberen Grenzen **Bestwerte für vierstündige Standzeit** dar, die nur bei erschütterungsfreiem Lauf, unnachgiebiger Werkstück- und Werkzeug-Einspannung gelten. Den Angaben sind Spanquerschnitte von 0,04 bis 1 mm² zugrunde gelegt. Genaue Werte für den einzelnen Spanquerschnitt enthalten die Richtwertblätter für Hartmetalle AWF 123 u. f.

Werkstoff	S. M. Stahl			Chromnickelstahl		Stahlguß	
Festigkeit kg/mm²	bis 60	60—85	85—100	70—140	140—200	30—60	über 60
Schruppen	100—200	60—100	40—80	50—100	20—50	60—100	30—60
Schlichten	150—300	90—170	60—100	70—120	30—70	90—120	60—90

Werkstoff	Aluminium-Legierung			Magnesium Legierungen	Messing
	weich	hart	Alusil		
Schruppen	bis 1500	800	40—80	bis 1800	150—400
Schlichten	bis 2000	1200	70—120	—	300—500

Werkstoff	Rotguß	Gußbronze	Hartgummi	Preßmassen	Porzellan
Schruppen	300	120	200—300	50—150	6—20
Schlichten	—	200	250—350	100—250	10—30

3. Alle Werkzeuge erhalten feingeschliffene Gleitflächen für das Abgleiten der Späne und weite Spanabflußräume.

4. Die Härtebestimmung oder sonstige physikalische Prüfungen der Werkstoffe geben keinen Anhalt für den Verschleiß der Werkzeuge.

5. Sandguß wirkt sich ungünstiger auf den Verschleiß der Werkzeuge aus als Kokillenguß.

6. Gute Oberflächen können nur bei hohen Schnittgeschwindigkeiten erreicht werden.

7. Am günstigsten von allen untersuchten Werkstoffen liegen hinsichtlich der Verschleißwirkung auf das Werkzeug die Magnesium-Knetlegierungen.

8. Hartmetallwerkzeuge halten namentlich bei stark siliziumhaltigen, in Sand geformten Gußstücken länger.

9. Diamantschneiden bewähren sich für den letzten Schnitt, namentlich bei Massenfertigung.

Tafel 5. **Vorläufige Drehbarkeitsziffern $v_{1-0,1}$ für einige Leichtmetallsorten in m/min.**

	Aluminium-Knet-Legierung				Magnesium-Knet-Legierung	Aluminium-Guß-Legierungen			
Gruppe:	Al-Cu-Mg		Al-Mg-Si	Sonderlegierung		Sandguß	Sandguß	Kokillenguß	Kokillenguß
Versuchs-Nr.	1	4	5	13	36	23	32	17	21
$v_{1-0,1}$ m/min	790	180	790	1500	4250	250	35	1580	700

Näheres siehe Wallichs/Hunger „Untersuchung der Drehbarkeit von Leichtmetallen". Maschinenbau 16 (1937) S. 81/86.

10. Schmier- und Kühlmittel wirken günstig, namentlich geschwefeltes Öl.

Treten neue Werkstoffe auf, ist die wirtschaftliche Schnittgeschwindigkeit und der beste Anschliff durch Versuche festzustellen.

IX. Kurzprüfverfahren.

Für die üblichen Maschinenbaustoffe ist die Brauchbarkeit von Kurzprüfverfahren festgestellt, und zwar gibt bei

a) Grobschnitt:

Für C-Stähle, legierte C-Stähle, Stahlguß die Festigkeitsziffer[1]), Gußeisen (außer den Sonderformen, wie Schleuderguß, säurebeständiger Guß) die Brinellhärte,

b) Feinschnitt:

Für Automatenstähle (nur Feinschnitt) die Hauptschnittkraft[2])

eine brauchbare Anhaltszahl.

Ferner namentlich für Feinschnitt:

das Temperaturmeßverfahren von Gottwein-Reichel[3]),

der Plandrehversuch von W. F. Brandsma[4]).

Das Spanquerschnitt-Umrechnungsverfahren nach Leyensetter[5]) und R. Woxen gestattet nach Vornahme einiger Standzeitversuche für einen Spanquerschnitt für die nach Vorschub, Schnittiefe, Abrundung veränderten Spanquerschnitte die Schnittgeschwindigkeit für eine beste Standzeit mit Hilfe der Bogenspandicke m (s. S. 345) zu berechnen.

[1]) Wallichs-Dabringhaus: Die Zerspanbarkeit des Gußeisens im Drehvorgang. Gießerei Bd. 17 (1930) S. 1169/1177 u. 1197/1201 u. Stahl u. Eisen Bd. 51 (1931) S. 1233 bis 1234 — Die Zerspanbarkeit und die Festigkeitseigenschaften bei Stahl und Stahlguß. Masch.-Bau (Der Betrieb) Bd. 9 (1930) Heft 8.

[2]) Wallichs-Opitz: Die Prüfung der Zerspanbarkeit von Automatenstahl. Arch. Eisenhüttenwes. Bd. 5 (1930/31) Heft 5 S. 251/260.

[3]) K. Gottwein: Masch.-Bau (Betrieb) 1925 S. 1129. — W. Reichel: Masch.-Bau (Betrieb) 1935 S. 67; 1936 S. 187.

[4]) Siehe Stahl u. Eisen 1936 S. 1185/1187.

[5]) Schallbroch u. Schaumann: Z. VDI 1937 S. 325.

C. Die Drehbank.

I. Auswahl.

Für die Auswahl der Drehbänke lautet der wichtigste Grundsatz: Einteilung der Arbeit so, daß die einzelnen Gruppen der Drehbänke bezüglich der Durchmesser, Längen, Werkstoffart, Genauigkeitsgrad der Werkstücke immer eine ähnliche Dreharbeit erhalten. Drehzahl und Vorschubabstufung können dann so eng gehalten werden, daß die Einhaltung der wirtschaftlichen Arbeitsgeschwindigkeiten und Vorschübe in feinen Grenzen möglich wird. Dies führt zur Anschaffung von einfachen und daher billigen Bauarten, welche sich in der strengen Durchführung solchen Grundsatzes den Einzweckmaschinen, wie Wellen-, Bolzen-, Vielstahldrehbänken u. a. m. nähern. Zur Anpassung an die auftretenden Veränderungen in der Zusammensetzung des Auftragbestandes wird eine Ausgleichgruppe von Drehbänken mit großem Verwendungsbereich notwendig bleiben, welche auch in Ausbesserungswerkstätten und Werkzeugmachereien und überall dort, wo ein starker Wechsel der Werkstücke in Größe und Form die Regel ist, die richtige Art verkörpern.

II. Antrieb.

Der Antrieb der Drehbänke geht mehr und mehr von der Transmission zum Einzelmotor über. Die beim Übergang noch vorhandenen für Transmissionsantrieb eingerichteten Drehbänke werden für die Schaltung der Drehzahlen mit Vorsatzgetrieben ausgerüstet, welche zum Erreichen der richtigen Schnittgeschwindigkeit bei wechselndem Durchmesser der Arbeitsstücke mit stufenloser Regelung der Drehzahlen und vereinzelt auch des Vorschubes (PIV-, Heynau-, Flender Variator-, Prym-Köhl-Getriebe, Ölgetriebe usw., siehe unter „Stufenlos regelbare Getriebe") versehen werden, was besonders beim Plandrehen erhebliche Vorteile bezüglich der Oberflächengüte und der Bearbeitungszeit mit sich bringt.

Die elektrische Feinstufung ist nur bei Anwendung von Gleichstrom möglich und für die große Zahl der vorhandenen Drehbereiche zu teuer. Da zudem heute Dreh- bzw. Wechselstrom vorherrscht, finden die erwähnten stufenlosen Zwischengetriebe steigende Anwendung.

Die rasche Entwicklung der Drehwerkzeuge, namentlich der Hartmetalle, führte bei kleinen Drehdurchmessern zu beträchtlicher Erhöhung der Drehzahlen an den Drehbänken bis zu $n = 8000$ U/min. Hierdurch und zur Erzielung eines besseren Spanabflusses in gefahrloser Richtung kamen Sonderbauarten als sogenannte Schnelldrehbänke bzw. Fließspandrehbänke auf den Markt. Zur Erzeugung guter Drehbilder bei kurzer Fertigstellungszeit sind hohe Schnittgeschwindigkeiten bei erschütterungsfreiem Lauf notwendig. Erreicht wird dieses durch gute Lagerung der Spindel, unnachgiebige Stützung des Drehstahles von kräftigem Schaftquerschnitt, starres, ganz aufliegendes kastenförmiges Bett, breite Schlittenführung, sorgfältige Auswuchtung der sich drehenden Teile, entlastete Hauptspindel und als letztes Antriebsglied zur Spindel endlos geleimte oder gewebte Flachriemen oder mehrfache endlos hergestellte Keilriemen.

III. Leistung.

Aus Spanquerschnitt und Schnittkraft ($P_H = f \cdot k_s$) ergibt sich die am Werkstück aufzubringende Leistung:

$$N_{PS} = \frac{f \cdot k_s \cdot v}{60 \cdot 75}.$$

Da der Antriebsmotor die Reibungsarbeit der Bank mit zu überwinden hat, so finden wir die Motorleistung, indem wir die Leistung in PS durch den Wirkungsgrad der Bank teilen und dann mit dem Umrechnungswert PS/kW multiplizieren:

$$N_{PS} = \frac{f \cdot k_s \cdot v}{60 \cdot 75 \cdot \eta}, \quad N_{kW} = \frac{f \cdot k_s \cdot v}{60 \cdot 75 \cdot \eta} \cdot 0{,}736.$$

Für übliche Verhältnisse, d. h. für eine sorgfältig ausgeführte und gut geschmierte Drehbank bei einer Arbeit, welche nicht weit unter der Nennleistung des Motors liegt, gilt ein Wirkungsgrad von $\eta = 0{,}7$. Wird z. B. ein kleines Stück bei einem schwachen Spanquerschnitt auf einer verhältnismäßig schweren Drehbank bearbeitet, so fällt der Wirkungsgrad erheblich, zum Teil auf $\eta = 0{,}5$ und weniger. Man passe daher die Arbeiten möglichst der Motor-Nennleistung an[1]).

Das je Minute zerspante Volumen errechnet sich aus dem Produkt Spanquerschnitt × Schnittgeschwindigkeit $f \cdot v$ in cm^3, wobei f in mm^2 und v in m/min eingesetzt werden.

Das je Stunde zerspante Volumen (sog. Spanleistung) ist

$$V = \frac{f \cdot v \cdot 60}{1000} \text{ dm}^3/\text{h}.$$

Das je Stunde zerspante Gewicht ist allgemein $V \cdot \gamma$ kg/h, für Stahl $G = V \cdot 7{,}8$ kg/h.

Die vorstehende Rechnung nach der Spanleistung ist wesentlich, weil von allen erwähnten Einflußpunkten das Streben nach kürzester Fertigstellungszeit die Gesamtwirtschaftlichkeit des Werkstattbetriebes vor allen anderen Maßnahmen günstig beeinflußt. Man darf wohl in Einzelfällen die Spanleistung zurücksetzen, weil der Antriebsmotor eine im übrigen möglich höhere Spanleistung nicht zuläßt, doch darf dies kein Regelfall sein. Die Motorleistung hat sich in laufender Arbeit nach der Spanleistung zu richten und nicht umgekehrt.

D. Das Werkzeug.

I. Normale Drehmeißel.

Über den Werkstoff der Drehmeißel s. Abschnitt „Werkstoffe“ A I c 2 u. 3 und „Deutsche Hartmetalle“. Die Meißelformen hinsichtlich Schaftquerschnitt, Länge, rechte und linke Meißel, gerade, gebogene, gekröpfte und abgesetzte Meißel sind in den DIN-Blättern 768 und 4951 bis 4963 wiedergegeben. Es sei hier nur die Grundform des geraden rechten Schruppmeißels, Abb. D 10, gezeigt.

a) Winkel und Flächen am Drehmeißel.

Die Winkel und Flächen sollen mit Rücksicht auf die einfache Darstellung und das Messen der Winkel bei der Anschliffarbeit für normale Drehmeißel an Drehbänken mit waagerechter Aufspannfläche unter Beziehung auf die Drehmeißel dargestellt werden. Vernachlässigt werden dabei die durch die „Überhöhung“ der Drehmeißelspitze eintretenden Winkeländerungen.

[1]) Zum Erleichtern der Errechnung der Bruttoleistung dient eine von Schallbroch und Schaumann entworfene Leitertafel, Werkstattblatt 20, Werkstatt u. Betrieb 1936 Heft 5/6. München 27: Carl Hanser Verlag.

Bei den weiter unten behandelten, namentlich an Revolverdrehbänken und Automaten angewendeten Tangentialstählen müssen die Winkel und Flächen zur Schnittebene in Beziehung gesetzt werden.

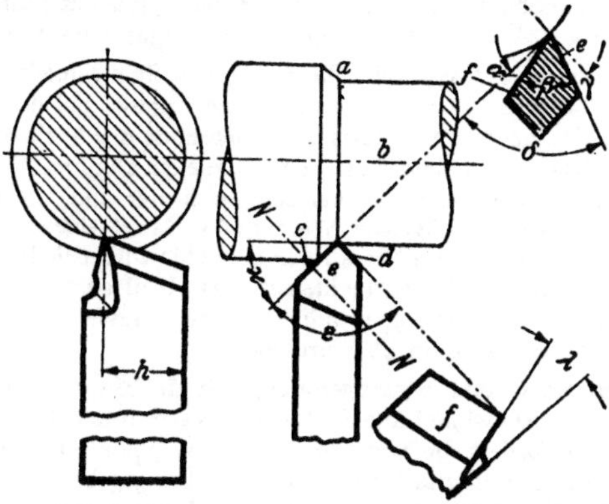

Abb. D 10. Winkel und Flächen am Werkstück und am geraden Drehmeißel. Am Werkstück: *a* Schnittfläche, *b* Arbeitsfläche; am Werkzeug: *c* Hauptschneide, *d* Nebenschneide, *e* Spanfläche, *f* Freifläche, *h* Schneidenhöhe, α Freiwinkel, β Keilwinkel, γ Spanwinkel, δ Schnittwinkel, ε Spitzenwinkel, $\varkappa$ Einstellwinkel, λ Neigungswinkel.

1. Die Flächen am Werkstück (s. Abb. D 10).

Schnittfläche *a* ist die am Werkstück tangential unmittelbar unter der Schneide entstehend gedachte Fläche.

Arbeitsfläche *b* ist die durch den Schneidvorgang erzeugte Oberfläche des Werkstückes. Ausgeführte Winkel und Flächen sind aus Abb. D 10 zu entnehmen.

2. Winkel und Flächen der Schneide (s. Abb. D 10).

Hauptschneide *c* ist die dem abzuhebenden Span zugekehrte Schneide.

Nebenschneide *d* ist die dem abzuhebenden Span abgekehrte Schneide.

Spanfläche *e* heißt die Fläche des Schneidkopfes, über die der Span abläuft.

Freifläche *f* heißt die gegen die Schnittfläche gerichtete Fläche des Schneidkopfes an der Haupt- und an der Nebenschneide.

Freiwinkel α heißt der Winkel zwischen der durch die Schneidkante gelegten Vertikalebene und der Freifläche,

Keilwinkel β heißt der Winkel zwischen der Spanfläche und der Freifläche,

Spanwinkel γ heißt der Winkel zwischen der Horizontalebene und der Spanfläche.

Freiwinkel, Keilwinkel und Spanwinkel ergänzen sich zu 90°, also $\alpha + \beta + \gamma = 90°$.

[gemessen in der Ebene NN senkrecht zur Schneidkante]

Schnittwinkel $\delta = \alpha + \beta$ heißt der Winkel zwischen der Spanfläche und der durch die Schneidkante gelegten Vertikalebene.

Spitzenwinkel ε heißt der Winkel zwischen Haupt- und Nebenschneide in der Projektion auf die Horizontalebene.

Einstellwinkel $\varkappa$ heißt der Winkel zwischen der Projektion der Schneidkante auf die Horizontalebene und der achsenparallelen Vertikalebene.

Neigungswinkel λ heißt der Winkel der Schneidkante gegen die Horizontalebene. Bei abfallender Schneide, d. h. wenn die Schneide nach der Spitze zu abfällt, ist der Winkel positiv.

Schneidenhöhe h heißt die Höhe von der Spitze des Stahles bis zur Auflage. Bei gekröpftem Stahl kann h auch negativ werden.

3. Die Größe der Winkel. Die Größe des Spanwinkels γ beeinflußt zunächst die Schnittkraft: Mit wachsendem Spanwinkel nimmt die Schnittkraft ab. Da aber andererseits mit wachsendem γ auch die Widerstandsfähigkeit bzw. die Lebensdauer der Schneide abnimmt (Keilwinkel wird kleiner), so muß γ um so kleiner sein, je härter und fester der Werkstoff des Werkstückes ist. Spröder Werkstoff verlangt einen besonders kleinen Winkel γ, da er unmittelbar an der Schneide zerbröckelt; für Drehmeißel mit Hartmetallschneide wird γ kleiner (bzw. Null oder negativ) genommen als für Schnellstahl und gewöhnlichen Werkzeugstahl, um die Gefahr des Ausbrechens der Kanten zu vermindern.

Für den Freiwinkel α genügen einige Grad. Ein unnötig großer Winkel schwächt den Keilwinkel und fördert das Rattern und Einhaken. Der Einstellwinkel $\varkappa$ fördert die Lebensdauer der Schneide um so mehr, je kleiner er ist, da die Spanbreite b (Abb. D 2 u. 3) bei gegebenem Vorschub s und gegebener Schnittiefe a um so größer, die Bogenspandicke m um so größer ist, je kleiner $\varkappa$ ist.

Tafel 6. Anschliff-Winkel für normale Drehmeißel aus SS und Hartmetall.

Eingehendere Angaben für Hartmetallwerkzeuge siehe AWF Bl. 123 u. f. und Abschnitt „Deutsche Hartmetalle“.

		Weicher Stahl und Stahlguß bis 60 kg/mm^2	Stahl und Stahlguß über 70 kg/mm^2	Chromnickel-Stahl 100 kg/mm^2	Gußeisen, weich	Gußeisen, hart, Hartbronze, Hartmessing	Cu weiche Bronze
Freiwinkel	SS	8°	8°	8°	6–8°	6°	bis 14°
	Hartmetall	4–6°	4–6°	6–8°	5°	5°	10°
Spanwinkel	SS	15–20°	14°	15°	14°	0–8°	15–25°
	Hartmetall	14–18°	10–12°	12–14°	10–12°	0–5°	18–20°

		Aluminium und weiche Aluminium-Legierung	Alusil, Silumin	Automaten-Leicht-metalle	Preßstoffe	Glas gehärt. Stahl	
Freiwinkel	SS	bis 10°	6°	6–10°	6–10°	6–8°	
	Hartmetall	8°	5°	6–8°	6–8°	4–6°	
Spanwinkel	SS	bis 40°	10–18°	0–5°	18–30°		
	Hartmetall	30–35°	10–15°	0–5°	15–25°	–10°	

Die Spitzenwinkel schwanken zwischen 80 und 110°, die größeren für die harten und zähen Stoffe. Die Neigungswinkel schwanken zwischen 4 und 8°. Der Einstellwinkel wird in allen normalen Fällen zu 45° bei Schruppstählen angenommen.

Die Schneide soll nicht allzu leicht stumpf werden, der Span soll gut ablaufen, der Stahl soll nicht rattern und einhaken, der Kraftverbrauch soll nicht groß sein. Bald steht die eine, bald die andere dieser Forderungen im Vordergrund.

Die für die verschiedenen Werkstoffe zur Normung vorgeschlagenen Winkel, die zum Teil den Deutschen Normvorschlägen (DIN 4951 bis 4963) entnommen sind, erscheinen in der Zahlentafel 6.

b) Form der Schneidkante bei Schruppmeißeln.

Bewährt haben sich sowohl gerade Schneiden mit ganz geringer Spitzenabrundung (Abb. D 10), als auch halbrunde (Abb. D 11 a), gebogene und rundnasige (Taylor-) Schneiden (Abb. D 11 b), doch wird die gerade bzw. die halbrunde Schneide weit überwiegend gebraucht. Zur Schonung der Spitze erhält diese eine Abrundung, deren Halbmesser bei den geraden Schneidkanten zwischen 1 und 4 mm, bei den breitrunden Schneidkanten bis 12 mm schwankt.

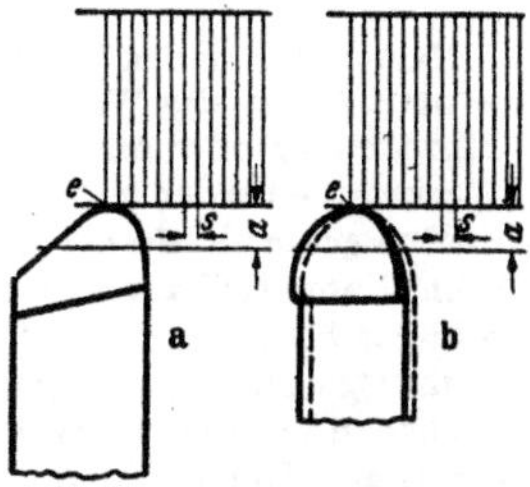

Abb. D 11. Schruppstähle mit gebogener Schneidkante. *a* Schnitttiefe, *s* Vorschub, *e* vorderster Schneidenpunkt.

Es schneidet nicht nur die Hauptschneide, sondern auch ein kleines Stück der Nebenschneide[1]) (s. Abb. D 2 u. 10). Für den Einstellwinkel $\varkappa$ der geraden Schneiden ist zwar eine geringe Größe günstig (s. oben), doch bleibt beim Drehen bis zu einem Ansatz eine um so längere Kegelfläche stehen, je kleiner $\varkappa$ ist. Schließlich wächst mit abnehmendem $\varkappa$ die senkrecht gegen die Achse des Werkstückes gerichtete Kraft gegenüber der Kraft in Vorschubrichtung, wodurch die Neigung des Werkstückes, durchzufedern, gefördert wird (Rattern!).

II. Sonderformen der Drehmeißel.

a) Schlichtmeißel.

Wenn auch in vielen Fällen die letzte Spanabnahme zum Erreichen eines formgenauen Werkstückes mit glatter Oberfläche durch Schleifen bewerkstelligt wird, so nehmen doch in neuerer Zeit die Bestrebungen wieder zu, das sogenannte Maßglätten auf Drehbänken mit enggeführter Spindel und feinsten Vorschüben, herunter bis zu 0,004 m/U, durch Diamanten oder Schlichtmeißel zu vollziehen. Bei den Schlichtmeißeln soll die Spitze mit verhältnismäßig großer Abrundung versehen sein, zum Teil wird ein gerades achsenparalleles Stück angeschliffen, welches breiter ist als das Maß des Vorschubes je Umdrehung. Besonders wichtig ist das Schleifen der Spitzenabrundung auf einer Radien-Läppvorrichtung[2]), das Feinschleifen oder Läppen der Freifläche am Drehmeißel und die Anwendung eines guten Schneidöles. Siehe auch Abschnitt „Feinstbearbeitung".

b) Die Tangentialmeißel.

Sie nehmen in ihrer Längsrichtung des Schaftes, tangential zum Werkstück liegend (s. Abb. D 12 a) die Hauptschnittkraft auf. Als Abstech-, Form- und Gewindestähle finden sie vornehmlich an Revolverbänken und Automaten, aber auch an normalen Drehbänken in sogenannten Stahlhaltern Anwendung. Der Anschliff der Schnittflächen wird bei dieser Werkzeugform besonders einfach, weil die eine Seite des Tangentialmeißels gleich in Richtung der Freifläche gelegt werden kann, die Spanfläche ist eine gegen

---

[1]) Simon: Die Geometrie der Schneide. Werkst.-Techn. 1929 Heft 12 S. 357.

[2]) Siehe Fußnote 1 auf S. 354.

den Querschnitt um den Freiwinkel α geneigte Schnittfläche durch den Schaft. Sie braucht daher nicht in den Schaftkörper hineingeschliffen zu werden. Nachteilig ist, daß die Hauptschnittkraft nicht auf die Auflagefläche des Werkzeugträgers trifft, sondern durch die Reibung des Schaftes auf der Spannfläche aufgenommen werden muß. Die Tangentialmeißel kommen daher für schwere Schnitte weniger in Betracht.

c) Meißelformen und Drehvorgang an Revolverdrehbänken und Automaten.

Namentlich an den Stern- und Trommelrevolvern arbeiten die Drehmeißel je nach Länge des Werkstückes und dessen Werkstoff in überhängender Einspannung oder mit Flach- bzw. Rollengegenführung. Besonders lange Werkstücke werden auf Langdreh-Automaten hergestellt, wobei die in einer Büchse geführte Werkstoffstange die Vorschubbewegung ausführt und der Schnitt unmittelbar an der Führungsbüchse erfolgt. Es werden dabei leichte Schnitte bei hoher Schnittgeschwindigkeit ausgeführt. Die Steigerung der Schnittgeschwindigkeit findet jedoch — wie bereits ausgeführt — ihre Grenze in der Forderung langer Standzeiten bei Automaten, bei Stücken geringeren Durchmessers auch in der begrenzten Drehzahl der Maschinen. Hinsichtlich der Anschliffwinkel wird vielfach die Forderung erhoben, daß bei wechselndem Werkstoff aber gleicher Form der Arbeitsstücke, z. B. von Messing oder Rotguß auf Leichtmetall, die gleichen Werkzeuge beibehalten werden müssen, d. h. in solchem Falle muß bei Leichtmetall auch mit dem für Messing günstigen Spanwinkel 0° gearbeitet werden. Dies ist zwingend bei Arbeiten mit vorhandenen Profilwerkzeugen, weil das Profil nur bei einem Anschliff (meistens 0°) formgenau wird. Die Spanbildungsschwierigkeiten beim Schneiden der Leichtmetalle, das Entstehen langgelockter Späne muß ähnlich wie beim Automatenstahl durch besondere Zusätze in der Werkstoffherstellung überwunden werden[1]).

d) Formmeißel.

Die Formmeißel sind nach ihrer äußeren Gestalt in zwei Gruppen zu scheiden: Gerade prismatische Formmeißel, Abb. D 12a, und runde Formmeißel, Abb. D 12b.

Die runden Formmeißel, Abb. D 12b, die meist nur für schmale und mittelbreite Teile benutzt werden, haben den Vorzug der leichten Herstellung und geringen Raumbeanspruchung; den Nachteil dagegen, daß ihre sichere Befestigung schwieriger ist. Die geraden Formmeißel werden meist als Tangentialmeißel verwendet (s. dort).

Anschleifen der Formmeißel geschieht für runde wie gerade Formmeißel nur an der ebenen Spanfläche (meist $\gamma = 0°$). Die Werkzeuge ändern hierbei ihre Schneidenform nicht und erzeugen bis zuletzt richtige Profile.

Der Spanwinkel ist für die Bearbeitung von Eisen und Stahl meist nur klein ($\gamma = 10$ bis $15°$). Bei sehr zähen und harten Stoffen wird der Spanwinkel $\gamma = 0°$, oder negativ; bei Messing und Automaten-Leichtmetalllegierungen stets $\gamma = 0°$. Dagegen empfiehlt sich für Schlichtarbeiten an den meisten Werkstoffen ein größerer Spanwinkel mit Hohlkehlenschliff.

---

[1]) H. Opitz: Neuere Untersuchungen über die Zerspanbarkeit von Leichtmetallen, insbesondere von Automaten-Legierungen. Aluminium 1937 Nr. 3. — H. Bohner: Leichtmetall-Automaten-Legierungen auf Al-Mg-Basis. — H. Kästner: Aluminium-Automaten-Legierungen auf Al-Cu-Mg- bzw. Al-Mg-Si-Basis. Aluminium 1937 März. — H. Schallbroch u. R. Wallichs: Al-Automatenlegierungen. Masch.-Bau 1938 S. 21.

Bei Kupfer, weichem Aluminium usw. und deren Legierungen wird $\gamma = 20$ bis $40°$ genommen.

Der Freiwinkel α schwankt zwischen 3 und 15°. Die größeren Werte (über 8°) nur bei stark schmierenden Stoffen, wie Cu. Beim runden Formmeißel entsteht der Freiwinkel dadurch, daß der Mittelpunkt des runden Formmeißels über der Werkstückachse liegt. Hierdurch flieht die Freifläche rascher von der Schnittfläche zurück. Die beiden Tangenten an Werkstück und an Formmeißel bilden den Freiwinkel α, Abb. D 12b. In den meisten Fällen wird man aber den Formmeißel-Mittelpunkt auf gleiche Höhe mit der Werkstückachse setzen können. Hierdurch wird zwar der Freiwinkel α im Berührungspunkt 0° sein, doch unmittelbar unterhalb des Berührungspunktes ergibt sich aus der Rundung an Werkstück und Formmeißel ein rasches Zurücktreten der Freifläche. Für sehr weiche Stoffe wird man die richtige Größe ausproben müssen.

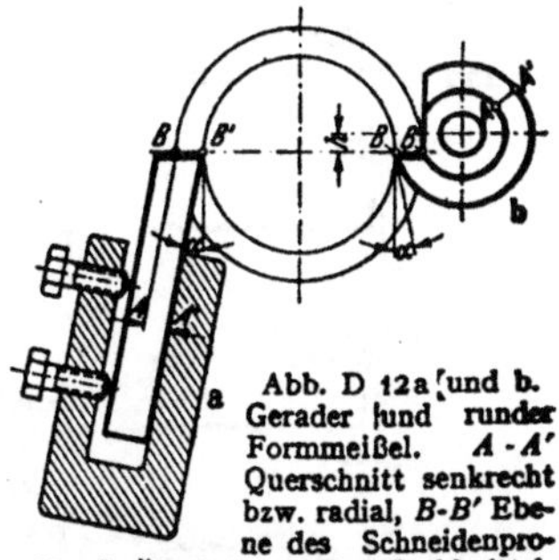

Abb. D 12a und b. Gerader und runder Formmeißel. A-A' Querschnitt senkrecht bzw. radial, B-B' Ebene des Schneidenprofils, h Überhöhung des Stahlmittelpunktes über Schneide, α Freiwinkel.

Profilverzerrung. Das für die Herstellung der Meißel maßgebende Profil AA', Abb. D 12a und b, senkrecht zur Formfläche beim geraden Meißel und radial beim runden Meißel, ist anders als das Profil BB' der Spanfläche, das auf das Arbeitsstück übertragen wird. Am Arbeitsstück würde also nicht genau das gewünschte Profil entstehen, wenn dieses selbst in den Formmeißel eingearbeitet würde. Solange der Freiwinkel klein ist, etwa bis 5°, ist diese Verzerrung jedoch gering und zu vernachlässigen. Für größere Freiwinkel dagegen muß in den Formmeißel, wenn er genau das verlangte Profil schneiden soll, ein entsprechend geändertes Profil eingearbeitet werden. Das geschieht beim runden Formmeißel dadurch, daß der ihn erzeugende Profilmeißel beim Drehen um h, Abb. D 12b, unter Mitte gestellt wird, beim flachen Formmeißel durch Hobeln mit einem Messer, welches das Werkstückprofil hat und um den Freiwinkel α schräggestellt wird.

Die für jeden gewählten Winkel γ erforderliche Profiländerung ist, wenn nötig, zeichnerisch zu ermitteln.

e) Meißelhalter.

Meißelhalter sind im Handel in verschiedenen Formen und Ausführungen zu haben. Ihr Hauptvorzug ist: Ersparnis an Werkzeugbaustoff dadurch, daß ein verhältnismäßig schwaches Drehmeißelstück (Drehzahn) nur wenig aus dem Halter vorsteht. Solche in den Meißelhalter eingespannten Meißel sind leicht herzustellen und nachzuschleifen. Demnach sind an einen guten Meißelhalter folgende Anforderungen zu stellen:

1. Er muß den Form- oder Einstechmeißel sicher festhalten und bis nahe der Schneide unterstützen.

2. Er muß den Meißel so halten, daß Frei- oder Spanwinkel sich von selbst ergeben (s. Abschnitt „Tangentialmeißel"), oder doch das Nachschleifen wie auch das Nachstellen erleichert wird.

3. Er muß starr und einfach sein (aus wenigen, nicht losen Teilen bestehen).

4. Auflage des Meißelkörpers bis zur vorderen Kante der Auflagefläche und feste Einspannung sind unerläßlich.

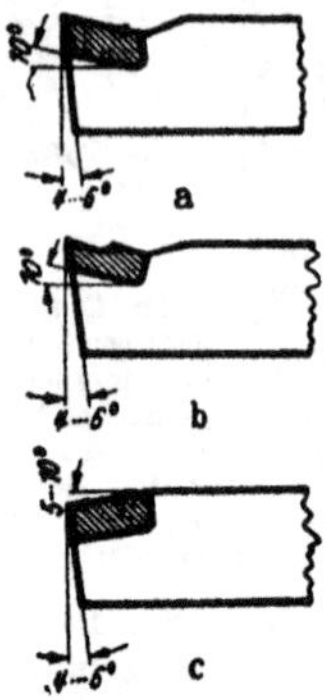

Abb. D 13a bis c. Formen von Plättchenmeißeln. *a* für Cr-Ni-Stähle und Gußeisen bis 250 Brinell, *b* richtiger, spanformender Anschliff, *c* für gehärteten Schnellstahl, Glas, Porzellan.

f) Plättchenmeißel[1]).

Eine besondere Gruppe von Haltern bilden die Schäfte aus Flußstahl mit aufgeschweißten oder aufgelöteten Plättchen aus Schnellstahl oder Hartmetall. Ihre Vorzüge sind:

1. Sie nutzen den Schnellstahl (bzw. das Schneidmetall) ebensogut aus wie die gewöhnlichen Halter, besser als der Vollmeißel.

2. Ihre Schruppleistung steht (wegen der guten Wärmeleitung) der der vollen Meißel nicht nach.

3. Ihr Schaft ist gegen jede Beanspruchung widerstandsfähiger als der der Vollmeißel.

Die Abb. D 13a bis c zeigen die heute gebräuchlichsten Querschnitts- und Einsetzungsformen der Plättchen. Es kommen auch andere Querschnittsformen vor (s. DIN 4971 bis 4980).

Die viereckigen und besonders die flachen Plättchen müssen so auf den Schaft gesetzt werden, daß ihre Spanflächen den notwendigen Spanwinkel schon vor dem Schleifen haben. Dazu ist es meist nötig, den Schaft abzusetzen und die abgesetzte Fläche zu neigen. Bei der dreieckigen Querschnittsform der Plättchen ist das weniger wichtig, weil man durch geringes Schleifen an der Spitze leicht den gewünschten Spanwinkel erhalten kann. Die dreieckige Form ist aber neuerdings fast vollständig von der eingelassenen prismatischen Plättchenform verdrängt. Über die Wahl des Schaftwerkstoffes, das Auflöten und Schleifen der Plättchen s. Abschnitt „Deutsche Hartmetalle" III, S. 271.

Das Aufschweißen bzw. Löten ist nur bis zu bestimmten Stahlquerschnitten herab wirtschaftlich. Die Hartmetalle werden wegen ihres hohen Preises fast nur als Plättchen, bei ganz kleinen Dreh- und Bohrwerkzeugen als festgeschraubte oder in Blei eingebettete Einsatzstückchen verwendet.

Besonders zu beachten sind noch folgende Punkte: Die Schneiden müssen vor Stoßbeanspruchungen geschützt werden, daher lange Schneiden und kleine Vorschübe, großer Spitzenwinkel (über 90°) und großer Keilwinkel, Spanwinkel meist klein, 10 bis 12° für Chrom-Nickel-Stahl und Guß bis 200 Brinell, 0° für alle harten und zähen Stoffe, wie Mangan-Hartstahl, Hartguß, Duralumin, Silumin u. a. m., bis 10° negativ für gehärteten Stahl, Glas, Granit[2]).

Zu beachten ist ferner für alle Hartmetallmeißel:
Anstellen der Meißel nur bei voller Schnittgeschwindigkeit.
Abstellen nur unter Schnittauslauf.

[1]) Über die Herstellung und Behandlung der Plättchen siehe Abschnitte „Pflege der Werkzeuge", „Deutsche Hartmetalle" und die Schriften von Fried. Krupp, Gebr. Böhler & Co., Deutsche Edelstahl-Werke usw., ferner „Hartmetallwerkzeuge", herausgegeben vom AWF beim Reichskuratorium für Wirtschaftlichkeit.

[2]) AWF-Mitteilungen 1938, Heft 8; Werkstatt und Betrieb 1938 S. 256.

III. Der Diamant als Drehwerkzeug.

Mit diesem härtesten Werkstoff wurden in neuerer Zeit stark wachsende Erfolge zur Erzeugung sehr formgenauer Werkstücke und vollkommen glatter Oberfläche erreicht.

Zur Bearbeitung geeignet sind Metalle, wie: Kupfer, Bronze, Bleibronze, Messing, Zink, Weißmetall, Aluminium- und Magnesiumlegierungen, Edelmetalle, sowie eine große Anzahl anderer Natur- und Kunststoffe, bei deren Bearbeitung gewöhnliche Drehmeißel einer sehr raschen Abnutzung unterworfen sind oder keine ausreichende Oberflächengüte erzielen. Stahl und Eisen sind nur in ganz bestimmten Fällen für die Bearbeitung durch Diamanten geeignet. Die großen Vorteile bei Verwendung von Diamanten als Drehwerkzeuge sind neben der hervorragenden Oberflächenbeschaffenheit, in der langen Standzeit begründet, die bei Massenfertigung große Zeit- und Geldersparnisse gestattet. In vielen Fällen lassen sich Zehntausende von Werkstücken mit einem Diamanten bearbeiten, ehe ein Nachschleifen der Schneide erforderlich ist. Wegen der geringen Schnittkraft sind auch unterbrochene Teile ohne weiteres mit Diamantschneiden zu drehen bzw. zu bohren. Zum Einstechen von Nuten in Kolben sind entsprechend geschliffene Diamanten besonders geeignet. Sie werden seitlich verstellbar angeordnet, so daß jede Nutenbreite hergestellt werden kann. An Lagerstoffen, in denen in verhältnismäßig weichem Grundstoff harte Kristalle eingebettet sind, zerschneidet der Diamant im Gegensatz zu anderen Werkzeugen die Karbide so, daß eine spiegelglatte Lagerfläche entsteht, die von vornherein den Zustand des Eingelaufenseins hat.

Voraussetzungen für eine erfolgreiche Benutzung der Diamanten sind:

1. Schutz der Werkzeuge vor Stößen.
2. Genaue Einstellung auf Höhe und Winkellage der Schneide zu der Drehachse.
3. Vollkommen erschütterungsfreier Lauf der Werkzeugmaschinen.
4. Kleinstes Spiel im Hauptlager. Schmierung mit dünnflüssigem Öl (Petroleum).
5. Von sachkundigen Sonderfirmen hergestellte und wiederzugerichtete Diamantwerkzeuge.

Zu 1. Nur bei voller Geschwindigkeit in den Schnitt gehen. Vorschub zuerst ausschalten, dann erst Werkstück stillsetzen.

Kleine Spanquerschnitte! Vorschub 0,02 bis 0,15 mm/U. Schnittiefe: normal 0,005 bis 0,2 mm, für besondere Werkstoffe und Werkzeuge bis 0,6 mm.

Zu 2. Besondere Schutz- und Visierkappen zur Einstellung werden von der Firma E. Winter & Sohn, Hamburg, zu den Drehdiamanten geliefert. Schneidkante auf Mitte Drehachse, oder bis 1 vH des Werkstückdurchmessers über Mitte.

Der Diamant hat als Schneidwerkzeug gegenüber den Hartmetallen eine vielfach größere Standzeit. Mit ihm erhält man infolge seiner nicht zu überbietenden Härte und Feinheit des Gefüges die besten Schneidleistungen. Sofern nicht durch harte Stöße beschädigt, hält ein Diamantschneidwerkzeug im Dauerbetrieb Monate, manchmal auch Jahre ohne Nachschärfen aus, weshalb sich auch die Verwendung trotz höheren Preises rechtfertigen läßt. Für Werkstoffe hoher Festigkeit und Dehnung wie Stahl und auch für Gußeisen ist jedoch der Diamant ungeeignet.

Sofern keine Erfahrungen in der Auswahl und der Bearbeitung von Diamanten vorliegen, überläßt man Gesamtausführung und etwa notwendig werdende Nacharbeit der Lieferfirma des Diamantwerkzeuges. Die Lebensdauer hängt, unabhängig vom Verwendungszweck, von der Güte des verwendeten Rohdiamanten, der richtigen Formgebung und seiner Befestigung im Diamantenhalter und Maschine ab.

Abb. D 14.

Abb. D 15.

Abb. D 16.

Abb. D 14 bis D 16. Diamant-Schneiden.

Die Formgebung richtet sich nach dem Verwendungszweck. Gebräuchliche Schneiden zeigt Abb. D 14 mit gerader Schneidkante für durchgehende Zylinder und gerade Stirnflächen, Abb. D 15 mit Kreisbogenschneide zum Erreichen höherer Oberflächengüte, jedoch mit der Gefahr der Schwingungserzeugung durch höhere Schnittkraft, Abb. D 16 Fasen-Schneide, an der die Schneidkanten beim Stumpfwerden auf die nächste Fasen-Kante eingestellt werden können. Sonderformen, z. B. an Bundflächen oder für Einstiche, sind möglich.

Scharf auslaufende Kanten sind wegen der Sprödigkeit zu vermeiden, wenn unbedingt nötig, ist eine kleine Fase anzubringen. Der geringeren Zähigkeit gegenüber den Schneidmetallen wegen muß der Keilwinkel größer und der Spanwinkel in allen Fällen kleiner sein, wie die nachstehenden Richtwerte angeben. Geringe Unterschiede in den Schneidenwinkeln sind im Gegensatz zu den Hartmetallwerkzeugen von großem Einfluß auf die Arbeitsgüte.

Richtwerte für Schneidenwinkel an Diamant-Werkzeugen.

Werkstoff	Spanwinkel γ	Freiwinkel α
Aluminium- und Magnesium-Legierungen	+ 3 bis 0°	Außendrehen 5 bis 8°
Kupfer, Messing, Bronze, Lagermetall	– 10 bis 0°	Innendrehen 8 bis 10°

Eine Kühlung der Diamantschneiden ist unnötig, weil die Artfremdheit vom Werkzeug zum Werkstück die Aufbauschneide verhindert und deshalb auch bei niedrigen Schnittgeschwindigkeiten glatte Oberflächen erzeugt werden.

IV. Verschiedenes über alle Drehwerkzeuge.

Überhöhung der Schneidkante über Drehachsenhöhe ist nur in ganz geringer Höhe (1 vH des Werkstückdurchmessers) und nur bei Stahlbearbeitung zulässig. In allen anderen Fällen, namentlich beim Ausbohren sämtlicher Werkstoffe, muß die Schneidenhöhe genau auf der Höhe der Drehachse stehen.

Langdrehen dünner Wellen soll man möglichst mit senkrecht zur Achse stehender Schneidkante (Seitenstahl), um Durchbiegungen zu mildern.

Rotwarmwerden der Schneiden ist ein Zeichen der Überlastung. Veränderung der Anlauffarbe zu Blauviolett ist ein Zeichen der Schneidenabstumpfung. Man warte mit dem Neuanschliff nicht bis zum Ausbrechen einzelner Teile an der Schneide mit Feuererscheinung.

Zur Verhütung von Verletzungen des Drehers sorge man durch Anschleifen einer spanabbiegenden Schulter oder Auflötung eines Spanbrechers aus Schnellstahl für das Abrollen der Späne in enggewundenen Locken.

V. Normen über Drehwerkzeuge.

Genormt sind:

Schneidstähle, Begriffe: DIN 768, Formen: DIN 4951 bis 4963.

Schneidstähle, Querschnitte DIN 770.

Aufschweißplatten: DIN 771 (Querschnitte der Walzstangen) und DIN 4971 bis 4980 (Aufschweiß-Plättchen).

Revolverkopfbohrungen zur Aufnahme der Werkzeugschäfte in DIN 1815. Es kommen folgende Bohrungen in Frage: 12, 16, 20, (25) 26, 32, 40, 50, 60, (70) 80, (90) 100.

Bohren, Senken und Reiben.

A. Bohren.

I. Begriffsbestimmung.

Unter Bohren versteht man im allgemeinen das Ausschneiden eines runden Loches aus einem Werkstoff mit Hilfe eines sich drehenden Werkzeuges. Es kann auf drei Arten geschehen:

1. Das Werkzeug dreht und verschiebt sich, während das Werkstück feststeht (übliches Bohren).
2. Das Werkzeug steht fest und verschiebt sich, während das Werkstück sich dreht (Tieflochbohrmaschinen, Revolverbohrmaschinen).
3. Werkzeug und Werkstück drehen sich in entgegengesetzter Richtung bei vorschiebendem Werkzeug (Tieflochbohrmaschine).

Je nach der Beschaffenheit der zu bearbeitenden Werkstücke wird man die geeignetste Art zur Anwendung bringen.

II. Bearbeitbarkeit der Werkstoffe[1]).

Die zerspanende Arbeit der Werkstoffe ist abhängig von der Form und Art der Bohrwerkzeuge und von der Leistung der Bohrmaschine. Im allgemeinen sind in der Metallindustrie zu bearbeiten: Grauguß, Temper- und Stahlguß, schmiedbares Eisen, Messing, Rotguß, Bronze, Kupfer und alle Leichtmetalle; auch Kunststoffe und einige Gesteinsarten (Marmor, Schiefer).

Ihre mechanischen Eigenschaften, besonders Festigkeit, Härte und Dehnung, sind sehr verschieden und verlangen Beachtung bei der Konstruktion der Bohrwerkzeuge und Maschinen.

III. Spitzbohrer.

Abb. B 1. Spitzbohrer.

Für wirtschaftliche Fertigung kommt der Spitzbohrer, die Urform des Bohrers, nicht mehr in Frage. Man verwendet ihn wohl noch für Sonderzwecke, besonders für sehr kleine Bohrer von 0,05 bis 0,2 mm. Der Schneidenwinkel kann bei sehr hartem, sprödem Werkstoff bis 130°, bei weichem Werkstoff bis 90° betragen. In der Regel wird ein Mittelwert von 116 bis 120° angewendet. Der Hinterschliff beträgt etwa 8 bis 10°.

Abb. B 1 zeigt einen einfachen Spitzbohrer, Abb. B 2 einen Spitzbohrer mit Führung und Spanbrechernuten. Spanbrechernuten sind beim Bohren von großen Löchern aus dem Vollen in spröden Werkstoff (Gußeisen, Bronze usw.) zweckmäßig. Für zähen Werkstoff empfiehlt sich

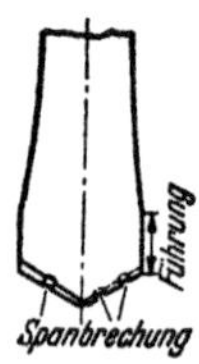

Abb. B 2. Spitzbohrer mit Spanbrechnuten.

[1]) A. Wallichs: Werkstattmäßige Prüfung der Spiralbohrer und der Bohrarbeit von Werkstoffen. Werkst. u. Betrieb 1933, S. 325/330. — A. Wallichs u. W. Mendelson: Zerspanungsprüfung von Gußeisen und Stahl. Masch.-Bau 1933 S. 402/404. — A. Wallichs u. H. Beutel: Spiralbohrer und Zerspanbarkeit von Stahlgut. Ber. betriebswirtschaftl. Arbeiten Bd. 8 (1932) S. 7. Berlin: VDI-Verlag. — A. Wallichs u. W. Mendelson: Die Bohrarbeit des Gußeisens. Ber. betriebswirtsch. Arbeiten Bd. 8 (1932) S. 20/21. Berlin: VDI-Verlag. — St. Patkay: Bearbeitbarkeit, Bohrarbeit und Spiralbohrer. Werkst.-Technik 1928 S. 677/683; 1929 S. 3/10 u. 33/42. — K. Klein: Die Ausbildung der Spiralbohrerscheiben bei verschiedenen Werkstoffen. Werkst.-Technik 1937 S. 123. — H. Schallbroch: Zerspanbarkeit neuzeitlicher Werkstoffe. Masch.-Bau 1933 S. 237. — A. Wallichs: Bohren, Senken und Reiben der Leichtmetalle. Werkstatt u. Betrieb 1938 S. 328/332.

der Spitzbohrer mit Hohlkehle, Abb. B 3. Der Spanwinkel ist hierbei möglichst klein zu halten, weil dann die Späne kurz gebrochen und ein Verschlingen derselben und damit ein Verstopfen des Bohrloches verhindert wird; für größere Bohrungen sind auch hier zur Verringerung der Vorschubkraft Spanbrechernuten vorzusehen. Der Spitzbohrer hat den Nachteil, daß er nach mehrmaligem Nachschleifen neu geschmiedet werden muß. In allen Fällen ist es zweckmäßig, den Bohrer nach der Querschneide hin zu verjüngen, da er dort nur drückend wirkt und an dieser Stelle die größte Vorschubkraft erfordert.

Abb. B 3. Spitzbohrer mit Hohlkehlenschliff.

Die Querschneide muß genau in der Bohrermitte liegen; bei der Ausgestaltung der Seitenschneiden (Abb. B 1) ist darauf zu achten, daß diese gleiche Schneidenlängen haben, gleich hoch liegen und mit der Bohrerachse gleiche Winkel einschließen.

IV. Allgemeines über Spiralbohrer.

Der Spiralbohrer ist der am wirtschaftlichsten arbeitende Bohrer. Er hat den großen Vorzug, daß er einen sehr günstigen Schnittwinkel an den Schneiden hat und nicht umgeschmiedet, sondern nur nachgeschliffen wird, wenn die Schneiden abgenutzt sind. Er behält bis zuletzt seinen wirksamen Durchmesser.

a) Äußere Form. Spiralbohrer werden mit zylindrischem und kegeligem Schaft nach DIN 329 bis 350 hergestellt. Der Durchmesser ist nach hinten zu etwas verjüngt, und zwar beträgt die Verjüngung bis zu 0,1 mm auf 100 mm Länge.

b) Nutenform[1]). Die Schneidlippen *a*, *b* des Spiralbohrers bilden Gerade, die als Berührende an einen Kreis vom Durchmesser der Kernstärke *c* verlaufen, Abb. B 4.

c) Drall-[2]) **oder Spiralwinkel** ist der Winkel σ der Nuten gegen die Achsrichtung am äußeren Durchmesser. Er beträgt beim üblichen Spiralbohrer für Gußeisen und Stahl etwa $\sigma = 30°$, Abb. B 5, für andere Werkstoffe, s. Tafel 1 und 2, S. 372, ist er je nach den Erfordernissen größer oder kleiner. Die Berechnung der Drall- oder Spiralsteigung geschieht nach der Formel

$$\text{Steigung } s = D \cdot \pi \cdot \operatorname{ctg} \sigma \quad \text{in mm},$$

$$s = \frac{D \cdot \pi \cdot \operatorname{ctg} \sigma}{25{,}4} \quad \text{in Zoll},$$

Abb. B 4. Nutenform.

Abb. B 5. Spiralsteigung und Führungsfase.

wobei D den Außendurchmesser in mm bedeutet.

d) Kernstärke. Die Kernstärke *c*, Abb. B 4, beträgt an der Spitze des Bohrers bei Bohrern bis 10 mm Durchmesser etwa 0,15 D, darüber hinaus 0,25 D. Zur Erhöhung der Verdrehungsfestigkeit werden die Bohrer im Kern nach oben gegen den Schaft zu durch allmähliches Zurücknehmen des Nutenfräsers gleichmäßig verstärkt. Um dabei mit Rücksicht auf leichten Spanabfluß ein Schmalerwerden der Bohrernute zu vermeiden, wird bei gleichbleibender Fräserbreite der Drall vergrößert, oder bei gleichbleibendem Drall eine Winkelverstellung der Nutenfräser vorgenommen.

---

[1]) Über die Konstruktion der Fräserform für Spiralbohrernuten finden sich Angaben in der Zeitschrift für Mathematik und Physik, 1909 Heft 3.

[2]) H. Klein: Normung der Drallwinkel. Werkstattstechn. u. Werksl. 1942, Heft 4/6.

Die mit der Drallvergrößerung verbundene Abnahme des Steigungswinkels bzw. die Verstellung der Nutenfräser beträgt etwa 5° für eine Bohrerumdrehung.

e) Führungsfase. Zur sicheren Führung des Bohrers im Bohrloch bleibt längs der Drallnute eine schmale Fase *b* stehen, Abb. B 5, die durch Hinterfräsen erzeugt wird, und deren annähernde Breite nachstehend gegeben ist:

Bohrerdurchmesser	10	20	30	40	50	60	80	100 mm
Breite der Führungsfase	1,3	2,0	2,6	3,0	3,4	3,6	3,8	4 mm

Nach dem Härten wird der Bohrer rundgeschliffen, und zwar nach oben gegen den Schaft zu schwach verjüngt. Die Verjüngung beträgt für je 100 mm Länge etwa 0,1 mm. Sie ist nötig, um schädliche Reibung zu verhindern. Das Bohrloch wird dadurch mit zunehmendem Spitzenanschliff etwas kleiner im Durchmesser, was aber praktisch nicht von Bedeutung ist.

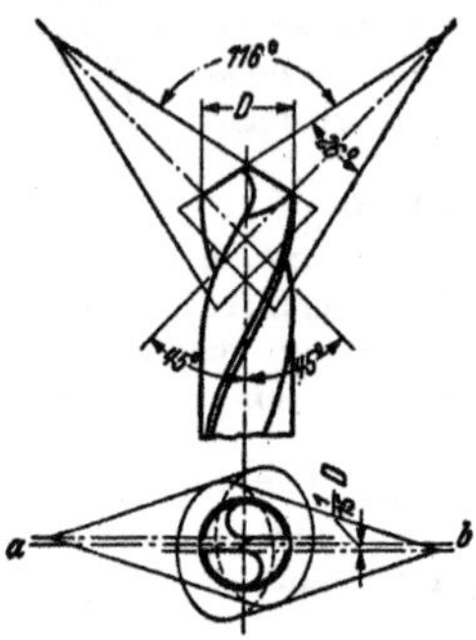

Abb. B 6. Spitzenwinkel.

f) Spitzenwinkel[1]. Der Spitzenwinkel beträgt im allgemeinen für Gußeisen, Stahl und Bronze 116 bis 120°, Abb. B 6. Diese Winkel stellen einen Mittelwert dar, der sowohl für harte als auch für weiche Werkstoffe befriedigende Leistungen ergibt. Andere Spitzenwinkel siehe S. 372 „Spiralbohrer in Sonderausführung".

g) Hinterschleifwinkel[2]. Die Schneidwirkung wird durch den entsprechenden Hinterschliff erzielt. In Abb. B 7 ist die Linie $A-B$ abgewickelt eingezeichnet. Sie entspricht der Schnittlinie der Hinterschleiffläche mit einer Zylinderfläche mit dem Außendurchmesser des Bohrers. Der Winkel β ist dann der Keil-, α der Frei-, δ der Schneid- und ε der Hinterschleifwinkel.

Der Winkel γ der Werkstoffoberfläche gegen die Waagerechte ergibt sich aus $\operatorname{tg}\gamma = \frac{s}{d \cdot \pi}$. Hierin ist s der Bohrervorschub für eine Umdrehung, d der entsprechende Bohrerdurchmesser. Bei gleichem Vorschub wird der Winkel γ nach der Mitte des Bohrers zu immer größer, s ist gleichbleibend, während d immer kleiner wird.

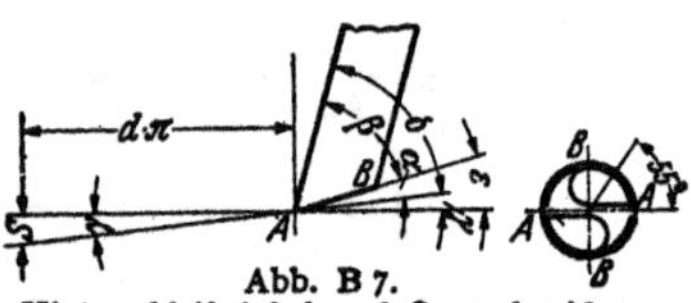

Abb. B 7.
Hinterschleifwinkel und Querschneide.

Die Größe des Hinterschleifwinkels ε beträgt bei Bohrern üblicher Ausführung etwa 5 bis 8° am Außendurchmesser, an der Spitze über 20°. Der Hinterschleifwinkel wird mit Hilfe von Spiralbohrerschleifmaschinen erzeugt[3].

[1] H. Klein: Die Ausbildung der Spiralbohrerschneiden für verschiedene Werkstoffe. Werkst.-Techn. 1937 Heft 5 S. 123. — H. J. Stoewer: Über verschiedene Spitzenanschliffe an Spiralbohrern. Stock-Z. 1929 S. 23/25. — H. Klein: Normung der Spitzenwinkel. Werkstattstechn. u. Werksl. 1942 Heft 5/6.

[2] A. Wallichs u. W. Mendelson: Wirtschaftliches Bohren durch richtigen Anschliff. Werkstattstechn. u. Werksl. 1937 Heft 5 S. 97. — H. Schropp: Messung der Schneidwinkel am Spiralbohrer. Masch.-Bau 1933 S. 427/428. — R. Sommerfeld: Über den Hinterschliff von Spiralbohrern. Heft 161 der Forschg. Ing.-Wes., herangezogen vom VDI, ferner auch Werkst.-Techn. 1914 S. 258/261.

[3] Ältere Bauarten siehe: Wallichs u. C. Barth: Werkst.-Techn. 1911 S. 615. — Neue Bauarten siehe Stock-Z. 1929 Heft 4 u. 5. — Grathwohl: Werkst.-Techn. 1929 S. 113.

h) Querschneide. Die Kante auf dem Kern an der Spitze des Bohrers, die die beiden Schneiden verbindet, heißt die Querschneide. Die Lage der Querschneide muß mit einer parallel zu den Schneidlippen gezogenen Geraden einen Winkel von 55° bilden, Abb. B 7. Jede andere Lage vergrößert die Vorschubkraft, ohne das Drehmoment wesentlich zu beeinflussen.

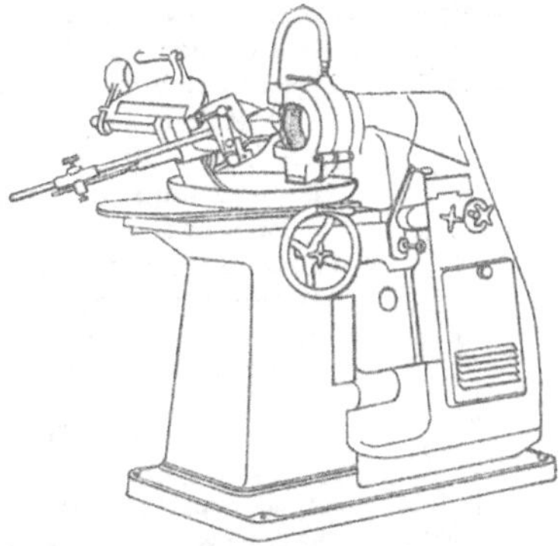

Abb. B 8. Spiralbohrerschleifmaschine für Bohrer von 10 bis 75 mm Durchmesser. Bauart R. Stock & Co., Berlin-Marienfelde.

i) Schleifen der Winkel. Die genaue Erzeugung dieser Winkel kann nur auf Spiralbohrerschleifmaschinen, z. B. Abb. B 8, geschehen. Das Schleifen von Hand ist möglichst zu vermeiden. Ungleiche Schnittlängen, Abb. B 9, und ungleiche Schnittkantenwinkel, Abb. B 10, sind hierbei kaum zu vermeiden. Die Folgen sind unrunde und zu große Löcher, Anfressen der Fase und Bohrerbruch. Die Verwendung einer guten Spiralbohrerschleifmaschine ist deshalb unbedingt erforderlich. Auf der Maschine, Abb. B 8, können Bohrer von 10 bis 75 mm Durchmesser und Spitzenwinkel von 50 bis 140° geschliffen werden. Kleinere Bohrer bis 10 mm Durchmesser werden auf einer besonderen Maschine in Büchsen geschliffen, Abb. B 11.

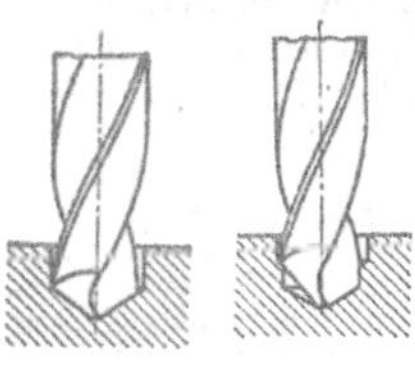

Abb. B 9 und B 10. Schlechtgeschliffene Spiralbohrer.

Abb. B 11. Büchsenhalter für Spiralbohrerschleifmaschinen aus Werkstattbuch 16, Dinnebier, bis 10 mm Durchmesser.

k) Ausspitzen. Der Spiralbohrer hat einen nach hinten verstärkten Kern, der beim Nachschleifen der Schneiden dicker wird und deshalb ausgespitzt werden muß. Der Spitzenwinkel und die Form der Ausspitzung üben einen großen Einfluß auf die Leistung des Bohrers aus. Abb. B 12 zeigt einen richtig ausgespitzten Bohrer. Andere Ausspitzungen sind un-

Abb. B 12. Richtig ausgespitzter Spiralbohrer.

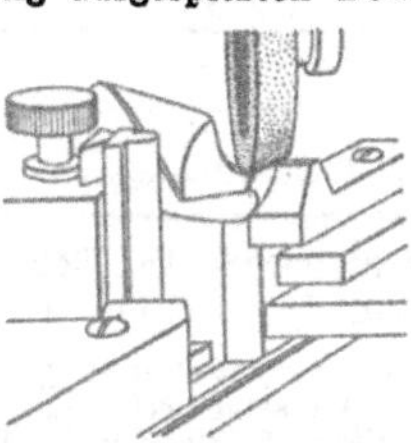

Abb. B 13. Ausspitzen eines Spiralbohrers auf der Ausspitzmaschine.

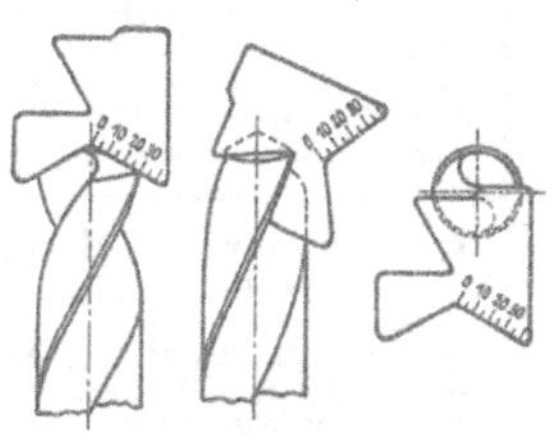

Abb. B 14. Einfache Spiralbohrer-Schleiflehre.

geeignet. Das Ausspitzen geschieht am besten auf Spiralbohrerausspitzmaschinen. Geschickte Schleifer können es auch von Hand vornehmen. Abb. B 13 zeigt den Bohrer in Schleifstellung bei einer Ausspitzmaschine.

l) Prüfen der Bohrerspitze. Abb. B 14 zeigt eine einfache Blechlehre zum Messen des Spitzen- und Hinterschleifwinkels und der Lage der Querschneide.

Eine andere Lehre zum Prüfen des Spitzenwinkels ist in Abb. B 15 dargestellt. Der Bohrer wird in ein Prisma eingelegt und gegen das am Ende der Lehre befindliche Dach geschoben. Abweichungen des Spitzenwinkels von der zentrischen Lage sind durch den Lichtspalt erkennbar.

Abb. B 15. Spiralbohrerschleiflehre.

V. Spiralbohrer in Sonderausführung.

Sie dienen zum wirtschaftlichen Bohren von Werkstoffen, deren Bearbeitbarkeit wesentlich von der üblicher Maschinenbaustoffe (Maschinenstahl bis zu 70 kg/mm² Festigkeit und Grauguß) abweicht.

a) Spiralbohrer für Nichteisenmetalle[1]). Die Spitzen und Drallwinkel sind verschieden je nach der Bearbeitbarkeit der Werkstoffe, Tafel 1. Umdrehungszahlen nach Tafel 3, S. 378.

b) Spiralbohrer für Werkstoffe verschiedener Art, Tafel 2. Auch hier hat die Praxis ergeben, daß Spitzen und Drallwinkel je nach der Bearbeitbarkeit verschieden sein müssen. Für Glas und Porzellan verwendet man vorteilhaft Hartmetall-Spitz- und -Dreikantbohrer. Umdrehungszahlen nach Tafel 3, Seite 378.

Tafel 1. **Spiralbohrer für Nichteisenmetalle**[2]).

Bearbeiteter Werkstoff	Spitzenwinkel	Drallwinkel
Aluminium und zähe Aluminiumlegierungen	140°	30—45°
Ausgehärtete Aluminiumlegierungen	120°	
Magnesiumlegierungen für flache Löcher	100°	10—16°
für tiefe Löcher	120°	
Schraubenmessing (Ms 58) und Schmiedemessing (Ms 60)	130°	10—25°
Kupfer und Tombak (Ms 80—Ms 90) für flache Löcher	120°	30—45°
für tiefe Löcher	125°	

Tafel 2. **Spiralbohrer für Werkstoffe verschiedener Art**[2]).

Bearbeiteter Werkstoff	Spitzenwinkel	Drallwinkel
Zelluloid	100°	10—25°
Hartgummi und dünne Preßstoffteile	30°	10—25°
Marmor, Schiefer, Kohle	80°	10—25°
Porzellan, Glas (Hartmetall Spitz- und Dreikantbohrer)	100—120°	10—25°

c) Spiralbohrer mit Hartmetallschneiden[3]). Der Bohrer, Abb. B 16, eignet sich für alle Werkstoffe, bei denen Spiralbohrer aus Schnellarbeitsstahl

[1]) Werkst. u. Betrieb 1937 Heft 23/24 S. 317; 1938 Heft 23/24 S. 328. — K. Hlein: Normung der Spitzen und Drallwinkel. Werkstattstechn. u. Werksl. 1942, Heft 5/6.
[2]) Spitzenwinkel nach Angaben der Firma R. Stock & Co., Berlin-Marienfelde.
[3]) Siehe auch Abschnitt „Deutsche Hartmetalle"; ferner Werkst. u. Betrieb 1938 Hefte 19/20 u. 21/22. — Neue Hartmetallbohrer zum Bearbeiten von Leichtmetallen. Werkstattstechn. u. Werksl. 1942 Heft 5/6 S. 120.

versagen. Durch das Einsetzen der Hartmetallschneide in einen Schaft aus Schnellarbeitsstahl ist der Bohrer nicht so widerstandsfähig wie ein aus dem Vollen gearbeiteter Bohrer. Es empfiehlt sich deshalb, nur kleine Vorschübe bei hoher Schnittgeschwindigkeit zu verwenden. Außerdem ist beim Durchbohren darauf zu achten, daß der Bohrer nicht einhakt und das Brechen vermieden wird. Sie finden dort Verwendung, wo sich Werkstoffe mit Schnellstahlbohrern nicht mehr oder sehr schlecht bearbeiten lassen. Z. B. sehr harter oder gehärteter Stahl, sehr hartes Gußeisen, Marmor, Glas, Porzellan usw.

Abb. B 16. Spiralbohrer mit Hartmetall-Schneide.

d) Spiralbohrer für Blechpakete. Für dünnwandige Werkstücke, Bleche, Blechpakete usw. werden vorteilhaft Spiralbohrer mit verstärktem Kern benutzt, die auch den hohen Beanspruchungen beim Durchbohren der Bleche standhalten.

e) Spiralbohrer für feste und zähe Werkstoffe, z. B. Chrom-Nickel-Stahl oder nichtrostenden Stahl usw., haben einen geringeren Drall als die üblichen Spiralbohrer und einen Spitzenwinkel von 140°. Außerdem ist ihre Bauart kräftiger wie die der üblichen Spiralbohrer.

f) Spiralbohrer mit Sonderanschliff der Spitze. Die Standzeit der Bohrerschneiden kann beim Bohren von Grauguß durch einen Sonderanschliff der Spitze, Abb. B 17, wesentlich erhöht werden. Die Kanten werden bei dem normalen Spiralbohrer unter einem Winkel von 70 bis 80° auf etwa ein Drittel der Länge der Schneidlippen abgeschliffen.

Abb. B 17. Sonderanschliff für Gußeisen.

g) Spiralbohrer mit Ölzuführung. Für besonders tiefe Löcher, die sich mit dem üblichen Spiralbohrer ohne Ölzuführung schlecht bohren lassen, da die Kühlflüssigkeit nur schlecht der Schneide zugeführt werden kann, verwendet man Spiralbohrer mit Ölzuführung, Abb. B 18, sog. Kanalbohrer. Diese Bohrer sind jedoch nicht sehr widerstandsfähig, es kann nur mit geringem Vorschub gebohrt werden.

Abb. B 18. Spiralbohrer für Ölzuführung.

VI. Instandhaltung und Behandlung der Spiralbohrer.

Für die Instandhaltung und Behandlung der Bohrer ist folgendes zu beachten:

a) Der kegelige Schaft des Bohrers muß stets sauber sein und gut in der Bohrspindel passen, da sonst der Mitnehmerlappen abbricht und der Bohrer nicht rund läuft.

b) Der Spitzen- und Hinterschleifwinkel muß vorschriftsmäßig geschliffen werden. Dies kann nur auf einer guten Spiralbohrerschleifmaschine geschehen. Das Schleifen von Hand ist möglichst zu vermeiden. Es ist zweckmäßig, die Bohrer nach dem Schleifen mit einer Lehre zu prüfen.

c) Große Bohrer müssen an der Querschneide ausgespitzt werden.

d) Große Löcher sind mit einem kleinen Bohrer vorzubohren, dadurch wird die Querschneide entlastet und der Kraftverbrauch verringert. Der Bohrer erhält dadurch auch eine gute Führung.

e) Der Bohrer darf nicht schlagen, sondern muß in der Bohrspindel und im Spannfutter genau laufen. Nur dann können genaue Löcher gebohrt werden.

f) Die Bohrerschneide muß stets scharf sein. Stumpfe Bohrer werden heiß und glühen aus; außerdem verursachen sie große Reibung an den Fasen und zerstören sie.

g) Die Führungsfase darf vorn nicht abgenutzt sein, da sonst der Bohrer klemmt und abbricht. Der Bohrer muß stets nach hinten etwas verjüngt sein.

h) Mit dem Spiralbohrer darf nicht tiefer gebohrt werden, als seine Spiralnuten lang sind, da sich sonst die Spannuten verstopfen und der Bohrer abbricht. Beim Bohren tiefer Löcher muß der Bohrer des öfteren aus dem Bohrloch herausgezogen und die Späne entfernt werden.

i) Die Bohrspindel der Maschine darf kein axiales Spiel haben, da sie sonst beim Durchbohren herunterfällt, der Bohrer einhakt und abbricht.

VII. Schnittleistung der Spiralbohrer[1]).

Die Schnittleistung N_s hängt ab von der Drehkraft R, die den Schnittwiderstand, und von der Vorschubleistung N_v, die den Vorschubwiderstand (Axialkraft) P überwindet. Die Vorschubleistung ist, wie aus den folgenden Gleichungen zu ersehen ist, so klein, daß sie fast immer vernachlässigt werden kann.

Die Drehkraft R, die man sich je zur Hälfte rechtwinklig zu jeder der beiden Schneiden und parallel zueinander im Abstand x, Abb. B 19, angreifend denken kann, ergibt ein Drehmoment $M_d = R/2 \cdot x \cdot$ cmkg. Dieses Moment ergibt nach einer allgemein bekannten Formel die in der Maschine gebrauchte Schnittleistung $N_s = \frac{M_d \cdot n}{71620}$ PS $= \frac{M_d \cdot n}{97410}$ kW. Die Vorschubleistung wird bei einem Weg von $n \cdot s$ in der Minute:

$$N_v = \frac{P \cdot n \cdot s}{75 \cdot 60 \cdot 1000} \text{ PS} = \frac{P \cdot n \cdot s}{4500000} \text{ PS} = \frac{P \cdot n \cdot s}{6120000} \text{ kW}.$$

In den Formeln bedeuten: M_d = Drehmoment in cmkg, P = Axialkraft in kg, n = Umlaufzahl des Bohrers in U/min, s = Vorschub in mm/U.

Abb. B 19. Angriffspunkte für Drehkraft.

Die Drehkraft R ist abhängig vom Bohrerdurchmesser, von der Umdrehungszahl, von der Größe des Vorschubes, vom Schnittwinkel und vom Widerstand des Werkstoffes. Sie ist daher für jeden Werkstoff zu ermitteln.

Die Axialkraft kann durch richtiges Ausspitzen des Bohrers bis zu einem Drittel der Vorschubkraft beim nicht ausgespitzten Bohrer verringert werden.

Drehmomente und Axialkräfte werden mit Hilfe von besonderen Meßeinrichtungen durch Versuche bestimmt.

In dem Schaubild Abb. B 20a[2]) sind Drehmomente für Gußeisen und Stahl angegeben. In Verbindung mit den im mittleren Teil des Schaubildes

[1]) Werkst.-Techn. 1911 S. 99; 1930 S. 573 — Masch.-Bau 1930 S. 244. — Dinnebier-Stoewer: Bohren. Werkstattbuch 16. Berlin: Springer. — Masch.-Bau 1932 Nr. 5 S. 95. R. Stock & Co., Berlin-Marienfelde.

[2]) R. Stock & Co., Berlin-Marienfelde. — Boston u. Oxford: Masch.-Bau 1932 Nr. 5 S. 16. — Hülle: Grundzüge der Werkzeugmaschinen. Bd. 1 (1928) S. 249. — Dinnebier-Stoewer: Bohren. Werkstattbuch 16. Berlin: Springer. — A. Wallichs: Werkst. u. Betrieb 1933 S. 325/330. — A. Wallichs u. H. Opitz: Stahl u. Eisen 1931 S. 1478 bis 1479. — Schieß-Nachrichten 1932, S. 35/37. — Z. VDI 1932 S. 240. — St. Patkay: Werkst.-Techn. 1928 S. 677/683 u. 1929 S. 3/10 u. 33/42.

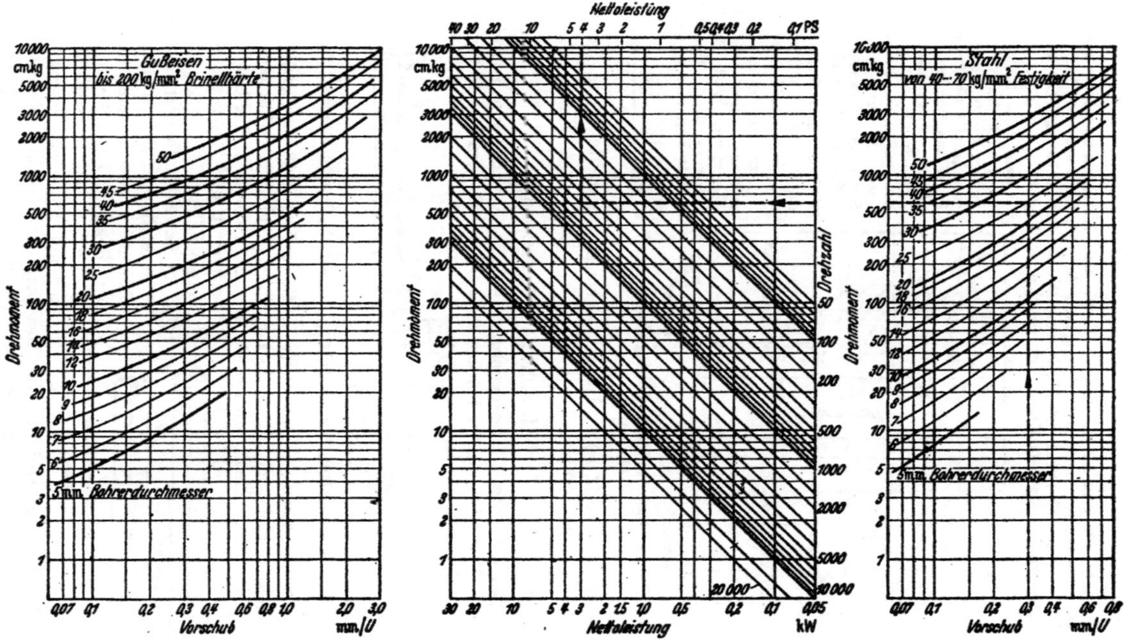

Abb. B 20a. Drehmomente M_d und Nettoleistungen N_e der Spiralbohrer.

eingetragenen Drehzahllinien läßt sich auf der Abszisse die Nettoleistung ablesen.

Beispiel. Wie groß ist die an der Schneide eines Hochleistungsbohrers aus Schnellstahl von 25 mm aufzuwendende Leistung beim Bohren in Stahl von 40—70 kg Festigkeit?

Lösung nach Abb. B 21 a. Die Umdrehungszahl des Bohrers beträgt bei etwa 39 m/min Schnittgeschwindigkeit 500 U/min, der Vorschub sei 0,3 mm/U.

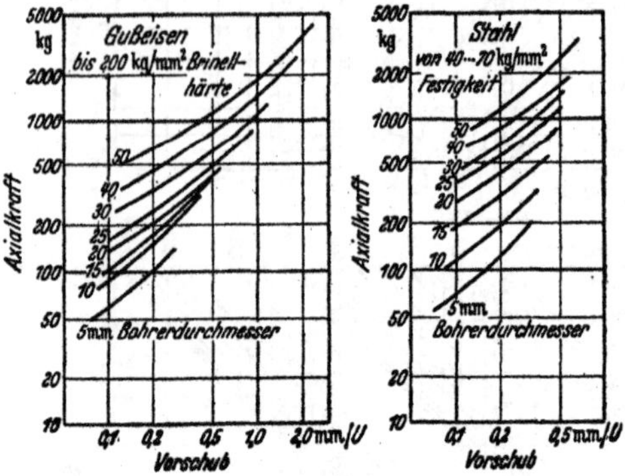

Abb. B 21 b. Axialkraft P in Abhängigkeit vom Vorschub s.

Geht man im rechten Teil des Schaubildes vom Vorschubpunkte $s = 0{,}3$ senkrecht bis zum Schnitt der Drehmomentkurve des Bohrerdurchmessers 25 mm nach links bis zur Drehzahllinie 500 und von da senkrecht nach oben oder nach unten, so kann man auf der Skale die Nettoleistung $N_s =$ 4 PS bzw. 3 kW ablesen.

Setzt man den Wirkungsgrad $\eta = 0{,}65$ ein, so ergeben sich $N = 6{,}1$ PS bzw. 4,6 kW.

Setzt man den aus den senkrechten Skalen, Abb. B 21 a, abgelesenen Wert für $Md =$ 600 cmkg in die eingangs genannte Formel ein, so ergibt sich:

$$N_s = \frac{600 \cdot 500}{97410 \cdot 0{,}65} = 4{,}7 \text{ kW}.$$

In der Abb. B 21 b[1]) sind durch Versuche ermittelte Werte für Axialkräfte P angegeben.

VIII. Sonstige Bohrwerkzeuge.

a) Tieflochbohrer (Kanonenbohrer), Abb. B 22, dienen zum Bohren tiefer Löcher. Der Hinterschliff beträgt etwa 6 bis 10°. Um den Bohrer rund-

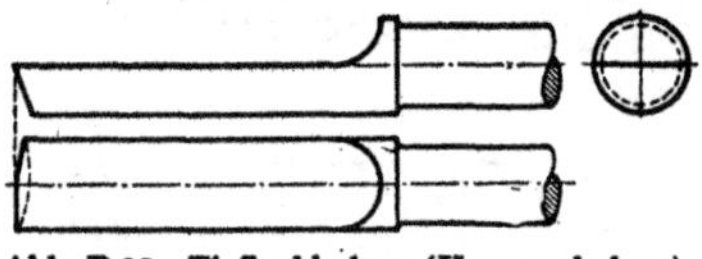

Abb. B 22. Tieflochbohrer (Kanonenbohrer).

Abb. B 23. Vorgearbeiteter Tieflochbohrer

schleifen zu können, erhält er vorher die in Abb. B 23 dargestellte Form. Der Bohrer wird nach hinten zu um einige hundertstel Millimeter dünner geschliffen. Der Ansatz an der Spitze wird nach dem Rundschleifen abgesprengt und dann die Schneide angeschliffen.

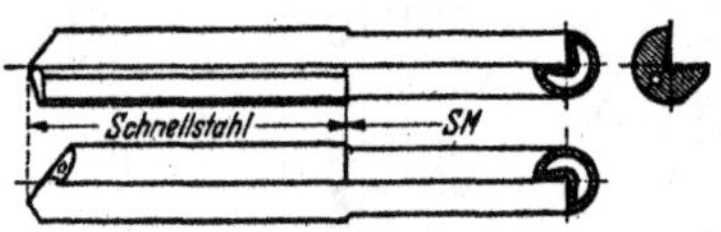

Abb. B 24. Tieflochbohrer neuerer Ausführung.

b) Gewehrlaufbohrer, Abb. B 24, sind einlippige Bohrer mit einem Bohrstück aus Schnellstahl, das in ein Bohrrohr eingelötet, etwa das 6—8fache des Durchmessers lang und mit einem Schmierloch versehen ist. Durch dieses wird die Kühlflüssigkeit unter hohem Druck (bis zu 30 atü) zugeführt, um ein Verstopfen des Bohrloches durch Späne zu ver-

[1]) R. Stock & Co., Berlin-Marienfelde.

hüten. Die Spannute muß möglichst bis auf die Bohrerachse gefräst und durch Feinschliff gut geglättet sein, um das Abfließen der Späne zu erleichtern und ein Verstopfen zu verhindern. Als Bohrrohr dient ein Stahlrohr, in das eine Rille durch eine gehärtete Stahlrolle eingedrückt ist. Zur Verstärkung gegen Verdrehung empfiehlt es sich, kürzere Rohre im Einsatz zu härten. Bei längeren Rohren läßt sich das nicht mehr ausführen; es ist dann der Vorschub der Verdrehungsfestigkeit des Bohrers anzupassen. Beim Bohren muß das Werkstück sich drehen, während der Bohrer feststeht, weil er sonst wegen seines unebenmäßigen Querschnittes bei der Drehung schleudern und ausknicken würde.

Der Querschnitt des Bohrers wird zweckmäßig nach Abb. B 25 ausgeführt. Der Bohrer hat an drei Stellen *a*, *b*, *c* Führung. Die Fase *a* ist höchstens 0,5 mm breit und stark hinterschliffen und dient dazu, die kleinen Späne, die sich hinter den Bohrer zwängen wollen, zu erfassen und in die Spannute zu leiten. Sie soll sich federnd und schabend an die Wand der

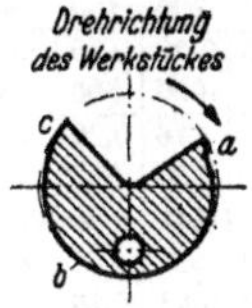

Abb. B 25. Querschnitt des Tieflochbohrers.

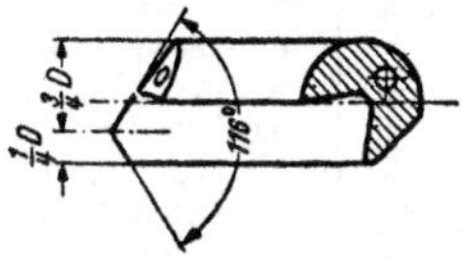

Abb. B 26. Spitzenwinkel des Tieflochbohrers.

Abb. B 27. Schleiflehre für Tieflochbohrer.

Bohrung anlegen. Bei richtig geschliffenem Bohrer entsteht beim Bohren von weichen Werkstoffen ein langer, zusammenhängender Span, während sich bei härteren Werkstoffen kürzere Späne bilden.

Schleifen der Bohrerspitze. Das Schleifen der Spitze geschieht meist von Hand; es empfiehlt sich aber auch hier, Schleifmaschinen zu verwenden. Die Schneidspitze muß genau im ersten Viertel des Bohrerdurchmessers stehen, Abb. B 26. Die Schneidwinkel müssen beiderseits genau gleich groß sein, damit der Bohrer nicht seitlich abgedrängt wird und infolge der erhöhten Reibung an der Lochwandung bricht. Das Messen des Spitzen- und Hinterschleifwinkels erfolgt mit Hilfe einer Lehre nach Abb. B 27.

IX. Richtwerte über Schnittgeschwindigkeiten und Vorschub [1]).

a) Spiralbohrer.

Tafel 3. Gußeisen, Stahl und Nichteisenmetalle.

Für Bohrer aus	Schnittgeschwindigkeit m/min	Werkstoff	Vorschub Drehzahl	Bohrer ø in mm 1	2	5	8	12	16	25	40	…
				Vorschub und Drehzahl								
Werkzeugstahl	10÷18	Unleg. Baustähle bis 50 kg/mm²	mm/U	0,015	0,03	0,09	0,12	0,16	0,18	0,20	0,22	0,
			U/min	4000	2000	1000	630	400	315	160	100	
	9÷12	Unleg. Baustähle über 50 kg/mm²	mm/U	0,015	0,03	0,08	0,11	0,14	0,16	0,18	0,20	0
			U/min	3150	1600	800	500	315	250	125	80	
	8÷14	Gußeisen bis 18 kg/mm²	mm/U	0,025	0,06	0,12	0,18	0,22	0,25	0,30	0,35	0,
			U/min	3150	1600	800	500	315	250	125	80	
	6÷9	Gußeisen über 18 kg/mm²	mm/U	0,012	0,03	0,06	0,10	0,12	0,14	0,16	0,18	0,
			U/min	2000	1000	500	315	200	160	80	50	
Schnellstahl	25÷40	Unleg. Baustähle bis 50 kg/mm²	mm/U	0,015	0,03	0,11	0,16	0,22	0,26	0,3	0,4	0,
			U/min	8000	4000	2000	1600	1000	800	400	250	
	25÷32	Unleg. Baustähle 50 bis 70 kg/mm²	mm/U	0,015	0,03	0,10	0,14	0,18	0,22	0,3	0,4	0
			U/min	8000	4000	2000	1250	800	630	315	200	
	20÷28	Unleg. Baustähle über 70 kg/mm²	mm/U	0,01	0,025	0,07	0,12	0,16	0,20	0,25	0,32	0,
			U/min	6300	3150	1600	1000	630	500	250	160	
	12÷20	Legierte Stähle 70 bis 90 kg/mm²	mm/U	0,008	0,02	0,06	0,10	0,14	0,18	0,22	0,28	0,
			U/min	4000	2000	1000	800	500	315	200	100	
	8÷14	Legierte Stähle[1]) 90 bis 110 kg/mm²	mm/U	0,007	0,01	0,04	0,08	0,12	0,14	0,18	0,23	0,
			U/min	2500	1250	630	500	315	200	125	63	
	20÷35	Gußeisen bis 18 kg/mm²	mm/U	0,025	0,06	0,16	0,25	0,30	0,35	0,45	0,50	0
			U/min	6300	4000	2000	1250	800	630	315	160	
	15÷25	Gußeisen über 18 kg/mm²	mm/U	0,012	0,04	0,09	0,14	0,20	0,25	0,30	0,36	0,
			U/min	5000	3200	1600	1000	630	500	250	125	
	7÷12	Rostfreier Stahl[1]) V2a	mm/U	0,006	0,02	0,06	0,10	0,14	0,18	0,22	0,28	0,
			U/min	2500	1600	800	500	315	250	125	63	
Werkzeugstahl	bis 80	Schrauben-[1]) Messing (spröde)	mm/U	0,03	0,07	0,14	0,20	0,25	0,30	0,38	0,45	0,
			U/min	10000	8000	4000	3150	2000	1600	800	500	3
	18÷30	Zähes Messing	mm/U	0,015	0,03	0,08	0,11	0,14	0,16	0,18	0,20	0,
			U/min	6300	3150	1250	1000	630	500	250	160	1
	15÷25	Kupfer, Rotguß	mm/U	0,015	0,03	0,09	0,12	0,16	0,18	0,20	0,22	0,
			U/min	5000	2500	1000	800	500	400	200	125	
	bis 80	Leichtmetalle	mm/U	0,02	0,04	0,10	0,14	0,18	0,20	0,22	0,25	0,
				0,03	0,07	0,14	0,20	0,28	0,30	0,36	0,40	0,
			U/min	10000	8000	4000	3150	2000	1600	800	500	3
Schnellstahl	bis 120	Schrauben-Messing[1])	mm/U	0,03	0,07	0,16	0,25	0,32	0,40	0,50	0,63	0,
			U/min	12500	10000	6300	5000	3150	2500	1250	630	4
	bis 60	Zähes Messing	mm/U	0,02	0,04	0,10	0,14	0,18	0,22	0,30	0,40	0,
			U/min	8000	6300	2500	2000	1250	1000	500	315	2
	bis 70	Kupfer, Rotguß Bronze	mm/U	0,02	0,04	0,12	0,16	0,22	0,25	0,30	0,40	0,
			U/min	8000	6300	2500	2000	1250	1000	500	315	2
	bis 120	Zähe Leichtmetalle[1])	mm/U	0,02	0,05	0,14	0,20	0,25	0,32	0,40	0,45	0,
			U/min	10000	8000	6300	5000	3150	2500	1250	630	4
	bis 160	Ausgehärtete Leichtmetalle[1])	mm/U	0,02	0,06	0,16	0,25	0,32	0,40	0,50	0,63	0,
			U/min	12500	10000	8000	6300	4000	3150	1600	800	5
	bis 200	Magnesium-Leg.[1])	mm/U	0,025	0,07	0,20	0,30	0,40	0,50	0,63	0,71	0,
			U/min	12500	10000	8000	6300	5000	4000	2000	1000	6

[1]) Nach Angaben der Firma Stock & Co.

Tafel 4. **Kunststoffe und Marmor.**

Werkstoff	v in m/min für Bohrer aus Werkzeugstahl	Schnellstahl
Novotext	8—12	20—30
Galalit	8—12	bis 20
Pertinax	10—20	20—30
Trolit, Ebonit	20—30	30—50
Hartgummi	20—30	30—50
Wahnerit	20	30—50
Vulkan Fiber	50—100	bis 200
Marmor		≈10

Tafel 5. **Umlaufzahlen für Bohrer unter 1 mm ⌀.**

Werkstoff	Umlaufzahlen je Minute bei Bohrerdurchmesser: 0,1—0,2	0,25—0,35	0,4—0,6	0,7—0,9
Stahl und Gußeisen	500—1000	4000—6000	6000— 8000	6000— 8000
Messing und Bronze	500—1000	4000—6000	8000—12000	8000—12000
Kupfer	500—1000	4000—6000	4000— 6000	6000— 8000
Aluminium, Silumin usw.	800—1000	4000—6000	8000—12000	8000—12000
Hartgummi	1500—2000	6000—8000	8000—12000	8000—12000

Tafel 6. **Vorschübe für Bohrer unter 1 mm ⌀.**

Bohrerdurchm. mm	0,1	0,2	0,25	0,3	0,4	0,5	0,6	0,7	0,8	0,9
Vorschub mm/U	nach Gefühl	nach Gefühl	0,001	0,001	0,0015	0,0015	0,002	0,003	0,01	0,02

b) Für Bohrer mit Hartmetallspitze[1]).

Werkstoff	Schnittgeschw. m/min	Vorschub mm/U bei 10 mm Durchm.	bei 20 mm Durchm.	Kühlung
	etwa	bis	bis	
Chromnickelstahl 140 kg/mm²	30	0,05	0,08	Bohrwasser
Werkzeugstahl 180—200 kg/mm²	10	0,03	0,06	„
Manganhartstahl 12 vH	20	0,03	0,06	trocken
Kokillenhartguß	7	0,04	0,08	Bohrwasser
Grauguß bis 200 Brinell	75—125	0,15	0,30	trocken
Grauguß über 200 Brinell	60—80	0,10	0,25	„
Kararischer Marmor	20—30	0,08	0,15	Wasser
Granit	6—10	0,02	0,05	„
Glas mit (Dreikantbohrer)	20—30	0,04	0,05	Terpentin
Porzellan je nach Härte	10—20	0,01—0,03	0,02—0,05	„
Isoliermaterialien	200	0,30	0,50	trocken

c) Tieflochbohrer.

Für Stahl von 50 bis 70 kg/mm² Festigkeit betragen die Schnittgeschwindigkeiten für Bohrer aus Hochleistungsschnellstahl $v = 20$ bis 35 m/min.

Die Vorschübe $s = 0{,}01$ bis 0,05 mm/U, je nach Leistung der Maschine, Bohrerdurchmesser, Bohrlänge und Bearbeitbarkeit des Werkstoffes.

[1]) Nach Angaben der Fa. R. Stock & Co. — S. a. Abschnitt „Deutsche Hartmetalle". Werkst. u. Betrieb 1938 Hefte 19/20 u. 21/22.

B. Senken.

I. Formen der Senker.

Der Senker oder Aufbohrer dient zum Aufsenken vorgebohrter und vorgegossener Löcher, Ansenken von Nabenflächen und Einsenken von Vertiefungen für Schraubenköpfe.

Spiralsenker, Dreischneider (DIN 343), Abb. B 28, werden zum Aufbohren vorgegossener, sehr häufig aber auch vorgebohrter Löcher verwendet.

Abb. B 28. Spiralsenker (Dreischneider).

Durch die dreifache Führung verlaufen sie nicht so leicht wie der Spiralbohrer, auch werden die Löcher genauer. Das Anschleifen der Schneidlippen muß mit großer Sorgfalt am besten mit besonderen Schleifvorrichtungen vorgenommen werden.

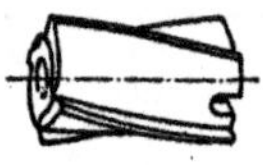

Abb. B 29. Aufstecksenker (Vierschneider).

Aufstecksenker, Vierschneider (DIN 222), Abb. B 29, dienen dem gleichen Zwecke wie Spiralsenker. Die Senker werden an den Führungsflächen rundgeschliffen, und zwar so, daß das Werkzeug hinten um einige hundertstel Millimeter schwächer ist. Der Drallwinkel beträgt 12 bis 15°, der dem Spitzenwinkel des Spiralbohrers entsprechende schräge Anschliff der Schneiden 30 bis 45°. Der Hinterschliff soll etwa 6° sein. Das Schleifen geschieht auf besonderen Schleifvorrichtungen[1],

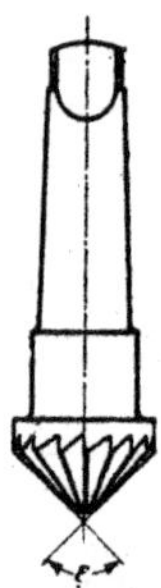

Abb. B 30. Spitzsenker.

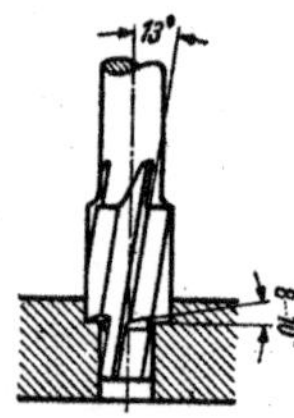

Abb. B 31. Zapfensenker.

Untermaße für Spiralsenker (DIN 343) und Aufstecksenker (DIN 222) nach DIN 342.

Durchmesser	Untermaß
bis 18	0,2
über 18—30	0,3
über 30	0,4

Spitzsenker, Abb. B 30, sind mit folgenden Winkeln genormt:

$\varepsilon = 60°$ zum Abfasen der Kanten gebohrter Löcher DIN 334
$\varepsilon = 75°$ für Halbrundnieten nach DIN 104
„ Halbversenknieten nach DIN 301
„ Senknieten nach DIN 661 .... DIN 381
$\varepsilon = 90°$ zum Versenken der Köpfe von Senk- und Linsenkopf-Schrauben, Versenknieten usw. DIN 335
$\varepsilon = 120°$ wie für 90°-Spitzsenker .... DIN 347

Zapfensenker, Abb. B 31, werden hauptsächlichst gebraucht für das Einsenken von Schraubenköpfen. Sie werden mit festen und auswechselbaren Führungszapfen hergestellt. Senker mit auswechselbaren Führungszapfen können besser geschliffen werden.

Senker zum Anschneiden von Naben siehe Abb. B 32.

Für Sonderzwecke gibt es Senker verschiedener Art[1].

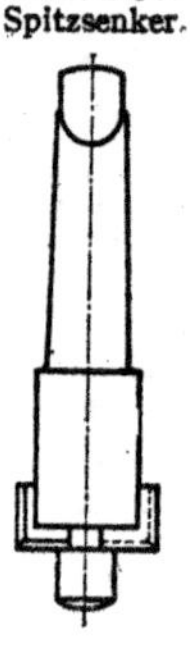

Abb. B 32. Zapfensenker mit auswechselbarem Messer und Führungsbuchse.

[1] Siehe Dinnebier: Senken — Reiben. Werkstattbuch 16. Berlin: Springer.

II. Schnittgeschwindigkeiten und Vorschübe für Spiralsenker DIN 343 und DIN 222.

Werkstoff	Spiralsenker			
	Werkzeugstahl		Schnellstahl	
	v	s	v	s
Gußeisen 12—18 kg/mm² Festigkeit	8–12	0,1–0,4	20–30	0,15–0,7
Gußeisen 18—30 kg/mm² Festigkeit	3–6	0,1–0,25	15–20	0,1–0,4
Stahl bis 50 kg/mm² Festigkeit.............	12–14	0,1–0,3	20–35	0,1–0,65
Stahl von 50—75 kg/mm² Festigkeit	8–10	0,1–0,3	20–30	0,1–0,55

Für Zapfensenker und Messerstangen sind die Vorschübe geringer, etwa 0,05—0,2 mm/U je nach Größe der Schneidflächen und Steifheit des Werkzeuges.

C. Reiben.

Bohrungen, die besonders glatt und im Durchmesser mit einer zugehörigen Welle nach einer Passung übereinstimmen sollen, müssen nach dem Bohren durch Nachreiben mit Reibahlen auf den gewünschten Durchmesser gebracht werden. Die zum Ausreiben bestimmte Zugabe soll 0,3 mm im Durchmesser nicht überschreiten. Bei größeren Bohrungen ist deshalb meist eine Bearbeitung mit zwei Reibahlen (Vor- und Nachreibahle) erforderlich.

Die Größe des mit einer Reibahle erzeugten Loches hängt nicht lediglich vom Durchmesser des Werkzeuges, sondern auch vom Werkstoff, von der Art der Befestigung der Reibahle, von der Art des Kühlmittels und von der Starrheit der Maschine ab. Eine Reibahle wird im bröckligem Gußeisen einen anderen Lochdurchmesser erzeugen als im zähen Stahl. Ungenaues Fluchten der Reibahlenachse mit dem vorgebohrten Loch ergibt zu große Löcher. Selbst bei pendelnd angeordneten Reibahlen ist auf genauestes Fluchten zu sehen, da die Bewegungsfreiheit der Reibahle nur während des Arbeitens auftretende Störungen unschädlich machen soll.

I. Gestaltung der Reibahlen.

a) Einteilung. Je nach der Verwendung sind Handreibahlen und Maschinenreibahlen zu unterscheiden. Beide Arten werden mit festen und verstellbaren Schneidzähnen ausgeführt. Nachstellbare Reibahlen sind vorteilhafter, da sie nach Abnutzung im Durchmesser durch Nachstellen wieder auf das richtige Maß gebracht werden können. Es gibt auch Reibahlen, die um mehrere Millimeter im Durchmesser verstellbar sind (für Instandsetzungswerkstätten).

b) Durchmesser. Neue Reibahlen sind im Durchmesser etwas stärker gehalten, sie haben eine Wetzzugabe von 0,02 bis 0,045 mm. Sie müssen entsprechend einer Bohrung nach den Passungssystemen DIN oder ISA nachgewetzt werden. Das Nachwetzen geschieht mit einem guten Ölstein oder mit einem Reibahlenwetzgeräte. Zum Messen dienen Schraublehren oder Einstell-Lehrringe.

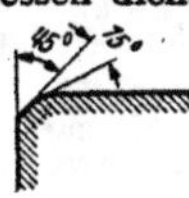

Abb. B 33. Zylindrischer Anschnitt.

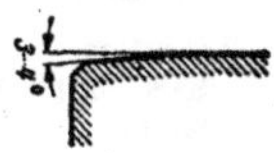
Abb. B 34. Kegeliger Anschnitt.

c) Anschnitt. Die Schneidzähne der Reibahlen werden je nach ihrer Verwendung für durchgehende oder Sacklöcher mit einem längeren oder kürzeren kegeligen Anschnitt versehen. Für Sacklöcher und für alle Werkstoffe aus Stahl und zäher Bronze erhalten sie einen kurzen Anschnitt, Abb. B 33. Reibahlen mit langem Anschnitt sind für Stahl nicht geeignet, da sie einen zu breiten Span abnehmen müssen und dabei leicht brechen. Bei der Bearbeitung von Stahl kann nur mit geringen Vorschüben gearbeitet werden.

Für durchgehende Löcher eignen sich zur Bearbeitung von Gußeisen, Messing und Werkstoffe mit geringer Festigkeit, bei denen keine zusammenhängende Späne erzeugt werden, Reibahlen mit einem langen Anschnitt besser, Abb. B 34. Sie können leichter in die Bohrungen eingeführt werden und erzeugen auch bei größeren Vorschüben eine glatte Oberfläche. Die Reibahlen werden nach hinten zu etwas verjüngt, um ein zu starkes Reiben des Führungsteiles zu vermeiden.

Handreibahlen erhalten einen Anschnitt, der durchschnittlich ein Viertel der Zahnlänge beträgt. Er ist je nach Größe um 0,2 bis 0,5 mm schwach kegelig[1]). Schneidzähne und Anschnitt erhalten einen Hinterschliff von etwa 5° in der Weise, daß noch eine etwa 0,2 bis 0,3 mm breite Stelle *f*, Abb. B 35, des Rundschliffes stehenbleibt, die dann nachgewetzt wird. Scharfhalten des Reibahlenanschnittes ist die erste Vorbedingung für gute und saubere Arbeit.

Abb. B 35. Zahnhinterschliff.

d) Zahnteilung. Die Reibahlen werden mit geraden Zähnezahlen, jedoch mit ungleichen Zahnteilungen ausgeführt. Reibahlen mit gleicher Zahnteilung reiben unrunde, kantige Löcher. Es bilden sich Rattermarken, die dadurch entstehen, daß bei gleichem Abstand der Zähne der nachfolgende Zahn immer wieder in die Stellung des vorhergehenden Zahnes eintritt. Infolge der steten Wiederholung bilden sich die bereits erwähnten Rattermarken auf der Oberfläche der Bohrung. Die ungleich geteilten Reibahlen arbeiten ruhiger, weil hierbei die Aufeinanderfolge der Zähne verschieden ist. Um den Durchmesser der Reibahlen ohne Schwierigkeiten messen zu können, erhalten sie gerade Zähnezahlen. Bei der Ungleichteilung wird die Bedingung dadurch erfüllt, daß stets zwei Zähne auf dem gleichen Durchmesser einander gegenüberliegen.

e) Zahnverlauf. Die Schneidzähne der Reibahlen verlaufen gerade oder schraubenförmig. Reibahlen mit geraden Zähnen werden aus bereits erwähnten Gründen (leichtere Herstellung und besseres Messen) bevorzugt verwendet. Reibahlen mit gewundenen Zähnen werden meist nur da verwendet, wo die Bohrung durch eine Nut unterbrochen ist; aber auch nur dann mit Vorteil, wenn sie einen langen kegeligen Anschnitt haben dürfen, der beim Anschneiden als Führung dient. Man verwendet Reibahlen mit gewundenen Zähnen auch als zylindrische Handreibahlen für normale Bohrungen und als Kegel- und Nietlochreibahlen. Das Wetzen von Hand ist sehr schwierig und zeitraubend. Es kann zweckmäßig nur auf einem guten Reibahlenwetzgerät[2]) vorgenommen werden.

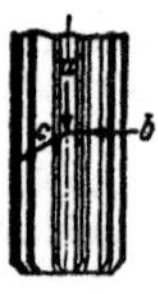

Abb. B 36. Reibahle mit geraden Zähnen.

Abb. B 37. Reibahle mit gewundenen Zähnen.

Reibahlen mit gewundenen Zähnen werden rechtsschneidend mit Linksdrall ausgeführt. Sie brauchen zwar eine nur ganz wenig größere Vorschubkraft. Rattermarken entstehen bei Verwendung von Reibahlen mit gewundenen Zähnen nicht. In Abb. B 36 und B 37 stellt *a* die Vorschub-

[1]) Siehe auch Dinnebier: Senken — Reiben. Werkstattbuch 16. Berlin: Springer.
[2]) Hersteller: Loewe-Gesfürel, Berlin. Rohde & Dörrenberg, Düsseldorf-Oberkassel.

richtung, *b* die Drehbewegung dar, *c* ist die Resultierende aus beiden Bewegungen. Es zeigt sich, daß bei geraden Nuten die Spanabnahme viel mehr schälend erfolgt als bei gewundenen, da hierbei die Schnittrichtung stets schräg zur Schneide sein wird. Bei linksgewundenen Zähnen wird das Abfließen des Spanes durch die Drallwindung erschwert.

II. Feste Handreibahlen.

Mittels eines Windeeisens werden die zum Reiben vorgebohrten Löcher nachgerieben. Abb. B 38 zeigt eine gerade genutete Reibahle mit festen

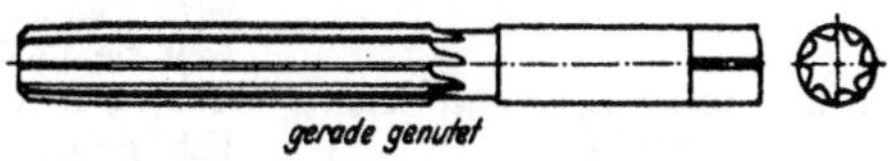

Abb. B 38. Handreibahle mit geraden Zähnen.

Zähnen, Abb. B 39 eine solche mit gewundenen Zähnen. Handreibahlen mit geraden Zähnen sind die gebräuchlichsten, da sie sich gut herstellen

Abb. B 39. Handreibahle mit gewundenen Zähnen.

und auch gut nachwetzen lassen. Sie haben einen langen, kegeligen Anschnitt, der in die Bohrung eingeführt wird und der Reibahle beim Anschneiden die Führung gibt.

III. Feste Maschinenreibahlen.

a) Fest einzuspannende Reibahlen. Zum Ausreiben vorgebohrter Löcher werden auf Bohrmaschinen und Bohrwerken Reibahlen nach Abb. B 40 bis B 43 verwendet. Die Reibahlen, Abb. B 40, haben einen zylindrischen Schaft und werden in Bohrfutter gespannt; die nach Abb. B 41 haben einen kegeligen

Abb. B 40. Maschinenreibahle mit zylindrischem Schaft.

Abb. B 41. Maschinenreibahle mit kegeligem Schaft.

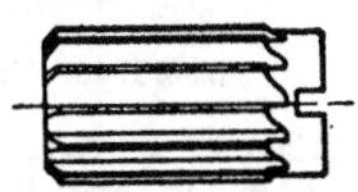

Abb. B 42. Aufsteckreibahle

Abb. B 43. Dorn für Aufsteckreibahlen mit kegeligem Schaft.

Schaft und werden unmittelbar in die Bohrspindel oder in Kegelhülsen aufgenommen. Die Reibahlen, Abb. B 42, sind Aufsteckreibahlen, die auf besonderen Haltern, Abb. B 43, befestigt werden.

b) Pendelreibahlen werden hauptsächlich auf Revolverdrehbänken benutzt, und zwar deshalb, weil durch das Schalten des Revolverkopfes und Verschieben des Revolverschlittens Ungenauigkeiten seitlich und in der Höhe der Achsen eintreten, die durch die Pendelreibahle ausgeglichen werden können, Abb. B 44. Die Ausführung einer Pendelreibahle zeigt Abb. B 45[1]. Sie wird Pendelreibahle genannt, weil sie im Schaft nicht fest eingespannt, sondern beweglich gelagert ist und durch einen Stift mitgenommen wird. Sie kann sich ohne Verklemmen in die vorgebohrte Bohrung einführen, so daß beim Reiben keine Vorweiten entstehen.

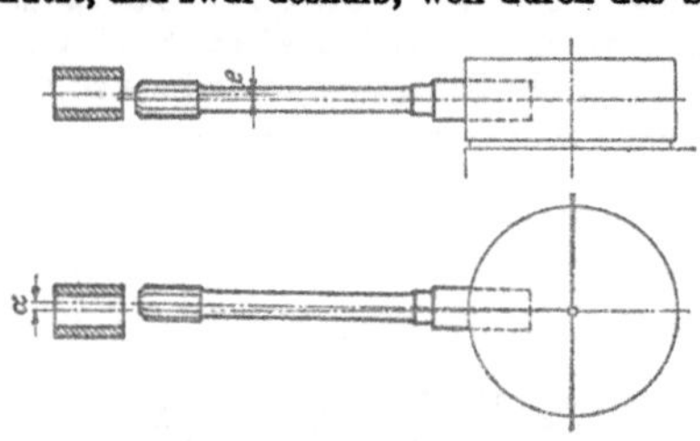

Abb. B 44. Achsenverlagerung bei einer Revolverdrehbank.

Es ist jedoch darauf zu achten, daß die Verlagerung der Achsen der Maschine durch die Abnutzung nicht zu groß wird, da sonst die Pendelreibahle ihren Zweck nicht mehr erfüllt. Bei zu großer Abnutzung des Revolverkopfes ist eine Nacharbeit der Maschine erforderlich.

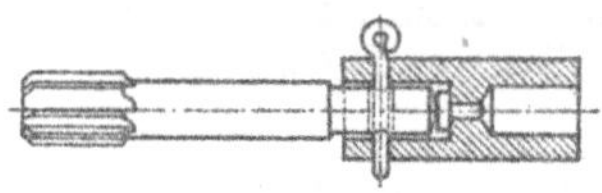

Abb. B 45. Pendelreibahle.

IV. Nachstellbare Hand- und Maschinenreibahlen

haben den Vorteil, daß sie nach Abnutzung im Durchmesser durch Nachstellen wieder auf den Neudurchmesser gebracht werden können. Reibahlen mit verstellbaren Messern sind nach dem Nachstellen auf einer Rund- oder Scharfschleifmaschine rundzuschleifen, damit sämtliche Messer zum Schnitt gelangen.

Abb. B 46 zeigt eine nachstellbare Handreibahle. Der Reibahlenkörper ist dreimal geschlitzt und wird mittels einer Schraube mit Kegelzapfen nachgestellt. Die Reibahle nach Abb. B 47 hat eingesetzte Messer, die durch Lösen der Klemmstücke und Zurückdrehen der Muttern mit einem Kupferdorn zurückgeschlagen werden. Nach dem Nachstellen müssen sie rundgeschliffen werden. In Abb. B 48 ist eine Aufsteckreibahle mit eingesetzten Messern, in Abb. B 49 eine Reibahle mit aufgeschraubten Messern dargestellt. Bei letzterer geschieht das Vergrößern des Durchmessers durch Unterlegen von dünnem Papier oder Streifen aus Federbandstahl. Wie schon erwähnt, sind auch diese Reibahlen nach dem Nachstellen rund-

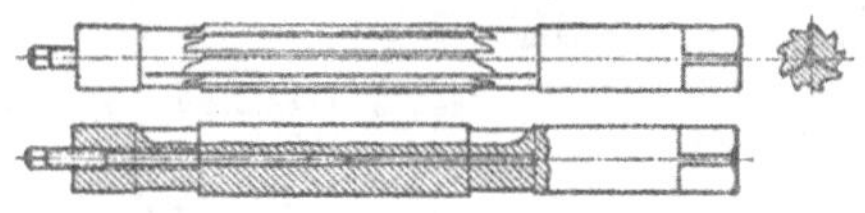

Abb. B 46. Verstellbare Handreibahle.

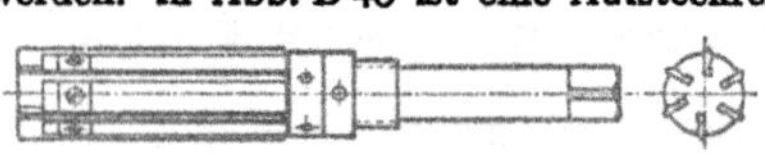

Abb. B 47. Handreibahle mit verstellbaren Messern.

[1] Weitere Ausführungen über Pendelreibahlen und Hülsen siehe Dinnebier: Senken — Reiben. Werkstattbuch 16. Berlin: Springer.

zuschleifen und nachzuwetzen. Zum Nachregeln zu enger Bohrungen verwendet man vorteilhaft Einmesserreibahlen, Abb. B 50. Sie haben einen gehärteten und zylindrisch geschliffenen Schaft, in dem ein Messer gut gelagert ist und durch eine Schraube mit Kegelschaft verstellt wird.

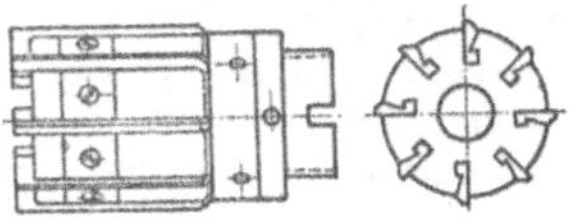

Abb. B 48. Aufsteckreibahle mit verstellbaren Messern.

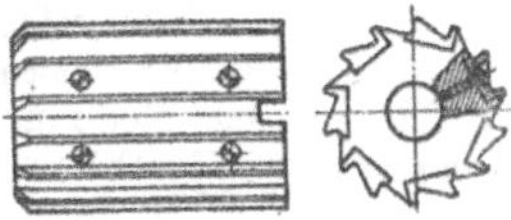

Abb. B 49. Aufsteckreibahle mit aufgeschraubten Messern.

Abb. B 50. Verstellbare Einzahnreibahle.

V. Schnittgeschwindigkeiten und Vorschübe für Reiben.

Werkstoff	Werkzeugstahl		Schnellstahl	
	v m/min	s mm/U	v m/min	s mm/U
Gußeisen 12—18 kg/mm² Festigkeit	4–5	0,5–3	6	0,5–3
Gußeisen 18—30 kg/mm² Festigkeit	3–4	0,5–3	5–6	0,5–3
Stahl bis 50 kg/mm² Festigkeit...............	4–5	0,3–0,75	5–6	0,3–0,75
Stahl von 50—75 kg/mm² Festigkeit	3–4	0,3–0,75	5–6	0,3–0,75

VI. Kegelreibahlen.

Für das Herstellen von Innenkegeln in Hülsen oder anderen Werkstücken, deren Außendurchmesser erst nach Fertigstellung des Innenkegels auf einem laufenden Dorn fertiggestellt wird, verwendet man vorteilhaft drei Reib-

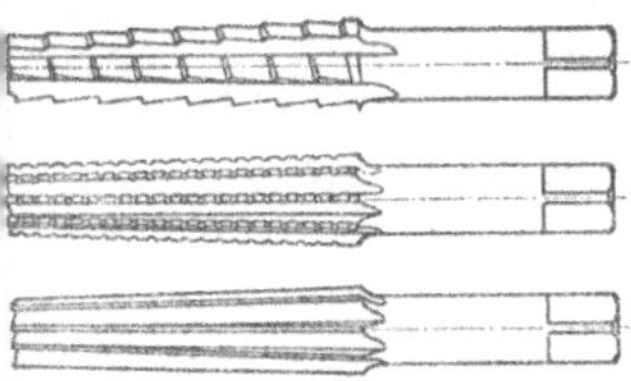

Abb. B 51. Kegelreibahlen.

Abb. B 52. Stiftlochreibahle mit geraden Zähnen.

Abb. B 53. Stiftlochreibahle mit geraden Zähnen.

Abb. B 54. Stiftlochreibahle mit Spiralzähnen.

ahlen nach Abb. B 51, 1 bis 3. Das zylindrisch vorgebohrte Loch wird mit der hinterdrehten Schruppreibahle Nr. 1 aufgerieben. Mit der Reibahle Nr. 2 wird die Bohrung gut vorgerieben und mit der Reibahle Nr. 3 fertiggerieben.

Für Stiftlöcher werden Reibahlen nach Abb. B 52 bis B 54 verwendet. Abb. B 52 und B 53 (DIN 9) für Kegelstifte (DIN 1) werden bis zu 5 mm fünfkantig und darüber hinaus mit geraden Nuten hergestellt. Die Zähne der Stiftloch-Schälreibahlen, Abb. B 54, sind schraubenförmig mit Linksdrall ausgebildet, um das Festhaken im Loch zu verhindern. Die günstige Zahnstellung ermöglicht einen schälenden Schnitt, ergibt höhere Leistungen und sehr saubere Löcher.

D. Bohrstangen und Bohrköpfe[1]).

Sie werden in großer Verschiedenheit ausgeführt. Abb. B 55 zeigt einige bewährte Bauarten. Der Bohrstangendurchmesser ist so groß als möglich zu bemessen, um Durchbiegungen zu vermeiden. Wenn irgend möglich,

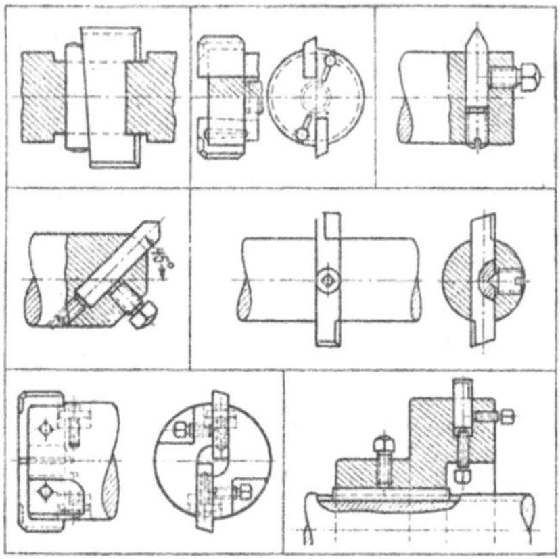

Abb. B 55. Bohrstangen und Bohrköpfe.

ist das Bohrwerkzeug in unmittelbarer Nähe und auf beiden Seiten der Arbeitsstelle zu führen. Die Vorschubrichtung des Werkzeuges bzw. des Arbeitsstückes muß mit der Drehachse und der Führungsrichtung fluchten. Am empfehlenswertesten sind jene Bohrarten, bei denen das Bohrwerkzeug sich dreht und gleichzeitig den Vorschub ausführt, die Vorschubkraft aber hinter den Bohrstangenführungen ausgeübt wird.

[1]) S. a. Dinnebier: Bohren. Werkstattbuch 15. Berlin: Springer.

Fräsen[1]).

A. Fräsvorgang.

I. Allgemeines.

Der Fräsvorgang wird durch folgende Punkte wesentlich beeinflußt:

1. Von der Maschine, gegeben durch die Maschinenart und -leistung, die Schnittbedingungen wie Schnittgeschwindigkeit und Vorschub, Schnitttiefe und -breite, Kühlmittel.

2. Vom Werkzeug, das durch Zähnezahl, Zahnneigung (Drall), Zahnform, Durchmesser, Schneidenwinkel, Art der Kraftübertragung (Mitnahme) gekennzeichnet ist.

3. Vom Werkstück, das die Arbeitsbedingungen durch seine Stabilität in Gestalt und Aufspannmöglichkeit, seine Vorbehandlung und die geforderte Oberfläche und Maßhaltigkeit bestimmt.

4. Von den betrieblichen Maßnahmen, wie richtige Menschenauswahl, Arbeitsplan, Maschinenpflege. Diese können oft von größerem Einfluß sein als die zuerst genannten Punkte.

Wirtschaftlich fräsen heißt, mit möglichst geringem Leistungsaufwand in möglichst kurzer Zeit bei längster Standzeit des Fräsers eine Fläche sauber und maßgerecht herzustellen.

Der Zweck des Fräsens ist also nicht, Späne zu machen, sondern brauchbare Werkstücke zu erzeugen — allerdings so schnell wie nur irgend möglich. Man vergißt oft, daß Fräsen nicht nur Schruppen bedeutet, sondern in der Massenfertigung von Fahrzeugen, Waffen, Geräten usw. der lehrenhaltigen Erzeugung von Teilen dient, die ohne einen Feilstrich austauschbar zusammengebaut werden müssen.

II. Vermeiden von Mißerfolgen.

Um Mißerfolge beim Fräsen zu vermeiden, sind folgende Gesichtspunkte zu beachten, die leider nicht selbstverständlich sind:

1. Wahl der richtigen Maschinenart. Zur Verfügung stehen Senkrecht-, Waagerecht-, Plan- und Sonder-Fräsmaschinen (beispielsweise Nachform-Fräsmaschinen). Man hat die beste Aufspannmöglichkeit und die Lage der Arbeitsfläche zur Aufspannfläche zu bedenken. Manchmal ist es beim Fräsen wichtiger, daß Wasser und Späne leicht abfließen, als daß die Arbeitsfläche dauernd beobachtet werden kann. Oft ist letzteres jedoch entscheidend, z. B. beim Gesenkfräsen oder beim „Auskurbeln" von Formen. Zuweilen bestimmt die geeignete Fräserform (z. B. Walzen- oder Stirnfräser) die Maschine. Für besonders schwere Schnitte empfiehlt sich die Plan-Fräsmaschine.

2. Prüfung der Antriebsleistung ist bei schweren Schruppschnitten erforderlich, s. Abschnitt III.

3. Geeignete Drehzahlen und Vorschübe für das vorgesehene Werkzeug und den zu bearbeitenden Werkstoff, z. B. Hartmetallfräser, Leichtmetallbearbeitung.

4. Zustand und Vorbereitung von Werkzeug, Werkstück und Maschine. Beschädigte Spindelkegel, zu schwache Fräsdorne, zu weit herausgespannte Fräser geben unsaubere Arbeit und Fräserbruch. Fräsdorn

[1]) Schrifttum über Fräsen siehe Masch.-Bau 1934 S. 655. Vgl. Werkstattbuch 22: Die Fräser. Werkstattbuch 40: Das Sägen der Metalle. Werkstattbuch 88: Das Fräsen. Berlin: Springer. — Werkstattkniffe, Folge 2: Fräsen. München: Carl Hanser.

prüfen: Stirnflächen der Fräsdornringe nicht planparallel, Nuten schief zur Achse (Dorn wird beim Spannen krumm). Neuzeitliche Fräser erfordern gut gelagerte Arbeitsspindeln — vor allem axial — und nicht zu lose Tischführungen. Ein geeignetes Kühlmittel, in genügender Menge angewendet, spart an Werkzeug mehr, als es kostet.

Beim Fräsen alle Klemmungen festziehen. Gegenhalterstützen sind zum Gebrauch, nicht als Zierat geliefert.

5. Richtige Werkzeugauswahl (s. Abschnitt B). Stumpfe und schlagende Fräser geben Minderleistung oder Ausschuß.

6. Ist Werkstück für die Bearbeitung richtig gestaltet? Federt es beim Fräsen? Nimmt seine Formgebung auf die Fräsbarkeit Rücksicht (z. B. Nuten mit Sack oder Auslauf)? Läßt es sich gut spannen? Sind die Arbeitsgänge richtig?

III. Die Antriebsleistung der Fräsmaschinen.

Der Leistungsbedarf beim Fräsen ist in den letzten Jahren eingehend untersucht worden[1]). Die mittlere Nutzleistung an der Frässpindel beträgt

$$N_e = \frac{K_M}{6{,}12 \cdot 10^6} \cdot a \cdot b \cdot s' \,(\mathrm{kW}). \qquad (1)$$

Hierin bedeutet: K_M mittlerer Schnittdruck in kg/mm²,
a Frästiefe in mm,
b Fräsbreite in mm,
s' Vorschubgeschwindigkeit in mm/min.

Der Schnittdruck K_M ist auch für die einzelnen Werkstoffe nicht gleichbleibend, sondern ändert sich mit der Schneidenform und Mittenspandicke

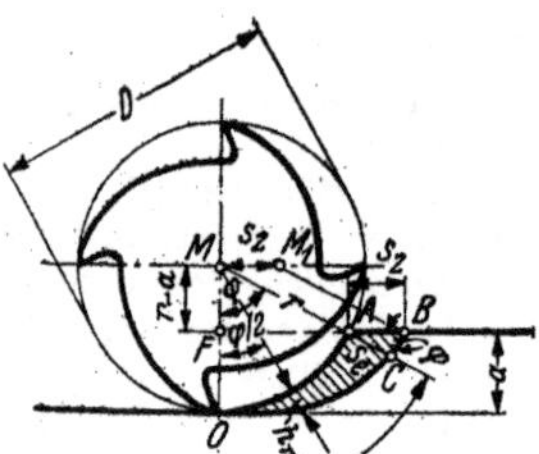

Abb. F 1.

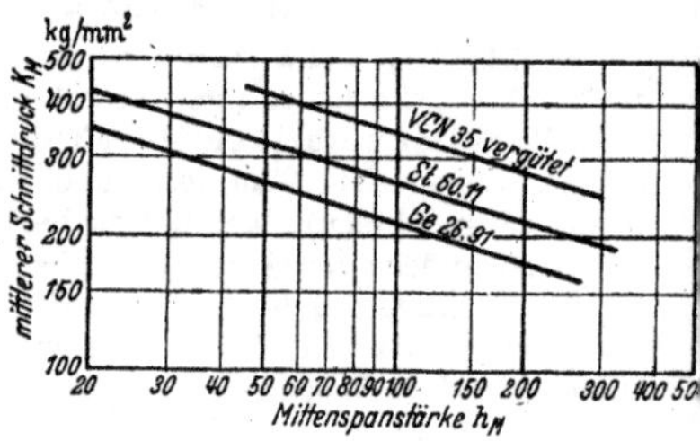

Abb. F 2.

(mittleren Spanstärke) h_M in mm, die sich bei dem Spanumfangswinkel $\varphi/2$, Abb. F 1, ergibt zu

$$h_M = \frac{s'}{n \cdot z} \sqrt{\frac{a}{D}}\,. \qquad (2)$$

Hierin bedeutet: n Drehzahl des Fräsers in U/min,
z Zähnezahl des Fräsers,
D Außendurchmesser des Fräsers in mm.

K_M-Werte für Walzenfräser sind in Abb. F 2 für St 60.11, Ge 26.91 und VCN 35 aufgetragen.

[1]) ADB, Berlin: Berechnung der Schnittleistung beim Fräsen. Masch.-Bau 1939 S. 231.

Für die Berechnung der Antriebsleistung der Fräsmaschine (Nutzleistung des Motors) $N_{e\,\mathrm{Motor}}$ müssen außerdem der Wirkungsgrad des Spindelgetriebes und die durch den Vorschubantrieb bedingten Verluste berücksichtigt werden. Der Gesamtwirkungsgrad der Fräsmaschinen beträgt je nach Größe, Bauart und -jahr sowie Drehzahl zwischen Halb- und Vollast

$$\eta = 0{,}5 \text{ bis } 0{,}8.$$

Rechnungsbeispiel. Es ist St 60.11 mit einem Walzenfräser zu schruppen. Frästiefe $a = 4$ mm; Fräsbreite $b = 100$ mm; Fräserdurchmesser $D = 110$ mm; Zähnezahl $z = 8$; Fräserdrehzahl $n = 50$ U/min (Schnittgeschwindigkeit $v = 17{,}3$ m/min); Vorschubgeschwindigkeit $s' = 90$ mm/min.

Zuerst ist die Mittenspandicke zu berechnen:

$$h_M = \frac{s'}{n \cdot z} \cdot \sqrt{\frac{a}{D}} = \frac{90}{50 \cdot 8} \sqrt{\frac{4}{110}} = 0{,}043 \text{ mm} = 43\,\mu.$$

Dazu aus Abb. F 5

$$K_M = 340 \text{ kg/mm}^2$$

und damit erforderliche Nutzleistung an der Frässpindel

$$N_e = \frac{K_M \cdot a \cdot b \cdot s'}{6{,}12 \cdot 10^6} = \frac{340 \cdot 4 \cdot 100 \cdot 90}{6{,}12 \cdot 10^6} = 2{,}0 \text{ kW}$$

und Antriebsleistung der Fräsmaschine ($\eta = 0{,}8$ angenommen)

$$N_{e\,\mathrm{Motor}} = \frac{N_e}{\eta} = \frac{2{,}0}{0{,}8} = 2{,}5 \text{ kW}.$$

Die vereinfachte Berechnung der Antriebsleistung[1]) wird durch Richtwerte ermöglicht, die von den Fräsmaschinenherstellern für die zulässige Spanmenge V_{zul} in cm³/kWmin, etwa nach Tafel 1, angegeben werden.

Tafel 1. **Richtwerte für die zulässige Spanmenge in cm³/kWmin.**

Werkstoffe	Zulässige Spanmenge V_{zul}
Legierte Stähle (vergütet)	8...10 cm³/kWmin
Legierte Stähle (geglüht)	10...12 „
Unlegierte Stähle	12...15 „
Gußeisen (mittelhart).........	20...26 „
Messing und Rotguß	30...40 „
Leichtmetalle	40...70 „

Die Antriebsleistung ergibt sich dann aus der Gleichung

$$N_{e\,\mathrm{Motor}} = \frac{a \cdot b \cdot s'}{1000 \cdot V_{\mathrm{zul}}}. \tag{3}$$

Für das oben angeführte Beispiel beträgt V_{zul} im Mittel 14 cm³/kWmin,

$$\text{damit wird } N_{e\,\mathrm{Motor}} = \frac{4 \cdot 100 \cdot 90}{1000 \cdot 14} = 2{,}6 \text{ kW}.$$

IV. Die Kräfte am Fräser.

Beim Fräsen hebt jeder Fräserzahn einen kommaförmigen Span ab (*OAB* Abb. F 1), dessen Dicke von einem Kleinstwert (theoretisch Null) bis zu einem Größtwert anwächst. Damit wird auch die auf den Fräserzahn wirkende Schnittkraft veränderlich. Der Fräsvorgang unterscheidet sich also vom Hobeln, Drehen und Bohren grundsätzlich dadurch, daß periodisch wechselnde Kräfte auftreten, die auf einen Größtwert anwachsen und ruckartig auf Null absinken, wenn der Fräserzahn das Werkstück verläßt.

[1]) ADB Berlin: Vereinfachte Berechnung der Schnittleistung beim Fräsen, Masch.-Bau 1940 S. 153.

Geradzahnige Fräser ergeben immer — auch bei hohen Zähnezahlen und großen Schnittiefen — eine stoßartige Beanspruchung der Maschine. Der Fräser schneidet auch dann nicht stoßfrei, wenn mehrere Zähne gleichzeitig im Eingriff sind, sondern nur, wenn ein neuer Zahn gerade in dem Augenblick in das Werkstück eindringt, in dem der vorhergehende es verläßt. Das ist der Fall, wenn die Zähne geneigt sind und Fräserdurchmesser, Zähnezahl und Zahndrall in einem bestimmten Verhältnis zueinander stehen (s. Abb. F 10).

Für die Beanspruchung der Maschinenteile, insbesondere des Fräsdornes, der oft das schwächste Glied der Maschine ist, sind die größten auftretenden Schnittkräfte[1]) heranzuziehen. Diese unterscheiden sich infolge des meist „ungleichförmigen" Schnittes und des Fräserschlages oft erheblich von der mittleren Schnittkraft P_M, die für die Bestimmung der Antriebsleistung maßgebend ist. Um einen Begriff von der Größenordnung der Kräfte zu erhalten, kann man die Umfangskraft U, Abb. F 3, berechnen aus

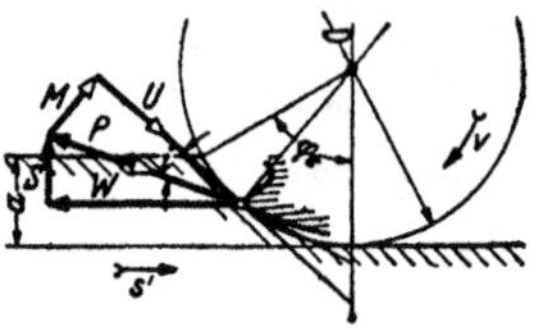

Abb. F 3.

$$U = \frac{N_e \cdot 6{,}12 \cdot 10^3}{v} \text{ (kg)}. \qquad (4)$$

Beispiel. $N_e = 2{,}0$ kW; $v = 17{,}3$ m/min

$$U = \frac{2{,}0 \cdot 6120}{17{,}3} = 710 \text{ kg}.$$

V. Wahl der Schnittbedingungen.

a) Schruppen: Werkstoff mit möglichst wenigen dicken Spänen zerspanen.

Das wird erreicht, wenn Frästiefe und -breite möglichst klein, Vorschubgeschwindigkeit und damit Spandicke möglichst groß, Drehzahl und Zähnezahl des Fräsers möglichst klein sind.

Wegen der großen Schnittkräfte ist die Vorschubgrenze oft durch die Stabilität des Werkstückes oder des Werkzeuges und der Aufspannungen von beiden gegeben. Die Maschinenleistung kann auch dann nicht voll ausgenutzt werden, wenn bei tiefen Schruppschnitten „Rattern" des Fräsers (Resonanzerscheinung: Eigenschwingungszahl der Maschine gleich Fräserschwingungszahl) auftritt. Das läßt sich durch Herabsetzen der Schnittgeschwindigkeit meist unterbinden; sonst muß die Frästiefe in zwei oder mehr Schnitte unterteilt werden. Bedient ein Mann mehrere Maschinen, so kann die Gesamtfräszeit — trotz ungünstigerer Schnittverhältnisse im einzelnen — kürzer sein, wenn nur ein Schnitt je Arbeitsfläche angesetzt wird.

Um die beträchtliche Zerspanungswärme abzuführen, ist reichliche Zufuhr von Kühlflüssigkeit, die gleichmäßig über die ganze Fräserbreite zu verteilen ist, unbedingt erforderlich. Für weichen Stahl genügt in der Regel Seifenwasser, Ölemulsion oder ein anderes Kühlöl. Für legierte Baustähle ist Schneidöl vorteilhafter. Für Aluminiumlegierungen benutzt man außer Seifenwasser auch Petroleum. Magnesiumlegierungen werden meist trocken verarbeitet.

[1]) Näheres über ihre Messung und Werte vgl. Eisele: Dynamische Untersuchung des Fräsvorganges. Berlin: VDI-Verlag 1931. — Stock-Fräserhandbuch, 2. erw. Aufl., S. 50 u. 52. Berlin: Springer.

b) Schlichten: erhöhte Schnittgeschwindigkeit, herabgesetzter Vorschub.

Da Maßhaltigkeit und Oberflächengüte im Vordergrund stehen, arbeitet man bei verzugsfreier Spannung des Werkstückes mit kleinen Schnittkräften. Die Sauberkeit der Fräsfläche hängt außerdem von der guten Beschaffenheit der Werkzeugschneiden und der Verwendung geeigneter Schmiermittel, die das Aufsetzen von Werkstoffteilchen verhindern, ab.

c) Richtwerte für Fräsgeschwindigkeiten[1]):

Zahlenangaben für Schnittgeschwindigkeit und Vorschub müssen stets im Zusammenhang mit der zugeordneten Fräserart, Frästiefe und -breite, der Werkstückaufspannung und Maschinengattung[2]) betrachtet werden. Die Richtwerte Zahlentafel 2 gelten für neuzeitliche Maschinen, starre Werkstückaufspannung und Schnellstahl-Fräser.

d) Gleichlauffräsen[3]).

Beim Gleichlauffräsen arbeitet man, im Gegensatz zum üblichen „gegenläufigen" Fräsen, mit erhöhter Schnittgeschwindigkeit. Neben etwas geringerem Leistungsbedarf sollen auf harten und zähharten Werkstoffen höhere Fräserstandzeiten erreicht werden. Auch ist bei tiefen Schnitten die Neigung zum Rattern geringer. Das Gleichlauffräsen erfordert jedoch besonders hergerichtete Maschinen oder Werkzeuge und ist nicht in allen Fällen anwendbar. Ein Urteil über das zweckmäßigste Fräsverfahren wird man sich daher am besten von Fall zu Fall durch den Versuch bilden. Hierbei müssen auch die Häufigkeit und der Umfang der erforderlichen Werkzeuginstandsetzung berücksichtigt werden.

B. Auswahl und Gestaltung der Fräser.

I. Allgemeines.

Bei Beschaffung von Fräsern achte man mit Rücksicht auf den Preis dieser wertvollen Werkzeuge auf kleine Lagerhaltung. Dem Verwendungszweck bis ins Letzte angepaßte Sonderfräser lohnen sich meist nur in der Massenfertigung.

Werkzeugstahl (Kohlenstoffstahl) wählt man in erster Linie für Fräserformen, die sich beim Härten stark verziehen, z. B. große Sägen und Formfräser.

Schnellstahl verwendet man häufiger, da die Fräser dann in der Regel eine erheblich höhere Standzeit haben und gegen Wärmebeanspruchung unempfindlicher sind. Zur Bearbeitung besonders harter und hochlegierter Baustähle sind Hochleistungsschnellstähle (mit erhöhtem Vanadiumgehalt) erforderlich. Bei Schaftfräsern schweißt man heute (meist von 13 mm Durchmesser an aufwärts) den Schneidenteil aus Schnellstahl an den Schaft aus Maschinenstahl.

---

[1]) Ausführliche Angaben über Fräsgeschwindigkeiten sind auch in dem Refa:Heft „Fräsen", Berlin: Beuth-Vertrieb 1939, enthalten.

[2]) Vgl. hierzu Klein: Wahl des Vorschubes beim Fräsen. Werkst.-Techn. 1937 S. 485. — Schröder: Werkstattregeln für wirtschaftliches Schruppfräsen. Werkst.-Techn. 1941 S. 1.

[3]) Vgl. Jereczek: Z. VDI 1936 S. 237; Werkstatt u. Betrieb 1937 Heft 9/10 S. 123; — Werkst.-Techn. 1940, S. 67 (Beispiele).

Tafel 2. Richtwerte für Fräsgeschwindigkeiten.

Schnittgeschwindigkeit v in m/min; Vorschubgeschwindigkeit s' in mm/min.

Zu zerspanender Werkstoff	Schlichten		Schruppen			
	Frästiefe bis a = 1 mm		Frästiefe bis a = 5 mm		Frästiefe bis a = 8 mm	
	v	s'	v	s'	v	s'
Walzen-Fräser, Fräsbreite bis 100 mm						
Legierter Stahl, vergütet bis 100 kg/mm² ...	10…14	35…45	10…12	45…70	8…10	25…35
Legierter Stahl, geglüht, bis 75 kg/mm²	14…18	45…70	12…14	70…100	10…12	40…60
Unlegierter Stahl, bis 70 kg/mm²	18…22	60…90	16…18	90…150	12…14	60…80
Gußeisen, bis 180 Brinell	14…18	70…100	12…14	100…170	10…12	70…10
Leichtmetalle	200…300	100…150	150…250	150…300	150…200	90…15
Messing (Ms 58)	40…60	100…160	30…40	160…220	30…40	100…15
Schaftfräser, Fräsbreite bis 60 mm						
Legierter Stahl, vergütet bis 100 kg/mm²	16…18	45…55	12…14	15…25	12…14	10…15
Legierter Stahl, geglüht bis 75 kg/mm²	18…20	55…80	14…16	25…40	14…16	15…25
Unlegierter Stahl, bis 70 kg/mm²	20…24	75…100	16…18	35…55	16…18	20…30
Gußeisen bis 180 Brinell	18…20	80…110	14…16	40…75	14…16	30…40
Leichtmetalle	150…180	70…100	140…180	50…90	140…180	30…50
Messing (Ms 58)	50…60	100…140	30…40	60…100	30…40	40…60
Walzenstirnfräser, Fräsbreite bis 100 mm						
Legierter Stahl, vergütet, bis 100 kg/mm² ..	12…14	30…40	10…12	45…60	8…10	25…35
Legierter Stahl, geglüht, bis 75 kg/mm²	16…18	40…60	12…14	70…90	10…12	35…55
Unlegierter Stahl, bis 70 kg/mm²	20…22	60…80	16…18	90…130	12…14	55…75
Gußeisen, bis 180 Brinell.....	16…18	70…90	12…14	100…150	10…12	60…80
Leichtmetalle	200…300	90…140	150…250	140…280	150…250	80…140
Messing (Ms (58)	40…60	90…150	30…40	150…250	30…40	90…140
Kunststoffe	25…30	40…70	20…25	60…80		
Kunststoffe mit Hartmetallschneiden	30…40	40…70	25…35	60…80		
Messerköpfe, Fräsbreite bis 200 mm						
Legierter Stahl, vergütet, bis 100 kg/mm² ..	15…20	20…35	12…15	35…50	10…12	15…25
Legierter Stahl, geglüht, bis 75 kg/mm²	20…25	30…60	16…18	60…75	12…15	30…40
Unlegierter Stahl, bis 70 kg/mm²	25…30	40…70	20…25	70…100	15…20	35…50
Gußeisen, bis 180 Brinell.....	20…25	40…80	18…22	90…120	12…18	45…60
Gußeisen bis 180 Brinell, Hartmetallschneiden........	60…80	100…160	60…70	100…150	60…70	50…80
Leichtmetalle	200…400	80…150	200…300	150…300	200…300	70…150
Messing (Ms 58).............	50…80	90…150	40…60	180…220	40…60	90…120

Tafel 2 (Fortsetzung).

Zu zerspanender Werkstoff	Fertigfräsen		Vorschruppen			
	Frästiefe bis a = 40 mm		Frästiefe bis a = 10 mm		Frästiefe bis a = 40 mm	
	v	s'	v	s'	v	s'
Scheibenfräser, Fräsbreite bis 20 mm						
Legierter Stahl, vergütet, bis 100 kg/mm² ..	10...14	10...20	10...12	40...60	8...10	20...30
Legierter Stahl, geglüht, bis 75 kg/mm²	14...18	15...25	12...14	70...90	10...12	30...50
Unlegierter Stahl, bis 70 kg/mm²	18...22	20...45	16...18	90...120	12...14	40...70
Gußeisen, bis 180 Brinell.....	14...18	25...50	12...14	100...150	10...12	50...90
Leichtmetalle	200...300	60...120	150...250	150...300	150...200	80...150
Messing (Ms 58)............	40...60	40...75	30...40	140...200	30...40	70...120

Zu zerspanender Werkstoff	Schnittiefe bis a = 4 mm		Schnittiefe bis a = 8 mm		Schnittiefe bis a = 20 mm	
	v	s'	v	s'	v	s'
Kreissägen, Zähnezahl nach DIN 136, Schnittbreite bis 3 mm						
Legierter Stahl, vergütet, bis 100 kg/mm² ..	25...30	30...40	20...25	20...30	15...20	10...15
Legierter Stahl, geglüht, bis 75 kg/mm²	35...40	45...60	30...35	35...50	25...30	20...25
Unlegierter Stahl, bis 70 kg/mm²	45...50	60...75	40...45	45...60	35...40	25...30
Gußeisen, bis 180 Brinell.....	30...40	60...80	30...35	45...60	20...30	25...35
Leichtmetalle	300...400	200...400	300...350	150...200	200...300	80...150
Messing (Ms 58)............	300...400	200...500	300...400	150...300	300...350	100...200
Kunststoffe	200...300	150...200	150...200	80...150	100...150	60...100

Fräser mit Hartmetallschneiden[1]) — vorwiegend Messerköpfe — sind für schwer bearbeitbare Stähle (z. B. Manganstahl), hartes Gußeisen und andere stark verschleißende Werkstoffe (z. B. siliziumhaltige Leichtmetalle, Isolierstoffe), vor allem aber zum Nachschlichten von Zylinderblöcken, Gleitflächen u. ä. vorteilhaft. Ihrer allgemeinen Verwendung stehen Stoßempfindlichkeit der Schneiden und schwierigere Instandhaltung oft noch im Wege.

Oberstes Gesetz für die Gestaltung der Fräser: Richtige Schneidenwinkel, auch an den Nebenschneiden. Bei Stirn-, Schaft- und Scheibenfräsern ergibt der Zahndrall den Spanwinkel an der Nebenschneide. Schnittkraft und Reibungswärme bei der Zerspanung sinken mit wachsendem Spanwinkel. Zu spitze Schneiden sind jedoch gegen Stöße und selbst kurzzeitige Überbeanspruchung empfindlich. Es empfiehlt sich daher, die in Tafel 3 angegebenen Richtwerte einzuhalten. Die hier gezeigten Frässertypen[2]) und -formen haben sich sowohl beim Schruppen als auch beim

[1]) Vgl. AWF-Schrift „Hartmetallwerkzeuge". Leipzig: Teubner.

[2]) Vgl. hierzu Klein: Fortentwicklung der Typnormen für Schneidwerkzeuge. Werkst.-Techn. 1942 S. 122.

Tafel 3. Richtlinien für die Wahl der Schneidenwinkel und Zähnezahlen an Fräsern.

Fräserart	Für Eisen, Stahl und Nichteisenmetalle	Für Leichtmetalle	Schneidenwinkel *N* für normale Stähle *H* zähharte Werkstoffe *W* für Leichtmetalle	α	γ	λ
Walzen-fräser	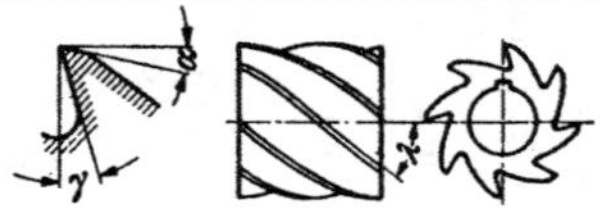	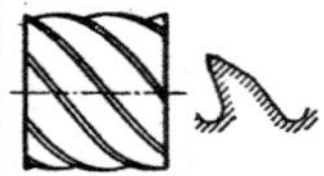	*N*	6°	10°	35—45°
			H	4°	5°	30—40°
			W	8°	20°	40—50°
Walzen-stirn-fräser	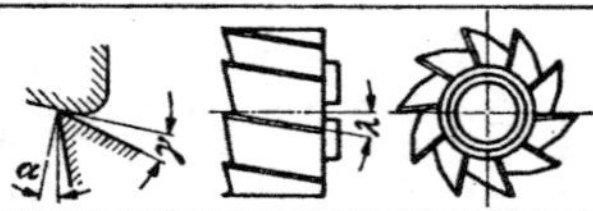	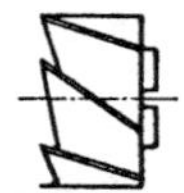	*N*	6°	10°	20°
			H	4°	5°	15°
			W	8°	25°	30°
Winkel-stirn-fräser	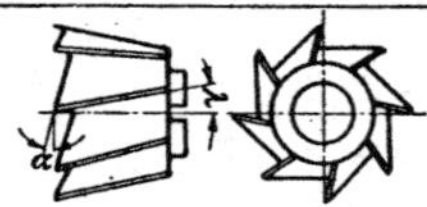	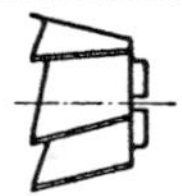	*N* }	5°	0—6°	0—5°
			H }			
			W	8°	20°	15°
Scheiben-fräser			*N*	6°	12°	12—15°
			H	4°	6°	9—12°
			W	8°	25°	20—30°
Abwälz-fräser	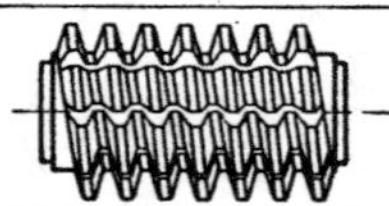		*N*	10°	0°	1—8°
			H			

D = Außendurchmesser,
Zähnezahlen: z_1 = für norm. Stähle, z_2 = für zähharte Werkstoffe, z_3 = für Leichtmetalle
Bohrung = d; Morsekegel = Mk;
Schaftdurchmesser = d

Fräserart									
Walzen-fräser	D	40	50	60	75	90	110	130	150
	z_1	6	6	6	6	8	8	10	10
	z_2	10	10	10	12	12	14	16	16
	z_3	4	4	5	5	6	6	8	8
	d	16	22	27	32	40	40	50	50
Walzen-stirn-fräser	D	40	50	60	75	90	110	130	150
	z_1	10	10	10	12	12	14	16	16
	z_2	12	14	14	16	18	20	22	24
	z_3	6	6	6	6	8	8	10	10
	d	16	22	27	27	32	32	40	40
Winkel-stirn-fräser	D		40	55	70	90	110	130	160
	z_1 }		12	14	16	18	20	22	24
	z_2 }								
	z_3		6	6	6	8	8	10	10
	d		13	16	22	27	32	40	40
Scheiben-fräser	D	60	75	90	110	130	150	175	200
	z_1	10	12	12	14	16	16	18	20
	z_2	16	18	20	22	24	26	28	30
	z_3	6	8	8	10	10	12	12	14
	d	16	22	22	27	27	32	40	40
Abwälz-fräser	D	50	60	75	100	130	175	210	
	z_1	12	10	10	9	9	8	8	
	d	22	22	27	32	32	40	50	

Radius- fräser usw.	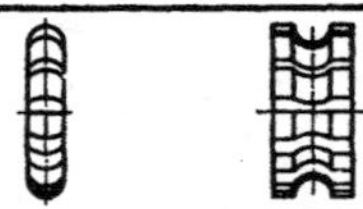		*N* *H* *W*	10° 10° 15°	0—10° 0° bis 20°	0—10° 0—10° 0—10°	*D* z_1 z_2 z_3 *d*			50 10 12 6 22	60 10 12 6 22	70 10 14 6 22	80 12 14 8 22	90 12 16 8 27	100 14 18 10 27
Kreis- sägen	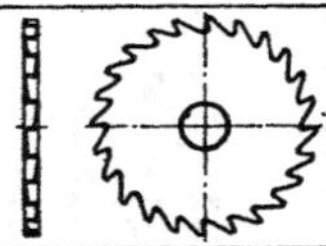		*N* *H* *W*	6° 4° 8°	5—10° 0—3° 15°		*D* z_1 Breite z_2 *d*	60 44—34 1—3,5 18 16	80 54—40 22 22	100 64—48 1,5—4 26 27	150 84—56 36 32	200 104—64 2—5 42 32	250 124—80 48 40	300 136—88 2,5—6 mm 52 40	
Schaft- fräser, Finger- fräser	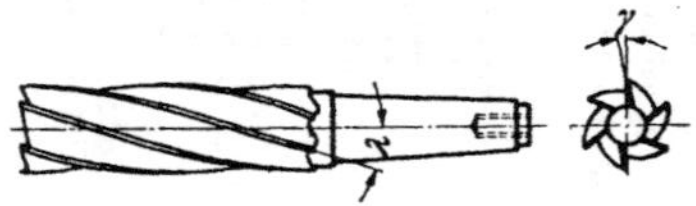		*N* *H* *W*	6° 4° 8°	8° 6° 20°	15—25° 15° 20—30°	*D* z_1 z_2 z_3 *Mk*	10 4 6 3 Zylindr.	14 4 6 3	20 6 8 4 2	24 6 8 4 3	30 6 10 5 3	36 6 10 5 4	40 6 10 5 4	
T-Nuten- fräser	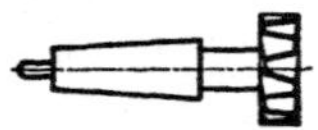		*N* *H* *W*	siehe Scheiben-fräser			*D* z_1 z_2 z_3 *Mk*	11 8 1	15 8 1	18 8 1	21 10 2	30 12 2	34 12 3	42 14 3	54 14 4
Paßfeder- nuten- fräser, Langloch- fräser	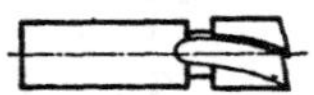		*N* *H* *W*	6° 4° 8°	8° 4° 20°	10—15° 8° 15—20°	*D* z_1 z_2 z_3 *d*	bis 14 mm, ab 16 mm 2 Zähne, auch 3—4 Zähne 2 Zähne bis 14 mm zylindr.							
Messer- köpfe	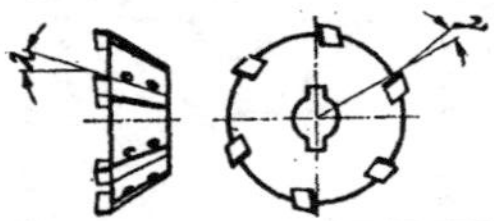	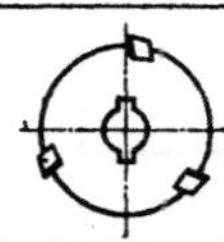	*N* *H* *W*	6° 4° 8°	12° 8° 25°	0—10° 0° 10—25°	*D* z_1 z_2 z_3 *d*	100 8 10 3	125 10 12 4	160 10 14 5	200 12 16 6	250 14 18 6	320 16 20 8	400 18 24 8	500 20 28 10

Schlichten bewährt. Mit ihnen läßt sich die Spanleistung auch bei veralteten Maschinen, soweit diese an sich in Ordnung sind, wesentlich steigern. Nur falsch verwendete Fräser ergeben ungenügende Leistungen, z. B. Schaftfräser statt Zweischneider zum Fräsen von Nuten, dünne Schaftfräser statt Stirnfräser zum Abflächen (Abb. F 4, 5).

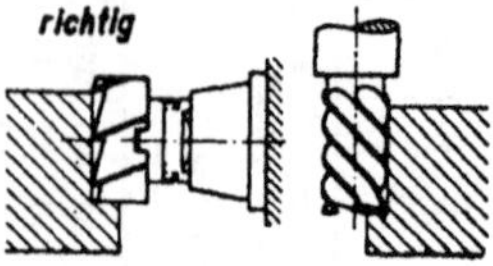

Abb. F 4. Stirnfräser besser als Schaftfräser.

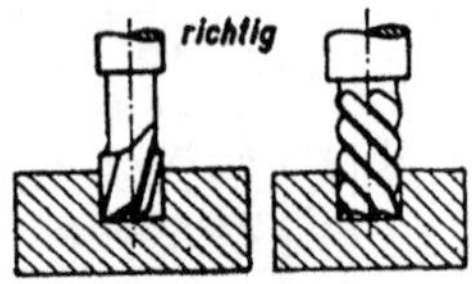

Abb. F 5. Zweischneider besser als Schaftfräser.

a) Walzenfräser.

Mit Rücksicht auf die sonst unvermeidlichen Schnittkraftschwankungen verwendet man schräggezahnte Fräser. Zähne mit hohem Drall (über 30°) ergeben einen schälenden Schnitt, neigen wenig zum „Rattern“ und bringen die Späne gut von der Arbeitsfläche fort. Allerdings erhöht sich mit steigendem Drall die Leistungsaufnahme der Fräsmaschine, merklich jedoch erst bei Drallwinkeln über 45° (Abb. F 6). Der Walzenfräser muß so aufgenommen werden, daß der Achsdruck gegen die Ständerbrust der Maschine gerichtet ist. Rechtsschneidende Fräser sollen deshalb Linksdrall, linksschneidende Rechtsdrall haben. Die Begriffe rechts- und linksschneidend bestimmt DIN 857, Abb. F 7 und F 8. Um die Frässpindel vom Achsdruck zu entlasten, kuppelt man bei großen Fräsbreiten zwei Fräser mit entgegengesetztem Drall (Abb. F 9).

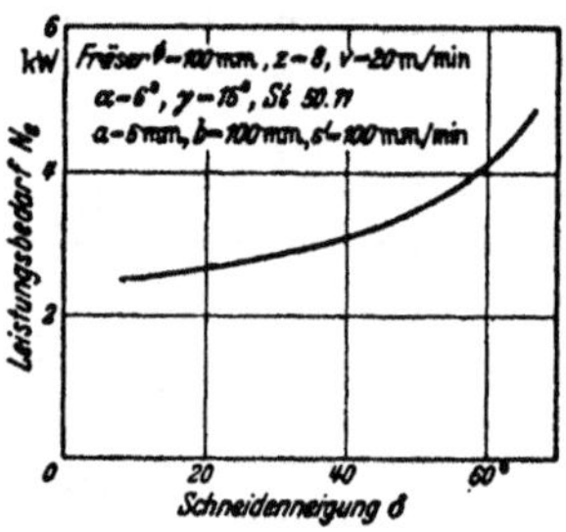

Abb. F 6. Leistungsbedarf bei gewundenen Fräsern.

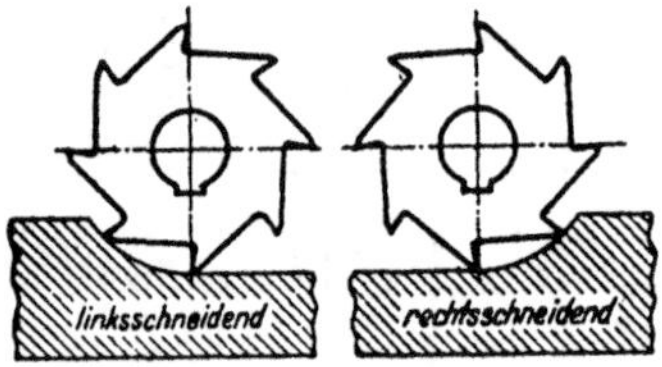

Abb. F 7.

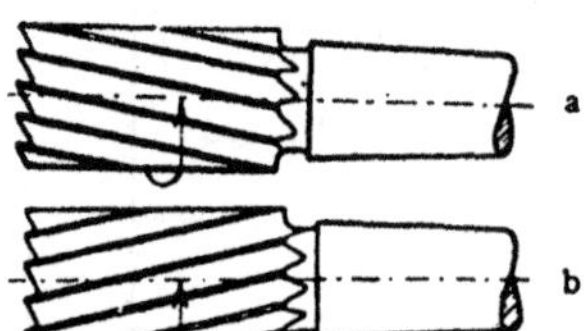

Abb. F 8 a und b. Rechtsschneidender Fräser mit Rechts- und mit Linksdrall.

„Gleichförmiges“ Schneiden wird erreicht, wenn die Fräsbreite gleich der (einfachen oder mehrfachen) Achsteilung t_a des Fräsers (Abb. F 10) ist:

$$t_a = \frac{D \cdot \pi}{z \cdot \operatorname{tg} \lambda}.$$

Darin bedeutet:

λ Drallwinkel, d. h. Neigungswinkel der Zähne gegen die Achse,
D Außendurchmesser,
z Zähnezahl des Fräsers.

Je größer der Drallwinkel, um so kleiner die größtmögliche Schnittkraftschwankung und um so ruhiger der Fräsvorgang.

Für zähe weiche Werkstoffe sind Fräser mit wenigen Zähnen und großem Drallwinkel, für harte Werkstoffe und für kurzbrüchige Späne solche mit größerer Zähnezahl am Platze (Abb. F 11). Der Durchmesser des Fräsers soll nicht zu groß gewählt werden, jedoch muß die Verwendung eines kräftigen Fräsdornes möglich sein.

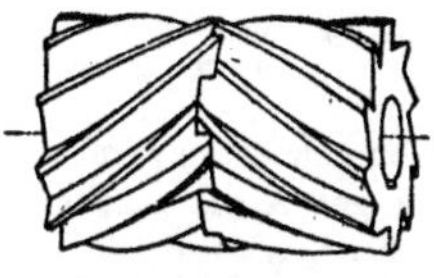

Abb. F 9. Schruppfräser mit Rechts- und Linksdrall.

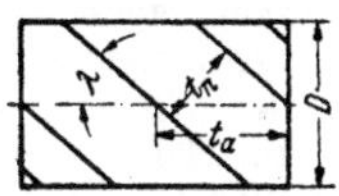

Abb. F 10.

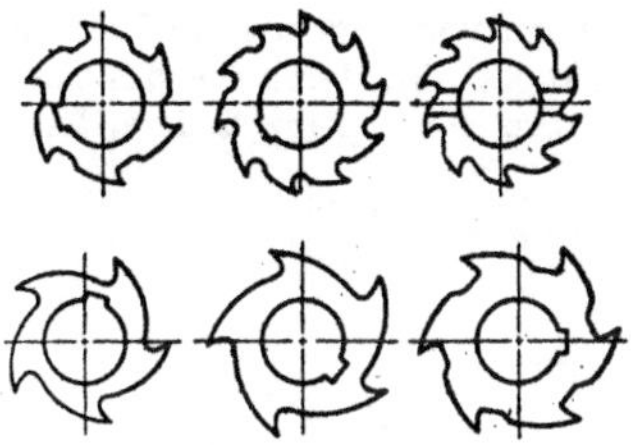

Abb. F 11. Fräser oben für harte, unten für zähe Werkstoffe.

Spanbrechernuten kommen bei Walzenfräsern und anderen spitzgezahnten Fräsern wegen ihrer ungünstigen Schneidenbeanspruchung immer mehr außer Gebrauch. Ihre Aufgabe, Spanverstopfungen zu verhindern, übernimmt der Drall der Spannuten. Soweit sie — beispielsweise bei langen Formfräsern geringen Dralls — berechtigt sind, hinterschleift man sie so, daß die Schneidkanten nicht drücken.

b) Schaftfräser.

Zum Schneiden ins Volle Drall unter 30° wählen; wenn Fräser vorwiegend am Umfang schneidet, 30° und mehr. Die Drallrichtung wählt man zweckmäßig so, daß auch die Stirnzähne positive Spanwinkel erhalten, also z. B. Rechtsdrall bei rechtsschneidendem Fräser (Abb. F 8). Das Werkzeug muß aber dann gegen Herausziehen aus der Maschinenspindel gesichert werden (s. Abb. F 33).

c) Stirn- und Walzenstirnfräser.

Zum Stirnen kurze Fräser verwenden. Soll der Fräser gleichzeitig am Umfang schneiden, so muß die Bauart der des Walzenfräsers angepaßt werden. Zum Fräsen von Flächen sind Stirnfräser geeigneter als Walzenfräser, da mit ihnen leichter eine saubere, gleichmäßige Oberfläche erzeugt werden kann. Das gleiche gilt für Messerköpfe.

d) Messerköpfe.

Auf positive Spanwinkel achten. Feste, haltbare Klemmung der Messer (Stähle) macht sich trotz höherer Kosten durch Leistungsteigerung bezahlt (Abb. F 12). Abb. F 13 zeigt Messerbefestigung durch Druckschraube. Bei einer neueren Bauweise wird der Schaft des Messers geschlitzt und durch Spreizstift im Messerkopfkörper festgeklemmt. Für weniger hohe Bean-

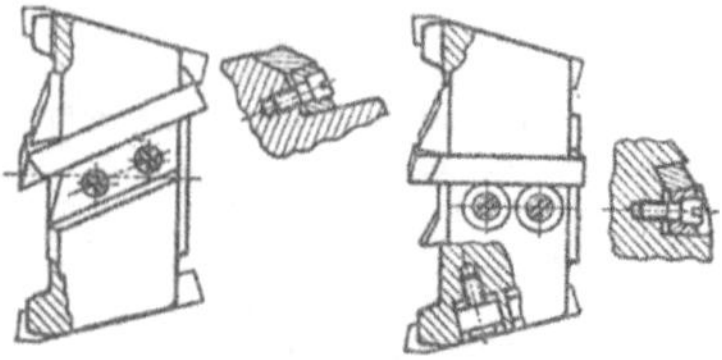

Abb. F 12. Messerköpfe mit geraden Messern und keilförmiger Befestigung.

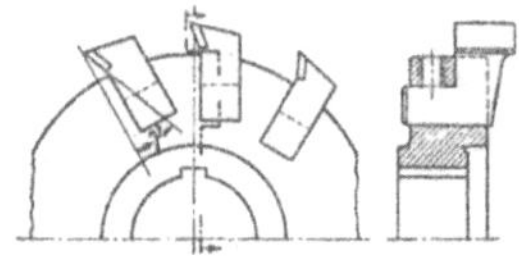

Abb. F 13. Messerkopf mit gekröpften Messern (DRP).

spruchungen genügt die Befestigung durch abgeschrägte zylindrische Stifte (Abb. F 14), durch die das Messer keilförmig gegen die Anlagefläche gezogen wird. Eine andere, leichtere Bauart zeigt Abb. F 15. Eingesetzte Messer haben den Vorzug, daß sie bei Beschädigung leicht einzeln ausgewechselt und Durchmesserverringerungen beim Nachschleifen durch Nachstellen ausgeglichen werden können. Rasch umlaufende Messerköpfe großen Durchmessers müssen vor Inbetriebnahme dynamisch ausgewuchtet werden. Auch achte man in Anbetracht der erheblichen Schwungmassen auf genügende Gewichtserleichterung des Körpers durch symmetrische Aussparungen oder Verwendung von Leichtmetallen.

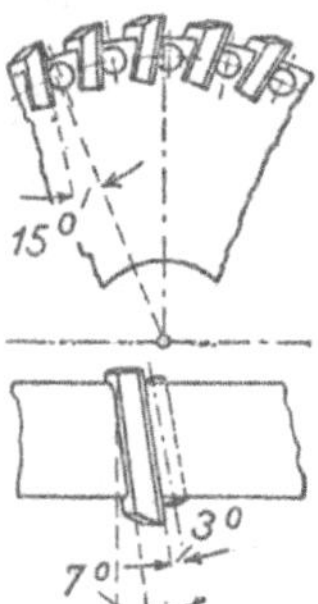

Abb. F 14.

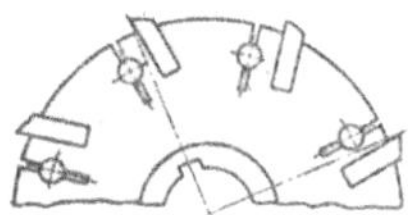

Abb. F 15.

Abb. F 14 und F 15. Fräser mit eingesetzten Messern (für leichte Schnitte).

e) Scheibenfräser

sind für tiefe Schnitte bestimmt. Mit Rücksicht auf positive Spanwinkel an den Seitenschneiden Kreuzverzahnung anwenden; jedoch geradzahnige Fräser erforderlich, wenn nur seitlich gearbeitet wird, z. B. beim Fräsen von Vierkanten mit zwei im Satz arbeitenden Scheibenfräsern.

f) Geteilte Scheibenfräser und Satzfräser.

Vor allem auf gute Spanabfuhr achten. Zahndrall soll Späne nach außen fördern. Keine toten Ecken dulden, in denen sich Späne festsetzen und den Bruch des Fräsers herbeiführen. Mit Rücksicht auf günstige Schnittgeschwindigkeit wenn möglich keine zu großen Durchmesserunterschiede zwischen den einzelnen Fräsern zulassen; sonst für die großen Fräser Hochleistungsschnellstähle verwenden.

g) Kreissägen.

Gegen Verlaufen auf zähen Werkstoffen empfiehlt sich das umseitig abwechselnde Abschrägen der Schneidkanten. Gutes Spanabrollen durch Abrunden der Zahnlücke und geeignete Zahnform fördern, vor allem bei Leichtmetallen und Sägen mit eingesetzten Messern.

II. Hinterdrehte Fräser.

a) Anwendung.

Hinterdrehte Fräser haben den großen Vorzug, daß ihre Zahnform beim Nachschleifen erhalten bleibt (s. Abschnitt E). Sie haben deshalb trotz ungünstiger Schnittwinkel und dem hierdurch bedingten höheren Leistungsverbrauch gegenüber den spitzgezahnten Fräsern ein weites Anwendungsgebiet bei der Herstellung von Formstücken, Verzahnungen und gekrümmten Flächen. Allerdings soll man diese Fräser nur dort einsetzen, wo die Formgebung durch spitzgezahnte Fräser nicht möglich ist. Zum Fräsen genauer Nutenbreiten eignen sich beispielsweise geteilte kreuzverzahnte Scheibenfräser oder Zweischneider besser.

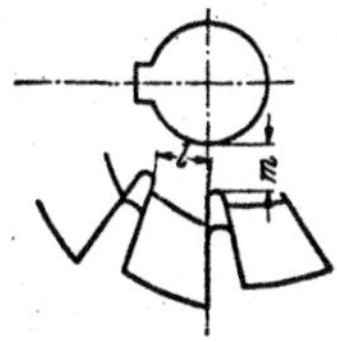

Abb. F 16

Die Hinterdrehkurve muß so gewählt werden, daß das Profil der Schneidkanten beim Nachschleifen erhalten bleibt. Diese Forderung erfüllen unter anderen möglichen Kurven die logarithmische und archimedische Spirale als Begrenzungskurve des Zahnrückens.

Beim hinterdrehten Fräser können Zähnezahl, Durchmesser und Schneidenneigung nicht allein nach den günstigen Schnittverhältnissen bestimmt werden, vielmehr ist meist die Profilform ausschlaggebend. Sie bedingt beispielsweise einen bestimmten kleinsten Durchmesser, da die Maße l und m (vgl. Abb. F 16) aus Festigkeitsgründen einen Kleinstwert nicht unterschreiten dürfen.

b) Gerade hinterdrehte Fräser.

Die Größe der Hinterdrehung (Hubhöhe h Abb. F 17 und Tafel 4) wird bestimmt

1. durch die Zahnteilung t,
2. durch die Größe des Freiwinkels α.

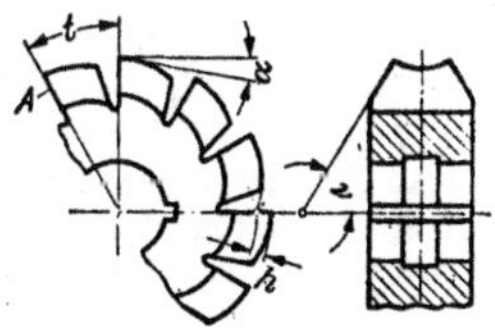

Abb. F 17.

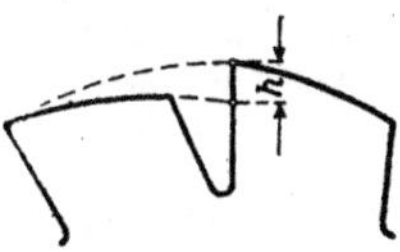

Tafel 4. **Hubgröße h für hinterdrehte Fräser in mm.**

Freiwinkel $\alpha = 10°$.

Verhältnis $\frac{D}{z} = \frac{\text{Fräserdurchmesser}}{\text{Zähnezahl}}$.

D/z bis	2,2	3,1	4,0	4,9	5,8	6,7	7,6	8,5	9,4	10,3	11,2	12,1
h =	1	1,5	2	2,5	3	3,5	4	4,5	5	5,5	6	6,5
D/z bis	13,0	13,9	14,8	15,7	16,6	17,5	18,4	19,3	20,2	21,1	22,0	
h =	7	7,5	8	8,5	9	9,5	10	10,5	11	11,5	12	

Beispiel. Fräserdurchmesser $D = 90$ mm; Zähnezahl $z = 12$.

Verhältnis: $\frac{D}{z} = \frac{90}{12} = 7,5$. Hubhöhe h (aus Tafel 4) $= 4$ mm.

Die Zahnteilung ist durch den Durchmesser und die Zähnezahl gegeben. Dagegen ist die Wahl des Freiwinkels von der Form des Profils abhängig. Wenn ν den Winkel der Formtangente mit der Fräserachse bezeichnet (Abb. F 17, F 18), so muß die Hinterdrehung um so größer sein, je mehr ν sich einem rechten Winkel nähert. Damit wird nämlich der Freiwinkel dieses Profilteiles kleiner, so daß der Fräser an dieser Stelle ungünstig schneidet. Die Hubhöhe h bestimmt sich aus

$$h = \frac{D \cdot \pi \cdot \operatorname{tg} \alpha}{z}$$

Hierin bedeutet: D Durchmesser des Fräsers, z Zähnezahl.

An einer Hinterdrehbank sollen Hinterdrehkurven in Abstufungen von $^1/_2$ mm vorhanden sein. Tafel 4 gibt die Größe der Hinterdrehung bei waagerechter Formkante an für einen Freiwinkel etwa $\alpha = 10°$.

c) Schräg hinterdrehte Fräser.

Ist der Neigungswinkel ν der Formtangente nahe oder gleich 90°, so wird der Freiwinkel α zu klein oder gleich Null. Dieser Teil des Zahnprofils würde dann drücken anstatt zu schneiden. Um diesem Übelstand zu begegnen, hinterdreht man solche Fräser schräg zur Achse etwa in der Richtung der Pfeile f, Abb. F 18. Hat das Schräghinterdrehen zur Folge, daß sich die Breitenmaße der Form beim Nachschleifen ändern, so muß der Fräser aus zwei oder mehreren Teilen zusammengesetzt werden. Zur Vermeidung einer Fräsnaht versetzt man die Trennfuge nach Art der Kupplungszähne und fügt Zwischenringe bei, deren Dicke sich der Änderung des Breitenmaßes anpassen muß.

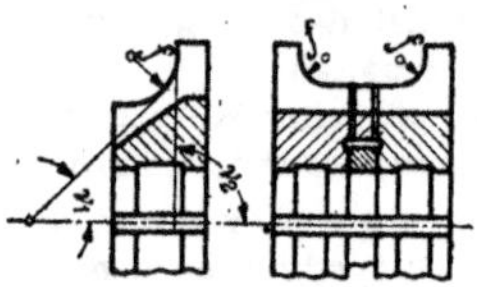

Abb. F 18. Schräg hinterdrehter Fräser.

Zwecks ruhigeren Arbeitens versieht man zuweilen auch hinterdrehte Fräser mit Drall. Der mögliche Drallwinkel ist von der Breite des Fräsers und den Durchmesserunterschieden innerhalb des Profils abhängig, er beträgt höchstens 15°. Die Zahnform von breiten, schrägverzahnten Fräsern prüft man zweckmäßig am Holzmodell.

C. Herstellung der Fräser[1]).

Entwurf und Fertigung verwickelter Fräser — insbesondere hinterdrehter — erfordern meist Sonderkenntnisse und Sondereinrichtungen. Es ist daher wirtschaftlicher, Fräser von Werkzeugfabriken zu beschaffen, anstatt sie selbst herzustellen. Einige Bemerkungen zu diesem umfangreichen Gebiet mögen daher hier genügen.

I. Fräserverzahnung. Zur Herstellung der Zähne vielzahniger Fräser mit geraden oder wenig geneigten Zähnen, die nur für leichte Schnitte geeignet sind, werden doppelseitige Winkelfräser verwandt (Abb. F 19). Einseitige Fräser würden sich nicht freischneiden und dadurch die Zahnbrust mit tiefen Fräsriefen überdecken. Sollen die Zähne schräg verlaufen, so würde ein einseitiger Fräser die Zahnbrust überschneiden (Abb. F 20), so daß ein unbrauchbarer Spanwinkel entstünde. Die Einstellung des Fräserkörpers zum erzeugenden

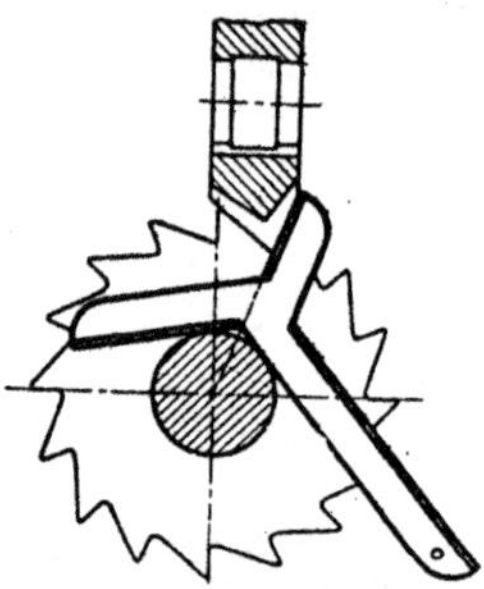

Abb. F 19

[1]) Werkstattbücher, Heft 22. Berlin: Springer 1937.

Fräser soll so erfolgen, daß die Zähne unterschnitten sind, Abb. F 21, mit Spanwinkel größer als 0°.

Zum Fräsen von Stirnverzahnungen dienen einseitige Winkelfräser. Der Fräserkörper wird entsprechend dem Freiwinkel des Seitenzahnes geneigt, Abb. F 22.

Grobgezahnte Fräser erfordern meist zur Erzeugung eines gewölbten Zahnrückens, soweit man diese Form der Festigkeit und guten Wärmeableitung wegen wählt, doppelseitige, hinterdrehte Fräser.

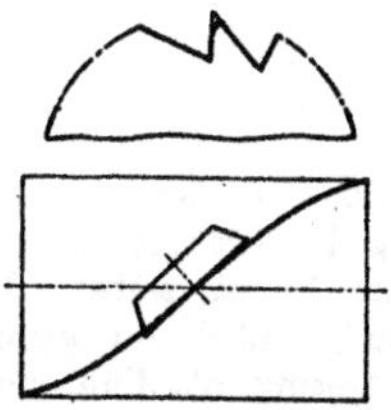

Abb. F 20. Einseitige Winkelfräser schneiden sich nicht frei.

Abb. F 21. Unterschnittene Fräserzähne.

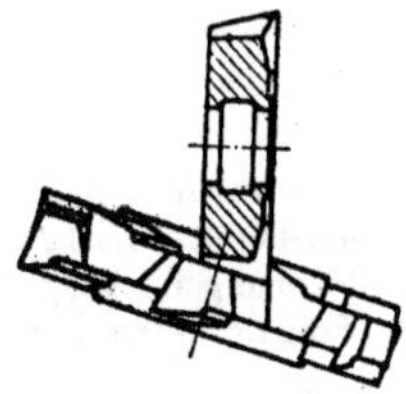

Abb. F 22. Fräsen von Stirnzähnen.

Saubere Schneiden neigen weniger zum Stumpfwerden und ergeben gute Fräsflächen. Es lohnt sich daher, auch die Spanflächen des Fräsers zu schleifen.

II. Ermittlung der Spiralsteigung kann auf zeichnerischem (Abb. F 23) oder auf rechnerischem Wege erfolgen. Wenn der Drallwinkel λ (Einstellwinkel des Tisches) gegeben ist, so ist

$$S(\text{mm}) = D(\text{mm}) \cdot 3{,}14 \cdot \operatorname{ctg}\lambda,$$

Der Einstellwinkel λ ergibt sich aus

$$\operatorname{tg}\lambda = \frac{D(\text{mm}) \cdot 3{,}14}{S(\text{mm})}.$$

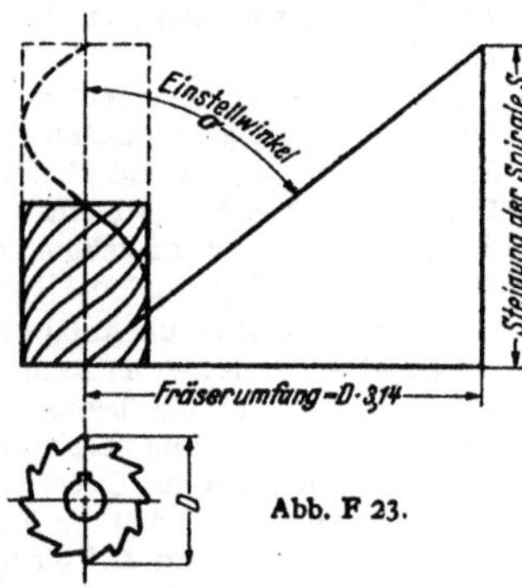

Abb. F 23.

Für D wäre genau genommen der mittlere Fräserdurchmesser D_m (äußerer Fräserdurchmesser D_a weniger Zahntiefe) einzusetzen, da der Einstellwinkel im Zahngrund ein anderer als am Fräserumfang ist. In der Praxis wird aber für D meist der äußere Fräserdurchmesser genommen, da die hierbei entstehenden Fehler vernachlässigt werden können. Eine Ausnahme machen Schneckenradfräser und schneckenförmige Zahnradfräser (Wälzfräser). Hier ist zu nehmen

$$D_m = D_a - 2 \cdot 1{,}166 \cdot \text{Modul}$$
$$= D_a - 2{,}33 \text{ Modul}.$$

Geringe Abweichungen sind auch hier, besonders bei Fräsern mit eingängigem Gewinde kleinerer Teilung, belanglos.

D. Befestigung der Fräser.

I. Fräsdorne und ihre Herstellung.

Das Gewinde im Kegel des Fräsdornes, Abb. F 24, bei *a* dient zum feste Einziehen des Dornes in die Arbeitsspindel der Maschine und zum Wieder herausdrücken. Die Mitnehmerfläche *b* sichert die zwangläufige Mitnahme

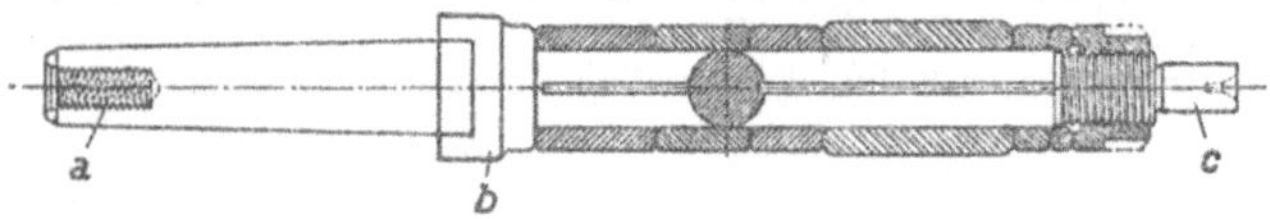

Abb. F 24. Fräsdorn.

Der vordere zylindrische Zapfen *c* führt den Dorn im Gegenhalter de Maschine. Wirksamer ist jedoch die Abstützung des Fräsdornes in eine Führungsbüchse, Abb. F 25, möglichst nahe am Fräser selbst. Lange Fräsdorne werden zweckmäßig mehrfach geführt, wobei ein genügend breiter Beilegering als Führung benutzt wird, der im Durchmesser etwas größer ist als die übrigen Ringe. Die Keilnute des Dornes ist viereckig auszuführen. Die Fräsdornmutter hat Schlüsselflächen und ist gehärtet.

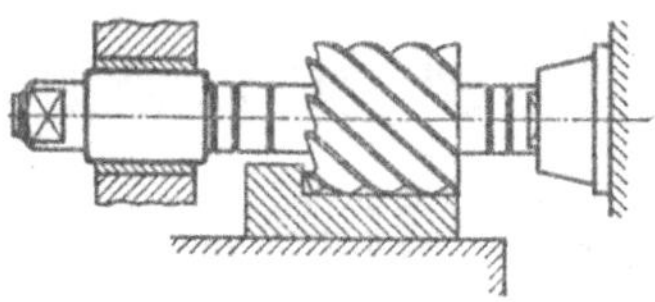

Abb. F 25. Abstützen von Fräsdornen.

Als Werkstoff für Fräsdorne wähle man Stahl hoher Festigkeit, möglichst Vergütungsstahl. Der Fräsdorn ist an allen Stellen zu schleifen. Die Gewinde sind erst nach der Warmbehandlung und nach dem Schleifen zu schneiden.

Bei der Herstellung eines Fräsdornes ist darauf zu achten, daß der fertige Dorn bei angezogener Mutter genau rund läuft. Hierfür ist erforderlich, daß alle Beilegeringe und die Mutter genau parallele Anlageflächen haben. Um dies zu erreichen, schleift man die Endflächen der Ringe planparallel. Es ist auch darauf zu achten, daß die Bohrungsachse senkrecht zu den Anlageflächen liegt und die Nute nicht zur Bohrungsachse versetzt ist.

Sehr wichtig ist es, die Anlagefläche der gehärteten Fräsdornmutter genau zu schleifen, damit sie den Dorn nicht krumm zieht. Die sorgfältig gedrehte Mutter, deren Gewinde besonders sauber zu schneiden ist, darf sich beim Härten nur ganz wenig verziehen. Nach dem Härten ist das Gewinde mit einem Gewindedorn aus Gußeisen unter Verwendung von feinem Schmirgel und Öl so zu läppen, daß die Mutter auf den Fräsdorn gut paßt. Alsdann wird auf einem besonderen Dorn die Mantelfläche und Anlagefläche genau geschliffen.

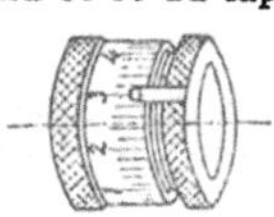

Abb. F 26. Verstellbarer Zwischenring.

Für das Erreichen einer guten Fräsarbeit und hoher Leistungen müssen die Fräser rund laufen. Das ist aber nur möglich, wenn die Fräsdorne mit der oben geschilderten Sorgfalt hergestellt werden. Sind die zur Herstellung notwendigen Hilfsmittel nicht vorhanden, so ist es besser, man bezieht den Dorn aus einer gut eingerichteten Fabrik. Zur Einstellung der genauen Entfernung von Satzfräsern und zur Wiederherstellung der Breite nachgeschliffener seitlich gezahnter Fräser dienen dünne Beilegeringe aus genau gewalztem federhartem Stahl in verschiedenen Stärken von 0,05 bis 1 mm, ab 0,015 mm aus je nach Stärke farbigem Zellglas.

Verstellbare Fräsdorn-Zwischenringe, Abb. F 26, sind für die genaue Einstellung zweier oder mehrerer Fräser vorteilhaft zu verwenden. Die Entfernung zwischen zwei Teilstrichen entspricht 0,01 mm.

II. Befestigung der Fräser in Fräsmaschinen.

Auf zylindrischen Fräsdornen werden Fräser in der Regel durch Keile von rechteckigem Querschnitt gegen Verdrehung gesichert, die sich besser bewähren als solche mit rundem Querschnitt. Die für Bohrungen, Nuten und Mitnehmer für Fräser, Reibahlen und Senker festgelegten Abmessungen sind in DIN 138 enthalten.

Allerdings ist die Mitnahme der Fräser durch einen eingesetzten Keil nicht immer dem oft erheblichen Drehmoment gewachsen, das bei schweren Schnitten einem neuzeitlichen Fräser zugemutet werden kann. Der Fräsdorn und seine Frässermitnahme sind häufig die schwächsten Glieder der Fräsmaschine. Unter der Wirkung der Schnittkraft weitet der Keil die Nute im Fräsdorn aus. Manchmal wird er selbst abgeschert, oder er wird lose, setzt sich verkantet in die Nute des Fräsers und sprengt diese. Das wird durch Mitnehmer vermieden, wie sie Abb. F 27 für Walzenfräser (DRP.), Abb. F 28 für Stirnfräser zeigt. Sie haben beide den großen Vorzug, daß sie es ermöglichen, dem gleichen Fräserdurchmesser eine größere Bohrung und damit einen stärkeren Dorn zuzuordnen. Das Drehmoment wird dann schwingungsfrei übertragen und dadurch nachweislich eine geringere Antriebsleistung und eine längere Lebensdauer des Fräsers erreicht.

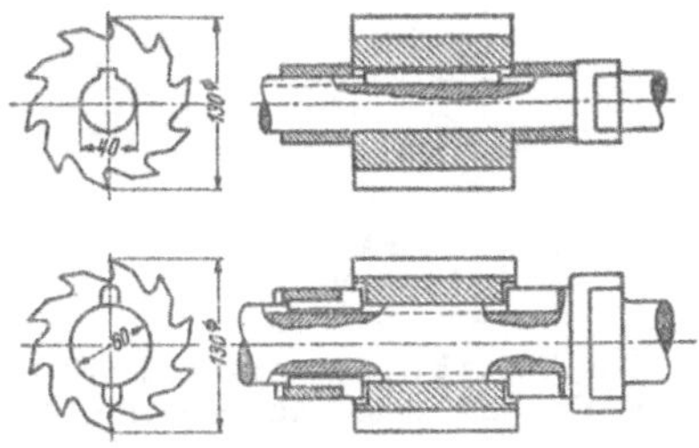

Abb. F 27. Mitnehmer für Walzenfräser.

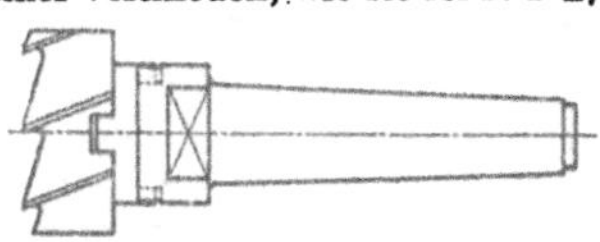
Abb. F 28. Mitnehmer für Stirnfräser.

Stirnfräser mit kleinem Durchmesser werden auch mit Gewinde auf den Dorn geschraubt, Abb. F 29. Da die Gewindebohrung des Fräsers nach dem Härten nicht geschliffen werden kann, schärfe man zum Erreichen genauen Rundlaufens den Fräser auf dem Fräsdorn selbst. Der Schnittrichtung des Fräsers entsprechend ist rechtes oder linkes Gewinde zu verwenden, so daß der Fräser sich beim Arbeiten fester zu ziehen sucht. Die Befestigung in einer Gewindebohrung hat aber so viel Nachteile, daß sie möglichst zu vermeiden ist.

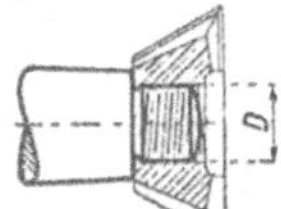

Abb. F 29.

Werden Schaftfräser mit kegeligem Zapfen im Spindelkopf befestigt, so zieht man sie mit der Anzugstange fest. Man kann dann wegen der günstigeren Schneidenwinkel an der Stirn auch rechtsschneidende Fräser mit Rechtsspirale verwenden. Wechselt die Größe des Werkzeugkegels mit dem Fräserdurchmesser, so läßt die Einsatzhülse nach Abb. F 30 die

Verwendung der gleichen Anzugsstange zu. Amerikanische Fabriken befestigen Schaftfräser mit Kegel in Hülsen nach Abb. F 31.

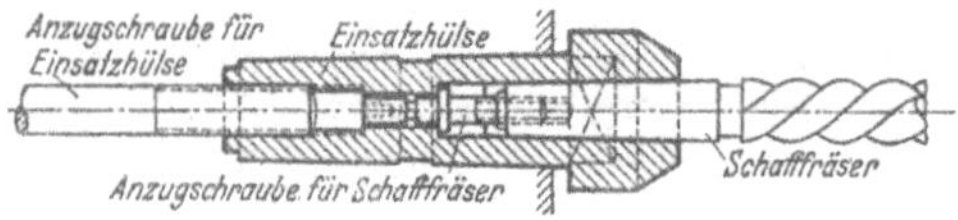

Abb. F 30. Einsatzhülse für Fräser.

Man kann den Fräser auch mit „Ausgleich"-Gewinde (Differentialgewinde) ausrüsten (Abb. F 32). Die beiden Gewinde verschiedener Steigung befestigen und lösen den Fräser gleich gut, wenn sie in Ordnung sind.

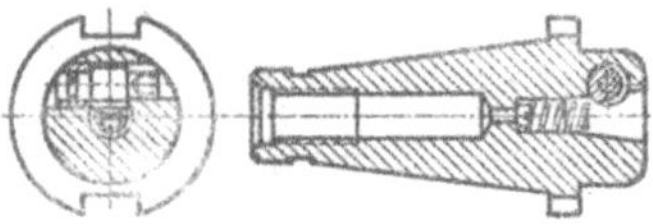

Abb. F 31. Amerikanische Fräserbefestigung.

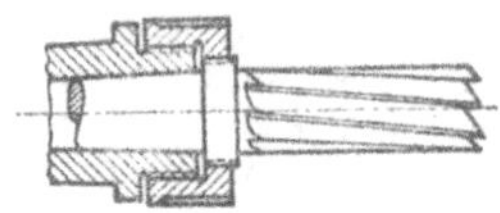

Abb. F 32. Fräserbefestigung mit Differentialgewinde.

Der Deutsche Normenausschuß hat bisher den Spindelkopf der Fräsmaschine mit einem Außenkegel 1 : 3,33 genormt. Damit ist auch die

Tafel 5. **Frässpindelnasen** nach amerikanischer Bauart.

ISA-Empfehlung nach dem Stande vom August 1939[1]**). Maße in mm, Abmaße in μ.**

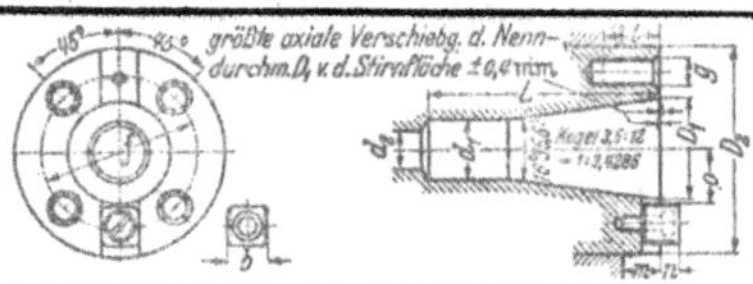

Größenbezeichnung	D_1	D_2	d_1	d_2	L	g	l	f	m	b	n	o
	—	Toleranzfeld h 5	Toleranzfeld H 12	Kleinstmaß	Kleinstmaß	—	Einschraubtiefe	—	Kleinstmaß	Toleranzfeld h 5[1])	Größtmaß	Kleinstmaß
1¼"	31,750	69,832 0 −13	17,40 +180 0	17	73	M 10	16	54,0 ±150	12,5	15,888 0 −8	8	16,5
1¾"	44,450	88,882 0 −15	25,32 +210 0	17	100	M 12	20	66,7 ±150	16	15,888 0 −8	8	23
2¾"	69,850	128,570 0 −18	39,60 +250 0	27	140	M 16	25	101,6 ±175	19	25,415 0 −9	12,5	36
4¼"	107,950	221,440 0 −20	60,20 +300 0	35	220	M 20	30	177,8 ±200	38	25,415 0 −9	12,5	61

[1]) Ist der Mitnehmer nicht eingesetzt, sondern bildet ein Stück mit der Spindelnase so ist die ISA-Lehre h 9 zu verwenden. Siehe DIN-Entwurf 2079 vom November 1941. Masch.-Bau (Der Betrieb) 1941 Heft 11, S. 496/497.

Bohrung der **Messerköpfe** festgelegt. DIN 2200 gibt die Übersicht der Werkzeugbefestigung an Fräsmaschinen, Abb. F 33. Die Einzelnormen sind in Tafel 6 zusammengestellt.

Tafel 6. **DIN-Normen über Fräserbefestigungen.**

Spindelköpfe: Konstruktionsblatt .... DIN 2201	Mitnehmer .... DIN 2205
Messerköpfe: Anschlußmaße .... DIN 2202	Mitnehmerschrauben DIN 2206
Mitnehmerbolzen .... DIN 2203	Frädorne, Schaft Konstruktionsblatt . DIN 2207
Aufnahmedorn für Messerköpfe .... DIN 2204	

DIN 2200 bis 2207 gelten heute (Anfang 1943) noch als Vornorm. Auf der Internationalen Normentagung in Helsinki, August 1939, sind die in Tafel 5 angegebenen vier Größen der amerikanischen Werkzeugbefestigung an Fräsmaschinen als ISA-Empfehlung angenommen worden. Ihre endgültige Einführung ist jedoch noch zurückgestellt, zumal Bedenken vor allem gegen die zylindrische Messerkopfbefestigung bestehen. Abb. F 34 zeigt eine Spannhülse zum Einspannen von Fräsern mit zylindrischen Schäften. Diese sollten aber nur für Fräser gewählt werden, die nicht oder nur ganz wenig größer im Durchmesser sind als ihre Schäfte.

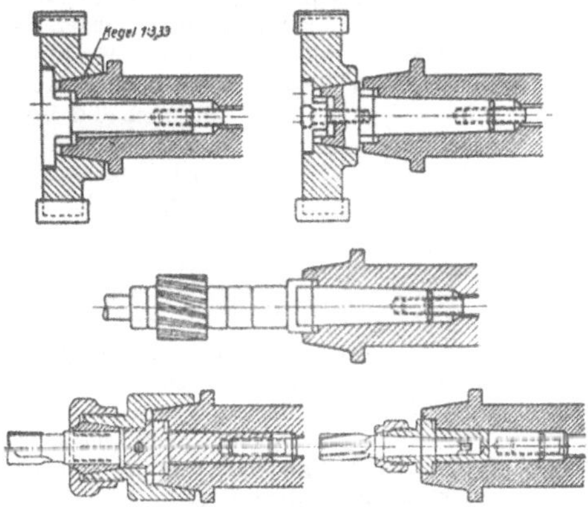

Abb. F 33. Fräserbefestigung nach DIN 2200.

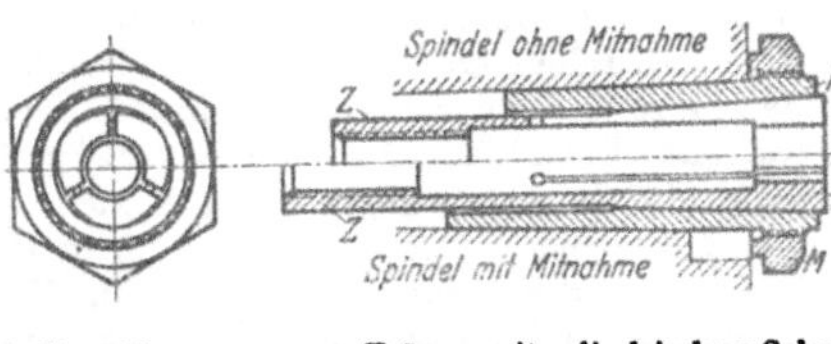

Abb. F 34. Einspannen von Fräsern mit zylindrischem Schaft.

E. Schärfen von Fräsern und Metallkreissägen [1]).

Folgende Gesichtspunkte sind besonders zu beachten:

1. Fräswerkzeuge rechtzeitig schärfen. Die Abstumpfungsfase soll nicht größer als 0,3 mm sein. Es ist unwirtschaftlich, selten zu schärfen und dann starke Schleifspäne zu nehmen. Bei diesem Verfahren werden die Schneiden leicht ausgeglüht oder es entstehen Schleifrisse. „Weiche" Schneiden sind selten auf Herstellungsfehler, meist auf Unachtsamkeit beim Schärfen zurückzuführen.

[1]) Vgl. auch Masch.-Bau 1938 S. 179, 1940 S. 245 und 1942 S. 4. — ADB-Schrift „Instandhaltung der Fräswerkzeuge. Berlin: VDI-Verlag 1942.

2. Schleifscheibe nach Möglichkeit gegen die Schneide laufen lassen, damit Gratbildung an der Schneide vermieden wird. Sonst Schneiden nach dem Schleifen entgraten. Berührungsfläche zwischen Schleifscheibe und Werkzeug möglichst klein halten.

3. Geeignete Schleifscheiben beschaffen. Zum Schärfen von Werkzeug- und Schnellstahl verwendet man Korund-Scheiben, und zwar für den Normalschliff 46—60 J/L, für Feinschliff 60 K/M. Zu langsam laufende Schleifscheiben arbeiten schlecht und nutzen sich schnell ab. Für Fräser-Schleifscheiben ist eine Umfangsgeschwindigkeit von 15 ... 25 m/s die geeignetste.

Hartmetallschneiden schleift man mit Silizium-Karbid-Scheiben, und zwar zum Vorschliff 60 I, zum Fertigschliff 80/100 G/H (Breite der Schleiffase etwa 3 mm). Bei selbsttätiger Zustellung wird die Umfangsgeschwindigkeit bis auf 10 m/s herabgesetzt. Hartmetalle trocken oder mit ununterbrochenem reichlichem Kühlwasserstrom schleifen!

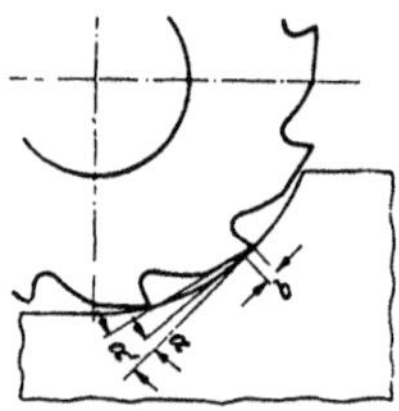

Abb. F 35. Freifläche auf zulässiges Maß b nachgeschliffen.

4. Auch die Spanfläche der Fräser wird geschliffen, jedoch meist nur, wenn die Schneide schartig geworden oder stark abgestumpft ist. Hartmetallschneiden müssen für Feinschlichtarbeiten geläppt werden, und zwar mit Silizium-Karbid-Sonderscheiben 220 J oder gebundenen Diamant-Schleifscheiben. Es genügt, eine Fase von 0,3 mm Breite anzuläppen. Damit die Spanfläche sauber wird, muß die Schleifscheibe häufig abgezogen werden.

5. Nur auf rundlaufenden, zur Bohrung gut passenden Dornen schleifen! Unrundlaufende Fräser leisten weniger und stumpfen schneller ab. Zulässiger Fräserschlag auf der Maschine etwa $50\,\mu$.

6. Schneidenwinkel genau einhalten. Das ist besonders wichtig bei hinterdrehten Fräsern zur Erhaltung ihres Profiles (s. S. 399). Fräser mit großem Drallwinkel erfordern um so größere Freiwinkel als solche mit kleinem Drallwinkel, je höher ihre Vorschubgeschwindigkeit und je niedriger ihre Schwingzahl (Drehzahl × Zähnezahl) sind. Der beim Schnitt wirksame Freiwinkel α' wird senkrecht zur Schneidkante, der in der Ebene senkrecht zur Achse liegende Freiwinkel α in der Drehrichtung gemessen. Sie stehen zueinander in der Beziehung $\mathrm{tg}\,\alpha'/\mathrm{tg}\,\alpha = 1/\cos\lambda$, wenn λ der Drallwinkel des Fräsers ist. Wird beim Nachschleifen des Freiwinkels die Freifläche zu breit (b über 0,05 D), so muß sie nachgeschliffen werden, da sonst der Fräser trotz richtigen Freiwinkels beim Arbeiten drückt (Abb. F 35).

Zum Schleifen hinterdrehter Fräser mit geraden Zahnlücken werden Tellerscheiben DIN 181 nach Abb. F 36 verwendet. Es kann sowohl mit der abgeschrägten als auch mit der flachen Seite geschliffen werden. Die Flachseite der Schleifscheibe gibt eine bessere Führung und macht unter Umständen, aber nur bei geübten Schleifern, die Zahnauflage entbehrlich. In diesem Falle ist starkes Andrücken an die Schleifscheibe selbst bei größeren abzuschleifenden Unterschieden in der Zahnteilung unbedingt zu vermeiden, weil sonst die Schneidkanten ausgeglüht werden.

Hinterdrehte Fräser mit Drallzähnen werden am besten mit einer Scheibe DIN 182, Form C, nach Abb. F 37 geschliffen. Wird eine Scheibe nach Abb. F 36 benutzt, so darf das Schleifen nur mit der abgeschrägten Seite geschehen. Die Spanfläche der schräg genuteten Fräser stellt keine ebene, sondern eine gewundene Fläche (Schraubenfläche) dar, die von der ebenen Fläche der Schleifscheibe wesentlich abweicht.

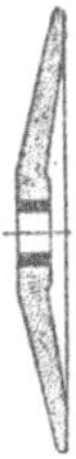

Abb. F 36. Abb. F 37.

Abb. F 36 u. 37. Schleifscheibe für hinterdrehte Fräser.

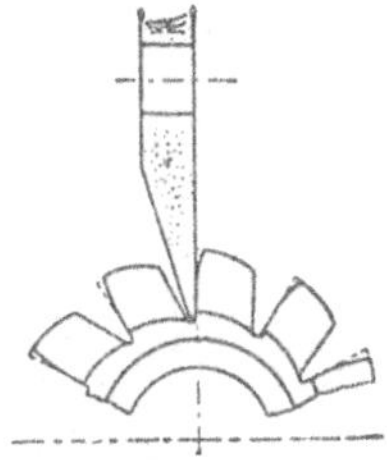

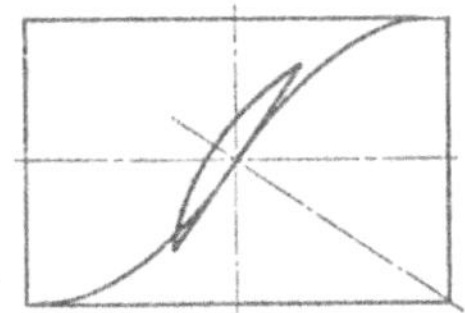

Abb. F 38. Abb. F 39.

Abb. F 38 u. 39. Falsches Schleifen hinterdrehter Fräser.

Beim Schleifen nach Abb. F 38 tritt daher ein Nachschneiden ein, das um so merkbarer wird, je größer der Durchmesser der Schleifscheibe und der Drallwinkel sind. Abb. F 39 zeigt die Art des Angriffes der flachen Seite einer Tellerscheibe in einer Drallwindung. Die Spanfläche der Zähne weicht dann, wie Abb. F 38 zeigt, nach außen zu von ihrer radialen Richtung ab. Man muß daher nach Abb. F 40 mit linienförmiger Berührung schärfen, weil hierbei, wie Abb. F 41 zeigt, das Nachschneiden nicht eintritt.

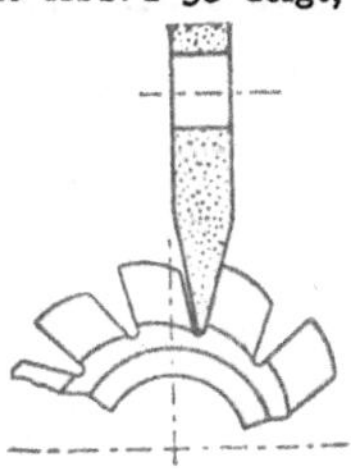

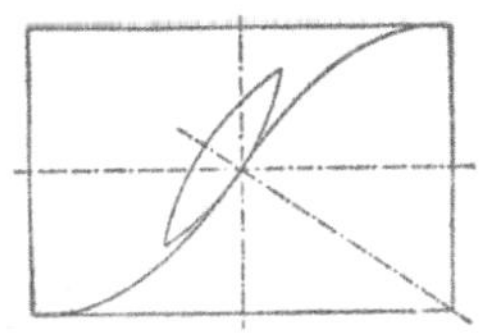

Abb. F 40. Abb. F 41.

Abb. F 40 u. 41. Richtiges Schleifen hinterdrehter Fräser.

Zum Weiterteilen von Zahn zu Zahn werden Zahnstützen und Teilvorrichtungen (Teilscheiben) verwendet; Zahnstützen vorzugsweise bei Formfräsern, Teilscheiben bei Wälzfräsern. Zahnstützen (Zahnauflagen) dürfen nicht, wie Abb. F 42 zeigt, an der Spanfläche anliegen, weil hierbei Teilungsfehler unvermeidlich sind und der Fräser unrund wird. Die Zahnauflage soll vielmehr am Rücken *a* des zu schleifenden Zahnes (nicht eines anderen Zahnes) anliegen (Abb. F 43). Mit Hilfe von Teilscheiben können nur besonders genaue Fräser, beispielsweise Wälzfräser, geschärft werden, deren Spanfläche, Freifläche und Teilung passend zueinander geschliffen sind. An Wälzfräser-Scharfschleifmaschinen ist außerdem mit einer Lehre zu prüfen, ob die Bahn des Abrichtdiamanten, der in einer meist ortsfest angebrachten Abrichtvorrichtung aufgenommen ist, die Fräserachse richtig schneidet.

Für viele andere Fräsarbeiten genügt es, wenn beim Scharfschleifen des Fräsers nicht so sehr auf Teilgenauigkeit, als vielmehr auf genauen Rundlauf geachtet wird. Der Fräser läuft nur dann rund, wenn die höher stehenden Zähne so lange an der Spanfläche nachgeschliffen werden, bi die Schneidkanten aller Zähne wieder im gleichen Abstand zur Bohrungs achse liegen. Man erleichtert sich diese Arbeit bei starker Unrundheit de Fräsers, z. B. infolge Härteverzuges, dadurch, daß man alle Schneidkante

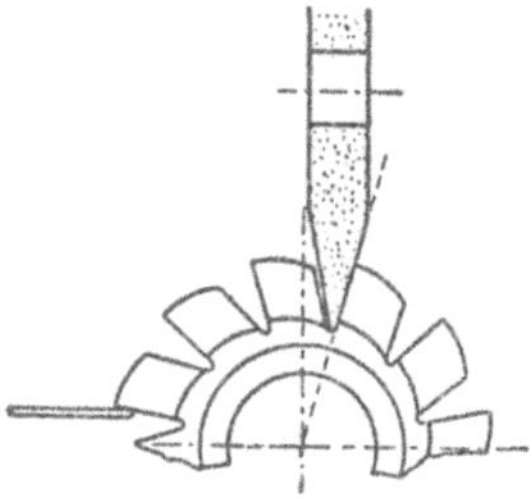

Abb. F 42.

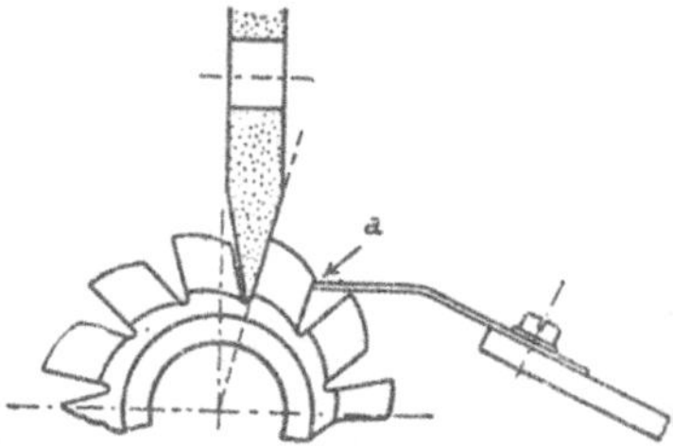

Abb. F 43.

Abb. F 42 u. 43. Falsches und richtiges Stützen des Zahnes.

auf einer Rundschleifmaschine leicht anschleift und dann die Spanfläche bis zum Verschwinden dieser Fase nachschleift. Bei dieser Art des Scharfschleifens ist selbsttätiges Weiterteilen nicht möglich.

Die Lehren nach Abb. F 44 und F 45 dienen zum Einstellen der Schleifscheibe auf den gewünschten Spanwinkel des Fräsers. Ist dieser

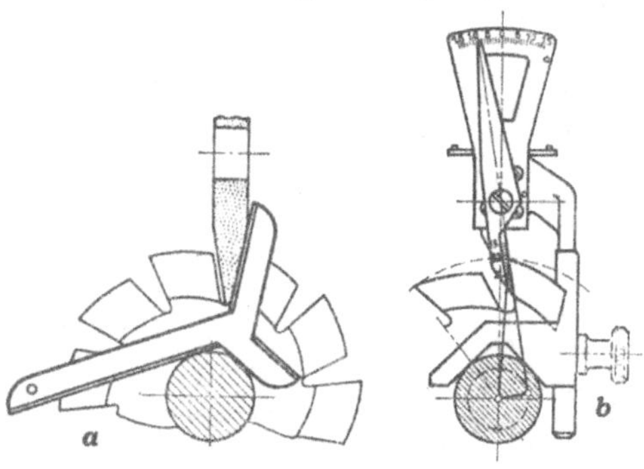

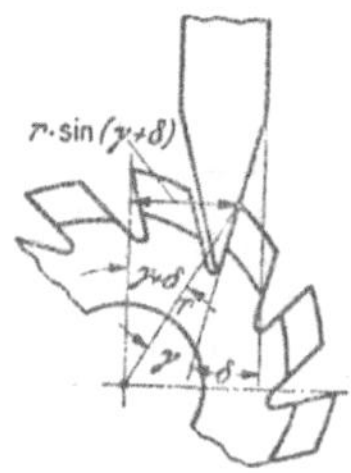

Abb. F 44 a und b. **Lehren zum Einstellen der Schleifscheibe.** b **Zahnbrustprüfer, Bauart Klingelnberg.**

Abb. F 45.

positiv, so muß der obere Eingriffspunkt, in dem die Arbeitsfläche der Schleifscheibe die Spanfläche berührt, um die Strecke $l = r \cdot \sin(\gamma + \delta)$ seitlich versetzt sein (Abb. F. 44).

Für das Scharfschleifen von Fräsern mit gefrästen Zähnen gelten sinngemäß die gleichen Regeln. Man achte darauf, daß die Spanfläche der Fräser mit starkem Drall nicht mit zu großer Scheibe geschliffen wird, soweit man die Scheibe nicht über dem Drallwinkel versetzen kann. Sonst wird der Fräserzahn beschädigt. Wird die Scheibe um 1—3° über den Drallwinkel versetzt, so entsteht eine etwas hohle Spanfläche, die zum

Fräsen zäher Werkstoffe günstig ist. Jedoch muß dann der Spanwinkel nachgeprüft werden. Die Zahnstütze greift an der Spanfläche des zu schleifenden Zahnes an. Sie muß so ausgebildet werden, daß sie den Zahn auch nach Verlassen der Schleifscheibe noch abstützt (gabelförmige Zahnstütze oder mehrere Zahnstützen), daß sie sich nicht verbiegt und nicht klemmt.

Man schleift den Zahnrücken lieber mit Topfscheiben als mit Tellerscheiben nach, da letztere eine hohle Freifläche erzeugen, und zwar um so mehr, je kleiner sie sind. Die Topfscheibe stellt man schräg und läßt sie nur

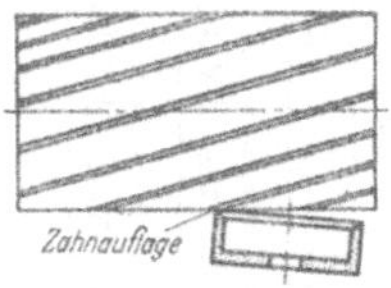

Abb. F 46. Schleifen von Walzenfräsern.

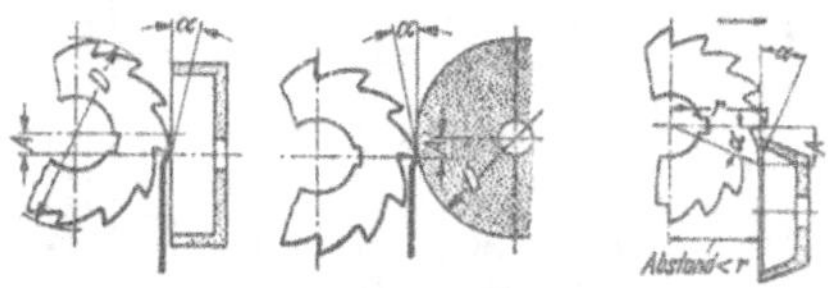

Abb. F 47.

mit einer Kante schneiden (Abb. F 46). Für Fräser mit enger Zahnteilung sind kegelige Topfscheiben DIN 183 Form E vorteilhaft. Der Freiwinkel wird durch Heben oder Senken des Tisches der Werkzeugschleifmaschine eingestellt (Abb. F 47).

$$\text{Einstellhöhe } A = \frac{D}{2} \cdot \sin\alpha,$$

darin: D = Fräserdurchmesser (bei Topfscheiben),
bzw. = Scheibendurchmesser (bei Tellerscheiben).

Beispiel. Es ist ein gerade verzahnter Fräser von 80 mm Durchmesser mit 5° Hinterschliff mit einer Topfscheibe zu schärfen.

$$\text{Einstellhöhe } A = \frac{80}{2} \cdot \sin 5° = 40 \cdot 0{,}0872 \approx 3{,}5 \text{ mm}.$$

Soll dagegen dieser Fräser oder ein anderer Fräser beliebigen Durchmessers mit einer flachen Scheibe von 120 mm Durchmesser geschliffen werden, so berechnet sich

$$A = \frac{120}{2} \cdot \sin 5° = 60 \cdot 0{,}0872 \approx 5{,}2 \text{ mm}.$$

Die nachstehende Tafel 7 gibt die Einstellmaße A in mm (siehe auch Maschinenbau 1939, Heft 15/16, S. 389—390). Hierbei muß der Drallwinkel des Fräsers berücksichtigt werden. Der Freiwinkel α' (Hinterschliff) eines schrägverzahnten Fräsers ist — senkrecht zum Drall gemessen — größer als der in der Stirn gemessene Freiwinkel α. Die Beziehung zwischen beiden ist $\operatorname{tg}\alpha' = \operatorname{tg}\alpha/\cos\lambda$, wenn λ der Drallwinkel ist. Die Einstellmaße für den häufig verwendeten Hinterschliffwinkel geradeverzahnter Fräser von 5° sind durch Fettdruck hervorgehoben.

Metallkreissägen (Kaltkreissägen). Für das Schärfen kleiner Kreissägeblätter gelten die für Fräser mit gefrästen Zähnen gegebenen Richtlinien (S. 405). Große Metallkreissägen haben meistens eingesetzte Zähne oder Zahngruppen, um nicht das ganze Sägeblatt aus hochwertigem Stahl anfertigen zu müssen und um ausgebrochene Zähne leicht ersetzen zu können.

Tafel 7. Einstellmaße für Hinterschliff von Fräsern.

Durchmesser D in mm	Drallwinkel λ	Einstellmaß A in mm für einen Frei- (Hinterschliff-) Winkel α					Durchmesser D in mm	Drallwinkel λ	Einstellmaß A in mm für einen Frei- (Hinterschliff-) Winkel α				
	60°	6°	8°	10°	11¾°	13¾°		60°	6°	8°	10°	11¾°	13¾°
	50°	4¾°	6½°	7¾°	9¼°	10¾°		50°	4¾°	6½°	7¾°	9¼°	10¾°
	40°	4°	5¼°	6½°	7¾°	9°		40°	4°	5¼°	6½°	7¾°	9°
	25°	3¼°	4½°	5½°	6½°	7¾°		25°	3¼°	4½°	5½°	6½°	7¾°
	0°	3°	4°	5°	6°	7°		0°	3°	4°	5°	6°	7°
6		0,16	0,21	**0,26**	0,31	0,37	95		2,49	3,31	**4,14**	4,97	5,79
8		0,21	0,28	**0,35**	0,42	0,49	100		2,62	3,49	**4,36**	5,23	6,09
10		0,26	0,35	**0,44**	0,52	0,61	110		2,88	3,84	**4,79**	5,75	6,70
12		0,31	0,42	**0,52**	0,63	0,73	120		3,14	4,19	**5,23**	6,27	7,31
14		0,37	0,49	**0,61**	0,73	0,85	130		3,40	4,53	**5,67**	6,79	7,92
16		0,42	0,56	**0,70**	0,84	0,97	140		3,66	4,88	**6,10**	7,32	8,53
18		0,47	0,63	**0,78**	0,94	1,10	150		3,93	5,23	**6,54**	7,84	9,14
20		0,52	0,70	**0,87**	1,05	1,22	160		4,19	5,58	**6,97**	8,36	9,75
23		0,60	0,80	**1,00**	1,20	1,40	170		4,45	5,93	**7,41**	8,89	10,36
26		0,68	0,91	**1,13**	1,36	1,58	180		4,71	6,28	**7,84**	9,41	10,97
30		0,79	1,05	**1,31**	1,57	1,83	190		4,97	6,63	**8,28**	9,93	11,58
35		0,92	1,22	**1,53**	1,83	2,13	200		5,23	6,98	**8,72**	10,45	12,19
40		1,05	1,40	**1,74**	2,09	2,44	210		5,50	7,32	**9,15**	10,98	12,80
45		1,18	1,57	**1,96**	2,35	2,74	220		5,76	7,67	**9,59**	11,50	13,41
50		1,31	1,74	**2,18**	2,62	3,05	230		6,02	8,02	**10,02**	12,02	14,02
55		1,44	1,92	**2,40**	2,87	3,35	240		6,28	8,37	**10,46**	12,53	14,62
60		1,57	2,09	**2,61**	3,14	3,66	250		6,54	8,72	**10,90**	13,07	15,23
65		1,70	2,27	**2,83**	3,40	3,96	260		6,80	9,07	**11,33**	13,59	15,84
70		1,83	2,44	**3,05**	3,66	4,27	270		7,07	9,42	**11,77**	14,11	16,45
75		1,96	2,62	**3,27**	3,92	4,57	280		7,33	9,77	**12,20**	14,63	17,06
80		2,09	2,79	**3,49**	4,18	4,87	290		7,59	10,12	**12,64**	15,16	17,67
85		2,22	2,97	**3,70**	4,44	5,18	300		7,85	10,46	**13,07**	15,68	18,28
90		2,36	3,14	**3,92**	4,70	5,48							

Als günstigste Verzahnung hat sich die Drehstahlform, Abb. F 48, eingeführt, die ein einwandfreies Abrollen des Spanes ermöglicht.

Die Zähne werden abwechselnd als Vor- und Nachschneider ausgebildet. Der Nachschneidezahn ist etwas kürzer. Der längere Vorschneidezahn ist an seiner Spitze beiderseitig abgeschrägt oder in ähnlicher Weise ausgeklinkt. Hierdurch ergibt sich eine Spanteilung, die den Kraftbedarf und die Schnittfähigkeit der Sägen günstig beeinflußt, Abb. F 49a und b. Die beschriebenen Sägen erfordern zu ihrer Instandhaltung mit Rücksicht auf den verhältnismäßig hohen Anschaffungswert besondere Schärfmaschinen. Die auf dem Markt befindlichen Ausführungen sind zum größten Teil allgemein verwendbar ausgebildet. Sie lassen sich auf alle gebräuchlichen Sägendurchmesser und auf das jeweilige Zahnprofil einstellen. Es läßt sich sowohl die genaue Zahnentfernung durch Klinkenvorschub an einer Teilscheibe einhalten, als auch die Zahnhöhe bei laufender Maschine feinfühlig einstellen. Einfache Maschinen machen für das Kürzerschleifen der Nachschneidezähne einen besonderen Arbeitsgang erforderlich. Für große Schärfleistungen sind

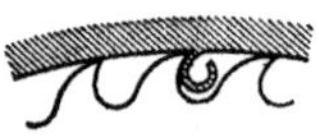

Abb. F 48. Drehstahlähnliche Form der Sägezähne.

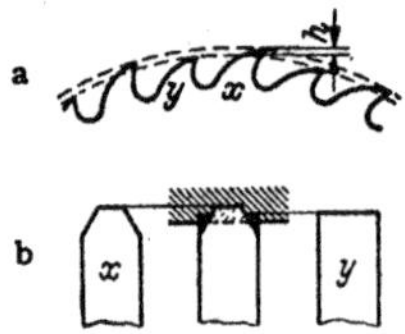

Abb. F 49 a und b. Sägeblatt mit Vorschneider x und Nachschneider y.

Maschinen vorzuziehen, die sowohl die Vorschneide- wie auch Nachschneidezähne in einem Zuge überschleifen. Hier läßt sich sogar der Höhenunterschied *h* zwischen den beiden Zahnspitzen nach Wunsch einstellen. Die Sägenlieferfirmen geben für ihre Erzeugnisse die günstigsten Werte für dieses Maß *h* an.

Das doppelseitige Abschrägen der Zahnspitzen an den Vorschneidezähnen braucht nicht bei jedesmaligem Schärfen vorgenommen zu werden; es wird in einem besonderen Arbeitsgang, aber meist auf der gleichen Maschine, ausgeführt.

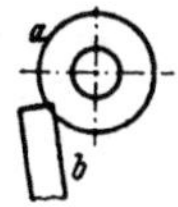

Abb. F 50. Abschrägen der Zahnspitzen durch Schrägstellen des Sägeblattes.

Die Art der Einstellung ist hierbei unterschiedlich. Man verwendet hauptsächlich drei Arten:

1. Das Sägeblatt wird mit seiner Haltevorrichtung schräg gestellt, Abb. F 50, damit die Schärfscheibe nur die Ecke des Sägezahnes fortnimmt. Für die zweite Zahnecke ist ein nochmaliges Umstellen erforderlich.

2. Die Sägeneinstellung bleibt unverändert, dafür läßt sich der Schleifkopf waagerecht verschieben, so daß er sowohl vor wie auch hinter seine Stellung beim Schleifen des Zahnprofils gebracht werden kann. In Abb. F 51 zeigt der mittlere Kreis die Einstellung der Schärfscheibe beim Schleifen des Zahnprofils, die beiden äußeren Kreise dagegen die Einstellungen beim Abschrägen der Zahnecken.

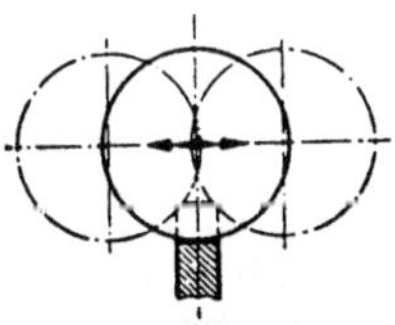

Abb. F 51. Abschrägen der Zahnspitzen mit verstellbarer Schleifscheibe.

3. Es wird eine am Schleifkopf sitzende Zusatzvorrichtung mit einer zweiten, von der Hauptwelle angetriebenen Schärfscheibe verwendet. Die Lage der Hauptschärfscheibe bleibt unverändert, dagegen wird die Zusatzvorrichtung, Abb. F 52, einmal von vorn und einmal von rückwärts so weit gegen das Sägeblatt eingeschwenkt, daß die Zahnecken beiderseits abgeschrägt werden.

Da, wie bereits eingangs gesagt, nur die Vorschneidezähne abzuschrägen sind, müssen alle diese Maschinen beim Abschrägen entweder mit doppeltem Vorschub arbeiten oder aber die Hubbewegung der Schärfscheibe wird so eingestellt, daß die Ecken der Nachschneidezähne nicht mit angegriffen werden.

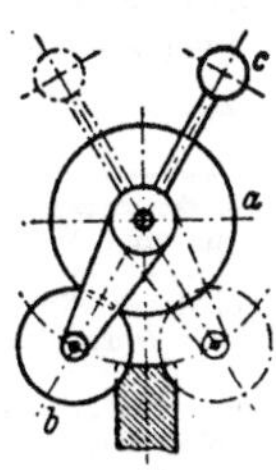

Abb. F 52. Abschrägen der Zahnspitzen durch besondere Abschrägscheibe.

a Haupt-Schärfscheibe;
b Abschräg-Scheibe;
c Griff zum Einschwenken von *b*.

Gemeinsam ist allen Maschinen die Verwendung umlaufender Schärfscheiben, die durch Nocken- oder Exzentersteuerung eine Hubbewegung ausführen, während die Sägen durch ruckweise oder auch gleichmäßige Vorschubbewegung weitergeschaltet werden. Durch geeignete Formgebung der Nocken ergibt die Relativbewegung zwischen Scheibe und Säge die gewünschte Zahnform.

Die Scheiben, die meistens in keramischer Bindung verwendet werden, erhalten ein abgerundetes Profil, das sich infolge des wandernden Berührungspunktes selbst erhält. Es ist infolgedessen höchstens ein Aufrauhen der Scheiben mit Hilfe handelsüblicher Abrichtgeräte erforderlich.

F. Teilkopf-Arbeiten[1]).

I. Kreisteilungen.

Die neuzeitlichen Universal-Teilköpfe gestatten das Teilen in dreifacher Weise. Abb. F 53 zeigt den Längsschnitt, Abb. F 54 den Querschnitt durch einen Universal-Teilkopf.

a) Einfaches Teilen, mit Teilscheibe *B* und Zeigerstift *A*, wobei die Teilscheibe fest auf der Teilkopfspindel *C* befestigt ist.

b) Mittelbares Teilen, mit Schnecke *F*, Schneckenrad *G* und der parallel mit der Schnecke *F* gelagerten, jedoch feststehenden Teilscheibe *E*. Vor der Teilscheibe befindet sich der Stift an der Zeigerkurbel *D*, der in einen

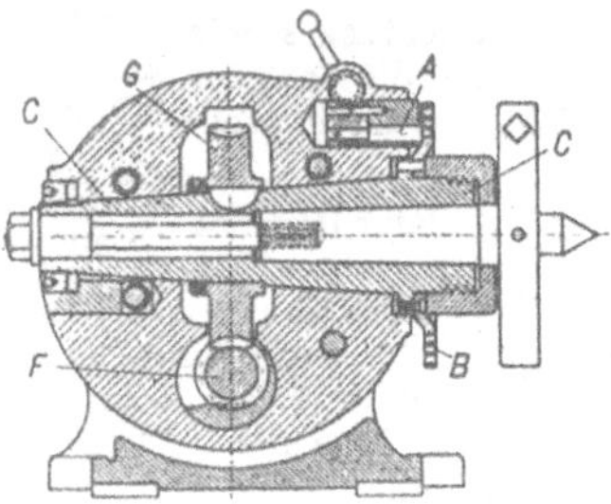

Abb. F 53.

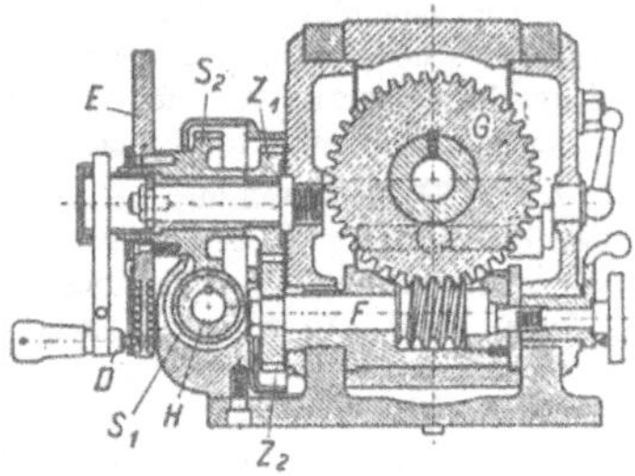

Abb. F 54.

Abb. F 53 u. 54. Teilkopf für Fräsmaschinen.

der verschiedenen Lochkreise eingreift. Wird die Zeigerkurbel *D* gedreht, so wird diese Bewegung durch die Zahnräder Z_1 und Z_2 auf die Schnecke *F* übertragen, die in das Schneckenrad *G* eingreift, das fest mit der Teilkopfspindel *C* verbunden ist. Durch geeignete Wahl eines Lochkreises in der Teilscheibe *E* und der entsprechenden Anzahl Löcher können eine große Anzahl Teilungen hergestellt werden.

Übliche Lochzahlen der Lochkreise $L = 15$, 16, 17, 18, 19, 20, 21, 23, 27, 29, 31, 33, 37, 39, 41, 43, 47, 49.

Zahl der herzustellenden Teilungen für eine volle Werkstück-Umdrehung ...	T	Für Primzahlen über 50 ist das Ausgleich-Teilen anzuwenden
Zahl der Kurbel-Umdrehungen für eine volle Werkstückumdrehung	k	meistens $k = 40$
Zahl der Kurbel-Drehungen für eine Teilung	u	$u = \frac{k}{T} = \frac{l}{L}$
Zahl der Löcher des vollen zur Verwendung kommenden Lochkreises	L	$\frac{l}{L} = \frac{k}{T}$. Bei T kleiner als k wird $\frac{l}{L}$ ein unechter Bruch, bei T größer als k wird $\frac{l}{L}$ ein echter Bruch.
Zahl der Löcher auf dem Lochkreis L für eine Teilung oder eine Kurbeldrehung	l	

[1]) Vgl. Werkstattbücher Heft 6. Berlin: Springer.

Beispiel 1. Gegeben $T = 32$; $k = 40$.

Lösung: $u = \frac{k}{T} = \frac{40}{32} = \frac{5}{4}$.

Vorhandener passender Lochkreis zum Nenner „4" $L = 16$. Also

$$u = \frac{4 \cdot 5}{4 \cdot 4} = \frac{20}{16} = 1^4/_{16};$$

d. h. eine volle Kurbelumdrehung und 4 weitere Löcher des Lochkreises 16.

Beispiel 2. Gegeben $T = 110$, $k = 40$

Lösung: $u = \frac{k}{T} = \frac{40}{110} = \frac{4}{11}$.

Vorhandener passender Lochkreis zum Nenner „11" $L = 33$. Also

$$u = \frac{3 \cdot 4}{3 \cdot 11} = {}^{12}/_{33};$$

d. h. Kurbelumdrehung nur 12 Löcher des Lochkreises 33.

c) Ausgleich- (Differential-) Teilen ist eine Erweiterung des mittelbaren Teilens und ist für solche Teilungen anzuwenden, die sich durch das mittelbare Teilen nicht verwirklichen lassen, insbesondere für Primzahlen über

Zahl der für eine volle Werkstück-Umdrehung vorzunehmenden Teilungen .	T	kann jede beliebige ganze oder gebrochene Zahl sein
Zahl der für eine volle Werkstückdrehung notwendigen Kurbelumdrehungen ...	k	meistens $k = 40$
Übersetzung zwischen Zapfen H nach Teilscheibe E	i_h	meistens $i_h = 1$
Als Ersatz gewählte Zahl der Teilungen für eine volle Werkstückdrehung	T'	T' ist nahe T so zu wählen, daß für sie das mittelbare Teilen anwendbar ist und der Unterschied T' gegen T in bequemer Beziehung zu den Zähnezahlen der vorhandenen Wechselräder steht
Zahl der Kurbeldrehungen für eine Teilung T'........................	u	$u = \frac{k}{T'} = \frac{l}{L}$
Zahl der Löcher des vollen für T' zur Verwendung kommenden Lochkreises.	L	siehe bei „Mittelbares Teilen"
Zahl der Löcher auf dem Lochkreis L für eine Teilung T' oder eine Kurbeldrehung u	l	
Übersetzung[1]) von Teilspindel zu Zapfen H.........................	i	$i = \frac{T'}{k(T' - T)}$ für $i_h = 1$

Beispiel 3. Gegeben $T = 427$, $k = 40$, $i_h = 1$.

Lösung: Gewählt $T' = 430$ $\quad u = \frac{l}{L} = \frac{k}{T'} = \frac{40}{430} = \frac{4}{43}$.

$$i = \frac{T'}{k(T' - T)} = \frac{430}{40\,(430 - 427)} = \frac{430}{40 \cdot 3} = \frac{43}{12},$$

$$i = \frac{43}{12} = \frac{a}{b} \cdot \frac{c}{d} = \frac{43}{18} \cdot \frac{18}{12} = \frac{86}{36} \cdot \frac{72}{48}. \qquad \text{(kein Zwischenrad).}$$

---

[1]) Nach DIN 868 ist festgelegt: $i = \frac{\text{Drehzahl des treibenden Rades}}{\text{Drehzahl des getriebenen Rades}} = \frac{n_1}{n_2} = \frac{z_2}{z_1}$

50 und deren Vielfaches. Die Teilscheibe E, Abb. F 55, wird dabei von ihrem Sperrbolzen gelöst und durch Wechselräder a bis d, sowie notfalls ein oder mehrere Zwischenräder über den Zapfen H, mit der Teilspindel selbst, in die ein Spreizdorn eingesetzt wird, gekuppelt. Beim Betätigen der Zeigerkurbel D wird dann die Teilscheibe E um einen gewissen Betrag (Differenz) im oder im entgegengesetzten Sinn der Kurbel D bewegt.

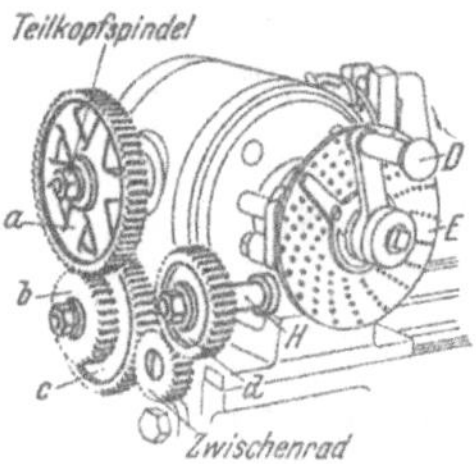

Abb. F 55. Wechselräder beim Differentialteilen.

Das Differential-Teilen ist nur für axial verlaufende Nuten zu brauchen, weil die Teilspindel und der Zapfen H einander parallel stehen müssen, um die Wechselräder a bis d in Eingriff zu bringen, und weil für Drallnuten bereits Wechselräder zwischen Leitspindel und Zapfen H notwendig sind (s. Abschnitt II, S. 415).

Zähnezahlen der üblichen Wechselräder $z = 24$, 24, 28, 32, 36, 40, 44, 48, 56, 64, 72, 86, 100.

Einfache Übersetzung $i = \frac{a}{b}$	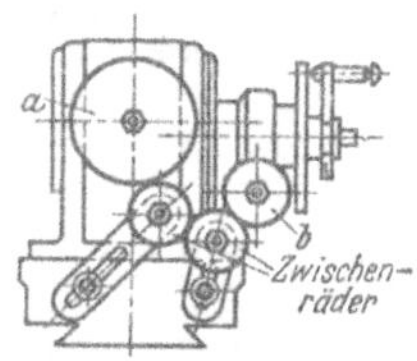 Abb. F 56.	Bauart I. Teilkopf links auf Fräsmaschinen-Tisch T' größer als T ein Zwischenrad (gleicher Drehsinn von Teilscheibe und Teilkurbel) erforderlich, T' kleiner als T zwei Zwischenräder (s. Abb. F 56) (entgegengesetzter Drehsinn von Teilscheibe und Teilkurbel) erforderlich. Bauart II. Teilkopf rechts auf dem Fräsmaschinen-Tisch T' größer als T zwei Zwischenräder, T' kleiner als T ein Zwischenrad.
Zweifache Übersetzung $i = \frac{a}{b} \cdot \frac{c}{d}$	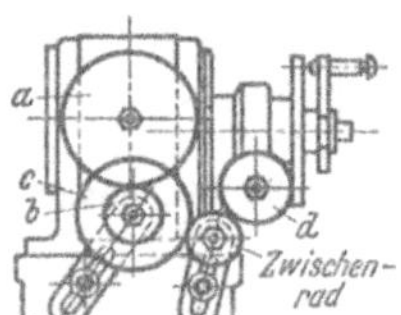 Abb. F 57.	Bauart I. Teilkopf links auf Fräsmaschinen-Tisch T' größer als T kein Zwischenrad, T' kleiner als T ein Zwischenrad. Bauart II. Teilkopf rechts auf Fräsmaschinen-Tisch T' größer als T ein Zwischenrad. T' kleiner als T kein Zwischenrad.

Beispiel 4. Gegeben $T = 247$, $k = 40$, $i_k = 1$.

Lösung: Gewählt $T' = 240$

$$u = \frac{l}{L} = \frac{k}{T'} = \frac{40}{240} = \frac{1}{6} = \frac{3}{18},$$

$$i = \frac{T'}{k\,(T' - T)} = \frac{240}{40\,(240 - 247)} = -\frac{240}{40 \cdot 7} = -\frac{6}{7},$$

$$\frac{a}{b} = \frac{6}{7} \cdot \frac{8}{8} = \frac{48}{56}. \quad \text{(Zwei Zwischenräder, } z = 24\text{).}$$

braucht neben der Längsbewegung des Werkstückes eine gleichzeitige Drehung desselben. Die Zeigerkurbel D, Abb. F 53 und F 54, bleibt in der Teilscheibe E eingerückt, und die Wechselräder a bis d, Abb. F 58, notfalls mit Zwischenrädern, sorgen für eine Kupplung zwischen der Leitspindel für die Verschiebung des Frässchlittens und dem Zapfen H für die Drehung der Teilscheibe und des Werkstückes. Differential-Teilen läßt sich nicht mit dem Fräsen von Drallnuten vereinigen; also müssen formgefräste Schraubenräder Zähnezahlen haben, die mit dem mittelbaren Teilen hergestellt werden können.

Beispiel 5. Gegeben $S = 18''$ Rechtsdrall; $s = {}^1/_4''$; $k = 40$; $i_h = 1$. (Bauart I.)

Lösung: $i = \frac{S/s}{k} = \frac{18/{}^1/_4}{40} = \frac{72}{40} = \frac{18}{10}$,

$i = \frac{a}{b} = \frac{18}{10} = \frac{72}{40}$ mit einem beliebigen Zwischenrad.

Zu fräsende Drall-Steigung auf eine volle Werkstück-Umdrehung	S	Vielfach in Zoll angegeben oder in Zoll umzurechnen; zweckmäßig S vielfaches von 4 Zoll
Anzahl der Kurbelumdrehungen für eine volle Werkstückumdrehung	k	meistens $k = 40$
Steigung der Leitspindel für die Verschiebung des Frässchlittens	s	vielfach $s = {}^1/_4''$
Übersetzung der Wechselräder zwischen Leitspindel und Zapfen H	i	$i = \frac{S/s}{k}$
Übersetzung zwischen Zapfen H und Teilscheibe E	i_h	meistens $i_h = 1$
Einfache Übersetzung $i = \frac{a}{b}$	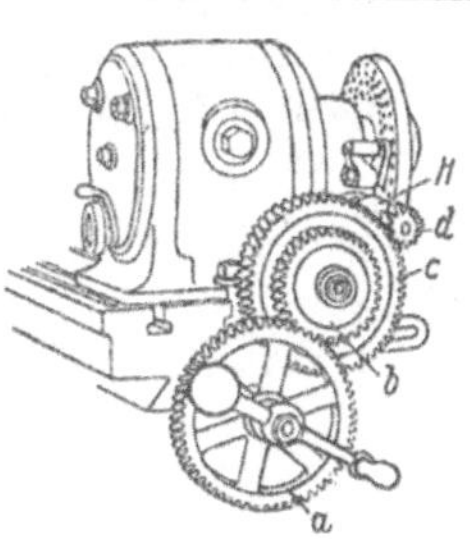	Bauart I. Teilkopf links auf Tisch bei Rechtsdrall ein Zwischenrad; bei Linksdrall zwei Zwischenräder. Bauart II. Teilkopf rechts auf Tisch bei Rechtsdrall zwei Zwischenräder, bei Linksdrall ein Zwischenrad.
Zweifache Übersetzung $i = \frac{a}{b} \cdot \frac{c}{d}$	Abb. F 58.	Bauart I. Teilkopf links auf Tisch bei Rechtsdrall kein Zwischenrad (s. Abb. F 58), bei Linksdrall ein Zwischenrad. Bauart II. Teilkopf rechts auf Tisch bei Rechtsdrall ein Zwischenrad, bei Linksdrall kein Zwischenrad.

Beispiel 6. Gegeben $48''$ Rechtsdrall; $s = {}^1/_2''$; $k = 40$; $i_h = 1$. (Bauart I.)

Lösung: $i = \frac{S/s}{k} = \frac{48/{}^1/_2}{40} = \frac{96}{40} = \frac{12}{5}$.

$i = \frac{a}{b} \cdot \frac{c}{d} = \frac{12}{8} \cdot \frac{8}{5} = \frac{48}{32} \cdot \frac{64}{40}$ ohne Zwischenrad.

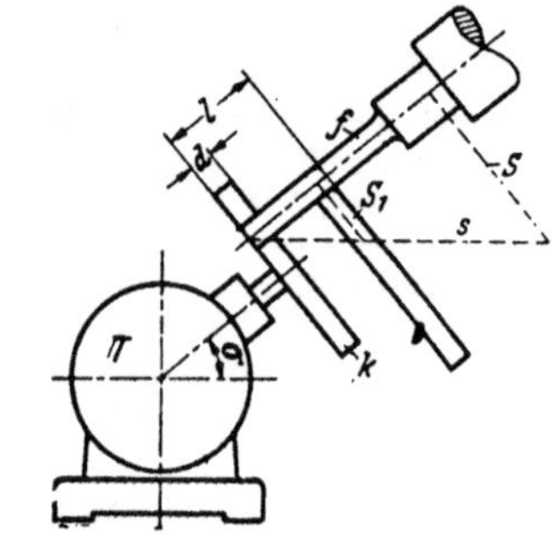

Abb. F 59. Fräsen von Spiralen.

III. Fräsen spiraliger Kurvenscheiben.

Solche Spiralen kommen beispielsweise als Kurvenscheiben selbsttätiger Drehbänke vor.

T = Teilkopf;

k = zu fräsende Kurvenscheibe (Abb. F 60);

f = Fingerfräser;

σ = Schwenkwinkel.

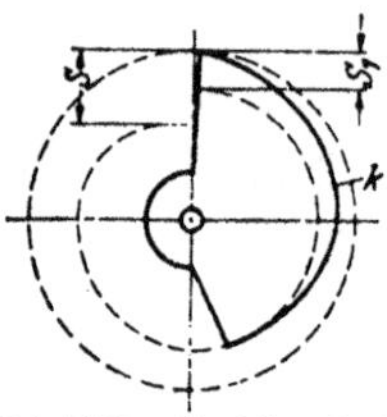

Abb. F 60. Zu fräsende Spiralscheibe.

S = Spiralhub bei 1 Umdr. von k;

S_1 = Spiralhub der zu fräsenden Kurve k;

s = Tischweg S entspr.;

l = Länge des schneidenden Teiles am Fingerfräser;

d = Dicke der Kurvenscheiben.

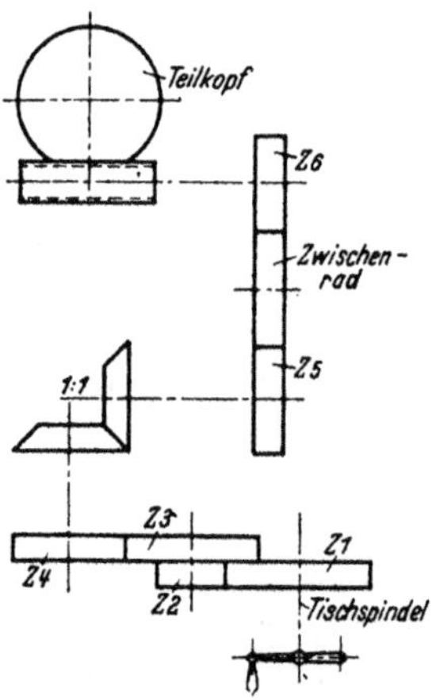

V = Übersetzung des Schneckengetriebes;

S_t = Steigung der Tischspindel;

Z_1, Z_2, Z_3, Z_4, Z_5, Z_6 Zähnezahlen der Wechselräder;

U = Übersetzungsverhältnis zwischen Tischspindel und Teilkopfspindel.

1) $\operatorname{tg} \alpha = \dfrac{S_1}{l - d}$;

2) $s = \dfrac{S}{\sin \sigma}$;

3) $U = \dfrac{s}{S_t} = \dfrac{Z_2}{Z_1} \cdot \dfrac{Z_4}{Z_3} \cdot V.$

Abb. F 61. Plan der Übersetzungen.

Beispiel: Eine Kurvenscheibe, deren Umfang in 100 Teile geteilt ist, habe auf 85 Teile $S_1 = 15$ mm Spiralhub. $d = 11$ mm, $l = 100$ mm, $V = 40$. Rädersatz: 24, 24, 28, 32, 36, 40, 48, 56, 64, 72, 86, 100.

Wie groß ist: σ, Z_1, Z_2, Z_3, Z_4?

$$\operatorname{tg} \sigma = \frac{S_1}{l - d} = \frac{15}{100 - 11} = \frac{15}{89} = 0{,}169; \quad \sigma \approx 9° \, 35'.$$

$$S : S_1 = 100 : 85; \qquad S = \frac{S_1 \cdot 100}{85} = \frac{15 \cdot 100}{85} = 17{,}6 \text{ mm}.$$

$$s = \frac{S}{\sin \sigma} = \frac{17{,}6}{0{,}166} = 105{,}5 \text{ mm}.$$

$$\frac{Z_2 \cdot Z_4}{Z_1 \cdot Z_3} = \frac{s}{S_t} \cdot \frac{1}{40} = \frac{105{,}5}{6} \cdot \frac{1}{40} = \frac{50 \cdot 42}{80 \cdot 60}.$$

Da diese Räder nicht alle vorhanden, werden die nächstliegenden gewählt und σ korrigiert

$$\frac{Z_2}{Z_1} \cdot \frac{Z_4}{Z_3} = \frac{48 \cdot 40}{80 \cdot 56} \text{ gewählt.}$$

$$s = \frac{Z_2}{Z_1} \cdot \frac{Z_4}{Z_3} \cdot V \cdot S_t$$

$$= \frac{48}{80} \cdot \frac{40}{56} \cdot 40 \cdot 6$$

$$= 102{,}86 \text{ mm}.$$

$$\sin \alpha = \frac{S}{s}$$

$$= \frac{17{,}6}{102{,}86}$$

$$= 0{,}1711.$$

$$\sigma = 9^\circ\, 50'.$$

$Z_1 = 80$;
$Z_2 = 48$;
$Z_3 = 56$;
$Z_4 = 40$.

IV. Optischer Teilkopf.

Die vollendetste Teilkopfkonstruktion verkörpert der optische Teilkopf, Erzeugnis der Firma Carl Zeiß, Jena, bei dem die durch Abnutzung der Teilschnecke sich einstellenden Ungenauigkeiten dadurch vermieden sind, daß als Teilmittel ein mit der Teilkopfspindel fest verbundener Glasteilkreis

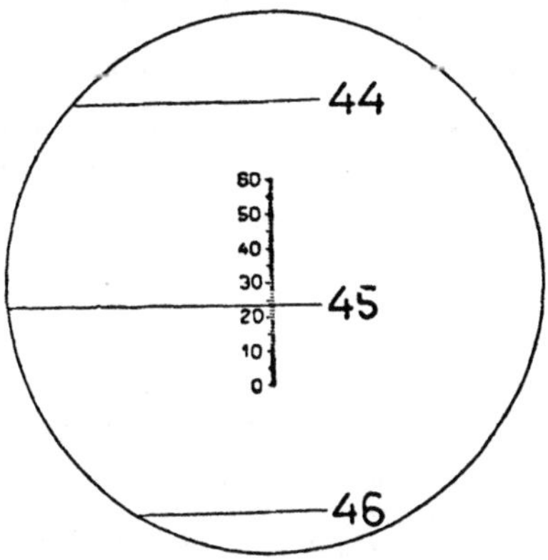

Abb. F 62. Gesichtsfeld des optischen Teilkopfes.

benutzt wird, der in Grade eingeteilt und mit einer nur bei astronomischen Geräten bekannten Winkelgenauigkeit innerhalb 4 Sekunden hergestellt ist. Abb. F 63 zeigt das Sehfeld in halber natürlicher Größe. Unter der feststehenden, mit 0 bis 60 bezeichneten Minutenteilung bewegt sich die Gradteilung des Glasteilkreises. Die Abbildung zeigt die Einstellung auf den Winkelwert 45° 23,5'.

G. Teilkopf-Einstellung zum Herstellen der Fräserverzahnungen.

Berechnung des Einstellwinkels σ.

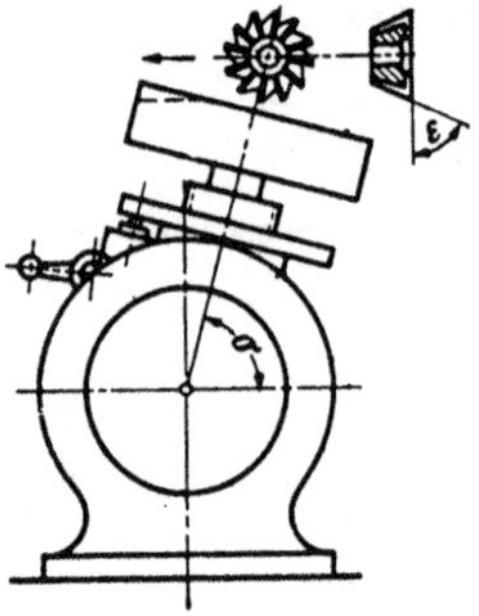

Abb. F 63.

Beispiel 1. Es ist die Stirnzahnung eines Scheibenfräsers mit 26 Zähnen zu fräsen. Der Arbeitsfräser hat einen Schneidwinkel γ von $75°$ (Formeln s. S. 419).

$$\varphi = 360° : 26 = 13{,}84° = 13° 50'$$
$$\varepsilon = 75°$$
$$\cos\sigma = \operatorname{tg} 13° 50' \cdot \operatorname{ctg} 75°$$
$$= 0{,}2462 \cdot 0{,}2679 = 0{,}066$$

Einstellwinkel $\sigma = 86° 13'$

Beispiel 2. Ein Winkelfräser von $\chi = 70°$ soll mit $Z = 16$ Zähnen verzahnt werden. Der Winkel des Arbeitswinkelfräsers ist $\varepsilon = 75°$. Wie groß ist der Einstellwinkel σ? (Formeln s. S. 419.)

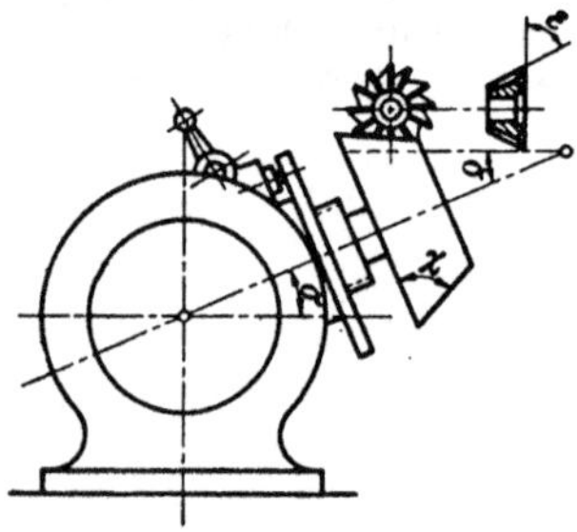

Abb. F 64.

$$\varphi = 360° : 16 = 22{,}5° = 22° 30'$$
$$\operatorname{tg}\sigma_1 = \cos 22° 30' \cdot \operatorname{ctg} 70°$$
$$= 0{,}9239 \cdot 0{,}3640$$
$$= 0{,}336; \quad \sigma_1 = 18° 36'$$
$$\sin\sigma_2 = \operatorname{tg} 22° 30' \cdot \operatorname{ctg} 75° \cdot \sin 18° 36'$$
$$= 0{,}4142 \cdot 0{,}2679 \cdot 0{,}3190$$
$$\doteq 0{,}0354; \quad \sigma_2 = 2° 2'$$

Einstellwinkel $\sigma = 18° 36' - 2° 2' = 16° 34'$

Beispiel 3. In einen Winkelfräser ($\chi = 75°$) mit den Grundwinkeln $\chi_1 = 15°$ und $\chi_2 = 60°$ sind beiderseits 16 Zähne einzufräsen, der Winkel des Arbeitsfräsers ist $\varepsilon = 70°$

Abb. F 65.

a) $\chi_1 = 15°; \quad \varepsilon = 70°; \quad \varphi = 360° : 16 = 22° 30';$

$$\operatorname{tg}\sigma_1 = \cos 22° 30' \cdot \operatorname{ctg} 15° = 3{,}4481; \quad \sigma_1 = 73° 50'$$
$$\sin\sigma_2 = \operatorname{tg} 22° 30' \cdot \operatorname{ctg} 70° \cdot \sin 73° 50' = 0{,}1448; \quad \sigma_2 = 8° 20'$$

Einstellwinkel $\sigma = 73° 50' - 8° 20' = 63° 30'$.

b) $\chi_2 = 60°; \quad \varepsilon = 70°; \quad \varphi = 360° : 16 = 22° 30';$

$$\operatorname{tg}\sigma_1 = \cos 22° 30' \cdot \operatorname{ctg} 60° = 0{,}5335; \quad \sigma_1 = 28° 5$$
$$\sin\sigma_2 = \operatorname{tg} 22° 30' \cdot \operatorname{ctg} 70° \cdot \sin 28° 5' = 0{,}071; \quad \sigma_2 = 4° 5'$$

Einstellwinkel $\sigma = 28° 5' \;\; 4° 5' = 24°$

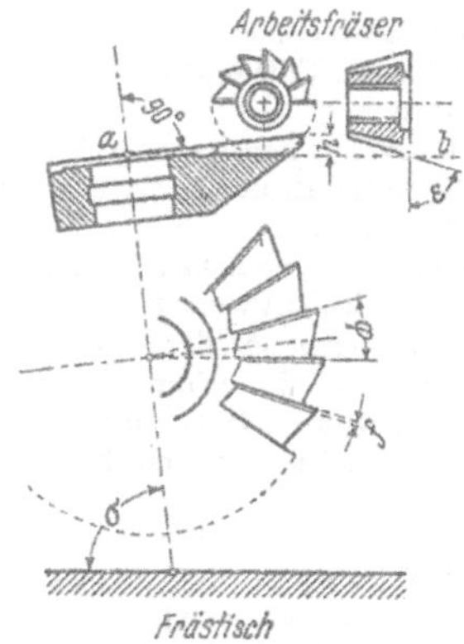

Abb. F 66.

Verzahnung einer **ebenen** Fläche		
Bezeichnung	**Zeichen**	**Berechnung**
Einstellwinkel des Teilkopfes	σ	$\cos\sigma = \operatorname{tg}\varphi \cdot \operatorname{ctg}\varepsilon$
Teilwinkel des Fräsers	φ	$\frac{360^\circ}{\text{Zähnezahl}}$
Winkel des Arbeitsfräsers	ε	

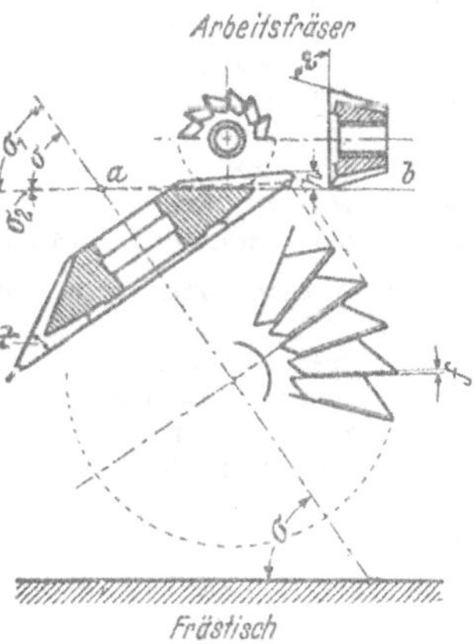

Abb. F 67.

Verzahnung einer **Kegelfläche**		
Bezeichnung	**Zeichen**	**Berechnung**
Einstellwinkel des Teilkopfes	σ	$\sigma_1 - \sigma_2$
Hilfswinkel	σ_1	$\operatorname{tg}\sigma_1 = \cos\varphi \cdot \operatorname{ctg}\chi$
Hilfswinkel	σ_2	$\sin\sigma_2 = \operatorname{tg}\varphi \cdot \operatorname{ctg}\varepsilon \cdot \sin\sigma_1$
Teilwinkel des Fräsers	φ	$\frac{360^\circ}{\text{Zähnezahl}}$
Grundwinkel des Fräserkegels	χ	
Winkel des Arbeitsfräsers	ε	

Zum Einschneiden der Zähne muß der Fräser so eingestellt werden, daß der Grund *a*—*b* der Zahnlücke waagerecht, d. i. parallel zur Tischfläche liegt. Der Einstellwinkel *a* ist gleich dem Neigungswinkel des Zahngrundes gegen die Fräserachse. Die Schleiffläche der Zähne muß eine gleichmäßige Breite *f* haben; die Breite hängt von der Frästiefe *h* ab.

Schleifen[1]).

A. Schleifwerkzeuge.

I. Schleifmittel.

Die Schleifwerkzeuge bestehen aus Schleifmittel und Bindung. Als Schleifmittel werden hauptsächlich Kunstkorund und Siliziumkarbid verwendet, beides wird im elektrischen Ofen gewonnen.

Kunstkorund (Aluminiumoxyd Al_2O_2) wird zur Bearbeitung zäher Werkstoffe mit höherer Festigkeit benutzt (Kohlenstoff- und legierte Stähle vor und nach der Wärmebehandlung, Temperguß usw.).

Der sehr rein erschmolzene Edelkorund hat gegen den Normalkorund höhere Splitterfähigkeit und damit bessere Schleifwirkung.

Silizium-Karbid (SiC) ist geeignet zum Schleifen spröder Werkstoffe von geringerer Festigkeit (Gußeisen, Hartguß, Glas, Porzellan, Steine), aber auch sehr weicher Werkstoffe (Aluminium, Kupfer, Hartgummi usw.).

Die Schleifmittel werden zermahlen und sind in den Schleifscheiben in einheitlichen Korngrößen enthalten.

II. Körnung.

Die Körnung (Korngröße) wird nach der Feinheit des Siebes bezeichnet, durch welches das zerkleinerte Korn gerade noch durchfällt. Die Zahl gibt an, wieviel Maschen das Sieb auf die Länge von einem Zoll hat. Die staubfeinen Körnungen werden durch Schlämmen gesondert.

Nachstehende Körnungen sind gebräuchlich, bevorzugte Körnungen unterstrichen:

		8	10	12	sehr grob
14	16	20	24	30	grob
36	40	46	50	60	mittel
70	80	90	100	120	fein
150	180	200	220	240	sehr fein
260	300	400	500	600	Staubform (geschlämmt).

Gelegentlich werden auch verschiedene Körnungen gemischt (sog. Mischkörnungen).

Faustregeln für die Wahl der Körnung: Je mehr Werkstoff zu zerspanen ist und je rauher die Oberfläche der geschliffenen Werkstücke sein darf, um so gröber die Körnung. Je leichter und empfindlicher das Werkstück, um so feiner die Körnung. Je wärmeempfindlicher der Werkstoff, um so feiner die Körnung.

III. Bindung.

Durch die Bindung werden die Schleifkörner in regelloser Anordnung miteinander verkittet.

a) Keramische Bindung. Etwa 80 vH aller Schleifscheiben sind keramisch gebunden. Die großen Vorzüge dieser Bindung sind: Gute Härteabstufungsmöglichkeit, hohe Porosität und völlige Unempfindlichkeit gegen Wasser, Öl und chemische Einflüsse. Die Scheiben vertragen keine Stöße und verlangen eine sorgsam Behandlung.

Keramisch gebundene Scheiben werden bei hohen Temperaturen (bis 1400°) gebrannt. Dabei sintert die porzellanähnliche Bindungsmasse unter

---

[1]) Schleifen, d. h. in diesem Falle Schärfen, von Werkzeugen ist in den die jeweiligen Werkzeuge betreffenden Abschnitten behandelt.

starker Schwindung. Die zwischen den Körnern entstehenden Hohlräume verleihen den Scheiben die charakteristische Porosität.

b) Elastische (vegetabilische) Bindungen. Kunstharz- (Bakelit-) Scheiben haben nach den keramischen Scheiben die größte Verbreitung. Ihr Vorzug liegt in der Unempfindlichkeit gegen Stöße. Ihre Hauptanwendungsgebiete sind:

Grobe Schleifarbeiten	wie Entgraten, Putzen,
Trennschleifen	die hierbei notwendigen dünnen Scheiben von 1 bis 3 mm Stärke lassen sich in keramischer Bindung nicht herstellen,
Läppschleifen	mit Körnungen von 200—400.

Schellack- und Gummischeiben haben ähnliche Eigenschaften wie Kunstharzscheiben, werden jedoch selten verwendet.

c) Mineralische Bindungen. Magnesitscheiben werden zum Schleifen von Aluminium und Zink benützt; Silikatscheiben kommen zur Anwendung, wenn bei großer Berührungsfläche zwischen Scheibe und Werkstück ein kühler, zarter Schliff verlangt wird (z. B. Messerschleifen).

IV. Die Härte

einer Schleifscheibe ist der Widerstand, den die Bindung dem Ausbrechen der Schleifkörner entgegensetzt.

Die Härte wird fast ausschließlich nach der Norton-Skale durch Buchstaben angegeben.

sehr weich	weich	mittel	hart	sehr hart
E	H	L	P	T
F	I	M	Q	U
G	Jot	N	R	V
	K	O	S	W

Die Bestimmung der Härte wird in der Praxis durch Anschaben oder Anbohren mittels eines Schraubenziehers von Hand vorgenommen. Zur Feststellung der Scheibenhärte nach dieser primitiven Methode ist große Übung erforderlich. Härteprüfgeräte, die unabhängig von der Eignung des Prüfers arbeiten, wie z. B. das Sandstrahlverfahren, das Einrollverfahren und andere haben sich nicht allgemein durchgesetzt.

Beim Schleifen entstehen infolge der Abstumpfung an den ursprünglich kantigen Schleifkörnern Flächen, die unter dem Druck der Zustellung über die Schleifstelle gleiten. Je weiter diese Flächenbildung fortschreitet, um so höher steigt die Wärmeentwicklung beim Schleifen und damit die Gefahr des Ausglühens der Werkstückoberfläche und der Schleifrißbildung. Ist die Bindung hart, so lösen sich die Schleifkörner erst, wenn sie schon stark angeflächt sind, die Scheibe „drückt" und „brennt". Weiche Scheiben verlieren das Korn leicht, schleifen „frei" und „kühl", nützen sich aber schnell ab. Beim Schleifen wärmeempfindlicher Werkstoffe muß starke Wärmeentwicklung vermieden werden, die Bindung wird also weich gewählt. Nicht gehärtete Werkstoffe können entsprechend mit härteren Scheiben geschliffen werden. Sehr weiche Werkstoffe, wie Leichtmetall, neigen dazu, die Poren zuzusetzen, sie werden aus diesem Grunde mit sehr weichen Scheiben geschliffen.

V. Gefüge.

Durch geeignete Maßnahmen bei der Herstellung keramischer Scheiben ist es möglich, die Größe des Porenraumes zu beeinflussen, Abb. S 1 a—d. Scheiben mit offenem Gefüge wirken grobkörniger und weicher als Scheiben gleicher Körnung und Härte mit dichtem Gefüge, schleifen also kühler, aber nicht so fein. Gewöhnlich sind die Poren kleiner als die Schleifkörner. Hochporöse Scheiben jedoch erhalten durch ein besonderes Herstellungs-

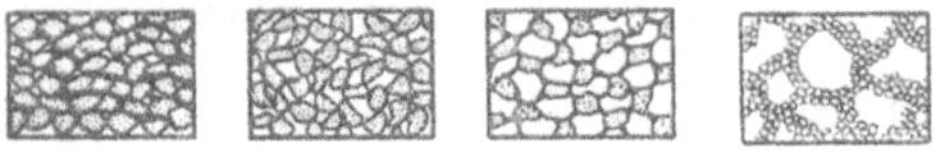

Abb. S 1a bis d. Gefüge von Schleifscheiben: a dicht, b mittel offen, c stark offen, d hochporös.

verfahren einen wabenartigen Aufbau (Abb. S 1 d), so daß Poren entstehen, die um das Mehrfache größer sind als die Körner. Solche Scheiben eignen sich wegen ihres besonders kühlen Schliffes zum Schleifen sehr wärmeempfindlicher Werkstücke (feine Schneiden) und Werkstoffe (Hartmetall).

B. Vorbereitungen zur Schleifarbeit.

I. Befestigung der Scheiben.

Die Scheiben sind vor dem Einspannen abzuklopfen. Gesprungene Scheiben geben keinen klaren Ton und dürfen keinesfalls verwendet werden (Gefahr des Zerspringens). Die Maschinen müssen mit nachstellbarer Schutzhaube aus Stahlguß oder Schmiedeeisen versehen sein, keinesfalls darf Grauguß oder Aluminium hierzu verwendet werden. Man lese die Unfallverhütungsvorschriften der Eisen- und Stahlberufsgenossenschaft, die in den §§ 9 bis 26 die einschlägigen Bestimmungen enthalten.

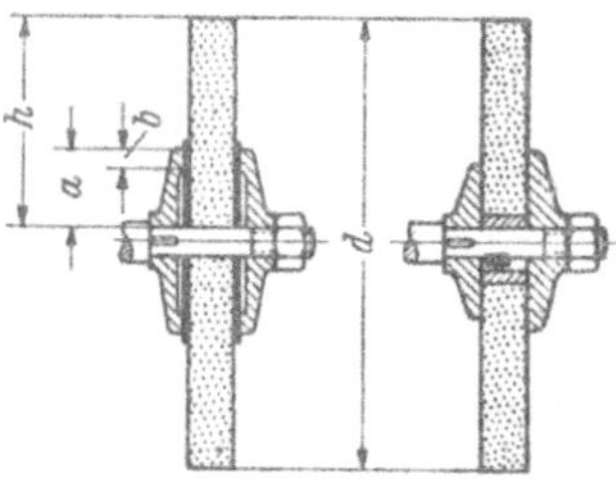

Abb. S 2a und b. Richtige und falsche Einspannung von Schleifscheiben.

Die Einspannung der Scheiben hat unter Verwendung weicher Zwischenlagen aus Wollpapier zu geschehen. Hierdurch wird ein sattes Anliegen der Einspannflanschen erreicht und ein Zerdrücken der Schleifscheiben verhindert.

Die Einspannflanschen müssen gleiche Durchmesser von mindestens $^1/_3$ des Scheibendurchmessers haben und mindestens $^1/_6$ der Seitenflächen überdecken ($a = {}^h/_6$, Abb. S 2a). Durch Ausdrehungen erreicht man eine einwandfreie Klemmung am Rand der Flanschen. Die Breite der Anlage muß $^1/_{20}$ des Schleifscheibendurchmessers betragen ($b = {}^d/_{20}$, Abb. S 2a). Die Scheibenbohrung darf nicht zu groß sein; andererseits ist ein Aufzwängen der Scheiben auf die Welle oder Flanschnabe zu vermeiden. Die Abb. S 2a zeigt eine einwandfreie Einspannung, Abb. S 2b eine falsche Befestigung.

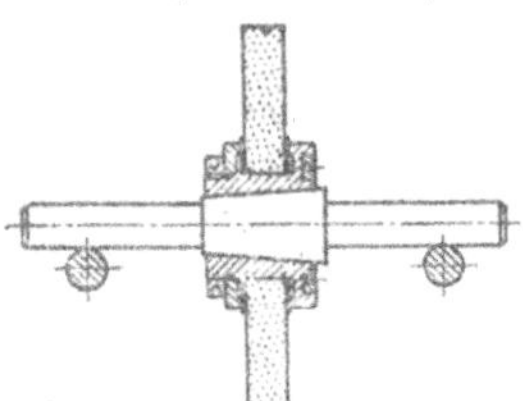

Abb. S 3. Statisches Auswuchten von Schleifscheiben.

II. Auswuchten der Scheiben.

Für einen ruhigen und erschütterungsfreien Lauf der Scheiben ist ein vollkommenes Auswuchten Voraussetzung. Bei schmalen Scheiben genügt statisches Auswuchten, das darin besteht, daß die Scheiben mit den Einspannflanschen auf einen Auswuchtdorn gesteckt und dann auf zwei genau waagerecht angeordnete Schneiden oder genau zylindrische Dorne, Abb. S 3, gelegt werden. Gerät hierbei die aus ihrer Ruhelage gebrachte Scheibe ins Pendeln, so sind die im Einspannflansch vorgesehenen Auswuchtgewichte so lange zu verschieben, bis die Scheibe in jeder Stellung stehenbleibt. Für Schleifscheibenaufnahmen, Auswuchtdorne, Auswuchtgewichte und Zubehör besteht die Vornorm DIN 6375.

Breite Scheiben können Schwerpunkte in verschiedenen Ebenen haben, Abb. S 4, die sich vielleicht bei statischer Auswuchtung das Gleichgewicht halten. Bei voller Umlaufzahl dagegen bilden sie ein Kräftepaar, das einen unruhigen Lauf zur Folge hat. Diese Tatsache macht vielfach eine dynamische Auswuchtung erforderlich, die auf Auswuchtmaschinen vorgenommen wird. Die neuen Auswuchtmaschinen erlauben unmittelbare Ablesung, in welcher Ebene das Gegengewicht anzubringen ist und wie groß dasselbe gewählt werden muß.

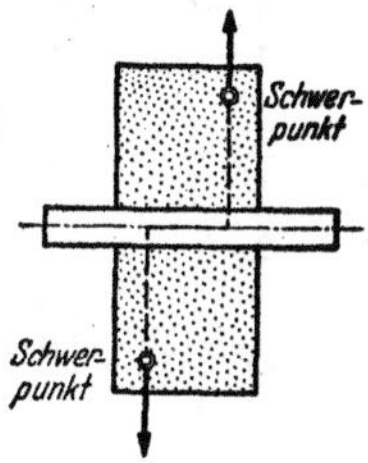

Abb. S 4. Kräftepaar an breiten Schleifscheiben.

III. Kühlmittel.

Das Schleifen von Gußeisen erfolgt meistens trocken, dünnwandige Teile müssen mit geringer Schleifradbeistellung bearbeitet werden, da sonst durch Erwärmung Verziehen der Werkstücke eintritt. Für eine gute Staubabsaugung ist hierbei Sorge zu tragen.

In allen übrigen Fällen wird zur Vermeidung übermäßiger Erwärmung naß geschliffen. Verwendet wird mit gutem Erfolg eine 3- bis 5proz. Sodalösung. Außerdem sind im Handel verschiedene Kühlmittel erhältlich. Wichtig ist, daß die Lösungen weder ein Rosten der blanken Maschinenteile, noch eine Beschädigung des Maschinenanstrichs zur Folge haben. Ungeeignet sind ferner Kühlmittel, die Ausschläge an den Händen der Schleifer verursachen. Für die Kühlflüssigkeit muß ein genügend großer Behälter mit mehreren Kammern vorgesehen werden, damit sich der Schleifschlamm absetzen kann und nur reine Flüssigkeit angesaugt wird. Verunreinigte Kühlflüssigkeit verursacht Kratzer auf der geschliffenen Oberfläche.

IV. Das Abrichten der Schleifscheiben

erfolgt mit Diamanten oder diamantfreien Abrichtgeräten. Der Diamant verleiht der Schleifscheibe eine genau laufende griffige Schleiffläche, die sich zum Schleifen von Oberflächen höchster Güte eignet. Das Abrichten soll unterhalb der Scheibenmitte (im Sinne der Umlaufrichtung der Scheibe) unter einem Anstellwinkel von etwa 20° erfolgen, Abb. S 5a und b. Durch Drehen des Halters um seine Längsachse kann stets eine Kante der im Gebrauch an dem Diamanten entstehenden Fläche zum Schnitt gebracht werden.

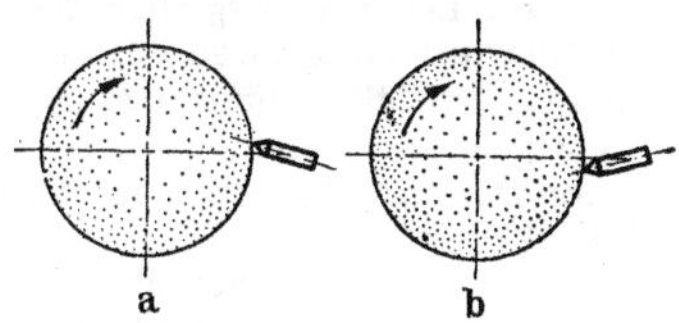

Abb. S 5a und b. Falsch und richtig eingestellter Abricht-Diamant.

Diamanten sind nur zum Profilieren von Formschleifscheiben unentbehrlich (Gewindeprofil, Radien, schablonierte Formen), in den meisten Fällen können sie durch die diamantfreien Feinabrichter ersetzt werden. Diese arbeiten mit einer genau laufenden Scheibe aus Stahl, Hartmetall oder Keramikkörpern, die gegen die umlaufende Schleifscheibe gedrückt werden und die Schleifkörper aus der Scheibe herauswalzen. Durch geringe Schrägstellung (Abb. S 5c) oder Verschränkung (Abb. S 5d) der Achse läßt sich mit keramischen Abdrehscheiben ein ziehender Schnitt erzeugen. Mit auf diese Weise abgerichteten Schleifscheiben lassen sich Werkstückoberflächen der gleichen Güte wie mit Diamant abgezogenen Scheiben erzielen. Die Feinabrichter mit Stahlscheibe erzeugen eine offenere, rauhere Schleiffläche.

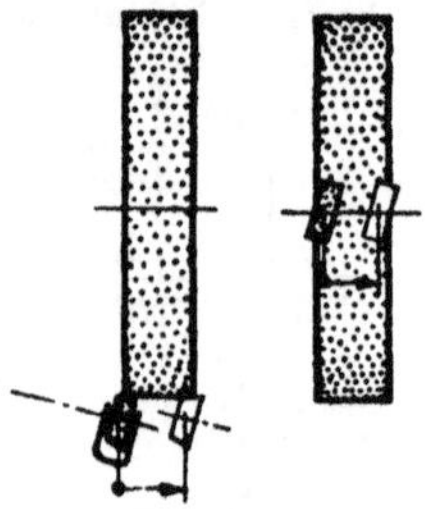

Abb. S 5c und d. Schrägstellung bzw. Verschränkung keramischer Abdrehscheiben.

Voraussetzung für ein zufriedenstellendes Arbeiten der Geräte ist eine starre Befestigung. Die hoch beanspruchte Lagerung der Feinabrichter bedarf sorgsamer Pflege (wöchentliche Reinigung, Nachstellen der Kugellager).

Zum Vorschliff und für das Flächenschleifen mit Topf- und Segmentscheiben genügen zum Abrichten Flatterfräser und keramisch gebundene Siliziumkarbidstäbe.

C. Arbeitsbedingungen und Auswahl der Schleifscheiben.

Umfangsgeschwindigkeit v_s der Schleifscheibe, Umfangsgeschwindigkeit v_w des Werkstückes, Zustelltiefe a und seitlicher Vorschub s müssen aufeinander und zur Körnung und Härte der verwendeten Schleifscheibe abgestimmt sein; dabei werden die Arbeitsbedingungen durch die Schleifart bestimmt, die Auswahl der Scheiben hat nach dieser zu erfolgen.

I. Arbeitsbedingungen.

a) Zustelltiefe a. Im allgemeinen wird die Schleifzugabe nicht auf einmal in voller Tiefe abgeschliffen, sondern in mehreren, meist 3 Schichten abgenommen. Die Dicke der Schichten wird durch die Zustelltiefe a, Abb. S 6, bestimmt:

Schruppschliff	0,02—0,05 mm	Zustelltiefe
Schlichtschliff	0,0025—0,01 mm	„
Ausfeuern	ohne Zustellung.	

Die Werte beziehen sich auf den Werkstückdurchmesser. Die Schleifzugabe soll so gering als möglich bemessen sein. Die Härterei kann wesentlich zur Leistungssteigerung der Schleiferei beitragen, wenn sie möglichst zunderfreie Werkstücke mit geringem Verzug anliefert. Zweckmäßige Zugaben und Schleiffreistiche siehe Werkst. und Betrieb Heft 9 (1941) S. 229—232.

b) Der seitliche Vorschub s richtet sich nach der Schleifscheibenbreite und beträgt beim

Schruppen	$^2/_3$—$^3/_4$	Scheibenbreite
Schlichten	$^1/_4$—$^1/_2$	„

Für das Umrechnen des Vorschubes s in die auf der Schleifmaschine angegebene Vorschubgeschwindigkeit s' in m/min gilt die Formel

$$s' = \frac{s \cdot n}{1000},$$

wobei s in mm und die Drehzahl des Werkstückes n in U/min einzusetzen ist.

Beim Einstechschleifen wird ohne seitlichen Vorschub geschliffen, die Schleifscheibe hat die Breite des zu schleifenden Sitzes.

c) Die Umfangsgeschwindigkeit der Schleifscheibe soll zugunsten einer hohen Schleifleistung so hoch als möglich gewählt werden, sie ist begrenzt durch die Unfallverhütungsvorschriften der Eisen- und Stahl-Berufsgenossenschaften. Diese lassen unter bestimmten Bedingungen folgende Höchstgeschwindigkeiten zu:

Bindung	Umfangsgeschwindigkeiten in m/s bei Zustellung des Werkstückes	
	von Hand	mit Support
1. Mineralisch	15	25
2. Silikat, keramisch, vegetabilisch (auch Gummi und Kunstharze)	25	35

Üblich sind folgende Schleifscheibenumfangsgeschwindigkeiten:

zu schleifender Werkstoff	Umfangsgeschwindigkeiten in m/s von Scheiben mit keramischer Bindung u. Kunstharz-Bindung	
C-Stähle, legierte Stähle gehärtet u. weich	25—35	Innenschliff mit sehr kleinen Scheiben 15—20; mit mittl. 20—25
Gußeisen, Bronze	20—30	
Hartguß	15—25	
Leichtmetall	15	Magnesitscheiben 20—25

Zum Errechnen der Drehzahlen oder der Schnitt- bzw. Umfangsgeschwindigkeiten gelten die nachstehenden Formeln. Dabei sind einzusetzen:

Drehzahl n in U/min,
Schnittgeschwindigkeit v in m/s,
Durchmesser d in mm.

$$\text{Drehzahl } n = \frac{60000 \cdot v}{d \cdot \pi}; \quad \text{Schnittgeschwindigkeit } v = \frac{d \cdot \pi \cdot n}{60000}.$$

Zum Aufrechterhalten der günstigsten Umfangsgeschwindigkeiten sollen abgenützte Scheiben möglichst mit Hilfe von Stufenscheiben-Antrieb oder regelbaren Antriebsmotoren auf höhere Umfangsgeschwindigkeiten umstellbar sein.

d) Die Umfangsgeschwindigkeit des Werkstückes ist an sich nicht ausschlaggebend für den Schleifprozeß, sondern das Verhältnis der Umfangsgeschwindigkeit der Schleifscheibe zur Umfangsgeschwindigkeit des Werkstückes. Dieses Geschwindigkeitsverhältnis $q = v_s/v_w$ bestimmt zusammen mit der Zustelltiefe a Länge und Dicke des Schleifspanes.

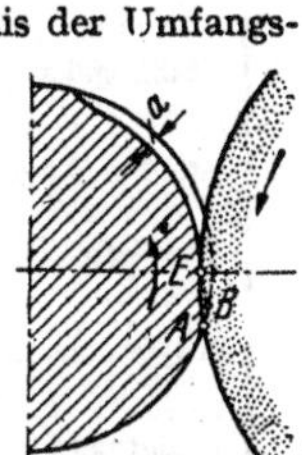

Abb. S 6.

Abb. S 6: In der Zeit, in der ein schneidendes Schleifkorn den Bogen vom Eintrittspunkt in das Werkstück E bis zum Austrittspunkt A (Berührungsbogen) durchläuft, dreht sich das Werkstück um das Bogenstück AB weiter. Der abgeschliffene Span hat also annähernd die Form ABE. Der Span fällt um so kürzer und feiner aus, je höher das

Geschwindigkeitsverhältnis q ist, d. h. je höher die Schleifscheibengeschwindigkeit und je niedriger die Werkstückgeschwindigkeit ist. In der Praxis werden für das Geschwindigkeitsverhältnis q für die verschiedenen Schleifarten Erfahrungswerte gewählt, die in der Nähe der Zahlen der Tafel 1 liegen. Dazu passende Körnungen, Härten und Schleifmittel der Scheiben können ebenfalls der Tafel 1 entnommen werden.

Einige Beispiele:

Beispiel 1. Rundschliff, gehärteter Stahl, Durchmesser 80 mm: Schleifscheiben-Umfangsgeschwindigkeit: $v_s = 32$ m/s

Schleifscheibe: Korund 60 K
Geschwindigkeitsverhältnis: $q = 125$
daraus Werkstückgeschwindigkeit:

$$v_w = \frac{32}{125} = 0{,}25 \text{ m/s},$$

daraus Werkstückdrehzahl:

$$n_w = \frac{60000 \cdot v_w}{d \cdot \pi} = \frac{60000 \cdot 0{,}25}{80 \cdot 3{,}14} = 60 \text{ U/min.}$$

Beispiel 2.

Innenschliff, gehärteter Stahl, Bohrung 80 Durchm.:
Schleifscheiben-Umfangsgeschwindigkeit: $v_s = 25$ m/s
Schleifscheibe: Korund 36 Jot
Geschwindigkeitsverhältnis: $q = 80$

Werkstückgeschwindigkeit: $v_w = \frac{25}{80} = 0{,}312$ m/s

Werkstückdrehzahl: $n_w = \frac{60000 \cdot 0{,}312}{80 \cdot 3{,}14} = 75$ U/min.

Beispiel 3.

Rundschliff, Leichtmetall, Durchmesser 80 mm:
Schleifscheiben-Umfangsgeschwindigkeit: $v_s = 20$ m/s
Schleifscheibe: Silizium-Karbid 60 J
Geschwindigkeitsverhältnis: $q = 50$

Werkstückgeschwindigkeit: $v_w = \frac{20}{50} = 0{,}40$ m/s

Werkstückdrehzahl: $n_w = \frac{60000 \cdot 0{,}40}{80 \cdot 3{,}14} = 95$ U/min.

Tafel 1. **Geschwindigkeitsverhältnis q und Schleifscheibenwahl für einige Werkstoffe.**

Zu schleifender Werkstoff	Schleifmittel	Körnung, Härte und Geschwindigkeitsverhältnis				
		Rundschliff	Flächenschliff mit Umfang	Innenschliff	Flächenschliff mit Segmenten	Flächenschliff m. Topfscheibe
Stahl, gehärtet	Korund	60 K 125	36 K **80**	36 Jot **80**	24 Jot **50**	24 I **50**
Stahl, nicht gehärtet . . .	Korund	60 L 125	36 L **80**	36 K **80**	24 K **50**	24 Jot **50**
Gußeisen	Silizium-Karbid	60 L **100**	36 L **63**	36 K **63**	24 K **40**	24 Jot **40**
Kupfer, Messing, Bronze .	Silizium-Karbid	60 Jot **80**	36 Jot **50**	36 I **50**	24 I **32**	24 H **32**
Leichtmetall	Silizium-Karbid	60 I **50**	36 I **32**	36 H **32**	24 H **20**	24 G **20**

Bei der Auswahl von Körnung und Härte der Schleifwerkzeuge und der Arbeitsgeschwindigkeiten sind so viele Punkte von Einfluß, daß es nicht möglich ist, für einen bestimmten Werkstoff und ein bestimmtes Schleifverfahren eindeutig die geeignetste Scheibe und die wirtschaftlichsten Drehzahlen anzugeben. Daher kann die Tafel 1 nur Anhaltspunkte für die Auswahl geben.

II. Auswahl der Schleifscheiben.

Als allgemeine Richtlinien merke man: Je feiner die geschliffene Oberfläche sein soll, um so höher wähle man das Geschwindigkeitsverhältnis. (Bis $q = 500$.)

Je geringer die Wärmeentwicklung beim Schleifen sein muß, um so feiner wähle man die Körnung bei gleichzeitiger Erhöhung des Geschwindigkeitsverhältnisses.

Je größer der Berührungsbogen zwischen Scheifscheibe und Werkstück ist, um so niedriger kann das Geschwindigkeitsverhältnis und um so gröber kann die Körnung gewählt werden.

Je größer die Berührungsfläche zwischen Schleifscheibe und Werkstück ist (Berührungsbogen × Scheibenbreite), um so gröber wähle man die Körnung (große Spanräume) und um so weicher die Schleifscheibe (geringe Anflächung der Schleifkörner, daher geringer Schleifdruck).

Nuten und scharfe Kanten verlangen härtere Scheiben (etwa 1 Härtegrad).

Erhöhung des Geschwindigkeitsverhältnisses, d. h. Erhöhung der Scheibendrehzahl oder Senkung der Werkstückdrehzahl oder beides, wirkt sich wie die Anwendung einer härteren Schleifscheibe aus.

Erniedrigung des Geschwindigkeitsverhältnisses, d. h. Verringerung der Scheibendrehzahl oder Erhöhung der Werkstückdrehzahl oder beides, wirkt sich wie die Anwendung einer weicheren Scheibe aus, ergibt aber einen gröberen Schliff.

Je wärmeempfindlicher der Werkstoff, desto weicher soll die Scheibe sein. Für Vorschliff wähle man gröberes, für Nachschliff feineres Korn.

Zäher Werkstoff (Fließspäne) verlangt große Spanräume, also grobes Korn.

Spröder Werkstoff (Brockenspäne) gestattet kleinere Spanräume, also feineres Korn.

Für das Handschleifen sind härtere Scheiben als bei maschineller Zustellung zu wählen.

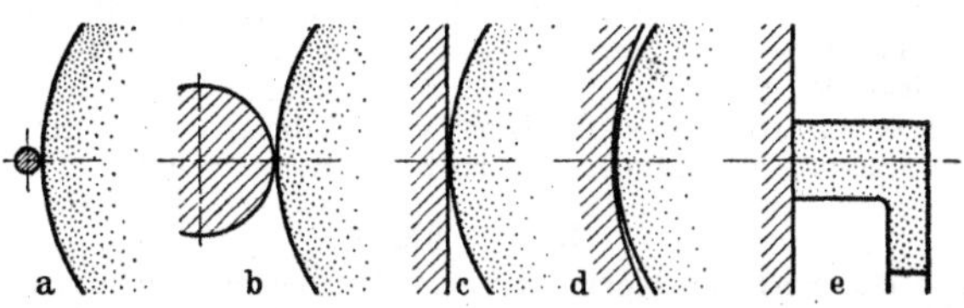

Abb. S 7 a bis e. Berührung zwischen Werkstück und Schleifscheibe nach zunehmendem Berührungsbogen geordnet. a. Werkstückdurchmesser klein. b. Werkstückdurchmesser übliche Größe. c. Werkstückdurchmesser unendlich (Ebene). d. Werkstück konkav (Innenschleifen). e. Flächenberührung, Berührungsbogen verhältnismäßig sehr lang.

Die Art der Berührung zwischen Werkstück und Schleifscheibe, Abb. S 7 a bis e, hat Einfluß auf die Wahl von Körnung und Bindung nach folgenden Gesichtspunkten:

Spanweg kurz, Abb. S 7a, gestattet kleinere Spanräume, also feineres Korn,

Spanweg lang, Abb. S 7d bis e, verlangt großen Spanraum, also grobes Korn. —

Spanweg kurz, Abb. S 7a, verlangt harte Bindung zum Schutz gegen vorzeitiges Ausbrechen der Körner und gestattet harte Bindung, weil Spanabnahme je Korn gering,

Spanweg lang, Abb. S 7d bis e, verlangt weiche Bindung, weil Schleifkörner rasch stumpf werden.

Kann man der Schleifscheibenlieferfirma Schleifmittel, Korn, Bindung und Härte nicht angeben, so mache man, um ganz sicher zu gehen, genaue Angaben über den zu schleifenden Werkstoff, gewünschte Werkstoffabnahme, geforderte Feinheit und Genauigkeit des Schliffes, Art der verwendeten Maschine, Drehzahl des Schleifwerkzeugs, ob naß oder trocken gearbeitet wird.

Die Abmessungen der Schleifwerkzeuge wähle man möglichst nach DIN. Außer den Scheiben für Werkzeugschliff (für Fräser, Reibahlen, Spiralbohrer, Drehstähle DIN 181—185 usw.) sind bereits genormt:

verjüngte (konische) Schleifscheiben	DIN 190,
gerade Schleifscheiben (für Außenrundschliff)	DIN E 2214.

Weitere Normblätter befinden sich in Vorbereitung.

D. Außen-Rundschleifen.

I. Längsschleifen.

Die meisten Maschinen arbeiten bei umlaufendem und gleichzeitig längsbewegtem Werkstück. Besonders lange Maschinen, z. B. Walzen-Schleifmaschinen, werden auch mit umlaufendem Werkstück und gleichzeitig längsbewegtem Schleifschlitten ausgeführt.

II. Das Spannen der Werkstücke

zwischen toten Spitzen gibt die genauesten Werkstücke. In Sonderfällen, insbesondere bei fliegender Einspannung, wird mit umlaufender Werkstückspindel gearbeitet. Eine Unterstützung durch Setzstöcke (Lünetten) ist bei dünnen Wellen oder längeren fliegend gespannten Werkstücken erforderlich. Das Nachstellen der Unterstützungsbacken muß nach jedem Tischdurchgang nach dem Abschliff erfolgen und erfordert große Geschicklichkeit, da durch unrichtige Nachstellung der Backen die Werkstücke abgedrängt werden und Ungenauigkeiten entstehen.

Die fliegende Spannung ist entweder in Backenfuttern oder bei kleinen Teilen in Spannpatronen möglich; für Massenfertigung werden durch Drucköl oder Preßluft betätigte Spannvorrichtungen verwendet.

III. Das Messen

in einfachster Form geschieht mit festen Grenzlehren oder Schraublehren. Selbsttätig anzeigende Meßgeräte arbeiten mit Feintastern, geben nur Vergleichswerte an und müssen daher nach einem Musterstück eingestellt werden. Man unterscheidet:

Meßgeräte, die auf dem Maschinentisch befestigt werden.

Geräte, die mit Hilfe von Klemmbacken oder prismatischen Auflageflächen am Werkstück anliegen und durch einen besonderen Taststift auf die Anzeige-Einrichtung einwirken.

Geräte, die gelenkig am festen Maschinenkörper angebracht werden und damit auch von Erschütterungen des Werkstückes unabhängig sind.

Die Geräte mit Feintastern können, wenn ihre Meßflächen durch Hartmetall-Auflage gegen Abnutzung geschützt sind, auch während des Schleifens am Werkstück verbleiben, so daß sie den jeweiligen Bearbeitungszustand anzeigen.

Für die Messung der Oberflächengüte sind optische und elektrische Geräte im Gebrauch. Am bekanntesten ist das Lichtschnittverfahren nach Prof. Schmaltz, bei dem die Oberflächenrauhigkeit Hr als Abstand des höchsten und tiefsten Punktes des Oberflächenprofiles unmittelbar zerstörungsfrei gemessen wird (s. a. Abschnitt Messen, Oberflächenprüfung). Geschliffene Flächen haben im allgemeinen $Hr = 1{,}5 \div 2{,}5\,\mu$, es können Werte bis $0{,}3\,\mu$ erreicht werden. Für den Werkstattgebrauch hat sich das Vergleichen der geschliffenen Fläche mit Musterflächen (meist unter Zuhilfenahme einer Lupe oder eines Mikroskopes) eingebürgert.

IV. Das Einstechschleifen.

Beim Rundschleifen von Sitzen und profilierten Stellen bis 450 mm Breite wird, besonders in der Reihenfertigung, das Einstechverfahren benutzt.

Einstech-Schleifmaschinen müssen besonders starr und kräftig gebaut sein. Die Schleifscheibe erhält die Breite der zu schleifenden Stelle und wird selbsttätig mit einstellbarer Vorschubgeschwindigkeit gegen das Werkstück zugestellt, bis das Zustellgetriebe bei Erreichen des Fertigmaßes gegen einen festen Anschlag läuft, so daß nicht jedes Werkstück einer Serie gemessen zu werden braucht. Gewöhnlich ist eine Schnellverstellung vorhanden, um das Schleifrad ohne großen Zeitverlust ganz zurückfahren zu können. Messen, Ein- und Ausspannen wird durch diese Einrichtung sehr erleichtert (verringerte Unfallgefahr). Die breiten Schleifräder erfordern starke Antriebsmotoren. Da die ganze Schleifscheibenbreite voll zum Angriff gelangt, ist die Schleifleistung im Vergleich zum Längsschleifen wesentlich höher. Die Drehzahlen von Werkstück und Schleifrad entsprechen den im Abschnitt C angegebenen Werten.

Häufig wird beim Einstechschleifen eine geringe hin und her gehende Bewegung der Schleifscheibe in Richtung ihrer Achse ausgeführt (Zonenverschiebung), um dadurch eine feinere Oberfläche zu bekommen.

Sonderzubehör sind selbsttätige Meß- und Ausschaltvorrichtungen, die beim Erreichen eines bestimmten Durchmessers in Tätigkeit treten; ferner Abdreh-, Abrund- und Profiliereinrichtungen. Letztere arbeiten mit Schablonen.

E. Innenschleifen.

Die im Abschnitt „Außen-Rundschleifen" gemachten grundlegenden Ausführungen haben auch für das Innenschleifen Geltung. Innenschleifspindeln sollen zur Vermeidung des Abfederns möglichst stark und kurz sein. Bohrungen, bei denen das Verhältnis von Durchmesser : Länge über 1 : 7 hinausgeht, sind schon schwierig zu schleifen. Die Drehrichtungen von Werkstück und Schleifrad sollen gegenläufig sein; dabei muß die Drehrichtung der Schleifscheibe so gewählt sein, daß sich die Befestigungsschraube für den Schleifscheibenflansch festzieht, falls sie durch unbeabsichtigte Krafteinwirkung abgebremst wird.

Die Scheibe wählt man möglichst groß, etwa $^3/_4$ bis $^4/_5$ der Bohrung.

Während umlaufsfähige Werkstücke meistens in waagerechter Lage geschliffen werden, sind die für sperrige Stücke, z. B. Zylinderblöcke usw., erforderlichen Planetspindel-Schleifmaschinen häufig senkrechter Bauart. Hier werden die Werkstücke fest auf dem waagerechten Maschinentisch aufgespannt.

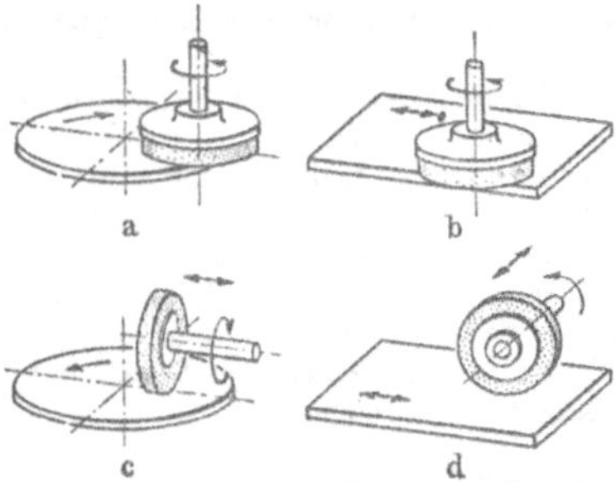

Abb. S 8a bis d. Flächenschleifen.

F. Flächen-Schleifen.

Flächenschliff ist auf verschiedene Arten möglich:

a) mit Stirnschleifkopf auf Rundtisch, Abb. S 8a,

b) mit Stirnschleifkopf auf Langtisch, Abb. S 8b,

c) mit Umfangschleifrad auf Rundtisch, Abb. S 8c,

d) mit Umfangschleifrad auf Langtisch, Abb. S 8d.

Jede dieser Arbeitsweisen ist sowohl bei waagerechter wie auch senkrechter Anordnung des Maschinentisches möglich. Die waagerechte Anordnung wird häufiger angewandt, da sie das Auf- und Abspannen sowie das Messen der Arbeitsstücke erheblich erleichtert.

I. Das Schleifen mit Stirnschleifkopf

ist besonders geeignet für große Spanleistungen, wobei eine Vorbearbeitung durch Hobeln oder Fräsen erspart werden kann. Bei stark unterbrochenen Flächen wählt man als Werkzeug gern eine Topfscheibe, bei Vollflächen zur besseren Kühlung und Spanabfuhr einen Segmentschleifkopf. Je nachdem, ob der Schleifkopf genau waagerecht oder um einige μ geneigt steht, ergeben sich die beiden Schleifbilder, Abb. S 9a und b.

Abb. S 9a und b. Schleifbild bei genau senkrecht stehender und bei etwas geneigter Schleifspindel.

Der seitlich geneigte Schleifkopf erzeugt einen geringen Hohlschliff, der häufig sogar erwünscht ist. Die zu schleifenden Flächen müssen bei dieser Arbeitsweise schmaler sein als der Durchmesser des Schleifkopfes, damit sie in einem Zuge voll überstrichen werden.

a) Rundtisch-Maschinen sind vorteilhaft für ring- und scheibenförmige Werkstücke in Einzelaufspannung und für die Massenbearbeitung kleinerer Teile, mit denen der Tisch voll belegt wird. Die Tischmitte soll jedoch möglichst frei bleiben, da hier keine Vorschubgeschwindigkeit mehr vorhanden ist.

b) Langtisch-Maschinen werden für das Schleifen langgestreckter Teile, wie Zylinderblöcke, Leisten, Platten usw., bevorzugt. Die Beistellung des Schleifwerkzeuges wird bei den gebräuchlichen Maschinen mit dem Schleifkopf vorgenommen. Die erreichbaren Genauigkeiten betragen je nach Größe und Form der Werkstücke 10 bis 20 μ.

II. Das Schleifen mit Umfang-Schleifrad

ermöglicht wegen der viel geringeren Berührungsfläche zwischen Schleifrad und Werkstück nicht die gleichen Spanleistungen wie Maschinen mit Stirnschleifkopf, läßt dafür aber größere Genauigkeiten zu. Die Beistellung erfolgt entweder mit dem Werktisch oder mit dem Schleifrad.

a) Rundtisch-Maschinen sind gebräuchlich für den Feinschliff von Kolben- und Kugellagerringen bei zentrischer Aufspannung, sowie bei ringförmiger Tischbelegung für Kleinteile jeder Art. Ein Ausgleich für die nach der Tischmitte geringer werdende Vorschubgeschwindigkeit wird entweder durch Neigen des Schleifschlittens bzw. des Tisches oder aber durch selbsttätige Regelung der Tischdrehzahl in Abhängigkeit vom Schleifradvorschub erzielt. Ohne derartige Maßnahmen können die Flächen leicht hohl werden.

b) Langtisch-Maschinen führen den erforderlichen Quervorschub entweder mit dem Schleifrad oder bei kleineren Maschinen auch mit dem Tisch aus. Bei geeigneter Formgebung des Schleifrades, Abb. S 10, ist auch in gleicher Aufspannung ein Schleifen seitlicher Bunde möglich. Die mit Umfangschleifrad erreichbaren Arbeitsgenauigkeiten betragen bei kleinen Maschinen 2 bis 3 μ, bei größeren Maschinen 5 bis 8 μ.

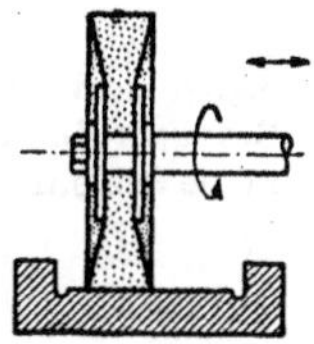

Abb. S 10. Seitliches Schleifen eines Bundes.

III. Das Aufspannen der Werkstücke

geschieht entweder mechanisch mit Hilfe von T-Schlitzen oder magnetisch. Falls der für die Magnetplatten erforderliche Gleichstrom nicht zur Verfügung steht, werden kleine Umformer oder Gleichrichter benutzt. Für die Massenfertigung von kleinen Teilen wird, falls keine Sonderspannvorrichtung erforderlich ist, die magnetische Aufspannung bevorzugt.

G. Spitzenloses Schleifen

hat wegen der weitgehenden Selbsttätigkeit des Schleifprozesses und wegen der Einfachheit der Bedienung der Maschine und der geringen Stückzeiten in der Massenfertigung kleiner Teile große Verbreitung gefunden. Das Einrichten der Maschinen erfordert erheblich mehr Zeitaufwand und Erfahrung als bei allen anderen Schleifverfahren[1]).

Die Werkstücke werden ohne jede Einspannung frei zwischen zwei umlaufenden Schleifscheiben auf einer schrägen Auflage *c* geschliffen, Abb. S 11. Dabei besorgt die Reglerscheibe *b* als eine umlaufende Reibfläche die Werkstückdrehung und durch leichte Verschränkung ihrer Achse zur Achse der Schleifscheibe *a* den axialen Vorschub des Werkstückes durch die Schleifrinne zwischen den Scheiben hindurch (Durchgangsschleifen) oder gegen einen Anschlag (Einstechschleifen). Die Drehzahl n_r einer Reglerscheibe von d_r mm Durchmesser errechnet sich für eine geforderte Werkstückdrehzahl n_w eines Werkstückes von d_w mm Durchmesser zu:

$$n_r = \frac{n_w \cdot d_w}{d_r} \text{ U/min.}$$

Die Richtwerte für Werkstückumfangsgeschwindigkeit Schleifscheibenumfangsgeschwindigkeit usw. sind die gleichen wie beim gewöhnlichen

[1]) Näheres in der demnächst erscheinenden 2. Auflage des Heftes „Schleifen" der Reihe „Werkstattkniffe". München: Verlag Carl Hauser.

Rundschliff. Für eine Schrägstellung um α° einer Reglerscheibe von d_r mm Durchmesser, die mit der Drehzahl n_r umläuft, errechnet sich der Axialvorschub s des Werkstückes zu

$$s = \pi \cdot d_r \cdot n_r \cdot \sin\alpha \text{ mm/min.}$$

Unrunde Werkstücke werden allmählich rund, wenn die Auflage so eingestellt wird, daß die Werkstückachse etwa um den Betrag des halben Werkstückdurchmessers über der Verbindungslinie der beiden Scheibenmittelpunkte liegt (Abb. S 11). Körnung und Bindung der Schleifscheibe *a* sind dieselben wie beim gewöhnlichen Rundschliff. Die Reglerscheibe ist gewöhnlich eine feinkörnige elastisch gebundene Schleifscheibe (Körnung 200).

I. Spitzenloses Durchgangsschleifen

eignet sich für zylindrische Werkstücke ohne Absätze, wie Bolzen und Stangen. Die Werkstücke werden durch genau eingestellte Führungsbacken in die Schleifrinne geleitet. Die durchschnittliche Neigung der Reglerscheibe beträgt 3°. Die Schleifzugabe darf nicht in einem Durchgang abgeschliffen werden, beim Schruppen ist ein Abschliff von 0,1—0,2 mm (bezogen auf den Durchmesser) möglich. Um beim Schlichten eine Genauigkeit von $2\,\mu$ zu erreichen, muß der Abschliff der letzten 0,05 mm in mindestens drei Durchgängen vorgenommen werden.

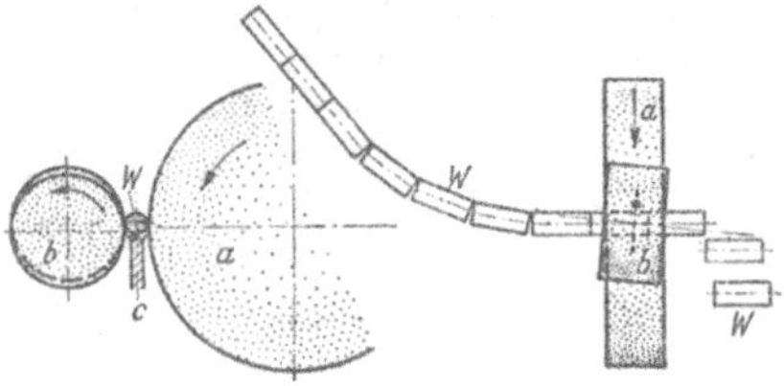

Abb. S 11. Schema des spitzenlosen Schleifens: *a* Schleifscheibe, *b* Vorschubscheibe, etwa 3° geschränkt, *c* Auflage, *w* Werkstück.

II. Spitzenloses Einstechschleifen geschieht ebenfalls mit der Schleifscheibe *a*, der Vorschubscheibe *b* und der Auflage *c* oder statt dessen, falls Hohlkörper geschliffen werden sollen, mit einem Aufsteckdorn.

Die Vorschubscheibe *b* ist nur um etwa $^1/_4{}^\circ$ geschränkt gelagert, um das Werkstück gegen den Dorn oder gegen einen Anschlag zu drücken.

Die Werkstücke sind einzeln, meistens von Hand, einzuführen. Die Schleifscheibe *a* ist fest gelagert, die Vorschubscheibe *b* wird vor dem Einführen des Werkstückes von der Scheibe *a* weggezogen und dann radial stetig vorgeschoben, bis ein Anschlag den Fertigdurchmesser begrenzt. Falls ein Auswerfer vorhanden ist, schleudert dieser beim Rückgang der Scheibe *b* das Werkstück wieder heraus.

Das Verfahren eignet sich für zylindrische Stücke mit Bund, für kegelige und beliebig profilierte Rotationskörper. Die Scheiben *a* und *b* und die Auflage *c* sind entsprechend profiliert. Werkstücke mit stark einseitigen Massen sind nicht immer nach diesem Verfahren zu bearbeiten, mindestens liegt die Gefahr des Unrundschleifens um so näher, je mehr der Schwerpunkt des Werkstückes außer Mitte liegt.

H. Das Trenn-Schleifen[1])

ist eines der jüngsten Anwendungsgebiete der Schleifscheibe; es eignet sich für gehärteten und ungehärteten Stahl mit Hilfe kunstharzgebundener Scheiben von 3 bis 4 mm Stärke. Noch dünnere Scheiben werden auch in

[1]) Werkstatt und Betrieb 1939 Heft 3/4 S. 39.

Gummibindung ausgeführt. Der Vorteil liegt in den außerordentlich kurzen Schnittzeiten gegenüber dem Trennen mit Hilfe von Sägen. Der Scheibendurchmesser ist 300 bis 400 mm. Daraus ergibt sich, daß außer Blechen oder dünnen Platten nur Rund- und Profilstangen bis etwa 50 mm größtem Durchmesser oder größter Breite oder auch dünnere Stangen in Bündeln und dünnwandige Rohre mit einem Schnitt bewältigt werden können. Die Schnittzeit beträgt nur wenige Sekunden.

Die Trennmaschinen haben Handvorschub, um die Schnittgeschwindigkeit den Werkstoffeigenschaften entsprechend gefühlsmäßig regeln zu können. Bei zu geringem Vorschub glüht der Werkstoff aus, was bei hartem Stahl vermieden werden muß. Infolge der hohen Umfangsgeschwindigkeiten dieser Scheiben (80 m/s) sind die Unfallverhütungsvorschriften hier besonders scharf. Scheiben dürfen nur von Firmen geliefert werden, die vom Deutschen Schleifscheiben-Ausschuß hierfür zugelassen sind.

J. Praktische Winke und Kennzeichen für falsche Handhabung von Schleifscheiben.

1. Durch zu harte Scheiben, welche drücken und eine zu große Erwärmung hervorrufen, ist besonders bei dünnwandigen Stücken, bei denen die Wärmeableitung nicht schnell genug möglich ist, oder wenn durch zu starke und verspätete Abkühlung durch Wasserzuführung eine Abschreckung eintritt, Schleifrißbildung zu befürchten.

2. Kreuzmuster entstehen beim Schleifen mit Topfscheiben, wenn sowohl die vordere und auch die rückwärtige Kante des Schleifwerkzeuges zum Angriff kommt, Abb. S 9a.

3. Eine mit zu weicher Scheibe geschliffene Fläche kann ohne weiteres einwandfrei aussehen. Jedoch wird sie insbesondere bei größeren Abmessungen den Genauigkeitsvorschriften meistens nicht entsprechen, da bei einmaligem Überstreichen die Abnutzung des Schleifwerkzeuges größer sein kann als die zulässige Toleranz.

4. Bei zu harter Scheibe setzen sich deren Poren zu, sie poliert statt zu schleifen; man sagt: sie drückt. Die bearbeitete Fläche wird blank. In besonders krassen Fällen läuft die Schleiffläche durch die übermäßige Erwärmung an oder zeigt sogar Schleifrisse (siehe Absatz 1).

5. Falsche Umfangsgeschwindigkeiten wirken sich wie folgt aus:

a) Umfangsgeschwindigkeit des Schleifwerkzeuges zu groß:	die Scheibe wirkt zu hart. Fehler wirken sich im Sinne des Absatzes 4 aus.
b) Umfangsgeschwindigkeit des Schleifwerkzeuges zu gering: c) Umfangsgeschwindigkeit des Werkstückes zu groß:	In beiden Fällen wird die Zerspanungsarbeit größer; die Oberflächen der Werkstücke werden rauher. Die Schleifscheiben können durch stärkere Beanspruchung schneller abgenutzt werden; sie wirken also weicher.
d) Zustelltiefe zu groß:	Die Schleifscheibe schneidet sich nicht frei, drückt unter starker Wärmeentwicklung auf das Werkstück, gibt einen rauhen Schliff und nutzt sich schnell ab. Bei höheren Beträgen rattert die Schleifscheibe, wird unter Umständen abgebremst und kann durch Überbeanspruchung zerstört werden.

e) Vorschub zu groß:	Erscheinungen wie unter b) und c). Bei Rundschliff kann Spiralenbildung auftreten (bei nicht gut abgezogenen Scheiben). Wenn Vorschub je Werkstückumdrehung größer als Scheibenbreite wird, bleiben sogar ungeschliffene Stellen stehen.

6. Lagerluft in Längsrichtung (mit Umfangsschleifscheibe) ist beim Rund- und Flächenschleifen glatter Flächen bedeutungslos; beim Schleifen gegen Bunde oder Ansätze werden keine genauen und sauberen Anlaufflächen erzielt. Bei zu großem Spiel kann sogar eine Zerstörung der Schleifscheibe, besonders wenn sie dünnwandig ist, eintreten.

Bei Lagerluft in Längsrichtung (bei Topfscheibenschliff) wird die geschliffene Oberfläche rauh, uneben und liegt meistens nicht in den verlangten Toleranzen. Auch hier ist infolge plötzlich eintretender Überbeanspruchung eine Zerstörung des Werkzeuges oder der Werkstücke möglich, wenn diese dünnwandig sind.

Bei Lagerluft in Querrichtung werden die Schleifflächen nicht maßhaltig. Der Fehler zeigt sich besonders bei der Bewegungsumkehr der Maschine, kann aber auch durch unzulässiges Spiel in den Geradführungen des Maschinentisches oder Schleifschlittens hervorgerufen werden. Diese Erscheinung wird vielfach mit „Umsetzen" bezeichnet.

7. Hohlflächen entstehen hauptsächlich beim Schleifen mit Topfscheiben, wenn die Schleifwellenachse nicht genau senkrecht zur Schleiffläche steht. Erforderlich ist einmal genaues Abziehen der Topfscheibe und zweitens Einregelung der Schleifwellenneigung. (Bei den meisten Maschinen sind hierfür besondere Einstellmöglichkeiten vorhanden.) Diese Einstellung muß so geschehen, daß sowohl die vordere wie auch die rückwärtige Kante des Schleifwerkzeuges am Werkstück angreift. (Kreuzmuster siehe Absatz 2).

Hohlflächen können auch durch falsche Einspannung der Werkstücke auftreten. Letztere können sich entweder durch übermäßige Erwärmung durchbiegen, wenn sie seitlich zu starr gehalten sind und sich daher nicht ausdehnen können. Oder aber sie sind schon bei der Einspannung verformt worden und gehen nach dem Schleifen und Abspannen wieder in ihre natürliche Lage zurück, wobei die an und für sich eben geschliffenen Flächen hohl werden.

Feinstbearbeitung.

A. Begriffsbestimmung und Zweck.

Unter Feinstbearbeitung fallen die Arbeitsverfahren: Feinstdrehen, Feinstbohren; Schaben, Räumen; Feinst-, Rund-, Flächen-, Gewinde- und Formschleifen; Ziehschleifen (Honen), Feinstziehschleifen (Superfinish), Läppschleifen, Läpp-Polieren, bedingt auch das Preßpolieren. Der Zweck der Feinstbearbeitung liegt in der Steigerung der Werkstückgüte durch bessere geometrische Formgebung (Makrogeometrie) unter gleichzeitiger Verbesserung der Oberflächengüte (Mikrogeometrie). Diese Gütesteigerung wirkt sich durch günstigere Lauf-, Trag- und Abnutzungs-Eigenschaften in den Maschinen und Geräten aus.

Nach den Richtlinien des Ausschusses für wirtschaftliche Fertigung (AWF) fallen unter den Begriff Feinstbearbeitung nur Werkstücke, deren Herstellungsgenauigkeit innerhalb der Edelpassung oder der ISA-Qualität 5 und 6 liegt. Danach gehören die Verfahren, die lediglich zur Erhöhung der Oberflächengüte dienen, wie Polieren, Schwabbeln, Trommeln mit elastischen Werkzeugen unter Verwendung von Schleif- und Poliermitteln nicht zur Feinstbearbeitung.

B. Feinstdrehen und Feinstbohren,

vorwiegend auf Sondermaschinen wie Feinstdrehbänken, Feinstbohrwerken, Lehrenbohrmaschinen ausgeführt, eignen sich praktisch für alle Metalle. Wo hohe Oberflächengüte nötig ist, sind (mit Ausnahme der Diamant-Werkzeuge) auch höhere Schnittgeschwindigkeiten (Fließspan) erforderlich. Wegen der dadurch bedingten schnellen Abnutzung der Schneidwerkzeuge kann nur Diamant (s. S. 365) oder Hartmetall (s. S. 272) zur Anwendung kommen.

Die Starrbauweise der Maschine ist unerläßlich. Ihr Antrieb soll stets über endlose Riemen aus weichem Leder, Seide, Baumwolle oder Gummi erfolgen. Der Antriebsmotor wird zweckmäßig getrennt von der Maschine aufgestellt, um Schwingungen fernzuhalten. Es können aber auch bei nicht bodenisolierter Maschine Schwingungen von außen in die Maschine kommen. In solchen Fällen muß die Maschine auf einer schwingungsdämpfenden Unterlage stehen. Die Arbeitsspindeln sollen sehr kräftige Bauart haben, sie sind überwiegend mit Gleitlager ausgeführt und laufen, sofern engstes Spiel für hohe Ansprüche gefordert, nur in einem engen Drehzahlbereich. Das engste Spiel unter den Gleitlagern hat das Klemmlager von Mackensen[1]). Am besten haben sich geläppte Spindeln aus Nitrierstahl von großem Durchmesser in kurzen Bleibronzelagern (unter 1,5 *D* zur Vermeidung der Kantenpressung) mit geringer Wandstärke (wegen des Einflusses der verschiedenen Ausdehnungszahlen bei der Erwärmung) bewährt. Auch Wälzlager, besonders solche mit Vorspannung, finden als Rollen und Kugellager, letztere für leichtere Spindeln, Anwendung. Sie lassen ein engeres Spiel gegenüber dem Gleitlager zu und sind auch für einen größeren Drehzahlbereich geeignet. Sie stellen aber an die Ausführung für Dauerbenutzung, sofern ihre Laufruhe überhaupt ausreicht, außergewöhnliche Ansprüche.

Sowohl das enge Spiel und die hohe Spindeldrehzahl erfordern möglichst Umlaufschmierung, um die Erwärmung der Maschine in engen Grenzen zu halten, bzw. die Temperatur gleichmäßig auf die ganze Maschine zu ver-

[1]) Werkstatt und Betrieb 1938 Heft 7/8 S. 96.

teilen. Dies ist auch zum Erreichen gleichmäßiger Abmessungen der Werkstücke unerläßlich. Viel Wert wird auf lange starre Schlittenführungen gelegt, auf denen sich weitausladende Schlitten als Werkzeug- oder Werkstückträger bewegen, um eine ausreichende Geradlinigkeit der Bewegung zu sichern. Den Achsgang der Hauptspindel radial und axial prüft man mit gut ansprechenden Fühlhebeln höherer Meßgenauigkeit oder optisch. Ebenfalls optisch, mechanisch mit gespanntem Draht oder rein mechanisch wird auch die Geradführung der Schlitten und die auftretenden Schwingungen von Werkzeug bzw. Werkstück geprüft.

Über Hartmetallwerkzeuge siehe Abschnitt „Deutsche Hartmetalle“, Diamantwerkzeuge siehe S. 365.

C. Fein-, Rund-, Flächen-, Gewinde- und Form-Schleifen[1]).

Grundsätzliche Anforderungen an die Maschinen sind wie beim Feindrehen vor allem Riemenantrieb für Schleifscheibe und Werkstück von einem möglichst von der Maschine getrennten Motor, sorgfältiges Auswuchten der mit Kühlmittel benetzten Schleifscheibe. Eine gleichmäßige Bindungshärte ist nötig, damit die Schleifscheiben im Arbeitsvorgang nicht unrund werden. (Besonders wichtig beim spitzenlosen Schleifen.) Auch eine feinere Körnung der Scheiben ist erforderlich. Man benutzt keramische, wie auch Bakelit- oder Gummibindung; letztere besonders für feine Gewinde- und Profilformen. Die Bindungshärten entsprechen den sonst beim Schleifen üblichen Buchstaben. Sie müssen aber bei den feinen Körnungen und beim Formschleifen der Formhaltung wegen etwas härter genommen werden.

Allgemein muß man beim Feinschleifen gegenüber dem üblichen Schleifen mit den Werkstückgeschwindigkeiten, Vorschüben und Zustellungen heruntergehen, ferner für genügend genaue Vorarbeit mit nur kleinen und gleichmäßigen Maßzugaben sorgen. Die Endgenauigkeiten sind auch von der Starrheit und Unwucht der Werkstücke und von der Güte ihrer Aufspannflächen abhängig.

In jedem Fall ist ein Kühlmittel erforderlich, um die Erwärmung in engen Grenzen und die Scheiben offen zu halten, wofür sich bei hohen Ansprüchen auch dünnflüssige Sonderöle an Stelle von Bohrölemulsionen gut bewährt haben. Durch möglichst große Absetzkästen oder Filter muß das Kühlmittel frei von Schleifkörnern und Spänen gehalten werden.

D. Räumen[2])

wird im Sinne der Feinstbearbeitung besonders für Lagerbohrungen angewandt, und auch dort, wo besonders in Bohrungen, Durchbrüchen usw. andere Verfahren versagen. Genügend genaue Vorarbeit auch hier nötig, um der Räumnadel nur kleine Spanmengen zu überlassen.

E. Schaben.

Gemeint ist das Tuschieren von Werkstückflächen, d. h. das Fortnehmen der höchsten Flächenpunkte mit einem Handschaber, die durch Anreiben mittels eines mit einer feingeriebenen schwarzen oder dunkelblauen Fettfarbe bestrichenen Normalstückes (Tuschierplatte, -Leiste oder -Dorn) sichtbar gemacht werden. Als ausgesprochene Handarbeit ist die Endgüte

---

[1]) Siehe auch Abschnitt „Gewindeschleifen“.

[2]) Siehe Abschnitt „Räumen“.

vom Ausführenden und den benutzten Normalstücken, bei großen Werkstücken auch von der Auflagerung abhängig. Die geschabte Fläche ist nach der Anzahl der auf 1000 mm^2 entfallenden tragenden Flächenelemente und ferner ihrem Traganteil in Flächenprozenten zu bewerten. 40—50 vH Traganteil bei 30 Flächenelementen gelten als Spitzenleistung.

Unter Schaben als Maschinenarbeit fallen auch die Rollschabeverfahren für Zahnräder, wobei mit einer Schabezahnstange oder Schabezahnrädern, die an den Flanken mit vielen Schneiden versehen sind, wälzschabend die Zahnflanken verfeinert werden.

F. Preßpolieren

kommt nur für Werkstücke mit ausreichender und gleichmäßiger Wandstärke aus homogenen, weicheren Werkstoffen in Frage. Man unterscheidet das Polierrollen mit harten Walzen oder Rollen in einem Halter als Werkzeug angeordnet, für Bohrung und Außendurchmesser und das Aufkugeln von Bohrungen mit gehärteten Stahlkugeln. Beiden Verfahren gemeinsam ist eine plastische Verformung (keine Zerspanung), weshalb leicht durch Ungleichmäßigkeiten im Werkstoff und der Vorarbeit Fehler vergrößert in Erscheinung treten.

G. Rollieren

ist ein Glättverfahren, welches vorwiegend in der Uhrenherstellung zur Verfeinerung der geometrischen Gestalt und Oberflächengüte an gehärteten bzw. hochvergüteten Lagerzapfen zur Anwendung kommt.

Die Ausführung von Hand erfolgt mittels einer quer zur Bewegungsrichtung geschliffenen (angerauhten) feilenartig ausgeführten und arbeitenden Leiste aus gehärtetem Stahl oder besser aus Hartmetall. Maschinell arbeitet man mit umlaufenden scheibenförmigen Werkzeugen aus gehärtetem gerauhtem Stahl, Hartmetall oder Sinterkorunden.

Die Werkzeuge werden an das in einem Prisma geortete (ausgerichtete, zentrierte) und von einer Spannpatrone gehaltene und gegenläufig angetriebene Werkstück herangeführt.

H. Läppen

ist ein Feinstschleifen von Hand oder Maschine zur Erzeugung höchster Oberflächengüte geometrischer Form und Abmessung. Anwendung für alle Metalle, ferner für Glas und keramische Werkstoffe, nicht aber für plastische Massen. Die aufeinander gleitenden Werkstück- und Werkzeugflächen, zwischen denen sich ein loses Schleifmittel und eine Schmierflüssigkeit befindet, formen sich, indem immer andere Stellen miteinander in Berührung kommen, aufeinander ab und gleichen sich aus. Mit fortschreitender Arbeit werden somit Gestalts- und Oberflächenfehler kleiner und ergeben ein Endprodukt mit engem Toleranzbereich.

Wenn nun auch ein solcher Ausgleich zwischen Werkzeug und Werkstück nur bei der Erzeugung ebener zylindrischer und kugeliger Flächen unter sich stets ändernden Bewegungen stattfindet (s. später), ist es jedoch an Läppmaschinen zur Erzeugung ebener und paralleler bzw. Zylinderflächen erforderlich, die Werkzeugflächen ausreichend eben zu gestalten. Erst dann bekommt man genügend ebene bzw. zylindrische Werkstücke. In diesem Falle (übrigens auch beim Läppen ebener Flächen von Hand) erhält das Werkstück die Gestalt der Werkzeugfläche, d. h. beim Erzeugen ebener

Flächen die Ebene, beim Erzeugen von Zylinderflächen die gerade Mantel fläche. Es formt sich also das Werkzeug auf das Werkstück ab.

Als Werkstoff für das Läppwerkzeug benutzt man meistens ein weiches feinkörniges Gußeisen. Sein Vorzug liegt in der Formtreue, da es sich wenig abschleift und seine geometrische Form lange Zeit beibehält. Es hält ferner das Läppmittel gut und neigt wenig zum Fressen. Kleine und wenig fest erscheinende Läppwerkzeuge fertigt man wegen der Sprödigkeit des Gußeisens aus Weicheisen, Kupfer und Messing. Für Werkstücke aus weichen Werkstoffen, manchmal aber auch zum Feinläppen von Stahl, nimmt man mit Blei-Letternmetall oder Woodscher Legierung bewehrte Werkzeuge, letzte besonders für Gewinde und Formteile, die sich als Abguß leicht herstellen lassen. Auch Phenolresinate (s. Abschnitt „Deutsche Werkstoffe") mit Zellulose-Füllkörpern wie Turbax, Novotext, Lignofol u. ä. eignen sich, besonders auch für schwere Läpparbeiten harter Werkstücke, da sich die Läppmittel gut einbetten.

Das Grobläppen auf Maschinen läßt sich mit Gußeisenwerkzeugen an Gußeisenwerkstücken nicht gut durchführen; man verwendet hierfür besser feinkörnige Karborundum-Schleifkörper, die so weich gehalten werden, daß die ausbrechenden Körner die Läpparbeit mit übernehmen.

Als bestes Läppmittel für Stahl vom groben bis zum feinsten Läppschliff wird sehr reiner Kunstkorund verwendet. Seine große Schleifkraft, auch bei den feinsten Körnungen, beschleunigt den Arbeitsvorgang erheblich. Weitere Läppmittel für Stahl sind Chromoxyd, Diamantine und Tonerde. Für weichere Werkstoffe, wie Messing, Bronze, Aluminium, nimmt man zum Vorläppen Bimsstein, dann für Fertigstellung Graustein (Schiefermehl), Diamantine oder Tonerde.

Die Erzeugung einer gleichmäßigen Oberflächengüte ohne Kratzer bedingt eine sehr gleichmäßige Körnung besonders der feineren Läppmittel, weshalb ein vorheriges Schlämmen durch den Benutzer immer zu empfehlen ist. Sehr hohe Oberflächengüten erfordern oftmals zwei bis drei Arbeitsgänge mit Läppmitteln verschiedener Feinheit. In solchen Fällen ist auf große Sauberkeit Wert zu legen und möglichst auf getrennten Maschinen zu arbeiten, um die verschiedenen Feinheitsgrade der Läppmittel nicht durcheinander zu bringen.

Als Schmiermittel eignet sich bei Flächenberührung, d. h. beim Läppen von Hand und beim Maschinenläppen ebener Flächen, Petroleum mit einigen Hundertteilen eines fetten Öles (Rüb-, Lard- oder Stearin-Öl). Bei weicheren Werkstoffen gibt Wasser oder eine Seifenlösung bessere Ergebnisse besonders auf Blei- und Letternmetall-Werkzeugen. Mit fortschreitendem Arbeitsvorgang steigt die Viskosität durch Zerkleinerung des Schleifmittels und dem Antrieb sowieso. Linienberührung, die beim Maschinenläppen von Zylindern zwischen ebenen Werkzeugflächen auftritt, verlangt die oben genannten fetten, aber dünnflüssigen Öle. Werkstücke aus Gußeisen auf gebundenen Schleifscheiben schmiert man mit Bohröl-Emulsionen.

Gute Läpparbeit verlangt allgemein eine um so sparsamere Verwendung der Läppmittel, je höher die Endgüte vom Werkstück ausfallen soll.

Bohrungen läppt man von Hand mit nachstellbaren Läppdornen nach Abb. Fb 1 oder 2. Der geschlitzte Läppkörper, Abb. Fb 2, ist als Spreizhülse auf einem kegeligen Dorn mittels Stellmuttern ein- und nachstellbar. Für kleine Durchmesser, Abb. Fb 1, schlitzt man den Körper und benutzt zum Spreizen einen Keil. Für hohe Anforderung eignen sich auch feste, im Durchmesser fein abgestufte Läppdorne mit leicht kegeligem Anlaufteil. Große Außendurchmesser läppt man mit Ringkluppen, Abb. Fb 3, mittelgroße mit Backenkluppen, Abb. Fb 4. Für kleine Durchmesser erhält die Kluppe an Stelle der Bohrung durch einen Schlitz eine Dreilinienanlage, Abb. Fb 5. Für Innengewinde kommen gleiche Werkzeugformen wie für glatte Bohrungen, selbstverständlich aber mit dem entsprechenden Gewinde versehen, in Anwendung, während für Außengewinde die Form nach Abb. Fb 3, ebenfalls mit Gewinde versehen, besser ist. Mit Läppwerkzeugen, deren Länge größer als ihr Durchmesser ist,

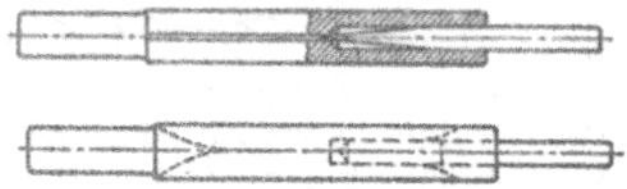

Abb. Fb 1.

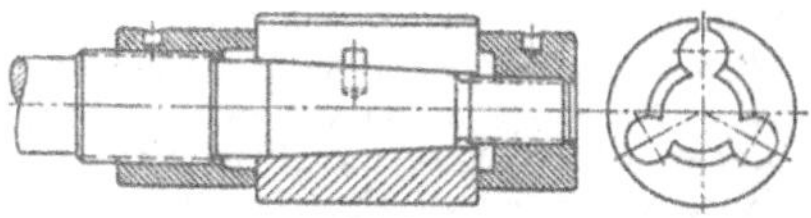

Abb. Fb 2.

Abb. Fb 1 und Fb 2. Läppwerkzeuge für Bohrungen.

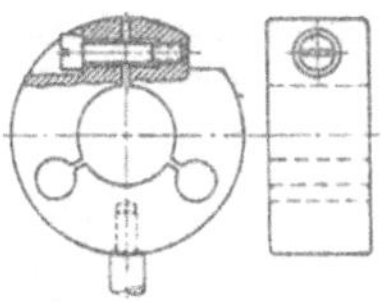

Abb. Fb 3.

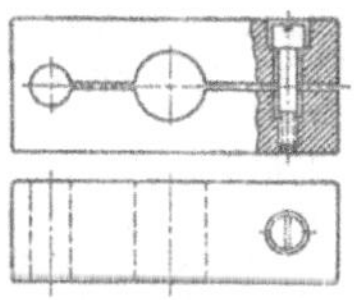

Abb. Fb 4.

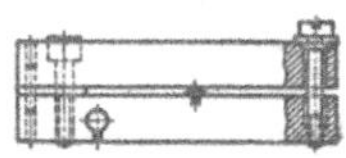

Abb. Fb 5.

Abb. Fb 3 bis Fb 5. Läppwerkzeuge für zylindrische Werkstücke.

erhält man die nötige Zylinder-Geradheit; beim Außendurchmesser aber tonnenförmige, bei der Bohrung im Querschnitt kissenförmige Werkstücke, d. h. solche mit Vorweite an beiden Enden. Die Behebung dieser Fehler geschieht mit Läppwerkzeugen, die kürzer als der Durchmesser sind.

Ebene Werkstückflächen sind nur von ebensolchen Läppwerkzeugen zu erhalten, gleichgültig, ob es sich um Hand- oder Maschinenarbeit handelt. Dies gilt auch für das maschinelle Läppen von ebenen und parallelen sowie von zylindrischen Werkstücken. Eine Ausnahme hiervon bilden große Werkstückflächen, welche mit kleineren Werkzeugflächen bearbeitet werden. Durch Fehlerausgleich zwischen beiden ergibt sich die zu erzeugende Ebene. Die Ebenheit der Läpp-Platten wird durch Übereinanderschleifen dreier Flächen in der Folge I mit II, I mit III und II mit III erreicht. Das Erreichen von Ebenheit, Parallelität und zylindrischer Form auf der Läppmaschine erfordert weiterhin ein Umlegen der Werkstücke im Käfig. War die Anfangslage in der Folge 1 bis 8 in Abb. Fb 6, so gibt das Umlegen der Hälfte der Werkstücke in die durch eingeklammerte Ziffern gekennzeichnete

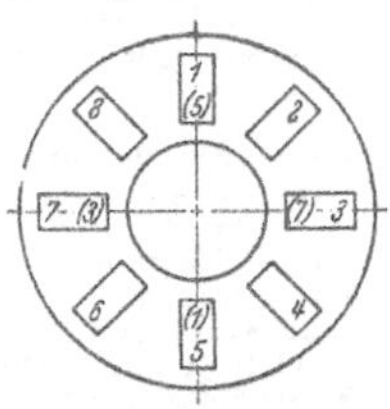

Abb. Fb 6. Umlegen der Werkstücke in Läppmaschinen.

Lage einen Fehlerausgleich, wobei der Fehler durch Wiederholungen praktisch auf Null gebracht werden kann.

I. Ziehschleifen (Honen)

stellt eine Abart des Läppens von Zylinderbohrungen dar, sofern eine zwangsläufige Zustellung vom Werkzeug besteht. Als Schleifkörper kommen je nach der Endgüte keramisch-, gummi- oder bakelitgebundene Schleifmittel mit weicher Bindung zur Anwendung. Diese Schleifkörper, meist rechteckige Stäbe, sind in den ebenfalls ein- und nachstellbaren Hon-Werkzeugen eingekittet und übernehmen in ähnlicher Weise, wie beim Läppen, eine Verfeinerung der Oberflächen. Voraussetzung für die Arbeitsgüte sind genügend weiche Schleifkörper mit frühzeitig aus der Bindung brechendem Korn und kräftige Petroleumspülung zur Entfernung des Abriebes, der sonst zu Kratzern Veranlassung gibt.

K. Feinziehschleifen (Superfinish).

Das von Chrysler, USA., entwickelte Verfahren ähnelt dem Ziehschleifen, ergibt aber höhere Oberflächengüten. Der Unterschied gegenüber dem Ziehschleifen besteht in der Verwendung von Honsteinen sehr feiner Körnung bei Anwesenheit eines abgestimmten Öl-Petroleum-Gemisches als Schmiermittel. Außerdem wird der beim Honen üblichen Längsbewegung des Werkstückes eine kurzhübige Schwingbewegung überlagert (primärer und sekundärer Schwinghub) und damit eine Leistungssteigerung erzielt. Die Werkzeuge stehen unter leichter federnder Anpreßkraft und erhalten außer der beim Honen üblichen noch eine kleine zusätzliche schnelle Schwingbewegung, wodurch der Arbeitsvorgang eine erhebliche Abkürzung erfährt. Im Gegensatz zum Läppen und zum Honen mit zwangsläufig betätigten Werkzeugen findet so zwar eine Verbesserung der Oberflächengüte, nicht aber der Gestaltsform (Rundheit, Zylinder u. a.) statt. Das Endergebnis ist also in bezug auf Formrichtigkeit von der Güte der Vorbearbeitung abhängig. Bei zwangsläufiger Werkzeugzustellung läßt sich aber auch wie beim Honen eine Gestaltverbesserung erzielen.

Schrifttum.

AWF: Feinstdrehen und Feinstbohren. Teubner.

Büttner: Qualitätssteigerung in Werkzeug und Feinmaschinenbau. Berlin: VDI-Verlag.

Büttner: Der Läppvorgang bei der Herstellung von Meßwerkzeugen. Werkst.-Techn. 1931 S. 113.

Feinstbearbeitung. AWF 241. Berlin: Beuth-Verlag.

Grodzinski: Diamant- und Hartmetallwerkzeuge zur Feinstbearbeitung in der Feinwerktechnik. Feinmech. u. Präz. 1938 S. 247.

Knoll: Räumen. Werkstattbücher Heft 26. Berlin: Springer.

Puchstein: Zur Theorie des Läppvorganges. Schleif- u. Poliermittel-Ind. 1934 S. 167.

Werkstatt und Betrieb 1938 Heft 19/10. Sonderheft „Hartmetalle" mit Werkstattblatt 31 „Anwendungsgebiete der deutschen Hartmetalle".

Voos: Feinziehschleifen (Superfinish). Sonderdruck aus Nr. 7 u. 8 1941 Schleif- u. Poliertechnik.

Räumen.

A. Der Räumvorgang.

Räumen ist die spanabhebende Form-, Maß- und Oberflächengebung von Werkstücken durch eine Anzahl von hintereinander angeordneten, quer zur Bewegungsrichtung des Werkzeugs um Bruchteile von Millimeter gegeneinander versetzten, starr verbundenen Schneiden (Räumnadel für Innen-, Räumzeug für Außenbearbeitung). Bei Tiefenzustellung dringen die aufeinanderfolgenden Schneiden senkrecht, bei Seitenzustellung parallel zu der zu bearbeitenden Fläche in das Werkstück ein[1]). Sowohl der Vorschub (Zerspanungsanteil der einzelnen Schneide) als auch die Gesamtwerkstoffabnahme (Summe der Zerspanungsanteile aller Schneiden) sind mit der Gestaltung des Werkzeuges unabänderlich festgelegt, Abb. Rm 4.

B. Anwendungsbereich.

1. Das Werkstück darf keine Vorsprünge haben, die der Bewegung des Werkzeuges hinderlich sein könnten.

2. Die Gestaltung des Werkstückes muß so sein, daß es weder als Ganzes noch in seinen Teilen unter der Schnittkraft des Räumwerkzeuges unzulässig stark ausweicht. Das Zurückfedern würde starke Maßabweichungen verursachen.

3. Die Bearbeitungslänge, genannt Räumlänge, ist begrenzt. Je länger die Fläche bzw. Profilbahn, desto größer müßte die Anzahl der in Eingriff stehenden Schneiden und damit die Schnittkraft oder, bei größerem Schneidenabstand, die Länge des Werkzeuges werden.

4. Die Räumzugabe sollte mindestens 0,1 mm und höchstens 5 mm betragen[2]), wobei vom Vorbearbeitungsverfahren möglichst enge Toleranzen gefordert werden müssen.

C. Vorzüge.

Die Vorzüge des Räumverfahrens sind:

1. Sehr hohe Stundenleistung,
2. Erzeugen und Veredeln von Flächen und Profilbahnen durch einen einzigen Hub des Werkzeuges,
3. hoher Gütegrad der Oberfläche,
4. lange Standzeit zwischen zwei Scharfschliffen und damit zusammenhängend eine sichere Einhaltung enger Maß-Toleranzen.

D. Wirtschaftlichkeit.

Abgesehen von den Fällen, in denen das Räumverfahren wegen der höheren Güte der erzeugten Oberfläche und der Maßgenauigkeit anderen Bearbeitungsverfahren vorgezogen wird, entscheidet die Wirtschaftlichkeit über die Anwendung. Räumnadel und Räumzeug sind Einzweckwerkzeuge. Sie eignen sich daher nur für die Bearbeitung von Werkstücken, die in genügender Stückzahl zu fertigen sind.

Beim Innenräumen liegt die Wirtschaftlichkeitsgrenze bei geringeren Stückzahlen als beim Außenräumen, weil das in Wettbewerb stehende Stoßen sowohl hinsichtlich der Mengenleistung als auch der erreichbaren Genauigkeit wegen wenig leistungsfähig ist. Auch ist der einmalige Auf-

---

[1]) Näheres hierüber: Dr.-Ing. Schatz: Außenräumen. Werkstattbücher Heft 80. Berlin: Springer 1940.

[2]) Müller, H. R.: Die Bearbeitungszugabe beim Räumen. Werkst.-Techn. 1942.

wand beim Innenräumen geringer, weil keine Sondervorrichtungen für die Aufnahme der Werkstücke notwendig sind.

Beim Außenräumen dagegen umschließt der einmalige Aufwand Werkzeug und Vorrichtung. Außerdem ist das zum Vergleich heranzuziehende Fräsen ein hochentwickeltes und leistungsfähiges Arbeitsverfahren. Ein eingehender Wirtschaftlichkeitsvergleich[1]) zwischen Außenräumen und Fräsen ist daher zu empfehlen.

Einige Kennzahlen für die Wirtschaftlichkeit des Außenräumens im Vergleich mit dem Fräsen sind:

1. Die Maschine ist doppelt bis dreimal so teuer, leistet aber das Zehn- bis Zwanzigfache.
2. Das Werkzeug ist zwanzigmal so teuer, hat aber eine fünfzig- bis hundertfache Lebensdauer.
3. Der Maschinenaufstellungsraum beträgt bei gleicher Leistung nur den fünften bis zehnten Teil.

E. Das Räumzeug[2]).

I. Der einzelne Zahn. Man unterscheidet grundsätzlich drei Arten von Zähnen: Schneidzähne, Schabezähne und Glättzähne.

Schneidzähne: Die Schneidenwinkel sind so zu wählen, daß bei zufriedenstellender Oberfläche die Standzeit der Schneide möglichst groß wird. Ein kleiner Spanwinkel γ, Abb. Rm 1, verringert die Oberflächengüte, verlängert jedoch die Lebensdauer des Werkzeuges, ein großer Spanwinkel dagegen verbessert zwar die Oberfläche, verkürzt jedoch die Standzeit. Der Bestwert des Spanwinkels muß somit je nach den Anforderungen als Zwischenwert gewählt werden, wobei für das Schruppen kleinere und für das Schlichten größere Werte zweckmäßig sind.

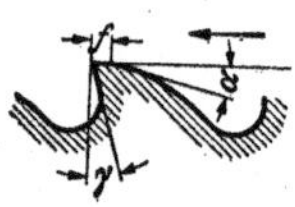

Abb. Rm 1.

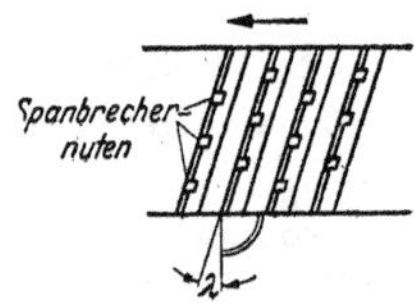

Abb. Rm 2.

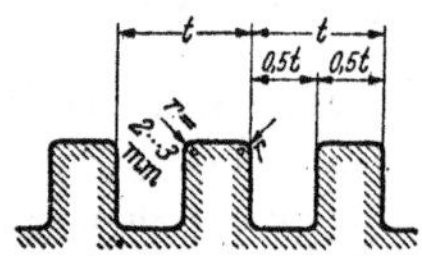

Abb. Rm 3.

Durch die Fase *f* an der Schneidkante wird die Lebensdauer des Räumzeuges erhöht, da die Schneidkante länger scharf bleibt, und weil der Zahn nur an der Brust nachgeschliffen zu werden braucht, solange die Fase *f* noch steht. Sie darf jedoch beim Außenräumen nur wenige Zehntel Millimeter breit sein, damit sie den Zerspanungsvorgang nicht erschwert. Beim Innenräumen hat die Fase noch die zusätzliche Aufgabe, die Räumnadel zu führen. Der Freiwinkel α ist nur von geringem Einfluß. Bei der Wahl der Schneidenwinkel sind die Eigenschaften des zu bearbeitenden Werkstoffes zu berücksichtigen. Beim Räumen von Stahl sind wegen der Breitenzunahme des Spanes Spanbrechernuten, Abb. Rm 2, notwendig.

Zur Verbesserung der Oberfläche läßt man vielfach die Schneiden schräg zur Bewegungsrichtung verlaufen (Neigungswinkel λ). Erfahrungswerte für die Gestaltung der Schneidezähne sind[3]):

---

[1]) Siehe Fußnote 1 auf S. 441.
[2]) Berechnungsgang s. Werkst. u. Betrieb 1935 Heft 3/4 S. 39.
[3]) Weitere Werkstoffe siehe Fußnote 1 auf S. 441.

	Gußeisen	Stahl (weich)	Stahl (hart)
Spanwinkel γ	6° ... 10°	15° ... 18°	12° ... 15°
Fasenbreite f (Innenräumen) ..	0,3 ... 0,5 mm	0,7 ... 1,0 mm	0,5 ... 0,7 mm
Freiwinkel α	2° ... 5°	2° ... 5°	2° ... 5°
Neigungswinkel λ	20°	bis 30°	bis 30°

Schabezähne: Der Spanwinkel sollte, um schabende Wirkung zu erzielen, $\gamma = 1°$ nicht überschreiten. Der Freiwinkel wird zwischen $\alpha = 1° \dots 2°$ bei Gußeisen und $\alpha = 1° \dots 3°$ bei Stahl genommen. Neigungswinkel λ wie bei Schneidzähnen.

Glättzähne, Abb. Rm 3, sind einfache abgerundete Kuppen, die auf Hochglanz poliert sein müssen.

II. Die Zahnfolge. Es bedeuten:

z die Anzahl der gleichzeitig im Eingriff befindlichen Zähne,
a die Spantiefe je Zahn [siehe unter b)],
A die Tiefe der durch Räumen abzutragenden Schicht,
l die Länge der zu räumenden Fläche, Bohrung oder Profilbahn,
L die Länge des Arbeitsteiles des Räumzeuges,
b die Breite der zu räumenden Fläche bzw. Profilbahn oder Umfang der Bohrung bzw. des Durchbruchs,
f der spezifische Schnittwiderstand,
F Werkstoff-Faktor [siehe d)],
h die Zahnhöhe,
H der Hub der Maschine,
t die Zahnteilung,
Q die Zugkraft der Maschine (beim Außenräumen) bzw. die Belastbarkeit des engsten Querschnittes der Räumnadel (beim Innenräumen).

Bei der Zahnfolge, Abb. Rm 4, ist zu beachten:

a) Die Belastbarkeit von Werkzeug und Maschine durch den Schnittwiderstand. Beim Innenräumen bestimmt der engste Querschnitt der Räumnadel die Belastbarkeit Q, beim Außenräumen die Zug- bzw. Stoßkraft der Maschine.

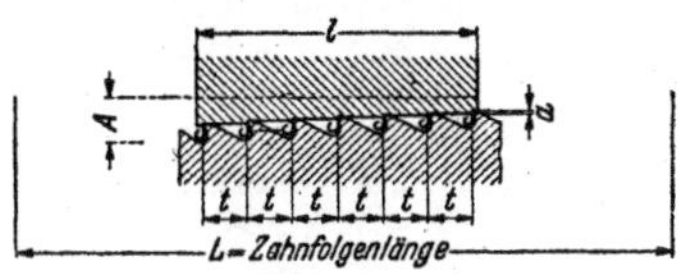

Abb. Rm 4.

Anzahl der auf die Räumlänge l höchstens anzuordnenden Zähne: $z_{\max} = \frac{0{,}7\,Q}{b \cdot f \cdot a}$ (mindestens 2 Zähne erforderlich). Die tatsächlich anzuordnende Zähnezahl errechnet sich aus Zahnteilung [siehe unter d)].

Rechenwerte für den spezifischen Schnittwiderstand f sind:

Stahl mittlerer Festigkeit . . . . 250 kg/mm² bis 350 kg/mm²
Gußeisen . . . . 150 kg/mm² bis 200 kg/mm² [1])

Die geringeren Werte gelten für große, die größeren für geringe Spantiefen.

b) Das Gleichhalten der Schnittkraft über den Verlauf des Räumhubes. Die Gesamtsteigung der Zahnfolge wird so in verschieden starke Teilsteigungen unterteilt, daß die Schnittkraft über den Verlauf des Räum-

[1]) Weitere Werkstoffe siehe Fußnote 1 auf S. 441.

hubes möglichst gleichbleibt; d. h. wird der Span schmaler, so wird die Zahnhöhen-Zunahme über die entsprechende Anzahl von Zähnen vergrößert. Die Zunahme je Zahn (Vorschub) schwankt bei Schruppzähnen zwischen 0,03 (Stahl hoher Festigkeit) und 0,25 mm (Grauguß), bei Schlichtzähnen von 0,01 und 0,05.

c) Der Hub der Räummaschine. Die Länge des Arbeitsteiles des Räumzeuges setzt sich aus Teilabschnitten [siehe unter b)] verschiedener

Abb. Rm 5. Räumnadel für Sternkeilnabe (Schaft und Endstück genormt).

Steigung und Teilung zusammen und darf den Hub der Maschine nicht überschreiten.

$$H > L = l\left(\frac{A_1}{a_1 \cdot z_1} + \frac{A_2}{a_2 \cdot z_2} + \text{usw.}\right) + \text{Zuschläge für Führung, Schabe- und Glätt-Teil,}$$

dabei bedeuten:

A_1, A_2 usw. die Tiefe der durch einen Teilabschnitt des Räumzeuges abzutragenden Schicht,

a_1, a_2 usw. die Spantiefe je Zahn innerhalb des Teilabschnitts,

z_1, z_2 usw. die Anzahl der gleichzeitig im Eingriff befindlichen Zähne innerhalb des Teilabschnitts.

d) Der erforderliche Spanraum für die Aufnahme des vom Zahn abgetrennten Werkstoffes. Er errechnet sich aus: Bearbeitungslänge des Werkstückes × Spanquerschnitt × Werkstoff-Faktor. Der Werkstoff-Faktor stellt das Verhältnis des Raumbedarfes des in Spanform befindlichen

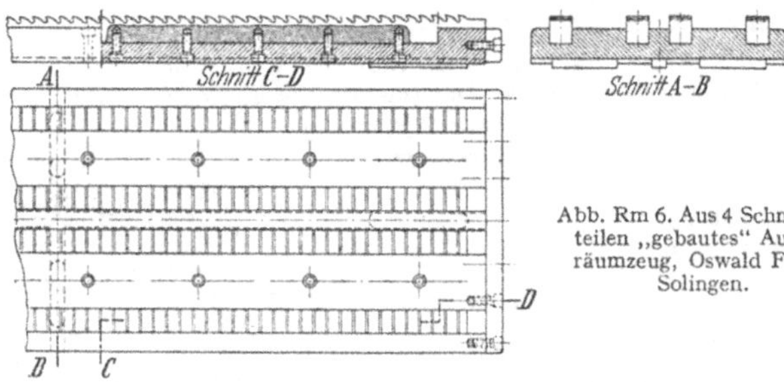

Abb. Rm 6. Aus 4 Schneidenteilen „gebautes" Außenräumzeug, Oswald Forst, Solingen.

Werkstoffes zum Raumbedarf des gleichen Werkstoffes in unzerspantem Zustande dar. Zahlenwerte sind für bröckelnden Werkstoff (Gußeisen) etwa 3, für langspanenden Werkstoff (Stahl) etwa 4 bis 6.

Die Zahnteilung ist:

$$t = \frac{a \cdot l \cdot b \cdot f}{0{,}7\,Q} > 2\sqrt{l \cdot a \cdot F}\ \text{(Außenräumen)} > 3\sqrt{l \cdot a \cdot F}\ \text{(Innenräumen)},$$

wobei die erste Formel die Belastbarkeit von Werkzeug (Innenräumen) oder Maschine (Außenräumen) und die letzten beiden Formeln den erforderlichen Spanraum berücksichtigen.

Um beim Innenräumen Rattermarkenbildung zu vermeiden, ist die ermittelte Teilung jeweils für den Bereich der Räumlänge l um 0,1 bis 0,3 mm je Zahn abzustufen.

Zähnezahl $z = \frac{l}{t}$.

e) Die Sicherung der Spanlockenbildung. Hierzu sollte sich am Zahnfuß eine im Querschnitt kreisförmige Mulde, Abb. Rm 1, mit einem Umschlingungswinkel von etwa 150° befinden, deren Durchmesser etwas geringer als die Zahnhöhe sein soll. An diese Mulde ist dann der erhaben gewölbte Zahnrücken anzuschließen.

Zahnhöhe $h \approx \frac{t}{3}$ bis $\frac{t}{2}$.

III. Konstruktive Ausbildung.

Beispiele: Innenräumnadel, Abb. Rm 5; Außenräumzeug, Abb. Rm 6[1]).

F. Schnittgeschwindigkeit.

	Gußeisen m/min	Stahl m/min	Leichtmetall m/min
Innenräumen	3–4	4– 6	nach oben unbegrenzt.
Außenräumen	6–8	7–10	

Beim erstmaligen Bearbeiten eines neuen Werkstoffs empfiehlt es sich, mit einer Schnittgeschwindigkeit von 1 m/min zu beginnen und dann langsam zu steigern.

G. Schmier- und Kühlmittel.

Guß	Petroleum oder Paraffinöl.
Stahl	Mischung aus Maschinenöl, Bleiweiß, Paraffinöl, Tran und Schwefelblume.
	Sehr fette Bohremulsion (Außenräumen).
Aluminium-Legierungen	wasserlösliches Bohröl.
Elektron	trocken.

H. Die Räumvorrichtung.

Eine gute Räumvorrichtung soll folgende Aufgaben erfüllen:

1. Sie soll das Werkstück in der gewünschten Lage festlegen.
2. Sie soll das Werkstück in der festgelegten Lage sicher festhalten und es gegenüber der Hauptschnittkraft und der Abdrängkraft (≈40 vH der Hauptschnittkraft) des Räumzeuges so unterstützen, daß es nicht unzulässig ausweicht.
3. Sie soll schnell zu bedienen sein.
4. Sie soll, falls die verwandte Räummaschine keine selbsttätige Zustellung des Werkstücktisches hat, das Werkstück vor Beginn des Räumhubes in den Bereich des Räumwerkzeuges bringen und nach Vollendung des Hubes wieder daraus entfernen.

I. Innenräumen.

Bei Innen-Räumarbeiten mit symmetrischer Verteilung der Spanabnahme (z. B. beim Räumen von Vierkant-, Sechskant- oder Vielkantlöchern, von Innenkerbverzahnungen) drückt die Hauptschnittkraft das

[1]) Nähere Angaben über Konstruktionseinzelheiten von Räumzeugen für Innenräumnadeln: L. Knoll: Innenräumen. Werkstattbücher Heft 26. Berlin: Springer 1942; für Außenräumzeuge: Dr.-Ing. A. Schatz: Außenräumen. Werkstattbücher Heft 80. Berlin: Springer 1940.

Teil gegen die Auflagefläche einer einfachen Vorlage, z. B. Abb. Rm 7, die an die Maschine angeschraubt wird.

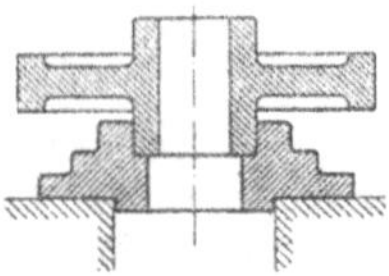

Abb. Rm 7. Einfache Räumvorlage.

Innen-Räumarbeiten mit einseitig beanspruchten Räumnadeln (z. B. beim Räumen unsymmetrischer Profile) erfordern Aufnahmedorne, die Werkstück und Nadel abstützen und die Bearbeitungsstellen genau festlegen. Teilvorrichtungen gestatten es, mit einfachen Flachräumnadeln die Nuten im Umfang einer Bohrung Zug um Zug auszuräumen, Drallvorlagen werden für das Räumen gewundener Formlöcher verwandt.

II. Außenräumen.

Soweit Außen-Räumarbeiten an kleinen Teilen (z. B. an Lagerdeckeln, Füßen von Turbinenschaufeln, Kronenmuttern) vorzunehmen sind, genügen die bei Innen-Räumarbeiten mit einseitig beanspruchter Nadel beschriebenen Vorrichtungselemente mit der Ergänzung, daß die Werkstücke gespannt werden müssen. Beim Außenräumen mittlerer und großer Werkstücke sind verwickelte Vorrichtungen[1]), z. B. Abb. Rm 8, erforderlich, da die

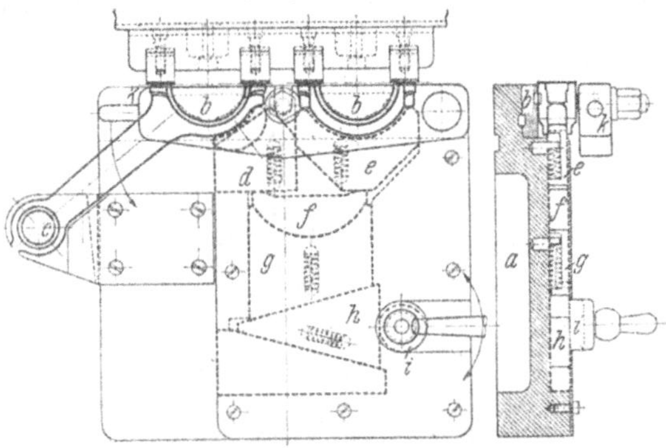

Abb. Rm 8. Räumvorrichtung für Pleuelstange und Deckel. Oswald Forst, Solingen. *a* Vorrichtungskörper, *b* zwei feste halbkreisförmige Anlagen, *c* einstellbarer Zapfen für bereits bearbeitetes Kolbenbolzenlager, *d* Klemmschieber mit Wippe für Stange, *e* Klemmschieber für Deckel, *f* Wippe zu *d* und *e*, *g* Schieber, *h* Keil, *i* Klemmexzenter, *k* ausklappbare Spannbrücke für Werkstücke.

Teile vielfach unregelmäßig geformt, z. T. noch völlig unbearbeitet, die Schnittkräfte sehr groß und die Räumhauptzeit kurz sind. Die Werkstücke müssen räumlich festgelegt, abgestützt und gespannt werden.

J. Räummaschinen.

Der Gesamtaufbau der Räummaschinen und die Gestaltung ihrer Baugruppen für Aufnahme und Bewegung des Werkzeuges und die Aufnahme und Bewegung des Werkstückes sind eng an die Sonderaufgaben angepaßt, die sie jeweils zu erfüllen haben.

So ist für Innen-Räumarbeiten stark wechselnder Art die waagerechte Bauart (waagerechte Bewegung des Werkzeuges) am zweckmäßigsten, weil

[1]) Siehe Fußnote 1 auf S. 441 sowie Dr.-Ing. A. Schatz: Außenräumvorrichtungen. Werkstattstechnik 1942 Heft 5/6 S. 89.

sie die Handhabung und den Wechsel der Räumnadeln erleichtert. Innen-Räummaschinen senkrechter Bauart (senkrechte Bewegung des Werkzeuges) sollten nur dort verwandt werden, wo Teile mit hohen Stückzahlen zu bearbeiten sind, denn die Rüstzeit und auch der Preis dieser Maschinen ist höher als bei Waagerechtmaschinen. Andererseits ist bei ihnen die Leistung je Zeiteinheit höher, da sie mit selbsttätigen Einrichtungen zum Einspannen und Freigeben der Räumnadeln an beiden Enden ausgerüstet sind (die Räumnadel braucht also nicht nach jedem Hub mit der Hand aus der Maschine herausgenommen und in Ausgangsstellung gebracht zu werden).

Außen-Räummaschinen werden größtenteils mit senkrechter Bewegung des Werkzeugschlittens gebaut. Ausnahmen bilden lediglich Sondermaschinen, z. B. zur Bearbeitung von Zylinderblöcken. Zur Ausnutzung der Haupträumzeit für Bedienungsarbeiten findet man Drehtische mit mehreren Aufspannstellen oder die Anordnung zweier Werkzeugschlitten nebeneinander, die sich gegenläufig bewegen. Die Bewegungen bei neuzeitlichen Räummaschinen erfolgen fast ausnahmslos durch Preßöl und sind für die Werkzeugbewegung stufenlos regelbar.

Zum Außenräumen kleiner Werkstücke lassen sich bei ausreichendem Hub und gleichmäßiger Stößelgeschwindigkeit auch handelsübliche Pressen mit mechanischem Antrieb oder Preßölantrieb verwenden. Auch die waagerechten Innen-Räummaschinen können bei Anwendung einfacher Vorrichtungen zu Außen-Räumarbeiten herangezogen werden.

K. Ratschläge für die Handhabung und Pflege des Räumzeuges.

Um eine falsche Verwendung der Räumzeuge zu vermeiden, ist es zweckmäßig, die Räumlänge und den Werkstoff sowie die zulässige Höchstbelastung des Werkzeuges auf das Werkzeug zu schreiben. Das Stumpfwerden des Räumwerkzeuges äußert sich in erhöhtem Kraftverbrauch und kann daher leicht am Manometer ölgetriebener Maschinen abgelesen werden. Es ist zu empfehlen, rechtzeitig nachzuschleifen, da die erhöhte Beanspruchung des stumpfen Werkzeuges leicht zum Bruche führen kann. Da in den meisten Betrieben, in denen geräumt wird, die notwendigen Sondereinrichtungen für die Herstellung von Räumzeugen fehlen, sollte man sich, namentlich bei schwierigeren Räumaufgaben, die Werkzeuge von Sonderfirmen anfertigen lassen. Zum Nachschärfen[1]) von Außenräumzeugen sind Sondermaschinen erforderlich, deren Anschaffung sich nur lohnt, wenn das Räumen in stärkerem Umfange angewandt wird. Daher ist auch hier die Zusammenarbeit mit den Sonderfirmen für die Werkzeugherstellung angebracht.

Schrifttum.

Sachsenberg: Untersuchungen an Räumnadeln. Berlin: Springer 1926.

Mann: Untersuchungen von Räumnadeln mit verschiedenen Schnittwinkeln und Fasenbreiten. Diss. T. H. Dresden 1929.

Stehle: Das Räumen. Z. VDI 1938 Nr. 14 S. 407.

Müller: Räumen von Bohrungen mit Mehr- und Vielkeilprofilen oder Kerbverzahnungen. Masch.-Bau Betrieb 1940 Nr. 1 S. 9/13.

Schatz: Außenräumen. Werkstattbücher Heft 80. Berlin: Springer 1940.

Müller: Das Schärfen von Räumwerkzeugen. Werkstattstechnik 1940 H. 18 S. 297.

Eitel: Steigerung von Leistung und Bearbeitungsgüte durch Räumen. Masch.-Bau Betrieb 1941 Nr. 8 S. 327.

Schatz: Außenräumvorrichtungen. Werkstattstechnik 1942 H. 5/6 S. 89.

Knoll: Innenräumen. Werkstattbücher Heft 26. Berlin: Springer 1942.

Müller: Die Bearbeitungszugabe beim Räumen. Werkstattstechnik 1942 Heft 19/20 S. 401.

---

[1]) Müller, H. R.: Das Schärfen von Räumwerkzeugen. Werkstattstechnik 1940 H. 18 S. 297.

Herstellen von Gewinden.

A. Herstellen von Innengewinden.

I. Arten der Gewindebohrer.

Genormt sind Gewindebohrer für	Metrisches Gewinde	Whitworth-Gewinde	Whitworth-Rohrgewinde
Hand-Gewindebohrer	DIN 352	DIN 351	DIN 353
Mutter-Gewindebohrer (mit langem Schaft)	DIN 357	DIN 356	—
Schneideisen-Gewindebohrer	DIN 359	DIN 358	DIN 360
Hand-Backengewindebohrer	DIN 362	DIN 361	DIN 363
Maschinen-Backengewindebohrer	DIN 511	DIN 510	DIN 512
Maschinen-Gewindeb. (Drahtgewindeb.) ..	DIN 376	—	—

a) Hand-Gewindebohrer (Satzgewindebohrer mit kurzem Gewinde) werden nach DIN zylindrisch überdreht mit abgestuftem Außen- und Flankendurchmesser und mit abgestufter Anschnittlänge, Abb. G 1, hergestellt.

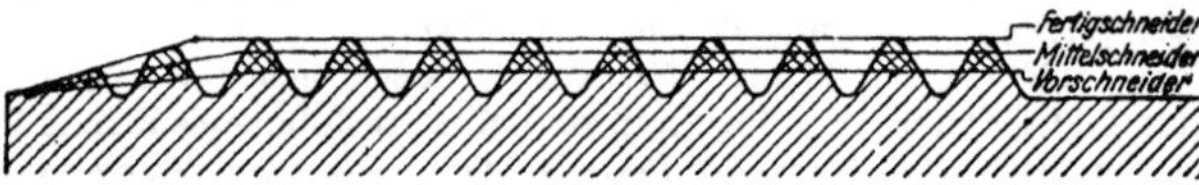

Abb. G 1.

Ihre Abstufung im Flankendurchmesser, Abb. G 2, hat den Vorteil, daß sich kleine Steigungsunterschiede des Gewindes in Vor-, Mittel- und Fertigschneider ausgleichen, wodurch Absätze an den Flanken des fertiggeschnittenen Gewindes vermieden werden. Fertigschneider liegen im Außen- und Flankendurchmesser je nach Steigung 0,03 bis 0,1 mm über den theoretischen Maßen und können mit verlängertem Anschnitt (Anschnittlänge 6 bis 8 Gänge) auch als Einzelschneider verwendet werden.

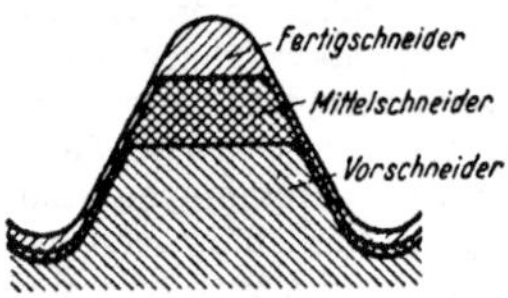

Abb. G 2.

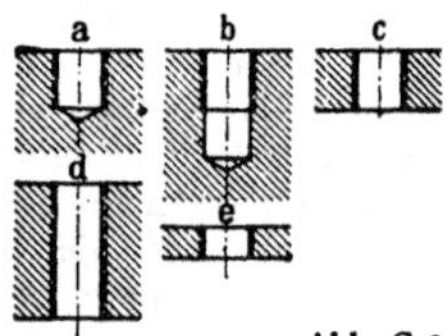

Abb. G 3.

b) Maschinen-Gewindebohrer unterscheiden sich von den Hand-Gewindebohrern durch die Form des Schaftes und zum Teil durch die Gewindelänge. Der zylindrische Schaft wird länger ausgebildet als bei Hand-Gewindebohrern und hat meist einen Vierkant. Die Maschinen-Mutter-Gewindebohrer sind mit langem kegeligen Anschnitt und besonders langem Schaft versehen, auf dem eine Reihe von geschnittenen Muttern Platz findet. Das Werkzeug braucht daher zur Entfernung der Arbeitsstücke nicht so häufig ausgespannt zu werden.

Auswahl der Gewindebohrer. Gewindebohrer verwendet man in Sätzen oder als Einzelschneider (Einschnittbohrer). Die Zahl der erforderlichen Gewindebohrer richtet sich nach der Art des Gewindeschneidens (von Hand oder auf der Maschine), dem zu bearbeitenden Werkstoff, der Lochtiefe und der Form des Gewindeloches (Grundloch oder Durchgangsloch). Man unterscheidet nach Abb. G 3:

a) Grundlöcher (Sacklöcher),
b) Grundlöcher mit langem Auslauf (mindestens 6 Gänge),
c) Durchgangslöcher,
d) besonders tiefe Durchgangslöcher,
e) besonders flache Durchgangslöcher, z. B. Bleche sowie Muttern.

Für die Auswahl der zweckmäßigen Gewindebohrer-Ausführung gelten folgende Richtlinien:

Gewinde-schneidarbeiten	Form des Gewindeloches nach Abb. G 3			
	a	b und c	d	e
Von Hand: mittelharte und spröde Werkstoffe	Satz zu 3 Stück	Einzelschneider mit kurzem Gewinde	Satz zu 2 oder 3 Stück	Einzelschneider mit kurzem Gewinde und möglichst langem Anschnitt
zähe und zähharte Werkstoffe	desgl.	Satz zu 2 oder 3 Stück	Satz zu 3 Stück	desgl. oder Satz zu 2 Stück
Auf der Maschine mittelharte und spröde Werkstoffe	Satz zu 2 Stück	Einzelschneider mit kurzem Anschnitt	Einzelschneider mit langem Gewinde oder Satz zu 2 Stück	Einzelschneider mit langem Anschnitt oder Masch.-Mutter-Gewindebohrer
zähe und zähharte Werkstoffe	desgl.	Satz zu 2 Stück		

Für besonders harte und feste Werkstoffe werden Gewindebohrer in Sätzen zu 4 und 5 Stück verwendet.

c) Schneideisen-Gewindebohrer werden als Einzelschneider oder als Satzbohrer hergestellt. Sie haben einen Anschnitt wie die Mutterbohrer und erhalten Untermaße, die den Grenzmaßen des Schraubenbolzens entsprechen und je nach Gewindesteigung zwischen 0,01 bis 0,1 mm liegen.

d) Hand-Backengewindebohrer, Abb. G 4, dienen zum Einschneiden des Gewindes in die Backen von Schneidkluppen und sind um die doppelte Gewindetiefe stärker als der Nenndurchmesser des Gewindes.

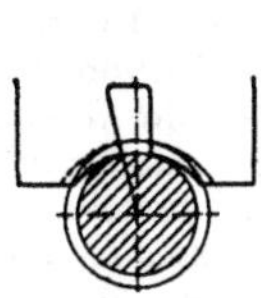

Abb. G 4.

Abb. G 5.

e) Maschinen-Backengewindebohrer, Abb. G 5, sind zum Einschneiden des Gewindes in die Backen von Gewindeschneidköpfen bestimmt und werden in der Stärke der zu schneidenden Schraube ausgeführt. Sie haben einen Führungszapfen.

II. Form der Gewindebohrer.

Die Nutenzahl der Hand- und Maschinen-Gewindebohrer ist von Gewindedurchmesser und Steigung, Werkstoff des Werkstückes und der Art des Gewindeschneidens abhängig. Zum Gewindeschneiden in zähe und weiche Werkstoffe auf der Maschine wählt man beispielsweise zweinutige Gewindebohrer, während für die gleiche Arbeit von Hand wegen der besseren Führung dreinutige Gewindebohrer erforderlich sind. Bei größeren Gewinden (über M 16) nimmt man fast allgemein viernutige Gewindebohrer. Für die Anordnung einer geraden Anzahl von Nuten spricht der Umstand, daß diese Bohrer leichter und sicherer gemessen werden können, während bei dreinutigen Bohrern, die leichter schneiden, die Messung schwieriger ist und besondere Meßgeräte erfordert.

Abb. G 6.

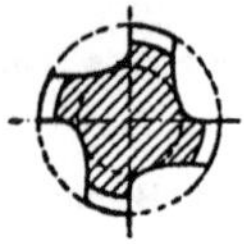

Abb. G 7.

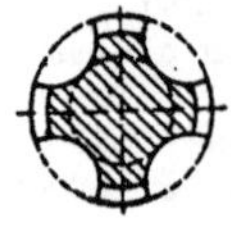

Abb. G 8.

Die gebräuchlichsten Nutenformen sind in Abb. G 6, G 7 und G 8 dargestellt. Bei der Nutenform nach Abb. G 7 ist die Stegbreite des Bohrers durch Abschrägen des Rückens verschmälert. Diese Ausführung ist nur für Gewindebohrer, die ausschließlich vorwärts arbeiten, brauchbar. Denn beim Zurückdrehen des Bohrers können sich sonst Späne zwischen Rücken, Abschrägung und Gewinde klemmen und das Gewinde verderben. Dieser Übelstand wird bei den beiden anderen Nutenformen mit Sicherheit vermieden. Bei Abb. G 7 soll der Rückenwinkel der Nut mindestens 80° betragen. Die halbkreisförmige Nutenform nach Abb. G 8 ergibt auch im Rücken oft einen positiven Spanwinkel. Trotzdem kann der Gewindebohrer beim Zurückdrehen nicht schneiden, da die Schneidarbeit nur durch den hinterdrehten oder hinterschliffenen Anschnitt des Gewindebohrers (Abb. G 9) verrichtet wird. Der übrige Gewindeteil des Gewindebohrers dient lediglich als Führung.

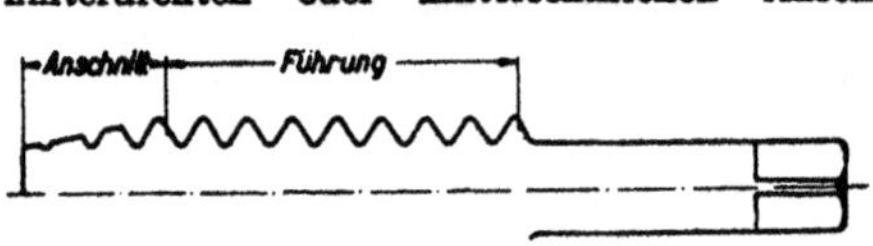

Abb. G 9.

Geschnittene Gewindebohrer verziehen sich beim Härten; man erreicht mit ihnen daher in der Regel nur eine Gewindepassung Gütegrad mittel (s. Abschnitt „Gewindepassungen"). Die durch Härteverzug hervorgerufenen Ungenauigkeiten lassen sich nur durch Fertigschleifen der Gewindebohrer nach dem Härten mit einer entsprechend geformten Schleifscheibe beseitigen, soweit man es nicht vorzieht, vor allem bei kleineren Abmessungen, aus dem Vollen zu schleifen. Geschliffene Gewindebohrer können mit hoher Genauigkeit und Gleichmäßigkeit hergestellt werden. Sie erzeugen daher genaue Gewinde, so daß auch die Gewindepassung Gütegrad fein eingehalten werden kann.

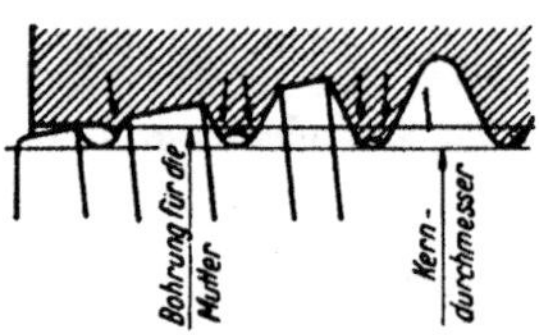

Abb. G 10.

III. Gewinde-Kernloch.

Beim Arbeiten mit Gewindebohrern bildet sich, vor allem in zähen Werkstoffen, Grat vor den Schneiden, Abb. G 10, so daß sich der Lochdurchmesser scheinbar verkleinert. Wenn das Gewinde-Kernloch entsprechend dem gewünschten Kerndurchmesser des Gewindes vorgebohrt ist, so drückt der gestauchte Werkstoff im Grund des Gewindebohrers und klemmt diesen fest. Hierdurch werden entweder die Gänge des Muttergewindes ausgerissen oder der Bruch des Gewindebohrers herbeigeführt. Um das zu vermeiden, bohrt man das Gewinde-Kernloch in der

Regel größer. Besonders beim Schneiden in Leichtmetallen ist es wichtig, den Bohrerdurchmesser für das Kernloch im richtigen Verhältnis zum Kerndurchmesser des Gewindebohrers zu wählen. Wenn hierbei aus Festigkeitsrücksichten das Gewinde-Kernloch enger als gewöhnlich gebohrt werden soll, muß der Kerndurchmesser des Gewindebohrers entsprechend kleiner ausgeführt sein.

Tafel 1. Bohrerdurchmesser für Gewinde-Kernlöcher.

Richtwerte nach DIN 336 (Maße in mm).

Metrisches Gewinde nach DIN 13 und 14

Gewinde	Bohrerdurchmesser	
	Reihe I	Reihe II
M 1	0,75	
M 1,2	0,95	
M 1,4	1,1	
M 1,7	1,3	
M 2	1,5	1,6
M 2,3	1,8	1,9
M 2,6	2,1	2,1
M 3	2,4	2,5
M 3,5	2,8	2,9
M 4	3,2	3,3
(M 4,5)	3,6	3,7
M 5	4,1	4,2
(M 5,5)	4,4	4,5
M 6	4,8	5
(M 7)	5,8	6
M 8	6,5	6,7
(M 9)	7,5	7,7
M 10	8,2	8,4
(M 11)	9,25	9,4
M 12	9,9	10
M 14	11,5	11,75
M 16	13,5	13,75
M 18	15	15,25
M 20	17	17,25
M 22	19	19,25
M 24	20,5	20,75
M 27	23,5	23,75
M 30	25,75	26
M 33	28,75	29
M 36	31	31,5
M 39	34	34,5
M 42	36,5	37
M 45	39,5	40
M 48	42	42,5
M 52	46	46,5

Whitworth-Gewinde nach DIN 11

Gewinde	Bohrerdurchmesser	
	Reihe I	Reihe II
1/4"	5	5,1
5/16"	6,4	6,5
3/8"	7,7	7,9
(7/16")	9,1	9,25
1/2"	10,25	10,5
5/8"	13,25	13,5
3/4"	16,25	16,5
7/8"	19	19,25
1"	21,75	22
1 1/8"	24,5	24,75
1 1/4"	27,5	27,75
1 3/8"	30	30,5
1 1/2"	33	33,5
1 5/8"	35	35,5
1 3/4"	38,5	39
(1 7/8")	41	41,5
2"	44	44,5

Reihe I: für spröde Werkstoffe, die beim Gewindeschneiden nur wenig auftragen, wie Gußeisen, Bronze, Messing usw.

Reihe II: für Stahl und Werkstoffe mit ähnlicher Spanbildung.

Für längere Gewinde (Gewindelänge größer als Gewindedurchmesser) und Sacklöcher wird Reihe II empfohlen.

Eingeklammerte Gewindegrößen möglichst vermeiden.

Das auf diese Weise erreichte Gewindespitzenspiel bewirkt eine gegenüber dem voll ausgeschnittenen Gewinde verbesserte Flankenlage. In den folgenden Tafeln sind Richtlinien für die Wahl der Kernlochbohrer gemäß DIN 336 gegeben. Bei weichen und zähen Aluminiumlegierungen muß berücksichtigt werden, daß Form und Durchmesser des gebohrten Loches oft erheblich von den entsprechend dem Bohrerdurchmesser zu erwartenden Werten abweichen. Bei solchen Werkstoffen empfiehlt es sich zuweilen, das Gewinde-Kernloch nach Reihe I bzw. noch etwas enger zu bohren und Gewindebohrer mit kleinerem Kerndurchmesser zu verwenden, oder das Kernloch mit einem zweiten Bohrer gemäß Reihe II aufzubohren. Zur schnellen Berechnung der Bohrerdurchmesser für Gewinde-Kernlöcher gelten folgende Näherungsformeln:

Durchmesser Kernlochbohrer = Gewinde-Nenndurchmesser — Abmaß.

Gewindesteigung *h*	Abmaß	Gewindesteigung *h*	Abmaß
Metrisches Gewinde		Whitworth-Gewinde	
0,25 mm bis 1,0 mm	1,0 · *h* bis 1,2 · *h*	bis 18 Gänge auf 1″	1,0 · *h* bis 1,1 · *h*
1,25 mm bis 3,0 mm	1,1 · *h* bis 1,2 · *h*	18 bis 10 Gänge auf 1″	1,0 · *h* bis 1,2 · *h*
3,5 mm und darüber	1,2 · *h* bis 1,3 · *h*	ab 10 Gänge auf 1″	1,1 · *h* bis 1,3 · *h*

IV. Instandhaltung.

Gewindebohrer, die Abstumpfungsfasen oder Grat zeigen, sollen sofort nachgeschliffen werden; denn zum großen Teil werden Bohrerbrüche weniger durch zu enge Kernlöcher und ungeeignete Schmiermittel als durch stumpfe Werkzeuge verursacht. Das Nachschleifen erfolgt in den Nuten oder am Rücken des Anschnittes. Das Schleifen des Anschnittes erfordert eine größere Geschicklichkeit, da die Anschnittzähne auf gleicher Höhe liegen müssen, wenn das Werkzeug gut schneiden soll; man benutzt daher hierfür zweckmäßig besondere Schleifvorrichtungen.

V. Schneiden mit der Maschine.

In der Massenfertigung werden Gewindelöcher wirtschaftlich mit der Maschine geschnitten. Bei richtiger Arbeitsweise ist dann Gewindebohrerbruch und Schiefschneiden von Gewinden fast gänzlich ausgeschlossen. Aus diesem Grunde werden auf vielen Bohrmaschinen Gewindeschneide-Einrichtungen oder Gewindebohrköpfe, Abb. G 11, verwendet, soweit nicht besondere Gewindeschneidmaschinen zur Verfügung stehen, die auch mit zwangsläufigem Vorschub arbeiten. Für schnelles Arbeiten sind mehrspindlige Bohrmaschinen und Schnellwechselfutter, Abb. G 12, erforderlich, die eine Verkürzung der Nebenzeiten beim Auswechseln der Werkzeuge ermöglichen. Aus dem gleichen Grunde ist beim Bau von Bohrvorrichtungen darauf zu achten, daß die Führungsbüchsen der Spiralbohrer leicht herauszunehmen sind, so daß ohne Umspannen des Arbeitsstückes Gewinde geschnitten werden kann.

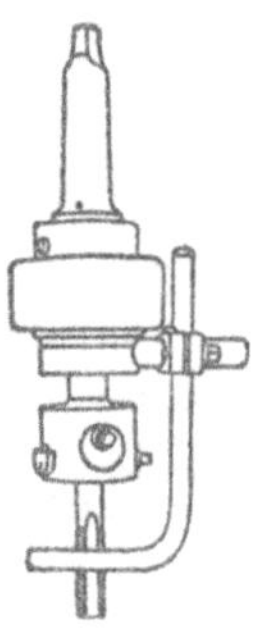

Abb. G 11.

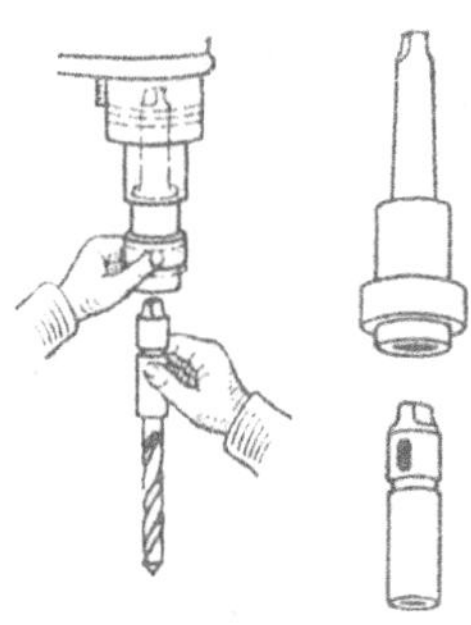

Abb. G 12. Schnellwechselfutter.

VI. Stähle und Strähler zum Innengewinde-Schneiden.

Zum Schneiden von Innengewinde auf der Drehbank benutzt man außer Gewindebohrern auch Gewindestähle, Abb. G 13, oder Gewinderundsträhler,

Abb. G 14. Da letztere in der Regel außer Mitte angesetzt werden, Abb. G 15, muß die Profilverzerrung berücksichtigt werden (s. auch Abhandlung über Rundformstähle). Strähler arbeiten leichter, wenn die ersten Gänge einen

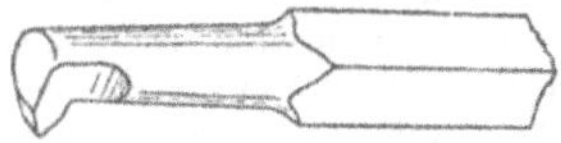

Abb. G 13.

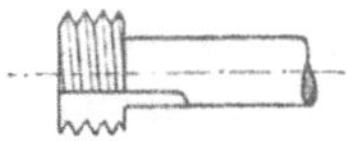

Abb. G 14.

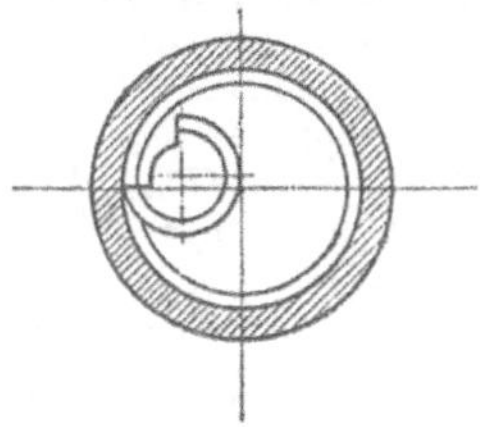

Abb. G 15.

kegeligen Anschnitt haben, so daß sich die Zerspanungsarbeit auf mehrere Zähne verteilt. Andernfalls ist es zweckmäßig, das Gewinde vorzuschneiden und nur fertigzustrählen oder umgekehrt, das Gewinde mit einem Stahl oder Strähler vorzuschneiden und mit dem Gewindebohrer nachzuschneiden.

Tafel 2. Richtwerte für Schnittgeschwindigkeiten beim Gewindeschneiden

nach Angaben von R. Stock & Co., Berlin-Marienfelde.

Werkstoff des Arbeitsstückes	Schnittgeschwindigkeit m/min für Gewindeschneidwerkzeuge aus		Schmierung
	WS	SS	
Unlegierte Baustähle			
bis 70 kg/mm^2	3—7	9—15	Schneidöl
über 70 kg/mm^2	2—3	5—8	„
Stahlguß, Temperguß	2—3	5—7	„
Legierte Stähle			
70—90 kg/mm^2	von Hand	5—7	„
über 90 kg/mm^2	—	1—4	Schneidöl, Petroleum
Rostfreie Stähle (V2a)	—	2—3	„
Gußeisen weich	6—8	12—16	trocken oder reichliche Ölkühlung
„ hart	3—5	8—12	Petroleum
Nichteisenmetalle			
Sprödes Messing	12—18	20—30	trocken oder Schneidöl
Zähes Messing	8—12	14—20	Schneidöl
	je nach Härte u. Zähigkeit		
Bronze	6—12	12—25	„
	je nach Zähigkeit		
Aluminiumlegierungen	12—20	20—30	Kühlmittelöl (Emulsion), Schneidöl, Petroleum
Magnesiumlegierungen	15—20	25—35	trocken oder Sonderschneidöl
Hartpapier und Hartgewebe	15—25	15—30	trocken

Über das Arbeiten mit Gewindeschneidköpfen und Gewindefräsern, die neuerdings in steigendem Maße auch zur Herstellung größerer Innengewinde verwendet werden, ist in Abschnitt B II und B III Näheres gesagt.

VII. Arbeitsbedingungen.

Die Güte der geschnittenen Gewinde wird durch die Wahl richtiger Arbeitsbedingungen entscheidend beeinflußt. Die in Tafel 2 zusammengestellten Richtwerte gelten für die üblichen Gewindetiefen und Mutternhöhen unter Voraussetzung guter Schmierung. Bei geringen Gewindetiefen kann die Geschwindigkeit um etwa 50 vH gesteigert werden; bei großen Tiefen und engen Kernlöchern ist sie herabzusetzen.

Maschinenöl ist zum Schmieren von Gewindeschneidwerkzeugen vollkommen untauglich. Wenn kein anderes Öl vorhanden ist, wird besser trocken geschnitten (vgl. auch Betriebsblatt des Ausschusses für wirtschaftliche Fertigung AWF 37 „Kühlen und Schmieren bei der Metallbearbeitung" und Buch Reuschle „Werkstattkniffe, Schmieren", Carl Hanser Verlag, München 27).

B. Herstellen von Außengewinden.

I. Gewindeschneiden auf der Drehbank.

a) Beim Schneiden von **Spitzgewinden** auf der Drehbank ist es zweckmäßig, dem Gewindestahl bei größeren Steigungen eine Neigung zu geben, die dem Steigungswinkel des zu schneidenden Gewindes entspricht. Der Steigungswinkel σ ergibt sich aus der Abwicklung des Schraubenganges, Abb. G 16 (Steigung h = kleine Kathete; Umfang $d \cdot \pi$ = große Kathete; Länge des Schraubenganges = Hypotenuse) zu $\operatorname{tg} \sigma = \frac{h}{d \cdot \pi}$. Wie auch aus Abb. G 17 hervorgeht, ist der Steigungswinkel verschieden, je nachdem der Außendurchmesser d_a, der Kerndurchmesser d_k oder der Flankendurchmesser d bzw. der mittlere Durchmesser d_m zugrunde gelegt wird. Für die Schrägstellung des Gewindestahles kommt der Steigungswinkel σ_m des Flankendurchmessers (mittlerer Durchmesser) in Frage. Bei metrischer Steigung ergibt sich $\operatorname{tg} \sigma_m = \frac{h}{d_m \cdot \pi}$, bei Zollsteigung $\operatorname{tg} \sigma_m = \frac{25{,}4}{\text{Gangzahl} \cdot d_m \cdot \pi}$.

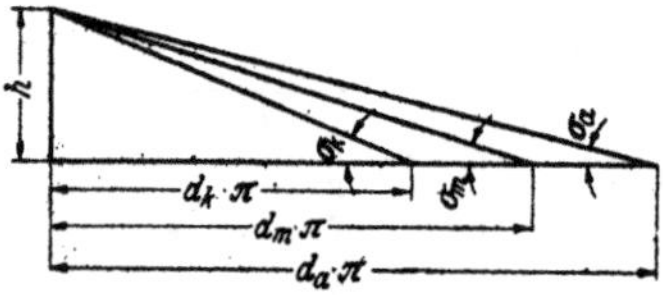

Abb. G 16.

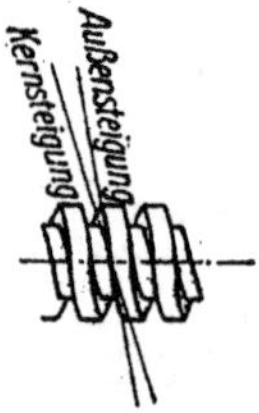

Abb. G 17.

In der Tafel 3, sind Werte für metrisches Gewinde, metrisches Feingewinde, Whitworth- und Whitworth-Rohrgewinde angegeben.

Bei schräggestelltem Gewindestahl schneiden beide Flanken gleich gut, und das Gewinde wird sauber. Allerdings muß man bei der üblichen Stahlform eine geringe Formverzerrung in Kauf nehmen.

b) Bei Flachgewinden sind Einstellung und Form des Gewindestahles besonders wichtig. In den Zeichnungen werden in der Regel nur die Maße für Kern- und Außendurchmesser sowie Steigung angegeben, dagegen nicht der Außen- und Kern-Steigungswinkel. Diese für den Dreher oder Werkzeugmacher wichtigen Maße können aber nach Abb. G 16 leicht ausgerechnet werden aus

$$\operatorname{tg} \sigma_a = \frac{h}{d_a \cdot \pi}, \quad \operatorname{tg} \sigma_k = \frac{h}{d_k \cdot \pi}, \quad \operatorname{tg} \sigma_m = \frac{h}{d_m \cdot \pi}.$$

Tafel 3. Mittlerer Steigungswinkel.

Whitworth-Gewinde DIN 11			Metrisches Gewinde DIN 13 u. 14			Rohrgewinde DIN 259 u. 260		
Bolzen-durchmesser Zoll	Steigung mm	Steigungswinkel Grad	Bolzen-durchmesser mm	Steigung mm	Steigungswinkel Grad	Nenn-durchmesser Zoll	Steigung mm	Steigungswinkel Grad
1/16	0,423	5 3/4	1	0,25	5 1/2	1/8	0,907	1 3/4
1/8	0,635	4 1/4	1,2	0,25	4 1/2	1/4	1,337	2
1/4	1,270	4 1/4	2	0,4	4 1/4	3/8	1,337	1 1/2
5/16	1,411	3 3/4	2,3	0,4	3 1/2	1/2	1,814	1 3/4
3/8	1,588	3 1/2	3	0,5	3 1/2	5/8	1,814	1 1/2
7/16	1,814	3 1/4	4	0,7	3 1/2	3/4	1,814	1 1/4
1/2	2,117	3 1/2	4,5	0,75	3 1/2	7/8	1,814	1 1/4
9/16	2,117	3	5	0,8	3 1/4	1	2,309	1 1/4
5/8	2,309	3	6	1	3 1/2	1 1/8	2,309	1 1/4
11/16	2,309	2 3/4	8	1,25	3 1/4	1 1/2	2,309	1
3/4	2,540	2 3/4	10	1,5	3	1 3/8	2,309	1
13/16	2,540	2 1/2	12	1,75	3	1 3/4	2,309	3/4
7/8	2,822	2 1/2	14	2	2 3/4	2	2,309	3/4
1	3,175	2 1/2	16	2	2 1/2	2 1/4	2,309	3/4
1 1/8	3,629	2 1/2	20	2,5	2 1/2	2 1/2	2,309	1/2
1 1/4	3,629	2 1/4	22	2,5	2 1/4	2 3/4	2,309	1/2
1 3/8	4,233	2 1/2	24	3	2 1/2	3	2,309	1/2
1 1/2	4,233	2 1/4	30	3,5	2 1/4	3 1/2	2,309	1/2
1 5/8	5,080	2 1/2	36	4	2 1/4	3 3/4	2,309	1/2
1 3/4	5,080	2 1/4	39	4	2	4	2,309	1/2
1 7/8	5,645	2 1/4	42	4,5	2	Metr. Feingewinde 3		
2	5,645	2 1/4	48	5	2	(Auswahlreihe) DIN 243		
2 1/4	6,350	2 1/4	56	5,5	2	mm	mm	Grad
2 1/2	6,350	2	60	5,5	1 3/4	12	1,5	2 1/2
2 3/4	7,257	2	72	6	1 1/2	14	1,5	2
3	7,257	1 3/4	76	6	1 1/2	16	1,5	1 3/4
3 1/2	7,816	1 3/4	84	6	1 1/4	20	1,5	1 1/2
3 3/4	8,467	1 3/4	89	6	1 1/4	24	1,5	1 1/4
4	8,467	1 1/2	99	6	1 1/4	30	1,5	1
5	9,237	1 1/2	104	6	1	40	1,5	3/4
6	10,160	1 1/4	149	6	3/4	52	1,5	1/2

Bei den meisten eingängigen Gewinden und anderen Gewinden mit geringer Steigung kann die Schneide des Stahles waagerecht angesetzt werden. Die Stahlform entspricht dann, von oben gesehen, dem Gewindeprofil im Achsenschnitt, Abb. G 18. Der seitliche Freiwinkel ist mit 3° angenommen. Bei dieser Anordnung sind aber die beiden seitlichen Keilwinkel ungleich. Bei steilgängigem Gewinde wird dabei der linke Keilwinkel β_1, Abb. G 19, zu klein, so daß die linke Schneidkante leicht ausbricht. Der rechte Keilwinkel β_2 dagegen wird zu groß, so daß die rechte Schneidkante nicht richtig schneidet, sondern nur schabt oder drückt. Durch Hohlschliff, Abb. G 20, kann zwar der Winkel β_2 auch kleiner als 90°

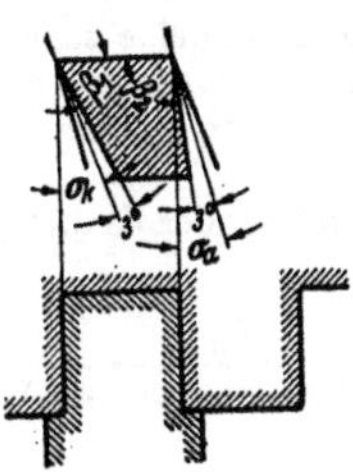

Abb. G 18.

Abb. G 19.

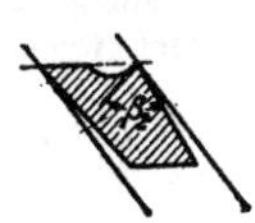

Abb. G 20.

gemacht und so ein besseres Arbeiten der rechten Schneidkante erreich werden; in diesem Fall ist aber das Anschleifen des Stahles schwierig.

c) Steilgängiges Gewinde. 1. Rechnerisches Bestimmen der Stahl breiten. Bei mehrgängigen und anderen steilgängigen Gewinden (mitt lerer Steigungswinkel größer als 10°) ist es notwendig, di Meißelschneide schräg anzustellen, und zwar meist unter den mittleren Steigungswinkel, Abb. G 21. Hierbei ergeben sicl gleiche seitliche Keilwinkel, so daß die rechte und link Schneide gleichmäßig arbeiten und beansprucht werden. Wi ohne weiteres ersichtlich, ist aber jetzt die Stahlbreite ge ringer als bei waagerechter Stellung. Außerdem ändert sicl die Breite mit der Gewindetiefe und ist beim Flachgewinde am äußeren (größeren) Durchmesser größer als am inneren (kleinen) Durchmesser. Di Gewindeprofile sind für Bolzen und Mutter gleich, Abb. G 22 und 23, nu

Abb. G 21.

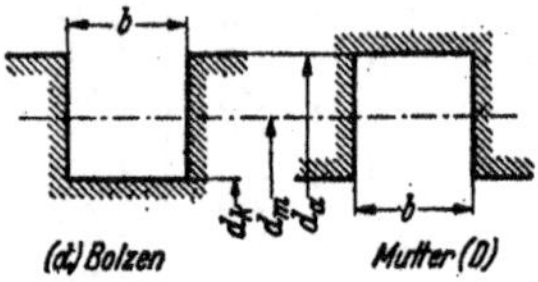

Abb. G 22.

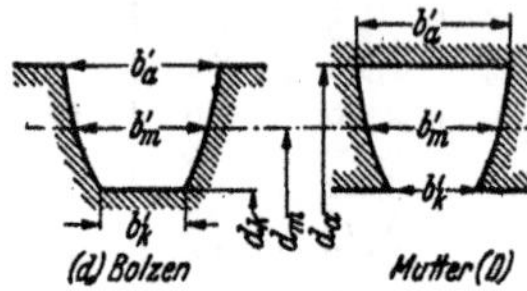

Abb. G 23.

stehen sie zum Meißelschaft entgegengesetzt. Die ungleichmäßige Breite ergibt sich daraus, daß die Steigungswinkel dem Durchmesser entsprechend sich ändern. Mit wachsendem Steigungswinkel nimmt die Breite des Stahles ab. In den Bildern sind die Abweichungen zur besseren Kenntlichmachung stark übertrieben gezeichnet.

Das genaue Berechnen der Stahlbreite b' ist schwierig und führt zu verwickelten Formeln[1]). In einfachen Fällen, vor allem bei Steigungswinkeln bis etwa 10°, geben folgende Gleichungen[2]) für die Praxis brauchbare Werte:

$$b'_a = b_a \cdot \frac{\cos\sigma_a}{\cos(\sigma_m - \sigma_k)}, \qquad b'_k = b_k \cdot \frac{\cos\sigma_k}{\cos(\sigma_m - \sigma_a)},$$

$$b'_m = b_m \cdot \frac{\cos\sigma_m}{\cos(\sigma_m - \sigma_m)} = b_m \cdot \cos\sigma_m .$$

Diese Gleichungen gelten für den Fall, daß die Stahlschneide senkrecht zur mittleren Schraubenlinie steht. Steht sie senkrecht zur inneren oder äußeren Schraubenlinie, so ist in den Formeln im Nenner σ_k oder σ_a an Stelle von σ_m zu setzen.

Für größere Steigungswinkel rechnet man mit ausreichender Genauigkeit nach folgenden Näherungsformeln[3]):

$$b'_a = \frac{b_a}{\cos\sigma_m(1 + \operatorname{tg}\sigma_m \operatorname{tg}\sigma_k)}, \qquad b'_k = \frac{b_k}{\cos\sigma_m(1 + \operatorname{tg}\sigma_m \operatorname{tg}\sigma_k)},$$

$$b'_m = \frac{b_m}{\cos\sigma_m(1 + \operatorname{tg}\sigma_m \operatorname{tg}\sigma_m)}.$$

1) Vgl. Vogel: Werkst.-Techn. 1933 Heft 14 sowie 1935 Heft 6 u. 7.
2) Vgl. Fritzen: Werkst.-Techn. 1920 Heft 3 u. 4 sowie 1922 Heft 23.
3) Vgl. Schröder: Masch.-Bau (Der Betrieb) 1938 Heft 3/4.

Für sehr große Steigungswinkel sind zusätzliche Verbesserungsglieder zu berücksichtigen.

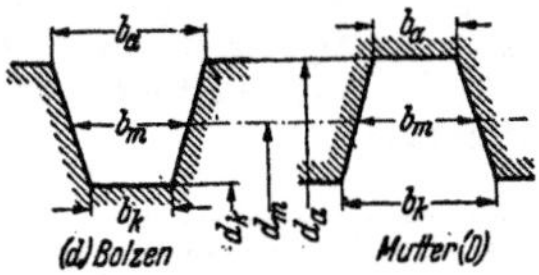

Abb. G. 24.

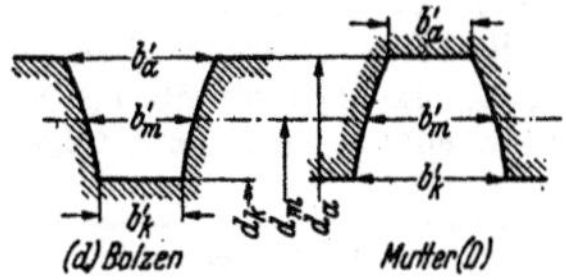

Abb. G 25.

Alle Formeln gelten grundsätzlich für Flachgewinde und Trapezgewinde. Nur ist zu bedenken, daß bei Trapezgewinde die Breiten von Bolzen und Mutter im Achsenschnitt nicht gleich sind, Abb. G 24 und 25, die Profile der Bolzen unterscheiden sich infolgedessen von denen der Muttern. Die

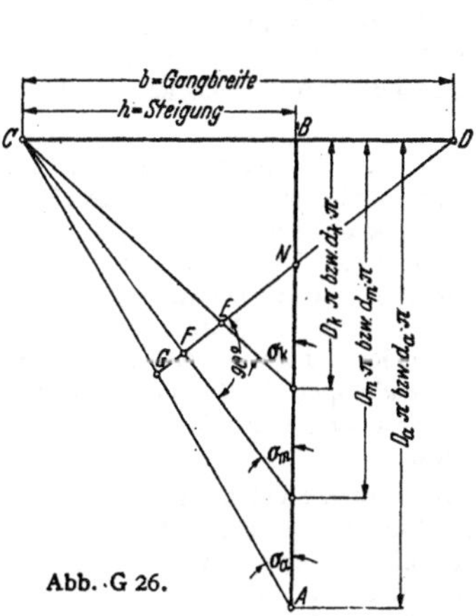

Abb. G 26.

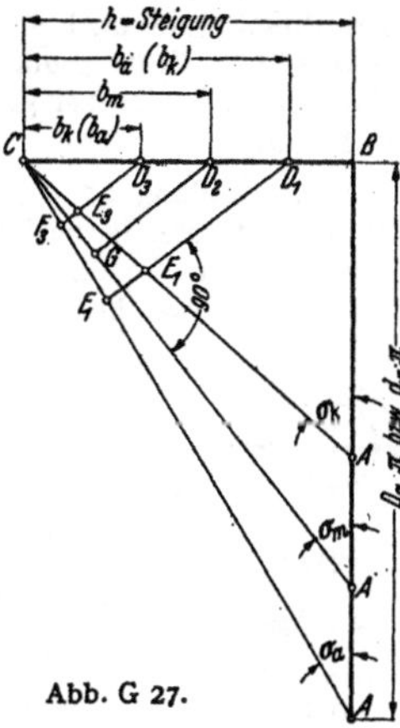

Abb. G 27.

Abb. G 26 und G 27. Zeichnerische Ermittlung der Stahlbreiten bei Flach- und bei Trapezgewinde.

Außenbreite b_a des Bolzens ist gleich der Kernbreite b_k der Mutter und die Kernbreite des Bolzens b_k gleich der Außenbreite b_a der Mutter. Nur die mittlere Breite b_m ist bei Bolzen und Mutter gleich.

2. Zeichnerisches Bestimmen der Stahlbreiten. Man zeichnet die Abwicklung der Schraubenlinie für den Außen-, Flanken- und Kerndurchmesser in der Weise, Abb. G 26 und 27, daß die entstehenden drei Dreiecke eine der Steigung h entsprechende Kathete CB gemeinsam haben.

Beim Flachgewinde, Abb. G 26, wird vom Punkt C aus auf der Geraden CB die Gangbreite b abgetragen, und zwar in vergrößertem Maßstab (etwa 10 : 1). Vom Endpunkt D fällt man dann ein Lot auf die Schraubenlinie, zu der die Stahlschneide senkrecht steht (im Bild auf die mittlere CF). Die Strecke DE gibt dann die Kernbreite b'_k, Strecke DF die Mittenbreite b'_m

und Strecke DG die Außenbreite b'_a des Stahles an. Die Längen sind abzugreifen und auf Naturgröße umzurechnen.

Beim Trapezgewinde, Abb. G 27, geht man ähnlich vor. Nur sind auf BC drei Strecken abzutragen, nämlich CD_3 für die Kernbreite b_k, CD_2 für die Mittenbreite b_m und CD_1 für die Außenbreite b_a. Die Stahlbreiten entsprechen dann folgenden Strecken:

Stahlbreiten	Außenbreite b'_a	Mittenbreite b'_m	Kernbreite b'_k
für Bolzenherstellung	D_1F_1	D_2G	D_3E_3
für Mutterherstellung	D_3F_3	D_2G	D_1E_1

3. **Formen der Stahlflanken.** Beim Flachgewinde ergeben sich für Bolzen und Mutter nach außen gewölbte Gewindeprofile, und zwar bei jeder Schrägstellung des Stahles. Beim Trapezgewinde dagegen ist das Bolzenprofil in der Regel nach innen gekrümmt, kann aber je nach Größe des Flankenwinkels auch nach außen gewölbt oder gerade sein. Das stets nach außen gewölbte Mutterprofil weicht in der Regel nur unwesentlich von der Geraden ab. Nur bei großen Gewinden und Schnecken ist die Wölbung stärker.

Die Schrägstellung der Stahlschneide hat den Nachteil, daß die Form des Meißels schwerer herzustellen und zu schleifen ist. Außerdem läßt sich die unterschnittene Form, Abb. G 23, des Schraubenganges der Mutter beim Flachgewinde schwer herstellen. Bei kleineren Gewinden behilft man sich in der Weise, daß man die Mutter rechteckig ausschneidet. Das Profil des Bolzens muß dann entsprechend im Kern kleiner oder außen größer werden, je nachdem, ob die äußere (größere) oder innere (kleinere) Breite des Mutterprofils angenommen wird.

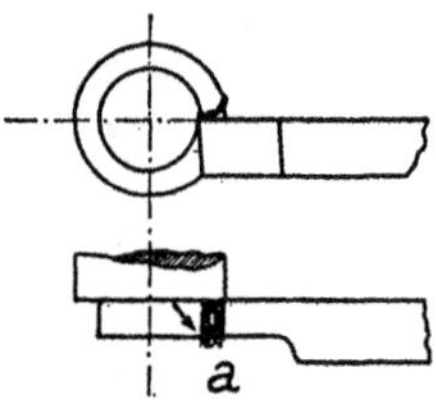

Abb. G 28.

Das Gewinde wird zunächst im Grund und in den beiden Flanken vorgearbeitet und dann mit dem Formstahl nach dem genauen Profil fertiggeschnitten. Bei der Mutter mit Flachgewinde muß der Formstahl (des unterschnittenen Profiles wegen) schmaler als die Lücke sein und beim Fertigschneiden jede Flanke für sich bearbeitet werden. Auch wenn der Einfachheit halber mit waagerechtem Stahl geschlichtet wird, empfiehlt es sich dennoch, mit schrägem Stahl vorzuschruppen. Bei großer Steigung und großem Gewindequerschnitt kann man auch beide Flanken mit getrennten Stählen schlichten.

Schruppstähle mit vollem Lückenquerschnitt ergeben kein sauberes Gewinde; denn bei jeder Zerspanung werden die Späne gestaucht und suchen seitlich auszuweichen. Kann der Werkstoff, wie in Abb. G 28 gezeigt, seitlich nach *a* hin abfließen, so treten keine Schwierigkeiten auf. Wird aber eine kreis- oder schraubenförmige Nute eingestochen, so stößt der Span auf die Nutenwand und rauht sie auf. Beim Schlichten tritt dieser Übelstand meist nicht in Erscheinung, da die Spanstärke zu gering ist und der den Schlichtspan bildende Werkstoff bequem nach innen abfließen kann.

4. Beispiele für das Bestimmen der Stahlbreiten bei schräggestelltem Stahl.

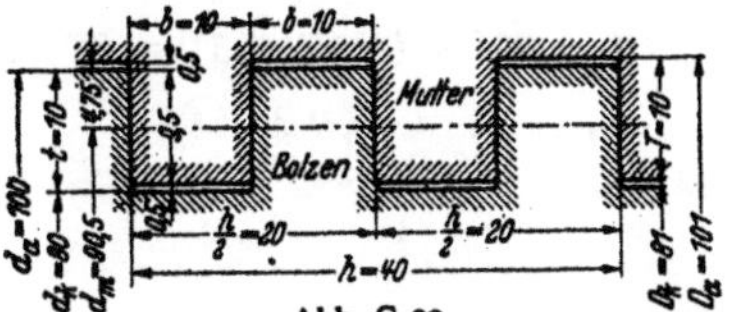

Abb. G 29.

Beispiel 1. Doppelgängiges Flachgewinde, Abb. G 29: Außendurchmesser des Bolzens $d_a = 100$ mm.

Steigung $h = 40$ mm.

Gangweite (Teilung) $h/2 = 20$ mm.

Gangbreite b = Gangtiefe $t = h/4 = 10$ mm.

Schrägstellung der Stahlschneide senkrecht zur mittleren Schraubenlinie.

	Außen	Flanke (Mitte)	Kern
	Bolzen		
Durchmesser .... d	100	90,5	80 mm
Steigung .... h	40	40	40 mm
Steigungswinkel .. $\operatorname{tg}\sigma = \frac{h}{\pi \cdot d}$	$\frac{40}{\pi \cdot 100}$	$\frac{40}{\pi \cdot 90{,}5}$	$\frac{40}{\pi \cdot 80}$
$\operatorname{tg}\sigma$	0,12732	0,14069	0,15915
σ	7° 15′	8°	9° 03′
Schrägstellung der Stahlschneide .... σ_m	8°	8°	8°
Abweichung .... $\sigma_m - \sigma$	0° 45′	0°	−1° 03′
$\cos(\sigma_m - \sigma)$	0,99991	1	0,99983
Steigungswinkel .... $\cos\sigma$	0,99201	0,99027	0,98755
Gangbreite .... b	10	10	10 mm
Stahlbreite $b' = \frac{b \cdot \cos\sigma}{\cos(\sigma_m - \sigma)}$	$10 \cdot \frac{0{,}99201}{0{,}99991}$	$10 \cdot \frac{0{,}99027}{1}$	$10 \cdot \frac{0{,}98755}{0{,}99983}$
b'	9,921	9,903	9,877 mm
	Mutter		
Durchmesser .... D	101	90,5	81 mm
Steigung .... h	40	40	40 mm
Steigungswinkel . $\operatorname{tg}\sigma = \frac{h}{\pi \cdot D}$	$\frac{40}{\pi \cdot 101}$	$\frac{40}{\pi \cdot 90{,}5}$	$\frac{40}{\pi \cdot 81}$
$\operatorname{tg}\sigma$	0,12606	0,14069	0,15719
σ	7° 11′	8°	8° 56′
Schrägstellung der Stahlschneide .... σ_m	8°	8°	8°
Abweichung .... $\sigma_m - \sigma$	0° 49′	0°	−0° 56′
$\cos(\sigma_m - \sigma)$	0,99989	1	0,99987
$\cos\sigma$	0,99215	0,99027	0,98787
Gangbreite .... b	10	10	10 mm
Stahlbreite $b' = b \cdot \frac{\cos\sigma}{\cos(\sigma_m - \sigma)}$	$10 \cdot \frac{0{,}99215}{0{,}99989}$	$10 \cdot \frac{0{,}99027}{1}$	$10 \cdot \frac{0{,}98787}{0{,}99987}$
b'	9,923	9,903	9,880 mm

Bei der zeichnerischen Bestimmung der Profilbreiten ist zu beachten, daß Bolzen und Mutter verschiedene Durchmesser haben und infolgedessen die Dreiecke für den Kern- und Außendurchmesser gesondert zu zeichnen sind.

Die seitlichen Keilwinkel β_1 und β_2, Abb. G 18, des nicht schräggestellten Gewindestahls ergeben sich bei Annahme eines seitlichen Freiwinkels von 3° an dem berechneten Bolzen-Flachgewinde:

$$\beta_1 = 90° - (\sigma_k + 3°), \quad \beta_1 = 90° - (9°03' + 3°) = 77°57',$$

und

$$\beta_2 = 90° + (\sigma_k - 3°), \quad \beta_2 = 90° + (7°15' - 3°) = 94°15'.$$

Beispiel 2. Doppelgängiges **Trapezgewinde** nach DIN 103, Abb. G 30:

Außendurchmesser des Bolzens $d_a = 120$ mm.
Steigung $h = 28$ mm.
Teilung (Gangweite) $h/2 = 14$ mm.
Kernbreite des Bolzens b_k = Außenbreite der Mutter b_a.
Außenbreite des Bolzens b_a größer als Kernbreite der Mutter b_k.
Schrägstellung der Stahlschneide senkrecht zur mittleren Schraubenlinie.
Theoretische Gewindetiefe $t = 1{,}866 \cdot h = 6{,}124$ mm.
Die Breiten b_a, b_m und b_k ergeben sich gemäß Abb. G 30.

	Außen	Flanke (Mitte)	Kern
	Bolzen		
Durchmesser . . . . d	120	113	105 mm
Steigung . . . . h	28	28	28 mm
Steigungswinkel . . $\operatorname{tg}\sigma = \frac{h}{\pi \cdot d}$	$\frac{28}{\pi \cdot 120}$	$\frac{28}{\pi \cdot 113}$	$\frac{28}{\pi \cdot 105}$
$\operatorname{tg}\sigma$	0,07427	0,07887	0,08488
σ	4°15'	4° 30'	4° 51'
Schrägstellung der Stahlschneide . . . . σ_m	4° 30'	4° 30'	4° 30'
$\sigma_m - \sigma$	0° 15'	0°	−0° 21'
$\cos(\sigma_m - \sigma)$	0,99999	1	0,99998
$\cos\sigma$	0,99725	0,99692	0,99641
Gewindebreite . . . . b	8,876	7	4,837 mm
Stahlbreite $b' = b \cdot \frac{\cos\sigma}{\cos(\sigma_m - \sigma)}$	$8{,}876 \cdot \frac{0{,}99725}{0{,}99999}$	$7 \cdot \frac{0{,}99692}{1}$	$4{,}856 \cdot \frac{0{,}99641}{0{,}99998}$
b'	8,851	6,978	4,838 mm
	Mutter		
Durchmesser . . . . D	121	113	106,5 mm
Steigung . . . . h	28	28	28 mm
Steigungswinkel . . $\operatorname{tg}\sigma = \frac{h}{\pi \cdot D}$	$\frac{28}{\pi \cdot 121}$	$\frac{28}{\pi \cdot 113}$	$\frac{28}{\pi \cdot 106{,}5}$
$\operatorname{tg}\sigma$	0,07366	0,07887	0,08369
σ	4° 13'	4° 30'	4° 47'
Schrägstellung der Stahlschneide . . . . σ_m	4° 30'	4° 30'	4° 30'
$\sigma_m - \sigma$	0° 17'	0°	−0° 17'
$\cos(\sigma_m - \sigma)$	0,99999	1	0,99999
$\cos\sigma$	0,99729	0,99692	0,99651
Gewindebreite . . . . b	4,856	7	8,742 mm
Stahlbreite $b' = b \cdot \frac{\cos\sigma}{\cos(\sigma_m - \sigma)}$	$4{,}856 \cdot \frac{0{,}99729}{0{,}99999}$	$7 \cdot \frac{0{,}99692}{1}$	$8{,}742 \cdot \frac{0{,}99651}{0{,}99999}$
$b,$	4,843	6,978	8,711 mm

Bei der zeichnerischen Bestimmung der Profilbreiten ist es übersichtlicher, für Bolzen und Mutter je ein getrenntes Schaubild zu zeichnen, und zwar stark, möglichst 20fach, vergrößert.

Bolzen:	Mutter:
Außenbreite	Außenbreite
$b_a = 14 \cdot \frac{16{,}562}{26{,}124} = 8{,}876$	4,856
Mittenbreite	Mittenbreite
$b_m = \frac{14}{2} = 7$	7
Kernbreite	Kernbreite
$b_k = 14 \cdot \frac{9{,}062}{26{,}124} = 4{,}856$	$14 \cdot \frac{16{,}312}{26{,}124} = 8{,}742$

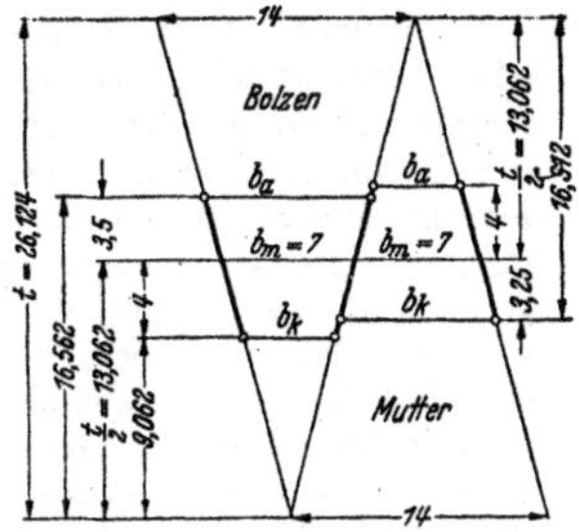

Abb. G 30.

Das oben berechnete Gewinde mit 4° 30′ mittlerem Steigungswinkel liegt an der Grenze zwischen normalem und steilgängigem Gewinde. Die Verzerrung ist infolgedessen gering.

Beispiel 3. Viergängiges Flachgewinde (absichtlich übertrieben steil und tief gewählt), Abb. G 31, berechnet nach Näherungsformel.

Außendurchmesser des Bolzens $d_a = 40$ mm.
Steigung $h = 80$ mm.
Teilung $h/4 = 20$ mm. Gangbreite $b = 10$ mm.
Schrägstellung der Stahlschneide senkrecht zur mittleren Schraubenlinie.

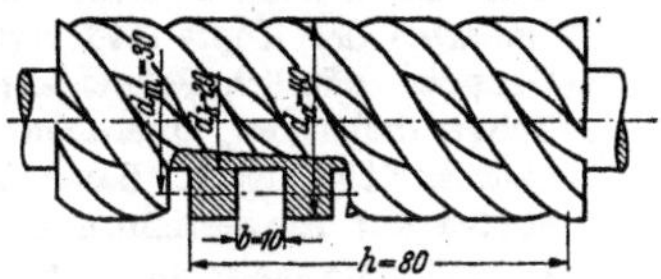

Abb. G 31.

Bolzen.

	Außen	Flanke (Mitte)	Kern
Durchmesser . . . . d	40	30	20 mm
Steigung . . . . h	80	80	80 mm
Steigungswinkel $\operatorname{tg}\sigma = \frac{h}{\pi \cdot d}$	$\frac{80}{\pi \cdot 40}$	$\frac{80}{\pi \cdot 30}$	$\frac{80}{\pi \cdot 20}$
$\operatorname{tg}\sigma$	0,63662	0,84882	1,27324
σ	32° 30′	40° 20′	51° 50′
Schrägstellung der Stahlschneide . . . . σ_m	40° 20′	40° 20′	40° 20′
$1 + \operatorname{tg}\sigma_m \cdot \operatorname{tg}\sigma$	$1 + 0{,}84882 \cdot 0{,}63662 = 1{,}54038$	$1 + 0{,}84882 \cdot 0{,}84882 = 1{,}72050$	$1 + 0{,}84882 \cdot 1{,}27324 = 2{,}08076$
$\cos\sigma_m$	0,76229	0,76229	0,76229
Gewindebreite . . . . b	10	10	10 mm
Stahlbreite $b' = \frac{b}{\cos\sigma_m \cdot (1 + \operatorname{tg}\sigma_m \cdot \operatorname{tg}\sigma)}$	$\frac{10}{0{,}76229 \cdot 1{,}54038}$	$\frac{10}{0{,}76229 \cdot 1{,}72050}$	$\frac{10}{0{,}76229 \cdot 2{,}08076}$
b'	8,514	7,624	6,300 mm

II. Gewindeschneiden mit Schneideisen (Schneidkluppe) und Schneidköpfen.

Beim Gewindeschneiden von Hand mit Schneideisen oder Schneidkluppe ist auf gute Führung des Werkzeuges zu achten, damit das Gewinde fluchtet. Die Bolzen werden auf einen kleineren Durchmesser überdreht als der Außendurchmesser des Außengewindes sein soll, da auch beim Schneiden mit Schneideisen (Schneidkluppe) der Werkstoff fließt, wie bei den Gewindebohrern erläutert wurde.

Das gleiche gilt für die Gewindeherstellung auf Gewindeschneidmaschinen oder Automaten. Gute Ergebnisse erreicht man, wenn der Außendurchmesser des Bolzens etwa um $^1/_{10}$ bis $^2/_{10}$ der Steigung unter dem Soll-Maß des Gewindeaußendurchmessers liegt. Die Festigkeit der Schraubenverbindung ändert sich praktisch hierdurch nicht. Dagegen wird die Leistungsfähigkeit des Werkzeuges bedeutend erhöht. Auch der Ausschuß wird geringer, da das Gewinde weniger ausreißt und die Gewindeflanken sauberer werden. Genaue Außen- und Kerndurchmesser sind nur für Schrauben erforderlich, die im Gewinde dichten sollen.

Beim Schneiden von Gewinde mit dem Schneideisen in zähe Werkstoffe kommt es vor, daß sich beim Wiederabschrauben des Schneideisens vom Werkstück das Gewinde streckt, so daß die Steigung zu groß wird.

Neben Schneideisen werden auf Maschinen, vor allem bei Massenfertigung, selbstöffnende Schneidköpfe verwendet, da bei diesen eine Umkehr der Drehbewegung für den Rücklauf nicht erforderlich ist. Das Gewinde kann daher beim Rücklauf auch nicht ausreißen oder sich strecken. Die Bauarten der Köpfe sind verschieden[1]). Sie lassen sich aber alle in zwei Gruppen, nämlich Schneidköpfe mit Radialbacken und Schneidköpfe mit Tangentialbacken, einordnen. Während die Radialschneidköpfe mit verhältnismäßig kleinen Baumaßen ausführbar sind, ist dies bei Schneidköpfen mit Tangentialbacken nicht möglich. Deshalb findet man Radialschneidköpfe meist auf Automaten, während Tangentialköpfe auf Sonder-Gewindeschneidmaschinen verwendet werden. Schneidköpfe mit Tangentialbacken haben den Vorteil, daß die Spanabfuhr bedeutend besser ist. Trotz guter Schneidköpfe kann man schlechte Gewinde erhalten, wenn die Maschine nicht richtig gerüstet (eingerichtet) wird. Es ist vor allem wichtig, daß beim Schneiden die Bolzenachse mit der Schneidkopfachse zusammenfällt, da das Gewinde sonst einseitig oder schief ausfällt.

Schmiermittel[2]) werden beim Schneiden der Außengewinde in gleicher Weise verwendet wie beim Innengewinde.

III. Gewindefräsen[3]).

Das Fräsen der Gewinde ist in vielen Fällen wesentlich billiger als die bisher geschilderten Herstellungsverfahren, vor allem, wenn an die Genauigkeit hohe Anforderungen gestellt werden oder besonders harte Werkstoffe zu bearbeiten sind. Für lange Gewinde werden scheibenförmige Fräser (Einformfräser) verwendet, während kurze Gewinde mit walzenförmigen Mehrrillenfräsern (Kammfräsern) hergestellt werden.

a) Fräsen von Langgewinde mit scheibenförmigen Gewindefräsern (Einformfräsern).

Einformfräser (scheibenförmige Gewindefräser) arbeiten den Gewindegang Windung nach Windung in seiner ganzen Länge heraus. Deshalb können mit ihnen Gewinde beliebiger Länge, Art und Form hergestellt werden. Hierzu sind entsprechende Langgewinde-Fräsmaschinen erforderlich. Bei großen Gewindesteigungswinkeln tritt dadurch eine Verzerrung der Gewindeform auf, daß der schräggestellte Fräser nachschneidet. Am ungünstigsten arbeitet der Fräser bei rechtwinkliger Gewindeform

[1]) Näheres vgl. Mütze: Masch.-Bau (Der Betrieb) 1936 Heft 11/12.
[2]) S. Buch Reuschle: Werkstattkniffe, Schmieren. München 27: Carl Hanser.
[3]) S. Buch Theegarten u. Geyer: Werkstattkniffe, Fräsen. München 27: Carl Hanser.

(Flachgewinde, Flankenwinkel 0°), bei der jede Flanke für sich gefräst werden muß. Bei Flankenwinkeln über 10° ist der Formfehler meist belanglos. Gröbere Gewinde, wie Spann- und Förderspindeln, können fertiggefräst werden. Bei genauen Gewinden dagegen, beispielsweise bei Leit- und Meßspindeln oder schneckenförmigen Wälzfräsern, dient das Fräsen lediglich als Vorbearbeitung, während die Fertigstellung auf der Drehbank oder Schleifmaschine erfolgt.

Beim Fräsen wird das Werkzeug mit seiner Achse meist um den mittleren Steigungswinkel gegen die Schraubenachse versetzt eingestellt, da hierbei das Gewindeprofil am wenigsten verzerrt wird. Die Berechnung des Steigungswinkels und der Fräserbreite kann sinngemäß, wie beim Schneidstahl erörtert, erfolgen. Mit demselben Fräser können Gewinde verschiedenen Durchmessers und entsprechend verschiedener Steigungswinkel gefräst werden, soweit die Teilung oder Steigung gleich ist. Die gemäß den verschiedenen Steigungswinkeln erforderlichen verschiedenen Breiten im Senkrechtschnitt kann man dadurch erreichen, daß mit dem Fräser bei größeren Schrauben (kleinerem Steigungswinkel) tiefer gefräst wird als bei kleineren Schrauben. Die Breite des Fräsers ist dann nach dem größten Steigungswinkel (geringste Breite des Gewindeganges einer Gruppe) zu bestimmen. Die hierbei auftretende Profilverzerrung ist meist belanglos. Dieses Verfahren hat in allen Fällen Vorteile, in denen es auf Genauigkeit ankommt, besonders bei steilgängigem (mehrfachen) Gewinde und bei größeren Schrauben. Wird mehr auf billige Herstellung Wert gelegt, beispielsweise beim Vorfräsen, so ist es zweckmäßig, den Fräser nach einem mittleren Steigungswinkel einzustellen, der sich aus den mittleren Steigungswinkeln der kleinsten und größten Schraube einer Gruppe gleicher Steigung ergibt. Die Muttern müssen bei beiden Verfahren für jeden Durchmesser und jede Steigung besonders angefertigt werden.

b) Fräsen von Kurzgewinde mit walzenförmigen Gewindefräsern (Mehrrillenfräsern).

Kurze Innen- und Außengewinde mit größerem Flankenwinkel, beispielsweise metrische, Whitworth-, Löwenherz- und ähnliche Gewinde, können mit walzenförmigen Fräsern hergestellt werden. Die Fräser sind hinterdreht oder hinterschliffen und haben einzelne in sich geschlossene Rillen. Die hierdurch bedingte geringe Verzerrung der Gewindeform kann in Anbetracht der verhältnismäßig kleinen Steigungswinkel vernachlässigt werden. Der Arbeitsvorgang ist folgender:

Der Gewindefräser dringt während etwa $^1/_6$ Werkstückumdrehung bis zur vollen Gewindetiefe ein und fräst dann das Gewinde während einer weiteren vollen Werkstückumdrehung fertig. Der gesamte Fräsweg entspricht $1^1/_6$ Werkstückumfang. Die Fräszeiten sind daher meist überraschend kurz, und bei richtigen Arbeitsbedingungen (zweckmäßigem Ver-

Tafel 4. **Hauptzeiten beim Fräsen von Kurzgewinde in St 60 · 11.**

(Vgl. Buch „Wanderer-Fräsen", Seite 28.)

Gewindesteigung	Fräszeit (Hauptzeit) für ein Gewinde	
1 bis 2 mm	$D/25 \ldots D/10$ min	Außendurchmesser D des Gewindes in mm
2 bis 4 mm	$D/20 \ldots D/8$ min	

hältnis von Vorschubgeschwindigkeit zur Schnittgeschwindigkeit) fallen die gefrästen Gewinde sauber und genau aus.

Richtwerte für die Fräszeit, die durch die Gewindebreite und die Ansprüche an die Oberflächengüte bestimmt wird, können der Tafel 4, S. 463, entnommen werden.

IV. Gewindewalzen.

Für die spanlose Gewindefertigung durch Aufwalzen oder Eindrücken (Rollen) der Gewindegänge in das Arbeitsstück werden in der Hauptsache Gewindewalzmaschinen verwendet. Diese arbeiten entweder mit flachen Backen, die mit Gewinderillen versehen sind, oder mit scheibenförmigen Gewinderollen. Seltener werden Gewinde auch auf Drehbänken gerollt. Wenn auch in beiden Fällen der Arbeitsvorgang grundsätzlich der gleiche ist, so ist doch das Gewinderollen auf der Drehbank sowohl hinsichtlich des Werkstoffes als auch hinsichtlich der Gewindeform nur beschränkt anwendbar.

a) Gewindewalzen mit flachen Backen.

Während früher die auf Gewindewalzmaschinen hergestellten Schrauben keine besondere Genauigkeit hatten und daher nur für bestimmte Zwecke, z. B. für Befestigungsschrauben an Schaltern, Beleuchtungskörpern, Fernsprechern, hauswirtschaftlichen Geräten u. dgl., in großem Umfange angewendet wurden, arbeiten neuzeitliche Gewindewalzmaschinen mit einer Genauigkeit und Geschwindigkeit, die das Aufwalzen von Gewinden auch in vielen anderen Fällen wirtschaftlich machen. Die Güte der fertigen Schraube ist sehr von der Beschaffenheit des vorgepreßten oder vorgearbeiteten Körpers abhängig. Als Werkstoff wird vielfach weicher gebeizter Stahl, seltener Messing und Kupfer oder andere Nichteisenmetalle, verwendet.

Der Walzvorgang ist folgender, Abb. G 32: Zwischen einer feststehenden, axial und radial einstellbaren Backe *A* und der gegenüber vorbeilaufenden Backe *B* wird die Schraube *C* unter starkem Druck hindurchgerollt. Hierbei drückt sich das in die Backen eingearbeitete Gewindeprofil in den Schaft der Schraube, so daß das Gewinde nach einer halben Umdrehung der Schraube in seiner ganzen Länge fertig ist. Da durch das Eindrücken der Profile der Werkstoff hochgequetscht wird, fällt der Außendurchmesser des Gewindes größer aus als der ursprünglich vorhandene Schaftdurchmesser. Dieser muß also um ein bestimmtes Maß kleiner gehalten werden. Ist der Schaftdurchmesser der Schraube zu klein, so drückt sich der Werkstoff nicht genügend hoch, und das Gewinde wird nicht scharf ausgewalzt. Wird andererseits das richtige Maß erheblich überschritten, so entstehen ungenaue Gewinde. Geeignete Abmessungen können den folgenden Tafeln entnommen werden.

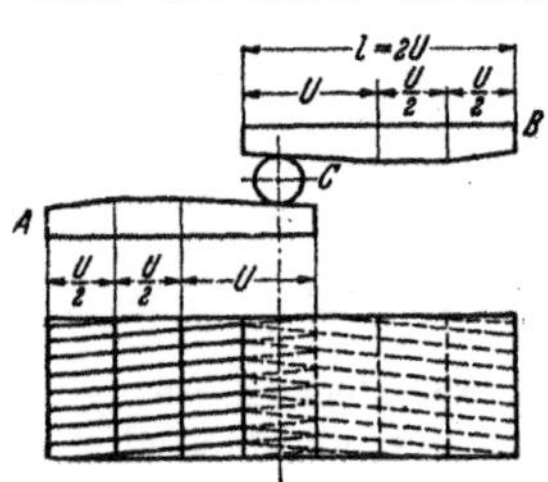

Abb. G 32. Gewindewalzen.

Gewindewalzbacken müssen mit größter Sorgfalt aus hochwertigem Werkzeugstahl, der einen geringen Härteverzug hat, hergestellt werden. Die Gewindeprofile, die der Form und Steigung des zu walzenden Gewindes entsprechen, Abb. G 33, werden in die Backen gehobelt oder gefräst, wobei

Tafel 5. **Angaben für das Berechnen zu walzender Gewinde.**

Bezeichnungen siehe Abb. G 33.

Benennung	Zeichen	Berechnung
Außendurchmesser der Schraube	d_a	
Flankendurchmesser der Schraube	d_m	
Kerndurchmesser der Schraube	d_k	
Werkstückdurchmesser vor dem Walzen	d	$= \sqrt{{}^1/_2 \cdot (d_a^2 + d_k^2)}$
Gangzahl auf 1″	G	
Steigung	h	$= 25{,}4 : G$
Mittlerer Steigungswinkel (vgl. Tafel 3)	δ	$\operatorname{tg} \sigma = \frac{h}{\pi \cdot d_m}$
Länge der Walzbacke	l	
Breite der Walzbacke	b	
Mindestbreite des Fräsers zum Einfräsen der Rillen	b_F	$= l \cdot \sin \sigma + b \cdot \cos \sigma$

Beispiel. Es soll ein Gewinde M 10 gewalzt werden.

$d_a = 10{,}000$ mm; $d_k = 7{,}916$ mm; $h = 1{,}5$ mm.

$d = \sqrt{{}^1/_2\,(10^2 + 7{,}916^2)} = \sqrt{81{,}33} = 9{,}02$ mm.

Tafel 6. **Werkstückdurchmesser d in mm vor dem Walzen.**

Whitworth	d_a in Zoll	1/16	3/32	1/8	5/32	3/16	7/32	1/4	5/16	3/8	7/16	1/2
	d in mm	1,35	2,07	2,80	3,50	4,13	4,93	5,60	7,09	8,57	10,02	11,43
Metr. Gew.	d_a in mm	3	3,5	4	4,5	5	6	7	8	9	10	
	d in mm	2,68	3,11	3,55	4,01	4,48	5,35	6,34	7,18	8,18	9,02	
Löwenherz-Gewinde	d_a in mm	1	1,2	1,4	1,7	2	2,3	2,6	3	3,5	4	4,5
	d in mm	0,83	1,03	1,20	1,46	1,73	2,02	2,29	2,65	3,08	3,51	3,98
	d_a in mm	5	5,5	6	7	8	9	10				
	d in mm	4,44	4,87	5,30	6,23	7,16	8,08	9,01				

man die Backen entsprechend dem Steigungswinkel α schräg einspannt, Abb. G 34. Um die Gewinderillen, deren Abstand gleich der Steigung des zu erzeugenden Gewindes sein muß, mit einem Schnitt einfräsen zu können, muß der Fräser länger sein als die Breite der Rollenbacken. Für ein besseres

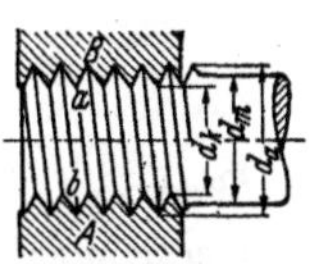

Abb. G 33.

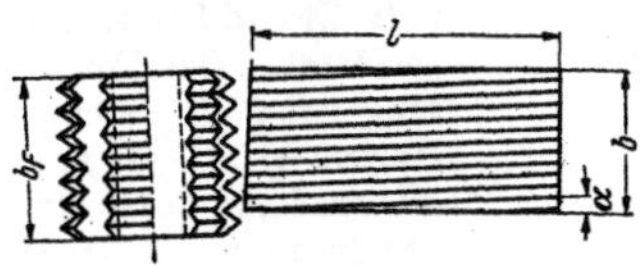

Abb. G 34.

Anrollen der Schrauben werden die Backen außerdem an der Anrollseite zweckmäßig etwas abgeschrägt. Das gerade mittlere Stück der Walzbacken, dessen Länge etwa 50 vH des Schaftumfanges beträgt, dient zum Fertigwalzen. Das angegebene Maß soll möglichst nicht überschritten werden, da sonst die Herstellungsgenauigkeit der Schrauben beeinträchtigt wird.

Da beim Walzen erhebliche Reibung auftritt, ist es notwendig, für reichliche Kühl- und Schmiermittelzufuhr zu sorgen und möglichst mit einem starken Kühlstrom zu arbeiten.

b) Gewindewalzen mit scheibenförmigen Gewinderollen.

Das behelfsmäßige Gewindewalzen auf Drehbänken, Revolverbänken und selbsttätigen Drehbänken mittels scheibenförmiger Gewinderolle wird nur dann angewandt, wenn Arbeitsstücke dicht an einem Bund mit Gewinde versehen werden sollen. Grobe Gewinde auf harten Werkstoffen sind auf diese Weise schwer zu walzen und setzen entsprechend kräftige Maschinen voraus.

Der Arbeitsgang ist folgender: Die Gewindegänge der scheibenförmigen Gewinderolle drücken sich beim Abrollen in das Werkstück ein. Ihre Länge L_r muß daher genau ein n-faches der Länge L des zu erzeugenden Gewindeganges sein, weil nach n Umdrehungen des Arbeitsstückes und einer Umdrehung der Rolle der folgende Gewindegang der Rolle mit den in das Arbeitsstück bereits eingedrückten wieder zusammentreffen muß. Die Zusammenhänge gehen aus Abb. G 35 hervor. Wenn mit h_r (h_g) und G_r (G_g) Steigung und Gangzahl des Rollengewindes bzw. des zu erzeugenden Gewindes bezeichnet werden, bestehen die Beziehungen

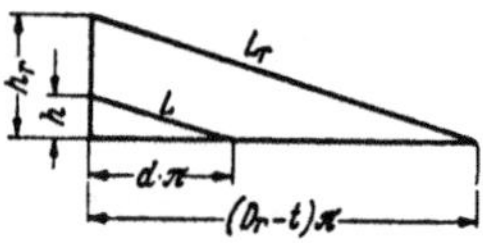

Abb. G 35.

$$h_r = n \cdot h_g \text{ und } G_r = \frac{G_g}{n}.$$

Die Form des auf diese Weise gewalzten Gewindes weicht von der normalen Gewindeform insofern ab, als die Gewindetiefe größer und der Kerndurchmesser kleiner als normal sind. Denn die Gewinderolle muß zur Überwindung des Verformungswiderstandes mit möglichst scharfen, anstatt abgerundeten oder abgeflachten, Kanten ausgeführt werden. Bei grobgängigen Gewinden oder harten Werkstoffen werden, damit sich die Rolle besser eindrücken kann, vorteilhaft zwei Gänge ausgespart, Abb. G 36. Außerdem ist es zweckmäßig, die Enden der Gewinderolle unter 45° abzuschrägen, um ein Ausbrechen des Gewindes zu verhindern. Die wegen der scharfen Kanten vorsichtig zu härtende Gewinderolle wird nach dem Härten auf der Drehbank mittels eines Stückes Hartholz, Öl und Schmirgel geglättet. Das Werkzeug wird in einem Halter, Abb. G 37, gut eingepaßt, so daß es um einen Zapfen leicht drehbar ist. Der Halter wird im Werkzeugschlitten eingespannt. Beim Walzen ist es wichtig, daß die Gewinderolle tangential und nicht unmittelbar auf die Mitte wirkend gegen das Arbeitsstück angedrückt wird. Die Einführung auf die nötige Tiefe muß bei weichen Werkstoffen möglichst rasch geschehen. Nach vollendetem Einwalzen des Gewindes soll die Rolle sofort zurückgezogen werden, da sonst die Gewindegänge leicht ausbrechen. Die Umfangsgeschwindigkeit des Werkstückes wähle man nicht zu hoch.

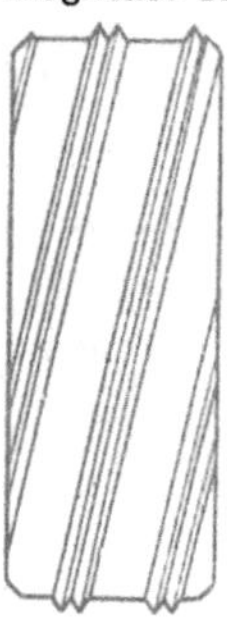
Abb. G 36.

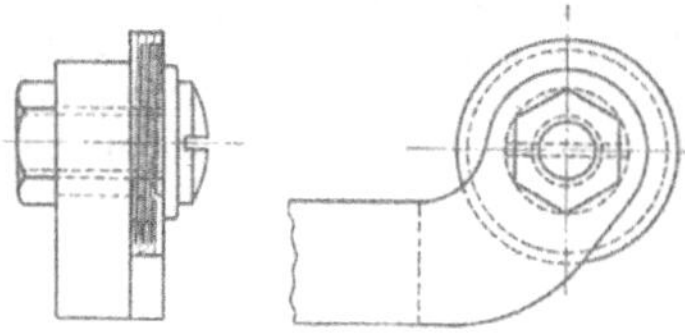
Abb. G 37.

Die Abmessungen der Gewinderollen richten sich nach dem Schaftdurchmesser des Werkstückes vor dem Walzen. Ihre Berechnung erfolgt gemäß Tafel 7.

Tafel 7. Angaben zur Berechnung zu rollender Gewinde.

Benennung	Zeichen	Berechnung
Außendurchmesser der Schraube	d_a	
Kerndurchmesser der Schraube......	d_k	
Werkstückdurchmesser vor dem Walzen (Rollen)	d	$= \sqrt{1/_2 \cdot (d_a^2 + d_k^2)}$
Steigung des fertigen Gewindes in mm	h	$= \frac{25{,}4}{G}$
Höhe des Gewindedreieckes	t	$= 0{,}96 \cdot h$ bei 55° Flankenwinkel $0{,}87 \cdot h$ bei 60° Flankenwinkel
Außendurchmesser der Gewinderolle .	D_r	$= d \cdot n + t$
Gewinde-Längenverhältnis $L_r : L$	n	s. Abb. G 35
Gewindesteigung der mehrgängigen (n-gängigen) Rolle in mm	h_r	$= n \cdot h = n \cdot \frac{25{,}4}{G}$
Gangzahl des fertigen Gewindes auf 1″	G	
Gangzahl der Gewinderolle auf 1″ ..	G_r	$= \frac{G}{n}$

Beispiel. Es soll ein Metrisches Feingewinde 3 nach DIN 243 $M\,20 \cdot 1{,}5$ ($d_a = 20{,}00$ mm, $d_k = 17{,}92$ mm, $h = 1{,}5$ mm, Flankenwinkel 60°) auf ein Werkstück gewalzt werden. Wenn $n = 7$ gewählt wird, so ist

$$h_r = 1{,}5 \cdot 7 = 10{,}5 \text{ mm}, \qquad d = \sqrt{1/_2 \cdot (20^2 + 17{,}92^2)} = 18{,}99 \text{ mm},$$
$$D_r = 18{,}99 \cdot 7 + 1{,}5 \cdot 0{,}87 = 134{,}24 \text{ mm}.$$

Seit einigen Jahren werden auch Gewindewalzmaschinen mit Gewinderollen geliefert, die allen Anforderungen der Massenfertigung genügen. Der Durchmesser der Rollen entspricht dem gewünschten Gewindedurchmesser und liegt zwischen 110 und 140 mm. Es können Werkstücke bis zu 70 mm Durchmesser mit Gewinde versehen werden. Die Walzgeschwindigkeit beträgt bis zu 16 m/min. Diese Maschinen liefern selbst auf zähharten Stählen höherer Festigkeit (70 bis 100 kg/mm²) ein sauberes und maßhaltiges Gewinde. Es lassen sich auf diese Weise nicht nur Schrauben und ähnliche Gewindebolzen (beispielsweise Gewindebohrer) herstellen, sondern es können auch Formteile und Hohlkörper mit kurzen Gewinden versehen werden, z. B. Radkappenverschraubungen, Zündkerzen u. dgl. Das zu walzende Werkstück W, Abb. G 38, wird auf eine vorteilhaft mit Hartmetall bestückte Auflage A gelegt und dreht sich nur um seine eigene Achse. Das Gewinde wird mit schwachem Anfangsdruck, der allmählich zunimmt, eingewalzt, und zwar alle Gänge gleichzeitig. Bei Verwendung geeigneter Schmiermittel werden Flanken und Profil vollkommen glatt. Mit Hilfe eines Druck- und Zeitmeßgerätes, das die Maschine selbsttätig steuert, ist es möglich, den Flankendurchmesser der Schrauben genau und gleichmäßig einzuhalten. Der gesamte Arbeitsgang dauert, je nach Gewindedurchmesser, 2 bis 20 Sekunden.

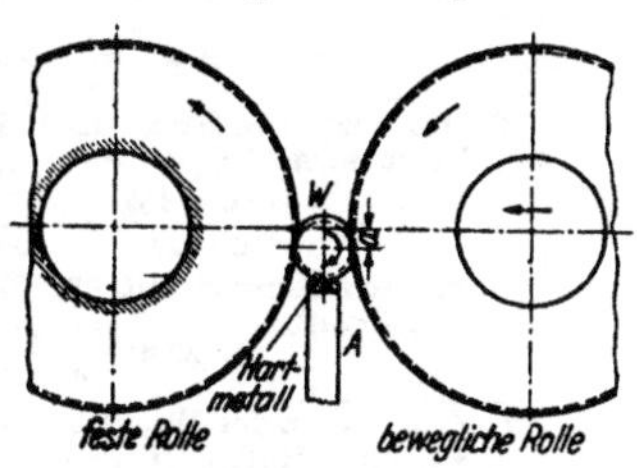

Abb. G 38.

C. Berechnung der Wechselräder[1]) zum Gewindeschneiden auf der Drehbank.

Durch die Wechselräder mit den Zähnezahlen a, b, c, d usw. werden die Umdrehungszahlen der Dreh- und Leitspindel in das zum Schneiden eines bestimmten Gewindes erforderlichen Verhältnis gebracht. Es ist:

$\dfrac{\text{Steigung in mm des zu schneidenden Gewindes}}{\text{Steigung in mm der Leitspindel}}$	oder	$\dfrac{\text{Gänge auf 1 Zoll der Leitspindel}}{\text{Gänge auf 1 Zoll des zu schneidenden Gewindes}}$	=	$\dfrac{\text{Produkt der Zähnezahlen der treibenden Räder}}{\text{Produkt der Zähnezahlen der getriebenen Räder}}$
A			=	***B***

Für die Berechnung des Verhältnisses ***A*** dienen die in Tafel 8 für alle vorkommenden Fälle unter A aufgeführten Formeln. Aus dem Verhältnis ***A*** werden die Zähnezahlen ***B*** der Wechselräder abgeleitet, indem Zähler und Nenner mit gleichen Zahlen erweitert (vervielfacht) werden, so daß sich Zähnezahlen vorhandener Räder ergeben. Eine Hilfe[2]) bieten die Tafeln über Primzahlen S. 22 bis 26.

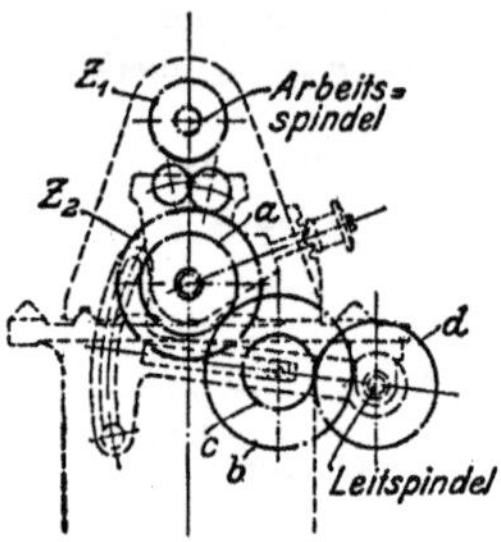

Abb. G 39.

Beispiele.

1. Auf einer Drehbank mit einer Leitspindel von 5 Gang auf 1" soll ein Gewinde mit einer Steigung = 2 mm geschnitten werden. $G_2 = 5$; $h_1 = 2$

$$A = \frac{h_1 \cdot G_2 \cdot 5}{127} = \frac{2 \cdot 5 \cdot 5}{127} = \frac{50}{127} = \frac{a}{b}.$$

2. Es ist ein Gewinde von 30 Gang auf 1" zu schneiden. Die Leitspindel der Drehbank hat 4 Gang auf 1". $G_1 = 30$; $G_2 = 4$; $A = \frac{G_2}{G_1} = \frac{4}{30} = \frac{a}{b}$.

In diesem Falle kommen wir mit einer 1fachen Übersetzung $\frac{a}{b}$ nicht mehr aus und gehen zur 2fachen Übersetzung über:

$$\frac{a \cdot c}{b \cdot d} = \frac{4}{30} = \frac{4 \cdot 10}{30 \cdot 10} = \frac{40 \cdot 10}{30 \cdot 100} = \frac{40 \cdot 10 \cdot 3}{30 \cdot 3 \cdot 100} = \frac{40 \cdot 30}{90 \cdot 100}.$$

Bei Herzübersetzung, wenn $\frac{Z_2}{Z_1} = i = 5$ wird:

$$A = \frac{G_2 \cdot i}{G_1} = \frac{4 \cdot 5}{30} = \frac{20}{30} = \frac{30}{45} = \frac{40}{60} \text{ usf.} = \frac{a}{b}.$$

3. Auf einer Drehbank, deren Leitspindeln 4 Gang auf 1" hat, ist eine Schnecke Modul 5 zu schneiden. $m = 5$; $G_2 = 4$

$$A = \frac{m \cdot G_2 \cdot 157}{10 \cdot 127} = \frac{5 \cdot 4 \cdot 157}{10 \cdot 127} = \frac{20 \cdot 157}{10 \cdot 127} = \frac{100 \cdot 157}{50 \cdot 127} = \frac{a \cdot c}{b \cdot d}.$$

Soweit ein Zahnrad mit 157 Zähnen nicht zur Verfügung steht, benutzt man die Näherungsformel.

$$A \approx \frac{m \cdot G_2 \cdot 47}{4 \cdot 95} = \frac{20 \cdot 47}{4 \cdot 95} = \frac{80 \cdot 94}{32 \cdot 95} = \frac{a \cdot c}{b \cdot d}.$$

[1]) Zähnezahlen für Wechselräder siehe Tafel 9.

[2]) Vgl. auch Hütte, Hilfstafeln. Berlin: W. Ernst & Sohn.

Anmerkung zur Tafel 8 auf S. 469.

*) Das Zahnrad mit 157 Zähnen beruht auf der Annäherung π = rd. 3,14 anstatt π = 3,14159265; also wird die Steigung des geschnittenen Modulgewindes um 0,0016 × Modul, entsprechend 0,0016 : π = 0,0005 oder 0,5 vT zu kurz, im Beispiel 3 also 0,0005 × 5 = 0,0025 mm = 2,5 μ.

Die Annäherung $\pi = \frac{25 \cdot 47}{22 \cdot 17} = 3{,}14171123$ ergibt ein Modulgewinde, dessen Steigung nur 0,00012 × Modul zu lang ist, entsprechend 0,00012 : π = 0,00004 oder 0,04 vT., im Beispiel 3 also 0,00004 × 5 = 0,0002 mm = 0,2 μ.

Das unbequem große Rad mit 157 Zähnen ist vermieden und gleichzeitig die Abweichung vom richtigen Wert unter ein Zehntel des Fehlers herabgesetzt.

Über Wechselräder s. a. „Werkstattbuch 1, Gewindeschneiden" (Berlin: Springer).

Tafel 8. **Berechnung A und B.**

Gegebene Werte: Zu schneidendes Gewinde	Gegebene Werte: Gewinde der Leitspindel		A [1])
Gangzahl auf 1″ G_1	Gangzahl auf 1″	G_2	$G_2 : G_1$
	Steigung mm	h_2	$\frac{25{,}4}{G_1 \cdot h_2} = \frac{127}{G_1 \cdot h_2 \cdot 5}$
	Steigung Zoll	E_2	$\frac{1}{G_1 \cdot E_2}$
Steigung mm h_1	Gangzahl auf 1″	G_2	$\frac{h_1 \cdot G_2}{25{,}4} = \frac{h_1 \cdot G_2 \cdot 5}{127}$
	Steigung mm	h_2	$h_1 : h_2$
	Steigung Zoll	E_2	$\frac{h_1}{E_2 \cdot 25{,}4} = \frac{h_1 \cdot 5}{E_2 \cdot 127}$
Modul $m = h_1 : \pi$	Gangzahl auf 1″	G_2	$\frac{m \cdot G_2 \cdot 3{,}14}{25{,}4} \approx \frac{m \cdot G_2 \cdot 157^{*})}{10 \cdot 127} \approx \frac{m \cdot G_2 \cdot 47}{4 \cdot 95}$
	Steigung mm	h_2	$\frac{m \cdot 3{,}14}{h_2} \approx \frac{m \cdot 157^{*})}{h_2 \cdot 50} \approx \frac{m \cdot 25 \cdot 47}{h_2 \cdot 22 \cdot 17}$
	Steigung Zoll	E_2	$\frac{m \cdot 3{,}14}{E_2 \cdot 25{,}4} \approx \frac{m \cdot 157^{*})}{E_2 \cdot 127 \cdot 10} \approx \frac{m \cdot 47 \cdot}{E_2 \cdot 4 \cdot 95}$
Steigung Zoll E_1	Gangzahl auf 1″	G_2	$E_1 \cdot G_2$
	Steigung mm	h_2	$\frac{E_1 \cdot 25{,}4}{h_2} = \frac{E_1 \cdot 127}{h_2 \cdot 5}$
	Steigung Zoll	E_2	$E_1 : E_2$

Übersetzung	Anordnung der Räder	B
1 fach	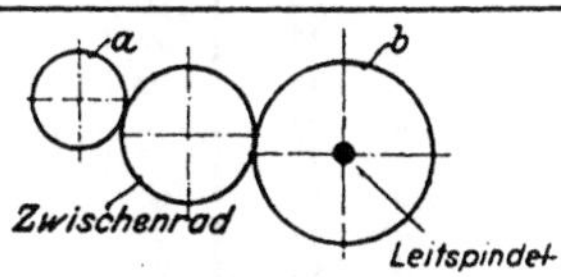	$\frac{a}{b}$
2 fach	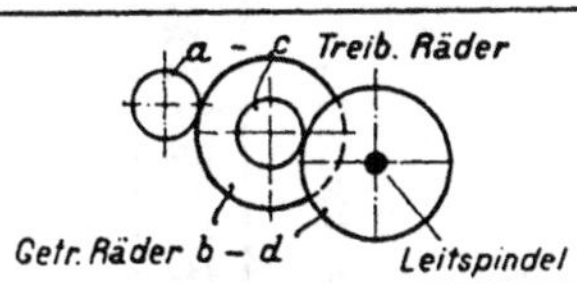	$\frac{a \cdot c}{b \cdot d}$
3 fach	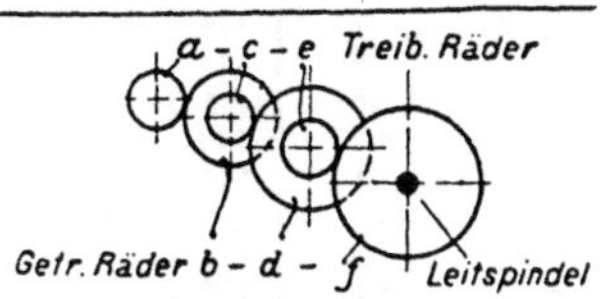	$\frac{a \cdot c \cdot e}{b \cdot d \cdot f}$

[1]) Bei Herzübersetzung (Abb. G 39) sind die unter A angeführten Werte mit dem Übersetzungsverhältnis $i = Z_2 : Z_1$ zu vermehren.

*) Anmerkung s. Fußnote S. 468.

Tafel 9. Zähnezahlen der Wechselräder

für Leitspindel-Drehbänke, Universal-Fräsmaschinen und Zahnräder-Bearbeitungsmaschinen

nach DIN 781.

Zähnezahl	Zähnezahlen für: Leitspindel-Drehbänke; Leitspindel mit Steigungen von 1/4″, 1/2″ und 3, 6, 12, 24 mm	Zähnezahlen für: Universal-Fräsmaschinen; (vorwiegend zum Fräsen von Drallnuten) Tischspindel mit 10 mm Steigung	Zähnezahlen für: Zahnräder-Bearbeitungsmaschinen	Zähnezahl	Zähnezahlen für: Leitspindel-Drehbänke; Leitspindel mit Steigungen von 1/4″, 1/2″ und 3, 6, 12, 24 mm	Zähnezahlen für: Universal-Fräsmaschinen; (vorwiegend zum Fräsen von Drallnuten) Tischspindel mit 10 mm Steigung	Zähnezahlen für: Zahnräder-Bearbeitungsmaschinen
20	20		20	68	68		68
21			21	69			69
22	22		22	70	70		70
23			23	71			71
24	24	24	24	72	72	72	72
25	25		25	73			73
26	26		26	74			74
27			27	75	75		75
28		28	28	76	76		76
29			29	77			77
30	30		30	78			78
31			31	79			79
32	32	32	32	80	80	80	80
33			33	81			81
34			34	82			82
35	35		35	83			83
36	36	36	36	84	84		84
37			37	85	85		85
38			38	86		(86)	86
39			39	87			87
40	40	40	40	88			88
41			41	89	89		89
42	42		42	90	90	90	90
43			43	91			91
44	44	(44)	44	92			92
45	45		45	93			93
46			46	94			94
47			47	95	95		95
48	48	48	48	96	96	96	96
49			49	97	97		97
50	50		50	98			98
51	51		51	99			99
52			52	100	100	(100)	100
53			53	105	105		
54	54		54	106			106
55	55		55	110	110		
56		56	56	112	112		
57	57		57	114	114		
58			58	115	115		
59			59	118			118
60	60		60	120	120	44, 86 und 100 zusätzliche Räder für das Differentialteilen (nicht genormt)	
61			61	125	125		
62			62	127	127		127
63			63	128			128
64		64	64	135			135
65	65		65	140	140		
66			66	144			144
67			67				

Das Schleifen von Gewinden.

A. Anwendungsgebiete.

Das Schleifen von Gewinden wird angewendet:

wegen der außerordentlichen Genauigkeit in Profil, Flankendurchmesser und Steigung des erzeugten Gewindes in gehärtetem, vergütetem und auch nicht gehärtetem Stahl, in schwierig und in leicht zu bearbeitenden Werkstoffen;

wegen der Unmöglichkeit, gehärteten Stahl auf andere Weise mit Gewinde zu versehen;

wegen hoher Oberflächengüte und dadurch hohen Verschleißwiderstandes und großer Wechselfestigkeit.

Die wichtigsten mit geschliffenem Gewinde versehenen Teile sind:

Schneid- und Meßwerkzeuge aus gehärtetem Kohlenstoff- oder legiertem Stahl bzw. aus einsatzgehärtetem Stahl, z. B. Gewinde-Bohrer, -Fräser, -Schneidbacken, -Rollbacken, -Lehrdorne, -Lehrringe, Meß- und Meisterspindeln;

Maschinenteile aus gehärtetem, einsatzgehärtetem oder vergütetem Stahl. Bewegungs- und Einstellspindeln mit Spitz-, Trapez- und Sägengewinde.

B. Verfahren.

I. Allgemeines. Das Gewindeschleifen wird ausgeübt als:

Außenschleifen, Innenschleifen, Hinterschleifen;

Schleifen in einer Ebene, auf einem Zylinder, einem Kegel, nach Leitkurve beliebig (z. B. für Anschnitt und Auslauf);

zwischen Spitzen, fliegend, in Vorrichtung, Futter, Patrone, spitzenlos.

Das Gewindeschleifen ist wirtschaftlich, wenn gewählt ist:

das richtige Arbeitsverfahren und die richtige Arbeitsweise;

die richtige Gewindeschleifmaschine;

die richtige Schleifscheibe.

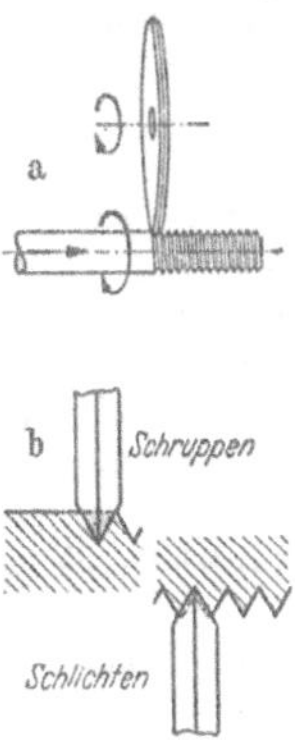

Abb. Gs 1.

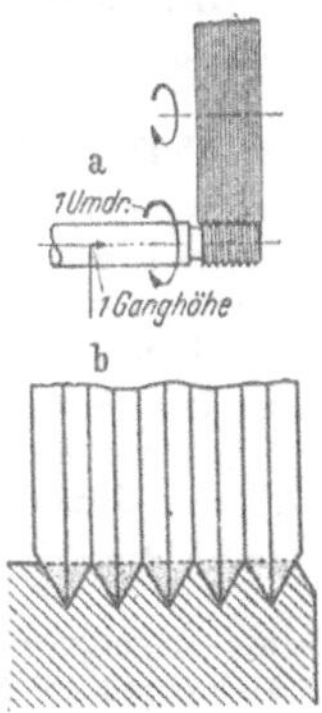

Abb. Gs 2.

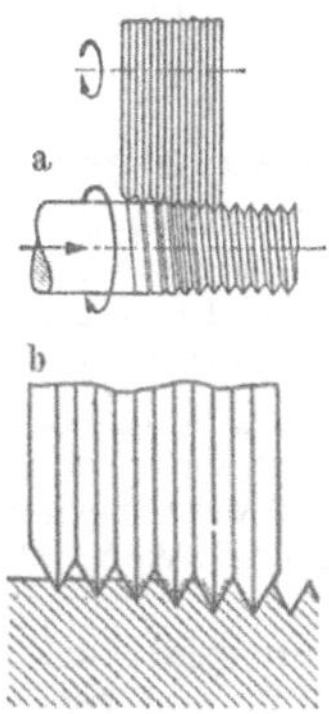

Abb. Gs 3.

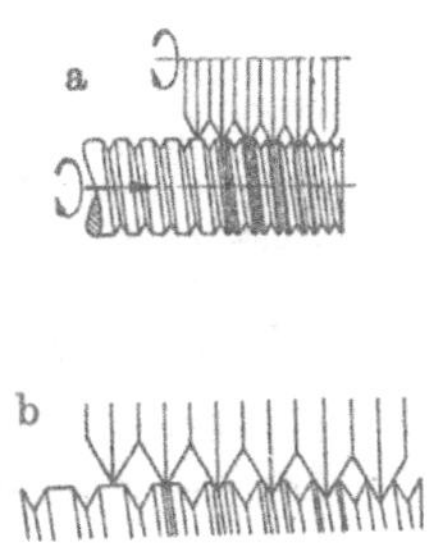

Abb. Gs 4.

Als Arbeitsverfahren sind möglich:

einprofiliges Schleifen, Abb. Gs 1;

mehrprofiliges Einstechschleifen, Abb. Gs 2;

mehrprofiliges, axiales Durchgangsschleifen, Abb. Gs 3 und 4.

Das zuletzt genannte Verfahren ist für Außen- und für Innengewinde patentrechtlich geschützt (DRP. 476310 in ausländischem Besitz) und darf nur nach Erwerb der entsprechenden Lizenz (für Deutschland durch Herbert Lindner, Berlin-Wittenau) angewendet werden.

Die Arbeitsweise hängt von der Gewindeart und der Größe des Gewindeprofils ab. Spitzgewinde bis etwa 3 mm Steigung schleift man wirtschaftlich aus dem Vollen. Bei größeren Steigungen ist das Vorarbeiten des Gewindes günstiger, ausgenommen Gewindespindeln. Je nach dem Grad der geforderten Genauigkeit und der Bearbeitbarkeit des Werkstoffes wird man die Arbeit in Schruppen und Schlichten unterteilen.

Über Stückzeiten und Richtwerte für das Schleifen s. Schrifttum S. 474.

II. Einprofiliges Schleifen, Abb. Gs 1a und b, gibt das genaueste Gewinde und wird für Schneid- und Meßwerkzeuge angewendet. Einhaltbare Toleranzen (für Maschinen Herbert Lindner gültig):

Flankendurchmesser	$\pm 2\,\mu$,	
Steigung	$\pm 2\,\mu$	auf 25 mm Länge,
	$\pm 8\,\mu$	auf 1000 mm Länge,
Flankenwinkel	$\pm 5'$.	

III. Mehrprofiliges Einstechschleifen, Abb. Gs 2a und b, ergibt die kürzesten Schleifzeiten und eignet sich für Massenfertigung von Befestigungsgewinden oder für Werkzeuge geringerer Genauigkeit. Einhaltbare Toleranzen (für Maschinen Herbert Lindner gültig):

Flankendurchmesser	$\pm 15\,\mu$,	
Steigung	$\pm 10\,\mu$	auf 25 mm Länge bzw. auf Schleifscheibenbreite,
Flankenwinkel	$\pm 10'$.	

IV. Mehrprofiliges Durchgangsschleifen für Gewinde üblicher Steigungen, Abb. Gs 3a und b, für feine Steigungen mit Schleifscheibe doppelter Ganghöhe, Abb. Gs 4a und b, vereinigt Genauigkeit des einprofiligen Schleifens mit der Wirtschaftlichkeit des Einstechschleifens. Anwendung für lange Gewindespindeln und für Innengewinde.

C. Die richtige Gewindeschleifmaschine.

I. Allgemeine Anforderungen: Starre, schwere Bauart, auch für das Bearbeiten kleiner Werkstücke; schwingungsfreies Arbeiten durch dynamisches Auswuchten aller schnell umlaufenden Teile; schwingungsisolierte Aufstellung der Maschine; schwingungsisoliert angebrachte Motoren.

II. Anforderungen zum Erreichen der Genauigkeit: Gehärtete, geschliffene, gealterte, geläppte Leitspindeln; genaues Fluchten der Schlittenführungen; längs und quer spielfreier Lauf der Schleifspindel; Feinzustellung bis 1 μ Einstellmöglichkeit; schwingungsfrei arbeitende Abzieheinrichtungen.

III. Sondereinrichtungen: zum Schleifen kegeliger Gewinde; zum Erreichen gewollter Plus- und Minus-Abweichungen in der Steigung; zum Hinterschleifen von Werkzeugen mit gerader oder schraubenförmiger Spannute; zum Längsverschieben (Weiterteilen) des Schleiftisches für das Schleifen von in sich geschlossenen (Ring-) Profilen; zum Teilen bei mehrgängigen Gewinden; zum Eilgang über Leerwinkel (Nuten an Gewindebohrern); zur Korrektur der Leitspindel (Korrektionslineal) bei allerhöchster Genauigkeit.

IV. Sonstige Möglichkeiten: Zusatz-Schleifgeräte zum Gebrauch auf Drehbänken sind nicht für hohe Genauigkeiten geeignet.

D. Die richtige Schleifscheibe.

I. Anforderungen. Überwiegend verwendet man Siliziumkarbid- und Korund-Schleifscheiben keramischer Bindung. Zweckmäßig sind Scheiben, die nach dem Lindner-Härteprüfverfahren (DRP.) geprüft sind; für solche wird Garantie übernommen, daß sie sich zum Schleifen eines bestimmten Werkstoffes und eines bestimmten Profiles bzw. Steigung eignen. Körnung und Härte sind hauptsächlich von der Gewindeform und dem Halbmesser der Rundung am Gewindegrund abhängig. Für lange Standzeiten der Profile auf der Schleifscheibe sind große Scheibendurchmesser und zum Vermeiden von Schleifmarken genaues Auswuchten wesentlich.

II. Abrichten einprofiliger Schleifscheiben (metrisches Gewinde) geschieht durch Rohdiamanten. Schleifscheiben für Gewinde mit beiderseitigen Abrundungen (Whitworth-Gewinde) werden mit geschliffenen Formdiamanten (DRP.) abgezogen.

Mehrprofilige Schleifscheiben werden durch Einrollen mit Profilrollen (aus gehärtetem Werkzeugstahl mit eingeschliffenem Profil), mehrprofilige Schleifscheiben mit weniger als 1 mm Steigung mit Formdiamanten abgerichtet.

III. Schleifscheibenverbrauch. Bei feinen Gewinden wird die Leistungsfähigkeit der Schleifscheibe in erster Linie durch die Profilhaltigkeit („Spitze" der Scheibe zur Erzeugung der feinen Abrundung im Gewindegrund), bei gröberen Gewinden durch die Gefahr des „Brennens" bestimmt. Das Brennen, das durch die größere Flächenberührung zwischen dem gröberen Gewinde und der Schleifscheibe hervorgerufen wird, kann die harte Haut bei Schneid- und Meßwerkzeugen weich und diese damit unbrauchbar machen. Bei gröberen Gewinden ist daher eine weichere Scheibe angebracht. Bei feinen Gewinden dagegen muß die feine Schneide möglichst lange erhalten bleiben. Man wählt deshalb hierfür härtere Scheiben. Auf jeden Fall muß man sich zum Grundsatz machen: Häufig abziehen ist wirtschaftlicher als das Verlängern der Profilhaltigkeit durch niedrige Werkstückdrehzahlen oder geringe Spananstellung. Das Abziehen selbst nimmt nur sehr geringe Zeit in Anspruch, und die Kosten der Schleifscheibe fallen kaum ins Gewicht, auch wenn man die teureren, nach dem obengenannten Verfahren geprüften Scheiben verwendet. Als Beispiel sei angeführt, daß bei einem Gewinde M 30 × 1,5 von 11 mm Länge beim mehrprofiligen Einstechschleifen, Abb. Gs 2, wobei sich 15000 Gewinde mit einer Scheibe von 100 mm Durchmesser bei einem Sicherheitszuschlag von 100 vH schleifen lassen, also nur 0,3 Pfennig als Schleifscheibenkosten auf ein Gewinde kommen.

E. Das richtige Kühlmittel.

Bisher wurde fast ausschließlich Schleifwasser verwendet, eine Emulsion aus Bohröl mit Wasser. Dieses Kühlmittel ist jedoch beim Gewindeschleifen in vielen Fällen ungenügend. Deswegen geht man immer mehr dazu über, reine Öle zu verwenden. Sie verhüten besser das Brennen und helfen die Oberflächengüte zu verbessern. Außerdem üben sie eine reinigende Wirkung auf die Schleifscheibe aus und tragen auch dadurch zum Kühlschneiden bei. Hierzu ist es zweckmäßig, das Öl nicht nur tangential zwischen Schleifscheibe und Werkstück einzuführen, sondern auch radial durch besondere Düsen gegen die Scheibe zu spritzen.

F. Sonderfälle.

Gewindeschleifmaschinen können je nach ihrer Bauart und den vorhandenen Sondereinrichtungen auch für außerhalb ihres ursprünglichen Zweckes liegende Sonderfälle verwendet werden.

I. Schleifen von Schnecken und Zahnradwälzfräsern. Die meisten Gewindeschleifmaschinen ermöglichen auch das Schleifen von Schnecken bis Modul 3 mit der Einprofilscheibe. Auf Sondermaschinen für besonders große Steigungen können sogar eingängige Schnecken bis Modul 5 und mehrgängige bis Modul 10 geschliffen werden. Hat die Maschine eine Einrichtung zum Hinterschleifen spiralgenuteter Werkzeuge, dann lassen sich auf ihr auch walzenförmige Stirnradfräser bis zu Modul 3 im Profil hinterschleifen.

II. Schleifen von Gewindeformen an ebenen Flächen. Schneidbacken für tangentiale und radiale Anordnung, Einsätze für Gewindetoleranzlehren, Mikrometereinsätze, Strehler u. dgl. können mit einer Sondereinrichtung geschliffen werden, die auf den Schleiftisch aufgesetzt wird und den Werkstücken eine Auf- und Abwärtsbewegung (bei der Ausführung von Herbert Lindner zwischen 30 und 130 mm einstellbar) erteilt. Aus wirtschaftlichen Gründen ist das Schleifen mit der mehrprofiligen Scheibe zu empfehlen.

III. Schleifen von Profilen. Das Schleifen von anderen als Gewindeprofilen auf der Gewindeschleifmaschine bürgert sich immer mehr ein. Sie werden im Einstechverfahren mit der breiten Scheibe geschliffen. Zum Abrichten wird das Einrollen mit der Profilrolle angewendet. Diese selbst wird je nach der Profilform in mehreren Arbeitsgängen mit der schmalen Scheibe geschliffen, die mit dem Diamanten nach den benötigten hohlen oder erhabenen Kreisbogen, winkeligen Linien usw. geformt wird. Diese bei verwickelten Profilen umständliche Arbeit wird dann nur einmal für mehrere Profilrollen ausgeführt, die dann eine entscheidend große Zahl von einfachen Abrichtgängen ermöglichen.

Schrifttum.

Herbert Lindner, Berlin-Wittenau, Firmendruckschrift Nr. 133.

Die Fa. Herbert Lindner stellt für die Ermittlung der Stückzeiten beim Gewindeschleifen mit ihren Maschinen und Schleifscheiben einen Rechenschieber und Richtwerttabellen zur Verfügung. Richtwerttabellen und Rechenuhr an der Maschine geben die Möglichkeit, bei gegebenem Werkstoff, Kühlmittel sowie Arbeitsverfahren und bei einer bestimmten Spanaufteilung (bzw. Spantiefe und Vorschub) ein Gewinde mit einer dazugehörigen Schleifscheibe unter Einhaltung eines bestimmten Standweges und unter Ermittlung der Stückzeiten zu schleifen.

Feinmeßwesen.

Messen[1]).

A. Grundlagen des Messens.

I. Allgemeines.

Grundbedingungen jeder Messung sind Ruhe, peinlichste Sauberkeit und Sorgfalt, ein hohes Maß von Geduld, Verantwortungsbewußtsein und Selbstkritik des Messenden. Die meisten Meßvorgänge verlangen großes Feingefühl der Hand und auch gefühlsmäßiges Empfinden für die Zuverlässigkeit der durchgeführten Messung. Dazu kommen noch gediegene Ausbildung und Erfahrung als Grundlage der Eignung zu meßtechnischem Arbeiten.

Genau-Messungen sollen nur in möglichst staubfreien und erschütterungsfreien Räumen[2]) (Fenster nach Norden oder wenigstens Rolläden auf der Außenseite der Fenster) mit bester Beleuchtung, gleichmäßiger Temperatur und mittlerer Luftfeuchtigkeit vorgenommen werden. Schalterfenster und Vorhänge an den Türen (oder Doppeltüren mit Schleuse) verhindern Zugluft, regelbare Heizeinrichtungen ermöglichen das Einhalten einer bestimmten Temperatur. Wände mit schlechtem Wärmeleitvermögen (also kein Beton), Einrichtungen zur Kühlung und Feuchtigkeitsregelung sind anzustrebende, wenn auch nicht immer erfüllbare Forderungen. Außenwände werden vorteilhaft gegen Einstrahlung mit Holz verkleidet.

Die Bezugstemperatur (DIN 102) ist 20° (S. 57), d. h. bei dieser Temperatur sollen die Meßmittel und Werkstücke die vorgeschriebene Größe haben. Für Vergleichsmessungen ist es wichtig, daß Meßmittel und Werkstück die gleiche Temperatur haben und möglichst beide aus demselben Werkstoff oder wenigstens aus Werkstoffen fast gleicher Wärmedehnungszahl bestehen. Bei genauen unmittelbaren Messungen muß die Bezugstemperatur eingehalten werden.

Um die außergewöhnlich wichtige Temperaturgleichheit zu erreichen, legt man Meßmittel und Werkstück längere Zeit auf genügend große Metallplatten, die die Raumtemperatur haben. Der Temperaturausgleich dauert bei kleineren Werkstücken mit großer Auflagefläche etwa 30 Minuten, bei größeren Werkstücken bis zu mehreren Stunden. Ein schwaches Anblasen mit einem Tischventilator hilft den Temperaturausgleich beschleunigen. Feinmeßgeräte sollen 24 Stunden vor der Messung in einen Raum mit der Lufttemperatur, bei der später gemessen werden soll, gebracht werden. Das gleiche gilt für Werkstücke größeren Ausmaßes. Als Faustregel kann gelten: 1° Temperaturunterschied ändert bei Stahl eine Länge von 100 mm um etwa $1\ \mu = 0{,}001$ mm (Wärme-Dehnungszahlen s. S. 143). Bei genauen Messungen sollte man zum Überwachen des Temperaturausgleiches Körper-Thermometer (Zeiss) anwenden, die mit Klebwachs am Werkstück und

---

[1]) Berndt: Grundlagen und Geräte technischer Längenmessungen. Berlin: Springer 1929 — Technische Winkelmessungen. Werkstattbücher Heft 18. Berlin: Springer 1930 — Meßwerkzeuge und Meßverfahren für metallbearbeitende Betriebe. Walter de Gruyter & Co. 1932. — Körwien: Meßwerkzeuge und Werkstattmessungen. Deutsche Werkmeisterbücherei, Bd. X. Wittenberg: A. Ziemsen 1938. — Sorg: Meßwerkzeuge. Stuttgart: Holland & Josenhaus 1938. — Heinze: Prüfen und Instandhalten von Werkzeugen und anderen Betriebsmitteln. Werkstattbücher Heft 67. Berlin: Springer 1938. — Leinweber: Toleranzen und Lehren. 2. Aufl. Berlin: Springer 1940. — Passung und Gestaltung (ISA-Passungen). Berlin: Springer 1942. — Kress: Messen in der Werkstatt. Werkstattkniffe. Folge 8. München: C. Hanser 1942.

[2]) Jüttner: Masch.-Bau 1942, S. 389.

Meßmittel zu befestigen sind. Der Temperaturausgleich zwischen Unterlage, Meßgerät oder Prüfling und Thermometer braucht etwa 1,5 min.

Es muß größte Schonung und vorsichtige Behandlung der Meßmittel verlangt werden. Meßmittel, die achtlos auf den Tisch geworfen werden, die zwischen Spänen oder Schraubenschlüsseln, in der Sonne oder in der Nähe der Heizung liegen, mit denen ohne besondere Vorkehrungen in Bewegung befindliche Werkstücke gemessen werden, die nicht vor Schleifstaub geschützt werden oder die mit Wasser in Berührung kommen, werden sehr bald unbrauchbar sein und zu Fehlmessungen Anlaß geben. Lehren sind beim Gebrauch an Maschinen grundsätzlich an dafür bestimmten Orten auf Holzunterlagen, einem reinen Tuch oder besser Filzplatten abzulegen, oder, wenn dazu geeignet, aufzuhängen; Meßgeräte sind möglichst nicht auf Metall abzulegen (harte Unterlage), es sei denn zum Zweck des Temperaturausgleiches. Meßflächen sind vor dem Messen mit reinen Leinenlappen (weiße Putzlappen) sorgfältig abzuwischen. Der Lappen muß vor Staub geschützt werden. Zur Aufbewahrung sind die Meßmittel mit Vaseline oder mit einem säurefreien Öl (Rostschutzöl) einzufetten, nachdem sie vorher gereinigt worden sind. Es ist zu beachten, daß auf fettigen Flächen Staub besonders haftet, der von hochwertigen Meßflächen vorsichtig entfernt werden muß.

II. Grundbegriffe[1]).

(S. auch Abschnitt Passungen.)

Es ist unmöglich, völlig fehlerfrei zu messen. Das durch eine Messung gefundene Istmaß wird mehr oder weniger von dem tatsächlichen Istmaß des Prüflings abweichen, es ist mit einer Meßunsicherheit behaftet. Der Begriff „Meßgenauigkeit" ist zu vermeiden, da er, weil begrifflich widersinnig, zu Irrtümern führen kann („größere" Genauigkeit ist mit einer kleineren Zahl verbunden). Die Meßunsicherheit wird durch einen $\pm$-Wert (z. B. ± 3) angegeben und ist von dem Begriff des Fehlers streng zu unterscheiden[2]).

Der Fehler ist immer gleich Istwert minus Sollwert (falsch minus richtig) und wird durch eine Maßzahl mit nur einem Vorzeichen angegeben (z. B. $+3$ oder -3). Er kann als Berichtigung mit umgekehrtem Vorzeichen dem Meßwert beigefügt werden.

Beispiel. Eine Schraublehre zeigt bei Vergleich mit einem Endmaß von 15,000 mm Länge 15,010 mm. Also Fehler $+ 10\,\mu$ und Meßwert mit Berichtigung: 15,010 mm $- 10\,\mu$. Oder die Schraublehre zeigt bei einem Endmaß von 16,500 mm 16,490 mm, also: Fehler $- 10\,\mu$ und Meßwert mit Berichtigung: 16,490 mm $+ 10\,\mu$.

Beim Ablesen von Strichteilungen ist es meist zwecklos, kleinere Zwischenwerte als $^1/_2$ Teilstrichabstand zu schätzen, da diese Zwischenwerte bereits kleiner als die Meßunsicherheit sind. Es wäre also z. B. sinnlos, mit Hilfe einer Lupe bei einem mechanischen Feintaster $^1/_{10}$ Teilstrichabstand schätzen zu wollen, wenn die Meßunsicherheit hier bereits $^1/_2$ Teilstrichabstand beträgt. Dies gilt sinngemäß auch für den Nonius. Bei Anwendung dieser Hilfsmittel (wenn sie nicht bereits vom Hersteller mitgegeben sind) muß also die geringste erreichbare Meßunsicherheit beachtet werden; keinesfalls aber darf man die durch Anwendung von Hilfsmitteln

[1]) S. a. AWF 950, Eigenschaften der Meßgeräte. Berndt: Werkst.-Techn. u. Werksleiter 1938 S. 505

[2]) Schmidt: Werkst.-Techn. u. Werksleiter 1942, S. 505.

gewonnene geringere Ableseunsicherheit mit der Meßunsicherheit verwechseln.

Bei Angabe der Meßunsicherheit mit z. B. ± 3 kann die jeweilige Abweichung zahlenmäßig nie größer als 3 sein (also nicht z. B. 6), sondern größtenfalls entweder $+3$ oder -3.

Die Meßgröße ist die zu messende Größe. Die Skalenteilgröße ist der Abstand zweier benachbarter Striche einer Skale in Millimeter. Der Skalenwert ist die einem Skalenteil entsprechende Meßgröße. Die Anzeige (z. B. eines Fühlhebels) ist die vom Zeiger eines Meßgerätes angezeigte Anzahl von Skalenteilen multipliziert mit dem Skalenwert. Der Anzeigebereich ist das Produkt aus sämtlichen Skalenteilen einer Skale und dem Skalenwert. Der Meßbereich ist der Bereich aller mit einem Gerät meßbaren Durchmesser oder Längen.

Streuung ist die Schwankung des Meßergebnisses bei wiederholter Messung derselben Meßgröße. Zur Ausschaltung zufälliger Abweichungen ist der mittlere Fehler f nach Gauß zu berechnen.

Es ist

$$f = \pm \sqrt{\frac{\sum \delta^2}{n-1}},$$

hierbei δ der Unterschied des arithmetischen Mittels weniger die Ablesung, n die Anzahl der Ablesungen.

Beispiel:

Nr.	Ablesung	also δ	δ^2
1	5	− 0,2	0,04
2	4	+ 0,8	0,64
3	5	− 0,2	0,04
4	4	+ 0,8	0,64
5	6	− 1,2	1,44
6	7	− 2,2	4,84
7	3	+ 1,8	3,24
8	4	+ 0,8	0,64
9	5	− 0,2	0,04
10	5	− 0,2	0,04
$n-1=9$	also arith. Mittel 4,8	$\sum \delta = 0$	$\sum \delta^2 = 11{,}60$

also

$$f = \pm \sqrt{\frac{11{,}60}{9}} = \pm 1{,}14.$$

Parallaxe entsteht durch Abstand z. B. eines Zeigers von der Teilung, wenn die Blickrichtung sich ändert (Abb. M 1). Empfindlichkeit ist nach AWF[1]) $E = \frac{\text{Änderung der Anzeige}}{\text{Änderung der Meßgröße}}$, bei Längenmeßgeräten gleichbedeutend mit Übersetzung. Im allgemeinen Sprachgebrauch wird unter Empfindlichkeit sehr oft der Ansprechwert verstanden, d. h. die kleinste Meßgrößenänderung, auf die das Gerät eben noch anspricht. Der AWF bezeichnet den Ansprechwert mit Schwellenwert.

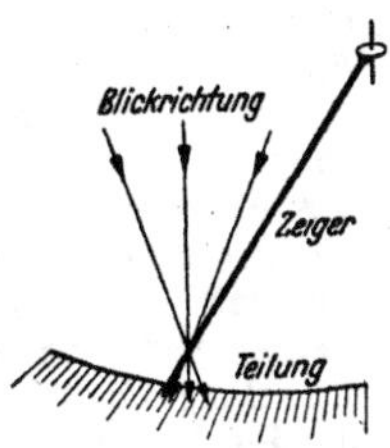

Abb. M 1. Parallaxe.

Die Meßkraft ist die Kraft, mit der der Tastbolzen eines Meßgerätes auf das Werkstück einwirkt.

[1]) AWF 950. Eigenschaften der Meßgeräte.

Der Freihub ist bei Feintastern der über den Meßbereich hinausgehende größtmögliche Weg des Tastbolzens.

Wird mit einem Feintaster ein Werkstück abwechselnd mit hinein- und herausgehenden Tastbolzen ausgemessen (z. B. Rundlaufprüfung eines nicht rundlaufenden Dornes bei angestelltem Tastbolzen und wechselndem Drehsinn), so zeigt sich ein Unterschied der Meßwerte, die Umkehrspanne, hervorgerufen durch Verlagerungen im Meßwerk infolge der sich ändernden Meßkraft beim Wechsel der Meßrichtung.

III. Prüfen von Meßflächen auf Ebenheit durch die Lichtinterferenzen mittels Planglasplatten[1]).

Das Verfahren beruht darauf, daß die zu prüfende Fläche mit einer optisch geschliffenen, genau ebenen Glasplatte überdeckt wird und aus den sich dann zeigenden Lichtinterferenzstreifen, die die Folge einer ungleichmäßigen Dicke der Luftschicht zwischen Prüffläche und Glasplatte sind, ein Schluß auf den Grad der Unebenheit gezogen werden kann. Interferenzbildung tritt nur dann auf, wenn die Oberflächenbeschaffenheit schon eine gewisse Güte hat.

Ausführung der Prüfung: Die Meßfläche und die Planglasplatte sind mit fettfreiem Benzin zu reinigen und mit einem trockenen Wattebausch (Augenwatte) abzureiben. Die Glasplatte wird seitlich mit leichtem Druck aufgeschoben, oder bei sehr guter Fläche auch aufgelegt. Zu starke Kraftanwendung ist zu vermeiden, weil durch Krümmung der Flächen nicht vorhandene Unebenheiten vorgetäuscht und Fehler verdeckt werden können. Überflüssiges Anfassen soll auch vermieden werden, weil die dabei entstehende Erwärmung bei der Empfindlichkeit des Verfahrens die Bilder verändern kann.

Die Prüfung kann sowohl bei einfarbigem wie bei zusammengesetztem Licht (Tages-, elektrisches, Gaslicht) erfolgen. Der Skalenwert des Streifenabstandes ist mit etwa 0,3 μ anzunehmen. Unter diesem Streifenabstand ist der Abstand von Mitte dunklen Farbton des einen Streifens zur Mitte dunklen Farbton des nächsten Streifens zu verstehen. Es erfordert ziemliche Übung und Vertrautheit mit dem Prüfverfahren, hier zuverlässig auf den Zahlenwert der Abweichung von der Ebene zu schließen. In den überwiegenden Fällen, wie z. B. bei Rachenlehren, genügt es, wenn durch die Prüfung mit der Planglasplatte überhaupt ein Bild von der Oberflächenbeschaffenheit gewonnen wird, daß sich z. B. die Streifen leicht bilden und in erträglichen Abständen voneinander verlaufen. Enge, unregelmäßig gekrümmte Streifen deuten stets auf eine mangelhafte Fläche.

Liegt die Glasplatte voll auf, bzw. sind Meßfläche und Glasplatte aneinander angesprengt, so verschwinden die Interferenzbilder. An der Stelle des Ansprengens tritt eine graue Fläche mit verlaufendem Rande auf, die bei gemischtem Licht, allerdings nicht aus jeder Beobachtungsrichtung sichtbar ist, jedoch durch Hin- und Herdrehen leicht gefunden werden kann. Sie zeigt an, daß zwischen Glasplatte und Meßfläche kein Zwischenraum mehr vorhanden ist. Man kann annehmen, daß innerhalb der Fläche und deren Verlauf keine größere Abweichung von der Ebene als 0,1 μ vorhanden ist.

---

[1]) Die Firma Carl Zeiss in Jena stellt genau geschliffene Planglasplatten aus einer besonders geeigneten Glassorte her.

Für manche Fälle kann das Erscheinen von Interferenzfarben, gleichgültig wie diese auftreten, schon als genügender Gütegrad für die Oberflächenbeschaffenheit angesehen werden. Bei Endmaßen und anderen genauen Flächen genügt aber die Tatsache des Erscheinens von Interferenzbildern noch nicht, sondern es wird mit deren Hilfe der Gütegrad der Oberfläche beurteilt. Für die Art der Beurteilung geben die Beispiele Abb. M 2 bis M 7 (Endmaß) einen Anhalt:

Abb. M 2. Die Streifen laufen über die ganze Meßfläche parallel und in gleichen Abständen. Die Fläche ist vorzüglich eben. Die leichte Krümmung der Streifen an den Rändern der Fläche rührt von dem sogenannten Kantenabfall her, der bei Endmaßen auf 1 mm Breite beschränkt sein soll.

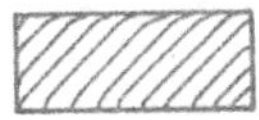

Abb. M 2.

In einem solchen Falle wird nach gründlicher Säuberung Ansprengen fast immer möglich sein. Wenn sich das Endmaß an die Glasplatte ansprengt, werden die Streifen immer breiter, bis die Fläche fast einfarbig erscheint. Ein Interferenzstreifen ist dann so breit geworden, daß er fast die ganze Fläche bedeckt.

Abb. M 3. Die um ein auf der Meßfläche selbst sichtbares oder außerhalb liegendes Zentrum herumlaufenden Streifen zeigen, daß an diesem Punkt

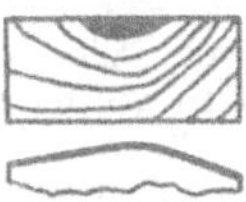

Abb. M 3.

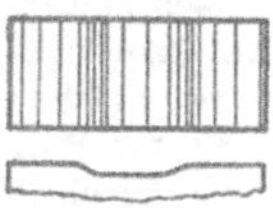

Abb. M 4.

Abb. M 5.

Abb. M 6.

eine Erhöhung oder Vertiefung vorhanden ist. Zur Beurteilung genügt ein leichter Druck mit einem Stift möglichst über der Mitte der Meßfläche.

Es gilt folgende Regel: Beim Aufdrücken auf die Glasplatte wandern die Streifen stets von den höchsten Punkten der Fläche fort.

Ist der dunkle Fleck zu sehen, ist die Erhöhung ohne weiteres ersichtlich.

In Abb. M 4 ist schematisch dargestellt, daß die Enden der Meßfläche in einer Ebene liegen, weil die Streifenabstände auf ihnen gleich sind. Dazwischen liegt eine Einsenkung mit verhältnismäßig ebenem Boden, die etwa 4 Streifenbreiten, d. h. 1,2 μ tief ist.

Abb. M 5. Das Maß ist in seinem rechten Teile ganz schwach gewölbt; da aber die Streifen sehr breit auseinandergezogen sind; kann man es als praktisch eben ansehen. Der linke Teil ist stark gekrümmt, und zwar nach der Anzahl der Streifen um mehrere tausendstel Millimeter.

Abb. M 6. Ganz unregelmäßige Krümmungen in verschieden starken Beträgen; ein charakteristisches Beispiel für das Verziehen dünner Endmaße im Gebrauch. Die mit der Planglasplatte ersichtliche Unregelmäßigkeit des Endmaßes hat aber nichts zu bedeuten, wenn sich das Endmaß beim Anschieben (Ansprengen) an ein anderes Endmaß (bzw. die Planglasplatte) wieder geradezieht oder doch seine Unebenheit so weit vermindert, daß sie für den praktischen Gebrauch nicht mehr als schädlich angesprochen werden kann.

Die Lage der Linien ist zufällig, weil sie von den vorhandenen Unebenheiten des Maßes und Verunreinigungen durch Staub u. dgl. abhängt. Deswegen wird auch das Bild der Streifen beim Verschieben oder bei der Neuauflage der Glasplatte bisweilen merklich verändert sein; der wesentliche Charakter muß aber erhalten bleiben. Das mag noch folgendes schematische Beispiel zeigen:

Abb. M 7. Links eine ebene Fläche, die nach rechts dachförmig ausläuft. Wird die Glasplatte im wesentlichen links aufgelegt, so entsteht das Streifenbild rechts oben; links sind parallele Streifen, die auf Ebenheit schließen lassen, rechts winkelförmige Streifen, die zeigen, daß die beiden Dachflächen nach unten geneigt sind. Bei Steigungen nach oben würde die Winkelöffnung entgegengesetzt gerichtet sein. Wird die Glasplatte zur Längsseite des Endmaßes geneigt, so entsteht ein Interferenzbild wie in Abb. M 7 rechts unten. Durch einen Druck kann man feststellen, daß rechts die Streifen entgegengesetzt laufen, daß also die Steigung der beiden Flächen entgegengesetzt ist; das Strichbild der linken Hälfte bleibt im wesentlichen unverändert; durch Abzählen der Streifen kann man in beiden Fällen ohne weiteres die Steigung der beiden Hälften der Fläche zueinander abschätzen.

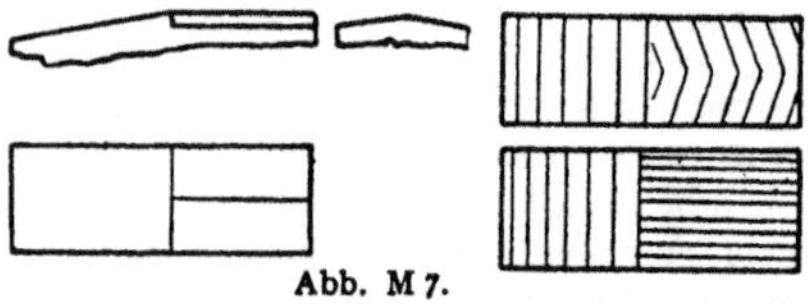

Abb. M 7.

Die Interferenz des Lichtes kann neben der Prüfung der Ebenheit und Planparallelität von Meßflächen auch zur **Ermittlung von Längenunterschieden** benutzt werden. Diese Aufgabe erfüllt in einfacher Weise der von Dr. Kösters erdachte und von der Firma Carl Zeiss ausgeführte **Interferenz-Komparator.** Dieser dient durch Beurteilung der Interferenzstreifen nach Farbe, Richtung und Abstand

1. zum unmittelbaren Bestimmen der Länge eines Endmaßes,
2. zur Bestimmung der Abweichung der Endfläche von der Ebene und der Parallelität zur anderen Meßfläche,
3. zur Bestimmung des Längenunterschiedes zweier Endmaße in Bruchteilen eines μ,
4. zur Feststellung der relativen oder absoluten thermischen Ausdehnungszahl von Parallelendmaßen.

Schrifttum.

Berndt, Prof. Dr., und Dr. H. Schulz: Grundlagen und Geräte technischer Längenmessungen. Berlin: Springer 1929.

Büttner: Gütebestimmung in der Feinstbearbeitung. Werkst.-Techn. u. Werksleiter 1936, S. 524.

Kösters, Dr. W.: Der gegenwärtige Stand der Meter-Definition, des Meteranschlusses und seine internationale Bedeutung für Wissenschaft und Technik. Werkst.-Techn. u. Werksleiter 1938, S. 527 u. 1939, S. 39.

Firmendruckschrift Zeiss: „Interferenz-Komparator".

B. Die Meßmittel.

I. Meßmittel zur Bestimmung des Istmaßes.

1. Strichmaßstäbe.

Stahlmaßstäbe nach DIN 864, 865, 866, s. S. 482.

Für die Anwendung in optischen Meßgeräten werden Teilungen auf Silber oder Glas bis zu einer Genauigkeit von $\pm 1\ \mu$ je Teilstrichabstand handelsüblich hergestellt (Objektmikrometer, Okularmikrometer, Glasmaßstäbe). Kleinster handelsüblicher Teilstrichabstand: 10 μ.

2. Parallel-Endmaße[1]).

In DIN 861[2]) (S. 482) sind die Endmaße in zwei Genauigkeitsgraden mit folgenden Anwendungsgebieten genormt:

Genauigkeitsgrad I: Als Einstellmaße für Meßmaschinen, Fühlhebel und sonstige Meßgeräte aller Art, zur Kontrolle von Prüfmaßen, Prüflehren, Edelpassungslehren usw.

Genauigkeitsgrad II: Zur Prüfung von Arbeitslehren, zum Prüfen und Einstellen von Arbeitsmeßgeräten, für Arbeitsmaße, zur Anwendung im Vorrichtungsbau usw.

Niedere Genauigkeitsgrade sind nicht genormt, werden jedoch von den meisten Firmen geliefert. (Arbeitsmaße, zum Anreißen, zum Einstellen von Werkzeugmaschinen usw.)

Die Meßflächen der Endmaße haben Hochglanz, die Oberflächenbeschaffenheit wird durch die Bedingung erfaßt, daß sich Endmaße ansprengen oder anschieben lassen müssen. Unter Ansprengen versteht man das freiwillige Haften der in Berührung gebrachten Meßflächen aneinander, unter Anschieben das Haften der Meßflächen aneinander, nachdem die Endmaße schiebend oder drehend aneinandergedrückt worden sind. Die Meßflächen müssen hierbei sachgemäß gereinigt sein, das Haften darf nicht durch Fett, Talg oder andere Hilfsmittel verursacht werden. Unter sachgemäßer Reinigung versteht man das Abwaschen mit rückstandfreiem Leichtbenzin oder Äther. Zweckmäßig wird ein Wattebausch (Augenwatte) mit der Flüssigkeit wenig angefeuchtet und leicht über die Meßfläche geführt. Staub oder Fasern werden mit einem Haarpinsel entfernt. Beim Zusammensetzen von Endmaßen ist darauf zu achten, daß sich auf den Meßflächen kein Hauch von niedergeschlagenem Wasserdampf bildet; am besten werden die Endmaße zum Schutz vor der Handwärme mit weichem, reinem Waschleder (Fingerlinge) angefaßt. Angesprengte Endmaße sind über Nacht auseinander zu nehmen, da sie sonst leicht rosten (s. DIN 861). Zum sicheren Zusammenhalten größerer Längen dienen Endmaß-Verbinder.

Die kleinste Endmaßstufung ist 0,5 μ, die kleinste Endmaßlänge 0,5 mm, die größte handelsübliche Länge 200 mm, jedoch werden auch Längen von 300, 400, 500, 1000 mm und darüber hergestellt. Für das einfachere Zusammenstellen der Grenzmaße von Rundpassungen gibt es Endmaße mit negativem Abmaß (z. B. 2 − 0,003 mm, also 1,997 mm).

Beim Zusammenstellen der für eine bestimmte Länge benötigten Endmaße beginnt man zweckmäßig mit der kleinsten Stufung.

---

[1]) AWF 950, „Parallel-Endmaße". [2]) Neufassung in Vorbereitung.

Strichmaßstäbe.

Die Normung unterscheidet nach Genauigkeiten gestuft: **Normalmaßstäbe** (nicht genormt), **Vergleichsmaßstäbe DIN 864, Prüfmaßstäbe DIN 865, Arbeitsmaßstäbe DIN 866.**

Der Abstand L eines beliebigen Teilstriches von dem Nullstrich darf bei 20° von seinem Nennwert um keinen größeren Betrag abweichen, als nachstehend angegeben:

Zu messende Länge L in mm	Zulässige Abweichungen in $\pm\mu$ Vergleichsmaßstäbe	Prüfmaßstäbe	Arbeitsmaßstäbe 1. Güte	Arbeitsmaßstäbe 2. Güte	Zu messende Länge L in mm	Zulässige Abweichungen in $\pm\mu$ Vergleichsmaßstäbe	Prüfmaßstäbe	Arbeitsmaßstä 1. Güte	Arbeitsmaßstä 2. Gü
unter 100	5	10	20	50	1100		21	42	105
100	5,5	11	22	55	1200		22	44	110
200	6	12	24	60	1300		23	46	115
300	6,5	13	26	65	1400		24	48	120
400	7	14	28	70	1500		25	50	125
500	7,5	15	30	75	1600		26	52	130
600	8	16	32	80	1700		27	54	135
700	8,5	17	34	85	1800		28	56	140
800	9	18	36	90	1900		29	58	145
900	9,5	19	38	95	2000		30	60	150
1000	10	20	40	100					

Für Zwischenlängen werden die Werte der nächst kleineren Stufe gewählt.

Als Werkstoff ist vorgeschrieben ungehärteter Stahl mit einer Ausdehnungszahl $11{,}5 \cdot 10^{-6}$ bei 20° oder Werkstoff gleicher Ausdehnung.

Die Normen bringen noch nähere Angaben über den Querschnitt, Ausführung der Teilung und Maßdefinition.

Parallelendmaße DIN 861 (gekürzt).

Länge des Endmaßes mm	Genauigkeitsgrad I Mittenmaß $\pm\mu$	Genauigkeitsgrad I Größte Abweichung des Maßes an beliebiger Stelle der Meßfläche gegenüber Mittenmaß $\pm\mu$	Genauigkeitsgrad II Mittenmaß $\pm\mu$	Genauigkeitsgrad II Größte Abweichung des Maßes an beliebiger Stelle der Meßfläche gegenüber Mittenmaß $\pm\mu$	Länge des Endmaßes mm	Genauigkeitsgrad I Mittenmaß $\pm\mu$	Genauigkeitsgrad I Größte Abweichung des Maßes an beliebiger Stelle der Meßfläche gegenüber Mittenmaß $\pm\mu$	Genauigkeitsgrad Mittenmaß $\pm\mu$	Genauigkeitsgrad Größte Abweichung des Maßes an beliebiger Stel der Meßfläck gegenüber Mittenmaß $\pm\mu$
0,1	0,2	0,2	0,5	0,35	300	1,7	0,3	3,5	0,6
10	0,25	0,2	0,6	0,35	400	2,2	0,4	4,5	0,6
20	0,3	0,2	0,7	0,35	500	2,7	0,4	5,5	0,7
30	0,35	0,25	0,8	0,4	600	3,2	0,4	6,5	0,8
40	0,4	0,25	0,9	0,4	700	3,7	0,5	7,5	0,8
50	0,45	0,25	1,0	0,4	800	4,2	0,5	8,5	0,9
60	0,5	0,25	1,1	0,4	900	4,7	0,5	9,5	1,0
70	0,55	0,25	1,2	0,4	1000	5,2	0,6	10,5	1,0
80	0,6	0,25	1,3	0,4	1500	7,7	0,7	15,5	1,3
90	0,65	0,25	1,4	0,4	2000	10,2	0,9	20,5	1,7
100	0,7	0,3	1,5	0,5	3000	15,2	1,2	30,5	2,3
150	0,9	0,3	2,0	0,5					
200	1,2	0,3	2,5	0,5					

Für Endmaße mit Zwischenlängen gelten die Werte der nächst kleineren Stufe.

1 mm vom Rande einsetzender Abfall ist zulässig und bleibt bei Prüfungen außer Betracht.

Mittenmaß ist die Länge des Lotes vom Mittelpunkt einer Meßfläche auf die an die andere Meßfläche angesprengte (angeschobene) Ebene.

Anwendungsgebiet der Genauigkeitsgrade:

Genauigkeitsgrad I: Einstellmaße für Meßmaschinen, Fühlhebel und sonstige Prüfmeßgeräte aller Art, zur Kontrolle von Prüfmaßen, Prüflehren, Edelpassungslehren usw.

Genauigkeitsgrad II: zur Prüfung von Arbeitslehren (Feinpassung usw.), Prüfen und Einstellen von Arbeitsmeßgeräten, Arbeitsmaße (Edel- und Feinpassung) im Vorrichtungsbau usw.

Niedere Genauigkeitsgrade (nicht genormt): für geringere Genauigkeitsforderungen, für Arbeitsmaße, im Vorrichtungsbau, zum Anreißen, Einstellen von Werkzeugmaschinen usw.

Schieblehren DIN 862 (gekürzt).

(Präzisions-Schieblehren[1]).

Die Schieblehren müssen in allen Teilen so ausgeführt sein, daß bei sachgemäßem Ausmessen mit Parallelendmaßen (an beliebiger Stelle der Schnäbel) die Abweichungen der Ergebnisse von dem Werte der Endmaße sich innerhalb folgender Grenzen halten:

Zu messende Länge in mm	Grenzen der zulässigen Abweichungen in μ bei Verwendung des Nonius		
	$^1/_{10}$ ±	$^1/_{20}$ ±	$^1/_{50}$ ±
0	75	50	20
100	80	55	22
200	85	60	24
300	90	65	26
400	95	70	28
500	100	75	30
600	105	80	32
700	110	85	34
800	115	90	36
900	120	95	38
1000	125	100	40
1100	130	105	42
1200	135	110	44
1300	140	115	46
1400	145	120	48
1500	150	125	50
1600	155	130	52
1700	160	135	54
1800	165	140	56
1900	170	145	58
2000	175	150	60

Für Zwischenlängen sind die Werte der nächst kleineren Stufe anzuwenden.

Schraublehren DIN 863 (gekürzt).

Größte Meßlänge	Gesamtfehler der Schraublehren		Fehler der Meßflächen bei Genauigkeitsgrad I			Aufbiegung je kg Meßkraft
	Genauigkeitsgrad I	Genauigkeitsgrad II	Ebenheit	Parallelität	Zulässige Gesamtabweichung in	
			Zahl der Interferenzstreifen			
mm	μ	μ			± μ	μ
25	4	8	3	5	2	2
50	4	8	3	7	2,5	2
75 und 100	4	8	3		3	3
125 „ 150	5	10	3		4	4
175 „ 200	6	12	3		6	5
225 bis 300	7	14	3		8	6
325 „ 400	8	16	3		10	8
425 „ 500	10	20	3		12	10

Unter den Gesamtfehlern der Schraublehren sind die Fehler zu verstehen, die bei der Prüfung mit Parallelendmaßen festgestellt werden. Der Unterschied der dabei auftretenden Fehler (also die Ordinatendifferenz irgend zweier Punkte der Fehlerkurve) darf die obenstehenden Beträge nicht überschreiten. Die Fehler gelten für Schraublehren mit einem Verstellbereich bis 25 mm. Sie dürfen auch bei solchen Schraublehren nicht überschritten werden, deren Fehler durch eine Einstellvorrichtung ausgeglichen werden können. Für Schraublehren ohne Bügel gelten die Zahlen für Verstellbereiche von 25 und 50 mm.

Bei der Prüfung auf Ebenheit und Parallelität bleibt eine Zone von $^1/_2$ mm von der Kante ab unbeachtet. — Für Schraublehren des Genauigkeitsgrades II werden keine Vorschriften über die Ebenheit und Parallelität der Meßflächen gemacht.

Über die Form des Bügels werden keine Vorschriften gemacht; die Prüfung erfolgt dadurch, daß der Bügel am Amboß mit etwa 5 bis 10 kg belastet und der Unterschied der Einstellung gegenüber dem unbelasteten Zustand auf 1 kg umgerechnet wird.

[1]) Schieblehren höherer und niederer Genauigkeit sind nicht genormt.

Beispiel. Zusammenzubauen ist eine Länge von $L = 85,627$ mm. Man fügt aneinander je ein Endmaß von folgenden Einzellängen entsprechend der Zusammensetzung des Endmaß-Satzes:

entweder		oder	
	1,007		1,007
	1,02		1,12
	1,6		3,5
	2		80
	50		
	30		
	$L = 85,627$ mm		$L = 85,627$ mm

Die Dicke der Ansprengschicht wird, sachgemäße Reinigung vorausgesetzt, mit 25 mμ angegeben, ist also für die Praxis der Metallindustrie ohne Bedeutung.

Zum Messen von Innenmaßen werden Meßschnäbel und Endmaßhalter benutzt. Die Ansprengfläche der Meßschnäbel sind über die eigentliche Endmaßbreite hinaus verlängert, so daß mit zwei Meßschnäbeln eine Art Rachenlehre entsteht, die im Endmaßhalter zusammengeklammert wird. Beim Einführen der Zusammenstellung in den Endmaßhalter ist darauf zu achten, daß sie angesprengt bleibt.

Die Zubehörkästen enthalten meist einen Fuß zum Aufstellen des Endmaßhalters, eine Zentrierspitze und Anreißschneide zur Verwendung als Höhenreißer oder Anreißzirkel.

Prüfen und Messen der Endmaße s. Abschnitt „Prüfen der Meßflächen auf Ebenheit“. Kugelendmaße s. Abschnitt „Passungen und Lehren“.

8. Schieblehren.

Genauigkeit der Schieblehren siehe DIN 862 (S. 483). Außer den üblichen Schieblehren, mit deren Nonien 0,1 mm abzulesen ist, sind auch solche mit $^1/_{20}$ und $^1/_{50}$ Nonien im Handel. Besondere Ausführung der Meßschnäbel: mit Spitzen (Anreißzirkel), Schneiden (Messen von Eindrehungen), mit außen verbreitertem Meßschnabel (als Höhenreißer, auch mit Prisma).

Eine gute Schieblehre hat einen möglichst lang geführten Schieber, der Verkanten und ein Abweichen der Meßschenkel von der Parallelität ausschließt. In der Nullstellung darf sich zwischen den Meßflächen kein Lichtspalt zeigen.

Beim Messen mit der Schieblehre ist das Werkstück möglichst weit in den Rachen hineinzuschieben und nur mäßige Kraft anzuwenden, um ein Aufbiegen der Meßschnäbel zu vermeiden. Das Messen umlaufender Werkstücke ist in jedem Fall unzulässig, da hierbei, ganz abgesehen von der starken Abnutzung der Meßflächen, auch sehr oft die Gefahr von Unfällen gegeben ist. Zur Schonung der Meßflächen darf die angestellte Schieblehre nicht auf dem Werkstück verdreht oder verschoben werden.

Zum Messen der Tiefe von Sacklöchern, Nuten und ähnlichem werden Tiefenschieblehren (Tiefenmaße) verwendet. Diese sind T-förmig ausgebildet, der Querbalken (Schieber) hat auf seiner äußeren Seite die eine Meßfläche (Schiebermeßfläche), die lange, den Maßstab tragende Zunge an ihrem gleichgerichteten Ende die andere Meßfläche. Der Querbalken wird auch zum Aufsetzen auf Zylinderflächen prismenartig ausgeführt (Reiterlehre). Für das Messen von Eindrehungen in Bohrungen gibt es Ausführungen, bei denen der Winkel zwischen Schiebermeßfläche und Maßstab beliebig einstellbar ist.

Die Prüfung aller Schieblehren geschieht durch Vergleich mit Endmaßen.

4. Schraublehren.

Genauigkeit siehe DIN 863 (S. 483). An der Teilung auf der Trommel der Meßschraube können 10 μ unmittelbar abgelesen werden. Bei großem Trommeldurchmesser (großem Teilstrichabstand) können 3 μ geschätzt werden, jedoch kann eine Meßsicherheit von 5 μ nur bei guter Oberfläche des Werkstückes erreicht und bei großer Übung unterschritten werden.

Zum Schutz gegen Abnutzung können die Meßflächen mit Hartmetallflächen versehen sein, bei eingetretener Abnutzung kann meist nach Lösen einer Befestigungsmutter die Trommel gegenüber der Spindel zum Neueinstellen des Nullpunktes verstellt werden. Das Beseitigen von totem Gang im Gewinde ist nach Abschrauben der Trommel durch Drehen einer Stellmutter, die die geschlitzte Gewindehülse der Meßspindel zusammendrückt, möglich.

Zum besseren Erkennen der Teilungen und als Oberflächenschutz werden die Schraublehren heute meist matt verchromt, mit schwarz ausgelegten Teilstrichen.

Das Prüfen der Schraublehren (und Justierung) geschieht für die Anfangs- und Endstellung mit Hilfe von meist beigegebenen Kugelendmaßen und Meßscheiben. Zwischenstellungen werden mit Endmaßen verglichen.

In der Werkstatt wird bei kleineren Meßbereichen und bei leichten Werkstücken die Schraublehre in eine Hand und das Werkstück in die andere Hand genommen. Daumen und Zeigefinger drehen die Trommel. Das Anfassen der Schraublehre mit beiden Händen ist nur dann zweckmäßig, wenn das Werkstück entweder so schwer ist, daß es sich während des Messens nicht verschiebt oder wenn es fest eingespannt ist. Soll die Gefühlsratsche bei leichten Werkstücken benutzt werden (oder beim Justieren der Schraublehre mit Hilfe der Ratsche), so ist die Schraublehre in einen Halter einzuspannen. Übung und Gefühl für die richtige Meßkraft ist für die zuerst geschilderte Meßart selbstverständliche Voraussetzung. Das „richtige Gefühl" für die Meßkraft kann durch eine Vergleichsmessung mit Hilfe der Ratsche leicht nachgeprüft werden.

Für besondere Zwecke gibt es Standschraublehren, bei denen Amboß (feste Meßfläche) und Meßschraube in einen schweren Gußfuß eingebaut sind. Es werden hierzu auch (besonders für die Feinmechanik) auswechselbare Meßflächen verschiedener Form geliefert (Spitzen, ringförmig, mit Schneiden, Nuten, Prismen usw.). In Maschinen und Geräten werden Meßspindeln ohne Bügel verwendet. Ähnlich den Tiefenschieblehren werden auch Tiefenschraublehren gefertigt.

Innenmessungen von 30 mm aufwärts können mit Innenschraublehren (Stichmaßen) vorgenommen werden, das sind Meßspindeln mit kugelförmigen Meßflächen an beiden Enden. Sie werden zusammensetzbar bis zu Längen von 1000 mm hergestellt. Anwendung beim Messen einer Bohrung: Das Stichmaß wird mit einer Meßfläche möglichst senkrecht auf die Wand der Bohrung fest aufgesetzt und in Umfangrichtung unter langsamem Verlängern des Stichmaßes so lange hin- und herbewegt, bis keine Bewegung mehr möglich ist. In dieser Stellung muß sich das Stichmaß mit geringem Kraftaufwand in der Längsrichtung der Bohrung durchschwenken lassen. Erwärmung beachten!

Fühlhebelschraublehren s. Abschnitt „Sondermeßmittel".

5. Winkelmessung.

Das Istmaß von Winkeln wird mit verstellbaren Winkelmessern ermittelt, bei denen der Meßwert entweder unmittelbar oder mit einem Nonius abgelesen wird, der die Ablesung bis zu 5 Bogenminuten ermöglicht. Winkelmesser mit eingebauten Meßuhren und der optische Winkelmesser von Zeiss (Teilung auf Glas, Ablesung durch eingebaute Lupe) geben eine geringere Ableseunsicherheit, die Meßunsicherheit beträgt etwa $\pm 5'$. Die Winkel-Libelle mit Mikroskop (Zeiss) ermöglicht bestimmte Winkelmessungen (Winkellage von Ebenen und Zylindern), Meßunsicherheit $\pm 1'$ (s. Abschnitt „Wasserwaagen"). Genauere Winkelmessungen, insbesondere von Winkeldrehungen (Kreisteilungen, Teilscheiben, Rastenscheiben) können mit dem

Optischen Teilkopf (Zeiss) (s. Abschnitt „Fräsen"), Meßunsicherheit $\pm 20''$,
Winkelteilungsprüfer mit Mikroskop (Zeiss), $\pm 20''$,
Rundteiltisch (Lindner) und Optischen Rundtisch (Zeiss), $\pm 10''$

vorgenommen werden. Für genaueste Winkelmessungen dient der Winkelteilungsprüfer mit Theodolit und Kollimator (Zeiss), Meßunsicherheit $\pm 1''$ (s. Abschnitt „Messen der Zahnräder").

6. Wasserwaagen (Libellen).

Die im vorhergehenden Abschnitt genannte Winkellibelle mit Mikroskop gehört streng genommen zu den Wasserwaagen. Die Winkelwasserwaage gestattet das unmittelbare Ablesen der Winkelstellung der Waagenmeßfläche zur Waagerechten. Wasserwaagen bestehen entweder aus einem niedrigen zylindrischen Glasgefäß, das mit einem innen kugelförmig geschliffenen Glasdeckel verschlossen ist (Dosenlibelle), oder aus einer längeren zylindrischen Glasröhre, die innen z. T. tonnenförmig ausgeschliffen ist (Röhrenlibelle); billige Ausführungen haben schwach gebogene Glasröhren. Die Gefäße sind mit sehr leichtflüssigen Flüssigkeiten, wie Äther, Spiritus oder Benzin bis auf einen kleinen Rest gefüllt, der durch eine Gasblase gebildet ist.

Einfache Wasserwaagen geben durch das Verschieben der Blase gegenüber der Teilung an, um wieviel μ bei Ausschlag der Blase um 1 Teilstrich das Ende einer 1 m langen Waagenmeßfläche aus der waagerechten Lage herausgekippt sein würde. In DIN 877 sind folgende Genauigkeitsgrade genormt:

Genauigkeitsgrad I:	
Für besondere Anforderungen a)	50 ... 100 μ/m
b)	150 ... 200 μ/m
Genauigkeitsgrad II:	
Normale Wasserwaagen	300 ... 400 μ/m
Genauigkeitsgrad III:	
Für kurze Wasserwaagen und Querlibellen	600 ... 800 μ/m
Genauigkeitsgrad IV:	
Für sehr kurze Querlibellen	1200 ... 1600 μ/m

Die Meßunsicherheit soll $\pm {}^1/_{10}$ Teilstrichabstand betragen. Zur Prüfung richtet man die Wasserwaage so aus, daß ein Blasenende bei einem Mittelstrich steht und setzt dann um 180° um. Die genauesten für technische Zwecke hergestellten Wasserwaagen haben eine Empfindlichkeit von 30 μ/m, sie sind außerordentlich empfindlich für Wärmeschwankungen, das Einspielen geht sehr langsam vor sich.

Besonders für Zwecke des Maschinenbaues wird die Rahmenwasserwaage hergestellt, bei der die Libelle in einen quadratischen Rahmen eingebaut ist, der meist 3 ebene und 1 prismatische Seitenfläche hat.

Winkelwasserwaagen werden außer der bereits genannten Bauart noch in Verbindung mit Meßuhr oder Schraublehre hergestellt, wobei letztere verhältnismäßig hohe Meßsicherheit erreicht.

7. Feintaster.

Unter Feintaster werden Meßgeräte für Istmaßbestimmung verstanden, bei denen die Änderung der Meßgröße durch eine mechanische, optische oder elektrische Übersetzung vergrößert an einer Strichteilung angezeigt wird. Über die einzelnen Bauarten s. Tafel 1 „Deutsche Feintaster". Es sind zu unterscheiden[1]):

Feintaster mit mechanischer Hebelübersetzung (z. B. Schneide und Pfanne) oder mit Hebel, Zahnsegment und Ritzel: Mechanische Feintaster.

Feintaster uhrenähnlicher Bauart: Meßuhren[2]).

Feintaster mit mechanischem und optischem Hebel: Optische Feintaster.

Feintaster mit elektrischer Anzeige oder elektrischer Übersetzung: Elektrische Feintaster.

a) Zubehör zu Feintastern.

α) Lüfthebel und -muttern. Zum Abheben des Tastbolzens vom Werkstück dienen Lüfthebel, die meist auf den Spannschaft des Feintasters aufgeklemmt werden. Vorteilhafter sind Ausführungen, bei denen dem Hebel eine parallele Schiene zugeordnet ist, die fest am Klemmring sitzt. Der Kräfteverlauf bleibt hier (Daumen an der festen Schiene, Kraftangriff durch Zeigefinger am langen Hebelarm) innerhalb des Lüfthebels. Der Mikrotast hat eine Lüftmutter, eine Überwurfmutter über einen Bund am Tastbolzen, die durch Drehung den Taststift hochschiebt. Lüfthebel und Lüftmutter ermöglichen meist noch ein dauerndes Abheben der Meßfläche vom Werkstück, z. B. zum Messen der Werkstücke in spangebenden Werkzeugmaschinen während der Bearbeitung.

β) Meßhütchen. Der die Meßfläche tragende Teil der Feintaster ist das Meßhütchen, das wegen der Vielgestaltigkeit der Meßflächen (Ebene, Kugel, Schneide) auswechselbar gestaltet ist. Die bei Meßhütchen mit Kugelmeßfläche meist angewandten Kugelhalbmesser von 5 mm und kleiner sind unzweckmäßig[3]). Beim Messen einer mit 0,2 mm Vorschub schlicht-gedrehten Oberfläche sinkt eine Kugelfläche von 3 mm Halbmesser beim Aufsetzen zwischen zwei Drehriefen um 2 μ tiefer ein als beim Aufsetzen auf eine Riefe selbst. Der Durchmesser des Werkstückes würde also um 4 μ kleiner gemessen als bei der Verwendung zweier ebener Meßflächen. Der Halbmesser der Kalotten von Kugelmeßflächen sollte daher etwa 25 mm betragen.

γ) Ständer. Von einem sachgemäß gebauten Ständer muß verlangt werden, daß er unter der Einwirkung der Meßkraft von 200 g prak-

[1]) Reindl: Werkst.-Techn. u. Werksleiter 1939, S. 528.
[2]) s. a. AWF 952, Meßuhren.
[3]) Kienzle: Werkst.-Techn. u. Werksleiter 1937, S. 505.

Tafel 1. Deutsche Feintaster.

Die eingeklammerten Zahlen verweisen auf die Anmerkungen auf S. 490.

Feintaster	Hersteller	Meßwerk Wirkungsweise	Baugrößen (1) 1 Groß 2 Mittel 3 Klein	Übersetzung	Anzeigebereich μ	Einspanndurchmesser mm	Meßhütchen Bohrung ø mm	Über Meßkraft (2) Über Geräť-Ungenauigkeit (3) / Bemerkungen
Minimeter	Fortuna-Werke A.-G. Stuttgart Cannstatt	Hebel, Schneide und Pfanne	1 | 3	1:1000 1: 500 1: 200 1: 100	60 | 20 120 | 40 300 | 100 600 | 200	28	6	Baugröße 3 glatt zylindrisch
Mikrotast	Friedr. Krupp A.-G., Essen	Hebel, Schneide und Pfanne	1 } 2 } 3	1:1000 1: 500 1: 200 1: 100 1: 50 1: 200 1: 100 1: 100	50 120 300 600 1200 150 300 120	Schaft 28 und 16 Tastfassung 18	6	Baugröße 3 glatt zylindrisch
Compar Klein-Compar	Fr. Keilpart & Co., Suhl	Doppel-Hebel, Schneide und Pfanne	1 } 3	1:1000 1: 100 1: 100	100 600 100	Schaft 28 Tastfassung 18 12	6 6	Skalenwert: 5 μ
Orthotest	Carl Zeiss, Jena	Hebel, Zahnsegment u. Ritzel	1	1:1000	200 100	36	5	Freihub: 5 mm
Millimeß	C. Mahr, Eßlingen	Hebel, Zahnsegment u. Ritzel	1	1:1000	200 100	28 und 16	6	Freihub: 5 mm
Kleine Fühluhr	Carl Zeiss, Jena	Hebel, Zahnsegment u. Ritzel	3	1: 100	800	10	Tastkugel-Ansatz (4)	Meßkraft: 25 g
Puppitast	C. Mahr, Eßlingen	Hebel, Zahnsegment u. Ritzel	3	1: 100	800	8	Tastkugel-Ansatz (4)	Meßkraft: 25 g

Passungs-lehre HK	Hahn & Kolb, Stuttgart	Kegel-übersetzung	In 5 Größen gestuft (5)	1 : 300 1 : 200 1 : 120 1 : 75 1 : 50	70 105 175 300 400	—	—	Auch für Gewinde
Passameter	Carl Zeiss, Jena	Hebel, Zahn-segment und Ritzel	In 6 Größen gestuft (6)	0...120 mm 1: 500 120...150 mm 1:200	} 160 } 340	—	—	Meßkraft 1 kg
Passimeter	Carl Zeiss, Jena	Hebel, Zahn-segment und Ritzel	In 5 Größen gestuft (7)	11...30 mm 1:500 30...120 mm 1:100	} 120 } 400, 440	—	—	Nur für Bohrungen Meßkraft 600 g
Meßuhren	Verschiedene Hersteller	Zahnrad-Übersetzung	(8)	1: 100 1:1000 (9)	10 mm 1 mm	DIN E 878 8 (8)	Gewinde-zapfen M 3	Meßkraft 75 bis 150 g schwankend
Optimeter	Carl Zeiss, Jena	Mech. Hebel und Opt. Zeiger	(10)	1:1000	200	27	5	Gerätungenauigkeit $\pm 0{,}25\,\mu$
Ultra-Optimeter	Carl Zeiss, Jena	Mech. Hebel und Opt. Zeiger	—	1:5000	166	—	5	Für Endmaßprüfung und ähnl. Gerätun-genauigkeit $\pm 0{,}1\,\mu$
Mikrolux	Fritz Werner A.-G., Berlin	Mech. Hebel und Opt. Zeiger	—	1:1000	150	—	—	Für Massenprüfungen
Elektro-Compar	Fr. Keilpart & Co., Suhl	Mech. Hebel, elektr. Anzeige	—	1:1000	1 mm (11)	28	6	Nicht für Istmaß-messung (11)
Eltas-Lehre Anm. [3]) S. 490	Bauer & Schaurte-AEG	Elektrisch-induktiv	—	(12)	20, 50 100 200	16	5	Gerätungenauigkeit 1% vom Anzeigebereich, begrenzt auf $0{,}5\,\mu$
Mahr-Sie-mens-Gerät	Mahr-Siemens	Elektrisch-induktiv	—	1 : 1000 1 : 5000	100 20	28	—	(12) Freihub 3 mm

Die Feintaster: Minimeter, Mikrotast, Compar, Orthotest, Meßuhr, Optimeter und Eltas-Lehre sind mit entsprechenden Zusatz-Einrichtungen auch zum Innenmessen bzw. Messen von Bohrungen verwendbar. Die untere Grenze für mechanische Innenmessungen (Istmaßmessung) liegt etwa bei 3 mm (13).

Anmerkungen zu Tafel 1.

(1) **Baugrößen.** Die Gesamtlänge des Feintasters ist bei Baugröße 1 kleiner als 100 mm; Baugröße 2 zwischen 100 und 150 mm; Baugröße 3 größer als 150 mm.

(2) **Meßkraft.** Die Meßkraft der Feintaster wird im allgemeinen zwischen 150 und 300 g angegeben. Nicht in diesem Rahmen liegende Werte sind in Tafel 1 verzeichnet. Nach Untersuchungen von Barz[1]) und Berndt[2]) jedoch ist die Meßkraft, gemessen bei hineingehendem oder bei herausgehendem Tastbolzen bei fast allen Feintastern verschieden (Wirkung der Reibung). Ebenso ist sie für denselben Bewegungssinn nicht immer gleichmäßig über den ganzen Meßbereich. Bei nicht genügend starrem Meßaufbau oder federndem (z. B. dünnwandigem) Werkstück kann dies bei schwellenden Meßwerten oder wiederholter Messung an verschiedenen Stellen der Teilung zu Meßfehlern führen. Die ungleichmäßige Meßkraft ist die Hauptursache der Umkehrspanne.

(3) **Gerätungenauigkeit** (von Meßuhren s. auch (9)). Als Faustregel für den Werkstattgebrauch kann gelten, daß die Gerätungenauigkeit der Feintaster $\pm 1/2$ Teilstrichabstand bei kleinen Meßgrößen beträgt. Dieser Betrag wird von Fühlhebeln meist unterschritten, von Meßuhren meist eingehalten[3]). Wird die Meßgröße so groß, daß der ganze Anzeigebereich ausgenutzt werden müßte, dann ist es zweckmäßig, einen Feintaster kleinerer Übersetzung zu wählen. Der Gesamtfehler über den ganzen Anzeigebereich kann gleich dem Unterschied zwischen Größt- und Kleinstfehlerwert werden. Die Fehler werden sich im allgemeinen nicht sprungweise, sondern stetig ändern.

(4) **Tastkugelansatz.** Der Tastansatz mit Kugelende ist über Stirnverzahnung (Zeiss) oder Reibkupplung (Mahr) um $\approx 280°$ schwenkbar. Meßkraftrichtung umschaltbar.

(5) **Passungslehre HK.** 0 ... 10, 10 ... 20, 20 ... 30, 30 ... 40, 40 ... 50 mm Durchmesser, auch mit Einsätzen für Gewindemessung.

(6) **Passameter.** 0 ... 18, 18 ... 40, 40 ... 65, 65 ... 90, 90 ... 120, 120 ... 150 mm Durchmesser.

(7) **Passimeter.** 11 ... 18,	18 ... 30,	30 ... 50,	50 ... 80,	80 ... 120 mm	Durchmesser.
50	90	130	175	210 mm	Tiefe d. Bohrg.

(8) **Meßuhren.** Es werden 3 Größen Meßuhren gebaut: 1. Kleines Gehäuse (28 mm Durchm., Anzeigebereich bis 5 mm), 2. übliches Gehäuse (52 mm Durchm., Anzeigebereich meistens 10 mm), 3. großes Zifferblatt ($\approx$120 mm Durchm.) für Ablesung aus größerer Entfernung. Der Befestigungslappen an Meßuhren hat nach DIN E 878 5 mm Breite und 5 mm Bohrung.

(9) **Meßuhren.** Die Angaben unter (3) beziehen sich in der Hauptsache auf Meßuhren 1:100. Meßuhren 1:1000 haben eine größere Gerätungenauigkeit als ± 1 Teilstrichabstand.

(10) **Optimeter.** Das Optimeter wird mit zwei Ständerarten als Senkrecht- und Waagerecht-Optimeter geliefert. Das Waagerecht-Optimeter kann für Außen-, Innen- und Gewindemessungen benutzt werden. Eine Projektions-Einrichtung erübrigt die Beobachtung durch Mikroskop und gestattet das Beobachten des Meßergebnisses durch mehrere Personen gleichzeitig. Eine besondere Ausführung des Optimeterrohres enthält Toleranzzeiger.

(11) **Elektro-Compar.** Der Elektro-Compar enthält den Compar mit elektrischer Toleranz-Anzeige. Zwei Schraublehren mit großen Meßtrommeln (Ablesung 1 μ) an den Seiten des Meßkopfes ermöglichen die Einstellung der Toleranz. Drei Leuchtzeichen (zu klein, gut, zu groß) zeigen an, ob das Werkstück zwischen den Grenzmaßen liegt oder nicht.

(12) **Elektr. Feintaster.** Da die Anzeige durch einen beliebig verstärkbaren elektrischen Strom an einem in μ geeichten Stromzeiger hervorgerufen wird, könnte auch die Übersetzung beliebig vergrößert werden. Die elektrischen Feintaster sind als Steuergeräte z. B. an Werkzeugmaschinen und Sortiergeräten vielseitig anwendbar.

(13) **Innenmessungen.** Der mit Innenmeßgeräten unter Verwendung von Feintastern erfaßte Durchmesserbereich liegt etwa zwischen 3 mm und 300 mm. Die Gerätungenauigkeit ist etwa um die Hälfte größer als die des Feintasters. Unter 3 mm Messung mit Bildwerfer oder Mikroskop. Für kleinste Bohrungen (Düsen) gibt es Meßverfahren mit verdichteter Luft[4]), die auch sonst vielseitig anwendbar sind (z. B. Solex-Verfahren, Frankreich, Reindl & Nieberding GmbH, Berlin SO 36). Das Meßverfahren mit einem in die Bohrung eingeführten Kegel in Verbindung mit Schieber und Nonius mißt nicht die Bohrung selbst, sondern den in (oder einen in der Nähe) der Stirnfläche liegenden meist größeren Kreis.

---

[1]) Werkst.-Techn. u. Werksleiter 1938, S. 287. — Feinmech. u. Präz. 1938, Heft 14 u. 16.

[2]) Z. Instrumentenkde 1938, S. 389. — Werkst.-Techn. u. Werksleiter 1938, S. 508.

[3]) Werkst. u. Betrieb 1938, Heft 9/10, S. 133. — Werkst.-Techn. u. Werksleiter 1937, S. 471 und 1938, S. 82.

[4]) Feinmech. u. Präz. 1938, S. 289. — Werkst.-Techn. u. Werksleiter 1942, S. 22S.

tisch starr bleibt. Dies ist besonders bei Rundlaufprüfungen mit Meßuhren wichtig, deren Meßkraft stark schwankt (s. S. 490). Der senkrechte Stab der Ständer sollte daher mindestens 20 mm Dmr. haben.

b) Messen mit Feintastern.

α) Antasten. Vor der Messung ist durch wiederholtes Antasten zu prüfen, ob der Meßaufbau „steht". Die Anzeige muß innerhalb einer geringen Streuung gleich bleiben.

β) Verrutschen des Ständers. Auf geschabten oder geschliffenen Führungsbahnen pflegt der Ständer beim Antasten infolge der unvermeidlichen Ölschicht zu rutschen (Meßwert wird kleiner). Abhilfe: Unterlegen von zwei Papierstücken unter die Enden des Ständerfußes, so daß der Ständer „hohl" steht.

γ) Umkehrspanne. Zur Ausschaltung der Umkehrspanne ist vor jeder Ablesung der Tastbolzen abzuheben, so daß alle Messungen mit demselben Bewegungssinn des Tastbolzens ausgeführt werden. Dies ist besonders bei Rundlaufprüfungen zu beachten.

δ) Prüfdorne. Rundlauf- und Stirnlauf-, Form- und Lagefehler. Für Prüfdorne (besonders für Zahnradmessung) muß eine Rundlaufgenauigkeit von 1 μ verlangt werden. Das gleiche gilt häufig für Stirnlauffehler, z. B. an Aufnahmebunden. Bei der Prüfung des Rundlaufs (ebenso des Stirnlaufs) ist zwischen Formfehlern (Dorn ist kein Zylinder oder Kegel) und Lagefehlern (Zylinder- oder Kegelachse fällt nicht mit der Dornachse, d. h. der Verbindungslinie beider Körner zusammen) zu unterscheiden[1]). Die Trennung von Form- und Lagefehlern (ohne Aufzeichnung von Fehlerkurven) ist nur durch gleichzeitiges um 180° versetztes Anstellen zweier Fühlhebel möglich. Hiermit ist der Fall des sog. Gleichdickes, Abb. M 8, (besonders beim spitzenlosen Schleifen als dreiseitiges Gleichdick wahrscheinlich) nicht immer sicher erfaßt, wenn nicht die Anzeige beider Fühlhebel während der Drehung des Dornes laufend überwacht wird. Besonders dreiseitige Gleichdicke können zu Täuschungen führen. Ebenso werden durch Messung mit Rachenlehre oder Schraublehre Gleichdicke nicht erkannt, sondern nur durch symmetrische „Dreipunkt"-Messung, d. h. durch Auflage in einem Prisma oder durch Reiterlehren[2]).

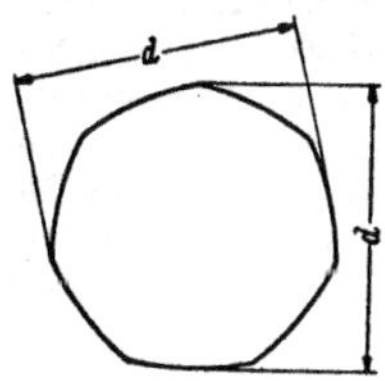

Abb. M 8.

Bei der Prüfung des Stirnlauffehlers einer eingebauten Welle kann außerdem noch ein „Schieben" der Welle vorliegen, d. h. eine Bewegung der ganzen Welle in Achsenrichtung. Gemessen wird es durch Einlegen einer Kugel in den Körner und Anstellen der ebenen Meßfläche des Feintasters an diese Kugel. Auch diese Messung kann zu Täuschungen führen, wenn die Meßfläche nicht senkrecht zur Wellenachse steht und der Körner außermittig zur Drehachse liegt. Trennung von Schieben und Stirnlauffehler: Schieben und Stirnlauffehler gleichzeitig prüfen.

[1]) Kienzle: Werkst.-Techn. u. Werksleiter 1937, S. 507.
[2]) Preger: Masch.-Bau 1932, S. 249. — Sachsenberg und Kreher: Schleif- und Poliertechn. 1939, S. 89.

Sehr oft wird der Rundlauffehler eines Dornes durch schlechte Körner verursacht. Der Aufnahmekegel im Körner ist daher durch Drehen oder Schleifen herzustellen. Um die Kegelfläche vor Beschädigungen zu schützen (z. B. Verformungen des Randes durch die Dornpresse), ist vor dem tragenden Kegel eine Kegelfläche mit größerem Öffnungswinkel anzuordnen (DIN 332). Durch Aufsetzen der Körnerfläche auf die scharfen Spitzen in Meßgeräten entstehen Kratzer und damit Rundlauffehler. Es ist daher zu empfehlen, die Spitzen mit einem Halbmesser von etwa 0,5 mm abzurunden. Nach dem Härten sind die Körner in jedem Fall auszuschleifen (Beseitigung von Zunder usw.).

Für die Rundlaufprüfung sind Sonder-Spitzenböcke im Handel.

ε) Lagefehler. Bei Prüfungen durch Umschlag ist zu beachten, daß sich bei einer Reihe von Feintastern mit wechselnder Lage die Meßkraft nicht unerheblich ändert. (Einfluß des Tastbolzengewichtes.) Die Tastbolzenlage im Raum ist daher möglichst beizubehalten.

ζ) Messen mit Innenmeßgeräten. Beim Einführen des Tastkopfes in die Bohrung ist der Tastbolzen einzudrücken, da sonst Werkstück und Meßgerät beschädigt werden können. Das Meßgerät ist schräg einzuführen und langsam gegen die Mittellage unter Beobachtung des Zeigers des Feintasters zu schwenken. Bewegt sich der Zeiger nicht, so ist der Feintaster tiefer in seine Fassung einzuschieben, reicht der Meßbereich nicht aus, so ist er herauszuziehen. Bei richtiger Einstellung kehrt der Zeiger etwa in der Mitte der Teilung seine Bewegungsrichtung um (Umkehrpunkt). Zur Messung wird dieser Umkehrpunkt als Nullpunkt mit Endmaßen (Meßschnäbeln), Einstellringen oder einem Urstück eingestellt und dann beim Werkstück die Abweichung vom Nullpunkt durch mehrmaliges langsames Durchschwenken durch die Mittellage festgestellt.

η) Selbsttätige Meßgeräte. Die elektrischen Fühlhebel können durch Fernleitung des Meßergebnisses und elektrische Zusatzeinrichtungen in selbsttätigen Meßgeräten (z. B. von Keilpart, Bauer & Schaurte-AEG) [1] und zur Steuerung von Maschinen verwendet werden.

8. Sondermeßmittel [2].

Die Meßmittel zur Bestimmung des Istmaßes finden vielseitige Anwendung durch Einbau in Meßgeräte für Sonderzwecke. Strichmaßstäbe mit Nonius, Meßschrauben dienen in Geräten zu Längsverstellungen, Endmaße zum Einstellen von Abständen, Wasserwaagen zum Ausrichten, die Feintaster, Glasmaßstäbe und optische Einrichtungen sind die Grundlage des Baues von Meßgeräten größeren Ausmaßes für höchste Genauigkeit.

Ein besonderes Gebiet der Anwendung von Feintastern ist ihre Verwendung als Nullzeiger an größeren Meßeinrichtungen (Fühlhebelanschlag, Meßkraftzeiger).

Das bekannteste Beispiel ist die Fühlhebelschraublehre, an deren Amboß meist ein Fühlhebel 1 : 500, Anzeigebereich 40 μ, angelenkt ist. Beim Messen wird die Meßschraubentrommel so lange gedreht, bis der Zeiger des Fühlhebels auf 0 steht, wodurch immer gleichbleibende Meßkraft (die des Fühlhebels) gesichert ist. Andererseits kann innerhalb des Anzeigebereiches des Fühlhebels dieser auch zu genaueren Messungen, als sie mit der Meßschraube allein möglich wären, benutzt werden. Weitere Beispiele im Abschnitt „Zahnradmessen, Messung der Teilung“.

Einige Sondergeräte mit Fühlhebeln und Meßuhren sind: Tiefenmaße, Schieblehren, Schraublehren, Rachenlehren, Meßgeräte für Kolben, Walzen

[1] Bürger: Masch.-Bau 1939, S. 227.

[2] Schmidt: Meßgeräte für große Längen. Werkst.-Techn. u. Werksleiter 1942, S. 278.

(bügelförmig oder als Reiterlehren mit Prisma-Auflageflächen), Blechdicke (auch mit rollenförmigen Meßflächen), Draht, Rohrwandungen, Kurbelwellen, dreinutige und fünfnutige Gewindebohrer.

Zum Prüfen von Kegeln werden Sonderständer für Fühlhebel unter Verwendung des Sinuslineals (Tangenslineals) gebaut. Der Kegel wird auf einem verschiebbaren Tisch auf ein Lineal aufgelegt, das um den halben Kegelwinkel gekippt wird. Bei richtigem Kegelwinkel wird dann die obere Mantellinie des Kegels parallel zur Tischführung liegen. Von oben her wird der Kegel durch einen Fühlhebel angetastet, der bei Verschiebung des Tisches die Abweichungen anzeigt.

Für die Feststellung des Maßes von Werkstücken in der Maschine in bezug auf seine Lage im Toleranzfeld kann außer dem Passameter (Zeiss) die Passungslehre HK nach Wolff (Hahn & Kolb) dienen[1]. Das einer Schraublehre ähnliche Gerät hat statt der Meßschraube eine Meßhülse, die beim Hineindrücken in den Bügel über eine Kegelübersetzung die Lehre zum Einführen des Werkstückes öffnet. Je nach Dicke des Werkstückes geht die Hülse beim Loslassen in eine andere Endstellung zurück, die an auswechselbaren Meßleisten (mit aufgetragenen Toleranzbereichen) abgelesen wird (auch mit Einsätzen für Gewinde).

Genaueste Messungen sind ohne Anwendung von optischen Hilfsmitteln nicht mehr denkbar[2]. Zur Prüfung und Messung von Strichteilungen, Härteprüfeindrücken, für Längen- und Winkelmessungen dienen Meßmikroskope mit Teilungen im Okular (Okularschraubenmikrometer) und durch Meßschrauben seitlich verstellbaren Mikroskopen sowie mit Drehtischen mit Kreisteilung und Nonius. Die Genauigkeit entspricht der der Meßschrauben und Teilung. Für das Ausmessen von Härteprüfeindrücken sind außerdem Sondergeräte entwickelt worden. Werkzeuge, Werkstücke, Formen und Lehren können mit Werkzeugmeßmikroskopen (Leitz und Zeiss [s. auch S. 538])[1] in vielfältiger Weise gemessen werden. Das Mikroskop ist hier an einer seitlich neigbaren Säule angebracht und hat in seinem Okular eine Revolver-Strichplatte, die Fadenkreuze verschiedener Art, Kreisbögen, Formen von Gewinden usw. enthält. Ein besonderes Okular dient für Winkelmessungen. Der Tisch zur Aufnahme des Werkstückes hat Längs- und Querverstellung (Kreuztisch) mittels Meßschrauben und kann mit einem besonderen Drehtisch (Drehung meßbar) oder Spitzenbock versehen sein. Meßunsicherheit: Meßschrauben $\pm 5\,\mu$, Winkelmeßokular $\pm 1'$, sie kann je nach Art der Messung und Eigenschaften des Werkstückes höher sein. Mikroskopvergrößerungen meist etwa 10-, 20-, 30- und 50fach.

Besonders für Zwecke der Feinmechanik (Uhrenherstellung) ist das Koordinatenmeßgerät[1] (Leitz) entwickelt worden, das im grundsätzlichen Aufbau dem Werkzeugmeßmikroskop ähnlich ist.

Durch Auswechseln des Mikroskopes gegen eine Feinbohrspindel (Leitz)[1] kann das Gerät als kleines Lehrenbohrwerk für feinmechanische Zwecke verwendbar werden.

Zur Prüfung von Formen jeder Art dienen die Feinmeßprojektoren (Profilbildwerfer) (Leitz, Zeiss)[1]. Erwähnt sei in diesem Zusammenhang,

---

[1] Reindl: Werkst.-Techn. u. Werksleiter 1938, S. 191.

[2] Dr. Keßler: Eine halbe Stunde Optik für den Techniker. Werkst.-Techn. u. Werksleiter 1938, S. 534. — Dr. Räntsch: Optische Grundlagen für technische Feinmeßgeräte. Werkst. u. Betr. 1941, Heft 11 u. 12.

daß auch die Werkzeug-Meßmikroskope mit Projektionseinrichtungen geliefert werden. Die Meßtische der Profilbildwerfer enthalten Kreuztisch, Winkelverstellung und Winkeldrehung mit den entsprechenden Meßeinrichtungen. Das Werkstück kann in vorbeistreifendem Licht (Durchlicht) und Auflicht betrachtet werden. Das Bild erscheint auf einer Projektionsfläche oder auf einer Mattscheibe von etwa 500 mm Dmr. Die Vergrößerungen sind etwa 10-, 25-, 50fach. Die Profilbildwerfer geben die Möglichkeit, Formen vergrößert nachzuzeichnen und mit den Soll-Profilen zu vergleichen. Einfache Profilbildwerfer ohne Meßeinrichtungen dienen nur zum Vergleichen von Formen, vielfach mit vergrößerten Profil-Toleranzzeichnungen auf der Mattscheibe.

Genaueste Längenmessungen mit Mikroskopen werden unter Verwendung von Glasmaßstäben bis 200 mm Länge (Genauigkeit je Teilstrichabstand $\pm 1\ \mu$) und Ablesung durch Spiralmikrometer vorgenommen, mit dem 1 μ unmittelbar abgelesen und 0,3 μ mit Sicherheit geschätzt werden können. Zur Feinablesung dient eine Doppelspirale auf einer drehbaren Glasplatte mit 100 μ Steigung über einer Zählteilung für $^1/_{10}$ mm. Glasmaßstab, $^1/_{10}$ Teilung und Spirale sind optisch in eine Ebene gebracht. Die einfache Ausführungsform eines derartigen Längenmessers ist der Abbe'sche Längenmesser von Zeiss, bestehend aus einer auf Rollen gelagerten Meßpinole, die den Maßstab (100 mm) trägt und die an ihren Enden Einrichtungen zur Aufnahme des Meßhütchens hat. Über der Pinole ist das Spiralmikroskop angeordnet. Mit dem Abbe'schen Längenmesser können alle Längen bis 100 mm (200 mm) ohne Vergleichsmessung unmittelbar mit einer Ablesung von 1 μ zahlenmäßig ausgemessen werden. (In Verbindung mit dem Optimeterständer auch für Innenmessungen, zusammen mit dem optischen Teilkopf für Nockenwellen.)

Im Universal-Meßmikroskop von Zeiss[1]) dienen Glasmaßstab und Spiralmikroskop zur Messung der Längs- und Querverschiebung zweier kreuzförmig angeordneter Schlitten, auf denen das Werkstück aufgenommen wird. Die übrigen Baueinheiten entsprechen denen des Werkstatt-Meßmikroskopes, die Genauigkeit bei Längenmessungen ist jedoch wesentlich höher. Beim Profilmeßstand von Leitz[2]) wird der Glasmaßstab mit einem Meßokular mit gegeneinander verschieblichen Glaskeilen abgelesen.

Unter Meßmaschinen werden heute im allgemeinen Geräte für unmittelbare (absolute) Längenmessungen (Endmaße, Lehrringe) hoher Genauigkeit verstanden. Meßmaschinen mit rein mechanischen Meßmitteln[3]) (Gewindespindel und Meßdose) sind für genaueste Messungen gegenüber den optischen Geräten etwas zurückgetreten. Die optische Meßmaschine von Zeiss (4 Größen) erlaubt Längenmessungen bis 6000 mm. Sie arbeitet mit einem Stahlmaßstab, der in Abständen von 100 mm Glasmarken mit Doppelstrichen trägt, einem Glasmaßstab von 100 mm Länge mit $^1/_{10}$-Unterteilung und einem Optimeterrohr. Die Einstellung und Ablesung wird durch eine optische Anordnung ermöglicht. Die Meßunsicherheit beträgt bei 10 mm Meßlänge etwa $\pm$ 0,5 μ, bei 6000 mm $\pm$ 60 μ. Es können auch Innenmessungen durchgeführt werden.

Genaueste Längenmessungen werden mit dem Interferenzkomparator von Zeiss (s. S. 480) vorgenommen.

---

[1]) Dr. Bürger: Masch.-Bau 1938, S. 183.
[2]) Metz: Werkst.-Techn. u. Werksleiter 1939, S. 400.
[3]) Feinmech. u. Präz. 1942, S. 216.

9. Oberflächenprüfung.

Oberflächenprüfungen[1]) (Messung der Tiefe von Bearbeitungsriefen u. a.) können optisch mit dem Oberflächenprüfgerät nach Prof. Schmaltz (Zeiss) durchgeführt werden. Zur Anwendung kommt das Lichtschnittverfahren[2]), bei dem ein scharf begrenzter Lichtspalt (Lichtstreifen) auf das Werkstück projiziert und mit einem Mikroskop mit Okularmikrometer beobachtet wird. Infolge der Rauhigkeiten der Oberfläche erscheint der Lichtspalt im Mikroskop gesehen nicht geradlinig begrenzt. Die Abweichungen von der Geraden werden ausgemessen. Das ebenfalls optisch wirkende Oberflächenprüfgerät nach Mechau (Zeiss)[3]) dient zur Feststellung des tragenden Anteils von geschliffenen oder feingedrehten Zylinderoberflächen in Hundertteilen der Gesamtfläche.

Die Abtastverfahren (in USA. mit dem Abbott-Verfahren verbreitet) haben in Deutschland bisher wenig Bedeutung erlangt. Da die im Vergleich mit den Oberflächenrauhigkeiten immer runde Kuppe der Abtastnadel die Rauhigkeiten nicht in voller Tiefe erfassen kann, können diese Geräte nur unter Berücksichtigung dieser Eigenart verwendet werden[4]). Die tatsächliche Profilhöhe und Form der Oberflächenrauhigkeiten kann nur auf optischem Wege bestimmt werden, soweit sie im Bereich der „Mikrogeometrie" liegen.

Mikrogeometrie. Nach Schmaltz: „Lagebeziehung von Oberflächenteilchen in einer rechtwinkligen Fläche von 1 mm Seitenlänge". **Makrogeometrie.** Form über größere Längen als 1 mm.

Mit dem Mechau-Gerät können auch makrogeometrische Formfehler erkannt, aber nicht zahlenmäßig bestimmt werden (Abweichungen der Mantellinien von Zylindern von der Geraden). Das Abtastverfahren ermöglicht auch die zahlenmäßige Bestimmung makrogeometrischer Abweichungen (der sog. „Welligkeit") von Oberflächen[5]).

Das Gerät von v. Trentini (piezo-elektrisch) spricht auf „Beaufschlagung" (Schwingungen der Tastnadel infolge der Oberflächenrauhigkeiten) an.

II. Festmaßlehren.

1. Taster (Tastzirkel).

Die Außentaster dürften heute als Meßmittel für Istmaßmessung durch zuverlässigere Meßgeräte so gut wie ganz verdrängt sein. Die Innentaster können zum Messen von Eindrehungen oder Hinterdrehungen in Bohrungen an der Maschine gute Dienste leisten. Da man sie nicht herausnehmen kann, ohne das eingestellte Maß zu zerstören, werden sie mit einem kurzen Hilfsschenkel versehen, der beim Zusammenklappen stehenbleibt. Außerhalb der Bohrung wird der Taster wieder bis auf das durch den Hilfsschenkel gegebene Maß auseinandergespreizt.

2. Winkel, Lineale, Richtplatten

werden hauptsächlich beim Zusammenbau und an der Anreißplatte verwendet. Normen: Stahlwinkel DIN 875, Stahllineale DIN 874, Tuschierlineale und Platten DIN 876.

---

[1]) Schmaltz: Technische Oberflächenkunde. Berlin: Springer 1936.
[2]) Schorsch: AWF-Mittlgn. 1939, Heft 1 und 2. — Räntsch: Werkst.-Techn. u. Werksleiter 1941 S. 309.
[3]) Maaz: Werkst.-Techn. u. Werksleiter 1941, S. 221.
[4]) Opitz u. Gottschald: Masch.-Bau 1941, S. 165.
[5]) Gottschald: Techn. Zbl. prakt. Metallbearb. 1940, S. 393.

Stahllineale DIN 874 (gekürzt).

Gesamte Lineallänge in mm	Zulässige Abweichungen der Meßfläche von der Ebene an beliebiger Stelle des Lineals in μ für			
	Haar- und Dreikantlineale	Vierkant- und Normallineale	Werkstattlineale	
			I	II
70	± 1,1			
100	± 1,2	± 1,5		
150	± 1,3			
200	± 1,4	± 2	± 4	± 9
300	± 1,6	± 2,5		
500	± 2	± 3,5	± 7	± 15
1000	± 3	± 6	± 12	± 25
1500		± 8,5	± 17	± 35
2000		± 11	± 22	± 45
2500		± 13,5	± 27	± 55
3000		± 16	± 32	± 65
4000		± 21	± 42	± 85
5000		± 26	± 52	± 105

Für Zwischenlängen sind die Werte der nächst kleineren Stufe anzuwenden.

Die Parallelität der Meßflächen der Normal-, Vierkant- und Werkstattlineale wird durch die Unterschiede der Abstände der korrespondierenden Punkte beider Flächen gemessen. Die zulässigen Grenzen dieser Unterschiede betragen das Zweifache der für die Ebenheit der Meßflächen zulässigen Grenzen.

Die zulässige Abweichung der Seitenflächen (der nicht als Meßflächen dienenden Flächen) von der Ebenheit beträgt das Dreifache der für die Ebenheit der Meßfläche zulässigen Grenzen. — Die zulässige Abweichung der Seitenflächen von der Parallelität beträgt bei Normal- und Werkstattlinealen das Sechsfache der für die Ebenheit der Meßfläche zulässigen Grenzen.

Die Abweichungen der von benachbarten Flächen gebildeten Winkel von einem rechten dürfen an keiner Stelle mehr als das Dreifache der für die Ebenheit der Meßfläche zulässigen Grenzen betragen.

Werkstoff: Gewalzter oder gezogener Stahl. Haar-, Drei- und Vierkantlineale haben gehärtete Meßkanten.

Tuschierlineale und Platten DIN 876.

Gesamtlänge der längsten Kante in mm	Zulässige Abweichungen der Meßfläche von der Ebene an beliebiger Stelle derselben in μ für		
	Genauigkeit I	Genauigkeit II	Genauigkeit III
100	± 5,5	± 11	± 22
150	± 5,75	± 11,5	± 23
200	± 6	± 12	± 24
300	± 6,5	± 13	± 26
400	± 7	± 14	± 28
500	± 7,5	± 15	± 30
600	± 8	± 16	± 32
700	± 8,5	± 17	± 34
800	± 9	± 18	± 36
1000	± 10	± 20	± 40
1200	± 11	± 22	± 44
1500	± 12,5	± 25	± 50
2000	± 15	± 30	± 60

Für Zwischenlängen sind die Werte der nächst kleineren Stufe anzuwenden.

Die der Meßfläche entgegengesetzte Seite muß 3 Auflager haben.

Das Schaben soll ausschließlich dem Zwecke der Erzielung der Genauigkeit dienen. Das nachträgliche Anbringen von sog. gleichmäßigen Schabezeichen ist zu verwerfen, da es die vorher vorhandene Genauigkeit zu verschlechtern geeignet ist.

Bedingt durch die Herstellung von Platten, sollen die zum Prüfen der Ebenheit verwandten Meßmittel die Platte nicht mit Punkten, sondern mit Meßflächen berühren von mindestens 2,7 cm^2 Flächeninhalt (entsprechend dem Endmaßquerschnitt 30 × 9).

Werkstoff: Gußeisen.

Bei der Aufbewahrung der Lineale und Platten ist darauf zu achten, daß sie auf einer genügend ebenen Fläche (DIN 876) gleichmäßig aufliegen, um ein Verziehen auszuschließen. Bei der Anwendung sind sie vor ungleichmäßiger Wärmeeinwirkung zu schützen.

Haarlineale (Kantel, Messerlineale) dienen zum Prüfen der Ebenheit von Flächen oder der Geradheit von Linien (z. B. bei Drehteilen einer Mantellinie) mittels des Lichtspaltverfahrens. Der sich beim Auflegen an unebenen Stellen zeigende Lichtspalt kann bei einiger Übung bis auf 1 μ geschätzt werden, besonders beim Vergleich mit einem Lichtspalt bekannter Größe (z. B. Haarlineal über zwei auf einer Planglasplatte nebeneinander angesprengten Endmaßen verschiedener Länge).

8. Draht- und Blechlehren, Spaltlehren (Spione).

Draht- und Blechlehren (zum Sortieren von Draht oder Blech) bestehen aus kreisförmigen oder rechteckigen Blechen, die mit einer Anzahl abgestufter Einschnitte oder Löcher versehen sind. Die Stufung wird mit Nummern oder Buchstaben bezeichnet (s. S. 192 bis 195).

Spaltlehren (Spione) sind meist um 100 μ in der Dicke gestufte längliche Blechstückchen oder Blechstreifen, die häufig zu mehreren in einem Halter vereinigt sind. Sie dienen zum „Ausfühlen" von Rissen und feinen Spalten oder zum Einstellen von kurzen Abständen (z. B. von Unterbrecherkontakten).

B. Passungen und Lehren[1]).

Die Wirtschaftlichkeit einer Fertigung bedingt möglichste Ausschaltung von Nacharbeit zum Zwecke des Zusammenpassens zusammengehöriger Teile, gleichviel, ob diese im gleichen Werke oder in verschiedenen Betrieben hergestellt sind.

Zu einem solchen Austauschbau ist notwendig:

a) Die Aufstellung eines einheitlichen **Passungssystems**, d. h. die Festlegung von Grenzwerten, bei deren Einhaltung man die gewünschte Passung erhält.

b) Die Einführung eines Meßverfahrens, das die Einhaltung dieser vorgeschriebenen Grenzwerte bei der Herstellung ermöglicht, nämlich des **Lehrensystems**.

c) Möglichste Beschränkung in den zur Verwendung kommenden Durchmessern. Eine Richtlinie ist die vom Normenausschuß der deutschen Industrie aufgestellte **Normaldurchmesserreihe** (s. Abschnitt „Normaldurchmesser").

d) Eine einheitliche Bezugstemperatur, bei der die Meßmittel und Werkstücke dem vorgeschriebenen Maß entsprechen, Meßwert und Maßwert also übereinstimmen. Die Bezugstemperatur ist 20° C (vgl. S. 57).

I. DIN- und ISA-Passungen.

Das vom Deutschen Normenausschuß aufgestellte DIN-Passungssystem behandelt die Rundpassungen, d. h. das Zusammenpassen von Welle und Bohrung, und ist unterteilt, je nachdem die Welle oder Bohrung zum Ausgangspunkt genommen wird, in

a) System Einheitswelle: Für einen bestimmten Durchmesser wird die gewünschte Passung bei gleichbleibender Welle durch die größere oder kleinere Bohrung erreicht;

[1]) Schrifttum s. S. 508.

b) System Einheitsbohrung: Die gewünschte Passung wird bei gleichbleibender Bohrung durch die größere oder kleinere Welle bewirkt.

c) Die Grundbegriffe beider Systeme sind auf Tafel 2 zusammengestellt.

Die Aufstellung verschiedener **Gütegrade** (Edel-, Fein-, Schlicht- und Grobpassung) war notwendig mit Rücksicht auf die Herstellungskosten. Es wäre unwirtschaftlich, für Teile, bei denen es auf ein genaues Passen nicht ankommt, unnötig genaue Toleranzen vorzuschreiben.

Innerhalb der Gütegrade sind verschiedene **Sitzarten** festgelegt, deren Abmaße nach Paßeinheiten abgestuft sind. Eine **Paßeinheit** ist gleich $0{,}005 \cdot \sqrt[3]{\text{Durchmesser}}$.

Die **Abmaße** sind in DIN 7165 und 7166 zusammen mit denen des ISA-Systems[1]) nach den Festlegungen des Deutschen Normenausschusses und des ISA-Komittees zusammengestellt. Eine graphische Übersicht über die sich für die einzelnen Sitze ergebenden Toleranzgebiete bringen die Tafeln 3 und 5.

Für die Gütegrade und Sitzarten wurden zur Kennzeichnung der Lehren **abgekürzte Bezeichnungen** und Farben festgestellt (Tafel 4). Die Abkürzungen können, wenn nicht ein ziffernmäßiges Eintragen der Abmaße vorgezogen wird, auch auf den Zeichnungen Verwendung finden.

Werden die Abmaße ziffernmäßig eingetragen, so ist das obere Abmaß etwas erhöht neben das Nennmaß zu setzen, das untere Abmaß etwas tiefer (z. B. $40^{+0,3}_{+0,1}$, 0,3 oberes Abmaß, 0,1 unteres Abmaß). Wird nur ein Abmaß eingetragen (z. B. $40{,}1^{+0,3}$), so wird das andere stillschweigend mit „Null" angenommen. Die Passungskurzzeichen der ISA-Passung werden in gleiche Höhe mit dem Nennmaß geschrieben.

Das stark in Einführung befindliche Internationale Passungssystem (ISA)[1]) hat die wesentlichen Grundlagen vom DIN-Passungssystem übernommen:

1. Nullinie als Begrenzungslinie.
2. Bezugstemperatur 20°.
3. Stufung der Durchmesserbereiche.
4. Der Begriff der Paßeinheit ist für den Aufbau der ISA-Toleranzen verlassen. Zugrunde gelegt ist die Toleranzeinheit i (in μ) $= 0{,}45 \sqrt[3]{D} + 0{,}001\, D$ (D in mm). Die Größe und Lage der Toleranzen ist so festgelegt, daß die DIN-Sitze durch eine entsprechende Auswahl von ISA-Wellen und -Bohrungen mit theoretisch großer Annäherung, praktisch aber gleichwertig erreicht werden können (Tafel 5).

Eines der wesentlichsten Merkmale des ISA-Systems ist, daß die bei fast allen bisherigen Passungssystemen übliche Zusammenfassung bestimmter Bohrungen und Wellen zu bestimmten Sitzqualitäten unterblieben ist. Es sind vielmehr durch die Größe der Toleranz charakterisierte Qualitäten für die Wellen und Bohrungen genormt, die dann, um einen bestimmten Sitz zu erreichen, zweckentsprechend gepaart werden. Eine Empfehlung für die Auswahl ist in dem Schaubild auf Tafel 5 gegeben.

Die Qualitäten sind fortlaufend mit 1 bis 16 beziffert und haben mit der Qualitätsziffer und Durchmesserstufung steigende Toleranzen (siehe Tafel 6), die sogenannten Grundtoleranzen (Kurzzeichen IT = ISA-Toleranz). Durch die Qualitätsziffer ist also eine bestimmte Toleranzgröße in einem bestimmten Durchmesserbereich eindeutig festgelegt.

---

[1]) ISA: Abkürzung von „International Federation of the National Standardizing Associations".

Tafel 2. Passungen — Grundbegriffe.

Einheitswelle.

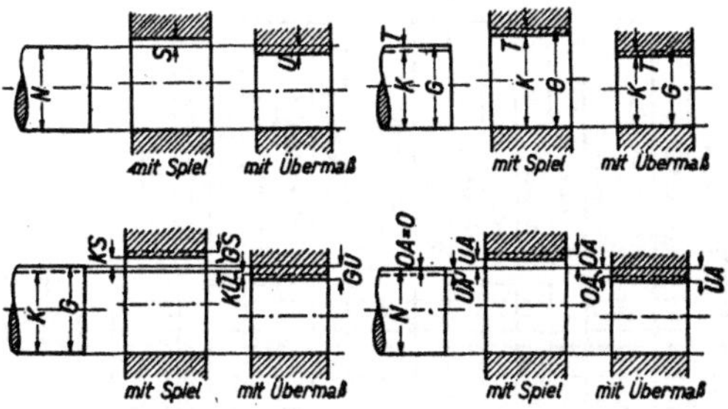

Kennzeichen: Die Welle wird innerhalb der einzelnen Gütegrade gleichgehalten, d. h. die Abmaße der Welle bleiben für alle Sitze die gleichen, während die Abmaße der Bohrung nach der Art des Sitzes verschieden ausgeführt werden. Das obere Abmaß der Welle ist Null, also Nullinie obere Begrenzungslinie der Wellenabmaße.

Wellen, auf denen verschiedene Sitze vorkommen, können glatt oder abgesetzt sein.

Einheitsbohrung.

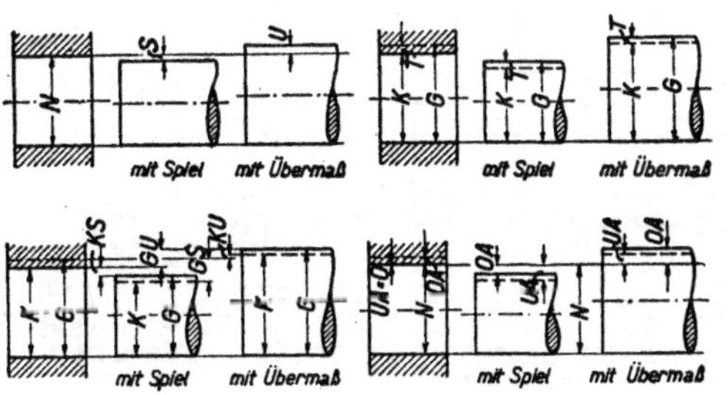

Kennzeichen: Die Bohrung wird innerhalb der einzelnen Gütegrade gleichgehalten, d. h. die Abmaße der Bohrung bleiben für alle Sitze die gleichen, während die Abmaße der Welle nach der Art des Sitzes verschieden ausgeführt werden. Das untere Abmaß der Bohrung ist Null, also Nullinie untere Begrenzungslinie der Bohrungsabmaße.

Wellen, auf denen verschiedene Sitze vorkommen, müssen abgesetzt sein.

Passung (im Sinne des Zusammenpassens) bezeichnet allgemein das körperliche Verhältnis zweier zusammengefügter Teile, gekennzeichnet durch das Spiel bzw. Übermaß.

Spiel (*S*) ist der freie Raum zwischen Bohrung und Welle.

Übermaß (*U*) ist das Maß, um das die einzuführende Welle größer ist als die Bohrung.

Größtmaß *G* und Kleinstmaß (*K*) sind die Grenzmaße, zwischen denen das ausgeführte Maß eines Werkstückes liegen muß.

Toleranz (*T*) ist der Unterschied zwischen dem größtzulässigen Maß (Größtmaß) und dem kleinstzulässigen Maß (Kleinstmaß) eines Werkstückes.

Kleinstes Spiel (*KS*) ist der Unterschied zwischen Kleinstmaß der Bohrung und Größtmaß der Welle.

Größtes Spiel (*GS*) ist der Unterschied zwischen Größtmaß der Bohrung und Kleinstmaß der Welle.

Kleinstes Übermaß (*KU*) ist der Unterschied zwischen Kleinstmaß der Welle und Größtmaß der Bohrung.

Größtes Übermaß (*GU*) ist der Unterschied zwischen Größtmaß der Welle und Kleinstmaß der Bohrung.

Nennmaß (*N*) ist das Maß, welches die Größe der Stücke kennzeichnet.

Abmaß ist das Maß, um das ein Stück vom Nennmaß abweicht, und zwar gibt das

a) Obere Abmaß (*OA*) zum Nennmaß hinzugezählt, bzw. vom Nennmaß abgezogen das Größtmaß.

b) Untere Abmaß (*UA*) zum Nennmaß hinzugezählt, bzw. vom Nennmaß abgezogen das Kleinstmaß.

Sitz ist eine Passung, gekennzeichnet durch das kleinste und größte Spiel, bzw. durch das größte und kleinste Übermaß.

Gütegrade sind Bearbeitungsgrade, nach denen die Feinheit von Passungen abgestuft ist. Es werden unterschieden: Edelpassung, Feinpassung, Schlichtpassung, Grobpassung.

Tafel 3. DIN-Passungen.

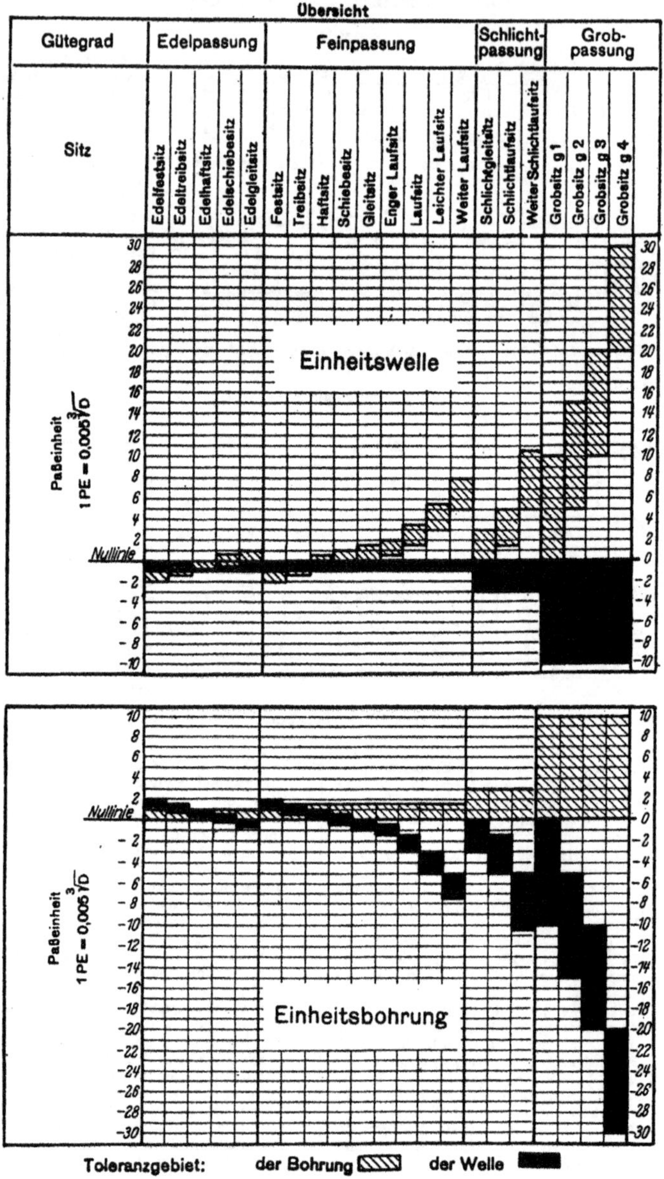

Tafel 4. DIN-Passungen.

Bezeichnung der Gütegrade und Sitze nach DIN 776.

Gütegrad			Einheitsbohrung		Sitze	Einheitswelle	
Benennung	Kurzzeichen	Kennfarbe der Lehre	Bohrung	Wellen		Bohrungen	Welle
Edelpassung		kornblumenblau	*eB*		**Ruhesitze**		*eW*
				eF	Edelfestsitz	*eF*	
				eT	Edeltreibsitz	*eT*	
				eH	Edelhaftsitz	*eH*	
				eS	Edelschiebesitz	*eS*	
					Bewegungssitz		
				eG	Edelgleitsitz	*eG*	
Feinpassung		schwarz	*B*		**Ruhesitze**		*W*
				P	Preßsitz	*P*	
				F	Festsitz	*F*	
				T	Treibsitz	*T*	
				H	Haftsitz	*H*	
				S	Schiebesitz	*S*	
					Bewegungssitze		
				G	Gleitsitz	*G*	
				EL	Enger Laufsitz	*EL*	
				L	Laufsitz	*L*	
				LL	Leichter Laufsitz	*LL*	
				WL	Weiter Laufsitz	*WL*	
Schlichtpassung	*s*	gelb	*sB*		**Bewegungssitze**		*sW*
				sG	Schlichtgleitsitz	*sG*	
				sL	Schlichtlaufsitz	*sL*	
				sWL	Weiter Schlichtlaufsitz	*sLW*	
Grobpassung	*g*	hellgrün	*gB*		**Bewegungssitze**		*gW*
				g_1	Grobsitz g_1	g_1	
				g_2	Grobsitz g_2	g_2	
				g_3	Grobsitz g_3	g_3	
				g_4	Grobsitz g_4	g_4	

Die Kennzeichen dienen:

zur Beschriftung der Grenzlehren (siehe DIN 249, 1811, 1812),
zur Angabe der Lehren auf den Zeichnungen (siehe DIN 406, Bl. 5 und 6).

Die Bohrungslehren im System Einheitsbohrung stimmen mit den Bohrungslehren für die Gleitsitze und Grobsitz g_1 im System Einheitswelle überein und sind wie folgt gezeichnet:

$$eB = eG \qquad B = G \qquad sB = sG \qquad gB = g_1.$$

Die Wellenlehren im System Einheitswelle stimmen mit den Wellenlehren für die Gleitsitze und Grobsitz g_1 im System Einheitsbohrung überein und sind wie folgt gezeichnet:

$$eW = eG \qquad W = G \qquad sW = sG \qquad gW = g_1$$

Tafel 5. Vergleich der DIN- und ISA-Sitzfamilien.

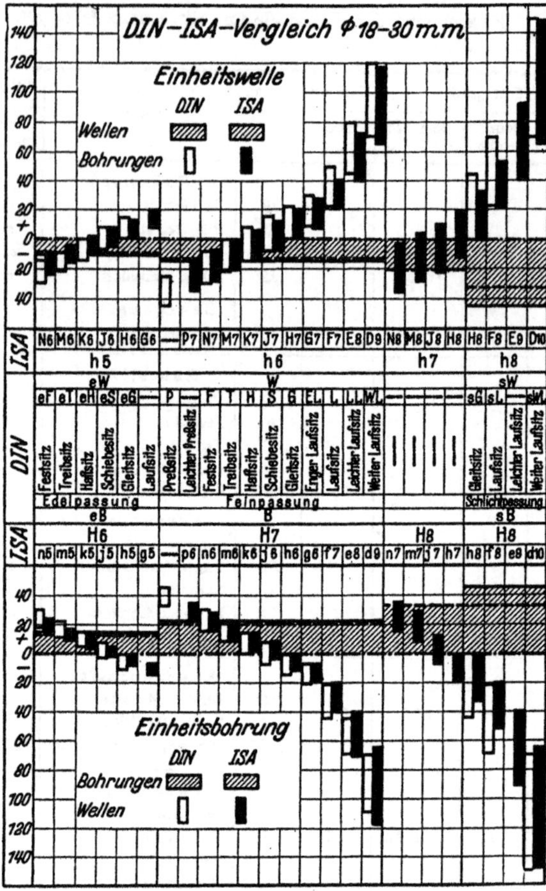

Um eine Welle oder Bohrung vollkommen zu bestimmen, ist nicht nur die Kenntnis der Toleranz nach ihrer Größe, sondern auch nach ihrer Lage zur Nullinie erforderlich. Diese wird gekennzeichnet durch große lateinische Buchstaben für die Bohrungen und kleine lateinische Buchstaben für die Wellen. Dabei sind mit *J* bzw. *j* die Bohrungen bzw. Wellen bezeichnet, deren Toleranzfeld $\pm$ zur Nullinie liegt; die Toleranzfelder der Bohrungen *H* und Wellen *h* berühren die Nullinie (entsprechen also Einheitsbohrung und Einheitswelle im DIN-System), die Toleranzen der Bohrungen *K* bis *Z* liegen unterhalb, die der Bohrungen *G* bis *A* oberhalb der Nullinie. Bei den Wellen ist es umgekehrt. Je weiter der Buchstabe im Alphabet von *H* bzw. *h* entfernt ist, desto weiter liegt das Toleranzfeld von der Nullinie ab.

Eine Bohrung und eine Welle sind in Lage und Größe ihrer Toleranz durch den Buchstaben mit angehängter Qualitätsziffer gekennzeichnet, z. B. K 7, h 6, ein bestimmter Sitz durch Vereinigung beider Kennzeichen, wobei das Kennzeichen für die Bohrung vorangestellt wird K 7 · h 6 (entspricht dem Haftsitz Einheitswelle im DIN-System; siehe Tafel 5).

Tafel 6. **Grundtoleranzen der ISA-Qualitäten in μ.**

Qualitätsziffer	Nenndurchmesserbereich in mm									Grundtoleranzenreihe
	1—3	über 3—6	über 6—10	über 10—18	über 18—30	über 30—50	über 50—80	über 80—120	über 120—180	
1	1,5	1,5	1,5	1,5	1,5	2	2	3	4	IT 1
2	2	2	2	2	2	3	3	4	5	IT 2
3	3	3	3	3	4	4	5	6	8	IT 3
4	4	4	4	5	6	7	8	10	12	IT 4
5	5	5	6	8	9	11	13	15	18	IT 5
6	7	8	9	11	13	16	19	22	25	IT 6
7	9	12	15	18	21	25	30	35	40	IT 7
8	14	18	22	27	33	39	46	54	63	IT 8
9	25	30	36	43	52	62	74	87	100	IT 9
10	40	48	58	70	84	100	120	140	160	IT 10
11	60	75	90	110	130	160	190	220	250	IT 11
12	90	120	150	180	210	250	300	350	400	IT 12
13	140	180	220	270	330	390	460	540	630	IT 13
14	250	300	360	430	520	620	740	870	1000	IT 14
15	400	480	580	700	840	1000	1200	1400	1600	IT 15
16	600	750	900	1100	1300	1600	1900	2200	2500	IT 16

Die Grundtoleranzen IT 1 bis 4 sind für Lehren vorgesehen, können aber auch für besonders genaue Werkstücke Anwendung finden. Für Grobpassungslehren gilt IT 5 bis 8, für Lehren zu Werkstücken nach der Qualität 13 bis 16 die Grundtoleranz IT 7 u. 8.

Obgleich im ISA-System keine starre Bindung an eine bestimmte Paarung der verschiedenen Wellen und Bohrungen festgelegt ist, liegt seinem Aufbau doch der Gedanke eines Systems Einheitsbohrung (*H*-Bohrung) und eines Systems Einheitswelle (*h*-Welle) zugrunde. Alle Passungen mit einer Einheitsbohrung bzw. einer Einheitswelle werden unter dem Begriff „Sitzfamilie" zusammengefaßt, der etwa dem Begriff „Gütegrad" des DIN-Systems gleichkommt. Die entsprechend dem DIN-System zusammengefaßten Sitzfamilien enthalten DIN 7165 und 7166 (s. a. DIN 7154 und 7155).

Das ISA-System unterscheidet drei Gruppen von Sitzen: Spielsitze (haben immer Spiel), Übergangssitze (haben Spiel oder Übermaß je nach Lage der Toleranz), Preßsitze (haben immer Übermaß).

II. Lehrensystem.

Um das Einhalten der notwendigen Grenzmaße in der Herstellung zu ermöglichen, sind zweckentsprechende Meßmittel notwendig.

Die Lehren gestatten die Feststellung, ob das Werkstück innerhalb der verlangten Grenzen liegt, ermöglichen aber nicht die Ablesung des Istmaßes.

Die Grenzlehren haben zwei Meßstellen, von denen die eine das Größtmaß und die andere das Kleinstmaß aufweist. Zum Messen von Außenmaßen (Wellen) dienen die Grenzrachenlehren, zum Messen der Bohrungen die Grenzlehrdorne für die Durchmesser bis 100 mm, die Flachlehren für die Durchmesser über 100 bis 250 mm und die Kugelendmaße für die Durchmesser über 250 mm. Die Werkstücke werden die gewünschte Passung haben, wenn bei der Bohrungslehre (Dorn) die Seite mit dem Kleinstmaß (Gutseite) sich einführen läßt, die mit dem Größtmaß (Ausschußseite) jedoch nicht, und wenn die Wellenlehre (Rachenlehre) mit dem Größtmaß (Gutseite) sich über die Welle schieben läßt, mit dem Kleinstmaß (Ausschußseite) jedoch nicht, Abb. M 9a und b.

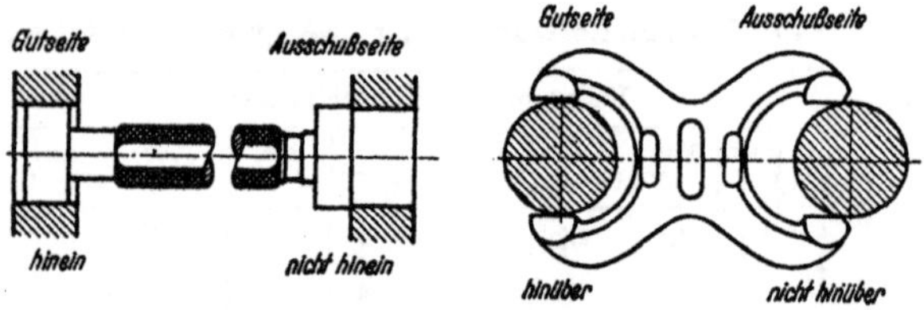

Abb. M 9a und b.

Für die Ausschußseite der Bohrungslehren werden Lehrdorne oder Meßkörper mit verminderter Berührungsfläche bis 100 mm, darüber hinaus Kugelendmaße oder ähnliche Meßmittel dann empfohlen, wenn es darauf ankommt, daß die Formungenauigkeit der Bohrungen die Grenzmaße nicht überschreitet. Entsprechend dem Taylorschen Grundsatz[1]) werden beim Lehren auf der Gutseite alle Bestimmungsgrößen gemeinsam gelehrt, auf der Ausschußseite jede Bestimmungsgröße einzeln.

Tafel 7. **Zulässige Vergrößerung der Grundtoleranzen infolge Abnutzung der Gutseite der Arbeitslehren in μ.**

Nach DIN 7151 (ISA-Passungen).

Lehren für	Qual.	1 bis 3	über 3 bis 6	über 6 bis 10	über 10 bis 18	über 18 bis 30	über 30 bis 50	über 50 bis 80	über 80 bis 120	über 120 bis 180
Außenmaße (Wellen)	5	1	1	1	1,5	2	2	2	3	3
	6	1,5	1,5	1,5	2	3	3	3	4	4
	7	1,5	1,5	1,5	2	3	3	3	4	4
	8	3	3	3	4	4	5	5	6	6
Innenmaße (Bohrungen)	6	1	1	1	1,5	1,5	2	2	3	3
	7	1,5	1,5	1,5	2	3	3	3	4	4
	8	3	3	3	4	4	5	5	6	6

Für die Grenzlehren (**Arbeitslehren**), sind in DIN 7162 Toleranzen festgelegt. Sie dürfen nicht über eine bestimmte Abnutzungsgrenze (siehe Tafel 7) hinaus benutzt werden, da sonst nicht mehr der gewünschte Sitz erreicht wird.

Das DIN-System sieht **Abnahmelehren** vor, d. h. die Lehren, die vom Besteller (vor allem von Behörden) zur Prüfung der Werkstücke auf Einhaltung der Toleranz benutzt werden können. Hierfür sind vom Normenausschuß besondere Abmaße vorgeschlagen, die die Herstellungstoleranz und die Abnutzung der Arbeitslehren berücksichtigen.

Die Herstellungstoleranz der Abnahmelehren ist für die Gut- und Ausschußseite gleich der für die Ausschußseite der Arbeitslehren in DIN 2057 festgesetzten. In der Praxis werden Abnahmelehren nur selten verwendet.

[1]) Kienzle: Werkst.-Techn. u. Werksleiter 1937, S. 505.

Tafel 8. **ISA-Passungen. Nennabmaße der Wellen in μ.** (Nach DIN 7160.)

Durchmesserbereich		1—3		über 3—6		über 6—10		über 10—18		über 18—30		über 30—50		über 50—80		über 80—120		über 120—180	
5. Qualität	g 5	−3	−8	−4	−9	−5	−11	−6	−14	−7	−16	−9	−20	−10	−23	−12	−27	−14	−32
	h 5	0	−5	0	−5	0	−6	0	−8	0	−9	0	−11	0	−13	0	−15	0	−18
	j 5	+4	−1	+4	−1	+4	−2	+5	−3	+5	−4	+6	−5	+6	−7	+6	−9	+7	−11
	k 5	—	—	—	—	+7	+1	+9	+1	+11	+2	+13	+2	+15	+2	+18	+3	+21	+3
	m 5	+7	+2	+9	+4	+12	+6	+15	+7	+17	+8	+20	+9	+24	+11	+28	+13	+33	+15
	n 5	+11	+6	+13	+8	+16	+10	+20	+12	+24	+15	+28	+17	+33	+20	+38	+23	+45	+27
6. Qualität	g 6	−3	−10	−4	−12	−5	−14	−6	−17	−7	−20	−9	−25	−10	−29	−12	−34	−14	−39
	h 6	0	−7	0	−8	0	−9	0	−11	0	−13	0	−16	0	−19	0	−22	0	−25
	j 6	+6	−1	+7	−1	+7	−2	+8	−3	+9	−4	+11	−5	+12	−7	+13	−9	+14	−11
	k 6	—	—	—	—	+10	+1	+12	+1	+15	+2	+18	+2	+21	+2	+25	+3	+28	+3
	m 6	+9	+2	+12	+4	+15	+6	+18	+7	+21	+8	+25	+9	+30	+11	+35	+13	+40	+15
	n 6	+13	+6	+16	+8	+19	+10	+23	+12	+28	+15	+33	+17	+39	+20	+45	+23	+52	+27
	p 6	+16	+9	+20	+12	+24	+15	+29	+18	+35	+22	+42	+26	+51	+32	+59	+37	+68	+43
7. Qualität	e 7	−14	−23	−20	−32	−25	−40	−32	−50	−40	−61	−50	−75	−60	−90	−72	−107	−85	−125
	f 7	−7	−16	−10	−22	−13	−28	−16	−34	−20	−41	−25	−50	−30	−60	−36	−71	−43	−83
	h 7	0	−9	0	−12	0	−15	0	−18	0	−21	0	−25	0	−30	0	−35	0	−40
	j 7	+7	−2	+9	−3	+10	−5	+12	−6	+13	−8	+15	−10	+18	−12	+20	−15	+22	−18
	k 7	+15	—	—	—	+16	+1	+19	+1	+23	+2	+27	+2	+32	+2	+38	+3	+43	+3
	m 7	—	—	—	—	+21	+6	+25	+7	+29	+8	+34	+9	+41	+11	+48	+13	+55	+15
	n 7	—	+6	+20	+8	+25	+10	+30	+12	+36	+15	+42	+17	+50	+20	+58	+23	+67	+27
8. Qualität	d 8	−20	−34	−30	−48	−40	−62	−50	−77	−65	−98	−80	−119	−100	−146	−120	−174	−145	−208
	e 8	−14	−28	−20	−38	−25	−47	−32	−59	−40	−73	−50	−89	−60	−106	−72	−126	−85	−148
	f 8	−7	−21	−10	−28	−13	−35	−16	−43	−20	−53	−25	−64	−30	−76	−36	−90	−43	−106
	h 8	0	−14	0	−18	0	−22	0	−27	0	−33	0	−39	0	−46	0	−54	0	−63
	j 8	+7	−7	+9	−9	+11	−11	+14	−13	+17	−16	+20	−19	+23	−23	+27	−27	+32	−31
	k 8	+14	0	+18	0	+22	0	+27	0	+33	0	+39	0	+46	0	+54	0	+63	0
9. Qualität	d 9	−20	−45	−30	−60	−40	−76	−50	−93	−65	−117	−80	−142	−100	−174	−120	−207	−145	−243
	e 9	−14	−39	−20	−50	−25	−61	−32	−75	−40	−92	−50	−112	−60	−134	−72	−159	−85	−185
	h 9	0	−25	0	−30	0	−36	0	−43	0	−52	0	−62	0	−74	0	−87	0	−100
	j 9	+13	−12	+15	−15	+18	−18	+22	−21	+26	−26	+31	−31	+37	−37	+44	−43	+50	−50
	k 9	+25	0	+30	0	+36	0	+43	0	+52	0	+62	0	+74	0	+87	0	+100	0
10. Qualität	d 10	−20	−60	−30	−78	−40	−98	−50	−120	−65	−149	−80	−180	0	−220	−120	−260	−145	−305
	h 10	0	−40	0	−48	0	−58	0	−70	0	−84	0	−100	−100	−120	0	−140	0	−160
	j 10	+20	−20	+24	−24	+29	−29	+35	−35	+42	−42	+50	−50	+60	−60	+70	−70	+80	−80
	k 10	+40	0	+48	0	+58	0	+70	0	+84	0	+100	0	+120	0	+140	0	+160	0
11. Qualität	d 11	−20	−80	−30	−105	−40	−130	−50	−160	−65	−195	−80	−240	−100	−290	−120	−340	−145	−395
	h 11	0	−60	0	−75	0	−90	0	−110	0	−130	0	−160	0	−190	0	−220	0	−250
	j 11	+30	−30	+38	−37	+45	−45	+55	−55	+65	−65	+80	−80	+95	−95	+110	−110	+125	−125
	k 11	+60	0	+75	0	+90	0	+110	0	+130	0	+160	0	+190	0	+220	0	+250	0

Tafel 9. ISA-Passungen. Nennabmaße der Bohrungen in μ. (Nach DIN 7161.)

Durchmesserbereich		1—3		über 3—6		über 6—10		über 10—18		über 18—30		über 30—50		über 50—80		über 80—120		über 120—180	
6. Qualität	G 6	+3	+10	+4	+12	+5	+14	+6	+17	+7	+20	+9	+25	+10	+29	+12	+34	+14	+39
	H 6	0	+7	0	+8	0	+9	0	+11	0	+13	0	+16	0	+19	0	+22	0	+25
	J 6	−4	+3	−4	+4	−4	+5	−5	+6	−5	+8	−6	+10	−6	+13	−6	+16	−7	+18
	K 6	—	—	—	—	−7	+2	−9	+2	−11	+2	−13	+3	−15	+4	−18	+4	−21	+4
	M 6	−7	−0	−9	−1	−12	−3	−15	−4	−17	−4	−20	−4	−24	−5	−28	−6	−33	−8
	N 6	−11	−4	−13	−5	−16	−7	−20	−9	−24	−11	−28	−12	−33	−14	−38	−16	−45	−20
7. Qualität	E 7	+14	+23	+20	+32	+25	+40	+32	+50	+40	+61	+50	+75	+60	+90	+72	+107	+85	+125
	F 7	+7	+16	+10	+22	+13	+28	+16	+34	+20	+41	+25	+50	+30	+60	+36	+71	+43	+83
	G 7	+3	+12	+4	+16	+5	+20	+6	+24	+7	+28	+9	+34	+10	+40	+12	+47	+14	+54
	H 7	0	+9	0	+12	0	+15	0	+18	0	+21	0	+25	0	+30	0	+35	0	+40
	J 7	−6	+3	−7	+5	−7	+8	−8	+10	−9	+12	−11	+14	−12	+18	−13	+22	−14	+26
	K 7	—	—	—	—	−10	+5	−12	+6	−15	+6	−18	+7	−21	+9	−25	+10	−28	+12
	M 7	−9	0	−12	0	−15	0	−18	0	−21	0	−25	0	−30	0	−35	0	−40	0
	N 7	−13	−4	−16	−4	−19	−4	−23	−5	−28	−7	−33	−8	−39	−9	−45	−10	−52	−12
	P 7	−16	−7	−20	−8	−24	−9	−29	−11	−35	−14	−42	−17	−51	−21	−59	−24	−68	−28
8. Qualität	D 8	+20	+34	+30	+48	+40	+62	+50	+77	+65	+98	+80	+119	+100	+146	+120	+174	+145	+208
	E 8	+14	+28	+20	+38	+25	+47	+32	+59	+40	+73	+50	+89	+60	+106	+72	+126	+85	+148
	F 8	+7	+21	+10	+28	+13	+35	+16	+43	+20	+53	+25	+64	+30	+76	+36	+90	+43	+106
	H 8	0	+14	0	+18	0	+22	0	+27	0	+33	0	+39	0	+46	0	+54	0	+63
	J 8	−7	+7	−9	+9	−10	+12	−12	+15	−13	+20	−15	+24	−18	+28	−20	+34	−22	+41
	K 8	—	—	—	—	−16	+6	−19	+8	−23	+10	−27	+12	−32	+14	−38	+16	−43	+20
	M 8	—	—	—	—	−21	+1	−25	+2	−29	+4	−34	+5	−41	+5	−48	+6	−55	+8
	N 8	−15	−1	−20	−2	−25	−3	−30	−3	−36	−3	−42	−3	−50	−4	−58	−4	−67	−4
9. Qualität	D 9	+20	+45	+30	+60	+40	+76	+50	+93	+65	+117	+80	+142	+100	+174	+120	+207	+145	+245
	E 9	+14	+39	+20	+50	+25	+61	+32	+75	+40	+92	+50	+112	+60	+134	+72	+159	+85	+185
	H 9	0	+25	0	+30	0	+36	0	+43	0	+52	0	+62	0	+74	0	+87	0	+100
	J 9	−13	+12	−15	+15	−18	+18	−22	+21	−26	+26	−31	+31	−37	+37	−44	+43	−50	+50
10. Qualität	D 10	+20	+60	+30	+78	+40	+98	+50	+120	+65	+149	+80	+180	+100	+220	+120	+260	+145	+305
	H 10	0	+40	0	+48	0	+58	0	+70	0	+84	0	+100	0	+120	0	+140	0	+160
	J 10	−20	+20	−24	+24	−29	+29	−35	+35	−42	+42	−50	+50	−60	+60	−70	+70	−80	+80
11. Qualität	D 11	+20	+80	+30	+105	+40	+130	+50	+160	+65	+195	+80	+240	+100	+290	+120	+340	+145	+395
	H 11	0	+60	0	+75	0	+90	0	+110	0	+130	0	+160	0	+190	0	+220	0	+250
	J 11	−30	+30	−38	+37	−45	+45	−55	+55	−65	+65	−80	+80	−95	+95	−110	+110	−125	+125

Die Lehren erhalten eine Beschriftung, die das Passungssystem, Nennmaß, Abmaß und Sitzart angibt, und einen Farbanstrich zur Kenntlichmachung des Gütegrades (Tafel 4). Die Ausschußseite wird außerdem noch durch einen roten Farbstreifen gekennzeichnet. Die Abnahmelehren erhalten zur Unterscheidung von den Arbeitslehren als besonderes Kennzeichen noch einen weißen Farbring bzw. Farbstrich. In DIN 249, 1811, 1812 und 7180 sind Richtlinien für die Kennzeichnung und Beschriftung der Arbeits-Abnahme und -Prüflehren aufgestellt.

Um die Abnutzung der Lehren zu verringern und somit die Gebrauchsdauer zu verlängern, werden die Meßflächen auch verchromt oder wie bei den Rachenlehren mit Hartmetallplättchen versehen. Im letzteren Fall wird eine etwa 40fache Lebensdauer erreicht.

Bei häufigem Wechsel in der Fertigung, kleinen Stückzahlen, in Instandsetzungswerkstätten, für selten vorkommende Sitze werden mit Vorteil die auf einen Bereich von mehreren Millimetern verstellbaren Rachenlehren verwendet, bei denen durch Verstellen der Meßflächen einesteils die verschiedenen Sitze innerhalb des Meßbereiches eingestellt wie auch die Abnutzung ausgeglichen werden können.

Alle Lehren bedürfen, um Fehlarbeiten zu vermeiden, einer dauernden Überwachung auf ihre Maßgenauigkeit. Zur Prüfung der Grenzbohrungslehren dienen Prüfrachenlehren (im ISA-System nicht vorgesehen), besser aber ist der Vergleich mit Parallel-Endmaßen durch Fühlhebel oder Meßmaschine. Die Grenzwellenlehren werden durch Meßscheiben oder Meßstäbe geprüft[1]). Die Herstellungsgenauigkeit der Prüflehren s. DIN 2058 und 7162. Am wichtigsten ist die Maßüberwachung der Urmaße, der Parallel-Endmaße (Herstellungsgenauigkeit s. S. 482), die die Grundlage des gesamten Meßwesens in einer Maschinenfabrik sind. Durch Messung mit dem Interferenzkomparator von Zeiss, der ihre Länge in Lichtwellenlängen auswertet, ist eine zuverlässige Sicherung bis auf Bruchteile eines tausendstel Millimeters möglich (vgl. S. 56 und 480). Die Gebrauchsnormale, ebenfalls Parallel-Endmaße, die periodisch mit den Urmaßsätzen verglichen werden, dienen in der Hauptsache zur Einstellung von Meßmaschinen und -Geräten.

Grundsatz muß sein, in die Werkstatt nur geprüfte Lehren hinauszugeben. Zweckmäßig ist es, in der Werkstatt nur neue Lehren zu benutzen und die (noch nicht unzulässig) abgenutzten Lehren in der Abnahme zu verwenden. Regelmäßige Überwachung ist eine selbstverständliche Forderung.

Auch der zweckmäßigen Aufbewahrung der Lehr- und Meßmittel in der Ausgabe und am Standort des Arbeiters ist ein besonderes Augenmerk zu schenken. Schutz vor Feuchtigkeit und starker Erwärmung; Aufbewahrung in besonderen Behältern; Ablegen auf Filzplatten oder Tuch an der Maschine.

III. Besonderes für Lehren der ISA-Passungen.

Als **Arbeitslehren** werden die gleichen Lehrenarten wie im DIN-System verwendet. Die Werte für Herstellungsgenauigkeit und Abnutzung sind aber gegenüber DIN herabgesetzt. Die Herstellungsgenauigkeit für die Ausschußlehre liegt wie bei DIN symmetrisch zum Ausschußmaß des Werk-

[1]) Zur Berücksichtigung der elastischen Aufbiegung durch die Meßkraft bei der Verwendung von Fühlhebeln s. Schorsch: Rachenlehrenprüfung mit Innenmeßgeräten. Werkst.-Techn. u. Werksleiter 1940, S. 21.

stückes, dagegen ist das Gesamtfeld für Herstellung und Abnutzung der Gutlehre weiter in das Toleranzfeld für das Werkstück hineingeschoben, um ein Überschreiten des Abmaßes bei Abnutzung der Lehre möglichst zu verringern und den Sitzcharakter besser wahren zu können.

Von einer Normung der **Abnahmelehren** ist im ISA-System abgesehen worden.

Jedes Werkstück gilt als abnahmefähig, wenn es für gut befunden wird, mit Lehren, die die äußersten Maße haben, die für Arbeitslehren (Abnutzung einbegriffen) festgelegt sind. Für die Abnahme der Werkstücke sind also die in den Tafeln 8 und 9 gebrachten Nenn-Abmaße nur unter Berücksichtigung der Abnutzung (s. DIN 7162) maßgebend.

Bei den **Prüflehren** wurde von einer Normung von Prüflehren für Bohrungsarbeitslehren Abstand genommen, da diese am zweckmäßigsten unmittelbar mit Endmaßen verglichen werden.

Als Prüflehren für die Wellenarbeitslehren (Rachenlehren) finden Meßscheiben und Endmaße mit Zylinderflächen Anwendung. Vorgesehen ist die Prüfung der neuen und abgenutzten Gutseite und der Ausschußseite. Die Herstellungsgenauigkeit der Prüflehre liegt immer symmetrisch zu dem zu prüfenden Maß der Arbeitslehre und ist enger als die Arbeitslehre (DIN 7162).

Für die **Beschriftung und Kennzeichnung der Grenzarbeitslehren** sind in DIN 7181 Richtlinien gegeben. Statt der Sitzbezeichnung werden bei den ISA-Lehren dem Nennmaß die Symbole für Toleranzfeld und Qualität hinzugefügt (z. B. 35 H 7). Die ISA-Lehren sind für alle Qualitäten schwarz zu streichen und mit dem Zeichen ISA zu versehen. Bei Auslandslieferungen sind gegebenen Falles die Sonderbestimmungen der einzelnen Länder zu berücksichtigen.

Die **Eintragung der Kurzzeichen in Zeichnungen** ist international nicht festgelegt und erfolgt in Deutschland zweckmäßig wie bei den DIN-Passungen in der Weise, daß die Kurzzeichen für Bohrungen über, die für die Wellen unter die Maßlinie gesetzt werden.

Zahlentafeln und DIN-Blätter.

Das Urheberrecht an den veröffentlichten Zahlen und Auszügen aus DIN-Blättern steht für Deutschland dem Deutschen Normenausschuß zu. Wiedergabe erfolgt mit Genehmigung des Deutschen Normenausschusses. Verbindlich ist die jeweils neueste Ausgabe des Normblattes in DIN-Format A 4, das durch den Beuth-Vertrieb, GmbH., Berlin SW 68, zu beziehen ist.

Schrifttum.

Kienzle: Das ISA-Toleranzsystem. Werkst.-Techn. u. Werksl. 1935, S. 354. Berlin: Springer.
Kienzle: Der heutige Stand der Toleranz- und Prüfsysteme für Werkstückabmessungen. Werkst.-Techn. u. Werksleiter 1936, S. 501.
Kienzle: Feste Lehren im ISA-System. Werkst.-Techn. u. Werksleiter 1936, S. 503.
Leinweber: Toleranzen und Lehren. 2. Aufl. Berlin: Springer 1940.
Kienzle: Wege zum zuverlässigen Werkstückmaß. Werkst.-Techn. u. Werksleiter 1937, S. 505.
Kienzle: Auffinden geeigneter Sitze der ISA-Passungen. Werkst.-Techn. u. Werksleiter 1938, S. 19.
Leinweber: Probleme der Meßtechnik für den Großverbraucher. Werkst.-Techn. u. Werksleiter 1938, S. 514.
Leinweber: Passungsgrundlagen des Austauschbaues. Masch.-Bau, Betrieb 1940, S. 299.
Schorsch: Rachenlehrenprüfung mit Innenmeßgeräten. Werkst.-Techn. u. Werksleiter 1940, S. 21.
Dreyhaupt: Lehrdorne mit Vorführansatz. Werkst.-Techn. u. Werksleiter 1940, S. 261.
Leinweber: Passung und Gestaltung. Berlin: Springer 1941.
Grenzlehren für ISA-Passungen. 7, Aufl. Eßlingen: Carl Mahr 1942.

IV. ISA-Wälzlagerpassungen.

Die Wälzlagerpassungen sind international noch nicht festgelegt. Tafel 10 lehnt sich an Vorschläge von Törnebohm an, die in Heft 2 der Kugellagerzeitschrift 1931 veröffentlicht sind. Auf internationaler Vereinbarung beruhen die Toleranzen für Bohrung und Mantel. Zu Tafel 10 ist zu bemerken:

„Umlaufende Welle" bedeutet: Die Welle läuft bezüglich der Belastungsrichtung um, oder die Belastungsrichtung läuft bezüglich der stillstehenden Welle um.

„Umlaufendes Gehäuse" bedeutet: Das Gehäuse läuft bezüglich der Belastungsrichtung um oder die Belastungsrichtung läuft bezüglich des stillstehenden Gehäuses um.

„Unbestimmt" bedeutet: Bei hoher Drehzahl, aber geringem Gewicht oder sich drehenden Teilen kann oft nicht geklärt werden, welche Belastung überwiegt und für die Passung maßgebend sein sollte.

Ausführliche Angaben über Wälzlager in Jürgensmeyer, Die Wälzlager, Berlin, Springer, 1936.

Tafel 10. **Wälzlagerpassungen (Vorschlag). Gehäuse.**

ISA	Sitzart	Belastungsfall	Beispiele
P 7	Leichter Preßsitz	„Umlaufendes Gehäuse"	Stark belastete, schnellaufende schmale Rollenlager, Automobil-Vorderräder (Gehäuse dünnwandig), Laufrollen für Hebezeuge, Zentrifugen
N 7	Festsitz	„Umlaufendes Gehäuse"	Pendelrollenlager auf Kugellager bei starker Belastung; für Spann- und Seilrollen; Automobil-Vorderräder (Gehäuse dickwandig)
M 7	Treibsitz	„Umlaufendes Gehäuse" Allzu feste Passung mit Rücksicht auf Ein- und Ausbau nicht wünschenswert	Spannrollen, Seilrollen, Transportrollen (für leichtere Belastung)
M 6	Treibsitz bis Haftsitz	„Unbestimmt" Verschiebbarkeit im Gehäuse nicht notwendig	Für offene Rollenlager Für kleine Kugellager in Aluminiumgehäusen
K 6 oder K 7	Haftsitz	„Unbestimmt" Bremswirkung zur Verhinderung von Rotation im Gehäuse wünschenswert	Lagersitze für Schleifspindeln und vertikale Spindeln in Holzbearbeitungsmaschinen
J 6	Schiebesitz	„Umlaufende Welle" oder „Unbestimmt" Verschiebbarkeit im Gehäuse notwendig oder wünschenswert	Elektromotoren, Werkzeugmaschinen
J 7	Loser Schiebesitz bis leichter Haftsitz	„Umlaufende Welle" Wenn die Passungen K 6 und J 6 verwendet werden können	Offene Rollenlager, Zylinderrollenlager, Kegelrollenlager
H 7	Gleitsitz	„Umlaufende Welle" Leichte Verschiebbarkeit im Gehäuse wünschenswert	Kugellagereinbauten für Automobile und allgemeinen Maschinenbau
H 8	Gleitsitz	„Umlaufende Welle" Niedrige Drehzahlen	Transmissionsgehäuse

Tafel 10. Wälzlagerpassungen (Vorschlag). Wellen.

ISA	Sitzart	Belastungsfall	Beispiele
g 6	Schiebesitz	„Umlaufendes Gehäuse" Der Innenring ist auf der Welle leicht verschiebbar	Vorderräder von Automobilen, Losräder von Transportwagen, kleine Laufrollen von Hängebahnen
h 6	Haftsitz bis Schiebesitz	„Umlaufendes Gehäuse" Der Innenring ist nicht immer leicht verschiebbar auf der Welle	Hinterräder von Automobilen, Spannrollen, Seilscheiben
h 5	Haftsitz	„Unbestimmt" Kleine unbedeutende Belastung, hohe Drehzahl	Tachometer, Licht- und Zündmaschinen, Staubsauger, Separatoren, kleine elektr. Apparate
j 5	Treibsitz	„Unbestimmt" oder „Umlaufende Welle" Belastungsfähigkeit der Lager nicht voll ausgenutzt. Lager können verhältnismäßig leicht ausgebaut werden	Werkzeugmaschinen-Vorgelege, kleine schnellaufende Elektromotoren (bis etwa 25 oder 30 mm Wellendurchmesser)
j 6	Festsitz bis Treibsitz	„Umlaufende Welle" Die Belastungsfähigkeit des Lagers nur selten ausgenutzt. Große Toleranzen wünschenswert	Getriebekästen in Automobilen, Kreissägen, Registrierwalzen, Leitwalzen, außerdem Längslager
k 5	Festsitz	„Umlaufende Welle" Tragfähigkeit normal ausgenutzt	Kugellagereinbauten im allgemeinen, kleine und mittlere Elektromotoren, Zylinderrollenlager der leichten Reihen
k 6	Preßsitz bis Festsitz	„Umlaufende Welle" Tragfähigkeit normal ausgenutzt Die Lagerluft begrenzt nicht das obere Abmaß	Kegelrollenlager auf umlaufender Welle
m 5	Preßsitz	„Umlaufende Welle" Große Belastungen	Stark belastete Kugellager (nicht für leichte Reihe, für mittlere u. schwere nur über 50 mm Bohrung), Zylinderrollenlager der mittelschweren Reihen, Pendelrollenlager der leichten Reihen
m 6	Preßsitz	„Umlaufende Welle" Sehr große Stoßbelastungen	Zylinderrollenlager der schweren Reihen, Pendelrollenlager der mittelschweren Reihen, Achslager für Schienenfahrzeuge
n 5	Preßsitz	„Umlaufende Welle" Sehr große Belastungen	Zylinderrollenlager der schweren Reihen, Pendelrollenlager der mittelschweren Reihen
n 6	Preßsitz	„Umlaufende Welle" Sehr große Stoßbelastungen Große Toleranzen wünschenswert	Wie bei n 5 und m 6
h 10	—	Spannhülsenlager	Für einfache Betriebsverhältnisse
h 7	—	Spannhülsenlager Bei hoher Drehzahl oder großer Belastung	Eisenbahn-Achsbuchsen, Hammermühlen, raschlaufende Ventilatoren

V. Preßpassungen.

Mit Preßpassung wird die Verbindung von meist zylindrischen Maschinenteilen bezeichnet, bei der die Berührungsfläche von Innenteil und Außenteil unter Normalspannung steht. Die Normalspannung wird durch das vor dem Zusammenfügen der Teile vorhandene Übermaß zwischen den Durchmessern von Bohrung und Welle erzeugt. Das Fügen der Teile kann durch äußere Kräfte oder mit Hilfe von Wärmeunterschieden erfolgen. Besteht die Preßpassung nur aus einem Außen- und Innenteil, so ist dies eine einfache Preßpassung. Die doppelte Preßpassung besteht aus drei Teilen mit zwei Preßfugen, einer äußeren und einer inneren. Die beiden Preßpassungen des Mittelteiles mit dem Außen- und Innenteil beeinflussen sich gegenseitig. Die Spannungen überlagern sich und bewirken eine Verstärkung der Preßpassungen. Mehrfache Preßpassungen können auch aus mehr als drei ineinander gesteckten Teilen aufgebaut werden. Die Paßflächen können zylindrisch, aber auch kegelig, flach oder sonst beliebig geformt sein.

a) Anwendungsbereich. Durch geeignete Anwendung von Preßpassungen als Element des Maschinenbauens kann Werkstoff und Arbeitszeit in großem Umfang eingespart werden. Die einfache Fügeweise ermöglicht schnellen und billigen Zusammenbau der Verbindungen. Bei Berechnung und Gestaltung auf Grund zuverlässiger Unterlagen werden Sicherungen gegen Verdrehen, wie Federn, Keile und Kerbzähne, entbehrlich. Dadurch können in vielen Fällen glatte, durch spitzenloses Schleifen wirtschaftlich hergestellte Wellen verwendet werden, die keine örtlichen Spannungsanhäufungen mit Kerbwirkung haben. Als besonderen Vorzug bieten die Preßpassungen sichere Mittigkeit der gefügten Teile. Durch Anwendung geeigneter Verfahren kann eine gewünschte Lage des Außenteiles in Längsrichtung (ohne Wellenabsatz) in sehr engen Grenzen eingehalten werden. Durch Aufschrumpfen von Wellenabsätzen auf glatte Wellen, durch Trennen von bisher aus einem Stück gefertigten Zahnrädern und Wellen kann Zerspanungsarbeit in Fortfall kommen. Die Zahnräder selbst können viel wirtschaftlicher in Paketen hergestellt werden. Die Preßpassungen bringen häufig fertigungsmäßig große Vorteile durch Anwendung des Grundsatzes „Teilen und Fügen". Sie können besonders für Bauteile verwendet werden, bei denen es auf wiederholte Lösbarkeit ankommt. Durch leichte Austauschmöglichkeit können einzelne Teile jederzeit ersetzt werden. Da sehr grobe ISA-Qualitäten für die Herstellung gewählt werden können, ist der Einsatz von Werkzeugmaschinen mit nicht allzu großer Genauigkeit und älteren Maschinen möglich.

Der sinnvolle Einsatz der Preßpassungen steht wegen der arbeit- und stoffsparenden Gestaltung bei der Rationalisierung im Vordergrund.

b) Begriffe und Benennungen[1]**.** Man unterscheidet Längspreßpassungen und Querpreßpassungen nach der Art, wie die Normalspannungen in der Preßfuge erzeugt werden. Bei der Längspreßpassung werden Innen- und Außenteil in Längsrichtung bei Raumtemperatur zusammengepreßt. Bei den Querpreßpassungen erfolgt die Annäherung der Berührungsflächen nicht längs der Mantellinie, sondern quer (senkrecht) zur Fuge. Hierunter fallen die Schrumpfpassungen, bei denen

[1] Zylindrische Preßpassungen. Begriffe, Benennungen und Formelzeichen. DIN E 7182 Blatt 3.

das erwärmte Außenteil mit Spiel über das Innenteil geschoben wird, und die Dehnpassungen, bei denen das Innenteil durch Kohlensäure, flüssige Luft oder andere Mittel unterkühlt wird. Die Schrumpf-Dehnpassungen stellen eine Vereinigung beider Verfahren dar.

Übermaß U ist der Betrag, um den das Innenteil größer als das Außenteil gemessen wurde. Die Durchmesser von Welle und Bohrung werden mit den üblichen Meßgeräten ohne Berücksichtigung ihrer Rauhigkeiten gemessen. Für die Berechnung der Spannungen muß man sich jede der beiden beteiligten Oberflächen eingeebnet denken. Der Verlust, der durch die Glättung der Oberfläche eintritt, wird Übermaßverlust ΔU genannt. Der Betrag hierfür wird aus den Rauhigkeitsgrößen des Innen- und Außenteiles errechnet. Das für die Berechnung der Preßpassung maßgebende Haftmaß Z ist das um den Betrag ΔU verringerte Übermaß. Übermaß und Haftmaß wird zur Kennzeichnung der Preßpassung in Tausendsteln des Nenndurchmessers ausgedrückt.

Bezogenes Übermaß: $\beta = 10^{-3} \cdot U$ (in μ)/D_F (in mm).

Bezogenes Haftmaß: $\zeta = 10^{-3} \cdot Z$ (in μ)/D_F (in mm).

Diese Kenngrößen sind geeignet, in ähnlichen Fällen Preßpassungen mit ähnlichem bezogenen Über- und Haftmaß anzuwenden.

Die Pressung p in der Fuge dient als wesentliche Grundgröße zur Bewertung einer Preßpassung. Die Pressung muß berechnet werden, weil sie bisher einer unmittelbaren Messung nicht zugänglich ist. Durch ihre Größe werden im besonderen außer von der Fugenfläche und vom Haftbeiwert die Haftkräfte einer Preßpassung im wesentlichen bestimmt. Von einer Preßpassung werden bestimmte Haftkräfte gegen Verschieben in Längsrichtung oder gegen Verdrehung der beiden Paßteile verlangt. Zum ersten Lösen muß die Lösekraft P_l und zum weiteren Verschieben oder Verdrehen die Rutschkraft P_r aufgebracht werden. Die Berechnung einer Preßpassung erfolgt nur nach der Rutschkraft. Bei wechselnder Beanspruchung sinkt die Lösekraft auf den Wert der Rutschkraft ab; meist beträgt die Rutschkraft $P_r = 0{,}66 \cdot P_l$. Der Haftbeiwert ν ist eine dimensionslose Größe, die für Preßpassungen verschiedener Durchmesser und Längen gilt und zur Vorausbestimmung der Haftkräfte dient. Seine Größe hängt von sehr vielen Einflüssen wie Stoffverhalten, Oberfläche und Schmierverhältnissen ab. Die Haftbeiwerte können nicht ohne weiteres durch einen Reibungsversuch ermittelt werden und dürfen nicht mit Reibungsbeiwerten μ für Metall auf Metall verwechselt werden.

c) Normen. Die Preßpassungen sind in den ISA-Passungen weitgehend erfaßt. Es können die Einheitsbohrungen H 6 bis H 11 verwendet werden, für die Wellen sind die Qualitäten IT 5 bis IT 11 vorgesehen. Die Systeme Einheitsbohrung und Einheitswelle sind gleichartig aufgebaut. Die Feinbohrung H 7 ist die passungstechnische Grundlage des ganzen Toleranzsystems für Preßpassungen. Für die Passungsfamilie H 7—Welle 6 sind in der Tafel 11 die kleinsten Übermaße in vT des Nenndurchmessers für die genormten Passungen zusammengestellt. Die Gesetzmäßigkeit gilt streng nur für den Nennmaßbereich 50 mm bis 500 mm.

In Tafel 11 sind bereits die Passungen mit den sehr großen Übermaßen, die Anfang 1942 genormt wurden, enthalten. Vertauscht man Paarungen für den Nennmaßbereich von 50 mm bis 500 mm mit einem bestimmten Kennbuchstaben im Einheitswellensystem mit dem Einheitsbohrungs-

Tafel 11. **Kleinste Übermaße in vT des Nennmaßes für die genormten Preßpassungen.**

Lfd. Nr.	Preßpassung	Bezogenes kleinstes Übermaß $\beta = 1000 \cdot U/D_F$	Bemerkungen
1	H 7—p 6	—	Übermaße sehr klein, Abmaße sind interpoliert
2	H 7—r 6	—	
3	H 7—s 6	≈0,40	Die Zahlenwerte sind aus den Normzahlreihen R 5 und R 10 entnommen
4	H 7—t 6	0,63	
5	H 7—u 6	1,00	
6	H 7—x 6	1,60	
7	H 7—z 6	2,50	
8	H 7—za 6	3,15	
9	H 7—zb 6	4,00	
10	H 7—zc 6	5,00	

system, so erhält man gleiche Kleinst- und Größtübermaße, z. B. H 7—s 6 = S 7—h 6 oder H 8—x 8 = X 8—h 8. Die DIN-Blätter 7160 und 7161, Blatt 1 bis 7, enthalten sämtliche genormten Passungen mit den Abmaßen. Zu beachten ist, daß aus der Buchstabenbezeichnung der Welle nicht mehr mit Sicherheit zu entnehmen ist, mit welcher Einheitsbohrung zusammen überhaupt eine Preßpassung entsteht. Für die Grobbohrung H 11 des Nennmaßes 65 mm ergibt erst die za-Welle eine Preßpassung; dünnere Wellen können in dieser Bohrung Spiel haben. Bei den genormten Toleranzfeldern besteht diese Gefahr nicht, wenn man sie mit Gegenstücken der gleichen Qualität paart. Sollen bestimmte Haftkräfte aufgenommen werden, so müssen Kleinst- und Größtübermaß berechnet werden. Danach kann eine Passung aus den DIN-Blättern oder einer schaubildlichen Darstellung ausgesucht werden. Die Berechnung der Preßpassung wird in der Zukunft der Regelfall sein, so wie man eine Schraube oder sonst ein Maschinenteil berechnet. Erleichtert wird diese Aufgabe durch Verwendung eines Rechenvordruckes nach DIN E 7190, dessen Rechnungsgang Tafel 13 enthält. Das DIN-Blatt E 7190 selbst enthält nebst den Erläuterungen für die Berechnung zwei vollständig durchgeführte Beispiele für eine elastische und eine plastische Preßpassung. Leere Rechenvordrucke können vom Beuth-Vertrieb, Berlin, bezogen werden. Die Rechnung ist notwendig, weil für die Verwendung der Preßpassungen keine allgemein gültigen Richtlinien aufgestellt werden können, die von Fall zu Fall folgende Gesichtspunkte erfassen:

verschiedene Festigkeit der Preßpassung je nach dem Verwendungszweck,
verschiedene Durchmesserverhältnisse Q für Innen- und Außenteil,
verschiedene Werkstoffe mit beliebigen E-Werten und
verschiedene Haftbeiwerte je nach der Art der Preßpassung.

d) Besondere Einflüsse auf die Haftkräfte. Tabelle der Haftbeiwerte. Für die Herstellung und die Anwendung müssen die folgenden Besonderheiten beachtet werden:

1. Entwurf. Die geometrischen Abmessungen liegen meist konstruktiv fest. Besondere Beachtung ist dem Einfluß des Durchmesserverhältnisses zu schenken. Die größten Haftkräfte werden unter sonst gleichen Bedingungen erreicht, wenn ein voller Bolzen in die Bohrung einer ebenen Platte eingepreßt wird. Bei Veränderung der Wandstärke des Außenteiles ergibt sich ein Abfall der Haftkräfte, der recht beträchtlich sein kann, wenn das Durchmesserverhältnis Q=Innendurchmesser/Außendurchmesser Werte gegen 1 annimmt. Für eine volle Welle und verschieden dicke

Tafel 12. Haftbeiwerte.

	Längspreßpassung					Querpreßpassung: Schrumpfpassung		Querpreßpassung: Dehnpassung	Querpreßpassung		
Innenteil	Stahl: St 50.11					Stahl: St 50.11					
Außenteil	St 50.11	Ge 18.91	Mg-Al	Ms 58	Preßstoff Typ TGF	St 50.11			Ge 18.91	Mg-Al	Ms 58
Schmierverhältnisse	Maschinenöl	—	trocken	trocken	trocken	Maschinenöl	trocken		—	trocken	trocken
ν_{lu}	0,086 bis 0,25	0,09 bis 0,17	0,03 bis 0,09	0,04 bis 0,1	0,33	0,13 bis 0,24	0,35 bis 0,40	0,16 bis 0,40	0,13 bis 0,18	0,10 bis 0,15	0,17 bis 0,25
ν_{ll}					—	0,14 bis 0,36					
ν_{ru}	0,05 bis 0,17	0,07 bis 0,12	—*)	—	—	0,08 bis 0,19	0,15 bis 0,16	0,065 bis 0,16	0,07 bis 0,09	0,05 bis 0,06	0,05 bis 0,14
ν_{rl}			—*)	—	—	0,055 bis 0,12					
ν_e	0,054 bis 0,22	0,07 bis 0,13	0,02 bis 0,08	0,05 bis 0,1	0,54	—	—	—	—	—	—

*) Da Werte nicht bekannt, sind die Werte von ν_{lu} und ν_{ll} zu benutzen.

Außenteile beträgt der Abfall der Haftkräfte bei gleichem Übermaß 25 vH für $Q_A = 0{,}5$, 65 vH für $Q_A = 0{,}8$ und 80 vH für $Q_A = 0{,}9$.

2. Überschreitung der Streckgrenze. Bei Überschreitung der Streckgrenze fallen bei größer werdenden Haftmaßen die Haftkräfte ab, und zwar um so mehr, je dünner Außen- bzw. Innenteile sind. Als untere Grenze aller Versuchswerte bis herunter zu $Q_A = 0{,}75$ wurde festgestellt, daß die Haftkräfte auf etwa den halben Wert absinken können. Bei der Berechnung einer plastischen Preßpassung muß dieser Abfall berücksichtigt werden.

3. Herstellung. Gute Oberflächen mit geringen Rauhigkeitsgrößen R halten Übermaßverlust klein und bewirken dadurch höchste Haftkräfte. Um den Einfluß der geometrischen Fehler der Bohrung und der Welle wie Kegeligkeit, Unrundheit, Welligkeit usw. richtig erfassen zu können, muß auf der Ausschußseite nach dem Taylor-Grundsatz mit kleinen Meßflächen geprüft werden.

4. Haftbeiwerte. In Tafel 12 sind für die Haftbeiwerte einige Richtwerte gegeben. Sie unterliegen einer großen Zahl von Einflüssen. Sorgfältige Einhaltung der Arbeitsanweisung in der Werkstätte sichert die verlangten ν-Werte.

5. Art der Beanspruchung. Bei rüttelnder Belastung sinken die Haftkräfte auf etwa $^2/_3$ derjenigen bei statischer Belastung ab. Weisen Paarungen mit verschiedenen Wärmedehnungszahlen hohe Gebrauchstemperaturen auf, so tritt eine Verminderung der Haftkräfte bei größerem α-Wert des Außenteiles ein. Fliehkräfte (Turbinenläufer) mindern eben-

falls die Haftkräfte, worauf besonders bei auftretenden plastischen Verformungen zu achten ist.

6. Wartezeit. Wartezeit bewirkt Vergrößerung der Haftkräfte. Nach 2 Tagen erreichen Längspreßpassungen erst ihre volle Tragfähigkeit. Eine geringe Steigerung ergibt sich bei längerer Wartezeit von 64 Tagen und mehr. Die Querpreßpassungen weisen dagegen bereits nach abgeschlossener Abkühlung auf Raumtemperatur ihre volle Festigkeit auf. Wassileff gibt an, daß nach 260 Tagen Wartezeit die gleichen Lösekräfte wie nach wenigen Stunden beobachtet wurden.

e) Fügeweise. 1. Längspreßpassungen. Längspreßpassungen werden auf senkrechten Pressen beliebiger Bauart gefügt. Es ist zweckmäßig, vom Verlauf der Einpreßkraft ein Diagramm aufzunehmen oder die Einpreßgrößtkraft an einem Kraftmesser abzulesen. Die Schmierverhältnisse müssen den der Berechnung zugrunde gelegten Annahmen entsprechen. Besondere Beachtung muß der Ausbildung des Wellenendes geschenkt werden, das je nach Durchmesser und Übermaß einen kegeligen Ansatz von 2 bis 5 mm Länge mit 10 bis 15° eingeschlossenem Winkel erhält, um glattes Fügen ohne Spanbildung zu ermöglichen. Scharfe, schneidende Ecken sind zu vermeiden, weil dadurch leicht Werkstoff weggeschabt wird und Abfall der Haftkräfte eintritt. Als Schmiermittel können u. a. Maschinenöl, Rüböl, Leinöl, Bleiweiß + Maschinenöl, Talg + Maschinenöl, Talg allein (ungünstig!) verwendet werden. Talg gibt die kleinsten Haftkräfte, Rüböl die größten; etwa die gleichen Kräfte werden erreicht bei trockener Fuge. Beim Einpressen von trockenen, ungeschmierten Teilen ist Vorsicht am Platze, weil bei geeigneten Werkstoffen leicht Fressen eintreten kann. Die Einpreßgeschwindigkeit darf nicht höher als 2 mm/s gewählt werden, damit der Werkstoff ohne Zerstörungen in die neue Lage gebracht wird. Größere Geschwindigkeiten oder gar Einschlagen ergeben recht beträchtlichen Abfall der Haftkräfte. Besonders bei plastischen Preßpassungen ist auf die Einpreßgeschwindigkeit zu achten, weil die Einpreßkraft vor Erreichen der vollen Fugenlänge absinkt und dadurch z. B. bei hydraulischen Pressen schnelleres Einpressen eingeleitet werden kann.

2. Querpreßpassungen. Für Schrumpfpassungen müssen die Teile gleichmäßig erwärmt werden. Blei-, Salz- oder Ölbäder, elektrische oder Gasöfen mit geregelter Atmosphäre können hierfür verwendet werden. Für große und sperrige Werkstücke kann die Erwärmung unmittelbar durch Gasflammen erfolgen. Zum Unterkühlen der Teile für Dehnpassungen wird Kohlensäureeis (Trockeneis), für Sonderzwecke flüssige Luft verwendet. Die Kühlmittel müssen in gut wärmeisolierten Kühlschränken, flüssige Luft in doppelwandigen Glasgefäßen bereitgestellt werden, da sonst unnötige Verluste auftreten. Wassileff gibt an, daß 1,6 kg Eisen je kg flüssige Luft und 5 bis 6 kg Eisen je kg Trockeneis abgekühlt werden können. Bei höherer Erwärmung in Luft oder im Gasofen tritt Oxydation auf. Beträgt die Oxydschicht nur einige Mikron, so erhöht sie den Haftbeiwert, beträgt die Dicke der Zunderschicht aber 10 bis 17 μ, so führt sie außerdem zum Fressen. Oxydschichten sind vorteilhaft, wenn eine unlösbare Verbindung entstehen soll. Zum Fügen muß der Temperaturunterschied so groß bemessen werden, daß die Teile spielfrei mit einer Zugabe von etwa $D_F/1000$ ineinander geschoben werden können.

Einen Sonderfall stellt eine Preßpassung mit Körnern in der Fuge dar[1]). Die Dicke der Kornschicht muß bei der Bemessung des Temperaturunterschiedes zum Fügen ebenfalls berücksichtigt werden.

Die Anwendung der groben ISA-Qualitäten IT 10 und IT 11 ist bei vielen gehärteten und vergüteten Werkstoffen unmöglich, weil durch die zum Fügen notwendige Erwärmung Verschlechterungen von Härte und Vergütungseigenschaften eintreten können. Die vorzuschreibenden Übermaße sind in diesen Fällen durch die begrenzte Erwärmungsmöglichkeit der Werkstoffe beschränkt. Die Anlaßwärme kann zum Fügen der Teile benutzt werden.

f) Wiederholte Lösbarkeit. 1. Längspreßpassungen sind unbedenklich mehrfach lös- und wieder fügbar, wenn die Enden zum Einpressen eine Abfasung von 5° entsprechend einem Kegelwinkel von 10° aufweisen. Dies gilt sowohl für elastische als auch für plastische Preßpassungen. Werth hat Preßpassungen aus St 50.11 mit einem Fugendurchmesser von 18 mm, verschiedenen Außendurchmessern und einer Fugenlänge von 25 mm bei Übermaßen bis zu 600 μ wiederholt ein- und ausgepreßt. Hierbei wurde ein geringer Abfall der Haftkräfte von 10 bis 15 vH beobachtet. Diese Preßpassungen verhalten sich wie nach vorheriger Verdichtung des Werkstoffes des Außenteiles z. B. durch Aufdornen.

2. Querpreßpassungen sind selten durch Temperaturunterschiede wieder lösbar; meist wird das Lösen durch Auspressen erfolgen. In diesen Fällen kann wiederholt gefügt und gelöst werden. Bei Querpreßpassungen konnte nach mehrmaligem Auspressen wieder eine Zunahme der Haftkräfte nach anfänglichem geringen Abfall bis auf den ursprünglichen Wert und darüber beobachtet werden. Diese Erholung des Werkstoffes tritt bei Längspreßpassungen nicht ein.

Querpreßpassungen ergeben im Mittel höhere Haftkräfte; sie sind also stets schwerer zu lösen als Längspreßpassungen mit gleichem Übermaß. Bei Verzunderung der Paßflächen oder bei Verwendung von Körnern in der Fuge sind die Teile nach gewaltsamem Lösen nicht mehr fügbar.

g) Dauerhaltbarkeit. Das Verhalten von Nabensitzen bei Biegebeanspruchung und bei Verdrehbeanspruchung ist gänzlich verschieden voneinander.

1. Dauerbiegebeanspruchung. Längspreßpassungen (kegelige Paßflächen 1 : 10) und Schrumpfpassungen weisen im elastischen Gebiet mit steigender Pressung sinkende Dauerhaltbarkeit auf, wird hingegen die Fließgrenze im Außenteil überschritten, so erreicht die Dauerhaltbarkeit einen höheren Wert als an der Grenze des elastischen Bereiches. Im Gebiet plastischer Beanspruchung bleibt die Dauerhaltbarkeit konstant. Plastische Verformungen mindern die Dauerhaltbarkeit nicht! Die Ausbildung der Nabenenden hat großen Einfluß auf die Dauerhaltbarkeit. Je allmählicher der Übergang von Nabe zur Welle ist, um so größer ist die Dauerhaltbarkeit. Der Dauerbruchanriß erfolgt bei nachgiebigen Nabenrändern stets im Innern der Einspannung. Gegenüber der Werkstoffdauerhaltbarkeit wurden bei Nabensitzen ein Abfall von 40 bis 50 vH beobachtet. Bei Verwendung von Keilnut und Paßfeder in Verbindung mit einer Preßpassung sinkt sie gegenüber einer reinen Preßpassung außerdem um 20 vH ab

[1]) DRP. Nr. 625371 Starre Reibungsverbindungen von Maschinenteilen.

Wirksame Mittel zur Steigerung der Dauerfestigkeit sind Kaltverformung — Wälzen, Hämmern und Drücken — und Brennstrahlhärtung. Durch Walzen wurde die Biegedauerhaltbarkeit bei Nabensitzen bis auf die Werkstoffdauerhaltbarkeit erhöht. Die Minderung durch die Einspannwirkung wird hierdurch völlig aufgehoben. Durch Brennstrahlhärtung wurde sogar eine Steigerung der Dauerhaltbarkeit um 180 vH erzielt.

2. Dauerverdrehbeanspruchung. Bei Verdrehbeanspruchung besitzen die Fugenpressung und die Form der Enden keinen nennenswerten Einfluß. Gegenüber der Werkstoffdauerhaltbarkeit wurde bei Nabensitzen ein Abfall von 20 bis 40 vH festgestellt. Bei Verwendung von Keilnut und Paßfeder in Verbindung mit einer Preßpassung wurde gegenüber glatten Ausführungen mit reiner Preßpassung ein Abfall von 7 vH bis fast 20 vH beobachtet.

Durch Kaltverformung und durch Brennstrahlhärtung kann die Minderung durch die Einspannwirkung völlig aufgehoben werden.

h) Entwurf einer neuen Preßpassung. Entwurf und Berechnung einer Preßpassung kann sehr schnell mit Hilfe des Rechenvordruckes nach DIN E 7190 erfolgen. Erläuterungen zum Rechnungsgang des Rechenvordruckes Tafel 13 (s. a. S. 513):

Zu I. Verlangte Haftkräfte: Die Forderung, die an eine Preßpassung gestellt wird, besteht in einem bestimmten Widerstand gegen Längsverschiebung oder gegen Verdrehen der beiden Paßteile zueinander. Der Rechnung werden die kleineren Werte, nämlich die Rutschkräfte, zugrunde gelegt.

Zu II. Gegeben: Die Abmessungen der Teile liegen meist konstruktiv fest. Durch Verändern der Fugenlänge können die Haftkräfte der Preßpassung proportional beeinflußt werden. — Die Oberflächenrauhigkeit wird durch den Übermaßverlust berücksichtigt. Man nimmt als Erfahrungswert das 0,6 fache der Profilhöhe für die Glättungsgröße. Meist ist der Wert etwas kleiner; dies bedeutet dann eine gewisse Sicherheit für die Rechnung. Der Schmierzustand steht in engem Zusammenhang mit den Haftbeiwerten. Diese sind aus der Tafel 12 zu entnehmen. Im Bestreben nach Sicherheit wird man bei Neuentwürfen und geringen Erfahrungen die kleineren Werte der Rechnung zugrunde legen. Mit größerer Erfahrung kann man zu größeren ν-Werten übergehen. Führt die weitere Rechnung mit den gegebenen Abmessungen zu keinem brauchbaren Ergebnis, so muß die Berechnung nochmals mit anderen Werten durchgeführt werden.

Zu III. Berechnung: Aus der Rutschkraft, der Fugenfläche und mit einem sehr sicher gewählten Haftbeiwert wird die kleinste nötige Pressung in der Fuge errechnet. Die größte zulässige Pressung in der Fuge kann für das elastische Gebiet mit Hilfe der Gleichungen für die Spannungen ermittelt werden (Zeile 6). Diese dient zur Unterscheidung von elastischen und plastischen Preßpassungen. — In der Zeile 9 wird die Paßtoleranz bei elastischer Beanspruchung angegeben. In vielen Fällen wird sie für die beiden Paßteile ausreichen. Ist dies nicht der Fall, so kann man weit über die rechnerische Elastizitätsgrenze hinausgehen, wenn die kleinste nötige Pressung kleiner als der halbe Größtwert beim Überschreiten der Streckgrenze ist. Die Paßtoleranz kann entsprechend dem Werkstoffverhalten z. B. für Werkstoffe mit ausgeprägter Fließgrenze bis zu IT 11 gewählt werden. Für die Zeilen 14, 15 und 16 wird meist von vornherein feststehen, welches System gewählt wird, ob Einheitsbohrung oder Einheitswelle. Man sucht aus den Passungstafeln z. B. die nächst kleinere Bohrungstoleranz heraus und entscheidet somit das Bohrungstoleranzfeld. Für die Welle steht nunmehr eine Toleranz von $T_W = P - T_P$ zur Verfügung. Zu ihr sucht man wiederum die nächst kleinere aus. Das untere Abmaß ergibt sich aus dem oberen Abmaß der Bohrung vermehrt um das kleinste nötige Übermaß. Zu dem so ermittelten unteren Abmaß sucht man das nächst größere und bestimmt somit den Kennbuchstaben des Toleranzfeldes.

Zu IV. Kontrollrechnung: Diese ermöglicht eine genaue Überprüfung der gewählten Passungen, wenn es sich um einen besonders heiklen Fall handelt.

Zu V. Angaben für die Herstellung: Für Längspreßpassungen muß die größte Einpreßkraft ausgerechnet werden, weil dieser Wert die Größe der zu verwendenden Presse bestimmt. Für Schrumpf- und Dehnpassungen werden in den Zeilen 28 und 29 die nötigen Temperaturunterschiede ausgerechnet, bei deren Einhaltung kraftfreies Fügen bei kleinen Teilen sogar von Hand möglich ist.

Tafel 13 **Rechnungsgang*) für einfache Preßpassungen.** Nach DIN E 7190.

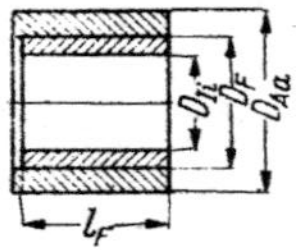

I. Verlangt:

Fugendurchmesser D_F mm

Rutschkraft

a) Umfangsrichtung P_{ru} kg
b) Längsrichtung P_{rl} kg
c) Resultierende aus a und b P_{rr} kg
(Ausrechnung siehe unter IV)

II. Gegeben

		Außenteil	Innenteil	
Werkstoff				
Festigkeit	σ_B			kg/mm²
Streckgrenze	σ_S			kg/mm²
Elastizitätsmaß	E			kg/mm²
Poissonsche Zahl	m			
Außendurchmesser		D_{Aa}	D_F	mm
Innendurchmesser		D_F	D_{Ii}	mm
Verhältnis $\frac{\text{Innendurchmesser}}{\text{Außendurchmesser}}$		Q_A	Q_I	
Verhältnis $\left(\frac{\text{Innendurchmesser}}{\text{Außendurchmesser}}\right)^2$		Q_A^2	Q_I^2	
Fugenlänge		l_F		
Fugenfläche		F	$\pi \cdot D_F \cdot l_F$ mm²	

Oberflächenrauhigkeit μ Außenteil innen; Innenteil, außen		
Größte Höhe		R
Glättungsgröße		G_{Ai}; G_{Ia}
Übermaßverlust ΔU		$2(G_{Ai}+G_{Ia})$
Schmierung		
Haftbeiwerte für:		
Einpressen		ν_e
Lösen	Umfangsrichtung	ν_{lu}
	Längsrichtung	ν_{ll}
Rutschen	Umfangsrichtung	ν_{ru}
	Längsrichtung	ν_{rl}
	Resultierende Richtung	ν_{rr}

Bedeutung der Zeiger: A Außenteil, I Innenteil, F Fuge, a außen, i innen.

III. Berechnung

1	Kleinste nötige Pressung in der Fuge	$p_K = \frac{P_{ru}}{F\nu_{ru}}$ bzw. $\frac{P_{rl}}{F\nu_{rl}}$ bzw. $\frac{P_{rr}}{F\nu_{rr}}$ kg/mm²
2	Hilfsgröße¹)	$K_A = \frac{(m_A+1)+(m_A-1)\cdot Q_A^2}{m_A \cdot E_A(1-Q_A^2)}$

12	Ist „plastisch“ möglich?	Ja, wenn $p_K < p_g/2$
13	Wenn plastisch: Paßtoleranz	$P(\mu)$ (plastisch) beliebig groß bis IT 11, entsprechend dem Werkstoffverhalten

3	Hilfsgröße[1])	$K_I = \dfrac{(m_I - 1) + (m_I + 1) \cdot Q_I^2}{m_I \cdot E_I \cdot (1 - Q^2)}$
4	Kleinstes nötiges Haftmaß	$Z_K = p_K \cdot (K_A + K_I) \cdot D_F \cdot 10^3\ \mu$
5	Kleinstes nötiges Übermaß	$U_K = Z_K + \Delta U\ \mu$
6	Größte zulässige Pressung in der Fuge, wenn elastisch } Kleinerer Wert ist maßgebend	$\lvert p_g \rvert = \sigma_{SI}(1 - Q_I^2)/2$ kg/mm² (nur Hohlwelle) $p_g = \sigma_{SA}(1 - Q_A^2)/(1 + Q_A^2)$ kg/mm²
7	Größtes zulässiges Haftmaß	$Z_g = p_g (K_A + K_I) \cdot D_F \cdot 10^3\ \mu$
8	Größtes zulässiges Übermaß	$U_g = Z_g + \Delta U\ \mu$
9	Paßtoleranz, elastisch	$P = U_g - U_K\ \mu$ (Zeile 8 und 5)
10	Erwünschte Toleranzen	Bohrung IT ... Welle IT ... μ
11	Entscheidung, ob „elastisch" oder „plastisch"	elastisch: $P \geqq$ Werkstücktoleranzen plastisch: $P <$ Werkstücktoleranzen

14	EB.: Bohrungstoleranz[1]) EW.: Wellentoleranz[1])	$T_B = 0{,}4$ bzw. $0{,}5$ bzw. $0{,}6\,P$ (s. Zeile 9 bzw. 13)[1]) μ $T_W = 0{,}4$ bzw. $0{,}5$ bzw. $0{,}6\,P$ (s. Zeile 9 bzw. 13)[1]) μ
15	EB.: Wellentoleranzgröße[1]) EW.: Bohrungstoleranzgröße[1])	$T_W \gtreqless P$ (aus Zeile 9, Zeile 13) $- T_B$[1]) μ $T_B \gtreqless P$ (aus Zeile 9, Zeile 13) $- T_W$[1]) μ
16	EB.: Wellentoleranzfeld[1]) EW.: Bohrungstoleranzfeld[1])	Unt. Abmaß = ob. Abmaß Bohrung $+ U_K$[1]) μ Ob. Abmaß = − unt. Abmaß Welle $- U_K$[1]) μ
17	Größtes wirkliches Haftmaß	$Z'_g = U'_g - \Delta U\ \mu$
18	Kleinstes wirkliches Haftmaß	$Z'_K = U'_K - \Delta U\ \mu$
19	Größte Vergrößerung des Außenteils, außen (elastisch)	$e_{Aa} = \dfrac{p_g \cdot Z'_g \cdot 2 Q_A^2 D_{Aa} \cdot 10^3}{Z_g E_A (1 - Q_A^2)}\ \mu$
20	Größte Verkleinerung des Innenteils, innen (elastisch)	$e_{Ii} = \dfrac{p_g \cdot Z'_g \cdot 2 D_{Ii} \cdot 10^3}{Z_g E_I (1 - Q_I^2)}\ \mu$

IV. Kontrollrechnung (Elastisches Gebiet)

21	Gewählte Passung	aus Zeilen 14—16—17—18 $Z'_g\ \mu$, $Z'_K\ \mu$
22	Größte wirkliche Pressung	$p'_g = p_g \cdot Z'_g / Z_g$ kg/mm²
23	Kleinste wirkliche Pressung	$p'_K = p_K \cdot Z'_K / Z_K$ kg/mm²
24	Kleinste wirkliche Rutschkraft	$P_{ru} = F \cdot p'_K \cdot \nu_{ru}$ bzw. $P_{rl} = F \cdot p'_K \cdot \nu_{rl}$ bzw. $P_{rr} = F \cdot p'_K \cdot \nu_{rr}$ kg
25	Kleinstes wirkliches Rutschmoment	$M'_d = F \cdot p'_K \cdot \nu_{ru} \cdot \dfrac{D_F}{2} \cdot 10^{-3}$ mkg
26	Bezogenes kleinstes Haftmaß	$\zeta = Z'_K / D_F \cdot 10^3$

V. Angaben für die Herstellung

27	Einpreßkraft	$P_e = F \cdot p'_g \cdot \nu_e$ kg
28	Außenteil zu erwärmen auf °	$t_A = (U'_g + S_K)/\alpha_A \cdot D_F \cdot 10^3$ + Raumtemper. °C
29	Innenteil zu unterkühlen auf °	$t_I = (U'_g + S_K)/\alpha_I \cdot D_F \cdot 10^3$ + Raumtemper. °C

S_K = kleinstes nötiges Einführspiel,
α_A = Ausdehnungskoeffizient des Außenteils,
α_I = Ausdehnungskoeffizient des Innenteils (negativ).

*) Rechenvordrucke mit freiem Raum für die Ausrechnung sind vom Beuth-Verlag zu beziehen.
[1]) Diagramm zur Ermittlung der Hilfsgrößen siehe DIN E 7190.

Schrifttum.

Laszlo, F.: Schrumpfverbindungen. Masch.-Bau/Betrieb 1925 S. 572.
Sawin, N. N.: Research on force fits. Amer. Mach. N. Y. Bd. 68 (1928) S. 889.
Baugher, J. W.: Transmission of Torque by means of Press and Shrink Fits. Amer. Soc. Mech. Eng. Trans. Bd. 53 (1931) MSP 10, S. 85.
Russel, R.: Factors affecting the Grip in Force, Shrink and Expansion Fits. Proc. Inst. Mech. Eng. 125 (1933) S. 493.
Kienzle, O.: Werkstoffersparnis durch zweckmäßige Fertigung. Masch.-Bau/Betrieb 13 (1934) S. 587.
Streiff, F.: Die Preßsitze im ISA-Toleranzsystem. Schweiz. techn. Z. Bd. 9 (1934) S. 497.
Thum, A., u. Fr. Wunderlich: Dauerbiegefestigkeit von Konstruktionsteilen an Einspannungen, Nabensitzen und ähnlichen Kraftangriffsstellen. Mitt. Mat.-Prüf.-Anst. T. H. Darmstadt H. 5. Berlin: VDI-Verlag 1934.
Bühler, H.: Schrumpfverbindungen durch Verändern von Eigenspannungen. Z. VDI 1935 S. 323.
Schmaltz, G.: Oberflächenbeschaffenheit und Passungen. Werkst.-Techn. u. Werksleiter 1936 S. 1.
Horger, O. J., u. C. W. Nelson: Design of press- and shrink-fitted assemblies. Journ. appl. Mechanics, XII. 27, S. A 183 und III, 38, S. A 32.
Werth, S.: Austauschbare Längspreßsitze. VDI-Forsch.-Heft 383 (1937).
Kienzle, O.: Die Preßsitze im ISA-Passungssystem. Werkst.-Techn. u. Werksleiter 1938 S. 421.
Kienzle, O., u. A. Heiss: Die Berechnung einfacher Preßsitze. Werkst.-Techn. u. Werksleiter 1938 S. 468.
Kienzle, O.: Die Einflüsse auf die Haftbeiwerte in den Fugen von Preßsitzen. Werkst.-Techn. u. Werksleiter 1938 S. 552.
Meyer, P.: Neuartige Schrumpfverbindung für aufgebaute Kurbelwellen. Werft—Reederei—Hafen 1938, Heft 11, S. 155.
Wassileff, N.: Austauschbare Querpreßsitze. VDI-Forsch.-Heft 390 (1938).
Golücke, K.: Schrumpfpassungen in der Praxis des Großmaschinenbaues. Werkst.-Techn. u. Werksleiter 1939 S. 497.
M. ten Bosch: Vorlesungen über Maschinenelemente. 2. Auflage 1940, Abschnitt 24, Schrumpfverbindungen.
Schwerdtfeger, F., u. H. Roske: Arbeitsplanung für die Herstellung von Schrumpf- und Dehnpassungen. Werkst.-Techn. u. Werksleiter 1940 S. 413.
Leinweber, P.: Passung und Gestaltung. 1941.
Kienzle, O.: Leistungssteigerung in der Fertigung. Z. VDI 1942 S. 641.
Thum, A.: Beanspruchungsmechanismus und Gestaltfestigkeit von Nabensitzen. Deutsche Kraftfahrtforschung 1942 Heft 73.

C. Kegel.

Werkzeugkegel. (Nach DIN 228.)

Bezeichnung		Verjüngung
Metrischer Kegel	4	1:20
	6	
Morse-Kegel	0	1:19,212
	1	1:20,048
	2	1:20,020
	3	1:19,922
	4	1:19,254
	5	1:19,002
Metrischer Kegel	50	1:20

Bezeichnung		Verjüngung
Morse-Kegel	6	1:19,180
Metrischer Kegel	80	1:20
	100	
	120	
	140	
	160	
	180	
	200	

Kegel (Verjüngungen). (Nach DIN 254.)

Kegelverjüngung V 1 : k	Kegelwinkel α	Einstellwinkel an der Bearbeitungsmaschine α/2	Beispiele für die Anwendung: Maschinenbau	Werkzeugbau	Schrauben, Niete
1:0,289	120°	60°	Schutzsenkung für Zentrierbohrungen	Spitzsenker DIN 347	Senk-Vierkantschrauben
1:0,350	110°	55°			Linsensenkholzschrauben
1:0,500	90°	45°	Ventilkegel, Bunde an Kolbenstangen	Spitzsenker DIM 335	Blanke Senkschrauben bis 3/4″ bzw. 20 mm Blanke Linsensenkschrauben Senkholzschrauben RoheSenkschrauben mitNase Blechniete mit Senkkopf
1:0,652	75°	37° 30′			Senkniete und Linsensenkniete von 10 bis 16 mm ∅
1:0,866	60°	30°	Dichtungskegel für leichte Rohrverschraubungen, V-Nuten, Zentrierbohrungen	Körnerspitzen Spitzsenker DIN 334	Blanke Senkschrauben von 7/8″ bis 1″ bzw. von 22 bis 27 mm Senkniete und Linsensenkniete von 19 bis 25 mm ∅
1:1,21	45°	22° 30′			Senkniete und Linsensenkniete von 28 bis 43 mm ∅
1:1,50	36° 52′	18° 26′	Dichtungskegel für schwere Rohrverschraubungen		
1:1,87	30°	15°		Senker DIN 348	Rohe Kegelsenkschrauben
1:3	18° 56′	9° 28′	Nur im Schiffsmaschinenbau zur Befestigung der Kolbenstange im Kolben und Kreuzkopf		
1:5	11° 25′	5°42′30″	Spurzapfen, Reibungskupplungen leicht abnehmbare Maschinenteile bei Beanspruchung quer zur Achse und auf Drehung		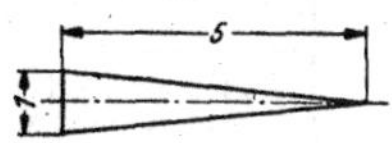
1:6	9° 32′	4° 46′	Dichtungskegel für Hähne, Kreuzkopfzapfen fürLokomotiven		
1:10	5° 44′	2° 52′	Kupplungsbolzen, nachstellbare Lagerbuchsen, Maschinenteile bei Beanspruchung quer zur Achse, auf Drehung u. längs der Achse		
1:15	3° 49′	1°54′30″	Kolbenstangen für Lokomotiven, Propellernaben für Schiffe		
Morsekegel	Siehe DIN 231			Schäfte von Werkzeugen und Aufnahmekegel der Werkzeugmaschinenspindeln	
1:20	2° 52′	1° 26′		Reibahlen DIN 204 u. 205	
1:30	1°54′34″	57′ 17″		Bohrungen der Aufsteckreibahlen und Aufstecksender	
1:50	1° 8′ 44″	34′ 22″	Kegelstifte	Reibahlen DIN 9	

Kegeldurchmesser: Die großen Durchmesser der Kegel sind der Reihe der Normaldurchmesser nach DIN 323 zu entnehmen. Ausgenommen sind diejenigen für Kegelstifte nach DIN 1 sowie für Schrauben, Niete und Morsekegel. Bei Kegel 1 : 20 sind möglichst die Durchmesser nach DIN 233 zu verwenden, da hierfür normale Reibahlen und Lehren vorhanden sind.

Kegellängen: Längen sind für Morsekegel, Werkzeugkegel 1 : 20 und Kegel 1 : 50 genormt. Werden diese Kegel für andere Zwecke verwendet, so sind die Längen der Kegelbohrungen nicht größer als die vorhandenen Reibahlenlängen zu wählen.

Kegelberechnung.

Zum Drehen eines Kegels ist der Oberteil des Werkzeugschlittens um einen Wink $\alpha/2$ zu verstellen, der dem halben Kegelwinkel gleich ist (Bild K_1). Der Vorschub mu hierbei allerdings von Hand erfolgen. Bei Drehbänken mit Leitlineal wird dieses au den $\sphericalangle\,\alpha/2$ eingestellt und der Vorschub durch Leit- oder Zugspindel bewirkt. Bei seh langen Stücken, für die das Leitlineal nicht mehr ausreicht oder der Kegel nicht meh durch Verdrehung des Schlittenoberteils erzeugt werden kann, wird das Werkstüc durch Verschiebung der Reitstockspitze um einen Betrag s entsprechend $\alpha/2$ verdreh (Bild K_2). Da aber dann die Körnerspitzen in den Körnerlöchern nicht mehr voll an liegen, wird der für s errechnete Wert geringe Abweichungen vom genauen Kegel er geben, die durch Versuchseinstellungen zu beseitigen sind, soweit nicht kugelförmig Anlage bevorzugt wird.

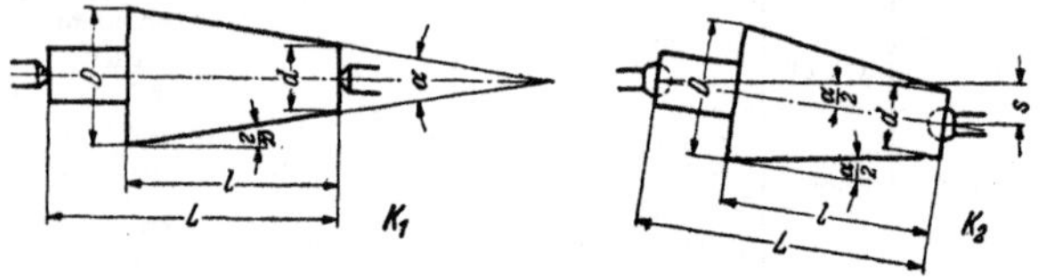

Gesucht	Bezeichnung	Berechnung
Größter Kegeldurchmesser .... mm	D	$V \cdot l + d$; $2\,\mathrm{tg}\,\alpha/2 \cdot l + d$
Kleinster Kegeldurchmesser .... mm	d	$D - V \cdot l$; $D - 2\,\mathrm{tg}\,\alpha/2 \cdot l$
Kegellänge .... mm	l	$\frac{D-d}{V}$; $\frac{D-d}{2 \cdot \mathrm{tg}\,\alpha/2}$
1/2 Kegelwinkel = Verstellwinkel für den Schlitten	$\frac{\alpha}{2}$	$\mathrm{tg}\,\frac{\alpha}{2} = \frac{D-d}{2 \cdot l}$; $\mathrm{tg}\,\frac{\alpha}{2} = \frac{V}{2}$
Verstellung der Körnerspitze .... mm	s	$L \cdot \sin\frac{\alpha}{2}$ angenähert $= L \cdot \mathrm{tg}\,\frac{\alpha}{2} = \frac{L \cdot V}{2} = \frac{L \cdot (D-d)}{2l}$
Kegelverjüngung (Konizität)	V	$1 : \frac{l}{D-d}$; $\frac{D-d}{l}$; $2 \cdot \mathrm{tg}\,\frac{\alpha}{2}$
Länge des Werkstückes ..	L	

Beispiele:

1. Gegeben: $D = 90$ mm; $d = 50$ mm; $l = 80$ mm; gesucht: Einstellwinkel $\frac{\alpha}{2}$.

$$\mathrm{tg}\,\frac{\alpha}{2} = \frac{D-d}{2l} = \frac{90-50}{2 \cdot 80} = 0{,}25\,, \quad \frac{\alpha}{2} \approx 14^\circ \text{ (s. Tafel S. 32).}$$

2. Gegeben: $D = 60$ mm; $l = 163$ mm; Verjüngung $V = 1 : 20 = 0{,}05$ (= metr. Kegel Nr. 7); gesucht d. $d = D - V \cdot l = 60 - 0{,}05 \cdot 163 = 60 - 8{,}15 = 51{,}85$ mm.

3. Gegeben: $D = 90$ mm; $d = 50$ mm; $l = 300$ mm; $L = 400$ mm; gesucht: Verschiebung s.

$$s = L \cdot \sin\frac{\alpha}{2} \text{ aus } \mathrm{tg}\,\frac{\alpha}{2} = \frac{D-d}{2l} = \frac{90-50}{2 \cdot 300} = 0{,}0667;$$

$$\frac{\alpha}{2} \approx 3^\circ\,50' \quad s = 400 \cdot \sin 3^\circ\,50' \approx 400 \cdot 0{,}0669 \approx 27 \text{ mm.}$$

Mit Näherungsformel gerechnet: $s = \frac{B \cdot (D-d)}{2 \cdot l}\,\text{mm} = \frac{400 \cdot 40}{600}\,\text{mm} = \frac{80}{3}\,\text{mm} = 27\,\text{mm}.$

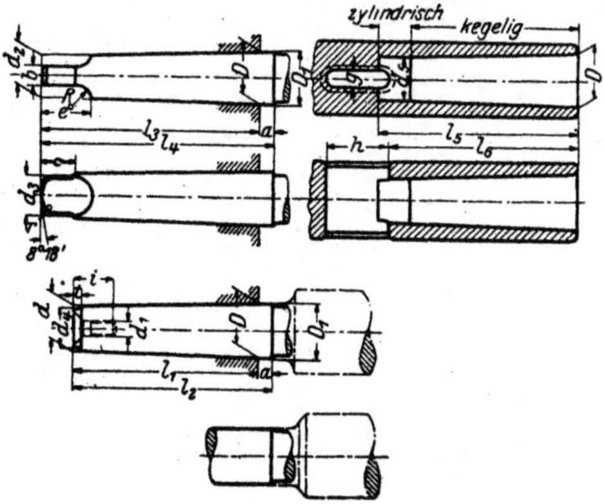

Morsekegel.
Schaft und Hülse.

(DIN 231.)

Den Mitnehmerlappen auf die Länge *c* abzusetzen, wird empfohlen, ist aber nicht unbedingt erforderlich. Das Maß *a* ist der Größtwert des überragenden Kegelendes.

Maße in mm.

Bezeichnung	Schaft									
	D	D_1	d	d_1	d_2	d_3	d_4	l_1	l_2	l_3
Morsekegel 0	9,045	9,212	6,401	—	6,115	5,9	5,5	50,8	54	56,3
„ 1	12,065	12,239	9,371	M 6	8,973	8,7	8	54	57,5	62
„ 2	17,781	17,981	14,534	M 10	14,060	13,6	13	65	69	74,5
„ 3	23,826	24,052	19,760	1/2″	19,133	18,6	18	81	85,5	93,5
„ 4	31,269	31,544	25,909	5/8″	25,156	24,6	24	103,2	108,5	117,7
„ 5	44,401	44,732	37,470	3/4″	36,549	35,7	35	131,7	138	149,2
„ 6	63,350	63,762	53,752	1″	52,422	51,3	50	181,1	192	209,6
„ 7	83,061	83,555	69,853	1 3/8″	68,215	66,8	65	254	263,5	285,5

Bezeichnung	Schaft								
	l_4	a	b	c	e	i	R	r	t
Morsekegel 0	59,5	3,2	3,9	6,4	10,4	—	4	1	2,5
„ 1	65,5	3,5	5,2	9,5	14,5	15	5	1,25	3
„ 2	78,5	4,0	6,3	11,1	17,1	20	6	1,5	4
„ 3	98	4,5	7,9	14,3	21,3	30	7	2	4
„ 4	123	5,3	11,9	15,9	24,9	35	9	2,5	5
„ 5	155,5	6,3	15,9	19,0	30,0	45	11	3	6
„ 6	217,5	7,9	19,0	28,6	45,6	60	17	4	7
„ 7	295	9,5	28,5	35,0	55,0	80	20	5	8

Bezeichnung	Hülse						Verjüngung
	D	d_5	l_5	l_6	g	h	
Morsekegel 0	9,045	6,7	51,9	49	4,1	14,5	1 : 19,212 = 0,05205
„ 1	12,065	9,7	55,5	52	5,4	18,5	1 : 20,048 = 0,04988
„ 2	17,781	14,9	66,9	63	6,6	22	1 : 20,020 = 0,04995
„ 3	23,826	20,2	83,2	78	8,2	27,5	1 : 19,922 = 0,050196
„ 4	31,269	26,5	105,7	98	12,2	32	1 : 19,254 = 0,051938
„ 5	44,401	38,2	134,5	125	16,2	37,5	1 : 19,002 = 0,0526265
„ 6	63,350	54,8	187,1	177	19,3	47,5	1 : 19,180 = 0,052138
„ 7	83,061	71,1	257,2	241,5	28,8	67	1 : 19,231 = 0,052

Die metrischen Kegel 4 6 50 (nur für Fräsmaschinen) 80 100 120 140 160 180 200 und die Morsekegel 0 bis 6 sind Werkzeugkegel.

Metrische Kegel (Schaft und Hülse).

DIN 233. (Bild siehe S. 523.) Kegel 1 : 20 = 0,05. Maße in mm.

Bezeichnung		Schaft										
		D	D_1	d	d_1	d_2	d_3	d_4	l_1	l_2	l_3	l_4
Metrischer Kegel	4	4	4,1	2,85	—	—	—	2	23	25	—	—
	6	6	6,15	4,4	—	—	—	3,5	32	35	—	—
	(9)	9	9,2	6,5	—	6,2	6	5,5	50	54	56	60
	(12)	12	12,2	9,4	M 6	9	8,5	8	52	56	60	64
	(18)	18	18,2	14,5	M 10	14	13,5	13	70	74	80	84
	(24)	24	24,2	19,6	1/2"	19	18	18	88	92	100	104
	(32)	32	32,2	26,7	5/8"	26	25	24	106	110	120	124
	(40)	40	40,2	33,8	3/4"	33	32	30	124	128	140	144
	50	50	50,25	42,9	3/4"	42	41	40	142	147	160	165
	(60)	60	60,30	52,0	1"	51	49	48	160	166	180	186
	(70)	70	70,35	61,1	1"	60	58	58	178	185	200	207
	80	80	80,40	70,2	1 3/8"	69	67	65	196	204	220	228
	(90)	90	90,45	79,3	1 3/8"	78	76	75	214	223	240	249
	100	100	100,50	88,4	1 3/8"	87	85	85	232	242	260	270
	(110)	110	110,55	97,5	1 3/8"	96	94	92	250	261	280	291
	120	120	120,60	106,6	1 3/8"	105	103	100	268	280	300	312
	(130)	130	130,65	115,7	1 1/2"	114	112	110	286	299	320	333
	140	140	140,70	124,8	1 1/2"	123	121	120	304	318	340	354
	(150)	150	150,75	133,9	1 1/2"	132	130	125	322	337	360	375
	160	160	160,8	143	1 3/4"	141	139	135	340	356	380	396
	(170)	170	170,85	152,1	1 3/4"	150	148	145	358	375	400	417
	180	180	180,9	161,2	1 3/4"	159	157	150	376	394	420	438
	(190)	190	190,95	170,3	2"	168	166	160	394	413	440	459
	200	200	201	179,4	2"	177	175	170	412	432	460	480

Metrischer Kegel	Schaft								Hülse				
	a Größtmaß	b	c	e	i	R	r	t	d_5	l_5	l_6	g	h
4	2	—	—	—	—	—	0,5	2,2	3,0	25	21	2,5	8
6	3	—	—	—	—	—	0,5	2,5	4,6	34	29	3,5	12
(9)	4	3,9	6	10	—	4	1,0	2,5	6,7	52	49	4,3	17
(12)	4	5	8	13	15	5	1,25	3	9,7	54	51	5,3	20
(18)	4	6,5	10	16	20	6	1,5	4	14,8	72	68	6,8	24
(24)	4	8	12	19	30	7	2,0	4	20,0	90	85	8,3	28
(32)	4	11	14	23	35	9	2,5	5	27,2	109	103	11,3	32
(40)	4	14	16	27	45	11	3	5	34,4	127	119	14,3	36
50	5	17	18	32	45	14	3	6	43,6	145	136	17,3	40
(60)	6	20	20	37	60	17	4	7	52,9	164	153	20,3	44
(70)	7	23	22	42	60	20	4	8	62,1	182	170	23,3	48
80	8	26	24	47	80	23	5	8	71,4	200	186	26,3	52
(90)	9	29	26	52	80	26	5	9	80,6	219	204	29,3	56
100	10	32	28	58	80	30	6	10	89,9	237	220	32,3	60
(110)	11	35	30	63	80	33	6	10	99,2	255	236	35,3	64
120	12	38	32	68	80	36	6	11	108,4	274	254	38,3	68
(130)	13	41	34	73	90	39	8	12	117,2	292	270	41,3	72
140	14	44	36	78	90	42	8	13	126,9	310	286	44,3	76
(150)	15	47	38	83	90	45	8	14	136,2	329	305	47,3	80
160	16	50	40	88	100	48	8	14	145,4	347	321	50,3	84
(170)	17	53	42	93	100	51	8	15	154,7	365	338	53,3	88
180	18	56	44	98	100	54	10	16	163,9	384	355	56,3	92
(190)	19	59	46	103	110	57	10	17	173,2	402	372	59,3	96
200	20	62	48	108	110	60	10	18	182,4	420	388	62,3	100

Den Mitnehmerlappen auf die Länge c abzusetzen, wird empfohlen, ist aber nicht unbedingt erforderlich.

Die eingeklammerten Kegel sind keine normalen Werkzeugkegel (siehe Fußnote S. 523).

Die kleineren Kegel werden mit Rücksicht auf die Rundung r ohne Schutzsenkung ausgeführt.

Brown & Sharpe-Kegel.

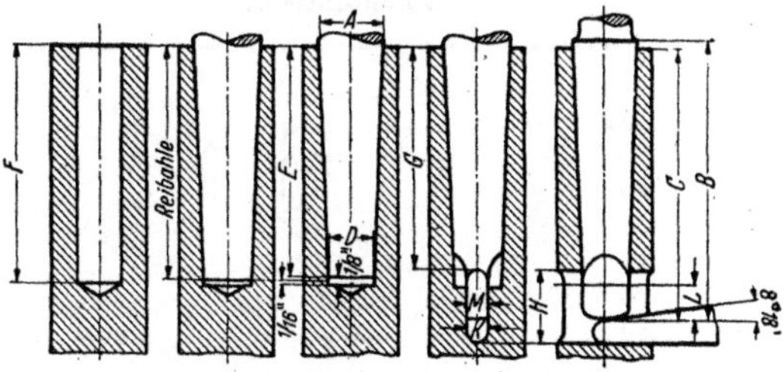

Kegelverjüngung 1 : 24; nur Nr. 10 hat 1:23¹/₄.
Schräge Zahlen: *1* B & S-Standard, *2* Fräsmaschinennorm, *3* für verschiedene Zwecke

	Nr.	*A*	*B*	*C*	*D*	*E*	*F*	*H*	*K*	*L*	*M*
1	1	6,07	32,54	30,16	5,08	23,81	26,99	9,53	3,43	4,76	3,18
1	2	7,59	40,48	38,10	6,35	30,16	33,34	12,70	4,22	6,35	3,97
1	3	9,53	50,01	47,63	7,93	38,10	41,28	15,88	5,00	7,94	4,76
3	3	9,78	56,36	53,98	7,93	44,45	47,63	15,88	5,00	7,94	4,76
3	3	10,03	62,71	60,33	7,93	50,80	53,98	15,88	5,00	7,94	4,76
2	4	10,21	44,45	42,07	8,89	31,75	34,93	17,46	5,79	8,73	5,56
1	4	10,67	55,56	53,18	8,89	42,86	46,04	17,46	5,79	8,73	5,56
2	5	13,28	57,95	55,56	11,43	44,45	47,63	19,05	6,60	9,53	6,35
3	5	13,54	64,30	61,91	11,43	50,80	53,98	19,05	6,60	9,53	6,35
1	5	13,69	67,47	65,09	11,43	53,98	57,15	19,05	6,60	9,53	6,35
1	6	15,22	75,41	73,03	12,70	60,33	63,50	22,23	7,39	11,11	7,14
—	6	16,13	97,63	95,25	12,70	82,55	85,73	22,23	7,39	11,11	7,14
3	7[1])	17,88	79,38	77,00	15,24	63,50	66,68	23,81	8,18	11,91	7,94
1	7[2])	18,29	88,90	86,52	15,24	73,03	76,20	23,81	8,18	11,91	7,94
2	7[1])	18,42	92,08	89,70	15,24	76,20	79,38	23,81	8,18	11,91	7,94
—	7	19,48	117,48	115,10	15,24	101,60	104,78	23,81	8,18	11,91	7,94
1	8	22,81	107,95	104,78	19,05	90,49	93,67	25,40	8,97	12,70	8,73
—	8	23,29	119,07	115,89	19,05	101,60	104,78	25,40	8,97	12,70	8,73
2	9	27,10	120,65	117,48	22,86	101,60	104,78	28,58	9,78	14,29	9,53
1	9	27,36	127,00	123,83	22,86	107,95	111,13	28,58	9,78	14,29	9,53
1	10	32,01	148,44	145,26	26,53	127,00	130,18	33,34	11,35	16,67	11,11
2	10	32,74	165,90	162,72	26,53	144,47	147,64	33,34	11,35	16,67	11,11
3	10	33,33	179,40	176,22	26,53	157,96	161,14	33,34	11,35	16,67	11,11
1	11	38,05	172,25	169,08	31,75	150,82	153,99	33,34	11,35	16,67	11,11
2	11	38,89	192,89	189,71	31,75	171,45	174,63	33,34	11,35	16,67	11,11
1; 2	12	45,65	204,80	201,62	38,10	180,98	184,16	38,10	12,95	19,05	12,70
1	13	52,66	220,67	217,50	44,45	196,86	200,03	38,10	12,95	19,05	12,70
1; 2	14	59,54	235,75	232,58	50,80	209,56	212,73	44.45	14,53	21,43	14,29
1	15	66,42	248,45	245,28	57,15	222,26	225,43	44,45	14,53	21,43	14,29
1	16	73,28	263,53	260,36	63,50	234,96	238,13	47,63	16,13	23,81	15,88
1	17	80,17	—	—	69,85	247,66	250,83	—	—	—	—
1	18	87,05	—	—	76,20	260,36	263,53	—	—	—	—

[1]) Veraltet. [2]) Nur in den Betrieben von Brown & Sharpe verwendet.

Prüfung von Verjüngungen mit Hilfe von Meßscheiben und Endmaßen.

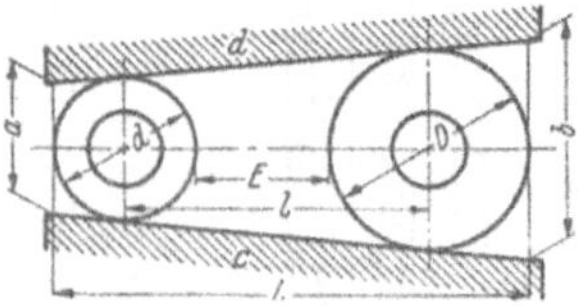

Die verstellbaren Meßschneiden c und e werden durch zwei Meßscheiben mit den Durchmessern D und d, die in einer durch Endmaße festzulegenden Entfernung E in einen Rahmen gespannt sind, auf die gewünschte Verjüngung V eingestellt und der Kegel hinsichtlich der Anlage an die Meßschneiden geprüft.

Gesucht	Gegeben	Berechnung
l	D, d, V	$l = \frac{D - a}{2 \cdot V} \cdot \sqrt{V^2 + 4}$
E	D, d, V	$E = \frac{D - d}{2 \cdot V} \cdot \sqrt{V^2 + 4} - \frac{D + d}{2}$
D	a, b, L	$D = \frac{b}{2 \cdot L} \cdot \left[\sqrt{4 L^2 + (b - a)^2} - (b - a)\right]$
d	a, b, L	$d = \frac{a}{2 \cdot L} \cdot \left[\sqrt{4 L^2 + (b - a)^2} + (b - a)\right]$
a	D, d, l	$a = d \cdot \sqrt{\frac{2 \cdot l - (D - d)}{2 \cdot l + (D - d)}}$
b	D, d, l	$b = D \cdot \sqrt{\frac{2 \cdot l + (D - d)}{2 \cdot l - (D - d)}}$
V	D, d, l	$V = \frac{2 \cdot (D - d)}{\sqrt{4 l^2 - (D - d)^2}}$

Beispiel: Morsekegel.

Nr.	0	1	2	3	4	5	6	7
D	10	18	22	28	34	44	56	74
d	6	14	18	24	30	40	52	68
E	68,875	64,216	60,104	53,712	45,040	34,034	22,745	44,423

D. Gewindepassungen und Gewindemessen.

Zur wahllosen Austauschbarkeit von Schrauben und Muttern wurde vom Deutschen Normenausschuß ein System von Gewindetoleranzen nach DIN 2244 ausgearbeitet. Die Abmessungen und Toleranzen für die üblichen Befestigungsgewinde mit Whitworth- und mit metrischem Profil, sowie die zugehörigen Lehren sind in DIN 11, sowie DIN 13 und 14 nebst Beiblättern festgelegt[1]). Diese und einige sonstige genormte Gewinde sind diesem Abschnitt auszugsweise als Tafeln beigegeben.

Die in Deutschland aufgestellten Gewindetoleranzen haben auch im Ausland Anerkennung gefunden und dienen als Grundlagen für die Arbeiten des ISA-Komitees 2a, Gewinde.

Zu den Voraussetzungen austauschbarer Fertigung von Gewinden gehören:

Gewindetoleranzen, d. h. einheitliche Grundmaße und Abmaße für die Herstellung von Schrauben und Muttern

Gewindelehren zur Feststellung, ob Schrauben und Muttern innerhalb der vorgeschriebenen Grenzmaße liegen

Gewindeschneidzeuge, deren Abmessungen so gelegt sind, daß sie eine toleranzhaltige Fertigung der Schrauben und Muttern sichern.

I. Gewindetoleranzen.

An die Passung von Bolzen- und Muttergewinden sind folgende grundlegende Forderungen zu stellen:

1. Die Gewinde müssen zusammenschraubbar sein. Das Bolzengewinde muß mit allen seinen Abmessungen innerhalb, das Muttergewinde außerhalb des in den DIN-Tafeln angegebenen theoretischen Gewindeprofils bleiben; letzteres tritt an die Stelle der Nullinie der Rundpassungen.

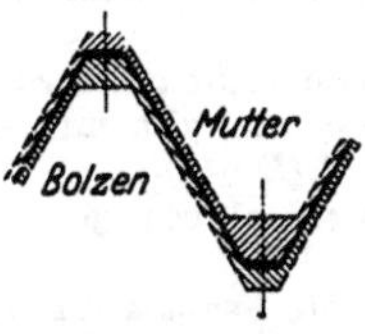

Abb. M 10. Lage der Toleranzen beim metrischen Gewinde.

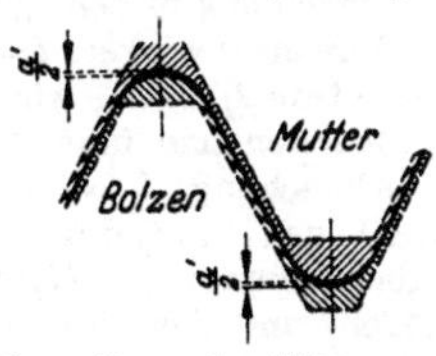

Abb. M 11. Lage der Toleranzen beim Whitworth-Gewinde.

2. Bolzen- und Muttergewinde sollen beim Anziehen des Gewindes in sämtlichen Flanken satt tragen. Die früher üblich gewesene Forderung,

[1]) Im Deutschen Reichs- und Preußischen Staatsanzeiger Nr. 283 vom 2. Dezember 1939 ist die Anordnung zur allgemeinen Einführung des metrischen Gewindes vom 30. November 1939 veröffentlicht. Die Anordnung lautet im Auszug:

§ 1. Schrauben, Muttern und Fassonteile (Dreh-, Preß- und Stanzteile) aller Art mit Innen- und Außengewinde bis einschließlich 10 mm Durchmesser jeder Art dürfen für den Inlandsbedarf nur mit metrischem Gewinde nach den DIN-Blättern 13 und 14 bzw. mit metrischem Feingewinde nach den DIN-Blättern 243, 517 bis 521 hergestellt werden.

Schrauben, Muttern und Fassonteile (Dreh-, Preß- und Stanzteile) aller Art mit Innen- und Außengewinde über 10 mm Durchmesser jeder Art sollen für den Inlandsbedarf möglichst mit metrischem Gewinde nach den DIN-Blättern 13 und 14 bzw. mit metrischem Feingewinde nach den DIN-Blättern 243, 516 bis 521 hergestellt werden.

Ausgenommen von den Vorschriften der Abs. 1 und 2 ist die Herstellung von einzelnen Schrauben, Muttern und Fassonteilen für den Reparaturbedarf.

§ 4. Die Anordnung tritt am 1. Oktober 1941 in Kraft, jedoch mit der Maßgabe, daß bereits vom 1. April 1941 an für die Neuanfertigung von Gewinden, die nicht zur Erfüllung laufender Aufträge hergestellt werden, die Vorschriften dieser Anordnung gelten.

daß ein Gewinde zügig gehen müsse, ist nicht gerechtfertigt. Abb. M 12 bis 15 zeigen, daß trotz Zügiggehen ein gutes Tragen der Flanken nicht vorhanden zu sein braucht. Ein gewisses Längsspiel ist für ein richtiges Tragen in den Flanken belanglos.

Ein Gewinde ist hinsichtlich der Paarungsmöglichkeit von Schraube und Mutter von folgenden 5 Bestimmungsstücken abhängig:

in erster Linie vom **Flankendurchmesser d_2 bzw. D_2**, vom **Flankenwinkel α** und der **Steigung h**,

in zweiter Linie vom **Außendurchmesser d bzw. D** und vom **Kerndurchmesser d_1 bzw. D_1** (vgl. Abb. S. 543, 556).

Der Flankendurchmesser d_2 des Bolzens bzw. D_2 der Mutter ist der quer zur Achse gemessene Abstand der Mitten zweier zum gleichen Gang gehöriger Flanken des scharf ausgeschnitten gedachten Profils.

Der Flankenwinkel α ist die Summe der beiden Teilflankenwinkel α_1 und α_2, die als Winkel zwischen der Achsensenkrechten und je einer der beiden Flankengeraden bestimmt sind. Bei symmetrischem Profil sind die Teilflankenwinkel einander gleich $\alpha_1 = \alpha_2 = \alpha/2$.

Die Steigung h ist der achsenparallel gemessene Abstand zweier Rechts- oder Linksflanken desselben Gewindeganges. Bei mehr- (n-) gängigen Gewinden ist der achsenparallel gemessene Abstand zweier aufeinanderfolgender Rechts- oder Linksflanken die Teilung (H/n).

Der Außendurchmesser d des Bolzens und D der Mutter ist der Durchmesser des das Gewinde einhüllenden Zylinders.

Der Kerndurchmesser d_1 des Bolzens und D_1 der Mutter ist der Durchmesser des dem Gewinde einzuschreibenden Zylinders.

Die Höhe t des scharf ausgeschnittenen Profils, also ohne Abrundung oder Abflachung in den Spitzen und im Kern, bestimmt sich aus Steigung und Teilflankenwinkel: $t = {}^1/_2 h \cdot \operatorname{ctg} \alpha/2$.

Die Tiefe t_1 des Gewindes ist der achsensenkrecht gemessene Abstand der äußersten und innersten Punkte des Gewindes, also mit Abrundung oder Abflachung: $t_1 = {}^1/_2(d - d_1)$ bzw. $t_1 = {}^1/_2(D - D_1)$.

Die Tragtiefe t_2 des Gewindes ist die achsensenkrecht gemessene Flankenüberdeckung: $t_2 = {}^1/_2(d - D_1)$.

Außen- und Kerndurchmesser spielen für die Passung nur eine untergeordnete Rolle; notwendig ist ein gewisses Spiel zwischen Schraube und Mutter, damit ein Klemmen an den Spitzen unbedingt vermieden und eine gute Flankenanlage gesichert wird.

Flankendurchmesser, Flankenwinkel und Steigung, sind nicht unabhängig voneinander; dies ist für das Tolerieren und Messen der Gewinde von besonderer Bedeutung.

Abb. M 12.

Abb. M 13.

Für ihre gegenseitige Abhängigkeit zeigt Abb. M 12 bis 15 einige Beispiele. In Abb. M 12 haben Bolzen und Mutter den gleichen Flankendurchmesser, aber verschiedene Flankenwinkel; sie lassen sich nicht zusammenschrauben. In Abb. M 13 ist der eine Gewindeteil mit größerem Flankenwinkel geschnitten als der andere; Bolzen und Mutter haben jedoch genügend verschiedene

Flankendurchmesser, so daß sie sich zusammenschrauben lassen. In Abb. M 14 hat ein Teil schiefliegendes Profil; die Gewinde passen scheinbar dennoch zueinander, da die Flankendurchmesser wiederum genügend verschieden sind. In Abb. M 15 ist die Steigung von Bolzen und Mutter verschieden; die Gewinde lassen sich über eine gewisse Länge zusammenschrauben, wenn die Flankendurchmesser genügend verschieden sind.

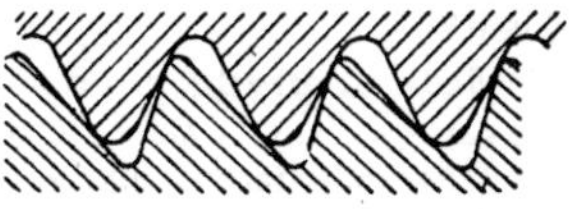

Abb. M 14.

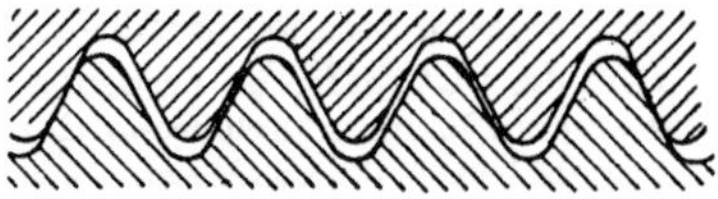

Abb. M 15.

Lassen sich Bolzen und Mutter trotz geringer durch die Fertigung bedingter Unterschiede gerade eben noch zusammenschrauben, so bedeutet das nicht, daß für beide Werkstücke die wahren Flankendurchmesser gleich sind, sondern es zeigt nur, daß ihre sog. wirksamen Flankendurchmesser übereinstimmen. Bezeichnet d_{2W} bzw. D_{2W} den wirksamen Flankendurchmesser von Bolzen bzw. Mutter, d_2 bzw. D_2 dagegen den wahren Flankendurchmesser und bedeuten f_1 bzw. F_1, sowie f_2 bzw. F_2 die zum Ausgleich von Steigungs- und Winkelfehlern notwendigen Zusatzbeträge des Flankendurchmessers, so ist:

$$d_{2W} = d_2 + (f_1 + f_2) \quad \text{und} \quad D_{2W} = D_2 - (F_1 + F_2).$$

(f_1 bzw. $F_1 = \Delta h \cdot \operatorname{ctg} \alpha/2$ und f_2 bzw. $F_2 = t_2 \dfrac{\Delta\alpha_1 + \Delta\alpha_2}{\sin\alpha}$ entsprechend DIN 2244, S. 4). Wird f_2 bzw. F_2 in μ verlangt, so ist $\Delta\alpha$ in Minuten einzusetzen und die rechte Seite der Gleichung mit 0,291 zu multiplizieren.

Die Bedingung der Einschraubbarkeit lautet: $d_{2W} \leqq D_{2W}$.

Bolzengewinde (Muttergewinde) mit Fehlern in Steigung oder Profil oder beiden zugleich bleiben einschraubbar (aufschraubbar), wenn der wahre Flankendurchmesser zum Ausgleich dieser Fehler gegenüber dem wirksamen Flankendurchmesser um ein entsprechendes Maß verkleinert (vergrößert) ist:

$$d_2 = d_{2W} - (f_1 + f_2) \qquad D_2 = D_{2W} + (F_1 + F_2).$$

Das wirksame Spiel zwischen Bolzen und Mutter ist:

$$(D_{2W} - d_{2W}) = (\Delta D_2 - \Delta d_2) - (f_1 + f_2 + F_1 + F_2),$$

worin ΔD_2 und Δd_2 die Abmaße von D_2 und d_2 gegen das im Normblatt angegebene theoretische Maß sind. (Es ist zu beachten, daß Δd_2 nur negative, also nach innen liegende, ΔD_2 nur positive, also nach außen liegende Werte annimmt.)

Der Unterschied der Abweichungen der wahren Flankendurchmesser von den Flankendurchmessern des theoretischen Gewindes (erste Klammer in obiger Formel) würde das wirksame Spiel von Bolzen und Mutter darstellen, wenn es nicht durch die Einflüsse der Winkel- und Steigungsfehler von Bolzen und Mutter eingeschränkt würde.

Bolzen oder Muttern sind normgerecht, wenn sie mit genormten Gewinde-Grenzlehren überprüft, sich als toleranzhaltig erweisen. Es wird darauf verzichtet, bei den Bolzen und Muttern auch Steigung und Flankenwinkel gesondert zu tolerieren. Einzelfehler im Flankendurchmesser, in der Steigung und im Flankenwinkel werden bei der **Gut- und Ausschußlehrung** zahlenmäßig nicht erkannt. Es wird also nur gefordert, daß die Abweichungen des wahren Flankendurchmessers vom theoretischen Wert höchstens gleich dem zulässigen Abmaß der betreffenden Güteklasse und Durchmessergröße sind.

Die **Gutlehre** prüft den wirksamen Flankendurchmesser und damit die Zusammenschraubbarkeit. Die **Ausschußlehre** prüft den wahren Flankendurchmesser und damit die Sitzqualität.

Um die wirtschaftliche Fertigung der Gewinde zu erleichtern, wird für die wahren Flankendurchmesser d_2 bzw. D_2 eine gewisse Abweichung vom theoretischen Maß zugelassen. Die Größe des sich daraus ergebenden Spieles bei sonst fehlerfreiem Gewinde kennzeichnet die Qualität der Schraubenverbindung. Diese Abweichung äußert sich als größtes Spiel zwischen Bolzen und Mutter. Die geringe axiale und radiale Beweglichkeit hat auf das richtige Tragen in den Flanken, die Sicherheit und Festigkeit der Schraubenverbindungen keinen Einfluß. Zügiggehende Gewinde sind nach den Normenvorschriften um so weniger zu erwarten, je besser die Fertigung ist. Vorausgesetzt, ein Gewinde-Werkstück geht nicht über oder in die Ausschuß-Gewindelehre, so sind die Genauigkeiten der Einzelbestimmungsstücke je für sich um so besser eingehalten, je mehr Spiel sich bei der Paarung mit der Gutlehre zeigt.

Da die Ansprüche der Praxis an die Güte und Genauigkeit der Schraubenverbindungen verschieden sind, sind wie bei den Rundpassungen auch hier verschiedene **Gütegrade**, genormt, unterschieden durch die für den Flankendurchmesser zugelassenen Toleranzen, ausgedrückt durch **Gewindepaßeinheiten** (GPE).

$$1\ \text{GPE (in } \mu) = 67\sqrt{\text{Steigung}} \quad \text{(Steigung in mm)}.$$

Festgelegt sind drei Gütegrade: fein, mittel, grob. Gütegrad „fein" ist jedoch erst Vornorm. Gütegrad „mittel" und „grob" unterscheiden sich nur durch die Größe der Flankendurchmessertoleranz, während die Festlegungen für Außen- und Kerndurchmesser die gleichen sind.

Es werden unterschieden:

Feinschrauben mit einer Flankendurchmessertoleranz von 1 GPE (Vornorm).

Mittelschrauben mit einer Flankendurchmessertoleranz von $1^1/_2$ GPE für normale handelsübliche Schrauben, wie sie hauptsächlich als Blankschrauben geliefert werden.

Grobschrauben mit einer Flankendurchmessertoleranz von $2^1/_2$ GPE für Zwecke, bei denen es nicht auf große Genauigkeit ankommt.

Mindestspitzenspiel: Wie schon bemerkt, ist zur Vermeidung des Klemmens in den Spitzen, wodurch leicht ein gutes Passen vorgetäuscht werden könnte, ein Mindestspitzenspiel festgelegt. Erreicht wird es im Außendurchmesser beim Whitworth-Gewinde durch Verkleinerung der Schraube gegenüber dem theoretischen Maß a' (s. Abb. M 11 S. 527), beim metrischen Gewinde durch das Herstellungsverfahren und die Lehrung. Das Spitzenspiel im Außendurchmesser ist weiter sichergestellt durch die Minustoleranzen für das gewalzte Schraubeneisen nach DIN 1613 und durch den für den Gewindebohrer festgelegten kleinsten Außendurchmesser, der größer ist als das Nennmaß des Schraubenbolzens.

Im **Kerndurchmesser** wird das Mindestspitzenspiel a' gesichert beim Whitworth-Gewinde dadurch, daß der kleinste Kerndurchmesser der Mutter größer gehalten ist als der theoretische Kerndurchmesser, beim metrischen Gewinde durch die Lehrung und Herstellung. Der Gewindelehrring ist im Kerndurchmesser abgeflacht ausgeführt mit dem Kleinstmaß der Mutter, so daß die Schraube mit gerundetem Grunde stets kleiner bleiben wird als der kleinste Mutterkerndurchmesser.

Ein Spiel im Kerndurchmesser beim Whitworth- und metrischen Gewinde ist dann an sich schon bedingt durch die Verwendung der Gewindekernlochbohrer (s. Abschnitt „Herstellen von Gewinde"), die stets größer sind als der kleinste Mutterkerndurchmesser.

Bezüglich des metrischen Gewindes ist noch zu bemerken, daß durch die Aufstellung von Toleranzen für Außen- und Kerndurchmesser das Spitzenspiel zwischen Kleinst- und Größtwerten schwanken kann und die in DIN 13 und 14 (s. S. 543 u. f.) für das Spitzenspiel enthaltenen Werte a praktisch jede Bedeutung verloren haben. Es ist deshalb beabsichtigt, diese Normen später international dahin zu ändern, daß ein für Schraube und Mutter gleiches Gewindeprofil im Außen- und Kerndurchmesser abgeflacht, mit den Maßen des jetzigen Schraubenaußen- und Mutterkerndurchmessers dargestellt und das durch das Herstellungsverfahren und durch die Lehrung sich ergebende Spitzenspiel für die Übergangszeit durch gestrichelte Bögen ohne Angabe eines bestimmten Zahlenwertes angedeutet wird (s. Abb. M 16).

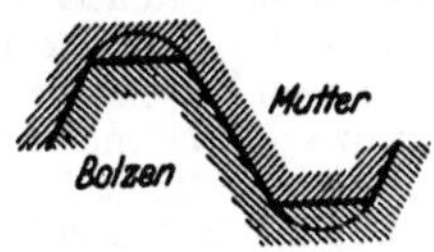

Abb. M 16. Voraussichtliche internationale Darstellung des metrischen Gewindes.

Beim Whitworth-Gewinde ist das theoretische Spitzenspiel nur noch beibehalten bei den Feingewinden (s. S. 557 und 558), wofür Toleranzen aber noch nicht festliegen.

Im Zusammenhang mit der Festlegung der Feingewindetoleranzen zeigte sich bei den Arbeiten des ISA-Komitees 2a die Notwendigkeit, einheitliche Formeln für die Feststellung der Flankendurchmessertoleranz bei allen Gewinden zu finden. Für den Gütegrad „mittel" sind von **Berndt** derartige Formeln aufgestellt worden[1]).

II. Gewindelehren.

Allgemeines.

Wie beim Messen glatter Rundpassungen wird auch bei den Gewinden die Prüfung durch ein ideales körperliches Gegenstück vorgenommen.

Läßt sich ein Gewindewerkstück (d. h. eine Mutter oder ein Bolzen) mit einem in sämtlichen Bestimmungsgrößen vollkommen idealen Gegenstück (also sozusagen einem theoretischen Gewinde) so paaren, daß das Gewindestück sich in oder auf dem idealen Gegenstück gerade eben von Hand bewegen läßt, ohne Spiel zu zeigen (sog. zügiger Gang des Gewindes), so bedeutet das durchaus nicht, daß für das Werkstück und für das ideale Gegenstück etwa die **wahren** Flankendurchmesser einander gleich sind, sondern nur, daß der sog. **wirksame** Flankendurchmesser des Gewindestückes mit dem Flankendurchmesser des idealen Gegenstückes übereinstimmt.

---

[1]) Berndt: Werkst.-Techn. und Werksleiter 1936 S. 515 u. 1937 S. 44.

Bei der Abnahme wird der Bolzen mit einem Lehrring, heute meist mit einer Gewinderachenlehre, die Mutter mit einem Lehrdorn geprüft. Diese Lehren stellen sozusagen die idealen Gegenstücke dar; dies sind sie aber keineswegs, da mit der Herstellung zwangsläufig auch gewisse Fehler im wahren Flankendurchmesser, in Steigung und Flankenwinkel verbunden sind. Wenn sich eine Mutter oder ein Bolzen mit einer solchen Lehre so paaren läßt, daß sog. zügiger Gang auftritt (auch saugende Paarung genannt), so kann daraus nur geschlossen werden, daß der wirksame Flankendurchmesser von Bolzen oder Mutter mit dem wirksamen Flankendurchmesser der jeweiligen Lehre übereinstimmt; denn die Betrachtungen über das wirksame Flankenspiel von Mutter und Bolzen (s. S. 529) gelten sinngemäß auch für die Paarung von Werkstücken und Lehren.

Das für die Fertigung zur Verfügung stehende Toleranzfeld wird nicht nur von den Fehlern der Werkstücke in Flankenwinkel und Steigung eingeengt, sondern auch von den entsprechenden Fehlern der Lehren. Hieraus ergibt sich, daß die Lehren mit größtmöglicher Genauigkeit hergestellt und auch mit entsprechender Sorgfalt überprüft werden müssen. Es kann sonst vorkommen, daß ein Flankenwinkel- oder Steigungsfehler der Lehre durch einen Meßfehler verdeckt wird und eine Lehre noch als gut bezeichnet wird, die in Wirklichkeit das Toleranzfeld einengt und Schrauben und Muttern als unbrauchbar bezeichnen läßt, die in Wirklichkeit innerhalb der Toleranz liegen und verwendbar sind. Um den Rest des Toleranzfeldes möglichst groß zu machen, wäre es (wie oben bei den Werkstücken gezeigt) sinngemäß, $\Delta D_2'$ (für den Lehrring) immer positiv und $\Delta d_2'$ (für den Lehrdorn) immer negativ zu wählen. In den Deutschen Normen ist dies nicht geschehen, um die vorhandenen Normalgewindelehren, die eine Plusminustoleranz haben, als Grenzgewindelehren „Gut" verwenden zu können. Die Herstellungsgenauigkeit der Gut-Lehren wird im Flankendurchmesser den Toleranzrest für die Fertigung also teils vergrößern, teils verringern. Praktisch spielt dies indessen für die Werkstücke keine entscheidende Rolle, da die Toleranzen der Lehren gegenüber denen der Werkstücke gering sind.

1. Prüfung der Mutter.

Gutseite: Mit der Gutseitelehre werden sämtliche Bestimmungsstücke gleichzeitig erfaßt, um die Paarungsmöglichkeit zu untersuchen (die Gutlehre prüft den wirksamen Flankendurchmesser). Der Gewindelehrdorn „Gut" erhält im Flankendurchmesser das Maß jenes Bolzens, mit dem die zu prüfenden Muttern gerade noch gepaart werden sollen, d. h. im Flankendurchmesser das Kleinstmaß der Mutter. Dasselbe gilt für den Außendurchmesser. Aus herstellungstechnischen Gründen und da der Kerndurchmesser der Mutter sich sehr gut mit Hilfe eines glatten Lehrdornes prüfen läßt, wird der Gut-Gewindelehrdorn im Kerndurchmesser freigearbeitet.

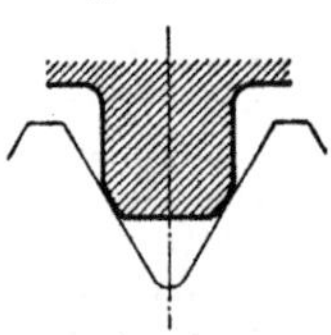

Abb. M 17.

Der Gut-Gewindelehrdorn, der in die Prüflinge eingeschraubt wird, unterliegt der Abnutzung. Er muß mit Prüflehren auf Gut und Ausschuß, d. h. auf Abnutzung untersucht werden. Man benutzt dazu eine Rachenlehre mit im Kern- und Außendurchmesser freigearbeiteten und mit verkürzten Flanken versehenen Meßstücken, Abb. M 17. Diese Rachenlehre wird nach einer besonderen Einstellgewindelehre eingestellt.

Diese ist im Kern- und Außendurchmesser freigearbeitet, besitzt aber keine verkürzten Flanken, um eine volle Anlage der Rachenlehren-Meßstücke zu sichern. Im allgemeinen ist es vorzuziehen, für die Untersuchung des Gut-Gewindelehrdornes andere Hilfsmittel zu verwenden, über die noch berichtet wird.

Ausschußseite: Es ist ausreichend, auf der Ausschußseite allein den wahren Flankendurchmesser zu prüfen. Als Lehre wird ein sog. Ausschuß-Gewindelehrdorn mit verkürzten Flanken[1]), Abb. M 17, und nur wenigen Gängen benutzt[2]). Der Kerndurchmesser wird unabhängig davon mit einem glatten Lehrdorn geprüft. Das Größtmaß des Außendurchmessers der Mutter wird nicht untersucht, da ein geringfügiges Überschreiten für die Festigkeit der Schraubenverbindung und die Qualität des Sitzes ohne Bedeutung ist und andererseits die wahllose Austauschbarkeit auch nicht gefährden kann.

Da der Ausschuß-Gewindelehrdorn nur sehr selten eingeschraubt wird[3]), unterliegt er der Abnutzung nicht in dem Maße wie ein Gut-Lehrdorn. Die Abnutzung ist daher nicht toleriert und eine Abnutzungslehre auf der Ausschußseite nicht vorgesehen.

2. Prüfung der Bolzen.

Gutseite: Auch hier wird die Summe der sämtlichen Fehler in ihrem Einfluß auf die Paarungsmöglichkeit, d. h. der sog. wirksame Flankendurchmesser untersucht. Die Gutlehre (die Gut-Gewinderachenlehre oder der Gut-Gewindelehrring) erhält im Flankendurchmesser das Maß jener Mutter, mit der die zu prüfenden Bolzen gerade noch gepaart werden sollen; der Flankendurchmesser ist gleich dem vorgesehenen Größtmaß des Flankendurchmessers des Bolzens. Dasselbe gilt auch für den Kerndurchmesser. Wegen der herstellungstechnischen Schwierigkeiten wird das Größtmaß des Außendurchmessers nicht mit der Gut-Gewindelehre geprüft; der Außendurchmesser der Gewindelehre wird freigearbeitet, Abb. M 18, und das Größtmaß des Außendurchmessers am Bolzen mit Hilfe einer glatten Rachenlehre geprüft. Dasselbe kann auch beim Kerndurchmesser mit einer Sonderrachenlehre geschehen.

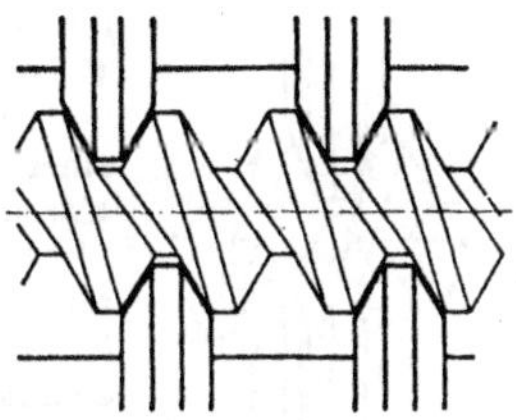

Abb. M 18.

Für die Prüfung der Gutseite des Bolzengewindes hat sich heute die Gut-Gewinderachenlehre gegenüber dem Gut-Gewindelehrring weitgehend durchgesetzt, obwohl mit ihr eine vollständige Formprüfung nicht erfolgt. Ihr richtiges Rachenmaß wird durch einen Einstell-Gewindelehrdorn eingestellt und geprüft, so daß sie als Maßübertragungsmittel von dem Einstelldorn auf den Prüfling dient. Da die Gutlehre, die ja den wirk-

---

[1]) Der Zusatzbetrag des Flankendurchmessers, veranlaßt durch einen Fehler in der Steigung f_1 bzw. $F_1 = \Delta h \cdot \mathrm{ctg}\,\alpha/2$ verringert sich mit der Einschraublänge des Gewindes.

[2]) Der Zusatzbetrag des Flankendurchmessers, veranlaßt durch einen Fehler im Flankenwinkel f_3 bzw. $F_3 = t_2(\Delta\alpha_1 + \Delta\alpha_2)/\sin\alpha$ wird um so geringer, je kleiner die Flankenüberdeckung ist.

[3]) Die Ansichten sind geteilt, ob sich der Ausschuß-Gewindelehrdorn nur einige Gänge oder weiter hineinschrauben lassen darf, wenn er nur auf der anderen Seite nicht hervortritt.

samen Flankendurchmesser erfassen soll, mit vollen Flanken ausgerüstet ist, wird der Einstell-Gewindelehrdorn mit verkürzten Flanken (ähnlich dem Ausschuß-Lehrdorn) ausgeführt.

Teilweise erfolgt die Gutlehrung noch mit dem Gut-Gewindelehrring. Auch für die Prüfung dieser Lehre muß ein Abnahmegerät vorhanden sein. Der Hersteller benutzt hierzu einen sog. Paßdorn, der das theoretische Profil erhält und dessen eigene Herstellungsgenauigkeit gegenüber diesem Profil nach Minus liegt. (Dieser Paßdorn ist die Gutlehre für den Gewindelehrring.) Die mit der Zeit zwangsweise eintretende Abnutzung des Gewindelehrringes wird mit Hilfe eines sog. Abnutzungsprüfdornes (einer Ausschußlehre für den Gewindelehrring) untersucht. Da die Abnutzung auf den immer zum Tragen kommenden Flanken des Lehrringes am größten sein wird, prüft der Abnutzungsprüfdorn in erster Linie den Flankendurchmesser. Er hat verkürzte Flanken und nur wenige Gänge (s. Abb. M 17).

Ausschußseite: Da bei der Gutseiteprüfung der sog. wirksame Flankendurchmesser untersucht wurde (d. h. also jener, der sich aus der Summe vom wahren Flankendurchmesser und den Einflüssen der Steigungs- und Flankenwinkelfehler zusammensetzt), so braucht für die Prüfung der Ausschußseite nur mehr der wahre Flankendurchmesser unter möglichster Ausschaltung der Steigungs- und Winkelfehlereinflüsse gemessen zu werden. Hierzu dient als Lehre eine sog. Ausschuß-Gewinderachenlehre, Abb. M 19, deren Meßstücke mit verkürzten Flanken und nur wenigen Gängen versehen sind. Außendurchmesser und Kerndurchmesser, die unabhängig davon zu untersuchen sind, werden mit einer glatten Rachenlehre bzw. Sonderrachenlehre geprüft.

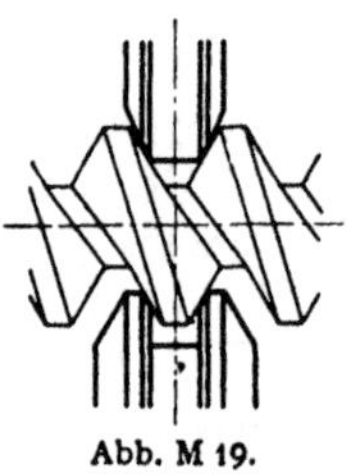

Abb. M 19.

Auch die Ausschuß-Gewinderachenlehre wird nach einem Einstellgewindedorn eingestellt; dieser ist im Kerndurchmesser freigearbeitet. Seine Flanken sind nicht verkürzt, um eine sichere Anlage des Flankenteils der Gewinderachenlehren-Meßstücke zu gewährleisten. Für die Kerndurchmesser-Rachenlehre ist ebenfalls eine Einstell-Lehre vorgesehen.

Die Lehren für die Gut- und Ausschußprüfung desselben Werkstückes werden für den Flankendurchmesser, den Kerndurchmesser und den Außendurchmesser zweckmäßig je zu einer Grenzlehre vereinigt, so daß die Prüfung der Bolzen auf Gut und Ausschuß durch je eine Gewindegrenzrachenlehre, eine Kerndurchmesser- und eine Außendurchmesser-Grenzrachenlehre erfolgen kann.

III. Messen von Gewinden und Gewindelehren.

Die laufende Überwachung der Richtigkeit der im Betrieb verwendeten Gewindelehren sowie der Prüfmittel (Einstell-Lehren, Paßdorne, Abnutzungsprüfdorne usw.) für diese Lehren ist für die Fertigung von besonderer Wichtigkeit. Die zulässige Abnutzungsgrenze der Lehren darf nicht überschritten werden.

Bei der Prüfung von Gewindewerkstücken wird, zumindest auf der Gutseite, mit den vorgeschriebenen Lehren mehr summarisch geprüft und im allgemeinen nur der wirksame Flankendurchmesser erfaßt. Nach den Normvorschriften ist bereits bei den Arbeitslehren die Einhaltung der Toleranzen der einzelnen Bestimmungsstücke, insbesondere Flankendurchmesser,

Flankenwinkel und Steigung je für sich vorgeschrieben, ohne daß ein Fehlerausgleich wie bei den Werkstücken zugelassen ist.

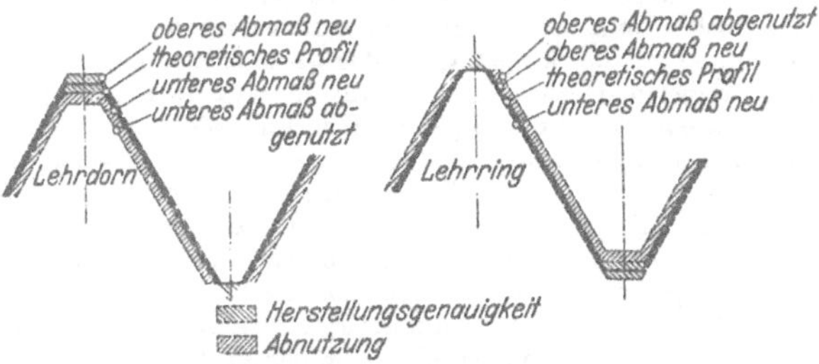

Abb. M 20 und 21. **Lage der Herstellungsgenauigkeit und Abnutzung der Gutlehren für das metrische Gewinde.**

Die Lage der Herstellungsgenauigkeit und der Abnutzung der Gutlehren für das metrische und das Whitworth-Gewinde zeigen die Abb. M 20, M 21 bzw. M 22, M 23.

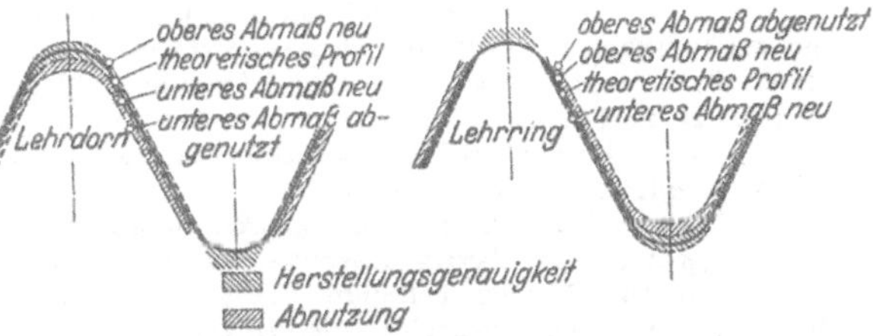

Abb. M 22 und 23. **Lage der Herstellungsgenauigkeit und Abnutzung der Gutlehren für das Whitworth-Gewinde.**

Die Herstellungstoleranzen für die Lehren sämtlicher Gütegrade einer Gewindegröße sind gleich. Für die Gewindelehrdorne gelten nach DIN 2244 die folgenden Vorschriften:

Zulässige Herstellungsungenauigkeit

für d_2: $\pm (2 + 1/\sin\alpha/2 + 0{,}03F)\ \mu$,

für $\alpha/2$: $\pm (6 + 6/L)$ Bogenminuten,

für h: $\pm (3{,}5 + 0{,}375/\cos\alpha/2 + 0{,}03H)\ \mu$,

für d und d_1: $\pm (2 + 1/\sin\alpha/2 + 0{,}03F) \cdot 1{,}5\mu$.

F = Flankendurchmesser, H = Einschraublänge, L = Flankenlänge in mm.

Die Werte der Herstellungsungenauigkeiten für Flankendurchmesser, Flankenwinkel und Steigung sind je für sich einzuhalten. Die Angaben für Außen- und Kerndurchmesser gelten nur, soweit die Lehren an diesen Stellen nicht freigearbeitet sind.

Die Gutlehren sämtlicher Gütegrade stimmen überein. Bei den Ausschußlehren sind die Abmaße für den Kern- und Außendurchmesser bei allen Gütegraden gleich, für den Flankendurchmesser sind sie je nach dem

Gütegrad verschieden. Durch das vom Deutschen Normenausschuß aufgestellte Lehrensystem für die Gewindeprüfung sind selbstverständlich andere Möglichkeiten der Prüfung nicht unterbunden.

Das bisher am meisten in der Werkstatt verwendete Meßgerät zur Schraubenprüfung ist die **Gewindeschraublehre** mit Kegel und Kimme, Abb. M 24. Kegel und Kimme werden als Einsätze in zwei Arten ausgeführt. Die übliche Form mit langen Flanken mißt nicht den wahren Flankendurchmesser, weil vorhandene Flankenwinkelfehler das Meßergebnis stark beeinflussen; reine Steigungsfehler machen sich hierbei nicht bemerkbar. Die Gewindeschraublehre mit normalen Einsätzen läßt sich als Ausschnitt aus einem Gut-Gewindelehrring (oder als Gut-Gewinderachenlehre) auffassen; der wahre Flankendurchmesser wird nur erfaßt, wenn der Prüfling und die Einsätze genau den gleichen Flankenwinkel haben.

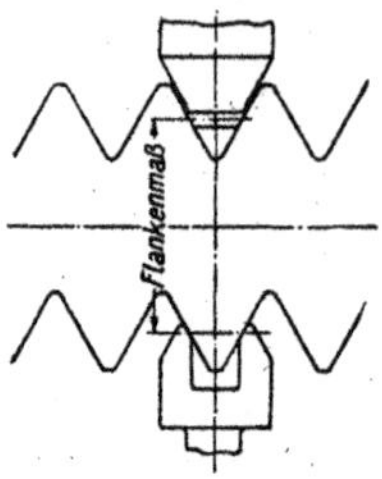

Abb. M 24.

Um eine Ausschußprüfung zu ermöglichen, werden auch Einsätze hergestellt, deren Flanken verkürzt ausgebildet sind. Die Gewindeschraublehre mit verkürzten Flanken stellt einen Ausschnitt aus einem Ausschußgewindelehrring (oder eine Ausschuß-Gewinderachenlehre) mit nur einem Gewindegang dar. Sie dient zur Bestimmung des wahren Flankendurchmessers. Für jede Steigung ist ein besonderer Satz von Einsätzen erforderlich, die das Gewinde möglichst nur in der Flankenmitte berühren, um den Einfluß der Flankenwinkelfehler auf die Messung des Flankendurchmessers auszuschließen. Derartige Einsätze nützen sich dazu schnell ab.

Die Gewindeschraublehre dient bei der Lehrenprüfung zweckmäßig nur als Vergleichsgerät und Maßübertragungsmittel von einem Muster-Gewindelehrdorn auf den zu prüfenden Lehrdorn. Es ist stets darauf zu achten, daß die Meßeinsätze sich zwanglos entsprechend dem Steigungswinkel einstellen; dazu müssen sie leicht drehbar, aber spielfrei im Amboß und in der Spindel der Schraublehre sitzen. Bei größeren Flankendurchmessern verwendet man zweckmäßig Fühlhebel-Schraublehren, um der Gefahr einer verschiedenen Bügelaufweitung durch Schwankungen der Meßkraft zu entgehen. Außer den Meßeinsätzen für die Flankendurchmesser der verschiedenen Spitz- und Trapezgewinde sind z. B. auch Einsätze für die bequeme Messung von Kerndurchmessern erhältlich.

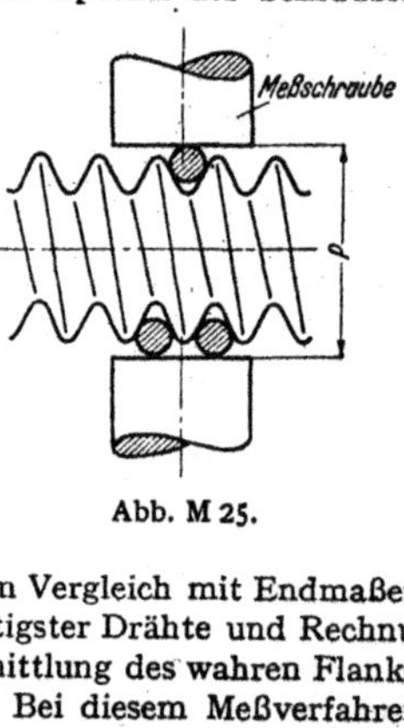

Abb. M 25.

Soll der wahre Flankendurchmesser ermittelt werden, so ist als für die Werkstatt geeignetes Meßverfahren die **Dreidrahtmethode,** Abb. M 25 (Berndt [3 bis 7]) zu empfehlen, die bei Werkstücken mit einer Schraublehre, bei Lehren jedoch mit einem Fühlhebelgerät und im Vergleich mit Endmaßen durchgeführt wird. Bei Verwendung sog. günstigster Drähte und Rechnung mit den Istmaßen der Prüflinge ist eine Ermittlung des wahren Flankendurchmessers mit hoher Genauigkeit möglich.

Bei diesem Meßverfahren werden auf der einen Seite des Gewindes in eine Lücke ein Draht und auf der anderen Seite in zwei benachbarten Lücken, nämlich rechts und links von dem der Lücke gegenüberliegenden Zahn (bei mehrgängigen Gewinden im gleichen Gang) je ein weiterer Draht eingelegt. Gemessen wird das Maß über die Mantelflächen der Drähte, das sog. Prüfmaß P, aus dem der Flankendurchmesser errechnet werden kann.

Für das Prüfmaß gilt bei Gewinden mit symmetrischem Profil folgender Zusammenhang mit den Bestimmungsstücken des Gewindes:

$$P = d_2 - h/2 \cdot \operatorname{ctg} \alpha/2 + d_D \cdot (1 + 1/\sin \alpha/2) + \delta_1 - \delta_K .$$

In dieser Formel für das Prüfmaß P bedeuten d_2 den Flankendurchmesser, h die Steigung, $\alpha/2$ den halben Flankenwinkel des Gewindes und d_D den Durchmesser[1]) der verwendeten Drähte. δ_1 ist ein erstes Korrektionsglied, das der Schieflage des Drahtes im Gewindegang Rechnung trägt, und δ_K ein zweites Korrektionsglied, das die Abplattung von Draht und Gewindeflanke unter dem Einfluß der Meßkraft berücksichtigt (Bochmann [8]). Beim Vergleich eines Prüfstückes mit einer Urlehre oder Vergleichslehre durch die Dreidrahtmethode wird bei gleicher Meßkraft die Abplattung der Drähte und der Gewindeflanken gleich groß sein, also keinen Einfluß auf die Vergleichsmessung haben.

Ein Fehler Δh in der Steigung des Gewindes gegenüber dem in die Formel eingesetzten Sollwert h macht sich als Fehler f_h des Flankendurchmessers bemerkbar. Er ist unabhängig vom Drahtdurchmesser; wird er nicht berücksichtigt, so ist mit einem Fehler $f_h = 1/2\, \Delta h \cdot \operatorname{ctg} \alpha/2$ zu rechnen.

Auch ein Fehler Δd_D des Drahtdurchmessers gegenüber dem in die Formel eingesetzten Wert d_D macht sich als Fehler $f_D = -\Delta d_D(1 + 1/\sin \alpha/2)$ bemerkbar. Der Fehler $f_{\alpha/2}$ im Flankendurchmesser, der sich durch eine Abweichung $\Delta \alpha/2$ des Teilflankenwinkels $\alpha/2$ gegenüber dem Sollwert dieses Winkels einstellt, errechnet sich zu:

$$f_{\alpha/2} = \Delta \alpha/2 \left(d_D - \frac{h}{2 \cos \alpha/2}\right) \frac{\cos \alpha/2}{\sin^2 \alpha/2} .$$

Von dem Einfluß des Fehlers des Flankenwinkels auf das Meßergebnis kann man frei werden, wenn Drähte vom sog. günstigsten Durchmesser verwendet werden; diese liegen in der Flankenmitte an, ihr Durchmesser ist $d_0 = h/2 \cos \alpha/2$. Begnügt man sich, was für viele Zwecke ausreichend ist, mit einer Anlage innerhalb eines Achtels der Flankenlänge in der Mitte der Flanke, so kann eine Vielzahl verschiedener Gewinde mit ihren sämtlichen Steigungen mit einer verhältnismäßig geringen Anzahl von Drahtdurchmessern (Günther [9]) gemessen werden.

Ist die genannte Bedingung der Anlage im mittleren Achtel der Flanke erfüllt, $(1 - 1/16)\, d_0 < d_D < (1 + 1/16)\, d_0$, so kann $f_{\alpha/2}$ meist vernachlässigt werden; ist sie nicht erfüllt, so muß $\alpha/2$ bestimmt und sein Istwert in die Prüfmaßformel eingesetzt werden. Die Verwendung des günstigsten Drahtes macht für die Prüfmaßberechnung in allen Fällen eine Bestimmung des Flankenwinkels überflüssig, nicht aber die Bestimmung der Steigung und des Drahtdurchmessers. Stehen sog. günstigste Drähte nicht zur Verfügung, so ist für genaueste Messungen auch bei Verwendung der Drähte der Normaldrahtreihe eine Bestimmung der Flankenwinkelabweichung vom Sollwert erforderlich, um durch Einsetzen der Istwerte in die Prüfmaßformel den Flankendurchmesserfehler von der Größe $f_{\alpha/2}$ zu vermeiden. Bei unbeabsichtigt schiefgeschnittenem Gewinde gilt für $\alpha/2 = 1/2(\alpha_1 + \alpha_2)$ und $\Delta \alpha/2 = 1/2(\Delta \alpha_1 + \Delta \alpha_2) = 1/2\, \Delta \alpha$, wenn α_1 und α_2 die Teilflankenwinkel bedeuten. Der Schieflagefehler des Profils wird also nicht wirksam, sondern nur der Gesamtwinkelfehler. Der Fehler der Flankendurchmesserbestimmung ist dann ohne Berücksichtigung von Meßfehlern

$$\Delta d_2 = 1/2 \Delta h \operatorname{ctg} \alpha/2 - \Delta d_D \left(1 + \frac{1}{\sin \alpha/2}\right) + 1/2\, \Delta \alpha\, (d_D - d_0) \cdot \frac{\cos \alpha/2}{\sin^2 \alpha/2} .$$

Für metrische Gewinde ($\alpha/2 = 30°$) gilt:

$$\Delta d_2 = 0{,}866 \cdot \Delta h - 3 \cdot \Delta d_D + 0{,}0005 \cdot (d_D - d_0)\, \Delta \alpha$$

(der Winkelfehler $\Delta \alpha$ ist in Minuten einzusetzen).

Eine Übereinstimmung von d_D und d_0 ist nicht erforderlich, wenn mit dem wahren Flankenwinkel gerechnet wird; jedoch muß d_D genau bekannt sein, da Δd_D bei metrischem Ge-

---

[1]) Sind die drei Drahtdurchmesser nicht gleich, so setze man $d_D = 1/2\,(d_{D1} + 1/2 \cdot (d_{D2} + d_{D3}))$, wobei d_{D1} der Durchmesser des einzelnen Drahtes auf einer Seite und d_{D2} und d_{D3} die Durchmesser der Drähte des Drahtpaares auf der anderen Seite sind.

winde bereits mit dem dreifachen Betrag in die Flankendurchmesser- bzw. Prüfmaßbestimmung eingeht.

Das Glied zur Korrektion der Schieflage, δ_1, kann im allgemeinen mit den Sollwerten der Bestimmungsstücke errechnet werden, ohne daß praktisch Fehler entstehen. Für dieses Korrektionsglied ist die Näherung $\delta_1 = {}^1/_2\, d_D \frac{h^2}{\pi^2 d_2^2} \cos\alpha/2 \operatorname{ctg}\alpha/2$ in Gebrauch, die jedoch nur für geringe Steigungswinkel als gültig anzusehen ist.

Für größere Steigungswinkel, als sie den genormten eingängigen Gewinden entsprechen, also insbesondere bei mehrgängigen Gewinden, ist für dieses Korrektionsglied mit einer genaueren Formel zu rechnen:

$$\delta_1' = \frac{1}{2} d_D \cdot \frac{h^2}{\pi^2} \cdot \cos\frac{\alpha}{2} \operatorname{ctg}\frac{\alpha}{2} \cdot \frac{1}{E(E-F)}.$$

Hierin bedeuten: $E = d_2 - \frac{h}{2}\operatorname{ctg}\frac{\alpha}{2} + \frac{d_D}{\sin\alpha/2}$, $F = d_D \sin\alpha/2$.

Tafel 14. **Prüfmaß-Berechnung** (Beispiel). Gewinde: Tr. 26 × 12 (2gäng

$n = 2$	$h = 6$ mm
$\log h$	0,778151
$\log 1/\cos\alpha/2$	0,015056
$\log 0{,}5$	*9,698970*
$\log d_0$	0,492177
d_0	3,1058 mm
$\log d_D$	0,505150
$\log\sin\alpha/2$	9,412996
$\log d_D/\sin\alpha/2$	1,092154
$\log d_D\cdot\sin\alpha/2$	9,918146
$\log h$	0,778151
$\log\operatorname{ctg}\alpha/2$	0,571948
$\log 0{,}5$	*9,698970*
$\log\frac{h}{2}\operatorname{ctg}\alpha/2$	1,049069

d_2	23,0000 mm
$+d_D/\sin\alpha/2$	12,3639 „
$-h/2\operatorname{ctg}\alpha/2$	−11,1962 „
E	24,1677 mm
$-F$	− 0,8282 „
$E-F$	23,3395 mm
$\log E$	1,383236
$\log(E-F)$	1,368092
$\log E(E-F)$	2,751328
$\log 1/E(E-F)$	7,248672
$\log\cos\alpha/2$	9,984944
$\log\operatorname{ctg}\alpha/2$	0,571948
$\log d_D$	0,505150
$2\ \log h$	1,556302
$\log {}^1/_2\pi^2$	*8,704670*
$\log n^2$	0,602060
$\log\delta_n$	9,173746

$\alpha/2 = 15°$	$d_D = 3{,}20$ m
E	24,1677 mm
d_D	3,2000 „
δ_n	0,1492 „
P	27,5169 mm

Formeln:

$P = E + d_D + \delta_n$

$E = d_2 + \frac{d_D}{\sin\alpha/2} - h/2\operatorname{ctg}\alpha/2$

$F = d_D\cdot\sin\alpha/2$

$\delta_n = n^2\cdot\delta_1$ | $d_0 = \frac{h}{2\cos\alpha/2}$

$\delta_1 = \frac{d_D}{2}\cdot\frac{h^2}{\pi^2}\cdot\frac{\cos\alpha/2\operatorname{ctg}\alpha/2}{E(E-F)}$

n	Gangzahl des Gewindes	d_0	Dmr. des günstigsten Drahtes
h	Teilung des Gewindes	d_D	Dmr. des verwendeten Drahtes
$\alpha/2$	Teilflankenwinkel	d_2	Flankendmr. des Gewindes

Für n-gängiges Gewinde ($H = n\cdot h$) gilt die Formel: $\delta_n' = n^2\cdot\delta_1'$.

Die Formel für das Prüfmaß lautet dann: $P = E + d_D + \delta_n' - \delta_2$.

Für die Berechnung von P bei einer Meßkraft Null ($\delta_2 = 0$) bedient man sich zweckmäßig des logarithmischen Rechenschemas Tafel 14. Sollte das Glied δ_n' unerwartet groß werden, d. h. Werte von einigen Zehntelmillimetern überschreiten, so erscheint es empfehlenswert, mit einer exakten Formel zu rechnen, die in einer Arbeit von Tomlinson [13] abgeleitet ist; auf diese Arbeit geht auch die hier mitgeteilte Näherung zurück. Nach dem Rechenschema, das sich bei häufig wiederkehrenden Rechnungen noch vereinfachen läßt, wird zunächst der günstigste Draht d_0 berechnet; der nächstgelegene (größere) Draht der Normaldrahtreihe d_D ist für die Messung zu verwenden; mit dessen Durchmesser wird die weitere Rechnung durchgeführt. Beim Aufschlagen des Logarithmus der Winkelfunktionen ($\alpha/2$) werden sofort die Werte für $\log\sin\alpha/2$, $\log\cos\alpha/2$ und $\log\operatorname{ctg}\alpha/2$ sowie die *kursiv* gesetzten Werte, da für alle Rechnungen gleich, in die entsprechenden Zeilen und Spalten eingetragen. Alles Weitere folgt aus dem Schema selbst.

Für das genaue Messen des Flankenwinkels bedient man sich optischer Methoden. Auf den bekannten **Werkzeugmikroskopen** ist die Flankenwinkelmessung und bei Verwendung von Endmaßen auch die Steigungsmessung recht genau möglich. In Verbindung mit der Ermittlung der Ist-Werte der Bestimmungsstücke auf dem Werkstattmikroskop liefert die Dreidrahtmethode (bei Berücksichtigung aller Fehlermöglichkeiten) für den Flankendurchmesser Ergebnisse, die nur von der vollständigen optischen Vermessung auf dem Universal-Meßmikroskop an Zuverlässigkeit übertroffen werden.

Auf den Werkzeugmikroskopen werden die Gewinde nach dem sog. Schattenbildverfahren ausgemessen. Über die Handhabung dieser Geräte sind stets die Gebrauchsanweisungen der Lieferfirmen zu Rate zu ziehen, in denen auch Angaben über die erreichbaren Meßgenauigkeiten enthalten sind. Bei Körpern mit gekrümmten Begrenzungsflächen stimmt die optische Projektion im allgemeinen nicht mit der geometrischen Projektion überein. Ist jedoch die Krümmung der von den Lichtstrahlen gestreiften Flächen annähernd bekannt, so kann durch die Wahl der richtigen Beleuchtungsöffnung (Wahl des günstigsten Blendendurchmessers) der Durchmesser von Zylindern oder der Flankendurchmesser von Gewinden praktisch fehlerfrei gemessen und auch die Korrektion der Flankenwinkelverzerrung zahlenmäßig angegeben werden. Für die verschiedenen Durchmesser können die zugehörigen Blendenöffnungen nur aus den optischen Daten der verwendeten Geräte errechnet werden; sie werden vom Erzeuger in Form von Zahlentafeln in den Gebrauchsanweisungen zu derartigen Geräten bekanntgegeben. Um Fehlmessungen zu vermeiden, ist dieser Erscheinung sorgfältige Beachtung zu schenken (Günther [10]).

Eine achsensenkrechte Projektion gibt nicht das Profilbild des Gewindes im Achsenschnitt; solange der Ständer des Mikroskopes senkrecht steht, ist es auch — trotz des Scharfstellens auf die Achsenschnittebene — nicht möglich, die beiden Flanken einer Gewindelücke oder eines Gewindezahnes gleichzeitig mit ausreichender Schärfe abzubilden. Es ist erforderlich, die Abbildung bei Neigung des Mikroskopständers in Richtung des mittleren Steigungswinkels φ vorzunehmen; die gleichzeitige Schärfe beider Gewindeflanken dient dabei als Kriterium für die richtige Neigung des Mikroskopes. Die Neigung des Ständers muß für die beiden Gewindeseiten entgegengesetzt gleich sein; bei Durchmessermessungen ist also die Neigung des Mikroskopes während der Messung zu verändern. Der in der geneigten Stellung des Mikroskoparmes ermittelte Flankenwinkel α' ist nicht der Winkel des Gewindeprofiles im Achsenschnitt; α errechnet sich erst gemäß der Formel: $\operatorname{tg}\alpha'/2 = \operatorname{tg}\alpha/2 \cdot \cos\varphi$ (Wolf [14]). Für diese Messung verwendet man zweckmäßig ein „Winkelmeßokular".

Die Verwendung der „Revolverokulare" ermöglicht einen unmittelbaren Profilvergleich: Man vergleicht das Schattenbild des Gewindes mit den Gewinde-Normalprofilen auf der Strichplatte dieser Okulare. Die verschiedenen Normalprofile sind auf der um einen außerhalb des Gesichtsfeldes des Okulars gelegenen Punkt drehbaren Glasplatte so angebracht, daß sie nacheinander und mit richtiger Lage zur Gewindeachse in das Gesichtsfeld des Okulars gebracht werden können; Abweichungen in der Lage des Schattenbildes zum Normalprofil sind an einer Hilfsteilung im Gesichtsfeld des Okulars im Winkelmaß ablesbar. Diese Normalprofile dienen auch zur bequemen Ermittlung des Flankendurchmessers. Die Strichfigur, die der Steigung und der Profilform des Gewindes entspricht, wird nach Einstellen der vorgeschriebenen Blendenöffnung durch Verschieben von Längs- und Querschlitten mit der Schattenkante so zur

Deckung gebracht, daß die Strichstärken der Profilzeichnung auf der Revolverstrichplatte durch die Schattenkante des Gewindeprofils halbiert werden (erkennbar in den Unterbrechungen des Linienzuges des Strichprofils). Nunmehr verschiebt man den Querschlitten (senkrecht zur Gewindeachse) nach symmetrischer Verschwenkung des Mikroskopständers so lange, bis auf der anderen Seite des Gewindes wiederum Schattenkante und Strichfigur im Okular in gleicher Weise zur Deckung kommen. Der Betrag dieser achsensenkrechten Verschiebung des Mikroskopes ist gleich dem Flankendurchmesser des Gewindes.

Auch das Messen der Steigung ist mit dem Revolverokular auf den Werkzeugmikroskopen durchführbar. Gegenüber der Bestimmung des Flankendurchmessers erfolgt nach der Einstellung des Schattenbildes auf die Strichfigur die meßbare Verschiebung um z. B. einen Gang hierbei parallel zur Gewindeachse (ohne Verschwenkung des Ständers). Zwecks Verringerung der Einstellfehler kann die Verschiebung auch über mehrere Gänge erfolgen; der Verschiebungsweg ist dann durch die Zahl der Gänge zu dividieren.

Statt durch Profilvergleich mit den Strichfiguren des Revolverokulars können sämtliche Messungen im Schattenbild mit dem Strichkreuz des Revolverokulars oder des Winkelmeßokulars, das eine genauere Bestimmung des Flankenwinkels gestattet, durchgeführt werden. Hierbei ist jedoch jede Messung als Doppelmessung an den rechten und linken Flanken mit Mittelwertbildung erforderlich, um von Ausrichtefehlern freie Meßwerte zu erhalten.

Die genaueste Vermessung von Gewindelehren erfolgt auf dem **Universal-Meßmikroskop.** Dieses Gerät gestattet neben der Vermessung nach dem Schattenbildverfahren, wie es für die Werkzeugmikroskope beschrieben wurde, eine exakte Messung der Bestimmungsstücke des Gewindes im Achsenschnittverfahren. Bei diesem Verfahren werden genau in der Achsenebene des Gewindes „Meßschneiden" an die Gewindeflanken angeschoben. Diese Schneiden tragen auf ihrer Oberseite parallel zur Berührungskante einen feinen Strich, auf den das Mikroskop eingestellt wird; der Abstand des Striches von der Schneidenkante ist bei allen Schneiden bis auf 0,5 μ genau derselbe und wird im Gesichtsfeld des Winkelmeßokulars durch genau angebrachte Parallelstriche zum Fadenkreuz für die Messung ausgeschaltet.

Mit diesen Schneiden in Verbindung mit dem Winkelmeßokular kann man so messen, als ob der Achsenschnitt des Gewindes unmittelbar sichtbar wäre. Die Schneiden müssen dazu nicht nur genau hergestellt sein, sondern auch im Gebrauch auf Abnutzung überwacht und gefundene Abweichungen durch Rechnung berücksichtigt werden. Die einwandfreie Anlage der Schneiden ist für genaue Messungen Vorbedingung. Die Bestimmung des Flankendurchmessers durch Benutzung des senkrecht zur Achse beweglichen Querschlittens muß wegen etwaiger Ausrichtefehler des Gewindes nacheinander an zwei benachbarten (entgegengesetzt gerichteten) Flanken durchgeführt und das arithmetische Mittel aus beiden Messungen gebildet werden. Die Steigungsmessung erfolgt wiederum durch Verschiebung des Längsschlittens (um einen oder mehrere Gänge). Auch hier ist zum Vermeiden des Einflusses der Ausrichtefehler eine Doppelmessung erforderlich: Man ermittelt die Steigung einmal mit den Rechts- und einmal mit den Linksflanken und errechnet das Ergebnis als arithmetisches Mittel beider Messungen, wodurch der von Ausrichtefehlern freie Steigungswert erhalten wird. Schneidenfehler können hierbei ausgeschaltet werden, wenn eine und dieselbe Schneide nacheinander an den Gewindeflanken zur Anlage gebracht wird.

Die Bestimmung des Flankenwinkels mit dem Winkelmeßokular und Schneiden gibt unmittelbar den Profilwinkel im Achsenschnitt. Durch beidseitige Messung der Flankenneigung zur Achse kann der Schieflagefehler des Gewindeprofils unabhängig vom Ausrichtefehler ermittelt werden.

Die mit diesen hochwertigen Geräten erreichbaren Meßgenauigkeiten findet man in den Druckschriften der Lieferfirmen. Man beachte jedoch, daß das Erreichen dieser Ergebnisse das Vertrautsein mit den Geräten, sorgfältigste Durchführung der Messung und die Ermittlung sämtlicher Korrektionen, aber auch eine ausreichende Oberflächengüte des Prüflings voraussetzt.

Über die Prüfung absichtlich schiefgeschnittener Gewinde, der **Gewinde mit unsymmetrischem Profil** berichtet das Sonderschrifttum. Für die Sägengewinde weist Schmidt darauf hin, daß ein Flankendurchmesser im üblichen Sinne nicht vorhanden ist. Es wirken zwei Flanken zusammen, die für das Gewinde von verschiedener Bedeutung sind. Die schräger liegende Flanke stellt gegenüber der steilen Flanke nur eine Hilfsflanke dar. Von Wichtigkeit sind bei diesen Gewinden der Flankenwinkel der Steilflanke, die Steigung und der Außendurchmesser, der die Führung des Gewindes übernimmt. Für das Messen derartiger Gewinde sei auf das diesbezügliche Schrifttum verwiesen (Schmidt [12], Berndt [7]).

Für die **Prüfung von Innengewinden** kommt im allgemeinen nur die Lehrung gemäß den Normenvorschlägen in Betracht, bei denen die Innenmessung vermieden und durch Passen nach einem Paßdorn (s. S. 532) ersetzt ist. Eine Einzelprüfung der Bestimmungsstücke des Innengewindes ist nicht ohne weiteres möglich. Für die Bestimmung des Flankendurchmessers bedient man sich bei guter Genauigkeit eines Vergleichsverfahrens. Unter Verwendung von Kugeln als Meßstücke für die Maßübertragung ermittelt man die Abweichungen im Flankendurchmesser des Prüflings gegenüber einem Gewinde-„Normal"ring oder gegen eine Einstell-Lehre; diese wird aus Endmaßen und sog. Kimmen-Endmaßen zu einem Gewindenormal zusammengesetzt. Ohne Bestimmung des Flankenwinkels kommt man hierbei wieder nur durch Verwendung der günstigsten Kugeldurchmesser zu fehlerfreien Ergebnissen (vgl. Dreidrahtmethode). Zum Messen selbst bedient man sich hier des Optimeters mit waagerechtem Ständer oder des Abbeschen Längenmessers gleicher Ausführung. Die Flankenwinkelmessung, die für genaue Messungen unerläßlich ist, erfolgt am besten an einem Abdruck (Berndt [1]), (Tschirf [15]) des Gewindes, während die Steigungsmessung auf mechanischen Meßmaschinen meist gut möglich ist. Die Berücksichtigung der Fehlereinflüsse erfolgt sinngemäß in gleicher Weise wie beim Messen von Lehrdornen mit dem Dreidrahtverfahren.

Schrifttum.

1. Berndt, G.: Messung von Innengewinden an Abgüssen. Werkzeugmasch. 1929 S. 157.
2. Berndt, G., u. E. Bock: Ein neues Verfahren zur Messung von Innengewinden. Z. Instrumentenkde. **50** (1930) S. 375—384, 407—416.
3. Berndt, G.: Die Bestimmung des Flankendurchmessers nach der Dreidrahtmethode. Z. Instrumentenkde. **51** (1931) S. 560—574.

4. Berndt, G.: Gewinde-Messungen. Grundlagen und Definitionen für zylindrische Gewinde. Arch. techn. Messen 1932—T 52. V. 8321—1.
5. Berndt, G.: Bestimmung des Flankendurchmessers von Gewinden. Masch.-Bau/Betrieb XI (1932) S. 133—138.
6. Berndt, G.: Die Bestimmung des Flankendurchmessers von Gewinden mit symmetrischem Profil nach der Dreidrahtmethode. Z. Instrumentenkde. **59** (1939) S. 439 bis 448.
7. Berndt, G.: Die Bestimmung des Flankendurchmessers von Gewinden mit unsymmetrischem Profil nach der Dreidrahtmethode. Z. Instrumentenkde. **60** (1940) S. 14 bis 22.
8. Bochmann, H.: Meßfehler durch Abplattung beim Gewindemessen. Z Instrumentenkde. **49** (1929) S. 188—203.
9. Günther, N.: Analytisches Verfahren zur Ermittlung der günstigsten Meßdrähte für die sog. „Dreidrahtmethode". Z. Instrumentenkde. **53** (1933) S. 373—379.
10. Günther, N.: Die mikroskopische Abbildung von Zylindern und Gewinden. Z. Instrumentenkde. **59** (1939) S. 315—321.
11. Günther, N., u. H. Zöllner: Die Messung der Flankendurchmesser mehrgängiger Gewinde mit drei Drähten. Feinmech. u. Präz. **1939** S. 129—131.
12. Schmidt, H.: Die Prüfung von Sägengewinde. Techn. Zbl. prakt. Metallbearb. **49** (1939) S. 787—790.
13. Tomlinson, G. A.: Correction for rake in screw-thread measurement. Proc. Instn. mech. Engrs., Lond. 1927 S. 1031—1036.
14. Wolf, F.: Gewindemessungen am Werkzeugmikroskop. Masch.-Betr. **1942** H. 10, S. 431.
15. Tschirf, L.: Genaue Innengewindemessung durch ausschraubbare Gewindeabgüsse. Werkstattstechnik 1939, S. 467—469.

Berndt, G.: Die deutschen Gewindetoleranzen. Berlin: Springer 1929.
Kress, K.: Messen und Prüfen von Gewinden. Werkstattbuch 65. Berlin: Springer 1938.

E. Gewinde-Tafeln.

Metrisches Gewinde nach DIN 13 und 14.

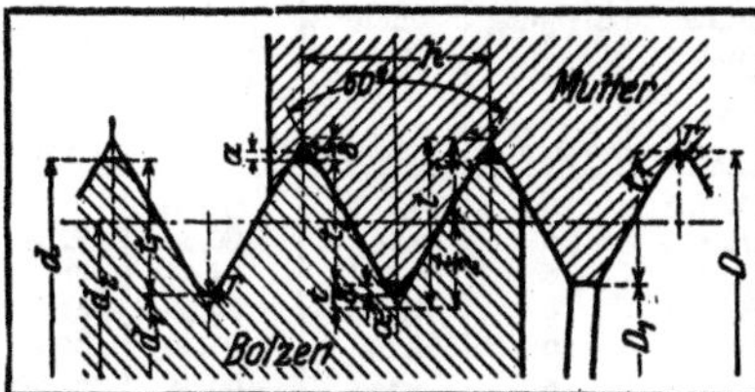

Dreieckshöhe	t	$0{,}8660 \cdot h$
Spitzenspiel .	a	$0{,}045 \cdot h$
Gewindetiefe	t_1	$0{,}6945 \cdot h$
Tragtiefe ...	t_2	$0{,}6495 \cdot h$
Rundung ...	r	$0{,}0633 \cdot h$
Steigung	h	

Bolzen			Flanken-durch-messer	Steigung	Ge-winde-tiefe	Mutter	
Gewinde-durch-messer d mm	Kern-durch-messer d_1 mm	Kern-quer-schnitt cm²	d_2 mm	h mm	t_1 mm	Gewinde-durch-messer D mm	Kern-durch-messer D_1 mm
1	0,652	0,0033	0,838	0,25	0,174	1,024	0,676
1,2	0,852	0,0057	1,038	0,25	0,174	1,224	0,876
1,4	0,984	0,0076	1,205	0,3	0,208	1,426	1,010
1,7	1,214	0,0116	1,473	0,35	0,243	1,732	1,246
2	1,444	0,0164	1,740	0,4	0,278	2,036	1,480
2,3	1,744	0,0239	2,040	0,4	0,278	2,336	1,780
2,6	1,974	0,0306	2,308	0,45	0,313	2,642	2,016
3	2,306	0,0418	2,675	0,5	0,347	3,044	2,350
3,5	2,666	0,0558	3,110	0,6	0,417	3,554	2,720
4	3,028	0,072	3,545	0,7	0,486	4,062	3,090
(4,5)	3,458	0,094	4,013	0,75	0,521	4,568	3,526
5	3,888	0,119	4,480	0,8	0,556	5,072	3,960
(5,5)	4,250	0,142	4,915	0,9	0,625	5,580	4,330
6	4,610	0,167	5,350	1	0,695	6,090	4,700
(7)	5,610	0,247	6,350	1	0,695	7,090	5,700
8	6,264	0,308	7,188	1,25	0,868	8,112	6,376
(9)	7,264	0,414	8,188	1,25	0,868	9,112	7,376
10	7,916	0,492	9,026	1,5	1,042	10,136	8,052
(11)	8,916	0,624	10,026	1,5	1,042	11,136	9,052
12	9,570	0,718	10,863	1,75	1,215	12,156	9,726
14	11,222	0,989	12,701	2	1,389	14,180	11,402
16	13,222	1,373	14,701	2	1,389	16,180	13,402
(18)	14,528	1,657	16,376	2,5	1,736	18,224	14,752
20	16,528	2,145	18,376	2,5	1,736	20,224	16,752
22	18,528	2,696	20,376	2,5	1,736	22,224	18,752
24	19,832	3,089	22,051	3	2,084	24,270	20,102
27	22,832	4,094	25,051	3	2,084	27,270	23,102
30	25,138	4,963	27,727	3,5	2,431	30,316	25,454
33	28,138	6,218	30,727	3,5	2,431	33,316	28,454
36	30,444	7,279	33,402	4	2,778	36,360	30,804
39	33,444	8,785	36,402	4	2,778	39,360	33,804
42	35,750	10,04	39,077	4,5	3,125	42,404	36,154
45	38,750	11,79	42,077	4,5	3,125	45,404	39,154
48	41,054	13,23	44,752	5	3,473	48,450	41,504
52	45,054	15,94	48,752	5	3,473	52,450	45,504
56	48,360	18,37	52,428	5,5	3,820	56,496	48,856
60	52,360	21,53	56,428	5,5	3,820	60,496	52,856
64	55,666	24,34	60,103	6	4,167	64,54	56,206
68	59,666	27,96	64,103	6	4,167	68,54	60,206
72	63,666	31,83	68,103	6	4,167	72,54	64,206

Fortsetzung S. 544.

Fortsetzung von S. 543.

Metrisches Gewinde nach DIN 13 und 14.

Bolzen			Flanken-durchmesser	Steigung	Ge-windetiefe	Mutter	
Gewinde-durchmesser d mm	Kern-durchmesser d_1 mm	Kern-querschnitt cm²	d_2 mm	h mm	t_1 mm	Gewinde-durchmesser D mm	Kern-durchmesser D_1 mm
76	67,666	35,96	72,103	6	4,167	76,54	68,206
80	71,666	40,34	76,103	6	4,167	80,54	72,206
84	75,666	44,96	80,103	6	4,167	84,54	76,206
89	80,666	51,10	85,103	6	4,167	89,54	81,206
94	85,666	57,64	90,103	6	4,167	94,54	86,206
99	90,666	64,56	95,103	6	4,167	99,54	91,206
104	95,666	71,88	100,103	6	4,167	104,54	96,206
109	100,666	79,59	105,103	6	4,167	109,54	101,206
114	105,666	87,69	110,103	6	4,167	114,54	106,206
119	110,666	96,18	115,103	6	4,167	119,54	111,206
124	115,666	105,07	120,103	6	4,167	124,54	116,206
129	120,666	114,35	125,103	6	4,167	129,54	121,206
134	125,666	124,04	130,103	6	4,167	134,54	126,206
139	130,666	134,09	135,103	6	4,167	139,54	131,206
144	135,666	144,10	140,103	6	4,167	144,54	136,206
149	140,666	155,40	145,103	6	4,167	149,54	141,206

Die Gewinde unter 6 mm und über 68 mm Durchmesser sind die deutsche Fortsetzung des im Jahre 1898 in Zürich für den Bereich von 6÷80 mm Durchmesser festgelegten internationalen Systems (S. I.).

Die eingeklammerten Gewinde sind möglichst zu vermeiden.

Metrisches Feingewinde I[1]) nach DIN 241.

Steigung für alle Durchmesser 6 mm.

Bolzen			Mutter		Bolzen			Mutter	
d mm	d_1 mm	d_2 mm	D mm	D_1 mm	d mm	d_1 mm	d_2 mm	D mm	D_1 mm
154	145,666	150,103	154,540	146,206	279	270,666	275,103	279,540	271,206
159	150,666	155,103	159,540	151,206	284	275,666	280,103	284,540	276,206
164	155,666	160,103	164,540	156,206	289	280,666	285,103	289,540	281,206
169	160,666	165,103	169,540	161,206	294	285,666	290,103	294,540	286,206
174	165,666	170,103	174,540	166,206	299	290,666	295,103	299,540	291,206
179	170,666	175,103	179,540	171,206	309	300,666	305,103	309,540	301,206
184	175,666	180,103	184,540	176,206	319	310,666	315,103	319,540	311,206
189	180,666	185,103	189,540	181,206	329	320,666	325,103	329,540	321,206
194	185,666	190,103	194,540	186,206	339	330,666	335,103	339,540	331,206
199	190,666	195,103	199,540	191,206	349	340,666	345,103	349,540	341,206
204	195,666	200,103	204,540	196,206	359	350,666	355,103	359,540	351,206
209	200,666	205,103	209,540	201,206	369	360,666	365,103	369,540	361,206
214	205,666	210,103	214,540	206,206	379	370,666	375,103	379,540	371,206
219	210,666	215,103	219,540	211,206	389	380,666	385,103	389,540	381,206
224	215,666	220,103	224,540	216,206	399	390,666	395,103	399,540	391,206
229	220,666	225,103	229,540	221,206	409	400,666	405,103	409,540	401,206
234	225,666	230,103	234,540	226,206	419	410,666	415,103	419,540	411,206
239	230,666	235,103	239,540	231,206	429	420,666	425,103	429,540	421,206
244	235,666	240,103	244,540	236,206	439	430,666	435,103	439,540	431,206
249	240,666	245,103	249,540	241,206	449	440,666	445,103	449,540	441,206
254	245,666	250,103	254,540	246,206	459	450,666	455,103	459,540	451,206
259	250,666	255,103	259,540	251,206	469	460,666	465,103	469,540	461,206
264	255,666	260,103	264,540	256,206	479	470,666	475,103	479,550	471,206
269	260,666	265,103	269,540	261,206	489	480,666	485,103	489,540	481,206
274	265,666	270,103	274,540	266,206	499	490,666	495,103	499,540	491,206

[1]) Gewindeform wie für DIN 13 und 14 auf S. 543.

Metrisches Feingewinde 2[1]) nach DIN 242.

Durchmesser .... mm	24—33	36—52	56—189
Steigung .... mm	2	3	4

Bolzen			Mutter		Bolzen			Mutter	
d mm	d_1 mm	d_2 mm	D mm	D_1 mm	d mm	d_1 mm	d_2 mm	D mm	D_1 mm
24	21,222	22,701	24,180	21,402	99	93,444	96,402	99,360	93,804
27	24,222	25,701	27,180	24,402	104	98,444	101,402	104,360	98,804
30	27,222	28,701	30,180	27,402	109	103,444	106,402	109,360	103,804
33	30,222	31,701	33,180	30,402	114	108,444	111,402	114,360	108,804
36	31,832	34,051	36,270	32,102	119	113,444	116,402	119,360	113,804
39	34,832	37,051	39,270	35,102	124	118,444	121,402	124,360	118,804
42	37,832	40,051	42,270	38,102	129	123,444	126,402	129,360	123,804
45	40,832	43,051	45,270	41,102	134	128,444	131,402	134,360	128,804
48	43,832	46,051	48,270	44,102	139	133,444	136,402	139,360	133,804
52	47,832	50,051	52,270	48,102	144	138,444	141,402	144,360	138,804
56	50,444	53,402	56,360	50,804	149	143,444	146,402	149,360	143,804
60	54,444	57,402	60,360	54,804	154	148,444	151,402	154,360	148,804
64	58,444	61,402	64,360	58,804	159	153,444	156,402	159,360	153,804
68	62,444	65,402	68,360	62,804	164	158,444	161,402	164,360	158,804
72	66,444	69,402	72,360	66,804	169	163,444	166,402	169,360	163,804
76	70,444	73,402	76,360	70,804	174	168,444	171,402	174,360	168,804
80	74,444	77,402	80,360	74,804	179	173,444	176,402	179,360	173,804
84	78,444	81,402	84,360	78,804	184	178,444	181,402	184,360	178,804
89	83,444	86,402	89,360	83,804	189	183,444	186,402	189,360	183,804
94	88,444	91,402	94,360	88,804					

Metrisches Feingewinde 3[1]) nach DIN 243

Durchmesser .... mm	1—2	2,3—2,6	3—4	4,5—5,5	6—8
Steigung .... mm	0,20	0,25	0,35	0,5	0,75
Durchmesser .... mm	9—11	12—52	53—100	102—190	192—300
Steigung .... mm	1	1,5	2	3	4

Bolzen			Mutter		Bolzen			Mutter	
d mm	d_1 mm	d_2 mm	D mm	D_1 mm	d mm	d_1 mm	d_2 mm	D mm	D_1 mm
1	0,722	0,870	1,018	0,740	8	6,958	7,513	8,068	7,026
1,2	0,922	1,070	1,218	0,940	9	7,610	8,350	9,090	7,700
1,4	1,122	1,270	1,418	1,140	10	8,610	9,350	10,090	8,700
1,7	1,422	1,570	1,718	1,440	11	9,610	10,350	11,090	9,700
2	1,722	1,870	2,018	1,740	12	9,916	11,026	12,136	10,052
2,3	1,952	2,138	2,324	1,976	13	10,916	12,026	13,136	11,052
2,6	2,252	2,438	2,624	2,276	14	11,916	13,026	14,136	12,052
3	2,514	2,773	3,032	2,546	15	12,916	14,026	15,136	13,052
3,5	3,014	3,273	3,532	3,046	16	13,916	15,026	16,136	14,052
4	3,514	3,773	4,032	3,546	17	14,916	16,026	17,136	15,052
4,5	3,806	4,175	4,544	3,850	18 [2])	15,916	17,026	18,136	16,052
5	4,306	4,675	5,044	4,350	19	16,916	18,026	19,136	17,052
5,5	4,806	5,175	5,544	4,850	20	17,916	19,026	20,136	18,052
6	4,958	5,513	6,068	5,026	21	18,916	20,026	21,136	19,052
7	5,958	6,513	7,068	6,026	22	19,916	21,026	22,136	20.052

[1]) Gewindeform wie für DIN 13 und 14 auf S. 543. Fortsetzung S. 546.

[2]) Zündkerzengewinde $M\ 18 \times 1{,}5$; Länge = 12 mm (DIN Kr 2501).

Fortsetzung von S. 545.

Bolzen			Mutter		Bolzen			Mutter	
d mm	d_1 mm	d_2 mm	D mm	D_1 mm	d mm	d_1 mm	d_2 mm	D mm	D_1 mm
23	20,916	22,026	23,136	21,052	68	65,222	66,701	68,180	65,402
24	21,916	23,026	24,136	22,052	69	66,222	67,701	69,180	66,402
25	22,916	24,026	25,136	23,052	70	67,222	68,701	70,180	67,402
26	23,916	25,026	26,136	24,052	71	68,222	69,701	71,180	68,402
27	24,916	26,026	27,136	25,052	72	69,222	70,701	72,180	69,402
28	25,916	27,026	28,136	26,052	73	70,222	71,701	73,180	70,402
29	26,916	28,026	29,136	27,052	74	71,222	72,701	74,180	71,402
30	27,916	29,026	30,136	28,052	75	72,222	73,701	75,180	72,402
31	28,916	30,026	31,136	29,052	76	73,222	74,701	76,180	73,402
32	29,916	31,026	32,136	30,052	77	74,222	75,701	77,180	74,402
33	30,916	32,026	33,136	31,052	78	75,222	76,701	78,180	75,402
34	31,916	33,026	34,136	32,052	79	76,222	77,701	79,180	76,402
35	32,916	34,026	35,136	33,052	80	77,222	78,701	80,180	77,402
36	33,916	35,026	36,136	34,052	81	78,222	79,701	81,180	78,402
37	34,916	36,026	37,136	35,052	82	79,222	80,701	82,180	79,402
38	35,916	37,026	38,136	36,052	83	80,222	81,701	83,180	80,402
39	36,916	38,026	39,136	37,052	84	81,222	82,701	84,180	81,402
40	37,916	39,026	40,136	38,052	85	82,222	83,701	85,180	82,402
41	38,916	40,026	41,136	39,052	86	83,222	84,701	86,180	83,402
42	39,916	41,026	42,136	40,052	87	84,222	85,701	87,180	84,402
43	40,916	42,026	43,136	41,052	88	85,222	86,701	88,180	85,402
44	41,916	43,026	44,136	42,052	89	86,222	87,701	89,180	86,402
45	42,916	44,026	45,136	43,052	90	87,222	88,701	90,180	87,402
46	43,916	45,026	46,136	44,052	91	88,222	89,701	91,180	88,402
47	44,916	46,026	47,136	45,052	92	90,222	90,701	92,180	89,402
48	45,916	47,026	48,136	46,052	93	90,222	91,701	93,180	90,402
49	46,916	48,026	49,136	47,052	94	91,222	92,701	94,180	91,402
50	47,916	49,026	50,136	48,052	95	92,222	93,701	95,180	92,402
51	48,916	50,026	51,136	49,052	96	93,222	94,701	96,180	93,402
52	49,916	51,026	52,136	50,052	97	94,222	95,701	97,180	94,402
53	50,222	51,701	53,180	50,402	98	95,222	96,701	98,180	95,402
54	51,222	52,701	54,180	51,402	99	96,222	97,701	99,180	96,402
55	52,222	53,701	55,180	52,402	100	97,222	98,701	100,180	97,402
56	53,222	54,701	56,180	53,402	102	97,832	100,051	102,270	98,102
57	54,222	55,701	57,180	54,402	105	100,832	103,051	105,270	101,102
58	55,222	56,701	58,180	55,402	108	103,832	106,051	108,270	104,102
59	56,222	57,701	59,180	56,402	110	105,832	108,051	110,270	106,102
60	57,222	58,701	60,180	57,402	112	107,832	110,051	112,270	108,102
61	58,222	59,701	61,180	58,402	115	110,832	113,051	115,270	111,102
62	59,222	60,701	62,180	59,402	118	113,832	116,051	118,270	114,102
63	60,222	61,701	63,180	60,402	120	115,832	118,051	120,270	116,102
64	61,222	62,701	64,180	61,402	122	117,832	120,051	122,270	118,102
65	62,222	63,701	65,180	62,402	125	120,832	123,051	125,270	121,102
66	63,222	64,701	66,180	63,402	128	123,832	126,051	128,270	124,102
67	64,222	65,701	67,180	64,402	130	125,832	128,051	130,270	126,102

Fortsetzung S. 547.

Metrisches Feingewinde 3.

Fortsetzung von S. 546.

Bolzen			Mutter		Bolzen			Mutter	
d mm	d_1 mm	d_2 mm	D mm	D_1 mm	d mm	d_1 mm	d_2 mm	D mm	D_1 mm
132	127,832	130,051	132,270	128,102	218	212,444	215,402	218,360	212,804
135	130,832	133,051	135,270	131,102	220	214,444	217,402	220,360	214,804
138	133,832	136,051	138,270	134,102	222	216,444	219,402	222,360	216,804
140	135,832	138,051	140,270	136,102	225	219,444	222,402	225,360	219,804
142	137,832	140,051	142,270	138,102	228	222,444	225,402	228,360	222,804
145	140,832	143,051	145,270	141,102	230	224,444	227,402	230,360	224,804
148	143,832	146,051	148,270	144,102	232	226,444	229,402	232,360	226,804
150	145,832	148,051	150,270	146,102	235	229,444	232,402	235,360	229,804
152	147,832	150,051	152,270	148,102	238	232,444	235,402	238,360	232,804
155	150,832	153,051	155,270	151,102	240	234,444	237,402	240,360	234,804
158	153,832	156,051	158,270	154,102	242	236,444	239,402	242,360	236,804
160	155,832	158,051	160,270	156,102	245	239,444	242,402	245,360	239,804
162	157,832	160,051	162,270	158,102	248	242,444	245,402	248,360	242,804
165	160,832	163,051	165,270	161,102	250	244,444	247,402	250,360	244,804
168	163,832	166,051	168,270	164,102	252	246,444	249,402	252,360	246,804
170	165,832	168,051	170,270	166,102	255	249,444	252,402	255,360	249,804
172	167,832	170,051	172,270	168,102	258	252,444	255,402	258,360	252,804
175	170,832	173,051	175,270	171,102	260	254,444	257,402	260,360	254,804
178	173,832	176,051	178,270	174,102	262	256,444	259,402	262,360	256,804
180	175,832	178,051	180,270	176,102	265	259,444	262,402	265,360	259,804
182	177,832	180,051	182,270	178,102	268	262,444	265 402	268,360	262,804
185	180,832	183,051	185,270	181,102	270	264,444	267,402	270,360	264,804
188	183,832	186,051	188,270	184,102	272	266,444	269,402	272,360	266,804
190	185,832	188,051	190,270	186,102	275	269,444	272,402	275,360	269,804
192	186,444	189,402	192,360	186,804	278	272,444	275,402	278,360	272,804
195	189,444	192,402	195,360	189,804	280	274,444	277,402	280,360	274,804
198	192,444	195,402	198,360	192,804	282	276,444	279,402	282,360	276,804
200	194,444	197,402	200,360	194,804	285	279,444	282,402	285,360	279,804
202	196,444	199,402	202,360	196,804	288	282,444	285,402	288,360	282,804
205	199,444	202,402	205,360	199,804	290	284,444	287,402	290,360	284,804
208	202,444	205,402	208,360	202,804	292	286,444	289,402	292,360	286,804
210	204,444	207,402	210,360	204,804	295	289,444	292,402	295,360	289,804
212	206,444	209,402	212,360	206,804	298	292,444	295,402	298,360	292,804
215	209,444	212,402	215,360	209,804	300	294,444	297,402	300,360	294,804

Metrische Feingewinde 4, 5, 6, 7, 8, 9.

Gewindeform wie DIN 13 und 14 S. 543.

Diese Feingewinde werden mit folgenden Bolzendurchmessern (*d*) und Steigungen (*h*) ausgeführt:

Metrisches Feingew. 4 DIN 516	Metrisches Feingew. 5 DIN 517	Metrisches Feingew. 6 DIN 518	Metrisches Feingew. 7 DIN 519	Metrisches Feingew. 8 DIN 520	Metrisches Feingew. 9 DIN 521
Steigung *h* =					
1,5	1	0,75	0,50	0,35	0,25
Bolzendurchmesser *d* =					
12 12,5 13	9 9,5 10	6 6,5 7	4,5 5 5,5	3 3,5 4	2,3 2,6 3
13,5 14 14,5	10,5 11 11,5	7,5 8 8,5	6 6,5 7	4,5 5 5,5	3,5 4 4,5
15 16 17	12 12,5 13	9 9,5 10	7,5 8 8,5	6 6,5 7	5 5,5 6
18 19 20	13,5 14 14,5	10,5 11 11,5	9 9,5 10	7,5 8 8,5	6,5 7 7,5
21 22 23	15 16 17	12 12,5 13	10,5 11 11,5	9 9,5 10	8 8,5 9
24 25 26	18 19 20	13,5 14 14,5	12 12,5 13	10,5 11 11,5	9,5 10 10,5
27 28 29	21 22 23	15 16 17	13,5 14 14,5	12 12,5 13	11 11,5 12
30 31 32	24 25 26	18 19 20	15 16 17	13,5 14 14,5	12,5 13 13,5
33 34 35	27 28 30	21 22 23	18 19 20	15 16 17	14 14,5 15
36 37 38	32 33 34	24 25 26	21 22 23	18 19 20	16 17 18
39 40 41	35 36 38	27 28 30	24 25 26	21 22 23	19 20 21
42 43 44	40 42 44	32 33 34	27 28 30	24 25 26	22
45 46 47	45 46 48	35 36 38	32 33 34	27 28 30	
48 49 50	50 52 55	40 42 44	35 36 38	32 33 34	
51 52 55	58 60 62	45 46 48	40 42 44	35 36 38	
58 60 62	65 68 70	50 52 55	45 46 48	40 42 44	
65 68 70	72 75 78	58 60 62	50 52 55	45 46 48	
72 75 78	80 82	65 68 70	58 60 62	50	
80 82 85		72 75 78	65 68 70		
88 90 92		80	72 75 78		
95 98 100			80		
105 110 115					
120 125 130					
135 140 145					
150 155 160					
165 170 175					
180 185 190					
195 200 210					
220 230 240					
250					

Berechnung der Feingewindedurchmesser.

Feingewinde ....Nr.	4	5	6	7	8	9
Steigung h	1,5	1	0,75	0,50	0,35	0,25
Außendurchm. d. Bolzens d	siehe obige Tafel					
Kerndurchm. d. Bolzens d_1	$d-2{,}084$	$d-1{,}390$	$d-1{,}042$	$d-0{,}694$	$d-0{,}486$	$d-0{,}348$
Außendurchm. d. Mutter D	$d+0{,}136$	$d+0{,}090$	$d+0{,}068$	$d+0{,}044$	$d+0{,}032$	$d+0{,}024$
Kerndurchm. d. Mutter D_1	$d-1{,}948$	$d-1{,}300$	$d-0{,}974$	$d-0{,}650$	$d-0{,}454$	$d-0{,}324$
Flankendurchmesser d_2 ..	$d-0{,}974$	$d-0{,}650$	$d-0{,}487$	$d-0{,}325$	$d-0{,}227$	$d-0{,}162$

Trapezgewinde (nach DIN).

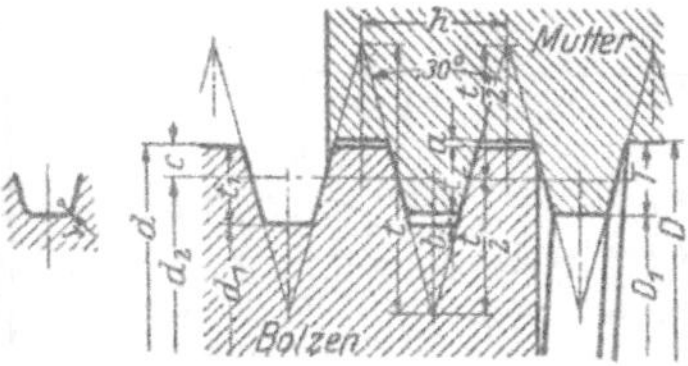

Aufbau des Gewindes.

$t = 1{,}866 \cdot h$; $t_1 = 0{,}5 \cdot h + a$;

$t_2 = 0{,}5h + a - b$; $T = 0{,}5h + 2a - b$;

$c = 0{,}25\, h$.

Bolzen-Außendurchmesser $= d$;

Bolzen-Kerndurchmesser $= d_1 = d - 2t_1$;

Mutter-Außendurchmesser $= D = d + 2a$;

Mutter-Kerndurchm. $= D_1 = d - 2(T - a)$;

Flankendurchmesser für Bolzen und Mutter $= d_2 = d - 0{,}5 \cdot h$.

mm

Für Steigung h	Gewinde-tiefe t_1	Tragtiefe t_2	Spiel a	Spiel b	Rundung r[1]	Gewinde-tiefe T
2	1,25	0,75	0,25	0,5	0,25	1,00
3	1,75	1,25	0,25	0,5	0,25	1,50
4	2,25	1,75	0,25	0,5	0,25	2,00
5	2,75	2	0,25	0,75	0,25	2,25
6	3,25	2,5	0,25	0,75	0,25	2,75
7	3,75	3	0,25	0,75	0,25	3,25
8	4,25	3,5	0,25	0,75	0,25	3,75
9	4,75	4	0,25	0,75	0,25	4,25
10	5,25	4,5	0,25	0,75	0,25	4,75
12	6,25	5,5	0,25	0,75	0,25	5,75
14	7,5	6	0,5	1,5	0,5	6,5
16	8,5	7	0,5	1,5	0,5	7,5
18	9,5	8	0,5	1,5	0,5	8,5
20	10,5	9	0,5	1,5	0,5	9,5
22	11,5	10	0,5	1,5	0,5	10,5
24	12,5	11	0,5	1,5	0,5	11,5
26	13,5	12	0,5	1,5	0,5	12,5
28	14,5	13	0,5	1,5	0,5	13,5
32	16,5	15	0,5	1,5	0,5	15,5
36	18,5	17	0,5	1,5	0,5	17,5
40	20,5	19	0,5	1,5	0,5	19,5
44	22,5	21	0,5	1,5	0,5	21,5
48	24,5	23	0,5	1,5	0,5	23,5

Das genormte Trapezgewinde wird mit folgenden Bolzen-Außendurchmessern (vgl. S. 550) ausgeführt:

10	12	14	16	18	100	105	110	115	120	125
20	22	24	26	28	130	135	140	145	150	155
30	32	(34)	36	(38)	160	165	170	175	180	185
40	(42)	44	46	48	190	195	200	210	220	230
50	52	55	(58)		240	250	260	270	280	290
60	62	65	(68)		300	320	340	360	380	
70	72	75	(78)		400	420	440	460	480	
80	(82)	85	(88)		500	520	540	560	580	
90	(92)	95	(98)		600	620	640			

[1]) Werden Trapezgewinde als Kraftgewinde verwendet, so ist das Gewindeprofil im Kern der Spindel mit dem Halbmesser r auszurunden.

Zwei-, drei- und mehrgängige Gewinde erhalten die zwei-, drei- oder mehrfache Steigung mit dem der einfachen Steigung entsprechenden Gewindeprofil.

Trapezgewinde eingängig

nach DIN 103 und DIN LON 289.

(Gewindeprofil siehe S. 549.)

Bolzen					Mutter		Bolzen					Mutter	
Gewinde-durchmesser	Kern-durchmesser	Kern-querschnitt	Flanken-durchmesser	Steigung	Gewinde-durchmesser	Kern-durchmesser	Gewinde-durchmesser	Kern-durchmesser	Kern-querschnitt	Flanken-durchmesser	Steigung	Gewinde-durchmesser	Kern-durchmesser
d	d_1	cm^2	d_2	h	D	D_1	d	d_1	cm^2	d_2	h	D	D_1
10	6,5	0,33	8,5	3	10,5	7,5	90	77,5	47,17	84	12	90,5	79
12	8,5	0,57	10,5	3	12,5	9,5	(92)	79,5	49,64	86	12	92,5	81
14	9,5	0,71	12	4	14,5	10,5	95	82,5	53,46	89	12	95,5	84
16	11,5	1,04	14	4	16,5	12,5	(98)	85,5	57,41	92	12	98,5	87
18	13,5	1,43	16	4	18,5	14,5	100	87,5	60,18	94	12	100,5	89
20	15,5	1,89	18	4	20,5	16,5	(105)	92,5	67,20	99	12	105,5	94
22	16,5	2,14	19,5	5	22,5	18	110	97,5	74,66	104	12	110,5	99
24	18,5	2,69	21,5	5	24,5	20	(115)	100	78,54	108	14	116	103
26	20,5	3,80	23,5	5	26,5	22	120	105	86,59	113	14	121	108
28	22,5	3,98	25,5	5	28,5	24	(125)	110	95,03	118	14	126	113
30	23,5	4,34	27	6	30,5	25	130	115	103,87	123	14	131	118
32	25,5	5,11	29	6	32,5	27	(135)	120	113,1	128	14	136	123
(34)	27,5	5,94	31	6	34,5	29	140	125	122,72	133	14	141	128
36	29,5	6,83	33	6	36,5	31	(145)	130	132,73	138	14	146	133
(38)	30,6	7,31	34,5	7	38,5	32	150	133	138,93	142	16	151	138
40	32,5	8,30	36,5	7	40,5	34	(155)	138	149,57	147	16	156	141
(42)	34,5	9,35	38,5	7	42,5	36	160	143	160,61	152	16	161	146
44	36,5	10,46	40,5	7	44,5	38	(165)	148	172,03	157	16	166	151
(46)	37,5	11,04	42	8	46,5	39	170	153	183,85	162	16	171	156
48	39,5	12,25	44	8	48,5	41	(175)	158	196,07	167	16	176	161
50	41,5	13,53	46	8	50,5	43	180	161	203,58	171	18	181	164
52	43,5	14,88	48	8	52,5	45	(185)	166	216,42	176	18	188	169
55	46,5	16,26	50,5	9	55,5	47	190	171	229,66	181	18	191	174
(58)	48,5	18,47	53,5	9	58,5	50	(195)	176	248,29	186	18	198	179
60	50,5	20,03	55,5	9	60,5	52	200	181	257,30	191	18	201	184
(62)	52,5	21,65	57,5	9	62,5	54	210	189	280,55	200	20	211	192
66	54,6	23,33	60	10	65,5	56	220	199	311,03	210	20	221	202
(68)	57,5	25,97	63	10	68,5	59	230	209	343,07	220	20	231	212
70	59,5	27,81	65	10	70,5	61	240	217	369,84	229	22	241	220
(72)	61,5	29,71	67	10	72,5	63	250	227	404,71	239	22	251	230
75	64,5	32,67	70	10	75,5	66	260	237	441,15	249	22	261	240
(78)	67,5	35,78	73	10	78,5	69	270	245	471,44	258	24	271	248
80	69,5	37,94	75	10	80,5	71	280	255	510,71	268	24	281	258
(82)	71,5	40,15	77	10	82,5	73	290	265	551,55	278	24	291	268
85	72,5	41,28	79	12	85,5	74	300	273	585,35	287	26	301	276
(88)	75,5	44,77	82	12	88,5	77							

Trapezgewinde fein eingängig

nach DIN 378.

(Gewindeform und Berechnung siehe S. 549.)

Gewindedurchmesser *d* mm Steigung *h* . . . . . . mm	10–20 2	22–62 3	65–110 4	115–175 6
Gewindedurchmesser *d* . mm Steigung *h* . . . . mm	180–240 8	250–400 12	420–500 18	520–640 24

Trapezgewinde grob eingängig

nach DIN 379.

(Gewindeform und Berechnung siehe S. 549.)

Gewindedurchmesser *d* mm Steigung *h* . . . . . mm	22–28 8	30–38 10	40–52 12	55–62 14	65–82 16
Gewindedurchmesser *d* mm Steigung *h* . . . . . mm	85–98 18	100–110 20	115–130 22	135–155 24	160–180 28
Gewindedurchmesser *d* mm Steigung *h* . . . . . mm	185–200 32	210–240 36	250–280 40	290–340 44	360–400 48

Mehrgängige Trapezgewinde sind genormt in DIN LON 290, zweigängig für Dampfstrahlpumpen; DIN LON 292 zwei- und dreigängig für Steuerschrauben (früher DIN LON 291).

Bremsspindelgewinde für das Eisenbahnwesen[1])

nach DIN 263.

Zweigängiges Trapezgewinde.

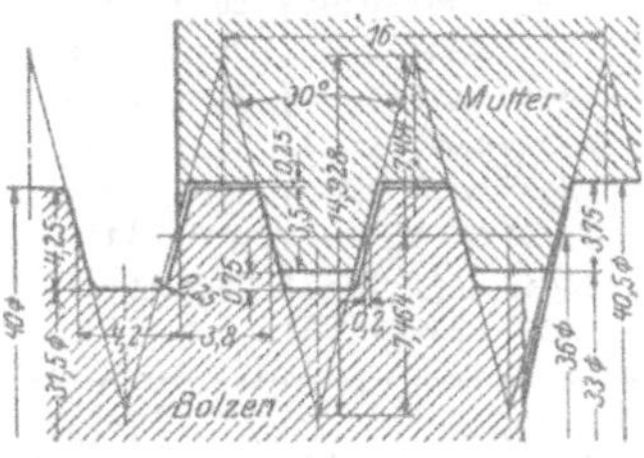

Kernquerschnitt: 7,79 cm².

Das Gewindeprofil der Mutter entspricht dem Gewindeprofil eines eingängigen Trapezgewindes von 8 mm Steigung nach DIN 103, erhält aber als doppelgängiges Gewinde eine Steigung von $2 \cdot 8 = 16$ mm.

Das Spindelgewinde erhält in Achsrichtung ein Flankenspiel von 0,2 mm.

Als Flankendurchmesser des zweigängigen Gewindes ist derjenige des eingängigen Gewindes mit gleichem Profil anzunehmen. Unter dieser Voraussetzung ist der

Flankendurchmesser der Mutter 36 mm und der
Flankendurchmesser des Bolzens 32,2536 mm.

Für das Fräsen der Spindel und des Gewindebohrers kann der gleiche Fräser benutzt werden, wenn die Unterschiede im Flankendurchmesser des Muttergewindes und des Bolzengewindes beim Fräsen durch tiefere oder höhere Einstellung des Fräsers zum Werkstück berücksichtigt werden.

---

[1]) Anerkannt durch Erlaß des Reichsverkehrsministers vom 9. Juli 1923. — E. VII. 72. D. 12923.

Sägengewinde

nach DIN.

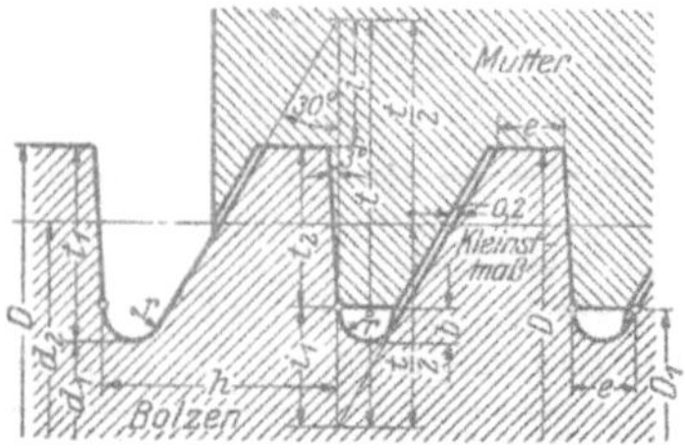

Aufbau des Gewindes.

$t = 1{,}73205\,h$; $i = 0{,}52507\,h$;
$t_1 = t_2 + b$; $i_1 = 0{,}45698\,h$;
$t_2 = 0{,}75\,h$; $b = 0{,}11777\,h$;
$e = 0{,}26384\,h$; $r = 0{,}12427\,h$;

Passung der Gewindedurchmesser von Bolzen und Mutter: $s\,W = s\,G$;
Außendurchmesser des Bolzens $= D$;
Außendurchmesser der Mutter $= D$;
Kerndurchmesser des Bolzens $d_1 = D - 2\,t_1$;
Kerndurchmesser der Mutter $D_1 = D - 2\,t_2$;
Flankendurchmesser des Bolzens
= Flankendurchmesser der Mutter
$= d_2 = D + 2\,i - t = D - 0{,}68191 \cdot h$.

Für Steigung h	Gewindetiefe t_1	Tragtiefe t_2	e	b	r	Für Steigung h	Gewindetiefe t_1	Tragtiefe t_2	e	b	r
2	1,736	1,5	0,528	0,236	0,249	18	15,620	13,5	4,749	2,120	2,237
3	2,603	2,25	0,792	0,353	0,373	20	17,355	15	5,277	2,355	2,485
4	3,471	3	1,055	0,471	0,497	22	19,091	15,5	5,804	2,591	2,734
5	4,339	3,75	1,319	0,589	0,621	24	20,826	18	6,332	2,826	2,982
6	5,207	4,5	1,583	0,707	0,746	26	22,562	19,5	6,860	3,062	3,231
7	6,074	5,25	1,847	0,824	0,870	28	24,298	21	7,388	3,298	3,480
8	6,942	6	2,111	0,942	0,994	32	27,769	24	8,443	3,769	3,977
9	7,810	6,75	2,375	1,060	1,118	36	31,240	27	9,498	4,240	4,474
10	8,678	7,5	2,638	1,178	1,243	40	34,711	30	10,554	4,711	4,971
12	10,413	9	3,166	1,413	1,491	44	38,182	33	11,609	5,182	5,468
14	12,149	10,5	3,694	1,649	1,740	48	41,653	36	12,664	5,653	5,965
16	13,884	12	4,221	1,884	1,988						

Das Sägengewinde wird mit den gleichen Durchmessern ausgeführt wie das DIN-Trapezgewinde (siehe S. 549 u. f.).

Zwei-, drei- und mehrgängige Gewinde erhalten die zwei-, drei- und mehrfache Steigung mit dem der einfachen Steigung entsprechenden Gewindeprofil.

Sägengewinde eingängig nach DIN 513 siehe S. 553.

Sägengewinde eingängig fein nach DIN 514 stimmt in den Steigungen und den zugehörigen Durchmesserbereichen mit dem Trapezgewinde eingängig fein (siehe DIN 378, S. 551) überein.

Sägengewinde eingängig grob nach DIN 515 stimmt in den Steigungen und den zugehörigen Durchmesserbereichen mit dem Trapezgewinde grob überein (siehe DIN 379, S. 551).

Sägengewinde eingängig

nach DIN 513.

Gewindeform siehe S. 552.

Bolzen					Mutter		Bolzen					Mutter	
Gewinde-durchmesser	Kern-durchmesser	Kern-querschnitt	Flanken-durchmesser	Steigung	Gewinde-durchmesser	Kern-durchmesser	Gewinde-durchmesser	Kern-durchmesser	Kern-querschnitt	Flanken-durchmesser	Steigung	Gewinde-durchmesser	Kern-durchmesser
D	d_1	cm^2	d_2	h	D	D_1	D	d_1	cm^2	d_2	h	D	D_1
22	13,322	1,39	18,590	5	22	14,5	(98)	77,174	46,78	89,817	12	98	80
24	15,322	1,84	20,590	5	24	16,5	100	79,174	49,23	91,817	12	100	82
26	17,322	2,36	22,590	5	26	18,5	(105)	84,174	55,65	96,817	12	105	87
28	19,322	2,93	24,590	5	28	20,5	110	89,174	62,46	101,817	12	110	92
30	19,586	3,01	25,909	6	30	21	(115)	90,702	64,61	105,453	14	115	94
32	21,586	3,70	27,909	6	32	23	120	95,702	71,93	110,453	14	120	99
(34)	23,586	4,37	29,909	6	34	25	(125)	100,702	79,65	115,453	14	125	104
36	25,586	5,14	31,909	6	36	27	130	105,702	87,75	120,453	14	130	109
(38)	25,852	5,25	33,227	7	38	27,5	(135)	110,702	96,25	125,453	14	135	114
40	27,852	6,09	35,227	7	40	29,5	140	115,702	105,14	130,453	14	140	119
(42)	29,852	7,00	37,227	7	42	31,5	(145)	120,702	114,42	135,453	14	145	124
44	31,852	7,97	39,227	7	44	33,5	150	122,232	117,34	139,089	16	150	126
(46)	32,116	8,11	40,545	8	46	34	(155)	127,232	127,14	144,089	16	155	131
48	34,116	9,14	42,545	8	48	36	160	132,232	137,33	149,089	16	160	136
50	36,116	10,24	44,545	8	50	38	(165)	137,232	147,91	154,089	16	165	141
52	38,116	11,41	46,545	8	52	40	170	142,232	158,89	159,089	16	170	146
55	39,380	12,18	48,863	9	55	41,5	(175)	147,232	170,25	164,089	16	175	151
(58)	42,380	14,11	51,863	9	58	44,5	180	148,760	173,81	167,726	18	180	153
60	44,380	15,47	53,863	9	60	46,5	(185)	153,760	185,69	172,726	18	185	158
(62)	46,380	16,89	55,863	9	62	48,5	190	158,760	197,96	177,726	18	190	163
65	47,644	17,09	58,181	10	65	50	(195)	163,760	210,62	182,726	18	195	168
(68)	50,644	20,14	61,181	10	68	53	200	168,760	223,68	187,726	18	200	173
70	52,644	21,77	63,181	10	70	55	210	175,290	241,33	196,362	20	210	180
(72)	54,644	23,45	65,181	10	72	57	260	185,290	269,65	206,362	20	220	190
75	57,644	26,10	68,181	10	75	60	230	195,290	299,54	216,362	20	230	200
(78)	60,644	28,88	71,181	10	78	63	240	201,818	319,90	224,998	22	240	207
80	62,644	30,82	73,181	10	80	65	250	211,818	352,38	234,998	22	250	217
(82)	64,644	32,82	75,181	10	82	67	260	221,818	386,44	244,998	22	260	227
85	64,174	32,35	76,817	12	85	67	270	228,348	409,53	253,634	24	270	234
(88)	67,174	35,44	79,817	12	88	70	280	238,348	446,18	263,634	24	280	244
90	69,174	37,58	81,817	12	90	72	290	248,348	484,41	273,634	24	290	254
(92)	71,174	39,79	83,817	12	92	74	300	254,876	510,21	282,270	26	300	261
95	74,174	43,21	86,817	12	95	77							

Grenzmaße für Metrische Gewinde DIN 13 und 14 nach Fein-[1] (f), Mittel- (m) und Grob- (g) Toleranz.

(DIN 13 u. 14, Beiblatt 2 u. 4 gekürzt.)

Schraubenbolzen.

Maße in mm.

Nenndurchmesser	Steigung	Außendurchmesser Größtmaß	Außendurchmesser Kleinstmaß		Kerndurchmesser Größtmaß	Kerndurchmesser Kleinstmaß		Flankendurchmesser Größtmaß	Flankendurchmesser Kleinstmaß		
		f m g	f	m g	f m g	f	m g	f m g	f	m	g
1	0,25	1	0,950	—	0,676	0,608	—	0,838	0,804	—	—
1,2	0,25	1,2	1,150	—	0,876	0,808	—	1,038	1,004	—	—
1,4	0,3	1,4	1,350	—	1,010	0,936	—	1,205	1,168	—	—
1,7	0,35	1,7	1,650	—	1,246	1,166	—	1,473	1,433	—	—
2	0,4	2	1,950	1,900	1,480	1,396	1,310	1,740	1,698	1,676	—
2,3	0,4	2,3	2,250	2,200	1,780	1,696	1,610	2,040	1,998	1,976	—
2,6	0,45	2,6	2,550	2,500	2,016	1,926	1,837	2,308	2,263	2,241	—
3	0,5	3	2,950	2,890	2,350	2,256	2,161	2,675	2,628	2,604	—
3,5	0,6	3,5	3,420	3,380	2,720	2,616	2,522	3,110	3,058	3,032	—
4	0,7	4	3,920	3,870	3,090	2,978	2,866	3,545	3,489	3,461	—
4,5	0,75	4,5	4,420	4,360	3,526	3,410	3,294	4,013	3,955	3,926	—
5	0,8	4	4,920	4,700	3,960	3,840	3,720	4,480	4,420	4,390	4,330
5,5	0,9	5,5	5,420	5,150	4,330	4,202	4,076	4,915	4,851	4,820	4,756
6	1	6	5,920	5,650	4,700	4,566	4,431	5,350	5,283	5,249	5,182
7	1	7	6,900	6,650	5,700	5,566	5,431	6,350	6,283	6,249	6,182
8	1,25	8	7,900	7,600	6,376	6,226	6,077	7,188	7,113	7,076	7,001
9	1,25	9	8,900	8,600	7,376	7,226	7,077	8,188	8,113	8,076	8,001
10	1,5	10	9,900	9,600	8,052	7,888	7,724	9,026	8,944	8,903	8,821
11	1,5	11	10,900	10,600	9,052	8,888	8,724	10,026	9,944	9,903	9,821
12	1,75	12	11,900	11,500	9,726	9,550	9,371	10,863	10,775	10,730	10,641
14	2	14	13,900	13,500	11,402	11,212	11,023	12,701	12,606	12,559	12,464
16	2	16	15,900	15,500	13,402	13,212	13,023	14,701	14,606	14,559	14,464
18	2,5	18	17,900	17,500	14,752	14,540	14,328	16,376	16,270	16,217	16,111
20	2,5	20	19,850	19,500	16,752	16,540	16,328	18,376	18,270	18,217	18,111
22	2,5	22	21,850	21,500	18,752	18,540	18,328	20,376	20,270	20,217	20,111
24	3	24	23,850	23,400	20,102	19,870	19,638	22,051	21,935	21,877	21,761
27	3	27	26,850	26,400	23,102	22,870	22,638	25,051	24,935	24,877	24,761
30	3,5	30	29,850	29,300	25,454	25,204	24,953	27,727	27,602	27,539	27,414
33	3,5	33	32,850	32,200	28,454	28,204	27,953	30,727	30,602	30,539	30,414
36	4	36	35,850	35,200	30,804	30,536	30,268	33,402	33,268	33,201	33,067
39	4	39	38,850	38,200	33,804	33,536	33,268	36,402	36,268	36,201	36,067
42	4,5	42	41,850	41,000	36,154	35,870	35,586	39,077	38,935	38,864	38,722
45	4,5	45	44,850	44,000	39,154	38,870	38,586	42,077	41,935	41,864	41,722
48	5	48	47,850	47,000	41,504	41,204	40,904	44,752	44,602	44,527	44,377
52	5	52	51,800	51,000	45,504	45,204	44,904	48,752	48,602	48,527	48,377

[1]) Gütegrad „Fein" ist Vornorm.

Grenzmaße für Metrische Gewinde DIN 13 und 14 nach Fein-[1] (f), Mittel- (m) und Grob- (g) Toleranz.

(DIN 13 u. 14, Beiblatt 2 u. 4 gekürzt.)

Mutter.

Maße in mm.

Nenn-durch-messer	Stei-gung	Außen-durch-messer Kleinst-maß	Kerndurchmesser Kleinstmaß		Kerndurchmesser Größtmaß		Flankendurchmesser Kleinst-maß	Flankendurchmesser Größtmaß		
		f m g	f	m g	f	m g	f m g	f	m	g
1	0,25	1	0,710	—	0,796	—	0,838	0,872	—	—
1,2	0,25	1,2	0,910	—	0,996	—	1,038	1,072	—	—
1,4	0,3	1,4	1,047	—	1,140	—	1,205	1,242	—	—
1,7	0,35	1,7	1,286	—	1,386	—	1,473	1,513	—	—
2	0,4	2	1,522	1,480	1,630	1,630	1,740	1,782	1,804	—
2,3	0,4	2,3	1,822	1,780	1,930	1,930	2,040	2,082	2,104	—
2,6	0,45	2,6	2,061	2,016	2,186	2,186	2,308	2,353	2,375	—
3	0,5	3	2,397	2,350	2,530	2,530	2,675	2,722	2,746	—
3,5	0,6	3,5	2,772	2,720	2,920	2,920	3,110	3,162	3,188	—
4	0,7	4	3,146	3,090	3,300	3,300	3,545	3,601	3,629	—
4,5	0,75	4,5	3,584	3,526	3,756	3,756	4,013	4,071	4,100	—
5	0,8	5	4,020	3,960	4,200	4,260	4,480	4,540	4,570	4,630
5,5	0,9	5,5	4,394	4,330	4,590	4,660	4,915	4,979	5,010	5,074
6	1	6	4,767	4,700	5,000	5,080	5,350	5,417	5,451	5,518
7	1	7	5,767	5,700	6,000	6,080	6,350	6,417	6,451	6,518
8	1,25	8	6,451	6,376	6,726	6,826	7,188	7,263	7,300	7,375
9	1,25	9	7,451	7,376	7,726	7,826	8,188	8,263	8,300	8,375
10	1,5	10	8,134	8,052	8,432	8,552	9,026	9,108	9,149	9,231
11	1,5	11	9,134	9,052	9,432	9,552	10,026	10,108	10,149	10,231
12	1,75	12	9,814	9,726	10,146	10,276	10,863	10,951	10,996	11,085
14	2	14	11,497	11,402	11,862	12,002	12,701	12,796	12,843	12,938
16	2	16	13,497	13,402	13,862	14,002	14,701	14,796	14,843	14,938
18	2,5	18	14,858	14,752	15,282	15,452	16,376	16,482	16,535	16,641
20	2,5	20	16,858	16,752	17,282	17,452	18,376	18,482	18,535	18,641
22	2,5	22	18,858	18,752	19,282	19,452	20,376	20,482	20,535	20,641
24	3	24	20,218	20,102	20,702	20,902	22,051	22,167	22,225	22,341
27	3	27	23,218	23,102	23,702	23,902	25,051	25,167	25,225	25,341
30	3,5	30	25,579	25,454	26,124	26,354	27,727	27,852	27,915	28,040
33	3,5	33	28,579	28,454	29,124	29,354	30,727	30,852	30,915	31,040
36	4	36	30,938	30,804	31,534	31,804	33,402	33,536	33,603	33,737
39	4	39	33,938	33,804	34,534	34,804	36,402	36,536	36,603	36,737
42	4,5	42	36,296	36,154	36,954	37,254	39,077	39,219	39,290	39,432
45	4,5	45	39,296	39,154	39,954	40,254	42,077	42,219	42,290	42,432
48	5	48	41,654	41,504	42,374	42,704	44,752	44,902	44,977	45,127
52	5	52	45,654	45,504	46,374	46,704	48,752	48,902	48,977	49,127

[1]) Gütegrad „Fein" ist Vornorm.

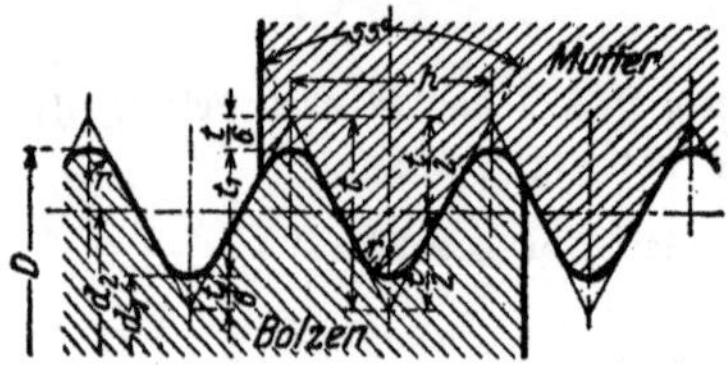

Whitworth-Gewinde

nach DIN 11 (s. Anm. S. 527).

Dreieckshöhe	t	$0{,}96049 \cdot h$
Gewindetiefe	t_1	$0{,}64033 \cdot h$
Steigung ...	h	25,40095 : Gangzahl
Rundung ...	r	$0{,}13733 \cdot h$

D		Kerndurchmesser d_1	Gewindetiefe t_1	Flankendurchmesser d_2	Steigung h	Gang auf 1"
"	mm					
1/4"	6,350	4,724	0,813	5,537	1,270	20
5/16"	7,938	6,131	0,904	7,034	1,411	18
3/8"	9,525	7,492	1,017	8,509	1,588	16
(7/16")	11,113	8,789	1,162	9,951	1,814	14
1/2"	12,700	9,990	1,355	11,345	2,117	12
5/8"	15,876	12,918	1,479	14,397	2,309	11
3/4"	19,051	15,798	1,627	17,424	2,540	10
7/8"	22,226	18,611	1,807	20,419	2,822	9
1"	25,401	21,335	2,033	23,368	3,175	8
1 1/8"	28,576	23,929	2,324	26,253	3,629	7
1 1/4"	31,751	27,104	2,324	29,428	3,629	7
1 3/8"	34,926	29,505	2,711	32,215	4,233	6
1 1/2"	38,101	32,680	2,711	35,391	4,233	6
1 5/8"	41,277	34,771	3,253	38,024	5,080	5
1 3/4"	44,452	37,946	3,253	41,199	5,080	5
(1 7/8")	47,627	40,398	3,614	44,012	5,645	4 1/2
2"	50,802	43,573	3,614	47,187	5,645	4 1/2
2 1/4"	57,152	49,020	4,066	53,086	6,350	4
2 1/2"	63,502	55,370	4,066	59,436	6,350	4
2 3/4"	69,853	60,558	4,647	65,205	7,257	3 1/2
3"	76,203	66,909	4,647	71,556	7,257	3 1/2
3 1/4"	82,553	72,544	5,005	77,548	7,816	3 1/4
3 1/2"	88,903	78,894	5,005	83,899	7,816	3 1/4
3 3/4"	95,254	84,410	5,422	89,832	8,467	3
4"	101,604	90,760	5,422	96,182	8,467	3
4 1/4"	107,954	96,639	5,657	102,297	8,835	2 7/8
4 1/2"	114,304	102,990	5,657	108,647	8,835	2 7/8
4 3/4"	120,655	108,825	5,915	114,740	9,237	2 3/4
5"	127,005	115,176	5,915	121,090	9,237	2 3/4
5 1/4"	133,355	120,963	6,196	127,159	9,677	2 5/8
5 1/2"	139,705	127,313	6,196	133,509	9,677	2 5/8
5 3/4"	146,055	133,043	6,506	139,549	10,160	2 1/2
6"	152,406	139,394	6,506	145,900	10,160	2 1/2
Nicht genormt, nur für die Übergangszeit:						
1/16"	1,588	1,045	0,271	1,317	0,423	60
3/32"	2,381	1,704	0,339	2,042	0,529	48
1/8"	3,175	2,362	0,407	2,768	0,635	40
5/32"	3,969	2,952	0,508	3,461	0,794	32
3/16"	4,763	3,407	0,678	4,085	1,058	24
7/32"	5,556	4,201	0,678	4,878	1,058	24
9/16"	14,288	11,577	1,355	12,933	2,117	12
11/16"	17,463	14,506	1,479	15,985	2,309	11
13/16"	20,638	17,385	1,627	19,012	2,540	10
15/16"	23,813	20,199	1,807	22,006	2,822	9
2 1/8"	53,977	46,748	3,614	50,363	5,645	4 1/2
2 3/8"	60,327	52,195	4,066	56,261	6,350	4
2 5/8"	66,677	58,545	4,066	62,611	6,350	4
2 7/8"	73,028	63,734	4,647	68,381	7,257	3 1/2
3 1/8"	79,378	70,084	4,647	74,731	7,257	3 1/2
3 3/8"	85,728	75,718	5,005	80,723	7,816	3 1/4
3 5/8"	92,078	82,068	5,005	87,073	7,816	3 1/4
3 7/8"	98,429	87,585	5,422	93,007	8,467	3

Die eingeklammerten Gewinde sind möglichst zu vermeiden.

Whitworth-Feingewinde 1

nach DIN 239.

Gewindeform nach Abb. S. 556.

Gangzahl für alle Durchmesser 4 (Steigung = 6,3502 mm).

Nenndurch-messer	Bolzen			Mutter		Nenndurch-messer	Bolzen			Mutter	
	d	d_1	d_2	D	D_1		d	d_1	d_2	D	D_1
mm	mm	mm	mm	mm	mm	mm	mm	mm	mm	mm	mm
56	55,060	47,868	51,934	56	48,808	224	223,060	215,868	219,934	224	216,808
60	59,060	51,868	55,934	60	52,808	229	228,060	220,868	224,934	229	221,808
64	63,060	55,868	59,934	64	56,808	234	233,060	225,868	229,934	234	226,808
68	67,060	59,868	63,934	68	60,808	239	238,060	230,868	234,934	239	231,808
72	71,060	63,868	67,934	72	64,808	244	243,060	235,868	239,934	244	236,808
76	75,060	67,868	71,934	76	68,808	249	248,060	240,868	244,934	249	241,808
80	79,060	71,868	75,934	80	72,808	254	253,060	245,868	249,934	254	246,808
84	83,060	75,868	79,934	84	76,808	259	258,060	250,868	254,934	259	251,808
89	88,060	80,868	84,934	89	81,808	264	263,060	255,868	259,934	264	256,808
94	93,060	85,868	89,934	94	86,808	269	268,060	260,868	264,934	269	261,808
99	98,060	90,868	94,934	99	91,808	274	273,060	265,868	269,934	274	266,808
104	103,060	95,868	99,934	104	96,808	279	278,060	270,868	274,934	279	271,808
109	108,060	100,868	104,934	109	101,808	284	283,060	275,868	279,934	284	276,808
114	113,060	105,868	109,934	114	106,808	289	288,060	280,868	284,934	289	281,808
119	118,060	110,868	114,934	119	111,808	294	293,060	285,868	289,934	294	286,808
124	123,060	115,868	119,934	124	116,808	299	298,060	290,868	294,934	299	291,808
129	128,060	120,868	124,934	129	121,808	309	308,060	300,868	304,934	309	301,808
134	133,060	125,868	129,934	134	126,808	319	318,060	310,868	314,934	319	311,808
139	138,060	130,868	134,934	139	131,808	329	328,060	320,868	324,934	329	321,808
144	143,060	135,868	139,934	144	136,808	339	338,060	330,868	334,934	339	331,808
149	148,060	140,868	144,934	149	141,808	349	348,060	340,868	344,934	349	341,808
154	153,060	145,868	149,934	154	146,808	359	358,060	350,868	354,934	359	351,808
159	158,060	150,868	154,934	159	151,808	369	368,060	360,868	364,934	369	361,808
164	163,060	155,868	159,934	164	156,808	379	378,060	370,868	374,934	379	371,808
169	168,060	160,868	164,934	169	161,808	389	388,060	380,868	384,934	389	381,808
174	173,060	165,868	169,934	174	166,808	399	398,060	390,868	394,934	399	391,808
179	178,060	170,868	174,934	179	171,808	409	408,060	400,868	404,934	409	401,808
184	183,060	175,868	179,934	184	176,808	419	418,060	410,868	414,934	419	411,808
189	188,060	180,868	184,934	189	181,808	429	428,060	420,868	424,934	429	421,808
194	193,060	185,868	189,934	194	186,808	439	438,060	430,868	434,934	439	431,808
199	198,060	190,868	194,934	199	191,808	449	448,060	440,868	444,934	449	441,808
204	203,060	195,868	199,934	204	196,808	459	458,060	450,868	454,934	459	451,808
209	208,060	200,868	204,934	209	201,808	469	468,060	460,868	464,934	469	461,808
214	213,060	205,868	209,934	214	206,808	479	478,060	470,868	474,934	479	471,808
219	218,060	210,868	214,934	219	211,808	489	488,060	480,868	484,934	489	481,808
						499	498,060	490,868	494,934	499	491,808

Whitworth-Feingewinde 2

nach DIN 240.

Gewindeform nach Abb. S. 556.

Durchmesser .... mm	20—33	36—52	56—189
Gangzahl	10	8	6
Steigung .... mm	2,5401	3,1751	4,2335

Nenndurchmesser	Bolzen			Mutter		Nenndurchmesser	Bolzen			Mutter	
	d	d_1	d_2	D	D_1		d	d_1	d_2	D	D_1
mm	mm	mm	mm	mm	mm	mm	mm	mm	mm	mm	mm
20	19,624	16,746	18,373	20	17,122	94	93,374	88,580	91,290	94	89,206
22	21,624	18,746	20,373	22	19,122	99	98,374	93,580	96,290	99	94,206
24	23,624	20,746	22,373	24	21,122	104	103,374	98,580	101,290	104	99,206
27	26,624	23,746	25,373	27	24,122	109	108,374	103,580	106,290	109	104,206
30	29,624	26,746	28,373	30	27,122	114	113,374	108,580	111,290	114	109,206
33	32,624	29,746	31,373	33	30,122	119	118,374	113,580	116,290	119	114,206
36	35,530	31,934	33,967	36	32,404	124	123,374	118,580	121,290	124	119,206
39	38,530	34,934	36,967	39	35,404	129	128,374	123,580	126,290	129	124,206
42	41,530	37,934	39,967	42	38,404	134	133,374	128,580	131,290	134	129,206
45	44,530	40,934	42,967	45	41,404	139	138,374	133,580	136,290	139	134,206
48	47,530	43,934	45,967	48	44,404	144	143,374	138,580	141,290	144	139,206
52	51,530	47,934	49,967	52	48,404	149	148,374	143,580	146,290	149	144,206
56	55,374	50,580	53,290	56	51,206	154	153,374	148,580	151,290	154	149,206
60	59,374	54,580	57,290	60	55,206	159	158,374	153,580	156,290	159	154,206
64	63,374	58,580	61,290	64	59,206	164	163,374	158,580	161,290	164	159,206
68	67,374	62,580	65,290	68	63,206	169	168,374	163,580	166,290	169	164,206
72	71,374	66,580	69,290	72	67,206	174	173,374	168,580	171,290	174	169,206
76	75,374	70,580	73,290	76	71,206	179	178,374	173,580	176,290	179	174,206
80	79,374	74,580	77,290	80	75,206	184	183,374	178,580	181,290	184	179,206
84	83,374	78,580	81,290	84	79,206	189	188,374	183,580	186,290	189	184,206
89	88,374	83,580	86,290	89	84,206						

Grenzmaße für Whitworth-Gewinde DIN 11 nach Fein-[1] (f), Mittel- (m) und Grob- (g) Toleranz.

(DIN 11, Beiblatt 2 u. 4 gekürzt.) Maße in mm.

Schraubenbolzen.

Nenn-durch-messer	Gang-zahl	Außendurchmesser			Kerndurchmesser			Flankendurchmesser			
		Größt-maß	Kleinstmaß		Größt-maß	Kleinstmaß		Größt-maß	Kleinstmaß		
"		f m g	f	m g	f m g	f	m g	f m g	f	m	g
1/4	20	6,330	6,200	6,000	4,724	4,572	4,422	5,537	5,461	5,424	5,348
5/16	18	7,918	7,800	7,600	6,131	5,971	5,813	7,034	6,954	6,915	6,835
3/8	16	9,505	9,400	9,100	7,492	7,324	7,154	8,509	8,425	8,382	8,298
7/16	14	11,093	10,900	10,700	8,789	8,609	8,430	9,951	9,861	9,816	9,727
1/2	12	12,675	12,500	12,200	9,990	8,796	9,600	11,345	11,248	11,199	11,101
5/8	11	15,846	15,700	15,400	12,918	12,714	12,510	14,397	14,295	14,244	14,142
3/4	10	19,018	18,850	18,500	15.798	15,584	15,371	17,424	17.317	17,264	17,157
7/8	9	22,190	21,950	21,600	18,611	18,385	18,161	20,419	20,306	20,250	20,138
1	8	25,361	25,150	24,800	21,335	21,097	20,858	23,368	23,249	23,189	23,070
1 1/8	7	28,529	28,350	27,900	23,929	23,673	23,419	26,253	26,125	26,062	25,934
1 1/4	7	31,704	31,550	31,000	27,104	26,848	26,594	29,428	29,300	29,237	29,109
1 3/8	6	34,873	34,650	34,100	29,505	29,229	28,953	32,215	32,077	32,008	31,870
1 1/2	6	38,048	37,850	37,300	32,680	32,404	32,128	35,391	35,253	35,184	35,046
1 5/8	5	41,214	41,050	40,300	34,771	34,469	34,166	38,024	37,873	37,797	37,646
1 3/4	5	44,389	44,150	43,500	37,946	37,644	37,341	41,199	41,048	40,972	40,821
1 7/8	4 1/2	47,557	47,350	46,600	40,398	40,080	39,761	44,012	43,853	43,773	43,614
2	4 1/2	50,732	50,500	49,800	43,573	43,255	32,936	47,187	47,028	46,948	46,789

Mutter.

Nenn-durch-messer	Gang-zahl	Außen-dmr. Kleinst-maß	Kerndurchmesser				Flankendurchmesser			
			Kleinstmaß		Größtmaß		Kleinst-maß	Größtmaß		
"		f m g	f	m g	f	m g	f m g	f	m	g
1/4	20	6,350	4,820	4,744	5,104	5,224	5,537	5,613	5,650	5,726
5/16	18	7,938	6,231	6,151	6,531	6,661	7,034	7,114	7,153	7,233
3/8	16	9,525	7,596	7,512	7,912	8,052	8,509	8,593	8,636	8.720
7/16	14	11,113	8,899	8,809	9,229	9,379	9,951	10,041	10,086	10,175
1/2	12	12,700	10,112	10,015	10,460	10,610	11,345	11,442	11,491	11,589
5/8	11	15,876	13,050	12,948	13,428	13,598	14,397	14,499	14,550	14,652
3/4	10	19,051	15,938	15,831	16,348	16,538	17,424	17,531	17,584	17,691
7/8	9	22,226	18,760	18,647	19,201	19,411	20,419	20,532	20,588	20,700
1	8	25,401	21,494	21,375	21,965	22,185	23,368	23,487	23,547	23,666
1 1/8	7	28,576	24,104	23,976	24,629	24,879	26,253	26,381	26,444	26,572
1 1/4	7	31,751	27,279	27,151	27,804	28,054	29,428	29,556	29,619	29,747
1 3/8	6	34,926	29,696	29,558	30,275	30,555	32,215	32,353	32,422	32,560
1 1/2	6	38,101	32,871	32,733	33,450	33,730	35,391	35,529	35,598	35,736
1 5/8	5	41,227	34,985	34,834	35,611	35,921	38,024	38,175	38,251	38,402
1 3/4	5	44,452	38,160	38,009	38,786	39,096	41,199	41,350	41,426	41,577
1 7/8	4 1/2	47,627	40,627	40,468	41,308	41,648	44,012	44,171	44,251	44,410
2	4 1/2	50,802	43,802	43,643	44,483	44,823	47,187	47,346	47,426	47,585

[1]) Gütegrad „Fein“ ist erst Vornorm.

Gasflaschen-Ventile (DIN 477).

Abmessungen der Anschlußstutzen.

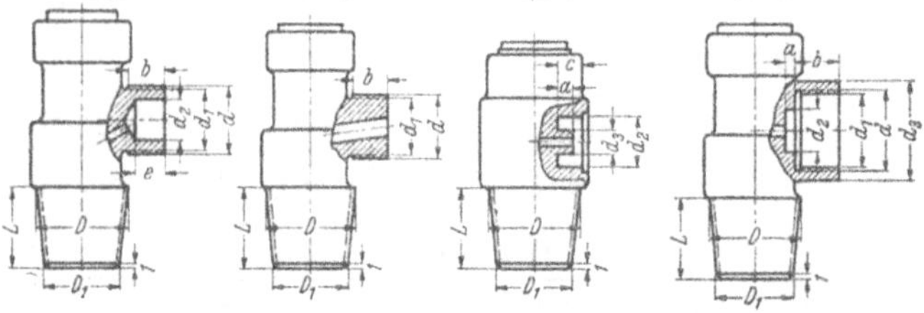

Gasflaschenanschluß. Kegel 3 : 25; das Gewinde ist senkrecht zum Kegelmantel zu schneiden. Whitworth-Form nach DIN 259.

Maße in mm.

Form	Gasart	Chemisches Zeichen	Seitenanschluß									
			Gewinde				b					c
			Ausführung	d	d_1	Gangzahl auf 1"	Kleinstmaß	a_2	d_3	e	a	Größtmaß
A	Chloräthyl . . .	C_2H_5Cl	Linksgewinde	21,800	19,476	14	11	13	—	10	—	—
	Wasserstoff . .	H					13					
	Blau- od. Ölgas	—					13					
	Kohlenoxyd .	CO					13					
	Kohlensäure .	CO_2	Rechtsgewinde	21,800	19,476	14	11	13	—	10	—	—
	Ammoniak . . .	NH_3					11	13	—		—	—
	Stickstoff	N		24,320	21,996		13	14	—		—	—
	Schwefl. Säure	SO_2	R 5/8"	22,912[1])	20,588		11	13	—		—	—
	Sauerstoff . . .	O	R 3/4"	26,442[1])	24,119		13	14	—		—	—
	Stickoxydul .	N_2O	R 3/8"	16,663[1])	14,951	19	11	10	—		—	—
B	Chlor	Cl	Rechtsgewinde 1"	25,401	21,335	8	13	—	—	—	—	—
	Phosgen	$COCl_2$										
C	Acetylen	C_2H_2	—	—	—	—	—	15,5	7,5	—	5	10
D	Preßluft	—	Rechtsgewinde R 5/8"	22,912[1])	20,857	14	15	13	Klst.-Maß 32	—	4	—

Gasflaschenanschluß-Rechtsgewinde.

Form	Großes Ventil				Kleines Ventil			
	D	D_1	L	Gangzahl auf 1"	D	D_1	L	Gangzahl auf 1"
A, B, D	28,80	25,80	26	14	19,80	17,40	20	14
C	31,30	28,30						

[1]) Diese Gewinde stimmen überein mit dem Whitworth-Rohrgewinde nach DIN 259 (S. 561).

Die fehlenden Maße sind freie Konstruktionsmaße.

Whitworth-Rohrgewinde ohne Spitzenspiel
nach DIN 259. (Gewindeform S. 556.)

Dieses vollausgeschnittene Gewinde wird verwendet, wenn Dichthalten gefordert ist.
DIN 260 enthält Whitworth-Rohrgewinde mit Spitzenspiel.

Steigung $h = 25{,}40095 : z$, Rundung $r = 0{,}13733 \cdot h$,
Dreieckshöhe $t = 0{,}96049 \cdot h$, Gewindetiefe $t_1 = 0{,}64033 \cdot h$.

Gewindebezeichnung Zoll	Bolzen und Mutter						
	Gewindedurchmesser D mm	Kerndurchmesser d_1 mm	Gewindetiefe t_1 mm	Rundung r	Flankendurchmesser d_2 mm	Steigung h mm	Gangzahl auf 1 Zoll z
R 1/8	9,729	8,567	0,581	0,125	9,148	0,907	28
R 1/4	13,158	11,446	0,856	0,184	12,302	1,337	19
R 3/8	16,663	14,951	0,856	0,184	15,807	1,337	19
R 1/2	20,956	18,632	1,162	0,249	19,794	1,814	14
R 5/8	22,912	20,588	1,162	0,249	21,750	1,814	14
R 3/4	26,442	24,119	1,162	0,249	25,281	1,814	14
R 7/8	30,202	27,878	1,162	0,249	29,040	1,814	14
R 1	33,250	30,293	1,479	0,317	31,771	2,309	11
R(1 1/8)	37,898	34,941	1,479	0,317	36,420	2,309	11
R 1 1/4	41,912	38,954	1,479	0,317	40,433	2,309	11
R(1 3/8)	44,325	41,367	1,479	0,317	42,846	2,309	11
R 1 1/2	47,805	44,847	1,479	0,317	46,326	2,309	11
R(1 5/8)	51,990	49,032	1,479	0,317	50,511	2,309	11
R 1 3/4	53,748	50,791	1,479	0,317	52,270	2,309	11
R 2	59,616	56,659	1,479	0,317	58,137	2,309	11
R 2 1/4	65,712	62,755	1,479	0,317	64,234	2,309	11
R(2 3/8)	69,400	66,443	1,479	0,317	67,921	2,309	11
R 2 1/2	75,187	72,230	1,479	0,317	73,708	2,309	11
R 2 3/4	81,537	78,580	1,479	0,317	80,058	2,309	11
R 3	87,887	84,930	1,479	0,317	86,409	2,309	11
R 3 1/4	93,984	91,026	1,479	0,317	92,505	2,309	11
R 3 1/2	100,334	97,376	1,479	0,317	98,855	2,309	11
R 3 3/4	106,684	103,727	1,479	0,317	105,205	2,309	11
R 4	113,034	110,077	1,479	0,317	111,556	2,309	11
R 4 1/2	125,735	122,777	1,479	0,317	124,256	2 309	11
R 5	138,435	135,478	1,479	0,317	136,957	2,309	11
R 5 1/2	151,136	148,178	1,479	0,317	149,657	2,309	11
R 6	163,836	160,879	1,479	0,317	162,357	2,309	11
R 7	189,237	185,984	1,627	0,349	187,611	2,540	10
R 8	214,638	211,385	1,627	0,349	213,012	2,540	10
R 9	240,039	236,786	1,627	0,349	238,412	2,540	10
R10	265,440	262,187	1,627	0,349	263,813	2,540	10
R11	290,841	286,775	2,033	0,436	288,808	3,175	8
R12	316,242	312,176	2,033	0,436	314,209	3,175	8
R13	347,485	343,419	2,033	0,436	345,452	3,175	8
R14	372,886	368,820	2,033	0,436	370,853	3,175	8
R15	398,287	394,221	2,033	0,436	396,254	3,175	8
R16	423,688	419,622	2,033	0,436	421,655	3,175	8
R17	449,089	445,023	2,033	0,436	447,056	3,175	8
R18	474,490	470,424	2,033	0,436	472,457	3,175	8

Die Werte der Zahlentafel entsprechen (ausgenommen 1 3/8" und 2 3/8") der englischen Tafel „Report on British Standard Pipe Threads for Iron or Steel Pipes and Tubes, May 1918", unter Zugrundelegung eines Umrechnungswertes von 25,40095 mm für 1" bei der deutschen Bezugstemperatur von 20° C.

Die eingeklammerten Werte werden für Kupferrohre mit hohem Druck verwendet und sind sonst möglichst zu vermeiden.

Whitworth-Rohrgewinde für Fittingsanschlüsse. Nach DIN 2999.

(Gewindeform wie DIN 259, Seite 561.) Maße in mm.

Rohr Gewinde zylindrisch	Rohr Gewinde kegelig Kegel 1 : 16	Muffe Gewinde zylindrisch

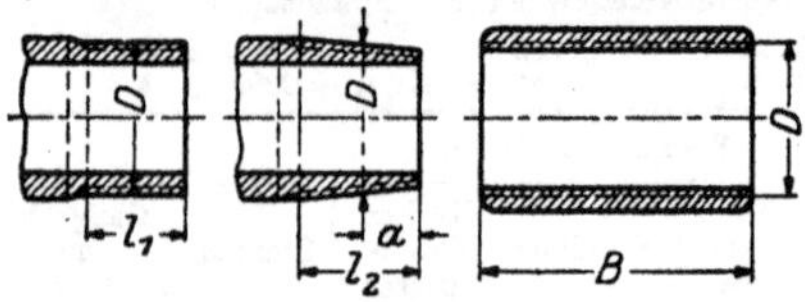

Gangzahl auf 1″	Gangzahl auf 127 mm	Steigung	Gewindetiefe	Rundung
28	140	0,907	0,581	0,125
19	95	1,337	0,856	0,184
14	70	1,814	1,162	0,249
11	55	2,309	1,479	0,317

Handelsübliche Nennweite		Gewinde								Muffe	Nennweite der zugehörigen Armaturen und Formstücke nach DIN 2002
		Gewindedurchmesser	Kerndurchmesser	Flankendurchmesser	Gänge je 1 Zoll	zylindrisch: Nutzbare Gewindelänge ²) l_1	kegelig: Nutzbare Gewindelänge ²) l_2	kegelig: Abstand des Gewindedurchm. D vom Rohrende a		Mindestlänge	
Zoll	mm¹)	D	d_1	d_2	z	Größtmaß	Größtmaß	Größtmaß	Kleinstmaß	B	
1/8	5—10	9,729	8,567	9,148	28	8	10	5,5	4	20	6
1/4	8—13	13,158	11,446	12,302	19	9	11	7	5	25	8
3/8	12—17	16,663	14,951	15,807	19	11	13	8	6	30	10
1/2	15—21	20,956	18,632	19,794	14	14	16	9	6	35	13
(5/8)	16—23	22,912	20,588	21,750	14	14	16	9	6	35	16
3/4	20—27	26,442	24,119	25,281	14	16	19	13	10	40	20
(7/8)	24—31	30,202	27,878	29,040	14	16	19	13	10	40	—
1	26—34	33,250	30,293	31,771	11	19	22	14	10	45	25
1 1/4	33—42	41,912	38,954	40,433	11	21	25	17	13	50	32
1 1/2	40—49	47,805	44,847	46,326	11	21	25	17	13	55	40
(1 3/4)	45—55	53,748	50,791	52,270	11	24	28	20	16	60	—
2	50—60	59,616	56,659	58,137	11	24	28	20	16	60	50
2 1/4	60—70	65,712	62,755	64,234	11	27	32	23	18	65	60
2 1/2	66—76	75,187	72,230	73,708	11	27	32	23	18	65	70
(2 3/4)	72—82	81,537	78,580	80,058	11	30	35	26	21	70	—
3	80—90	87,887	84,930	86,409	11	30	35	26	21	70	80
3 1/2	90—102	100,334	97,376	98,855	11	32	38	28	22	80	90
4	102—114	113,034	110,077	111,556	11	36	41	32	25	85	100
4 1/2	115—127	125,735	122,777	124,256	11	36	41	32	25	85	110
5	127—140	138,435	135,478	136,957	11	38	44	35	28	90	125
5 1/2*	—	151,136	148,178	149,657	11	40	48	39	32	100	140
6	152—165	163,836	160,879	162,357	11	42	51	42	35	100	150

Die eingeklammerten Größen sind möglichst zu vermeiden.

Die durch * gekennzeichnete Größe ist in der Fittingsindustrie nicht gebräuchlich.

¹) Die Angabe der Nennweite in zwei Millimeterzahlen ist besonders in Frankreich handelsüblich. Die erste Zahl entspricht ungefähr dem inneren, die zweite Zahl ungefähr dem äußeren Rohrdurchmesser, und zwar wird bezeichnet:

Egales Stück nach innerem und äußerem Rohrdurchmesser, z. B. 40—49 entsprechend 1 1/2″.

Reduziertes Stück dagegen nur nach innerem Rohrdurchmesser, z. B. 40—15; 26—15 entsprechend 1 1/2″—1/2″; 1″—1/2″.

Die Werte l_1 und a entsprechen der bisherigen Praxis.

²) Innerhalb der nutzbaren Gewindelänge sind alle Gewindegänge im Grunde und an der Spitze voll ausgeschnitten. Beim kegeligen Gewinde dürfen jedoch die beiden letzten Gewindegänge an den Gewindespitzen unvollkommen sein. Das Gewindeprofil des kegeligen Außengewindes ist senkrecht zum Kegelmantel zu schneiden.

Ganghöhe $h = \frac{25{,}4}{z} = \approx \frac{127}{z_1}$ { beim zylindr. Gewinde parallel zur Rohrachse gemessen. „ kegelig. Gewinde parallel zum Kegelmantel gemessen.

Die Muffe soll ohne merkliches Spiel auf das zylindrische Normal-Bolzengewinde aufgeschraubt werden können.

Die Gewindelänge an Verbindungsstücken entspricht der Gewindelänge l_2 des kegeligen Rohrgewindes, jedoch ist eine Gewindekürzung bis zu 15% zulässig.

Rundgewinde (DIN 405)
für Zwecke der Feuerwehr und für Armaturen.

(Sondergewinde für Feuerlöschanschluß enthält DIN LON 293.)

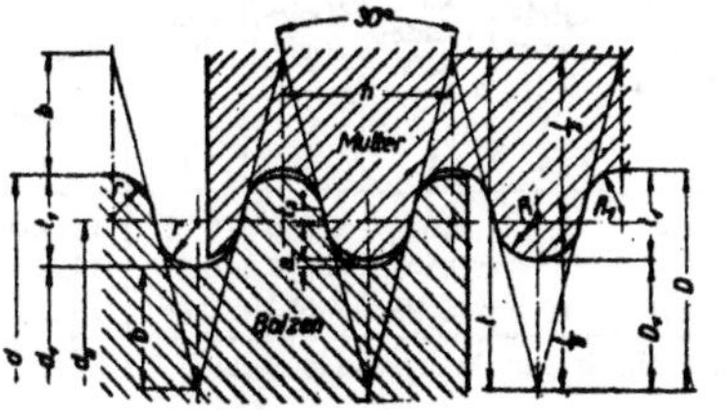

$h = \frac{25{,}4}{z}$

$t = 1{,}86603\,h$

$t_1 = 0{,}5\,h$

$t_2 = 0{,}0835\,h$

$a \doteq 0{,}05\,h$

$b = 0{,}68301\,h$

$r = 0{,}2385_1\,h$

$R = 0{,}25597\,h$

$R_1 = 0{,}22105\,h$

Maße in mm

Gewinde-durchmesser	Gangzahl auf 1 Zoll	Steigung	Gewinde-tiefe	Tragtiefe	Rundungen		
					Bolzen	Mutter	
d	z	h	t_1	t_2	r	R	R_1
8—12	10	2,540	1,270	0,212	0,606	0,650	0,561
14—38	8	3,175	1,588	0,265	0,757	0,813	0,702
40—100	6	4,233	2,117	0,353	1,010	1,084	0,936
105—200	4	6,350	3,175	0,530	1,515	1,625	1,404

Bolzen		Flan-ken-durch-messer	Mutter		Bolzen		Flan-ken-durch-messer	Mutter	
Ge-winde-durch-messer	Kern-durch-messer		Ge-winde-durch-messer	Kern-durch-messer	Ge-winde-durch-messer	Kern-durch-messer		Ge-winde-durch-messer	Kern-durch-messer
d	d_1	d_2	D	D_1	d	d_1	d_2	D	D_1
8	5,460	6,730	8,254	5,714	(72)	67,767	69,883	72,423	68,190
9	6,460	7,730	9,254	6,714	75	70,767	72,883	75,423	71,190
10	7,460	8,730	10,254	7,714	(78)	73,767	75,883	78,423	74,190
11	8,460	9,730	11,254	8,714	80	75,767	77,883	80,423	76,190
12	9,460	10,730	12,254	9,714	(82)	77,767	79,883	82,423	78,190
14	10,825	12,412	14,318	11,142	85	80,767	82,883	85,423	81,190
16	12,825	14,412	16,318	13,142	(88)	83,767	85,883	88,423	84,190
18	14,825	16,412	18,318	15,142	90	85,767	87,883	90,423	86,190
20	16,825	18,412	20,318	17,142	(92)	87,767	89,883	92,423	88,190
22	18,825	20,412	22,318	19,142	95	90,767	92,883	95,423	91,190
24	20,825	22,412	24,318	21,142	(98)	93,767	95,883	98,423	94,190
26	22,825	24,412	26,318	23,142	100	95,767	97,883	100,423	96,190
28	24,825	26,412	28,318	25,142	(105)	98,650	101,825	105,635	99,285
30	26,825	28,412	30,318	27,142	110	103,650	106,825	110,635	104,285
32	28,825	30,412	32,318	29,142	(115)	108,650	111,825	115,635	109,285
(34)	30,825	32,412	34,318	31,142	120	113,650	116,825	120,635	114,285
36	32,825	34,412	36,318	33,142	(125)	118,650	121,825	125,635	119,285
(38)	34,825	36,412	38,318	35,142	130	123,650	126,825	130,635	124,285
40	35,767	37,883	40,423	36,190	(135)	128,650	131,825	135,635	129,285
(42)	37,767	39,883	42,423	38,190	140	133,650	136,825	140,635	134,285
44	39,767	41,883	44,423	40,190	(145)	138,650	141,825	145,635	139,285
(46)	41,767	43,883	46,423	42,190	150	143,650	146,825	150,635	144,285
48	43,767	45,883	48,423	44,190	(155)	148,650	151,825	155,635	149,285
(50)	45,767	47,883	50,423	46,190	160	153,650	156,825	160,635	154,285
52	47,767	49,883	52,423	48,190	(165)	158,650	161,825	165,635	159,285
55	50,767	52,883	55,423	51,190	170	163,650	166,825	170,635	164,285
(58	53,767	55,883	58,423	54,190	(175)	168,650	171,825	175,635	169,285
60	55,767	57,883	60,423	56,190	180	173,650	176,825	180,635	174,285
(62)	57,767	59,883	62,423	58,190	(185)	178,650	181,825	185,635	179,285
65	60,767	62,883	65,423	61,190	190	183,650	186,825	190,635	184,285
(68)	63,767	65,883	68,423	64,190	(195)	188,650	191,825	195,635	189,285
70	65,767	67,883	70,423	66,190	200	193,650	196,825	200,635	194,285

Nippelgewinde nach DIN VDE 420.

Maße in mm.

Gewindebezeichnung	Bolzen: Gewindedurchmesser d	Bolzen: Kerndurchmesser d_1	Flankendurchmesser d_2	Gangzahl auf 1 Zoll z	Steigung h	Gewindetiefe t_1	Tragtiefe t_2	Rundung r	Mutter: Gewindedurchmesser D	Mutter: Ker[n]durc[h]mess[er] D_1
M 10×1	10	8,610	9,350	25,4	1	0,695	0,650	0,06	10,090	8,7
M 13×1	13	11,610	12,350	25,4	1	0,695	0,650	0,06	13,090	11,7
M 16×1	16	14,610	15,350	25,4	1	0,695	0,650	0,06	16,090	14.7

Das Nippelgewinde entspricht dem Metrischen Feingewinde 5 nach DIN 517.

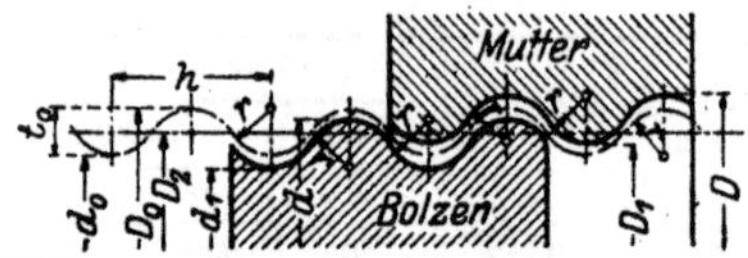

Edison-Gewinde.

Gewindeform und Grenzmaße.
Nach DIN VDE 400.

Maße in mm.

Gewindeform (Idealgewinde)

Kurzzeichen	Benennung	Außendurchmesser D_0	Innendurchmesser d_0	Flankendurchmesser D_2	Gangzahl auf 1″ z	Steigung h	Gewindetiefe t_0	Rundung r	Frühere Benennun[g]
E 10	Edison-Gewinde 10	9,60	8,60	9,10	14	1,814	0,50	0,536	Zwerg-Ediso[n]
E 14	Edison-Gewinde 14	13,93	12,33	13,13	9	2,822	0,80	0,825	Mignon
E 27	Edison-Gewinde 27	26,60	24,30	25,45	7	3,629	1,15	1,00	Normal-Edis[on]
E 33	Edison-Gewinde 33	33,10	30,50	31,80	6	4,233	1,30	1,19	Großes Edis[on]
E 40	Edison-Gewinde 40	39,55	35,95	37,75	4	6,350	1,80	1,85	Goliath-Edis[on]

Grenzmaße des Bolzen- und Muttergewindes

Kurzzeichen	Bolzen: Außendurchmesser d Größtmaß	Bolzen: Außendurchmesser d Kleinstmaß	Bolzen: Kerndurchmesser d_1 Größtmaß	Bolzen: Kerndurchmesser d_1 Kleinstmaß	Mutter: Außendurchmesser D Kleinstmaß	Mutter: Außendurchmesser D Größtmaß	Mutter: Kerndurchmesser Kleinstmaß	Mutter: Kerndurchmesser Größtm[aß]
E 10	9,57	9,40	8,57	8,40	9,63	9,80	8,63	8,80
E 14	13,90	13,70	12,30	12,10	13,96	14,16	12,36	12,56
E 27	26,55	26,20	24,25	23,90	26,65	27,00	24,35	24,70
E 33	33,05	32,65	30,45	30,05	33,15	33,55	30,55	30,95
E 40	39,50	39,05	35,90	35,45	39,60	40,05	36,00	36,45

Rundgewinde für Gasschutzgeräte nach DIN 3182.

Kurzzeichen Rd …	Theoretische Werte: Gewindedurchmesser d	Kerndurchmesser d_1	Steigung h	Gangzahl auf 1″	Rundung r	Gewindetiefe t_1	Gewindegrenzmaße Bolzen: Außendurchmesser d Größtmaß	Bolzen: Außendurchmesser d Kleinstmaß	Bolzen: Kerndurchmesser d_1 Größtmaß	Mutter: Außendurchmesser D Kleinstmaß	Mutter: Kerndurchmesse[r] D_1 Größtmaß	Mutter: Kerndurchmesse[r] D_1 Klein[st]ma[ß]
40×1/7″	40,00	38,40	3.629	7	1,225	0,8	40,000	39,700	38,400	40,160	38,860	38,5
80×1/3″	80,00	75,20	8,467	3	2,467	2,4	80,000	79,500	75,200	80,500	76,200	75,7
110×1/3″	110,00	105,20	8,467	3	2,467	2,4	110,000	109,500	105,200	110,500	106,200	105,7

DIN 3182 enthält auch Herstellungsgenauigkeiten und Abnutzungsgrenzen für die Lehren.

Stahlpanzerrohr-Gewinde

nach DIN VDE 430. Gewindeform.

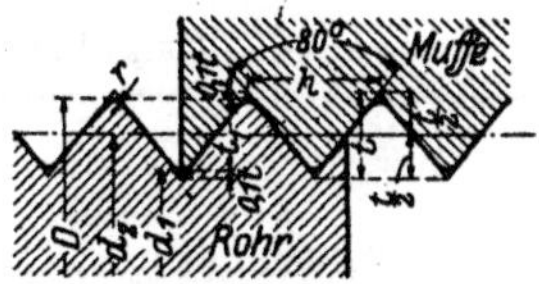

$h = \frac{25,4}{z}$; $r = 0,107\,h$;

$t = 0,59587\,h$; $t_1 = 0,8\,t = 0,4767\,h$.

Maße in mm.

Kurzzeichen	Benennung	Außendurchmesser D	Kerndurchmesser d_1	Gewindetiefe t_1	Rundung r	Flankendurchmesser d_2	Steigung h	Gangzahl auf 1″ z
Pg 9	Panzerrohr-Gewinde 9	15,20	13,86	0,67	0,15	14,53	1,411	18
Pg 11	Panzerrohr-Gewinde 11	18,60	17,26	0,67	0,15	17,93	1,411	18
Pg 13,5	Panzerrohr-Gewinde 13,5	20,40	19,06	0,67	0,15	19,73	1,411	18
Pg 16	Panzerrohr-Gewinde 16	22,50	21,16	0,67	0,15	21,83	1,411	18
Pg 21	Panzerrohr-Gewinde 21	28,30	26,78	0,76	0,17	27,54	1,588	16
Pg 29	Panzerrohr-Gewinde 29	37,00	35,48	0,76	0,17	36,24	1,588	16
Pg 36	Panzerrohr-Gewinde 36	47,00	45,48	0,76	0,17	46,24	1,588	16
Pg 42	Panzerrohr-Gewinde 42	54,00	52,48	0,76	0,17	53,24	1,588	16

DIN VDE 430 enthält auch Grenzmaße für das Stahlpanzerrohr-Gewinde.
DIN VDE 431 enthält die Gewindelehren für Stahlpanzerrohr-Gewinde.

Holzschrauben. Maße in mm.

Genormte Holzschrauben siehe S. 566 DIN 95, 96, 97.

Schaftstärke . . . . mm	1,35	1,5	1,65	1,85	2,1	2,4	2,7	3,0	3,3	3,6
Deutsche Lehre, alte Nr.	000	00	0	1	2	3	4	5	6	7
„ „ neue „	13	15	16	18	21	24	27	30	33	36
Englische „ . . . „	000	00	0	1	2	3	4	5	6	7
Französische Lehre . „	11	12	13	14	15	16	17	18	—	19
Spanische Lehre . . „	10	11	12	13	14	15	16	17	18	19
Österreichische Lehre „	14	16	18	20	22	25	28	31	34	38
Steigung der Gewinde mm	0,6	0,7	0,8	0,9	1,0	1,1	1,2	1,3	1,4	1,5
Schlitzweite . . . . . „	0,4	0,4	0,5	0,6	0,6	0,7	0,8	0,9	1,0	1,0

Schaftstärke . . . . mm	3,9	4,2	4,6	5,0	5,4	5,8	6,2	6,6	7,0
Deutsche Lehre, alte Nr.	8	9	10	11	12	13	14	15	16
„ „ neue „	39	42	46	50	54	58	62	66	70
Englische „ . . . . „	8	9	10	11	12	13	14	16	17
Französische Lehre . „	20	—	21	22	—	23	—	24	25
Spanische Lehre . . „	20	—	21	22	—	23	—	24	—
Österreichische Lehre „	—	42	46	50	55	60	—	65	70
Steigung der Gewinde mm	1,6	1,8	2,0	2,2	2,4	2,5	2,6	2,8	3,0
Schlitzweite . . . . „	1,1	1,2	1,3	1,4	1,5	1,6	1,7	1,7	1,8

Schaftstärke . . . . mm	7,4	7,8	8,2	8,6	9,0	9,5	10,0	10,5	11,0
Deutsche Lehre, alte Nr.	17	18	19	20	21	22	23	24	7/16
„ „ neue „	74	78	82	86	90	95	100	105	110
Englische „ . . . . „	18	20	21	22	23	24	25	—	—
Französische Lehre . „	—	26	—	27	—	28	29	—	—
Spanische Lehre . . „	25	—	26	27	—	28	29	30	31
Österreichische Lehre „	76	—	82	88	—	94	100	—	110
Steigung der Gewinde mm	3,3	3,5	3,7	4,0	4,3	4,5	4,5	4,8	4,8
Schlitzweite . . . . „	1,8	1,9	2,0	2,1	2,2	2,3	2,4	2,5	2,5

Die flachen Schraubenköpfe haben bei der deutschen Lehre einen Durchmesser von 2 × Schaftstärke + 1 mm, bei allen übrigen Lehren sowie bei sämtlichen Rund- und Linsenköpfen 2 × Schaftstärke.

Das Versenk der Flachköpfe bildet einen rechten Winkel.

Gewindetiefe = $^1/_4$ Schaftstärke. Flankenwinkel = 50°.

Holzschrauben (DIN 95, 96, 97).

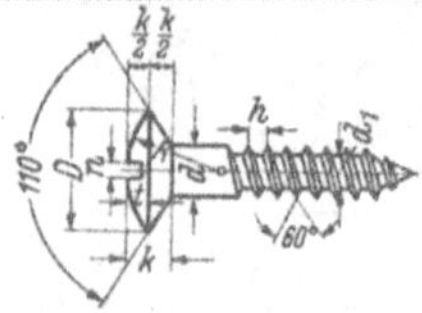

Linsensenkholzschrauben

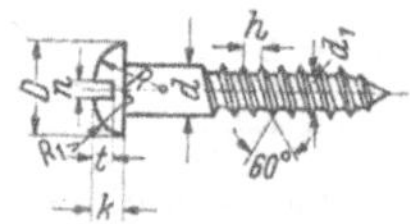

Halbrundholzschrauben

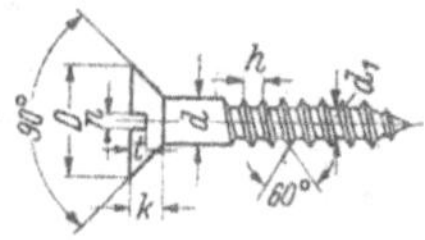

Senkholzschrauben

Maße in mm.

Gemeinsame Maße für DIN 95, 96, 97					**Linsensenk-holzschrauben** DIN 95				**Halbrund-holzschrauben** DIN 96				**Senkholz-schrauben** DIN 97	
d	d_1	*h*	*D*	*n*	*k*	*t*	*p*	*R*	*k*	*t*	*R*	R_1	*k*	*t*
1,3	0,9	0,6	2,6	0,4	0,92	0,5	0,46	2,05	0,9	0,6	2	1	0,65	0,4
1,5	1,1	0,6	3	0,4	1,06	0,5	0,53	2,4	1,1	0,7	2,2	1,1	0,75	0,4
1,8	1,3	0,8	3,6	0,5	1,26	0,6	0,63	2,9	1,3	0,8	2,7	1,4	0,9	0,5
2,1	1,5	1	4,2	0,5	1,48	0,7	0,74	3,35	1,5	0,9	3,2	1,6	1,05	0,5
2,4	1,7	1,1	4,8	0,6	1,68	0,8	0,84	3,85	1,7	1,1	3,6	1,8	1,2	0,6
2,7	1,9	1,2	5,4	0,6	1,9	0,9	0,95	4,32	1,9	1,2	4	2	1,35	0,6
3	2,1	1,35	6	0,8	2,1	1	1,05	4,8	2,1	1,3	4,5	2,3	1,5	0,8
3,5	2,4	1,6	7	0,8	2,46	1,2	1,23	5,6	2,5	1,5	5,2	2,6	1,75	0,8
4	2,8	1,8	8	1	2,8	1,4	1,4	6,4	2,8	1,8	6	3	2	1
4,5	3,1	2	9	1	3,16	1,6	1,58	7,2	3,2	2	6,8	3,4	2,25	1
5	3,5	2,2	10	1,2	3,5	1,7	1,75	8	3,5	2,3	7,5	3,8	2,5	1,2
5,5	3,8	2,4	11	1,2	3,86	1,9	1,93	8,8	3,9	2,5	8,2	4,1	2,75	1,2
6	4,2	2,6	12	1,5	4,2	2,1	2,1	9,6	4,2	2,7	9	4,5	3	1,5
6,5	4,5	2,8	13	1,5	4,56	2,3	2,28	10,4	4,6	2,9	9,8	4,9	3,25	1,5
7	4,9	3,2	14	2	4,9	2,4	2,45	11,2	4,9	3	10,5	5,3	3,5	2
8	5,6	3,5	16	2	5,6	2,8	2,8	12,8	5,6	3,5	12	6	4	2
9	6,3	4	18	2,5	6,3	3,1	3,15	14,4	6,3	4	13,5	6,8	4,5	2,5
10	7	4,5	20	2,5	7	3,5	3,5	16	7	4,5	15	7,5	5	2,5

Von den Holzschrauben sind in den DIN 95, 96, 97 auch die Lagerlängen festgelegt. Vierkantholzschrauben sind in DIN 570 und Sechskantholzschrauben in DIN 571 genormt.

Amerikanisches Trapezgewinde nach Zoll „Acme Standard“

(ASA-Entwurf).

Form ähnlich wie beim metrischen Trapezgewinde, jedoch 29° Flankenwinkel. Wird angefertigt entweder mit allen Abmessungen in engl. Zoll oder nur mit Steigung im Zollmaß und Durchmesser in Millimetern. Bezeichnungen wie beim metrischen Trapezgewinde.

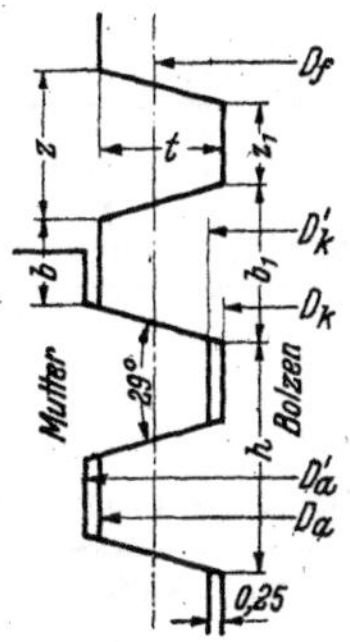

D_a, D_k, D_f, t, b, z_1 in engl. Zoll			
Spindel		Gewindebohrer	
D_a	D_a	D_a'	$D_a + 0{,}02''$
D_k	$D_a - 2t$	D_k'	$D_a + 0{,}02'' - 2t$
D_f	$D_a - \frac{1}{2 \cdot \text{Ggzahl je Zoll}}$	D_f	$D_a - \frac{1}{2 \cdot \text{Ggzahl je Zoll}}$
t	$\frac{1}{2 \cdot \text{Ggzahl je Zoll}} + 0{,}01''$	t	$\frac{1}{2 \cdot \text{Ggzahl je Zoll}} + 0{,}01''$
b	$\frac{0{,}3707}{\text{Ggzahl je Zoll}}$	z_1	$\frac{0{,}3707}{\text{Ggzahl je Zoll}} - 0{,}0052''$
z_1	$\frac{0{,}3707}{\text{Ggzahl je Zoll}} - 0{,}0052''$	b	$\frac{0{,}3707}{\text{Ggzahl je Zoll}}$

D_a, D_k, D_f, t, b, z_1 in Millimeter			
Spindel		Gewindebohrer	
D_a	D_a	D_a'	$D_a + 0{,}508$ mm
D_k	$D - 2t$	D_k'	$D_a + 0{,}508\text{ mm} - 2t$
D_f	$D_a - \frac{12{,}7}{\text{Ggzahl je Zoll}}$	D_f	$D_a - \frac{12{,}7}{\text{Ggzahl je Zoll}}$
t	$\frac{12{,}7}{\text{Ggzahl je Zoll}} + 0{,}254$ mm	t	$\frac{12{,}7}{\text{Ggzahl je Zoll}} + 0{,}254$ mm
b	$\frac{9{,}416}{\text{Ggzahl je Zoll}}$	z'	$\frac{9{,}416}{\text{Ggzahl je Zoll}} - 0{,}1321$ mm
z_1	$\frac{9{,}416}{\text{Ggzahl je Zoll}} - 0{,}1321$ mm	b	$\frac{9{,}416}{\text{Ggzahl je Zoll}}$

Gangzahl auf $1'' = \frac{1''}{h}$		1	$1^1/_2$	2	3	4	5
$t =$	engl. Zoll	0,5100	0,3850	0,2600	0,1767	0,1350	0,1100
	mm	12,954	9,779	6,604	4,488	3,429	2,794
$b =$	engl. Zoll	0,3707	0,2780	0,1853	0,1235	0,0927	0,0741
	mm	9,416	7,061	4,707	3,137	2,355	1,882
$b_1 =$	engl. Zoll	0,6345	0,4772	0,3199	0,2150	0,1625	0,1311
	mm	16,116	12,121	8,215	5,461	4,127	3,330
$z =$	engl. Zoll	0,6293	0,4720	0,3147	0,2093	0,1573	0,1259
	mm	15,984	11,989	7,993	5,329	3,995	3,198
$z_1 =$	engl. Zoll	0,3655	0,2728	0,1801	0,1183	0,0875	0,0689
	mm	9,284	6,929	4,575	3,005	2,222	1,750

Gangzahl auf $1'' = \frac{1''}{h}$		6	7	8	9	10	
$t =$	engl. Zoll	0,0933	0,0814	0,0725	0,0655	0,0600	
	mm	2,370	2,067	1,841	1,664	1,524	
$b =$	engl. Zoll	0,0618	0,0529	0,0463	0,0413	0,0371	
	mm	1,570	1,344	1,176	1,049	0,942	
$b_1 =$	engl. Zoll	0,1101	0,0951	0,0839	0,0751	0,0681	
	mm	2,797	2,416	2,131	1,908	1,730	
$z =$	engl. Zoll	0,1049	0,0899	0,0787	0,0699	0,0629	
	mm	2,664	2,283	1,999	1,775	1,598	
$z_1 =$	engl. Zoll	0,0566	0,0478	0,0411	0,0361	0,0319	
	mm	1,438	1,214	1,044	0,916	0,810	

Außen- und Kerndurchmesser des Mutterbohrers sind um 0,02 Zoll (0,508 mm) größer als an der Spindel. Außerdem die Gewindebohrermaße b, z_1, z, b_1 mit Spindelmaßen z_1, b, b_1, z vertauscht.

Ducommun-Steinle-Gewinde

für mechanische und optische Instrumente, aufgestellt 1873 von den Ducommunschen Werkstätten (Heilmann, Ducommun & Steinle) in Mülhausen i. E. Flankenwinkel 60°, Abflachung gleich $h/10$, Abrundung $r = 0{,}1\,h$.

D_a . . . mm	3	4	5	6	7	8	9	10	12	15
h . . . mm	0,5	0,75	0,75	1	1,25	1,25	1,50	1,50	1,75	2
D_k . . . „	2,33	3,00	4,00	4,67	5,33	6,33	7,00	8,00	9,67	12,33
D_a . . . mm	18	20	23	25	28	30	32	35	38	40
h . . . . mm	2,5	2,5	3	3	3	3,5	3,5	4	4	4
D_k . . . . „	14,67	16,67	19,00	21,00	24,00	25,33	27,33	29,67	31,67	34,68
D_a . . . mm	45	48	50	55	60	65	70	75	80	
h . . . . mm	4,5	5	5	5	6	6	7	7	7	
D_k . . . „	39,00	40,33	43,33	48,33	52,00	57,00	60,67	65,67	70,67	

Karmarsch*)-Gewinde

für mechanische und optische Instrumente.

Flankenwinkel 53° 8′, Profil scharf ausgeschnitten. z' = Gangzahl auf 10 mm Länge.

	Grobes Gewinde					Feines Gewinde				
D_a . . . mm	4	5	6	8	10	4	5	6	8	10
z' . . . . mm	12	10	9	8	6	24	20	18	16	12
h . . . . „	0,834	1,0	1,111	1,25	1,667	0,417	0,50	0,556	0,625	0,834
D_k . . . „	2,749	3,5	4,333	6,13	7,5	3,37	4,25	5,16	7,06	8,75

*) Karmarsch, Prof. der Technologie an der Techn. Hochschule in Hannover, geb. 1803 in Wien, gest. 1879 in Hannover.

VDI-Gewinde

des Vereins deutscher Ingenieure (nach Delisle[1]).

(Form wie Löwenherz-Gewinde, S. 572.)

Das von Delisle 1876 vorgeschlagene Gewinde wurde vom VDI 1888 in Breslau angenommen, zugunsten des vom Intern. Kongreß zur Vereinheitlichung der Gewinde, Zürich, 3. und 4. Okt. 1898, festgelegten S.I.-Gewindes fallen gelassen und ist nicht mehr in Gebrauch.

Außendurchmesser . . . mm	6	7	8	9	10	12	14	16	18
Steigung . . . . mm	1,0	1,1	1,2	1,3	1,4	1,6	1,8	2,0	2,2
Kerndurchmesser . . . „	4,5	5,35	6,2	7,05	7,9	9,6	11,3	13	14,7
Flankendurchmesser . . „	5,25	6,1	7,1	7,95	8,95	10,8	12,65	14,5	16,35
Schlüsselweite . . . . . „	11	14	14	18	18	22	25	28	31
Außendurchmesser . . . mm	20	22	24	26	28	30	32	36	40
Steigung . . . . mm	2,4	2,8	2,8	3,2	3,2	3,6	3,6	4,0	4,4
Kerndurchmesser . . . „	16,4	17,8	19,8	21,2	23,2	24,6	26,6	30	33,4
Flankendurchmesser . . „	18,2	19,9	21,9	23,6	25,6	27,3	29,3	33	36,7
Schlüsselweite . . . . . „	34	37	40	43	46	49	52	58	64

[1]) Karl Delisle, Oberingenieur der badischen Staatseisenbahn, geb. 1827, gest. 1909.

Hamann[1])-Patronengewinde

für mechanische und optische Instrumente sehr verbreitet gewesen.

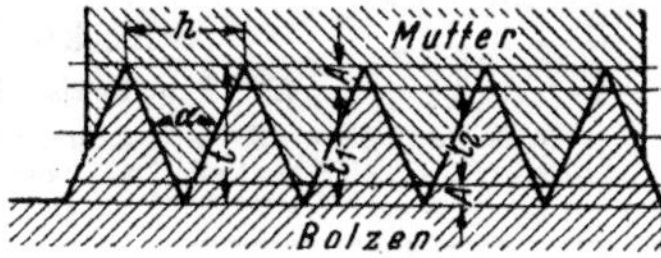

Gew.-Nr.	h mm	Gg. auf 1″	A mm	t_1 mm	t mm	α	Beispiel für die Bezeichnung
1	3,907	$6^1/_2$	0,29	3,902	4,192	50°	57,2×65 Gew. 1
2	3,092	$8^3/_4$	0,27	3,045	3,315	50°	53,9×60 „ 2
3	2,739	$9^3/_{11}$	0,25	2,687	2,937	50°	52,7×58 „ 3
4	1,953	13	0,22	1,873	2,093	50°	35,3×39 „ 4
5	1,546	$16^3/_7$	0,195	1,463	1,658	50°	47,1×50 „ 5
6	1,270	20	0,175	1,187	1,362	50°	18,6×21 „ 6
7	1,154	22	0,155	1,082	1,237	50°	22 ×24 „ 7
8	0,976	26	0,135	0,911	1,046	50°	27,2×29 „ 8
9	0,873	$29^1/_{11}$	0,115	0,820	0,935	50°	34,4×36 „ 9
10	0,705	36	0,085	0,670	0,755	50°	20,7×22 „ 10
11	0,635	40	0,065	0,443	0,508	64°	26,1×27 „ 11
12tf.	0,461	55	0,065	0,428	0,493	50°	12,1×13 „ 12tf.
12fl.	0,461	55	0,035	0,259	0,294	76°	17,5×18 „ 12fl.
13	0,288	88	0,035	0,273	0,308	50°	26 ×26,5 „ 13

[1]) **Hamann**, Maschinenfabrikant (Mechaniker-Drehbänke) in Berlin, in der zweiten Hälfte des vorigen Jahrhunderts.

Uhrschrauben-Gewinde

der Systeme „Thury“[1]) und „British Association Standard Screw Threads“ (B. A.)
(gebräuchlich gewesen für Instrumente und Uhren).

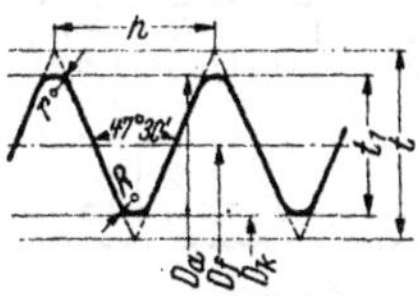

$t = 1{,}1364 \cdot h;\ t_1 = t_2 = 0{,}6 \cdot h$

Abrundungen	äußere (r)	innere (R)
B. A.	$^2/_{11} \cdot h$	$^2/_{11} \cdot h$
Thury	$^1/_6 \cdot h$	$^1/_5 \cdot h$

Nr.	0	1	2	3	4	5	6	7	8
D_a . . mm	6	5,3	4,7	4,1	3,6	3,2	2,8	2,5	2,2
h . . . „	1	0,9	0,81	0,73	0,66	0,59	0,53	0,48	0,43
D_k . . „	4,8	4,22	3,728	3,224	2,808	2,492	2,164	1,924	1,684
Nr.	**9**	**10**	**11**	**12**	**13**	**14**	**15**	**16**	**17**
D_a . . mm	1,9	1,7	1,5	1,3	1,2	1	0,9	0,79	0,7
h . . . „	0,39	0,35	0,31	0,28	0,25	0,23	0,21	0,19	0,17
D_k . . „	1,432	1,28	1,128	0,964	0,9	0,724	0,648	0,562	0,496
Nr.	**18**	**19**	**20**	**21**	**22**	**23**	**24**	**25**	
D_a . . mm	0,62	0,54	0,48	0,42	0,37	0,33	0,29	0,25	
h . . . „	0,15	0,14	0,12	0,11	0,098	0,098	0,08	0,072	
D_k . . „	0,44	0,372	0,336	0,288	0,252	0,223	0,194	0,164	

[1]) **Thury**, Ingenieur, Universitätsprofessor in Genf, gest. am 17. Januar 1905.

Britisches Normal-Feingewinde.

(B.S.F. = British Standard Fine Screw Thread.)

Dieses Gewinde wurde 1908 aufgestellt und 1913 sowie 1918 überarbeitet. Die Durchmesser $^{15}/_{16}''$, $1^{7}/_{8}''$ und alle $>3''$ wurden 1918 gestrichen, $^{7}/_{32}''$ ($z = 28$) und $^{9}/_{32}''$ ($z = 26$) neu aufgenommen.

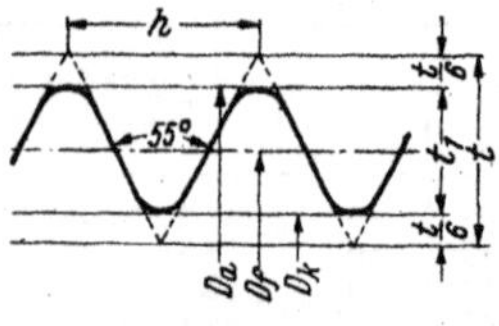

Außendurchmesser .	D_a	$D_k + 2t_1$; $D_f + t_1$
Kerndurchmesser .	D_k	$D_a - 2t_1$; $D_f - t_1$
Flankendurchmesser	D_f	$^1/_2(D_a + D_k)$; $D_a - t_1$
Steigung	h	25,4: Gangzahl auf 1″
Gewindetiefe . . .	t_1	$^2/_3 t$; $0{,}64033 \cdot h$; $16{,}264 \cdot z$
Gangzahl	z	
Dreieckshöhe . . .	t	$0{,}96049 \cdot h$

D_a engl. Zoll	$^1/_4$	$^5/_{16}$	$^3/_8$	$^7/_{16}$	$^1/_2$	$^9/_{16}$	$^5/_8$	$^{11}/_{16}$	$^3/_4$
D_a mm	6,350	7,938	9,525	11,113	12,701	14,288	15,876	17,463	19,051
D_k . . . mm	5,099	6,457	7,899	9,305	10,668	12,254	13,552	15,139	16,341
z	26	22	20	18	16	16	14	14	12
h . . . mm	0,977	1,156	1,270	1,411	1,588	1,588	1,814	1,814	2,117
D_a engl. Zoll	$^{13}/_{16}$	$^7/_8$	$^{15}/_{16}$	1	$1^1/_8$	$1^1/_4$	$1^3/_8$	$1^1/_2$	$1^5/_8$
D_a mm	20,638	22,225	23,813	25,401	28,576	31,751	34,926	38,101	41,277
D_k . . . mm	17,928	19,267	20,855	22,147	24,962	28,137	30,860	34,035	37,211
z	12	11	11	10	9	9	8	8	8
h . . . mm	2,117	2,309	2,309	2,540	2,822	2,822	3,175	3,175	3,175
D_a engl. Zoll	$1^3/_4$	$1^7/_8$	2	$2^1/_4$	$2^1/_2$	$2^3/_4$	3	$3^1/_4$	$3^1/_2$
D_a mm	44,452	47,627	50,802	57,152	63,502	69,853	76,203	82,55	88,90
D_k . . . mm	39,804	42,979	46,154	51,727	58,077	64,427	69,963	76,04	81,67
z	7	7	7	6	6	6	5	5	$4^1/_2$
h . . . mm	3,629	3,629	3,629	4,233	4,233	4,233	5,080	5,080	5,645

D_a engl. Zoll	$3^3/_4$	4	$4^1/_4$	$4^1/_2$	$4^3/_4$	5	$5^1/_4$	$5^1/_2$	$5^3/_4$	6
D_a mm	95,25	101,60	107,95	114,30	120,65	127,00	133,35	139,70	146,05	152,40
D_k . . . mm	88,02	94,37	99,83	106,18	112,52	118,87	124,06	130,41	136,76	143,11
z	$4^1/_2$	$4^1/_2$	4	4	4	4	$3^1/_2$	$3^1/_2$	$3^1/_2$	$3^1/_2$
h . . . mm	5,645	5,645	6,350	6,350	6,350	6,350	7,257	7,257	7,257	7,257

Amerikanisches Feingewinde.

(A.S.M.E., aufgestellt von American Society of Mechanical Engineers 1907.)

Gewindeform wie beim U.S.St.-Gewinde (S. 573).

Dieses Gewinde ist 1935 durch die amerikanische Norm ASA B 1.1—1935 (Feingewindereihe) ersetzt worden (siehe S. 573).

Außendurchmesser . . Zoll	**0,060**	**0,073**	**0,086**	**0,099**	**0,112**	**0,125**	**0,138**
Außendurchmesser . . mm	1,524	1,854	2,184	2,515	2,845	3,175	3,505
Gänge auf 1 Zoll	80	72	64	56	48	44	40
Kerndurchmesser . . . mm	1,112	1,397	1,669	1,925	2,156	2,426	2,680
Außendurchmesser . . Zoll	**0,151**	**0,164**	**0,177**	**0,190**	**0,216**	**0,242**	**0,268**
Außendurchmesser . . mm	3,835	4,166	4,496	4,826	5,486	6,147	6,807
Gänge auf 1 Zoll	36	36	32	30	28	24	22
Kerndurchmesser . . . mm	2,918	3,249	3,464	3,726	4,308	4,773	5,308
Außendurchmesser . . Zoll	**0,294**	**0,320**	**0,346**	**0,372**	**0,398**	**0,424**	**0,450**
Außendurchmesser . . mm	7,467	8,128	8,788	9,449	10,109	10,769	11,430
Gänge auf 1 Zoll	20	20	18	16	16	14	14
Kerndurchmesser . . . mm	5,816	6,477	6,954	7,386	8,047	8,412	9,073

Engl. „C.E.I.“-Gewinde[1]).

(Cycle Engineer Institution Thread.)

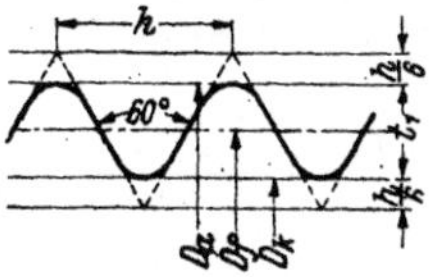

Außendurchmesser . .	D_a	
Kerndurchmesser . . .	D_k	$D_a - 2t_1$
Flankendurchmesser . .	D_f	$\frac{1}{2}(D_a + D_k)$; $D_a - t_1$
Gangzahl	z	
Steigung . . . . . . mm	h	$25{,}4 : z$
Gewindetiefe	t_1	$0{,}5327 \cdot h$
Rundung	r	$\approx 0{,}1667 \cdot h$

D_a . . . engl. Zoll	**0,056**	**0,064**	**0,072**	**0,080**	**0,092**	**0,104**	**0,125**
D_a . . . mm	1,422	1,626	1,829	2,032	2,337	2,642	3,175
D_k . . . . mm	0,965	1,190	1,393	1,596	1,854	2,028	2,499
D_f . . . . mm	1,194	1,408	1,611	1,814	2,096	2,335	2,837
z	62	62	62	62	56	44	40
h . . . . mm	0,409	0,409	0,409	0,409	0,453	0,577	0,635
D_a . . . engl. Zoll	**0,154**	**0,175**	**0,1875**	**0,250**	**0,266**	**0,281**	**0,3125**
D_a . . . mm	3,912	4,445	4,762	6,35	6,756	7,137	7,937
D_k . . . . mm	3,236	3,600	3,917	5,309	5,715	6,096	6,896
D_f . . . . mm	3,574	4,023	4,340	5,830	6,236	6,617	7,417
z	40	32	32	26	26	26	26
h . . . . mm	0,635	0,794	0,794	0,977	0,977	0,977	0,977
D_a . . . engl. Zoll	**0,375**	**0,5625**	**1,000**	**1,290**	**1,370**	**1,4375**	**1,5**
D_a . . . mm	9,525	14,287	25,4	32,766	34,797	36,512	38,10
D_k . . . . mm	8,484	12,934	24,359	31,639	33,670	35,385	36,973
D_f . . . . mm	9,004	13,611	24,880	32,203	34,233	35,949	37,537
z	26	20	26	24	24	24	24
h . . . . mm	0,977	1,270	0,977	1,058	1,058	1,058	1,058

[1]) Gebräuchlich in der englischen Fahrradindustrie.

Französisches Gewinde.

(S.F. = System Français.) Gewindeform wie Sellers, S. 573.

War in Frankreich vor Einführung des S.I.-Gewindes im Gebrauch; dort auch jetzt noch zeitweise angewendet.

Nr.	**0**	—	**1**	—	**2**	—	**3**	—	—	**4**	—	—
D_a . . . mm	6	8	10	12	14	16	18	20	22	24	26	28
h . . . „	1	1	1,5	1,5	2	2	2,5	2,5	2,5	3	3	3
D_k . . . „	4,7	6,7	8,05	10,05	11,4	13,4	14,75	16,75	18,75	20,1	22,1	24,1
D_f . . . „	5,35	7,35	9,02	11,02	12,7	14,7	16,37	18,37	20,37	22,05	24,05	26,05
Nr.	**5**	—	—	**6**	—	—	**7**	—	—	**8**	—	**9**
D_a . . . mm	30	32	34	36	38	40	42	44	46	48	50	56
h . . . „	3,5	3,5	3,5	4	4	4	4,5	4,5	4,5	5	5	5,5
D_k . . . „	25,45	27,45	29,45	30,8	32,8	34,8	36,15	38,15	40,15	41,5	43,5	48,85
D_f . . . „	27,72	29,72	31,72	33,4	35,4	37,4	39,07	41,07	43,07	44,75	46,75	52,42

Nr.	**10**	**11**	**12**	**13**	**14**	**15**	**16**	**17**	**18**	**19**
D_a . . . mm	64	72	80	88	96	106	116	126	136	148
h . . . „	6	6,5	7	7,5	8	8,5	9	9,5	10	10,5
D_k . . . „	56,2	63,55	70,9	78,25	85,6	95,95	104,3	113,65	123	134,05
D_f . . . „	60,1	67,77	75,45	83,12	90,8	100,97	110,15	119,82	129,5	141,02

Löwenherz[1])-Gewinde.

Feinmechanikergewinde, hauptsächlich in Deutschland und Österreich in Gebrauch gewesen. Ursprünglich Spitzgewinde, in der abgeflachten Form angenommen auf dem Kongreß zur Einführung einheitlicher Gewinde für Befestigungsschrauben in der Feinmechanik in München 1892. Jetzt durch das metrische Gewinde DIN 13 ersetzt. (53°8′ = Spitzenwinkel des in ein Quadrat eingeschriebenen gleichschenkligen Dreiecks.)

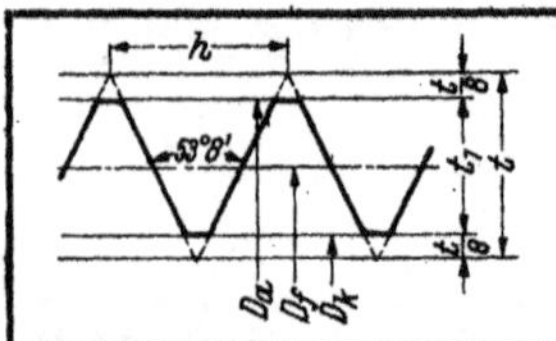

Außendurchmesser .	D_a	
Kerndurchmesser . .	D_k	$D_a - 2t_1$; $D_a - 1{,}5 \cdot h$
Flankendurchmesser	D_f	$^1/_2 (D_a + D_k)$; $D_a - 0{,}75 \cdot h$
Steigung = Dreieckshöhe	$h = t$	
Gewindetiefe	t_1	$0{,}75 \cdot h$; $0{,}75 \cdot t$

Außendurchmesser . . . . . mm	1	1,2	1,4	1,7	2	2,3	2,6	3	3,5
Steigung . . . . mm	0,25	0,25	0,3	0,35	0,4	0,4	0,45	0,5	0,6
Kerndurchmesser . . . . . „	0,625	0,825	0,95	1,175	1,4	1,7	1,925	2,25	2,6
Flankendurchmesser . . . . „	0,812	1,012	1,175	1,437	1,700	2,000	2,262	2,625	3,050
Spiralbohrer . . . . . . Nr.	71	66	61	56	53	50	47	42	36
Spiralbohrer . . . . . . mm	0,66	0,84	1	1,2	1,5	1,78	2	2,38	2,7
Schlüsselweite . . . . mm	3	4	5	5	6	6	7	7	8
Außendurchmesser . . . . . mm	**4**	**4,5**	**5**	**5,5**	**6**	**7**	**8**	**9**	**10**
Steigung . . . . mm	0,7	0,75	0,8	0,9	1	1,1	1,2	1,3	1,4
Kerndurchmesser . . . . . „	2,95	3,375	3,8	4,15	4.5	5,35	6,2	7,05	7,9
Flankendurchmesser . . . . „	3,475	3,937	4,400	4,825	5,250	6,175	7,100	8,025	8,950
Spiralbohrer . . . . . . Nr.	31	29	23	18	14	—	E	—	P
Spiralbohrer . . . . . . mm	3,1	3,5	3,9	4,3	4,6	5,5	6,4	7,25	8,2
Schlüsselweite . . . . mm	8	10	10	12	12	14	14	17	17

[1]) Dr. Leop. Löwenherz, geb. 1847 zu Czarnikau in Posen, Abteilungs-Direktor der Phys.-Techn. Reichsanstalt in Charlottenburg, gest. 1892.

Bodmer[1])-Gewinde früher für mechanische und optische Instrumente.

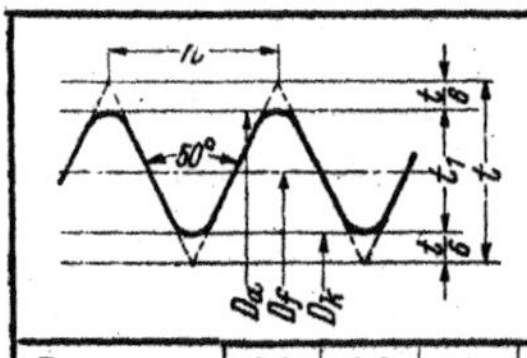

Außendurchmesser .	D_a	
Kerndurchmesser .	D_k	$D_a - 2t_1$; $D_a - 1{,}42968 \cdot h$
Flankendurchmesser	D_f	$^1/_2 (D_a + D_k)$; $D_a - t_1$
Steigung	h	
Gewindetiefe . . .	t_1	$^2/_3 \cdot t$; $0{,}71484 \cdot h$
Dreieckshöhe . . .	t	$1{,}07225 \cdot h$
Gangzahl auf 25 mm	z'	

D_a . . mm	3,0	3,5	4	4,5	5	5,5	6	7	8	9	10	11
h . . mm	0,625	0,625	0,715	0,715	0,834	0,834	0,834	1,00	1,00	1,25	1,25	1,25
z'	40	40	35	35	30	30	30	25	25	20	20	20
D_k . . mm	2,107	2,607	2,978	3,478	3,808	4,308	4,808	5,57	6,67	7,213	8,213	9,213

D_a . . mm	12	13	14	15	16	18	20	22	24
h . . mm	1,471	1,471	1,724	1,724	2	2	2,5	2,5	2,78
z'	17	17	14,5	14,5	12,5	12,5	10	10	9
D_k . . mm	9,897	10,897	11,535	12,535	13,141	15,141	16,426	18,426	20,026
D_a . . mm	**26**	**28**	**30**	**32**	**34**	**38**	**42**	**46**	**50**
h . . mm	2,78	3,125	3,125	3,571	3,571	4,167	4,167	5	5
z'	9	8	8	7	7	6	6	5	5
D_k . . mm	22,026	23,532	25,532	26,895	28,895	32,043	36,043	38,852	42,852

[1]) Bodmer, zuerst Mechaniker, später Artillerieoffizier, Fabrikleiter usw., geb. 1786 in Zürich, gest. 1864 in Zürich.

Amerikanisches Normalgewinde

nach ASA B 1.1—1935.

Dieses Gewinde hat Sellers[1])-Profil, die Norm ist aus einer Zusammenfassung der U.S.St.-, A.S.M.E.- und S.A.E.-Gewinde entstanden. Sie enthält 5 Reihen, und zwar je eine für Grob-, Fein-, 8-, 12- und 16-Gang-Gewinde. Das Profil wird als Amerikanische Nationalform (American National Form of Thread) bezeichnet.

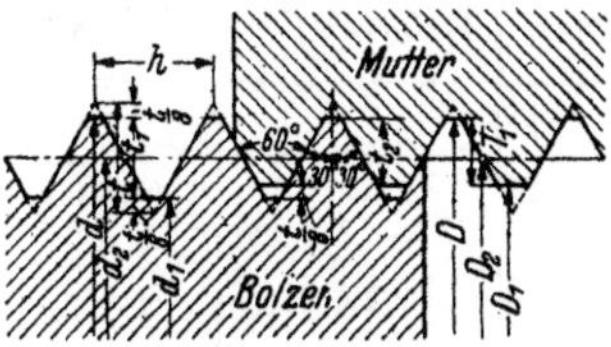

Dreieckshöhe $t = 0{,}8660 \cdot h$

Gewindetiefe $t_1 = 0{,}6495 \cdot h$

Gewindetiefe $T_1 = 0{,}5413 \cdot h$

Tragtiefe $t_2 = 0{,}5413 \cdot h$

Bezeichnung	Grobgewinde-Reihe[2])						Feingewinde-Reihe[2])					
	d mm	d_1 mm	d_2 mm	Gang auf 1″	h mm	t_1 mm	d mm	d_1 mm	d_2 mm	Gang auf 1″	h mm	t_1 mm
Nr. 0	—	—	—	—	—	—	1,524	1,112	1,318	80	0,318	0,206
„ 1	1,854	1,338	1,596	64	0,397	0,258	1,854	1,395	1,625	72	0,353	0,229
„ 2	2,184	1,594	1,889	56	0,454	0,295	2,184	1,668	1,926	64	0,397	0,258
„ 3	2,515	1,827	2,171	48	0,529	0,344	2,515	1,925	2,220	56	0,454	0,295
„ 4	2,845	2,021	2,433	40	0,635	0,412	2,845	2,157	2,501	48	0,529	0,344
„ 5	3,175	2,351	2,763	40	0,635	0,412	3,175	2,425	2,800	44	0,577	0,375
„ 6	3,505	2,473	2,989	32	0,794	0,516	3,505	2,681	3,093	40	0,635	0,412
„ 8	4,166	3,134	3,650	32	0,794	0,516	4,166	3,250	3,708	36	0,706	0,458
„ 10	4,826	3,450	4,138	24	1,058	0,688	4,826	3,794	4,310	32	0,794	0,516
„ 12	5,486	4,110	4,798	24	1,058	0,688	5,486	4,308	4,897	28	0,907	0,589
1/4″	6,350	4,700	5,525	20	1,270	0,825	6,350	5,171	5,762	28	0,907	0,589
5/16″	7,938	6,104	7,021	18	1,411	0,917	7,938	6,562	7,250	24	1,058	0,688
3/8″	9,525	7,463	8,494	16	1,588	1,031	9,525	8,150	8,837	24	1,058	0,688
7/16″	11,113	8,755	9,934	14	1,814	1,179	11,113	9,463	10,288	20	1,270	0,825
1/2″	12,700	10,162	11,431	13	1,954	1,269	12,700	11,050	11,875	20	1,270	0,825
9/16″	14,288	11,538	12,913	12	2,117	1,375	14,288	12,454	13,371	18	1,411	0,917
5/8″	15,875	12,875	14,375	11	2,309	1,500	15,875	14,041	14,958	18	1,411	0,917
3/4″	19,050	15,750	17,400	10	2,540	1,650	19,050	16,988	18,019	16	1,588	1,031
7/8″	22,225	18,559	20,392	9	2,822	1,833	22,225	19,867	21,046	14	1,814	1,179
1″	25,400	21,276	23,338	8	3,175	2,062	25,400	23,042	24,221	14	1,814	1,179
1/8″	28,575	23,861	26,218	7	3,629	2,357	28,575	25,825	27,200	12	2,117	1,375
1/4″	31,750	27,036	29,393	7	3,629	2,357	31,750	29,000	30,375	12	2,117	1,375
3/8″	34,925	29,426	32,174	6	4,234	2,750	34,925	32,174	33,551	12	2,117	1,375
1/2″	38,100	32,600	35,350	6	4,234	2,750	38,100	35,350	36,725	12	2,117	1,375
3/4″	44,450	37,850	41,150	5	5,080	3,300						
2″	50,800	43,468	47,134	4 1/2	5,645	3,666						
1/4″	57,150	49,818	53,484	4 1/2	5,645	3,666						
1/2″	63,500	55,250	59,375	4	6,350	4,125						
3/4″	69,850	61,600	65,725	4	6,350	4,125						
3″	76,200	67,950	72,075	4	6,350	4,125						
1/4″	82,550	74,300	78,425	4	6,350	4,125						
1/2″	88,900	80,650	84,775	4	6,350	4,125						
3/4″	95,250	87,000	91,125	4	6,350	4,125						
4″	101,600	93,350	97,475	4	6,350	4,125						

[1]) William Sellers, Prof. am Stevens-Institut, Leiter der Kanadischen Niagara-Kraft-Gesellschaft, geb. 1827 in Philadelphia.

[2]) Theoretisches Bolzenprofil.

Amerikanisches Sondergewinde

nach ASA B 1.1—1935.

(Feingewinde für Konstruktionszwecke.)

Profil wie beim Amerikanischen Normalgewinde.

Bezeichnung	Außendurchm. mm	8-Gang-Reihe	12-Gang-Reihe	16-Gang-Reihe
$^1/_2$″	12,700	—	12	—
$^9/_{16}$″	14,288	—	12	—
$^5/_8$″	15,875	—	12	—
$^{11}/_{16}$″	17,463	—	12	—
$^3/_4$″	19,050	—	12	16
$^{13}/_{16}$″	20,638	—	12	16
$^7/_8$″	22,225	—	12	16
$^{15}/_{16}$″	23,813	—	12	16
1″	25,400	8	12	16
1 $^1/_{16}$″	26,988	—	12	16
1 $^1/_8$″	28,575	8	12	16
1 $^3/_{16}$″	30,163	—	12	16
1 $^1/_4$″	31,750	8	12	16
1 $^5/_{16}$″	33,338	—	12	16
1 $^3/_8$″	34,925	8	12	16
1 $^7/_{16}$″	36,513	—	12	16
1 $^1/_2$″	38,100	8	12	16
1 $^9/_{16}$″	39,688	—	—	16
1 $^5/_8$″	41,275	8	12	16
1 $^{11}/_{16}$″	42,863	—	—	16
1 $^3/_4$″	44,450	8	12	16
1 $^{13}/_{16}$″	46,038	—	—	16
1 $^7/_8$″	47,625	8	12	16
1 $^{15}/_{16}$″	49,213	—	—	16

Fortsetzung S. 575.

Amerikanisches Sondergewinde.

Fortsetzung von S. 574.

Bezeichnung	Außendurchm. mm	8-Gang-Reihe	12-Gang-Reihe	16-Gang-Reihe
2″	50,800	8	12	16
$2^1/_{16}$″	52,388	—	—	16
$2^1/_8$″	53,975	8	12	16
$2^3/_{16}$″	55,563	—	—	16
$2^1/_4$″	57,150	8	12	16
$2^5/_{16}$″	58,738	—	—	16
$2^3/_8$″	60,325	—	12	16
$2^7/_{16}$″	61,913	—	—	16
$2^1/_2$″	63,500	8	12	16
$2^5/_8$″	66,675	—	12	16
$2^3/_4$″	69,850	8	12	16
$2^7/_8$″	73,025	—	12	16
3″	76,200	8	12	16
$3^1/_8$″	79,375	—	12	16
$3^1/_4$″	82,550	8	12	16
$3^3/_8$″	85,725	—	12	16
$3^1/_2$″	88,900	8	12	16
$3^5/_8$″	92,075	—	12	16
$3^3/_4$″	95,250	8	12	16
$3^7/_8$″	98,425	—	12	16
4″	101,600	8	12	16
$4^1/_4$″	107,950	8	12	—
$4^1/_2$″	114,300	8	12	—
$4^3/_4$″	120,650	8	12	—
5″	127,000	8	12	—
$5^1/_4$″	133,350	8	12	—
$5^1/_2$″	139,700	8	12	—
$5^3/_4$″	146,050	8	12	—
6″	152,400	8	12	—

Nähmaschinen-Gewinde (Nähnorm 100).

Gewindeform wie U.S.St.-Gewinde (S. 573).

Außen-durchm. in Zoll	Gänge auf 1"	Steigung	Bolzen		Bolzen u. Mutter	Mutter	
			Außen-durchm.	Kern-durchm.	Flanken-durchm.	Außen-durchm.	Kern-durchm.
		mm	mm	mm	mm	mm	mm
5/64	64	0,397	1,984	1,468	1,726	2,013	1,554
3/32	100	0,254	2,381	2,051	2,215	2,399	2,106
3/32	56	0,4535	2,381	1,791	2,086	2,414	1,889
1/8	44	0,577	3,175	2,425	2,800	3,217	2,550
9/64	40	0,635	3,572	2,748	3,160	3,618	2,885
11/64	40	0,635	4,366	3,542	3,954	3,412	3,679
3/16	32	0,7958	4,763	4,731	4,247	4,820	4,903
3/16	28	0,907	4,763	3,591	4,177	4,828	3,786
15/64	28	0,907	5,953	4,781	5,367	6,018	4,976
1/4	40	0,635	6,350	5,526	5,938	6,396	5,663
9/32	20	1,270	7,144	5,494	6,319	7,236	5,769
9/32	28	0,907	7,144	5,972	6,558	7,209	6,167
5/16	18	1,411	7,938	6,104	7,021	8,040	6,410
3/8	28	0,907	9,525	8,353	8,939	9,590	8,548
7/16	28	0,907	11,113	9,941	10,527	11,178	10,136
9/16	20	1,270	14,288	12,638	13,463	14,380	12,913

Fahrrad-Gewinde nach DIN FAFA 4.

Gewindeform wie das C.E.I.-Gewinde (S. 571).

Die Gewinde mit den Außendurchmessern 2,337, 6,350, 7,938, 9,525, 14,288, 25,400, 32,766, 34,798 stimmen mit den C.E.I.-Gewinden gleichen Durchmessers überein. Abweichend ist folgendes Gewinde:

Außendurchm.	Kerndurchm.	Flankendurchm.	Gangzahl	Steigung
2,032	1,548	1,790	56	0,454

Schlauchventil-Gewinde früher DIN KrG 410, jetzt DIN Kr 4701.

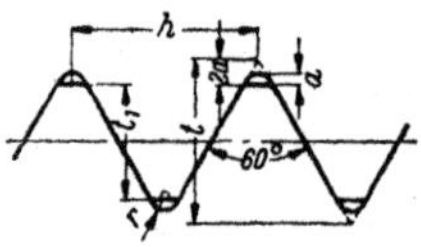

Theoretische Werte:

Gewinde-bezeichnung	$t = 0{,}866 \cdot h$	$t_1 = 0{,}703 \cdot h$	$a = r = 0{,}054 \cdot h$
	mm	mm	mm
Vg 8	0,687	0,558	0,043
Vg 10	0,785	0,638	0,049
Vg 12	0,846	0,687	0,053

Gewinde-bezeichnung	Steigung h	Gangzahl auf 1 Zoll	Bolzen					
			Außendurchm.		Kerndurchm.		Flankendurchm.	
			Größtmaß	Kleinstmaß	Größtmaß	Kleinstmaß	Größtmaß	Kleinstmaß
	mm		mm	mm	mm	mm	mm	mm
Vg 8	0,794	32	7,747	7,620	6,630	6,503	7,232	7,105
Vg 10	0,907	28	10,338	10,211	9,063	8,936	9,749	9,622
Vg 12	0,977	26	12,243	12,091	10,869	10,717	11,608	11,456

Gewinde-bezeichnung	Steigung h	Gangzahl auf 1 Zoll	Mutter					
			Außendurchm.		Kerndurchm.		Flankendurchm.	
			Größtmaß	Kleinstmaß	Größtmaß	Kleinstmaß	Größtmaß	Kleinstmaß
	mm		mm	mm	mm	mm	mm	mm
Vg 8	0,794	32	8,062	7,935	6,945	6,818	7,460	7,333
Vg 10	0,907	28	10,665	10,538	9,388	9,261	9,977	9,850
Vg 12	0,977	26	12,601	12,449	11,227	11,075	11,862	11,710

Die Gewinde stimmen überein mit I.A.E. (Institution of Automobile Engineers), London, Data Sheet No. 100 v. Sept. 1923, ferner I.A.E.-Handbuch 1938.

Amerikanisches scharfes „V“-Gewinde.

(Bis 1909 in Amerika gebräuchlich gewesen.)

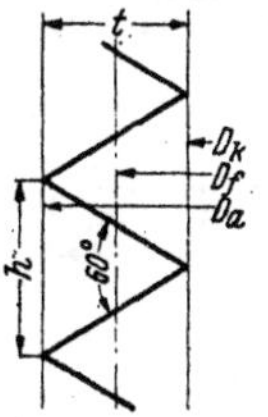

Bezeichnung	Zeichen	Formel
Außendurchmesser . .	D_a	
Kerndurchmesser . .	D_k	$D_a - 2t$; $D_a - 1{,}73206 \cdot h$
Flankendurchmesser .	D_f	$D_a - t$; $D_a - 0{,}86603 \cdot h$
Steigung	h	
Gewindetiefe	t	$0{,}86603 \cdot h$
Gangzahl auf 1 Zoll .	z	

Außendurchmesser Zoll	Außendurchmesser mm	Gangzahl auf 1 Zoll	Steigung mm	Gewindetiefe mm	Kerndurchmesser mm	Flankendurchmesser mm
1/4	6,35	20	1,27	1,10	4,15	5,25
5/16	7,94	18	1,41	1,22	5,50	6,72
3/8	9,52	16	1,59	1,37	6,78	8,15
7/16	11,11	14	1,81	1,57	7,97	9,54
1/2	12,70	12	2,12	1,83	9,04	10,87
9/16	14,29	12	2,12	1,83	10,63	12,46
5/8	15,87	11	2,31	2,00	11,87	13,87
11/16	17,46	11	2,31	2,00	13,46	15,46
3/4	19,05	10	2,54	2,20	14,65	16,85
13/16	20,64	10	2,54	2,20	16,24	18,44
7/8	22,22	9	2,82	2,44	17,34	19,78
15/16	23,81	9	2,82	2,44	18,93	21,37
1	25,40	8	3,17	2,75	19,90	22,65
1 1/8	28,57	7	3,63	3,14	22,29	25,43
1 1/4	31,75	7	3,63	3,14	25,47	28,61
1 3/8	34,92	6	4,23	3,67	27,58	31,25
1 1/2	38,10	6	4,23	3,67	30,76	34,43
1 5/8	41,27	5	5,08	4,40	32,47	36,87
1 3/4	44,45	5	5,08	4,40	35,65	40,50
1 7/8	47,62	4 1/2	5,64	4,89	37,84	42,73
2	50,80	4 1/2	5,64	4,89	41,02	45,91
2 1/8	53,97	4 1/2	5,64	4,89	44,19	49,08
2 1/4	57,15	4 1/2	5,64	4,89	47,37	52,26
2 3/8	60,32	4 1/2	5,64	4,89	50,54	55,43
2 1/2	63,50	4	6,35	5,50	52,50	58,00
2 5/8	66,67	4	6,35	5,50	55,67	61,17
2 3/4	69,85	4	6,35	5,50	58,85	64,35
2 7/8	73,02	4	6,35	5,50	62,04	67,52
3	76,20	3 1/2	7,26	6,28	63,64	69,92
3 1/8	79,37	3 1/2	7,26	6,28	66,81	73,09
3 1/4	82,55	3 1/2	7,26	6,28	69,99	76,27
3 3/8	85,72	3 1/4	7,82	6,77	72,18	78,95
3 1/2	88,90	3 1/4	7,82	6,77	75,36	82,13
3 5/8	92,07	3 1/4	7,82	6,77	78,53	85,30
3 3/4	95,25	3	8,47	7,33	80,59	87,92
3 7/8	98,42	3	8,47	7,33	83,76	91,09
4 [1]	101,60	3	8,47	7,33	86,94	94,27

[1]) Die Tafel war für Durchmesser bis 6″ aufgestellt.

Amerikanische Automobil-Schrauben.

(S.A.E.-Gewinde, aufgestellt von The Society of Automobile Engineers, U.S.A., Juni 1911.)

Jedes Jahr erscheint das S.A.E.-Handbuch mit den Normen. Sie entsprechen der Norm ASA B 1.1—1935, enthalten jedoch noch ein Sonder-Feingewinde.

Profil wie U.S.St.-Gewinde (S. 573).

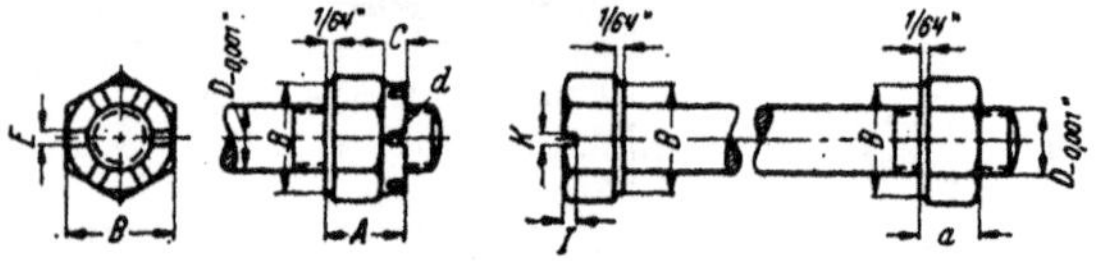

Gewindelänge = 1,5fache des Durchmessers.

Abflachung = 1/8 der Gewindesteigung = $\frac{h}{8}$.

D = Außendurchmesser . engl. Zoll	1/4	5/16	3/8	7/16	1/2	9/16	5/8	11/16
P = Gangzahl . . auf 1 engl. Zoll	28	24	24	20	20	18	18	16
A = Kronmutterhöhe . . „ „	9/32	21/64	13/32	29/64	9/16	39/64	23/32	49/64
a = Mutterhöhe . . . . „ „	7/32	17/64	21/64	3/8	7/16	31/64	35/64	19/32
B = Schlüsselweite . . . „ „	7/16	1/2	9/16	5/8	3/4	7/8	15/16	1
C = Kronhöhe . . . . . „ „	3/32	3/32	1/8	1/8	3/16	3/16	1/4	1/4
E = Kronschlitzbreite . „ „	5/64	5/64	1/8	1/8	1/8	5/32	5/32	5/32
H = Kopfhöhe . . . . . „ „	3/16	15/64	9/32	21/64	3/8	27/64	15/32	33/64
I = Schlitztiefe i. Kopf . „ „	3/32	7/64	1/8	1/8	1/8	1/8	1/8	1/8
K = Schlitzbreite . . . . „ „	1/16	1/16	3/32	3/32	3/32	3/32	3/32	3/32
d = Splintstärke . . . „ „	1/16	1/16	3/32	3/32	3/32	1/8	1/8	1/8
D = Außendurchmesser . engl. Zoll	3/4	7/8	1	1 1/8	1 1/4	1 3/8	1 1/2	
P = Gangzahl . . auf 1 engl. Zoll	16	14	14	12	12	12	12	
A = Kronmutterhöhe . . „ „	13/16	29/32	1	1 5/32	1 1/4	1 13/32	1 1/2	
a = Mutterhöhe . . . . „ „	21/32	49/64	7/8	63/64	1 3/32	1 13/64	1 5/16	
B = Schlüsselweite . . . „ „	1 1/16	1 1/4	1 7/16	1 5/8	1 13/16	2	2 3/16	
C = Kronhöhe . . . . . „ „	1/4	1/4	1/4	5/16	5/16	3/8	3/8	
E = Kronschlitzbreite . . „ „	5/32	5/32	5/32	7/32	7/32	1/4	1/4	
H = Kopfhöhe . . . . . „ „	9/16	21/32	3/4	27/32	15/16	1 1/32	1 1/8	
I = Schlitztiefe i. Kopf . „ „	1/8	1/8	1/8	7/32	7/32	1/4	1/4	
K = Schlitzbreite . . . . „ „	3/32	3/32	3/32	5/32	5/32	3/16	3/16	
d = Splintstärke . . . . „ „	1/8	1/8	1/8	11/64	11/64	13/64	13/64	

Alle Köpfe und Muttern blank.

Für Schrauben und Muttern ist Stahl von mindestens 80 kg Bruchfestigkeit und einer zulässigen Beanspruchung auf Zug mit 50 kg zu verwenden.

Schaft, Kopf und Mutter bleiben weich, nur Kronmuttern werden gehärtet.

In Gußeisen, Bronze und Aluminium wird das U.S.St.-Gewinde verwendet.

Eisengewindeschrauben.

In Deutschland vor Aufstellung des VDI-Gewindes gebräuchlich gewesen.
(Gewindeform wie Whitworth; nach Karl Bauer G. m. b. H., Cronenberg.)

Nr	Außen-Dmr.[1] mm	Kern-Dmr. mm	Flank.-Dmr. mm	Stei-gung mm	Gangz. auf 1"	Nr.	Außen-Dmr.[1] mm	Kern-Dmr. mm	Flank.-Dmr. mm	Stei-gung mm	Gangz. auf 1"
3	2,65	1,836	2,243	0,635	40	14	6,30	4,632	5,466	1,303	19,5
4	2,90	2,086	2,493	0,635	40	15	6,70	5,032	5,866	1,303	19,5
5	3,15	2,336	2,743	0,635	40	16	7,05	5,192	6,121	1,451	17,5
6	3,45	2,310	2,880	0,891	28,5	17	7,50	5,642	6,571	1,451	17,5
7	3,85	2,710	3,280	0,891	28,5	18	7,90	6,042	6,971	1,451	17,5
8	4,20	3,060	3,630	0,891	28,5	19	8,30	6,442	7,371	1,451	17,5
9	4,60	3,366	3,983	0,963	26,354	20	8,70	6,666	7,683	1,588	16
10	4,90	3,666	4,283	0,963	26,354	21	9,00	6,966	7,983	1,588	16
11	5,20	3,966	4,583	0,963	26,354	22	9,50	7,466	8,483	1,588	16
12	5,60	4,366	4,983	0,963	26,354	23	10,00	7,966	8,983	1,588	16
13	5,90	4,232	5,066	1,303	19,5						

[1]) Die Durchmesser entsprechen der französischen Drahtlehre.

Eisengewindeschrauben. (Gewindeform nach Whitworth.)

Die unterstrichenen Gangzahlen sind die gebräuchlichsten gewesen.

Nr. der Eisengewinde-Schraubenlehre	1	1½	2	3	4	5	6	7	8	9
Durchm. mm	1,70	1,97	2,14	2,47	2,81	3,14	3,52	3,81	4,14	4,48
Durchm. etwa engl. Zoll	1/16	5/64	5/64	3/32	7/64	1/8	9/64	5/32	5/32	11/64
Gänge auf 1 engl. Zoll	56 60 64 72	56	48 $\underline{56}$ 64	40 44 48 56	32 $\underline{36}$ $\underline{40}$ 42 48	32 36 $\underline{40}$	30 $\underline{32}$ 36 38 40 48	30 $\underline{32}$ 40	30 $\underline{32}$ 36 44	24 $\underline{27}$ $\underline{28}$ 30 32
Nr. der Eisengewinde-Schraubenlehre	10	11	12	13	14	15	16	17	18	19
Durchm. mm	4,81	5,15	5,48	5,81	6,15	6,48	6,82	7,15	7,48	7,82
Durchm. etwa engl. Zoll	3/16	13/64	7/32	15/64	15/64	1/4	17/64	9/32	19/64	5/16
Gänge auf 1 engl. Zoll	$\underline{24}$ $\underline{28}$ 30 32 36	$\underline{24}$ 28 30	20 $\underline{24}$ 32	20 22 24 $\underline{32}$	18 $\underline{20}$ 24	18 $\underline{20}$ 24	16 18 $\underline{20}$	16 18 $\underline{20}$	16 $\underline{18}$ $\underline{20}$	16 $\underline{18}$ $\underline{20}$
Nr. der Eisengewinde-Schraubenlehre	20	21	22	23	24	25	26	28	30	
Durchm. mm	8,15	8,50	8,82	9,15	9,49	9,80	10,16	10.83	11,5	
Durchm. etwa engl. Zoll	21/64	11/32	11/32	23/64	3/8	25/64	2/5	0,424	0,45	
Gänge auf 1 engl. Zoll	$\underline{16}$ $\underline{18}$	$\underline{18}$	$\underline{16}$ $\underline{18}$	$\underline{16}$	14 $\underline{16}$ 18	16	$\underline{16}$ 14	$\underline{14}$ 16	$\underline{14}$ 16	

Gewinde nach der Birmingham-Drahtlehre. (Gewindeform nach Whitworth.)

In Deutschland vor Aufstellung des VDI-Gewindes gebräuchlich gewesen.

Nr. der Birmingham-Drahtlehre	17	16	15	14	13	12
Durchmesser . . . . mm	1,47	1,65	1,83	2,11	2,41	2,77
Gänge auf 1 engl. Zoll	56 72	50 60 64	54 56 60 64	56 60 64	48 54 56	40 42 48 50 56

Nr. der Birmingham-Drahtlehre	11	10	9	8	7
Durchmesser . . . . mm	3,5	3,40	3,76	4,19	4,57
Gänge auf 1 engl. Zoll	38 40 42 50 56	38 40 42	38	38 40	38

Deutsches-VDI-Rohrgewinde.

Angenommen im Jahre 1903 vom Verein Deutscher Ingenieure, vom Verein deutscher Gas- und Wasserfachmänner, vom Verein deutscher Zentralheizungsindustrieller, vom Verband deutscher Röhrenwerke.

Durch DIN 259 (S. 561) ersetzt.

(Whitworth-Gewindeform.)

Lichter Rohrdurchmesser engl. Zoll	1/4	3/8	1/2	5/8	3/4
„ „ mm	6,35	9,525	12,7	15,875	19,05
Anzahl der Gänge auf 1 engl. Zoll	19	19	14	14	14
Äuß. Rohr- u. Gewindedurchm. mm	13	16,5	20,5	23	26,5
Kerndurchmesser . . . . . . „	11,29	14,79	18,18	20,68	24,18
Flankendurchmesser . . . . . „	12,145	15,645	19,34	21,84	25,34
Lichter Rohrdurchmesser engl. Zoll	1	1 1/4	1 1/2	1 3/4	2
„ „ mm	25,4	31,749	38,099	44,449	50,799
Anzahl der Gänge auf 1 engl. Zoll	11	11	11	11	11
Äuß. Rohr- u. Gewindedurchm. mm	33	42	48	52	59
Kerndurchmesser . . . . . . „	30,04	39,04	45,04	49,04	56,04
Flankendurchmesser . . . . . „	31,52	40,52	46,52	50,52	57,52
Lichter Rohrdurchmesser engl. Zoll	2 1/4	2 1/2	3	3 1/2	4
„ „ mm	57,149	63,499	76,199	88,898	101,6
Anzahl der Gänge auf 1 engl. Zoll	11	11	11	11	11
Äuß. Rohr- u. Gewindedurchm. mm	70	76	89	101,5	114
Kerndurchmesser . . . . . . „	67,04	73,04	86,04	98,54	11,04
Flankendurchmesser . . . . . „	68,52	74,52	87,52	100,02	112,52

Anmerkung: Das unabänderliche Maß des Rohres ist sein äußerer Durchmesser. Verschiedenheiten der Wandstärken werden durch Änderungen des inneren Durchmessers herbeigeführt. Die Bezeichnung nach der lichten Weite in engl. Zoll ist nur Handelsbezeichnung einer Rohrsorte. Das äußere Maß des Gewindes ist gleich dem äußeren Rohrdurchmesser.

Rohrgewinde nach Sellers.

Flankenwinkel = 60°.

Diese Sellers-Tafel wurde in Amerika aufgestellt und sehr häufig mit der Whitworth-Tafel verschmolzen, indem man die Außendurchmesser nach Sellers, die Gewindeform nach Whitworth ausführte.

Das Sellers-Rohrgewinde ist später durch das kegelige Briggs-Rohrgewinde verdrängt, letzteres 1919 durch das ASTP-Gewinde (S. 581) ersetzt worden.

Lichte Rohrweite . engl. Zoll	1/8	1/4	3/8	1/2	5/8	3/4	7/8
„ „ . . . mm	3,18	6,35	9,53	12,7	15,88	19,05	22,23
Gangzahl auf 1 engl. Zoll . .	26	19	19	14	14	14	14
Außendurchmesser . . . mm	10,32	13,49	15,87	20,64	23,02	26,20	30,16
Kerndurchmesser . . . . „	9,14	11,76	14,14	18,29	20,67	23,84	27,81
Lichte Rohrweite . engl. Zoll	1	1 1/8	1 1/4	1 3/8	1 1/2	1 5/8	1 3/4
„ „ . . . mm	25,4	28,58	31,75	34,93	38,1	41,28	44,45
Gangzahl auf 1 engl. Zoll . .	11	11	11	11	11	11	11
Außendurchmesser . . . mm	33,34	37,27	41,27	44,45	47,62	50,80	53,97
Kerndurchmesser . . . . „	30,34	34,27	38,27	41,45	44,62	47,80	50,97
Lichte Rohrweite . engl. Zoll	2	2 1/4	2 1/2	2 3/4	3	3 1/2	4
„ „ . . . mm	50,8	57,15	63,5	69,85	76,2	88,9	101,6
Gangzahl auf 1 engl. Zoll . .	11	11	11	11	11	11	11
Außendurchmesser . . . mm	60,32	66,67	76,20	79,37	88,90	100,01	112,71
Kerndurchmesser . . . . „	57,32	63,67	73,20	76,37	85,90	97,00	109,71

Amerikanisches Rohrgewinde. American Standard Taper Pipe (ASTP).

Das ASTP-Gewinde ist das erweiterte Briggs-Gewinde und wurde 1919 genormt und von einer großen Reihe technischer Gesellschaften anerkannt. Flankenwinkel 60°, Abflachung $^1/_{32}$ Dreieckshöhe, Kegel 1:16 (halber Kegelwinkel 1° 47′ 22″), Gänge senkrecht zur Achse geschnitten, Steigung parallel zur Achse gemessen.

Die Norm wurde 1937 zurückgezogen und ist zur Zeit noch in Neubearbeitung. Das ASTP-Gewinde wird teilweise durch das API-Gewinde (S. 582) ersetzt.

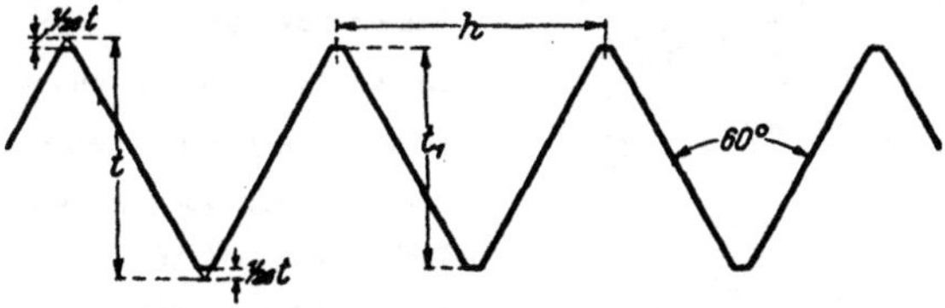

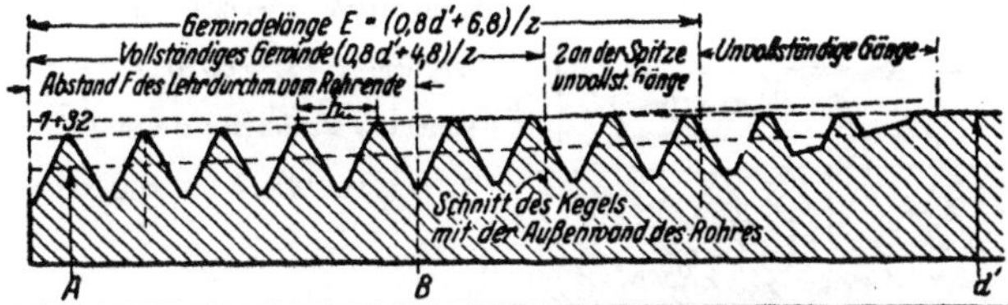

Nenndurchmesser		Gangzahl auf 1″	Steigung *h*	Außendurchmesser *d′*	Flankendurchmesser *B* im Abstand *F*	Flankendurchmesser *A* am Rohrende	Gewindelänge *E*	Einschraublänge *F*
″	mm		mm	mm	mm	mm	mm	mm
1/8	3	27	0,9407	10,287	9,519	9,233	6,700	4,572
1/4	6	18	1,4111	13,716	12,443	12,126	10,206	5,080
3/8	10	18	1,4111	17,145	15,926	15,545	10,358	6,096
1/2	13	14	1,8143	21,336	19,772	19,264	13,556	8,128
3/4	19	14	1,8143	26,670	25,117	24,579	13,861	8,611
1	25	11 1/2	2,2087	33,401	31,461	30,826	17,343	10,160
1 1/4	32	11 1/2	2,2087	42,164	40,218	39,551	17,953	10,668
1 1/2	38	11 1/2	2,2087	48,260	46,287	45,621	18,377	10,668
2	50	11 1/2	2,2087	60,325	58,325	57,633	19,215	11,075
2 1/2	64	8	3,1750	73,025	70,159	69,076	28,892	17,323
3	76	8	3,1750	88,900	86,068	84,852	30,480	19,456
3 1/2	90	8	3,1750	101,600	98,776	97,473	31,750	20,853
4	100	8	3,1750	114,300	111,433	110,093	33,020	21,438
4 1/2	113	8	3,1750	127,000	124,103	122,714	34,290	22,225
5	125	8	3,1750	141,300	138,412	136,925	35,720	23,800
6	150	8	3,1750	168,275	165,252	163,731	38,417	24,333
7	175	8	3,1750	193,675	190,560	188,972	40,957	25,400
8	200	8	3,1750	219,075	215,901	214,214	43,497	27,000
9	225	8	3,1750	244,475	241,249	239,455	46,037	28,702
10	250	8	3,1750	273,050	269,772	267,815	48,895	30,734
11	275	8	3,1750	298,450	295,133	293,093	51,435	32,639
12	300	8	3,1750	323,851	320,493	318,334	53,975	34,544
14	350	8	3,1750	355,600	352,365	349,886	57,150	39,675
15	375	8	3,1750	381,001	377,805	375,127	59,690	42,850
16	400	8	3,1750	406,401	403,245	400,368	62,230	46,025
17	425	8	3,1750	431,801	428,626	425,609	64,770	48,260
18	450	8	3,1750	457,201	454,026	450,851	67,310	50,800
20	500	8	3,1750	508,001	504,707	501,333	72,390	53,975
22	550	8	3,1750	558,810	555,388	551,816	77,470	57,150
24	600	8	3,1750	609,601	606,069	602,299	82,550	60,325
26	650	8	3,1750	660,401	656,750	652,781	87,630	63,500
28	700	8	3,1750	711,201	707,431	703,264	92,710	66,675
30	750	8	3,1750	762,001	758,112	753,764	97,790	69,850

API-Gewinde für Leitungsrohre.

(Nach den Standards Nr. 5—A, 1940 des Amerikanischen Petroleum-Institutes.)

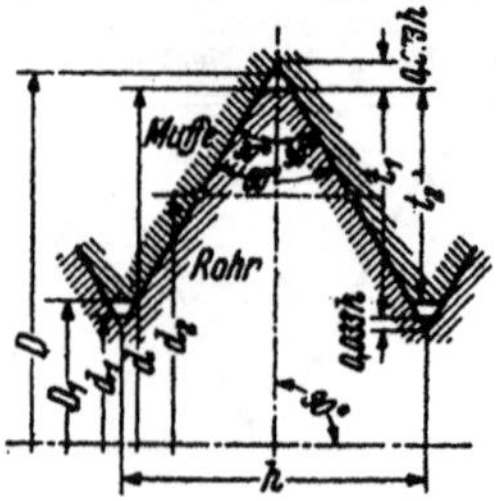

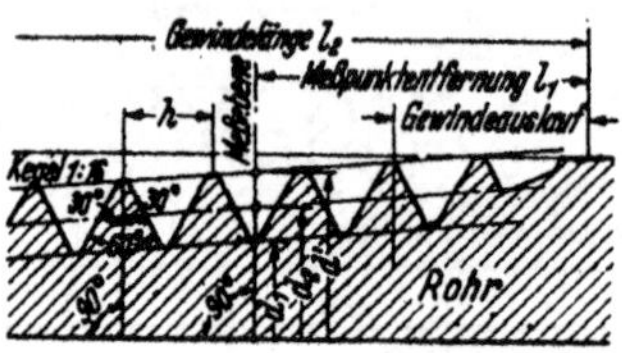

Flankenwinkel 60°,

Kegel 1 : 16 (halber Kegelwinkel 1° 47′ 22″),

Gänge senkrecht zur Achse geschnitten,

Steigung parallel zur Achse gemessen.

Dreieckshöhe $t = 0{,}866 \cdot h$

Gewindetiefe $t_1 = 0{,}760 \cdot h$

Tragtiefe $t_2 = 0{,}720 \cdot h$

Abrundungsradius für d und D_1:

$r_{\min} = 0{,}075 \cdot h$ $r_{\max} = \infty$

Nenndurchmesser ″	Rohraußendurchmesser d mm	Gangzahl auf 1″	Steigung h mm	Flankendurchmesser am Meßpunkt d_2 mm	Außendurchmesser am Meßpunkt d' mm	Meßpunktentfernung l_1 mm	Gewindelänge l_2 mm	Gewindetiefe t_1 mm
1/8	10,287	27	0,9407	9,534	10,161	4,699	9,524	0,753
1/4	13,716	18	1,4111	12,587	13,527	7,061	14,438	1,129
3/8	17,145	18	1,4111	16,016	16,956	7,061	14,581	1,129
1/2	21,336	14	1,8143	19,885	21,093	9,068	18,999	1,451
3/4	26,670	14	1,8143	25,219	26,427	9,068	19,304	1,451
1	33,401	11 1/2	2,2087	31,634	33,105	11,049	23,969	1,767
1 1/4	42,164	11 1/2	2,2087	40,397	41,868	11,049	24,578	1,767
1 1/2	48,260	11 1/2	2,2087	46,493	47,964	11,049	25,003	1,767
2	60,325	11 1/2	2,2087	58,558	60,029	11,049	34,677	1,767
2 1/2	73,025	8	3,1750	70,485	72,600	15,875	40,005	2,540
3	88,900	8	3,1750	86,360	88,475	15,875	40,005	2,540
3 1/2	101,600	8	3,1750	99,060	101,175	15,875	45,720	2,540
4	114,300	8	3,1750	111,760	113,875	15,875	45,720	2,540
5	141,300	8	3,1750	138,760	140,875	15,875	51,595	2,540
6	168,275	8	3,1750	165,735	167,850	15,875	54,293	2,540
8	219,075	8	3,1750	216,535	218,650	15,875	59,373	2,540
10	273,050	8	3,1750	270,511	272,625	15,875	64,770	2,540
12	323,850	8	3,1750	321,311	323,425	15,875	69,850	2,540
14 OD	355,600	8	3,1750	353,061	355,175	15,875	73,025	2,540
15 OD	381,000	8	3,1750	378,461	380,575	15,875	75,565	2,540
16 OD	406,400	8	3,1750	403,861	405,975	15,875	78,105	2,540
17 OD	431,800	8	3,1750	429,261	431,375	15,875	78,105	2,540
18 OD	457,200	8	3,1750	454,661	456,775	15,875	78,105	2,540
20 OD	508,000	8	3,1750	505,461	507,576	15,875	81,915	2,540

Kordelgewinde.

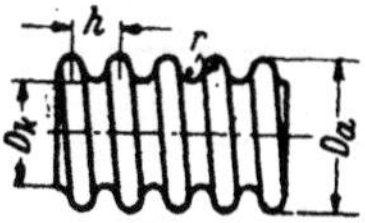

r = Halbmesser der Abrundung;

h = Steigung;

$r = \frac{h}{4}$.

Außendurchmesser mm	10	12	14	16	18	20	22	24	26	28	30
Steigung . . . . . mm	2	2,5	3	3,5	4	4	4,5	4,5	5	5	5,5
Kerndurchmesser . mm	8	9,5	11	12.5	13,5	15,5	17	19	20	22	23,5
Außendurchmesser mm	32	34	36	38	40	42	44	46	48	50	
Steigung . . . . . mm	5,5	6	6	6,5	6,5	7	7	7,5	7,5	8	
Kerndurchmesser . mm	25,5	26,5	28,5	30	32	33	35	38,5	36,5	40	

Rohrgewinde für die Rohre der Feinmechanik.

Aufgestellt vom XVI. Deutschen Mechanikertag 1905.

Wandstärke mm	Steigung mm	Gewindetiefe mm	Wandstärke mm	Steigung mm	Gewindetiefe mm
0,50	0,4	0,300	1,00	0,7	0,525
0,75	0,5	0,375	1,25	0,8	0,600

Als Steigung des auf ein Rohr zu schneidenden Gewindes ist diejenige Steigung gewählt worden, welche in der Tafel über die Befestigungsschrauben (Löwenherz-Gewinde, S. 572) für denjenigen Durchmesser vorgeschrieben ist, der das Vierfache der Wandstärke des betreffenden Rohres beträgt.

Messingrohrgewinde.

Messingrohre von $^3/_8$, $^1/_2$, $^5/_8$ und $^3/_4$ engl. Zoll lichter Weite werden mit Gewinde, das 26 Gänge auf 1 engl. Zoll besitzt, geschnitten; die Steigung beträgt demnach 0,98 mm. Der Flankenwinkel beträgt bei spitzem Gewinde $62^1/_2$° und die Gewindetiefe 0,8 mm. Meistens werden die Gewinde mit 60° Flankenwinkel geschnitten.

Stehbolzengewinde.

Stehbolzen erhalten nach DIN LON 286 ein Feingewinde mit Whitworthprofil und 10 Gang auf 1 Zoll ($h = 2,540$ mm); nur bei Feuerbüchsen aus Stahl wird nach DIN LON 282 ein 12 gängiges Gewinde ($h = 2,1167$ mm) verwendet. Die für Ausbesserungszwecke zu benutzenden Gewinde sind in DIN LON 284 enthalten.

Mikroskopobjektiv-Anschraubgewinde.

Das international gebräuchliche Gewinde für Mikroskopobjektivfassungen hat Whitworthprofil und 30 Gang auf 1 Zoll ($h = 0,7056$ mm). Die Bezeichnung lautet: 20,3 × 36 Gg. Das Gewinde ist 1924 von der Royal Microscopical Society angegeben worden:

	Außengewinde	Innengewinde
Außendurchmesser	$d = 20,274$ mm	$D = 20,320$ mm
Flankendurchmesser	$d_2 = 19,822$ mm	$D_2 = 19,868$ mm
Kerndurchmesser	$d_1 = 19,370$ mm	$D_1 = 19,416$ mm

Gewinde-Bezeichnungen nach DIN 202.

A. Eingängige Rechtsgewinde.

Art des eingängigen Rechtsgewindes	Zeichen vor der Maßzahl	Maßangabe	Beispiel	Für Gewinde nach DIN
Whitworth-Gewinde	–	Außengewindedurchmesser in Zoll mit zugefügtem Zollzeichen	2″	11
Whitworth-Feingewinde	W	Außengewindedurchmesser in Millimetern mal Steigung in Zoll	$W\ 84 \times {}^{1}/_{8}''$	239 und 240
Whitworth-Rohrgewinde	R	Nennweite des Rohres in Zoll mit zugefügtem Zollzeichen	R 4″	259
Metrisches Gewinde	M	Außengewindedurchmesser in Millimetern	M 80	13 und 14
Metrisches Feingewinde	M	Außengewindedurchmesser in Millimetern mal Steigung in Millimetern	M 104 × 4	241, 242, 243, 516, 517, 518, 519, 520 u. 521
Trapezgewinde	Tr	Außengewindedurchmesser in Millimetern mal Steigung in Millimetern	Tr 48 × 8	103, 378 und 379
Rundgewinde	Rd	Außengewindedurchmesser in Millimetern mal Steigung in Zoll	$Rd\ 40 \times {}^{1}/_{6}''$	405
Sägengewinde	S	Außengewindedurchmesser in Millimetern mal Steigung in Millimetern	S 70 × 10	513, 514 und 515

B. Links- und mehrgängige Gewinde.

Bezeichnung des Zusatzes für	Abkürzung	Zeichenort	Beispiel	Für Gewinde	Gültig für
Gas- und dampfdicht	dicht	hinter der Gewindebezeichnung	M 20 dicht 2″ dicht R 4″ dicht	–	Metrisches Whitworth- und Whitworth-Rohrgewinde
Linksgewinde[1])	links		$W\ 104 \times {}^{1}/_{8}''$ links	W	alle Gewinde unter A
			M 80 links	M	
			R 4″ links	R	
			Tr 48 × 8 links	Tr	
Mehrgängiges Gewinde rechts	(*) gäng)		2″ (2gäng)	–	
			Tr 48 × 16 (2gäng)	Tr	
Mehrgängiges Gewinde links	(*) links gäng)		2″ links (2gäng)	–	
			Tr 48 × 16 links (2gäng)	Tr	

*) Die Gangzahl ist von Fall zu Fall einzusetzen.

[1]) Bei Teilen, die mit Rechts- und mit Linksgewinde versehen sind, z. B. Stangenschlössern, Eisenbahn-Kupplungsspindeln, ist auch hinter die Gewindebezeichnung des Rechtsgewindes das Wort „rechts" zu setzen.

Maschinenelemente.

Berechnung der Schrauben.

	Beanspruchung nur auf Zug	Beanspruchung auf Zug u. Drehung
Tragfähigkeit P . . . . in kg =	$\frac{\pi \cdot d_1^2}{4} \cdot k$	$\frac{3}{4} \cdot \frac{\pi \cdot d_1^2}{4} \cdot k$
Notw. Kernquerschnitt . $\frac{\pi \cdot d_1^2}{4}$ cm² = [d_1 = Kerndurchmesser]	$\frac{P}{k}$	$\frac{4}{3} \cdot \frac{P}{k}$
Zulässige Beanspruchung k in kg/cm² =	Kohlenstoff-Stahl 500 bis 700	
	Legierter Stahl 700 „ 1000	

Zulässige Schraubenbelastungen in kg.

Whitworth-Gewinde						Metrisches Gewinde					
Nenndurchmesser engl. Zoll	Kernquerschnitt cm²	Bei Beanspruchung auf Zug kg/cm² 500	600	700	800	Nenndurchmesser mm	Kernquerschnitt cm²	Bei Beanspruchung auf Zug kg/cm² 500	600	700	800
1/4	0,18	90	105	125	140	5	0,12	60	70	85	95
3/8	0,44	220	265	310	355	10	0,49	245	295	345	395
1/2	0,78	390	470	550	630	12	0,72	360	430	500	575
5/8	1,31	655	785	920	1050	16	1,37	690	825	960	1100
3/4	1,96	980	1175	1370	1570	20	2,15	1075	1290	1500	1715
7/8	2,72	1360	1630	1905	2170	22	2,70	1350	1620	1890	2160
1	3,58	1790	2145	2500	2860	24	3,09	1550	1850	2160	2470
1 1/4	5,77	2890	3460	4040	4620	30	4,96	2480	2980	3470	3970
1 1/2	8,39	4190	5030	5870	6710	36	7,28	3640	4370	5100	5820
1 3/4	11,31	5660	6790	7920	9050	45	11,79	5900	7070	8250	9430
2	14,91	7460	8950	10440	11930	52	15,94	7970	9560	11160	12750
2 1/2	24,08	10040	14490	16860	19270	64	24,34	12170	14600	17040	19470
3	35,16	17580	21100	24610	28130	76	35,96	17980	21580	25170	28770
4	64,70	32350	38820	45290	51760	99	57,64	32280	38740	45190	51650

Sinnbilder für Schrauben nach DIN 407.

Gewindedurchmesser	1/4" M 6	5/16" M 8	3/8" M 10	1/2"	5/8"	3/4"	7/8"	1"	1 1/8"	1 1/4"	1 3/8"	1 1/2"	1 5/8"	1 3/4"
Sinnbilder für Schrauben									Kreis mit Maßangabe z. B.				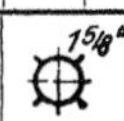	
mit normalem Durchgangsloch für Eisenbau mm	7	9	11	14	17	20	23	26	30	33	36	39	42	46
Für alle übrigen Durchgangslöcher	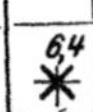	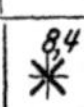	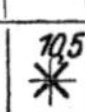	Kreis mit Maßangabe z. B.									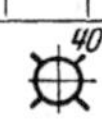	
Sinnbilder für Gewindelöcher	Doppelkreis mit Maßangabe z. B.												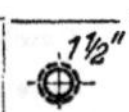	

Innensechskant-Schrauben.

Zylinderschrauben mit Innensechskant.

Nach DIN 912. Maße in mm.

Dmr. Metrisch	M 6		M 8	M 10	M 12		M 14	M 16	M 18		M 20	M 22	M 24	
Dmr. Whitworth		(1/4")	(5/16")	(3/8")		1/2"		5/8"		3/4"		7/8"		1"
Kopfdurchm.	10	11	13	16	18	19	22	24	27	30	30	33	36	38
Sechskant Eckenmaß ≈	5,8	5,8	7	9,4	11,7	11,7	14	16,3	16,3	19,8	19,8	19,8	22	22
Sechskant Schlüsselmaß	5	5	6	8	10	10	12	14	14	17	17	17	19	19
Kopfhöhe	6	6,5	8	10	12	12,5	14	16	18	19	20	22	24	25
Gewindelänge	18	18	22	25	28	30	32	36	40	42	45	48	52	55
Bolzenlänge (ohne Kopf)	12	12	15	20	25	25	30	35	40	50	50	60	70	70
	15	15	20	25	30	30	35	40	50	60	60	70	80	80
	20	20	25	30	35	35	40	50	60	70	70	80	90	90
	25	25	30	35	40	40	50	60	70	80	80	90	100	100
	30	30	35	40	50	50	60	70	80	90	90	100	110	110
			40	50	60	60	70	80	90	100	100	110	120	120

Gewindestifte, Schaftschrauben mit Innensechskant und Kegelansatz

Nach DIN 913. Maße in mm.

Dmr. Metrisch	M 6	M 8	M 10	M 12	M 14	M 16	M 18	M 20	M 22	M 24
Dmr. Whitworth	(1/4")	(5/16")	(3/8")	1/2"		5/8"	3/4"		7/8"	1"
Sechskant Eckenmaß ≈	3,5	4,7	5,8	7	7	9,4	11,7	11,7	14	14
Schlüsselmaß Kleinstmaß	3,02	4,02	5,02	6,02	6,02	8,04	10,04	10,04	12,04	12,04
Schlüsselmaß Größtmaß	3,05	4,05	5,05	6,05	6,05	8,1	10,1	10,1	12,1	12,1
Gewindelänge bei Schaftschrauben	18	22	25	28	32	36	40	45	48	52
Gesamtlänge	8	10	12	15	20	25	25	30	35	40
	10	12	15	20	25	30	30	35	40	45
	12	15	20	25	30	35	35	40	45	50
	15	20	25	30	35	40	40	45	50	55
	20	25	30	35	40	45	45	50	55	60
	25	30	35	40	45	50	50	55	60	70
	30	35	35	45	50	55	55	60	70	80
	35	35	40	45	55	60	60	70	80	90
		40	45	50	60	70	70	80	90	100
			50	55	70		80	90		
				50						

Gewindestifte, Schaftschrauben mit Innensechskant und Spitze DIN 914.
Gewindestifte, Schaftschrauben mit Innenseckskant und Zapfen DIN 915.
Sechskantstiftschlüssel DIN 911.

Durchgangslöcher für Schrauben.

Nach DIN 69. Maße in mm.

Für Gewindedurchmesser		Durchgangsloch			
		gebohrt			
Whitworth	Metrisch	fein 1	fein 2	mittel	grob 2
	1	1,1	1,2	1,3	
	1,2	1,3	1,4	1,5	
	1,4	1,5	1,5	1,8	
	1,7	1,8	2	2,1	
	2	2,2	2,3	2,4	
	2,3	2,5	2,6	2,8	
	2,6	2,8	3	3,1	
	3	3,2	3,5	3,6	
	3,5	3,7	4	4,2	
	4	4,3	4,5	4,8	
	(4,5)	4,8	5	5,3	
	5	5,3	5,5	5,8	
	(5,5)	5,8	6	6,4	
	6	6,4	6,6	7	
(1/4")		6,7		7,4	
	(7)	7,4	7,8	8	
(5/16")	8	8,4	9	9,5	10,5
	(9)	9,5	10	10,5	11,5
			mittel	←	
(3/8")		10	11,5		12,5
	10	10,5	11,5		13
(7/16")	11	12	13		14
	12	13	14		15
1/2"		13,5	15		16
	14	15	16	grob 1	18
5/8"	16	17	18	19	20
	18	19	20	21	22
3/4"		20	22	23	24
	20	21	23	24	25
7/8"	22	23	25	26	27
	24	25	27	28	30

Für Gewindedurchmesser		Durchgangsloch			
		gebohrt			
Whitworth	Metrisch	fein	mittel	grob 1	grob 2
1"		26	28	30	31
	27	28	30	32	33
1 1/8"		30	32	34	35
	30	31	33	35	36
1 1/4"		33	35	37	38
	33	34	36	38	40
1 3/8"		36	38	40	41
	36	37	39	40	42
1 1/2"		40	42	44	45
	39	40	42	44	45
1 5/8"	42	43	45	48	49
1 3/4"	45	46	48	50	52
(1 7/8")	48	50	52	54	56
2"		53	55	58	60
	52	54	56	60	62
	56	58	62	65	68
2 1/4"		60	62	64	68
	60	62	65	70	72
2 1/2"		66	68	72	75
	64	66	70	74	76
	68	70	74	78	82
2 3/4"		72	74	78	82
	72	74	78	82	85
3"	76	78	82	85	90
	80	82	86	90	95
3 1/4"		85	88		98
	84	88	90		100
3 1/2"		92	95		105
	89	93	95		105
3 3/4"			102		110
	94	103	108		115
4"	99	105	108		115

fein 1: Feinmechanik und Fein-Werkzeugmaschinenbau.
fein 2: Feinmechanik (für Preßstoffe, Porzellan usw.).
mittel: allgemeiner Maschinenbau.
grob 1: Rohrleitungsbau.
grob 2: gegossene Löcher.

Schlüsselweiten nach DIN 475.

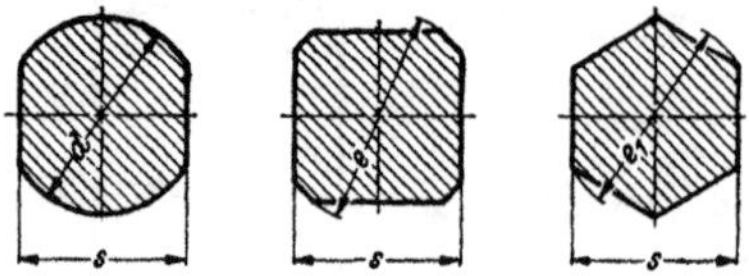

Schlüsselweite s mm	Zweikant d mm	Vierkant e mm	Sechskant $\approx e_1$ mm	Zugehörige Gewindedurchmesser Zoll	Zugehörige Gewindedurchmesser mm
3	3,5	4	3,5	—	1
3,5	4	4,5	4,0	—	1,2 1,4
4	4,5	5	4,6	—	1,7
4,5	5	6	5,2	—	2
5	6	6,5	5,8	—	2,3
5,5	7	7	6,4	—	2,6
6	7	8	6,9	—	3
7	8	9	8,1	—	3,5
8	9	10	9,2	—	4
9	10	12	10,4	—	4,5 5
10	12	13	11,5	—	5,5
11	13	14	12,7	1/4	6 7
12 [1])	14	16	13,8	—	—
14	16	18	16,2	5/16	8
17	19	22	19,6	3/8	9 10
19	22	25	21,9	7/16	11
22	25	28	25,4	1/2	12 14
24 [1])	28	32	27,7	—	—
27	32	36	31,2	5/8	16
30 [1])	35	40	34,6	—	—
32	38	42	36,9	3/4	18 20
36	42	48	41,6	7/8	22 24
41	48	52	47,3	1	27
46	52	60	53,1	1 1/8	30
50	58	65	57,7	1 1/4	33
55	65	72	63,5	1 3/8	36
60	70	80	69,3	1 1/2	39
65	75	85	75,0	1 5/8	42
70	82	92	80,8	1 3/4	45
75	88	98	86,5	1 7/8	48
80	92	105	92,4	2	52
85	98	112	98	2 1/4	56
90	105	118	104	—	60
95	110	125	110	2 1/2	64
100	115	132	116	—	68
105	122	138	121	2 3/4	72
110	128	145	127	3	76
115	132	152	133	—	80
120	140	160	139	3 1/4	84
130	150	170	150	3 1/2	89
135	158	178	156	3 3/4	94
145	168	190	167	4	99
150	175	200	173	—	104

Schlüsselweite s mm	Sechskant $\approx e_1$ mm	Zugehörige Gewindedurchmesser Zoll	Zugehörige Gewindedurchmesser mm
155	179	4 1/4	109
165	191	4 1/2	114
175	202	4 3/4	119
180	208	5	124
185	214	—	129
190	219	5 1/4	134
200	231	5 1/2	139
210	242	5 3/4	144 149
220	254	6	154
230	266	—	159
235	271	—	164
245	283	—	169 174
255	294	—	179
265	306	—	184
270	312	—	189
280	323	—	194 199
290	335	—	204
300	346	—	209
310	358	—	214 219
320	370	—	224
330	381	—	229
340	393	—	234 239
350	404	—	244 249
365	421	—	254 259
380	439	—	264 269
395	456	—	274 279
410	473	—	284 289
425	491	—	294 299
440	508	—	309
455	525	—	319
470	543	—	329
480	554	—	339
495	572	—	349
510	589	—	359
525	606	—	369

[1]) Die Schlüsselweiten 12, 24 und 30 gelten für Verschraubungen, Armaturen usw.

Wird für Schrauben oder Muttern zwecks leichterer Bauart oder geringsten Platzbedarfs Werkstoff von hoher Festigkeit, z. B. Bronze, Stahl od. dgl., verwendet, so können für die angegebenen Gewinde auch kleinere Schlüsselweiten gewählt werden.

Vierkante für Werkzeuge nach DIN 10 (S. 589).

Vierkante für Werkzeuge

nach DIN 10.

Maße in mm.

Halsdurchmesser		Vierkant		Halsdurchmesser		Vierkant	
von	bis	Nennmaß	Länge	von	bis	Nennmaß	Länge
2,48	2,83	2,1	5	17,34	19,33	14,5	17
2,84	3,20	2,4	5	19,34	21,33	16	19
3,21	3,60	2,7	6	21,34	24,00	18	21
3,61	4,01	3	6	24,01	26,67	20	23
4,02	4,53	3,4	6	26,68	29,33	22	25
4,54	5,08	3,8	7	29,34	32,00	24	27
5,09	5,79	4,3	7	32,01	34,67	26	29
5,80	6,53	4,9	8	34,68	38,67	29	32
6,54	7,33	5,5	8	38,68	42,67	32	35
7,34	8,27	6,2	9	42,68	46,67	35	38
8,28	9,46	7	10	46,68	52,06	39	42
9,47	10,67	8	11	52,07	58,67	44	47
10,68	12,00	9	12	58,68	65,33	49	52
12,01	13,33	10	13	65,34	73,33	55	58
13,34	14,67	11	14	73,34	81,33	61	64
14,68	16,00	12	15	81,34	90,66	68	71
16,01	17,33	13	16	90,67	101,33	76	79

Liegt der Halsdurchmesser nicht durch die Art des Werkzeuges (Gewindebohrer, Reibahle usw.) fest, so ist er in die Nähe des Größtwertes der Halsdurchmesserstufe zu legen.

Mindestspiel zwischen Vierkant und Windeisenloch.

Vierkant	Unteres Grenzmaß für das Windeisenloch	Oberes Grenzmaß für den Vierkant
2,1—3	Nennmaß + 0,03	ist das Nennmaß des Vierkants
3,4—5,5	„ + 0,04	
6,2—10	„ + 0,05	
11—18	„ + 0,06	
20—29	„ + 0,07	
32—49	„ + 0,08	
55—76	„ + 0,1	

Niete (Übersicht).

Halbrundniete für Kesselbau DIN 123	Halbrundniete für Eisenbau DIN 124	Halbversenkniete DIN 301	Senkniete DIN 302	Linsensenkniete DIN 303

Rohnietdurchmesser *d*: 10 13 16 19 22 25 28 31 34 37 40 43				

Halbrundniete DIN 660	Halbrundniete mit großem Kopf DIN 663	Senkniete DIN 661	Senkniete mit großem Kopf DIN 664
	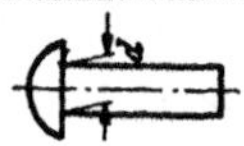	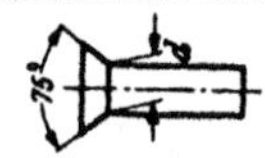	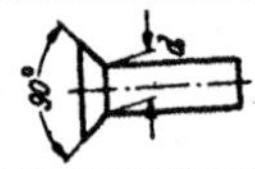
Rohnietdurchmesser *d*: 1 1,2 1,4 1,7 2 2,3 2,6 3 3,5 4 5 6 7 8 9			

Linsenniete DIN 662	Linsenniete mit großem Kopf DIN 673	Flachrundniete mit großem Kopf DIN 674
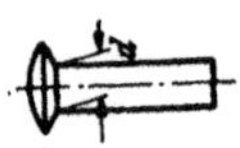	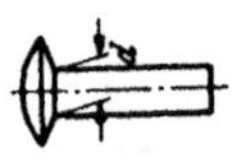	
Rohnietdurchmesser *d*: 1,6 1,8 2 2,2 2,5 2,7 3 3,3 3,6 3,9 4,2 4,5 4,9 5,3 5,8 6,2 6,5 6,9 7,2 7,6 8 8,4		

Riemenniete DIN 675
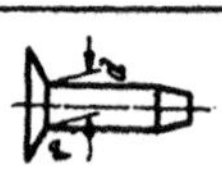
Rohnietdurchmesser *d*: 2,5 2,8 3 3,2 3,5 3,8 4 4,2 4,5 4,8 5 5,2 5,5 6 6,2 6,5

Sprengniete Ernst Heinkel Flugzeugwerke, Seestadt Rostock

Zeitschr. „Aluminium" 1939, S. 655; Zeitschr. „Werkstatt und Betrieb" 1940, S. 21.

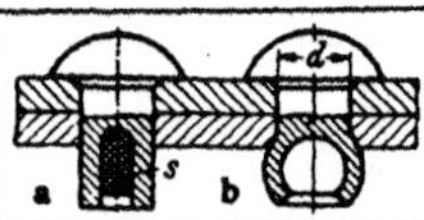

a Sprengniet vor der Sprengung, *b* Sprengniet nach der Sprengung, } Rund- oder Senkniet
s Sprengladung,

Nietdurchmesser *d*	für Blechstärken
2,6 mm	2 bis 4 mm
3 mm	2 „ 6 mm
4 mm	2 „ 8 mm
5 mm	3 „ 8 mm
6 mm	4 „ 10 mm

Sinnbilder für Niete bei Eisenkonstruktionen
(nach DIN 407).

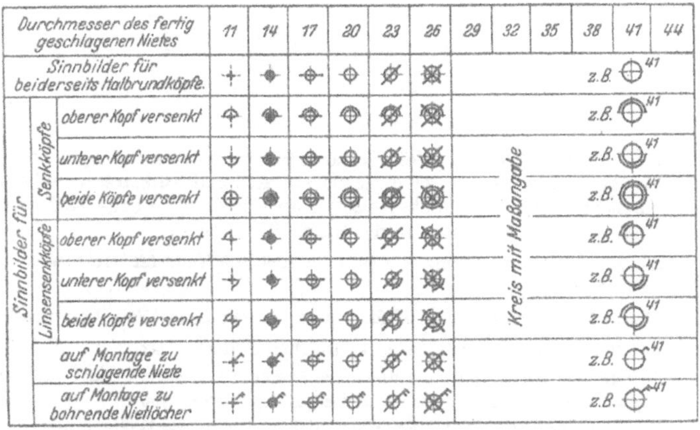

Für geschlagene Niete unter 29 mm Durchmesser bis 14 mm Durchmesser einschließlich kann an Stelle der Sinnbilder ebenfalls die Kennzeichnung durch einen Kreis mit Maßangabe treten.

Für geschlagene Niete unter 11 mm wird zur Kennzeichnung das + Zeichen wie für den 11 mm-Niet verwendet und das Maß des geschlagenen Nietdurchmessers beigefügt, z. B. für den 9,5 mm geschlagenen Niet + 9,5.

In Konstruktionszeichnungen bis zum Maßstab 1 : 5 genügt für die Sinnbilder die Größe des Schaftdurchmessers; bei kleineren Maßstäben kann der Deutlichkeit halber die Größe des Kopfdurchmessers gewählt werden.

Keile.

Scheibenfedern

nach DIN 304 u. 122.

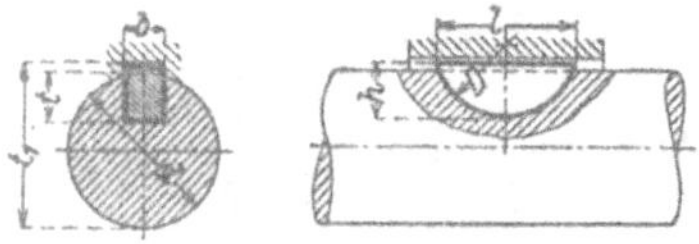

Die Scheibenfeder wird in die halbkreisförmige, mit dem entsprechenden Fräser hergestellte Nut leicht eingetrieben; Keil und Nutenfräser sind nach Normallehren hergestellt; daher leichte Auswechselbarkeit ohne Nacharbeit. Das zeitraubende Einpassen in die Nuten fällt weg.

Bei längeren Naben können zwei oder mehrere Keile hintereinander angewendet werden.

Die Feder soll nur bis zur Hälfte ihrer Breite aus der Welle hervorragen.

Die Vorteile gegenüber dem gewöhnlichen Federkeil sind:

1. Billige, genaue Keilverbindung, die keiner Nacharbeit bedarf und von angelernten Hilfsarbeitern leicht hergestellt werden kann.
2. Große Sicherheit, da die Scheibenfeder tiefer in die Welle hineinreicht und nicht herausgerissen werden kann; eine Schwächung der Welle konnte bei eingesetztem Keile bisher noch nie bemerkt werden.

$b \times h$	l	D	d	t	t_1	$b \times h$	l	D	d	t	t_1
1 × 1,4	3,82	4	3—4	0,9	d+0,6	8 × 11	27,35	28	28—38	9,5	d+1,7
1,5 × 1,4	3,82	4	4—5	0,9	d+0,6	6 × 13	31,43	32	22—28	11,4	d+1,8
1,5 × 2,6	6,76	7	4—5	2,1	d+0,6	7 × 13	31,43	32	—	—	—
2 × 2,6	6,76	7	5—7	1,8	d+0,9	8 × 13	31,43	32	28—38	11,5	d+1,7
2 × 3,7	9,66	10	5—7	2,9	d+0,9	7 × 15	37,15	38	—	—	—
2,5 × 3,7	9,66	10	7—9	2,9	d+0,9	8 × 15	37,15	38	28—38	13,5	d+1,7
3 × 3,7	9,66	10	9—13	2,5	d+1,3	9 × 15	37,15	38	—	—	—
2 × 5	12,65	13	5—7	4,2	d+0,9	7 × 16	43,08	45	—	—	—
3 × 5	12,65	13	9—13	3,8	d+1,3	8 × 16	43,08	45	28—38	14,5	d+1,7
4 × 5	12,65	13	13—17	3,8	d+1,4	9 × 16	43,08	45	—	—	—
3 × 6,5	15,72	16	9—13	5,3	d+1,3	10 × 16	43,08	45	38—48	14	d+2,2
4 × 6,5	15,72	16	13—17	5,3	d+1,4	8 × 17	50,83	55	28—38	15,5	d+1,7
5 × 6,5	15,72	16	17—22	4,9	d+1,8	9 × 17	50,83	55	—	—	—
3 × 7,5	18,57	19	9—13	6,3	d+1,3	10 × 17	50,83	55	38—48	15	d+2,2
4 × 7,5	18,57	19	13—17	6,3	d+1,4	11 × 17	50,83	55	—	—	—
5 × 7,5	18,57	19	17—22	5,9	d+1,8	9 × 19	59,13	65	—	—	—
4 × 9	21,63	22	13—17	7,8	d+1,4	10 × 19	59,13	65	38—48	17	d+2,2
5 × 9	21,63	22	17—22	7,4	d+1,8	11 × 19	59,13	65	—	—	—
6 × 9	21,63	22	22—28	7,4	d+1,8	12 × 19	59.13	65	48—58	16,5	d+2,7
5 × 10	24,49	25	17—22	8,4	d+1,8	9 × 24	73,32	80	—	—	—
6 × 10	24,49	25	22—28	8,4	d+1,8	10 × 24	73,32	80	38—48	22	d+2,2
7 × 10	24,49	25	—	—	—	11 × 24	73,32	80	—	—	—
6 × 11	27,35	28	22—28	9,4	d+1,8	12 × 24	73,32	80	48—58	21,5	d+2,7
7 × 11	27,35	28	—	—	—						

Keilquerschnitte

nach den Festlegungen des Deutschen Normenausschusses.

Treib- u. Einlegekeile (DIN 490) Nasenkeile (DIN 493)	Hohlkeile (DIN 492) Nasenhohlkeile (DIN 495)	Flachkeile (DIN 491) Nasenflachkeile (DIN 494)	Für Wellen-durch-messer	Paßfedern und Gleitfedern für Werkzeugmaschinen und Werkzeuge, DIN 496, Anwendung DIN 138 und 144. Keilstahl zul. Abweichung: fein (bis 36 × 23) DIN 497, grob DIN 498					
				Querschnitte	Keilstahl-Abmaße (fein) für Breite unteres	Keilstahl-Abmaße (fein) für Breite oberes	Keilstahl-Abmaße (fein) für Höhe oberes	Keilstahl-Abmaße (fein) für Höhe unteres	für Wellen-durch-messer
mm	mm	mm	mm	mm	mm	mm	mm	mm	mm
				2×2*					8
				3×3	0	−0,18	+0,10	+0 05	10 ... 13
4×4			10– 12	4×4					über 13 ... 17
5×5			über 12– 17	5×5	0	−0,025	+0.15	+0,08	„ 17 ... 22
6×6			„ 17– 22	6×6*					22
				6×6					über 22 ... 28
8×7	8×3	8×4	„ 22– 30	7×7*					27
10×8	10×3,5	10×5	„ 30– 38	8×7	0	−0,030	+0,20	+0,10	über 28 ... 38
12×8	12×3,5	12×5	„ 38– 44	10×8					„ 38 ... 48
14×9	14×4	14×5	„ 44– 50	12×8					„ 48 ... 58
16×10	16×5	16×6	„ 50– 58	14×9					„ 58 ... 68
18×11	18×5	18×7	„ 58– 68	16×10	0	−0,035	+0,20	+0,10	„ 68 ... 78
20×12	20×6	20×8	„ 68– 78	18×11					„ 78 ... 88
24×14	24×7	24×9	„ 78– 92	20×12					„ 88 ... 98
28×16	28×8	28×10	„ 92–110	24×14	0	−0,045	+0,25	+0,10	„ 98 ...120
32×18	32×9	32×11	„ 110–130	28×17					„ 120 ...150
36×20	36×10	36×13	„ 130–150	32×20	0	−0,050	+0,30	+0,15	„ 150 ...180
40×22		40×14	„ 150–170	36×23					„ 180 ...240
45×25		45×16	„ 170–200	40×26			+0,35		„ 240 ...300
50×28		50×18	„ 200–230	45×28	+ 0,35	+0,15	+0,30	+0,15	„ 300 ...360
55×30			„ 230–260	50×32			+0,35		„ 360 ...420
60×32			„ 260–290	60×38	+ 0,40	+0,20	+0,35	+0,15	„ 420 ...500
70×36			„ 290–330						
80×40			„ 330–380						
90×45			„ 380–440	Nur für Werkzeuge					
100×50			„ 440–500						

Die Keile (DIN 490 bis 495) erhalten einen Anzug 1 : 100; die angegebenen Maße gelten für den Querschnitt des eingepaßten Keiles beim Eintritt in die Nabe. Für das Einpassen erhalten die Keile bei der Herstellung eine Zugabe auf dem Rücken. Bei den Hohlkeilen ist die Höhe vom Scheitelpunkt der Welle ab gemessen.

Schraubenfedern, 1 bis 20 mm Drahtdurchmesser, 10 bis 300 mm Außendurchmesser (s. a. S. 596).

Außendurchmesser D_a in mm	Drahtdurchmesser d in mm																	
	1	1,5	2	2,5	3	3,5	4	4,5	5	6	7	8	9	10	12	15	18	20
10	1,75/1,23	6,3/0,73	15 7/0,48	33/0,34	61/0,25	104/0,18												
12	1,43/1,83	5,1/1,12	12,5/0,76	26/0,55	47/0,41	79/0,31	126/0,24											
15	1,12/2,96	3,9/1,85	9,7/1,28	19,7/0,95	35/0,73	59/0,57	92/0,46	136/0,37	196/0,30									
20	0,83/5,5	2,9/3,46	7,0/2,45	14,0/1,86	25/1,46	41/1,18	63/0,97	92/0,81	131/0,68	242/0,49	414/0,37							
25	0,66/8,7	2,3/5,6	5,5/4,00	10,9/3,06	19,3/2,44	31/2,00	48/1,67	70/1,41	98/1,21	179/0,91	299/0,70	473/0,55						
30	0,54/12,8	1,86/8,2	4,5/5,9	8,9/4,57	15,7/3,68	25/3,04	39/2,56	56/2,18	79/1,89	143/1,45	234/1,14	366/0,92	545/0,74	785/0,61				
35	0,46/17,5	1,59/11,4	3,8/8,2	7,6/6,4	13,3/5,2	21/4,30	32/3,64	47/3,13	65/2,72	117/2,12	192/1,69	298/1,38	440/1,14	630/0,95	1050/0,67			
40	0,40/23,1	1,37/15,0	3,3/10,9	6,5/8,5	11,5/6,9	18,5/5,8	28/4,90	40/4,24	56/3,71	100/2,90	163/2,35	252/1,94	369/1,62	524/1,36	970/0,99			
45	0,36/29,3	1,22/19,1	2,9/14,0	5,8/10,9	10,1/8,9	16,3/7,5	25/6,4	35/5,5	49/4,84	87/3,84	143/3,12	218/2,59	318/2,17	449/1,86	822/1,38	1766/0,91		
50	0,32/36,4	1,09/23,8	2,6/17,4	5,2/13,7	9,0/11,2	14,5/9,4	22/8,0	31/7,0	44/6,1	77/4,87	125/3,99	192/3,34	279/2,83	393/2,42	715/1,82	1530/1,24		
60	0,27/53	0,91/34,6	2,2/25,5	4,3/20,0	7,4/16,4	11,9/13,8	18,0/11,9	26/10,4	36/9,2	63/7,3	103/6,1	155/5,1	224/4,37	314/3,79	565/2,91	1175/2,05	2180/1,48	3140/1,21
70	0,23/72	0,78/47,4	1,85/34,2	3,6/27,6	6,3/22,7	10,1/19,2	15,3/16,5	22/14,4	30/12,8	53/10,3	85/8,6	130/7,3	188/6,3	262/5,4	468/4,24	963/3,05	1760/2,27	2520/1,90
80	0,20/94	0,68/62	1,61/46,0	3,2/36,4	5,5/30,0	8,8/25,3	13,3/21,8	19,0/19,2	26/17,0	46/13,8	74/11,5	114/9,8	161/8,5	225/7,4	400/5,8	815/4,25	1478/3,23	2100/2,73

90	0,18 / 120	0,60 / 79	1,43 / 59	2,8 / 46,5	4,9 / 38,3	7,8 / 32,3	11,7 / 28,0	16,7 / 24,6	23 / 21,8	40 / 17,8	65 / 14,9	98 / 12,7	141 / 11,0	197 / 9,7	348 / 7,7	706 / 5,7	1272 / 4,35	1800 / 3,81
100	0,16 / 148	0,54 / 98	1,28 / 73	2,5 / 58	4,4 / 47,5	7,0 / 40,4	10,5 / 34,8	15,0 / 30,7	21 / 27,3	36 / 22,2	59 / 18,7	88 / 16,0	126 / 13,9	175 / 12,3	309 / 9,8	623 / 7,3	1120 / 5,7	1571 / 4,85
120		0,45 / 142	1,06 / 105	2,1 / 84	3,6 / 69	5,8 / 59	8,7 / 51	12,4 / 44,9	17,0 / 40,0	30 / 32,6	48 / 27,5	72 / 23,7	103 / 20,7	143 / 18,3	252 / 14,7	504 / 11,2	998 / 8,8	1257 / 7,6
150		0,36 / 223	0,85 / 166	1,66 / 132	2,9 / 109	4,6 / 93	6,9 / 81	9,7 / 71	13,5 / 64	24 / 52	38 / 44,2	57 / 38,1	81 / 33,4	112 / 29,6	197 / 24,5	392 / 18,4	695 / 14,8	968 / 12,4
200			0,64 / 296	1,24 / 237	2,2 / 196	3,4 / 167	5,1 / 145	7,3 / 128	10,1 / 115	17,5 / 95	28 / 80	42 / 70	60 / 61	83 / 55	145 / 44,5	286 / 34,5	504 / 28,8	698 / 24,5
250				0,99 / 372	1,72 / 308	2,7 / 263	4,1 / 229	5,8 / 203	8,0 / 181	13,9 / 150	22 / 128	33 / 111	48 / 98	66 / 87	114 / 71	226 / 56	396 / 45,4	547 / 40,0
300					1,43 / 447	2,3 / 380	3,4 / 332	4,8 / 293	6,7 / 264	11,6 / 217	18,4 / 185	28 / 165	39 / 142	54 / 128	94 / 104	186 / 82	325 / 67	449 / 56

Fortsetzung von S. 596:

Obere Zahl: größte zulässige Belastung der Feder in kg

$$P_{max} = \frac{\pi \cdot d^3 \cdot k_d}{16 \cdot r}$$

für zulässige Verdrehbeanspruchung $k_d = 4000$ kg/cm².

Untere Zahl: Federung, d. h. Verlängerung bzw. Verkürzung einer Windung in mm ab Null unter der Belastung P_{max}

$$F_1 = \frac{64 \cdot r^3 \cdot P}{d^4 \cdot G} = \frac{4 \cdot r^2 \cdot \pi \cdot k_d}{d \cdot G}$$

für zulässige Verdrehbeanspruchung $k_d = 4000$ kg/cm² und Gleitmodul $G = 830\,000$ kg/cm².

Bei sehr häufigem Belastungswechsel gehe man bis auf $k_d = 2000$ kg/cm² herunter.

Beispiel 2. Für eine Zugfeder wenig wechselnder Beanspruchung sind gegeben:

		gesucht
$P_{max} = 40$ kg	Windungen liegen	gesucht: d
$P_{min} \approx 32$ kg	in ungespanntem	n
$L_{40} - L_{32} = 10$ mm	Zustand gerade	L_0
$D_a = 20$ mm	dicht aneinander	L_{32}
		L_{40}

Lösung: Aus der Zahlentafel ergibt sich für $D_a = 20$ mm und $P_{max} = 41$ kg ein Drahtdurchmesser $d = 3{,}5$ mm und eine Federung $F_1 = 1{,}18$ mm.

Die Federungen für die Belastungen 40 und 32 kg, sowie für den Belastungsunterschied $40 - 32 = 8$ kg errechnen sich bei

$$P = 40 \text{ kg} \ldots F_1 = 1{,}18 \frac{40}{41} = 1{,}151 \text{ mm},$$

$$P = 32 \text{ kg} \ldots F_2 = 1{,}18 \frac{32}{41} = 0{,}921 \text{ mm},$$

$$P = 8 \text{ kg} \ldots F_3 = 1{,}18 \frac{8}{41} = 0{,}230 \text{ mm}.$$

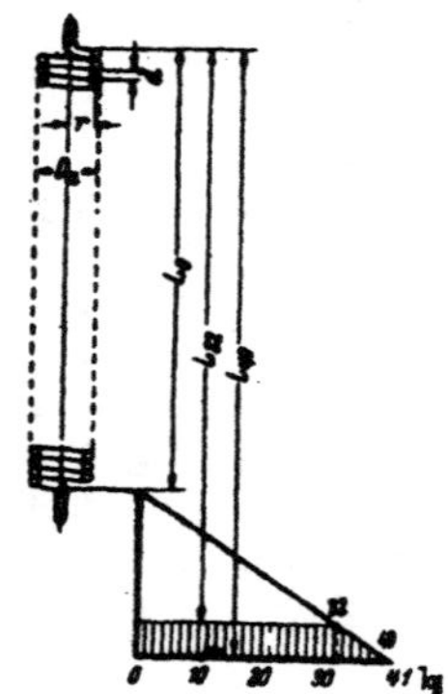

Verlangt wird für 8 kg Belastungsunterschied ein Federweg $F = 10$ mm, also ist $n \cdot 0{,}231 = 10$ oder $n = 10/0{,}231 = 43{,}2 \approx 44$ wirksame Windungen. Daraus ergeben sich folgende Federlängen:

$$L_0 = 44 \cdot 3{,}5 + 1 \cdot 3{,}5 = 157{,}50 \text{ mm},$$

$$L_{32} = 157{,}50 + 44 \cdot 0{,}921 = 157{,}5 + 40{,}52 = 198{,}02 \text{ mm},$$

$$L_{40} = 157{,}50 + 44 \cdot 1{,}151 = 157{,}5 + 50{,}64 = 208{,}14 \text{ mm}.$$

Schraubenfedern[1]).

Schraubenfedern (s. Zahlentafel S. 594 und 595) sind auf Verdrehung, nicht auf Biegung, beansprucht. Die zulässige Belastung P_{max} ist unabhängig von der Anzahl n der wirksamen Windungen.

Für Federn werden verwendet:

Gezogener, patentgehärteter Stahldraht, nach dem Wickeln nur noch gebläut oder

gezogener bzw. gewalzter Federstahl in Si-Mn-Qualität, der erst nach dem Wickeln warm behandelt wird.

Die Berechnung der Zug- und der Druckfedern ist die gleiche. Die Windungen der Zugfedern berühren sich meistens in unbelastetem Zustand oder liegen sogar mit einer gewissen Vorspannung aneinander. Druckfedern müssen mit so großer Steigung gewickelt sein, daß die gewünschte Belastung ohne gegenseitige Berührung der Windungen erreicht werden kann.

Beispiel 1. Für eine Druckfeder mit wenig wechselnder Beanspruchung sind

gegeben:		gesucht:
$P_{max} = 60$ kg		d
$P_{min} = 55$ kg		n
$L_{60} - L_{55} = 3$ mm		L_0
$D_a = 35$ bis 40 mm		L_{55}
		L_{60}

Lösung: Aus der Zahlentafel, S. 594 und 595, ergibt sich bei $D_a = 38$ mm durch Interpolation zwischen $D_a = 35$ und 40 mm für $P_{max} = 60$ kg als interpoliert zwischen 65 und 56 kg ein Drahtdurchmesser von $d = 5$ mm und eine Federung $F_1 = 3{,}22$ mm. Die Federungen für die Belastungen 60 und 55 sowie für den Belastungsunterschied $60 - 55 = 5$ kg errechnen sich bei

$$P = 60\text{ kg} \ldots\ldots F_1 = 3{,}220\text{ mm},$$
$$P = 55\text{ kg} \ldots\ldots F_1 = 3{,}22\,\frac{55}{60} = 2{,}952\text{ mm},$$
$$P = 5\text{ kg} \ldots\ldots F_1 = 3{,}22\,\frac{5}{60} = 0{,}268\text{ mm}.$$

Verlangt wird für 5 kg Belastungsunterschied ein Federweg $F = 3$ mm, also ist $n \cdot 0{,}268 = 3$ oder $n = 3/0{,}268 = 11{,}2 \approx 11$ wirksame Windungen.

Bei Vollbelastung sollen die Windungen noch einen kleinen Sicherheitszwischenraum von 0,5 mm haben, also ist die Steigung $h_{60} = 5{,}5$ mm zu wählen. Es ergeben sich dann die Steigungen bei

$$P = 60\text{ kg} \ldots\ldots h_{60} = 5{,}500\text{ mm},$$
$$P = 55\text{ kg} \ldots\ldots h_{55} = 5{,}5 + 0{,}268 = 5{,}768\text{ mm},$$
$$P = 0\text{ kg} \ldots\ldots h_0 = 5{,}5 + 3{,}220 = 8{,}720\text{ mm}.$$

Die Federlängen sind

$$L_0 = (11 + 1) \cdot 8{,}72 = 104{,}64\text{ mm},$$
$$L_{55} = 104{,}64 - 11 \cdot 2{,}952 = 72{,}17\text{ mm},$$
$$L_{60} = 104{,}64 - 11 \cdot 3{,}220 = 69{,}22\text{ mm}.$$

Fortsetzung auf S. 595.

[1]) Normenentwurf DIN E 2075, DIN-Mitteilungen 1933, Heft 3.

Werkstattblatt 63, 65 und 70, Carl Hanser Verlag, München 27: Schraubenfedern aus Rundstahl und Quadratstahl und Drehfedern aus Rundstahl.

Riemen und Riementriebe.

A. Arten und Fertigung der Riemen.

I. Lederriemen im allgemeinen.

Zu verwenden ist Rindleder von jungen Tieren, insbesondere von Ochsen, nicht etwa Stier- und Büffelleder. Außen ist die Narben- oder Haarseite, innen die Innen- oder Fleischseite. Nach einer Vorbehandlung zum Entfernen von Haaren, Hornschicht, Leimfleisch usw. wird das Leder zur Haltbarmachung gegerbt.

Die einfachste Gerbung: Durch Einhängen der Haut in eine Glyzerin-Wasserlösung und Trocknen in gespanntem Zustand erhält man die etwas durchscheinende sogenannte Rohhaut, die zu Nähriemen verwendet wird.

Am verbreitetsten ist die Grubengerbung, die aber sehr lange dauert. Daneben bestehen noch die Faßgerbung, die kürzere Zeit erfordert, und als kürzestes Verfahren die hydrodynamische Gerbung. Als Gerbstoffe (Lohe) dienen dabei verschiedene Rinden- und Holzarten, die dem Leder eine hellbraune Farbe verleihen.

Die Chromgerbung liefert ein elastisches, hochwertiges Leder von blaugrüner Farbe.

Auf das Gerben folgt die Fertigbehandlung, bei der der sogenannte Croupon gewaschen, gestreckt, gepreßt und geschmiert wird. Die Narbenseite wird mit hellem Tran und Leinöl, bei Chromleder mit Vaselinöl angestrichen. Die Fleischseite wird bei besseren Sorten kalt geschmiert und darf dann nicht mehr als 7 vH Fett enthalten. Warm gefettetes, im Faß geschmiertes Leder darf bis 17 vH Fett enthalten, eingebranntes 15 bis 25 vH. Höherer Fettgehalt ist für Treibriemenleder nicht zulässig. Zum Schluß werden die Kernstücke gebügelt, angefeuchtet und auf der Streckmaschine gestreckt, um die in den einzelnen Bahnen verschiedenen Dehnungseigenschaften auszugleichen.

Das beste Leder ist das Kernleder aus dem Rückenstück beiderseits der Rückenlinie. Die Flankenteile sind dicker, aber weniger fest und geben Riemen, die zum Krümmen neigen. Die Dicke schwankt zwischen 4 und 6 mm, bei Ochsenhäuten manchmal mehr. Hydrodynamisch gegerbtes Leder ist dünner. Das spez. Gewicht ist 0,8 bis 1,05. Lohgares Leder wird über 50° brüchig, während Chromleder bis 90° erwärmt werden darf.

Die Vorschriften für Lieferung und Bezeichnung von pflanzlich gegerbtem Treibriemenleder und daraus hergestellten Ledertreibriemen sind in RAL 066 A2 niedergelegt.

Einfache Riemen können bis zu 500 und 600 mm, ausnahmsweise bis 1000 mm breit hergestellt werden. Bei Breiten über 600 mm werden besser Doppelriemen verwendet. Diese bestehen aus zwei mit den Fleischseiten aufeinander geleimten Lagen. Sie können beliebige Breiten erhalten; ausgeführt sind sie bis 1800 mm. Die üblichen Breiten nach DIN 111. Sodann gibt es noch Dreifach- und Vierfachriemen bis zu einer Dicke von 20 mm. Zum Zusammensetzen werden die Enden der Bahnen zugeschärft und aufeinandergeleimt oder gekittet, für feuchte Betriebe mit wasserfestem Kitt. Letztere werden außerdem imprägniert. Die Riemen können auch mit Pechdraht, Stahl- oder Kupferdraht oder Nähriemen genäht werden.

Am gebräuchlichsten ist das Nähen mit Nähriemen, die auf der Laufseite in der Laufrichtung liegen müssen und nicht über die Riemenoberfläche hinausragen dürfen. Die fertigen Riemen werden auf einer Streck- und Einlaufmaschine behandelt.

Die Riemen sollen im Betrieb keinesfalls mit Kolophonium oder klebenden Haftmitteln behandelt werden, da der Schlupf auf der Scheibe für den Lauf wichtig ist. Sie sind sauber zu halten und nur mit Fett oder gutem Riemenwachs zu bestreichen.

Die Festigkeit des Leders schwankt je nach der Lage des Stückes in der Haut und der Vorbehandlung in den Grenzen von 148 bis 460 kg/cm², die Dehnungsziffer $\alpha = 1/E$ von 1/700 bis 1/3500. Auch die Biegungssteifigkeit ändert sich entsprechend α, was bei der Auswahl des Riemens zu beachten ist. Die Streckgrenze schwankt in weiten Grenzen von etwa 65 bis 85 kg/cm², bei Faßgerbung bis zu 210 bis 245 kg/cm² bei hydrodynamischer Gerbung.

Besteht die Gefahr von Staub- oder Gaszündungen, so sind die Riemen durch Tränken mit Glyzerin oder Anbringen von Metallbürsten gegen Funkenbildung zu schützen.

II. Sonder-Lederriemen.

Gliederriemen werden aus kurzen, hochkant gestellten Laschen zusammengesetzt und sind geeignet für kleine Scheiben, hohe Kräfte und kurze Achsabstände bei Geschwindigkeiten unter 10 m/s. Sie werden in Deutschland selten verwendet.

Rundriemen (für Nähmaschinen usw.) werden in Streifen geschnitten und zur Rundung durch eine Lochpfeife gezogen. Dickere Rundriemen werden meist aus Chromlederstreifen gerollt. Die Verbindung der Enden geschieht durch Klammern oder Pesenschlößchen.

Keilriemen werden fast durchweg als Gummikeilriemen hergestellt.

Bei Hochkantriemen werden einzelne Lederstreifen aus lohgarem oder Chromleder bis zu 20 mm Breite zu mehreren hochkant gestellt und verleimt und diese Bündel zu Riemen miteinander vernietet. Sie können bis 3 m Breite ausgeführt werden.

Tafel 1 über Hochkantriemen.

Riemendicke	Zulässige Belastung für 1 cm Riemenbreite	Kleinster zulässiger Scheibendurchmesser	
		lohgar	chromgar
mm	kg	mm	mm
12	14	300	200
15	16	600	400
18	20	800	600
20	22	1000	800

III. Geweberiemen (s. Betriebsblatt AWF 21).

Zu den Geweberiemen (Textilriemen) im engeren Sinne gehören gewebte Haarriemen, gewebte Baumwollriemen, Baumwolltuchriemen, geflochtene Baumwoll- und Hanfriemen, Seidenriemen aus Wild- oder Kunstseide, gewebte Hanfriemen und Hanfgurte. Im weiteren Sinne gehören noch Balata- und Gummiriemen dazu.

Bei Haarriemen besteht die Kette aus Kamelhaar oder Ziegenhaar und der Schuß aus Baumwolle; Festigkeit an der Streckgrenze 130 bis 180 kg/cm², zulässige Spannung 22 bis 50 kg/cm², meist nicht über 25 kg/cm². Sie haben geringe Empfindlichkeit gegen äußere Einflüsse wie Staub, Säuren, Dämpfe, Hitze usw. Bei Baumwollriemen bestehen Kette und Schuß aus Baumwolle; Festigkeit an der Streckgrenze bis 180 kg/cm². Im übrigen haben sie ähnliche Eigenschaften wie die Haarriemen. Seidenriemen haben eine Kette aus Wild- oder Kunstseide und einen Schuß aus Baumwolle; hohe Festigkeit. Zulässige Spannung 60 bis 100 kg/cm². Sie sind besonders geeignet für kleine Scheibendurchmesser und hohe Geschwindigkeit. Alle Geweberiemen können endlos hergestellt werden. Eine einheitliche Berechnung der gewebten Riemen ist noch nicht gefunden. Man wende sich an die jeweilige Herstellerfirma.

Balatariemen sind Baumwolltuchriemen, die mit Balata getränkt werden, das dabei auch als Klebmittel für die einzelnen Lagen und als Deckschicht dient. Zulässige Spannung 35 bis 70 kg/cm². Balata ist wärmeempfindlich. Auch Gummiriemen können ähnlich hergestellt werden. Gewöhnlich bestehen sie aus einer Textileinlage, die von der Gummischicht wie von einer Appretur durchzogen wird, auf die dann noch eine Deckschicht aufvulkanisiert werden kann. Gummi wird bei 0° hart und über 60° weich, ist gegen Wasser, Säure und Dämpfe unempfindlich, wird aber von Öl angegriffen. Zulässige Spannung 30 bis 60 kg/cm².

Schließlich können für kleine und kleinste Kräfte noch gedrehte Balatariemen, Guttaperchaschnüre und Darmsaiten verwendet werden. Bei letzteren macht die Schlußverbindung Schwierigkeiten; meist werden sie gespleißt.

Auch Geweberiemen dürfen nicht mit klebrigen Haftmitteln behandelt werden, sondern sind nur sauber zu halten und gegebenenfalls nachzutränken.

Eine Besonderheit sind der Wemax-Trieb von A. Schütz und der Siegling-Adhäsionsbelag-Riemen der Fa. E. Siegling, bei denen auf der Laufseite eines Gewebe- bzw. Balatariemens ein Adhäsionsbelag, bei Siegling z. B. aus Chromleder, in Streifen aufgenietet ist und mit seiner höheren Reibung bei geringerer Vorspannung eine bessere Ausnutzung der Riemenfestigkeit gestattet.

IV. Keilriemen

haben trapezförmigen Querschnitt mit einem Keilwinkel von 25 bis 40°, am günstigsten von 34°. Sie werden meistens endlos auf den Markt gebracht.

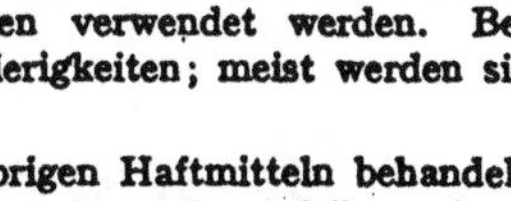

Abb. R 1. Querschnitte von Gummi-Keilriemen.

Gummikeilriemen[1]) bestehen aus einer sogenannten Leistungslage aus einigen Lagen längsgestreckter Kordfäden in der Nähe der neutralen Faser. Der untere Teil, der beim Krümmen gestaucht und beim Strecken gedehnt wird, ist aus Gummi. Das Ganze wird von einer äußeren Schutzhülle aus Kordgewebe mit diagonal liegenden Fäden umgeben, Abb. R 1. Die Herstellung geschieht auf Trommeln, deren Durchmesser der Riemenlänge entspricht.

[1]) Werkst. u. Betr. 1938 Heft 17/18 u. 21/22.

Sie haben eine große Biegewilligkeit um kleinste Scheiben, als deren kleinster Laufdurchmesser etwa die zehnfache Riemenhöhe üblich ist. Sie bleiben aber nicht winkeltreu, da der Keilwinkel beim Strecken größer und beim Biegen kleiner wird. Bei einem neueren Herstellungsverfahren wird die Winkelveränderung vermieden.

V. Schlußverbindung

geschieht bei Lederriemen am besten durch Leimen oder Kitten, wodurch der Riemen endlos wird. Balata- und Gummiriemen werden dadurch endlos gemacht, daß die Enden lagenweise schräg abgeschnitten und bei ersteren erwärmt und aufeinander gepreßt, bei letzteren aufeinander vulkanisiert werden, Abb. R 2. Eine weitere Verbindungsmöglichkeit ist das bereits erwähnte Nähen. Außerdem sind eine Reihe Verbinder auf dem Markt, die teils lösbar als Schlösser, teils nicht lösbar als Verbinder sind, Abb. R 3 bis R 5. Die zulässige Nutzspannung sinkt bei ihrer Verwendung im Mittel auf 80 bis 90 vH der normalen Nutzspannung. Keilriemen werden fast durchweg endlos ausgeführt

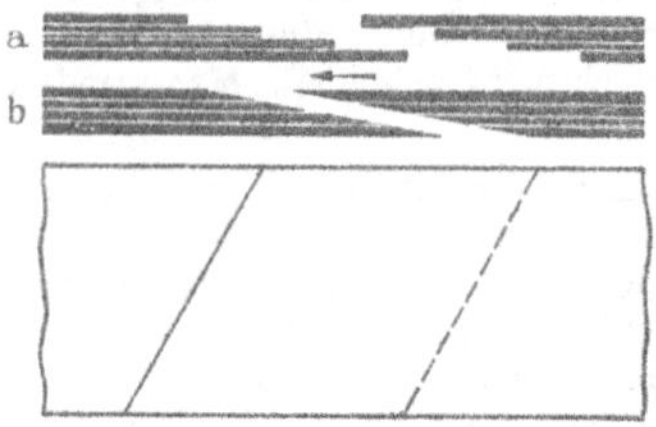

Abb. R 2. Verkitten von Balata- und Gummiriemen.

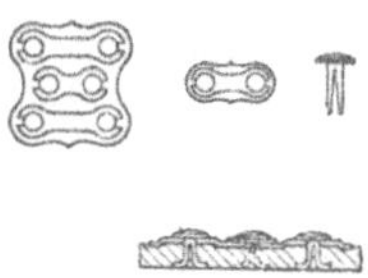
Abb. R 3.

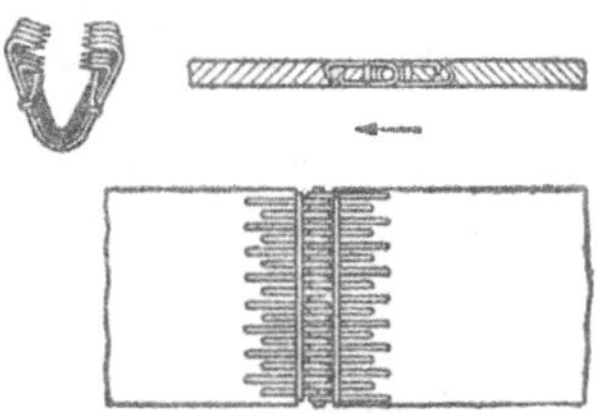
Abb. R 4.

Abb. R 5.

Abb. R 3 bis R 5. Riemenverbinder.

B. Spannungs- und Kraftverhältnisse im Riementrieb.

I. Riemenbeanspruchung und Leistung.

Entsprechend der Erzeugung der Vorspannung unterscheidet man:

1. Den Eigengewichtstrieb, bei dem die Vorspannung durch das Eigengewicht des Riemens erzeugt wird (große Triebe).

2. Den Dehnungstrieb, bei dem die Vorspannung durch Wahl einer entsprechend kleineren Riemenlänge, durch Verstellen einer Welle oder auch durch selbsttätiges Spannen der einen Welle (Wippe) erzeugt wird (kleinere Triebe).

3. Den Spannrollentrieb mit selbsttätiger Spannrolle.

Andererseits ergibt sich nach der allgemeinen Anordnung folgende Einteilung:

1. Offener Trieb, Abb. R 6.
2. Halbgeschränkter Trieb, Abb. R 7
3. Gekreuzter Trieb, Abb. R 8.
4. Winkeltrieb oder Leitrollentrieb, Abb. R 9.

Die Umfangskraft wird von der treibenden auf die getriebene Scheibe durch das Arbeitstrum übertragen. Der leer zurücklaufende Bandteil heißt

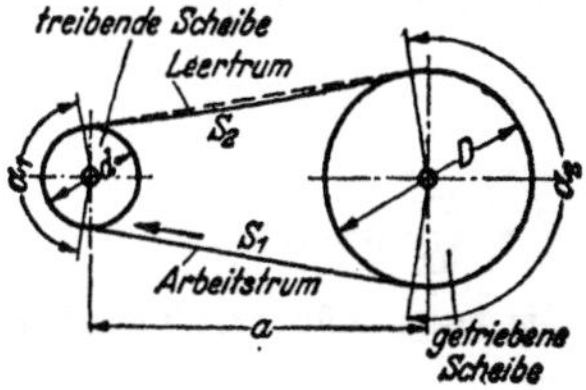

Abb. R 6.

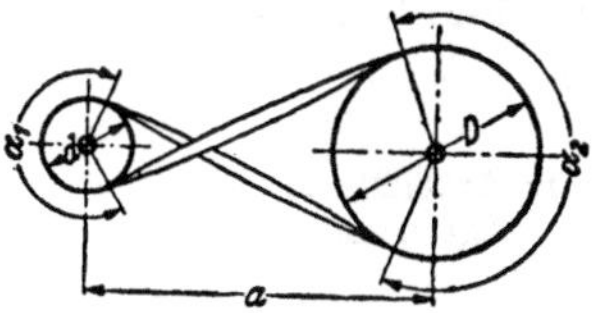

Abb. R 8.

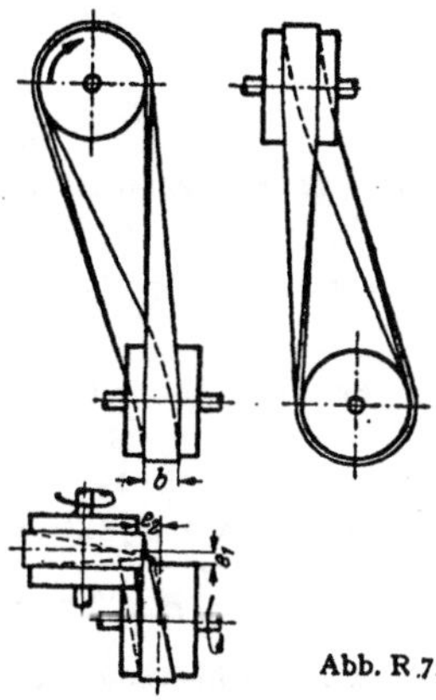

Abb. R 7.

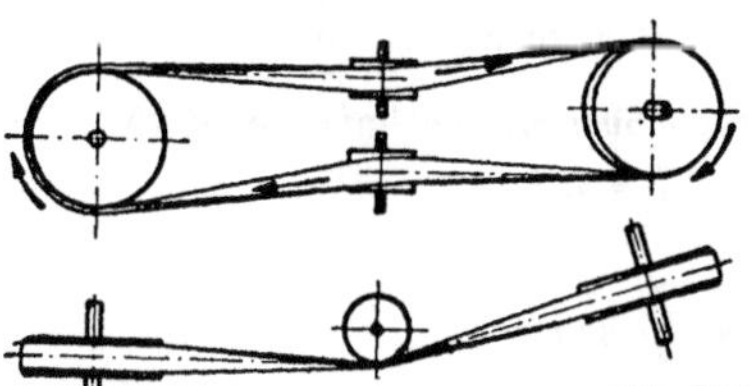

Abb. R 9.

Abb. R 6 bis R 9. Offener, halbgeschränkter, gekreuzter Winkel- oder Leitrollen-Trieb.

Leertrum. Das Arbeitstrum soll möglichst unten und das Leertrum oben liegen, Abb. R 6, um durch den Durchhang des Leertrums den umschlungenen Winkel auf den Scheiben zu vergrößern. Die auf den Scheiben aufliegenden Bandteile umschlingen diese auf dem Umschlingungswinkel α.

Der Riemen wird beim Auflaufen auf die Scheibe gekrümmt und beim Ablaufen wieder gestreckt. Er wird also schwellend auf Biegung beansprucht. Die daraus entstehende Spannung läßt sich wegen des uneinheitlichen Gefüges des Riemens nicht genau berechnen. Sie ist ungefähr

$$\sigma_b = E \cdot \frac{s}{D} \text{ kg/cm}^2,$$

wobei E = Elastizitätsmodul in kg/cm²,
s = Riemendicke in mm,
D = Scheibendurchmesser in mm,

und zwar handelt es sich um eine Dauerbeanspruchung. Die Zahl der Biegungswechsel kann z. B. bei einer Holzhobelmaschine 40000 Wechsel je Stunde, bei einem Walzwerksantrieb dagegen nur 5700 Wechsel je Stunde betragen. Im ersteren Fall wird man einen biegsameren Riemen wählen müssen.

Beim Lauf um die Scheiben und im durchhängenden Trum des Eigengewichtstriebs erzeugt die Fliehkraft eine Fliehspannung σ_f, die folgendermaßen berechnet wird.

v = Umfangsgeschwindigkeit m/s,
n = Drehzahl U/min,
γ = spez. Gewicht des Riemens (im Mittel $\gamma = 1{,}0$),
g = Erdbeschleunigung ($g \approx 10$),

$$v = \frac{\pi D n}{60} \text{ m/s}$$ [1]).

$$\sigma_f = \frac{\gamma}{10g} \cdot v^2 = \frac{1{,}0}{10 \cdot 10} \cdot v^2 = \frac{v^2}{100} \text{ kg/cm}^2.$$

Ist f der Riemenquerschnitt in cm², so ist die gesamte Fliehkraft im Riemen

$$S_f = f \cdot \sigma_f \text{ kg}.$$

Ist S die volle Riemenkraft, so ist die nutzbare Riemenkraft

$$S' = S - S_f.$$

Es seien, Abb. R 6,

S_1 und S_1' die Kräfte im Arbeitstrum,
S_2 „ S_2' „ „ „ Leertrum.

Dann ist nach Eytelwein

$$\frac{S_1'}{S_2'} = e^{\mu\alpha} = m$$ (Linientafel für $e^{\mu\alpha}$ s. Abb. R 10).

Der Unterschied beider Kräfte ist die übertragene Umfangskraft (Nutzkraft)

$$S_1' - S_2' = S_n \text{ kg}.$$

Die zugehörige Nutzspannung ist

$$\sigma_n = \frac{S_n}{f} \text{ kg/cm}^2.$$

Die Summe der Kräfte ist die Achskraft

$$S_1' + S_2' = S_a \text{ kg}.$$

Das Verhältnis der Nutzkraft S_n zur Achskraft S_a ist der Durchzugsgrad φ

$$\varphi = \frac{S_n}{S_a} = \frac{m-1}{m+1},$$

der ein kennzeichnender Wert für die Belastungsfähigkeit des Riementriebs ist. Er nähert sich asymptotisch dem Wert 1. Bei guten Anlagen wird $\varphi = 0{,}5$ bis $0{,}7$ erreicht, sonst rechnet man mit $\varphi = 0{,}33$ bzw. mit $S_a = 3 S_n$.

Die zulässige Nutzspannung k_n in kg/cm² Riemenquerschnitt ist abhängig von der zulässigen Höchstspannung, der Biegungsspannung und damit vom Riemenwerkstoff und dem Verhältnis der Riemendicke zum Scheibendurchmesser, dem Umschlingungswinkel α auf der kleinen Scheibe, der Reibungsziffer μ und der Riemengeschwindigkeit v. Außerdem ist zu

[1]) Die Drehzahlen und Scheibendurchmesser sind nach DIN 109, 111, 112 und 120 genormt.

berücksichtigen, ob es sich um einen offenen, halbgekreuzten, gekreuzten oder Leitrollentrieb, Abb. R 6 bis R 9, handelt. Entsprechend der Beziehung

$$N = \frac{P \cdot v}{75} \text{ PS} \quad \text{bzw.} \quad N_n = \frac{k_n \cdot v}{75} \text{ PS/cm}^2$$

läßt sich auch die zulässige Nutzleistung in PS/cm² Riemenquerschnitt angeben.

Die größten zulässigen Nutzspannungen sind bei $v = 18$ m/s und die größten zulässigen Nutzleistungen bei $v = 35$ m/s erreichbar. Die Nutzspannungen bzw. Nutzleistungen können nach den Kurven auf Abb. R 11 und R 12 gewählt werden, die für den waagerechten offenen Trieb mit einem Umschlingungswinkel von 180° und für beste Riemensorte (Kernleder-Sonderriemen, kaltgeschmiert) aufgestellt sind. Für je 10° weniger als 180° ist der gefundene Wert um 3 vH zu vermindern, für die Riemensorten von geringerer Güte sind 8 bis 32 vH und für schräge und senkrechte Anordnung 10 bis 20 vH abzuziehen. In ähnlicher Weise sind halbgeschränkte und gekreuzte Triebe zu berücksichtigen.

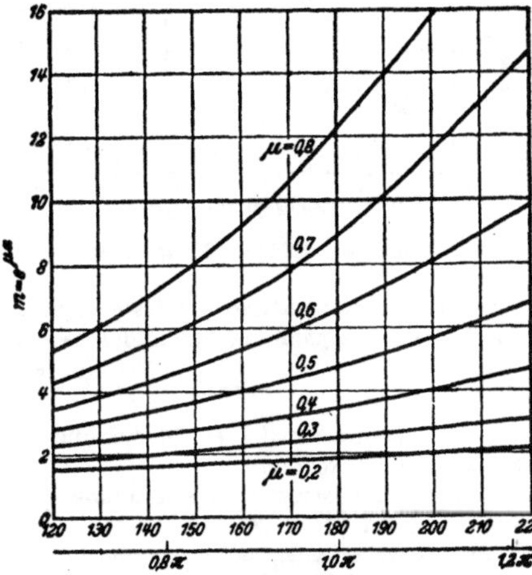

Abb. R 10. Linientafel für $e^{\mu\alpha}$.

Die Trumspannungen sind

$$\sigma_1' = \frac{S_1'}{f} \text{ kg/cm}^2$$

im Arbeitstrum,

$$\sigma_2' = \frac{S_2'}{f} \text{ kg/cm}^2$$

im Leertrum, die größte Spannung σ_{max} tritt an der Stelle auf, an der das Arbeitstrum die kleine Scheibe trifft. Sie ist

$$\sigma_{max} = \sigma_b + \sigma_f + \sigma_1' \text{ kg/cm}^2.$$

Sie kann je nach dem Riemenwerkstoff in den Grenzen von 33 und 60 kg/cm² liegen. In AWF 150 ist sie einheitlich = 33 kg/cm² festgesetzt worden.

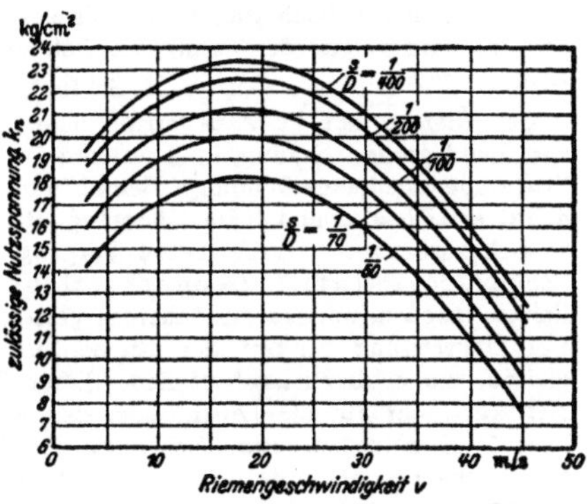

Abb. R 11. Zulässige Nutzspannung $\alpha = 180°$.

Damit der Riemen im Betrieb richtig durchzieht, muß er mit einer entsprechenden Vorspannung aufgelegt werden. Nur dann gilt die Berechnung.

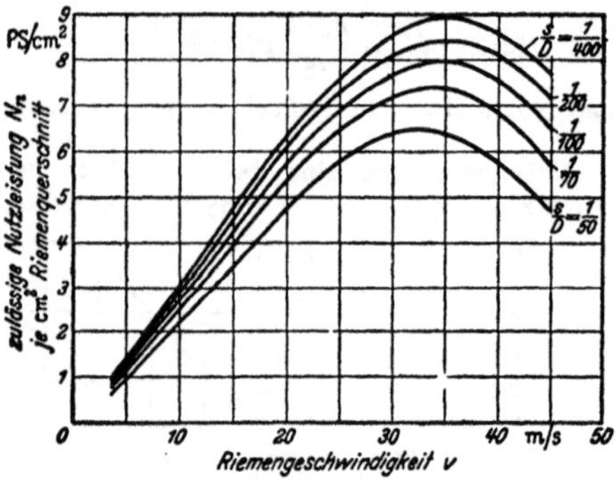

Abb. R 12. Zulässige Nutzleistung $\alpha = 180°$.

Dabei ist zu beachten, daß schräg oder senkrecht angeordnete Triebe eine höhere Vorspannung erfordern. Im übrigen ist die Art der Erzeugung der Vorspannung zu berücksichtigen.

Beim Eigengewichtstrieb und beim Trieb mit federnder Spannwelle ist sie gleich der mittleren Spannung

$$\sigma_v = \sigma_m = \frac{\sigma_1' + \sigma_2'}{2}$$

$$= \frac{\sigma_n}{2} \cdot \frac{m+1}{m-1} \text{ kg/cm}^2.$$

Beim Spannwellentrieb mit fester Spannwelle gilt, da die Vorspannung durch die Fliehspannung vermindert wird:

$$\sigma_v = \sigma_m + \sigma_f = \frac{\sigma_1 + \sigma_2}{2} \text{ kg/cm}^2.$$

Beim Spannrollentrieb ergibt sich die Vorspannung zwangläufig aus der Spannrolleneinstellung.

Schräge und senkrechte Anordnung erfordert eine Erhöhung der Vorspannung um 10 bis 20 vH.

Für Geweberiemen wird die gleiche Berechnungsweise wie für Lederriemen angewendet. Die zulässige Spannung ist jedoch von dem Werkstoff, der Reißfestigkeit, der Machart und der Tränkung des Geweberiemens abhängig und im Bedarfsfall bei der Lieferfirma zu erfragen. Die Geweberiemen werden vielfach dünner als die entsprechenden Lederriemen. Der Schlupf wird wegen der geringeren Dehnung der Riemen kleiner als bei Lederriemen.

II. Schlupf.

Der Riemen hat im Arbeitstrum eine hohe Spannung und eine entsprechend große Dehnung, im Leertrum dagegen bei wesentlich geringerer Spannung eine kleine Dehnung. Beim Übergang über die getriebene Scheibe dehnt er sich also und beim Übergang über die treibende Scheibe zieht er sich zusammen. Durch diesen Vorgang kommt auf den Scheiben ein Schlupf, der sogenannte Dehnungsschlupf, zustande. Um diesen möglich zu machen, müssen die Scheiben glatt sein, sonst leidet der Riemen. Bei Überlastung beginnt der Riemen im ganzen auf der Scheibe zu gleiten, um schließlich abzufallen; dieser Schlupf heißt Gleitschlupf. Mit Rücksicht auf die Lebensdauer des Riemens soll der Schlupf nicht über 2 vH betragen. Eine Erhöhung des Achsdrucks bewirkt eine Verminderung des Schlupfs. Nach AWF wird er im Mittel zu 1,2 vH der Riemengeschwindigkeit angenommen.

III. Die Reibungsziffer

ist im wesentlichen vom Schlupf abhängig und wird damit zu einer Funktion der Riemengeschwindigkeit. Sie ist nach AWF 150 für Lederriemen auf Eisenscheiben $\mu = 0{,}22 + 0{,}012\, v$.

Diese Formel liefert erfahrungsgemäß einen guten Wert.

Der sogenannte „Schütz-Kraftring“[1]) ist eine Bewehrung der kleineren Scheibe, bei Übersetzungen nahe 1 : 1 beider Scheiben, mit Lederringen, wodurch sich die Reibungsziffer und damit die übertragene Leistung erhöht.

IV. Der Wirkungsgrad

des Riemens allein ist von den Schlupfverlusten, Kraftverlusten und Luftreibungsverlusten abhängig. Die Schlupfverluste betragen bis 2 vH. Die Kraftverluste entstehen durch die Biegungsarbeit und bleiben im allgemeinen unter $^1/_2$ vH. Die Luftreibungsverluste spielen erst bei $v > 30$ m/s eine Rolle. Der Riemenwirkungsgrad beträgt demnach meist mehr als 98 vH.

Beim gesamten Trieb sind die Luftreibungsverluste der Riemenscheiben und die Lagerreibungsverluste zu beachten. Der Gesamtwirkungsgrad beträgt demnach 96 bis 98 vH.

V. Die Übersetzung

soll möglichst nicht über 5 bzw. 1 : 5 betragen. Darüber hinaus ist der Einbau einer Spannrolle erforderlich. Bei Kraftringen sind ohne Spannrolle größere Übersetzungen möglich.

VI. Der Achsabstand

ist beim offenen Trieb mindestens $a = 2D$ bis $4D$; bei $a \geqq 20$ m ist eine Spannrolle nötig. Beim halbgeschränkten Trieb ist die Riemenbreite maßgebend. $a_{\min} \geqq 20\, b$ nach Gehrkens bzw. $a_{\min} = 10\sqrt{b \cdot D}$ nach Völkers. Beim gekreuzten Trieb ist $a_{\min} = 20\, b$.

Beim halbgeschränkten Trieb, Abb. R 7, ist außerdem die Stellung der Scheiben zueinander zu beachten. Die Scheiben müssen genau zylindrisch sein und die treibende Scheibe ist um etwa $e_1 = 0{,}1$ bis $0{,}2\, b$, die getriebene um $e_2 = 0{,}5$ bis $0{,}6\, b$ gegen das Mittelkreuz zu verschieben.

VII. Die Riemenlänge[2])

setzt sich aus den Teilen auf den beiden Scheiben und den Trumlängen zusammen. Nach Abb. R 13 und R 14 sind die Bandlängen auf den Scheiben

$$l_1 = \pi d \frac{\alpha_1}{360} \quad \text{und} \quad l_2 = \pi D \frac{\alpha_2}{360}.$$

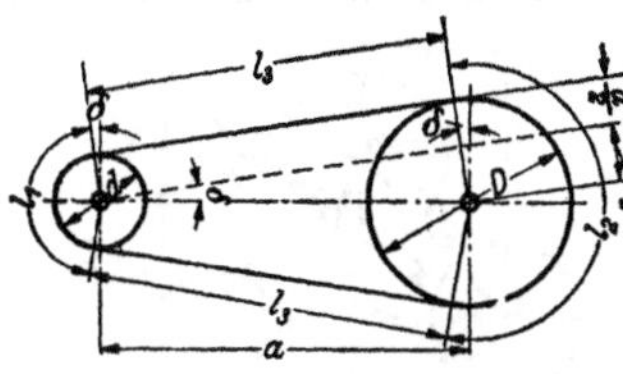

Abb. R 13.

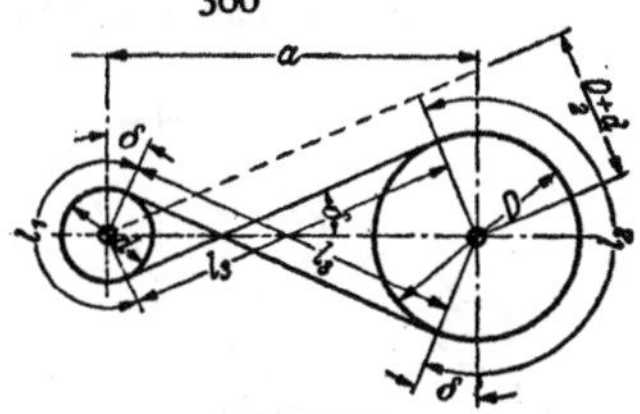

Abb. R 14.

Beim offenen Trieb ist

$$\alpha_1 = 180 - 2\delta \quad \text{und} \quad \alpha_2 = 180 + 2\delta,$$

δ erhält man aus $\sin\delta = \dfrac{D - d}{2 \cdot a}$.

[1]) Werkst.-Techn. u. Werksleiter 1935 Heft 13 S. 259.

[2]) Werkstattblatt 35, Beitrag zur Zeitschrift „Werkstatt und Betrieb“. Carl Hanser Verlag, München 27.

Damit wird

$$l_1 = \pi d \frac{180 - 2\delta}{360} \quad \text{und} \quad l_2 = \pi D \frac{180 + 2\delta}{360},$$

während beim gekreuzten Trieb

$$\alpha_1 = 180 + 2\delta \quad \text{und} \quad \alpha_2 = 180 + 2\delta$$

mit δ aus $\sin\delta = \frac{D + d}{2 \cdot a}$, also

$$l_1 = \pi d \frac{180 + 2\delta}{360} \quad \text{und} \quad l_2 = \pi D \frac{180 + 2\delta}{360}.$$

Die Trumlängen sind beim offenen und beim gekreuzten Trieb

$$2 l_3 = 2a \cos\delta.$$

Die gesamte Riemenlänge ist dann

1. beim offenen Trieb

$$L = l_1 + l_2 + 2l_3 = \pi d \frac{180 - 2\delta}{360} + \pi D \frac{180 + 2\delta}{360} + 2a\cos\delta$$

mit δ aus $\sin\delta = \frac{D - d}{2a}$;

2. beim gekreuzten Trieb

$$L = \pi(d + D) \frac{180 + 2\delta}{360} + 2a\cos\delta \quad \text{mit } \delta \text{ aus } \sin\delta = \frac{D + d}{2a};$$

3. beim halbgeschränkten Trieb wird

$$L = 2a + \pi D \frac{180 + \alpha}{360} + \pi d \frac{180 + \beta}{360} \quad \text{wobei } \operatorname{tg}\frac{\alpha}{2} = \frac{D}{2a} \text{ und } \operatorname{tg}\frac{\beta}{2} = \frac{d}{2a};$$

4. beim Spannrollentrieb wird

$$L \approx \frac{L_o + L_g}{2},$$ wobei L_o die Länge des offenen Triebes, L_g die Länge des gekreuzten Triebes ist;

5. beim Winkeltrieb muß die Länge ausgemessen werden.

C. Der Spannrollentrieb.

Bei großen Übersetzungen oder sehr kleinem Achsabstand wird der Umschlingungswinkel unter Umständen für die Kraftübertragung zu klein. In diesen Fällen kann er durch den Einbau einer Spannrolle vergrößert werden, wodurch das Spannungsverhältnis $e^{\mu\alpha}$ günstiger wird. Bei sehr großen

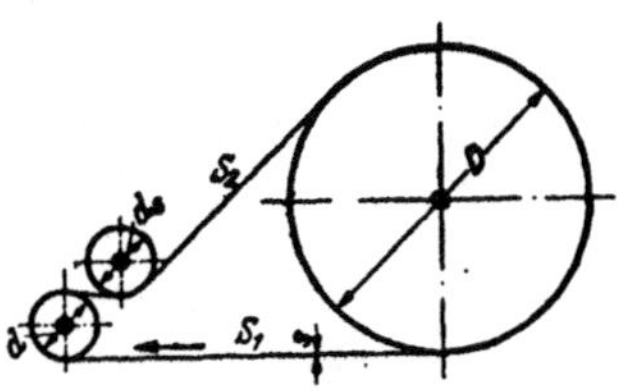

Abb. R 15. Anordnung von Spannrollen.

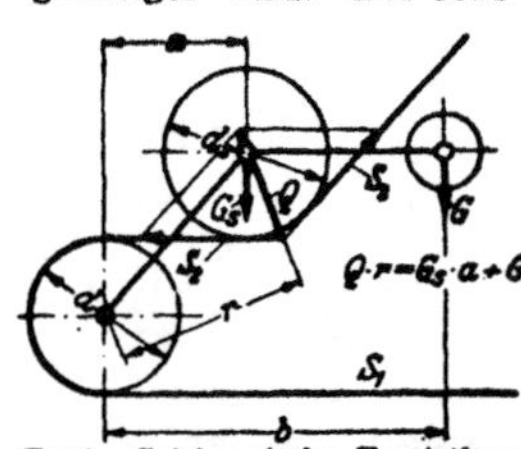

Abb. R 16. Zeichnerische Ermittlung der Belastung einer Spannrolle.

Achsabständen und stark wechselnden Belastungsverhältnissen tritt leicht ein Flattern des Riemens auf, das ebenfalls durch eine Spannrolle verhindert werden kann. Bei senkrechten oder stark schrägen Trieben löst sich der Riemen leicht von der unteren Scheibe ab. Um dies zu verhindern, muß der Achsdruck erhöht werden, was durch den Einbau einer Spannrolle vermieden werden kann. Der Betrieb wird sicherer und der Riemen wird geschont.

Spannrollen werden grundsätzlich im Leertrum nahe an der kleinen Scheibe angebracht, Abb. R 15, und können durch ihr Eigengewicht wirken oder auch durch Gewichte oder Federn belastet werden (z. B. Sawa-Federspannrolle,. Der Drehzapfen des Spannrollenhebels ist so anzuordnen, daß die Spannrolle bis auf das Arbeitstrum durchschwingen kann, das jedoch nicht berührt werden darf. Außerdem soll der Riemen möglichst nicht gegen den Drehzapfen laufen. Bei starken Stößen sind Schwingungsdämpfer einzubauen. Im übrigen sei auf das Betriebsblatt AWF 32 verwiesen.

Die Belastung der Spannrolle ergibt sich aus der Kraft im Leertrum. Sie wird am zweckmäßigsten zeichnerisch berechnet, Abb. R 16.

Beispiel 1. Offe... Antrieb einer Fräsmaschine. Gegeben sind
Schräge Anordnung

$$N = 7{,}6\ \text{PS};\quad n_m = 1500\ \text{U/min};\quad \text{Achsabstand } a \approx 600\ \text{mm}.$$

Es berechnen sich: Durchmesser der Motorscheibe $d = 160$ mm,
Durchmesser der Antriebscheibe $D = 360$ mm,

$$n_1 = n_m \frac{d}{D} = 1500 \frac{0{,}16}{0{,}36} = 667\ \text{U/min}.$$

Übersetzung $i = 2{,}25$.

Riemenlänge $$L = \pi \cdot D \frac{180 + 2\delta}{360} + \pi \cdot d \frac{180 - 2\delta}{360} + 2a \cdot \cos\delta,$$

$$\sin\delta = \frac{D - d}{2a} = \frac{360 - 160}{2 \cdot 600} = 0{,}167,$$

$$\delta = 9^\circ 36' = 9{,}6^\circ,\quad \cos\delta = 0{,}9861,$$

$$L = \pi\, 360 \frac{180 + 2 \cdot 9{,}6}{360} + \pi\, 160 \frac{180 - 2 \cdot 9{,}6}{360} + 2 \cdot 600 \cdot 0{,}986$$

$$= 625 + 224 + 1180 \approx 2030\ \text{mm}.$$

Riemengeschwindigkeit $$v = \frac{d \pi n_m}{60} = \frac{0{,}16 \cdot \pi \cdot 1500}{60} = 12{,}6\ \text{m/s}.$$

Umschlingungswinkel

geometrisch $$\cos\frac{\alpha}{2} = \frac{D - d}{2a} = 0{,}167,\quad \frac{\alpha}{2} = 80^\circ 24',$$

$$\alpha = 160^\circ 48',\quad \alpha = \frac{160{,}8}{180}\pi = 0{,}894\,\pi.$$

Reibungsziffer $\mu = 0{,}22 + 0{,}012 v = 0{,}22 + 0{,}012 \cdot 12{,}6 = 0{,}371.$

Spannungsverhältnis $m = e^{\mu\alpha} = 2{,}72^{0{,}371 \cdot 0{,}894\pi} = 2{,}835.$

Nutzkraft $$S_n = \frac{75 N}{v \cdot \eta} = \frac{75 \cdot 7{,}6}{12{,}6 \cdot 0{,}95} = 47{,}6\ \text{kg}.$$

Freie Trumkraft im Arbeitstrum

$$S_1' = S_n \frac{m}{m - 1} = 47{,}6 \frac{2{,}835}{1{,}835} = 73{,}5\ \text{kg}.$$

Freie Trumkraft im Leertrum

$$S_2 = \frac{S_1'}{m} = \frac{73{,}5}{2{,}835} = 25{,}9\ \text{kg}.$$

Riemen: Leder mit $E = 300$ kg/cm²; Riemenstärke $s = 4$ mm.

Spannungen:

Biegungsspannung $$\sigma_b = E \frac{s}{d} = 300 \frac{0{,}4}{16} = 7{,}5\ \text{kg/cm}^2.$$

Fliehspannung $$\sigma_f = \frac{v^2}{100} = \frac{12{,}6^2}{100} = 1{,}6\ \text{kg/cm}^2.$$

Nutzspannung aus Abb. R 11 bei $s/d = 4/160 = 1/40$, $v = 12{,}6$ m/s und $\alpha = 160^\circ$

$$k_n = 17 - 2 \cdot 0{,}03 \cdot 17 = 16\ \text{kg/cm}^2.$$

Riemenquerschnitt $b \cdot s \cdot k_n = S_n$,

$$b = \frac{S_n}{s \cdot k_n} = \frac{47{,}6}{0{,}4 \cdot 16} = 7{,}4 \text{ cm};$$

wegen Schrägantrieb gewählt $b = 8{,}5$ cm entsprechend DIN 111.

$$f = b \cdot s = 8{,}5 \cdot 0{,}4 = 3{,}4 \text{ cm}^2.$$

Freie Trumspannungen

$$\sigma_1' = \frac{S_1'}{f} = \frac{73{,}5}{3{,}4} = 21 \text{ kg/cm}^2,$$

$$\sigma_2' = \frac{S_2'}{f} = \frac{25{,}9}{3{,}4} = 7{,}5 \text{ kg/cm}^2.$$

Größte Gesamtspannung

$$\sigma_{\max} = \sigma_b + \sigma_f + \sigma_1' = 7{,}5 + 1{,}6 + 22 = 30{,}1 \text{ kg/cm}^2.$$

Volle Trumkräfte $S_1 = S_1' + S_f = 73{,}5 + 3{,}4 \cdot 1{,}6 = 78{,}9$ kg,

$S_2 = S_2' + S_f = 25{,}9 + 5{,}4 = 31{,}3$ kg.

Achskraft im Betrieb $S_a \approx S_1' + S_2' = 73{,}5 + 25{,}9 \approx 100$ kg,

im Stillstand $S_a = \dfrac{S_1 + S_2}{\cos\delta} = \dfrac{78{,}9 + 31{,}3}{0{,}986} = 112$ kg.

Vorspannung

$$\sigma_v = \sigma_m + \sigma_f = \frac{\sigma_1' + \sigma_2'}{2} + \sigma_f = \frac{21 + 7{,}5}{2} + 1{,}6 = 15{,}9 \text{ kg/cm}^2.$$

Durchzugsgrad

$$\varphi = \frac{S_n}{S_a} = \frac{47{,}6}{100} = 0{,}48.$$

Beispiel 2. Berechnung eines Spannrollentriebes. Für den Spannrollen-Antrieb einer Rundschleifmaschine, Abb. R 15, sind gegeben:

$$N_m = 15 \text{ kW},$$

$$n_m = 1500 \text{ U/min}.$$

Durchmesser der Motorriemenscheibe $d = 200$ mm.

Durchmesser der Spannrolle $d_s = 225$ mm.

Drehzahl der Maschinenscheibe $n_2 = 300$ U/min.

Riemendicke $s \approx 4$ mm.

Achsabstand $a = 1300$ mm.

Es berechnen sich:

Übersetzung $i = 5$ $D = 200 \cdot 5 = 1000$ mm.

Riemengeschwindigkeit

$$v = \frac{n \cdot d \cdot \pi}{60} = \frac{1500 \cdot 0{,}2\,\pi}{60} = 15{,}7 \text{ m/s}.$$

Ergibt aus Abb. R 12 für die Nutzleistungen für

$s/d = 4/200 = 1/50$ bei $\alpha_1 = 180°$

3,8 PS/cm².

Riemenlänge $L = 3450$ mm.

Die Riemenbreite

$$b = \frac{15 \cdot 1{,}36}{3{,}8 \cdot 0{,}4} = 13{,}4 \text{ cm} \approx 140 \text{ mm}.$$

Umschlingungswinkel $\alpha = 225°$.

Reibungsziffer $\mu = 0{,}22 + 0{,}012 \cdot v = 0{,}22 + 0{,}188 = 0{,}41$.

Aus Abb. R 16 ergibt sich ein Spannungsverhältnis

$$m = e^{\mu\alpha} = 5{,}0.$$

Nutzkraft

$$S_n = \frac{75 \cdot N}{v \cdot \eta} = \frac{75 \cdot 1{,}36 \cdot 15}{15{,}7 \cdot 0{,}94} = 104 \text{ kg}.$$

Freie Trumkraft im Arbeitstrum

$$S_1' = S_n \frac{m}{m-1} = 104 \cdot \frac{5}{4} = 130 \text{ kg}.$$

Freie Trumkraft im Leertrum

$$S_2' = \frac{S_1'}{m} = \frac{130}{5} = 26 \text{ kg}.$$

Achskraft
$$S_a = S_1' + S_2' = 130 + 26 = 156 \text{ kg}.$$
Spannungen:

a) Nutzspannung k_n aus Abb. R 11
$$k_n = 18{,}2 \text{ kg/cm}^2;$$
b) Biegungsspannung
$$\sigma_b = E \cdot \frac{s}{d} = 300 \cdot \frac{0{,}4}{20} \doteq 6{,}0 \text{ kg/cm}^2;$$
c) Fliehspannung
$$\sigma_f = \frac{v^2}{100} = \frac{15{,}7^2}{100} = 2{,}465 \text{ kg/cm}^2 \approx 2{,}5.$$
Riemenquerschnitt (s. auch früher)
$$b \cdot s \cdot k_n = S_n,$$
$$b = \frac{104}{0{,}4 \cdot 18{,}2} = 14{,}3 \approx 140 \text{ mm}.$$
Freie Trumspannung im Arbeitstrum
$$\sigma_1' = \frac{S_1'}{b \cdot s} = \frac{130}{14 \cdot 0{,}4} = 23{,}2 \text{ kg/cm}^2.$$
Gesamtspannung
$$\sigma_{\max} = \sigma_b + \sigma_f + \sigma_1' = 6{,}0 + 2{,}5 + 23{,}2 = 31{,}7 \text{ kg/cm}^2.$$
Biegungswechsel
$$F_b = \frac{v}{L} \cdot 3600 \cdot 3 = \frac{15{,}7 \cdot 3600 \cdot 3}{3{,}45} = 4920 \text{ Wechsel/h}.$$
Durchzugsgrad
$$\varphi = \frac{m-1}{m+1} = \frac{5-1}{5+1} = 0{,}67\,.$$
Bestimmung des Belastungsgewichtes G (Bezeichnung s. Abb. R 16)
$$S_2 = 26 \text{ kg}.$$
Aus dem Kraftdreieck ergibt sich $Q_r = 20$ kg.

Die Hebelarme aus der Zeichnung: $a = 19$ cm,
$b = 40$ cm,
$c = 26{,}0$ cm.

Das Eigengewicht der Spannrolle einschließlich des Anteils der Bügel
$$G_s = 15 \text{ kg}.$$
Belastungsgewicht
$$G = \frac{Q \cdot r - G_s \cdot a}{b} = \frac{20 \cdot 26{,}0 - 15 \cdot 19}{40} = 6{,}0 \text{ kg}.$$

D. Ausrückbare Riementriebe, Wende- und Wechseltriebe.

I. Ein- und Ausrücken, Wendetriebe.

Das Ein- und Ausrücken kann bei mittleren und kleineren Trieben mit Hilfe von Fest- und Losscheibe geschehen. Sitzen die Losscheiben auf der getriebenen Scheibe, so läuft der Riemen im Leerlauf mit, andernfalls steht er im ausgerückten Zustand still. Dann muß beim Einschalten die Losscheibe an die Festscheibe gedrückt und von dieser mitgenommen werden, damit der Riemen vorgeschoben werden kann.

Eine Umkehr der Drehrichtung wird durch eine Umkehrkupplung oder mit Hilfe eines offenen und eines gekreuzten Triebes bewerkstelligt.

II. Wechseltriebe.

Zur Erzeugung eines Wechsels in der Übersetzung von Riementrieben kann man Kegelscheibenpaare und Stufenscheibenpaare benutzen.

a) Kegelscheiben gestatten eine stufenlose Übersetzungsänderung, jedoch nur in engen Grenzen, da der Kegelwinkel nur klein sein kann.

Grundsätzlich anders arbeiten die stufenlos regelbaren Triebe mit je zwei axial gegeneinander verstellbaren Kegelscheibenpaaren, die im Abschnitt „Stufenlos regelbare Getriebe“ besonders behandelt sind.

b) Für **Stufenscheiben,** die meistens mit zwei bis fünf Stufen ausgeführt werden, gelten folgende Bedingungen:

1. Für alle Stufen soll die gleiche Riemenlänge passen. Das trifft bei gekreuzten Riemen mathematisch genau, bei offenen Riemen und Achsabständen $a \geqq 10(d_{max} - d_{min})$ praktisch genau zu, wenn die Summe der Durchmesser $\sum(d + D)$ zueinander gehöriger Scheibenglieder auf allen Stufen die gleiche bleibt. Bei Achsabständen $a < 10(d_{max} - d_{min})$ ist ein Ausgleich der Durchmesser oder des Riemens (Spannrolle) notwendig.

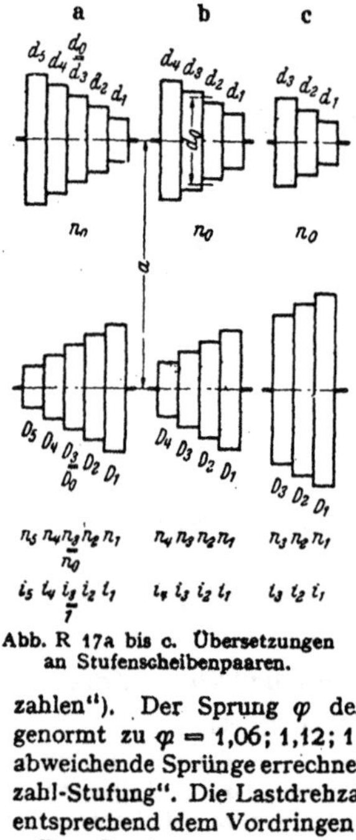

Abb. R 17a bis c. Übersetzungen an Stufenscheibenpaaren.

2. Bei der Verwendung von Stufenscheibenpaaren auf Vorgelege und Hauptantrieb der Maschine macht man meistens des gleichen Modelles wegen die Durchmesser auf der einen Scheibe gleich den Durchmessern auf der anderen Scheibe, Abb. R 17a und b. Im Werkzeugmaschinenbau weicht man besonders bei Antrieben innerhalb der Maschine (z. B. Antrieb des Vorschubes) häufig von dieser Regel ab.

3. Das Verhältnis des kleinsten zum größten Stufendurchmesser einer Scheibe soll nicht größer sein als 1 : 2, damit der Unterschied in der vom Riemen übertragenen Leistung entsprechend der veränderten Riemengeschwindigkeit nicht zu groß wird. Der Regelbereich ist dann für den Fall gleicher Durchmesser auf treibender und getriebener Scheibe $1 : 2^2 = 1 : 4$.

4. Die Stufung der Drehzahlen der getriebenen Welle geschieht zweckmäßig nach einer geometrischen Reihe, und zwar am besten nach den Richtwerten des VDW oder des ISA (s. Abschnitt „Normdrehzahlen“). Der Sprung φ der Drehzahlen ist nach diesen Richtwerten genormt zu $\varphi = 1{,}06$; 1,12; 1,26; 1,41; 1,58 und 2,00. Von diesen Werten abweichende Sprünge errechnen sich nach den Angaben im Abschnitt „Drehzahl-Stufung“. Die Lastdrehzahlen für Transmissionen nach DIN 112 haben entsprechend dem Vordringen des Einzelantriebes an Bedeutung verloren.

Der Rechnungsgang für die Durchmesser der Stufen bei gegebener Drehzahlreihe n_1 bis n_z der getriebenen Scheibe und der Drehzahl n_0 der treibenden Scheibe ist folgender:

Bei gleichen Durchmessern der Stufen auf beiden Scheiben	Bei ungleichen Durchmessern der Stufen auf beiden Scheiben
1a. Man nimmt die Durchmesser $d_0 = D_0$ der mittleren Stufe für $i = 1$ nach praktischen Erwägungen an, Abb. R 17a und b.	1b. Man nimmt den kleinsten im Getriebe auftretenden Durchmesser nach praktischen Erwägungen (Platzverhältnisse, Riemenstärke, Biegewechselzahl) an, z. B. d_1 in Abb. R 17c.

2a. Man bildet den Wert

$$\sum(d + D) = d_0 + D_0 .$$

2a. Man errechnet nach der Übersetzung i in der Stufe des gewählten kleinsten Durchmessers den dazugehörigen Durchmesser auf der anderen Scheibe, z. B. in Abb. R 17c.

$$D_1 = d_1 \cdot i$$

und bildet den Wert $\sum(d + D)$, z. B. in Abb. R 17c $\sum(d + D) = d_1(1 + i)$.

3. Man errechnet die Durchmesser der übrigen Stufen. Es ist

$$D_x = d_x \cdot i ,$$

außerdem

$$d_x + D_x = \sum(d + D) .$$

Aus diesen beiden Gleichungen errechnet sich

$$d_x = \sum(d + D) \cdot \frac{1}{1 + i_x} , \qquad D_x = \sum(d + D) \cdot \frac{i_x}{1 + i_x}$$

oder bequemer

$$D_x = \sum(d + D) - d_x .$$

Beispiel 3. Gegeben $n_0 = 355$ U/min.

ISA-Reihe 20/3 ... 2800 $\quad n_1 = 180$ U/min; $\quad i_1 = 2$;
Abb. R 17a. $\quad n_2 = 250$ U/min; $\quad i_2 = 1{,}41$,
$n_3 = n_0 = 355$ U/min; $\quad i_3 =$
$n_4 = 500$ U/min; $\quad i_4 = 1{,}41^{-1}$,
$n_5 = 710$ U/min; $\quad i_5 = 2^{-1}$.

(1a) Gewählt nach praktischen Erwägungen

$d_0 = D_0 = d_3 = D_3 = 300$ mm, $\qquad \sum(d + D) = 600$ mm. $\qquad$ (2a)

$d_1 = 600 \cdot \frac{1}{1 + 2} = 200\text{ mm} = D_5$, $\quad$ (3) $\quad D_1 = 600 - 200 = 400\text{ mm} = d_5$,

$d_2 = 600 \cdot \frac{1}{1 + 1{,}41} = 248\text{ mm} = D_4$, $\qquad D_2 = 600 - 248 = 352\text{ mm} = d_4$.

Beispiel 4. Gegeben $n_0 = 355$ U/min;

ISA-Reihe R 20/4 ... 2800 $\quad n_1 = 180$ U/min; $\quad i_1 = 2$,
Abb. R 17b. $\quad n_2 = 280$ U/min; $\quad i_2 = 1{,}26$,
$n_3 = 450$ U/min; $\quad i_3 = 1{,}26^{-1}$,
$n_4 = 710$ U/min; $\quad i_4 = 2^{-1}$.

(1b) Kleinster Durchmesser im Getriebe gewählt nach praktischen Erwägungen

$$d_1 = D_4 = 175\text{ mm}.$$

(2b) Zugehöriger Stufendurchmesser

$D_1 = 175 \cdot 2 = 350\text{ mm} = d_4$, $\qquad \sum(d + D) = 175 + 350 = 525$ mm.

$d_2 = 525 \frac{1}{1 + 1{,}26} = 232\text{ mm} = D_3$, $\quad$ (3) $\quad D_2 = 525 - 232 = 293\text{ mm} = d_3$.

Beispiel 5. Gegeben $\quad n_0 = 1120$ U/min.

ISA-Reihe R 20/2 $\quad n_1 = 280$ U/min; $\quad i_1 = 4$,
Abb. R 17c. $\quad n_2 = 355$ U/min; $\quad i_2 = 3{,}16$,
$n_3 = 450$ U/min; $\quad i_3 = 2{,}5$.

(1b) Kleinster Durchmesser im ganzen Getriebe gewählt nach praktischen Erwägungen

$$d_1 = 70\text{ mm}.$$

(2b) Zugehöriger Stufendurchmesser

$$D_1 = 70 \cdot 4 = 280\ \text{mm}, \qquad \sum(d+D) = 70 + 280 = 350\ \text{mm}.$$

$$d_2 = 350 \frac{1}{1+3{,}16} = 84\ \text{mm}, \qquad (3) \qquad D_2 = 350 - 84 = 266\ \text{mm},$$

$$d_3 = 350 \frac{1}{1+2{,}5} = 100\ \text{mm}, \qquad D_3 = 350 - 100 = 250\ \text{mm}.$$

Es sind Bestrebungen im Gang, auch die Durchmesser der Stufenscheiben, soweit sie für Normdrehzahlen in Frage kommen, zu normen. Siehe Buch Germar: Die Getriebe für Normdrehzahlen. Tafel 2. Berlin: Julius Springer 1932.

E. Der Gruppenantrieb.

Gruppen von Arbeitsmaschinen werden zusammengefaßt und von einem Triebwerksstrang angetrieben. Umlaufzahl je nach der Durchschnittsdrehzahl der anzutreibenden Maschinen $n_1 = 150$ bis 500 U/min. Antrieb des Strangs vom Motor über Riementrieb oder mit Getriebemotor. Motordrehzahlen $n_m = 750$ bis 1500 U/min. Abtrieb vom Strang zur Arbeitsmaschine mit einfachem Riementrieb (z. B. bei Einscheibenwerkzeugmaschinen) oder über Vorgelege, gegebenenfalls mit Stufenscheibe. Motor hat gleichbleibende Drehzahl und braucht nicht regelbar zu sein.

Da nicht alle Maschinen gleichzeitig mit Höchstleistung laufen, genügt meist ein Motor für die halbe Gesamtleistung; Über- und Unterbelastung gleichen sich aus. Übertragungs- und Leerlaufsverluste sind zu beachten. Sie pflegen 15 bis 20 vH der Motorleistung zu betragen und können bis zu 40 vH ansteigen. Sie sind abhängig von der Ausführung der Lager, der Leerlaufscheiben und der Riemen und der Wartung der Anlage. Bei höheren Dauerleistungen ist eine besondere Nachrechnung erforderlich. Kurzzeitige Überlastungen des Motors sind zulässig. Wegen des Leistungsfaktors und Wirkungsgrades des Motors ist eine gute Durchschnittsbelastung des Triebwerksstranges erforderlich.

Die Zusammenstellung allzu vieler und ungleichartiger Maschinen ist zu vermeiden. Der Antriebsmotor ist möglichst in der Mitte des Wellenstranges anzubringen. Dadurch wird die Welle schwächer und die Anlage billiger. Gegebenenfalls lassen sich auch Kupplungen einbauen, die das Abschalten einer Seite möglich machen.

F. Der Stahlbandantrieb.

Der Stahlbandantrieb wird selten angewendet. Er ist nur für große Leistungen und hohe Geschwindigkeiten bei großen Achsabständen (bis 100 m) geeignet. Das Band besteht aus englischem, gehärtetem, kaltgewalztem Holzkohlenstahl von 130 bis 150 kg/mm² Festigkeit mit einer Dicke von 0,03 bis 1,1 mm und einer Breite von 80 bis 250 mm.

G. Ausführung der Riemenscheiben.

Riemenscheiben bestehen aus Gußeisen, Stahl, Stahlblech, Leichtmetall oder Holz. Am gebräuchlichsten sind die Scheiben aus Gußeisen, sodann die aus Stahlblech und Holz.

I. Gußeiserne Scheiben bestehen aus dem Kranz, den Armen und der Nabe. Kleine Scheiben unter 200 mm Durchmesser haben einen vollen

Boden. Die äußeren Abmessungen (Durchmesser und Breite) sind in DIN 111 festgelegt.

Die Scheiben sind ungeteilt oder geteilt; die Teilfuge geht stets durch die Arme. Scheiben über 400 mm Breite erhalten zwei Armsysteme.

In der normalen Ausführung ist die zulässige Umfangsgeschwindigkeit 20 bis 25 m/s. Darüber hinaus ist Sonderausführung erforderlich. Ungeteilte Scheiben werden mit Schiebesitz ausgeführt und mit Hohl-, Flach- oder Treibkeil befestigt. Geteilte Scheiben werden aufgeklemmt und ohne Keil oder mit Flach- oder Treibkeil aufgesetzt (DIN 110).

Zur Führung des Riemens, der das Bestreben hat, nach dem größeren Durchmesser hin zu wandern, können die Scheiben mit gewölbter Lauffläche versehen werden. Die Wölbung ist in DIN 111 genormt. Gewölbt wird die getriebene Scheibe, bei hohen Riemengeschwindigkeiten unter Umständen auch die treibende Scheibe.

II. Stahlblechscheiben werden aus dünnem Stahlblech gepreßt. Sie sind weniger fest als die Gußscheiben und haben infolgedessen auch nur eine geringere Übertragungsfähigkeit. Sie sind aber leicht und billig.

III. Holzriemenscheiben sind aus einzelnen Segmenten zusammengeleimt. Die Armkreuze sind eingesetzt. Eine Sonderausführung besteht ganz aus Sperrholz. Für feuchte Betriebe müssen sie mit Kaltleim geleimt sein und erhalten noch einen wasserfesten Anstrich. Ihre Güte ist nach den Lieferungsbedingungen DIN-RAL 423 A verbürgt.

Sie können bis $v = 30$ m/s benutzt werden. Tafel 2 gibt die übertragbaren Leistungen.

Tafel 2. **Mit Holzriemenscheiben übertragbare Leistung.**

Scheiben-durchmesser mm	Übertragbare Leistung PS/cm Scheibenbreite bei $v =$ 10 m/s	20 m/s	30 m/s
150	0,4	1,1	—
500 bis 800	1,0	2,0	3,5
1200	1,0	2,0	4,0

Holzriemenscheiben werden ohne Keil auf die Welle aufgesetzt; notfalls erhalten sie zum Ausgleich der Bohrung Einlagen. Zur Erhöhung der Reibung auf der Welle kann Schmirgelleinen untergelegt werden.

IV. Losscheiben laufen auf einer Leerlaufbüchse, die auf die Welle aufgeklemmt und mit Fett oder Öl geschmiert wird oder mit Kugellagern ausgerüstet ist.

V. Stufenscheiben werden in der Regel in einem Stück gegossen.

VI. Spannrollen[1]) können einseitig und doppelseitig gelagert werden und sitzen in der Regel auf einem festen Zapfen. Größere Spannrollen können auch mit umlaufender Achse ausgeführt werden. Bei Ausführung mit Gleitlager ist eine gut arbeitende Umlaufschmierung notwendig.

VII. Riemenleitrollen werden als Deckenriemenleiter und Wandriemenleiter ausgeführt, und zwar so, daß die Rollen nach allen Richtungen verstellbar sind.

[1]) AWF-Betriebsblatt 32 „Spannrollen".

Tafel 3. Zusammenstellung der Formeln für Flachriementrieb.

<table>
<tr><th>Benennung</th><th>Bezeichnung</th><th>Berechnung</th></tr>
<tr><td>Übertragbare Leistung PS</td><td>N</td><td>$\frac{S_n \cdot v \cdot \eta}{75}$; $\frac{k_n \cdot b \cdot s \cdot v \cdot \eta}{75}$
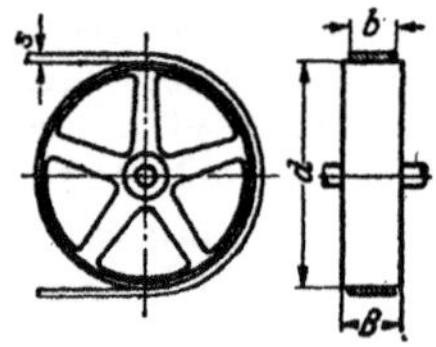
</td></tr>
<tr><td>Umfangskraft (Nutzkraft) .... kg</td><td>S_n</td><td>$\frac{75 \cdot N}{v \cdot \eta}$; $k_n \cdot b \cdot s$</td></tr>
<tr><td>Durchmesser der kl. Scheibe .... m</td><td>d</td><td>$\frac{60 \cdot v}{\pi \cdot n}$; möglichst $> 50\,s$</td></tr>
<tr><td>Drehzahl der kl. Scheibe .... min</td><td>n</td><td>$\frac{60 \cdot v}{\pi \cdot d}$</td></tr>
<tr><td>Umfangsgeschwindigk. m/s</td><td>v</td><td>$\frac{\pi d n}{60}$</td></tr>
<tr><td>Riemenbreite .... cm</td><td>b</td><td>$\frac{S_n}{s \cdot k_n}$</td></tr>
<tr><td>Riemendicke .... mm</td><td>s</td><td>einfacher Riemen 4 bis 6 mm
doppelter „ 8 „ 10 mm
dreifacher „ 12 „ 15 mm
vierfacher „ 16 „ 20 mm
} Lederriemen
4 bis 20 mm Haar-, Baumwoll-, Balata- und Gummiflockriemen
2,5 „ 7 mm Seidenriemen</td></tr>
<tr><td>Zulässige Gesamtspannung ...... kg/cm²</td><td>σ_{max}</td><td>durchschnittlich 33 (Erfahrungswert für Lederriemen, nach AWF 150)</td></tr>
<tr><td>Achsabstand ....</td><td>a</td><td>$\geqq 2D$ beim offenen Trieb
$\geqq 20b$ bzw. $\geqq 10\sqrt{b \cdot D}$ beim halbgeschränkten Trieb
$\geqq 20b$ beim gekreuzten Trieb</td></tr>
<tr><td>Scheibenbreite ...... mm</td><td>B</td><td>Nach DIN 111 entsprechend Riemenbreite b:
<table>
<tr><td>b</td><td>30</td><td>40</td><td>50</td><td>60</td><td>70</td><td>85</td><td>100</td><td>120</td><td>140</td></tr>
<tr><td>B</td><td>40</td><td>50</td><td>60</td><td>70</td><td>85</td><td>100</td><td>120</td><td>140</td><td>170</td></tr>
<tr><td>b</td><td>170</td><td>200</td><td>230</td><td>260</td><td>300</td><td>350</td><td>400</td><td>450</td><td>550</td></tr>
<tr><td>B</td><td>200</td><td>230</td><td>260</td><td>300</td><td>350</td><td>400</td><td>450</td><td>500</td><td>600</td></tr>
</table></td></tr>
<tr><td>Durchmesser für Triebwerkswellen ...... mm</td><td>d</td><td>Nach DIN 114:
25 30 35 40 45 50 55 60 70 80 90
100 110 125 140 160 180 200 220 240 260 280
300 320 340 360 380 400 420 440 460 480 500</td></tr>
</table>

VIII. **Riemenschalter** dienen zur Verschiebung des Riemens auf Los- und Festscheibe. Der Riemen wird von einer Gabel erfaßt, die seitlich verschoben wird. Für das Umlegen der Riemen auf Stufenscheiben gibt es besondere Riemenumleger.

H. Der Keilriementrieb.

I. Berechnung der Keilriementriebe.

Für den Keilriemen gelten die gleichen Gesetze der Bandtriebe wie beim Riementrieb. Es ist wieder

$$S_1 = S_2 \cdot e^{\mu\alpha}.$$

An Stelle der Reibungsziffer μ wird jedoch zur Berücksichtigung der Keilwirkung die ideelle Reibungsziffer μ' eingeführt, die etwa

$$\mu' = \frac{\mu}{\sin\frac{\gamma}{2}}$$

ist, wenn γ der Keilwinkel ist. Sie ist festgestellt zu $\mu' = 1{,}0$ bis $2{,}0$ für Leder- und Gliederkeilriemen und $\mu' = 2{,}5$ bis $3{,}5$ für Gummikeilriemen. Der übliche Keilwinkel ist $\gamma = 38°$. Wegen der Keilwirkung ist ein kleinerer Umschlingungswinkel möglich als beim Flachriemen. Im Normblatt DIN E 2216 (Entwurf 1) ist als kleinster zulässiger Winkel 70° festgelegt. Dadurch ist ein sehr kurzer Achsabstand möglich, normal ist $a \approx D$. Damit lassen sich Übersetzungen bis $^1/_{15}$ leicht herstellen. Über $^1/_{10}$ werden sie allerdings meist zu teuer.

Die Riemengeschwindigkeit ist möglichst hoch zu wählen, doch nicht über 25 m/s. Mit wachsender Geschwindigkeit wird die übertragene Umfangskraft geringer und die Biegewechselzahl w steigt. Diese soll nicht mehr als 40 Wechsel je Sekunde betragen.

$$w = \frac{2v}{L_m} \leqq 40/\text{s},$$

wobei L_m = mittlere Riemenlänge ist. Wird die Biegewechselzahl zu hoch, so muß man im Interesse der Lebensdauer des Riemens die Riemengeschwindigkeit verringern.

II. Profile der Keilriemen.

Die nach der bestehenden DIN 2215 genormten Profile sind in Tafel 4 angegeben.

Tafel 4. **Profil der Keilriemen nach DIN 2215.**

Alte Normprofile $b \times s$ in mm, Abb. R 24									
6,5×3,5	8×5,5	10×7	13×9	17×11	20×14	22×16	25×16	32×20	38×25
Bisher gelieferte Innenlängen L_i in mm									
250 bis 600	400 1100	400 2500	500 3200	600 12000	800 12000	1000 15000	1000 15000	1900 15000	5000
Zulässige $\frac{\text{normale}}{\text{kleinste}}$ Scheibendurchmesser in mm nach **Sawa** und **Breitbach**									
30 16	45 30	68 53	86 66	114 89	150 120	199 159	274 184	300 230	455 375

Die Profile der Scheiben (Abb. R 18) sind so festgelegt, daß der Riemen mit der oberen Scheibenkante abschneidet. Entsprechend der Winkeländerung des Riemens beim Umlegen um kleinere Scheiben ist der Kantenwinkel nach der Scheibengröße mit den Größen 38°, 36°, 34°, 32° abgestuft. Vorschläge für verstellbare Keilriemenscheiben zur leichteren Anpassung an die Keilriemenlängen sind bereits gemacht, aber noch nicht ausgeführt.

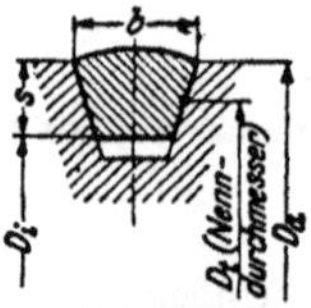

Abb. R 18. Keilriemen.

Die Abstufung der mittleren Längen für die endlosen Keilriemen sind in DIN 2215 (Neuentwurf) ebenfalls festgelegt. Sie sind abhängig vom Querschnitt. Gemessen wird die Innenlänge L_i; die mittlere Länge L_m ist um $\pi \cdot s$ größer.

Die zulässige übertragbare Leistung ist von der Riemengeschwindigkeit abhängig; sie ist in Abb. R 19 für einen Umschlingungswinkel von $\alpha = 180°$ aufgetragen. Ist der Winkel kleiner, so ist mit einem entsprechenden Minderungsfaktor f zu multiplizieren. Außerdem ist die Betriebsart zu berücksichtigen.

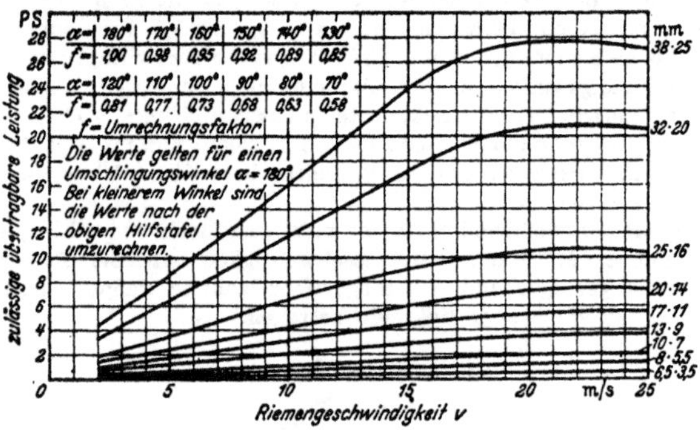

Abb. R 19. Übertragbare Leistung von Gummi-Keilriemen.

tigen. Es sind folgende Sicherheitszuschläge bzw. Sicherheitsfaktoren q erforderlich:

Klasse I: Stoßfreier Betrieb, leichter Anlauf .... $q = 1{,}15$ bis 1,20
„ II: Mäßige Stöße, mäßiges Anzugsmoment .... $q = 1{,}30$ „ 1,50
„ III: Größeres Anzugsmoment, größere Stöße ... $q = 1{,}50$ „ 1,75
„ IV: Starke Stöße, große Anzugsmomente, große Massenbeschleunigung, häufiger Drehrichtungswechsel .... $q = 1{,}75$ „ 2,0

Tafel 5. **Genormte Scheibendurchmesser D_T**, Abb. R 18.

(Nenndurchmesser)

30	40	50	63	71	80	90	100	112	125	140
160	180	200	225	250	280	320	360	400	450	500
560	630	710	800	900	1000	1120	1250	1400	1600	1800

Die Scheiben werden mit bis zu 12 bis 15 Rillen geliefert.
Der Wirkungsgrad beträgt 93 bis 98 vH, ist aber stark vom Biegewert s/D abhängig

Als kleinster zulässiger Scheibendurchmesser kann die zehnfache Riemenhöhe angenommen werden. Nach den Firmenangaben stimmt dieser Wert nur für das Profil 22 × 16. Bei den kleineren Profilen wird er bis zu 50 vH unterschritten und bei den größeren bis zu 100 vH überschritten. Es ist zweckmäßig, ihn, entsprechend dem Vorgehen der Fa. Flender, von der Betriebsdauer abhängig zu machen und im Normalfall nicht so klein zu wählen (s. Keilriementafel). Bei größerem Durchmesser ist die Lebensdauer höher.

Da die Gummikeilriemen in Ausführung und Länge sehr genau ausfallen, können auch mehrere Riemen gut auf einer Scheibe laufen. Die hohe Elastizität bewirkt außerdem einen Ausgleich.

III. Berechnungsbeispiele.

Beispiel 1. Antrieb einer Drehbank.

Leistung $N = 5{,}45$ PS.

Motordrehzahl $n_0 = 1430$ U/min.

Maschinendrehzahl $n_1 = 400$ U/min.

Große Scheibe, außen, vorläufig geschätzt $D_a \approx 500$ mm,

Achsabstand „ „ $a \approx 500$ mm.

Ungefährer Außendurchmesser der Motorscheibe

$$d_0 = D_a \frac{n_1}{n_0} = 500 \cdot \frac{400}{1430} = 139 \text{ mm}.$$

Riemengeschwindigkeit

$$v = \frac{d \cdot \pi \cdot n_0}{60} = \frac{0{,}139 \cdot \pi \cdot 1430}{60} = 10{,}45 \text{ m/s}.$$

Umschlingungswinkel

$$\cos\frac{\alpha}{2} = \frac{D-d}{2a} = \frac{500-139}{2 \cdot 500} = 0{,}361,$$

$$\alpha = 136^\circ.$$

Minderungsfaktor für 140° ist $f = 0{,}89$.

Sicherheitsfaktor für Klasse II $q = 1{,}3$.

Wirkungsgrad des Keilriemens $\eta_r = 0{,}95$.

Tatsächliche Riemenleistung $N_r = N \cdot \frac{q}{f \cdot \eta_r} = \frac{5{,}45 \cdot 1{,}3}{0{,}89 \cdot 0{,}95} = 8{,}5$ PS.

Gewähltes Riemenprofil 17 × 11 mm.

Zulässige übertragbare Leistung je Riemen $N_n = 3$ PS (nach Tafel Abb. R 19).

Anzahl der Riemen $Z = \frac{N_r}{N_n} = \frac{8{,}5}{3} = 3$.

Nenndurchmesser der großen Scheibe $D_T = D - s = 500 - 11 = 489$ mm.

„ der Motorscheibe $d_T = D_T \cdot \frac{n_1}{n_0} = 489 \frac{400}{1430} = 137$ mm.

Ausgeführt werden die beiden Normdurchmesser $D_T = 500$ und $d_T = 140$ mm.

Riemenlänge $L_m = \pi D_T \frac{180 + 2\delta}{360} + \pi d_T \frac{180 - 2\delta}{360} + 2a\cos\delta$,

$$\sin\delta = \frac{D_T - d_T}{2a} = \frac{500-140}{2 \cdot 500} = 0{,}360, \quad \delta = 21{,}2^\circ, \quad \cos\delta = 0{,}953$$

$$L_m = \pi \cdot 500 \frac{180 + 2 \cdot 21{,}2}{360} + \pi \cdot 140 \frac{180 - 2 \cdot 21{,}2}{360} + 2 \cdot 500 \cdot 0{,}953.$$

$$L_m = 970 + 170 + 933 = 2073 \text{ mm}.$$

Innenlänge $L_i = L_m - \pi \cdot s = 2073 - \pi \cdot 11 = 2073 - 35 \approx 2040$ mm.

Biegewechsel $w = \frac{2v}{L_m} = \frac{2 \cdot 10{,}45}{20{,}50} \approx 1$ je Sekunde, also durchaus zulässig.

Beispiel 2. Antrieb einer Kurbelwellendrehbank.

$$N = 50\ \text{PS}, \qquad n_0 = 1430\ \text{U/min}, \qquad n = 1250\ \text{U/min}.$$

Großer Scheibendurchmesser ≈ 300 mm.

Achsabstand ≈ 450 mm.

Außendurchmesser der Motorscheibe $d = 300 \cdot \frac{1250}{1430} = 260$ mm.

Riemengeschwindigkeit $v = \frac{0{,}260 \cdot \pi \cdot 1430}{60} = 19{,}5$ m/s.

Gewähltes Profil 25×16 mm.

Nenndurchmesser $D_T = 300 - 16 = 284\ \text{mm} \approx 280\ \text{mm}$ Normdurchmesser,

$d_T = 260 - 16 = 244\ \text{mm} \approx 250\ \text{mm}$ „

Umschlingungswinkel $\cos\frac{\alpha}{2} = \frac{280 - 250}{2 \cdot 300} = \frac{30}{600} = 0{,}05 \qquad \alpha \approx 170°$.

Wahre Riemengeschwindigkeit $v = \frac{0{,}250 \cdot \pi \cdot 1430}{60} = 19$ m/s.

Minderungsfaktor $f = 0{,}98$.

Sicherheitszuschlag gemäß Klasse II $q = 1{,}3$.

Wirkungsgrad $\eta_r = 0{,}95$.

Riemenleistung $N_r = \frac{50 \cdot 1{,}3}{0{,}95 \cdot 0{,}98} = 70$ PS.

Zulässige übertragbare Leistung je Riemen $N_n = 10{,}5$ PS (nach Tafel Abb. R 19).

Anzahl der Riemen $Z = \frac{70}{10{,}5} = 7$.

Riemenlänge $L_m \approx 2\frac{\pi \cdot 265}{2} + 2 \cdot 450 \approx 1730$ mm.

Innenlänge $L_i \approx 1730 - \pi \cdot 16 = 1730 - 50 \approx 1680$ mm.

Stufenlos regelbare Getriebe.

Stufenlos regelbare Getriebe gestatten im Gegensatz zu Stufengetrieben, die nur eine bestimmte Zahl fester Drehzahlstufen besitzen, unendlich viele Drehzahlen im Leerlauf oder unter Last stufenlos einzustellen. Da die maschinellen Arbeitsvorgänge nicht nur immer mehr verfeinert werden, also die Ansprüche an das Arbeitsgut laufend wachsen, sondern außerdem die Ausbringung an Arbeitsstücken je eingesetzter menschlicher Arbeitskraft und je Maschine dauernd gesteigert werden muß, macht sich der Wunsch nach stufenloser Regelung aller Arten von Geschwindigkeiten immer stärker bemerkbar.

Das stufenlose Regeln von Geschwindigkeiten ist nichts neues. Schon die allerersten Maschinen waren stufenlos regelbar, indem der Mensch sie mit der Hand oder mit dem Fuß mit der jeweils günstigsten Drehzahl betrieb. Der mechanische Antrieb hat dann die stufenlose Regelung von Maschinen zeitweise zurückgedrängt, weil lange Zeit hindurch Regelantriebe mit genügend langer Lebensdauer fehlten. In den letzten Jahrzehnten hat jedoch der nie nachgelassene Wunsch nach stufenloser Regelung Regelantriebe geboren, die sich innerhalb verhältnismäßig kurzer Zeit einen Namen in der Technik erobern konnten.

Die verschiedenen bekannt gewordenen Systeme von Regelgetrieben besitzen naturgemäß verschiedene Eigenschaften und Eignungen, die ihnen auch ganz bestimmte für sie zweckmäßigste Anwendungsgebiete zuweisen. Es ist deshalb für den Konstrukteur ratsam, sich bei jeder vorliegenden Antriebsaufgabe die Frage nach dem für seinen Fall geeignetsten stufenlosen Getriebe vorzulegen. Wer diese Frage unterläßt und den nächstbesten Antrieb anwendet, darf sich nicht wundern, wenn er daneben gegriffen hat.

Zur Erzielung **stufenlos regelbarer, kreisender Bewegungen** wird neben der direkten Regelung von Elektromotoren meist die **mechanische Regelung** angewendet.

Zur Erzielung stufenlos regelbarer **hin und her gehender Bewegungen** werden mit großem Vorteil hydraulische Antriebe benutzt, weil diese gleichzeitig für die Umsteuerung der Bewegungsrichtungen große Vorteile bieten.

Mittlere und große Leistungen von z. B. 3 bis 100 PS verlangen andere Rücksichten bei der Auswahl des Antriebes als kleinere Leistungen, wie z. B. 2 PS und weniger. Eine prozentual große Verlustleistung von z. B. 40 vH braucht bei einem 1 PS-Getriebe noch keine Schwierigkeiten zu machen, wogegen die gleiche prozentuale Verlustleistung von 40 vH bei einem 20 PS-Getriebe bereits untragbare Verhältnisse schafft, die sich in großer Erwärmung und schneller Abnutzung äußert. Dem **Wirkungsgrad** stufenlos regelbarer Getriebe ist also besondere Aufmerksamkeit zu schenken. Er ist bei den einzelnen Systemen stufenloser Getriebe sehr verschieden.

Die Betriebszeiten, denen ein stufenloses Getriebe in praktischem Betrieb unterliegt, sind wichtig für dessen Dauerhaltbarkeit. 24stündiger Dauerbetrieb wirkt sich anders aus als 8stündiger Betrieb oder gar als Saisonbetrieb. Ebenso verlangt stoßweiser und schlagartiger Betrieb Berücksichtigung.

Die Überlastbarkeit stufenlos regelbarer Getriebe ist in der Regel nicht in dem gleichen Maß gegeben, wie man dies beispielsweise bei einem Zahnradgetriebe voraussetzt und gewohnt ist. Die Abstimmung der von einer Maschine tatsächlich benötigten Leistung zur Leistungsfähigkeit des Regelantriebes ist deshalb sorgfältiger vorzunehmen als dies bei Zahnradgetrieben nötig ist.

Eine erschöpfende Darstellung der besonderen Anwendungsgebiete der heute bekannten Regelsysteme ist an dieser Stelle nicht möglich. Es ist vorläufig noch zweckmäßig, unter möglichst einwandfreier Darstellung des Anwendungsfalles, die Herstellerfirmen von stufenlosen Regelgetrieben zur Auswahl des zweckmäßigsten Antriebs mit heranzuziehen.

A. Stufenlos regelbare mechanische Getriebe

formen kreisende wieder in kreisende Bewegung um. Unter der Zahl der verschiedenen mechanischen Regelsysteme sind zur Zeit am bekanntesten die Getriebe mit je einem Paar kegeligen Scheiben auf der treibenden und auf der getriebenen Welle und einem Übertragungsmittel zwischen beiden. Die Getriebe werden als anbaufertige, in sich geschlossene Getriebekasten und auch als Einbauteile zu organischem Einbau in Werkzeugmaschinen usw. geliefert.

I. Stufenlos regelbare Getriebe mit Kegelscheibenpaaren.

Die wirksamen Durchmesser der Kegelscheibenpaare werden dadurch geändert, daß die Scheiben des einen Paares einander genähert (Vergrößern des wirksamen Durchmessers) und gleichzeitig die des anderen Paares voneinander entfernt werden (Verkleinern des wirksamen Durchmessers). Die Übersetzungen liegen meistens von $i = 1$ aus gleich viel ins Langsame und ins Schnelle. Das Verstellen des Getriebes kann vielfach nur während des Leer- oder Lastlaufes, nicht aber während des Stillstandes geschehen.

Der Regelbereich ist je nach Bauart und Größe 1:5 bis 1:12 und mehr. Durch Anbau von Planetengetrieben ist eine Erweiterung des Regelbereiches und auch $\pm$-Regelung mit Drehrichtungsumkehr in manchen Fällen möglich. Besonders bei größeren Regelbereichen ist die übertragbare Leistung nicht immer gleichbleibend.

Die nachstehend genannten Getriebe unterscheiden sich durch die Art des Übertragungsmittels zwischen den Kegelscheibenpaaren:

a) PIV-Getriebe System „A“[1]). Übertragungsmittel Sonder-Gliederkette mit querbeweglichen Lamellen. Kegelscheiben mit radial verlaufenden Zähnen, Formschluß zwischen Kette und Scheiben sich selbst bildend. (PIV = Positive Infinitely variable.)

b) PIV-Getriebe System „R“ (Bauart Maurer)[1]). Übertragungsmittel Gliederkette mit längsachsig eingebauten Stahlrollenpaaren. Reibungsschluß zwischen Kette und Scheiben; auch für senkrecht stehende Wellen anwendbar.

c) Heynau-Trieb[2]). Übertragungsmittel kräftiger Stahlring; auch für senkrechte Wellen möglich.

---

[1]) Preger: Stufenlos regelbare Kettengetriebe an Werkzeugmaschinen, Werkst.-Techn. u. Werksl. 1936 Heft 4 S. 68. — Preger: Stufenlos regelbare Kettengetriebe in Werkzeugmaschinen. Werkst. u. Betrieb 1938 Heft 9/10 S. 117; Heft 11/12 S. 154; Heft 13/14 S. 182.

[2]) Firmenschrift Hans Heynau, Leipzig C1: „Der H-Trieb“ ZVDI 1935. 23. 2. Werkzeugmaschine 1935. 28. 2.

d) Flender-Variator[1]). Übertragungsmittel mit keilförmig an den Enden abgeschrägten Leisten auf Innenseite bewehrter Flachriemen.

e) Wülfel-Getriebe[2]). Übertragungsmittel zwei auf zwei Paar Kegelscheiben hintereinander geschaltete Gummikeilriemen üblicher Abmessungen.

II. Stufenlos regelbare Getriebe mit Reibkegel.

Das EL-Getriebe[3]) (Emil Langenscheidt) besteht aus einem treibenden Kegel von etwas weniger als 180° Kegelwinkel auf dem Stumpf der Motorwelle und einem dagegen gedrückten getriebenen Ring aus Gewebepreßstoff mit anschließender schräg verzahnter Stirnradübersetzung. Zur Veränderung der Abtriebsdrehzahl wird der Motor mitsamt dem treibenden Kegel quer zur Achse des Abtriebsringes verschoben. Die Anpreßkraft zwischen Kegel und Ring wird durch Feder und den Seitenschub der Schrägverzahnung erzeugt. Regelbereich bis 1:6,8. In waagerechter und senkrechter Lage verwendbar.

Der Prym-Köhl-Trieb, abgekürzt PK-Trieb[4]), arbeitet mit einem treibenden, längs verschiebbaren kleineren Vollkegel unmittelbar in einen getriebenen, quer auf einer Schwinge ausweichenden größeren Hohlkegel. Kräftige Untersetzung im Getriebe selbst. Auch für senkrechte Wellen möglich. Verstellung auch im Stillstand, Umsteuern auf Rechts- und Linkslauf möglich.

B. Stufenlos regelbare Flüssigkeitsgetriebe[5])

formen kreisende in kreisende, selten bogenförmige, hin- und hergehende Bewegung um. An Werkzeugmaschinen findet man nur die statischen Flüssigkeitsgetriebe (Kolben- und Kapselwerke), nicht aber die dynamischen Flüssigkeitsgetriebe (Kreiselmaschinen).

Die Flüssigkeitsgetriebe bestehen aus einer Ölpumpe und einem Ölmotor mit dazwischen geschalteten Ölleitungen, Steuerorganen, Sicherheitseinrichtungen, Entlüftungen usw. Die Pumpe läuft mit gleichbleibender Drehzahl und Drehrichtung, der Ölmotor mit bis auf Null herunter stufenlos regelbaren Dreh- bzw. Hubzahlen und erforderlichenfalles mit umkehrbarer Drehrichtung.

Die Regelung kann geschehen:

Durch Änderung der dem Ölmotor zugeführten Druckölmenge (Pumpenregelung, Drosselregelung, Primärregelung, Regelung mit gleichbleibendem Drehmoment bzw. gleichbleibender Durchzugskraft) oder

durch Änderung der Schluckmenge, d. i. Druckölmenge je Umdrehung des Ölmotors (Motorregelung, Sekundärregelung, Regelung mit gleichbleibender Leistung). Häufig wird in den niederen Drehzahlbereichen bzw. Hubbereichen die Pumpenregelung, daran anschließend die Motorregelung angewendet.

Als Pumpen dienen für unveränderliche Fördermengen Zahnradpumpen. Regelung durch Drosseln zwischen Pumpe und Flüssigkeitsmotor; für kleine Leistungen, z. B. Vorschub an Schleifmaschinen.

---

[1]) Firmenschrift „Variator DRP".
[2]) Firmenschrift „Wülfel-Regelgetriebe".
[3]) Firmenschrift „Stufenlose Getriebe EL", Rich. Hofheinz, Haan (Rhld.).
[4]) Werkst. u. Betrieb 1939 Heft 3/4 S. 34.
[5]) Preger: Flüssigkeitsgetriebe an spangebenden Werkzeugmaschinen. VDI-Verlag 1932.

Als Pumpen dienen für veränderliche Fördermengen Enor-Triebe, Kapselwerk mit äußerer Beaufschlagung, Böhringer-Sturm-Getriebe. Kapselwerk mit innerer Beaufschlagung.

Lauf-Thoma-Getriebe, Jahns-Getriebe, Pittler-Getriebe. Kolbenwerk mit radialen Zylindern und innerer Beaufschlagung.

Oil-Gear-Getriebe. Kolbenwerk mit innerer Beaufschlagung.

Thoma-Getriebe, Jahns-Getriebe, Pittler-Getriebe, mit achsparallelen Kolben in drehbarem Zylindergehäuse.

Wülfel-Getriebe, außen beaufschlagte radiale Kolben.

Die Regelung geschieht bei Enor, Böhringer-Sturm, Lauf-Thoma (Jahns, Pittler) durch Verstellen der Exzentrizität des Gehäuses, bei Oil-Gear durch Verstellen der Exzentrizität des Zylinderkörpers, bei Thoma (Jahns, Pittler) durch Neigen des Zylinderkörpers, bei Wülfel durch Verstellen des fünfseitigen Prismas in der Mitte der Kolben. In allen Fällen ist die Regelung von Plus nach Minus (Umkehr der Förderrichtung ohne Änderung der Drehrichtung der Pumpe) durch Null hindurch (Exzentrizität bzw. Neigung = Null) möglich.

Als Flüssigkeitsmotoren dienen bei der Umsetzung von kreisender in kreisende Bewegung die genannten Pumpen mit regelbarer Fördermenge, in diesem Falle mit regelbarer Schluckmenge. Meistens ist das Modell des Flüssigkeitsmotors größer als das der Pumpe. Regelung der Schluckmenge in gleicher Weise durch Änderung der Exzentrizität bzw. Neigung des Gehäuses.

Flüssigkeitsgetriebe können Antriebs-Elektromotor, Ölpumpe und Ölmotor als Vorbaugetriebe in einem Aggregat vereinigt haben oder es können die verschiedenen Bestandteile an verschiedenen Stellen der Werkzeugmaschine räumlich voneinander getrennt eingebaut sein.

Als Flüssigkeits-Motor beim Umsetzen kreisender in geradlinig hin- und hergehende Bewegung dienen Zylinder und Kolben mit einseitiger oder mit durchgehender Kolbenstange.

Vorteile der Flüssigkeitsgetriebe ist neben der bequemen Regelbarkeit in großem Regelbereich die Möglichkeit des bequemen Anschlusses anderer druckölbetätigter Einrichtungen, z. B. für Einspannen der Werkstücke, für Schaltungen, Ein- und Ausrücken, Schnellverstellungen, selbsttätige Steuerungen usw.

C. Stufenlos regelbare elektrische Getriebe,

Gleichstrom-Regelmotoren und Leonard-Trieb sind im Abschnitt „Aus dem Gebiet der Elektrotechnik, Absatz G, Elektrischer Antrieb für Werkzeugmaschinen“, S. 121 bis 124, behandelt.

Wellenkupplungen[1]).

Schrifttum [1]) bis [35]) auf S. 631.

A. Feste Kupplungen[11]) [12]) [16]) [22]).

Schalen- oder Scheiben-Kupplungen, deren Teile meist durch Schrauben verbunden werden, zur festen Verbindung von zwei aneinanderstoßenden Wellenenden. Das Drehmoment soll schon durch die Reibung allein aufgenommen werden, so daß die Gesamtanpreßkraft = Umfangskraft geteilt durch Reibwert sein muß. Normen: DIN 115, 116, 758, 759, 760.

B. Nachgiebige Kupplungen, Ausgleichkupplungen[2]) [11]) [12]) [18–23]) [35]),

Abb. K 1. Nachgiebige Voith - Maurer - Kupplung mit Drahtfedern.

dienen zur Aufnahme von Unterschieden in der Höhenlage, Längslage und Neigung der Wellen oder zur drehfedernden Aufnahme und Dämpfung von Drehstößen und zur Verlagerung der kritischen Drehzahl. Notwendig ist Berechnung der Zwischenglieder auf Flächenpressung, aufzunehmende Federarbeit und Biegebeanspruchung.

Ausführung meist als Scheibenkupplungen mit federnden Zwischengliedern, z. B. Abb. K 1, auch Kreuzgelenke und Zahnkupplungen.

C. Schaltkupplungen[1]) [10]).

I. Schaltung im Stillstand.

Zur Verbindung und Trennung zweier Wellen im Stillstand sind Klauenkupplungen, Stift-, Zahn-, Springkeil- und Ziehkeil-Kupplungen geeignet. Berechnung auf Flächenpressung und Verschleiß an den Schiebeflächen.

II. Schaltung in Bewegung.

Bei langsamer, überholender oder umkehrender Bewegung sind noch Kupplungen nach I verwendbar; sonst Reibungs-Kupplungen [11–17]) [22–26]) [30–34]). Sie können als Schalt- (Abb. K 2 und K 3), Wende-, Richtungs-, Rutsch- (Abb. K 4) und Anlauf-Kupplungen (Abb. K 5) gebaut sein.

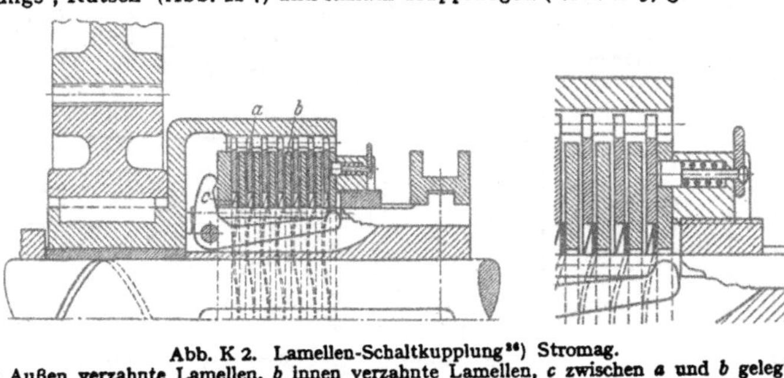

Abb. K 2. Lamellen-Schaltkupplung[26]) Stromag.
a Außen verzahnte Lamellen, *b* innen verzahnte Lamellen, *c* zwischen *a* und *b* gelegte gewellte Abdrück-Federringe.

a) Bauart nach Tafel 1 als Backen-, Band-, Kegel-, Scheiben- oder Füllstoff-Kupplung; Reibwerte usw. nach Tafel 2.

Nr.	Kupplungsart		Umfangs-Reib-kraft U in kg	Schaltarbeit $Sch = H \cdot h \cdot \eta$ bei 1 mm Lüftwe
1	**Backen-K.**	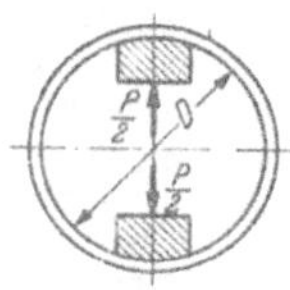	$\mu \cdot P_N$ [$= 0{,}35 \cdot P_N$]	$U \cdot l/\mu$ [$= 0{,}286 \cdot U$]
2	**Kegel-K.** $H = P_N \cdot \sin\alpha$	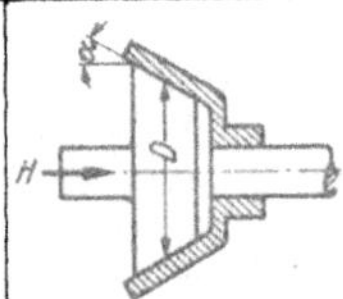	$\mu \cdot H/\sin\alpha$ [$\approx 1{,}0 \cdot H$ für $\alpha = \varrho$]	„
3	**Scheiben-K. Lamellen-K.** $H = P/i$	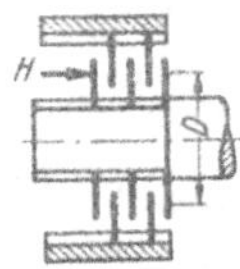	$\mu \cdot H \cdot i$ [$= 0{,}35 \cdot H \cdot i$]	„
4	**Füllstoff-K.** $H = P/i$ (s. Abb. K 4)	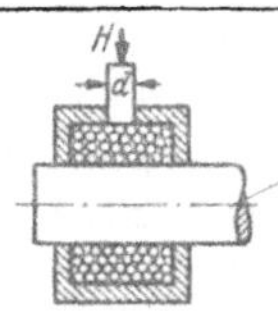	$\mu \cdot H \cdot i$ [$= 0{,}35 \cdot H \cdot i$]	„
5	**Band-K.** in Drehrichtung angezogen	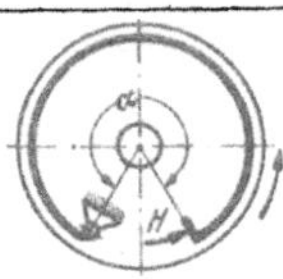	$(e^{\mu \cdot \alpha} - 1) \cdot H$ [$\approx 4 \cdot H$]	$\frac{U \cdot l \cdot \alpha}{e^{\mu \cdot \alpha} - 1}$ [$= 0{,}118 \cdot U$]
6	**Band-K.** gegen Drehrichtung angezogen	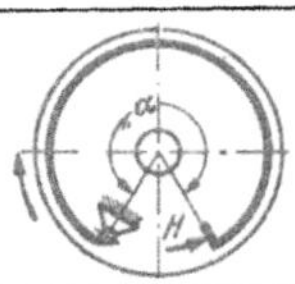	$\frac{e^{\mu \cdot \alpha} - 1}{e^{\mu \cdot \alpha}} \cdot H$ [$\approx 0{,}8 \cdot H$]	$\frac{U \cdot e^{\mu \cdot \alpha}}{e^{\mu \cdot \alpha} - 1} \cdot l \cdot$ [$= 0{,}59 \cdot U$]
7	**Summen-Band-K.**		$\frac{e^{\mu \cdot \alpha} - 1}{e^{\mu \cdot \alpha} + 1} \cdot H$ [$\approx 0{,}67 \cdot H$]	$\frac{U \cdot e^{\mu \cdot \alpha} + 1}{2(e^{\mu \cdot \alpha} - 1)} \cdot l \cdot$ [$= 0{,}35 \cdot U$]

Flächenpressung p_{max}	Verschleißbare Reibstoff-menge Q	Erläuterungen
$U/f_N \cdot \mu$ $[\approx 2 \cdot U/D \cdot B]$ für 90°-Backen	$f_N \cdot s$ $[\approx 1{,}4 \cdot D \cdot B \cdot s]$	P_N Anpreßkraft senkrecht zum Belag in kg l Lüftweg „ „ „ in cm H Schaltkraft in kg h Weg der Schaltkraft in cm η Wirkungsgrad der Kraftübertragung f_N wirksame Belagfläche in cm² senkrecht zu P_N p Flächenpressung / μ Reibwert n. Taf. 2 { Eingeklammerte Werte gelten für $\mu = 0{,}35$ D mittlerer Durchm. der Reibfläche in cm $M_R = U \cdot D/2$ übertrag. Reibmoment in cmkg B wirksame Breite der Reibflächen in cm i Anzahl der Reibflächen s zulässige Abnutzung in der Dicke in cm $tg\varrho = \mu$
$U/\pi \cdot D \cdot B\mu$ $[\approx 0{,}91 \cdot U/D \cdot B]$	$\pi \cdot D \cdot B \cdot s$	
$U/\pi \cdot D \cdot B \cdot \mu \cdot i$ $[\approx 0{,}91 \cdot U/D \cdot B \cdot i$	$\pi \cdot D \cdot B \cdot s \cdot i$	
$U/\pi \cdot D \cdot B \cdot \mu$ $[\approx 0{,}91 \cdot U/D \cdot B]$	$\pi \cdot D \cdot B \cdot s$	H Schaltkraft in Richtung d. Stößels in kg d Durchmesser des Stößels in cm $i = 4\,D \cdot B/d^2$
$\dfrac{2 \cdot U \cdot e^{\mu \cdot \alpha}}{(e^{\mu \cdot \alpha} - 1)\,D \cdot B}$ $[\approx 2{,}5 \cdot U/D \cdot B]$	$\dfrac{\alpha\,(e^{\mu \cdot \alpha} + 1)\,D \cdot B \cdot s}{4 \cdot e^{\mu \cdot \alpha}}$ $[\approx 1{,}4 \cdot D \cdot B \cdot s]$	$e^{\mu\,\alpha}$ siehe Abschnitt „Riemen und Riementriebe" Abb. R 10, S. 603.
„	„	Eingeklammerte Werte gelten für $\alpha = 270° = 1{,}5\,\pi$ und für $\mu = 0{,}35$
„	„	$h = h_1 = h_2$ $H = H_1 + H_2$

Die Kupplungen Nr. 1 bis 4 erfordern theoretisch bei gleichem Reibmoment, Reibdurchmesser, Reibwert und Lüftweg an der Reibfläche die gleiche Schaltarbeit, obwohl die Schaltkraft H verschieden ist. Erst durch

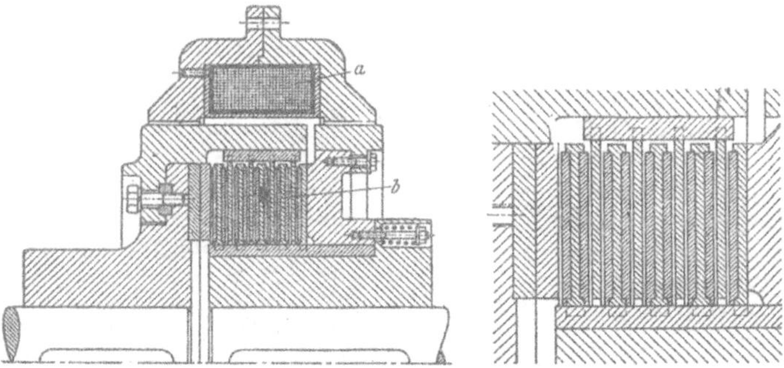

Abb. K 3. Magnet-Schaltkupplung, Bamag.
Magnetspule, *b* außen und innen verzahnte Lamellen mit Reibbelag.

Mithilfe der Reibkraft selbst zum Anziehen der Kupplung (Servo-Wirkung), wie bei der Kupplung Nr. 5 (Schlingband- oder Spreizring-Kupplung) wird

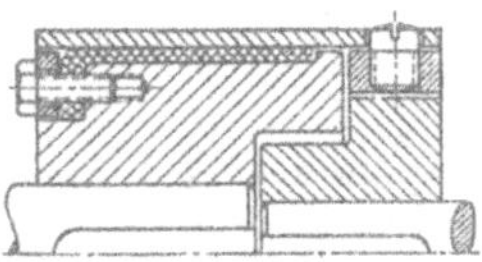

Abb. K 4. Niemann-Rutschkupplung[8]) mit Stahlkugel-Schmierstoff-Füllung.

Abb. K 5. Pulvis-Anlaufkupplung[10 a]) mit Füllung aus graphitiertem Stahlsand.

auch die notwendige Schaltarbeit geringer. Bei der Kegelkupplung Nr. 2 ist die notwendige Schaltkraft H fast unabhängig vom Reibwert μ (abgesehen vom Schwanken des Reibwertes beim Lauf), wenn man zur Vermeidung der Selbsthemmung im Kegel den Neigungswinkel $\alpha \geqq \varrho_{max}$ hält. Die Füllstoffkupplung, Nr. 4 und Abb. K 4, mit Fett-Kugel-Füllung ist für lange Rutschzeiten bei geringem Verschleiß geeignet.

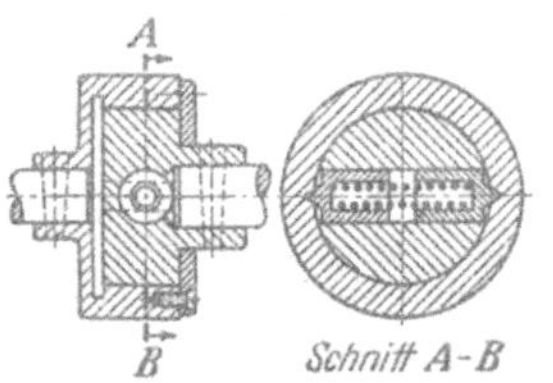

Abb. K 6. Einfache Rutschkupplung[10]) mit federbelasteten Schrägflächen.

b) Geringe Schaltarbeit durch größeren Reibdurchmesser D, größeren Reibwert μ, größere Servo-Wirkung (auch Vorkupplung zum Anziehen der Hauptkupplung) und Verringerung des Schaltweges l durch gleichmäßiges Lüften der ganzen Reibfläche, durch Vermeidung von Totgang im Gestänge (starre Glieder, spielfreie Gelenke oder Vorspannfeder) und durch Verringerung des Verschleißes.

c) Gleichmäßiges Reibmoment: Hierfür entweder den Reibwert und die Anpreßkraft stetig halten durch üppige Abmessungen, geringe Wärmeschwankungen, gleichmäßige Schmierung, geeignete Belag- und Kupplungsart oder bei schwankendem Reibwert durch die steigende Reibkraft die Anpreßkraft entsprechend verringern (Dynamometer). Selbsthemmung an den Reibflächen vermeiden!

d) Kleinste Baumaße sind für die Kupplungen Nr. 2, 3, 4 erreichbar, wenn die Erwärmung unbedeutend ist.

e) Einfluß des Reibwertes. Bei schwankendem Reibwert schwankt das Reibmoment bei Nr. 1 bis 4 gleichmäßig mit, bei Nr. 5 mehr und bei Nr. 6 weniger als μ.

f) Einfluß der Drehrichtung. In jeder Drehrichtung gleich stark wirken Nr. 1 bis 4 und 7, nicht aber Nr. 5 und 6 (Richtwirkung).

g) Wärmeabfuhr durch Außenluft ist bei Nr. 3 schlechter als bei den übrigen.

h) Lebensdauer des Reibbelags erhöhen durch Schmieren der Reibflächen (Verschleiß sinkt mehr als μ!), durch Glatthalten der Reibflächen und Wahl verschleißfesteren Werkstoffes, durch Herabsetzen der Temperatur mittels besserer Wärmeabführung, größerer Kühlfläche, Kühlrippen und künstlicher Kühlung (Luft, Öl, Wasser), durch Verkürzung des Reibwegs und größere Verschleißfläche.

Lebensdauer des Belags[8]): $L = Q/N_R \cdot q$ in Betriebsstunden; die verschleißbare Belagmenge $Q = s \cdot f_N$ in cm^3, s. Tafel 1; der spezifische Ver-

Tafel 2. **Reibwerte für verschiedene Reibstoffe.**

Reibstoffe	Reibwert μ trocken	Reibwert μ gefettet	Reibwert μ geölt	Zul. Temp. kurz	Zul. Temp. Dauer	Zul. Flächenpressung p in kg/cm^2
Gruppe a:						
Baumwollgewebe m. Kunstharz auf St, Stg und Ge	0,65–0,4		0,2–0,1	150°	100°	0,5–12
Asbestgewebe mit Kunstharz	0,5 –0,3		0,2–0,1	300°	200°	0,5–20
Asbest mit Kunstharz hydraulisch gepreßt	0,4 –0,2		0,15–0,1	500°	250°	0,5–100
Metallwolle mit Buna-Bindung	0,65–0,45			300°	200°	0,5–60
Gruppe b:						
Pappelholz auf Ge	0,35–0,2	0,2	0,1	160°	100°	
„ „ St	0,55–0,25	0,25–0,15		160°	100°	
Leder auf Metall	0,6 –0,3	0,25	0,15			je nach v
Kork auf Metall	0,35	0,3				
Gruppe c:						
Bronze auf Bronze oder Ge	0,2	0,15				
Ge auf Ge	0,15–0,25	0,1–0,05	0,1–0,02			
Stahlband auf Ge	0,15–0,18	0,1				
Gehärteter Stahl auf gehärteten Stahl	0,1		0,0–30,1			7–30

Die Reibwerte sind noch von Temperatur, Geschwindigkeit und Schmierung abhängig[10b]). Für den Verschleiß kann bei den a-Reibstoffen bei Trockenlauf etwa $q = 0{,}1 - 0{,}3\ cm^3/PSh$ und bei Ölschmierung ungefähr $^1/_4$ davon gerechnet werden[8])[9]). Der Verschleiß nimmt oberhalb der Grenztemperatur und bei etwas angerauhter Gegenfläche stark zu.

schleiß q in cm^3/PSh nach Anmerkung der Tafel 2; die Reibleistung N_R in PS siehe Absatz o.

i) Wartung erleichtern durch leicht zugängliche und eindeutige Nachstellung von Anpreßkraft und Lüftweg, durch Federglied in der Kraftübertragung (Verschleißausgleich) und durch lange Lebensdauer und leichten Ersatz des Reibstoffs.

k) Bedienung der Kupplung (Belastung, Entlastung) kann einseitig durch Federkraft und im übrigen durch Hand oder Fuß und bei großen

Tafel 3. Schaltzeug und Kraftübertragung.

Verbindungen zwischen Schaltmuffe und Schalthebel	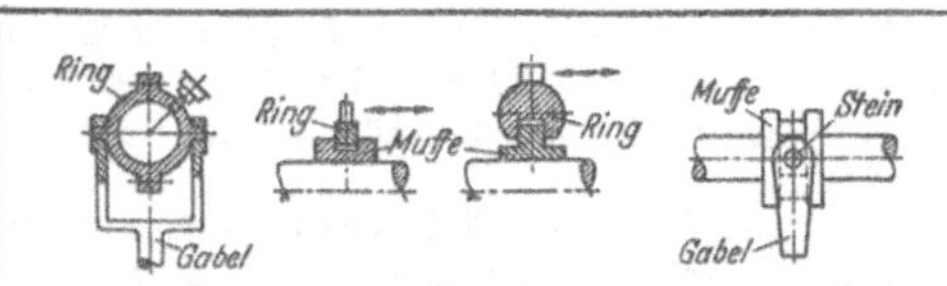
Anpreßkraft P axial Muffe entlastet, wenn Totpunkt-Stellung erreicht	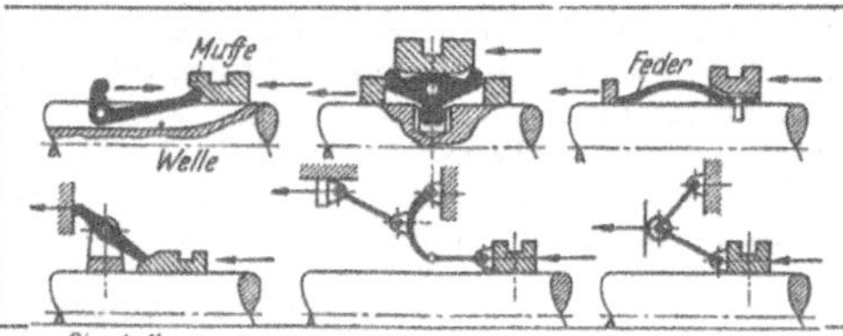
Ölsteuerung	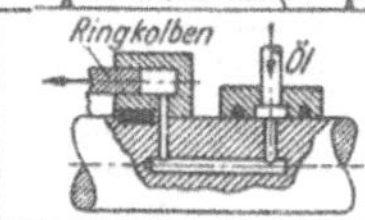
Schaltstange	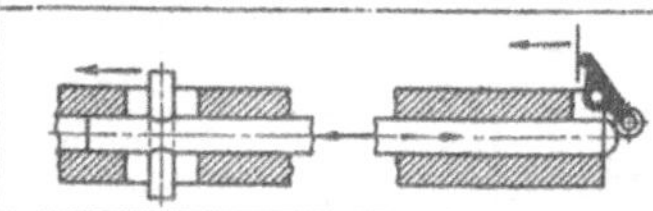
Anpreßkraft P radial Muffe bzw. Schaltstange entlastet, wenn Totpunkt-Stellung erreicht	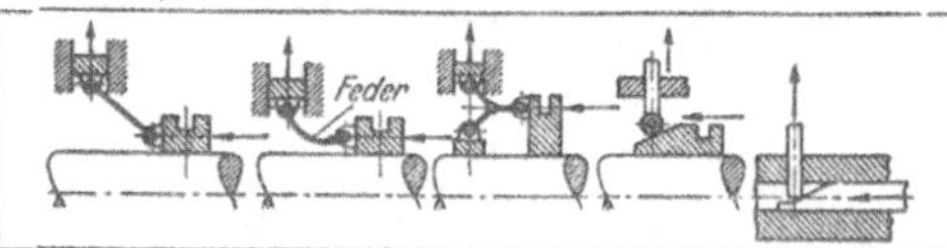
Anpreßkraft tangential	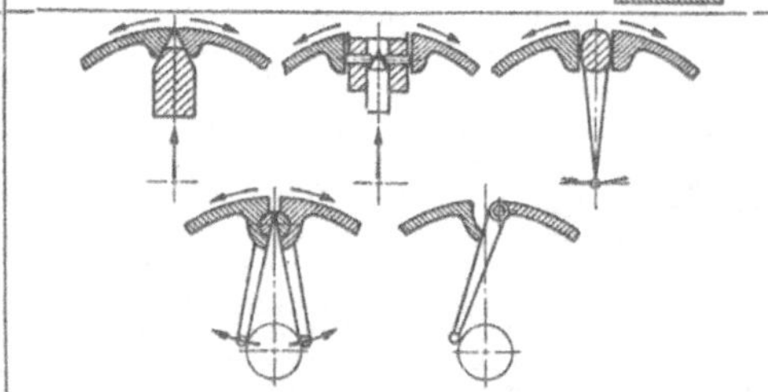

Kräften durch Magnet, Preßluft, Drucköl und in Sonderfällen durch die Drehrichtung (Überholkupplung) oder durch Fliehkraft (Anlaufkupplung) erfolgen. Für die eingeschaltete Kupplung soll das Stellzeug entlastet sein (Selbsthemmung). Selbsthemmung erhöht die Schaltarbeit.

l) Schaltzeug (Tafel 3) zur Übertragung der Schaltbewegung auf die umlaufende Kupplung dient bei Hebelschaltung die Schaltmuffe mit Schaltgabel oder bei Hohlwelle die Schaltstange. Diese pressen über Winkelhebel, Kniehebel, Schraubhebel, Spreizhebel oder Schrägflächen als Kraftübersetzung die Reibflächen zusammen. Bei Preßluft[17]) und Drucköl[21]) [35]) erfolgt die Kraftzuführung über Gleitdichtungen durch die Welle und bei Magnetbedienung[15]) [33]) über Schleifringe.

m) Gang der Berechnung. Gegeben sind:

1. Beharrungsmoment M_H in mkg, notfalls aus der im Beharrungszustand zu übertragenden Leistung N (in PS) zu errechnen: $M_H = 716 \frac{N}{n}$.

2. Beschleunigungsmoment M_B in mkg, zu berechnen nach der in der Beschleunigungszeit t_B (in Sekund.) aufzuwendenden kinetischen Energie KE für das zu beschleunigende Massenträgheitsmoment J. Es ist für einen Vollzylinder vom Durchmesser D, der Länge l (in m) und dem spez. Gew. γ:

$$J = 10 \cdot D^4 \cdot l \cdot \gamma,$$
$$KE = J \cdot n^2/182,$$
$$M_B = 19{,}1 \cdot KE/n \cdot t_B.$$

Daraus sind zu errechnen:

3. Das zu übertragende Reib-Moment $M_R = M_H + M_B$.
4. Umfangskraft $U = M_R \cdot 2/D$.
5. Anpreßdruck P_N bzw. Schaltkraft H nach Tafel 1.
6. Schaltarbeit $Sch = P_N \cdot l = H \cdot h \cdot \eta$, wobei der Lüftweg l senkrecht zur Reibfläche einschließlich totem Gang zu rechnen ist. $l = 0{,}2$ bis 2,0 mm.

Bedienungskraft oder Schaltkraft:

$H \leqq 12$ kg bei Handbedienung, $H \leqq 50$ kg bei Fußbedienung.

Bedienungs- oder Schaltweg:

$h \leqq 0{,}80$ m bei Handbedienung, $h \leqq 0{,}18$ m bei Fußbedienung.

n) Belastungswerte. Flächenpressung $p = P_N/f_N = 0{,}8$ bis 10 kg/cm² je nach Erwärmung und Verschleiß; $p \cdot \mu \cdot v = 10$ bis 30 je nach Schaltzahl und Erwärmung; Umfangsgeschwindigkeit v in m/s während des Beharrungszustandes am Durchmesser D.

o) Erwärmung. 1. Bei Luftkühlung[10h]): Übertemp. $t° = 632\, N_R/F \cdot \alpha$ in ° Cels.; wobei die Reibleistung über die Betriebsstunde $N_R = A \cdot Z/270000$ in PS; die Reibarbeit je Schaltung $A = M_R \cdot n \cdot t_B/19{,}1$ in mkg; Z = Schaltzahl je Std.; F = gesamte für die Kühlung vollwirksame Oberfläche in m²; die Wärmeübergangszahl α in kcal/m² std ° abhängig von der Umfangsgeschwindigkeit u der Scheibe (Luftgeschwindigkeit). Nach Versuchen mit Trommelbremsen[7]).

$\alpha =$	4,5	23,6	39	51	62	72
$u =$	0	5	10	15	20	25 m/s

Die zulässige Grenztemperatur s. Tafel 2.

2. Bei künstlicher Kühlung ist die abzuführende Kühlmenge

$$K = \frac{632 \cdot N_E}{t_a - t_e} C \quad \text{in kg/h};$$

spezif. Wärme des Öls $C \approx 0{,}4$; t_a, t_e = Ausgangs-, Eingangstemperatur in °C.

p) Lebensdauer (siehe Absatz h).

D. Sicherheitskupplungen.

Zur Begrenzung des Drehmomentes eignen sich Brechbolzen, federbelastete Schrägflächen, die bei Überlastung ausklinken, Abb. K 6, und Reibkupplungen, z. B. Abb. K 4. Bei diesen schwankt das Rutschmoment mit dem Reibwert μ (Temperatur). Die Rutschbewegung kann auch zur Signalgebung, zum Entlasten der Kupplung oder zur Stillsetzung des Antriebs herangezogen werden. Auch die Anlaufkupplungen *F* sind meist als Rutschkupplungen geeignet.

E. Überholkupplung (Richtungskupplung) [16]) [34]),

Klinkengesperre (Uhlhorn-Kupplung), Reibgesperre (Freilauf), Schraubenbandkupplungen oder sonstige Reibkupplungen mit Gewindeanzug durch die Umfangskraft bei der Richtungsumkehr oder Überholbewegung.

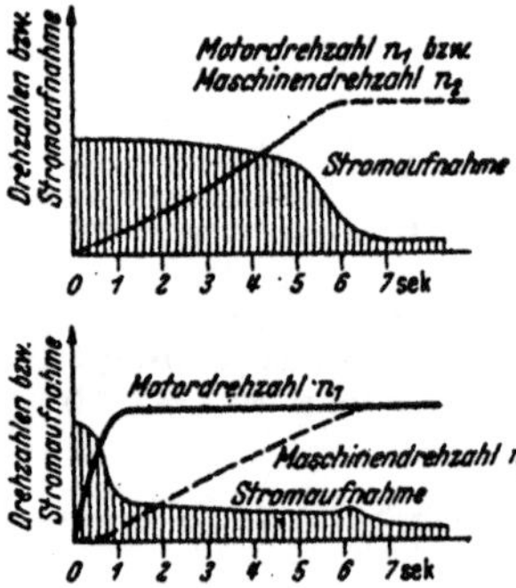

Abb. K 7. Anlauf-Schaubild für Kurzschlußmotor ohne und mit Pulvis-Kupplung.

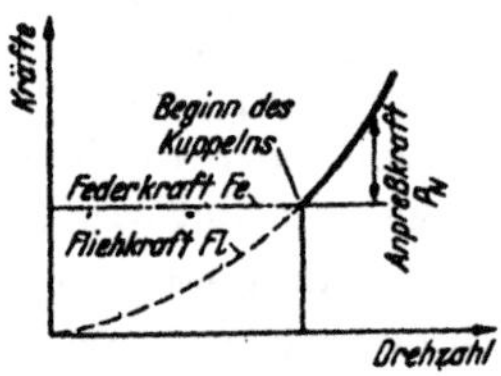

Abb. K 8. Anpreßkraft an Fliehkraft-Kupplungen, z. B. Abb. K 9, in Abhängigkeit von der Drehzahl.

F. Anlaufkupplung [27]) [28]) [29]) [32])

für den unbelasteten Anlauf von Kurzschlußmotoren und allmähliche Mitnahme der Arbeitsmaschine sind Fliehkraftkupplungen (Pulvis, Abb. K 5, K 7 und K 6, Metalluk, Albo-Knorr, AEG.). Die Anpreßkraft P_N steigt nach Überwindung der Federkraft *Fe* durch die Fliehkraft *Fl* steil mit der Drehzahl an, Abb. K 8.

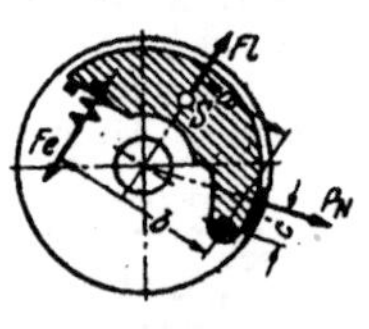

Abb. K 9. Schema Fliehkraft-Kupplung.

Berechnung nach Abb. K 9. Die Umfangsreibkraft $U = P_N \cdot \mu = \dfrac{Fl \cdot a - Fe \cdot b}{c} \mu$. Die Fliehkraft $Fl = m \cdot r \cdot \omega^2 = m v^2/r$; Fe = jeweilige Federkraft.

G. Augenblickskupplungen

sind meist gesteuerte Gesperre, Drehkeil- oder Springkeil- oder Vielzahnkupplungen.

Schrifttum.

1. v. Ende, E.: Wellenkupplungen und Wellenschalter. Berlin: Springer 1931.
2. Altmann, Fr. G.: Drehfedernde Kupplungen. Z. VDI 1936 S. 245.
3. Ehrhardt, A.: Verschleiß von Reibscheiben in Mehrscheibenkupplungen. Z. VDI 1936 S. 1231 — Diss. Stuttgart 1934.
4. Gehle, H.: Schraubenbandreibungskupplung. Werkst.-Techn. 1934 S. 308.
5. Gehle, H.: Schraubenbandkupplungen. Z. Masch.-Bau 1927 S. 407.
6. DRP. 646573 und 664235.
7. Niemann, G.: Die Erwärmung von Bremsscheiben. Fördertechn. 1938 S. 361.
8. Niemann, G.: Bremsbeläge und Bremstrommeln. Z. VDI 86 (1942) S. 199.
9. Preger, E.: Neuere Getriebe an Werkzeugmaschinen. Z. VDI 1933 S. 125.
10. Preger, E.: Einfache Rutschkupplung. Werkzeugmasch. 1936 S. 174.

10a. Pulvis-Anlaufkupplung. Werkst. u. Betr. 1935 Heft 7/8 S. 113.

Firmenschriften.

11. H. Desch, Hüsten-Ruhr.
12. Eisenwerk Wülfel, Hannover-Wülfel.
13. Lohmann & Stolterfort AG., Witten-Ruhr.
14. Fr. G. Niebuhr, Breslau-Deutsch Lissa.
15. Vogel & Schlegel, Dresden 27
16. Bamag, Berlin-Anhaltische Maschinenbau AG., Dessau.
17. Jordan-Bremsen Ges., Berlin-Neukölln.
18. A. Breitbach, Wuppertal-Barmen.
19. Malmedy & Co., Düsseldorf.
20. Köhler & Bovenkamp, Wuppertal-Barmen.
21. Zahnräderfabrik Augsburg, vorm. I. Renk, Augsburg.
22. A. Fr. Flender & Co., Bocholt.
23. I. M. Voith, Heidenheim.
24. O. Ortlinghaus Söhne, Remscheid.
25. Benn, Radebeul-Oberlößnitz.
26. Stromag, Schlotmann & Co., Dortmund.
27. Metalluk, Bamberg.
28. Knorr Bremse, Berlin-Lichtenberg.
29. A. Schütz, Wien.
30. PIV-Antrieb-Werner Reimers KG., Bad Homburg v. d. Höhe.
31. Vulkan GmbH., Dortmund.
32. AEG, Berlin.
33. Bamag, Dessau, Werk Eisenach, Abtlg. Magnetwerk.
34. Peniger Maschinenfabrik, Penig.
35. Demag AG., Duisburg.

Zahnräder.

A. Grundlagen.

Die Verzahnung auf den sich berührenden Grundkörpern ermöglicht eine zwangläufige und schlupffreie Bewegungs- und Kraftübertragung zwischen zwei Wellen. Hierbei bleibt die Übersetzung i = Drehzahl n_1/Drehzahl n_2 gleich (Kreisräder) oder wechselt gesetzmäßig (Ellipsenräder). Man verbindet

parallele Wellen durch Stirntriebe,

sich schneidende Wellen durch Kegeltriebe,

sich kreuzende Wellen durch Schraubentriebe, Schneckentriebe oder Hyperbeltriebe.

Stirn- und Kegeltriebe wälzen sich im Teilkreis (Wälzkreis) ohne Gleiten aufeinander ab, während bei Schrauben- und Schneckentrieben die Zähne noch längs aufeinander gleiten. Verschleiß und Wirkungsgrad werden dadurch beeinflußt.

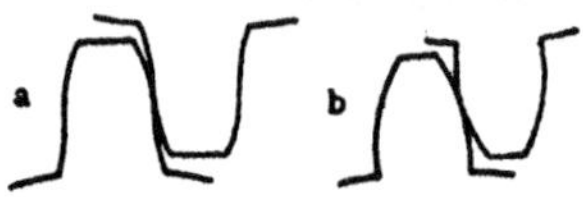

Abb. Z 1a und b. Profile für Zykloiden- und Evolventen-Verzahnung.

I. Normale Zahnform.

a) Die Zahnform ist festgesetzt:

1. durch die Flankenlinie, Abb. Z 3,
2. durch das Zahnprofil, Abb. Z 1.

1. Flankenlinie. Je nach ihrem Verlauf, Abb. Z 2 a bis l, liegt Gerad-, Schräg-, Pfeil-, Kreisbogen- oder Spiralverzahnung usw. vor.

2. Das Zahnprofil ist festgelegt

durch das Flankenprofil (Zykloide oder Evolvente, Abb. Z 1),

durch die Teilung auf dem Teilkreis (Wälzkreis) $t = m \cdot \pi = \pi \cdot d/z$, durch die Zahndicke $\hat{s} = t/2$, durch die Kopfhöhe $h_k = m$ und die Fußhöhe $h_f \approx 1{,}16 \cdot m$, Abb. Z 3.

3. Flankenprofil. Zu jeder beliebigen Zahnflanke läßt sich eine Gegenflanke erzeugen, indem man durch die erste als Werkzeug die Gegenflanke beim Abwälzen ausarbeiten läßt. Es fragt sich nur, ob sie vorteilhaft herzustellen und zu verwenden ist.

b) Das Zykloidenprofil entsteht als Radlinie durch Abrollen eines außerhalb des Teilkreises liegenden Rollkreises auf dem Teilkreis (Zahnkopf) und durch Abrollen eines zweiten, innerhalb des Teilkreises liegenden Rollkreises auf dem Teilkreis (Zahnfuß). Der erhaben gewölbte Zahnkopf arbeitet mit dem hohl gewölbten Zahnfuß des Gegenzahnes zusammen, Abb. Z 1a. Das Fußprofil wird eine Gerade, wenn der Rollkreisdurchmesser gleich 0,5 × Teilkreisdurchmesser ist. Das Zykloidenprofil ermöglicht kleine Zähnezahlen ohne Unterschnitt für das Ritzel. Es ergibt günstige Walzenpressung und günstige Gleitverhältnisse, aber die hohlen Fußflächen sind nicht mit geraden Schneidflanken herstellbar. Der Achsabstand muß genau eingehalten werden, um periodische Fehler zu vermeiden. Es wird daher nur in der Uhrenindustrie, bei Zahnstangenwinden und Triebstockverzahnung (Punktverzahnung) angewendet.

c) Das Evolventenprofil wird durch den Endpunkt einer Geraden (Erzeugende) erzeugt, die sich auf einem Grundkreis abwälzt, der kleiner als der Teilkreis gewählt wird, Abb. Z 4 bis 6. Die entstehenden Zahnflanken sind ballig gegeneinander gewölbt, Abb. Z 1b und Z 4, so daß die Walzenpressung größer als bei der Zykloidenverzahnung wird. Die Evolventen-Zahnstange, Abb. Z 5, zeigt gerade, schräg liegende Zahnflanken und wird

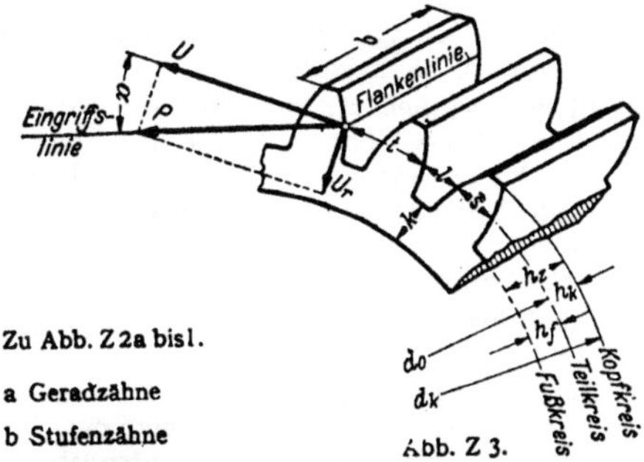

Abb. Z 3.

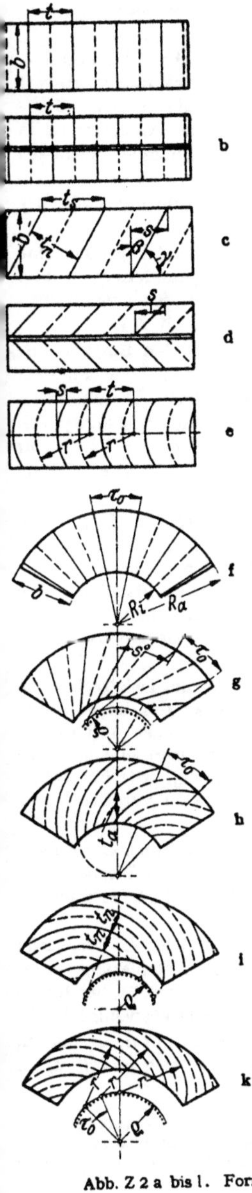

Zu Abb. Z 2a bis l.

- a Geradzähne
- b Stufenzähne
- c Schrägzähne
  - β-Schrägungswinkel
  - γ-Steigungswinkel
  - (rechtssteigend)
- d Pfeilzähne
- e Kreisbogenzähne
- f Geradzähne
- g Schrägzähne (rechtssteigend)
- h Spiralzähne (re htssteigend)
- i Evolventenzähne (linkssteigend)
- k Kreisbogenzähne (linkssteigend)
- l Böttgerverzahnung

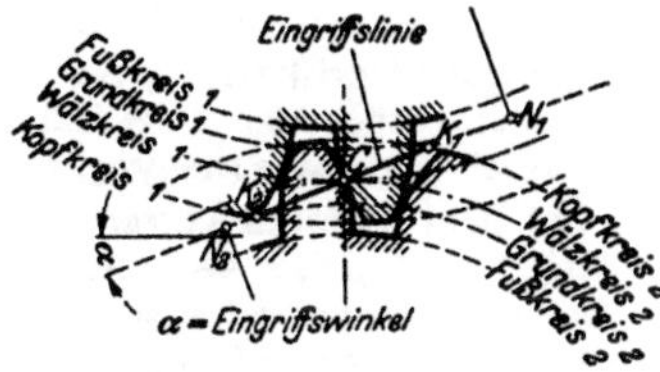

Abb. Z 4. Außenverzahnung.

Abb. Z 5. Zahnstange. Eingriffsstrecke. Überdeckungsgrad.

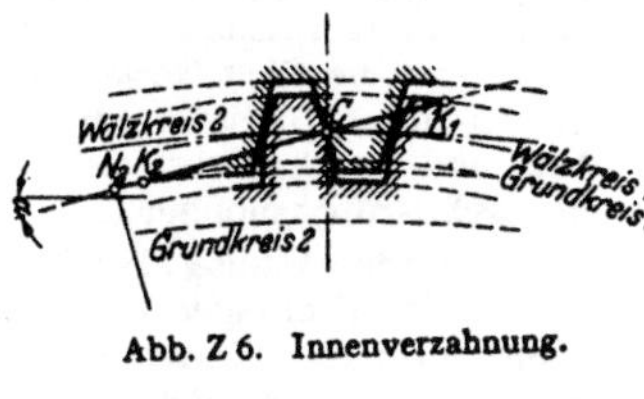

Abb. Z 6. Innenverzahnung.

mit Vorteil als Werkzeug verwendet. Ein Fehler im Achsenabstand ist ohne Einfluß auf den genauen Zahneingriff. Die Bedingung der Allgemeinverzahnung (Eingriffslinie steht im Wälzpunkt auf beiden Flanken senkrecht) ist erfüllt, so daß die mit derselben Zahnstange als Werkzeug hergestellten Räder verschiedener Größe zusammenlaufen können (Satzräder). Für geringe

Abb. Z 2 a bis l. Form der Flankenlinien.

Zähnezahl ist Schrägverzahnung oder Sonderverzahnung notwendig, um Unterschnitt zu vermeiden.

d) Eingriffswinkel. Mit größerem Eingriffswinkel α, Abb. Z 3 und Z 4, vergrößert sich der Zahndruck, der Achs- und Lagerdruck und verringert sich die Mindestzähnezahl, der Überdeckungsgrad, die relative Gleitgeschwindigkeit und die Biegebeanspruchung des Zahnes. Genormt ist in Deutschland $\alpha = 20°$ (DIN 867), aber auch $15°$ (Werkzeugmaschinenbau) und $14^1/_2°$ (England und USA.) sind in Gebrauch.

e) Der Wälzpunkt, Abb. Z 4, ist der gemeinsame Berührungspunkt der Wälzkreise.

f) Eingriffslinie. Auf dieser wandert beim Abwälzen der gemeinsame Berührungspunkt der Zahnflanken, und zwar bei der Zykloidenverzahnung auf dem Rollkreis und bei der Evolventenverzahnung auf der gemeinsamen Tangente an die Grundkreise durch den Wälzpunkt, Abb. Z 4.

g) Die Eingriffstrecke, Abb. Z 4, ist das wirklich für den Eingriff ausgenutzte Stück der Eingriffslinie. Die Eingriffslänge y ist der auf dem Teilkreis gemessene Drehweg, wenn ein Zahn die Eingriffsstrecke durchläuft.

h) Der Überdeckungsgrad oder die Eingriffsdauer ε = Eingriffslänge γ/Teilung t muß größer als 1 sein. Je größer ε, desto ruhiger der Lauf. Für Geradverzahnung ist ε_g = Eingriffstrecke/$(\cos\alpha \cdot t)$, für Schrägverzahnung ist $\varepsilon_s = \varepsilon_g + b \cdot \sin\beta/(m_n \cdot \pi)$.

i) Unterschnitt entsteht bei kleinen Zähnezahlen durch die Kopfflanke des Gegenrades (des Werkzeuges), wenn K_2, Abb. Z 4, außerhalb von $N_1 - N_2$ liegt. Abhilfe durch größere Zähnezahl, also kleinere Teilung, Schrägverzahnung, Profilverschiebung oder größeren Eingriffswinkel. Die Grenzzähnezahl oder Mindestzähnezahl, für die noch kein Unterschnitt eintritt, ist $z_g = 2/\sin^2\alpha = 17$ (30) für normale 20° (15°) Geradverzahnung für Schrägverzahnung $z_{min} = z_g \cdot \cos^3\beta$,

k) Zahngleiten. Teilt man den Zahnkopf in gleiche Teilstrecken, so arbeitet mit jeder Teilstrecke eine bestimmte Strecke des Gegenzahnes (Zahnfuß) zusammen. Der Unterschied zwischen Teilstrecke und Gegenstrecke ist die Gleitstrecke, und das Verhältnis Gleitstrecke zu Teilstrecke das spezifische Gleiten. Ein Gleiten, also eine Abnützung, tritt nur außerhalb und innerhalb des Teilkreises auf, am Teilkreis selbst nur Druck und dadurch Grübchenbildung.

l) Innenverzahnung. Hohlräder, Abb. Z 6, ergeben gegenüber der Außenverzahnung (Vollräder) einen besseren Überdeckungsgrad, geräuschärmeren Lauf, günstigere Walzenpressung und geringeren Platzbedarf. Herstellung und Lagerung des Hohlrades beachten!

m) Wirkungsgrad η = abgeführte Leistung/zugeführte Leistung. Bei bester Ausführung mit Wälzlagern (Gleitlagern) und günstiger Schmierung ist bei Stirn- oder Kegelrädern für ein Räderpaar $\eta = 0{,}98$ bis 0,99, bei Kegelrädern 0,97 erreichbar. Bei abgenutzter Verzahnung bis 15 vH weniger[1] [2] [3].

n) Übersetzung (größer als 1) $i = d_2/d_1 = z_2/z_1 = n_1/n_2$ mit d_1, z_1 und n_1 als Teilkreisdurchmesser, Zähnezahl und Drehzahl des Ritzels und d_2, z_2, n_2 als Teilkreisdurchmesser, Zähnezahl und Drehzahl des Rades.

---

[1]) Rikli: Über die Messung von Zahnradverlusten. Z. VDI 1911 S. 1435.
[2]) Kutzbach: Reibung und Abnutzung von Zahnrädern. Z. VDI 1926 S. 999.
[3]) Cranz u. Kammerer: Versuche mit Zahnrädern von Straßenbahnwagen. München-Berlin 1923. Verl. Oldenbourg.

o) Abmessungen. Modul $m = t/\pi$; t = Teilung; Kopfkreisdurchmesser $d_k = d + 2 \cdot h_k$; Fußkreisdurchmesser $d_f = d - 2 \cdot h_f$; Kopfhöhe $h_k = m$; Fußhöhe $h_f \approx 1{,}16 \cdot m$; Kopfspiel $h_f - h_k \approx 0{,}166 \cdot m$; Achsabstand oder Mittenabstand $a = 0{,}5(d + D) = 0{,}5(z + Z)m$. Der Teilkreisdurchmesser $d_0 = m \cdot z$ wird in Berechnungen meist einfach mit d bezeichnet.

p) Kräfte. Umfangskraft im Teilkreis $U = 2M/d$ mit $M = 71620\,N/n$ = Drehmoment in cmkg und Leistung N in PS; Zahnkraft (senkrecht zur Zahnfläche) $P = U/\cos\alpha$ bei gerader Evolventenverzahnung.

q) Normen. DIN 867 (Zahnform); 868 (Begriffe); 869 (Bestellung); 870 (Profilverschiebung); 780 (Modulreihe).

Modulreihe nach DIN 780:

0,3 (0,35), 0,4 (0,45), 0,5 (0,55), 0,6 (0,65), 0,7, 0,8, 0,9,

1, 1,25, 1,5, 1,75, 2, 2,25, 2,5, 2,75, 3, 3,25, 3,5, 3,75, 4, 4,5, 5, 5,5, 6, 6,5, 7, 8, 9,

10, 11, 12, 13, 14, 15, 16, 18, 20, 22, 24, 27, 30, 33, 36, 39, 42, 45, 50, 55, 60, 65, 70, 75.

Zahnform nach DIN 867

Zahnstangenprofil als Bezugsprofil (mit Gegenprofil).

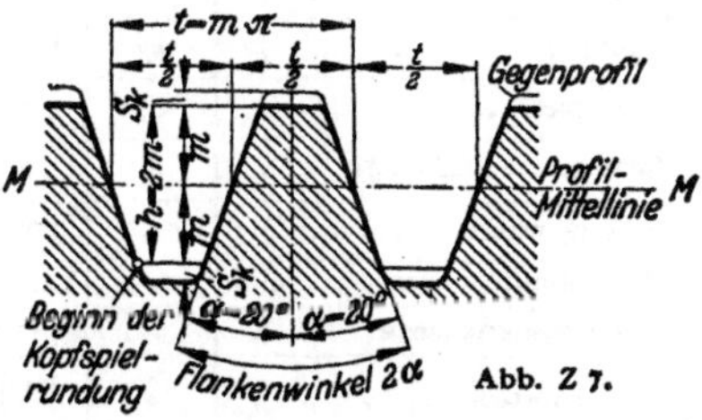

Abb. Z 7.

Im Profil sind die Flanken Geraden (Evolventenverzahnung), im Raume Ebenen.

Eingriffswinkel $\alpha = 20°$ (= halber Flankenwinkel).

Gemeinsame Zahnhöhe $h = 2 \cdot m$ (m = Modul = Durchmesserteilung).

In der Profilmittellinie MM (bei Flankenspiel 0) Zahndicke = Zahnlücke = $t/2$ (t = Umfangsteilung).

Die Kopfspielrundung beginnt dort, wo das Gegenprofil aufhört (Form der Rundung abhängig vom Herstellungsverfahren).

Kopfspiel $S_k = 0{,}1 \cdot m$ bis $0{,}3 \cdot m$ (abhängig vom Herstellungsverfahren und von Sonderbedürfnissen).

Für Flankenspiel und Flankeneintrittspiel ist Normung bzw. Angabe der Passung vorbehalten.

Tafel 1: **Beziehungen für Stirnräder genormter Verzahnung.**

Benennung	Ritzel		Rad	
	Kurzzeichen	gleich	Kurzzeichen	gleich
Drehzahl je Minute	n_1	$i\,n_2 = n_2 \cdot \frac{z_2}{z_1}$	n_2	$\frac{n_1}{i} = n_1 \cdot \frac{z_1}{z_2}$
Zähnezahl	z_1	$\frac{z_2}{i} = z_2 \cdot \frac{n_2}{n_1} = \frac{d_{01}}{m}$	z_2	$i z_1 = z_1 \frac{n_1}{n_2} = \frac{d_{02}}{m}$
Übersetzungsverhältnis . .	i	$\frac{n_1}{n_2} = \frac{z_2}{z_1} = \frac{d_{02}}{d_{01}}$		
Teilung . . . . in mm	t	$m \cdot \pi = \widehat{s} + \widehat{l}$		

Fortsetzung S. 636.

Zahlentafel 1 (Fortsetzung).

Benennung	Ritzel		Rad	
	Kurzzeichen	gleich	Kurzzeichen	gleich
Eingriffstrecke	g	ausgenützte Strecke der Eingriftlinie		
Eingrifflänge	y	Drehweg auf Teilkreis für einen Zahneingriff. Für Gerad-Verzahnung $y = g/\cos\alpha$		
Überdeckungsgrad	ε	$\varepsilon = \frac{y}{t}$		
Zahndicke . . . . in mm	$\hat{s}$	$\hat{s} = \hat{l} = \frac{t}{2}$, wenn kein Flankenspiel vorhanden, also bei genau bearbeiteten Rädern;		
Zahnlücke . . . . „ „	$\hat{l}$	bei unbearbeiteten Rädern $\hat{l} > \hat{s}$		
Modul . . . . „ „	m	$\frac{t}{\pi} = \frac{d_{01}}{z_1} = \frac{d_{02}}{z_2}$		
Zahnhöhe . . . . „ „	h_z	$2{,}16\, m = h_k + h_f$		
Kopfhöhe . . . . „ „	h_k	m		
Fußhöhe . . . . „ „	h_f	$h_k + S_k = 1{,}16\, m$		
Kopfspiel . . . . „ „	S_k	$0{,}16\, m$		
Gemeinsame Zahnhöhe . „ „	h	$2\, m$; siehe DIN 867 (S. 635)		
Eingriffswinkel . . . . . „ °	α	20°, bisher 15°		
Teilkreisdurchmesser . „ mm	d_{01}	$m \cdot z_1$	d_{02}	$m \cdot z_2$
Kopfkreisdurchmesser . „ „	d_{k1}	$d_{01} + 2m = m\,(z_1 + 2)$	d_{k2}	$d_{02} + 2\,m = m\,(z_2 + 2)$
Achsenabstand . . . . . „ „	a	$\frac{d_{01} + d_{02}}{2} = m\frac{z_1 + z_2}{2}$		
Zahnbreite . . . . „ „	b			
Kranzstärke . . . . „ „	k	mindestens $1{,}6 \cdot m$		
Umfangsgeschwindigkeit im Teilkreise . . . . „ m/s	v	$\frac{d_{01} \cdot \pi \cdot n_1}{60000} = \frac{d_{02} \cdot \pi \cdot n_2}{60000}$		
Umfangskraft . . . . . . „ kg	U	$\frac{M_1 \cdot 2}{d_{01}} = \frac{75\, N_1}{v} = c \cdot b \cdot t$; d_{01}, b und t in cm		
Leistung . . . . „ PS	N_1	$\frac{U \cdot v}{75} = \frac{N_2}{\eta}$	N_2	$\eta\, N_1$
Drehmoment . . . . . cmkg	M_1	$71620\, \frac{N_1}{n_1}$	M_2	$i \cdot M_1$
Wirkungsgrad des Getriebes .	η	$\frac{N_2}{N_1} = \eta_l \cdot \eta_w = 0{,}92$ bis $0{,}98$ f. unbearbeitete bis bearb. u. gut geschmierte R.		
„ der Lagerung .	η_l			
„ „ Wälzung .	η_w			
Walzenpressung . . . kg/cm²	k	$\frac{3{,}12 \cdot U}{b \cdot d_1} \cdot \frac{i \pm 1}{i}$ für 20°-Verz. b und d_1 in cm		
Biegebeanspruchung . „	σ	$U \cdot q/(b \cdot m)$; b und m in cm		
c-Wert . . . . „	c	$U/(b \cdot t)$; b und t in cm		

Diametral- und Circular-pitch.

In Ländern des englischen Maßsystems werden Zahnräder nach Diametral- oder nach Circular-pitch berechnet.

Mit Diametral-pitch Dp bezeichnet man die Anzahl Zahnteilungen auf 1 Zoll Länge des Teilkreisdurchmessers, mit Circular-pitch dagegen die Länge einer Zahnteilung in Zoll auf dem Teilkreis gemessen.

Tafel 2. **Pitch-Formeln.** (Alle Maße in engl. Zoll.)

Gesucht	Bezeichnung	Gleichung
Diametral-pitch	D_p	$D_p = \frac{z}{d_0} = \frac{z+2}{d_k} = \frac{3{,}1416}{C_p}$
Circular-pitch (in engl. Zoll im Bogen gemessen)	C_p	$C_p = \frac{3{,}1416 \cdot d_0}{z} = \frac{3{,}1416 \cdot d_k}{z+2} = \frac{3{,}1416}{D_p}$
Kopfkreisdurchmesser des Rades	d_k	$d_k = \frac{z+2}{D_p} = \frac{(z+2)\,C_p}{3{,}1416} = d_0 + 2 \cdot h_k$
Teilkreisdurchmesser	d_0	$d_0 = \frac{z}{D_p} = \frac{z \cdot C_p}{3{,}1416}$
Zähnezahl	z	$Z = d_k \cdot D_p - 2 = d_0 \cdot D_p$
Zahnlücke (im Bogen gemessen)	$\hat{l}$	$l = \frac{1{,}5708}{D_p} = \frac{C_p}{2}$
Zahndicke (im Bogen gemessen)	$\hat{s}$	$s = \frac{1{,}5708}{D_p} = \frac{C_p}{2}$
Zahnhöhe	h_z	$h_z = \frac{2{,}1571}{D_p} = 0{,}6897 \cdot C_p$
Zahnkopfhöhe	h_k	$h_k = \frac{d_k}{z+2} = \frac{d_0}{z} = \frac{1}{D_p} = 0{,}3183 \cdot C_p$
Zahnfußhöhe	h_f	$h_f = \frac{1{,}1571}{D_p} = 0{,}3714 \cdot C_p$
Achsenabstand zweier Räder mit Zähnezahlen z_1 und z_2	a	$a = \frac{z_1 + z_2}{2 \cdot D_p} = \frac{(z_1 + z_2) \cdot C_p}{6{,}2832}$

$$\text{Diametral-pitch } Dp = \frac{3{,}14}{Cp} = \frac{25{,}4}{m}\,; \quad \text{Circular-pitch } Cp = \frac{3{,}14}{Dp} = \frac{m}{8{,}09}\,;$$

$$\text{Modul } m = \frac{25{,}4}{Dp} = 8{,}09 \cdot Cp\,.$$

Tafel 3. **Diametral-pitch.**

Diametral-pitch	1	$1^1/_4$	$1^1/_2$	$1^3/_4$	2	$2^1/_4$	$2^1/_2$
Modul	25,4	20,32	16,93	14,51	12,7	11,29	10,16
Teilung	79,8	63,84	53,19	45,58	39,9	35,47	31,92
Diametral-pitch	$2^3/_4$	3	$3^1/_2$	4	5	6	7
Modul	9,23	8,47	7,26	6,35	5,08	4,23	3,63
Teilung	29	26,61	22,81	19,95	15,96	13,29	11,40
Diametral-pitch	8	9	10	11	12	14	16
Modul	3,17	2,82	2,54	2,31	2,12	1,81	1,59
Teilung	9,96	8,86	7,98	7,26	6,66	5,69	5
Diametral-pitch	18	20	22	24	26	28	
Modul	1,41	1,27	1,15	1,06	0,98	0,91	
Teilung	4,43	3,99	3,61	3,33	3,08	2,86	

Tafel 4. Circular-pitch.

Circular-pitch	$^1/_{16}$	$^1/_8$	$^3/_{16}$	$^1/_4$	$^5/_{16}$	$^3/_8$	$^7/_{16}$
Modul	0,505	1,01	1,51	2,02	2,52	3,03	3,53
Teilung	1,586	3,17	4,74	6,35	7,92	9,52	11,09
Circular-pitch	$^1/_2$	$^9/_{16}$	$^5/_8$	$^{11}/_{16}$	$^3/_4$	$^{13}/_{16}$	$^7/_8$
Modul	4,04	4,54	5,05	5,56	6,06	6,57	7,08
Teilung	12,69	14,26	15,87	17,47	19,04	20,63	22,24
Circular-pitch	$^{15}/_{16}$	1	$1^1/_{16}$	$1^1/_8$	$1^3/_{16}$	$1^1/_4$	$1^5/_{16}$
Modul	7,58	8,09	8,59	9,10	9,60	10,11	10,62
Teilung	23,81	25,42	26,99	28,59	30,16	31,76	33,36
Circular-pitch	$1^3/_8$	$1^7/_{16}$	$1^1/_2$	$1^5/_8$	$1^3/_4$	$1^7/_8$	2
Modul	11,12	11,62	12,13	13,14	14,15	15,17	16,18
Teilung	34,93	36,49	38,11	41,28	44,45	47,66	50,83

Beispiel für Diametral- und Circular-pitch. Ein Rad hat 30 Zähne und 5″ Teilkreisdurchmesser

$$D_p = \frac{30}{5} = 6''; \quad C_p = \frac{3{,}14}{6} = 0{,}523''; \quad d_k = \frac{30+2}{6} = 5{,}333''.$$

II. Sonder-Verzahnung

zum Vermeiden von Unterschnitt bei kleiner Zähnezahl.[1] [2] [3]

a) Profilverschiebung [3] [4] [5] [6] [7]. Die Profilmitte (Zahndicke = Zahnlücke) liegt nicht mehr auf dem Wälzkreiß. Die Zahnstange als Bezugsprofil wird bei der Zahnradherstellung vom Wälzkreis um $k = x \cdot m$ abgerückt, Abb. Z 8 und Z 9, wobei meistens $x = 0{,}25$ oder $0{,}5$ oder $0{,}75$ ist. Die notwendige Abrückung zur Vermeidung von Unterschnitt beträgt für die 20°-Verzahnung $k = (14 - z)m/17$; für 15°-Verzahnung $k = (25 - z)m/30$.

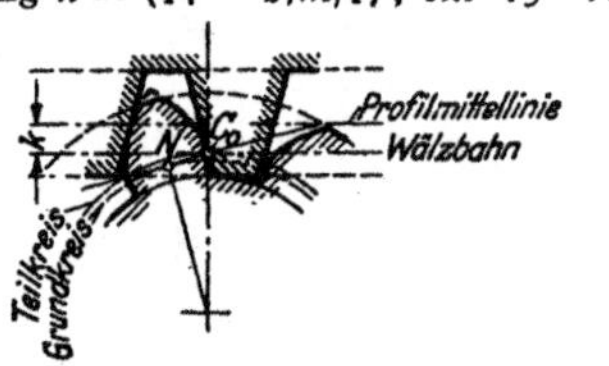

Abb. Z 8. Profilverschiebung k für $z_2 : z_1 = \infty$ (Zahnstange). $k = x \cdot m$ (gezeichnet $x = 0{,}65$).

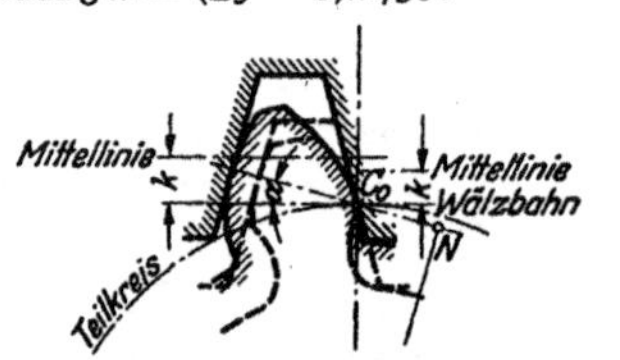

Abb. Z 9. Profilverschiebung k, rechts für $z_2 : z_1 = 1$, links für $z_2 : z_1 = 8$; gestrichelt eingezeichnet unterschnittene Zahnform ohne Profilverschiebung.

V-Null-Getriebe: Die Profilverschiebung ist für Ritzel und Rad gleich groß, aber entgegengesetzt, so daß der Achsabstand sich nicht ändert.

V-Getriebe: Die Profilverschiebung für Ritzel und Rad hebt sich nicht auf; der Achsabstand und der Eingriffswinkel ändern sich.

b) Profilverschiebung und Änderung des Eingriffswinkels.

Hierbei ist V-Null-Getriebe und V-Getriebe möglich[8]).

---

[1]) Schiebel: Zahnräder. I. Teil. Berlin: Springer 1930.
[2]) Buckingham-Olah: Stirnräder mit geraden Zähnen. Berlin: Springer 1932.
[3]) Kutzbach: DIN 870.
[4]) Lasche: Elektrischer Antrieb mittels Zahnradübersetzung. Z. VDI 1899 S. 1492.
[5]) Jung: Betrieb 1919 S. 104.
[6]) Kutzbach: Grundlagen und Fortschritte der Zahnraderzeugung. Berlin: VDI-Verlag 1925.
[7]) Trier: Die Zahnformen der Zahnräder. Werkstattbuch 47. Berlin: Springer 1939.
[8]) Plessing: Verzahnung mit belieb. Eingriffswinkel. Z. VDI 1910 S. 1682.

c) Änderung des Eingriffswinkels allein[1]).

Vergrößerte Eingriffswinkel ergeben günstigere Unterschnitts-Verhältnisse.

III. Schrägverzahnung, Abb. Z 2c und d.

Die Zähne stehen um den Winkel β schräg zur Achse ($\beta \approx 10° \ldots 30°$). Maßgebend für die Herstellung und Berechnung ist der Modul im Normalschnitt $m_n = d\cos\beta/z$ und die rechnerische Zähnezahl $z_n = z/\cos^3\beta$; maßgebend für den Durchmesser und die wirkliche Zähnezahl z ist der Modul im Stirnschnitt $m_s = d/z = m_n/\cos\beta$, der meist unrund ausfällt. Im Gegensatz zur Geradverzahnung wandert der Zahneingriff über die Zahnbreite; der Überdeckungsgrad wird größer: $\varepsilon_s = \varepsilon_g + b\sin\beta/(m_n \cdot \pi)$, der Lauf ruhiger, der Zahn biegungsfester, die zulässige Belastung größer, die Mindestzähnezahl $z_{min} = z_g \cdot \cos^3\beta$ kleiner, so daß durch Vergrößerung des Schrägungswinkels auch bei sehr kleiner Zähnezahl noch Unterschnitt vermieden werden kann. Man beachte aber den entstehenden Achsschub $A = U \cdot \operatorname{tg}\beta$ und die besonderen Anforderungen an Herstellung, Lagerung und Genauigkeit. Bei Pfeil- und Bogenverzahnung, Abb. Z 2d und e, ergeben sich ähnliche Vorteile ohne Achsschub. Berechnung s. S. 649.

IV. Schraubenräder.

Läßt man Stirnräder mit Schrägverzahnung und mit gleicher Normalteilung, aber verschiedenen Schrägungswinkeln β miteinander laufen, Abb. Z 10, so müssen die Achsen im Winkel $\delta = \beta_1 + \beta_2$ zueinanderstehen. Die Zähne gleiten aufeinander und berühren sich nur in einem Punkte. Ihre Übersetzung wird $i = n_1/n_2 = z_2/z_1 = d_2 \cdot \cos\beta_2/d_1 \cdot \cos\beta_1$

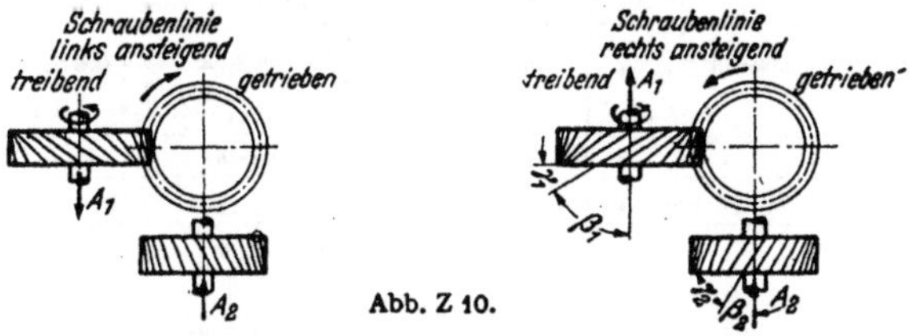

Abb. Z 10.

und ist also nicht nur von den Durchmessern, sondern auch von den Schrägungswinkeln abhängig. Für gleiche Durchmesser und für Kreuzungswinkel der Achsen $\delta = 90°$ ergeben sich Übersetzungen und Schrägungswinkel nach Tafel 5.

Der Wirkungsgrad der Verzahnung $\eta_s = \dfrac{1 - \mu \cdot \operatorname{tg}\beta_2}{1 + \mu \cdot \operatorname{tg}\beta_1}$ ist vom Reibwert $\mu = \operatorname{tg}\varrho$ und vom Schrägungswinkel β abhängig; daher möglichst β_1 (treibendes Rad) größer als β_2 (getriebenes Rad) wählen. Bei gegebenem Achsenwinkel wird η_s am größten für $\beta_1 = \dfrac{\delta + \varrho}{2}$. Der Verschleiß begrenzt die übertragbare Leistung. Die Richtung der entstehenden Axialschübe A_1, A_2 zeigt Abb. Z 10; bei Umkehr der Drehrichtung wechselt auch die Richtung von A_1 und A_2. Berechnung und Beziehungen Tafel 6.

---

[1]) Die Maagzahnräder usw. Schweizerische Bauzeitung 1917 Nr. 12.

Tafel 5. Übersetzung und Schrägungswinkel an Schraubentrieben.

Übersetzung $i = \frac{n_1}{n_2} = tg\beta_1$	Schrägungswinkel des treibenden Rades β_1	Schrägungswinkel des getriebenen Rades β_2
1	45°	45°
$1^1/_2$	56° 19′	33° 41′
2	63° 26′	26° 34′
$2^1/_2$	68° 12′	21° 48′
3	71° 34′	18° 26′
$3^1/_2$	74° 3′	15° 57′
4	75° 58′	14° 2′
$4^1/_2$	77° 28′	12° 32′
5	78° 41′	11° 19′
6	80° 32′	9° 28′

Tafel 6. Beziehungen für Schraubenräder genormter Verzahnung.

Benennung	Treibendes Rad		Getriebenes Rad	
	Kurzzeichen	gleich	Kurzzeichen	gleich
Drehzahl je Minute	n_1	$i \cdot n_2 = n_2 \cdot \frac{z_2}{z_1}$	n_2	$\frac{n_1}{i} = n_1 \cdot \frac{z_1}{z_2}$
Zähnezahl	z_1	$\frac{z_2}{i} = z_2 \cdot \frac{n_2}{n_1} = \frac{d_{01}}{m_{s1}}$	z_2	$i \cdot z_1 = z_1 \cdot \frac{n_1}{n_2} = \frac{d_0}{m}$
Übersetzungsverhältnis . . .	i	$\frac{n_1}{n_2} = \frac{z_2}{z_1} = \frac{d_{02} \cdot \cos\beta_2}{d_{01} \cdot \cos\beta_1}$; für $\delta = 90°$ und $d_{01} = d$ ist $i = \mathrm{tg}\,\beta_1$		
Normalteilung . . . . in mm	t_n	$m_n \cdot \pi = t_{s1} \cdot \cos\beta_1 = t_{s2} \cdot \cos\beta_2$		
Modul der Normalteilung „ „	m_n	$\frac{t_n}{\pi} = \frac{d_{01}}{z_1} \cdot \cos\beta_1 = \frac{d_{02}}{z_2} \cdot \cos\beta_2 = m_{s1} \cdot \cos\beta_1$; $= m_{s2} \cdot \cos\beta_2 = m$ (DIN 780)		
Zahnhöhe . . . . „ „	h_z	$2{,}16 \cdot m_n = h_k + h_f$		
Kopfhöhe . . . . „ „	h_k	m_n		
Fußhöhe . . . . „ „	h_f	$1\frac{1}{6} \cdot m_n = h_k + S_k$		
Kopfspiel . . . . „ „	S_k	$\frac{1}{6} m_n$		
Gemeinsame Zahnhöhe „ „	h	$2 m_n$; siehe DIN 867 (S. 635)		
Teilkreisdurchmesser . . „ „	d_{01}	$m_{s1} \cdot z_1$	d_{02}	$m_{s2} \cdot z_2$
Kopfkreisdurchmesser . „ „	d_{k1}	$d_{01} + 2 m_n$	d_{k2}	$d_{02} + 2 m_n$
Achsenabstand . . . . . „ „	a	$0{,}5\ (d_{01} + d_{02})$		
Radbreite . . . . „ „	b	gewöhnlich $10 \cdot m$		
Eingriffswinkel . . . . . „ °	α	20° nach DIN 867		
Achsenwinkel . . . . . . „ °	δ	$\beta_1 + \beta_2$		
Schrägungswinkel . . . . „ °	β_1 $\beta_1 \geqq \beta_2$	$\cos\beta_1 = \frac{m_n \cdot z_1}{d_{01}} = \frac{m_n}{m_{s1}}$	β_2	$\cos\beta_2 = \frac{m_n \cdot z_2}{d_{02}} = \frac{m}{m}$
Steigungswinkel . . . . „ °	γ_1	$90 - \beta_1$	γ_2	$90 - \beta_2$
Umfangsgeschwindigkeit im Teilkreis . . . . . „ m/s	v_1	$\frac{d_{01} \cdot \pi \cdot n_1}{60\,000}$	v_2	$\frac{d_{02} \cdot \pi \cdot n_2}{60\,000}$
Gleitgeschwindigkeit . „ „	v_g	$\frac{v_1}{\cos\beta_2} \cdot \sin\delta = \frac{v_2}{\cos\beta_1} \cdot \sin\delta$		

Fortsetzung S. 641

Tafel. 6 (Fortsetzung).

Benennung	Treibendes Rad		Getriebenes Rad	
	Kurzzeichen	gleich	Kurzzeichen	gleich
Wirkungsgrad der Schraubung	η_s	$\frac{1-\mu\cdot \mathrm{tg}\,\beta_2}{1+\mu\cdot \mathrm{tg}\,\beta_1} = \frac{\cos\beta_1\cdot\cos(\beta_2+\varrho)}{\cos\beta_2\cdot\cos(\beta_1-\varrho)}$		
Gesamtwirkungsgrad .	η	$\eta_l\cdot\eta_w\cdot\eta_s = 0{,}92 \div 0{,}96\cdot\eta_s$		
Wertziffer für die Werkstoffbeanspruchung in kg/cm² .	c	$U_1/(b\cdot t_n)$		
Stirnteilung . . . . . ,, mm	t_{s1}	$\frac{t_n}{\cos\beta_1} = m_{s1}\cdot\pi$	t_{s2}	$\frac{t_n}{\cos\beta_2} = m_{s2}\cdot\pi$
Modul der Stirnteilung . ,, ,,	m_{s1}	$\frac{t_{s1}}{\pi} = \frac{m_n}{\cos\beta_1}$	m_{s2}	$\frac{t_{s2}}{\pi} = \frac{m_n}{\cos\beta_2}$
Umfangskraft . . . . ,, kg	U_1	$\eta_l\frac{75\,N_1}{v_1}\approx\frac{75\,N_1}{v_1}$; $c\cdot b\cdot t_n$ (b und t_n in cm)	U_2	$\frac{75\,N_2}{\eta_l\cdot v_2}\approx\frac{75\,N_2}{v_2}$
Leistung . . . . ,, PS	N_1	$\approx\frac{U_1\cdot v_1}{75}$; $\frac{N_2}{\eta}$	N_2	$\eta\cdot N_1$
Axialschub . . . . ,, kg	A_1	$U_1\cdot \mathrm{tg}\,\beta_1$ für $\delta=0°$, sonst $U_1\cdot \mathrm{tg}(\beta_1-\varrho)$	A_2	$U_2\cdot \mathrm{tg}\,\beta_2$ für $\delta=0°$, sonst $U_2\cdot \mathrm{tg}(\beta_2+\varrho)$
Reibungszahl	μ	$\mathrm{tg}\,\varrho$; bei guter Schmierung ist $\mu\approx 0{,}1$ und		
Reibungswinkel . . . in °	ϱ	$\varrho = 5°\,45'$		

B. Berechnung und Bemessung der Verzahnung von Stirn- und Schraubenrädern[1]).

I. Stirnräder mit geraden Zähnen sollen heute vor allem auf Walzenpressung und Lebensdauer neben der bisher üblichen Berechnung auf Biegebeanspruchung (oder Belastungswert c) berechnet werden. Berechnungsbeispiel s. S. 648, Bezeichnungen und Beziehungen s. S. 635 u. 636.

a) Die Walzenpressung[2]) k in kg/cm² zwischen den Zahnflanken bestimmt die Abmessungen des Ritzels:

$$k = P/b\cdot 2\varrho; \qquad 1/\varrho = 1_1/\varrho_1 \pm 1/\varrho_2\,.$$

Hierbei ist P die Normalkraft an der Berührungsstelle der Zahnflanken in kg,
b die wirksame Zahnbreite in cm,
ϱ_1 und ϱ_2 die Krümmungshalbmesser der Flanken in cm,
Minuszeichen bei Innenverzahnung.

Für Evolventen-Stirnräder mit Eingriffswinkel α ist im Wälzpunkt (Ausgangspunkt der Grübchenbildung)

$$P = U/\cos\alpha; \qquad \varrho_1 = (d_1 \sin\alpha/2); \qquad \varrho_2 = (d_1 i \sin\alpha/2)\,,$$

---

[1]) Ausgeführte Getriebe s. Wolf: Z. VDI 80 (1936) S. 1093. — Kaiser, Krupp Techn. Mitt. (1940) H. 3. — Büttner (für hohe Drehzahlen): Mitt. Forsch.-Anst. GHK-Konz. 8 (1940) S. 44. — Altmann (Werkstoffumstellung): Z. VDI 85 (1941) S. 8.

[2]) Die Walzenpressung k läßt sich auf die Hertzsche Pressung p zurückführen: $k = 2{,}86\,p^2/E$. Bei Paarung verschiedener Werkstoffe mit den Elastizitätsmodulen E_1 und E_2 ist $E = 2\cdot E_1\cdot E_2/(E_1+E_2)$.

also für 20°: $k = 3{,}12 \frac{U}{b \cdot d_1} \cdot \frac{i \pm 1}{i}$, für 15°: $k = 4{,}00 \frac{U}{b \cdot d_1} \cdot \frac{i \pm 1}{i}$,

oder notwendige Abmessung des Ritzels

für 20°: $b \cdot d_1^2 = 6{,}25 \frac{M_1}{k_{zul}} \cdot \frac{i \pm 1}{i}$, für 15°: $b \cdot d_1^2 = 8{,}00 \frac{M_1}{k_{zul}} \cdot \frac{i \pm 1}{i}$.

Hierin bedeutet: (Minuszeichen bei Innenverzahnung)

U = die wirkliche Umfangskraft im Teilkreis in kg
d_1 = den Teilkreisdurchmesser des Ritzels in cm
$i = n_1/n_2$ die Übersetzung
$M_1 = U \cdot d_1/2 = 71620\, N/n_1$ Drehmoment am Ritzel in kgcm
N = die übertragene Leistung in PS
$k_{zul} = k_{5000} \cdot \varphi$ ist nach Tafel 7 und 8 sowohl für das Ritzel (n_1), als auch das Rad (n_2) nachzuprüfen.

Zulässige Walzenpressung k_{zul} in kg/cm² ist nach den heute vorliegenden Erfahrungen erheblich abhängig vom Zahnwerkstoff (Brinellhärte, Elastizitätsmodul, Kalthärtung), von der geplanten Lebensdauer und den obwaltenden Betriebsumständen (gleichmäßige Flankenanlage, Zustand der Schmierung, Verzahnungsfehler, dynamische Zusatzkräfte). Niemann[1]) setzt mit Rücksicht auf Lebensdauer, Grübchenbildung und Reibverschleiß durch Walzenpressung: $k_{zul} = k_{5000} \cdot \varphi \geqq k_{min}$ nach Tafel 7 und 8, wobei durch die Wahl der rechnerischen Lebensdauer ähnlich wie bei Wälzlagern jeder Betriebszustand berücksichtigt werden kann. Die Walzenpressung ist für Ritzel und Rad gleich groß.

Die Walzenpressung k läßt sich auf die Hertzsche Pressung p zurückführen: $k = 2{,}86\, p^2/E$, wobei $E = 2\, E_1 \cdot E_2/(E_1 + E_2)$ und E_1 und E_2 die Elastizitätsmodule der Zahn-Werkstoffe sind.

Die **rechnerische Lebensdauer** h in Betriebsstunden bei Vollast ist als Erfahrungswert dem Verwendungsfall des Getriebes anzupassen. Sie wird durch Nachrechnung bewährter Getriebe unter ähnlichen Betriebsumständen gewonnen. Bezogen auf die Nennleistung bewährter Getriebe beträgt:

h = 40000 bis 150000 Stunden für dauernd vollbelastete Getriebe, z. B. Turbinengetriebe.

h = 500 bis 5000 Stunden für nur zeitweise vollbelastete Getriebe z. B. Schaltgetriebe an Werkzeugmaschinen und Kraftwagen Getriebe an Hebezeugen und Flugzeugen,

h = 50 bis 100 Stunden für seltenen Handantrieb, z. B. Zahnstangenwinden.

Die **wirkliche Lebensdauer** wird hierbei ein vielfaches der rechnerischen Lebensdauer h, wenn die Vollbelastung nur zeitweise auftritt und die sonstigen Betriebsumstände (Vermeiden von Stößen und Zahnfehlern,

---

[1]) Siehe Niemann: Walzenpressung und Grübchenbildung bei Zahnrädern. Fachtagung für Maschinenelemente 1938, VDI-Verlag, Berlin 1940 (hier weiteres Schrifttum). Zahnräder auf Walzenpressung und Lebensdauer berechnet. Werkst. u. Betr. Heft 3/4 (1938) S. 29 und Heft 21/22 S. 294. — Andere Ansätze für k_{zul} siehe Buckingham-Olah: Stirnräder mit geraden Zähnen. Berlin: Springer 1932. — Hofer: Die zulässige Zahnradbeanspruchung. Werkstattstechnik (1931) S. 128. — Wissmann: Berechnung und Konstruktion von Zahnrädern. Dissertation Techn. Hochsch. Berlin 1930. — Karas: Dauerfestigkeit von Laufflächen gegenüber Grübchenbildung. VDI-Zeitschrift 1941, S. 341.

Tafel 7. k_{5000}-Werte und k_{min}-Werte in kg/cm²

für die angegebenen Werkstoffe in Paarung mit Stahl oder Stahlguß. Bei Paarung mit Gußeisen sind die 1,5 fachen Werte zu nehmen.

Zahn-Werkstoff		Brinellhärte H kg/mm²	Drehzahlen n_1 bzw. n_2 von Ritzel bzw. Gegenrad										k_{min} [1])
			10	25	50	100	250	500	750	1000	1500	2500	
Ge 18.91		170	32	24	19	15	11	8,8	7,7				
Ge 26.91		220	60	44	35	28	21	16,5	14,4	13	11,5		3,5
St 42.11; Stg 52.81	nicht vergütet	125	35	26	20	16	12	9,5	8,3	7,5	6,6	5,6	7,0
St 50.11	nicht vergütet	153	52	38	31	24	18	14	12	11	9,8	8,3	4,3
St 60.11	nicht vergütet	180	73	53	42	34	25	20	17	16	14	11	5,3
St 70.11	nicht vergütet	208	97	71	57	45	33	26	23	21	18	15	6,7
Si-Mn-St 75–80	vergütet	230		87	69	55	41	32	28	26	22	19	9,0
Si-Mn-St 85–90	vergütet	264			89	70	52	41	36	33	28	24	14,5
VCN 35	vergütet	450				210	155	123	107	98	85	72	17,0
Einsatzstahl gehärtet ...		600				374	276	219	190	174	152	128	80,0

Tafel 8. φ-Werte zum Umrechnen der k_{5000}-Werte aus Tafel 7 in eine andere Lebensdauer h. $k = k_{5000} \cdot \varphi$.

h in Betriebsst.	150	312	625	1200	2500	5000	10000	40000	80000	150000	300000
φ	3,2	2,5	2	1,6	1,25	1	0,8	0,5	0,4	0,32	0,256

gleichmäßige Flankenanlage, Kalthärtung, Gleitverhalten, Schmierung und Erwärmung) günstig sind. Bei ungünstigen Betriebsverhältnissen wird sie entsprechend kürzer.

Die **zulässige Zahnbreite** $b \leqq 0{,}5\, d_1$ bis $2 d_1$ wächst mit starrer Lagerung und steifer Welle.

b) Der Modul m[1]) (in der Rechnung in cm) ist nach unten durch die Biegebeanspruchung des Zahnes (s. Punkt c) und ferner durch die Güte der Lagerung (Zahneck-Bruchgefahr) nach Tafel 9 begrenzt, nach oben durch die Mindestzähnezahl z_{min} nach Tafel 10 auf

$$m \geqq U \cdot q/b \cdot \sigma \geqq m_{min} \geqq d_1/z_{1\,min}\,.$$

c) Die Biegebeanspruchung ist für Ritzel und für Rad (verschiedene Zähnezahl und verschiedener Werkstoff) nachzuprüfen.

Für geradverzähnte Stirnräder mit üblicher Evolventenverzahnung ist $\sigma = U \cdot q/b \cdot m$ mit Umfangskraft $U = 2 M_1/d_1$ in kg, Zahnbreite b in cm Modul m in cm und q nach Tafel 11. Da die q-Werte nach Wissmann[2]) die Druck- und Biegespannungen an der Druckseite des Zahnes erfassen, erfahrungsgemäß aber der Bruch eines Zahnes an der Zugseite einsetzt, wo die Spannung geringer ist, enthält unsere Rechnung eine zusätzliche Sicherheit und bei größerem Überdeckungsgrad noch eine weitere Sicherheit, weil der Angriff der Kraft an der Spitze des Zahnes angenommen wurde. Einen Anhalt für zulässige σ-Werte gibt Tafel 12.

---

[1]) Nach Erfahrungen an Dauergetrieben braucht dieser Wert auch bei höchsten Drehzahlen nicht unterschritten zu werden, wenn der Rechnung das wirkliche Drehmoment zugrunde liegt; $k_{min} = 2{,}86\, p^2/E$ mit $p \approx 0{,}75\, \sigma_F$.

[2]) K. Wißmann: Berechnung und Konstruktion von Zahnrädern usw. Diss. T. H. Berlin, 1930.

Tafel 9. **Kleinster Modul für verschiedene Verhältnisse.**

	Lagerung	Mindest-m (m_{min})
Stirnräder mit geschnittenen Zähnen	Wälzlager oder vorzügliche Gleitlager auf starrem Unterbau bei steifen Wellen	$b/30$
	Gute Lagerung in Getriebekästen u. ähnl. Fälle	$b/25$
	Lagerung auf Eisenkonstruktionen, Trägern und dergleichen	$b/15$
Stirnräder mit sauber gegossenen Zähnen		$b/10$

Tafel 10. **Kleinste Zähnezahl des Ritzels $Z_{1\,min}$ für 20°-Verzahnung.**

Betriebsart	Mindestzähnezahl des Ritzels
Räder mit großen Geschwindigkeiten bei erheblichen Kräften (Motorvorgelege)	16 ($\varepsilon > 1{,}5$)
Räder mit mittleren Geschwindigkeiten	12
Räder mit geringen Geschwindigkeiten oder geringen Kräften (möglichst nur für untergeordnete Zwecke)	10
Mindestzähnesumme bei Außenverzahnungen	$Z_1 + Z_2 = 24$ ($\varepsilon > 1$)
Mindestzähnezahl des Rades bei Innenverzahnungen....	$Z_{2\,min}$ = Zähnezahl des Ritzels + 10

Tafel 11. **q-Werte zur Berechnung der Biegebeanspruchung** (Modul m in cm).

Außenverzahnung	Zähnez. z	12	13	14	15	16	17	18	21	24	28	34	40	50	65	80	100	∞
	q für 20°	4,6	4,35	4,1	3,9	3,75	3,6	3,5	3,3	3,2	3,1	3,0	2,9	2,8	2,7	2,6	2,5	2,5
	q für 15°		5,38	5,22	5,07	4,93	4,8	4,68	4,37	4,13	3,9	3,7	3,5	3,4	3,27	3,18	3,1	2,8
Innenverzahnung	Zähnez. z										24	30	38	50	70	100	200	∞
	q für 20°										1,8	1,9	2,0	2,1	2,2	2,3	2,4	2,5
	q für 15°										1,77	1,86	1,94	2,1	2,22	2,32	2,5	2,8

Tafel 12. **Zulässige Biegebeanspruchung σ in kg/cm² am Zahnfuß.**

Bei Stoßbelastung und Zahneck-Belastung zu verringern, für kurze Lebensdauer zu erhöhen.

Werkstoffe	Zugfestigkeit σ_B in kg/mm²	Biegebeanspruchung σ in kg/cm²	Werkstoffe	Zugfestigkeit σ_B in kg/mm²	Biegebeanspruchung σ in kg/cm²
Ge 18·91	mind. 18	350... 450	VCN 35	75...105	1800...2000
Ge 22·91	mind. 22	450... 550	EN 15	65... 85	1400...2000
Ge 26·91	mind. 26	550... 650	ECN 35	90...120	2400...3600
Ge mit Stahlzusatz..	30... 40	600... 700	EC 80..............	85...110	1900...3000
Stg 45·81	mind. 45	650... 750	EC 100.............	110...145	2200...3400
Stg 52·81	mind. 52	750... 900	Phosphor-Bronze	30... 44	700... 800
St 42·11	42... 50	750... 950	Deltametall	35... 60	800...1000
St 50·11	50... 60	850...1100	Turbax		410
St 60·11	60... 70	1000...1250	Novotext		310
St 70·11	70... 85	1200...1400	Lignofol Z		440
Si-Mn-Stahl 75–80 ..	75... 80	1400...1600	Resitex		300
Si-Mn-Stahl 85–90 ..	85... 90	1600...1800	Weißbuche..........		200

d) Belastungswert c. Die früher übliche Berechnungsweise $U = c \cdot b \cdot t$ mit b und t in cm wird heute noch als Überschlagsrechnung oder hilfsweise verwendet, wenn k_{zul} nicht bekannt. Dabei ist:

$$c = \frac{\sigma}{14} \cdot \frac{10}{10 + v} \text{ bis } \frac{\sigma}{14} \cdot \frac{3}{3 + v};$$

für schwerste Betriebe ist der 0,6fache Wert in Rechnung zu setzen. Für Kunstharzpreßstoffe einschließlich Hartgewebe und Kunstharzpreßholz ist c auch noch vom Modul und der Zähnezahl des betreffenden Rades wegen der Erwärmung und des Verschleißes abhängig. Die Versuchswerte, Abb. Z 11, können als Anhalt dienen[1]).

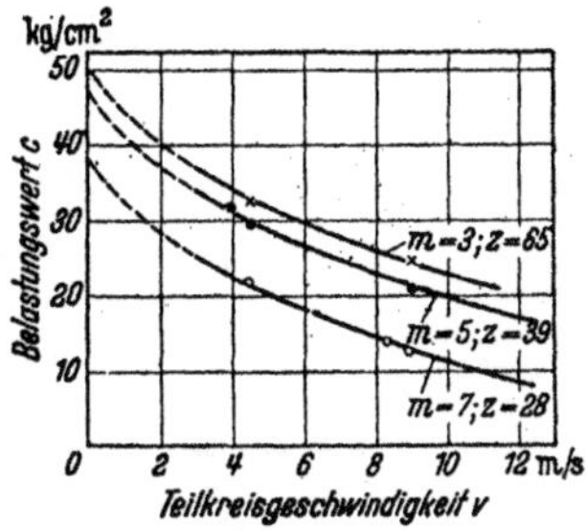

Abb. Z 11. c-Werte für Hartgewebe und Preßholz nach Versuchen von Prof. Opitz, Technische Hochschule Aachen, 1941.

e) Erwärmung[2]). Für das gefährdete Zahnrad, also meist das Ritzel, soll bei Drehzahlen $n > 1000$ U/min sein:

$$d_1 \cdot b \geqq 10 \cdot N_r = 10 \cdot q \cdot N,$$

wobei
$$q \approx \frac{i \pm 1}{7 \cdot z_1 \cdot i}.$$

d_1 und b in cm, N_r Reibleistung der Verzahnung und N übertragene Leistung in PS, i Übersetzung z_2/z_1 oder z_1/z_2 (der größere Wert ist zu nehmen), Pluszeichen bei Außen-, Minuszeichen bei Innenverzahnung. Bei mehrfachem Zahneingriff, z. B. Zwischenrädern, ist N_r für jeden Zahneingriff zu ermitteln und beide Werte zu addieren.

Beispiel: für $i = 70/14$ soll sein bei Außenverzahnung $d_1 \cdot b \geqq N/8{,}16$, bei Innenverzahnung $d_1 \cdot b \geqq N/12{,}2$.

f) Sonstige Abmessungen. $d_1 = m \cdot z_1$; $d_2 = i \cdot d_1$; die Zahnkopfhöhe bei Außenverzahnung $h_k = m$ und bei Innenverzahnung wie folgt:

Zähnezahl	20—22	23—26	27—31	32—39	40—51	52—74	75—130	üb. 130
Kopfhöhe	0,60 m	0,65 m	0,70 m	0,75 m	0,80 m	0,85 m	0,90 m	0,95 m

[1]) Nach Versuchen von Prof. Opitz unterscheiden sich verschiedene Preßstoffe für Zahnräder bei Schmierung kaum in ihrem Verhalten gegenüber dem Verschleiß. Bei Trockenlauf verhält sich Kunstharzpreßholz günstiger als Hartgewebe. Die mechanischen Festigkeitswerte liegen nach Untersuchungen von Prof. Ulrich für Preßholz bei größerem Modul günstiger als für Hartgewebe. Prof. Röhrs stellt ein wesentlich höheres Quellen des Kunstharzpreßholzes gegenüber dem Hartgewebe, sowie beim Preßholz gewisse Analogien zwischen dem Verschleiß und der Quellung fest. Der VDI-Fachausschuß für Kunst- und Preßstoffe, Arbeitsgruppe Zahnräder, Obmann Dr.-Ing. Altmann, setzt Untersuchungen an Stirnrädern fort und nimmt solche an Schneckenrädern auf. Versuchsergebnisse werden in der Zeitschrift Kunststoffe veröffentlicht.

[2]) Nach der Wärmestau-Formel von Hofer für hochwertige Evolventenverzahnung bei guter Kühlschmierung. Mitteilung der Zahnradfabrik Friedrichshafen vom 15. 4. 1941.

Abb. Z 12. **Leitertafel zur Berechnung von Stirnrädern**

mit 20°-Evolventen-Verzahnung auf Walzenpressung und Lebensdauer. Umrechnung auf andere Winkel nach folgender Hilfstafel

Für andere Eingriffswinkel sind die Werte $b d^2$ mit dem Faktor x malzunehmen.

Eingriffswinkel	12,5°	15°	17,5°	20°	25°	30°
Faktor x	1,52	1,29	1,12	1	0,84	0,74

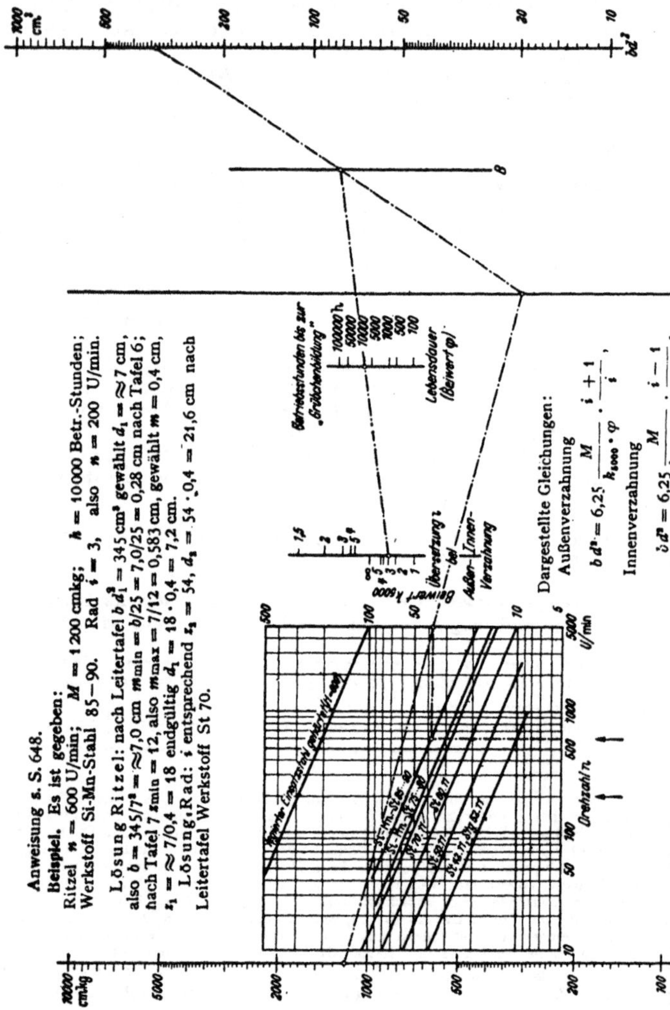

Anweisung s. S. 648.

Beispiel. Es ist gegeben:
Ritzel $n = 600$ U/min; $M = 1200$ cmkg; $h = 10000$ Betr.-Stunden; Werkstoff Si-Mn-Stahl 85–90. Rad $i = 3$, also $n = 200$ U/min.

Lösung Ritzel: nach Leitertafel $b d_1^2 = 345\ \text{cm}^3$ gewählt $d_1 = \approx 7$ cm, also $b = 345/7^2 = \approx 7{,}0$ cm $m_{min} = b/25 = 7{,}0/25 = 0{,}28$ cm nach Tafel 6; nach Tafel 7 $z_{min} = 12$, also $m_{max} = 7/12 = 0{,}583$ cm, gewählt $m = 0{,}4$ cm, $z_1 = \approx 7/0{,}4 = 18$ endgültig $d_1 = 18 \cdot 0{,}4 = 7{,}2$ cm.

Lösung Rad: i entsprechend $z_2 = 54$, $d_2 = 54 \cdot 0{,}4 = 21{,}6$ cm nach Leitertafel Werkstoff St 70.

Dargestellte Gleichungen:

Außenverzahnung

$$b d^2 = 6{,}25 \frac{M}{k_{5000} \cdot \varphi} \cdot \frac{i+1}{i},$$

Innenverzahnung

$$b d^2 = 6{,}25 \frac{M}{\ldots} \cdot \frac{i-1}{\ldots}.$$

Abb. Z 13. Leitertafel zur Nachrechnung der Biegebeanspruchung im Zahn

bei 15°- und 20°-Evolventenverzahnung.

Dargestellte Gleichung: $\sigma = \frac{U}{b \cdot m} \cdot q.$

Anweisung.

Fluchtlinie $U - b$ gibt Schnittpunkt auf Hilfslinie A. Fluchtlinie $m - z$ gibt Schnittpunkt auf Hilfslinie B. Fluchtlinie $A - B$ gibt auf σ-Leiter Biegebeanspruchung und nächst darunter den benötigten Werkstoff.

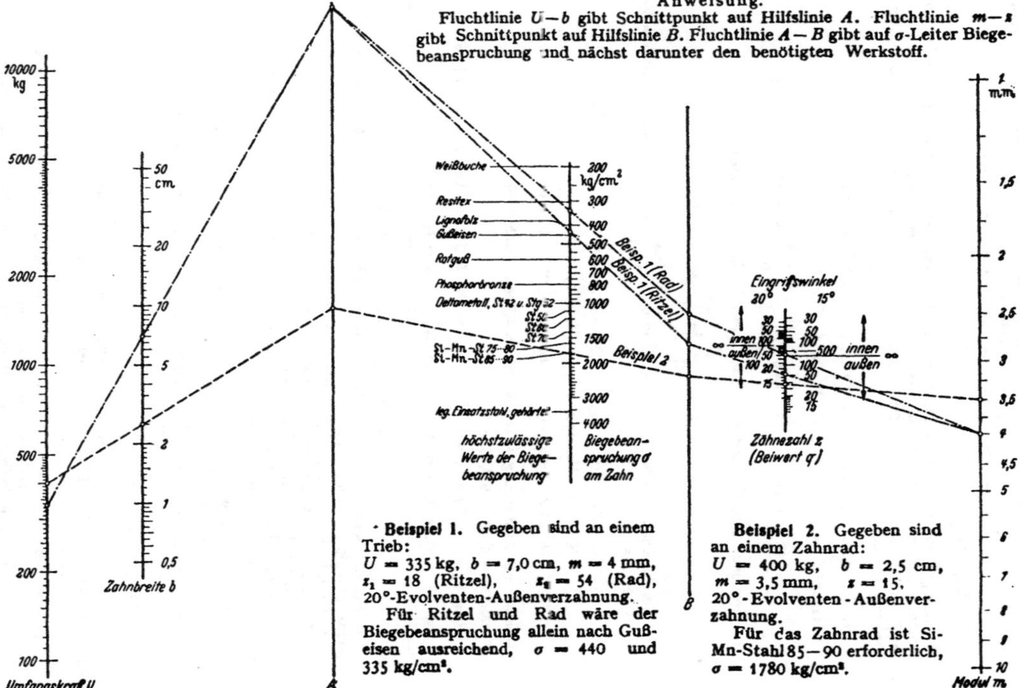

Beispiel 1. Gegeben sind an einem Trieb: $U = 335$ kg, $b = 7{,}0$ cm, $m = 4$ mm, $z_1 = 18$ (Ritzel), $z_2 = 54$ (Rad), 20°-Evolventen-Außenverzahnung.

Für Ritzel und Rad wäre der Biegebeanspruchung allein nach Gußeisen ausreichend, $\sigma = 440$ und 335 kg/cm².

Beispiel 2. Gegeben sind an einem Zahnrad: $U = 400$ kg, $b = 2{,}5$ cm, $m = 3{,}5$ mm, $z = 15$, 20°-Evolventen-Außenverzahnung.

Für das Zahnrad ist Si-Mn-Stahl 85—90 erforderlich, $\sigma = 1780$ kg/cm².

g) Die Schmierung[1]) ist abhängig von der Umfangsgeschwindigkeit. Einen Anhalt hierfür gibt die nachstehende Übersicht.

v in m/s	bis 0,8	0,8–4	4–12	über 12
Schmierung	Staufferfett	Staufferfett, Tauchschmierung (U/min groß)	Tauchschmierung	Spritzschmierung

h) Beispiel.

Stirnradgetriebe mit 20°-Verzahnung, in Getriebekasten, mit Wälzlagerung für Dauerleistung und eine Lebensdauer von $h = 40000$ Betriebsstunden; $N = 25$ PS; $i = n_1/n_2 = 960/160 = 6$; $M_1 = 1865$ cmkg; Werkstoff für Ritzel Si-Mn-Stahl 85 bis 90 kg/mm² Festigkeit, Rad aus Stahl[2]).

1. Berechnung auf Walzenpressung und Lebensdauer[2]).

Ritzel $k = \varphi \cdot k_{5000} = 0{,}5 \cdot 33 = 16{,}5$ (Tafel 8 und 7),

$$b \cdot d_1^2 = 6{,}25\,\frac{M}{k}\,\frac{i+1}{i} = 6{,}25\,\frac{1865}{16{,}5}\,\frac{6+1}{6} = \approx 825\ \text{cm}^3 \quad \text{(B Ia)}.$$

Entsprechend dem Wellendurchmesser gewählt $d_1 = 9$ cm, also

$$b = \frac{b \cdot d_1^2}{d_1^2} = \frac{825}{81} = 10{,}5\ \text{cm}.$$

(Für Innenverzahnung würde sein $b \cdot d_1^2 = 6{,}25 \cdot \frac{1865}{16{,}5} \cdot \frac{6-1}{6} = 590$ cm und $b = 590/81 = 7{,}5$ cm anstatt 10,5 cm.)

Kleinster Modul $m_{\min} = b/30 = 10{,}5/30 = \approx 0{,}35$ cm (Tafel 9).
Kleinste Zähnezahl $z = 16$ (Tafel 7).
Größter Modul $m_{\max} = d_1/z_{\min} = 9/16 = 0{,}56$ cm (B Ib).

Gewählt zur Ausführung $m = 0{,}45$ cm $= 4{,}5$ mm (DIN 780).
Daraus $z_1 = d_1/m = 9/0{,}45 = 20$.

Rad $n_2 = 160$ U/min; wie oben $k_{5000} = 33$. Dafür reicht nach Tafel 7 St 60 aus.

$d_2 = d_1 \cdot i = 9 \cdot 6 = 54$ cm, $\quad z_2 = z_1 \cdot i = 20 \cdot 6 = 120$.

Anweisung zu Abb. Z 12, S. 646.

1. Ritzel. Schnittpunkt n-Ordinate mit Werkstoffkennlinie gibt waagerecht nach rechts projiziert Beiwert k_{5000},
Fluchtlinie $M - k_{5000}$ gibt Schnittpunkt auf Hilfslinie A,
Fluchtlinie $i - k$ gibt Schnittpunkt auf Hilfslinie B,
Fluchtlinie $A - B$ gibt Wert bd^2.
Teilkreisdurchmesser d_1 nach praktischen Erwägungen (Wellendurchmesser) zu wählen; daraus und aus bd^2 ist b zu berechnen.

Kleinster Modul $m_{\min}$ .... nach Tafel 9 }
Kleinste Zähnezahl $z_{\min}$ ... nach Tafel 10 } S. 644.

Größter Modul $m_{\max} = \frac{d_1}{z_{\min}}$, endgültiger Modul zwischen $m_{\min}$ und $m_{\max}$ zu wählen.

Endgültige Zähnezahl $z = \frac{d_1}{m}$.

2. Rad. m und z nach Ritzel und Übersetzung i. k_{5000} des Ritzels waagerecht nach links auf Ordinate Rad-Drehzahl projiziert gibt Werkstoff nach nächsthöherer Schräge.

---

[1]) K. Wißmann: Diss. H. T. Berlin 1930. Berechnung und Konstruktion von Zahnrädern usw. S. auch Abschnitt „Schmiermittel".

[2]) Für Rad aus Ge 26 (Ritzel aus St) würde entsprechend $k = \varphi \cdot k_{5000} = 0{,}5 \cdot 13{,}4 = 6{,}7$, wofür der Ritzel-Werkstoff St 50 mit $k_{5000} \geqq 13{,}4/1{,}5 = 9$ bei $n_1 = 960$ ausreichen würde.

2. Nachrechnung auf Biegungsbeanspruchung.

$$U = \frac{M}{d/2} = \frac{1865}{4,5} = 414 \text{ kg}.$$

Ritzel $z = 20$, Außenverzahnung 20°, nach Tafel 11. Beiwert $q = 3,3$

$$\sigma = \frac{U \cdot q}{b \cdot m} = \frac{414 \cdot 3,3}{10,5 \cdot 0,45} = 290\,,$$

nach Tafel 12 für Si-Mn-Stahl auch höher zulässig.

Rad $z = 120$, Außenverzahnung 20°, nach Tafel 11. Beiwert $q = 2,5$

$$\sigma = \frac{U \cdot q}{b \cdot m} = \frac{414 \cdot 2,5}{10,5 \cdot 0,45} = 220\,,$$

nach Tafel 12 für St 60 auch wesentlich höher zulässig.

i) Zeichnerische Lösung. Die Formeln des Abschnittes B I sind in den Leitertafeln, Abb. Z 12 und Z 13, ausgewertet[1]).

II. Stirnräder mit Schräg-, Pfeil- oder Bogenverzahnung.

Die Abmessungen bd_1^2 werden für Geradverzahnung errechnet und mit 0,75—0,85 (je nach Schrägungswinkel) malgenommen, da die auftretende Walzenpressung durch die Schrägung auf etwa 75—85 vH der Geradverzahnung gleicher Abmessung sinkt.

Die Biegebeanspruchung ist nach S. 644, Tafel 11 und 12, für den gewählten Modul m_n mit dem q-Wert $= 0,7 \cdot q$ gemäß Tafel 11 und für die Zähnezahl $z_n = z/\cos^3\beta$ nachzuprüfen; ebenso die Mindestzähnezahl nach Tafel 10 für $z_{1n} = z_1 \cdot \cos^3\beta$ und der Mindestmodul für m_n nach Tafel 9.

Mit m_n und β wird dann der Stirnmodul m_s, die Zähnezahl z_1 und der endgültige Durchmesser d_1 nach $m_s = m_n/\cos\beta = d_1/z_1$ festgelegt.

So würde das Getriebe im Beispiel S. 648 mit Schrägverzahnung etwa $25/0,8 = 31,5$ PS statt 25 PS bei gleicher Lebensdauer übertragen können.

III. Schraubenräder.

Bezeichnungen und Beziehungen S. 639 bis 641. Bemessung nach Verschleiß. Die Umfangskraft U_1 ist $= c \cdot b \cdot t_n = 75\, N_1/v_1$; die Breite $b \approx 10 \cdot m_n$ und damit der Modul im Normalschnitt $m_n = \sqrt{\dfrac{U_1}{10 \cdot \pi \cdot c}}$.

Für Stahl auf Bronze ist c in Abhängigkeit von der Gleitgeschwindigkeit $v_g = v_1/\cos\beta_2$, wobei $v_1 = d_1 \cdot \pi \cdot n_1/60$ die Umfangsgeschwindigkeit von Rad 1 ist.

$c =$	22	17	14	12	10	9	8	7	kg/cm²
$v_g =$	1	2	3	4	5	6	7	8	m/s

Beispiel. Leistung $N_1 = 3$ PS; $n_1 = 350$, Achsenwinkel $\delta = 90°$; $i = 2$. Triebrichtung wechselnd, daher $\beta_1 = \delta/2 = 45°$ gewählt.

$d_1 = 200$ mm gewählt, $v_1 = 0,2 \cdot \pi \cdot 350/60 = 3,66$ m/s. $U_1 = 75 \cdot 3/3,36 = 61,5$ kg; $v_g = 3,66/0,707 = 5,15$ m/s; $c = 10$ kg/cm² für Stahl auf Bronze und $v_g = 5$ m/s;

danach $m_n = \sqrt{\dfrac{61,5}{10 \cdot \pi \cdot 10}} = 0,442$ cm $= 4,42$ mm; gewählt $m_n = 4,5$ mm;

$m_s = m_n/\cos\beta = 4,5/0,707 = 6,28$ mm; $z_1 = d_1/m_s = 200/6,28 = 31,8$; gewählt $z_1 = 32$; d_1 genau $= m_s \cdot z_1 = 201$ mm; $b = 10 \cdot 4,5 = 45$ mm; $d_2 = i \cdot d_1 \cdot \cos\beta_1/\cos\beta_2 = 2 \cdot 201 = 402$ mm;

$$\eta_s = \frac{1 - 0,1 \cdot 1}{1 + 0,1 \cdot 1} = 0,817 \text{ mit } \mu = 0,1\,.$$

[1]) Die Tafeln sind in Größe DIN A 3 als Lichtpause vom Herausgeber zu beziehen.

C. Kegelräder.

I. Grundlagen.

Kegelräder übertragen Drehmomente zwischen sich schneidenden Achsen. Der Winkel zwischen den Achsen heißt δ. Er kann in üblichen Ausführungen alle Werte zwischen 0 und 180° annehmen; negative Werte treten bei Innen-Kegeltrieben auf, Abb. Z 20 bis Z 23. Als Grenzfall erhält man bei $\delta = 180°$ das Planrad, das der Zahnstange bei Stirnrädern entspricht und als Erzeugende der Verzahnung aufgefaßt werden kann. Man kann sich nach Abb. Z 14 vorstellen, daß die Verzahnung des Planrades nach oben in das Ritzel, nach unten in das Rad eingewalzt wird. Das Planrad ist also maßgebend für die Ausbildung der Verzahnung an Kegelrädern.

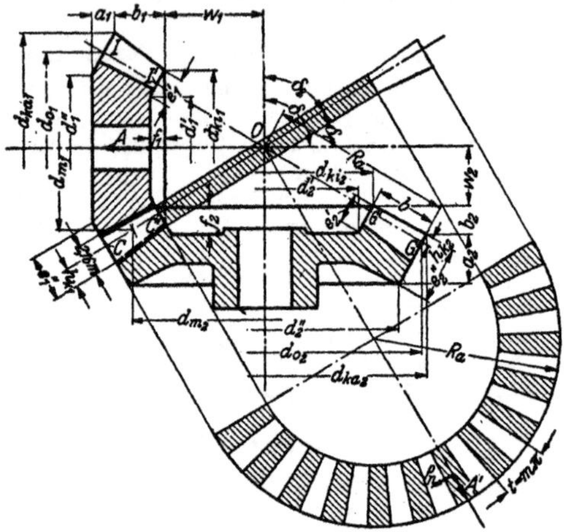

Abb. Z 14. Gerad verzahntes Kegelradpaar mit eingezeichnetem Planrad.

Nach dem Verlauf der Flankenlinien über die Breite des Planrades unterscheidet man nach Abb. Z 2f bis l einerseits Geradzähne, andererseits Schräg-, Spiral-, Evolventen-, Kreisbogen- und Hypozykloidenzähne. Beide Gruppen verhalten sich zueinander wie Stirnräder mit geraden Zähnen zu solchen mit schrägen Zähnen. Abb. Z 14 und Z 16 zeigen die zwei verschiedenen Ausführungen für den Längsverlauf der Zahnflanken.

In Richtung der Zahnhöhe, d. h. senkrecht zur Planradebene vom Zahnfuß zum Zahnkopf, wird die Verzahnung näherungsweise als diejenige eines Stirnrades betrachtet, dessen Teilkreisdurchmesser von der Mantellinie OC, Abb. Z 15, des „Ergänzungskegels" mit der Spitze in O_1 gebildet wird. Bei einem Teilkreisdurchmesser d_{o1} des Kegelrades ergibt sich für den Teilkreishalbmesser ϱ_1 des zu betrachtenden Stirnrades $\varrho_1 = \dfrac{d_{o1}}{2 \cdot \cos\delta_1}$. Zähnezahl (wird meistens eine unrunde Zahl sein), Teilung und damit auch die Flankenform sowie die Eingriffsdauer dieses gedachten Stirnrades gilt auch für das zu ihm gehörige Kegelrad.

finden sich weit verbreitet als die älteste Form, Abb. Z 14 und Z 15. Die Linien auf den Flanken laufen nach der Kegelspitze O im Schnittpunkt der Achsen. Dadurch ergibt sich ein nach innen keilförmig schmaler und niedriger werdender Zahn.

a) Berechnung. Beim Entwurf eines Kegelradpaares mit Geradverzahnung sind unter Einhaltung der geforderten Übersetzung i die Zähnezahlen z_1 und z_2 so hoch zu wählen, als es der vorhandene Platz zuläßt. Die Mindestzähnezahl $z_{\min}$ (s. Tafel 7) ist auch hier einzuhalten. Ebenso wird der Zahnmodul zuerst vorläufig angenommen und nach Festlegen des mittleren Durchmessers d_{m_1} auf Walzenpressung, Lebensdauer und Festigkeit (s. Abschnitt B) nachgeprüft.

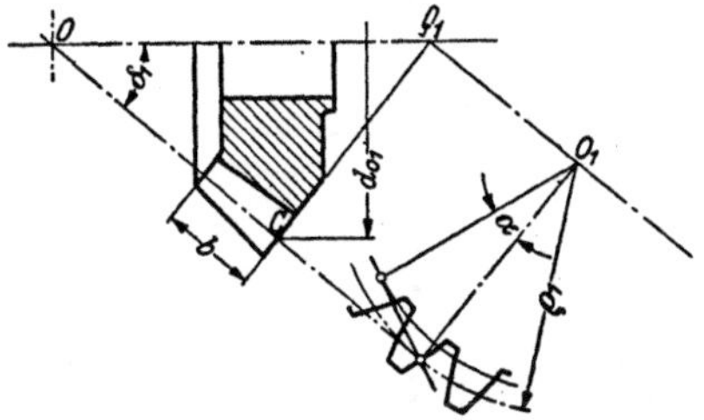

Abb. Z 15. Gerad verzahntes Kegelrad und Verzahnung des Ergänzungskegels.

Die gesamte Zahnhöhe ist außen $2{,}166 \cdot m$. Die Zahnkopfhöhe nimmt man allgemein zu $1{,}0 \cdot m$, die Zahnfußhöhe $1{,}166 \cdot m$. Erfolgt jedoch die Herstellung der Verzahnung im Abwälzverfahren, so treten bei kleinen Zähnezahlen die Profilverschiebungen wie bei Stirnrädern (s. Abschnitt A II a) ein. Für die Größe der Verschiebung ist jedoch die Zähnezahl auf dem Ergänzungskegel $z_{e1} = \frac{z_1}{\cos\delta_1}$ und $z_{e2} = \frac{z_2}{\cos\delta_2}$ zu beachten.

Die Zahnkopfhöhe am Rad wird nach der allein üblichen Ausführung als V-Null-Getriebe (s. Abschnitt A II a) stets um den Wert gekürzt, um den die Zahnkopfhöhe des Ritzels die Größe m überschreitet, so daß die Bedingung $h_{k1} + h_{k2} = 2m$ erfüllt ist.

Sämtliche Abmessungen der Kegelräder sind aus Tafel 13 zu entnehmen. Die Breite b der Verzahnung soll nur halb so groß sein wie an Stirnrädern gleicher Lagerung. Die Nabe des Rades ist im Durchmesser etwa doppelt so groß wie die Bohrung auszuführen. Die Nabe auf dem fliegend angeordneten Kegelrad, meistens also auf dem Ritzel, soll kurz gehalten sein.

b) Das Aufzeichnen des Kegelradpaares nach Abb. Z 14 geschieht in nachstehender Reihenfolge:

Radachsen im gegebenen Achswinkel zeichnen.

Teilkegel IOC und COG mit den errechneten Teilkreisdurchmessern d_{o1} und d_{o2} zeichnen.

Von I, C und G die Zahnbreite b auf den Mantellinien der Teilkegel nach innen zu abgetragen, ergibt die Punkte I', C' und G'.

In I und I', C und C', G und G' Senkrechte auf Mantellinien OI, OC und OG errichten.

Auf den Senkrechten in I, C und G Zahnkopfhöhe und Zahnfußhöhe von I, C und G aus abtragen und Zahnkopf- bzw. Zahnfuß-Begrenzungslinien zwischen den Senkrechten in Richtung O zeichnen.

Tafel 13. **Formeln, Rechnungsgang und Zahlenbeispiel für das Berechnen geradverzahnter Kegelräder.**

Benennung	Bezeichnungen siehe Abb. Z 14. Ritzel-Index 1 Rad-Index 2	Formel	Zahlenbeispiel für $N = 4$ PS; $i = n_1/n_2 = 1000/250$ U/min $= 4$; $\delta = 90°$; Eingriffswinkel $\alpha = 15°$. Gewählt $z_1/z_2 = 16/64$; $m = 5$	
			Ritzel	Rad
Teilkegelwinkel	δ_1; δ_2 allgemein $\delta_1 + \delta_2 = \delta$	Achswinkel $\delta = 90°$ $\operatorname{tg} \delta_1 = z_1/z_2$	$\operatorname{tg} \delta_1 = \frac{16}{64}$ $\delta_1 = 14° 2'$	$\delta_2 = 90 - 14° 2' = 75° 58'$
		Achswinkel $\delta > 90°$ $\operatorname{ctg} \delta_1 = \frac{z_2}{z_1 \cdot \sin(180 - \delta)} - \operatorname{ctg}(180 - \delta)$	—	—
		Achswinkel $\delta < 90°$ $\operatorname{ctg} \delta_1 = \frac{z_2}{z_1 \cdot \sin \delta} + \operatorname{ctg} \delta$	—	—
Teilkreisdurchmesser	d_{01}; d_{02}	$d_{01} = m \cdot z_1$	$d_{01} = 5 \cdot 16 = 80$ mm	$d_{02} = 5 \cdot 64 = 320$ mm
Ergänz.-Zähnezahl	z_{e1}; z_{e2}	$z_{e1} = \frac{z_1}{\cos \delta_1}$	$z_{e1} = \frac{16}{\cos 14° 2'} \approx 16{,}5$	$z_{e2} = \frac{64}{\cos 75° 58'} = 264$
Zahnkopfhöhe	h_{k1}; h_{k2} (Abb. Z 8 u. Z 9, S. 638)	$h_{k1} = m + k$; $h_{k2} = 2m - h_{k1}$	$h_{k1} = 5 + \frac{25 - 16{,}5}{30} \cdot 5 = 6{,}4$ mm	$h_{k2} = 2 \cdot 5 - 6{,}4 = 3{,}6$ mm
Kopfspiel	S_k	0,16 m	0,8 mm	
Zahnfußhöhe	h_{f1}; h_{f2}	$h_{f1} = 2m - h_{k1} + S_k$ $h_{f2} = 2m - h_{k2} + S_k$	$h_{f1} = 10 - 6{,}4 + 0{,}8 = 4{,}4$ mm	$h_{f2} = 10 - 3{,}6 + 0{,}8 = 7{,}2$ mm
Planradhalbmesser	R_a	$R_a = \frac{d_{01}}{2 \cdot \sin \delta_1}$	$R_a = \frac{80}{2 \cdot \sin 14° 2'} = 165$ mm	
Teilmantelbreite	b	$b \leqq {}^1/_3\, R_a$	$b = \frac{165}{3} = 55$ mm	

Mittl. Durchmesser Jetzt Modul nachprüfen!	d_{m1}	$d_{m1} = d_{01} - b \cdot \sin\delta_1$	$d_{m1} = 80 - 55 \cdot \sin 14° 2' = 66{,}68$ mm	
Kopfkegelwinkel	δ_{k1} δ_{k2}	$\delta_{k1} = \delta_1 + \varkappa_1$, wobei $\operatorname{tg}\delta_{\varkappa 1} = \frac{h_{k1}}{R_a}$	$\operatorname{tg}\delta_{\varkappa 1} = \frac{6{,}4}{165}$ $\delta_{\varkappa 1} = 2° 13'$ $\delta_{\varkappa 1} = 14° 2' + 2° 13' = 16° 15'$	$\operatorname{tg}\delta_{\varkappa 2} = \frac{3{,}6}{165}$ $\delta_{\varkappa 2} = 1° 15'$ $\delta_{\varkappa 2} = 75° 58' + 1° 15' = 77° 13'$
Fußkegelwinkel	f_1 f_2	$\operatorname{tg}\varphi_1 = \frac{h_{f1}}{Ra}$ $\operatorname{tg}\varphi_2 = \frac{h_{f2}}{Ra}$	$\operatorname{tg}\varphi_1 = \frac{2{,}24}{165}$, $\delta_{f1} = 0°47$,	$\operatorname{tg}\varphi_2 = \frac{5{,}04}{165}$, $\delta_{f2} = 1° 45'$
Kopfaußendurchmesser	d_{ka1}; d_{ka2}	$d_{ka1} = d_{01} + 2 h_{k1} \cdot \cos\delta_1$	$d_{ka1} = 80 + 2 \cdot 6{,}4 \cdot 0{,}970 = 92{,}4$ mm	$d_{ka2} = 320 + 2 \cdot 3{,}6 \cdot 0{,}242 = 321{,}7$ mm
Kopfinnendurchmesser	d_{ki1}; d_{ki2}	$d_{ki1} \approx d_{ka1} - 2b \cdot \sin\delta_{k1}$	$d_{ki1} = 92{,}4 - 2 \cdot 55 \cdot 0{,}2798 = 61{,}60$ mm	$d_{ki2} = 321{,}7 - 2 \cdot 55 \cdot 0{,}975 = 214{,}4$ mm
Kranzstärke außen „ innen	e_1'' e_2'' e_1' e_2'	wählbar	15 mm 12 mm	18 mm 12 mm
Kranz-Außendurchmesser	d_1''; d_2''	$d_1'' = d_{ka1} - 2e_1'' \cdot \cos\delta_1$	$d_1'' = 92{,}4 - 2 \cdot 15 \cdot 0{,}97 = 63{,}3$ mm	$d_2'' = 321{,}7 - 2 \cdot 18 \cdot 0{,}242 = 312{,}99$ mm
Kranz-Innendurchmesser	d_1'; d_2'	$d_1' = d_{ki1} - 2e_1' \cdot \cos\delta_1$	$d_1' = 61{,}60 - 2 \cdot 12 \cdot 0{,}97 = 38{,}3$ mm	$d_2' = 214{,}4 - 2 \cdot 12 \cdot 0{,}242 = 208{,}59$ mm
Breitenprojektion	b_1; b_2	$b_1 \approx b \cdot \cos\delta_{k1}$	$b_1 = 55 \cdot 0{,}975 = 53{,}6$ mm	$b_2 = 55 \cdot 0{,}2798 = 15{,}38$ mm
Außenkranzprojektion	a_1; a_2	$a_1 = e_1'' \cdot \sin\delta_1$	$a_1 = 15 \cdot 0{,}242 = 3{,}63$ mm	$a_2 = 18 \cdot 0{,}97 = 17{,}48$ mm
Innenkranzprojektion	f_1; f_2	$f_1 = e_1' \cdot \sin\delta_1$	$f_1 = 12 \cdot 0{,}242 = 2{,}91$ mm	$f_2 = 12 \cdot 0{,}97 = 11{,}63$ mm
Kopfkegelhöhe	w_1; w_2	$w_1 = \frac{d_{ki1}}{2} \cdot \operatorname{ctg}\delta_{k1}$	$w_1 = \frac{61{,}6}{2} \cdot 3{,}431 = 105{,}7$ mm	$w_2 = \frac{214{,}4}{2} \cdot 0{,}2268 = 24{,}3$ mm

c) Herstellung. Eine richtige Zahnform für die Geradverzahnung kann nur durch Hobeln erzeugt werden, indem das Werkzeug an der Zahnflanke entlang in Richtung auf die Kegelspitze geführt wird.

Im Form-Hobelverfahren auf Formhobelmaschinen sorgen Zahnschablonen, die in entsprechender Vergrößerung die Zahnform nach der Ergänzungszähnezahl des zu schneidenden Rades erhalten, für die richtige Führung des spitz ausgebildeten Hobelstahles.

Im Wälzverfahren nach Bilgram (Maschine von Reinecker, Chemnitz) arbeitet nach dem Durchhobeln einer vorläufigen Lücke je Zahn ein geradflankiger rechter und darauf ein geradflankiger linker Hobelstahl, während durch Abrollen von Stahlbändern auf einem Rollbogen das Werkstück sich auf dem Planrad abwälzt; beim Rücklauf des Hobelstahles wird von Zahn zu Zahn geteilt. Bei der Herstellung auf den selbsttätigen Kegelrad-Hobelmaschinen, Bauart Heidenreich & Harbeck, arbeiten gleichzeitig ein rechter und ein linker geradflankiger Hobelstahl ins Volle, wobei die Abrollung lediglich durch Wechselräder erreicht wird.

Mit Formfräsern ist die Herstellung von geradverzahnten Kegelrädern nur behelfsmäßig möglich. Die Fräserform entspricht der Flankenform an der Außenseite; nach innen zu wird die Flanke jedoch fehlerhaft, da der Fräser sich ja nicht der Verjüngung des Zahnprofiles anpassen kann. Der Fräser muß außerdem schmaler sein als Modulfräser für Stirnräder, da er durch die schmalere Lücke an der Innenseite hindurchtreten muß. Die Rechts- und Linksflanken der Zähne müssen daher einzeln bearbeitet werden. Bei Einzelfertigung und für langsam laufende Räder wird das Formfräsverfahren auch heute noch angewendet, da es auf jeder Universalfräsmaschine mit Teilkopf ausführbar ist. Auch hier ist derjenige Modulfräser zu wählen, der durch die Ergänzungszähnezahl bestimmt ist. Die größtzulässige Fräserbreite im Teilkegel bestimmt sich zu $x_{\min} = \frac{t}{2} \cdot \frac{R_a - b}{R_a}$. Also im Zahlenbeispiel der Tafel 13 ist für das Ritzel ein Fräser passend zu 16,5 Zähnen, für das Rad entsprechend $z_{n2} = 254$ ein Zahnstangenfräser zu wählen. Der Fräserzahn darf im Teilkreis höchstens $x = \frac{5\pi}{2} \cdot \frac{165 - 55}{165} = 5{,}24$ mm breit sein. Ein Fräser großen Durchmessers mit Formmessern läßt sich vorteilhaft zum Vorschruppen der Zahnlücken verwenden. Für die Massenherstellung ist hierzu von W. Ferd. Klingelnberg Söhne eine hydraulische, selbsttätig teilende Fräsmaschine entwickelt.

d) Eigenschaften der Kegelräder. Die Kegelräder mit Geradverzahnung sind in der Herstellung sowohl hinsichtlich der Genauigkeit als auch hinsichtlich der Wirtschaftlichkeit den Stirnrädern unterlegen. Durch die Keilform der Zähne in der Längsrichtung neigen die Räder zum Klemmen. Dies ist besonders nachteilig, weil durch die notwendige fliegende Lagerung des Ritzels die Verbiegungen der Welle größer sind als bei Stirnrädern. Die Kegelradgetriebe mit dieser Verzahnung erfordern daher sehr sorgfältigen Einbau. Sie erreichen jedoch auch dann nicht die Leistungen und die Geräuschlosigkeit der Stirnräder.

III. Kegelräder mit Schrägzähnen.

Bei Schrägzähnen, Abb. Z 2 g, berühren die Flanken einen Kreis, der kleiner als der Innenkreis ist. Die Lücke bleibt jedoch keilförmig. Schrägzähne ergeben — wie solche bei Stirnrädern — einen allmählich über die Zahnbreite erfolgenden Aus- und Eintritt des Zahnes beim Eingriff, der sich auf die Laufruhe günstig auswirkt. Die Verzahnung kann durch eine drehende Zusatzbewegung des Werkstückes beim Hobeln auf den Maschinen nach Bilgram wie geradverzahnte Kegelräder hergestellt werden.

IV. Kegelräder mit gekrümmten Flankenlinien (Spiralkegelräder).

a) Allgemeines. Die den geradverzahnten Kegelrädern anhaftenden Mängel haben zur Entwicklung von Kegelrädern mit gekrümmten Flankenlinien geführt. Bei ihnen läuft stets die hohle Flanke des einen Rades mit der erhabenen Flanke des anderen zusammen. Die Bogenform bietet größere Bruchfestigkeit, verlängerte Eingriffsdauer bei einem Eingriff, der allmählich über die Zahnbreite erfolgt, und damit wesentlich geräuschärmeren Lauf.

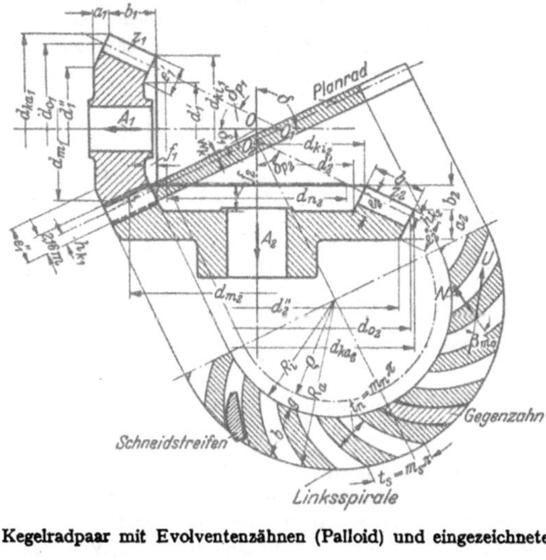

Abb. Z 16. Kegelradpaar mit Evolventenzähnen (Palloid) und eingezeichnetem Planrad.

b) Mathematische Kurvenform der Flanken[1]. Welchem mathematischen Gesetz die Flanken in ihrem Verlauf über die Zahnbreite gehorchen, ist durch die Art der Herstellung bedingt. Es sind u. a. mathematisch bekannte Spiralen (Abb. Z 2h), z. B. archimedische oder logarithmische, ferner Evolventenzähne nach Abb. Z 21, die den Vorteil eines gleichbleibenden Abstandes t_n über die ganze Breite hin haben, Kreisbogenzähne, Abb. Z 2k (nach Böttcher, Maschine von Gleason), sowie Hypozykloidenzähne, Abb. Z 21 (nach Böttcher, Maschine von Reinecker), die nach Art einer Pfeilverzahnung keinen wesentlichen Achsdruck ergeben, und andere versucht worden.

In größerem Umfange durchgesetzt haben sich bisher als Verfahren: Die Kreisbogenzähne nach Böttcher (Gleason-Maschine), die Palloidzähne nach der Erfindung von Schicht und Preis, ausgeführt von der Firma

[1]) Werkstattstechnik und Werksleiter 1935 Heft 9 S. 173.

W. Ferd. Klingelnberg Söhne, Hückeswagen, die von einer Evolventenform hergeleitet werden können, und neuerdings Zykloidräder für Kegelräder kleiner und kleinster Abmessungen. Diesen Verfahren ist eine verschiedene Krümmung der Flanken gemeinsam, und zwar sind an Rad und Ritzel die erhabenen Flankenseiten flacher als die hohlen (Abb. Z 16). Bei der Kreisbogenverzahnung ergibt sich die verschiedene Krümmung der Flanken einfach dadurch, daß der trapezförmige schneidende Stahl sich in einem Messerkopf auf einem Kreisbogen bewegt, der von sich aus der inneren Flanke einen kleineren, der äußeren einen größeren Krümmungshalbmesser gibt.

c) Die Palloidverzahnung.

1. Eigenschaften der Palloidverzahnung. Zur Erleichterung der Vorstellung kann man bei der Palloidverzahnung von der Evolventenkurve ausgehen. Wie bei den letzteren, benutzt man dann als Rechenunterlage einen Grundkreis $d_n = m \cdot z$. Der innere Begrenzungskreis erhält einen um $2g$ größeren Durchmesser. Während die Evolventenzähne jedoch überall gleich stark sind, werden bei der Palloidverzahnung die Zähne in der Mitte des Kranzes stärker gehalten als an den beiden Enden. Die Flanken tragen daher nicht auf der vollen Zahnbreite. Infolgedessen erhalten die Zähne die Möglichkeit, bei den unvermeidlichen elastischen Verformungen der Welle und der Lagerung nachzugeben. Das Klemmen der Zähne wird auf diese Weise wirksam verhindert. Die Räder mit dieser Verzahnung sind leicht einzubauen und nutzen sich nicht mehr ab als Stirnräder. Die Zahnhöhe ist über die ganze Breite hin gleichbleibend.

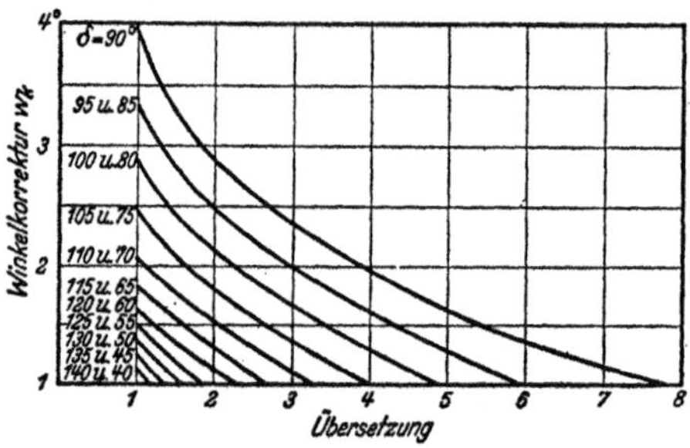

Abb. Z 17. Winkelkorrektur w_k für verschiedene Achswinkel δ.

Eigentümlich ist der Palloidverzahnung ferner die „Winkelkorrektur". Das heißt, durch eine geringe Verkleinerung des Ritzelwinkels δ_1 um den Winkel w_k, Abb. Z 17, fallen die Kegelspitzen von Rad und Ritzel nicht mehr zusammen. Die korrigierte Kegelspitze O_1 des Ritzels liegt über den Achsenschnittpunkt O weiter hinaus und die korrigierte Kegelspitze O_2 des Rades näher am Rad.

Tafel 14. **Werte g für den Abstand des inneren Randes der Verzahnung vom Grundkreis auf dem Planrad.**

Normalmodul m_n .... mm	1	1,25*	1,5	1,75*	2	2,25*	2,5	2,75*	3	3,25*
Abstand g .... mm	4	4	4,5	4,5	5	5	5,5	5,5	6	6
Normalmodul m_n .... mm	3,5	3,75*	4	4,25*	4,5	5	5,5	6	6,5	7
Abstand g .... mm	6,5	6,5	7	7	7,5	8	8,5	9	10	11

Die mit * gekennzeichneten Module sind nur ausnahmsweise zu verwenden.

Wie bei allen Schrägverzahnungen, ist auch hier zwischen Normalmodul m_n und Normalteilung t_n senkrecht zu der Längsrichtung der Zahnflanken und Stirnmodul m_s und Stirnteilung t_s in Richtung des Umfanges zu unterscheiden. Auf den Grundkreisen mit den Durchmessern d_{n1} bzw. d_{n2} wurden Stirn- und Normalteilung übereinstimmen.

2. **Entwurf und Berechnung** eines Palloid-Kegelradpaares geht genau so vor sich wie bei Geradzähnen. Unter Einhaltung der geforderten Übersetzung $i = z_2/z_1$ sind die Zähnezahlen wählbar. Entsprechend dem Charakter als Getriebe mit schrägen Zähnen sind wesentlich niedrigere Zähnezahlen (im allgemeinen bis zu 6, nach Sonderberechnung[1]) bis herab zu 4 Zähnen) möglich. Für höchste Ansprüche an Geräuschlosigkeit sind Zähnezahlen zu wählen, die ineinander nicht aufgehen, um auf diese Weise periodische Schwingungen zu vermeiden, für etwa $i = 4$ z. B. $z_1/z_2 = 8/33$ statt 8/32.

Der Normalmodul m_n ist aus der Tafel 14 obere Zeile zunächst anzunehmen und nach Bestimmung der Hauptabmessungen nachzuprüfen. Die Berechnung der letzteren erfolgt nach Tafel 15, oberer Teil, die Drehmaße nach Tafel 15, unterer Teil. Die Korrekturtafeln, Abb. Z 17, gelten für den Eingriffswinkel $\alpha = 20°$, weil die Palloidverzahnung im Maschinenbau überwiegend mit diesem Winkel ausgeführt wird. Es sind jedoch auch Eingriffswinkel von $17^1/_2°$ und $22^1/_2°$ nach Sonderberechnungen ausführbar. Die beigefügten Unterlagen gelten für Zähnezahlen des Planrades von 25 an, nur nach Sonderberechnung sind solche bis herab zu 15 ausführbar.

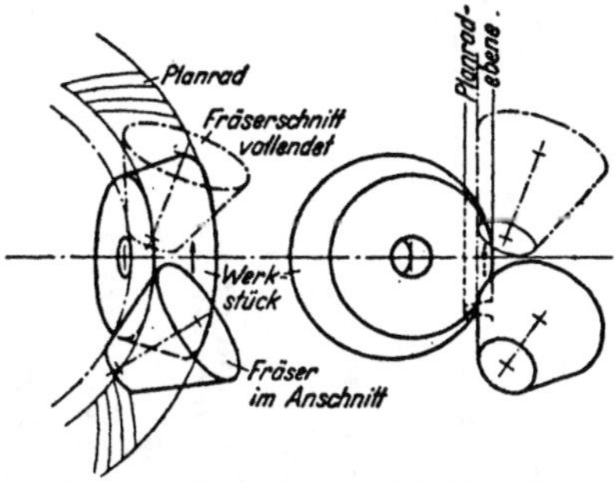

Abb. Z 18. Herstellung der Palloidverzahnung.

3. **Die Herstellung**[2]) der Palloidverzahnung erfolgt in einem Abwälzfräsverfahren, das mit dem Tangentialfräsverfahren für Schneckenräder auf den Maschinen von Pfauter vergleichbar ist. Der Fräser verschraubt sich mit dem zu verzahnenden Rohling, wobei seine Zähne die theoretisch richtigen Zahnlücken ausschneiden. Während der Fräser bei Schneckenrädern geradlinig im Sinne der Erzeugungszahnstange über den Rohling geführt wird, um dabei die Zahnlücken in Breite und Tiefe unter Bildung der Flanken zu zerspanen, erfolgt zu demselben Zweck bei dem Verfahren nach Klingelnberg für Kegelräder eine Schwenkung des Fräsers auf dem Planrad um dessen Mitte (nach dem Pfeil Abb. Z 18).

Der Rohling wird so eingestellt, daß ihn der Fräser mit seiner Mantellinie berührt; dann wird die Drehung der Planscheibe eingeschaltet, und diese senkt nun den Fräser in den Rohling, in Länge und Tiefe die Zahnflanke bildend.

Beim Schneiden von Evolventen wird ein kegelförmiger Fräser verwendet, dessen Durchmesser also von einem zum anderen Ende linear

---

[1]) Zu beziehen von W. Ferd. Klingelnberg Söhne, Remscheid-Berghausen.
[2]) Werkstattstechnik und Werksleiter 1938, S. 213.

Tafel 15. **Formeln, Rechnungsgang und Zahlenbeispiel für das Berechnen palloid-verzahnter Kegelräder.**

Benennung	Bezeichnungen siehe Abb. Z 16 Ritzel-Index 1 Rad-Index 2	Formel	Zahlenbeispiel für $N = 25$ PS; $i = n_1/n_2 = 1000/250$ U/min $= 4$, $\delta = 90°$, Eingriffswinkel $\alpha = 20°$. Gewählt $z_1/z_2 = 8/32$; $m_n = 5$	
			Ritzel	Rad
Teilkegelwinkel (nur Hilfsgröße) siehe auch Abb. Z 20	δ_{n1} δ_{n2}	Für $\delta = 90°$ $\operatorname{ctg}\delta_{n1} = \frac{z_2}{z_1}$.	$\operatorname{ctg}\delta_{n1} = \frac{32}{8} = 4$; $\delta_{n1} = 14° 02'$	
		für $\delta > 90°$ $\operatorname{ctg}\delta_{n1} = \frac{z_2}{z_1 \cdot \sin(180 - \delta)} - \operatorname{ctg}(180° - \delta)$		
siehe auch Abb. Z 21		für $\delta < 90°$ $\operatorname{ctg}\delta_{n1} = \frac{z_2}{z_1 \cdot \sin\delta} + \operatorname{ctg}\delta$		
Korrigierte Kegelwinkel	δ_{p1} δ_{p2}	$\delta_{p1} = \delta_{n1} - w_k$, wobei w_k nach Abb. Z 17 auf halbe oder ganze Grade zu runden $\delta_{p2} = \delta - \delta_{p1}$	$\delta_{p1} = 14° 02' - 2° = \approx 12°$	$\delta_{p2} = 90° - 12° = 78°$
Zähnezahl des Planrades	z_p	$z_p = \frac{z_2}{\sin\delta_{p2}}$	$z_p = \frac{32}{0,97815} = 32,7148$	
Grundkreishalbmesser des Planrades	ϱ	$\varrho = {}^1/_2\, z_p \cdot m_n$	$\varrho = \frac{32,7148}{2} \cdot 5 = 81,79$ mm	
Innenhalbmesser des Planrades	R_i	$R_i = \varrho + g$, wobei g nach Tafel 14	$R_i = 81,79 + 8 = 89,79$ mm	
Breite der Verzahnung	b	$b = \frac{R_i}{2,5}$, aber $< 10\, m_n$	$b = \frac{89,79}{2,5} = \approx 35$ mm	
Außenhalbmesser des Planrades	R_a	$R_a = R_i + b$	$R_a = 89,79 + 35 = 124,79$ mm	

Teilkreisdurchmesser und Stirnmodul außen	d_{01}; d_{02} m_s	$d_{02} = 2\,R_a \cdot \sin \delta_p 2$ $m_s = \frac{d_{02}}{z_2}$ $d_{01} = m_s \cdot z_2$	$m_s = \frac{244}{32} = 7{,}625$ mm $d_{01} = 7{,}625 \cdot 8 = 61$ mm	$d_{02} = 249{,}574 \cdot \sin 78°$ $= 249{,}574 \cdot 0{,}97815$ $= \approx 244$ mm
Mittlerer Ritzeldurchmesser	$d_{m\,1}$	$d_{m\,1} = d_{01} - b \cdot \sin \delta_{p\,1}$	$d_{m\,1} = 61 - 35 \cdot 0{,}20791 = \approx 54$ mm	
Nach Festlegung dieser Hauptmaße erfolgt die Nachprüfung des gewählten Normalmoduls m_n auf Festigkeit nach Absatz B I c				
Zahnkopfhöhe	$h_{k\,1}$ $h_{k\,2}$	$h_{k\,1} = h_1\, m_n - f$, wobei h_1 und f nach Tafel 16 u. 17 $h_{k\,2} = 2\,m - h_{k\,1}$ jedoch $h_{k\,1} \geqq m \leqq h_{k\,2}$	$h_{k\,1} = 1{,}34 \cdot 5 - 1{,}5 = 5{,}2$ mm	$h_{k\,2} = 2 \cdot 5 - 5{,}2 = 4{,}8$ mm
Kopfaußendurchmesser	$d_{k\,a\,1}$; $d_{k\,a\,2}$	$d_{k\,a} = d_0 + 2\,h_k \cdot \cos \delta_p$	$d_{k\,a\,1} = 61 + 2 \cdot 5{,}2 \cdot 0{,}978 = 71{,}18$ mm	$d_{k\,a\,2} = 244 + 2 \cdot 4{,}8 \cdot 0{,}2079 = 246$ mm
Kopfinnendurchmesser	$d_{k\,i\,1}$; $d_{k\,i\,2}$	$d_{k\,i} = d_{k\,a} - 2\,b \cdot \sin \delta_p$	$d_{k\,i\,1} = 71{,}18 - 2 \cdot 35 \cdot 0{,}2079 = 56{,}62$ mm	$d_{k\,i\,2} = 246 - 2 \cdot 35 \cdot 0{,}978 = 177{,}52$ mm
Kranzstärke außen „ innen	e_1''; e_2'' e_1'; e_2'	wählbar	15 mm 12 mm	18 mm 12 mm
Kranz-Außendurchmesser	d_1''; d_2''	$d'' = d_{k\,a} - 2\,e'' \cos \delta_p$	$d_1'' = 71{,}18 - 2 \cdot 15 \cdot 0{,}978 = 41{,}84$ mm	$d_2'' = 248 - 2 \cdot 18 \cdot 0{,}2079 = 240{,}52$ mm
Kranz-Innendurchmesser	d_1'; d_2'	$d' = d_{k\,i} - 2\,e' \cdot \cos \delta_p$	$d_1' = 56{,}62 - 2 \cdot 12 \cdot 0{,}978 = 33{,}12$ mm	$d_2' = 177{,}52 - 2 \cdot 12 \cdot 0{,}2079 = 172{,}54$ mm
Breitenprojektion	b_1; b_2	$b_1 = b \cdot \cos \delta_p$	$b_1 = 35 \cdot 0{,}978 = 34{,}2$ mm	$b_2 = 35 \cdot 0{,}2079 = 7{,}27$ mm
Außenkranzprojektion	a_1; a_2	$a = e'' \cdot \sin \delta_p$	$a_1 = 15 \cdot 0{,}2079 = 3{,}12$ mm	$a_2 = 18 \cdot 0{,}978 = 17{,}6$ mm
Innenkranzprojektion	f_1; f_2	$f = e' \cdot \sin \delta_p$	$f_1 = 12 \cdot 0{,}2079 = 2{,}49$ mm	$f_2 = 12 \cdot 0{,}978 = 11{,}74$ mm

Tafel 16. **Werte h_1 für Eingriffswinkel $\alpha = 20°$[1]) zum Errechnen der Zahnkopfhöhe am Ritzel an Palloidverzahnungen nach der Formel $h_{k_1} = h_1 m - f$.**

Ist $z_1 > 13$, so ist stets $h_{k_1} = m = h_{k_2}$ zu setzen.

	$z_1 = 6$	7	8	9	10	11	12	13
$z_2 = 15$	$h_1 =$ 1,45	1,38	1,31	1,23	1,15	1,07	1,00	1,00
16	1,45	1,38	1,31	1,23	1,15	1,08	1,00	1,00
17	1,46	1,39	1,32	1,24	1,16	1,09	1,00	1,00
18	1,46	1,39	1,32	1,24	1,17	1,10	1,01	1,00
19	1,46	1,39	1,32	1,25	1,18	1,10	1,02	1,00
20	1,46	1,39	1,32	1,25	1,18	1,11	1,03	1,00
21	1,46	1,39	1,33	1,26	1,18	1,11	1,04	1,00
22	1,46	1,40	1,33	1,26	1,19	1,12	1,04	1,00
23	1,46	1,40	1,33	1 26	1,19	1,12	1,05	1,00
24	1,46	1,40	1,33	1,26	1,20	1,13	1,06	1,00
25	1,46	1,40	1,33	1,27	1,20	1,13	1,06	1,00
26	1,46	1,40	1,34	1,27	1,20	1,14	1,06	1,00
27	1,46	1,40	1,34	1,27	1,21	1,14	1,07	1,00
28	1,46	1,40	1,34	1,27	1,21	1,14	1,07	1,00
29	1,46	1,40	1,34	1,27	1,21	1,14	1,07	1,00
30	1,47	1,40	1,34	1,28	1,21	1,15	1,08	1,01
35	1,47	1,40	1,34	1,28	1,22	1,15	1,09	1,02
40	1,47	1,41	1,34	1,28	1,22	1,16	1,09	1,03
45	1,47	1,41	1,35	1,28	1,22	1,16	1,10	1,04
50	1,47	1,41	1,35	1,29	1,23	1.16	1,10	1,04
55	1,47	1,41	1,35	1,29	1,23	1,17	1,10	1,04
60	1,47	1,41	1,35	1,29	1,23	1,17	1,11	1,05
65	1,47	1,41	1,35	1,29	1,23	1,17	1,11	1,05
75	1,47	1,41	1,36	1,29	1,23	1,17	1,11	1,05
100	1,48	1,42	1,36	1,30	1,24	1,18	1,12	1,06

Tafel 17. **Differenzwerte in Millimeter. „f" in obiger Formel für h_{k_1}.**

Zahnbreite + Abstand	Kegelwinkel $\delta_{p\,1}$										
$b + g$ in mm	5°	6°	8°	10°	12°	14°	16°	18°	20°	22°	25°
6	0,08	0,10	0,14	0,18	0,21	0,23	0,25	0,27	0,28	0,29	0,33
8	0,10	0,13	0,19	0,24	0,28	0,31	0,33	0,36	0,38	0,39	0,45
10	0,13	0,16	0,23	0,29	0,34	0,38	0,41	0,45	0,47	0,48	0,55
12	0,16	0,20	0,28	0,35	0,41	0,46	0,50	0,53	0,56	0,59	0,66
14	0,19	0,23	0,33	0,41	0,48	0,54	0,58	0,62	0,66	0,69	0,78
16	0,21	0,26	0,38	0,47	0,55	0,62	0,66	0,71	0,75	0,79	0,89
18	0,24	0,30	0,42	0.53	0,62	0,69	0,75	0,80	0,85	0,89	1,01
20	0,27	0,33	0,47	0,59	0,69	0,77	0,83	0,89	0,94	0,98	1,11
25	0,34	0,41	0,59	0,74	0,87	0,96	1,04	1,12	1,18	1,23	1,39
30	0,40	0,49	0,71	0,89	1,04	1,15	1,24	1,34	1,41	1,48	1,67
35	0,47	0,58	0,83	1,03	1,21	1,35	1,45	1,56	1,65	1,73	1,96
40	0,53	0,66	0,94	1,18	1,38	1,54	1,66	1,78	1,88	1,97	2,22
45	0,60	0,74	1,06	1,33	1,65	1,73	1,87	2,00	2,11	2,22	2,50
50	0,67	0.82	1,18	1,47	1.72	1,92	2,07	2,22	2,34	2,46	2,78
55	0,74	0,91	1,30	1,62	1,90	2,11	2,28	2,45	2,58	2,71	3,06
60	0,80	0,99	1,41	1.77	2,07	2,30	2,48	2,67	2,81	2,95	3,33
65	0,87	1,07	1,53	1.92	2,25	2,50	2,69	2,39	3,05	3.20	3,61
70	0,93	1,15	1,64	2,07	2,42	2,70	2,90	3,11	3,28	3,44	3,88
75	1,00	1,24	1,76	2,20	2,58	2,88	3,11	3,34	3,52	3,68	4,17

[1]) Für Eingriffswinkel 22½° und 17½° zu beziehen von der Firma W. Ferd. Klingelnberg Söhne, Remscheid.

wächst. Nach Abb. Z 16 ergibt jeder Fräserzahn einen unsymmetrischen Schneidstreifen[1]), der für die hohle und erhabene Flanke geeignet ist. Bei dem Palloidfräser nimmt der Durchmesser erst langsamer und dann schneller zu; seine Form kann daher als kegelig-hyperbolisch bezeichnet werden. Bei ihm sind die Fräserzähne in der Mitte dünner als an den Enden, damit die geschnittenen Radzähne, wie erwähnt, in der Mitte dicker werden. In dem ganzen Verfahren sind nur Kreisbewegungen vorhanden, die technisch leicht ausführbar sind und daher auch ein genaues Erzeugnis sichern und die Herstellung wirtschaftlich machen. Für höchste Ansprüche werden die Räder nach dem Fräsen und Härten noch auf Läppautomaten behandelt, indem die miteinander im Laufe kämmenden Räder bei gleichzeitiger Ausführung von Zusatzbewegungen unter Belastung zusammenlaufen. Soweit eine Wärmebehandlung erforderlich ist, erfolgt das Abschrecken beim Härten am besten auf Härtemaschinen, die zu großen Härteverzug durch entsprechende Einspannung verhindern.

Mit den zur Zeit vorhandenen Maschinen und Werkzeugen kann Palloidverzahnung ausgeführt werden für R_a von 20 bis 400 mm.

d) Zykloid-Spiralkegelräder.

Für kleine und kleinste Kegelräder kann eine Spiralverzahnung mit Zykloidkurven einer von Klingelnberg entwickelten Maschine, die auch bei kleinen Planraddurchmessern geringe Krümmung des Zahnes in der Breite ergeben, verwendet werden. Die rechts- und linkssteigende Verzahnung der beiden Getrieberäder wird mit je einem Messerkopf geschnitten. Das Verfahren gestattet auch durch entsprechende Maschineneinstellung Zahnkurven mit geringem Spiralwinkel β zu schneiden.

V. Prüfen von Kegelrädern.

Die Prüfung von Kegelrädern erfolgt zweckmäßig auf Zweiflankenprüfgeräten, wie sie auch für Stirnräder verwendet werden (s. Abschnitt „Messen der Zahnräder"). Nach allen praktischen Erfahrungen ergeben Räder mit guten Diagrammen auch ruhigen Lauf. Ein weiteres wichtiges Hilfsmittel zur Prüfung sind die Tragbilder, Abb. Z 19, wo richtige Tragbilder z. B. für die Palloidverzahnung schraffiert eingezeichnet sind. Die tragende Zone soll beim unbelasteten Trieb nach außen, dem größeren Durchmesser zu liegen, am Ritzel (treibende Flanke ist hohl) mit der Spitze nach dem Zahnkopf zu, am Rad (getriebene Flanke ist erhaben) nach dem Zahnfuß zu. Können sich, wie bei bergab fahrenden Kraftwagen, treibendes und getriebenes Rad vertauschen, so muß auf der jetzt schiebenden Flanke des Rades die Spitze des Tragbildes dem Kopf zu, auf der Flanke des jetzt geschobenen Ritzels nach dem Fuß zu gerichtet sein.

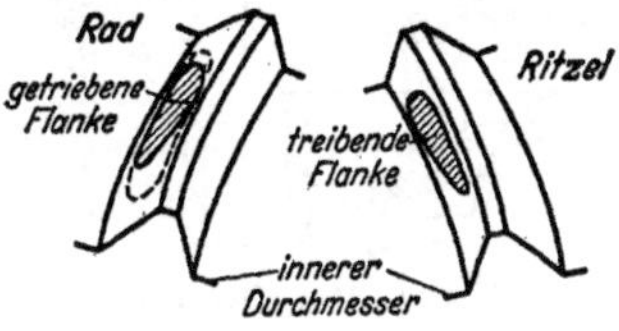

Abb. Z 19. Tragbilder an Kegelrädern bei Palloidverzahnung.

Richtig gefräste Räder vorausgesetzt, muß sich beim Einbau durch Verschieben des Ritzels das richtige Tragbild einstellen lassen. Es ist bei der Palloidverzahnung eine Eigenschaft von grundlegender Wichtigkeit, daß sich die Tragbilder unter Belastung verbreitern, deren Umrisse in Abb. Z 19

[1]) Werkstattstechnik und Werksleiter 1936, S. 361

gestrichelt sind. Dadurch erreichen die Räder mit Palloidverzahnung ihre hohe Lebensdauer. Ein nur an den Enden liegendes Tragbild führt bei allen Verzahnungen zu Brüchen.

VI. Ausführungen von Kegeltrieben.

An Ausführungen sind neben den Getrieben mit rechtwinkligen Achsen auch solche mit stumpfem, Abb. Z 20, und spitzem Achswinkel, Abb. Z 21,

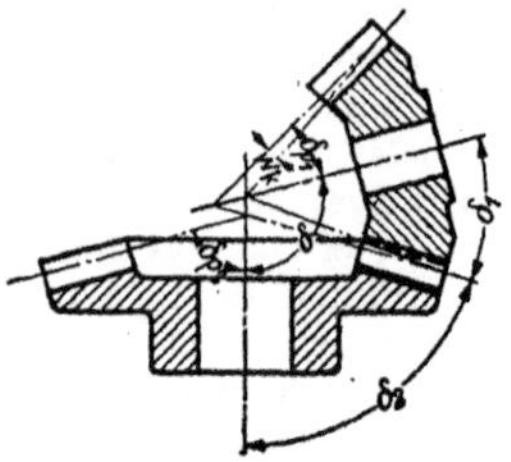

Abb. Z 20. Kegelradpaar mit stumpfem Achswinkel δ. Berechnung nach Tafel 13 bzw. 15.

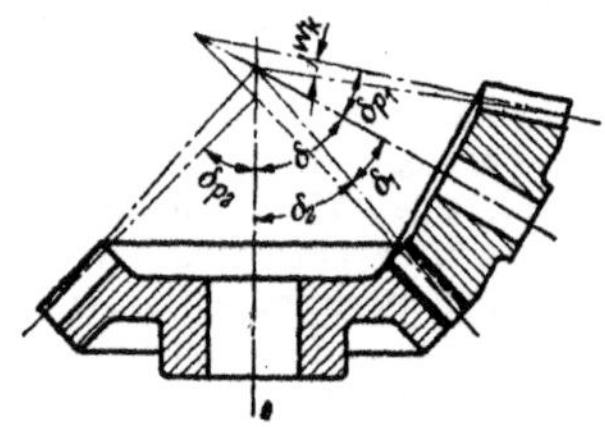

Abb. Z 21. Kegelradpaar mit spitzem Achswinkel δ. Berechnung nach Tafel 13 bzw. 15.

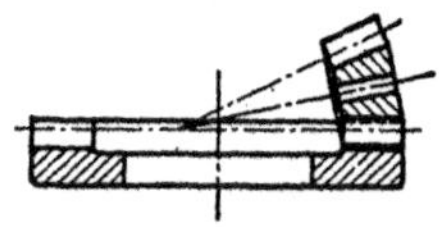

Abb. Z 22. Planradtrieb nach Sonderberechnung (Klingelnberg).

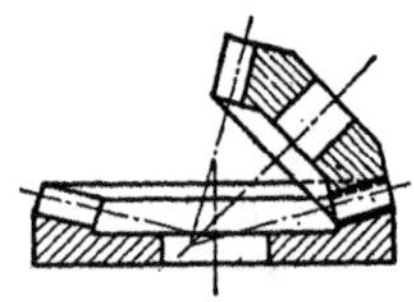

Abb. Z 23. Innenkegeltrieb nach Sonderberechnung (Klingelnberg).

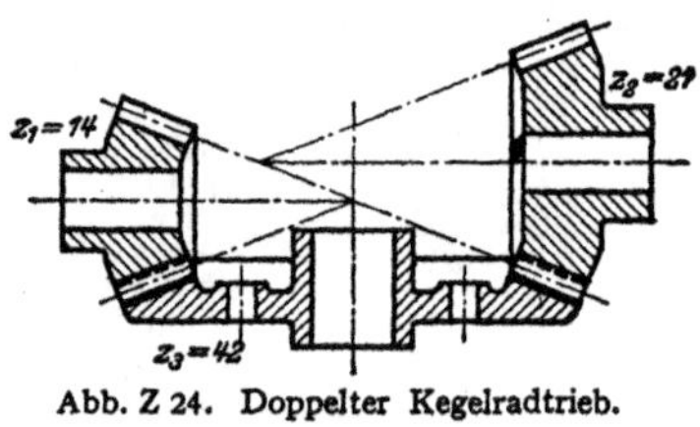

Abb. Z 24. Doppelter Kegelradtrieb.

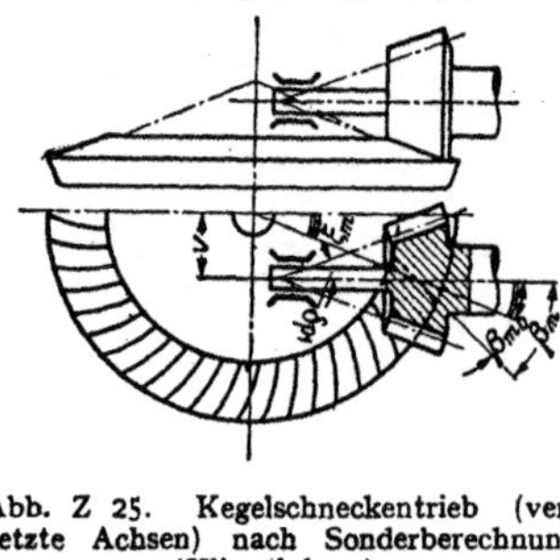

Abb. Z 20 bis 25. Sonderausführungen von Kegelrädern (gezeichnet für Palloidverzahnung).

Abb. Z 25. Kegelschneckentrieb (versetzte Achsen) nach Sonderberechnung (Klingelnberg).

sowohl mit Gerad- wie auch mit Palloidverzahnung (letztere gezeichnet) ausführbar. Eine Sonderform ist der Planradantrieb, Abb. Z 22, bei dem das Tellerrad eine ebene Scheibe bildet. Innenkegelradgetriebe, Abb. Z 23, sind unter Beschränkung auf kleine Achswinkel des Tellerrades in Palloidverzahnung ausführbar, da sie sich dann auf den Fall des Planrades zurückführen lassen.

Abb. Z 24 zeigt einen Doppelkegeltrieb in Palloidverzahnung, dessen Ausführung durch die Winkelkorrektur (Abb. Z 17) möglich ist. Auf einem Kegelrad c laufen die Räder a und b mit untereinander verschiedenen Zähnezahlen. Das erste Getriebe zwischen Rad a und c ist ohne Winkelkorrektur ausgeführt, an Rad b ist der Kegelwinkel durch Winkelkorrektur so verkleinert, daß er zu Rad c paßt. Dieser doppelte Kegelradtrieb hat also schon bis zu einem gewissen Grade die Eigenschaft von Satzrädern.

VII. Kegelschraubgetriebe mit Palloidverzahnung.

Durch die Palloidverzahnung ist auch die Herstellung von Kegelschraubgetrieben nach Sonderberechnung wirtschaftlich möglich geworden. Die zugehörigen Räder können auf den Abwälzautomaten ohne weiteres gleich wirtschaftlich geschnitten werden wie gewöhnliche Kegelräder. Die Möglichkeit der Achsversetzung erhöht die Freiheit in der räumlichen Anordnung ganz erheblich. Da außerdem die Achsen um den Abstand v, Abb. Z 25 und Z 26, aneinander vorbeigeführt sind, kann man das Ritzel beiderseits lagern und Durchfederungen fast ganz vermeiden. Bei Kegelschraubgetrieben lassen sich im Gegensatz zum Schneckentrieb für Rad und Ritzel Einsatzstähle verwenden.

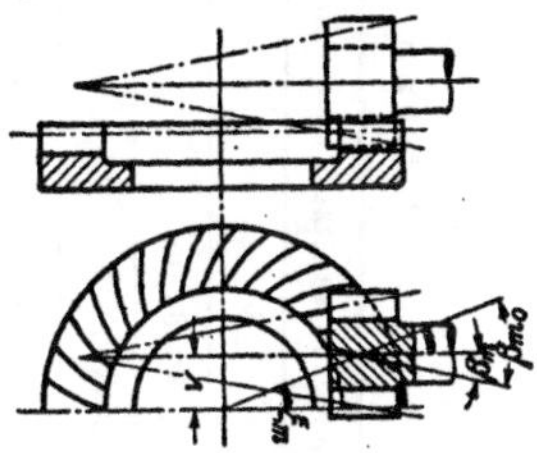

Abb. Z 26. Kegelstirntrieb (versetzte Achsen) nach Sonderberechnung (Klingelnberg).

In den Verzahnungseigenschaften sind die Kegelschraubgetriebe als Übergang vom Kegelrad zur Schnecke aufzufassen. Wie bei den letzteren tritt auch hier zu dem Gleiten in Richtung der Zahnhöhe ein Gleiten in Längsrichtung der Flanken. Die aus der Überlagerung von Höhen- und Längsgleitung entstehende resultierende Gleitung ändert sich nach Größe und Richtung sehr viel weniger. Die Bewegungen im Lagerspiel wechseln weniger, und deswegen laufen diese Triebe in vielen Fällen geräuschloser.

Erfolgt die Achsversetzung in der Spiralrichtung, so erhält man ein Kegelschneckengetriebe, Abb. Z 25, im älteren Schrifttum als Hyperboloidgetriebe bezeichnet. Am Ritzel vergrößert sich, wie ersichtlich, der Spiralwinkel β_{m_0} in der Kranzmitte um den Winkel ξ_m (also ist $\beta_m = \beta_{m_0} + \xi_m$), der zwischen der Achse des Ritzels und dem Fahrstrahl der Längskurve gebildet wird, auf den Winkelwert β_m. Diese größere Zahnschräge bewirkt zwar eine Erhöhung des Achsdruckes, aber auch eine günstige Verlängerung der Eingriffdauer. Außerdem erhält man im Sinne der allgemeinen Beziehung für Schrägzahnräder $d_0 = m_n \cdot z/\cos\beta$ (s. Abb. 2 c und d) eine Vergrößerung des Ritzeldurchmessers, die namentlich bei kleinen Ritzelzähnezahlen für große Übersetzungen noch eine kräftige Ritzelwelle zuläßt. Auch der Kegelwinkel wird größer. In der Form dieser Kegelschraubgetriebe haben die achsversetzten Getriebe gerade für höchste Ansprüche, z. B. im Hinterachsenantrieb von Kraftwagen, Eingang gefunden.

Bei einer Achsversetzung entgegen der Spiralrichtung ergibt sich ein Kegelstirngetriebe, Abb. Z 26. Hier verkleinert sich der wirksame Spiralwinkel auf $\beta_m = \beta_{m_0} - \xi_m$. Eingriffdauer, Durchmesser und Kegelwinkel werden kleiner. In Verbindung mit einer entsprechend gewählten Winkelkorrektur kann infolgedessen bei großem Übersetzungsverhältnis das Ritzel zylindrische Form erhalten, während das Tellerrad als Planscheibe

Tafel 19. **Beispiel zur Berechnung eines Kegelschraubgetriebes.**

Bezeichnungen sinngemäß nach den Abb. Z 16, 25 und 26. Ritzel-Index 1, Rad-Index 2.
Für inneren Kranzpunkt P_i Index i, für äußeren Kranzpunkt P_a Index a. Eingriffswinkel $d = 20°$.

Modul $m = 4$; $z_1/z_2 = 10/41$; Achswinkel $\delta = 90°$; Kreuzungsabstand $v = 32$ mm; Modulabstand $e = v/m = 8$

	Kegelschneckentrieb $e = +8$	Kegelstirntrieb $e = -8$
Vorl. Außendurchmesser des Rades D'_{ka}	$\approx m(z_2 + 16) = 4(41 + 16) = 228$ mm	$\approx m(z_2 + 20) = 4(41 + 20) = 244$ mm
Zul. Achsabstand (Abb. Z 27) v_{zul} . .	$\leqq D_{ka}/c = 228/5 = 45$	
Vorl. Planradzähne z. d. Rades	$z'_{p2} = \sqrt{z_1^2 + z^2} = \sqrt{10^2 + 41^2} = 42{,}2$	
$\sin\delta'_1 = \frac{z_1}{14} \cdot w$ (w nach Abb. Z 28) . .	$\sin\delta'_1 = \frac{10}{14} \cdot 0{,}448 = 0{,}32$	$\sin\delta'_1 = \frac{10}{14} \cdot 0{,}113$; $\delta'_1 = 4° 38'$
$\cos\delta_2 = u \cdot \sin\delta'_1$ (u nach Abb. Z 29) . .	$\cos\delta_2 = 1{,}061 \cdot 0{,}32 = 0.339$	w_k nach Tafel 18 $4° 30' \approx \delta'_1$
Endgültiger Radwinkel δ_2	$70° 15'$	Gewählt $\delta_2 = 90°$; $\delta_1 = 0°$
Planradzähne z. d. R. $z_{p2} = \frac{z_2}{\sin\delta_2}$ . .	$= \frac{41}{\sin 70° 15'} = 43{,}562$	$= \frac{41}{\sin 90°} = 41$
Radteilkreisaußendurchmesser Do. . .	gewählt 226 mm	gewählt 245 mm
Grundkreishalbm. d. R. $\varrho = \frac{m \cdot z_{p2}}{2}$ . .	$= \frac{4}{2} \cdot 43{,}562 = 87{,}124$	$\frac{4}{2} \cdot 41 = 82$
$R_{a2} = \frac{Do}{2 \cdot \sin\delta_2}$	$\frac{226}{2 \cdot \sin 70° 15'} = 120{,}07$	$\frac{245}{2 \cdot \sin 90°} = 122{,}5$
$b_2 = 6 \div 8 \cdot m$	$7 \cdot 4 = 28$	$6 \cdot 4 = 24$
$R_{i2} = R_{a2} - b_2$; $g_2 = R_{i2} - \varrho_2$ . . .	$R_{i2} = 92{,}07$; $g_2 \approx 5 > {}^2/_3 \cdot 7$	$R_{i2} = 98{,}5$; $g_2 = 16{,}5 > 2 \cdot 7$
	g_2 bis zu $^2/_3$ der Werte aus Tafel 14	g_2 mindestens das Doppelte der Werte aus Tafel 14

Versetzungsw. $\sin\zeta_i = \frac{v}{R_i}$, $\sin\zeta_a = \frac{v}{R_a}$	$\frac{32}{92{,}07}$; $\zeta_i = 20°\,20'\,18''$; $\frac{32}{120{,}07}$; $\zeta_a = 15°\,27'\,25''$	$\frac{32}{98{,}5}$; $\zeta_i = 18°\,57'\,28''$; $\frac{32}{122{,}5}$; $\zeta_a = 15°\,8'\,33''$
Radspiralwinkel $\cos\beta_i = \frac{\varrho}{R_i}$	$\frac{87{,}124}{92{,}07}$; $\beta_i = 18°\,52'$; $\frac{87{,}124}{120{,}07}$; $\beta_a = 43°\,28'\,45''$	$\frac{82}{98{,}5}$; $\beta_i = 33°\,48'\,47''$; $\frac{82}{122{,}5}$; $\beta_a = 47°\,58'\,50''$
Ritzelspiralwinkel $\beta \pm \zeta$	$\beta_i + \zeta_i = 39°\,12'\,18''$; $\beta_a + \zeta_a = 58°\,56'\,20''$	$\beta_i - \zeta_i = 14°\,41'\,19''$; $\beta_a - \zeta_a = 32°\,50'\,17''$
Hilfswinkel $\tau = {}^1/_2(\beta_a \pm \zeta_a + \beta_i \pm \zeta_i)$.	${}^1/_2(39°\,12'\,18'' + 58°\,56'\,20'') = 49°\,4'\,19''$	${}^1/_2(14°\,41'\,19'' + 32°\,50'\,17'') = 23°\,45'\,48''$
R_{a1} ** $= v(\operatorname{ctg}\zeta_a \mp \operatorname{ctg}\tau)$	$32(\operatorname{ctg}15°\,27'\,25'' - \operatorname{ctg}49°\,4'\,19'') = 87{,}97$	$32(\operatorname{ctg}15°\,8'\,33'' + \operatorname{ctg}23°\,45'\,48'') = 190{,}94$
$\varrho_1 = R_{a1} \cdot \cos(\beta_a \pm \zeta_a)$	$87{,}97 \cdot \cos 58°\,56'\,20'' = 45{,}39$	$190{,}94 \cdot \cos 32°\,50'\,17'' = 160{,}43$
$b_1 = v(\operatorname{ctg}\zeta_a - \operatorname{ctg}\zeta_i)$	29,40	24,35
R_{i1} * $= R_{a1} - b_1$	58,57	166,59
$g_1 = R_{i1} - \varrho_1$	13,18	$6{,}16 > {}^2/_3 \cdot 7$
Planradzähnezahl des Ritzels.	$z_{p1} = \frac{2 \cdot \varrho_1}{m} = \frac{2}{4} \cdot 45{,}39 = 22{,}695$	$z_{p1} = \frac{2 \cdot \varrho_1}{m} = \frac{2}{4} \cdot 160{,}43 = 80{,}215$
$d_{01} = \frac{m \cdot z_1}{\cos\beta_i \pm \zeta_i}$	$\frac{4 \cdot 10}{\cos 39°\,12'} = 51{,}6$	$\frac{4 \cdot 10}{\cos 14°\,41'} = 41{,}3$
$z_0 = 2/\sin^2\alpha$, $h_{k1} = \left(2 - \frac{z_1}{z_0}\right) \cdot m$ . . .	$z_0 = 11{,}4$; $h_{k1} = 4{,}5$	$\approx 2 \cdot m - 1{,}0 = 7{,}0$
$\sin\delta_1 = \frac{b_2}{b_1} \cdot \cos\delta_2$	$= \frac{28}{29{,}4} \cdot \cos 70°\,15'$; $\delta_1 = 18°\,46''$	$\delta_1 = 0°$
b** gewählt $b_g = b_1 + 2b$	$b = 1{,}3$; $b_g = 32$	$b = 1{,}82$; $b_g = 28$
$d_{ki1} = d_{01} + 2h_{k1} \cdot \cos\delta - b \cdot \sin\delta_1$.	58,3	$41{,}3 + 27{,}0 = 55{,}3$
$d_{ka1} = d_{k1} + 2b_g \cdot \sin\delta_1$	78,9	55,3

** Jedoch an Maschine einstellen: $R_{a1} + b$ oder $R_{i1} - b$; b Breitenzuschlag zur Verlängerung der Ritzelbreite innen und außen.

ausgeführt werden kann. Diese Getriebe zeichnen sich in der Herstellung der Rohlinge somit durch ganz besondere Einfachheit aus.

In der Berechnung für Kegelschraubgetriebe ist der Kreuzungsabstand v der Achsen bei Kegelschneckentrieb positiv, bei Kegelstirntrieb negativ einzusetzen und als Modulabstand $e = v/m$ auf den Modul zu beziehen. Die zulässigen Werte von v sind in Abhängigkeit vom Übersetzungsverhältnis als Bruchteile des Radaußendurchmessers D_{ka} in Abb. Z 27 dargestellt. Die Berechnung erfolgt in drei Abschnitten:

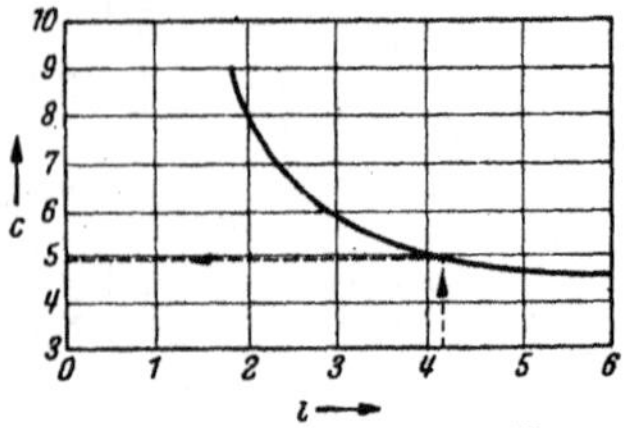

Abb. Z 27. Achsabstand $v \leqq \frac{D_{ka}}{c}$.

1. Bestimmung des Kegelwinkels.
2. Radplanrad und Radabmessungen.
3. Ritzelplanrad und Ritzelabmessungen.

1. Über eine vorläufige Planradzähnezahl z'_p, die wie bei geradverzahnten Kegelrädern sich bestimmt aus $z'_p = \frac{z_2}{\sin\delta'_2}$, wenn $\operatorname{tg}\delta'_2 = \frac{z_2}{z_1}$, liegt nach Abb. Z 28 der vorläufige Ritzelwinkel δ'_1 fest. Bei Kegelstirntrieben kann dieser Wert in Abhängigkeit von z_1 um das Maß w_k (Tafel 18) vermindert werden, wenn sich dann ein zylindrisches Ritzel ergibt ($w_k \geqq \delta'_1$). Andernfalls und immer beim Kegelschneckentrieb ist der endgültige Radwinkel δ_2 nach Abb. Z 29 bestimmt.

Tafel 18.

z_1	6	10	14	≧16
w_k	2° 30′	4° 30′	6° 30′	8°

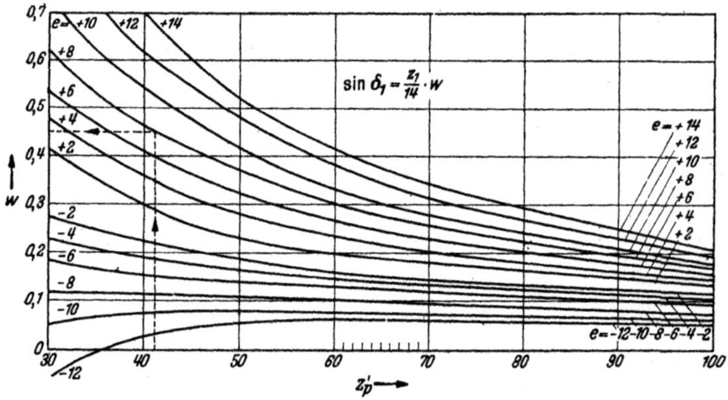

Abb. Z 28. $w = F(z'_p)$ zur Bestimmung des vorläufigen Ritzelwinkels δ'_1.

2. Die Berechnung der Tellerradabmessungen sowie des zugehörigen Erzeugungsplanrades erfolgt wie beim gewöhnlichen Kegeltrieb mit Palloidverzahnung.

3. Das Ritzel wird mit einem abweichenden Planrad erzeugt, das beim Kegelschneckentrieb größer, beim Kegelstirntrieb kleiner ist als das Erzeugungsritzel des Rades. Beide Planräder stimmen mit ihrer Flankenrichtung an zwei Punkten P_i und P_a, nämlich am Innen- und Außendurchmesser, überein. Die Ritzelspiralwinkel an diesen beiden Punkten erscheinen beim Kegelschneckentrieb als Summe, beim Kegelstirntrieb als Differenz der Radspiralwinkel β und der Versetzungswinkel ζ.

Der Berechnungsgang geht im einzelnen aus dem angeführten Beispiel hervor, S. 664.

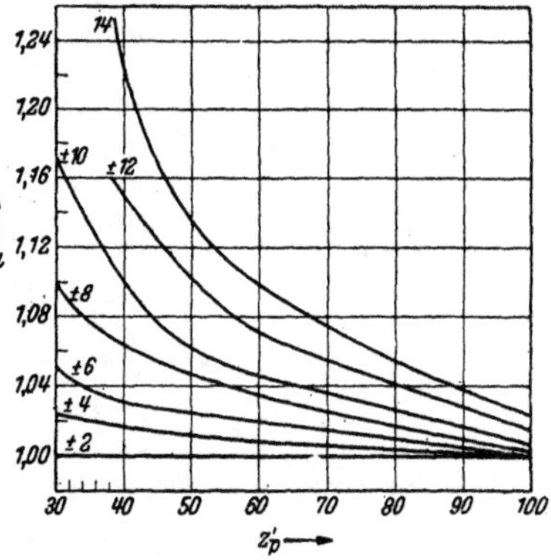

Abb. Z 29. $u = F(z'_p)$ zur Bestimmung des endgültigen Radwinkels δ.
Rechtwinklige Achsen: $\cos\delta_2 = \sin\delta'_1 \cdot u$
Schiefwinklige Achsen: $\sin\delta''_1 = u \cdot \sin\delta'_1$
$\delta_2 = \delta - \delta''_1$.

VII. Nachrechnung der Kegelräder auf Grund ihrer Belastung.

Die Kegelräder sind in ihren Hauptabmessungen vorwiegend geometrisch bestimmt, Tafel 13 und 15, und müssen noch auf Walzenpressung, Lebensdauer und Biegungsbeanspruchung nachgeprüft werden; ferner ist der Achsdruck zu ermitteln.

a) Geradverzahnte Räder.

1. Walzenpressung und Lebensdauer. Es ist die Umfangskraft

$$U = \frac{N \cdot 75}{v} \text{ in kg,} \qquad \text{wobei} \quad v = \frac{d_m \cdot \pi \cdot n}{60} \text{ in m/s.}$$

Setzt man in der Gleichung für die Walzenpressung der Stirnräder (s. Absatz B I a) den mittleren Ritzeldurchmesser d_{m1} und das Drehmoment am Ritzel $M_1 = \frac{1}{2} d_{m1} \cdot U$ ein, so ergibt sich:

$$k = 4{,}0 \; \frac{U}{b \cdot d_{m1}} \cdot \frac{i+1}{i} \text{ für } 15^\circ\text{-Verzahnung,}$$

$$k = 3{,}125 \; \frac{U}{b \cdot d_{m1}} \cdot \frac{i+1}{i} \text{ für } 20^\circ\text{-Verzahnung.}$$

Diese Werte müssen unter denen der Tafeln 6 und 7 bleiben.

2. Biegungsbeanspruchung. Der mittlere Modul auf der Kranzbreite b ist

$$m_m = \frac{R_a - b/2}{R_a} \cdot m\,.$$

Man kann meistens durchschnittlich setzen

$$b = 1/3 \cdot R_a.$$

Dann ist
$$m_m = \approx 0{,}8 \cdot m,$$

also ist die Biegebeanspruchung

$$\sigma = \frac{U \cdot q}{0{,}8 \cdot m \cdot b} \text{ in kg/cm}^2,$$

wobei für q in Tafel 11 die Ergänzungszähnezahl (s. Abb. Z 15) z_{n1} bzw. z_{n2} und für U der größte, manchmal beim Anfahren infolge der Beschleunigungskräfte auftretende Wert zu nehmen ist. Die für σ errechneten Werte müssen unter denen in Tafel 12 angegebenen zulässigen bleiben.

3. Achsdruck ist bei Geradverzahnung stets so gerichtet, daß die Räder von der Kegelspitze fortgedrückt werden. Er ist

$$A_1 = U \cdot \operatorname{tg}\alpha \cdot \sin\delta_1 \text{ für das Ritzel,}$$
$$A_2 = U \cdot \operatorname{tg}\alpha \cdot \sin\delta_2 \text{ für das Rad.}$$

Beispiel nach Tafel 13, dazu Werkstoffe Ritzel St 60, Rad Gußeisen 26.91, Lebensdauer $h = 25000$ Betriebsstunden.

$$v = \frac{0{,}06668 \cdot \pi \cdot 1000}{60} = 3{,}49 \text{ m/s},$$
$$U = \frac{4 \cdot 75}{3{,}49} = 86 \text{ kg},$$
$$k = 4 \cdot \frac{86}{5{,}5 \cdot 6{,}668} \cdot \frac{4+1}{4} = 11{,}6 \text{ kg/cm}^2.$$

Nach Tafel 7 und 8 wäre für das Ritzel $k = 0{,}65 \cdot 16 \cdot 1{,}5 = 15{,}60$ kg/cm² zulässig.

$$\sigma = \frac{86}{0{,}8 \cdot 0{,}5 \cdot 5{,}5} = 39 \text{ kg/cm}^2.$$

Nach Tafel 12 wäre $\sigma = 1250$ kg/cm² zulässig.

Für das Rad aus Gußeisen mit 250 U/min ist $k = 0{,}65 \cdot 21 = 13{,}6$ und $\sigma = 550$ kg/cm² zulässig.

$$A_1 = 86 \cdot \operatorname{tg} 15^\circ \cdot \sin 14^\circ\, 02' = 6 \text{ kg},$$
$$A_2 = 86 \cdot \operatorname{tg} 15^\circ \cdot \sin 75^\circ\, 58' = 23 \text{ kg}.$$

b) Palloid-Räder.

1. Walzenpressung und Lebensdauer. Die auftretenden k-Werte werden wie bei geradverzahnten Kegelrädern berechnet. Zulässig sind bei kleinen Zähnezahlen und Zahnbreiten dieselben Werte wie in den Tafeln 7 und 8. In den meisten Fällen ist jedoch ein höherer k-Wert zulässig, weil die Verzahnung die Eingriffsdauer $\varepsilon = 2$ überschreitet. Für verschiedene Übersetzungsverhältnisse und Zähnezahlen des Ritzels ist aus Abb. Z 30 ersichtlich, bei welcher Mindestbreite b_m dies der Fall ist. Wird b_m erreicht oder überschritten, können k-Werte zugelassen werden, die 50% höher sind als die in Tafel 7 und 8 für Stirnräder angegebenen.

2. Biegungsbeanspruchung. In die bei geradverzahnten Rädern genannten Formeln ist der Normalmodul m_n einzusetzen, also ist

$$\sigma = \frac{U \cdot q}{m_n \cdot b} \text{ in kg/cm}^2.$$

Für die q-Werte ist auch hier die Ergänzungszähnezahl einzusetzen (Spiralwinkel β_m nach Abb. Z 28)

$$z_{n1} = \frac{z_1}{\cos^3\beta_m \cdot \cos\delta_{p1}},$$
$$z_{n2} = \frac{z_2}{\cos^3\beta_m \cdot \cos\delta_{p2}}.$$

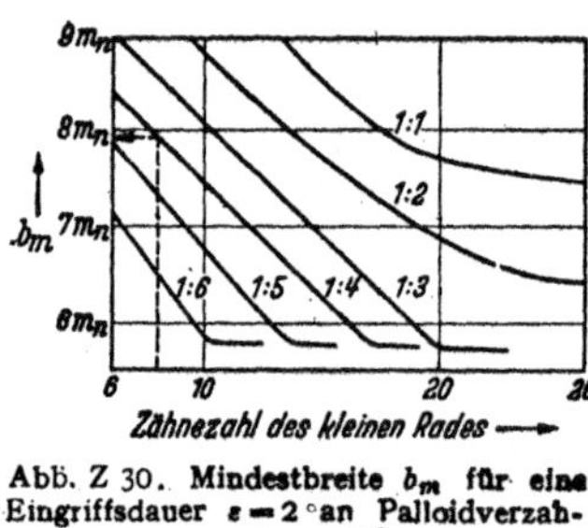

Abb. Z 30. Mindestbreite b_m für eine Eingriffsdauer $\varepsilon = 2$ an Palloidverzahnung, $\alpha = 20^\circ$.

Bei Erreichen der Mindestbreite nach Abb. Z 30 können die σ-Werte das 1,8fache der nach Tafel 12 für Stirnräder zulässigen Werte betragen.

3. Achsdruck hängt neben dem Flankenwinkel α und dem Kegelwinkel δ_p auch noch von dem mittleren Spiralwinkel β_{m0}, Abb. Z 31, ab.

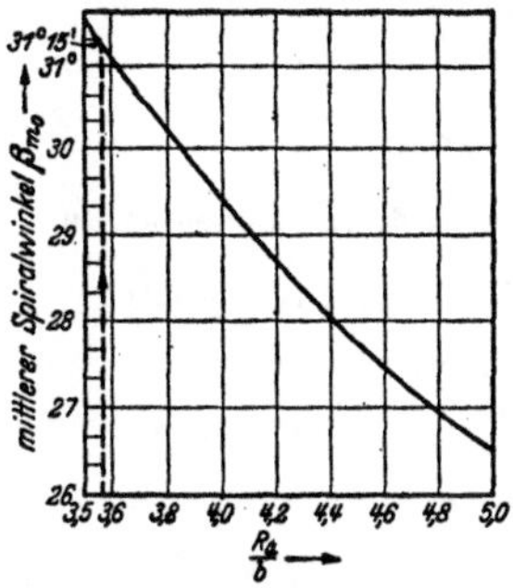

Abb. Z 31. Werte für mittleren Spiralwinkel β_{m0} an Palloidverzahnung.

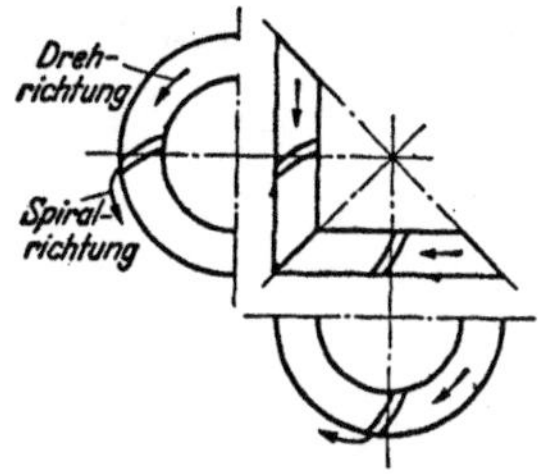

Abb. Z 32. Drehrichtung und Spiralrichtung gleich.

Je nach der Drehrichtung des Rades, bezogen auf die Spiralrichtung der Zähne, sind zwei Fälle möglich:

Dreh- und Spiralrichtung gleich nach Abb. Z 32:

$$A_1 = U\left(\operatorname{tg}\alpha \frac{\sin\delta_{p1}}{\cos\beta_{m0}} + \operatorname{tg}\beta_{m0}\cdot\cos\delta_{p1}\right) \text{ für Ritzel,}$$

$$A_2 = U\left(\operatorname{tg}\alpha \frac{\sin\delta_{p2}}{\cos\beta_{m0}} - \operatorname{tg}\beta_{m0}\cdot\cos\delta_{p2}\right) \text{ für Rad.}$$

Dreh- und Spiralrichtung einander entgegengesetzt:

$$A_1 = U\left(\operatorname{tg}\alpha \frac{\sin\delta_{p1}}{\cos\beta_{m0}} - \operatorname{tg}\beta_{m0}\cdot\cos\delta_{p1}\right) \text{ für Ritzel,}$$

$$A_2 = U\left(\operatorname{tg}\alpha \frac{\sin\delta_{p2}}{\cos\beta_{m0}} + \operatorname{tg}\beta_{m0}\cdot\cos\delta_{p2}\right) \text{ für Rad.}$$

Positives Endergebnis bedeutet einen Achsdruck von der Kegelspitze weg, negative Endergebnisse auf die Kegelspitze zu.

1. Beispiel nach Tafel 15, dazu Werkstoff für Ritzel und Rad Einsatzstahl, Lebensdauer $h = 10000$ Betriebsstunden.

$$v = \frac{0{,}054\cdot\pi\cdot 1000}{60} = 2{,}83 \text{ m/s},$$

$$U = \frac{25\cdot 75}{2{,}83} = 663 \text{ kg},$$

$$k = 3{,}125\,\frac{663}{3{,}5\cdot 5{,}4}\,\frac{4+1}{4} = 137.$$

Nach Tafel 7 und 8 wäre $k = 0{,}8\cdot 174 = 139$ kg/cm² zulässig.

Eine Erhöhung des k-Wertes aus der Tafel ist nicht zulässig, da die Verzahnungsbreite $b = 35$ mm $= 7\cdot m_n$ beträgt, während sie nach Abb. Z 27 $b_m = 7{,}9\,m_n$ betragen müßte.

Auch die Biegungsspannung beim Anlaufen darf nur den Wert nach Tafel 12, also $\sigma_{m0} = 3600\,\mathrm{kg/cm^2}$ betragen. Dem würde bei $q = 4{,}35$ für $z_{n1} = \dfrac{8}{\cos^3 31^\circ 15' \cdot \cos 12^\circ} = \approx 13$ entsprechen, wenn

$$Ra/b = 125/35 = 3{,}57 \text{ und}$$

$$\beta_{m0} = 31^\circ 15' \text{ (in Abb. Z 28 eingezeichnet),}$$

$$U = \frac{3600 \cdot 0{,}5 \cdot 3{,}5}{4{,}35} = 1460 \text{ kg.}$$

Beim Anlauf darf also die Umfangskraft mehr als doppelt so groß werden.

$$A_1 = U \left(\operatorname{tg} 20^\circ \frac{\sin 12^\circ}{\cos 31^\circ 15'} + \operatorname{tg} 31^\circ 15' \cdot \cos 12^\circ\right)$$

$$= 663 \cdot 0{,}683 = +454 \text{ kg,}$$

$$A_2 = U \left(\operatorname{tg} 20^\circ \frac{\sin 78^\circ}{\cos 31^\circ 15'} - \operatorname{tg} 31^\circ 15' \cdot \cos 78^\circ\right)$$

$$= 663 \cdot 0{,}29 = +192 \text{ kg.}$$

Schrifttum über Kegelräder.

Bücher.

Preger-Lindner: Fräsmaschinen, Schleifmaschinen, Verzahnmaschinen. Leipzig 1943: Verlag Jänecke.

Krumme: Klingelnberg-Palloid-Spiralkegelräder. Berlin 1941: Springer.

Lindner: Berechnung, Eigenschaften und Herstellung von Kegelschraubgetrieben mit Palloidverzahnung. VDI-Verlag 1943.

Zeitschriften.

Wallichs u. Blaise: Die wirtschaftliche Kegelradbearbeitung im fortlaufenden Abwälz-Schraubfräsverfahren. Z. VDI 1927, S. 255.

Dr. Königer: Kegelräder mit nicht geraden Zähnen. Werkstattstechnik 1935, S. 173 und S. 404.

Dr. Lindner: Die Entwicklung in der Erzeugung von Spiralkegelrädern mittels Abwälzfräsern. Werkstattstechnik 1936, S. 361.

Krumme: Ein Beitrag zur Ausbildung der Lager für Spiralkegelräder. Werkzeugmaschine 1939, Heft 13.

Krumme: Grundlagen der geometrischen Berechnung von Palloid-Spiralkegelrädern. Z. VDI 1938, S. 347.

D. Messen der Verzahnungen.

Zahnräder bzw. Verzahnungen können grundsätzlich auf zwei verschiedene Arten geprüft werden:

I. Durch Einzelfehlermessungen.

II. Durch Gesamtfehlerprüfungen (Abrollprüfungen).

Das Messen einzelner Bestimmungsgrößen der Zahnräder ist besonders bei ihrer Herstellung zur Überwachung der Einstellung und des richtigen Arbeitens der Verzahnungsmaschinen erforderlich. Gesamtfehlerprüfungen sind notwendig für die Abnahme bei großen Stückzahlen, wo Einzelfehlermessungen zu zeitraubend wären.

I. Einzelfehler, Begriffe, Messungen und Meßgeräte.

a) Allgemeines.

Das normale Evolventenstirnrad mit geraden oder schrägen Zähnen (Schraubenrad) ist hinsichtlich seiner Verzahnung bestimmt durch folgende fünf Angaben:

1. Zähnezahl z.
2. Modul m (bei Schrägzahnrädern Stirnmodul m_s bzw. Normalmodul m_n).
3. Eingriffswinkel α (bei Schrägzahnrädern Stirneingriffswinkel α_s bzw. Normaleingriffswinkel α_n).
4. Zahndicke $\hat{s}$ bzw. vorgeschriebenes Flankenspiel S_f bei der Paarung zweier Räder.
5. Schrägungswinkel β ($\beta = 0$ beim Geradzahn-Stirnrad).

Dazu kommt bei profilverschobenen Rädern noch der Profilverschiebungsfaktor x (s. DIN 870).

Aus Modul und Zähnezahl ergibt sich der Teilkreis des Rades als fehlerfreie, reine Rechnungsgröße: Der Teilkreis eines Zahnrades ist — eine für alle Messungen grundsätzlich wichtige Festlegung — der Kreis mit dem Durchmesser $d_0 = m \cdot z$ (bei Schrägzahnrädern: $d_0 = m_s \cdot z = \frac{m_n}{\cos\beta} \cdot z$), dessen Mittelpunkt auf der Radachse liegt (Radachse = Führungsachse des Rades, Achse der Radbohrung).

Der Teilkreis kann also keine Fehler haben und nicht gemessen werden.

Die Verzahnung eines Evolventenstirnrades kann folgende Einzelfehler haben[1]):

1. Zahnflankenformfehler einschließlich Eingriffswinkelfehler,
2. Teilungsfehler,
3. Zahndickenfehler,
4. Rundlauffehler,
5. Zahnrichtungsfehler.

b) Zahnflankenformfehler und seine Messung.

Der gesamte Zahnflankenformfehler F_f ist die volle innerhalb des Flankenprüfbereiches[2]) vorhandene Abweichung der Zahnflanke von der Evolvente des (zur Radachse mittigen) Soll-Grundkreises.

Der Flankenformfehler kann entstehen:

1. durch unregelmäßigen und von der reinen Evolvente abweichenden Verlauf der Zahnflanke;

---

[1]) Die im folgenden verwendeten Fehlerbegriffe und -bezeichnungen entsprechen denen des Merkblattes „Stirnradfehler", herausgegeben von der Fachgruppe Werkzeugmaschinen, zu beziehen durch den Beuth-Vertrieb G. m. b. H.

[2]) Bereich der Flanken, innerhalb dessen die Flankenform toleriert wird.

2. durch zu großen, zu kleinen oder außermittigen Grundkreis der Verzahnung, wobei die Zahnflanke eine Evolvente dieses falschen Grundkreises ist.

Praktisch sind in der Regel beide Anteile zugleich vorhanden. Oft wird unter dem Flankenformfehler nur die Abweichung von der reinen Evolvente (1) verstanden, und der vom Größenfehler des Grundkreises herrührende Fehleranteil (2) als Eingriffswinkelfehler aufgefaßt. Gemäß der Beziehung: $d_g = d_0 \cdot \cos\alpha$, Abb. Z 33, ergibt sich der

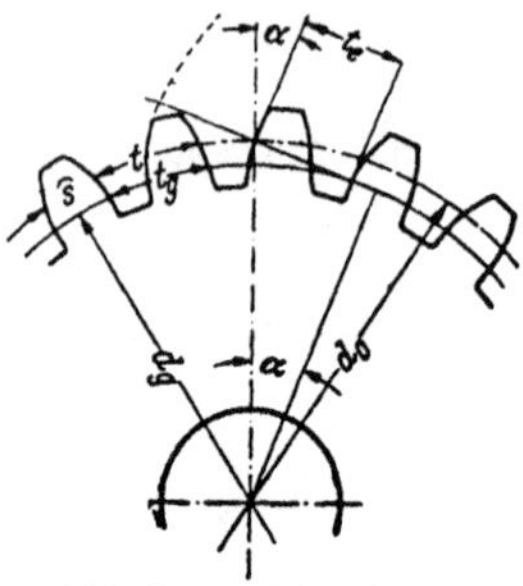

Abb. Z 33. Meßgrößen am Zahnrad.

Ist-Eingriffswinkel aus: $\cos\alpha_{ist} = \frac{d_{g\,ist}}{d_0}$.

Der Unterschied $\alpha_{ist} - \alpha_{soll}$ = Eingriffswinkelfehler f_α wird in Winkelminuten angegeben.

c) Prüfung der Zahnflanken.

1. Grundgedanke der Prüfgeräte. Ein an die zu prüfende Zahnflanke gelegter Taster wird auf einer genauen Evolvente des Soll-Grundkreises des Rades geführt und die von ihm aufgenommene Abweichung der Zahnflanke von dieser Soll-Evolvente über ein Hebelwerk vergrößert aufgezeichnet.

2. Geräte mit festen Grundkreisscheiben. Bei den einfacheren Geräten (Klingelnberg, Maag, Mahr u. a.) wird die Evolventenbewegung des Tasters zum Rad durch Abwälzen eines geraden Lineals an einer mit dem Rad fest verbundenen Scheibe mit dem Durchmesser des Soll-Grundkreises des Rades bewirkt, Abb. Z 34. Die genau über der Linealkante liegende Tastkuppe des Tasthebels (diese Lage muß von Zeit zu Zeit nachgeprüft werden) beschreibt dabei eine Evolvente des Soll-Grundkreises in bezug auf das Rad. Die Abweichungen der Zahnflanke von dieser Soll-Evolvente werden vergrößert auf dem Diagrammpapier über dem abgewälzten Grundkreisbogen als Abszisse aufgeschrieben. Bei einigen Geräten kann noch eine Übersetzung zwischen Wälzweg und Schreibpapierweg eingeschaltet werden, so daß die Diagrammlänge ein mehrfaches des Wälzweges wird (günstig besonders bei kleinen Teilungen).

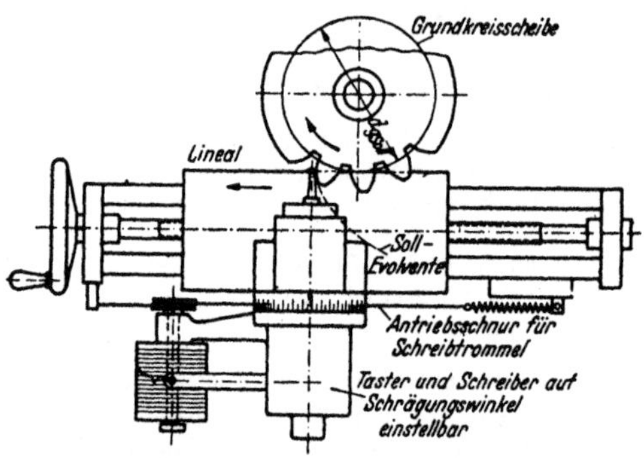

Abb. Z 34. Schema eines Evolventen-Prüfgerätes mit Grundkreisscheibe (Bauart Klingelnberg).

Wenn die Zahnflanke eine genaue Evolvente des Soll-Grundkreises ist, dann ist die aufgezeichnete Prüfkurve eine gerade Linie in Richtung der Schlittenverschiebung, da kein Schreibhebelausschlag erfolgt, Abb. Z 35a.

Wenn die Zahnflanke eine Evolvente eines zu kleinen oder zu großen Grundkreises ist (d. h. Eingriffswinkel zu groß oder zu klein), dann ist das Prüfbild praktisch ebenfalls eine gerade, aber zur Schlittenverschiebung mehr oder weniger geneigte Linie, Abb. Z 35b und c. Bei Abweichung der Prüfkurve und damit der Zahnflanke zum Zahninneren hin (aus Richtung des Schreibhebelausschlages beim Überfahren der Kopfkante leicht feststellbar) ist der Grundkreis zu klein, umgekehrt zu groß.

Außermittigkeit des Grundkreises und damit der Verzahnung zur Radachse bewirkt ebenfalls Schräglage der Prüfkurve und wird durch Aufzeichnung von 4 um je 90° versetzten Flanken leicht erkannt. Bei unregelmäßigen und rauhen Zahnflanken erhält man zackige Prüfkurven, Abb. Z 35d Schräglage der ausgleichenden Geraden durch die Prüfkurve zeigt auch hier, daß Grundkreis (Eingriffswinkel) nicht stimmt, bzw. Schlag vorhanden ist.

Berechnung des Grundkreis-Scheibendurchmessers:

Für Stirnräder mit geraden Zähnen ist:

$$d_g = d_0 \cdot \cos\alpha = m \cdot z \cdot \cos\alpha .$$

Für Stirnräder mit schrägen Zähnen ist:

$$d_g = d_0 \cdot \cos\alpha_s = m_s \cdot z \cdot \cos\alpha_s = \frac{m_n \cdot z}{\sqrt{\mathrm{tg}^2\alpha_n + \cos^2\beta}} .$$

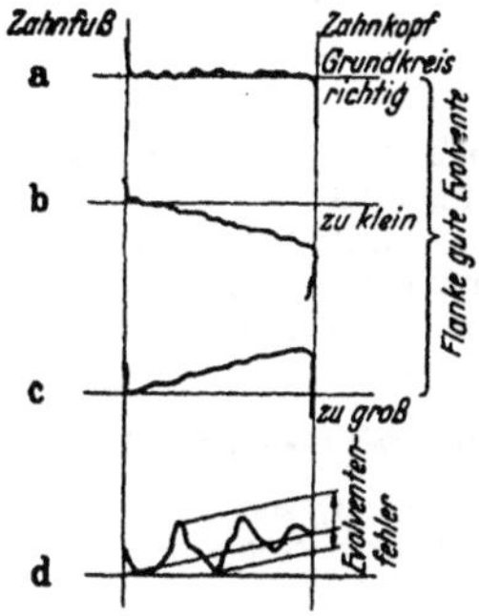

Abb. Z 35a bis d.

Die Abweichung des Ist-Grundkreisdurchmessers vom Sollwert ist aus der Schräglage der Prüfkurve bzw. der ausgleichenden Geraden berechenbar. Es ist (Abb. Z 36)

$$f_g = d_{g\,\mathrm{ist}} - d_{g\,\mathrm{soll}} = d_{g\,\mathrm{soll}} \cdot \frac{a \cdot v_b}{b \cdot v_a} \cdot 1000\,\mu .$$

Hierin ist: $d_{g\,\mathrm{soll}}$ = Soll-Grundkreisdurchmesser = Durchmesser der Grundkreisscheibe

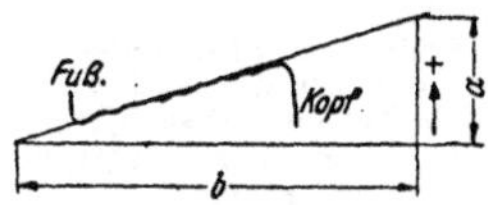

Abb. Z 36.

in mm; a aus den Prüfbildern zu einem beliebig zu wählenden b in mm abzugreifen (Abb. Z 36; mit Rücksicht auf Schlag Mittel aus den Prüfbildern mehrerer am Radumfang gleichmäßig verteilter Flanken nehmen):

v_a = Vergrößerungs-Maßstab für den Fehler,
v_b = „ „ „ „ Wälzweg.

Bei z. B. einer Strecke $b = 50$ mm:

für ein Gerät mit $v_a = 350$, $v_b = 2$ (Klingelnberg) wird

$$f_g = 0{,}114 \cdot a \cdot d_{g\,\mathrm{soll}}\ \mu ,$$

für das Maag-Gerät mit $v_a = 350$, $v_b = 1$ wird $f_g = 0{,}057 \cdot a \cdot d_{g\,\mathrm{soll}}\ \mu$.

Die Formeln gelten für Räder mit geraden und schrägen Zähnen, wenn die Abweichungen in einer zur Achse senkrechten Ebene (Stirnebene) gemessen werden. Wird aber bei Schrägzahnrädern die Abweichung in der Ebene senkrecht zur Flanke (Normalebene) gemessen (durch Einstellung des Meßtasters auf den Schrägungswinkel β), dann ist an Stelle von a in die Formel für f_g der Wert $a/\cos\beta$ einzusetzen.

Der **Eingriffswinkelfehler** f_α ist in Winkelminuten aus f_g nach folgenden Näherungsgleichungen (hinreichend genau für Abweichungen bis zu 30 Minuten) errechenbar:

Für $\alpha = 20°$ wird: $f_\alpha \approx -10 \cdot \frac{f_g}{d_0}$ ∢min,

für $\alpha = 15°$ wird: $f_\alpha \approx -13{,}3 \cdot \frac{f_g}{d_0}$ ∢min (f_g in μ, d_0 in mm einsetzen).

Durch Einsetzen des Wertes von f_g aus der Flankenprüfung in diese Näherungsformeln erhält man unter Berücksichtigung von $\frac{d_{g\,\text{soll}}}{d_0} = \cos\alpha$ unmittelbar den Eingriffswinkelfehler aus den dort ermittelten Werten a und b.

Für $\alpha = 20°$ wird $f_\alpha \approx -\ 9550 \cdot \frac{a \cdot v_b}{b \cdot v_a}$ ∢min,

für $\alpha = 15°$ wird $f_\alpha \approx -12800 \cdot \frac{a \cdot v_b}{b \cdot v_a}$ ∢min.

Für $b = 50$ mm wird bei einem Gerät wie oben ($v_a = 350$, $v_b = 2$):

für $\alpha = 20°$ $f_\alpha \approx -1{,}09 \cdot a$ ∢min,
für $\alpha = 15°$ $f_\alpha \approx -1{,}46 \cdot a$ ∢min.

Für Schrägzahnräder beachte hinsichtlich a das oben zu f_g Gesagte. f_α bezieht sich bei ihnen auf den Stirneingriffswinkel α_s.

Diese Auswertung des Evolventendiagrammes ist natürlich nur zulässig, wenn die Grundkreisscheibe den richtigen Durchmesser hat und das Gerät einwandfrei arbeitet (richtige Lage und Form des Tasters, kein Schlupf zwischen Lineal und Scheibe).

Beispiel. Prüfung eines Stirnrades mit geraden Zähnen mit $z = 40$, $m = 3$, $\alpha = 20°$. Meßgerät mit $v_a = 350$, $v_b = 2$ (Klingelnberg).
Grundkreis-Scheibendurchmesser $d_{g\,\text{soll}} = 3 \cdot 40 \cdot 0{,}93969 = 112{,}764$ mm.
Aus den Prüfbildern von vier um je 90° versetzten Rechtsflanken sei im Mittel entnommen zu $b = 50$ mm, $a = +8$ mm

$$f_{gR} = +0{,}114 \cdot 8 \cdot 112{,}8 = +103\ \mu,$$
$$f_{\alpha R} = -1{,}09 \cdot 8 \approx -\ 9 \text{ ∢min.}$$

Für die Linksflanken sei gefunden: $a = -3$ mm

$$f_{gL} = -0{,}114 \cdot 3 \cdot 112{,}8 = -39\ \mu,$$
$$f_{\alpha L} = +1{,}09 \cdot 3 \approx +3 \text{ ∢min.}$$

3. Geräte mit einstellbarem Grundkreis. Bei den Zahnflankenprüfgeräten der Firmen Zeiss, Abb. Z 37, und Mahr sind keine Grundkreisscheiben erforderlich, da diese Geräte eine stufenlose Einstellung des Grundkreises ermöglichen. Beim Zeiss-Gerät erteilt ein im Geräteunterteil eingebauter Schlitten über zwei Wälzbänder einem Grundkreissegment mit dem Halbmesser R_g eine seiner Verschiebung entsprechende Drehung um den Mittelpunkt M. Eine Bewegungsübertragung durch Steuerlineale bewirkt, daß zwischen dem Weg s des Fühlhebeltasters T auf dem Meßwagen und dem Weg S des Antriebschlittens bei jeder Einstellung des Meßschlittens die Beziehung besteht:

$$\frac{s}{S} = \frac{r_g}{R_g}.$$

Der Fühlhebeltaster T beschreibt daher in bezug auf ein mit der Grundkreisachse gekuppeltes Rad eine Evolvente des jeweils eingestellten Grund-

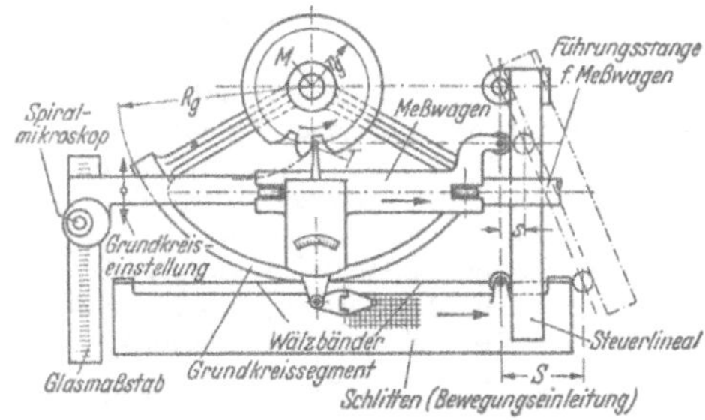

Abb. Z 37. Schema des Evolventen-Prüfgerätes von Zeiss.

kreises mit dem Halbmesser r_g und zeigt, an die Zahnflanke des Rades angestellt, unmittelbar in 500fachen Vergrößerung die Abweichung der Zahnflanke von dieser Evolvente an. Die Grundkreiseinstellung ist an eingebautem Glasmaßstab mittels Spiralmikroskop auf 1 μ ablesbar. Durch mit Folgezeiger gekuppelten Schreibstift kann die Abweichung der Zahnform über dem abgewickelten Grundkreisbogen aufgezeichnet werden. Bei der neueren Ausführung des Gerätes von **Zeiss** steuert der die Flanke abtastende Fühlhebel ein elektrisches Schreibgerät, das die Abweichungen der Zahnform unmittelbar 1000fach vergrößert aufschreibt. Die Aufzeichnung kann je nach Wahl über dem einfachen Grundkreisbogen ($v_b = 1$) über dem im Maßstab 1,5:1 oder noch stärker vergrößerten Grundkreisbogen ($v_b = 1,5$ oder größer) oder auch über der im Maßstab 4:1 vergrößerten Flankenlänge selbst erfolgen. Für die Prüfung des Gerätes liefert **Zeiss** Prüfgrundzylinder mit Wälzbändern bzw. Wälzlinealen, die seine genaue Überwachung ermöglichen.

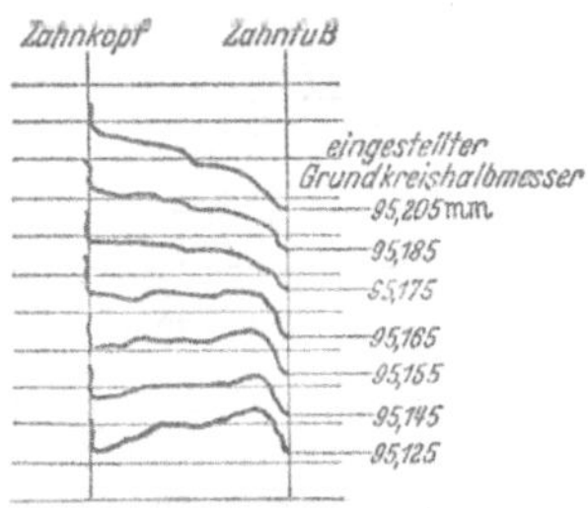

Abb. Z 38. Flankenprüfbilder mit verschiedenen Grundkreiseinstellungen auf Zeiss-Evolventen-Prüfgerät.

Bei dem Gerät von **Mahr** wird die stufenlose Einstellung des Grundkreises in ähnlicher Weise wie beim Zeiss-Gerät über ein Steuerlineal von einem Wälzschlitten mit Wälzsegment und Wälzbändern abgeleitet.

Die Geräte mit einstellbarem Grundkreis ermöglichen dessen unmittelbare Bestimmung. Man sucht durch allmähliches Verstellen den Grundkreishalbmesser, bei dem die ausgleichende Gerade durch die aufgezeichnete Prüfkurve waagerecht liegt. Der dann eingestellte Grundkreis ist der wirkliche Grundkreis des Rades und seine Durchmesser-Abweichung vom Sollwert der Grundkreisfehler f_g der betreffenden Flanke (s. oben). Durch Bildung des Mittels aus den Messungen von mehreren am Rad gleichmäßig verteilten Flanken ist auch hier der Einfluß des Schlages auszugleichen. Abb. Z 38 zeigt Prüfbilder der gleichen Zahnflanke, aufgenommen mit dem Zahnflankenprüfgerät von Zeiss bei verschiedenen Grundkreiseinstellungen. Je nach der Oberflächengüte der Flanken kann der Grundkreishalbmesser mit dem Zeiss-Gerät mit einer Genauigkeit bis zu $\pm 5\,\mu$ ermittelt werden.

d) Teilungsfehler.

Die Teilungsfehler eines Zahnrades sind die Abweichungen seiner Teilungen von ihrem Sollwert. Praktisch werden dagegen meist die Abweichungen der aufeinanderfolgenden Teilungen voneinander als Teilungsfehler bezeichnet. Diese für die Teilgenauigkeit des Zahnrades sehr kennzeichnende und wesentlich einfacher als der eigentliche Teilungsfehler zu messende Größe sollte aber zur Vermeidung von Irrtümern entsprechend der Festlegung des oben erwähnten Merkblattes stets als *Teilungssprung* oder *Ungleichmäßigkeit der Teilung* bezeichnet werden.

Bei Evolventenzahnrädern sind zu unterscheiden:

1. Teilkreis-Teilungsfehler.

α) Der **Einzel-Teilfehler** f_t der Teilkreisteilung ist der Unterschied zwischen dem Istwert einer *einzelnen* auf dem zur Radachse mittigen Teilkreis gemessenen Teilung und ihrem Sollwert $t = \frac{d_0 \cdot \pi}{z}$.

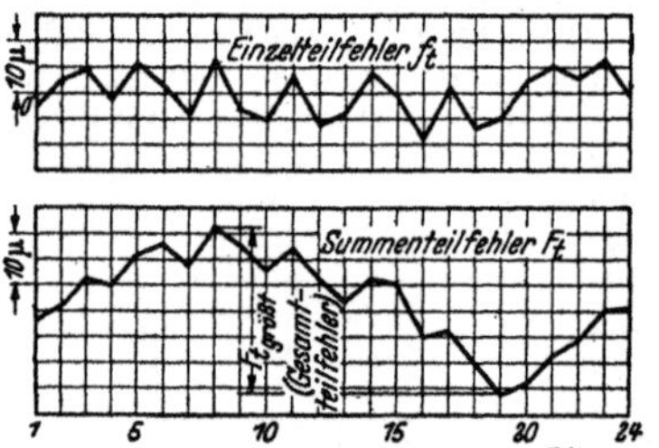

Abb. Z 39.

β) Der **Summen-Teilfehler** F_t der Teilkreisteilung ist der Unterschied der Summe von n *aufeinanderfolgenden* Teilkreisteilungen von ihrem Sollwert $n \cdot t$.

Die Auftragung des Summenteilfehlers eines Zahnrades wird mitunter als *Fehlerbewegungsschaubild* und die Ausschlagweite dieses Schaubildes, der *größte* zwischen irgend zwei Zähnen des Rades vorhandene Summenteilfehler, als Gesamtteilfehler des Rades bezeichnet, Abb. Z 39. Außermittigkeit (Schlag) der Verzahnung zur Radachse wirkt sich als *periodischer Fehler* der Teilkreisteilung aus. Einzel- und Summenteilfehler verlaufen nach sinoiden Kurven. Der durch eine Außermittigkeit e verursachte größte Summenteilfehler zwischen zwei am Rad sich gegenüberliegenden Zähnen hat die Größe $2\,e$, der größte Einzelteilfehler die Größe $\frac{2\pi \cdot e}{z}$.

2. Eingriffs-Teilungsfehler.

Die Eingriffsteilung t_e ist die Entfernung paralleler Tangenten bzw. Tangentialebenen, die an zwei aufeinanderfolgende gleichgerichtete Flanken des Zahnrades angelegt sind, Abb. Z 33. Der *Eingriffs-Teilungsfehler* f_e einer *einzelnen Teilung* ist der Unterschied zwischen ihrem Istwert und ihrem Sollwert. Der *mittlere Eingriffs-Teilungsfehler* f_{em} ist der Unterschied zwischen dem Mittelwert der Eingriffsteilungen aller Rechts- bzw. Linksflanken des Rades und dem Sollwert.

Der Sollwert der Eingriffsteilung beim Stirnrad mit geraden Zähnen ist $t_e = m \cdot \pi \cdot \cos\alpha$. Beim Schrägzahnrad wird die Normal-Eingriffsteilung mit dem Sollwert $t_{en} = m_n \cdot \pi \cdot \cos\alpha_n$ gemessen. Bei genau evolventischen Zahnflanken ist die Eingriffsteilung t_e auf allen Eingriffslinien gleichbleibend (Grundeigenschaft der Evolventenverzahnung) und gleich der Grundkreisteilung t_g (Grundkreisbogen zwischen den Anfangspunkten der die Zahnflanken bildenden Evolventen, Abb. Z 33).

Bei guter Evolvente kann aus der gemessenen mittleren Eingriffsteilung t_{em} der Grundkreisfehler f_g und der Eingriffswinkelfehler f_α errechnet werden, da in diesem Falle

$$z \cdot t_{em} = z \cdot t_g = \pi \cdot d_g \quad \text{und} \quad \cos\alpha_{\text{ist}} = \frac{t_{em}}{m \cdot \pi}$$

ist. Beim Geradzahnrad gilt für den Grundkreisfehler mit f_{em} = mittlerem Eingriffs-Teilungsfehler:

$$f_g = \frac{z \cdot f_{em}}{\pi};$$

für den Eingriffs-Winkelfehler gelten die Näherungsformeln:

$$\text{bei } \alpha = 20° \ldots f_\alpha \approx -\frac{3{,}2 \cdot f_{em}}{m} \sphericalangle \text{ min}$$

$$\text{und bei } \alpha = 15° \ldots f_\alpha \approx -\frac{4{,}2 \cdot f_{em}}{m} \sphericalangle \text{ min} \quad (f_{em} \text{ ist in } \mu \text{ einzusetzen}).$$

Diese Formeln sind bis zu Abweichungen von 30′ auf etwa 1′ genau.

Mittels dieser Beziehung kann notwendigenfalls eine Zahnformprüfung durch die Absolutmessung der Eingriffsteilung nachgeprüft werden und umgekehrt.

Beim Schrägzahnrad ist unter der gleichen Voraussetzung die Grundkreisteilung t_g gleich der Eingriffsteilung im Stirnschnitt $t_{es} = \frac{t_{en}}{\cos\beta_g}$ (β_g = Schrägungswinkel am Grundzylinder und zu errechnen aus: $\operatorname{tg}\beta_g = \operatorname{tg}\beta \cdot \cos\alpha_s$ oder $\sin\beta_g = \sin\beta \cdot \cos\alpha_n$).

Es gilt also für die Mittelwerte:

$$t_g = \frac{\pi \cdot d_g}{z} = \frac{t_{en}}{\cos\beta_g}.$$

Wenn zwei von den drei Größen d_g, t_{en} oder β_g bekannt oder gemessen sind, dann ist nach dieser Beziehung die dritte errechenbar, also z. B. der Schrägungswinkel nach einer Messung von Zahnform und Eingriffsteilung.

Abweichungen der Zahnflanken von der Evolvente an den vom Meßgerät berührten Stellen gehen in die gemessene Eingriffsteilung ein; bei sehr unregelmäßigen Flanken verliert ihre Messung daher ihren Sinn. Eine Außermittigkeit (Schlag) der Verzahnung dagegen beeinflußt die Eingriffsteilung weder in ihrer Größe noch in der Gleichmäßigkeit, da sie bezugsfrei gemessen wird. Die Teilungssprünge zeigen sich — aber nur bei gut evolventischer Zahnform — in der Eingriffsteilung etwa in gleicher Größe wie in der Teilkreisteilung, da sich die beiden Teilungen größenmäßig nur durch den Cosinus des Eingriffswinkels (0,94 bei $\alpha = 20°$) unterscheiden. Eine große Gleichmäßigkeit der Eingriffsteilung ist eine im Herstellverfahren begründete besondere Eigenschaft von mit mehrschneidigen Werkzeugen im Wälzverfahren erzeugten Zahnrädern. Fehler der Teilgetriebe der Maschinen und zum Teil auch Teilfehler der Werkzeuge gehen in die Gleichmäßigkeit der Eingriffsteilung in dieser Weise hergestellten Zahnräder meßbar kaum ein, sondern nur in deren Teilkreisteilung und Zahnform. Die Eingriffs-Teilungsmessung hat für die Beurteilung der Teilungsgleichmäßigkeit solcher Räder keinen Sinn und ist dafür in erster Linie bei geschliffenen Zahnrädern geeignet.

Die Absolutmessung der Eingriffsteilung zur Beurteilung des Eingriffswinkels kann aber selbstverständlich für alle Räder mit guter Zahnform herangezogen werden.

e) Messung der Teilung.

Bei der Teilkreisteilung wird praktisch meist nur die Ungleichmäßigkeit gemessen. In Sonderfällen, wie bei Werkzeugen (Schneidräder), Rädern für genaue Winkelübertragungen bei Meß- und Richtgeräten, Teilrädern von Maschinen usw. muß auch der Summenteilfehler gemessen werden.

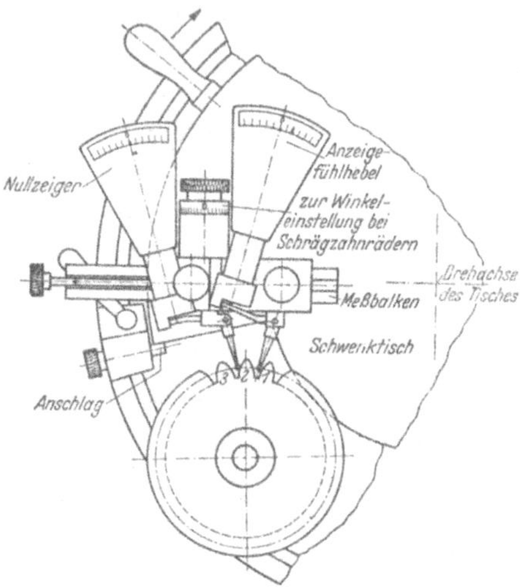

Abb. Z 40. Teilungs-Ungleichmäßigkeitsmessung mit Klingelnberg-Gerät.

1. Die Messung der Ungleichmäßigkeit der Teilkreis-Teilung erfolgt mit Geräten nach Art der Abb. Z 40. Der Meßbalken mit den auf die beiden Fühlhebel wirkenden, an die Zahnflanken anzustellenden Winkeltastern sitzt auf einem ausschwenkbaren Meßtisch, der in Meßstellung an einem festen Anschlag unter Gewichtszug anliegt (s. auch Abb. Z 56).

Bei Einstellung an einer beliebigen ersten Teilung des Rades werden beide Fühlhebel auf Null gestellt. Dann wird der Tisch mit dem Meßbalken herausgeschwenkt, das Rad um eine Teilung weiter geteilt und der Meßbalken wieder herangebracht. Nach Verdrehen des Rades, bis der Nullzeige-Fühlhebel wieder Null zeigt, wird die Abweichung der zweiten Teilung von der ersten am anderen Fühlhebel abgelesen und so fort. Die Taster sollen ungefähr am Teilkreis anliegen und der Ausschlag des Winkelhebels zum Ablesefühlhebel etwa tangential zum Teilkreis erfolgen. Eine Auftragung der Meßwerte ergibt ein gutes Bild über den Teilungsverlauf. Nach dem Schema des Beispiels Tafel 20 kann auch der Summenteilfehler errechnet und aufgetragen werden (Abb. Z 39), jedoch ist bei nicht sehr glatten Flanken Vorsicht geboten, da die Fehler der vielen Einzelmessungen sich ungünstig addieren können. Andere nach gleichem Verfahren arbeitende Geräte stützen sich auf den Zahnköpfen bzw. im Zahngrund (Abb. Z 41) ab. Nullzeigefühlhebel sind dabei oft durch einen festen Anschlag ersetzt. Nachteil: Etwaiger Schlag des mit der Verzahnung oft nicht laufenden Kopf- und Fußkreises geht in die Messung ein, Fälschung der Messung durch ungleiche Meßkraft beim Ansetzen des Gerätes.

2. Die Messung des Summen-Teilungsfehlers erfolgt am sichersten als Winkelmessung mit Theodolit und Kollimator (Abb. Z 42, Anordnung von Zeiss).

Das zu messende Zahnrad wird auf einem Drehtisch aufgenommen und der Theodolit daraufgesetzt. Eine Flanke des Rades wird an einen ausschwenkbaren Fühlhebelanschlag

Die Ausgangs-Einstellung der Kimme in bezug auf die Radachse erfolgt durch Einstelldorne und Endmaße zweckmäßig so, daß ihre Lückenweite im Abstand des Teilkreis-Halbmessers von der Radachse gleich dem Nennmaß der Zahndicke des Rades ist. Der zweckmäßigste Durchmesser des Einstelldornes für die Kimme ist:

$$d_{D_0} = \frac{m \cdot \pi \cdot \cos\alpha}{2} \left(= \frac{t_e}{2}\right) \text{ für Geradzahnräder (siehe Tafel 21)}$$

bzw.

$$d_{D_0} = \frac{m_n \cdot \pi \cdot \cos\alpha_n}{2} \left(= \frac{t_{en}}{2}\right) \text{ für Schrägzahnräder,}$$

da dann das Einstellmaß der Dornmitte $R = d_0/2 \pm (x \cdot m$ bzw. $x \cdot m_n$ bei profilverschobenen Rädern) = Teilkreishalbmesser ($\pm$ Profilverschiebung) wird. Bei anderem Dorndurchmesser wird umständlichere Berechnung nötig. Der Meßschlitten mit Fühlhebel und Kimme wird durch Endmaße: $E = \frac{d_0 - (d_E + d_{D_0})}{2} \pm (x \cdot m_{(n)})$ so eingestellt, daß der Fühlhebel einen bestimmten zu merkenden Ausschlag zeigt. Dann wird das Rad zwischen die Spitzen gesetzt und die Fühlhebelausschläge beim Aufsetzen der Kimme auf die einzelnen Zähne abgelesen. (Bei Schrägzahnrädern muß die Kimme drehbar sein.) Ist δR die Abweichung des Ausschlages am Zahn gegen den Ausschlag bei der Einstellung, dann errechnet sich das Zahndickenabmaß zu:

$$\delta \widehat{s}_{(n)} = 2 \cdot \delta R \cdot \operatorname{tg} \alpha_{(n)} .$$

Für $\alpha_{(n)} = 15°$ wird $\delta \widehat{s}_{(n)} = 0{,}54 \cdot \delta R$,
für $\alpha_{(n)} = 20°$ wird $\delta \widehat{s}_{(n)} = 0{,}73 \cdot \delta R$.

Muß an Stelle des Dornes mit dem Durchmesser d_{D_0} ein vorhandener Dorn mit dem abweichenden Durchmesser d_{D_1} verwendet werden, dann wird das Einstellmaß:

$$R_1 = \frac{d_0}{2} + \frac{d_{D_0} - d_{D_1}}{2 \cdot \sin\alpha_{(n)}} \pm (x \cdot m_{(n)})$$

und das Endmaß:

$$E = R_1 - \frac{d_E + d_{D_1}}{2}.$$

δ) Eingelegter Dorn oder Kugel zur mittelbaren Messung der Lückenweite, Abb. Z 48. Anstatt der Zahndicke kann auch die Lückenweite gemessen werden, da (mittleres) Zahndickenabmaß = (mittlerem) Zahnlückenabmaß mit entgegengesetztem Vorzeichen ist. Der verwendete Meßdorn soll die Flanken in Teilkreisnähe berühren, damit Fehler des Eingriffswinkels das Meßergebnis möglichst wenig beeinflussen.

Der zweckmäßigste Dorndurchmesser ist der, bei dem der Dornmittelpunkt beim Nennmaß der Zahndicke auf dem Teilkreis liegt, Abb. Z 48. Der Durchmesser dieses Dornes, der etwas unterhalb des Teilkreises berührt, entspricht dem des Einstelldornes bei der Messung mit Kimme (Tafel 21).

Tafel 21.

Modul	Günstigster Meßdorndurchmesser $d_{D_0} = \frac{m\pi\cos\alpha}{2}\left(= \frac{t_e}{2}\right)$ für $\alpha = 15°$ mm	für $\alpha = 20°$ mm
1	1,517	1,476
1,25	1,897	1,845
1,5	2,276	2,214
1,75	2,655	2,583
2	3,035	2,952
2,25	3,414	3,321
2,5	3,793	3,690
2,75	4,173	4,059
3	4,552	4,428
3,25	4,931	4,797
3,5	5,310	5,166
3,75	5,690	5,535
4	6,069	5,904
4,5	6,828	6,642
5	7,586	7,380
6	9,104	8,856
7	10,621	10,332
8	12,138	11,809
9	13,655	13,285
10	15,173	14,761

Vorteile dieses Dornes: Einfaches Einstellmaß für die Dornmitte $R = d_0/2$; für alle Zähnezahlen eines Moduls ist nur ein Dorn nötig, während genau im Teilkreis berührende Dorne für jede Zähnezahl einen anderen Durchmesser haben müssen; bequeme Umrechnung der Fühlhebelablesung auf Zahndickenabmaß.

Die Ausgangseinstellung des Fühlhebels erfolgt bei normalen (nicht profilverschobenen) Rädern durch Endmaß: $E = \frac{d_0 + d_{D_0} - d_E}{2}$ und die Umrechnung des Unterschiedes seiner Anzeige am Rad gegen die Ausgangseinstellung auf Zahnlückenabmaß gemäß Formel:

$$\delta \widehat{l}_{(n)} = -2 \cdot \delta R \cdot \operatorname{tg} \alpha_{(n)} \quad \text{(siehe auch } \gamma\text{)}.$$

Für Schrägzahnräder wird an Stelle des Dornes besser eine Kugel verwendet.

Wenn kein Dorn bzw. Kugel mit Durchmesser d_{D_0} zur Verfügung steht und ein vorhandener Dorn mit Durchmesser d_{D_1} verwendet werden muß, dann Errechnung der Einstellmaße wie folgt:

Für das Geradzahnrad:

$$R_1 = \frac{d_0 \cdot \cos\alpha}{2\cos\alpha_1},$$

wofür α_1 zu bestimmen aus:

$$ev\,\alpha_1 = ev\,\alpha + \frac{d_{D_1}}{d_0 \cdot \cos\alpha} - \frac{\pi}{2z} \pm \left(\frac{2x \cdot \operatorname{tg}\alpha}{z}\right),$$

Hierin ist $ev\,\alpha = \operatorname{tg}\alpha - \alpha$ (α im Bogenmaß) die sogenannte Evolventenfunktion von α. Es ist z. B. $ev\,20° = \operatorname{tg} 20° - \pi \frac{\alpha°}{180°} = 0{,}014904$. Der Wert $ev\alpha$ kann zum Winkel α aus im Schrifttum vorhandenen Tafeln (s. S. 694, Nr. 2 und 5) entnommen werden und umgekehrt.

Einstellendmaß E_1:

$$E_1 = R_1 + \frac{d_{D_1} - d_E}{2}.$$

Umrechnung der Fühlhebelanzeige:

$$\delta\hat{l} = -2 \cdot \delta R_1 \frac{\sin\alpha_1}{\cos\alpha}.$$

Für das Schrägzahnrad:

$$R_1 = \frac{d_0 \cdot \cos\alpha_s}{2\cos\alpha_{s_1}},$$

wofür zu bestimmen Stirneingriffswinkel α_s aus: $\operatorname{tg}\alpha_s = \operatorname{tg}\alpha_n/\cos\beta$ und α_{s_1} aus:

$$ev\,\alpha_{s_1} = ev\,\alpha_s + \frac{d_{D_1}}{m_n \cdot z \cdot \cos\alpha_n} - \frac{\pi}{2z} \pm \left(\frac{2x \cdot \operatorname{tg}\alpha_n}{z}\right).$$

Umrechnung des Fühlhebelausschlages:

$$\delta\hat{l}_n = -2\,\delta R_1 \cdot \frac{\sin\alpha_{s_1}}{\cos\alpha_s} \cdot \cos\beta.$$

Tafel 22. Zahnweiten für $\alpha = 15°$, Modul 1.

Für spielfreie Gerad-Zahnräder ($\hat{s} = t/2$).

Zähnezahl des Rades	Zahl der Zähne zwischen den Meßflächen	Zahnweite w_1 für Modul 1	Zähnezahl des Rades	Zahl der Zähne zwischen den Meßflächen	Zahnweite w_1 für Modul 1	Zähnezahl des Rades	Zahl der Zähne zwischen den Meßflächen	Zahnweite w_1 für Modul 1	Zähnezahl der Räder	Zahl der Zähne zwischen den Meßflächen	Zahnweite w_1 für Modul 1
12	2	4,6231	35	3	7,7943	57	5	13,9940	79	7	20,1938
13	2	4,6290	36	3	7,8002	58	5	14,0000	80	7	20,1998
14	2	4,6350				59	5	14,0059	81	7	20,2057
15	2	4,6409	37	4	10,8407	60	5	14,0119	82	7	20,2116
16	2	4,6469	38	4	10,8466				83	7	20,2176
17	2	4,6528	39	4	10,8526	61	6	17,0523	84	7	20,2235
18	2	4,6587	40	4	10,8585	62	6	17,0583			
19	2	4,6647	41	4	10,8645	63	6	17,0642	85	8	23,2640
20	2	4,6706	42	4	10,8704	64	6	17,0702	86	8	23,2699
21	2	4,6766	43	4	10,8763	65	6	17,0761	87	8	23,2759
22	2	4,6825	44	4	10,8823	66	6	17,0820	88	8	23,2818
23	2	4,6884	45	4	10,8882	67	6	17,0880	89	8	23,2878
24	2	4,6944	46	4	10,8942	68	6	17,0939	90	8	23,2937
			47	4	10,9001	69	6	17,0999	91	8	23,2996
25	3	7,7349	48	4	10,9060	70	6	17,1058	92	8	23,3056
26	3	7,7408				71	6	17,1117	93	8	23,3115
27	3	7,7467	49	5	13,9465	72	6	17,1177	94	8	23,3175
28	3	7,7527	50	5	13,9525				95	8	23,3234
29	3	7,7586	51	5	13,9584	73	7	20,1582	96	8	23,3293
30	3	7,7646	52	5	13,9643	74	7	20,1641			
31	3	7,7705	53	5	13,9703	75	7	20,1701	97	9	26,3698
32	3	7,7764	54	5	13,9762	76	7	20,1760	98	9	26,3758
33	3	7,7824	55	5	13,9822	77	7	20,1819	99	9	26,3817
34	3	7,7883	56	5	13,9881	78	7	20,1879	100	9	26,3876

Tafel 23. **Zahnweiten für $\alpha = 20°$, Modul 1.**

Für spielfreie Gerad-Zahnräder ($\hat{s} = t/2$).

Zähnezahl des Rades	Zahl der Zähne zwischen den Meßflächen	Zahnweite w_1 für Modul 1	Zähnezahl des Rades	Zahl der Zähne zwischen den Meßflächen	Zahnweite w_1 für Modul 1	Zähnezahl des Rades	Zahl der Zähne zwischen den Meßflächen	Zahnweite w_1 für Modul 1	Zähnezahl des Rades	Zahl der Zähne zwischen den Meßflächen	Zahnweite w_1 für Modul 1
9	2	4,5542	32	4	10,7806	55	7	19,9591	78	9	26,1855
10	2	4,5683	33	4	10 7946	56	7	19,9732	79	9	26,1995
11	2	4,5823	34	4	10,8086	57	7	19,9872	80	9	26,2135
12	2	4,5963	35	4	10,8226	58	7	20,0012	81	9	26,2275
13	2	4,6103	36	4	10,8367	59	7	20,0152			
14	2	4,6243				60	7	20,0292	82	10	29,1937
15	2	4,6383	37	5	13,8028	61	7	20,0432	83	10	29,2077
16	2	4,6523	38	5	13,8168	62	7	20,0572	84	10	29,2217
17	2	4,6663	39	5	13,8308	63	7	20,0712	85	10	29,2357
18	2	4,6803	40	5	13,8448				86	10	29,2497
			41	5	13,8588	64	8	23,0373	87	10	29,2637
19	3	7,6464	42	5	13,8728	65	8	23,0513	88	10	29,2777
20	3	7,6604	43	5	13,8868	66	8	23,0653	89	10	29,2917
21	3	7,6744	44	5	13,9008	67	8	23,0793	90	10	29,3057
22	3	7,6884	45	5	13,9148	68	8	23,0933			
23	3	7,7025				69	8	23,1074	91	11	32,2719
24	3	7,7165	46	6	16,8810	70	8	23,1214	92	11	32,2859
25	3	7,7305	47	6	16,8950	71	8	23,1354	93	11	32,2999
26	3	7,7445	48	6	16,9090	72	8	23,1494	94	11	32,3139
27	3	7,7585	49	6	16,9230				95	11	32,3279
			50	6	16,9370	73	9	26,1155	96	11	32,3419
28	4	10,7246	51	6	16,9510	74	9	26,1295	97	11	32,3559
29	4	10,7386	52	6	16,9650	75	9	26,1435	98	11	32,3699
30	4	10,7526	53	6	16,9790	76	9	26,1575	99	11	32,3839
31	4	10,7666	54	6	16,9930	77	9	26,1715	100	12	35,3500

Beispiel für Schrägzahnrad: $z = 12$, $m_n = 5$, $\alpha_n = 20°$, $\beta = 25°$.

Keine Profilverschiebung ($x = 0$).

Vorhandene Meßkugel habe Durchmesser $d_{D_1} = 7{,}500$ mm,
vorhandener Einstelldorn habe Durchmesser $d_E = 30{,}020$ mm.

$$d_0 = \frac{m_n \cdot z}{\cos\beta} = \frac{5 \cdot 12}{\cos 25°} = 66{,}202 \text{ mm},$$

$$\operatorname{tg}\alpha_s = \frac{\operatorname{tg} 20°}{\cos 25°}, \quad \alpha_s = 21°\,52{,}8', \quad ev\,\alpha_s = 0{,}019714,$$

$$ev\,\alpha_{s_1} = 0{,}019714 + \frac{7{,}500}{5 \cdot 12 \cdot \cos 20°} - \frac{\pi}{2 \cdot 12} = 0{,}021835, \quad \alpha_{s_1} = 22°\,36{,}4'.$$

$$R_1 = \frac{66{,}202 \cdot \cos 21°\,52{,}8'}{2 \cdot \cos 22°\,36{,}4'} = \mathbf{33{,}273\ mm.}$$

Einstellendmaß: $E = 33{,}273 + \frac{7{,}500 - 30{,}020}{2} = \mathbf{22{,}013\ mm}$. Gemessen: $\delta R = -155\ \mu$.

Zahnlückenabmaß: $\delta \hat{l}_n = -\left(-2 \cdot 155 \cdot \frac{\sin 22°\,36{,}4'}{\cos 21°\,52{,}8'} \cdot \cos 25°\right) = 310 \cdot 0{,}375 = \mathbf{116\ \mu}$.
$(= -\delta \hat{s}_n)$

Bei Verwendung des Dornes mit Durchmesser d_{D_0} (s. oben) gilt für profilverschobene Gerad- und Schrägzahnräder:

$$ev\,\alpha_{1(s)} = ev\,\alpha_{(s)} \pm \frac{2x \cdot \operatorname{tg}\alpha_{(n)}}{z}.$$

R_1, E_1 und $\delta\hat{l}$ sind damit aus den vorstehenden Gleichungen zu errechnen.

Der Durchmesser des Dornes, der beim Nennmaß der Zahndicke die Flanken genau am Teilkreis berührt, ist:

Für das Geradzahnrad:

$$d'_D = d_0 \cdot \frac{\sin\psi}{\cos\alpha'}, \quad \text{worin} \quad \psi = \frac{\pi}{2z} - \left(\pm\frac{2x\cdot \operatorname{tg}\alpha}{z}\right) \quad \text{und} \quad \alpha' = \alpha + \psi.$$

Für das Schrägzahnrad:

$$d'_D = d_0 \cdot \frac{\sin\psi}{\cos\alpha'_s}\cdot\cos\beta_g, \quad \text{worin}\quad \psi = \frac{\pi}{2z} - \left(\pm\frac{2x\cdot\operatorname{tg}\alpha_n}{z}\right),\quad \alpha'_s = \alpha_s + \psi,$$

$$\beta_g \text{ aus } \sin\beta_g = \sin\beta\cdot\cos\alpha_n.$$

Zur Berechnung der Einstellmaße R' und E' sowie zur Umrechnung auf $\delta\hat{l}$ sind d'_D und $\alpha'_{(s)}$ in die vorangehenden Formeln an Stelle von d_{D_1} und $\alpha_{(s)}$ einzusetzen.

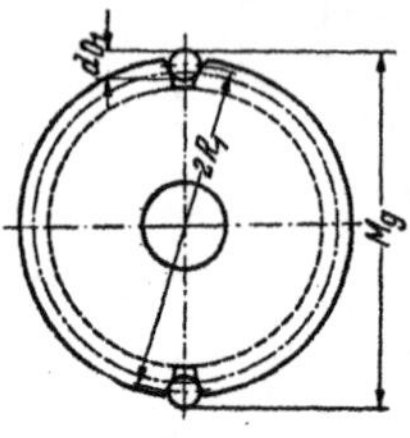

Abb. Z 49.

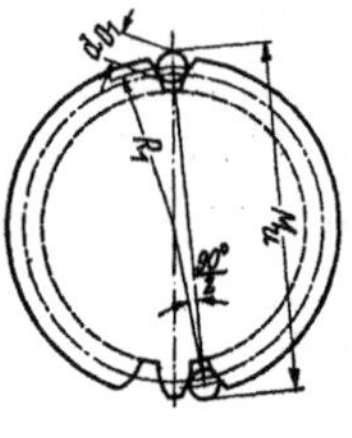

Abb. Z 50.

Meßverfahren β) bis δ) gehen sämtlich von der Radachse aus, sind also geeignet zur Bestimmung des Zahndicken- bzw. -lückenabmaßes einzelner Zähne.

ε) Über in gegenüberliegende Lücken eingelegte Meßdorne beim Außenrad, Abb. Z 49 und 50, bzw. zwischen in gegenüberliegende Lücken eingelegten Meßdornen beim Innenrad ergibt sich ein bezugsfreies Maß, in das die Abmaße zweier Zahnlücken eingehen.

Der Meßwert M berechnet sich für das Außenrad bzw. Innenrad mit geraden Zähnen bei Verwendung von Meßdornen mit Durchmesser d_{D_0} bzw. d_{D_1} (Abb. Z 49/50):

bei Rad mit gerader Zähnezahl zu: $M_g = d_0 \pm d_{D_0}$ bzw. $2R_1 \pm d_{D_1}$,

bei Rad mit ungerader Zähnezahl zu: $M_u = d_0 \cdot \cos(90°/z) \pm d_{D_0}$ bzw. $2R_1 \cdot \cos(90°/z) \pm d_{D_1}$.

(+ Außenrad, − Innenrad.) R_1 ist für das Außenrad gemäß δ) zu berechnen. Für das Innenrad gilt ebenfalls die unter δ) angegebene Formel für R_1, jedoch ist für diese α_1 zu bestimmen aus:

$$ev\,\alpha_1 = ev\,\alpha - \frac{d_{D_1}}{d_0\cdot\cos\alpha} + \frac{\pi}{2z} \pm \left(\frac{2x\cdot\operatorname{tg}\alpha}{z}\right).$$

Für die Umrechnung der Meßwerte auf das Zahnlückenabmaß gelten die Beziehungen:

$$\delta\hat{l}_g = \mp\,\delta M_g\cdot\operatorname{tg}\alpha \quad \text{bzw.} \quad \mp\,\delta M_g\cdot\frac{\sin\alpha_1}{\cos\alpha} \quad \text{bei gerader Zähnezahl}$$

und
$$\delta\hat{l}_u = \mp\,\delta M_u\cdot\frac{\operatorname{tg}\alpha}{\cos(90°/z)} \quad \text{bzw.} \quad \mp\,\delta M_u\cdot\frac{\sin\alpha_1}{\cos\alpha\cdot\cos(90°/z)}$$

bei ungerader Zähnezahl für die Dorne d_{D_0} bzw. d_{D_1}. (− Außenrad, + Innenrad.)

Diese Messung läßt sich auch auf der Verzahnmaschine durchführen. Sie ist besonders für Innenverzahnungen geeignet und kann bequem mit Innenmeßschrauben mit Kugeleinsätzen bzw. mit entsprechend ausgebildeten festen Lehren ausgeführt werden (s. Schrifttum Nr. 22).

ζ) Messen der Zahnweite über mehrere Zähne, Abb. Z 51 und 52, ist ein bequemes werkstattmäßiges Meßverfahren für das auf der Maschine aufgespannte Rad; es gibt ebenfalls ein bezugsfreies Maß der Zahndicke.

Das Maß W, Abb. Z 51, ist für Stirnräder mit geraden Zähnen mit dem Nennmaß der Zahndicke:

$$W = m\cdot\cos\alpha\cdot[(z' - 0{,}5)\,\pi + \quad \cdot\, ev\,\alpha] \pm (2x\cdot m\cdot\sin\alpha).$$

worin z' = Zahl der Zähne zwischen den Meßflächen und $ev\,\alpha = \operatorname{tg}\alpha - \alpha$ (s. Schrifttum 2. u. 5.).

Damit die Meßflächen die Flanken in Teilkreisnähe berühren, ist z' zu bestimmen aus:

$$z' = z\cdot\frac{\alpha°}{180°} + 0{,}5,$$

d. i. für $\alpha = 15°$: $z' = z/12 + 0{,}5$
für $\alpha = 20°$: $z' = z/9 + 0{,}5$
} Es ist die nächstliegende ganze Zahl zu nehmen.

Ist δW der Unterschied zwischen dem Meßwert und dem errechneten W, dann ist das Zahndickenabmaß $\delta\hat{s} = \dfrac{\delta W}{\cos\alpha}$. Das Flankenspiel zweier Räder, die beide das Abmaß $\dfrac{\delta W}{\cos\alpha}$ haben, ist unmittelbar $S_f = 2\cdot\delta W$. Da in die gemessene Zahnweite außer der Zahndicke auch mehrere Teilungen mit ihren Fehlern eingehen, ist an mehreren am Radumfang verteilten Stellen zu messen und das Mittel zu nehmen.

Für normale (nicht profilverschobene) Geradzahnräder sind in den Tafeln 22 und 23 die Zahnweiten für Modul 1 und die Zähnezahlen bis 100 für $\alpha = 20°$ und $15°$ gegeben. Für andere Teilungen ist mit dem Modul zu multiplizieren. Bei profilverschobenen Rädern ist $\pm 2x\cdot m\cdot\sin\alpha$ zu den Tafelwerten hinzuzufügen. Die Tafelwerte enthalten kein Zahndickenabmaß.

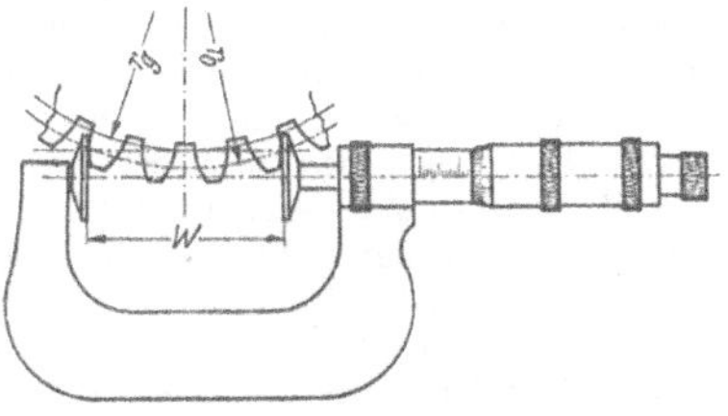

Abb. Z 51. Zahnweiten-Schraublehre.

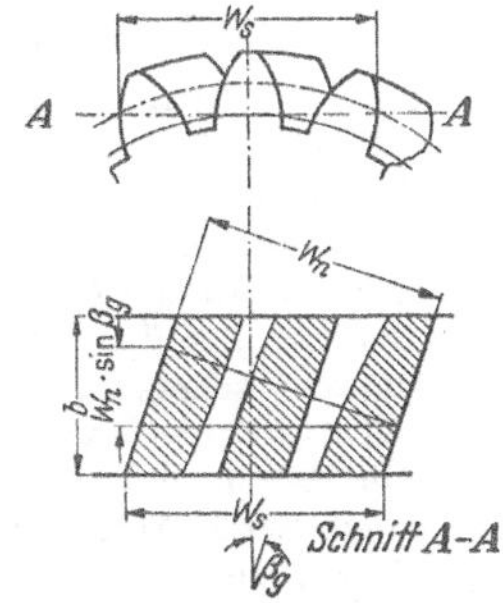

Abb. Z 52. Zahnweiten-Messung am Schrägzahnrad.

Für **Schrägzahnräder** ist die Messung ebenfalls ausführbar, aber senkrecht zum Zahnverlauf, Abb. Z 52. Es ist beim Schrägzahnrad:

$$W_n = m_n\cdot\cos\alpha_n\cdot[(z' - 0{,}5)\pi + z\cdot ev\,\alpha_s] \pm (2x\cdot m_n\cdot\sin\alpha_n),$$

$$ev\,\alpha_s = \mathrm{tg}\,\alpha_s - \alpha_s.$$ (s. S. 684 und 694 Schrifttum Nr. 2 und 5).

α_s aus: $\mathrm{tg}\,\alpha_s = \mathrm{tg}\,\alpha_n/\cos\beta$. Die Zahl z' der Zähne zwischen den Meßschnäbeln ist zu berechnen aus

$$z' = \frac{z}{\cos^3\beta}\cdot\frac{\alpha_n^\circ}{180°} + 0{,}5$$ (nächstliegende ganze Zahl zu nehmen).

Die Messung ist nur möglich, wenn die Radbreite $b > W_n\cdot\sin\beta_g$, d. h. ungefähr $b > W_n\cdot\sin\beta$. Das (Normal-) Zahndickenabmaß ist aus der Meßwertabweichung δW_n nach Formel: $\delta\hat{s}_n = \delta W_n/\cos\alpha_n$ zu errechnen. Das Flankenspiel zweier Räder mit diesem Abmaß ist auch hier unmittelbar $S_f = 2\delta W_n$.

Beispiel für Schrägzahnrad: $Z = 12$, $m_n = 5$, $\alpha_n = 20°$, $\beta = 25°$.
Keine Profilverschiebung ($x = 0$).

Es ist: $\left.\begin{array}{l}\alpha_s = 21°\,52{,}8'\\ ev\,\alpha_s = 0{,}019714\end{array}\right\}$ (s. Beispiel S. 685).

Meßzähnezahl: $z' = \dfrac{12}{\cos^3 25°}\cdot\dfrac{20°}{180°} + 0{,}5 \approx 2.$

$$W_n = 5\cdot\cos 20°\,[(2 - 0{,}5)\pi + 12\cdot 0{,}019714] = \mathbf{23{,}253\ mm}.$$

Gemessen: $W_{ng} = 23{,}150$ mm; $\delta\hat{s}_n = \dfrac{23{,}150 - 23{,}253}{\cos 20°} = -110\,\mu.$

Die Messung wird mit Feinmeßschraublehren, Abb. Z 51, ausgeführt, die mit Tellern zum Einführen in die Zahnlücken versehen sind; sie kann bei entsprechenden Stückzahlen auch mit Grenzrachenlehren erfolgen.

g) Rundlauffehler.

Der Rundlauffehler eines Zahnrades ist der Umfangsschlag seiner Verzahnung, gemessen in den Zahnlücken in Teilkreisnähe. Die Festlegung schließt neben dem reinen Achsfehler (Außermittigkeit) auch einen durch die Ungleichmäßigkeit der Lückenweiten verursachten Anteil ein.

Die Prüfung des Rundlaufes erfolgt wie die unter e δ) beschriebene Messung der Zahnlückenweite. Es wird die radiale Verschiebung in die Zahnlücken eingeführter Meßrollen, Kugeln oder auch kegelförmiger Meßstücke gemessen, nur ist bei reiner Rundlaufprüfung keine bestimmte Einstellung des Meßstückes zur Radachse erforderlich. Zur Vermeidung von Meßdifferenzen sollen auch die bei der Rundlaufmessung verwendeten Meßkörper die Flanken immer in Teilkreisnähe berühren. Über Rundlaufmessung durch Abrollgeräte s. weiter unten.

h) Flankenrichtungsfehler f_β.

Der Flankenrichtungsfehler f_β ist die Abweichung des Längsverlaufes der Zahnflanken von der Sollrichtung auf dem Teilzylinder. Die Sollrichtung des Zahnverlaufes ist bei Geradzahnrädern gegeben durch die Mantellinie des Teilzylinders, bei Schrägzahnrädern durch die unter dem Schrägungswinkel β gegen die Mantellinie geneigte Tangente des Teilzylinders. Als Flankenrichtungsfehler wirken sich aus: kegelig sich verjüngende, schräge oder windschiefe (taumelnde) Zähne bei Geradzahnrädern, falsche Zahnschräge bei Schrägzahnrädern usw.

Die Prüfung des Flankenrichtungsfehlers ist bei Geradzahnrädern einfach möglich durch Abfahren der Flanke längs der Achse mit einem Fühlhebel (z. B. auf einer guten Drehbank, zwischen deren Spitzen das Rad auf Dorn aufgenommen ist; Spitzenlinie vorher prüfen). Bei Schrägzahnrädern verschiedene Möglichkeiten: 1. Abfahren der Flankenlinie durch einen Fühlhebel, der mit Bezug auf das Rad auf einer Schraubenlinie der Sollsteigung geführt wird. Geräte dieser Art befinden sich in der Entwicklung. 2. Abfahren der geradlinigen Erzeugenden der Zahnflanken (Tangente an den Grundzylinder unter dem Schrägungswinkel β_g). Ein Gerät nach diesem Verfahren ist von der Zahnradfabrik Friedrichshafen entwickelt worden. Im Meßergebnis dieses Gerätes wirkt sich auch ein etwaiger Grundkreisfehler aus (s. auch unter c 2). Die einfachste praktische Prüfung ist bis heute das Antuschieren der Flanken und die Beurteilung des Flankentragens beim Abrollen der Räder gegeneinander oder gegen ein Meisterrad auf parallelen Dornen, sie ergibt aber natürlich keine Zahlenwerte.

II. Gesamtfehler, Messungen und Meßgeräte.

Die Gesamtfehler-Messung eines Zahnrades ist nur möglich durch einen den betriebsmäßigen Verhältnissen möglichst weitgehend entsprechenden Abrollvorgang mit einem genauen Lehr- oder Meisterrad bzw. einer Meisterzahnstange. Es können auch die beiden Räder eines zusammengehörigen Paares miteinander abgerollt werden; doch gibt die Prüfung dann keinen Aufschluß über die Fehler des einzelnen Rades. Für den Austauschbau kommt nur eine Prüfung mit Meisterrädern in Frage. Die verwendeten Prüfgeräte sind:

Einflanken-Abrollprüfgeräte und
Zweiflanken-Abrollprüfgeräte.

a) Einflanken-Abrollprüfgeräte

messen die Drehwinkelübertragungsfehler des Zahnrades. Bei der einfachen Bauart von Saurer (Abb. Z 53) wird durch ein Paar Reibscheiben R_1 und R_2 vom Teilkreisdurchmesser des Meisterrades und des Prüflings, die reibungsschlüssig aneinander abwälzen, ein fehlerfreies Vergleichsgetriebe zum Räderpaar Meisterrad—Prüfling gebildet. Das Meisterrad ist mit der

Reibscheibe R_1 fest verbunden und gemeinsam auf der auf einem Zapfen *a* drehbaren Büchse *b* befestigt. Der Prüfling sitzt auf einem zweiten Zapfen *c*, der in der unabhängig von ihm gelagerten Büchse *d* läuft, die die Reibscheibe R_2 trägt. Stahlband *e* überträgt auf das Schreibgerät die Drehung der Reibscheibe R_2, während Stahlband *f* die mehr oder weniger ungleichmäßige Drehung des Prüflings überträgt. Der Schreiber *h* schreibt die Vor- oder Nacheilung des Prüflings gegenüber dem durch die Reibscheiben ver-

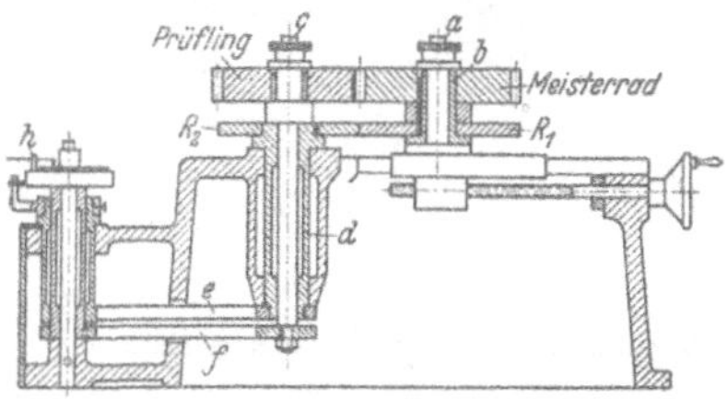

Abb. Z 53. Schema des Einflanken-Abrollprüfgerätes von Saurer.

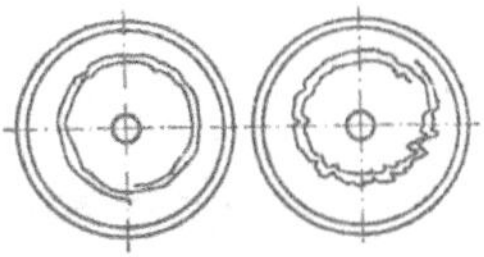

Abb. Z 54a und b.

körperten Idealgetriebe auf. In diesem Meßergebnis drückt sich die Summe aller den Lauf beeinflussenden Fehler des Rades in ihrer betriebsmäßigen Auswirkung aus, da die Räder beim Soll-Achsenabstand (Summe der Teilkreishalbmesser) wälzen und entsprechend dem betriebsmäßigen Zustand jeweils nur mit einer Flanke der Zähne aneinanderliegen. Die Prüfung ist also theoretisch einwandfrei. Es werden beide Flanken getrennt geprüft.

Im Diagramm Abb. Z 54a und b zeigen sich Teilungsfehler durch Zacken und unregelmäßige Sprünge; regelmäßige Zacken von ähnlicher Form deuten in der Regel auf Eingriffswinkelfehler bzw. gleichartige Zahnformfehler an allen Flanken. Rundlauffehler sowie periodische Teilungsfehler ergeben außermittige Diagramme. Schließt sich das Diagramm nicht, dann stimmen die Rollscheibendurchmesser nicht genau; es wird eine Spirale geschrieben, die alle Einzelfehler gut zeigt, die periodischen aber nicht so gut erkennen läßt. Über ein neues sehr genau arbeitendes, bisher allerdings nur laboratoriumsmäßig erprobtes Einflanken-Abrollprüfgerät mit Reibscheiben siehe Schrifttum Nr. 24.

Keine besonderen Reibscheiben benötigen Einflanken-Prüfgeräte, die durch entsprechend ausgebildete Reibungsgetriebe die stufenlose Einstellung des Übersetzungsverhältnisses zwischen Meisterrad und Prüfling (großes Saurer-Gerät, Omega-Gerät der ZF. Friedrichshafen, Mahr-Gerät) ermöglichen. Einflanken-Abrollgeräte sind bisher nur wenig im Gebrauch, da sie gegenüber den einfacheren Zweiflanken-Geräten (s. unten) in der Handhabung zu empfindlich sind.

b) Zweiflanken-Abrollprüfgeräte

messen die Schwankungen des Achsabstandes bei spielfreiem Gang der Räder. Bei der einen Bauart (Parkson, Mahr, Maag, Fellows), Abb. Z 55, sitzt der Prüfling ortsfest aber drehbar auf einem Zapfen (bzw. zwischen Spitzen), während das Meisterrad ebenfalls drehbar auf einem in Wälzlagerung leicht beweglichen schwimmenden Schlitten sitzt. Durch eine Feder wird dieser Schlitten mit dem Meisterrad so gegen den Prüfling gedrückt, daß die Zähne spielfrei ineinandergreifen. Es liegen somit bei der

Prüfung beide Flanken des Prüflings an denen des Meisterrades an. Der Prüfling wird gedreht und nimmt das Meisterrad mit; entsprechend den Fehlern der Verzahnung des Prüflings führt der schwimmende Schlitten

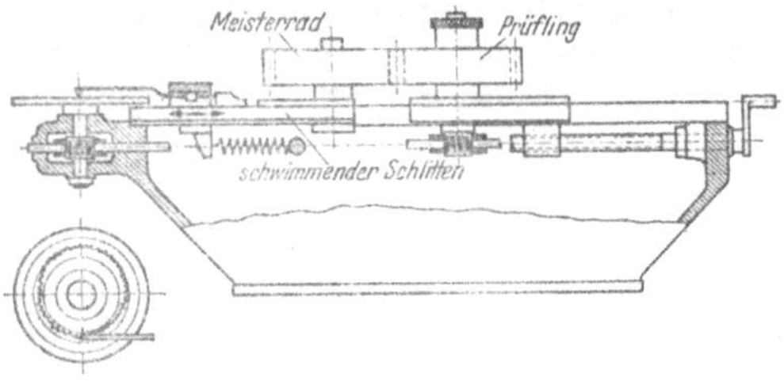

Abb. Z 55. Schema des Zweiflanken-Abrollprüfgerätes von Mahr.

kleine Verschiebungen aus, die die Änderungen des Achsabstandes bei spielfreiem Gang von Prüfling und Meisterrad darstellen. Diese Änderungen können entweder unmittelbar an einer gegen den schwimmenden Schlitten angestellten Meßuhr abgelesen werden, oder sie werden auf einem mit der Drehung des Prüflings irgendwie gekuppelten runden oder streifenförmigen Diagrammpapier (100 bis 250fach vergrößert) aufgeschrieben. Bei der anderen Bauart (Klingelnberg), Abb. Z 56, sitzt der Prüfling auf einem pendelnden Tisch, dem durch Gewichtszug ein Drehmoment erteilt wird, das den Prüfling in das Meisterrad drückt. Hier werden die der Achsabstandsschwankung entsprechenden Pendelwege des Tisches von einer Meßuhr angezeigt bzw. auf einem Diagrammpapier aufgeschrieben.

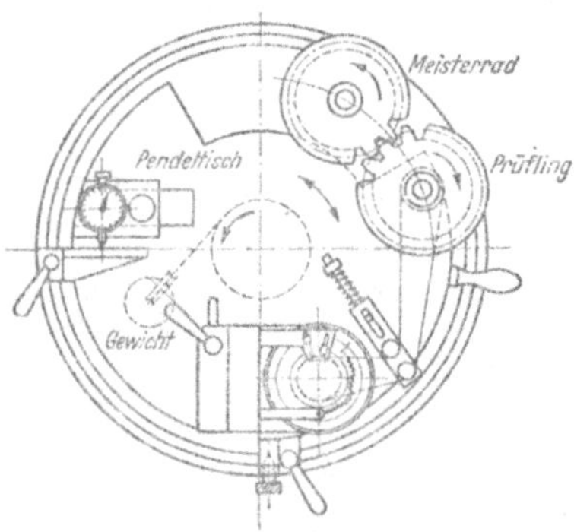

Abb. Z 56. Schema des Zweiflanken-Abrollprüfgerätes von Klingelnberg.

In das Meßergebnis gehen bei dieser Art der Prüfung ebenfalls anteilig alle Fehler des Zahnrades ein (Abb. Z 57a bis c). In voller Größe zeigt sich die Außermittigkeit der Verzahnung (≈ Rundlauffehler) in der außermittigen Lage des Kreisdiagrammes bzw. im sinoiden Verlauf des Längsdiagrammes. Der Flankenformfehler äußert sich in einem mehr oder weniger unruhigen zackigen oder welligen Verlauf des Diagrammes; besonders kennzeichnend zeigt sich der Eingriffswinkelfehler mit scharfen, bei jedem Zahneingriff wiederkehrenden Zacken[1]). Teilungsfehler, die sich in einer Ungleichmäßigkeit der Zahndicken bzw. Zahn-

[1]) Ähnliche scharfe Zacken treten in der Abrollkurve dann auf, wenn infolge zu großer (z. B. nicht vollständig ausgeschliffener) Fußrundung bzw. zu geringer Zahndicke von Prüfling und Meisterrad die Zähne des Meisterrades in der Fußrundung bzw. im Zahngrund des Prüflings aufsetzen.

lücken auswirken, ergeben unregelmäßige vom durchschnittlichen Verlauf sich abhebende Zacken in der Kurve.

Über die wahre Größe der einzelnen Fehler kann mit Ausnahme der Außermittigkeit auf Grund des Diagrammes wenig Genaues ausgesagt werden; die Zweiflanken-Abrollprüfung wird daher zahlenmäßig zumeist nur für die Ermittlung des Rundlauffehlers benutzt und das Diagramm im übrigen mehr oder weniger subjektiv beurteilt; in Fällen, wo gröbere Unregelmäßigkeiten im Diagramm das Vorhandensein von groben Einzelfehlern anzeigen, wird durch die Prüfung durch entsprechende Einzelfehlermessungen ergänzt. Bei bekannter Zahndicke des Meisterrades kann, wenn vor Beginn der Abrollprüfung der Soll-Achsenabstand $a = \frac{m_{(s)}(z_1 + z_2)}{2}$ (bei profilverschobenen Getrieben nach besonderer Berechnung) am besten mit Hilfe

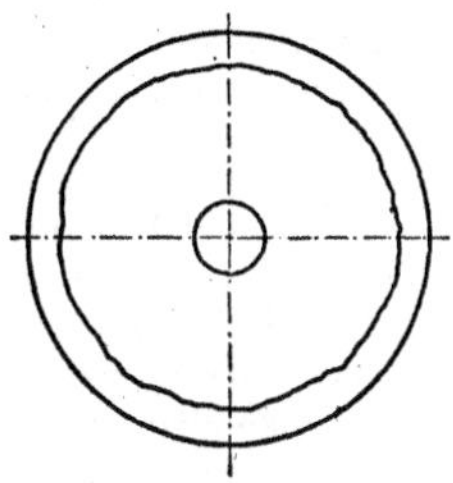

Abb. Z 57a.

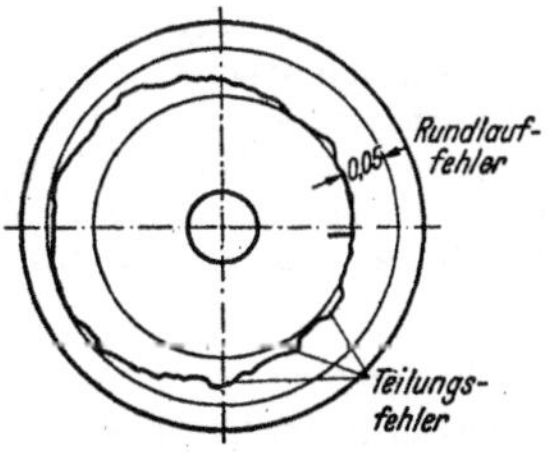

Abb. Z 57b.

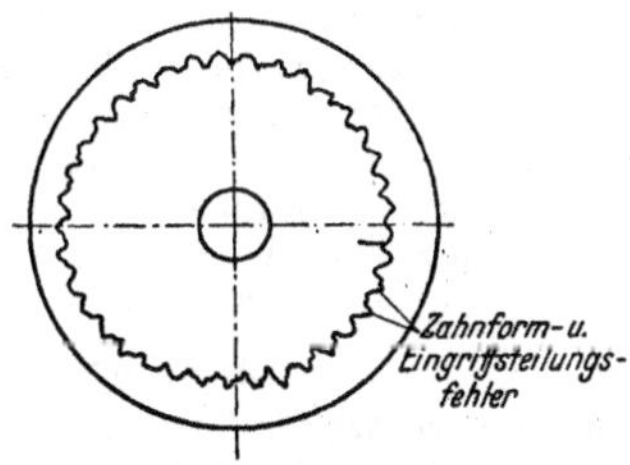

Abb. Z 57c.

Abb. Z 57a bis c.

von Endmaßen eingestellt wird, aus der Achsabstandsänderung gegenüber dem Soll-Achsenabstand beim Abrollen des Prüflings dessen Zahndickenabmaß $\delta\hat{s}$ errechnet werden. Es ist in diesem Falle:

$$\delta\hat{s}_{(n)} = 2 \cdot \delta a \cdot \operatorname{tg} \alpha_{(n)} - \delta s_M ,$$

wobei

δa die Achsabstandsänderung (Ist-Achsenabstand — Soll-Achsenabstand),
$\delta\hat{s}_M$ das Zahndickenabmaß des Meisterrades,
$\alpha_{(n)}$ der (Normal-) Eingriffswinkel.

Das Flankenspiel beim Soll-Achsenabstand eines Räderpaares, das gegenüber diesem beim Abrollen eine Verminderung des Achsabstandes δa aufweist, ist:

$$S_f = 2\delta a \cdot \sin \alpha_{(n)} .$$

An Stelle eines Meisterrades mit Evolventenzähnen wird auch ein Kugel-, bei Rädern mit geraden Zähnen besser ein Zylinderkranz verwendet. Die Messung ist in diesem Falle eine reine Rundlaufmessung; sie kann nach Anfangseinstellung des Gerätes auf einen bestimmten Ausgangs-Achsenabstand, der unter Berücksichtigung der verwendeten Meßrollen zu errechnen ist (Formeln s. unter e 2 δ), auch zugleich zur Bestimmung des Zahndickenabmaßes benutzt werden. Das Abrolldiagramm ist in diesem Falle eine Kurve mit soviel Ausschlägen, wie das Rad Zähne hat. Die außermittige Lage des durch die Höchstausschläge gelegten Kreises gibt den Rundlauffehler; unregelmäßige, verschieden große Ausschläge deuten auf Teilfehler.

Die Zweiflanken-Abrollprüfung mit Meisterrädern entspricht wegen des gleichzeitigen Berührens beider Flanken infolge des spielfreien Eingriffs nicht vollkommen der Forderung einer betriebsmäßigen Prüfung. Es gehen bei ihr in das Meßergebnis stets zugleich die Fehler beider Flanken ein, die im Betriebe nicht zusammenwirken. Sie ermöglicht infolgedessen keine Aussage darüber, welche Flanken des geprüften Rades, die Rechts-, die Linksflanken oder beide fehlerbehaftet sind, und gestattet keinen so sicheren Schluß auf die Laufgüte der Räder wie die Einflanken-Abrollprüfung. Dagegen ist sie, soweit es sich nicht um Räder höchster Genauigkeit handelt, für die Abnahme in der Werkstatt die einfachste und schnellste Art der Prüfung von Zahnrädern. Wenn das Zweiflanken-Abrolldiagramm in Ordnung ist, dann darf daraus mit ziemlicher Sicherheit auf eine geometrisch einwandfreie Verzahnung geschlossen werden.

Schwierigkeiten bietet z. Z. für die Abrollprüfungen noch die Beschaffung der erforderlichen Meisterräder, deren Genauigkeit an sich die der mit ihnen zu prüfenden Räder um ein Mehrfaches übertreffen müßte. Dieser Forderung kann entsprochen werden, solange es sich bei den zu prüfenden Rädern nicht um solche ebenfalls höchster Genauigkeit handelt. Bei letzteren muß man sich damit begnügen, daß das Meisterrad äußerstens etwa doppelt so genau ist wie der Prüfling (s. Schrifttum Nr. 20). Über ein Gerät, das an Stelle eines Meisterrades eine aus zwei Hälften zusammengesetzte Zahnstange benutzt, deren gegenseitige Verschiebung beim Durchwälzen gemessen wird, siehe Schrifttum Nr. 13.

c) Abhör- und Laufprüfung.

Eine weitere Art der Gesamtfehler-Prüfung der Zahnräder besteht darin, daß die betriebsmäßig miteinander laufenden Räderpaare in einen Laufprüfstand eingebaut werden, in dem man sie im Leerlauf und unter Last laufen läßt und das Geräusch entweder (meist) durch einfaches Abhören oder auch durch Schallmeßeinrichtungen prüft, sowie das Tragbild der Flanken beurteilt.

III. Messung der Kegelräder.

Die Gleichmäßigkeit sowie der Summenfehler der Kreisteilung, die Gleichmäßigkeit der Zahndicken und -Lückenweiten und der Rundlauf können bei Kegelrädern mit den gleichen oder ähnlichen Geräten gemessen werden wie bei Stirnrädern. Für die Prüfung der Zahnform der Kegelräder sind bisher keine einwandfreien Geräte am Markt.

Von größter Wichtigkeit ist bei Kegelrädern auch die Kontrolle der Flankenrichtung. Alle Flankenlinien eines geradverzahnten Kegelrades müssen sich in ihrer Verlängerung in der Teilkegelspitze des Rades schneiden. Dies wird geprüft durch Anlegen eines Haarlineals an die Flanken, das an seinem Ende auf einer Kugel in der Teilkegelspitze angelenkt ist, oder durch Einlegen schwach kegeliger oder zylindrischer Nadeln in die Zahnlücken, die sich mit ihren Spitzen in einem Punkt treffen müssen. Diese Prüfverfahren ergeben natürlich keine Zahlenwerte und sind, zum mindestens das zweite, mehr oder weniger unzuverlässig.

Auch die Ein- und Zweiflanken-Abrollprüfung wird bei Kegelrädern ausgeführt. Für die Einflanken-Geräte ist bisher nur eine Bauart vorhanden, die mit Reibscheiben arbeitet (Saurer). Die mit schwimmendem Schlitten arbeitenden Stirnrad-Zweiflanken-Geräte haben für Kegelräder als Zusatzaufnahme meist nur einen Winkelbock, Abb. Z 58, während das nach dem Pendelprüfverfahren arbeitende Gerät, Abb. Z 59, das für Kegelräder besonders durchgebildet wurde, das eine

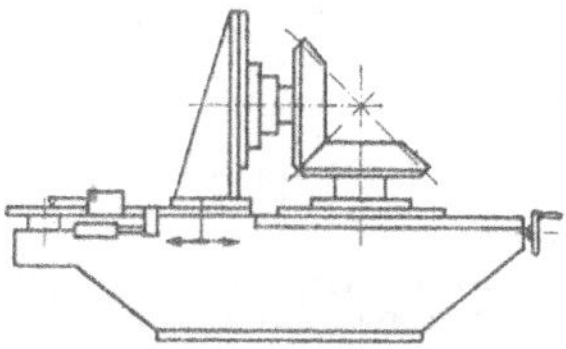

Abb. Z 58. Kegelrad-Zweiflanken-Abrollprüfung mit Mahr-Gerät.

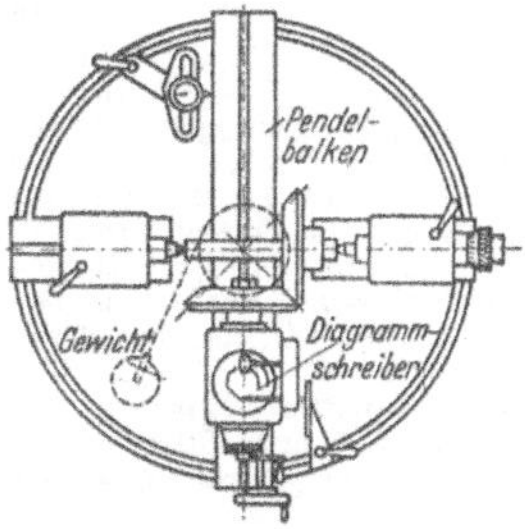

Abb. Z 59. Kegelrad-Zweiflanken-Abrollprüfgerät von Klingelnberg.

Rad um die gemeinsame Teilkegelspitze pendeln läßt. Diese Anordnung ist mit der Natur der Kegelradverzahnung, da bei der Pendelung um die Teilkegelspitze die volle Flankenanlage erhalten bleibt, besser verträglich und der Anordnung mit dem schwimmenden Schlitten vorzuziehen, bei der sich bei spielfreiem Lauf die Teilkegelspitzen niemals decken und die Flanken nie voll tragen können. Mehr noch als bei Stirnrädern bereitet bei Kegelrädern die Beschaffung genauer Meisterräder Schwierigkeiten; dazu kommt, daß bei einem Kegelrad infolge der unvermeidlichen Verlagerung der Räder beim Lauf die Abrollprüfung im nichtbelasteten Zustande ohnehin unsicher ist.

Als sicherstes Prüfverfahren für Kegelräder hat sich bisher noch die Beurteilung des Tragbildes der antuschierten Flanken nach paarweisem Lauf unter Belastung, s. Abb. Z 19, erwiesen, wobei zugleich die günstigste gegenseitige Einbaustellung ermittelt und durch geeignete Maßnahmen für den betriebsmäßigen Einbau festgelegt werden kann.

IV. Prüfung feinmechanischer Zahnräder.

Zahnräder für feinmechanische Geräte, Uhren usw., an die wegen ihrer Kleinheit mit mechanischen Meßmitteln nicht mehr heranzukommen ist, sind nur noch mit optischen Mitteln, am besten durch Projektion und Vergleich der projizierten Zahnform mit einer Zeichnung in entsprechendem Maßstab prüfbar.

V. Toleranzen für Zahnräder.

Die Bestrebungen zur normenmäßigen Festlegung von Toleranzen für Zahnräder liegen in ihren Anfängen zum Teil schon viele Jahre zurück. Nachdem durch die zwischenzeitliche Entwicklung die meßtechnischen Voraussetzungen hinreichend geklärt sind, liegen zur Zeit dem Deutschen Normenausschuß Entwürfe eines allgemeinen Zahnrad-Toleranzsystemes vor, die nach Prüfung und Durchberatung voraussichtlich in absehbarer Zeit zu einer Norm führen werden. Die Toleranzen für die einzelnen Meßgrößen sind in diesen Entwürfen, die eine ausreichende Zahl von Güteklassen vorsehen, in sinnfälliger Weise mit Modul und Teilkreisdurchmesser der Räder steigend festgelegt (s. Schrifttum Nr. 6, 21 und 23).

Schrifttum.

I. Bücher und Normen.

1. Berndt, Prof. Dr. G.: Zahnradmessungen. Erfurt: Gebr. Richter 1925.
2. Buckingham-Olah: Stirnräder mit geraden Zähnen[1]). Berlin: Springer 1932.
3. Bürger, K.: Beiträge zur Messung von Stirnrädern mit geraden Evolventenzähnen. Diss. Techn. Hochsch. Dresden 1935.
4. Berndt, Prof. Dr. G.: Grundlagen für die Messung von Stirnrädern mit gerader Evolventenverzahnung. Berlin: Springer 1938.
5. Peters, Prof. Dr. J.: Sechsstellige Werte der Kreis- und Evolventenfunktionen[1]). Berlin u. Bonn: Ferd. Dümmler 1937.
6. Wittmann, H.: Austauschbare Fertigung bei Stirnradgetrieben. Berlin: VDI-Verlag 1941.
7. DINorm-Blätter 868 bis 870.
8. Merkblatt „Stirnradfehler". Herausgegeben von der Fachgruppe Werkzeugmaschinen (Ausschuß für Verzahnmaschinen). Jan. 1939. Berlin: Beuth-Vertrieb.

II. Aufsätze.

9. Wildhaber, E.: Measuring tooth thickness of involute gears. Amer. Mach. Bd. 59 (1923/24) S. 551 u. 587.
10. Steinle, A.: Neue Zahnradprüfgeräte. Werkst.-Techn. Bd. 21 (1927) S. 153.
11. Berndt, Prof. Dr. G.: Beiträge zur Messung von Stirnrädern mit Evolventenzähnen. Werkst.-Techn. u. Werksl. Bd. 29 (1935) S. 373 (Auszug aus 3).
12. Bock, P.: Fehlerprüfung bei Zahnrädern. Z. VDI Bd. 81 (1937) S. 267.
13. Nieberding, Dr. O.: Das Prüfen von Zahnrädern mit zahnstangenartigen Meßkörpern. Masch.-Bau/Betr. Bd. 16 (1937) S. 465.
14. Vogel, Dr. W.: Neuartige kopfkreisfreie Zahndickenmessungen für Schrägzahnräder und Evolventenschnecken. Werkzeugmasch. Bd. 31 (1937) S. 253.
15. Bürger, Dr. K.: Zur Messung des Summenteilfehlers an Zahnrädern und Teilscheiben. Werkst.-Techn. u. Werksl. Bd. 31 (1937) S. 406.
16. Bürger, Dr. K.: Zur Praxis der Zahndicken- und Lückenweite-Meßverfahren für Evolventen-Stirnräder. Werkst.-Techn. u. Werksl. Bd. 32 (1938) S. 169.
17. Krumme, W.: Wie prüft man Zahnräder wirtschaftlich? Werkstatt und Betrieb 1938, Heft 9/10, S. 125.
18. Bagh, P.: Die ideelle Zähnezahl eines Schrägzahnrades und ihre Anwendung bei der Zahndickenmessung an Schrägzahnrädern. Feinmech. u. Präz. H. 24 (1939) S. 311.
19. Lässker, F.: Messen des Zahnschrägewinkels an Stirnrädern mit Schrägverzahnung. Z. VDI Bd. 83 (1939) S. 133.
20. Bürger, Dr. K.: Meister-Zahnräder als Normale für die Abrollprüfung. Werkst.-Techn. u. Werksl. 1940, H. 24, S. 427.
21. Wittmann, H.: Austauschbare Fertigung bei Stirnradgetrieben. Masch.-Bau/Betr. Bd. 19 (1940) S. 415.
22. Kluwe, P.: Prüfen von Innenverzahnungen auf der Bearbeitungsmaschine. Masch.-Bau/Betr. Bd. 19 (1940) S. 477.
23. Jotzoff, Dr. A.: Zur Frage der Austauschbarkeit von Stirnradgetrieben mit Evolventenverzahnung. Z. VDI Bd. 86 (1942) S. 487.
24. Bürger, Dr. K.: Ein neues Einflanken-Abrollprüfgerät für Zahnräder. Werkst.-Techn. u. Werksl. Bd. 36 (1942) S. 54.

III. Druckschriften von Firmen.

W. Ferd. Klingelnberg Söhne, Remscheid.; Friedrich Krupp A.-G., Essen; Ernst Leitz, Wetzlar; Max Maag A.-G., Zürich; Carl Mahr, Eßlingen; Adolph Saurer A.-G., Arbon; Carl Zeiss, Jena.

---

[1]) Die Evolventenfunktion $\operatorname{tg}\alpha - \alpha$ wird hier als $inv\,\alpha$ bezeichnet.

E. Herstellung von Verzahnungen.

I. Einteilung der Verzahnungsverfahren.

Man unterscheidet:

a) Formverfahren. Das Profil des Werkzeuges und das Profil des zu bearbeitenden Zahnes sind einander kongruent. Das Werkstück steht beim Spanabheben still.

b) Wälzverfahren. Das Zahnprofil wird durch eine Abrollbewegung zwischen dem Werkzeug (oder einer, durch das Werkzeug verkörperten Planverzahnung) und dem herzustellenden Rad erzeugt.

Für diese Einteilung ist die Art der Profilerzeugung bestimmend. Eine zweite, ebenfalls allgemein gebräuchliche Gliederung erfolgt unter dem Gesichtswinkel der Arbeitsfolge, nach der die einzelnen Zähne eines Rades hergestellt werden. Danach unterscheidet man:

a) Teilverfahren. Schneid- und Schaltbewegungen wechseln miteinander ab. Es wird entweder nach dem vollständigen Ausarbeiten einer jeden Zahnlücke weitergeschaltet; oder das Weiterschalten erfolgt nach einem jedesmaligen Durchgang der Werkzeugschneiden durch eine Zahnlücke. Im ersten Fall wird die Teilvorrichtung weniger oft beansprucht, weil sie für jeden Zahn nur einmal zu schalten braucht; im zweiten Fall wird eine etwaige Abnutzung des Werkzeuges über sämtliche Zähne des Rades ausgleichend verteilt.

b) Pausenloses Verfahren. Es erfolgt eine ununterbrochene Span abnahme bis zur Fertigstellung sämtlicher Zähne eines Rades. Werkzeug und Werkstück bewegen sich wie zwei kämmende Zahnräder oder wie Schnecke und Schneckenrad.

Grundsätzlich können beide Arten der Profilerzeugung, nämlich das Formverfahren und das Wälzverfahren mit beiden Arten der Bearbeitungsfolge: dem Teilverfahren und dem pausenlosen Verfahren verbunden werden. Praktisch kommen beide Verbindungen auch beim Wälzverfahren vor, während bei dem praktisch ausgeführten Formverfahren das Werkstück stets durch Teilschalten absatzweise gedreht wird.

Die in Tafel 1 und 2 zusammengestellten Verzahnungsverfahren sind nach Form- und Wälzverfahren gegliedert. Die Arbeitsfolge (Teilverfahren oder pausenloses Verfahren) ist in Klammern angegeben.

II. Flächen und Winkel der Verzahnwerkzeuge.

An den Verzahnwerkzeugen unterscheidet man folgende Flächen und Winkel:

a) Spanfläche, d. h. Fläche, über die der Span abläuft, und Spanwinkel η, d. h. Winkel zwischen der Normalen auf die Schnittfläche und der Spanfläche.

b) Freifläche, d. h. gegen die Schnittfläche gerichtete Fläche des Schneidzahnes und Freiwinkel δ, d. h. Winkel zwischen der Schnittfläche und der Freifläche.

c) Eingriffswinkel. Nur wenn die schon schneidenden Kanten des Werkzeuges in einer senkrecht zur Schneidrichtung verlaufenden Ebene liegen, stimmt der an den Schneidkanten gemessene Eingriffswinkel mit dem wirksamen Eingriffswinkel α überein. Andernfalls findet man den wirklichen Eingriffswinkel durch die Projektion der Schneidkanten in eine senkrecht zur Schneidrichtung liegende Ebene.

d) Flankenwinkel, d. h. Winkel zwischen den Rechts- und Linksflanken geradflankiger Werkzeuge, z. B. doppelkegelförmiger Schleifscheiben. Er entspricht dem doppelten Eingriffswinkel.

III. Hobeln, Stoßen und Fräsen von Stirnverzahnungen (Tafel 1).

Zum Hobeln der Zahnräder nach dem Maag-Verfahren dienen zahnstangenförmige Werkzeuge, sog. Kammstähle. Dieses Verfahren bietet zufolge der geometrisch einfachen Form seines Werkzeuges besondere Vorteile für die Herstellung größerer Profil-Verschiebungen.

Das Wälzstoß-Verfahren mittels Schneidrad ist das einzige Wälzverfahren zur Herstellung von Innenverzahnungen. Es bietet außerdem Vorteile beim Verzahnen von Körpern mit zwei oder mehreren dicht nebeneinanderliegenden Zahnkränzen, für die beim Wälzfräsen der Auslauf fehlt.

Die höchste Leistung wird in der Regel beim Wälzfräsen erreicht. Werden höhere Genauigkeitsanforderungen gestellt, so ist beim Wälzfräsen besonderer Wert auf das Werkzeug zu legen (möglichst große Fräserdurchmesser, kräftigste Fräsdorne, einwandfreie Kupplung mit dem Dorn, Kontrollbunde und vor allem profilgeschliffene Flanken am Fräser).

Stirnräder mit Schrägzähnen können notfalls ohne Ausgleichgetriebe auf Wälzfräsmaschinen verzahnt werden, wenn man die Teilwechselräder nach der Formel

$$\frac{tr \cdot tr}{gtr \cdot gtr} = \frac{C}{z} \cdot \frac{H/s}{(H/s - 1)}$$

und die Steigung H des Schrägzahnrades nach der Formel

$$H = \frac{z \cdot m_n}{\sin \beta}$$

berechnet, Abb. H 1 und H 2. Hierbei ist tr = Zähnezahl der treibenden, gtr = Zähnezahl der getriebenen Wechselräder, C = Maschinenkonstante, s = Vorschub je Umdrehung, z = Zähnezahl des zu fräsenden Rades, m_n = Normalmodul, β = Schrägungswinkel.

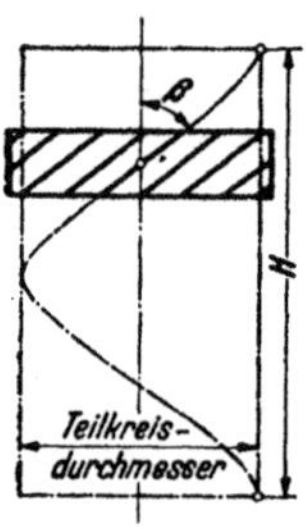

Abb. H 1. Schrägungswinkel β und Steigung H bei einem Schrägzahnrad.

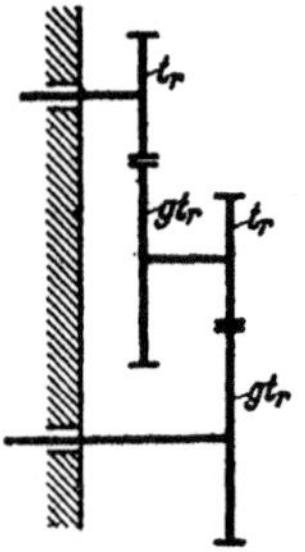

Abb. H 2. Anordnung der treibenden (tr) und getriebenen (gtr) Wechselräder beim Fräsen eines Schrägzahnrades ohne Ausgleichgetriebe.

Auch das Formfräsverfahren behält in der neuzeitlichen Verzahnungstechnik seine Bedeutung für das Verzahnen größerer Räder, für die die Herstellung schneckenförmiger Wälzfräser unwirtschaftlich ist. Man verwendet in solchen Fällen scheiben- oder fingerförmige Fräser und arbeitet im Teilverfahren.

IV. Herstellung von Schneckengetrieben.

Schneckenräder werden auf der Wälzfräsmaschine nach folgenden Verfahren verzahnt:

Radial-Verfahren. Der Wälzfräser wird radial zum Rad bis auf volle Zahntiefe vorgeschoben. Dieses Verfahren ist leistungsfähig, aber nur für Räder mit kleinem Steigungswinkel oder begrenzten Genauigkeitsansprüchen anwendbar.

Tangential-Verfahren. Der Fräser, der in seinen Abmessungen der Getriebeschnecke entspricht, wird tangential am Rad entlang geführt.

Schnecken, die man auf der Drehbank nur noch vereinzelt schneidet, werden in der Regel auf Spezialmaschinen gefräst. Gehärtete Schnecken erhalten geschliffene Flanken, und zwar entweder mittels ebener Scheiben (Evolventen-Schnecke) oder mittels Doppelkegelscheibe. Die letztere Art wird wegen ihrer größeren Wirtschaftlichkeit bevorzugt.

V. Hobeln und Fräsen von Kegelrädern (Tafel 2).

a) Kegelräder mit geraden und schrägen Zähnen (Tafel 2) werden durch Hobeln hergestellt auf Verzahnmaschinen der Firmen Reinecker, Heidenreich & Harbeck und Gleason. Bei der Reinecker Maschine (Bilgram-Verfahren) wird die Wälzbewegung von dem zu verzahnenden Rad, bei den anderen Maschinen vom Werkzeug-Planrad ausgeführt.

b) Kegelräder mit gebogenen Zähnen. Praktisch angewandte Verfahren sind das Kreisbogen-Messerkopf-Verfahren von Gleason, bei dem Schneidarbeit und Schaltbewegungen miteinander abwechseln und das Wälzschraub-Verfahren von Klingelnberg, nach dem evolventenartige Zahnlängskurven (Palloiden) mittels eines schneckenförmigen Fräsers in einem fortlaufenden Arbeitsgang erzeugt werden (Einzelheiten des Verfahrens s. S. 657).

Bei der Herstellung von Spiral-Kegelrädern ist besondere Sorgfalt auf eine richtige Zahnanlage zu legen, die durch Tuschieren der Flanken und nachträgliches Abrollen im sogenannten Tragbild, Abb. Z 19, S. 661 sichtbar wird. Das Tragbild darf sich nicht bis zu den Kanten des Zahnes erstrecken, da sonst ein Zerstören der Zahnoberfläche durch Kantenpressung zu befürchten ist und ein wesentliches Merkmal dieser Verzahnungsart, nämlich ihre Verlagerungsfähigkeit, verlorengeht.

VI. Nebenarbeiten an verzahnten Radkörpern.

a) Abrunden. Bei Scheibenrädern an Schaltgetrieben müssen die einander zugekehrten Zahnseiten abgerundet sein. Für diese Arbeiten sind besondere, mit Fingerfräsern arbeitende Maschinen entwickelt worden. Ähnliche Maschinen dienen zum Entgraten der Zahnflanken und des Zahngrundes. Bei anderen Maschinen dieser Art werden an Stelle der Fräser Formstähle verwendet.

b) Härten und Vergüten. Hoch beanspruchte Zahnräder werden gehärtet und dann geschliffen oder geläppt. (Gebräuchliche Verfahren: Vergüten, Einsetzen und Nitrieren.) Vorzugsweise verwendet man Einsatzstähle, weil diese nach der Wärmebehandlung einen zähen Kern von hoher Festigkeit und eine harte Randzone haben. Der zähe Kern ist geeignet, die z. B. beim Schalten von Getrieberädern auftretenden Schläge bruchsicher aufzunehmen, während die harte Einsatzschicht den Zahnflanken die notwendige Verschleißfestigkeit gibt. In der Reihenfertigung taucht man die glühenden Räder nicht freihängend in Öl, sondern bringt sie zwischen ihrer Form entsprechende Matrizen unter Druck mit dem Kühlöl in Berührung. Für diesen Zweck sind den Härteverzug möglichst klein haltende Maschinen entwickelt worden, so z. B. die nach dem Preßstromverfahren arbeitende Klingelnberg-Härtemaschine[1]). (Näheres darüber im Anhang.)

VII. Schaben, Schleifen, Läppen (Tafel 1).

a) Maschinell **geschabt** werden Zahnflanken von Rädern aus Vergütungsstählen, und zwar wird in vergütetem Zustand geschabt. Das Schabe-

[1]) Werkst. u. Betr. 1941 Heft 3, S. 69.

Fortsetzung S. 702.

Tafel 1. Die gebräuchlichsten Verfahren zur Herstellung von Stirnverzahnungen mit geraden und schrägen Zähnen, Schnecken und Pfeilverzahnungen.

	Bauart	Anwendungsbereich	
Hobeln, Stoßen, Fräsen	**Wälzhobel-Verfahren mit Kammstahl für Stirnräder mit geraden und schrägen Zähnen (Teilverfahren).**		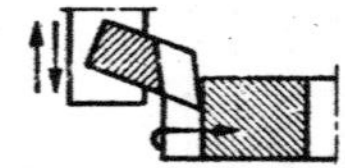
	Bauart: Maag	**Anwendungsbereich:** Größter Raddurchmesser 2000 mm, größter Modul 20, kleinster Modul 1.	
	Wälzstoß-Verfahren mit Schneidrad für Stirnverzahnungen mit geraden und schrägen Zähnen und Pfeilverzahnungen (pausenloses Verfahren).		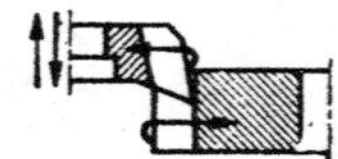
	Bauart: Reinecker Lorenz	**Anwendungsbereich:** Innenverzahnungen, Verzahnungen mit kurzem Auslauf. Größter Dmr. 1800 mm, größter Modul 8. Außenverzahnung: Größter Rad-Dmr. 1000 mm, größt. Mod. 7 (8,5/6,8), kleinst. Mod. 0 5 Innenverzahnung: „ „ 800 mm, größt. Mod. 7 (8,5/6,8), „ „ 0,5 Pfeilräder: „ „ 1650 mm, „ „ 12 „ „ 1,5	
	Wälzfräs-Verfahren mit Schneckenfräser für Stirnverzahnungen mit geraden und schrägen Zähnen und Schneckenräder (pausenloses Verfahren).		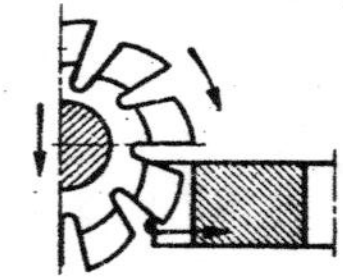
	Bauart: Deutsche Niles-Werke Pfauter Pfauter Reinecker Schieß Lorenz	**Anwendungsbereich:** Größter Raddurchmesser 2000 mm, größter Modul 20 „ „ 3000 mm, „ „ 16 „ „ 2500 mm, „ „ 20 „ „ 5500 mm, „ „ 35 „ „ 8000 mm, „ „ 40 „ „ 4000 mm, „ „ 30	
	Formfräs-Verfahren mit Scheiben- und Fingerfräser für Stirnverzahnungen mit geraden und schrägen Zähnen und Pfeilverzahnungen (Teilverfahren).		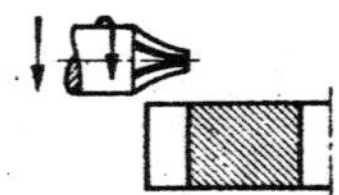
	Bauart: Pfauter Reinecker Schieß Lorenz	**Anwendungsbereich:** Größter Rad-Dmr. 3000 mm, größter Mod. bei Verwendung von Scheibenfräs. 16 („ Räd. bis 2500 mm Dmr. 20) „ Verwendung von Fingerfräsern 60 „ „ 5500 mm, „ „ 60, kleinster Modul 12 „ „ 12000 mm, „ „ bei Verwendung von Scheibenfräs. 55 „ „ „ Fingerfräsern 75 „ „ 4000 mm, „ „ „ „ „ Scheibenfräs. 40, kl. Mod. 3 „ „ „ Fingerfräsern 60, „ „ 10 Kammwalzen: Größter Raddurchmesser 1500 mm, größter Modul 75, kleinster Modul 10	
Schaben	**Schabe-Verfahren für Stirnverzahnungen mit geraden und schrägen Zähnen.**		
	Bauart: Lorenz mit Schabezahnstange	**Anwendungsbereich:** [illegible]	

	Verfahren / Bauart	Anwendungsbereich	
Schleifen	Formschleif-Verfahren mit nach einer Evolvente profilierter Schleifscheibe von etwa 200 bis 250 mm Durchmesser für Stirnverzahnungen mit geraden und schrägen Zähnen (Teilverfahren).		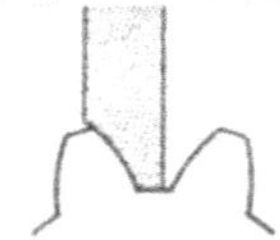
	Bauart: Minerva bzw. Zahnradfabrik Friedrichshafen .... Schmid & Schaudt KG (Unger)	**Anwendungsbereich:** Bis Räder von etwa 350 mm Durchmesser „ „ „ „ 300 mm Durchmesser, größter Modul 6, kleinster Modul 1,5	
	Wälzschleif-Verfahren mit zwei Tellerscheiben von etwa 200 bis 250 mm Durchmesser für Stirnverzahnungen mit geraden und schrägen Zähnen (Teilverfahren).		
	Bauart: Maag (Die Scheibe schleift nur mit ihrem Rand) .... Wotan- u. Zimmermannwerke (Die Scheibe ist an ihrem Umfang mit Aussparungen versehen, sie schleift mit einer breiten Fläche)	**Anwendungsbereich:** Größter Raddurchmesser 1030 mm, größter Modul 20 „ „ 600 mm, „ 15, kleinster Modul 2	
	Wälzschleif-Verfahren mit Doppelkegelscheibe von 200 bis 350 mm Durchmesser für Stirnverzahnungen mit geraden und schrägen Zähnen (Teilverfahren).		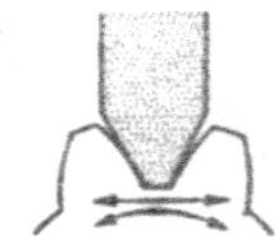
	Bauart: Deutsche Niles-Werke .... Hermann Kolb..............	**Anwendungsbereich:** Größter Raddurchmesser 1200 mm, größter Modul 15, kleinster Modul 1,5 „ „ 300 mm, „ „ 8, „ „ 1,5	
Läppen	Dreifach-Läppverfahren für Stirnverzahnungen mit geraden und schrägen Zähnen.		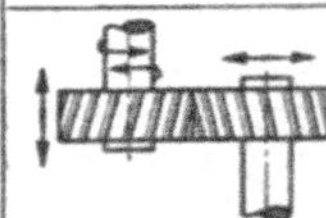
	Bauart: Fritz Werner A.-G.	**Anwendungsbereich:** 40 bis 200 mm Achsabstand, 120 mm kleinster Teilkreis-Durchmesser bei Innenrädern, 250 mm größter Außendurchmesser.	
	Schwingungs-Läppverfahren für Stirnverzahnungen mit geraden und schrägen Zähnen.		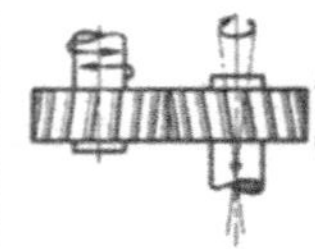
	Bauart: Klingelnberg	**Anwendungsbereich:** Kleinster Radaußendurchmesser 36 mm, größter Radaußendurchmesser 360 mm **Anmerkung:** Nach diesem Verfahren werden auch Kegelräder geläppt, je nach Übersetzungsverhältnis: kleinster Radaußendmr. 30 mm, größter Radaußendmr. 540 mm	

Tafel 2. Die gebräuchlichsten Verfahren zur Herstellung von Kegelrädern.

Bauart	Anwendungsbereich	
Wälzhobel-Verfahren mit sich abwälzendem Werkstück (Bilgram-Verfahren) mit Prismenstahl für Kegelräder mit geraden und schrägen Zähnen (Teilverfahren).		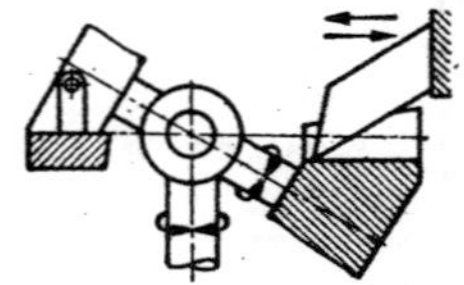
Bauart: Reinecker	Anwendungsbereich: Größter Raddurchmesser je nach Übersetzung bis 1100 mm, größter Stirnmodul 16	
Wälzhobel-Verfahren mit sich abwälzenden Prismenstählen (zumeist Teilverfahren) für Kegelräder mit geraden und schrägen Zähnen und in Sonderausführung für Kegelräder mit in der Längsrichtung schwach gekrümmten Zähnen (pausenloses Verfahren).		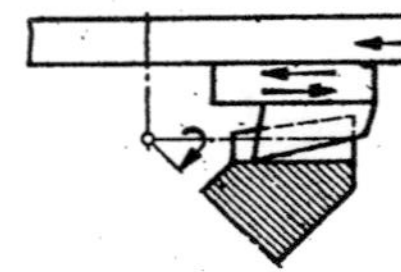
Bauart: Heidenreich & Harbeck... Gleason Works	Anwendungsbereich: Größter Raddurchmesser je nach Übersetzung bis 750 mm, größter Stirnmodul 20 „ „ „ „ „ „ 2250 mm; „ „ 25	
Wälzfräs-Verfahren mit Messerkopf (Teilverfahren) für Kegelräder mit in der Längsrichtung kreisbogenförmig gekrümmten Zähnen.		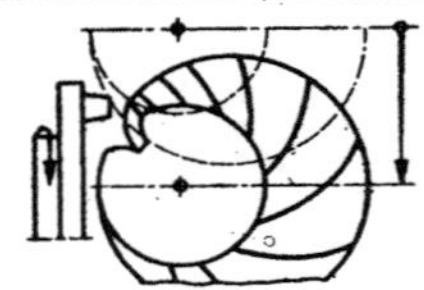
Bauart: Gleason Works	Anwendungsbereich: Größter Raddurchmesser je nach Übersetzung bis 800 mm, größter Stirnmodul 15	
Wälzfräs-Verfahren mit Schneckenfräser (pausenloses Verfahren) für Kegelräder mit in der Längsrichtung nach evolventenförmigen Kurven (Palloiden) gekrümmten Zähnen.		
Bauart: Klingelnberg	Anwendungsbereich: Größter Raddurchmesser je nach Übersetzung bis 840 mm, größter Stirnmodul 15	

Tafel 3. Richtwerte für Arbeitsgeschwindigkeiten beim Fräsen von Zahnrädern.

Werkstoff	Vorfräsen ohne Wälzen		Wälzfräsen[1])	
	Schnittgeschwindigkeit v in m/min.	Vorschubgeschwindigkeit s' in m/min.	Schnittgeschwindigkeit v in m/min.	Vorschubgeschwindigkeit s' in mm je Werkstückumdrehung
Gußeisen	12–15	60–80	16–24	0,5–4[2])
Stahl bis etwa 60 kg/mm^2	15–20	50–70	25–35	0,5–4
Stahl über 60 kg/mm^2 ECN bzw. ECMO	12–15	35–50	20–30	0,5–4
Bronze	20–25	80–100	25–50	0,5–4
Kunstharz-Preßstoffe			25–40	0,5–4

Tafel 4. Richtwerte für die Arbeitsgeschwindigkeiten beim Wälzstoßen mit Schneidrad.

Werkstoff	Schnittgeschwindigkeit des Stößels v in m/min.	Schlicht-Vorschub in mm/Hub[3])
Chromnickelstahl bzw. Chrommolybdänstahl	12	
Gußeisen	14	0,2 bis 0,25
St 38 · 11 bis St 70 · 11	22–16	0,2 bis 0,25
Bronze, Rotguß	30	

Tafel 5. Bearbeitungszugabe an vorgearbeiteten Zahnrädern für die Fertigbearbeitung.

Modul	Zugabe je Flanke in mm	
	Für das Fertigfräsen	Für das Schleifen
2 ...2,5	0,2 ...0,25	0,1 ...0,15
2,5...3	0,25...0,3	0,15...0,2
3 ...3,5	0,3 ...0,35	0,15...0,25
3,5...4	0,35...0,4	0,15...0,25
4 ... 5	0,4 ...0,5	0,2 ...0,3
5 ... 6	0,5 ...0,6	0,2 ...0,3
6 ... 7	0,6 ...0,7	0,2 ...0,35
7 ... 9	0,8 ...0,9	0,2 ...0,35
9 ...11	0,9 ...1,00	0,25...0,4
11 ...12	1,00...1,2	0,25...0,4

Werkstoffabnahme beim Läppen je Flanke etwa 0,02 bis 0,03 mm, Werkstoffabnahme beim Schaben je Flanke etwa 0,1 mm.

---

[1]) Nach dem Handbuch „Pfauter-Wälzfräsen", im Buchhandel durch Springer, Berlin W 9.

[2]) Die Vorschubgeschwindigkeit ist wesentlich von der geforderten Oberflächenbeschaffenheit und Genauigkeit der Zahnflanken bestimmt. Bei kleineren Modulen geht man mit dem Vorschub herunter bis 0,5 mm/U. Die angegebenen Vorschubgrößen gelten für die Richtung des Zahnverlaufes, sie müssen deshalb für Schraubenräder mit größerem Schrägungswinkel für die Richtung der Werkstückachse umgerechnet werden.

[3]) Der angegebene Vorschub gilt für den am Teilkreis abzuwälzenden Umfang des Werkstückes oder des Werkzeuges bei 95 mm Schneidrad-Durchmesser. Er ist bei kleinerem Werkzeugdurchmesser höher, bei größerem Werkzeugdurchmesser kleiner.

werkzeug ist entweder eine Zahnstange (Lorenz-Michigan-Zahnflanken-Schabemaschine) oder ein Zahnrad (Schabemaschinen von Hurth und Lorenz). Die Flanken der Schabewerkzeuge haben eine große Zahl von Schabekanten, die durch das Einarbeiten feiner Nuten gebildet und bei eintretender Abnutzung durch Nachschleifen des Profils geschärft werden.

Vorteilhaft ist auch das Schaben der Zahnflanken von Schneckenrädern mittels einer Schabeschnecke, deren Abmessungen mit den Abmessungen der Getriebeschnecke übereinstimmen (Vorteile: Unabhängigkeit von dem Abnutzungszustand des Schneckenradfräsers, gute Zahnanlage, glatte Flanken).

b) Schleifen. Die am weitesten verbreitete Art des Flankenschleifens ist das Wälzschleifen mit Doppelkegelscheibe oder Tellerscheibe. In neuerer Zeit gewinnt auch das Formschleifen mit evolventenförmig profilierter Scheibe mehr an Bedeutung. Man erspart dabei die zeitraubenden Wälzwege, muß aber das schwierigere Abritzen des Evolventenprofils in Kauf nehmen. Mit Formscheiben werden auch Innenverzahnungen geschliffen.

c) Läppen. Unter Zahnradläppen versteht man das paarweise Einlaufen von Zahnrädern, die neben ihrer Abrollbewegung noch kleine Zusatzbewegungen ausführen. Diese Zusatzbewegungen sind erforderlich, weil die mit dem Abrollen der Zähne verbundenen Gleitbewegungen allein nicht ausreichen, um eine gleichmäßige Werkstoffabnahme herbeizuführen.

Das größte Anwendungsgebiet des Zahnradläppens liegt im Fahrzeugbau, weil es sich zufolge seiner kurzen Arbeitszeiten besonders für die Fertigung großer Serien eignet. Durch das Läppen können größere Verzahnungsfehler nicht beseitigt werden. Es hat den Zweck, bestimmte kleinere Fehler auszugleichen und vor allem die Oberflächengüte der Zähne zu verbessern. In dieser Hinsicht ist es dem Schleifen überlegen, weshalb man verschiedentlich Räder nach dem Schleifen der Flanken auch noch kurze Zeit läppt.

Schrifttum.

I. Bücher.

Kutzbach, K.: Grundlagen und neuere Fortschritte der Zahnraderzeugung. Berlin 1925.

Krumme: Praktische Verzahnungstechnik. München 1942.

Buckingham-Olah: Stirnräder mit geraden Zähnen. Berlin 1932.

Schiebel, A.: Zahnräder. 3. Aufl. I. Teil. Berlin 1930; II. und III. Teil, bearbeitet von R. Königer. Berlin 1934.

Pfauter: Wälzfräsen. Berlin 1933.

Krumme, W.: Klingelnberg-Palloid-Spiralkegelräder, ihre Berechnung, ihre Herstellung und ihr Einbau. Berlin 1941.

Hofmann, F.: Gleason-Spiralkegelräder. Berlin 1939.

Trier, H.: Die Zahnformen der Zahnräder. Werkstattbücher 47. Berlin 1939.

II. Aufsätze.

Kutzbach, K.: Vom Wesen und Werden des Pfauter-Verfahrens. Z. VDI Bd. 71 (1927) S. 73.

Maag, M.: Die Herstellung und Prüfung der Maag-Zahnräder. Z. VDI Bd. 71 (1927) S. 509.

Glaaser, K.: Das Fräsen von Verzahnungen an zylindrischen Körpern. Masch.-Bau/Betr. Bd. 9 (1930) S. 533. — Die Instandhaltung der Wälzfräser zum Schneiden von Verzahnungen. Masch.-Bau/Betr. Bd. 10 (1931) S. 321.

Jackowski, H.: Kann man die Laufeigenschaften der Zahnräder durch das Scharfschleifen der Abwälzfräser beeinflussen? Werkst.-Techn. Bd. 27 (1933) S. 351 u. 374.

Pohl, F.: Verfahren und Maschinen zum Läppen der Zahnräder. Werkst.-Techn. u. Werksl. Bd. 29 (1935) S. 333. — Zahnradschabmaschinen. Werkst.-Techn. u. Werksl. Bd. 29 (1935) S. 436.

Wommelsdorf, F.: Das Läppen der Zahnräder. Werkst.-Techn. u. Werksl. Bd. 31 (1937) S. 25.

Bock, R.: Zahnrad-Bearbeitungsmaschinen. Z. VDI Bd. 81 (1937) S. 341.

Krumme, W.: Erfahrungen im maschinellen Härten von Zahnrädern. Werkst. u. Betr. Bd. 74 (1941) S. 69.

Umfangreiche Schrifttumsübersicht: Aus dem Schrifttum über Zahnradherstellung J. Wawretzko u. R. Bock, Masch.-Bau/Betr. Bd. 13 (1934) S. 161 und Bd. 14 (1935) S. 391

Schneckengetriebe.

Schneckengetriebe sind Schraubgetriebe und dienen zur Bewegungsübertragung zwischen sich kreuzenden Achsen. Sie werden zwar fast nur für rechtwinklige Achsenkreuzungen ausgeführt, sind aber auch für andere Kreuzungswinkel möglich. Sie gestatten große Übersetzungen in einer einzigen Getriebeeinheit unterzubringen.

Die Flanken der Schnecken sind durch Verschraubung einer Geraden um die Schneckenachse erzeugte Schraubenflächen. Je nach Lage der erzeugenden Geraden zur Schneckenachse ergeben sich verschiedene Schneckenformen.

Schneidet die Gerade die Schneckenachse unter einem Winkel 90° — , dann hat der Achsschnitt der Schnecke geradflankiges Zahnstangenprofil mit dem Flankenwinkel $2\,\alpha$ (Abb. Schn 1). Der Schnitt der Flanken senkrecht zur Schneckenachse ist eine archimedische Spirale (daher Bezeichnung dieser Schneckenform als archimedische oder Spiralschnecke). Das zu dieser Schnecke gehörige Schneckenrad hat nur in der die Schneckenachse enthaltenden Mittelebene Evolventenprofile (mit dem Eingriffswinkel α), während die Profile in seitlichen Parallelebenen von der Evolvente abweichen.

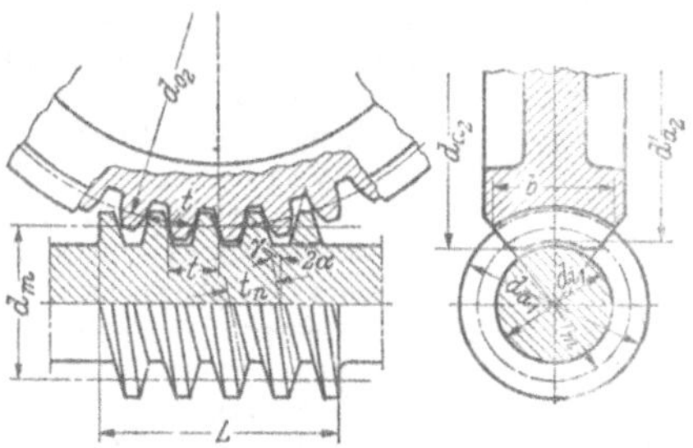

Abb. Schn 1 und Schn 2. Abmessungen und Bezeichnungen am Schneckengetriebe.

Geht die erzeugende Gerade nicht durch die Schneckenachse, sondern kreuzt sie diese im Abstande a unter einem Winkel φ, verschraubt sie sich also an einem Kehlzylinder mit dem Durchmesser $2\,a$, dann entstehen Schnecken, deren Flanken im Achsschnitt gewölbt sind, während die Erzeugende enthaltende Tangentialschnitte zum Kehlzylinder gerade sind. In dem Sonderfall, wo die erzeugende Gerade zugleich Tangente an die Schraubenlinie auf dem Kehlzylinder ist (d. h. $a = \frac{h \cdot \operatorname{tg} \varphi}{2\pi}$, wobei h = Steigung der Schnecke), ist die entstehende Schnecke eine sogenannte Evolventenschnecke (Brownsche Schnecke). Der Schnitt ihrer Flanken senkrecht zur Schneckenachse ergibt gewöhnliche Evolventen des Grundkreises mit dem Halbmesser $r_g = a$; die Evolventenschnecke ist also ihrer geometrischen Form nach ein Evolventen-Schrägzahnrad mit kleiner Zähnezahl und großem Schrägungswinkel und als solches zu berechnen. Das Profil des zugehörigen Schneckenrades in der Radmittelebene ist schwach hohl gewölbt.

Ist die Erzeugende nicht Tangente der Kehlzylinder-Schraubenlinie $\left(\text{d. h. } a \neq \frac{h \cdot \operatorname{tg} \varphi}{2\pi}\right)$, dann sind die Schneckenflanken offene Schraubenflächen, deren Stirnschnitte verlängerte oder verkürzte Evolventen sind. Es entstehen dann verlängerte oder verkürzte Evolventenschnecken.

Sonderformen sind die sowohl mit geradflankigem als auch mit gewölbtem Achsschnitt ausgeführten, den Radkörper im Längsschnitt umfassenden Globoid-Schnecken.

Schneckengetriebe eignen sich für die Übertragung größerer Leistungen zwischen gekreuzten Achsen besser als Schraubenräder, da sie zwischen den Flanken von Schnecke und Rad Linienberührung an Stelle der Punktberührung bei Schraubenrädern haben. Sie können daher größere Kräfte mit geringeren Flächenpressungen und entsprechend verminderter Abnutzung übertragen. Wegen des großen Anteiles an gleitender Reibung haben Schneckengetriebe insbesondere bei großen Übersetzungen ungünstigere Wirkungsgrade als Rädergetriebe mit parallelen Achsen. Der Wirkungsgrad wächst mit zunehmendem Steigungswinkel der Schnecke und erreicht etwa bei 45° seinen Größtwert. Mehrgängige Schnecken mit großer Steigung und kleinem Durchmesser haben daher bessere Wirkungsgrade (ausgeführt bis zu 30° Steigungswinkel bei archimedischen Schnecken, bis zu 45° bei Evolventenschnecken, wobei Wirkungsgrade bis zu 97 vH erreichbar). Getriebe mit kleinen Steigungswinkeln sind bei Umkehrung des Antriebes (Rad auf Schnecke treibend) selbsthemmend.

Bei stark belasteten Getrieben ist für die Abführung der entstehenden Reibungswärme Sorge zu tragen (Kühlrippen am Gehäuse, Gebläse auf Schneckenwelle u. ä.). Das verwendete Öl muß bei der Betriebstemperatur zähe genug sein. Die Lager von Schnecke und Rad müssen zur Vermeidung gegenseitiger Verlagerungen durch elastische Formänderungen und Abnutzung kräftig bemessen werden, da sich der Eingriff bei der Verlagerung außerordentlich verschlechtert. Wälzlagerungen sind zweckmäßig. Seitliche Einstellbarkeit des Schneckenrades ermöglicht das Erreichen der richtigen Eingriffslage; bei Globoidschnecken muß auch die Schnecke axial eingestellt werden können. Eine radiale Zustellung der Schnecke zum Rad zwecks Ausgleichs eines Spieles verschlechtert sehr den Eingriff und sollte vermieden werden.

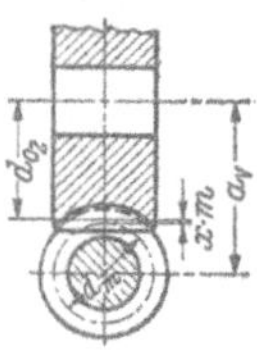

Abb. Schn 3. Schneckenradform bei kleiner Zähnezahl.

Der halbe Flankenwinkel α im geradflankigen Achs- bzw. Normalschnitt wird meist zu 15° (seltener, aber für größere Steigungswinkel vorzuziehen $\alpha = 20°$) gewählt. Bei kleinen Zähnezahlen des Schneckenrades tritt eine Unterschneidung der Radzähne ein, die eine ungünstige Verkleinerung des Eingriffsfeldes nach sich zieht. Zur Vermeidung der Unterschneidung ist eine Profilabrückung erforderlich, deren Größe sich nach der Zähnezahl des Rades richtet.

Für durchschnittliche Verhältnisse können die Abmessungen der zylindrischen Schneckengetriebe mit geradem Achs- bzw. Normalschnitt etwa gemäß den Berechnungstafeln auf S. 705 und 706 (vgl. auch Abb. Schn 1 bis 3) errechnet werden, wenn sie nicht durch vorhandene Werkzeuge von vornherein festgelegt sind (s. u.). Für Grenzfälle (große Steigungswinkel, sehr kleine Radzähnezahlen) sind genaue Untersuchungen der Eingriffsverhältnisse notwendig.

Die Schnecke wird mit Rücksicht auf die hohe Verschleißbeanspruchung meist aus Stahl hergestellt und bei genauen hoch belasteten Getrieben gehärtet und geschliffen. Das Rad bzw. der Radkranz wird je nach der Beanspruchung aus hochwertigem Gußeisen, Phosphorbronze oder für höchste besonders stoßweise Belastungen aus Aluminiumbronze hergestellt. Neuerdings werden mit gutem Erfolg auch Leichtmetallegierungen verwendet. Damit sie ein möglichst dichtes Gefüge erhalten, werden die Radkränze vielfach im Schleudergußverfahren hergestellt.

Die Herstellung der Schnecken erfolgt entweder durch Ausdrehen auf der Drehbank, bei schweren Schnecken nach vorherigem Vorfräsen der Gänge mit Finger- oder Scheibenfräsern oder nur durch Vordrehen bzw. Fräsen mit anschließendem Härten und Schleifen. Bei Verwendung eines Stahles mit geraden Schneidkanten entstehen je nach seiner Anstellung die verschiedenen oben beschriebenen Schneckenformen. Für die Erzeugung einer Schnecke mit geradem Achsschnitt gelten dieselben Bedingungen wie beim Schneiden eines Trapezgewindes (siehe Abschnitt „Herstellen von Gewinde"). Die Evolventenschnecke kann auch als Schrägzahn-Stirnrad durch Wälzfräsen oder -stoßen hergestellt werden. Sie hat

Berechnung des Schneckengetriebes, Abb. Schn 1 bis 3.

I. Schnecke.

Berechnungsgröße	Kurzzeichen	Formel
Gangzahl	z_1	
Axialteilung mm	t	$t = m \cdot \pi = h/z_1$
Modul (im Achsschnitt) mm	m	$m = t/\pi$
Flankenwinkel	$2\,\alpha$	meist $\alpha = 15°$, für größere Steigungswinkel besser $\alpha = 20°$
Steigung mm	h	$h = z_1 \cdot t = z_1 \cdot m \cdot \pi$
Mittlerer Schneckenhalbmesser mm	r_m	Zu wählen für volle Schnecken: $r_m \approx m \cdot (1{,}4 + 2\sqrt{z_1})$ für aufgesetzte Schnecken: $r_m \approx m \cdot (5{,}3 + z_1/10)$ für $z_1 \leqq 5$
Steigungswinkel (am mittl. Halbmesser r_m)	γ	$\operatorname{tg}\gamma = \frac{h}{2\,\pi \cdot r_m} = \frac{z_1 \cdot m}{2\,r_m}$ (bis zu 30°)
Normalteilung mm	t_n	$t_n = t \cdot \cos\gamma$
Normalmodul mm	m_n	$m_n = t_n/\pi = (t/\pi) \cdot \cos\gamma = m \cdot \cos\gamma$
Außendurchmesser mm	$d_{a\,1}$	Für $\gamma = 20° \ldots d_{a\,1} = 2\,(r_m + m)$ „ $\gamma > 20° \ldots d_{a\,1} = 2\,(r_m + m_n)$
Grunddurchmesser mm	$d_{i\,1}$	Für $\gamma = 20° \ldots d_{i\,1} = 2\,(r_m - 1{,}17 \cdot m)$ „ $\gamma > 20° \ldots d_{i\,1} = 2\,(r_m - 1{,}17 \cdot m_n)$
Schneckenlänge mm	L	Zu wählen $L \approx 2\,(1 + \sqrt{z_1}) \cdot m$
Umfangsgeschwindigkeit m/s	v_1	$v_1 = \frac{r_m \cdot n_1}{9550}$
Gleitgeschwindigkeit m/s	v_g	$v_g = v_1/\cos\gamma$. Bei Guß-Schneckenrädern nicht über 3 m/s, bei Bronzerädern bis zu 10 m/s und darüber

II. Schneckenrad.

Berechnungsgröße	Kurzzeichen	Formel
Übersetzung	i	$i = n_1/n_2$
Zähnezahl	z_2	$z_2 = i \cdot z_1$
Teilung mm	t	$t = m \cdot \pi$
Modul mm	m	$m = t/\pi = d_{0\,2}/z_2$
Teilkreisdurchmesser mm	$d_{0\,2}$	$d_{0\,2} = z_2 \cdot t/\pi = m \cdot z_2$
Außendurchmesser in Radmittelebene mm	$d'_{a\,2}$	Für $\gamma \leqq 20° \ldots d'_{a\,2} = d_{0\,2} + 2\,m + (2\,x \cdot m)$ „ $\gamma > 20° \ldots d'_{a\,2} = d_{0\,2} + 2\,m_n + (2\,x \cdot m)$
Profilabrückung mm	$x \cdot m$	Bei $\alpha = 15°$ für $z_2 < 30$: $x \cdot m = (1 - z_2/30)\,m$ „ $\alpha = 20°$ „ $z_2 < 17$: $x \cdot m = (1 - z_2/17)\,m$
Größter Radaußendurchmesser mm	$d_{a\,2}$	$d_{a\,2} \approx d_{0\,2} + 3\,m$ bzw. für $\gamma > 20°$ $d_{a\,2} \approx d_{0\,2} + 3\,m_n$
Breite im Zahngrund mm	b	$b = 6\,m$ bis $8\,m$ (kleinere Werte bei kleinem r_m)
Umfangsgeschwindigkeit m/s	v_2	$v_2 = \frac{d_{0\,2} \cdot n_2}{19\,100} = \frac{h \cdot n_1}{60\,000}$

III. Leistungs- und Festigkeitsrechnung.

Berechnungsgröße	Kurzzeichen	Formel
Leistung an der Radwelle PS	N_2	$N_2 = \frac{P_2 \cdot v_2}{75} = \frac{M_{d2} \cdot n_2}{71\,620}$
Drehmoment an der Radwelle kgcm	M_{d2}	$M_{d2} = \frac{71\,620 \cdot N_2}{n_2} = \frac{P_2 \cdot d_{02}}{2}$
Umfangskraft des Rades ≈ Zahnkraft kg	P_2	$P_2 = \frac{75 \cdot N_2}{v_2} = \frac{2\,M_{d2}}{d_{02}} = c \cdot b \cdot t$
Kennzahl für Zahnbelastung	c	Zulässig für kurzzeitig laufende Getriebe mit Rad aus Gußeisen .... $c \approx 20$ bis 30 kg/cm² „ „ Phosphorbronze .. $c \approx 30$ „ 40 kg/cm² „ „ Aluminiumbronze . $c \approx 40$ „ 50 kg/cm² Für Dauerbetrieb kann etwa gesetzt werden: bei Rädern aus Gußeisen ... $c \approx \frac{40}{1 + v_g/2}$ „ „ „ Bronze...... $c \approx \frac{60}{1 + v_g/2}$
Reibungszahl	μ	$\mu = 0{,}02$ 0,15 und darüber; kleinster Wert nur für Stahl auf Bronze bei bester Ausführung u. Schmierung
Reibungswinkel	ϱ	$\operatorname{tg} \varrho = \mu$
Wirkungsgrad	η	$\eta = \frac{\operatorname{tg} \gamma}{\operatorname{tg}(\gamma + \varrho)}$ (ohne Lagerreibung) Selbsthemmung ist vorhanden, wenn $\eta \leqq 50$ vH, d. h. $\gamma \leqq \varrho$ (z. B. bei $\mu = 0{,}1$ für $\gamma \leqq 5^\circ 45'$). Bei Getrieben in Fahrstühlen und Hebezeugen ist wegen der Erschütterungen $\operatorname{tg} \gamma < {}^1/_{12}$, d. h. $\gamma < 4^\circ 40'$ zu nehmen, wobei $\eta \leqq 0{,}4$ wird
Antriebsdrehmoment an der Schneckenwelle kgcm	M_{d1}	$M_{d1} = P_2 \cdot r_m \frac{h + 2\pi \cdot r_m \cdot \mu}{2\pi \cdot r_m - \mu \cdot h} (1 + \varphi)$ Zuschlag für Lagerreibung $\varphi = 0{,}02$ bis 0,1; kleinster Wert nur für Wälzlager und beste Schmierungsverhältnisse
Modul mm	m	Für überschlägliche Berechnung setzt man $b \approx 2{,}5 \cdot t$, dann wird: $m \approx 4{,}3 \cdot \sqrt[3]{\frac{M_{d2}}{c \cdot z_2}}$

den Vorzug, daß sie mit geradlinig profilierten (ebenen oder kegelförmigen) Schleifscheiben einwandfrei schleifbar ist, während beim Schleifen im Achsschnitt geradflankiger Schnecken mit finger- oder kegelförmigen Schleifscheiben Profilverzerrungen entstehen, die um so größer sind, je größer der Schleifscheibendurchmesser und der Steigungswinkel der Schnecke sind. Mit im Normalschnitt angestelltem geradflankigem Stahl geschnittene Schnecken sind meist verlängerte Evolventenschnecken (herstellungsmäßig bequemste Form).

Die Schneckenräder werden durch Wälzfräsen mit einem jeweils der Form der Schnecke entsprechenden Wälzfräser (oder bei Einzelfertigung auch mit einem Schlagzahn) verzahnt. Der Fräser unterscheidet sich von der Schnecke nur durch die etwas größere Zahnhöhe zur Erzeugung des erforderlichen Kopfspieles. Nur, wenn Schnecke und Fräser einander genau entsprechen, und wenn die Schnecke nachher im Getriebe genau in der Stellung eingebaut wird, die der Fräser gegenüber dem Rad bei der Bearbeitung einnahm, ist ein einwandfreier Eingriff von Schnecke und Rad möglich. Aus dieser Bedingung folgt einerseits, daß der Achsabstand und die Lage der Schnecke zur Radmittelebene beim Einbau genau eingehalten werden müssen, und andererseits daß Schneckengetriebe mit richtigem Eingriff überhaupt nur dann zu erhalten sind, wenn die Form der Schnecke dem jeweiligen Anschliffzustand des das zugehörige Rad erzeugenden Wälzfräsers angepaßt wird. Zu diesem Zwecke ist die Schneckenschleifmaschine von Klingelnberg mit Meßeinrichtungen versehen, die es ermöglichen, den gewissermaßen als Lehre vor dem Schleifen der Schnecke in die Maschine aufgenommenen Fräser abzutasten und seine Maße auf die zu schleifende Schnecke zu übertragen.

Austauschbarkeit ist nur innerhalb der Reihe der im gleichen Scharfschliff-Zustand des Fräsers erzeugten Schneckenräder vorhanden. Es ist daher zweckmäßig, einen besonderen Schlichtfräser zu verwenden, der, da er nur einen kleinen Span zu nehmen hat, selten nachgeschliffen zu werden braucht.

Berechnungsbeispiel.

Es sei ein Schneckengetriebe zu entwerfen für eine Dauerleistung von $N_2 = 10$ PS an der Radwelle und eine Übersetzung $i = n_1/n_2 = 750/60 = 12{,}5$.

Mit Rücksicht auf den Wirkungsgrad werde eine dreigängige Schnecke gewählt, also: $z_1 = 3$ und demnach $z_2 = 3 \cdot 12{,}5 = 37{,}5 \approx 38$. Das Drehmoment an der Radwelle ist:

$$M_{d\,2} = \frac{71\,620 \cdot 10}{60} \approx 11\,900 \text{ kgcm}.$$

Es werde zunächst ein zulässiger c-Wert von 20 kg/cm² und eine Zahnbreite von $2{,}5 \cdot t$ zugrunde gelegt. Damit wird überschläglich:

$$m \approx 4{,}3 \cdot \sqrt[3]{\frac{11\,900}{20 \cdot 38}} = 10{,}8 \text{ mm}; \quad \text{gewählt: } m = 11 \text{ mm}.$$

Mit diesem m wird der Schneckenhalbmesser:

$$r_m = 11\left(1{,}4 + 2\sqrt{3}\right) = 53{,}5 \text{ mm}, \quad \text{gewählt: } r_m = 54 \text{ mm}.$$

Der Steigungswinkel wird aus:

$$\operatorname{tg}\gamma = \frac{3 \cdot 11}{2 \cdot 54} = 0{,}306, \quad \gamma = 17^\circ.$$

Die Umfangsgeschwindigkeit der Schnecke ist:

$$v_1 = \frac{54 \cdot 750}{9550} = 4{,}24 \text{ m/s}.$$

Die Gleitgeschwindigkeit: $$v_g = \frac{4{,}24}{\cos 17^\circ} = \frac{4{,}24}{0{,}95630} = 4{,}434 \text{ m/s}.$$

Für dieses v_g ist für Dauerbetrieb bei einem Rad aus Bronze ein c-Wert von etwa: $\frac{60}{1 + 4{,}29/2} \approx 19$ kg/cm² zulässig. Der unter Zugrundelegung des c-Wertes von 20 kg/cm² ermittelte Modul $m = 11$ reicht somit aus, wenn der Radkranz aus Bronze gemacht werden kann.

(Soll das Rad aus Gußeisen hergestellt werden, dann wäre bei $v_g = 4{,}29$ m/s nur ein c-Wert von etwa $\frac{40}{1 + 4{,}3/2} = 12{,}7$ kg/cm² zulässig. Mit diesem c-Wert ergäbe sich: $m = 4{,}3 \cdot \sqrt[3]{\frac{11\,900}{12{,}7 \cdot 38}} = 12{,}5$. Es wäre also für das gußeiserne Schneckenrad ein Modul von $m = 13$ mm auszuführen.)

Der Wirkungsgrad (ohne Lagerreibung) ergibt sich mit $\varrho = 3^\circ$ ($\mu = 0{,}05$) zu:

$$\eta = \frac{\operatorname{tg} 17^\circ}{\operatorname{tg}(17^\circ + 3^\circ)} \approx 84 \text{ vH}.$$

Die weiteren Abmessungen von Schnecke und Rad können mit Hilfe der angegebenen Formeln leicht gefunden werden. Nach Festlegung aller Abmessungen ist nochmals die Beanspruchung nachzuprüfen.

Schrifttum über Schneckengetriebe.

Ernst: Eingriffsverhältnisse der Schneckengetriebe. Berlin: Springer 1901 — Z. VDI 1900 S. 1229 u.f. — Lindner: Globoidschnecken. Z. VDI 1902 S. 644. — Wolff: Über die Erzielung günstiger Eingriffsverhältnisse an Schneckentrieben. Diss. Techn. Hochsch. Aachen 1923. — Gruson, R.: Untersuchung von Schneckengetrieben. Diss. Techn. Hochsch. Berlin 1926. — Maschmeier: Untersuchungen an Zylinder- und Globoidschneckentrieben. Diss. Techn. Hochsch. Berlin 1930. — Altmann: Schraubengetriebe. Berlin: VDI-Verlag 1932. — Pfauter: Wälzfräsen. Berlin: Springer 1933. — Vogel: Eingriffsgesetze und analytische Berechnungsgrundlagen des zylindrischen Schneckentriebes mit geradflankigem Achsschnitt. Berlin: VDI-Verlag 1933. — Kutzbach: Abschnitt „Schraubgetriebe" in Die Hütte, des Ingenieurs Taschenbuch. — Schiebel: Zahnräder. Dritter Teil. Berlin: Springer 1934 (hier zahlreiche weitere Schrifttumsangaben). — Königer: Das Werkzeug zum Schneiden beliebiger Schraubenregelflächen. Werkst.-Techn. u. Werksleiter Bd. 32 (1938) S. 485.

Kettengetriebe.

Kettengetriebe finden im Maschinenbau Verwendung, wenn die Wellenentfernungen für Zahnrädergetriebe zu groß sind. Kettengetriebe sind unempfindlich gegen Feuchtigkeit und Wärme, müssen jedoch für die zu übertragenden Kräfte reichlich bemessen werden, um Längungen der Kette und damit unruhigen Gang zu vermeiden. Bei sachgemäßer Durchbildung, sorgfältigem Zusammenbau und gewissenhafter Wartung der Triebe sind Wirkungsgrade bis 95 vH und mehr zu erreichen.

Die Ketten werden ausgebildet als Gelenk- oder Zahnketten.

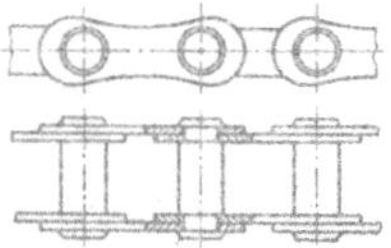
Abb. K 1. Gallsche Kette.

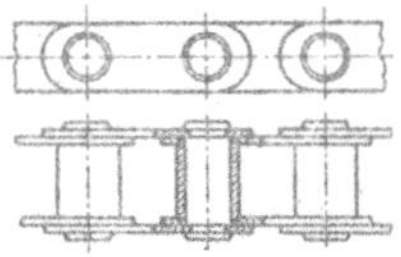
Abb. K 2. Treibkette.

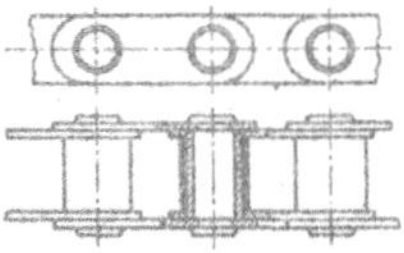
Abb. K 3. Rollenkette.

Gelenkketten, Abb. K 1 bis K 3, bestehen aus Laschen, die durch außen vernietete oder versplintete Bolzen zusammengehalten werden. Die Gallschen Ketten, Abb. K 1, eignen sich nur zur Übertragung geringer Kräfte, da in den Laschenbohrungen erhebliche Flächenpressungen und damit starke Abnutzungen auftreten; sie werden vor allem als Lastketten im Kranbau benutzt.

Für Kettengetriebe zweckmäßiger sind sogenannte Treibketten, Abb. K 2, bei denen die Laschen abwechselnd mit den Bolzen und besonderen Büchsen vernietet sind, wodurch die Flächenpressung auf eine größere Auflagefläche verteilt und dadurch herabgesetzt wird. Bei den Rollenketten, Abb. K 3, sind über die Büchsen noch gehärtete Rollen gezogen; hierdurch wird die Lebensdauer der Ketten weiter erhöht. Derartige Ketten werden bei Motorantrieben von Werkzeugmaschinen, bei Kraftmaschinen zum Antrieb der Steuerwellen und in der Fördertechnik verwandt. Zur Übertragung höherer Leistungen (z. B. bei Gruppenantrieben von Werkzeugmaschinen) werden häufig auch Mehrfach-Rollenketten, die gute Laufeigenschaften haben, herangezogen.

Für die ausgedehnten Verwendungszwecke des Förderweseus ist eine Reihe von Sonderbauarten, wie Blockketten, Stahlbolzenketten, zerlegbare Gelenkketten usw. im Gebrauch. Sie werden von den Kettenfabriken in zahlreichen Formen und Größen hergestellt und gestatten mittels besonderer Ansätze das Anbringen von Tragblechen, Kratzern, Bechern usw.

Zahnketten, Abb. K 4, haben gezahnte Laschen, die sich in die entsprechend geformten Zahnlücken der Kettenräder einlegen. Sie lassen sich in verschiedenen Breiten herstellen und zeichnen sich infolge ihrer guten Auflageverhältnisse auch bei hohen Geschwindigkeiten durch geräuschlosen Lauf aus. Die Führung erfolgt durch besondere Führungslaschen, die sich entweder an den Außenseiten der Kette (Seitenführung) oder in Kettenmitte (Mittenführung) befinden. Infolge ihrer günstigen Laufeigenschaften, die auch bei Abnutzung der Bolzen erhalten bleiben, finden Zahnketten häufig Verwendung, so z. B. im Kraftwagenbau, bei Transmissionsantrieben und Gruppenantrieben von Arbeitsmaschinen.

Gut laufende Kettengetriebe bedingen einwandfreie Kettenräder. Ihre Zahnformen sind daher unter Zugrundelegung der Kettenabmessungen sorgfältig zu ermitteln. Ebenso sorgfältig ist die Bearbeitung vorzunehmen, da Teilungsfehler ruckweisen Lauf und vorzeitigen Verschleiß zur Folge haben. Grundsätzlich sollen nach Abb. K 5 die Bolzen der Gelenkketten auf dem Grund der Zahnlücken aufruhen, die Laschen hingegen dürfen am Radkörper keine Auflage finden.

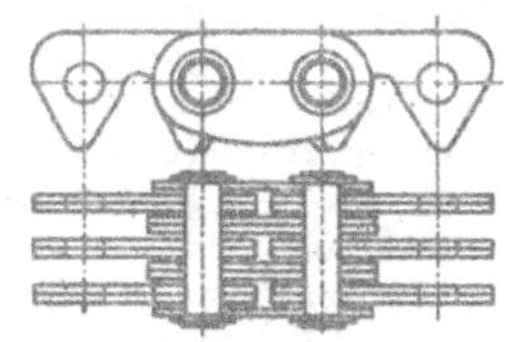

Abb. K 4. Zahnkette.

Die Zahnflanken sind, wie aus den Eingriffsverhältnissen, Abb. K 5, folgt, als Kreisbogen mit dem Radius $r_1 = t - \frac{b}{2}$ und die Zahnköpfe mit $r_2 = 2t - \frac{b}{2}$ auszubilden. Zur Sicherung eines guten Eingriffs werden letztere meist stärker gekrümmt; aus dem gleichen Grunde werden auch die Zähne seitlich zugespitzt.

Zahnkettenräder, Abb. K 7, erhalten zweckmäßig Flankenwinkel von $\alpha = 75°$ bei Ketten kleinerer und von $\alpha = 60°$ bei solchen größerer Teilung.

Bei dem Entwurf von Kettengetrieben ist zu beachten:

Gallsche Ketten sind bis etwa 0,3 m/s und Treibketten bis etwa 3 m/s Laufgeschwindigkeit verwendbar.

Rollenketten eignen sich für Übersetzungen bis 1 : 7 bei Geschwindigkeiten von 3 bis 5 m/s. Die Zähnezahl der Kettenräder soll möglichst groß gewählt werden und nicht kleiner als 12 sein, da mit abnehmendem Raddurchmesser der Drehwinkel der Kette beim Auf- und Ablaufen größer wird und ihr Verschleiß durch innere Reibung steigt. Der Wellenabstand des Getriebes soll mindestens das $1^1/_2$fache vom Durchmesser des großen Rades betragen, jedoch nicht mehr als 3 bis 4 m. Bei Mehrfach-Rollenketten sind Geschwindigkeiten von 5 m/s und mehr zulässig.

Die im Förderwesen verwendeten Sonderketten laufen mit kleinen Geschwindigkeiten von 0,15 bis 0,6 (bis 1,0) m/s.

Zahnketten sind für Übersetzungen bis 1 : 6,5, ausnahmsweise bis 1 : 8, bei Geschwindigkeiten von 4 bis 7 m/s anwendbar. Die Zähnezahl der Kettenräder soll 17 nicht unterschreiten. Der Wellenabstand des Getriebes sei nicht kleiner als das $1^1/_2$fache vom Durchmesser des großen Rades und nicht größer als 4 bis 6 m.

Waagerechte oder flach geneigte Anordnung der Kettentriebe ist anzustreben, wobei die Lager stets in unmittelbare Nähe der Kettenräder zu setzen sind. Lotrechte Antriebe soll man tunlichst vermeiden, da sich Längenänderungen der Kette hierbei stärker bemerkbar machen. Zur

Regelung des Kettendurchhanges sind die Wellenentfernungen um 1 bis 2 Teilungen nachstellbar einzurichten, anderenfalls müssen besondere einstellbare Spannräder angebracht werden. Um eine gleichmäßige Kettenabnutzung zu erreichen, erhält das kleine Rad eine ungerade, das große eine gerade Zähnezahl. Mit zunehmendem Wellenabstand wächst die Lebensdauer der Kette, da jedes Glied in längeren Zeitabständen zum Eingriff kommt; kurze Triebe verlangen daher stärkere Ketten. Sind Kraftstöße zu erwarten, so ist der Zahnkranz des treibenden Rades mit der Nabe federnd zu verbinden; auch Schwungmassen werden zum Ausgleich von Stößen herangezogen.

Die Getriebe sind möglichst gegen Staub zu schützen und zur Erhöhung der Lebensdauer mit einwandfreien Schmiervorrichtungen zu versehen (Tropföler oder besser Ölbad). In staubigen Betrieben oder im Freien empfiehlt sich Einkapseln der Getriebe, was außerdem einen sparsamen Schmiermittelverbrauch zur Folge hat, da das abgeschleuderte Öl der Kette wieder zugeführt wird. Stark verschmutzte Ketten müssen von Zeit zu Zeit mit Petroleum oder Benzin gereinigt und dann im heißen Ölbad neu eingefettet werden.

Bei der Bemessung der Kettengetriebe sind die Betriebsbedingungen sorgfältig zu berücksichtigen. Plötzliches Einschalten und Kraftstöße, stauberfüllte Luft, ungenauer Einbau, Unvollkommenheiten der Kette und mangelhafte Schmierung setzen die höchstzulässige Beanspruchung ganz bedeutend herab. Maßgebend für die Wahl der Ketten ist grundsätzlich die Flächenpressung in den Bolzen, die deshalb stets nachgeprüft werden muß. Die Betriebsbelastung der Kette soll höchstens $^1/_5$ bis $^1/_6$ der Bruchbelastung betragen. Die Berechnung der Radabmessungen ist aus den nachstehenden Angaben abzuleiten.

Die Kettenlänge wird, wenn die Durchmesser der Räder und der Achsenabstand gegeben sind, wie die Riemenlänge beim offenen Riementrieb berechnet, wobei zu beachten ist, daß statt der Riemenscheibendurchmesser die Teilkreisdurchmesser der Räder zu setzen sind. Der halbe Teilkreisdurchmesser ist gleich dem Abstande von Mitte Kettenbolzen bis Radmitte. Die Kettenlänge selbst muß immer ein ganzzahliges Vielfaches der Kettenteilung sein. Die Teilung t ist eine Sehnenteilung.

Hinweise für die Wahl der Werkstoffe:

für Ketten	Laschen: St 50.11, St 60.11, St C 25.61;
	Sonder-Kettenglieder: Temperguß;
	Bolzen: St 60.11, St C 16.61;
	Büchsen: St 60.11, St C 16.61;
für Kettenräder	Ge 14.91, Stg 45.81, St 60.11.

Anhaltswerte für zulässige Beanspruchungen:

Flächenpressung	150 bis 350 (bis 450) kg/cm²;
Zug	400 „ 600 kg/cm²;
Biegung	600 „ 900 kg/cm².

Bei Dauerbetrieb und schnellem Lauf sind diese Werte herabzusetzen.

Beim Zusammenbau ist sorgfältig zu beachten, daß die Wellen genau waagerecht und zueinander parallel liegen, und daß ferner die Kettenräder genau fluchten. Ungenauer Einbau führt unvermeidlich zu Betriebsstörungen und schnellem Verschleiß. Die Kette darf nicht zu stark gespannt werden, da sie selbst und die Lager hierdurch übermäßig beansprucht werden. Sie darf andererseits auch nicht schlagen. Ihr Durchhang soll etwa das 0,8fache der Teilung betragen. Seitliche Führung der Kette nach Abb. K 8.

Genormt sind:

Stahlbolzenketten .... DIN 654
Zerlegbare Gelenkketten .... DIN 686
Rollenketten, Abmessungen u. Bruchlasten; Kettenräder; Zahnform der Kettenräder (Entwurf) ..... DIN Kr 3231
Gallkette, schwer (Entwurf). DIN 691
Gallkette, leicht (Entwurf) . DIN 692
Endglieder für Gallkette, schwer (Entwurf) .... DIN 693
Hülsenkette (Entwurf) ..... DIN 694
Becherwerke, Kettenenden, Kettenbügel, kurze Teilung (Entwurf) .... DIN 744
Becherwerke, Kettenenden, Kettenbügel, lange Teilung (Entwurf) .... DIN 745
Laschenketten für Kettenbahnen .... DIN Berg 2251

Gliederförderer, -Doppelglieder:

Schöpfbecher .... DIN Berg 22201
Entwässerungsbecher ... DIN Berg 22202
Vollbecher .... DIN Berg 22203
Leseband .... DIN Berg 22204
Stückkohlenband .... DIN Berg 22205
Kratzband .... DIN Berg 2206
Kastenband .... DIN Berg 22207
Einzelteile .... DIN Berg 22210
Gelenkketten, Zuordnung . DIN 73231 FI
Hülsenketten, Abmessungen, und Bruchlasten; Kettenräder .... DIN 73232 FI
Kettenradverzahnungen für Rollen- und Hülsenketten DIN 73233 FI
Kettenräder, Fahrradbau . DIN 79576
Rollenketten für Luftfahrt LgN 15431

Die Druckschriften der Kettenfabriken enthalten Angaben über die auf dem Markt erhältlichen Ketten- und Kettenräder-Bauarten.

Rollenkettenrad mit Abwälzfräser

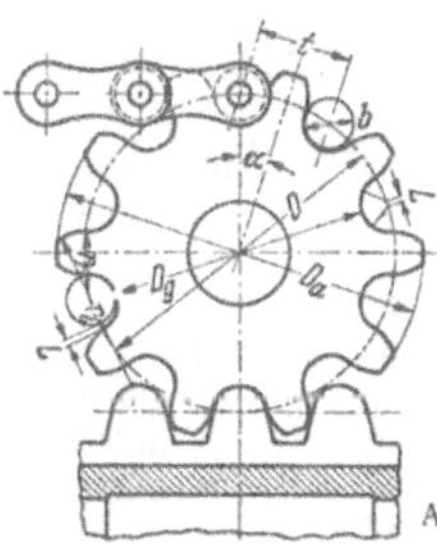

Abb. K 5.

Außendurchmesser $D_a = D + b$
Grundkreisdurchmesser $D_g = D - b$
Teilkreisdurchmesser $D = t : \sin \alpha$
Zähnezahl des Rades z
$\alpha = 180° : z$
Lückenspiel $L = 0{,}1$ bis $0{,}2\ b$

Blockkettenrad mit Formfräser

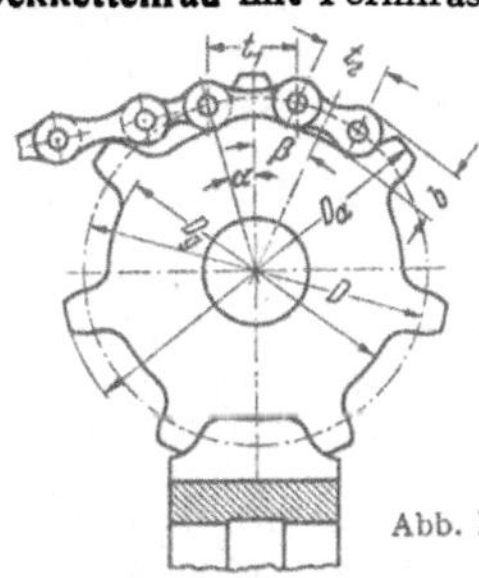

Abb. K 6.

Außendurchmesser $D_a = D + b$
Grundkreisdurchmesser $D_g = D - b$
Teilkreisdurchmesser $D = t_1 : \sin \alpha$
Zähnezahl des Rades z
$\beta = 180° : z$
$\operatorname{tg} \alpha = \sin \beta : \left(\frac{t_2}{t_1} + \cos \beta\right)$

Zahnkettenrad mit Formfräser

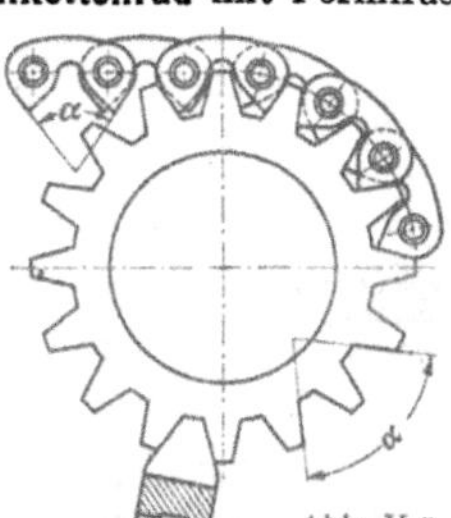

Abb. K 7.

Flankenwinkel $\alpha = 60°$ oder $75°$

Führung der Zahnkette

Mittenführung

Abb. K 8.

Seitenführung

Einiges über Werkzeugmaschinen.

Stufung von Drehzahlen und Vorschüben.

Mit ganz wenig Ausnahmen (z. B. Klinkengesperren für Vorschübe an Hobel- und Stoßmaschinen) stuft man Drehzahlen und Vorschübe an Werkzeugmaschinen nach geometrischen Reihen. Das sind solche, in denen jedes folgende Glied durch Multiplikation des vorhergehenden mit dem innerhalb der vorliegenden Reihe stets gleich bleibenden Faktor „Stufensprung" φ entsteht. Es ist dann:

$$n_1 = = n_1 \cdot \varphi^0,$$
$$n_2 = n_1 \cdot \varphi = n_1 \cdot \varphi^1,$$
$$n_3 = n_2 \cdot \varphi = n_1 \cdot \varphi^2,$$
$$n_4 = n_3 \cdot \varphi = n_1 \cdot \varphi^3,$$

allgemein $$n_x = n_{x-1} \cdot \varphi = n_1 \cdot \varphi^{x-1}.$$

Logarithmisch ausgedrückt lautet dieselbe Gleichung:

$$\log n_x = \log n_1 + (x - 1) \log \varphi,$$

woraus $$\log \varphi = \frac{\log n_x - \log n_1}{x - 1} \quad \text{oder} = \frac{\log n_x/n_1}{x - 1}.$$

Geometrische Reihen geben in logarithmischer Teilung (Rechenschieber oder logarithmisches Koordinatenpapier) gleiche Abstände, nämlich φ bzw. $\log \varphi$.

Die in der Praxis zu lösende Aufgabe besteht meistens darin, zu einem Anfangsglied n_1 und einem Endglied n_x die dazwischen liegenden Glieder n_2 bis n_{x-1}, sowie den Stufensprung φ zu finden. Das kann rechnerisch oder bequemer zeichnerisch geschehen. Es kommt im Grunde genommen darauf hinaus, den Zwischenraum zwischen den Logarithmen der Glieder n_1 und n_x in $x - 1$ gleiche Teile zu teilen.

Rechnerisches Bestimmen der Zwischenglieder.

Der Gang der Rechnung ist aus nachstehendem durchgeführtem Beispiel zu erkennen.

Beispiel: Gegeben $n_1 = 120$ U/min,
$n_9 = 1600$ U/min,

Gesucht n_2 bis n_8.

Lösung: $$\log \varphi = \frac{\log 1600 - \log 120}{9 - 1},$$

$$\log 1600 = 3{,}2041$$
$$-\log\ 120 = \underline{2{,}0792}$$
$$\log \varphi = 1{,}1249 : 8 = 0{,}1406$$
$$\varphi = 1{,}382.$$

Die Errechnung der Zwischenwerte n_2 bis n_{x-1} soll nicht auf dem Rechenschieber durch mehrfach hintereinander erfolgendes Multiplizieren geschehen, weil die unvermeidlichen wiederholten Rundungen gegen Schluß der Reihe zu große Fehler entstehen lassen könnten. Man rechnet zweckmäßig logarithmisch weiter, nachdem man doch schon die Logarithmentafel zur Hand nehmen mußte.

$$\begin{aligned}
\log n_1 &= 2{,}0792 = \log\ 120\\
+\log \varphi &= \underline{0{,}1406}\\
= \log n_2 &= 2{,}2198 = \log\ 165{,}9\\
+\log \varphi &= \underline{0{,}1406}\\
= \log n_3 &= 2{,}3604 = \log\ 229{,}3\\
+\log \varphi &= \underline{0{,}1406}\\
= \log n_4 &= 2{,}5010 = \log\ 317{,}0\\
+\log \varphi &= \underline{0{,}1406}\\
= \log n_5 &= 2{,}6416 = \log\ 438{,}1\\
+\log \varphi &= \underline{0{,}1406}\\
= \log n_6 &= 2{,}7822 = \log\ 605{,}6\\
+\log \varphi &= \underline{0{,}1406}\\
= \log n_7 &= 2{,}9228 = \log\ 837{,}1\\
+\log \varphi &= \underline{0{,}1406}\\
= \log n_8 &= 3{,}0634 = \log 1157\\
+\log \varphi &= \underline{0{,}1406}\\
= \log n_9 &= 3{,}2040 = \log 1600 \text{ (Kontrolle).}
\end{aligned}$$

Zeichnerisches Bestimmen der Zwischenglieder.

Man trägt auf logarithmischem Papier (Carl Schleicher & Schüll, Düren) die beiden gegebenen Endglieder der geometrischen Reihe ein oder überträgt von der logarithmischen Teilung des Rechenschiebers die beiden gegebenen Endglieder auf einen Streifen Papier. Dann teilt man die Strecke zwischen den Endgliedern in $x - 1$ gleiche Teile. Die Teilpunkte entsprechen den gesuchten Zwischengliedern.

Beispiel: Gegeben $n_1 = 120$ U/min,
$n_9 = 1600$ U/min.
Gesucht n_2 bis n_8.

Lösung auf logarithmischem Papier: Abb. St 1 a und b:

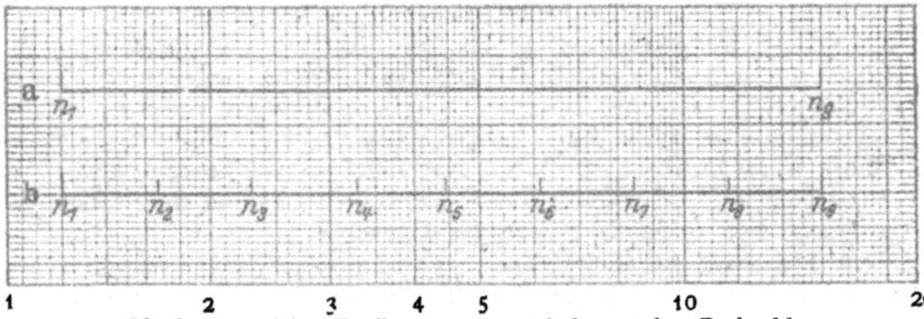

Abb. St 1 a und b. Bestimmen geometrisch gestufter Drehzahlen.

a. Auftragen von n_1 und n_9. Abstand auf Logarithmenpapier Nr. $376^1/_2$ von Carl Schleicher & Schüll in Naturgröße mit dem Maßstab gemessen $\log n_9/n_1 = 112{,}5$ mm.

b. Auf dem Rechenschieber errechnet:

$^1/_8$ 112,5 = 14,1 mm,	$^5/_8$ 112,5 = 70,3 mm,
$^2/_8$ 112,5 = 28,1 mm,	$^6/_8$ 112,5 = 84,4 mm,
$^3/_8$ 112,5 = 42,2 mm,	$^7/_8$ 112,5 = 98,5 mm,
$^4/_8$ 112,5 = 56,3 mm,	$^8/_8$ 112,5 = 112,5 mm (Kontrolle).

Diese Teilpunkte auftragen und an ihnen ablesen:

n_1 = 120 U/min,	n_4 = 317 U/min,	n_7 = 840 U/min,
n_2 = 166 U/min,	n_5 = 438 U/min,	n_8 = 1160 U/min,
n_3 = 230 U/min,	n_6 = 606 U/min,	n_9 = 1600 U/min. —

Lösung mit dem Rechenschieber allein kann in Ermanglung von logarithmischem Papier vorgenommen werden, indem man die Teilung auf der aus dem Schieber herausgezogenen Zunge auf einen Streifen Papier überträgt und dann wie oben verfährt. Es ist Ansichtssache, ob man die obere oder die untere Teilung der Zunge verwendet.

Normungszahlen DIN 323.

Die Normungszahlen nach DIN 323 sind geometrisch gestufte, jedoch der Bequemlichkeit wegen gerundete und in der Stufung wieder ausgeglichene Zahlenreihen, die sich den Ziffern nach in jedem Dezimalbereiche wiederholen. Es sind vier Reihen genormt, die den Bereich von 10^x zu 10^{x+1} in 40, 20, 10 oder 5 Stufensprüngen φ überbrücken. Demnach sind die Stufensprünge bei der

$$40\text{er Reihe } \varphi = \sqrt[40]{10} = 1{,}0593 = \approx 1{,}06,$$

$$20\text{er Reihe } \varphi = \sqrt[20]{10} = 1{,}1220 = \approx 1{,}12,$$

$$10\text{er Reihe } \varphi = \sqrt[10]{10} = 1{,}2589 = \approx 1{,}26,$$

$$5\text{er Reihe } \varphi = \sqrt[5]{10} = 1{,}5849 = \approx 1{,}58.$$

Die Normungszahlen sollen für die Aufstellung von Reihen konstruktiver Abmessungen, wie Anschlußmaße, Durchmesser oder Längen von Erzeugnissen gleicher Art, aber steigender Größe verwendet werden.

Die 20er, 10er und 5er Reihe entstehen aus der jeweils vorhergehenden Reihe durch Überspringen eines Gliedes. Für Normungszwecke sollen möglichst keine anderen Auswahlen aus der 40er Reihe vorgenommen werden, als in DIN 323 getroffen sind. Es ist jedoch statthaft, von einer Reihe der Normungszahlen zu einer benachbarten überzugehen. Für Drehzahlen sind andere Auswahlen getroffen; für Vorschübe an Werkzeugmaschinen sind solche noch geplant. Die Normungszahlen DIN 323 sind wegen ihres zwingend logischen Aufbaues international anerkannt.

Die Mantissen des Briggschen Logarithmus steigen in der 40er Reihe um je 0,025 = $^1/_{40}$, in den anderen Reihen um je 0,050 = $^1/_{20}$; 0,100 = $^1/_{10}$ und 0,200 = $^1/_5$. Die genauen Ziffern der Normungszahlen sind in der vorletzten Spalte angegeben.

Jedes Glied ist das geometrische Mittel zwischen zwei Gliedern, die in der gleichen Reihe gleich weit nach vor- und nach rückwärts liegen, z. B. $3{,}55^2 = 2{,}8 \cdot 4{,}5$ (20er Reihe).

Normungszahlen DIN 323.

40er Reihe	20er Reihe	10er Reihe	5er Reihe	40er Reihe	20er Reihe	10er Reihe	5er Reihe	40er Reihe	20er Reihe	10er Reihe	5er Reihe	Genaue Werte	Mantisse
1	1	1	1	10	10	10	10	100	100	100	100	10 000	000
1,06				10,6				106				10 593	025
1,12	1,12			11,2	11,2			112	112			11 220	050
1,18				11,8				118				11 885	075
1,25	1,25	1,25		12,5	12,5	12,5		125	125	125		12 589	100
1,32				13,2				132				13 335	125
1,4	1,4			14	14			140	140			14 125	150
1,5				15				150				14 962	175
1,6	1,6	1,6	1,6	16	16	16	16	160	160	160	160	15 849	200
1,7				17				170				16 788	225
1,8	1,8			18	18			180	180			17 783	250
1,9				19				190				18 836	275
2	2	2		20	20	20		200	200	200		19 953	300
2,12				21,2				212				21 135	325
2,24	2,24			22,4	22,4			224	224			22 387	350
2,36				23,6				236				23 714	375
2,5	2,5	2,5	2,5	25	25	25	25	250	250	250	250	25 119	400
2,65				26,5				265				26 607	425
2,8	2,8			28	28			280	280			28 184	450
3				30				300				29 854	475
3,15	3,15	3,15		31,5	31,5	31,5		315	315	315		31 623	500
3,35				33,5				335				33 497	525
3,55	3,55			35,5	35,5			355	355			35 481	550
3,75				37,5				375				37 584	575
4	4	4	4	40	40	40	40	400	400	400	400	39 811	600
4,25				42,5				425				42 170	625
4,5	4,5			45	45			450	450			44 668	650
4,75				47,5				475				47 315	675
5	5	5		50	50	50		500	500	500		50 119	700
5,3				53				530				53 088	725
5,6	5,6			56	56			560	560			56 234	750
6				60				600				59 566	775
6,3	6,3	6,3	6,3	63	63	63	63	630	630	630	630	63 096	800
6,7				67				670				66 834	825
7,1	7,1			71	71			710	710			70 795	850
7,5				75				750				74 989	875
8	8	8		80	80	80		800	800	800		79 433	900
8,5				85				850				84 140	925
9	9			90	90			900	900			89 125	950
9,5				95				950				94 406	975

Normungszahlen über 1000 sind durch Vervielfachen der Zahlen zwischen 100 und 1000 mit 10, 100 usw. zu bilden, Normungszahlen unter 1 entsprechend durch Teilen der Zahlen zwischen 1 und 10 durch 10, 100 usw.

Leerlauf-Drehzahlen nach VDW[1]).

Die Richtwerte für Leerlaufdrehzahlen an Werkzeugmaschinen und Getrieben nach VDW sind nicht endgültig als Dinorm herausgekommen; sie waren vor etwa 10 Jahren aufgestellt und aus der 40er Reihe der Normungszahlen DIN 323, ebenfalls in geometrischer Stufung, so ausgewählt, daß die synchronen Drehzahlen der Drehstrommotoren in möglichst vielen der so gebildeten Reihen enthalten sind, um den Verhältnissen bei der unmittelbaren Kupplung mit Elektromotoren gerecht zu werden.

[1]) RKW/AWF-Schrift 66/239 „Wesen und Auswirkung der Drehzahlnormung". Leipzig: Verlag B. G. Teubner. Bestellnummer 12051, 3,00 RM.

Nenndrehzahl-Reihen für Vollast

DIN 323 R 20 (R 40)	R 20 Grundreihe 1,12	R 20/2 (. . . 2800) Hauptreihe 1,26	R 20/4 (. . . 1400) 1,58	R 20/4 (. . . 2800) 1,58	R 20/3 (. . . 2800) 1,41	R 20/6 (. . . 2800) 2,0	R 20 Grundreihe 1,12	R 20/2 (. . . 2800) Hauptreihe 1,26
10	10						100	
(10,6)								
11,2	11,2	11,2		11,2	11,2	11,2	112	112
(11,8)								
12,5	12,5						125	
(13,2)								
14	14	14	14				140	140
(15)								
16	16				16		160	
(17)								
18	18	18		18			180	180
(19)								
20	20						200	
(21,2)								
22,4	22,4	22,4	22,4		22,4	22,4	224	224
(23,6)								
25	25						250	
(26,5)								
28	28	28		28			280	280
(30)								
31,5	31,5				31,5		315	
(33,5)								
35,5	35,5	35,5	35,5				**355**	**355**
(37,5)								
40	40						400	
(42,5)								
45	45	45		45	45	45	450	450
(47,5)								
50	50						500	
(53)								
56	56	56	56				560	560
(60)								
63	63				63		630	
(67)								
71	71	71		71			**710**	**710**
(75)								
80	80						800	
(85)								
90	90	90	90		90	90	900	900
(95)								

Fettgedruckte Zahlen sind die annähernden Vollast-

Bis zum Erscheinen der ISA-Empfehlungen für Nenn-Drehzahlreihen haben die Leerlaufdrehzahlen nach VDW den Werkzeugmaschinenbau maßgebend beeinflußt. Als Nachteil wurde immer wieder empfunden, daß der Drehzahlabfall bis zu den Drehzahlen bei mittlerer und bei voller Belastung je nach den vorhandenen Übertragungsmitteln (Schlupf oder Motoren, Schlupf einfacher oder mehrfacher Riementriebe) immer nur mit ziemlich großer Toleranz erfaßbar sind. Man half sich dadurch, daß man einen Durchschnittswert von 6% Abfall annahm, so daß die Lastdrehzahlen als die jeweils nächst niedrigere Zahl in der Reihe 1,06 angesehen werden konnte. Für die Vorkalkulation blieb die erhoffte Vereinfachung in der Berechnung der Maschinenzeiten aus.

nach ISA-Empfehlung 1938.

R 20/4 (. . . 1400)	R 20/4 (. . . 2800)	R 20/3 (. . . 2800)	R 20/6 (. . . 2800)	R 20 Grundreihe	R 20/2 (. . . 2800) Hauptreihe	R 20/4 (. . . 1400)	R 20/4 (. . . 2800)	R 20/3 (. . . 2800)	R 20/6 (. . . 2800)
1,58	1,58	1,41	2,0	1,12	1,26	1,58	1,58	1,41	2,0
				1000				1000	
	112			1120	1120		1120		
		125		1250					
140				**1400**	**1400**	**1400**		**1400**	**1400**
				1600					
	180	180	180	1800	1800		1800		
				2000				2000	
224				2240	2240				
		250		2500					
	280			**2800**	**2800**		**2800**	**2800**	**2800**
355		**355**	**355**						
	450								
		500							
560									
	710	**710**	**710**						
900									

Drehzahlen der Drehstrom-Elektromotoren.

Schnell-Drehzahlen und Schnell-Frequenzen

nach Prof. Dr.-Ing. O. Kienzle, Berlin.

DIN 323	2800 R 20/6	4250 R 40/12	Schnell-frequenz Hz	Polzahl[1]) Frequenzwandler bei n = 1500 U/min	Polzahl[1]) Frequenzwandler bei n = 3000 U/min	2800 R 20/6	4250 R 40/12	Schnell-frequenz Hz	Polzahl[1]) Frequenzwandler bei n = 1500 U/min	Polzahl[1]) Frequenzwandler bei n = 3000 U/min
2800	2800		50							
3000										
3150										
3350							33500	600		22
3550										
3750										
4000										
4250		4250	75	2						
4500						45000		800		30
4750										
5000										
5300										
5600	5600		100	4	2					
6000										
6300										
6700										
7100										
7500										
8000										
8500		8500	150	8	4					
9000										
9500										
10000										
10600										
11200	11200		200	12	6					
11800										
12500										
13200										
14000										
15000										
16000										
17000		17000	300	20	10					
18000										
19000										
20000										
21200										
22400	22400		400		14					
23600										
25000										
26500										

[1]) Polzahlen gelten für Gegenfeld-Frequenzwandler.

Nenndrehzahl-Reihen für Vollast nach ISA (s. S. 716 und 717).

Die Vollastdrehzahlen nach ISA sind auf der Internationalen Normentagung Berlin, Juni 1938, festgelegt worden; sie stimmen mit den Normungszahlen DIN 323 überein. Die Beziehung zu den Synchrondrehzahlen der Drehstrommotoren (3000, 1500 usw.) ist dadurch hergestellt, daß die entsprechenden Normdrehzahlen (2800, 1400 usw.) um rd. 6 vH unter jenen liegen, so daß die höchsten praktisch vorkommenden Drehzahlabfälle berücksichtigt sind.

Als Grundreihe ist die Reihe R 20 mit dem Stufensprung $\sqrt[20]{10} = 1{,}12$ gewählt. Aus ihr entstehen durch Auswahl jedes 2., 3., 4. und 6. Gliedes die Reihen mit den Stufensprüngen 1,26; 1.41; 1,58 und 2,0.

Die Bezeichnung bezieht sich auf das jeweils aus der Grundreihe R 20 ausgezählte Glied; z. B. bedeutet R 20/4, daß jeweils das vierte Glied der Grundreihe für diese Reihe R 20/4 gewählt wurde. End- oder Anfangsglied der Reihen sollen genannt werden (... 2800), weil auch andere Auswahlen mit gleichem Stufensprung möglich wären und für die zwei Reihen mit dem Stufensprung $\varphi = 1,58$ eine Unterscheidung notwendig ist.

Die Nenndrehzahlen verstehen sich mit einer elektrischen Toleranz von + 2,5 vH und einer mechanischen Toleranz (Abweichungen der ausgeführten Zahnradübersetzung vom Sollwert, Riemenschlupf usw.) von ± 2 vH, also einer Gesamttoleranz von + 4,5 bis − 2 vH. Diese Toleranz ist auf den Genauwert der Nenndrehzahl (s. vorletzte Spalte der Normungszahlen DIN 323 S. 715) zu beziehen, nicht auf den gerundeten Wert der Zahlentafel. In den meisten Fällen wird die Spindel etwas schneller laufen als das Maschinenschild angibt, auf dem in Zukunft die Nennwerte angegeben werden sollen. Diese Tatsache wird sich bei der Vorgabezeit für Maschinenarbeiten günstig für den bedienenden Arbeiter auswirken.

Vorschübe sind nach den Reihen R 20, R 10 und R 5 zu stufen. Kurvenvorschübe sollten ebenfalls genormt werden.

Schnelldrehzahlen und Schnellfrequenzen.

Einen Anschluß an die Nenndrehzahlen nach ISA bilden die Schnelldrehzahlen bzw. Schnellfrequenzen nach dem Vorschlag von Prof. Kienzle. Diese Lastdrehzahlen schließen sich an den Wert 2800 mit dem Stufensprung $\varphi = 2$ und an den Wert $4250 = (1 + 2/3) \cdot 2800$ gleichfalls mit dem Stufensprung $\varphi = 2$ an. Der Ausgangswert 2800 ist in der Reihe R 20, der Ausgangswert 4250 nur in der 40er Reihe DIN 323 enthalten. Deswegen sind die Reihen mit 2800 R/6 und 4250 R 40/12 benannt.

Schrifttum.

Werkst.-Techn. u. Werksleiter 1937 Heft 10.

Kienzle: Internationale Vereinheitlichung der Normungszahlen. Werkst.-Techn. u. Werksleiter 1938 Heft 19.

Melcher: Internationale Normvorschläge für die Drehzahlen der Arbeitsspindeln. Maschinenbau-DIN-Mitt. 1938 Heft 15/16 S. 435. Bericht des ISA-Komitees 39, Werkzeugmaschinen.

Irtenkauf: Die Vorschubnormung bei den spanabhebenden Werkzeugmaschinen. Werkst.-Techn. u. Werksleiter 1939 S. 25.

Irtenkauf: Die Normungszahlen und ihre Anwendung bei der Gestaltung von Dreh- und Revolverdrehbänken. Werkst.-Techn. u. Werksleiter 1940 S. 1.

Kienzle: Geometrische Vorschubstufung bei Werkzeugmaschinen mit hin- und hergehender Hauptbewegung. Werkst.-Techn. u. Werksleiter 1940 S. 265.

Beinert u. Birett: Hohe Drehzahlen durch Schnellfrequenzantrieb. Berlin 1940, Springer, Werkstattbuch 84.

Logarithmische Drehzahlbilder.

Das Netz der Drehzahlbilder ist einfach logarithmisch. Die Wellen eines Getriebes zeichnet man als waagerechte Linien in beliebigem Abstand in der Reihenfolge des Kraftflusses; auf ihnen erscheinen in logarithmischem Maßstab eingetragen die Drehzahlen der betreffenden Welle. Bei geometrisch gestuften Drehzahlen ergeben sich, wie im Abschnitt „Stufung von Drehzahlen und Vorschüben" gesagt, gleiche Abstände, und es genügt zum Zeichnen des Drehzahlbildes einfaches kariertes Papier.

Wenn die Art der Stufung noch nicht festliegt oder noch nicht erkannt ist, z. B. beim Untersuchen fertig vorliegender Getriebe, verwendet man einfach-logarithmisches Papier (Nr. 376½ von Carl Schleicher & Schüll) und trägt auf jeder Waagerechten die errechneten Drehzahlen ein, die die durch diese Gerade dargestellte Welle oder Spindel machen kann, z. B. Abb. Db 8.

Die Verbindungslinien zwischen den Drehzahlen zweier Wellen, Abb. Db 1 bis 3, stellen dann jeweils eine zwischen diesen Wellen bestehende Übersetzung dar, die durch Zahnräder, Schneckentriebe, Ketten, Riemen, Reibungsräder usw. gebildet sein kann. Eine Feldbreite bedeutet jeweils eine

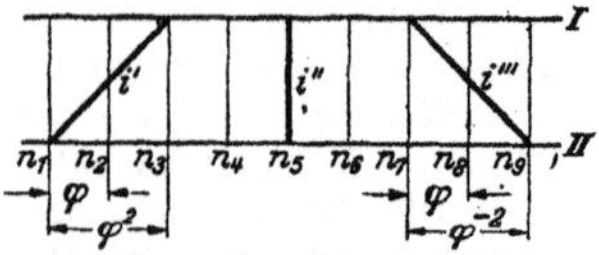

Abb. Db 1. Log. Drehzahlbild für verschiedene Übersetzungen: $i' = \varphi^2$ Übersetzung ins Langsame; $i'' = \varphi^0 = 1$ Übersetzung gleich auf gleich; $i''' = \varphi^{-2}$ Übersetzung ins Schnelle.

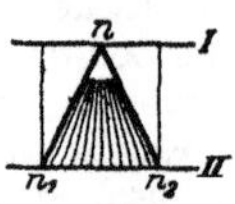

Abb. Db 2. Log. Drehzahlbild eines stufenlos regelbaren Getriebes.

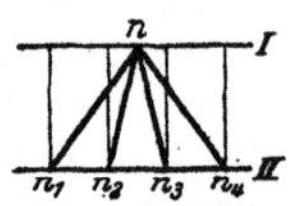

Abb. Db 3. Log. Drehzahlbild eines symmetrisch gestuften Getriebes (Stufenscheibenpaar).

Übersetzung $i = \varphi$. Falls man, was sehr zu empfehlen ist, auch für die Zwischenwellen nur genormte Drehzahlen zuläßt, sind die Übersetzungen stets Potenzen der genormten Stufensprünge, die man aus der ein für allemal aufgestellten nachstehenden Zahlentafel ablesen kann[1]).

Potenzen genormter Stufensprünge.

φ	φ^2	φ^3	φ^4	φ^5	φ^6	φ^7	φ^8
1,12	1,26	1,41	1,59	1,78	2,00	2,24	2,51
1,26	1,59	2,00	2,51	3,16	3,98	5,01	6,31
1,58	2,51	3,98	6,31	10,0			
1,41	2,0	2,83	4,0	5,66	8,0		
2,0	4,0	8,0					

Zum Entwurf neuer Getriebe geben die logarithmischen Drehzahlbilder das denkbar beste und schnellste Mittel, alle möglichen verschiedenen Lösungen in wenigen Minuten aufzuzeichnen und gegeneinander abzuwägen, Abb. Db 4 bis 6. Bei der Untersuchung vorhandener Getriebe sind auf einen Blick die sämtlichen Übersetzungen zu übersehen und kritisch zu durchleuchten, Abb. Db 7 und 8.

Bei Antrieb durch polumschaltbare Motoren, z. B. Abb. Db 9 und 10, teilt man sich die Drehzahlen der Hauptspindel in Gruppen ein (in Wirklichkeit mit verschiedenen Farben, in Abb. Db 10 mit Kreuzen und Kreisen), die sich wie die Drehzahlen des polumschaltbaren Motors verhalten, z. B. in Abb. Db 10:

$$(140,\ 180,\ 224) : (\ 280,\ \ 355,\ \ 450) = 1:2,$$
$$(280,\ 355,\ 450) : (\ 560,\ \ 710,\ \ 900) = 1:2,$$
$$(560,\ 710,\ 900) : (1120,\ 1400,\ 1800) = 1:2.$$

Es ergeben sich dann zwei gleiche Teil-Drehzahlbilder (in Wirklichkeit in verschiedenen Farben, in Abb. Db 10 ausgezogen und gestrichelt), die parallel zueinander um den Sprung der Motordrehzahlen versetzt sind.

[1]) In dem Buch Dr.-Ing. Ruthard Germar: Die Getriebe für Normdrehzahlen (Berlin: Springer 1932) sind u. a. für diese „Normübersetzungen" eine Auswahl von Zähnezahlen für Zahnräderpaare mit den Abweichungen vom mathematisch richtigen Wert in Tafelform gegeben. — Sonstiges Schrifttum über logarithmische Drehzahlbilder: Die Werkzeugmaschine 1932, Heft 16, S. 295 und Heft 17, S. 319. — Werkstatt und Betrieb 1938, Heft 21/22, S. 281.

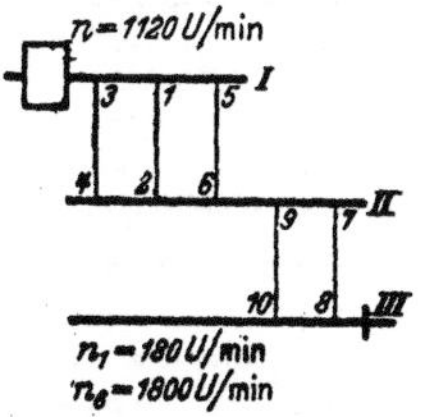

Abb. Db 4. Vereinfachte Darstellung eines Räderkastens mit 3 × 2 Drehzahlen der Hauptspindel. I, II, III Wellen bzw. Spindel. 1, 3, 5, 8, 10 nicht verschiebbare Zahnräder. 4—2—6 und 7—9 Schieberäderblöcke.

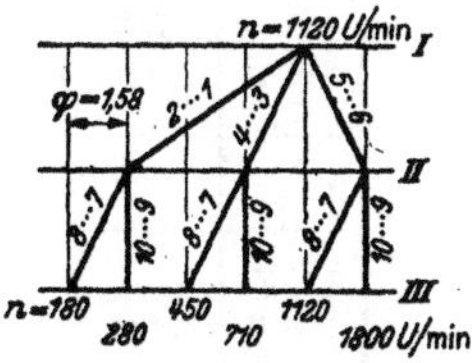

Abb. Db 5: $i_{1-2} = 1{,}58^2$; $i_{3-4} = 1{,}58$; $i_{5-6} = 1{,}58^{-1}$. $i_{7-8} = 1{,}58$; $i_{9-10} = 1$.

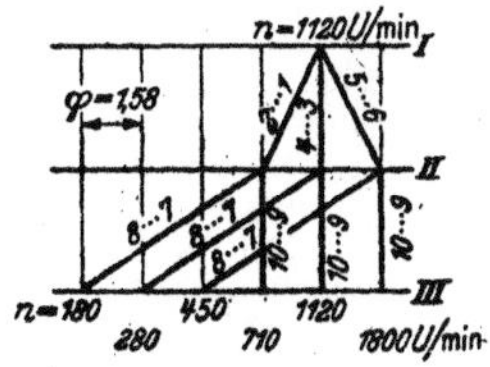

Abb. Db 6: $i_{1-2} = 1{,}58$; $i_{3-4} = 1$; $i_{5-6} = 1{,}58^{-1}$; $i_{7-8} = 1{,}58^2$; $i_{9-10} = 1$.

Abb. Db 5 und 6. Zwei verschiedene Lösungen zum Räderkasten, Abb. Db 4, in log. Drehzahlbildern.

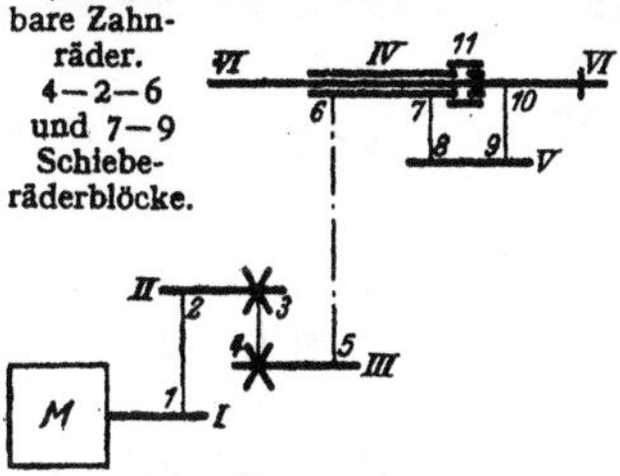

Abb. Db 7. Vereinfachte Darstellung eines Drehbank-Hauptantriebes (Heyligenstaedt) mit stufenloser Regelung. *I* Motorwelle, $n = 1450$ U/min, Wendegetriebe zwischen *I* und *II* nicht gezeichnet. *II* und *III* Zwischenwellen. *IV* Hülse gesondert um *VI* gelagert. *V* Vorgelege, seitlich ausrückbar. *VI* Drehspindel. 1—2 Zahnräder $i = 1{,}2$. 3—4 PIV-Getriebe, Regelbereich etwa 1:7. 5—6 fünffacher Keilriementrieb $i = 2{,}7$. 7—8 Zahnräder $i = 2$. 9—10 Zahnräder $i = 4$. 11 Vielzahnkupplung zu *IV* und *VI* mit Ausrückung 8—9 verbunden.

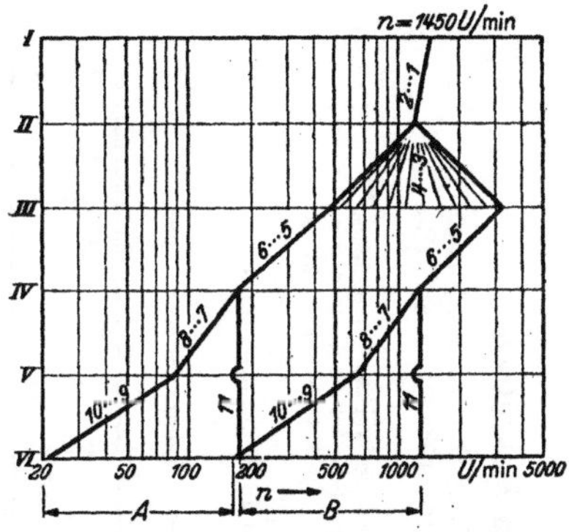

Abb. Db 8. Log. Drehzahlbild zu Abb. Db 7. Drehzahlbereich *A* ... n = 21 bis 148 U/min; Drehzahlbereich *B* ... n = 169 bis 1184 U/min.

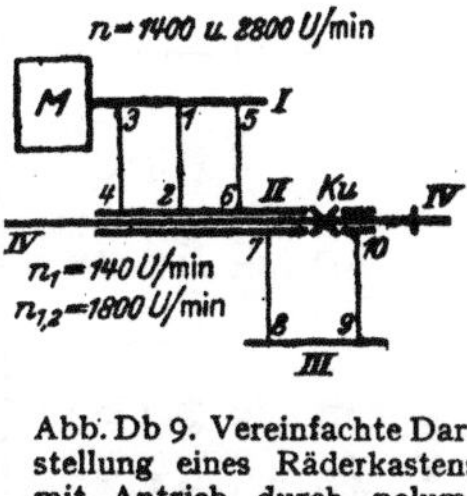

Abb. Db 9. Vereinfachte Darstellung eines Räderkastens mit Antrieb durch polumschaltbaren Motor.

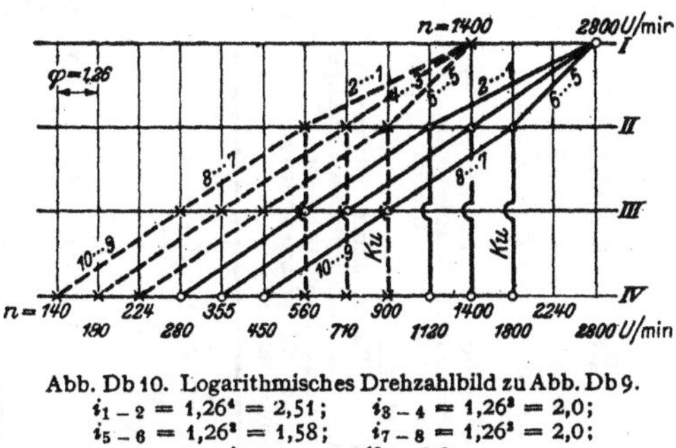

Abb. Db 10. Logarithmisches Drehzahlbild zu Abb. Db 9. $i_{1-2} = 1{,}26^4 = 2{,}51$; $i_{3-4} = 1{,}26^3 = 2{,}0$; $i_{5-6} = 1{,}26^2 = 1{,}58$; $i_{7-8} = 1{,}26^3 = 2{,}0$; $i_{9-10} = 1{,}26^3 = 2{,}0$.

Befestigungsflansche von elektrischen Maschinen

(nach DIN Entwurf 1 42943, Ersatz für DIN VDE 2942 bzw. endgültige ISA-Empfehlung 1938) Masch.-Bau/Der Betrieb *20* (1941) Heft 4, S. 188/189 (N 40/41).

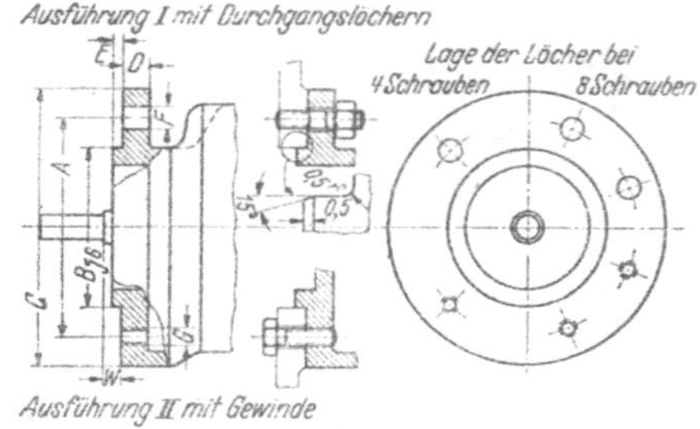

Diese Tafel gilt nicht nur für Elektromotoren zum Antrieb von Werkzeugmaschinen, sondern auch für alle anderen Anwendungsgebiete, ausgenommen die Automobilindustrie.
Die geklammerten Größen $A = 115$ und 165 mm sind in DIN E 42943 nicht mehr enthalten.

---

[1]) Die Passungsangabe gilt nur bis $B = 450$ mm, weil die ISA-Passungsnormen nur bis 500 mm Nenndurchmesser vorliegen.
[2]) Gemäß Sonderreihe nach ISA-Komitee 2 b.
[3]) Für den Werkzeugmaschinenbau ist in den metrischen Ländern nur metrisches Gewinde zulässig.

Nr. DIN E 42943	Motor Drehmoment Watt/n	Leistung in PS	*A* Größe	*B* Sitz $\frac{H7}{j7}$ [1])	*C* ≈	*D*	*E*	*F* [2])	*G* Metr.	Whitw. [3])	Anzahl der Schrauben	*W*	Ausführung I	II
1	0,0125	1/20	55	40	70	7	2,5	5,8	M 5	—	4	0	—	II
2	0,0307	1/3	65	50	80	7	2,5	5,8	M 5	—	4	0	—	II
3; 4	0,0613; 0,0833	1/8; 1/6	75	60	90	8	2,5	5,8	M 5	—	4	0	—	II
5; 6	0,124; 0,167	1/4; 1/3	85	70	105	8	2,5	7,4	M 6	—	4	0	—	II
7	0,247	1/2	100	80	120	8	3	7,4	M 6	—	4	5	—	II
—	—	—	(115)	95	140	10	3	9,5	M 8	5/16"	4	5	—	II
8; 9	0,367; 0,5	3/4; 1	130	110	160	10	3,5	9,5	M 8	—	4	8	I	II
—	—	—	(165)	130	200	12	3,5	11,5	M 10	3/8"	4	8	I	II
10; 15	0,733; 3,7	1 1/2; 7 1/2	215	180	250	16	4	14	M 12	1/2"	4	8	I	II
16; 17	5; 7,33	10; 15	265	230	300	20	4	14	M 12	1/2"	4	8	I	—
18; 19	(9,2); 11	(12 1/2); 15	300	250	350	20	5	18	M 16	5/8"	4	8	I	—
20; 21	(13); 15	(17 1/2); 20	400	350	450	22	5	18	M 16	5/8"	8	8	I	—
22; 23	(18,4); 22	25; 30	500	450	550	22	5	18	M 16	5/8"	8	8	I	—
24; 25	30; 40	40; 55	600	550	660	25	6	22	M 20	3/4"	8	10	I	—
26; 27	50; 66,7	68	740	680	800	25	6	22	M 20	3/4"	8	10	I	—
28; 31	85; 167	87; 136	940	880	1000	30	6	25	M 20	3/4"	8	10	I	—
32; 34	209; 320	170; 280	1080	1000	1150	32	6	28	M 24	1"	8	10	I	—

Organisatorische Werkstattfragen.

Arbeitsvorbereitung.

In des Wortes weitester Bedeutung gehören zur Arbeitsvorbereitung sämtliche auf einen Arbeitsauftrag Bezug nehmenden Maßnahmen bis zu dessen Inangriffnahme durch den ausführenden Arbeiter. Häufig wird jedoch die Tätigkeit des Konstrukteurs nicht mit in den Begriff der Arbeitsvorbereitung aufgenommen, weil das Konstruktionsbüro nicht immer auf bestimmte Arbeitsaufträge hinarbeitet. In Betrieben der Einzelfertigung wird das Konstruktionsbüro meistens jeden einzelnen Auftrag besonders zu bearbeiten haben, in Betrieben der Reihenfertigung und Massenfertigung ist die Tätigkeit des Konstruktionsbüros einmal abgeschlossen und wiederholt sich nicht bei jedem erneuten Auftrag. Der nachstehende Überblick beschränkt sich auf diejenigen Maßnahmen, die nach beendeten Entwurfsarbeiten den vielleicht erst viel später auslaufenden Arbeitsauftrag „werkstattreif" machen sollen.

Um einen Arbeitsauftrag als werkstattreif bezeichnen zu können, müssen zu Beginn seiner Ausführung bereit liegen:

Ausgeschriebener Arbeitsauftrag.
Gebrauchsfertige Werkstattzeichnungen (Lichtpausen).
Stückliste.
Werkstoff bzw. zu bearbeitende oder einzubauende Werkstücke.
Betriebsmittel, Arbeitsplatz (Belegungsplan, Terminplan).
Bearbeitungs-, Spann- und Meßgeräte, Vorrichtungen.
Hilfswerkzeuge und Hilfsstoffe.
Arbeitsunterweisung (soweit erforderlich).
Lohn- und Akkordscheine.

Das rechtzeitige Bereitstellen der notwendigen Belege, Stoffe und Betriebsmittel geschieht vielfach in vom eigentlichen Betriebsbüro abgetrennten Arbeitsvorbereitungsbüros oder kurz Arbeitsbüros. Lohn- und Akkordscheine werden ihrer besonderen Bedeutung wegen häufig in einem gesonderten Vorkalkulationsbüro ausgestellt. Trotz beachtlicher Aufwendungen lohnt sich ein vernünftig aufgezogenes Arbeits- und Vorkalkulationsbüro stets durch das Einsparen und Verstopfen zahlreicher Verlustquellen, die sonst unbeachtet bleiben würden.

Schrifttum.

AWF-Schrift 209, Arbeitsvorbereitung, Zeichnung und Stückliste. B. G. Teubner, Leipzig.
AWF-Schrift 224, Arbeitsvorbereitung, Richtlinien für Auftragsvorbereitung. B. G. Teubner, Leipzig.
AWF-Schrift 225, Arbeitsvorbereitung, Zeitstudien. B. G. Teubner, Leipzig.
AWF-Schrift 225 T, Verluste in der Fertigung. B. G. Teubner, Leipzig.
AWF-Schrift 238, Termine, Festsetzung und Überwachung. B. G. Teubner, Leipzig.
AWF-Schrift 247, Fertigungsvorbereitung. Springer, Berlin W 9.
AWF-Vordrucke für Arbeitsunterweisungen. Beuth-Vertrieb GmbH, Berlin SW 68.

Werkstattvorkalkulation.

A. Zweck und Ziel.

In der Metallindustrie wendet man fast ausschließlich, soweit nicht in besonderen Fällen im Zeitlohn (Stundenlohn) gearbeitet wird, den Stücklohn, d. h. die Vorgabe der für einen bestimmten Arbeitsauftrag zu vergütende Zeit nach den Richtlinien des Refa (Reichsausschuß für Arbeitsstudien, gegründet 1924) an. Das Refa-Verfahren ist keineswegs nur für die Metallindustrie benutzbar, sondern wird in steigendem Maße auf die verschiedensten anderen Fertigungszweige übertragen.

Das Refa-Verfahren hat folgende Ziele:

1. Messung von Arbeitszeiten unter gerechter Berücksichtigung des Einflusses aller Begleitumstände bezüglich des schaffenden Menschen, des benutzten Betriebsmittels (Werkplatz, Maschine, Werkzeug) und des ver- bzw. bearbeiteten Werkstoffes in engster Zusammenarbeit und Fühlung mit der ausführenden Werkstatt (Arbeitsstudien als notwendige und wichtigste Grundlage aller Refa-Arbeit).

2. Schaffung von Unterlagen auf Grund kritisch gesichteter, gegeneinander ausgewogener Bearbeitungs-, Förder- und Liege-Zeiten für eine möglichst einfach zu handhabende, gerechte und leicht verständliche Werkstatt-Vorkalkulation zum Zweck der Entlohnung, des Belegungsplanes für die verschiedenen Arbeitsplätze, des Terminplanes usw. (Refa-Unterlagen, Zahlen- und Linientafeln, Berechnungsformeln).

3. Benutzen der bei den Arbeitsstudien anfallenden Beobachtungsergebnisse über Zeiten, Unvollkommenheiten, Möglichkeiten zur Besserung der Arbeitsbedingungen und Steigerung der Wirtschaftlichkeit (Rationalisierung mechanisch und organisatorisch).

Heute bedeutet das Refa-Verfahren wesentlich mehr als nur das Abstoppen von Zeiten oder vielleicht das einseitige scharfe Herunterdrücken von Vorgabezeiten. Das Refa-Verfahren durchleuchtet den ganzen Betrieb an Hand der vorgenommenen Arbeitsstudien und schafft richtig angewendet nach allen Richtungen hin gesunde Verhältnisse im Arbeitsverfahren, in der Arbeit und ihrer Entlohnung.

B. Zeitbegriffe.

Für die in der Metallindustrie am meisten vorkommenden Arbeitsaufträge zur Fertigung einer bestimmten Anzahl von Werkstücken ist die Unterteilung nach folgenden Zeitbegriffen vom Refa aufgestellt worden:

Arbeitszeit T_s (früher Gesamtzeit der Fertigung), planmäßig notwendige Zeit für die Erledigung eines Arbeitsauftrages.

Rüstzeit t_r (früher Einrichtezeit t_e), planmäßig notwendige Zeit für die Vorbereitung von Arbeitsvorgang, Arbeiter, Arbeitsplatz, Betriebsmittel, Werkstücken und für die Rückversetzung in den normalen früheren Zustand (Aufrüsten und Abrüsten); tritt je Arbeitsauftrag unabhängig von dessen Umfang nur einmal auf.

Stückzeit t_{st}, planmäßig notwendige Zeit für die Bearbeitung bzw. Fertigstellung eines Werkstückes; tritt je Arbeitsauftrag so oft auf, als Werkstücke verarbeitet werden.

Stückfolgezeit t_{stf}, planmäßig verfließende Zeit vom Beginn einer bis zur nächsten Stückzeit.

Fall a: Stückzeiten folgen sich ohne Pausen und ohne Überschneiden (in der Metallindustrie der am häufigsten auftretende Fall).

Fall b: Zwischen den Stückzeiten planmäßige Zwischenzeiten t_z (z. B. Anwärmen beim Schmieden).

Fall c: Stückzeiten überschneiden sich; Zwischenzeit gleichsam negativ (z. B. Spannen eines Werkstückes während der Bearbeitung des vorhergehenden, Mehrspindel-Automat).

Rüstgrundzeit t_{rg} und Grundzeit t_g, Anteile an Rüst- und Stückzeiten, die in einem gesetzmäßigen Zusammenhang mit Art und Umfang des Arbeitsauftrages stehen und auf Grund von Schätzungen, gesammelten Erfahrungswerten oder Formeln ermittelt oder aus Gebrauchstafeln abgelesen werden.

Verlustzeiten t_v, Anteile an Rüstzeit und an Stückzeit, die in keinem oder keinem genügend einfachen Zusammenhang mit Art und Umfang des Arbeitsauftrages stehen, unregelmäßig über Tage und Wochen verteilt auftreten und in Form eines Prozentzuschlages zur Rüstgrundzeit und Grundzeit verrechnet werden. Höhe des Verlustzeit-Prozentzuschlages ist individuell jedem Betrieb, jeder Betriebsabteilung, u. U. sogar jedem einzelnen Arbeitsplatz entsprechend verschieden.

Verlustzeiten sind

1. grundsätzlich abzugelten, wenn sie immer wieder auftreten und in absehbarer Zeit nicht abgestellt werden können, eine Behinderung der Arbeit mit sich bringen und dem Arbeiter gerechterweise vergütet werden müssen;
2. von Fall zu Fall abzugelten, wenn sie nur vereinzelt unvorhergesehen auftreten, eine Behinderung der Arbeit mit sich bringen und dem Arbeiter gerechterweise vergütet werden müssen;
3. grundsätzlich nicht abzugelten, wenn sie keine Behinderung der Arbeit mit sich bringen oder gerechterweise dem Arbeiter nicht zu vergüten sind.

Hauptzeiten t_h (je nach Art der Arbeit Maschinen- oder Handzeiten), während derer ein Fortschritt im Sinne des Arbeitsauftrages (Formveränderung, Lageänderung, Zustandsänderung) am Werkstück entsteht. Bei jedem Werkstück regelmäßig wiederkehrend.

Nebenzeiten t_n (fast stets nur Handzeiten), regelmäßig wiederkehrende Zeiten für Hilfsverrichtungen (Auf- und Abspannen, Anstellen und Messen, Maschine bedienen, Leerwege, Be- und Entladen von Fördermitteln usw.).

Maschinenzeiten sind nur solche, die an Arbeitsmaschinen mit nicht vom Arbeiter beeinflußbaren (vom Schalten auf andere Drehzahlen, Vorschübe, Tischgeschwindigkeiten und Vorschubgeschwindigkeiten abgesehen) Drehzahlen, Hubzahlen und Vorschüben auftreten. In diesen Fällen bestimmt die Maschine allein die Arbeitsgeschwindigkeit bzw. die gebrauchte Zeit.

Handzeiten treten bei allen reinen Handarbeiten auf, aber auch an solchen Arbeitsmaschinen, deren Arbeitsgeschwindigkeiten vom Arbeiter weitgehend beeinflußt werden können (z. B. Bohren mit Handvorschub, stufenlose Regelung von Dreh- und Hubzahlen und Vorschüben).

C. Ermittlung von Zeiten.

Maschinenzeiten lassen sich vielfach auf Grund mathematischer Formeln berechnen, deren einzelne Werte (Drehzahlen, Hubzahlen, Vorschübe und Vorschubgeschwindigkeiten) auf Grund eigener Feststellungen einzusetzen sind. In einer Reihe von Fällen rechnet man auch nach Durchschnittswerten für die Größen, AWF-Rechentafel 701 A, und erhält Zeitwerte, die vom wahren Wert abweichen, deren Abweichungen sich aber vielfach gegeneinander aufheben.

Handzeiten, Nebenzeiten und Rüstzeiten lassen sich nicht nach Formeln berechnen. Sie sind durch eigene Arbeitsstudien zu ermitteln. Es muß davor gewarnt werden, fremde Werte ungeprüft zu übernehmen, weil die Arbeitsverhältnisse in jedem Betriebe andere sind.

Die aus Arbeitsstudien ermittelten Werte sind nicht unmittelbar für den Betrieb verwendbar, sondern müssen erst noch nach den verschiedenen Bezugsgrößen (Längen, Breiten, Dicken, Durchmesser, sonstige Abmessungen, Gewichte, Anlieferungszustände, Ablieferungszustände, Genauigkeiten, Werkstoffen, Schwierigkeitsgraden usw.) geordnet, in Kurven oder Kurvenscharen zusammengestellt und gegeneinander ausgewogen werden. Diese berichtigten Linientafeln kann man den Stückzeitrechnern (Vorkalkulatoren) unmittelbar zum Gebrauch übergeben; besser ist aber vielleicht wegen des sichereren Ablesens, nach den Linientafeln Zahlentafeln zum täglichen Gebrauch aufstellen.

Verlustzeiten sollen, so schwer es auch fallen mag, nach selbst ermittelten Prozentsätzen zugeschlagen werden. Es ist unsinnig, auf an sich richtige, vielleicht nach kniffligen Verfahren auf Bruchteilen von Minuten ermittelte Grundzeiten frei geschätzte oder von anderen Betrieben ungeprüft übernommene Verlustzeitzuschläge zu machen.

D. Aufbau der Stückkalkulation.

Die Art des Aufbaues der Stückzeit-Vorrechnung ist aus den beiden nachstehenden Beispielen erkennbar.

Beispiel 1. Aufbau einer Arbeitszeitermittlung für $z = 28$ Stück, Fall a.

Rüstzeit:	Rüstgrundzeit nach Gebrauchstafel	t_{rg}	= 14,0 min
	Rüstverlustzeit für den betreffenden Betrieb nach eigenen Ermittlungen 12 vH	t_{rv}	= 1,7 „
	Rüstzeit	t_r	= 15,7 min
	gerundet	t_r	= 16 min
Stückzeit:	Summe der Hauptzeiten nach Rechnung oder nach Gebrauchstafeln	t_h	= 5,2 min
	Summe der Nebenzeiten nach Gebrauchstafeln	t_n	= 2,9 „
	Grundzeit	t_g	= 8,1 min
	Verlustzeit für den betreffenden Betrieb wie oben 12 vH	t_v	= 1,0 „
	Stückzeit	t_{st}	= 9,1 min

Arbeitszeit: $1 \cdot t_r = 1 \cdot 16 = 16{,}0$ min

$+ z \cdot t_{st} = 28 \cdot 9{,}1 = 254{,}8$ „

Arbeitszeit $T_z = 270{,}8$ min

gerundet $T_z = 271$ min.

Beispiel 2. Aufbau einer Arbeitszeitermittlung für $z = 2000$ Stück, Fall c. Bohren von Löchern unter Benutzung eines Schwenktisches.

Rüstzeit: Wie in Beispiel 1, jedoch einschließlich 18 vH Verlustzeitzuschlag ..... gerundet $t_r = 28$ min

Stückfolgezeit:

Aufnehmen und Einspannen des Werkstückes		0,28 min	
Lösen, Schwenken, Festspannen des Schwenktisches			0,06 min
Vorschub einrücken, Bohren, Wiederhochziehen der Spindel			0,65 min
Lösen, Schwenken, Festspannen des Schwenktisches		0,06 min	
Ausspannen und Ablegen des Werkstückes		0,14 min	
Stückfolgegrundzeit	t_{stfg} =		0,71 min
Verlustzeit wie oben 18 vH	t_v =		0,13 „
Stückfolgezeit	t_{stf} =		0,84 min
Nicht in Rechnung zu ziehende Zeit	t_z =	0,48 min.	

Arbeitszeit: $1 \cdot t_r = 1 \cdot 28 = 28{,}00$ min

$+ z \cdot t_{stf} = 2000 \cdot 0{,}84 = 1680{,}00$ „

$+ 1 \cdot t_z = 1 \cdot 0{,}48 = 0{,}48$ „

Arbeitszeit .... $T_z = 1708{,}48$ min

gerundet $T_z = 1710$ min.

E. Hilfsgeräte für Zeit- und Arbeitsstudien.

Stoppuhren, empfohlen nach den Richtlinien des AWF, mit einem oder mit zwei Zeigern und Einteilung des Zifferblattes in 100 Zentiminuten anstatt in 60 Sekunden. Die Uhren unterscheiden sich von den beim Sport gebräuchlichen dadurch, daß der Zeiger beim Druck auf die Krone anhält und beim nächsten Druck weiterläuft, anstatt zurückzuspringen. Das Zurückspringen auf Null wird durch eine zweite Druckstelle ausgelöst. Anwesenheit des Zeitnehmers zum Betätigen der Uhr (Stoppen) und zum Aufschreiben der genommenen Zeiten notwendig.

Zeit-Buchungsgeräte befreien den Zeitnehmer vom Ablesen und Aufschreiben der genommenen Zeiten. Er kann sich der Beobachtung des Arbeitsganges mehr widmen.

Poppelreuter Arbeits-Schauuhr schreibt die Zeiten als schräge, Linien auf durch Uhrwerk gleichmäßig bewegten Papierstreifen.

Peiseler Diagnostiker A schreibt die Zeiten als senkrechte Säulen auf bei Zeitabgrenzung geschalteten Papierstreifen fortlaufend oder auch eingeschachtelt mit unmittelbar nebeneinander liegenden Einzelzeiten.

Leistungs-Buchungsgerät. Peiseler Diagnostiker B wird mit Schnurzug an die Anstellbewegung des mechanischen Werkplatzes angeschlossen und bucht dann selbsttätig auf durch Uhrwerk bewegten Papierstreifen das Arbeitsbild in Abhängigkeit von der Zeit. Der Zeitingenieur ist ganz frei für Arbeitsbestgestaltung und Leistungsbewertung, bei Daueraufnahmen nur seine vorübergehende Anwesenheit am Werkplatz erforderlich. Auch als Zeitbuchungsgerät mit Handbetätigung verwendbar.

F. Vorbereitung und Durchführung der Arbeitsstudie.

Zeitaufnahmen sollen sich auf möglichst viele Werkstücke erstrecken. Wenn möglich, sollte man Zeitaufnahmen an verschiedenen Tageszeiten wiederholen, um verschiedene körperliche und seelische Verfassungen des ausführenden Arbeiters berücksichtigen zu können.

Arbeitsunterteilung und sonstige Angaben sollen in der Regel schon vor Beginn der Zeitaufnahme fertig vorliegen. Fühlungnahme mit der Werkstatt über anzuwendende Arbeitsfolge, Werkzeuge, Drehzahlen, Vorschübe, Bearbeitungslängen, Spanneinrichtungen usw., notfalls Vorversuche sind ratsam, damit die vorbereiteten Angaben mit der praktischen Ausführung während der Zeitaufnahme übereinstimmen; anderenfalls ist die Zeitaufnahme, besonders bei kurzen Teilzeiten, nicht durchführbar. Nur bei Einzelfertigung mit langen Einzelzeiten, allenfalls auch bei längeren, nicht im voraus in allen Einzelheiten festlegbaren Rüstzeiten, ist ein Festlegen der Unterteilungen, also ein Eintrag in den Beobachtungsbogen **während** der Zeitaufnahme selbst zulässig.

Zeitaufnahmen an nicht genügend eingearbeiteten Leuten sollen nicht für Arbeitszeitermittlungen zur Herausgabe von Akkorden verwendet werden.

Zeitaufnahmen mit der Stoppuhr in der Tasche sind grundsätzlich unzulässig.

Während der Zeitaufnahme sind zu prüfen und zu beurteilen:

Arbeitsgeschwindigkeiten (Schnittgeschwindigkeiten, Vorschübe, Geschwindigkeiten beim Ausüben von Handarbeiten und Griffen, Überlegungen, Fleiß, Willigkeit, Geschicklichkeit usw.).

Anstrengung (Muskeln, Sinnesorgane, Geist).

Arbeitsbedingungen (unbequeme Körperhaltung, unzweckmäßige Lagen der Werkstücke und Betriebsmittel, Hitze, Kälte, Staub, Nässe, behindernde Kleidung usw.).

Ermüdung vor und während der Zeitaufnahme.

Erholungspausen (Dauer, Zahl, Grund).

Sonstige Unterbrechungen (Art, Dauer, Grund).

Für Stoppuhr-Aufnahmen sind die AWF-Beobachtungsbögen zu empfehlen. Der Eintrag kann in Fortschrittszeiten bei durchlaufender Uhr oder bei genügender Übung des Zeitnehmers sofort in Einzelzeiten bei jedesmaligem Anhalten und Neuanspringenlassen der Stoppuhr geschehen.

G. Auswerten der Zeitaufnahmen.

Für das Auswerten sind knifflige, dem Arbeiter unverständliche Verfahren abzulehnen. In Deutschland sind nur mehr in Gebrauch die Mittelwert- und die Zentralwert-Methode. Die verschiedenen Minima-Methoden können heute vom Refa nicht mehr empfohlen werden.

Man ermittelt zu jeder Arbeitsunterteilung den Mittel- oder den Zentralwert (letzteren erst von mindestens 10 Einzelwerten ab) und addiert die Mittelwerte zu einer Gesamtzeit. Reine Maschinenzeiten sind unabhängig von der Bewertung der Arbeitsgeschwindigkeit unverändert zu belassen; Handzeiten sind der Bewertung entsprechend umzuwerten (Leistungsausgleich). Einzelabweichung = Einzelmittelwert durch Einzelkleinstwert sollen in der Metallindustrie nicht über 1,3 sein, ebenso soll der Schwankungsfaktor = Summe Mittelwerte Handzeiten durch Summe Kleinstwerte Handzeiten diesen Betrag nicht überschreiten. Höhere Einzelabweichungen und Schwankungsfaktoren lassen auf ein unrhythmisches noch unausgeglichenes Arbeiten schließen und deuten auf Verbesserungsmöglichkeiten hin. Bei sehr kleinen Zeiten kann die Einzelabweichung höhere Werte annehmen. Die Auswerteverfahren sind für mit der Stoppuhr und auch für mit Zeitschreibern gemachten Zeitaufnahmen gleich gut verwendbar.

Wichtig ist es, die umgewerteten Zeiten für Arbeitsunterteilungen sinngemäß zu sammeln, um aus ihnen ohne neue Zeitaufnahmen Arbeitszeiten für andere Arbeiten zusammenzusetzen.

Die gemessenen Zeiten und die auch ohne Zeitaufnahme vom Arbeiter gebrauchten Zeiten sind mit früheren Zeiten für die gleiche Arbeit durch eine Art Statistik immer wieder zu vergleichen, um ihre Richtigkeit zu bestätigen oder die Notwendigkeit ihrer Richtigstellung zu erkennen.

H. Allgemeine Bemerkungen.

Im Laufe der Zeit muß man dazu kommen, für häufiger wiederkehrende Werkstücke gleicher Art, aber verschiedener Größe Tafeln zu schaffen, aus denen man die gesamte Stückzeit für einen Arbeitsgang in einer einzigen Zahl ablesen kann.

Vielfach ist noch als Überbleibsel aus Tarifverträgen früherer Zeit ein Unterschied zwischen Zeitminuten und Akkordminuten üblich (z. B. Redeweise „Der Arbeiter verdient 75 Minuten in der Stunde"). Diese Verwässerung scharf erfaßter Zeiten ist unlogisch und abzulehnen. Es steht zu erwarten, daß dieser Unterschied mehr und mehr außer Gebrauch kommt.

Schrifttum.

Zweites Refa-Buch und Refa-Schriften. Beuth-Vertrieb GmbH, Berlin SW 68.
Bramesfeld u. Graf: Leitfaden für das Arbeitsstudium. VDI-Verlag, Berlin NW 7.
AWF-Betriebsblatt „Stoppuhren". AWF-Rechentafel 701 A, für die Bestimmung von Maschinenzeiten. AWF-Beobachtungsbögen und sonstige Vordrucke. } Beuth-Vertrieb GmbH, Berlin SW 68.
AWF 225, Grundlagen der Arbeitsvorbereitung, Zeitstudien. B. G. Teubner, Leipzig.
Peiseler: Richtige Akkorde. Springer-Verlag Berlin W 9.
Preger: Gebrauchstafeln in der Vorkalkulation. Werkst. u. Betr. 1937 Heft 5/6 u. 7/8.
Peiseler: Praktische und billige Zeit- und Arbeitsstudien mit Hilfe des Diagnostikers. Werkst. u. Betr. 1937 Heft 1/2.

Industrielle Selbstkostenrechnung.

A. Gliederung und Grundbegriffe des Rechnungswesens.

Die Verordnung über Buchhaltungs-Richtlinien vom 11. 9. 1937 sieht folgende Gliederung des Rechnungswesens vor: Buchhaltung, Kalkulation, Statistik und Wirtschaftsplan; also einerseits Buchhaltung und Wirtschaftsplan als *Zeit*- oder Periodenrechnung der Vergangenheit bzw. der Zukunft, und andererseits Kalkulation, d. h. *Stück*- oder Objektsrechnung entweder als Vor- oder als Nachrechnung und Statistik als nachträgliche Vergleichsrechnung.

Die Grundbegriffe seien an Hand der Gegenüberstellung Zeit- und Stückrechnung erläutert nach der Weise der Kölner Schule, deren Begriffssystem sich auch in der Praxis durchgesetzt hat.

I. Verbrauch ist jede Art betrieblichen Verzehrs von Gütern und Dienstleistungen ohne Rücksicht darauf, ob dieser bezahlt wurde, später oder nie bezahlt wird.

a) *Aufwand* ist der Verbrauch in der *Zeiteinheit*, also je Jahr, Monat usw. und somit ein Ausdruck der *Buchhaltung*, sofern er im nachhinein erfaßt wird, und ein solcher des Wirtschaftsplanes als Verbrauchs*vor*schau. Dieser Aufwand wird durch die Pflichtkostenrahmen der einzelnen Wirtschaftsgruppen (vgl. hierzu W. *Weigmann*: Moderne Fabrikbuchhaltung, 3. Aufl.) zwischenbetrieblich weitgehend einheitlich als Aufwandsarten verbucht und über die Kostenstellen (s. unten) den Fabrikate-Konten bzw. dem Gewinn- und Verlustkonto und unter Umständen der Bilanz zugeleitet. Das gleiche gilt für die Begriffe „Ertrag" bzw. „Erlös".

b) *Kosten* stellen den Verbrauch je *Leistungseinheit* dar, sind also ein Ausdruck der *Kalkulation*. In diesem Sinne haben wir zu unterscheiden zwischen:

1. *direkten*, besser *direkt verrechenbaren* Kosten oder Maß- oder Einzelkosten, früher auch produktive Kosten genannt, wie z. B. Einzel- oder Fertigungslohn und -Material und

2. *indirekten*, besser *indirekt verrechenbaren* Kosten, auch Gemein-, Zuschlags- oder Unkosten, wie z. B. Gehälter, Hilfslöhne, Raumkosten usw.

Es ist klar, daß ein großer Teil dieses Güterverzehrs sowohl in der Buchhaltung als auch in der Kalkulation verrechnet wird, wie z. B. Fertigungslöhne und Gehälter; insofern sprechen wir von Grundkosten bzw. Zweckaufwand. Darüber hinaus gibt es aber auch einen Güterverzehr, der ausschließlich in der Kalkulation und ausschließlich in Buchhaltung verrechnet wird. Diesen nennen wir

c) *neutralen Aufwand*, d. h. Verzehr, der nur in der Buchhaltung, nicht aber in der Kalkulation erscheint, z. B. Stiftungen, besondere Werbungskosten, Ausgaben für Ehrentitel usw. und

d) *Zusatzkosten*, soweit dieser Verzehr nur in der Kalkulation erscheint, z. B. Unternehmerlohn, Zinsen für Eigenkapital (nur bei *nicht* öffentlichen Aufträgen, denn nach der Verordnung vom 15. 11. 1938 sollen diese bei öffentlichen Aufträgen aus dem Gewinn gedeckt werden) u. dgl.

Es entsteht dadurch das Bild der sich teilweise überdeckenden Balken:

Kalkulation →		Grundkosten	Zusatzkosten
Buchhaltung →	neutraler Aufwand	Zweckaufwand	

II. Leistung ist das Ergebnis betrieblicher Tätigkeit oder ist die Summe der durch betriebliche Arbeit erzeugten Güter (= Bedürfnis-Befriedigungsmittel).

III. Erlös ist Entgelt für abgegebene Leistungen:

a) leistungsbedingter Erlös ist Entgelt für betriebliche Leistung (Erzeugnisse, Dienstleistungen usw.),

b) neutraler Erlös ist Entgelt für nicht aus dem Betrieb hervorgebrachte Leistung, z. B. Erlös aus Verkauf von Effekten bei einer Maschinenfabrik.

IV. Ertrag ist derjenige Produktionswert des Betriebes, dem von seiten des Marktes der Erlös entspricht. Wir haben folgende vier Fälle zu unterscheiden:

a) Erlös = 0; d. h. es wurde nichts abgesetzt, weshalb Ertrag = Leistung.
b) Erlös = Leistung; d. h. es wurde alles abgesetzt; Ertrag = Erlös.
c) Erlös < Leistung; Ertrag = Erlös zuzüglich nicht verkaufte Leistung.
d) Erlös > Leistung; Ertrag = Erlös abzüglich Leistungen aus dem Vormonat.

V. Erfolg ist der Unterschied zwischen Aufwand und Ertrag, also buchhaltungsmäßig auf dem Verlust- und Gewinnkonto gesehen, wobei noch zu unterscheiden ist zwischen Betriebs- und Unternehmungserfolg. Letzterer ist gleich dem Betriebserfolg zuzüglich neutralem Ertrag und neutralem Aufwand. In der Kalkulation sprechen wir in dieser Hinsicht von dem Stückerfolg.

Auch hinsichtlich der Bewertung unterscheiden sich die beiden Hauptzweige des Rechnungswesens grundsätzlich. Die Buchhaltung bewertet zum Anschaffungswert (Grundsatz der nominellen Kapitalerhaltung), um Rentabilitätsvergleiche (d. h. Vergleich von Gewinn zu Kapital) von Jahr zu Jahr vornehmen zu können, während die Kalkulation beherrscht wird von dem Grundsatz der reellen Kapitalerhaltung, und deshalb zum Zeitwert bewerten muß. Auf diese Weise soll verhindert werden, den Betrieb, wie das in der Inflation infolge falscher Bewertung geschah, durch die Umsatztätigkeit langsam auszuverkaufen.

Das gilt jedoch nicht für öffentliche Aufträge; denn offenbar aus Gründen der Preisprüfung und Preisstabilität ist in der Verordnung „Leitsätze für die Preisermittlung auf Grund der Selbstkosten bei Leistungen für öffentliche Auftraggeber" (LSÖ.) vom 15. 11. 1938 unter Nr. 29 bestimmt: „Die verbrauchsbedingten Anlage-Abschreibungen sind unabhängig von bilanzmäßigen (ordentlichen und außerordentlichen) und steuerlichen Abschreibungen zu errechnen auf Grund der nachgewiesenen Anschaffungspreise oder in Ermangelung . . ."[1]).

VI. Sonstige Einteilung der Kosten. a) Nach der Abhängigkeit der Gesamtkosten vom Beschäftigungsgrad sind zu unterscheiden[2]), wobei wir unter Beschäftigungsgrad verstehen das Verhältnis von tatsächlicher Betriebsleistung (Fertigungsmenge) zur kapazitiven Leistung:

1. feste (fixe) Kosten, ganz oder fast unabhängig vom Beschäftigungsgrad, z. B. Zinsen, Abschreibungen, Beamtengehälter;

---

[1]) Näheres siehe auch W. Weigmann: Selbstkostenerrechnung, Preisbildung und Preisprüfung in der Industrie. Leipzig, 2. Auflage 1941, 3. Auflage in Vorbereitung, S. 4 u.f.

[2]) Schmalenbach: Selbstkostenrechnung und Preispolitik, 6. Aufl. Leipzig 1934.

2. bewegliche Kosten, abhängig vom Beschäftigungsgrad, und zwar

proportionale Kosten, ganz oder fast verhältnisgleich mit Beschäftigungsgrad fallend oder steigend, z. B. Fertigungs- und Hilfslöhne, Antriebsstromkosten,

überproportionale (progressive) Kosten, stärker ansteigend als der Beschäftigungsgrad, z. B. Überstunden, erhöhte Werbung,

unterproportionale (degressive) Kosten, weniger stark ansteigend als der Beschäftigungsgrad, z. B. Ausgaben für den Beamtenstab, Beleuchtung der Werkstatt usw. kommen am meisten vor.

Feste Kosten sind meistens Kosten der Betriebsbereitschaft und auch Stillstandskosten. Bei Unterbeschäftigung tritt meistens Unterproportionalität, bei Überbeschäftigung Überproportionalität der Kosten ein. Durch Mechanisierung treten z. B. an Stelle proportionaler Kosten, wie Fertigungslöhne, feste Kosten, wie Zinsen, Abschreibungen usw., die auch bei Stillstand des Betriebes anfallen.

b) Im Grundplan der Selbstkostenrechnung unterscheidet das Reichskuratorium für Wirtschaftlichkeit (RKW):

1. Kostenarten = was wird aufgewendet? (Löhne, Werkstoffe).
2. Kostenstellen = wo wird dieser Aufwand gemacht? (Dreherei, Fräserei).
3. Kostenträger = wer trägt die Kosten? (Welcher Auftrag, welches Erzeugnis).

c) Der Ausschuß für industrielles Rechnungswesen (Afir) beim VDI unterscheidet:

individuelle Kosten, die im Betrieb tatsächlich entstandenen Kosten;

objektive Kosten gleich individuelle Kosten + Unternehmerlohn bei Personalgesellschaften + Risikoprämie + Zins für Eigenkapital.

d) Zeit- und Mengenkosten, die nach dem Gesichtspunkt zu trennen sind, ob die betreffende Kostenart unabhängig (Zeitkosten, wie Zinsen, Abschreibungen, also nur von der Zeit abhängig) oder abhängig (Mengenkosten) vom Beschäftigungsgrad, d. h. der erzeugten Menge, ist.

B. Grundzüge der Kalkulation[1]).

I. Hauptzwecke der Kalkulation.

a) Preisstellung, d. h. also Ermittlung des Angebotspreises auf Grund der voraussichtlich entstehenden Kosten (Vorkalkulation), die wiederum durch die tatsächlich entstandenen Kosten (Nachkalkulation) kontrolliert werden müssen.

b) Kontrolle der Betriebsgebarung im Hinblick auf den Einfluß des Beschäftigungsgrades, der Fertigungsarten, des Standortes usw. innerbetrieblich, d. h. von Monat zu Monat, meist aber auch zwischenbetrieblich, um die Lage gegenüber anderen Betrieben und die eigene Wirtschaftlichkeit besser beurteilen zu können.

c) Liefern von Unterlagen für die Wertansätze der Halb- und Fertigerzeugnisse in der Buchhaltung, z. B. beim Jahresabschluß oder für die Bewertung des Eigenverbrauchs, ferner auch die Grundlagen der Bemessung zwischenbetrieblicher Werksverrechnungspreise bei Konzernen usw.

---

[1]) Näheres siehe Weigmann: Selbstkostenerrechnung; a. a. O.

II. Kalkulationsverfahren.

a) Divisionskalkulation.

Vorausgesetzt ist, daß in einem Betrieb nur **ein** Erzeugnis hergestellt wird oder zum mindesten innerlich verwandte Erzeugnisse, oder daß man den Betrieb in so viel Einzelzellen (Kostenstellen) auflösen kann, daß in diesen wiederum nur je ein Erzeugnis hergestellt wird. Z. B. stellt Günther Wagner, Hannover, außerordentlich zahlreiche verschiedene Bürobedarfsartikel her, doch läßt sich die Fertigung kalkulatorisch so trennen, daß auf einer Kostenstelle immer nur gleichartige Erzeugnisse hergestellt und auch abgerechnet werden können.

1. Reine Divisionskalkulation. Bei der reinen Divisionskalkulation als Vorkalkulation werden die voraussichtlichen Aufwendungen eines Monats durch die voraussichtliche Erzeugungsmenge dividiert. Diese Sollkosten zuzüglich Gewinnzuschlag geben den Angebotspreis.

Für die Zwecke der Betriebskontrolle in Form der Nachkalkulation werden dann gewöhnlich die während eines Monats entstandenen Kosten (Aufwendungen) dividiert durch die tatsächliche Leistungsmenge.

Ein Vergleich dieser Istkosten mit denjenigen vergangener Monate ist natürlich nur dann stichhaltig, wenn der Betrieb keine besonders hohen festen Gesamtkosten hat oder wenn der Beschäftigungsgrad sich selbst bei hohen festen Kosten von Monat zu Monat nicht bedeutend geändert hat.

2. Kapazitäts-Kostenrechnung. Sind die soeben genannten Voraussetzungen nicht erfüllt, so muß man Aufwendungen und Leistungen trennen in

vom Beschäftigungsgrad abhängigen Aufwand (Mengenkosten) und diesen durch die tatsächliche Erzeugungsmenge dividieren und in

vom Beschäftigungsgrad unabhängige Aufwendungen (Zeitkosten) und diese durch die kapazitive Leistungsmenge dividieren; denn die Zeitkosten sind im großen und ganzen bedingt durch das Leistungsvermögen (Kapazität), mit dem der Betrieb ausgestattet ist; es müssen also auch hier Ursache und Wirkung immer richtig gekoppelt werden, wenn die Kontrolle zu richtigen Urteilen kommen soll. Dies gilt vor allem auch bei der richtigen Bemessung der Leistung. So wäre es völlig falsch, Förderkosten nach den verfahrenen Kilometern zu überwachen, wenn dauernd verschiedene Gewichte befördert werden müssen; der Divisor muß dann t/km lauten.

3. Divisionskalkulation mit Leistungsgewichten (Äquivalenzziffern). Werden in einem Betriebe verschiedene, aber doch innerlich verwandte Erzeugnisse hergestellt, z. B. Bleche verschiedener Art[1]), so wendet man am zweckmäßigsten die Divisionskalkulation mit Kostenfaktoren an.

Vereinfachtes Beispiel. Eine Maschinenfabrik stellt drei verschiedene Erzeugnisse her, deren Kosten sich nach den angestellten Berechnungen verhalten wie 1:1,5:2. Die Erzeugungsmengen in einem bestimmten Monat betragen 5, 15 und 10 Stück bei einem Gesamtaufwand von 47500 RM. So kostet das Stück:

Erzeugnis	Leistungsgewichte	Erzeugte Menge	Verrechnete Menge	Gesamtkosten	Stückkosten
I	1	5	1 × 5 = 5	5 × 1000 = 5000	5000 : 5 = 1000
II	1,5	15	1,5 × 15 = 22,5	22,5 × 1000 = 22500	22500 : 15 = 1500
III	2,0	10	2 × 10 = 20	20 × 1000 = 20000	20000 : 10 = 2000
			47,5	47500.	

47500 : 47,5 = 1000 RM je Rechnungseinheit.

[1]) Vgl. Geldmacher: Wirtschaftskunde Leipzig: Teubner 1927; und Grundplan der Selbstkostenrechnung des RKW.

Die Leistungsgewichte müssen entweder auf Grund technischer Unterlagen oder Versuche oder aus der Erfahrung, nicht aber auf Grund der Marktpreise festgestellt werden.

Auf diese Art können auch Kuppelerzeugnisse kalkuliert werden, d. h. also Erzeugnisse, die bei der Erzeugung eines anderen Erzeugnisses zwangsläufig anfallen, wie z. B. in der chemischen Industrie, oder man wendet das sog. Subtraktionsverfahren an, welches z. B. bei Gaswerken allgemein üblich ist, d. h. man zieht den Erlös für Koks von den Gesamtentstehungskosten ab und dividiert den Rest durch die Leistungsmenge.

b) Zuschlagskalkulation.

1. Allgemeines. Werden in einem Betrieb mehrere und unter sich ganz verschiedenartige Erzeugnisse gefertigt, so muß man die Zuschlagskalkulation anwenden, d. h. die Kosten müssen getrennt werden in Einzelkosten, d. h. solche, die unmittelbar auf den Kostenträger (Betriebsauftrag) verrechnet werden können, und in Gemeinkosten, d. h. solche, die sich nur mittelbar, also zuschlagsmäßig, verrechnen lassen.

In der Vorkalkulation (Soll-Verbrauchsrechnung) ist der Gang dann so, daß

1. das Fertigungsmaterial, d. h. der in jedem Erzeugnis steckende Materialwert auf Grund der Zeichnungen mengenmäßig bestimmt und dann bewertet wird;
2. die Fertigungszeit und damit der Fertigungslohn (zweckmäßig nach Refa, s. Abschnitt „Werkstatt-Vorkalkulation") errechnet wird;
3. alle übrigen, die sog. Gemeinkosten als Zuschläge nach Hundertteilen des Fertigungslohnes oder als von der Zeit abhängige Zuschläge verrechnet werden.

In der Nachkalkulation wird der Istverbrauch durch die betriebsauftragsnummernweise gesammelten Belege in sinngemäß gleicher Weise festgestellt.

Es ist klar, daß die Kalkulation um so genauer wird, je verzweigter die Grundlagen und je proportionaler Kostenanfall und Grundlagen[1]) sind. Die Richtigkeit des Vomhundertsatzes muß die Nachkalkulation beweisen, indem von Monat zu Monat die entstandenen Aufwendungen der Grundlagen (Material und Lohn) und entstandene Gemeinkosten einander gegenübergestellt werden; m. a. W. die Vorkalkulation arbeitet bei allen Methoden im laufenden Monat immer mit den Zuschlagsätzen des Vormonats. Entscheidend für die Wahl der Methode sind jedoch Überlegungen über Wirtschaftlichkeit, d. h. die Kalkulationsgenauigkeit muß im Einklang stehen mit dem Aufwand für das gewählte Verfahren.

2. Summarische vereinfachte Zuschlagskalkulation. Die Gemeinkosten werden als ein einziger Prozentsatz zugeschlagen, und zwar entweder zum Fertigungsmaterial oder zum Fertigungslohn oder zu beiden.

Daß sich trotz verschiedener Grundlagen, aber bei entsprechendem, richtigem Hundertzuschlag immer die gleichen Selbstkosten errechnen, zeigt folgende Zusammenstellung:

	I.	II.	III.
Fertigungs-Material	100,00 RM	100,00 RM	100,00 RM
Fertigungs-Löhne	66,50 „	66,50 „	66,50 „
Gemeinkosten: 33,3 vH auf Material	33,50 „		
50 vH auf Löhne		33,50 „	
20 vH auf Material + Löhne			33,50 „
Selbstkosten	200,00 RM	200,00 RM	200,00 RM

[1]) Vgl. hierzu Rummel: Grundlagen der Selbstkostenrechnung. Düsseldorf 1934.

Verfahren I bei material-intensiven Betrieben richtig, z. B. Ziegeleien, Gießereien.
Verfahren II bei lohn-intensiven Betrieben richtig, z. B. Maschinenfabriken, feinmechanische Fertigung.
Verfahren III bei material- und lohn-intensiven Betrieben richtig, z. B. optische Industrie.

Aus der Höhe des Hundertsatzes für den Gemeinkostenzuschlag kann man auf den Grad der Mechanisierung des betreffenden Betriebes schließen, wie die nachstehende Auswahl[1]) zeigt:

	Fertigungs-Material	Fertigungs-Lohn	Gemein-kosten	vH	Gemein-kost./Lohn
Eisenblechwaren	25 vH	25 vH	50 vH	100	200 vH
Elektr. Meßinstrumente	20	18	62	100	345
Elektr. Installationsbedarf	50	10	40	100	400
Baumwollgewebe	50—60	10—15	40—25	100	400—165
Naturseide	54	30	16	100	53
Graphisches Gewerbe	20	35	45	100	128
Kraftwagen	68	10	22	100	220
Wurstkonserven	60	5	35	100	700
Margarine	61,5	2,0	36,5	100	1820

3. Verfeinerte Kalkulation. Der Gang der weiteren Verfeinerung soll an der Kalkulation einer Schlosserei dargestellt werden. Im Monat Januar sei der Verbrauch im ganzen gewesen:

für Material	200,00 RM		
„ Löhne	400,00 „		
„ Gemeinkosten	390,00 „	also 98 vH des Lohnes	
	990,00 RM		

Die Vorkalkulation im laufenden Monat Februar lautet dann:

	für ein Schweiß-stück	für ein Schmiede-stück mit Lufthammer
Fertigungsmaterial laut Zeichnung	10,00 RM	25,00 RM
Fertigungslohn nach Refa	30,00 „	10,00 „
98 vH Gemeinkostenzuschlag auf Fe.-Lohn	28,00 „	9,80 „
Selbstkosten	68,00 RM	44,80 RM

Diese errechneten Selbstkosten können nicht richtig sein, weil das Schweißstück im Fertigungsgang nicht über den Lufthammer läuft und umgekehrt. Deswegen muß das Kalkulationsverfahren bei so stark verschiedenen Fertigungsverfahren verfeinert werden.

Erste Verfeinerung: Verfahrenszuschlag. Zum mindesten muß unterschieden werden zwischen Zuschlägen für Handwerkstätten und Zuschlägen für Maschinenwerkstätten[2]), denn beide haben einen ganz verschiedenen Gemeinkostenanteil zu tragen, was folgende Zusammenstellung in Fortführung der obigen beweisen möge:

Monat **Januar:** Material-Verbrauch		200,00 RM	
Handarbeitslöhne		300,00 „	
Maschinenarbeitslöhne		100,00 „	
Gemeinkosten für Maschinenwerkstatt. (Lufthammer)	150,00 RM		150,00:100,00 = 150 vH
Gemeinkosten für Handwerkstatt (Werkzeuge, Schweißeinrichtung)	30,00 „		30,00:300,00 = 10 vH
Sonstige Gemeinkosten	210,00 „	390,00 „	210,00:(300+100) = 52,5 vH
Zusammen		990,00 RM	

[1]) Nach Weigmann: Grundlagen des Betriebsvergleiches. Stuttgart 1932.
[2]) Vgl. Verordnung über die Preisermittlung auf Grund der Selbstkosten bei Leistungen für öffentliche Auftraggeber vom 15. 11. 1938, Absatz Nr. 20/1.

Im Monat **Februar** wird kalkuliert:

		Schweißstück		Schmiedestück
Fertigungs-Material		10,00 RM		25,00 RM
Fertigungs-Löhne nach Refa		30,00 „		10,00 „
Verfahrensgemeinkosten	10 vH	3,00 „	150 vH	15,00 „
Sonstige Gemeinkosten	52,5 vH auf 30,00 RM	15,75 „	52,5 vH auf 10,00 RM	5,25 „
		58,75 RM		55,25 RM

Zweite Verfeinerung: Verfahrens- und Materialzuschlag. Haben die verschiedenen zu kalkulierenden Erzeugnisse verschieden hohen Materialanteil, so müssen die im Vormonat entstandenen Aufwendungen wie folgt getrennt werden:

Materialverbrauch		200,00 RM	
Materialgemeinkosten für Lagerung, Verschnitt, Zurichtung, Verzinsung		75,00 „	= 75,00 : 200,00 = 37,5 vH
Handarbeitslöhne		300,00 „	
Maschinenarbeitslöhne		100,00 „	
Gemeinkosten für Maschinen	150,00 RM		150,00 : 100,00 = 150 vH
„ „ Handwerkstatt	30,00 „		30,00 : 300,00 = 10 vH
Sonstige Gemeinkosten	135,00 „		135,00 : 400,00 = 33,7 vH
	315,00 RM	315,00 „	
Zusammen		990,00 RM	

Die Vorkalkulation ergibt dann:

		Schweißstück		Schmiedestück
Fertigungsmaterial		10,00 RM		25,00 RM
Materialgemeinkosten	37,5 vH	3,75 „	37,5 vH	9,40 „
Fertigungslohn		30,00 „		10,00 „
Verfahrensgemeinkosten	10,0 vH	3,00 „	150 vH	15,00 „
Sonstige Gemeinkosten	33,7 vH	10,00 „	33,7 vH	3,40 „
		56,75 RM		62,80 RM

Dritte Verfeinerung: Kostenstellen-Rechnung. Laufen die einzelnen Kostenträger (Erzeugnisse) nicht einheitlich durch den gesamten Betrieb, sondern bedingt ihre Verschiedenartigkeit, daß sie nur einzelne und zum Teil ganz verschiedene Werkstätten (Kostenstellen) durchlaufen, so müssen für diese Stellen verschiedener Arbeitsverfahren getrennte Zuschläge errechnet werden. Dies geschieht durch die sog. Kostenumlegung, bei welcher wiederum die Aufwendungen des Vormonats für die Zwecke der Vorkalkulation des laufenden Monats aufgeteilt werden (nach der eingangs angeführten Verordnung Betriebsabrechnungsbogen genannt), nach von Monat zu Monat gleichbleibenden Gesichtspunkten, d. h.:

die Stelleneinzelkosten nach Belegen wie Materialscheine, Hilfslohnscheine usw.,

die Stellengemeinkosten nach Schlüsseln wie Investitionswerte, Heizungskosten nach cbm, Förderkosten nach t·km, Beleuchtungskosten nach angeschlossenen kW usw.[1]).

Wird nicht nach gleichen Gesichtspunkten von Monat zu Monat umgelegt, sondern willkürlich, dann kann man keine Betriebskontrolle durch Vergleich der Höhe der Zuschlagssätze auf den einzelnen Kostenstellen betreiben.

Die Angebotskalkulation im Monat Februar sieht dann folgendermaßen aus;

[1]) Näheres siehe Fr. Henzel: Erfassung und Verrechnung der Gemeinkosten. Berlin-Wien 1931.

Betriebsabrechnungsbogen für Monat Februar (mit den Zahlen des Januar).

Kostenstellen →		Letzte Kostenstellen				3. Schritt		2. Schritt		1. Schritt			
Kostenarten ↓	Verteilungsmaßstab	Lager	Dreherei	Montage	Vertrieb	Reparaturwerkstatt	Werkzeugmacherei	Betriebsleitung	Lohnbüro	Vorstand	Buchhaltung	Hausverwaltung	Summe
Stelleneinzelkosten:													
Hilfsmaterial	Materialentnahmescheine	20	200	5	—	100	20	10	—	—	—	5	360
Hilfslöhne	Hilfslohnscheine	30	100	50	50	15	5	10	10	—	—	10	280
Gehälter	Gehaltsliste	45	70	80	200	5	10	150	50	200	75	10	895
Stellengemeinkosten:													
Zinsen	Investitionswerte	—	5	—	—	—	—	—	—	—	—	—	5
Abschreibungen		5	5	—	—	5	5	—	—	—	—	—	20
usw.		—	—	—	—	—	—	—	—	—	—	—	—
	Summe	100	380	135	250	125	40	170	60	200	75	25	1560
Vorstand	Schlüssel	20	—	—	100	—	—	70	10				
Buchführung	Schlüssel	20	—	—	40	—	—	—	15				
Hausverwaltung	Schlüssel	5	5	2	5	1	3	3	1				
	Summe	145	385	137	395	126	43	243	86				
Betriebsleitung	Schlüssel	3	100	80	—	20	40						
Lohnbüro	Schlüssel	3	25	35	—	10	13						
	Summe	151	510	252	395	156	96						
Reparaturwerkstatt	Wert der Betriebsaufträge	16	100	40	—								
Werkzeugmacherei	Wert der Betriebsaufträge	—	60	36	—								
	Summe	167	670	328	395								
Monatlich ausgegeb. Einzelmaterial	Materialscheine	1670	—	—	—								
Monatlich ausgegeb. Einzellöhne	Lohnscheine	—	335	328	—								
	Also Gemeinkostenzuschlag .	10vH	200vH	100vH	10vH								

Weitere sog. letzte Kostenstellen, wie z. B. Hobelei, Fräserei, Schmiede, Lackiererei.

$$\Sigma = 1560$$

$$\frac{395}{1560-395+1670+335+328} = \frac{\text{Vertriebsgemeinkosten}}{\Sigma \text{ der Herstellkosten}}$$

$\approx$ 11 vH Vertriebszuschlag

Einzel- oder Fertigungsmaterial des Betriebsauftrages (B.A.) Nr. X
+ 10 vH Materialzuschlag ....
+ Einzel-Lohn der Dreherei des B. A. Nr. X ....
+ 200 vH Gemeinkostenzuschlag für Dreharbeit..................
+ Weitere Einzellöhne und Gemeinkosten, sog. letzter Kostenstellen für B. A. X ....
+ Einzellöhne der Montage des B. A. Nr. X ....
+ 100 vH Gemeinkostenzuschlag der Montage ....

Herstellkosten des B. A. Nr. X

+ Vertriebsgemeinkosten-Zuschlag 11 vH auf die Herstellkosten des B. A. Nr. X ....

Selbstkosten des B. A. Nr. X

+ Sonderkosten der Fertigung des B. A. Nr. X ....
+ Sonderkosten des Vertriebs des B. A. Nr. X...................
+ vH Gewinnzuschlag auf die Selbstkosten ....

Angebotspreis des B. A. Nr. X

Allgemeingültige Werte für die Zuschlagsätze der einzelnen Kostenstellen lassen sich nicht angeben, da diese abhängig sind:

1. von der Fertigungsart;

2. von der Zusammensetzung, Bewertung und Alter des betreffenden Maschinenparkes und

3. von der ganz individuellen Abgrenzung der einzelnen Kostenstellen eines Betriebes unter sich.

So gibt z. B. Jos. Nertinger[1]) an, daß diese Gemeinkostenzuschläge auf den Einzellohn betragen in:

Schmiede	113 vH	Montage	54 vH
Dreherei	213 vH	Schreinerei	65 vH
Schlosserei	77 vH	Malerei.	31 vH

Laut RKW-Veröffentlichung Nr. 9 betragen diese Zuschläge für eine Maschinenfabrik mit Einzelfertigung:

Sägerei und Abstecherei...	135,48 vH	Bohrerei	259,03 vH
Schmiede	176,23 vH	Härterei	107,33 vH
Glüherei	153,72 vH	Schleiferei................	157,06 vH
Dreherei	230,62 vH	Teilschlosserei	247,50 vH
Fräserei und Hobelei	268,15 vH	Zusammenbau	138,68 vH
		Prüfstelle	99,68 vH

Es bleibt also dem einzelnen Betrieb nichts anderes übrig, als für die Zwecke der Kalkulation und Betriebskontrolle die entstandenen Gemeinkosten von Monat zu Monat umzulegen und danach die Betriebspolitik zu betreiben.

Vierte Verfeinerung: Platzkostenrechnung. Sind die Werkstätten wie Dreherei, Fräserei, Hobelei usw. so unorganisch aufgebaut, daß selbst diese Teilbetriebe nicht als Einheit angesehen werden können, dann muß eine solche Kostenstelle und unter Umständen der ganze Betrieb kalkulatorisch in einzelne Arbeitsplätze aufgelöst werden; d. h. es werden soweit irgend möglich alle Gemeinkosten, so z. B. Zinsen, Abschreibung, Raum-, Instandhaltungs- und Antriebskosten usw. auf jeden einzelnen Arbeitsplatz umgelegt. Die Endsumme wird dann dividiert durch die Normalausnutzungszeit der Maschine (nicht wirkliche Nutzungszeit, wie viele meinen), wodurch man die sog. Stundenziffer erhält. Das Verfahren wurde aus der Papierindustrie, wo es schon Jahre zuvor angewendet wurde, auf die Maschinenindustrie übertragen und allgemeingültig von Kritzler[2]) dargestellt.

[1]) Die Berechnung der Selbstkosten an ausgewählten Beispielen der Praxis. Stuttgart 1937, S. 22.

[2]) Kritzler: Platzkostenrechnung im Dienste der Betriebskontrolle und Preiskalkulation. Berlin 1928.

Beispiel. Eine Werkzeugmaschine von 30000 RM Anschaffungswert sei zur Zeit auf 10000 RM Restwert abgeschrieben.

Die Gemeinkosten für diesen Arbeitsplatz ergeben sich für das laufende Jahr wie folgt:

Abschreibung 10 vH vom Restwert	1000,00 RM	
Verzinsung 5 vH vom Anschaffungswert	1500,00 „	
Gebäudesteuern	100,00 „	
	2600,00 RM	2600,00 RM
Raumkosten (Licht, Heizung)	250,00 „	
Unterhaltung	850,00 „	1100,00 „
Strom für Antrieb	650,00 RM	
Werkzeuge	250,00 „	900,00 „
Anteilige allgemeine Gemeinkosten (Meister, Arbeitsvorbereitung)		500,00 „
		5100,00 RM

Normal-Betriebsstunden seien 1500 Std. im Jahr Gemeinkostensatz
5100 : 1500 .... = 3,40 RM/Std
Wirkliche Nutzungszeit war 1000 Std. im Jahr, also Gemeinkostensatz
5100 : 1000 .... = 5,10 RM/Std.

Es wäre also falsch, in die Angebotspreis-Verrechnung 5,10 RM einzukalkulieren; dagegen wäre es richtig im Sinn des in Abschnitt III beschriebenen Verfahrens Nr. 1 (S. 739), mit einem Stundensatz von 3,40 RM zu rechnen, gleichviel wie hoch die tatsächliche (Unter-)Beschäftigung ist. Für die Zwecke der Betriebskontrolle ist das Verfahren allerdings nicht anwendbar; dafür müßte bei Unterbeschäftigung die Kapazitätskostenrechnung angewendet werden.

Um Anreiz zu geben, möglichst viel Arbeit auf teure Spezialmaschinen hinzulenken, muß man unbedingt mit der Normalausnutzungszeit rechnen, denn sonst bleiben die großen teuren Werkzeugmaschinen ungenützt. Nachstehendes Beispiel soll zeigen, daß der Stundensatz für die Normalnutzungszeit günstiger ist als für die wirkliche Nutzungszeit.

Rummel[1]) zeigte am nachstehenden Beispiel aus der Praxis, wie durch das Lohnzuschlagsverfahren für ein und denselben Auftrag 15 vH zu nied-

I. Lohnzuschlagsverfahren.

Arbeitsgang	Vorgabezeit	Lohnzeit	Tariflohn für Akkordarbeiter	Lohnsumme	Unkostenzuschlag in		Σ
	Min	h	Pfg/Min		vH	RM	RM
Schweißen	1520	—	1,43	21,74	164	35,65	57,39
Horizontalbohren	675	—	1,38	9,32	98	9,13	18,45
Hobeln	600	—	1,35	8,10	98	7,94	16,04
Drehen	170	—	1,38	2,35	98	2,30	4,65
Schlossern	—	4 1/2	82,50 Std.lohn	3,71	47	1,74	5,45
						Selbstkosten	101,98

II. Auf Zeitgrundlage.

Kostenstelle	Vorgabezeit		Platzkosten	Gesamtkosten
	Min	h	RM/h	RM
Schweißerei	1520	25,3	2,81	71,09
Bohrmaschinen	675	11,2	1,51	16,91
Mittl. Hobelbänke	600	10,0	1,69	16,90
Große Drehbänke	170	2,8	2,31	6,47
Schlosserei	4 1/2 Lohnstunden		1,31	5,90
			Selbstkosten	117,27

[1]) Grundlagen der Selbstkostenrechnung. Düsseldorf 1934 S. 92.

rige Selbstkosten errechnet werden gegenüber der Rechnung auf Zeitgrundlage.

Es ist ohne weiteres klar, daß die Platzkostenrechnung das genaueste Verfahren darstellt; leider ist es aber auch das teuerste. Wie schon erwähnt, darf in einem Betrieb nur immer das Kalkulationsverfahren angewandt werden, welches für eine gegebene Betriebsgröße zugleich auch das wirtschaftlichste ist[1]).

Damit nun die Betriebe aber doch nicht im Dunkeln tappen, denn selbst bei einem Vergleich der eigenen Kostenumlegungsergebnisse von Monat zu Monat ist dies dadurch möglich, daß Schlendrian mit Schlendrian verglichen wird, ist es notwendig, daß zwischenbetriebliche Vergleiche durchgeführt werden. Um diese hat sich ganz besonders der Verein Deutscher Maschinenbauanstalten (VDMA) jetzt Wirtschaftsgruppe Maschinenbau[2]) unter Schulz-Mehrin seit einem Jahrzehnt verdient gemacht. Trotz dieser langjährigen Erfahrungen stecken im Betriebsvergleich noch so viel ungelöste Fragen, daß hier nur auf das einschlägige Schrifttum verwiesen werden kann[3]).

III. Kalkulation und Preispolitik.

a) Einzelbetriebe. Preispolitik.

Die Preispolitik hat den Zweck, nach Möglichkeit die Vollbeschäftigung des Betriebes und damit die der gesamten Wirtschaft als Ziel nationalsozialistischer Wirtschaftspolitik (vgl. hierzu die Reden von Bernhard Köhler) zu sichern. Deshalb muß der Betrieb bei verminderter Kaufkraft der Verbraucher unter seinen Gestehungskosten und bei übernormaler Kaufkraft zu stark überhöhten Preisen anbieten, denn beides, Unter- wie Überbeschäftigung ist dem Betrieb gleich unerwünscht. Auf alle Fälle ist es falsch, einfach nur zu den Preisen der Wettbewerber anzubieten, sondern es ist heute notwendiger denn je, selber planvolle Preispolitik zu betreiben (vgl. hierzu die Richtlinien für die Preisbildung bei öffentlichen Aufträgen, RPÖ, vom 15. 11. 1938 u. ff. und die Preisbildungsverordnung vom 12. 12. 1940). Diese Preispolitik kann in folgenden Arten des Vorgehens bestehen:

1. Unabhängig von der tatsächlichen Beschäftigung bietet man stets zu dem Preis an, der der Vollbeschäftigung entspricht (Vorgehen des früheren VDMA). Es werden dadurch natürlich Preisschwankungen weitgehend vermieden, die Wirkung der Regelung des Beschäftigungsgrades ist aber im Vergleich zu den beiden nachfolgenden Arten ziemlich schwach.

2. Man bietet zum „Proportionalen Satz" oder zu den Grenzkosten an, weil diese bei Unterbeschäftigung unter und bei Überbeschäftigung über den tatsächlichen Gestehungskosten liegen[4]).

3. Man verrechnet auf die Leistungen so viel Prozent der tatsächlich entstandenen Kosten, als der Beschäftigungsgrad, ausgedrückt in vH, ausmacht, was die gleiche Wirkung des Vorgehens unter Punkt 2 hat (sog. Nordamerikanische Methode).

---

[1]) Näheres siehe: Weigmann: Selbstkostenrechnung; a. a. O., S. 56 u. f.
[2]) Betriebswissenschaftliche Schriften des VDMA.
[3]) Vgl. hierzu die Bücher von: Weigmann 1932, 1939, Mund 1933, Schnettler 1933, Hauck 1933 und Thoms im Handwörterbuch der Betriebswirtschaft 1939.
[4]) Vgl. Schmalenbach: Selbstkostenrechnung und Preispolitik, 6. Aufl. Leipzig 1934.

Bezüglich der rechnerischen Durchführung dieser drei Verfahren und den Zusammenhang zwischen Kalkulation und Buchhaltung sei auf das Schrifttum verwiesen[1]).

b) Staatliche Preispolitik.

Aufgabe der staatlichen Preispolitik ist es, 1. neben der Erhaltung der Vollbeschäftigung der Wirtschaft, durch Preissenkung die Kaufkraft des einzelnen so weit wie irgendmöglich zu heben, und 2. im Kriege, bei welchem der Rüstungsbedarf im Vordergrund steht, den Krieg so billig wie möglich zu finanzieren. Dies zu erreichen wurde zuerst versucht durch Erlaß der LSÖ noch 1938, wodurch die Preise nach den Selbstkosten eines mittelguten Betriebes ausgerichtet wurden. Als dann durch die zwangsweise Typisierung und Normierung (vgl. Erlaß des Reichswirtschaftsmin. und des RK. f. d. Preisbildung vom 26. 11. 1939 u. f.), durch die Kostendegression der Großerzeugung (Großserienbau), durch die zwangsweise Spezialisierung in der Fertigung, durch erhöhten Umsatz usw. Übergewinne entstanden, galt es für das Reich, entweder diese und die später entstehenden Übergewinne abzuschöpfen, oder die Preise durch die Betriebe senken zu lassen (Verordnung vom 5. 3. 1941). Um das Tempo der Preissenkung zu beschleunigen, wurde am 2. 11. 1942 die Verordnung über Einheits- und Gruppenpreise für Rüstungsbedarf erlassen, die sich nach der Anordnung vom 19. 5. 1942 jetzt auch auf die Unterlieferanten ausdehnt, so daß hierdurch die Hauptmasse aller Rüstungserzeugnisse erfaßt wird. Die Einheits- und Gruppenpreise der Klasse I sind niedrigst auf Grund von Kosten- und Betriebsvergleichen bemessen. Deshalb entfällt für diese Erzeugnisse auch eine Gewinnabführungsverpflichtung, d. h. Gewinne sind im Rahmen dieses Systems echte Differentialrenten, also besonders Rationalisierungserfolge, die dem Erzeuger verbleiben, wodurch auch der echte Leistungswettbewerb auf die Dauer sichergestellt ist. Mit der Annahme der Preisklasse I ist ferner auch der Einsatz der Arbeitskräfte und der Werkstoffbezug für den Betrieb gewährleistet.

Sammlungen über Verordnungen und Erlasse.

Heß, O., u. F. Zeidler: Kommentar der RPÖ. und LSÖ. Hamburg: Hanseatische Verlagsanstalt.
Martzloff, H.: Vorschriften zur Preisbildung im Kriege. Berlin-Halensee: Deutscher Verlag für Politik u. Wirtschaft.
Mitteilungsblatt des Reichskommissars für die Preisbildung, Berlin W 9.
Mölders, C.: Das gesamte Recht des Vierjahresplans. Berlin-Charlottenburg: Hermann Luchterhand-Verlag.
Wohlhaupt, Fr., W. Rentrop u. M. Bertelsmann: Die gesamten Preisbildungsvorschriften. München-Berlin: Becksche Verlagsbuchhandlung.

Verschiedenes.

Einätzen von Schriften in Metall.

Die mit Schrift zu versehende Fläche ist mit Benzin oder Terpentin von etwa anhaftendem Fette zu reinigen. Je glatter und blanker die Fläche ist, desto besser fällt die Ätzung aus.

Die gereinigte Fläche wird mit einem Ätzgrunde überdeckt, der aus feinstem Asphalt und gelbem Bienenwachs besteht. Diese werden in etwa gleichen Teilen zusammengeschmolzen unter Zusatz von Terpentin, bis die Masse in kaltem Zustande streichfähig ist (Vorsicht, da sehr feuergefährlich). Neigt der Ätzgrund zum Abspringen,

[1]) W. Weigmann: Moderne Fabrikbuchhaltung mit besonderer Berücksichtigung der kalkulatorischen (Betriebs-) Buchhaltung und des Aktienrechts, 3. Aufl. Leipzig 1940. — W. Weigmann: Buchführung und Bilanz unter besonderer Berücksichtigung der Verordnungen zur Ordnung der Wirtschaft. Leipzig 1938.

so enthält er zuviel Asphalt; bleibt er zu weich, so ist zu viel Wachs zugesetzt. Die Erhärtung des aufgebrachten Ätzgrundes kann durch kaltes Wasser (Eintauchen oder Übergießen) beschleunigt werden. Wird von dem Zusatz von Terpentinöl Abstand genommen, so erstarrt die Masse beim Erkalten und muß zum Gebrauch mit etwas Terpentin oder Benzin zur Lösung gebracht werden. Das Auftragen muß mit einem Pinsel sehr gleichmäßig erfolgen.

In den Ätzgrund wird mit Hilfe einer nicht zu spitzen Reißnadel die Schrift so eingeritzt, daß das blanke Metall sichtbar ist. Schattenstriche werden durch mehrmaliges Nachfahren erzielt. Sehr gut eignen sich für die Beschriftung auch die nach Schablonen mit Hilfe eines Pantographen arbeitenden Graviermaschinen, in die an Stelle des Fräsers ein Stahlstift eingesetzt wird.

Um ein Abfließen der Ätzflüssigkeit zu verhindern, wird die zu behandelnde Fläche mit einem Rande aus Wachs oder Plastilin umgeben.

Als Ätzflüssigkeit sind zu empfehlen:

Salpetersäure rein oder mit geringem Wasserzusatz oder

Quecksilbersublimat mit Wasser in einer Flasche angesetzt.

Es kann so lange Wasser nachgefüllt werden, als ungelöstes Sublimat am Boden der Flasche ist.

Das Aufbringen der Ätzflüssigkeit geschieht vorteilhaft mit einem Tropfglas. Die nötige Wirkungsdauer hängt von der Härte des Metalles und der Art und Verdünnung der angewendeten Flüssigkeit ab. Sublimat z. B. ätzt weichen Stahl genügend tief in etwa $^1/_4$ bis $^1/_2$ Stunde, harten Stahl in etwa der doppelten Zeit. Salpetersäure beansprucht ungefähr die halbe Zeit. Der Grad der Einwirkung kann an der Menge der losgelösten Metallteilchen beurteilt werden. Während des Ätzens sich bildende Gasblasen sind durch einen weichen Gegenstand (Federfahne) zu entfernen, wobei eine Verletzung des Ätzgrundes zu vermeiden ist.

Nach Beendigung der Ätzung wird der Ätzgrund mit Terpentinöl abgewaschen.

Atemschutz gegen Staub, Industriegase, einchließlich Rauch und Nebel.

Es werden benutzt:

1. Luft- bzw. Sauerstoffschutzgeräte.

a) Frischluft-Saugschlauchgeräte,
b) Frischluft-Druckschlauchgeräte[1]),
c) Sauerstoff-Schutzgeräte ohne Luftregeneration,
d) Sauerstoff-Schutzgeräte mit Luftgeneration (Kreislaufgeräte).

2. Filtergeräte.

a) Staubmasken,
b) Gasmasken mit Filtereinsatz gegen Industriegase,
c) Gasmasken mit Filterbüchsen gegen Industriegase,
d) Gasmasken mit Filtereinsatz gegen Kampfstoffe,
e) Gasmasken mit Filterbüchse gegen Industriegase und Kampfstoffe.

c), d) und e) bieten auch Schutz gegen Rauch und Nebel (Schwebestoffe).

Die Geräte nach 1 a) und b) sind unabhängig vom Sauerstoffgehalt der Umluft und Höhe der Gaskonzentration, aber abhängig von einer Frischluftbasis und Entfernung vom Arbeitsort. [Für Geräte nach a) 15 m, für Geräte nach b) 200 m, Pumpgeräte bis 40 m.]

Geräte nach 1 c) und d) sind unabhängig vom Sauerstoffgehalt der Umluft, freitragbar, aber zeitbegrenzt.

Filtergeräte nach 2 a) bieten ausschließlich Schutz gegen Staub und sind abhängig von Umluft.

Geräte nach 2 b) sind abhängig vom Sauerstoffgehalt der Umluft, mindestens 15% Sauerstoffgehalt erforderlich. Sie sind nicht zu verwenden in schlecht ventilierten Räumen, in Kellern, Brunnen, Kanälen Tanks, Kesseln, Gasometern, unter Trümmern usw.

[1]) Injektorschlauchgeräte (Druckluft) und Blasebalg oder Pumpgeräte.

Näheres über Typen von Luft- bzw. Sauerstoff-Schutzgeräten sowie über Filtergeräte siehe Druckschriften der Dräger-Werke, Lübeck, sowie der Auergesellschaft, Berlin N 65.

Über die Filtereinsätze bzw. über deren Schutz gegenüber den verschiedenen Industriegasen bzw. Dämpfen siehe nachstehende Tafel.

Filterschutz gegen Industriegase und Dämpfe: Welche Filter schützen?

Gegen:	schützt Type	Filter: Kennfarbe	Bemerkungen
Aceton	A	Braun	
Acrolein	A	Braun	
Äthylalkohol	A	Braun	
Äthylenoxyd	T	Braun-grün	T-Gas, Schädlingsbekämpfung
Äther	A	Braun	
Ameisensäure	A	Braun	
Ammoniak	K	Grün	höchster Schutz bei Fehlen anderer Gase
Anilin	A	Braun	
Arsenwasserstoff	O	Gelb-grün	
Benzin	A	Braun	
Benzol	A	Braun	
Blausäure	G	Blau	höchster Schutz bei Fehlen anderer Gase
Bleirauch	D	Grau-gelb	
Brom	B	Grau	
Chlor	B	Grau	
Cyklon B	J	Blau-braun	Schädlingsbekämpfung
Essigsäure	A	Braun	
Ester	A	Braun	
Formaldehyd	A	Braun	
Halogenwasserstoffsäuren (Salzsäure, Bromwasserstoffsäure, Fluorwasserstoffsäure)	B	Grau	
Kohlenwasserstoffe und deren Halogenabkömmlinge „Lösungsmittel“	A	Braun	
Metalldämpfe u. -rauche	D	Grau-gelb	
Methylalkohol	A	Braun	
Nitroverbindungen	B	Grau	
Phosgen	B	Grau	
Quecksilberdämpfe	460	Grau	
Salpetersäure usw.	B	Grau	
Saure Gase	B	Grau	
Schwefelkohlenstoff	A	Braun	
Schwefeldioxyd	E	Gelb	
Schwefeltrioxyd	455	Grau	
Schwefelwasserstoff	L	Gelb-rot	
Schweflige Säure	E	Gelb	
Staub, auch kolloid.	D	Grün-gelb	
Tetrachlorkohlenstoff	A	Braun	
Toluol	A	Braun	
Trichloräthylen	A	Braun	

Allgemeine Bemerkungen:

Für Luftschutz nur S-Filter behördlich vorgeschrieben! **Gegen Kohlenoxyd auch Leuchtgas schützt S-Filter nicht!!** Hier Sonderfilter!! Das Filter der Volksgasmaske schützt ebenfalls nicht gegen Kohlenoxyd, Leuchtgas und Kohlensäure:: **Alle Filter nützen nur, wenn genügend Luft (Sauerstoff) vorhanden!! Sonst Sauerstoffgeräte!!**

Gegen Brandgase (Reizstoffe in Brandgasen) schützt Filter B (Grau), doch **nicht gegen Kohlenoxyd!! Gegen Kohlensäure (CO_2) schützt kein Filter!! Hier nur Sauerstoff- oder Frischluft- bzw. Preßluftgeräte!!**

Papierformate nach DIN 476.

Bezeichnungsbeispiel.

Das Format 210×297, Klasse 4 der Vorzugsreihe A, heißt

Format A 4.

Die Abmessungen gelten als Größtmaße; Toleranzen sind nach unten zu legen und auf das äußerste zu beschränken.

Als **Fertigformate** für alle **unabhängigen** Papiergrößen, wie Zeichnungen, Akten, Geschäftspapiere, Betriebsvordrucke, Karteikarten, Werbsachen, Zeitschriften, Zeitungen, Bücher, gelten die

Formate der A-Reihe.

Einzelheiten sind folgenden Normblättern zu entnehmen:

DIN 198 Papierformate — Anwendungen der A-Reihe.

DIN 676 Geschäftsbrief — Format A 4.

DIN 682 Rahmen für Bilder und Tafeln.

DIN 820 Normblatt — Abmessungen und Ausgestaltung.

DIN 823 Zeichnungen — Formate, Maßstäbe.

DIN 824 Zeichnungen — Falten auf A 4 für Ordner.

DIN 825 Schildformate.

DIN 826 Zeitschriften — Format A 4, Satzspiegel, Druckstockbreite.

DIN 827 Papier (Normalpapier) — Stoff, Festigkeit, Verwendung.

DIN 829 Buchformate

Für **abhängige** Papiergrößen, wie Briefhüllen, Ordner, Mappen, gelten die

Formate der Zusatzreihen B und C.

Einzelheiten sind folgenden Normblättern zu entnehmen:

DIN 678 Briefhüllenformate.

DIN 680 Fensterbriefhüllen.

DIN 828 Mikrophotographische Bilder.

DIN 829 Buchformate.

Formatklasse	Reihe A Vorzugsreihe mm	Reihe B mm	Reihe C mm
0	841 × 1189	1000 × 1414	917 × 1297
1	594 × 841	707 × 1000	648 × 917
2	420 × 594	500 × 707	458 × 648
3	297 × 420	353 × 500	324 × 458
4	210 × 297	250 × 353	229 × 324
5	148 × 210	176 × 250	162 × 229
6	105 × 148	125 × 176	114 × 162
7	74 × 105	88 × 125	81 × 114
8	52 × 74	62 × 88	57 × 81
9	37 × 52	44 × 62	
10	26 × 37	31 × 44	
11	18 × 26	22 × 31	
12	13 × 18	15 × 22	

Alphabete.

Normschrift (s. DIN 16, 17, 1451).

ABCDEFGHIJKLMNOPQRSTUVWXYZ
abcdefghijklmnopqrstuvwxyz
12345678910

Russisch.

А а		*a*	a
Б б		*b*	bje
В в		*w*	wje
Г г		*g* (auch *h*)	gje
Д д		*d*	dje
Е е		*je*	
Ж ж		*sch*	Schiwete
З з	(weich)	s	sje
И и		*i*	i
Й й		*i*	i
К к		*k*	ka
Л л		*l*	el
М м		*m*	em
Н н		*n*	en
О о		*o*	o
П п		*p*	pje
Р р		*r*	er
С с	(scharf)	*ss*	ess
Т т		*t*	tje
У у		*u*	u
Ф ф		*f*	ef
Х х		*ch*	cha
Ц ц		*z*	ze
Ч ч		*tsch*	tsche
Ш ш		*sch*	scha
Щ щ		*schtsch*	schtscha
Ъ ъ		stumm (hartes Zeichen)	jerr
Ы ы	(kurz)	*ü*	jerrüj
Ь ь		stumm (weiches Zeichen)	jerj
Э э		*e*	e
Ю ю		*ju*	ju
Я я		*ja*	ja

Griechisch.

Α α		*a*	Alpha
Β β		*b*	Beta
Γ γ		*g*	Gamma
Δ δ		*d*	Delta
Ε ε	(kurz)	*e*	Epsilon
Ζ ζ		*ds* (*z*)	Zeta
Η η	(lang)	*e*	Eta
Θ ϑ		*th*	Theta
Ι ι		*i*	Iota
Κ ϰ		*k*	Kappa
Λ λ		*l*	Lambda
Μ μ		*m*	Mü
Ν ν		*n*	Nü
Ξ ξ		*ks* (*x*)	Ksi
Ο ο	(kurz)	*o*	Omikron
Π π		*p*	Pi
Ρ ϱ		*r*	Rho
Σ σ ς		*s*	Sigma
Τ τ		*t*	Tau
Υ υ		*ü*	Ypsilon
Φ φ		*f* (*ph*)	Phi
Χ χ		*ch*	Chi
Ψ ψ		*ps*	Psi
Ω ω	(lang)	*o*	Omega

Morse.

a	· —
ä	· — · —
b	— · · ·
c	— · — ·
d	— · ·
e	·
f	· · — ·
g	— — ·
h	· · · ·
ch	— — — —
i	· ·
j	· — — —
k	— · —
l	· — · ·
m	— —
n	— ·
o	— — —
ö	— — — ·
p	· — — ·
q	— — · —
r	· — ·
s	· · ·
t	—
u	· · —
ü	· · — —
v	· · · —
w	· — —
x	— · · —
y	— · — —
z	— — · ·
1	· — — — —
2	· · — — —
3	· · · — —
4	· · · · —
5	· · · · ·
6	— · · · ·
7	— — · · ·
8	— — — · ·
9	— — — — ·
0	— — — — —
.	· · · · · ·
,	· — · — · —
;	— · — · — ·
:	— — — · · ·
?	· · — — · ·
!	— — · · — —

Verzeichnis der allgemeinen Nachschlagetafeln.

Sachverzeichnis.

A

B

C

D

E

F

G

H

I

J

K

L

M

N

O

P

Q

R

T

GPSR Compliance

The European Union's (EU) General Product Safety Regulation (GPSR) is a set of rules that requires consumer products to be safe and our obligations to ensure this.

If you have any concerns about our products, you can contact us on ProductSafety@springernature.com

In case Publisher is established outside the EU, the EU authorized representative is:

Springer Nature Customer Service Center GmbH
Europaplatz 3
69115 Heidelberg, Germany

Batch number: 10682564

Printed by Printforce, the Netherlands